Rainer Gröbel/Inga Dransfeld-Haase (Hrsg.)

Strategische Personalarbeit in der Transformation
Partizipation und Mitbestimmung für ein erfolgreiches HRM

Rainer Gröbel/Inga Dransfeld-Haase (Hrsg.)

Strategische Personalarbeit in der Transformation

Partizipation und Mitbestimmung für ein erfolgreiches HRM

Unter Mitarbeit von
Ramona Buske, Franziska Elfers,
Romy Siegert, Tobias Söchtig
und Hannah Zoller

BUND
VERLAG

Bibliografische Information der Deutschen Nationalbibliothek
Die Deutsche Nationalbibliothek verzeichnet diese Publikation in der
Deutschen Nationalbibliografie; detaillierte bibliografische Daten
sind im Internet über *http://dnb.d-nb.de* abrufbar.

© Bund-Verlag GmbH, Emil-von-Behring-Straße 14, 60439 Frankfurt am Main, 2022

Herausgeber: Rainer Gröbel/Inga Dransfeld-Haase
Umschlag: Werbeagentur Zimmermann, Frankfurt am Main
Satz: Dörlemann Satz, Lemförde
Druck: CPI books GmbH, Birkstraße 10, 25917 Leck

ISBN 978-3-7663-7156-0

www.bund-verlag.de

Vorwort

Die Transformation ist omnipräsent. In den Geschäfts- und Governance-Modellen der Betriebe und Organisationen, in den *Mindsets* der Kolleginnen und Kollegen und in den Aufgabenzuweisungen und Wirkweisen der Personalfunktion selbst.

Viele Personalmanagerinnen und Personalmanager stehen damit vor einer der größten Herausforderungen ihrer beruflichen Laufbahn: Wir sind gefordert, den Wandel in seiner exponentiellen Akzelerierung zu beherrschen und im Sinne der Unternehmen und der Beschäftigten zu gestalten.

Ganze Branchen überarbeiten und disruptieren aktuell ihre Geschäftsmodelle. Der Automobilsektor steht dafür exemplarisch: E-Antrieb statt Verbrenner steht ebenso im Fokus wie die Software als das neue Gehirn des Autos. Dieser Wandel kann beim gleichzeitigen Drängen neuer Player in den Markt auch Unsicherheiten auslösen, denen wir konsequent und überlegt begegnen müssen.

Unsere Aufgabe als Personalmanagerinnen und -manager ist es daher, die Beschäftigten sicher durch die Transformationen zu führen. Dazu müssen wir Ängsten vor Arbeitsplatzverlust, Einkommensverlust und sozialem Abstieg proaktiv begegnen. Das bedeutet auch, dass wir Personalerinnen und Personaler die Belegschaften in unseren Unternehmen und Institutionen so gestalten müssen, dass wir die neuen Herausforderungen annehmen und beantworten können: Unsere Betriebe müssen in ihren Strukturen schneller, wirksamer und agiler werden, gleichzeitig müssen wir Qualifizierung und Weiterbildungsformate neu und innovativ denken.

Diese holistische Transformation setzt eine strategische Personalarbeit voraus, die auf klaren, werteorientierten Überzeugungen basiert.

Im Unternehmen Volkswagen heißt der Kern dieser Überzeugungen: Wir gestalten die Transformation sozialverträglich und innovativ. Innovativ, indem wir neue Qualifizierungs- und Weiterbildungsformate schaffen, die es unseren Kolleginnen und Kollegen ermöglicht, sich auf den Sektoren Elektromobilität sowie Digitalisierung zu qualifizieren. Die Weiterbildung von über 8000 Kolleginnen und Kollegen an unserem Elektrostandort in Zwickau oder die Etablierung der Software-Talentschmieden Fakultät 73 und 42 Wolfsburg stehen dafür exemplarisch. Sozialverträglich heißt: Mit dem Wandel gehen auch Arbeitsplätze verloren, das ist Fakt. Dazu gehört aber auch, dass Unternehmen und Arbeitnehmervertretung sich in mehreren Schritten auf eine Beschäftigungssicherung bis Ende 2028 verständigt haben, die betriebsbedingte Kündigungen ausschließt.

Unser Weg: Wir gestalten die notwendigen Anpassungen proaktiv entlang der demografische Kurve, ohne dass unsere Kolleginnen und Kollegen ihre Beschäftigung verlieren. Die demografische Kurve unserer Belegschaft zeichnet nach, dass wir gerade in den 70er und 80er Jahren viele Kolleginnen und Kollegen der geburtenstarken Jahrgänge eingestellt haben, wozu die Jahrgänge 1958 bis 1967 zählen, die zehntausende Beschäftigte umfassen.

Über umfassende Angebote der Altersteilzeit gelingt es uns, diesen Beschäftigten ein frühes Ausscheiden aus dem Berufsleben zu ermöglichen, ohne ihnen die Sicherheit auf einen gesicherten Ruhestand zu nehmen. Gleichzeitig können wir über diese frei gewordenen Stellen die Transformation im Unternehmen managen.

Dieser Prozess gelingt aber nur, wenn sich beide Seiten, Arbeitgeber:innen und Arbeitnehmer:innen, gegenseitig vertrauen.

Kritische Berichte über harte Auseinandersetzungen zwischen Belegschaften und Unternehmensleitungen, wie wir sie derzeit verstärkt lesen, werden oft durch undiskutierte Pläne zu Schließungen oder zum Personalabbau über Kündigungen ausgelöst.

Aus eigener Erfahrung möchte ich allen Personalverantwortlichen empfehlen, stattdessen einen Weg der offenen, transparenten und manchmal auch entschiedenen Diskussion mit den Vertreter:innen der Arbeitnehmerinnen und Arbeitnehmer zu wählen.

Das vorliegende Handbuch weist hier in die richtige Richtung: Die der IG Metall nahestehende Academy of Labour und der Bundesverband der Personalmanager zeigen auf, wo gemeinsame Themen und Schnittmengen, aber auch wo antagonistische Positionen und Anschauungen vorliegen. Genau diese gemeinsame Perspektivierung benötigen wir, wenn wir die Sozialpartnerschaft in Deutschland erfolgreich fortschreiben wollen!

Denn zur strategischen Personalarbeit gehört es auch, die Betriebsratsgremien proaktiv und mehr als rechtzeitig in Gestaltungsprozesse einzubinden. Nur durch diese Rückkopplung mit der Belegschaft lassen sich Enttäuschungen und in der Folge Konflikte früh über Gespräche moderieren. Manch eine:r in der deutschen Industrie – oder besser: manch eine:r, der oder die sich in Deutschland mit Industrieproduktion erfolgreich ansiedeln will – sollte sich hieran orientieren.

Jede Medaille hat aber zwei Seiten. Deswegen ist es wichtig, dass Betriebsräte über ein wirtschaftliches Verständnis verfügen. Denn den harten Fakten können alle nicht entgehen: Die Produktion von Elektrofahrzeugen braucht weniger Arbeit als die von Verbrennern. Die Digitalisierung unserer Geschäftsprozesse verlagert viele Verwaltungstätigkeiten in Computersysteme. Und unter dem Strich müssen wir Geld verdienen, um es in Zukunftsfähigkeit zu reinvestieren. Denn wir alle wissen, dass nur schwarze Zahlen Arbeitsplätze sichern.

Darum müssen wir Personalverantwortlichen uns über die strategische Personalplanung auch früh in die Ausrichtung und Aufstellung der Langfristplanung einbringen: Es darf zum Beispiel nicht zu einer Situation kommen, in der Produktionsplanung Arbeitsvolumen allokiert, und dann die Personalverantwortlichen Auswirkungen dieser Entscheidungen auf die Belegschaft managen müssen. Umgekehrt ist der Weg richtig: Wir Personalmanagerinnen und -manager bringen – in Rückkopplung mit dem Betriebsrat – unseren Sachverstand früh in die Entwürfe der Planung ein. Und sorgen so dafür, dass es zu einem Ausgleich kommt und die Beschäftigten nicht vergessen werden.

Ich bin fest davon überzeugt, dass wir die Transformation nur erfolgreich ins Ziel bringen werden, wenn die HR-Ressorts frühzeitig strategische Pläne ausarbeiten und mit den andern Fachbereichen abstimmen. Die Personalarbeit leistet damit einen unmittelbaren Beitrag zum Unternehmenserfolg, denn die Produktivität muss selbstverständlich steigen. Die Personalarbeit leistet gleichzeitig aber auch einen Beitrag zum Purpose des Unternehmens. Denn die Verantwortung für die Mitarbeiterinnen und Mitarbeiter ist ein Kern des Unternehmenszwecks, davon bin ich überzeugt.

Übrigens müssen wir Personalerinnen und Personaler uns selbstverständlich auch den Anforderungen der Transformation stellen: Die Digitalisierung verändert auch unsere Arbeitsprozesse tiefgreifend. Wir bei Volkswagen haben unter der Überschrift *One HR* unser internes Betriebsmodell der Personalarbeit grundlegend reformiert und digitalisiert – mit Erfolg! Auch für uns gilt: »Das Sein bestimmt das Bewusstsein«. Der Digitalisierungsschritt im Personalwesen hat bei vielen meiner Mitarbeiterinnen und Mitarbeiter das konkrete Verständnis dafür geschärft, was die Transformation für die gesamte Belegschaft bedeutet.

Eine bisher unterschätzte Herausforderung besteht darin, dass die Unternehmen schnell belastbare Erkenntnisse über Quantität und Qualität zukünftig benötigter Skills gewinnen und diese Erkenntnisse mit der Zusammensetzung des eigenen Belegschaftskörpers abgleichen müssen: Wo können wir umqualifizieren, wo müssen wir auf- und wo müssen wir abbauen? »Workforce Transformation« wird zum zentralen Begriff des Handelns der Personalfunktion im Transformationskorridor. Nur durch einen gut geplanten Umbau können die Betriebe im Übergang einerseits die technologische Exzellenz und damit notwendige Wettbewerbsfähigkeit sicherstellen und andererseits die traditionelle Sozialverträglichkeit des Belegschaftsumbaus garantieren. HR muss sich hierauf systematisch vorbereiten.

Über das vorliegende Buch freue ich mich sehr, weil die allgegenwärtigen Herausforderungen hier von verschiedenen Autorinnen und Autoren untersucht und mit Lösungsvorschlägen versehen werden. Und zwar sowohl von wissenschaftlicher wie auch von praktischer Seite. Ich verbinde damit die Hoffnung, dass Personalerinnen und Personaler sich über die Lektüre ihrer wichtigen Rolle in den Unternehmen noch mehr bewusst werden und entsprechend handeln. Ganz besonders wertvoll scheint mir an dieser Stelle, dass die Academy of Labour und der Bundesverband der Personalmanager gemeinsam auf die Suche nach Lösungen für die großen Aufgaben der Personalarbeit gehen. Darum gilt mein Dank auch Rainer Gröbel und Inga Dransfeld-Haase, die es zusammen auf sich genommen haben, diesen wertvollen Band herauszugeben.

Gunnar Kilian, Personalvorstand der Volkswagen AG

Inhaltsverzeichnis

Inhaltsverzeichnis

Inhaltsverzeichnis

Inhaltsverzeichnis

Rainer Gröbel/Inga Dransfeld-Haase

Einleitung

Die Anforderungen an die Personalarbeit haben sich in den letzten Jahren deutlich verändert. So sich Personalarbeit tatsächlich strategisch versteht, ist es der wertorientierte Ansatz, der den Unterschied zu früher macht. Waren Beschäftigte über viele Jahrzehnte lediglich ein Produktionsfaktor, um Güter oder Dienstleistungen herzustellen, sind es heute und morgen die Stärken und Schwächen der Mitarbeiterinnen und Mitarbeiter, ihre Werte, Ideen und Innovationen, für die sich die Personalabteilungen interessieren. Dieses Handbuch will die Perspektiven der Beschäftigten und ihrer Vertretungsorgane aufzeigen und ausleuchten, damit Personalverantwortliche die Zukunft ihrer Unternehmen, Betriebe und Organisationen aktiv mitgestalten und absichern helfen. Vor dem Hintergrund aktueller und künftiger Transformationsprozesse in der Arbeitswelt sind wir fest davon überzeugt, dass eine starke Allianz aus Personalabteilung und Mitbestimmung die beste Ausgangsbasis bietet, um die notwendigen Aufgaben frühzeitig zu erkennen, zu strukturieren und gemeinsam zu meistern. Die Anforderungen, die sich daraus für die Akteure auf beiden Seiten ergeben, werden in den Beiträgen dieses Handbuchs diskutiert.

Eine enge Zusammenarbeit zwischen Personalabteilung und Mitbestimmung ist die Grundlage für eine Personalarbeit, die Gestalten und nicht Verwalten will. Zweifelsohne nimmt dieses Kooperationsverhältnis in den deutschen Arbeitsbeziehungen eine besondere Stellung ein. Dass es sich auch in unternehmerischer Hinsicht als Erfolgsfaktor erweist, ist heute nicht nur unter Betriebs- oder Personalräten bekannt. Längst weisen auch wissenschaftliche Untersuchungen auf einen positiven Zusammenhang zwischen Mitbestimmung und Unternehmenserfolg hin (u. a. Campagna et al. 2020, Gregoric/Rapp 2018; Jirjahn/Smith 2018). Gründe dafür gibt es viele: Aushandlungsprozesse schaffen Vertrauen und Akzeptanz für Entscheidungen, Interessenvertretungen bündeln Präferenzen, kanalisieren Konflikte und stabilisieren Arbeitsbeziehungen. Und nicht zuletzt sind sie Kontrollorgane und tragen so zu einem nachhaltigen Unternehmenserfolg bei. Es wird deutlich: ohne Mitbestimmung kann die Gestaltung der Transformationsprozesse nicht gelingen.

Mit diesem Buch möchten wir einen Beitrag zu einem Brückenschlag zwischen den Betriebsparteien leisten, ohne Interessensgegensätze außer Acht zu lassen. Uns ist bewusst, dass sich nicht alle Interessensgegensätze aufheben lassen. Auch im Rahmen der Erarbeitung dieses Buchs waren wir mit der Schwierigkeit konfrontiert, beide Perspektiven zu vereinen. Umso entschiedener wollen wir diese Herausforderung annehmen und für eine konstruktive und professionelle Zusammenarbeit zwischen den Parteien werben. Wir möchten dazu ermutigen, in den Austausch zu treten und gemeinsam Lösungen zu finden. Wie solche Lösungen aussehen können, zeigen die wissenschaftlichen Beiträge in diesem Handbuch. In den Beiträgen der Arbeitgeber- und Mitbestimmungsakteure bilden wir sodann konkrete Beispiele und gelebte Lösungsansätze aus der Praxis ab. Nur so können wir ein schlüssiges Bild zu den Chancen und Herausforderungen einer strategischen Personalarbeit entwerfen.

Ohne die Berücksichtigung gesamtgesellschaftlicher Entwicklungen bleibt dieser Anspruch aber ein leeres Versprechen. Denn Akteure müssen sich immer wieder auf neue Gegebenheiten einstellen, die von außen als Megatrends auf sie einwirken. Wir haben drei Megatrends identifiziert, die für die Personalarbeit besonders wichtig sind: der demografische Wandel, der Wertewandel sowie die digitalen und technologischen Transformationsprozesse. Das gegenwärtige Zusammenlaufen dieser Megatrends türmt immer mehr Herausforderungen auf: Die vierte Phase der industriellen Revolution verbunden mit einer zunehmenden digitalen Vernetzung, künstlicher Intelligenz und Robotik, und die gesellschaftliche Transformation, verbunden mit einer zunehmenden Virtualisierung, Individualisierung bis hin zur Spaltung, stellen die Fähigkeiten der Personalerinnen und Personaler auf die Probe. Zwar sind mit den Veränderungen auch Chancen für die Personalarbeit verbunden, doch nicht selten fehlen Ideen und Anreize. Hier wollen wir mit unserem Handbuch konkrete Impulse geben.

Mit den Megatrends als Ausgangspunkt setzen sich Wissenschaftlerinnen und Wissenschaftler, Praktikerinnen und Praktiker mit den Spannungsfeldern auseinander und zeigen in konkreten Praxisbeispielen Handlungsansätze auf. Dabei verweisen wir ausdrücklich auf einen strategischen und werteorientierten Ansatz der Personalarbeit. In der Diskussion um die soziale und ökologische Verantwortung der Unternehmen, die wir als Corporate Social Responsibility (CSR) kennen, wurde dieser Anspruch bereits formuliert. Die Diskussion muss insoweit ergänzt werden, als dass die konkreten Mechanismen, über die eine werteorientierte Personalarbeit letztlich zum Erfolg beiträgt, stärker betont werden. Die Einbettung der Personal- und Organisationsentwicklung in eine am langfristigen Erfolg ausgerichtete Unternehmensstrategie ist hierbei ein entscheidender Faktor.

Ein strategisches Personalmanagement ist kein Dienstleister, der auf die Rekrutierung oder Verwaltung der Beschäftigten abstellt, sondern muss aktiver Partner des Managements und Mitgestalter der Veränderungsprozesse im Unternehmen sein. Diese herausragende Stellung muss in vielen Unternehmen erst noch durchgesetzt werden. Das gilt gerade für börsennotierte Unternehmen mit einer starken Shareholder-Value-Orientierung, die zu einseitig auf finanzielle Personalkennzahlen schauen und nicht selten Personalarbeit outsourcen. So werden Chancen verkannt und die mittel- bis langfristigen Früchte einer strategischen Personalarbeit unterschätzt. Eine strategische Personalarbeit beinhaltet die Analyse der Personalsituation vor dem Hintergrund fortschreitender Megatrends. Sie bezieht die Sicht der Beschäftigten und ihrer Vertretungsorgane explizit ein und sie ist es, die die personellen Maßnahmen zur Gestaltung der Veränderungen und Erreichung der strategischen Ziele ergreifen muss.

Auch bei der Formulierung der Ziele ergreift die strategische Personalarbeit die Initiative. Ziele sollten sich nicht allein in finanziellen (Personal-)Kennzahlen ablesen lassen, obgleich diese nicht fehlen dürfen. Sie müssen aber ergänzt werden um nicht-finanzielle Ziele, die ebenso wichtig sind, um den Erfolg einer Strategie und letztlich ihren Beitrag zum Unternehmenserfolg zu messen. Dabei spielen Personalentwicklung und Weiterbildung gerade im Kontext der gegenwärtigen Transformationsprozesse eine immer wichtigere Rolle. Die Analyse des Weiterbildungsbedarfs, die Schaffung entsprechender Weiterbildungsmaßnahmen und eines Bildungsbudgets sind Grundvoraussetzungen für eine erfolgreiche Transformation und müssen daher im Zentrum einer strategischen Personalarbeit stehen.

Den gesamtgesellschaftlichen und unternehmerischen Rahmen einer strategischen Personalarbeit beleuchten wir in den Beiträgen in Teil A dieses Handbuchs ausführlich. Eingangs werden die Begriffe der strategischen Personalarbeit und der Personalstrategie erläutert. Diskutiert werden Definition, Stellenwert im Unternehmen und Implikationen für eine Anwendung in der Praxis. Danach stellen wir die Frage nach einer normativen Ausrichtung strategischer Personalarbeit aus der Perspektive von Ethik und Moral. Im Anschluss daran werden Chancen für eine Erweiterung des Unternehmenszwecks um soziale Verantwortung und Nachhaltigkeit und deren Konsequenzen für das Personalmanagement diskutiert. Der darauffolgende Beitrag thematisiert die Analyse und Bewertung von Personalrisiken.

Wir begreifen dieses Handbuch als ein Plädoyer, gute Arbeit in das Zentrum des strategischen Personalmanagements zu stellen. Und so klären wir auch die Frage, was gute Arbeit überhaupt bedeutet und wie sie sich in die Personalarbeit übersetzen lässt. Um den Anteil der betrieblichen Mitbestimmung, die in der Diskussion um gute Arbeit nicht fehlen darf, geht es im darauffolgenden Beitrag. Anschließend wechseln wir auf die Ebene der Unternehmensmitbestimmung und fragen uns, was diese für eine erfolgreiche Gestaltung der Arbeit der Zukunft leisten kann. Die Anforderungen daran sind immer von verschiedenen

Stakeholdern geprägt – eine wichtige Rolle spielen im deutschen System der Arbeitsbeziehungen die Gewerkschaften. Ihre Forderungen an die Personalarbeit werden im nächsten Kapitel verhandelt. Daran anknüpfend werden die unternehmerische Perspektive und ihre Forderungen an die betriebliche Interessenvertretung in der digitalen Transformation thematisiert. Teil A schließt mit einem Beitrag zu den konkreten Herausforderungen der strategischen Personalarbeit in der Transformation und beschreibt, wie innovative Lösungen in der Personalarbeit aussehen können.

Nachdem wir nun den gesamtgesellschaftlichen und unternehmerischen Rahmen sowie den Begriff der strategischen Personalarbeit in Teil A geklärt haben, widmen wir uns in Teil B den konkreten Gestaltungsfeldern der Personalarbeit. Wir beginnen mit einer Diskussion des Rollenverständnisses der Personalverantwortlichen und gehen über zu den neuen Anforderungen der Personalentwicklung innerhalb der betrieblichen Interessenvertretung. Es folgen – immer vor dem Hintergrund der beschriebenen Megatrends *demografischer Wandel, Wertewandel* sowie *Transformations- und Digitalisierungsprozesse* – die nachhaltige Personalplanung und Beschäftigungssicherung, Recruiting und Onboarding, Personal- und Organisationsentwicklung, Perspektiven von Führung, Vergütungssysteme, Arbeitszeiten und -orte, Diversity und Inclusion, Generationswechsel und Wissensmanagement sowie Gesundheitsmanagement.

Jedes Unternehmen muss sich früher oder später die Frage stellen, ob die bisherigen Wertvorstellungen in der Führungskultur noch zu einem fruchtbaren Betriebsklima beitragen. Führungskräfte stehen vor neuen Herausforderungen und Erwartungen, die an sie gerichtet werden. Seitens der Beschäftigten wird nicht nur mehr Beteiligung an Prozessen und Entscheidungen eingefordert, auch stellen sich viele die Frage, ob die Führungsinstrumente und Arbeitsstrukturen in ihrem Unternehmen noch zeitgemäß sind. Von der alljährlichen Mitarbeiter:innenbeurteilung und ähnlichen Instrumenten des Performance Managements, die im Konflikt zum fortlaufenden *Wertewandel* stehen, bis hin zur Vorstandsvergütung, die auch an Kriterien wie die Beschäftigtenzufriedenheit geknüpft werden kann, werfen gerade die Mitbestimmungsakteure wichtige Fragestellungen auf, die in einer Personalstrategie nicht fehlen dürfen.

Wir wollen noch einmal betonen, dass mit der industriellen, ökologischen und digitalen Transformation gleich mehrere Prozesse in Wirtschaft und Gesellschaft auf die Personalarbeit zurollen. All diese Prozesse wirken sich auf ebenso viele Handlungsfelder der Personalarbeit aus, wie der demografische- und Wertewandel. Hervorgehoben sei hier die Personalplanung und -entwicklung, die in Unternehmen zugleich flexibler und nachhaltiger gedacht werden muss. Die ökologische Transformation erfordert, dass viele Unternehmen ihre Investitionen in Forschung und Entwicklung steigern, aber auch ihr Produktportfolio neu ausrichten. Der Klimawandel führt zu Spannungen in der globalen Ökonomie und zu neuen Anforderungen in der Unternehmensnachhaltigkeit, die mit tiefgreifenden Auswirkungen auf die gesamten Produktionsprozesse verbunden sind. Zur Gestaltung der Produktionsprozesse ist Personal erforderlich, das am heutigen Tage noch einer anderen Tätigkeit nachgeht als in späteren Jahren. Wird Personal bei Auftragsschwächen vorschnell abgebaut, könnte sich das schon in der mittleren Frist negativ auswirken. Bereits heute besteht ein Fachkräftemangel, der sich durch Personalabbau mittelfristig verstärken wird, wenn qualifiziertes Personal für transformierte Produktionsprozesse nicht mehr vorhanden ist. Insofern muss genau geplant werden, aber auch Tätigkeiten und Personal treffsicher aufeinander abgestimmt werden.

Die Standort- und Beschäftigungssicherung wird indes in der Zusammenarbeit mit den Mitbestimmungsakteuren häufiger kontrovers diskutiert werden. Betriebsvereinbarungen werden innovativere Lösungsansätze brauchen, als dass heute der Fall ist. Auch die Inhalte werden sich ändern – über Themen der mobilen Arbeit bis hin zum Datenschutz bei der Nutzung von Webkonferenz-Software. All das wird auch Dienstvereinbarungen betreffen. Megatrends wirken sich nicht nur auf Unternehmen, sondern auch auf die öffentliche Verwaltung aus. Ihre speziellen Herausforderungen werden in einem gesonderten Beitrag zur Verwaltung im 21. Jahrhundert beleuchtet. Angesichts einer globalisierten Wirtschaft und international agierender Unternehmen schauen wir schließlich über nationale Grenzen hinweg und betrachten europäische Ansätze der Partizipation. Teil B schließt mit einem Beitrag zu den deutschen Arbeitsbeziehungen und ihrer Rolle bei der Gestaltung der Veränderungen in der Arbeitswelt.

Der *Mitbestimmung*, und damit meinen wir die betriebliche- und Unternehmensmitbestimmung, widmen wir in diesem Buch einen eigenen Schwerpunkt, da diese selbst in vielerlei Hinsicht ein Trendgeschehen einnimmt. Seit Jahren ist zu beobachten, dass die Anzahl der Betriebe mit Betriebsrat rückläufig ist (Ellguth/Kohhaut 2020); zugleich steigt aber das Verständnis dafür, dass sich die Einbeziehung der Mitbestimmungsakteure für die Unternehmen auszahlt. Sowohl aufgrund der ökonomischen als auch der politischen und sozialen Bedeutung beobachten wir die Abnahme der Mitbestimmung mit großer Sorge – wertvolles Sozialkapital droht verloren zu gehen. Neue Instrumente der Beschäftigtenbeteiligung, die durchaus förderlich für die Beschäftigtenzufriedenheit sind, sind zwar hilfreich, können aber institutionalisierte Mitbestimmung nicht ersetzen. In ökonomischen Krisenzeiten hat sich die Mitbestimmung als Stabilitätsanker erwiesen, da gesetzlich verankerte Mitbestimmungsprozesse dabei helfen, Veränderungen erfolgreich umzusetzen. Ausgehandelte Kompromisse werden durch die Legitimationsbasis besser umgesetzt, wirken langfristiger und beugen Konflikten in der Umsetzung vor. Wichtig ist daher, dass die Akteure der Mitbestimmung gut ausbildet sind; das (HR-)Management wiederum in kulturellen und rechtlichen Fragen der Mitbestimmung geschult ist. Eine strategische

Personalarbeit kommt nicht umhin, die Mitbestimmungsakteure einzubeziehen, ihre Positionen zu berücksichtigen und sogar ihre Einbeziehung zu fördern. Die Ausgangslage sowie unsere Begriffsbestimmung einer strategischen Personalarbeit sind somit umrissen. Die Personalarbeit muss Bestandteil der Unternehmensstrategie sein, beinhaltet aber mehr als gute Instrumente, die dem Erreichen der finanziellen Kennzahlen des Unternehmens dienen. Sie umfasst die Analyse der Personalsituation aus dem Blickwinkel der beschriebenen Megatrends, der Stakeholder, der Beschäftigten und Mitbestimmungsakteure und bestimmt sodann die personellen Maßnahmen zur Gestaltung der Veränderungsprozesse im Unternehmen bzw. der Organisation. Die Megatrends deuten an, dass dabei Elemente der Führungs- und Arbeitskultur sowie die systematische Weiterbildung der Beschäftigten immer wichtiger werden. Nicht zuletzt leistet die Personalstrategie so einen wichtigen Beitrag zu einer positiven Unternehmenskultur, zum Erhalt und Zusammenhalt der Beschäftigten und zum Sozialkapital des Unternehmens. Die Komplexität dieses Unterfangens kommt in der Breite und Tiefe der Beiträge in diesem Handbuch zum Ausdruck.

Literatur

Campagna, S./Eulerich, M./Fligge, B./Scholz, R./Vitols, S. (2020): Entwicklung der Wettbewerbsstrategien in deutschen börsennotierten Unternehmen. Der Einfluss der Mitbestimmung auf strategische Ausrichtung und deren Performanz, Mitbestimmungsreport, Nr. 57, 4/2020, Düsseldorf: Hans Böckler Stiftung.

Ellguth, P./Kohaut, S. (2020): Tarifbindung und betriebliche Interessenvertretung: Aktuelle Ergebnisse aus dem IAB-Betriebspanel 2019, WSI-Mitteilungen, Jahrgang 73 (4), S. 278–285.

Gregoric, A./Rapp, M.S. (2018): Board-Level Employee Representation (BLER) and Firms' Responses to Crisis, Industrial Relations, Jahrgang 58 (3), S. 376–422.

Jirjahn, U./Smith, S.C. (2018): Nonunion Employee Representation: Theory and the German Experience with Mandated Works Councils, Annals of Public and Cooperative Economics, Jahrgang 89 (1), S. 201–234.

A. Der Rahmen strategischer Personalarbeit

Jan-Paul Giertz/Herbert Schaaff

Personalstrategie und strategische Personalarbeit:
Konzepte, Grundlagen und Anwendungen

Inhaltsübersicht

1.   Einleitung

Der Begriff »Strategie« ist attraktiv, vermag andere Begriffe mit Bedeutung aufzuladen und wird nicht selten missbräuchlich verwendet. »Strategie ist eines jener Wörter, die wir gern auf eine bestimmte Weise definieren, jedoch auf eine

25

andere Weise verwenden« (Mintzberg 1999, S. 9). Strategisches Personalmanagement oder Personalstrategie sind in diesem Sinne zunächst nicht viel mehr als Behauptungen, die nicht immer bewiesen werden. In der gegenwärtigen Situation, die viele als Transformation bezeichnen und die in den Nachwirkungen der Covid-19-Krise sogar disruptiven Charakter zu entwickeln vermag, ist es jedoch geboten, gerade mit Blick auf das Personal in konsistenter Weise strategischer zu denken und zu handeln. Selten war es so wichtig, »die richtigen Dinge zu tun« (Drucker 1963), und zielgerichtet Ressourcen und Kompetenzen des Unternehmens so auszurichten, dass nicht nur die Interessen der Kunden, sondern möglichst aller Stakeholder langfristig erfüllt werden (Johnson et al. 2011, S. 21, Hilb 2017, S. 8). Der langfristige Erfolg oder Misserfolg von Unternehmen hängt von vielfältigen Faktoren ab: Von der Geschichte des Unternehmens, den relevanten Märkten, der Wettbewerbssituation, der mittel- und langfristigen Finanzausstattung, der Kundenzufriedenheit und der Ergebnissituation *einerseits*, aber auch von den Mitarbeiter:innen, den Führungskräften, der Personalstrategie, der Unternehmenskultur, der Innovationsfähigkeit und dem Management der Sozialpartnerbeziehungen *andererseits* (Greve 2019, S. 1 ff.; Hinterhuber 2015, S. 18; Geus 1998, S. 20 ff.). Insbesondere letztgenannte Faktoren, als zentrale Handlungsfelder des Personalmanagements, werden in unternehmensstrategischen Überlegungen oft zu wenig berücksichtigt (Schütte 2019, S. 22), geschweige denn Personal als wichtiges funktionales Managementfeld in die Unternehmensstrategie integriert. Dies obwohl eines gewiss ist: Schwaches Personalmanagement kann Unternehmen final ruinieren (Knoblauch 2010).

Es liegt auf der Hand, dass gerade das sogenannte Humankapital[1] zusammen mit dem Organisationskapital und der Unternehmenskultur (Barney 1986) als strategische Ressourcen Unternehmen erfolgreich machen und unempfindlich gegenüber Krisen. Diese internen Ressourcen sind schwer zu imitieren, zu substituieren oder gar zu skalieren. Humankapital sowie seine organisatorischen und sozialen Rahmenbedingungen stellen deutlich markantere Alleinstellungs- bzw. Unterscheidungsmerkmale dar als die häufig recht ähnlichen Produkte und Dienstleistungen. »… da Humankapital nicht beliebig dupliziert werden kann, wird die Qualität, wie Mitarbeiter geführt werden, zu einem kompetitiven Vorteil« (Bruederlin 2020, S. 18; auch bei Krauss 2002, S. 168; Berner 2019, S. 3 f.). Aus einer ressourcenorientierten Perspektive des Strategischen Managements (Pfeffer/Salancik 1978; Barney 1986) kann »… das Humankapital eines Unternehmens, mithin die Fähigkeiten der Mitarbeiter, Quelle dauerhafter Wettbewerbsvorteile sein […], sofern diese Fähigkeiten wertvoll, selten, nicht substituierbar und nicht imitierbar sind« (Huf 2020, S. 153). Aus dem Kostenfaktor

---

1   Die sprachästhetisch berechtigte Kritik als Unwort des Jahres 2004 hat die wertschöpfungsorientierte Sicht lange behindert.

HR wird mit diesem Perspektivwechsel unternehmensspezifisches intellektuelles Kapital (Scholz et al. 2006, S. 24[2]) oder internes Humanpotenzial zur Erwirtschaftung von Mehrwert für Stakeholder eines Unternehmens.

Dieser unternehmensspezifischen Wertschöpfungsperspektive als Personalbereich gerecht werden zu können, setzt Strategiefähigkeit voraus. Es bedarf der Fähigkeit zur eigenständigen Zielformulierung, zur wirksamen Zielverfolgung und der (unternehmensbezogenen) Eignung der verfügbaren Strukturen, Methoden, Instrumente und Kompetenzen im Personalmanagement. Zudem muss Personalmanagement in die strategische Unternehmensführung integriert sein, um strategisch agieren zu können. Zwar verfügen heute die meisten mittleren und größeren Unternehmen über eine, oft schriftlich fixierte Unternehmens- und Geschäftsstrategie zur mittel- und langfristigen Weiterentwicklung der Geschäfte des Unternehmens (Hinterhuber 2015). Diese sind aber häufig mit Blick auf Humanpotenziale und intellektuelles Kapital lückenhaft. Die »Nichtberücksichtigung« von Personalaspekten setzt Personalabteilungen außer Stande, sich gezielt auf die strategischen Bedarfe des Unternehmens auszurichten. Auch die operative Performance bleibt so hinter den gegebenen Möglichkeiten zurück. Das Personalmanagement ist in diesen Fällen strategisch abgekoppelt und spielt nicht die strategische Rolle, die ihm zusteht (Bruederlin 2020; Lebrenz 2020; Trost 2018). Dieses Phänomen bildet sich auch in der Besetzung des Top-Managements ab und manifestiert sich so. In vielen Unternehmen ist das Personalressort auf Vorstandsebene[3] nicht vertreten oder wird durch einen anderen Vorstandsbereich mitgemanagt (Giertz/Scholz 2018; Giertz 2021a). Unter diesen Bedingungen ist kaum davon auszugehen, dass sich das Personalmanagement ohne zielgerichtetes Zutun als integrierter Teil der Corporate Governance etablieren kann. Im Gegenteil: Das in den Beschäftigten liegende strategische Potenzial wird von Vertretern des Top-Management sogar richtiggehend wegdiskutiert. Die einem DAX-Vorstand zugeschriebene Aussage: »Aufgabe von HR ist es nicht … sich mit strategischem Gedöns aufzuhalten« (Schütte 2019, S. 22), ist in diesem Zusammenhang aufschlussreich, wenn auch hoffentlich nicht repräsentativ.

Auch die Personalmanager selbst scheinen in einer andauernden Sinnkrise gefangen zu sein. Kaum eine andere Profession debattiert so intensiv, aufgeregt und zuweilen auch selbstmitleidig über ihre eigene Stellung, Positionierung und Wichtigkeit wie HR. Dies hat in der Vergangenheit bis hin zu Diskussionen über die gezielte Selbstauflösung von HR geführt (Demmer 2014; Weilbacher 2018), als würde man sich bewusst ins strategische Abseits stellen und angreifbar machen wollen. Das Personalmanagement schafft so teilweise selbst die Grundla-

---

2 Intellektuelles Kapital definiert als Unternehmenskultur, Human- und Organisationskapital (vgl. auch Schwarz 2010, S. 72).

3 Hier sind Organe der Unternehmensführung, also z. B. auch Geschäftsführer einer GmbH gemeint.

ge für die andauernde und auch zunehmende Kritik. »Momentan erreichen die Bedenken an weit verbreiteten Praktiken des HR aber ein neues Niveau« (Trost 2018, S. 26). Und im Ergebnis scheint »... der strategische Einfluss der Personaler ... eher zu sinken als zu steigen« (Lebrenz 2020, S. 3; für viele Jochmann 2017; Capgemini 2017; Weilbacher 2017).

2. Theoretische Einordnung des strategischen Personalmanagements

Gleichzeitig wird heute mehr denn je von strategischem oder neuerdings auch nachhaltigem Personalmanagement gesprochen. Dabei erscheinen die Begriffe »strategisch« und »nachhaltig« ohne klare inhaltliche Kontur und lediglich vorgeschaltet (vgl. zum Thema Nachhaltigkeit den Beitrag von Aust/Giertz in diesem Band). Ihre Verwendung erweckt den »guten« Eindruck, die existierenden und einleitend angesprochenen Probleme seien theoretisch und praktisch schon gelöst (Fischer et al. 2019; Kirschten 2017; Pollety/Pastohr 2017). Angesichts der schwachen strategischen Position des Personalmanagements in der Praxis könnte man tatsächlich aber von einer »Geisterdebatte« sprechen.

Strategie ist kein eindimensionaler »Vorschalt«-Begriff, sondern repräsentiert ein wesentliches Element der Führung von Organisationen im Verhältnis zu anderen (nicht minder wesentlichen) organisationsspezifischen Elementen. Strategie erhält im organisationalen Zusammenhang eine Kontur und in ihrer konsistenten Einbettung in Strukturen und Prozesse (strategische wie operative) der Unternehmensführung Wirksamkeit. In englischer[4] und in deutscher Sprache finden sich bereits vor über 30 Jahren und danach Veröffentlichungen, die diese Sicht auf den Begriff Strategie als komplexes, in sich konsistentes System darstellen (z. B. Ackermann 1985; Staffelbach 1986; Elsik 1992; Riedl 1995; Ridder et al. 2001; Clermont et al. 2001; Krauss 2002). Von einem Erkenntnisdefizit kann daher kaum die Rede sein, vielmehr von einem Einsichts- und Handlungsdefizit bei den Verantwortlichen in der Unternehmensführung.

Staffelbach formulierte schon 1986 vier Forderungen, die (auch heute noch) erfüllt sein müssen, um das Personalmanagement »strategisch« nennen zu können:

- »Einbettung des Personalmanagements in das Unternehmungsmanagement
- Eine für die Bedürfnisse der strategischen Personalpolitik spezifische Umwelt- und Unternehmungsanalyse

---

4   Exemplarisch Holbeche 1999, Boxall/Purcell 2003; Beaven 2019, allerdings durchgängig ohne die Berücksichtigung der aus deutscher Sicht wesentlichen Mitbestimmung. Dies leider auch bei dem aufschlussreichen Beitrag von Bruederlin (2020).

- Ein umfassendes Personalmanagement, bei dem die integrative Betrachtung aller betroffenen Politikbereiche bzw. das Gesamtsystem ›Unternehmung‹ im Vordergrund stehen
- Ausrichtung auf den Menschen als Ganzheit, wovon die Arbeit nicht getrennt thematisiert werden kann« (Staffelbach 1986, S. 89 f.).

Die in diesem Sinne auf den Menschen ausgerichteten Ziele für das strategische Personalmanagement leiten sich »… aus dem … Unternehmenszweck (ab) … und im Hinblick auf dessen Erfüllung formulierte Bedingungen, die aus strategischer Sicht in erster Priorität personalmanagementrelevant sind und die zugleich Ziele für die Unternehmenspolitik darstellen. … Wahrung der Handlungsfähigkeit … Sicherstellung des Erkenntnisfortschritts … Adäquate Interessenberücksichtigung … Sinnorientierung …« (Staffelbach 1986, S. 96 f.).

Ridder et al. heben ein weiteres zentrales Kriterium hervor: Die notwendige (Unternehmens-)Spezifität oder Eigenständigkeit des strategischen Personalmanagements. »Wettbewerbsvorsprünge entstehen erst aus der Abweichung von etablierten Strategiekonzepten der Wettbewerber. … (es ist) … eine unternehmensspezifische Architektur des Human Resource Management zu entwickeln. … sind personalwirtschaftliche Instrumente einzusetzen, die gewünschte Ergebnisse ermöglichen bzw. verbessern. … (diese) können … niemals vollständig kopiert werden, da jedes Unternehmen andere Ausgangsvoraussetzungen und Umweltbedingungen aufweist« (Ridder et al. 2001, S. 14 f.). HR-Programme sind somit notwendigerweise integraler Bestandteil von Unternehmensstrategien und in sich konsistent im Sinne einer »horizontalen Abstimmung« der einzelnen personalwirtschaftlichen Instrumente.

Bedauerlicherweise haben sich diese Konzepte nicht in der Praxis etabliert. Im Gegenteil blieb in den letzten Jahrzehnten ein strategisch zu nennendes Personalmanagement gedanklich und praktisch hängen z. B. an der teilweise unreflektierten Adaption von Dave Ulrichs Drei-Säulen-Modell der HR-Organisation[5] (Claßen/Kern 2010; Ulrich et al. 2017; Jochmann 2017). Sicher ist die jeweilige unternehmensspezifische Interpretation dieses Grundmodells (mit dem Business-Partner als personifizierte Personalstrategie) eine gute Basis für eine funktionierende Organisation des Personalbereichs. Aber sie enthebt das Management nicht von der (anspruchsvollen) Aufgabe, eine nachvollziehbare,

---

[5] Mit dem »Business-Partner-Modell« hat Dave Ulrich (Ulrich, Brockbank 2005) in Abgrenzung zum rein administrativen Verständnis des Personalmanagements den Anspruch eines erkennbaren strategischen HR-Wertbeitrags formuliert. HR-Abteilungen sollten demnach drei Säulen aufweisen: HR-Administrations-Center (Operative Abwicklung von Standardprozessen), HR-Kompetenz-Center (Entwicklung und Steuerung von HR-Prozessen), HR-Business-Partner (Beratung und Unterstützung von Führungskräften). Insbesondere Letztere werden oft als reaktive Rolle im mittleren Management missgedeutet.

mit der Unternehmensstrategie verknüpfte und spezifische Personalstrategie zu entwickeln. Dies setzt voraus, dass das Prinzip des Business-Partners auf allen Ebenen der Strategieentwicklung umgesetzt wird – insbesondere in der Person des eigenständigen und gleichberechtigten Personalvorstands/des Arbeitsdirektors bzw. der Arbeitsdirektorin im obersten Entscheidungsgremium. Nur unter diesen Bedingungen kann der Personalbereich sinnvoll strukturiert werden und auf Augenhöhe in der Unternehmensführung agieren. Nur so können die im Personalbereich verfügbaren Kompetenzen orientiert an den tatsächlichen strategischen Herausforderungen ausgerichtet und weiterentwickelt werden.

Die inhaltliche und personelle Stimmigkeit von Strategie, Struktur und Kompetenzen im Personalmanagement sollte in der Praxis mehr Beachtung finden (Bruederlin 2020, S. 14). Harmonieren diese drei grundlegenden Bauelemente nicht hinreichend, so wird es kaum gelingen, dauerhaft ein stabiles »Gebäude« strategischen Personalmanagements zu errichten. »Wir finden in vielen Unternehmen eine tiefe Kluft zwischen der Strategie auf der einen Seite und dem Personalmanagement mit seinen Aktivitäten auf der anderen Seite« (Lebrenz 2020, S. 3). Im Ergebnis gibt es in den meisten Unternehmen entsprechend keine ernst zu nehmende und konsistente HR-Strategie. Eine strukturierte Niederschrift der Personalstrategie ist eher die Ausnahme als die Regel. Und dort, wo sie existiert, finden sich erstaunlich oft inhaltliche Ähnlichkeiten zu den Personalstrategien anderer Unternehmen. Oft handelt es sich mehr um allgemeingültige, zuweilen nicht auf Relevanz überprüfte Gemeinplätze (wie Diversity, Globalisierung, demografischer Wandel, Nachhaltigkeit, HR 4.0, mobiles und agiles Arbeiten), als um dezidierte, unternehmensspezifische Personalstrategien (Weckmüller 2013, S. 138; Trost 2018, S. 47). Eine HR-Strategie, die lediglich unternehmensunabhängige sogenannte Mega-Trends adressiert, ist nur eine austauschbare HR-(Marketing-)Fassade ohne praktisches Fundament geeigneter Strukturen und Kompetenzen im eigenen Unternehmen.

3. Begriffsverwirrung oder notwendige Differenzierung im Strategieprozess?

Neben der unzureichenden unternehmenspraktischen Übertragung theoretischer Ansätze hat man es im strategischen Personalmanagement mit einer geradezu babylonischen Begriffsvielfalt, ja -verwirrung zu tun (Krauss 2002, S. 4 ff.; Lebrenz 2020, S. 3 ff.). Möglicherweise ist dies auch ein Nachweis regelmäßiger, phantasievoller Anläufe »strategisch mitzumischen«. Es gibt jedenfalls eine Reihe artverwandter Begriffe, die häufig unscharf, ja geradezu beliebig verwendet werden. Dabei ergibt sich bei näherem Hinsehen ein in sich plausibles System unterschiedlicher Strategieebenen, die aufeinander Bezug nehmen (sollten). Personalstrategie ist eine mit der Unternehmensstrategie verbundene und zugleich in diese integrierte Teil- oder Funktionalstrategie. Personalstrategien sollten die vorgelagerte Unternehmensstrategie wirksam unterstützen. »Unterschiedliche Unternehmensstrategien erfordern somit auch unterschiedliche Personalstrategien« (Ackermann 1985, S. 352). Ebenso wie andere Funktionalstrategien, z. B. für die Bereiche Finanzen, Vertrieb, Marketing ist Personal als konstitutiver Teil der Unternehmensstrategie zu verstehen und bereits in der Strategieentwicklung wirksam. Selbst die Definition von Unternehmenszweck und -zielen, als Ausgangspunkt jeglicher Strategieentwicklung auf Unternehmens-, Wettbewerbs- oder Funktionalebene, wird durch die Perspektiven der Funktionsbereiche beeinflusst. Personalbezogene Aspekte der Definition eines Unternehmenszwecks und auch der abgeleiteten strategischen Ziele gewinnen dabei gegenüber anderen Funktionalbereichen spürbar an Bedeutung, nicht zuletzt weil es sich bei der Belegschaft nicht nur um ein Managementobjekt mit ausgeprägtem subjektivem Eigenleben handelt, sondern auch um einen wichtigen Stakeholder der Unternehmensführung.

Elemente des strategischen Personalmanagements finden sich auf unterschiedlichen Ebenen mit gegebenenfalls unterschiedlichen Zeithorizonten der Umsetzung (vgl. Abbildung 1 in Abschnitt 4.).

1. Zunächst ist in der *Funktionalstrategie Personal* (Personalstrategie eines Unternehmens) zu bestimmen, welches Humankapital für die Umsetzung des Unternehmenszwecks und der strategischen Ziele benötigt wird (Anzahl, Qualifikationen, Ort, Preis). Die *Personalstrategie* sollte keine simple Aufgabenbeschreibung des HR-Bereiches sein, sondern integraler Bestandteil der Unternehmensstrategie mit klarer Priorisierung auf die wichtigsten personalrelevanten Herausforderungen. »Nicht was wir tun ist zentral, sondern warum wir etwas tun, für wen« (Trost 2018, S. 48). Auf dieser Strategieebene werden Ableitungen, Konkretisierungen und Priorisierungen vorgenommen sowie strategische Projekte und Maßnahmen entwickelt, die ergänzend zu dauerhaften Aktivitäten des Personalmanagements notwendig sind. Personalthemen werden nicht nur aus der Unternehmensstrategie abgeleitet, sondern können umgekehrt auch die Unternehmensstrategie (positiv oder negativ) beeinflussen.

2. Eine *Humankapital-Strategie* (Personalstrategie für die Mitarbeiter:innen) ist der strategiegeleitete »Maschinenraum« des Personalmanagements. Auch als »People-Strategie« bezeichnet, beschreibt diese die konkreten Aktivitäten des Personalmanagements, um das strategisch definierte und operativ notwendige Humankapital bereitstellen zu können. Kern der Humankapital-Strategie ist die strategiegeleitete Personalplanung als zentrale Wertschöpfungskette des

Personalmanagements. Sie steht für die mittel- bis langfristige Fokussierung der Aktivitäten von HR auf Rekrutierung, Bindung (oder auch Reduktion), Entwicklung und Vergütung einer zukunftsfähigen Belegschaft.

3. Mit der *HR-Governance* (Strategie für den Personalbereich) oder auch *HR-Funktionsstrategie* (vgl. Lebrenz 2020, S. 45) wird festgelegt, wie sich der HR-Bereich organisatorisch (HR-Struktur) und personell (HR-Kompetenzen) aufstellt, um sowohl strategische als auch operative Personalarbeit effizient und effektiv umsetzen zu können. HR-Governance ist erst in jüngerer Zeit als Pendant zum Begriff Unternehmensführung (Corporate Governance) entwickelt worden (Hilb, Oertig 2010) und definiert einen normativen Ordnungsrahmen für HR.[6]

Aber wie verhält es sich mit dem erwähnten und ebenfalls häufig verwendeten Begriff *Personalpolitik*? Personalpolitik »... etabliert ... die Werte, Überzeugungen und Grundsätze, die alle Entscheidungen in der Führung der Humanressourcen steuern. ... Personalstrategie und Personalpolitik dürfen deshalb auch nicht verwechselt werden. Obwohl beide Konzepte korrelieren, sind sie nicht dasselbe« (Bruederlin 2020, S. 32). Personalpolitik formuliert Grundsätze (in deutschen Unternehmen oft unter Einbeziehung der Mitbestimmung[7], vgl. Wächter 1999, Halgmann 2019), die durchaus als so etwas wie eine »Unternehmensverfassung« angesehen werden können. Gesellschaftspolitische Anforderungen (Gleichstellung, Nachhaltigkeit, Vereinbarkeit u. Ä.) werden integriert und in organisationsspezifische Anforderungen (z. B. regionale Verankerung, soziales Selbstverständnis) übersetzt.

Wirksames strategisches Personalmanagement ist voraussetzungsvoller als andere Managementbereiche und bedarf gut abgestimmter strategischer Einzelelemente. Der Prozess der Strategieentwicklung selbst folgt allerdings ähnlichen Mustern wie Unternehmens-, Geschäfts-/Wettbewerbs- oder andere Funktionalstrategien und ist zugleich eng mit ihnen verknüpft.

---

6 In erweiterten Konzepten z. B. in der ISO 30408 »Human Governance« umfasst es auch Controlling und Kommunikation.

7 Über Betriebsvereinbarungen agiert der Betriebsrat »faktisch als Mitgestalter von Personalstrategien«, der »Arbeitsbedingungen mitgestaltet, Managementhandeln beeinflusst und sich an der Personalpolitik beteiligt« (Halgmann 2019, S. 79).

4. Entwicklung und Weiterentwicklung von Personalstrategien

»Erfolgreiches Personalmanagement setzt konsequentes Ausrichten an den Zielen des Unternehmens voraus. Demnach ist strategisches Personalmanagement mehr als nur eine operative Umsetzung der Produkt- und Programmplanung. Es liefert deshalb bei entsprechender Ausgestaltung eigenständige Impulse in die strategische Unternehmensplanung und -führung. Eine solche Personalstrategie macht grundsätzliche Aussagen dazu, wo sich das Unternehmen gegenwärtig im Hinblick auf seine Personalaktivitäten befindet und in welche Richtung es sich bewegen möchte« (Scholz/Scholz 2019, S. 29). Eine integrierte und unternehmensspezifische Unternehmens- und Personalstrategie weist drei konstitutive Merkmale auf:

- Potenzialorientierung (Erfolgspotenziale der Zukunft)
- Komplexitätsreduktion (Beschränkung auf tatsächlich relevante Faktoren und Themen)
- Aktionsorientierung (reaktives und proaktives Verhalten je nach Umweltkonstellation)

Die Entwicklung einer Personalstrategie erfolgt in mehreren Schritten und sinnvollerweise in Zeitabständen revolvierend analog zur üblichen (Weiter-)Entwicklung der Unternehmensstrategie. »Das Ergebnis eines solchen Prozesses ist ein formelles Strategiepapier … Dieses Strategiepapier ist schriftlich zu formulieren, da ansonsten die Gefahr besteht, dass die zentralen Strategieinhalte von Betroffenen unterschiedlich interpretiert werden. Die Formulierung des Strategiepapiers ist aufwändig. Fatalerweise wird es deswegen von vielen Unternehmen ausgelassen und gilt als zentrale Schwachstelle im strategischen Personalmanagement« (Scholz/Scholz 2019, S. 33; auch Bartscher/Nissen 2017, S. 227ff.).[8]

Zeitgleich mit der auch entlang von personalspezifischen Fragestellungen entwickelten Unternehmensstrategie (Können die strategischen Ziele personalseitig begleitet werden, gibt es HR-basierte sinnvolle Alternativen/gänzlich neue strategische Perspektiven oder gibt es faktische Ausschlusskriterien für den einen oder anderen Weg?) findet die Entwicklung der eigentlichen Personalstrategie integriert und mithilfe derselben Analyseinstrumente statt. Die Personalstrategie basiert auf einer detaillierten Umwelt- und Organisationsanalyse sowie einer Wettbewerbsanalyse, die Stärken, Schwächen, Chancen und Risiken des Unternehmens transparent macht. In Abbildung 1 ist dargestellt, wie sich personalstrategi-

---

8 Eine dezidierte und umfassende Analyse und Beschreibung eines Vorgehensmodells finden sich bei Hilb/Oertig (2010) und zuletzt bei Bruederlin (2020), Lebrenz (2020) und Trost (2018).

Abbildung 1: Zyklus der Strategieentwicklung und Elemente strategischen Perso-nalmanagements

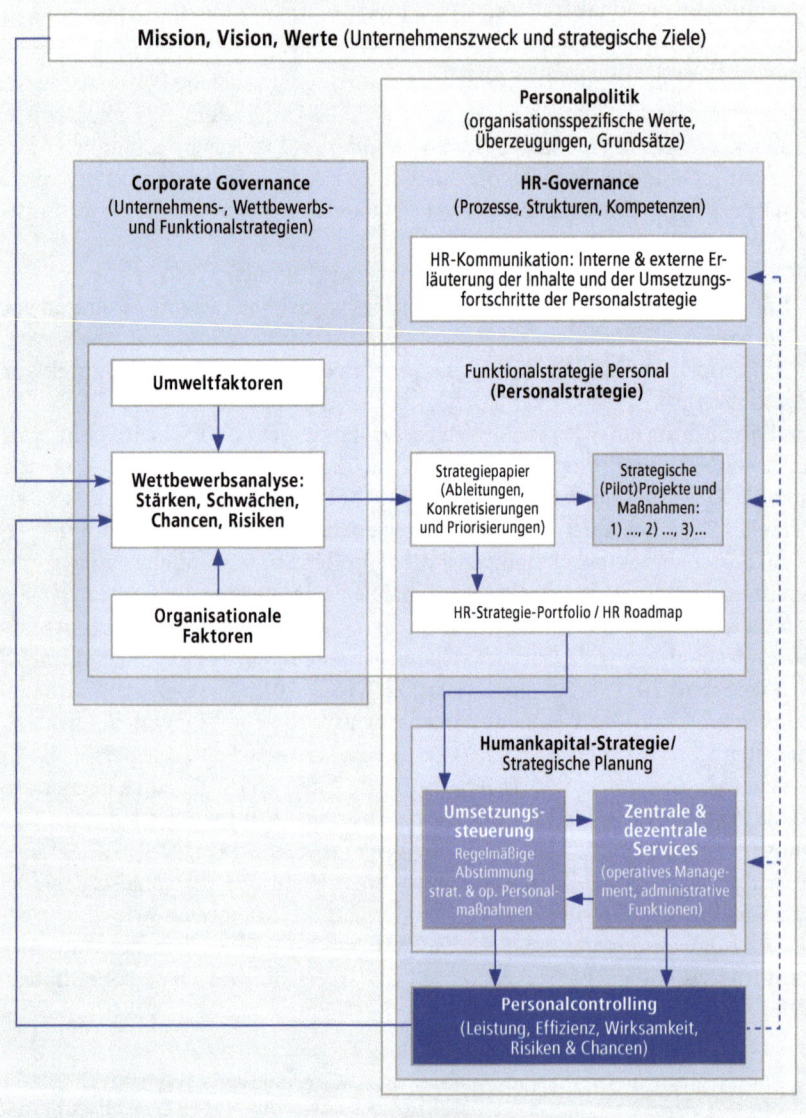

Strategieentwicklung* und Elemente des strategischen Personalmanagements

Mission, Vision, Werte (Unternehmenszweck und strategische Ziele)

Personalpolitik
(organisationsspezifische Werte, Überzeugungen, Grundsätze)

Corporate Governance
(Unternehmens-, Wettbewerbs- und Funktionalstrategien)

HR-Governance
(Prozesse, Strukturen, Kompetenzen)

HR-Kommunikation: Interne & externe Erläuterung der Inhalte und der Umsetzungsfortschritte der Personalstrategie

Umweltfaktoren

Wettbewerbsanalyse: Stärken, Schwächen, Chancen, Risiken

Organisationale Faktoren

Funktionalstrategie Personal
(Personalstrategie)

Strategiepapier (Ableitungen, Konkretisierungen und Priorisierungen)

Strategische (Pilot)Projekte und Maßnahmen: 1) ..., 2) ..., 3)...

HR-Strategie-Portfolio / HR Roadmap

Humankapital-Strategie/ Strategische Planung

Umsetzungs-steuerung
Regelmäßige Abstimmung strat. & op. Personalmaßnahmen

Zentrale & dezentrale Services
(operatives Management, administrative Funktionen)

Personalcontrolling
(Leistung, Effizienz, Wirksamkeit, Risiken & Chancen)

* Parallel und integriert für Unternehmens-, Wettbewerbs- und Funktionalstrategien

Quelle: eigene Darstellung

sche Aspekte in den Strategiezyklus einfügen.[9] Nach der Phase der Strategieformulierung, die personalseitig vor allem die prioritären strategischen Themen und daraus abgeleitete strategische Projekte bestimmt, folgt die Strategieimplementierung. Die Erkenntnisse des Personalcontrollings dienen dann sowohl der Feinabstimmung der operativen und strategischen Planung, der regelmäßigen Überprüfung personalstrategischen Handelns, der evidenzbasierten Wettbewerbsanalyse als auch der ggf. notwendigen Reformulierung von Unternehmenszweck und strategischen Zielen.

»Personalstrategien bewegen sich nicht in einem quasi luftleeren Raum, sondern sie sind in Rahmenbedingungen eingebettet, die über die marktstrategische Positionierung ... hinausgehen. Dazu zählen insbesondere der Aktivitätsbereich des Unternehmens (Branche und Leistungstyp), seine grundlegenden Ziele und Basiswerte (Gewinn- oder Sachzielorientierung) und seine Entwicklungsgeschichte (Gründung, Wachstum oder Reife)« (Gmür/Thommen 2019, S. 37). Deshalb sind in diesem Zusammenhang das Top-Management, die Führungsebene, HR sowie – soweit vorhanden – Vertreter der Mitbestimmung (Aufsichtsrat, Betriebsrat, Wirtschaftsausschuss) bei der Formulierung einer unternehmensbezogenen Personalstrategie am besten von Beginn an zu beteiligen. Der Prozess umfasst einen revolvierenden Regelkreis[10] (Hilb/Oertig 2010, S. 87 ff.; Gmür/Thommen 2019, S. 46 ff.; Bruederlin 2020, S. 133 ff.):

1. In dem als *Strategieformulierung* (Analyse + Auswahl der P-Strategie) zu bezeichnenden Abschnitt des P-Strategiezyklus finden sich Elemente, die sich äquivalent für die Unternehmensstrategie, die relevanten Geschäfts- und Wettbewerbsstrategien sowie für die anderen strategierelevanten Funktionalstrategien darstellen:
   - Umfeld- und Unternehmensanalyse: interne und externe Einflussfaktoren sind zu identifizieren
   - SWOT-Analyse: auf das Personal bezogene Chancen-, Risiken-, Stärken- und Schwächenanalyse nutzen

---

9 Zeitgleich entwickeln andere Funktionalstrategien ihre spezifischen integrierten Abläufe innerhalb des Strategiezyklus, z. B. Finanzen, Produktion und Vertrieb.

10 Gerade hier zeigen sich beträchtliche Differenzen zwischen theoretischen Vorgehensmodellen und der gelebten Wirklichkeit (Lebrenz 2020, S. 47 ff.). Während bei der erstmaligen Erarbeitung und Implementierung einer »neuen« Personalstrategie bei vielen Beteiligten eine gewisse Euphorie zu erkennen ist, stellt sich bei der jährlichen Überarbeitung sehr schnell Ernüchterung und Ermüdung ein, weil die Sinnhaftigkeit des Vorgehensmodells »noch« nicht verstanden wurde. Nachhaltiges und konsequentes Vorgehen ist an dieser Stelle besonders wichtig. Ansonsten ist der Versuch von HR, sich strategisch erstmalig oder »neu« zu positionieren, sehr schnell wieder verpufft.

- HR[11]-Mission/Leistungsauftrag: Was soll und kann HR leisten?
- HR-Strategie-Portfolio: Priorisierung der strategisch-relevanten HR-Aktivitäten nach operativer Dringlichkeit
- HR-Roadmap: Ableitung von HR-Projekten und -Initiativen; Benennung von Umsetzungsverantwortlichen und Erstellen von Zeit-/Projektplänen

2. Aber auch die relevanten Elemente der *Strategieimplementierung* (Umsetzung und Überprüfung) sollten in dieser prozessualen Abfolge immer wieder auf ihre strategische Passung überprüft und ggf. angepasst werden:

- HR-Geschäfts- und Prozessmodell: Umsetzung einer HR-Strategie-konformen HR-Organisation und entsprechender Prozesse
- HR-Steuerung: Aufgabenteilung und regelmäßige Abstimmung innerhalb der HR-Organisation (zentral/dezentral)
- Zentrale & dezentrale HR-Services (operatives Management, administrative Funktionen, digital-HR, ESS & MSS
- HR-Cockpit/-controlling: Kontrolle von Leistung und Effizienz von HR
- Strategiebegleitende Kommunikation. Erfolgsentscheidend ist die regelmäßige interne (und wenn erforderlich externe) Erläuterung der Inhalte und der Umsetzungsfortschritte der Personalstrategie (Bruederlin 2020, S. 149 ff.).[12]

Strategieprozesse »… folgen … grundsätzlich … einem standardmäßigen strategischen Denkprozess. Erstens: Analyse der Ausgangslage, zweitens: Wahl der Strategie, drittens: Umsetzung und viertens: Überprüfung« (Bruederlin 2020, S. 112). Dabei ist systematisch und wiederholt die Passung zwischen Unternehmens- und Personalstrategie, den verschiedenen strategischen Handlungsfeldern sowie den internen und externen Rahmenbedingungen zu prüfen.[13]

Bei der Erstellung einer Personalstrategie ist darauf zu achten, dass sie sich nach der jeweiligen Unternehmensrealität besonders prägender Kriterien (Branche,

---

11 In dieser Zusammenfassung relevanter Sekundärliteratur wird der gängigere HR-Begriff verwendet. Wir verwenden ihn gleichbedeutend mit dem von uns bevorzugten Begriff Personalmanagement.

12 Dies ist gerade im Hinblick auf die eigenen Mitarbeiter:innen bedeutsam, denn es sollte auf die Belegschaft durchaus positiv wirken (Mitarbeiterbindung, -zufriedenheit bzw. -engagement), wenn erkennbar ist, dass die Mitarbeiter:innen zentraler Teil einer Unternehmens- und dezidiert einer Personalstrategie sind.

13 Unterschieden wird in der Literatur zudem zwischen deduktiver und induktiver HR-Strategieentwicklung: Deduktiv bedeutet, dass Input aus Unternehmensstrategie und gesellschaftlichen Megatrends gewonnen wird. Unter induktiver HR-Strategieentwicklung »… verstehen wir im HR-Kontext das selektive Herbeiführen personalstrategischer Inhalte auf der Basis von spezifischen, beobachteten und bekannten HRM-Trends …, welche die besten HR-Praktiken definieren. Aus … Best-Practice-Optionen werden die passenden ausgewählt (best-Fit), in die Unternehmensstrategie oder direkt in die HR-Strategie integriert …« (Bruederlin, S. 119 ff.).

Wettbewerb, wirtschaftliche Lage) und der inneren Verfasstheit (Personalstruktur, Organisationskultur etc.) ausrichtet. Hier können in Abhängigkeit von der Unternehmens- und Geschäftsstrategie beispielsweise Qualität, Kosten, Flexibilität und Stabilität als jeweils besonders relevante Faktoren für das »Geschäft« angenommen werden. Dieses Vorgehensmodell mündet schließlich strukturell in ein Raster verschiedener möglicher Kategorien von Personalstrategien (Bruederlin 2020, S. 43 ff.; Gmür/Thommen 2019, S. 25 ff.). Bruederlin arbeitet exemplarisch gängige Kernstrategien heraus: HR-Flex-Value-Strategie/HR-Investment-Strategie/HR-Low-Cost-Strategie/HR-Balance-Strategie (Bruederlin 2020, S. 43 ff.). Hierbei handelt es sich nicht etwa um »einbaufertige« und in jedem Unternehmen sofort umsetzbare Strategien, sondern um Modelle geeigneter Personalpraktiken für die Strategieentwicklung. Zentrale Anforderung bleibt also: Erfolgreiche Unternehmen verfügen über eine integrierte, unternehmensspezifische Personalstrategie, in der die gesetzten Maßnahmen untereinander horizontal integriert, langfristig orientiert und mit der Unternehmensstrategie abgestimmt (vertikale Integration) sowie die Mitarbeiter:innen als kritischer Erfolgsfaktor anerkannt sind.

5. »Pflicht, Kür und immer die Kontrolle behalten« – Das Verhältnis von Personalstrategie, strategischem Personalmanagement und operativer Personalarbeit

Der Personalbereich hat, wie andere Bereiche der Unternehmensführung auch, verschiedene, aufeinander aufbauende historische Entwicklungsstufen durchlaufen (vgl. Rosenberger 2008). Zunächst hatte die Personalverwaltung, also vornehmlich die mit der Industrialisierung ausdifferenzierende Verwaltung von Lohn- und Sozialleistungen, nur einfache bürokratische Funktionen. Bald wurden diese operativen Tätigkeiten komplexer, es kamen neue Aufgaben hinzu, wurden zentralisiert und vor allem weiter professionalisiert. Personal wurde von einer Verwaltungs- zu einer Managementaufgabe. Durch die vertikale Integration, das heißt die enge Anbindung an die Unternehmensstrategie und die horizontale Abstimmung der einzelnen Managementfelder, hat das Personalmanagement dann seine Fähigkeit zur Schaffung von spezifischen Wettbewerbsvorteilen für die Unternehmung entwickelt: Es wurde potenziell strategisch. Das Erreichen einer jeweils neuen Entwicklungsstufe bedeutete aber nicht die Überwindung der vorhergehenden Funktionen, sondern ging vielmehr mit ihrer Integration einher. So sehr sich das Personalmanagement weiterentwickelt hat, so wichtig

ist weiterhin die Sicherstellung einer effizienten operativen Managementleistung. Die Optimierung und Standardisierung (v. a. im Zuge der Digitalisierung) schafft Freiräume und neue Optionen für die strategische Personalarbeit, ohne den Personalbereich von seinen operativen Aufgaben zu entheben. Die effiziente Beherrschung der operativen Basis des HR-Geschäftes ist entsprechend das »Pflichtprogramm« eines jeden strategiefähigen Personalmanagements (vgl. Knemeyer 2018). Operative Exzellenz verleiht der Personalabteilung die organisatorische Verankerung, um strategiefähig zu sein, das heißt neben der Pflicht auch die »Kür« erfolgreich zu bewältigen.[14]
Strategisches Personalmanagement existiert also nicht unabhängig vom »Unterbau« effizienter operativer Personalarbeit. Das gilt auch vice versa: »Eine HR-Strategie meint im Wesentlichen … mittel- bis langfristige Steuerung der Personalressourcen und der damit verbundenen Instrumente, Prozesse und Maßnahmen. … Wenn Humanressourcen effizient geführt sein sollen, dann handelt es sich um eine strategische Notwendigkeit« (Bruederlin 2020, S. 21). Die gesamte Palette personalstrategischer Themen, das heißt »leistungs- und finanzwirtschaftliche Ziele« (Personalplanung, -beschaffung, -erhaltung, -freistellung, -entwicklung), »soziale Ziele« (Führung, Legitimation, Sanktion) und »normative Ziele«, wie Sinn (Staffelbach 1986, S. 182 f.), sind an Effizienz- und an Effektivitätskriterien ausgerichtet. Die aus dem Unternehmenszweck abgeleiteten Ziele in vorausschauender, flexibler, kreativer und effizienter Form zu erreichen, ist »Kür« und »Pflicht« zugleich. Nur unter der Voraussetzung der Konsistenz strategischen und operativen Handelns kann Personal einen relevanten Wertbeitrag für das Unternehmen liefern.
Strategisches wie operatives Personalmanagement können ihre Wirksamkeit im beschriebenen Regelkreislauf wohlgemerkt nur mit Hilfe eines zielgerichteten Personalcontrollings mit einem strategieadäquaten Kennzahlensystem entfalten. Dieses sollte hinreichend differenziert sein und sowohl zur Strategiekontrolle als auch zur Strategieentwicklung im Vorstand und im Aufsichtsrat zur Verfügung stehen. In Abgrenzung zum klassischen Unternehmenscontrolling bedarf es darüber hinaus einer strategischen Konkretisierung in Richtung eines spezifischen und in das strategische Controlling integrierten Personalrisikomanagements, idealerweise in der inhaltlichen Verantwortung des HR-Ressorts.[15] Dabei

---

14 Zu erwähnen ist an dieser Stelle, dass die drei Seiten moderner Personalarbeit – HR-Dienstleistung, HR-Regelungsgeber, HR-Strategie – nicht immer widerspruchsfrei sind. So kann z. B. der HR-Kunde eine für ihn zielgenaue HR-Dienstleistung erwarten, diese aber aufgrund personalpolitischer Grundsatzentscheidungen nicht geliefert bekommen. Deshalb sind unternehmensinterne HR-Kundenzufriedenheitsbefragungen nicht ganz problemlos.

15 Die Frage der organisatorischen Zuordnung des Personalcontrolling und -risikomanagements zum Finanz-Controlling oder zum HR-Bereich ist nicht immer eindeutig zu beant-

geht es nicht nur darum, »die Risiken sichtbar und damit vorhersehbar zu machen, damit sie begrenzt oder vermieden werden können« (Kobi 2012, S. 5), sondern auch um die Identifizierung strategischer Chancen im Personalbereich für das Gesamtunternehmen. (Zum Themenkomplex Personalrisikomanagement vgl. auch Ackermann 1998, Paul 2005 und Berger/Schütte/Reinhard in diesem Band.)

6. Wie könnte sich strategische Personalarbeit in Zukunft weiterentwickeln?

Die notwendigen Voraussetzungen und Rahmenbedingungen für ein integriertes strategisches Personalmanagement sind vielfach weitgehend übereinstimmend beschrieben, der Instrumentenkasten ist voll und kompetentes, zum Teil hochspezialisiertes Personal steht zur Verfügung. Käme also die sprichwörtliche »Fee mit dem Zauberstab« und würde die angesprochenen praktischen Hürden mit leichter Hand beseitigen, könnte HR schnell mit einer einwandfreien Managementleistung überzeugen und mindestens auf Augenhöhe mit anderen Managementbereichen agieren. Auch wenn das in einigen Unternehmen bereits funktioniert, ist es in der Summe keine Selbstverständlichkeit geworden.[16] Vielmehr dreht sich die Debatte immer noch zu sehr um »Augenhöhe« und »Bedeutung der Personalabteilung« anstatt aus einer etablierten und anerkannten Managementrolle heraus systematisch über die Möglichkeiten der Weiterentwicklung strategischen Personalmanagements nachzudenken. Und damit ist nicht etwa »Digital HR« (Petry/Jäger 2018) gemeint. Die Möglichkeiten der technologischen Effizienzsteigerung auch im Personalbereich zu nutzen, ist selbstverständlich eine wichtige Voraussetzung zur Weiterentwicklung der Strategiefähigkeit des Personalbereichs. Vernachlässigt wird das systematische Nachdenken über eine strukturelle Einbettung des Personalmanagements in die Unternehmensführung (6.1), die Entwicklung wirksamer Controlling- und Bilanzierungsansätze im (Personal)Strategiezyklus eines Unternehmens (6.2) und die gesellschaftspolitischen Bezugspunkte eines strategischen Personalmanagements (6.3).

---

worten. Aus langjähriger praktischer Erfahrung sehen die Verfasser die organisatorische »Heimat« unbedingt im Personalbereich.

16 Ein Blick in die Geschichte des Personalmanagements in Deutschland zeigt, dass die inhaltliche Positionierung, die personelle Ausstattung und die organisatorische Einbindung des Themas in den Organisationen von Beginn an kontrovers diskutiert wurden. Die erzielten Fortschritte waren keineswegs Selbstläufer (vgl. Rosenberger 2008).

6.1 Bedeutung des Personalmanagements in der Unternehmensführung

Unternehmensführung ist ein anderes Wort für strategisches Management (Müller/Wrobel 2021, S. 5) und kann aus funktioneller (»Wodurch wird geführt?«) sowie institutioneller Perspektive (»Wer führt?«) betrachtet werden. Neben dem Management gelten »die Eigentümer und die Arbeitnehmervertreter« als »Zentren der Willensbildung« (ebd.) der Unternehmensführung. Sie ist somit ein Instrument der Vermittlung zwischen unterschiedlichen, oft widerstreitenden Interessen. Weitere Interessengruppen wurden im Laufe der Jahre sichtbar (ebd. S. 9) und wenn heute über die »Erweiterung des Unternehmenszwecks um Nachhaltigkeit und Verantwortung« (siehe hierzu Aust/Giertz in diesem Band) gesprochen wird, muss von einem breiten Stakeholder-Ansatz als Prämisse der Unternehmensführung, respektive des strategischen Managements ausgegangen werden.

Diese Entwicklung vom Shareholder- zum erweiterten Stakeholder-Ansatz ist aber keineswegs ausschließlich auf Diskurse in der Managementlehre zurückzuführen, sondern vor allem auf gesellschaftspolitische Debatten und politisches Handeln. Da Anteilseigner und Management von Unternehmen tendenziell zur reinen Gewinnorientierung neigen, »… sahen sich einerseits der Staat durch eine entsprechende Gesetzgebung (Betriebsverfassungsgesetz, Mitbestimmungsgesetz und eine Vielzahl von Schutzgesetzen, wie z. B. Kündigungsschutzgesetz, Arbeitssicherheitsgesetz) und andererseits die Gewerkschaften und Betriebsräte als Interessenvertreter der Arbeitnehmer durch Abschluss von Tarifverträgen und Betriebsvereinbarungen gezwungen, auf Berücksichtigung der besonderen Bedürfnisse abhängig arbeitender Menschen zu dringen« (Staehle 1989, S. 133).

Diese institutionellen Rahmenbedingungen sind wichtige, komplexitätserhöhende Faktoren der Unternehmens- und Personalstrategie geworden und stärken die strategische Bedeutung des Personalmanagements, indem sie den gesellschaftspolitischen Anspruch mindestens menschenwürdiger Arbeit (decent work[17]) als Voraussetzung der Unternehmensführung normativ festlegen. Das Personalmanagement ist in diesem regulatorischen Umfeld der natürliche Managementpartner abhängig Beschäftigter und ihrer Interessenvertreter in Betriebs- und Aufsichtsrat. Zusammen mit dem Betriebsrat entwickelt das Personalmanagement die strategieinduzierte operative Personalarbeit weiter (Halgmann 2019). Und auch den Arbeitnehmervertretern im Aufsichtsrat sollte das Personalmanagement ein geeigneter strategischer Partner zur Integration personalpolitischer Aspekte in die Unternehmensführung sein. Doch in Bezug auf grundlegende

---

17 Aus deutscher Sicht möglicherweise eine Minimalforderung: Die Verabschiedung der Decent Work Agenda im Jahr 1999. *https://www.ilo.org/berlin/arbeitsfelder/kinderarbeit/ WCMS_627790/lang--de/index.htm*

personalstrategische Entscheidungen ist die Einbindung des Aufsichtsrates heute regelmäßig als eher schwach zu bezeichnen (Hilb/Oertig 2010; Sons 2019; Giertz 2021b). Wachsende Berichtspflichten im CSR-Bereich und auch Standardisierungsprojekte, wie das auf die Überlegungen von Christian Scholz (HCR 10) zurückgehende Human Capital Reporting gemäß DIN ISO 30414, können in Zukunft helfen, die Herausforderungen und Resultate strategischen Personalmanagements auf Agenden von Aufsichtsräten zu bringen. Aktuell ist Personal aber in 78 Prozent der Aufsichtsräte größerer deutscher Unternehmen kein relevantes Thema (Giertz 2021b). Dabei ist klar, dass viele Herausforderungen der Unternehmensführung, wie Digitalisierung, multiple Transformationsaspekte, Wertewandel etc., personalpolitische Fragen sind, mit denen sich der Aufsichtsrat auseinandersetzen sollte. In diesem zunehmend »… komplexen Prozess haben Aufsichtsräte eine herausragende Bedeutung. Sie müssen die Personalstrategie hinterfragen und den Kulturwandel aktiv begleiten. Allzu leicht wird die digitale Transformation sonst am Humankapital scheitern« (Sons 2019, S. 100).

Diese Unterbelichtung des Personalthemas im Aufsichtsrat ist gleich in doppelter Hinsicht fatal, da der Aufsichtsrat eine weitere wichtige Rolle in der Unternehmensführung innehat: Er ist zuständig für die Bestellung der Vorstände, für die Verteilung der jeweiligen Zuständigkeiten und auch für eine sinnvolle Nachfolgeplanung (im Vorstand). Die Tatsache, dass Personalmanagement in den Vorständen deutscher Unternehmen nach wie vor unzureichend und in der Regel nicht eigenständig vertreten (Giertz/Scholz 2018; Giertz 2021a) ist, könnte auch das Ergebnis (und zugleich die Ursache) der Nicht-Thematisierung von Personalstrategie im Aufsichtsrat sein. In über 30 Prozent der größeren deutschen Unternehmen gibt es keinen Personalvorstand und in fast 20 Prozent dieser Unternehmen wird Personal vom Vorsitzenden der Geschäftsführung/des Vorstandes oder dem finanzverantwortlichen Vorstandsmitglied/GF mitgemanagt. Die eigenständige, fachlich und inhaltlich voll[18] und ungeteilt verantwortliche sowie in ihrer Rolle unmissverständliche Vertretung des Personalthemas im Vorstand ist aber eine zentrale Voraussetzung für die Strategiefähigkeit des Personalmanagements (Giertz 2021a).[19]

---

18 Dem Personalvorstand steht richtigerweise die Managementverantwortung für den Bereich Führungskräfte/Leitende zu (für die diesbezügliche Einordnung des MitbestG vgl. Wißmann/Kleinsorge/Schubert 2017, § 33 Rn. 39 u. 40, S. 779). In der Praxis ist das bedauerlicherweise allzu häufig strittig.

19 Ein solches Verständnis eines eigenständigen Personalvorstandes wurde 1951 in einem bahnbrechenden gesellschaftsrechtlichen Ansatz entwickelt und fast 70 Jahre erprobt und weiterentwickelt: Der Arbeitsdirektor gemäß § 13 MontanMitbestG, welcher a) in kollegialer Mitverantwortung und dem Unternehmensinteresse verpflichtet für die Entwicklung der Unternehmensstrategie steht, an der er sich b) bei der strategischen Planung der durch ihn verantwortete Ressource Personal orientiert und c) maßgeblich für die Personalpolitik verantwortlich zeichnet. Er kann »nicht gegen die Stimmen der Arbeitnehmervertreter im

Durch gezieltes Agendasetting in den Aufsichtsräten und politische Überzeugungsarbeit im Gesellschaftsrecht (Stärkung der Arbeitnehmerbank und der Ge-
meinwohlperspektive im Aufsichtsrat, Stärkung des Personalvorstandes) kann
Personal in Zukunft besser in der Unternehmensführung verankert werden.
Erfreulicherweise lassen sich dafür auch handfeste betriebswirtschaftliche Argumente finden. Vieles deutet darauf hin, dass Unternehmen mit starker Mitbestimmung personalstrategisch besser aufgestellt und zugleich erfolgreicher sind
(Scholz/Vitols 2018; Giertz/Scholz 2018; Scholz 2020; siehe auch den Beitrag von
Kluge/Scholz in diesem Band). Die Existenz eines eigenständigen Personalvor-
standes korreliert jedenfalls stark mit dem Grad der Mitbestimmung, ebenso
wie die Güte und Intensität zukunftsgerichteten (und gemeinwohlorientierten)
Personalmanagements.

6.2 Die Kostenorientierung überwinden. Personalmanagement methodisch erneuern

Unabhängig von ihrer häufig schwachen Strategieeinbindung verfügen Personal-
manager:innen in der Planung und Organisation von Personalthemen über einen
vielfältigen und erprobten Instrumentenkasten. Gilt das aber auch für das Controlling, dem Risikomanagement und der Bilanzierung des spezifischen Wertbei-
trages von Personal? Im Sinne eines ressourcenbasierten Ansatzes handelt es sich
gerade dabei um einen zentralen strategischen Schlüssel (Schwarz 2010, S. 57ff.).
Bedauerlicherweise muss aber immer noch eine »unzureichende analytische und
empirische Fundierung der Annahmen des Resource-Based View« (ebd. S. 67)
festgestellt werden. Vor allem die Bilanzierung von Humankapital stellt eine erhebliche Herausforderung dar, weil der Mensch sich fundamental von anderen
betriebswirtschaftlichen Inputfaktoren unterscheidet: »Im Gegensatz zum Ob-
jektcharakter von Werkstoffen, Betriebsmitteln, Finanzen oder Informationen,
die als Mittel zum Erreichen unternehmerischer Ziele eingesetzt werden, hat
der Mensch darüber hinaus Subjektcharakter, das heißt, dass Menschen einen
Selbstwert aufweisen (eigene Ziele, Wünsche und Bedürfnisse) und folglich nicht
von anderen Menschen oder Organisationen lediglich als Mittel oder Instrument
benutzt werden sollten.« (Staehle 1989, S. 133). Die Berechnung des Wertbeitrags
von Beschäftigten eines Unternehmens ist nicht zuletzt deshalb ein bisher nicht

---

Aufsichtsrat bestellt werden«. Diese Rücklegitimation eines Unternehmensvertreters durch
die Repräsentanten der Belegschaft, Vertreter der zuständigen Gewerkschaft (sogenannte
Externe auf der Arbeitnehmerbank) sowie die sogenannten weiteren Mitglieder (gemäß
§ 4 Abs. 2 unabhängige Vertreter eines Gemeinwohlinteresses), stellt einen gesellschafts-
rechtlich geradezu genialen und zeitgemäßen Ansatz zur Berücksichtigung einer breiten
Stakeholder-Perspektive dar (Lammert 2016). Aus dieser Perspektive ist es ist dringend
anzuraten, diesen zukunftsträchtigen Ansatz in das MitbestG von 1976 zu übernehmen.

gelöstes Managementproblem. Beschäftigte sind Objekte und als solche in gewisser Weise »Vermögensgegenstände« sowie auch gleichzeitig eigenwillige Subjekte. Sie könnten »als Kapitalgeber spezifischer Leistungsfähigkeiten … der durch Ausscheiden aus dem Unternehmen einen Verlust an Humankapital verursacht« (Schwarz 2010, S. 72), definiert werden und in diesem Sinne auch als schwer zu berechnender und flüchtiger Wert,[20] der sich in der Bilanz von Unternehmen nicht adäquat abbilden lässt.

In der Nicht-Bilanzierbarkeit liegt eine zentrale strategische Schwäche des Personalmanagements in einem zahlenorientierten Umfeld. Was nicht oder allenfalls als Kostenfaktor messbar und in Bilanzen abbildbar ist, schafft es nur schwerlich in die Strategiedebatte eines Unternehmens, sei es im Vorstand oder auch im Aufsichtsrat. Dass die Beschäftigten einen wesentlichen Beitrag zur Wertschöpfung leisten, bleibt so – so ließe sich überspitzt formulieren – lediglich eine sehr plausible Vermutung. Konkreter wird es erst, wenn es in den Debatten der Unternehmensführung um Kostenreduzierung geht (Pietsch 2008, S. 179). Insbesondere in personalintensiven Produktions- oder Dienstleistungsbereichen geht es dann schnell um Stellenabbau und technologische Substituierung von Personal. Wenn also der Wertbeitrag von Personal definierbar bzw. zählbar wäre (Smallwood, Ulrich 2004), würde dies die Strategiefähigkeit des Personalbereichs drastisch erhöhen. Kein Wunder also, dass es eine bereits lange andauernde theoretische, aber bisher praktisch wenig relevante Debatte gibt.

Ertragsorientierte Herangehensweisen, wie z. B. die Saarbrücker Formel (Scholz/Stein/Bechtel 2011, S. 57), versuchen gegenüber dem rein kostenorientierten Ansatz auf das Individuum bzw. auf Beschäftigtengruppen zu fokussieren, zugleich *quantitative Aspekte*, wie Personalentwicklungs-Kosten, »Wissensretentionszeit« und Marktwert der Mitarbeiter:innen sowie auch *qualitative Aspekte* wie die Motivation heranzuziehen. Diese Ansätze sind vor allem aufgrund der heterogenen oder auf Schätzungen basierenden Datengrundlagen angreifbar (vgl. kritisch Becker et al. 2007; Schwarz 2010, S. 129; Scherm/Süß 2016, S. 264 ff.). Vor allem wird kritisiert, dass notwendige Kennzahlen nicht in belastbarer Form vorliegen, lediglich auf Schätzungen basieren und so (auch international) nur schwer vergleichbar sind.[21]

Das Personalmanagement muss seinen Werkzeugkasten zunächst also im Controlling erweitern, um überhaupt sinnvolle Debatten über die Humankapitalbilanzierung führen zu können. Es muss sich geeignete Informations- und Con-

---

20 Lebrenz (2020, S. 5) beschreibt das folgendermaßen: »Während das Finanzkapital dem Unternehmen gehört, ist dies beim Humankapital nicht der Fall. … Ein wichtiger Teil des Unternehmenswertes verlässt allabendlich das Unternehmen.«

21 Vertreter des ertragsorientierten Ansatzes argumentieren mit Transparenz für Investoren. Tatsächlich gewinnen soziale, oft personalbezogene Kriterien neben ökologischen Aspekten bei Investoren an Bedeutung (vgl. Deutsches Aktieninstitut 2019).

trollingsysteme verschaffen, die zusammen mit einer angemessenen Umfeld- bzw. Marktbeobachtung eine belastbare Datengrundlage zur Strategieentwicklung und -implementierung darstellen. Über die notwendige Verknüpfung von Controlling, chancenorientiertem Risikomanagement und Human-Capital-Reporting muss ein Instrumentarium auf Augenhöhe mit anderen Managementbereichen geschaffen werden, das den Faktor Personal nicht mehr allein aus Kostenperspektive bewertet. Ein solches Instrumentarium wäre geeignet, den Aufsichtsrat als strategische Ebene besser einzubinden. Mit der DIN ISO 30414: 2018 liegt jetzt ein international gültiges System zur Humankapital-Berichterstattung vor, auf dessen Grundlage die Weiterentwicklung ertragsorientierter Herangehensweisen lohnenswert erscheint. Damit ließe sich der Zusammenhang zwischen Arbeit und Ertrag besser sichtbar machen (Scholz 2018, S. 275ff.). Erfolgversprechend sind dabei Ansätze, die die Binnensicht eines Unternehmens mit externen Indikatoren ebenso verbindet wie qualitative und quantitative Ansätze. Ob und wie sich am Ende eine Kategorie »Personal« in den Bilanzen abbilden lässt, ist dabei sicherlich nicht die wichtigste Frage. Wichtig erscheint vielmehr, dass in internen Strategieprozessen Personal unmissverständlich und nachvollziehbar als entwicklungsfähiger und potenzialträchtiger Wertschöpfungsfaktor anerkannt wird und im Diskurs zwischen Unternehmens- und Personalleitung, Beschäftigtenvertretungen, Aufsichtsgremien und externen Stakeholdern eine Steuerungswirkung entfaltet. Insbesondere Vertreter der Mitbestimmung sollten ihre nachvollziehbaren Vorbehalte ablegen und das Humankapital nicht als »Unwort« und Sinnbild für die Ausbeutung menschlicher Ressourcen betrachten, sondern als wirksames Argument Beschäftigung zu sichern.

6.3 Von der Stakeholder-Perspektive zur Gemeinwohlorientierung? Ein neues personalstrategisches Handlungsfeld

Wenn ein vielfältiger Stakeholder-Ansatz als Aufgabe der Unternehmensführung angesehen wird, ist die Mitbestimmung im Aufsichtsrat ein wichtiges Instrument der gesellschaftspolitischen Rücklegitimation in der Corporate Governance. Ebenso wie auch die erweiterte Personalvorstandsrolle des Arbeitsdirektors in seiner ursprünglichen montanindustriellen Konzeption. Hier gehören »die Sicherung von Beschäftigung unter anderem durch die Entwicklung von Konzepten der Aus- und Weiterbildung« ebenso wie die Berücksichtigung »regionalpolitischer Belange des Arbeitsmarkts« sowie »allgemeiner soziale(r) Belange der Region« (Giertz 2017, S. 12) zur tradierten Stellenbeschreibung einer Vorstandsrolle, die ökonomische und soziale Nachhaltigkeit vereint. Denn einerseits haben wir es in der Unternehmensführung mit ökonomischen Herausforderungen des (nicht-) ressourcenorientieren Umgangs mit Personal zu tun, die bedauerlicherweise insbesondere in Krisensituationen zu Tage treten. Und anderseits können auch Probleme sozialer (nicht-)Nachhaltigkeit wie soziale Ungleichheit, prekäre und nicht auskömmliche Arbeitsverhältnisse, Ausbeutung in der Lieferkette, unzureichende Mitsprache bei der Gestaltung des Arbeitsplatzes, (Jugend-) Arbeitslosigkeit etc. als Herausforderungen der Unternehmensführung angesehen werden.

Der Personalbereich adressiert somit neben wirtschaftlichen Aspekten mit sozialer Nachhaltigkeit (mindestens) einen weiteren Aspekt nachhaltigen Wirtschaftens. Eine Brückenfunktion, die häufig auch mit dem Managen von Zielkonflikten einhergeht. Dave Ulrich spricht von der Outside-in Perspektive moderner Personalmanagements, die immer mehr auf »… customers, investors, communities and general business conditions [fokussiert]. HR investments should help deliver value to the stakeholders and respond to the changing business conditions« (Ulrich 2019). Andere Autoren sprechen sogar von Gemeinwohlorientierung als möglichem zukünftigem Zielkonzept des Personalmanagements (Aust et al. 2019), das neben sozialen Aspekten zunehmend auch ökologische Fragestellungen zu adressieren vermag. Die mögliche Bandbreite ist groß. Sie reicht von legalistischem Handeln im Sinne von Enthaftung (Compliance) über Konzepte legitimen unternehmerischen Handelns in Bezug auf veränderte gesellschaftliche Werte (Nachhaltigkeit) bis hin zu grundlegenden ethischen Prinzipien in der Unternehmensführung (Verantwortung) in Erweiterung des Prinzips des »ehrbaren Kaufmanns«. Denn sollte es nicht um mehr gehen als um »guten Ruf« und »Reputation«? Beschorner und Hajduk (2011, S. 7f.) empfehlen über die »Individualethik« des ehrbaren Kaufmanns mit einem offenen, partizipativen und auch kulturübergreifenden Ansatz hinauszugehen.

Strategisches Personalmanagement ist ein zentrales Schlüsselelement zur Weiterentwicklung des Unternehmens, »wenn einerseits die relevanten Anspruchsgruppen des Unternehmens bei der (Weiter-)Entwicklung, Umsetzung und Evaluation des Unternehmensleitbildes involviert werden und andererseits die personalpolitischen Ziele, Strategien und Instrumente aus einem ganzheitlichen Unternehmensleitbild abgeleitet werden« (Hilb 2017, S. 15). Begriffe wie Diversity, Agility, Generation Z, alternde Gesellschaften sind begrifflich aufgeladene und selten in die Unternehmenswirklichkeit übersetzte »Buzzwords«. Das Personalmanagement muss die Übersetzung leisten und Antworten auch auf gesellschaftspolitisch relevante Fragen liefern – nicht nur um am Arbeitsmarkt attraktiv zu bleiben. Auch Produkte und Dienstleistung lassen sich ohne eine zeitgemäße Personalstrategie immer weniger verkaufen, weil Kund:innen zunehmend auf die Arbeitsbedingungen bei der Produktherstellung oder der Dienstleistungserbringung achten. Kurzgefasst: Ethisch fundiertes, strategisches Personalmanagement rechnet sich nicht nur im engeren ökonomischen Sinne (Schaaff 2016, S. 113ff.).

7. Anwendungsfelder strategischer Personalarbeit

Zum Verständnis strategischen Personalmanagements ist es wichtig, die notwendige Konsistenz der einzelnen Elemente (Strategie, Struktur, Kompetenz und Personalpolitik) kenntlich zu machen. Auch die daraus folgenden prozessualen Handlungsschritte operativer Personalarbeit sind konstitutive Merkmale einer Personalstrategie. Der möglichst bruchlose Weg von der in die Unternehmensstrategie integrierten Personalstrategie über Struktur und Kompetenzen in geplantes und tatsächliches Tun ist der Beleg für ein in sich konsistentes, strategisches Personalmanagement. Im Folgenden werden zwei Anwendungsfelder näher betrachtet: Strategische Personalplanung (SPP) und Changemanagement.

7.1 Strategische Personalplanung (SPP)

Personalplanung ist die zentrale Wertschöpfungskette des Personalmanagements (Scholz/Scholz 2019, S. 28) und als solche zwingend aus unternehmensstrategischen Implikationen abzuleiten sowie mit der unternehmensspezifisch-integrierten Personalstrategie zu verbinden. »Strategische und strukturelle Entscheidungen bestimmen den Personalbedarf in quantitativer, qualitativer, örtlicher und zeitlicher Hinsicht; diesen Erfordernissen muss im Rahmen der Bereitstellung von Personal entsprochen werden« (Scherm/Süß 2016, S. 9). Personalplanung ist der Praxistest der Strategieanbindung. Wenn ein Unternehmen nämlich nicht das (quantitativ und qualitativ) richtige Personal zur richtigen Zeit am richtigen Ort (und ggf. auch zum richtigen Preis) verfügbar hat[22], ist es sehr wahrscheinlich, dass in der Strategiedebatte darüber nicht oder nicht hinreichend systematisch verhandelt wurde. Ohne strategisches Fundament ist die Personalbedarfsermittlung (SOLL) als elementarer erster Schritt der Personalplanung schlichtweg nicht möglich. Werden hier fehlerhafte Annahmen getroffen, werden auch in den folgenden Planungsschritten (vgl. auch Giertz/Stracke 2019, S. 23; von Kettler 2017, S. 1 ff.) der Personalbeschaffungs-, Personalentwicklungs-, Personaleinsatz-, Personalabbau- und Personalkostenplanung keine hinreichend brauchbaren Ergebnisse erzielt.[23]

Auch wenn in der Literatur häufig strategische und operative Personalplanung unterschieden wird (INQUA 2018), sind beide Ebenen aufs Engste verbunden.

---

22 Personalplanung ist »… die Versorgung des Unternehmens mit der richtigen Quantität und der richtigen Qualität von Mitarbeitern, zur richtigen Zeit am richtigen Ort zu möglichst kostengünstigen Bedingungen« (Schwarz 2010, S. 19; vgl. Scherm/Süß 2016, S. 23; Lebrenz 2020, S. 212).

23 Wenn allerdings auch die strategischen Überlegungen, die der Bedarfsbestimmung vorangehen, unzutreffend, lückenhaft oder überholt sind, ist auch die enge Strategieanbindung kein Garant für vernünftige Planung.

Der SPP-Prozess kann als Brücke zwischen operativer Personalplanung und strategischer Unternehmensplanung verstanden werden (Schwarz 2010, S. 23; Scherm/Süß 2016, S. 23; Giertz/Stracke 2019, S. 17 f.)[24] und sollte so sprachlich korrekt als »strategiegeleitete und strategieintegrierte Personalplanung« (Giertz/ Stracke 2019, S. 14) bezeichnet werden. Sie lässt sich als mehrstufiger Prozess (Hoffmann 2017) darstellen, der die Anzahl der zukünftig benötigten Mitarbeiter:innen (quantitativ) mit den notwendigen Kompetenzen, Erfahrungen und Qualifikationen mit der IST-Situation ins Verhältnis setzt (Schwarz 2010, S. 24; Donkor et al. 2012, S. 22; INQUA 2018, S. 6; Scholz/Scholz 2019, S. 92) und im Ergebnis Schwerpunkte, Prioritäten sowie Richtung der Personalplanung bestimmt.

SPP ist ein komplexer Planungsprozess, der eine belastbare Datengrundlage voraussetzt. Donkor et al. (2012, S. 12) nennen hier interne Rahmenbedingungen (Leistungsfähigkeit der Organisation, Arbeitsinhalte, Kompetenzen/Fähigkeiten, kritische Profile, Mitarbeitersegmente) sowie auch interne und externe Erfordernisse (Budget, Diversitätsziele, Globalisierung, Arbeitsmarkt, Rechtliche Bedingungen, Konkurrenz, Ökonomische Faktoren). Auf dieser Grundlage ist SPP als ein revolvierender Prozess zu verstehen, der spezifische Handlungsmöglichkeiten des Personalmanagements entwickelt, implementiert und evaluiert und mit der Unternehmensplanung abgleicht (Schwarz 2010, S. 23 f.). Dieser Abgleich beinhaltet nicht nur die unmittelbare Anbindung (Integration) an die Unternehmensstrategie, sondern auch die Abstimmung mit anderen Planungsebenen innerhalb des Personalbereichs (Beck 2002, S. 109) sowie mit anderen Funktionalstrategien, den daran anknüpfenden strategiegeleiteten Planungsprozessen und ihren Ergebnissen (Schwarz 2010, S. 34). SPP ist wie kaum ein anderer Bereich der strategischen Planung mit dem Gesamtsystem der Unternehmensführung und seinen einzelnen Funktionsbereichen verwoben. Die Interdependenz mit anderen, ihrerseits dynamischen Subsystemen und auch der angesprochene Subjektcharakter des Managementgegenstandes verkomplizieren die SPP weiter. Sie ist als hochkomplexe Managementleistung ein zentrales Instrument der Ressourcenallokation an internen wie externen Arbeitsmärkten.

---

24 Diese »Brückenfunktion« bringt den Betriebsrat ins »strategische Spiel«. Dessen betriebsverfassungsrechtlicher Einfluss beschränkt sich nicht allein auf die Informationsrechte zur Personalplanung, sondern bezieht sich auch auf fast alle Einzelelemente des Personalplanungsprozesses (Beschäftigungssicherung, Weiterbildung, personelle Einzelmaßnahmen, Freisetzung etc.). So kommt es zu einer »Verlagerung der Aufgaben des Betriebsrates von personellen Einzelmaßnahmen der operativen Personalplanung hin zum strategischen Bereich der Personalplanung« (Beck 2002, S. 3 f.; ähnlich Halgmann 2019).

7.2 Changemanagement. Organisationsentwicklung als HR-Aufgabe

Was früher als Organisationsentwicklung bezeichnet wurde, ist heute Changemanagement. Die Darstellung des typischen Change-Prozesses soll an dieser Stelle nicht erfolgen (z. B. Berner 2019; Doppler 2017; Claßen 2013), sondern die spezifische Rolle der HR-Bereiche in diesem Zusammenhang. Gerade das Management von Veränderungsprozessen bedarf nicht nur einer angemessenen und professionellen Projektleitung, sondern vor allem der Führung. Ein Change-Projekt lässt sich – wenn es erfolgreich sein soll – nicht wegdelegieren. Deshalb sollten strategisch relevante Projekte (wie eine Unternehmensfusion, eine Neuorganisation, die Implementierung neuer Arbeitsformen, eine angestrebte Kulturveränderung, eine neue Führungsmannschaft) von der obersten Leitung/ vom Vorstand initiiert, gesteuert, begleitet und auch abgeschlossen werden. Nur so lässt sich ein Versanden des Projektes oder das Erlahmen einzelner Projektaktivitäten vermeiden. »Auch wenn … die Leitung eines Kulturprojektes … (möglicherweise) besser einem gestandenen Linienmanager anvertraut (wird), hat der Personalbereich eine Schlüsselfunktion für Kulturveränderung. Denn viele Instrumente, die typische Bestandteile eines Kulturveränderungsprojektes sind, sind klassische Personalinstrumente, etliche andere liegen zumindest im Grenzland von Linien- und Personalverantwortung« (Berner 2019, S. 325). Natürlich ist HR in bestimmten Situationen auch Berater und Coach der Vorgesetzten (Berner 2019, S. 335 ff.), aber grundsätzlich geht es in Change-Projekten um die innerhalb einer bestehenden Unternehmenskultur handelnden Menschen. Da liegt der Bezug zu HR theoretisch und praktisch sehr nahe. Nur zusammen mit den Beschäftigten kann Unternehmenskultur modernisiert und den Umfeld- und Marktbedingungen angepasst werden. Dabei geht es um die Konkretisierung der Veränderungsziele und des -konzeptes, um die zielgerichtete Einbindung der Mitbestimmung, um die Organisation und Koordination des Prozesses, um die Synchronisierung des existierenden Personalmanagements mit der neuen Arbeits- und Führungskultur und schließlich um die praktische, vor allem nachhaltige Umsetzung (Berner 2019, S. 325 f.; Claßen 2013, S. 153 ff.). Insbesondere wenn eine »neue« Unternehmenskultur eine explizit strategische Bedeutung hat, wird die Einbindung der HR-Funktion bedeutsam. Nicht zuletzt um über sie die Einbindung der Beschäftigten, der Mitbestimmung und idealerweise der Führungskräfte sicherzustellen.

Zentraler Kern von Changemanagement ist Kommunikation: »Viele Manager glauben, mit der Formulierung der Strategie sei ihr Job getan. Der anspruchsvolle Teil besteht jedoch darin, die Strategie umzusetzen. Dies ist aber nur möglich, wenn sie von allen Mitarbeitern verstanden und als Leitidee … akzeptiert wird. Dazu muss sie aber so kommuniziert werden, dass jeder sie verstehen kann und auf seine eigenen Aufgaben beziehen kann« (Doppler 2017, S. 54 f.). Die Personalfunktion stellt, nicht zuletzt über die frühzeitige Einbindung der Mitbestimmung als wichtiger Transmissionsriemen in die Belegschaft, eine bessere Akzeptanz von Veränderungsprozessen und die Übersetzung möglicherweise schwieriger Inhalte in nachvollziehbare und überzeugende Botschaften sicher.[25]

8. HR-Organisation, HR-Kompetenzen und die Rolle des Sozialpartners

Aus den personalstrategischen Grundsatzüberlegungen ergeben sich zwangsläufig Fragen nach der geeigneten Organisationsform des HR-Bereichs. Das bereits angesprochene Drei-Säulen-Modell von Dave Ulrich soll hier nicht vertieft werden (Claßen/Kern 2010; Jochmann 2017), aber es dürfte mehrheitlich der These zugestimmt werden, dass eine Gliederung der Personalorganisation nach den Rollen *HR-Business-Partner* (»HR-Leiter« in der obersten Unternehmenshierarchie und nachgelagert auf »allen« relevanten Entscheidungsebenen), *HR-Kompetenz-Center* (für »Spezialthemen« wie Compensation & Benefits, Arbeitsrecht, Führung, Talentmanagement, Personalcontrolling) und *HR-Administrations-Center* (Personalverwaltung, Entgeltabrechnung)[26] sinnvoll ist. Dennoch gibt es keine grundsätzlich richtige Blaupause für die HR-Organisation. Vielmehr muss dieses Modell auf die unternehmensspezifische Situation und Organisationsform angepasst werden. Dies gilt vor allem für die HR-Business-Partner-Rolle. Sichergestellt werden muss, dass diese Rolle überall dort zu implementieren ist, wo wichtige, also strategische Entscheidungen gefällt werden.[27] HR muss auf jeder Strategieebene an der Problemanalyse, der Entscheidungsvorbereitung, der eigentlichen Entscheidung, an der Umsetzung und bei der Erfolgskontrolle beteiligt sein. »Von Anfang an« also und »bis zum Schluss« und nicht erst in der Umsetzungsphase, nachdem wichtige Entscheidungen bereits abschließend gefällt sind.

---

25 Widerstände in Change-Prozessen sind vielfach beschrieben (Berner 2019, S. 73 ff.; Dopper 2017, S. 75 ff.; Claßen 2013, S. 120 ff.). Entscheidend für den Erfolg ist die nachhaltige, dialogische und von der Unternehmensspitze gewollte und vorgelebte Veränderung; alles andere bleibt Stückwerk.

26 Gerade hier wird Effizienz durch Digitalisierung weiter gesteigert, vgl. Petry/Jäger 2018; Knemeyer 2018.

27 Am Beispiel einer angenommenen Organisation: Vorstand, Geschäftsführung einer Tochtergesellschaft, Business-Unit-, Werksleitung. Dies mag überorganisiert erscheinen, ist aber für eine ernsthafte Umsetzung des Kerngedankens unumgänglich. Der jeweilige HR-Businesspartner benötigt dabei nicht zwingend einen größeren Mitarbeiter:innenstab, sondern nutzt die Kompetenzen und Kapazitäten der beiden anderen Bereiche (Kompetenz- und Administrations-Center).

Eine zusätzliche Herausforderung ergibt sich durch die zunehmende Internatio-nalisierung[28] von Unternehmen/Konzernen. Grundsätzlich gilt auch hier: HR gehört in die Leitungsgremien und sollte international vernetzt und abgestimmt vorgehen. Die Kompetenz-Center sind bestenfalls teils zentralisiert (Compen-sation & Benefits, Konzern-Talentmanagement), teils dezentral abgebildet (bei landesspezifischen Themen wie z. B. Arbeitsrecht und Mitbestimmung[29] zwin-gend). Für das Administrations-Center im Sinne eines Shared-Service-Center bietet sich je nach Unternehmenskonstellation eine nationale, regionale und internationale Aufstellung an. Bei aller Effizienzeuphorie sollten bereits ge-machte (positive und negative) Erfahrungen unbedingt Berücksichtigung fin-den. »Konsistentes Human Resources Management … bedeutet, dass alle diese für ein HR-Management wichtigen Faktoren (Geschäftsstrategie, HR-Strategie, HR-Struktur, HR-Kompetenzen, HR-Rollen, Management-Erwartungen, Orga-nisationskultur, HR-Wertbeitrag, Stellung in der Hierarchie etc.) aufeinander ab-gestimmt, miteinander koordiniert und entsprechend etabliert sind« (Bruederlin 2020, S. 11). Die verantwortlichen HR-Manager sind mit Bedacht auszuwählen[30] und die HR-Organisation sollte »auf Augenhöhe mit den Leitungsfunktionen innerhalb der Firma positioniert (sein)« (ebd., S. 14). Historisch betrachtet dürf-te das Anspruchslevel für HR-Führungskräfte kontinuierlich angestiegen sein. Zwar gab es »schon immer« HR-Expertenfunktionen in Unternehmen und die theoretische (im Falle des montanmitbestimmten Arbeitsdirektors auch prakti-sche) Notwendigkeit, sich unternehmensstrategisch einzubringen, aktuell steigt das erforderliche Kompetenz- und Erfahrungsniveau aber merklich an. Bereits Staffelbach beschreibt die – heute noch passenden – Rollen des/der modernen

---

28 Unabhängig von der weltweiten Akzeptanz des Drei-Säulen-Modells stellen die kulturel-len Unterschiede in der HR-Philosophie eine besondere Herausforderung dar. Das gilt für die Mitbestimmung, aber auch für die länderspezifische Fokussierung auf bestimmte Beschäftigtengruppen. So ergibt sich mit der Internationalisierung eine Erweiterung des Kompetenzprofils für die Personalfunktion (Sprachkenntnisse, Verständnis und Akzep-tanz anderer HR-Kulturen, Arbeiten in Matrixorganisationen).

29 Dies gilt aus Sicht der Verfasser für betriebliche sowie Unternehmensmitbestimmung und für den Businesspartner im Leitungsorgan. Die in § 33 MitbestG und § 13 MontanMit-bestG beschriebene Mittlerfunktion zwischen Unternehmens- und Beschäftigteninteres-se muss durch einen Personalvorstand/Arbeitsdirektor wahrgenommen werden, der ei-genständig, fachlich unabhängig und mit Befugnissen des Leitungsorgans ausgestattet ist (Giertz 2021a).

30 Bei dieser Auswahl ist auf HR-spezifische Qualifikation und (langjährige) Erfahrung zu achten. In der Praxis werden Personalvorstandsfunktionen nicht selten mit »fachfrem-den« Managern (die oftmals zusätzlich für andere Managementbereiche verantwortlich sind) besetzt. Das ist zumindest ungewöhnlich, die Stelle des Chefjustitiars würde man wohl kaum mit einem Ingenieur besetzen. Aus der Diskussion um die Positionierung der HR-Funktion in der Unternehmenshierarchie (»auf Augenhöhe«) ergibt sich auch ein ge-rechtfertigter Anspruch auf ein vergleichbares/gleichartiges Vergütungspaket.

Personalmanager:in als changierend zwischen den Rollenbildern »Schauspieler«, »Politiker«, »Beamter«, »Psychologe« und »Unternehmer« (Staffelbach 1986, S. 162 ff.).

An mehreren Stellen dieses Beitrags ist deutlich geworden, dass zur Umsetzung einer modernen Personalstrategie entsprechend qualifizierte Personalmanager:innen vorhanden sein müssen. Ein organisatorischer, an den strategischen Zielen angelehnter Umbau der Personalabteilung und der Versuch, alleine eine Personalstrategie dauerhaft im Unternehmen zu implementieren, ist nicht automatisch mit einer verfügbaren, historisch gewachsenen HR-Mannschaft möglich. Offensichtlich sind »… die Anforderungen an die Qualifikationen und Kompetenzen der Personaler massiv gestiegen …, die Fähigkeit, die Bedürfnisse des Geschäfts zu verstehen, (ist) die zentrale Kompetenz, die es Personalern ermöglicht, ihre strategische Rolle ausfüllen zu können … benötigen Personaler weitgehende quantitative und analytische Kompetenzen. Doch diese sind aktuell in den wenigsten Personalabteilungen vorhanden. … Dies könnte zur Folge haben, dass der strategische Einfluss der Personaler weiter sinken könnte.« (Lebrenz 2020, S. 29) Im Sinne der strategischen Personalplanung müssen die Bedarfe gemäß der (Neu-)Organisation des HR-Bereichs zunächst identifiziert, mit den vorhandenen Kernqualifikationen der HR-Mitarbeiter:innen abgeglichen, entsprechend nachgeschult bzw. qualifiziert[31] und bei Bedarf auch extern rekrutiert werden.

Die Einbeziehung der Mitbestimmung und der Sozialpartnerschaft ist für alle Ebenen der HR-Organisation grundlegend. Für die unternehmensspezifische Mitbestimmung (Aufsichtsrat und betriebliche Mitbestimmung) wurde dies bereits ausgeführt. Mitbestimmung hat unzweifelhaft mittelbar (Halgmann 2019; Giertz/Stracke 2019) und potenziell auch unmittelbar Einfluss auf die Unternehmens- und Personalstrategie. Wenn Mitbestimmung die Strategiefähigkeit des Personalbereichs also stärkt, so liegt umgekehrt in der Stärkung von Mitbestimmung und Teilhabe auch notwendigerweise ein Handlungsfeld für das Personalmanagement (Giertz 2018a). Sei es, indem HR mit seinen »Kenntnissen über Besetzungsprozesse, Organisationsentwicklung, Umgang mit Anforderungsprofilen sowie Qualifizierungstools« (Sons 2019, S. 101) bei der Kompetenzentwicklung von Mitbestimmungsakteuren unterstützt.[32] Oder sei es auch, indem HR

---

31 Aus praktischer Erfahrung heraus ist auch Nachschulungsbedarf auf Seiten des Business zu konstatieren. Die Rolle und Funktion des »HR-Business-Partners« werden nicht immer verstanden und als sinnvoll anerkannt. Dies gilt insbesondere, wenn aus einem »Personalleiter« »über Nacht« ein »HR-Business-Partner« wird und somit Personenidentität vorliegt. Hinzu kommt die generell geringe Akzeptanz des Anspruchs von HR, bei »strategischen« Entscheidungen mitwirken zu wollen.

32 Auch der Bau organisationaler Brücken, zwischen HR-Kompetenz und betrieblicher Mitbestimmung ist erfolgversprechend: auf Seiten der Personalabteilung Funktionen wie »La-

ein weiterentwickeltes methodischen Instrumentarium nutzbar macht, z. B. ein im genannten Sinne weiterentwickeltes Personalcontrolling und die Integration von Personalaspekten in ein geeignetes (im Aufsichtsrat mitbestimmtes) Überwachungs- und Steuerungssystem.

Neben der betrieblichen und Unternehmensmitbestimmung ist letztendlich auch die Sozialpartnerschaft als Ebene des korporatistischen Interessenausgleichs (nicht nur in Deutschland, sondern etwa auch in Österreich, der Schweiz sowie auf europäischer bzw. internationaler Ebene) ein wesentlicher personalstrategischer Faktor. Hier werden über die Tarifpolitik und andere sozialpartnerschaftliche Regulierungsebenen (Bundesanstalt für Arbeit, andere Sozialversicherungskörperschaften, DGUV etc.), Rahmenbedingungen in der Unternehmensumwelt geschaffen, die für die Strategieentwicklung überaus bedeutsam sind. Der Personalvorstand/Arbeitsdirektor vertritt das Unternehmen in der Regel in den Arbeitgeberverbänden und bei Tarifverhandlungen sowie den Sozialversicherungskörperschaften. Neben der beschriebenen regionalen Verantwortung liegt hier die Stärke der »Outside-In« Perspektive (Ulrich) des deutschen korporatistischen Modells. Eine einzigartige Möglichkeit der gesellschaftspolitischen Rücklegitimation und zugleich der Reduzierung von Komplexität (auch des Personalmanagements) durch die Schaffung gleicher Wettbewerbsbedingungen für Unternehmen.

9. Ausblick

Professionelle und strategische Personalarbeit kann »… einen unverzichtbaren Beitrag zur Reduzierung von Managementfehlern leisten. Dies setzt allerdings voraus, dass die Verantwortlichen in diesem Bereich fachlich hinreichend qualifiziert sind und innerhalb der Organisation auch über die notwendigen Ressourcen und Macht verfügen, um professionelle Personalarbeit umsetzen zu können. … Professionelle Personalarbeit verwaltet nicht, sondern gestaltet und wird damit zu einem Motor des Erfolgs« (Kanning 2019, S. 341). Im Geiste dieser Aussage sind die vorangegangenen Überlegungen wie folgt zusammenzufassen:

- Eine Personalstrategie leitet sich revolvierend aus der Unternehmensstrategie ab (im Idealfall handelt es sich sogar um eine *integrierte Unternehmens- und Personalstrategie*). Von der Personalstrategie als Funktionalstrategie sind die Humankapital-/People-Strategie und die HR-Governance und letztlich auch die Personalpolitik abzugrenzen. Eine Personalstrategie ist immer unterneh-

---

bour-Relations/Arbeitsbeziehungen« und auf Seiten der Mitbestimmung Stabsmitarbeiter:innen bzw. Referent:innen der Betriebsräte (Giertz 2018b).

mensspezifisch (Bruederlin 2020). Es gibt nicht die eine universelle Lösung, »… wer auf eine magische Formel, eine Wunderwaffe hofft, der wird enttäuscht sein« (Lebrenz 2020, S. 8).

- Generalisierende, theoretische Ansätze, wie das HR-Business-Partner-Modell nach Ulrich müssen konsequent (HR-Business-Partner auch auf der Ebene des obersten Leitungsorgans) und unternehmensspezifisch umgesetzt werden. Die Passgenauigkeit zur Unternehmensrealität wird vor allem durch Integration personalstrategischer Ansätze in die Unternehmensstrategie und konsequent konsistente Abstimmung aller strategierelevanten Ebenen erreicht. Hierzu ist ein eigenständiger, fachlich unabhängiger und starker (machtvoller) Personalvorstand eine notwendige Voraussetzung.

- In den Prozess der Entwicklung einer Personalstrategie sind das Top-Management, die oberen Führungskräfte, (selbstverständlich) die Personalabteilung und die Mitbestimmung einzubinden. Die Einbeziehung der Arbeitnehmervertreter im Aufsichtsrat kann hier hilfreich sein und ist – aus heutiger Sicht – ausbaufähig. In Systemen der dualistischen Unternehmensführung kann eine adäquate Personalstrategie nicht ohne aktive Einbeziehung des Aufsichtsrates als Vertretungsebene zweier wesentlicher Stakeholder entwickelt werden. Idealerweise (z. B. in der Stahlindustrie) ist neben den Eigentümer:innen und den Beschäftigten zusätzlich auch die gesellschaftspolitische Ebene vertreten. Mindestens ebenso wichtig ist die Basisarbeit über die Beteiligung von Betriebsräten im Wirtschaftsausschuss und Konzern- bzw. Gesamtbetriebsrat (Halgmann 2019). Hier wird ein wirksamer normativer Rahmen für die Personalstrategie geschaffen.

- Der Ableitungsprozess der Personalstrategie ist *kein* selbstverständlicher Automatismus, sondern muss regelmäßig von HR »erkämpft« werden. Grundlegend ist die Akzeptanz von HR im Vorstand, besser die Positionierung der HR-Funktion in der Unternehmensspitze, optimal die eigenständige Funktion des Personalvorstandes und ideal die vom Vertrauen der Belegschaft getragene Rolle des Arbeitsdirektors als gleichberechtigtes Vorstandsmitglied. Voraussetzung ist immer die weitreichende Kenntnis der Unternehmenswirklichkeit durch HR sowie die entsprechenden Qualifikationen im Personalbereich.[33] Schwierige Unternehmenssituationen sind hier hilfreich, da HR – jenseits einer von HR selbst einzuklagenden Wichtigkeit – in kritischem Umfeld tatsächlich beweisen kann, dass ein eigener, signifikanter Wertbeitrag möglich ist.

- HR sollte sich auf dem Weg zum strategisch-agierenden Partner nicht von modernen (zweifellos wichtigen) Themenfeldern in den Unternehmen systema-

---

33 Beaven (2019) bringt dies mit vier Schlagworten auf den Punkt: »Know yourself«, »Know your business«, »Know your industry«, »Know your profession«.

tisch ablenken lassen (Kommunikation, agiles Arbeiten, Kulturmanager:innen, Feelgood-Manager:innen, Lernbegleiter:innen, Problemlöser:innen) (Weilbacher 2017, S. 225 ff.), sondern sich – in Ableitung aus der Unternehmensstrategie – mit den spezifisch-prioritären Themenfeldern beschäftigen, diese strukturiert bearbeiten und mit einem regelmäßigen Erfolgscontrolling unterwerfen. Ziel bleibt, den Wertbeitrag von Personal sichtbar zu machen.

- »Das Personalmanagement eines Unternehmens ist dann strategisch relevant, wenn es einen Beitrag zum langfristigen Unternehmenserfolg liefert« (Huf 2020, S. 152). Die *Personalstrategie* und abzuleitende Ziele und Maßnahmen müssen vor allem an der *nachhaltigen Stärkung der (Stamm-)Belegschaft* ausgerichtet sein. Erfolgskritisch ist die *Fokussierung auf die tatsächlich unternehmensstrategisch zentralen HR-Themen* unter Absicherung der Qualität der HR-Basisarbeit (Schaaff 2014).

Abschließend kann man Lebrenz nur in seiner Einschätzung zustimmen: »Können wir uns zukünftig den Luxus noch leisten, kein systematisches Management unseres Humankapitals zu betreiben? Die Konzepte und Instrumente sind vorhanden. Was eher fehlt, sind Willen und Bereitschaft (und Fähigkeit), sie konsequent anzuwenden« (Lebrenz 2020, S. 339).

10. Literatur

Ackermann, K.-F. (1985): Personalstrategien bei alternativen Unternehmensstrategien, in: Bühler, W. et al. (Hrsg.), Die ganzheitliche Betrachtung der sozialen Leistungsordnung: Ein Beitrag zur Ganzheitsforschung und -lehre, Wien, New York, S. 347–373.

Aust, I./Matthews, B./Muller-Camen, M. (2019): Common Good HRM: A paradigm shift in Sustainable HRM? Human Resource Management Review 30 (3), 100705.

Barney, J.B. (1986): Organizational Culture: Can it be a source of sustained competitive advantage? Academy of Management Review 11, S. 656–665.

Bartscher, T./Nissen, R. (2017): Personalmanagement: Grundlagen, Handlungsfelder, Praxis, 2. Aufl., Hallbergmoos.

Beaven, K. (2019): Strategic Human Resource Management: An HR professional's toolkit, London.

Beck, M. (2002): Grundsätze der Personalplanung. Ausrichtung der Betriebsverfassung am Strategischen Human Resource Management. Wiesbaden.

Becker M./Labucay I./Rieger C. (2007): Erfassung und Bewertung von Humankapital – Kritische Anmerkungen zur Saarbrücker Formel. Betriebswirtschaftliche Forschung Prax. 1:38–58.

Berner, W. (2019): Culture Change: Unternehmenskultur als Wettbewerbsvorteil, 2. Aufl., Stuttgart.

Beschorner, Th./Hajduk, Th. (2011): Der ehrbare Kaufmann – Unternehmensverantwortung »light«? In: CSR MAGAZIN 2011, Nr. 3, S. 6–8.

Boxall, P./Purcell, J. (2016): Strategy and Human Resource Management, 4. Aufl., London.

Bruederlin, G. (2020): Die beste HR-Strategie für Ihr Unternehmen: Systematisch entwickeln, konsequent umsetzen, Köln.

Capgemini Consulting (2017): Now or never – HR's need to shape its own future. Results & Insights from Capgemini's Exploration »The Future Role of HR«.

Claßen, M. (2013): Change Management aktiv gestalten: Personalmanager und Führungskräfte als Architekten des Wandels, 2. Aufl., Köln.

Claßen, M./Kern, D. (2010): HR Business Partner: Die Spielmacher des Personalmanagements, Köln.

Clermont, A./Schmeisser, W./Krimphove, D. (Hrsg.) (2001): Strategisches Personalmanagement in Globalen Unternehmen, München.

Deutsches Aktieninstitut (2019): ESG from the perspective of Institutional Investors. What listed companies should know, Frankfurt/Main.

Doppler, K. (2017): Change: Wie Wandel gelingt, Frankfurt/Main, New York.

Donkor, Ch./Lohmann, T./Knorr, U. (2012): Unternehmenserfolg nachhaltig sichern durch strategische Personalplanung, PricewaterhouseCoopers AG (Hrsg.).

Demmer, C. (2014): Zwischen Utopia und Untergang, in: Personalwirtschaft 4/2014, S. 22–27.

Drucker, P.F. (1963): Managing for Business Effectiveness. In: Harvard Business Review. 3; Mai/Juni 1963.

Elsik, W. (1992): Strategisches Personalmanagement. Konzeptionen und Konsequenzen, München und Mering.

Fischer, S./Eireiner, C./Weber, S. (2019): Nachhaltiges HR-Management: Konzepte – Rollen – Handlungsempfehlungen, Stuttgart.

Giertz, J.-P. (2017): Der Kollege im Vorstand. Der Arbeitsdirektor in der Stahlindustrie als Mitbestimmungsakteur. Mitbestimmungspraxis Nr. 6, Düsseldorf.

Giertz, J.-P. (2018a): Besser im Schulterschluss – wie Personalmanagement und Mitbestimmung gemeinsam die Arbeit der Zukunft gestalten. In: Personalführung, Heft 7–8, S. 24–31.

Giertz, J.-P. (2018b): Ein neuer Akteur der Mitbestimmung, Arbeitsrecht im Betrieb, 12/2018.

Giertz, J.-P. (2021a): Personalvorstände in Mitbestimmten Unternehmen, Policy Brief I.M.U. Nr. 6, 3/2021, Düsseldorf.

Giertz, J.-P. (2021b): Bedingt strategiefähig, Personalführung 7–8/2021, Berlin, S. 21f.

Giertz, J.-P./Scholz, R. (2018): Strategische Personalarbeit ohne eigenen Personalvorstand? In: WSI-Mitteilungen, Heft 2, S. 140–149.

Gmür, M./Thommen, J.-P. (2019): Human Resource Management: Strategien und Instrumente für Führungskräfte und das Personalmanagement, 5. Aufl., Zürich.

Greve, G. (2019): Organizational Burnout: Das versteckte Phänomen ausgebrannter Organisationen, 4. Aufl., Wiesbaden.

Halgmann, M. (2019): Der Einfluss der Betriebsräte auf Personalstrategien im Betrieb, Augsburg, München.

Hilb, M. (2017): Integriertes Personal-Management: Ziele – Strategien – Instrumente, 21. Aufl., Köln.

Hilb, M./Oertig, M. (2010): HR Governance: Wirksame Führung und Aufsicht des Board- und Personalmanagements, Köln.

Hoffmann, T. (2017): Strategische Personalplanung mit Betriebsratsbeteiligung. Mitbestimmungspraxis Nr. 7. Hans-Böckler-Stiftung (Hrsg.). Düsseldorf.

Hinterhuber, H.H. (2015): Strategische Unternehmensführung: das Gesamtmodell für nachhaltige Wertsteigerung, 9. Aufl., Berlin.

Huf, S. (2020): Personalmanagement, Wiesbaden.

Jochmann, W. (2017): Geschäftsmodell der Personalfunktion im Wandel. In: ders./Böckenholt, I./Diestel, S. (Hrsg.): HR-Exzellenz: Innovative Ansätze in Leadership und Transformation, Wiesbaden, S. 357–374.

Johnson, G./Scholes, K./Whittington, R. (2011): Strategisches Management. Eine Einführung. Analyse, Entscheidung und Umsetzung. 9 Aufl.

Kanning, U.P. (2019): Managementfehler und Managerscheitern, Berlin.

Knemeyer, R. (2018): Optimierung von HR: Mit exzellenter Performance zur unternehmerischen Wertschöpfung, Freiburg, München, Stuttgart.

Knoblauch, J. (2010): Die Personalfalle: Schwaches Personalmanagement ruiniert Unternehmen, Frankfurt/M., New York.

Kobi, J.-M. (2012): Personalrisikomanagement: Strategien zur Steigerung des People Value, 3. Aufl., Wiesbaden.

Krauss, N.F. (2002): Strategische Perspektiven des Humanressourcen-Managements, Wiesbaden.

Kirschten, U. (2017): Nachhaltiges Personalmanagement: Aktuelle Konzepte, Innovationen und Unternehmensentwicklung, Konstanz, München.

Lammert, N. (2016): Festrede auf dem Festakt anlässlich 125 Jahre IG Metall »Gemeinsam für ein gutes Leben« Frankfurt am Main, Paulskirche, 4. Juni 2016 *https://www.igmetall.de/download/docs_2016-06-04_-_Festrede_Festakt_125_ Jahre_IG_Metall_in_Frankfurt_8191c32aa7efad672d6bdf24763187d0e26 df570.pdf* (abgerufen am 02.01.2021)

Lebrenz, C. (2020): Strategie und Personalmanagement: Konzepte und Instrumente zur Umsetzung im Unternehmen, 2. Aufl., Wiesbaden.

Mintzberg, H. (1999): Strategy Safari: Eine Reise durch die Wildnis des strategischen Managements, Wien/Frankfurt/M.

Müller, H.-E./Wrobel, M. (2021): Unternehmensführung: Strategie – Management – Praxis, 4. Aufl., Berlin, Boston.

Petry, Th./Jäger, W. (2018): Digital HR: Smarte und agile Systeme, Prozesse und Strukturen im Personalmanagement, Haufe.

Pfeffer, J./Salancik, G.R. (1978): The external control of organizations: a resource dependence perspective. Harper & Row, New York 1978.

Pietsch, G. (2008): Humankapitalbewertung im Personalcontrolling. Jenseits der Verantwortlichkeitserosion. Zeitschrift für Controlling & Management 53 (3), 178–189.

Pollety, W./Pastohr, M. (Hrsg.) (2017): Strategische Personalarbeit: Erfolgswege für kleinere und mittlere Unternehmen, Frankfurt/M.

Ridder, H.-G./Conrad, P./Schirmer, F./Bruns, H.-J. (2001): Strategisches Personalmanagement: Mitarbeiterführung, Integration und Wandel aus ressourcenorientierter Perspektive, Landsberg/Lech.

Riedl, J. (1995): Strategie und Personal: Ansätze zur Personalorientierung der strategischen Unternehmensführung, Wiesbaden.

Rosenberger, R. (2008): Experten für Humankapital: Die Entdeckung des Personalmanagements in der Bundesrepublik Deutschland, München.

Schaaff, H. (2014): Flexibilität und Kompetenz – Personaleinsatz, Personalbindung und Qualifizierung bei der Vallourec Deutschland GmbH. In: Bröckermann, R./Pepels, W. (Hrsg.), Das neue Personalmarketing – Employee Relationship Management als moderner Erfolgstreiber, Bd. 5: Handbuch ERM-Fallstudien, Berlin, S. 203–223.

Schaaff, H. (2016): Ethik, in: Müller-Vorbrüggen, M./Radel, J. (Hrsg.), Handbuch Personalentwicklung: Die Praxis der Personalbildung, Personalförderung und Arbeitsstrukturierung, 4. Aufl., Stuttgart, S. 89–118.

Scholz, C. (Hrsg.) (2018): Faszination Humankapital, Nomos.

Scholz, C./Scholz, T.M. (2019): Grundzüge des Personalmanagements, 3. Aufl., München.

Scholz, C./Stein, V./Bechtel, R. (2011): Human Capital Management: Raus aus der Unverbindlichkeit, 3. Aufl., Köln.

Scholz, R./Vitols, S. (2018): Der MB-IX in börsennotierten Unternehmen: Verankerung der Mitbestimmung im letzten Jahrzehnt, Mitbestimmungsreport, Nr. 43, Hans-Böckler-Stiftung, Düsseldorf.

Scholz, R. (2020): Der Mitbestimmungsindex – MB-IX. In: Maschke, M. et al., Mitbestimmung der Zukunft, Mitbestimmungsreport Nr. 58, 4/2020, S. 11–12.

Schütte, M. (2019): Mitarbeiterorientierte Unternehmensführung: Mitarbeiter als strategischer Erfolgsfaktor im globalen Wettbewerb, Stuttgart.

Sons, G. (2019): Aufsichtsräte und Beiräte brauchen mehr Personalkompetenz, in: Der Aufsichtsrat, 7/8, S. 100.

Smallwood, N/Ulrich, D. (2004): Capitalizing on Capabilities, Harvard Business Review, Juni 2004, S. 119–127.

Staehle, W.H. (1989): Funktionen des Managements, 2. Aufl., Bern/Stuttgart.

Staffelbach, B. (1986): Strategisches Personalmanagement, Bern, Stuttgart.

Trost, A. (2018): Neue Personalstrategien zwischen Stabilität und Agilität, Berlin.

Ulrich, D./Brockbank, W. (2005): The HR Value Proposition. Boston: Harvard Business School Press.

Ulrich, D./Kryscynski, D./Ulrich, M./Brockbank, W. (2017): Victory through Organization: Why the War for Talent is Failing Your Company and What You Can Do About it, New York.

Ulrich, D. (2019): Dave Ulrich on the outside-in view of HR. Interview in Think: Act magazine »Breaking the rules« March 2019. *https://www.rolandberger. com/en/Insights/Publications/Dave-Ulrich-on-the-outside-in-view-of-HR.html* (abgerufen am 06.12.2020)

von Kettler, B. (2017): Strategische Personalplanung: Personalstruktur und Personalbedarf der Zukunft – ein Praxishandbuch, Stuttgart.

Weckmüller, H. (2013): Exzellenz im Personalmanagement: Neue Ergebnisse der Personalforschung für Unternehmen nutzbar machen, Freiburg, München.

Weilbacher, J.C. (2017): Human Collaboration Management: Personalmanager als Berater und Gestalter in einer vernetzten Arbeitswelt, Stuttgart.

Weilbacher, J.C. (2018): Die Revolution: HR muss sich abschaffen, Human Resource Manager 19.10.2018, *https://www.humanresourcesmanager.de/ news/der-revoluzzer-hr-muss-sich-selbst-abschaffen.html* (abgerufen am 19.12.2020)

Wißmann, H./Kleinsorge, G./Schubert, C. (2017): Kommentar zum Mitbestimmungsrecht, 5. Aufl. 2017, Verlag Franz Vahlen, München.

Albert Löhr
Werte, Normen, Ethik für die strategische Personalarbeit

Inhaltsübersicht

1. Strategie und Ethik: Die konventionelle Sichtweise

Üblicherweise können die Denkmuster von Strategie und Ethik wenig miteinander anfangen. Das hat damit zu tun, dass die Entwicklung des »strategischen«

---

1 Ich nehme hier konkret Bezug auf die Ergebnisse des Arbeitskreises »Code of Conduct«
der DGFP (Deutsche Gesellschaft für Personalführung), publiziert in DGFP (Hrsg.): Wertegerüst für Funktionsträger des Personalmanagements – ein Diskussionsbeitrag. Positionspapier 4/2005, Düsseldorf 2005.

Managements seit ihrem begrifflichen Startschuss (Hofer/Schendel 1978)[2] stark von den Denkmustern des Kampfes (Feldzüge, Überleben, Eroberungen von Märkten usw.) und des Leistungssports (Gewinnen um nahezu jeden Preis) diktiert wurde, während man der Ethik eher ein Nischendasein im schöngeistigen (»Platon«) und entrückten Denken (»Kant«) zubilligte – weltfremde Sonntagslektüre eben. Auch und gerade die Personalarbeit hat sich von daher in den letzten Jahrzehnten schwer damit getan, sich von der traditionellen Metapher des Unternehmens als »Kampfplatz« antagonistischer Interessen zu emanzipieren und auf die Notwendigkeit eines ernsthaften und offenen Miteinanders aller Beteiligten einzulassen. Wobei man hierzu allerdings betonen muss, dass die *Praxis* mit ihren reichhaltigen Partizipations- und Mitbestimmungskonzepten und den positiven Erfahrungen hier der *Theorie* – jedenfalls der dominierenden ökonomischen Theorie mit ihrem Menschenbild des rationalen Egoisten in chronischen »Misstrauensorganisationen« (Bleicher 1982) – oftmals weit vorausgeeilt ist (näher Steinmann/Hennemann 1996). »*Bad for Practice*« stellten Sumantra Ghoshal und Peter Moran (1996) schließlich zu den Auswirkungen der um sich greifenden Institutionenökonomik in einem viel zitierten Aufsatz kurz und bündig fest. Denn in der Praxis wird aufgrund von kunstvoll erlernten, eigentlich nur *theoretisch gesetzten* Modellannahmen vorschnell so getan, *als ob* die Menschen nur rational kalkulierend ihrem Eigennutzen folgen. Eine fatale self-fulfilling prophecy kommt so in Gang – die *as-if-economics* wird »bad for practice« (Ghoshal 2005). Oder anders gefragt: »*Will good practice ever overcome bad theory?*« (Ghoshal/Moral 1996).

2. Transformation: Eine Konvergenzthese

Die hier vertretene These lautet: Sie wird. Denn unter dem praktischen Handlungsdruck durch Globalisierung, Digitalisierung sowie steigenden Transparenz- und Rechenschaftserfordernissen wandeln sich die Voraussetzungen für Theorie und Praxis der Personalarbeit dramatisch. Eine summarische Betrachtung aktueller Entwicklungen der Denkmuster von Strategie und Ethik deutet nämlich

---

2 Hofer, Charles W./Schendel, Dan: Strategy Formulation. Analytical Concepts, West Group publ. 1978. Bis zu dieser strategischen »Umbenennung« wurde die grundlegende Ausrichtung der Unternehmung bekanntlich unter dem Begriff der »Business Policy« (Unternehmenspolitik) verhandelt, was es heute noch möglicherweise um einiges leichter machen würde, auf »politische« Konzepte der Berücksichtigung von Interessen- und Perspektivenvielfalt wie den Stakeholder Approach (Freeman 1984) oder die »Political CSR« (Scherer/Palazzo 2007) auch theoretisch ernsthaft einzugehen.

darauf hin[3], dass sich deren formale Erfordernisse an die Unternehmensgestaltung insgesamt (u. a. Governance, Organisation, Controlling) und damit explizit auch an Personalmanagement und -arbeit allmählich angleichen (wegbereitend in diesem Zusammenhang z. B. die »Levers of Control« von Simons 1994). Ob man das Resultat dann weiterhin als »strategisch« bezeichnen sollte, bleibt abzuwarten; einiges spricht dafür, diesen semantisch kontaminierten Begriff lieber durch den der Verantwortung (Responsible Management) zu ersetzen, so wie dies eine einschlägige Initiative internationaler Business Schools unter dem Dach der Vereinten Nationen in der PRME (Prnciples for Responsible Management) Bewegung seit gut einer Dekade vorantreibt.[4] Aber der »hohe Bedeutung« ausdrückende Begriff strategisch hat sich eingebürgert – also wollen wie ihn bis auf Weiteres nutzen.

Die Notwendigkeit für einen solchen Paradigmenwechsel ist klar erkennbar, das kommt auch im Titel dieses Buches mit »Transformation« zum Ausdruck. Und hierbei steht die Ethik nicht mehr bloß als Ausstellungsstück (»Gesäusel«, vgl. so noch Helmut Maucher 1990) im Schaufenster der PR-Abteilung, sondern ist in der Chefetage ernsthaft zu verhandeln. Denn schon aus der bloß erfolgsinteressierten Perspektive des strategischen Managements müssen mittlerweile auch *nicht-finanzielle Risiken* der Unternehmenstätigkeit wie Arbeitsstandards, Menschenrechtsverletzungen, Umweltschäden oder Korruptionsrisiken immer genauer untersucht, verstanden und behandelt werden. Zu beachten ist – bzw. gar nicht mehr ignoriert werden können:

- Die einschlägige *nationale Gesetzgebung* wurde in den letzten Jahren in vielerlei Hinsicht justiert, insbesondere was Berichtspflichten (»Reporting«) über nicht-finanzielle Risiken der Unternehmenstätigkeit angeht (z. B. CSR-RUG 2016); das große aktuelle Thema ist der Nationale Aktionsplan Menschenrechte (2016) und die damit verbundene Initiative für ein »Lieferkettengesetz« (Lieferkettensorgfaltspflichtengesetz – LkSG 2021), das Unternehmungen für Menschenrechtsverletzungen und Umweltschäden in ihren weltweiten Wertschöpfungsprozessen haftbar machen soll. Viele KMUs meinen zwar immer noch, das ginge sie nicht wirklich etwas an, weil sich diese Gesetze formal nur an die »Großen« richten. Aber das ist sehr kurzsichtig. Denn: Wenn sich bestimmte Standards erst einmal etabliert haben, werden sie auch für KMUs unhintergehbar, z. B. in Bieteprozessen und öffentlichen Ausschreibungen, aber vor allem als Zulieferer.
- Den Hintergrund für derartige Regelungen bilden in zunehmendem Maße *internationale Vereinbarungen* wie die Initiativen der Vereinten Nationen (Glob-

---

3   Vgl. die zahlreicher werdenden Beiträge im international führenden Fachorgan Academy of Management Review, insbes. Vol. 45 (2020), No. 1.
4   *https://www.unprme.org/about*

al Compact 1999, Sustainable Development Goals 2015, UN Guiding Principles on Business and Human Rights and Business 2011). Insbesondere für die Risiken aus Verletzung von Arbeitsstandards kann schon seit vielen Jahren auf die bestehenden »Kernarbeitsnormen« (core labour standards) der ILO zurückgegriffen werden – Gewerkschaftsfreiheit sowie Verbot von Kinderarbeit, Zwangsarbeit und Diskriminierung. Die entsprechenden acht Konventionen sind Basis jeder ernsthaften Verhandlung über Ethik in der Personalarbeit.

- Auf Ebene der *Europäischen Kommission* folgen als Ausfluss der Lissabon Strategie in regelmäßiger Taktung Direktiven, die in Landesgesetzgebung zu übersetzen sind (z. B. CSR Reporting Direktive EU 2014/95, Whistleblowerschutz Direktive EU 2019/1937)
- Die *Investoren* und Kapitalmärkte suchen in signifikant steigendem Maße nach Anlagen in »grünen« und »sozialen« Geschäftsmodellen. Wenn sich mit Blackrock einer der größten Vermögensverwalter dieser Welt mit 7 Billionen USD investierbarem Kapital dazu entschließt, sich von nachhaltigkeitsschädlichen (z. B. klimaschädlichen) Anlagen komplett zu trennen, dann muss das nicht nur den Managern, sondern auch den Mitarbeitern und Mitarbeiterinnen von Tausenden betroffenen Unternehmungen ein deutliches Signal dafür sein, dass sich etwas ändern muss.
- Auch der Anreiz – für Pessimisten: der Zwang –, sich Produkte und Dienstleistungen auf Nachhaltigkeitstauglichkeit »*zertifizieren*« zu lassen, nimmt ständig zu. Spätestens seit die großen Discounter erfolgreich mit Bio und Fair gehandelten Produkten aufwarten, müssen auch die letzten Zweifler erkennen, dass da faktisch eine Nachfrage wächst, die man der »Geiz ist geil«-Generation so gar nicht zugetraut hat.
- Schließlich wird auch die Berichterstattung in den *Medien* immer umfassender und setzt sich sehr detailliert mit einzelnen Geschäftsmodellen und ihren ethischen Problemen auseinander. Der »Wirtschaftsteil« manch etablierter Zeitung wie der ZEIT liest sich heute fast wie ein Lehrbuch der Wirtschaftsethik mit immer neuen Fallbeispielen.

Der zentrale Punkt in unserem Zusammenhang ist Folgender: Für all diese Erfordernisse reicht es nicht mehr, die Themen Compliance, Ethik, CSR oder Nachhaltigkeit von einem zentralen Department (»Stabsstelle PR«) oder einer externen Agentur mit Hochglanzbroschüren professionell »ruhigstellen« zu lassen. Vielmehr wird die systematische Aufmerksamkeit der gesamten Organisation benötigt, multipersonal und dezentral über alle Ebenen hinweg verankert, also quasi die Aufbietung aller Selbstheilungskräfte, die die *interne* Kommunikation mobilisieren kann, um toxische Systemstellen zu identifizieren (vgl. eingehend Zerfaß/Piwinger 2014). Wer dies vernachlässigt, das heißt: nicht systematisch organisiert und Verantwortung klar verankert, sollte sich nur das Urteil gegen Ex-Siemens Vorstand H.-J. Neubürger vom 10. 12. 2013 vor Augen halten. Das

Landgericht München I verurteilte ihn zu 15 Mio. € Schadenersatz an Siemens, weil er nicht seiner Pflicht nachgekommen sei, ein angemessen wirksames Compliance-System gegen Korruption zu installieren.[5] Aber es muss zwangsläufig auch die *externe* Unternehmenskommunikation zu einem strategischen Frühwarnsystem auf- und umgebaut werden, um gemeinsam mit den Stakeholdern im sogenannten *»Materiality Assessment«* (vgl. dazu den GRI 4.0 Berichtsstandard)[6] die wichtigsten Bereiche nicht-finanzieller Verantwortung in »doppelter Wesentlichkeit« – i.e. für die Unternehmung *und* für die Stakeholder – zu diagnostizieren und zu behandeln. Die systematische Einbeziehung von Arbeitnehmer:innen auch aus Zulieferbetrieben wird hier unerlässlich, da es bei den prioritären Themen ethischen Risikos sehr häufig um die Arbeitsbedingungen entlang der Lieferkette geht. Es liegt auf der Hand, dass gerade deutsche Unternehmungen mit ihrer langjährigen Erfahrung in Sachen Mitbestimmung und Sozialpartnerschaft hier sogar strategische Wettbewerbsvorteile ins Spiel bringen können, weil sie auf diesen eingeübten Prozessen leichter aufbauen können als ihre internationalen Wettbewerber – noch.

Wer ein wenig Kenntnis von den hergebrachten Diskussionen um Partizipation und Kommunikation im Unternehmen mitbringt, wird erkennen, dass sich in diesen Aufgaben ganz formal und nahezu zwangsläufig eine *Konvergenz* von »strategischen« und »ethischen« Erfordernissen anbahnt, die auf eine systematische, frühzeitige und ernsthafte Einbeziehung aller Betroffenen in partizipativen Prozessen (Dialogen) hinausläuft. Diese Einbeziehung muss durch umfassende Maßnahmen der strategischen Personalarbeit vorbereitet und ermöglicht werden.

Wobei hier allerdings zwei Warnhinweise angebracht werden müssen.

Erstens: Diese Konvergenz kann nicht für jede beliebige Ethik aus dem Lehrbuch der Philosophie behauptet werden. Im Plural der »Ethiken« stehen verschiedenste Ansätze miteinander in Konkurrenz (vgl. Pieper 2017), vor allem wenn man den globalen Kontext mitbedenkt. Erinnert sei hier nur exemplarisch an die schon klassischen Kontroversen zwischen »Deontologen« (z. B. Tugend- und Pflichtenethiken à la Immanuel Kant) und »Teleologen« (z. B. Folgenethiken wie den Utilitarismus von John Stuart Mill). Jede Ethik hat dabei ihre eigenen, spezifischen Konsequenzen für die Arbeitsgestaltung. Hier wird zur Begründung der Konvergenzthese, das sei an dieser Stelle klar hervorgehoben, Bezug genommen auf die *diskursive »Verfahrensethik«* (z. B. Diskursethik à la Habermas

---

5   Vgl. hierzu die Erläuterungen des Urteils durch den Vorsitzenden Richter Helmut Krenek: *https://www.compliance-manager.net/fachartikel/zum-neubuerger-urteil-022015*

6   Die Global Reporting Initiative (GRI) hat sich zu einem führenden Berichtsstandard in den Fragen der Nachhaltigkeitsberichterstattung publizitätspflichtiger Unternehmungen entwickelt. *https://www.globalreporting.org/how-to-use-the-gri-standards/questions-and-answers/materiality-and-topic-boundary/*

1983) mit dem Argument, dass es im globalen Pluralismus von Kulturen und Wertesystemen heute fundamental nur noch um eine Verfahrensregelung für die gemeinsame Verständigung gehen kann, nicht mehr um einen – wie auch immer angelegten – »Beweis« inhaltlicher Pflichten, Tugenden oder Ziele. Da bei der Personalarbeit ohnehin immer der Mensch im Mittelpunkt des Handelns steht und der unternehmensübergreifenden Kommunikation dabei die Schlüsselrolle für das Miteinander zukommt, wird so die Frage nach den Normen und Werten (i.e. den Regeln) des kommunikativen Umgangs miteinander zum konstitutiven Kern für alle Personalaufgaben (vgl. grundlegend Steinmann/Löhr 1992a).

Zweitens: Weil es uns also um die *Ethik* der Kommunikation geht, müssen wir schon anerkennen, dass ein relevanter Unterschied zwischen kommunikativer *Ethik* (Argument: »überzeugen«) und kommunikativer *Macht* (Rhetorik: »überreden«) gemacht werden kann. Ich möchte hierzu unter Inanspruchnahme »großer Philosophie« (i.e. der Sprachpragmatik des 20. Jahrhunderts, zuletzt prononciert ausformuliert durch Harald Wohlrapp 2008)[7] anfügen, dass diese Differenz keine Frage einer beliebigen theoretischen »*Setzung*« darstellt. Vielmehr ist auf die *Praxis* der Kommunikationsverhältnisse selbst zu verweisen, wo wir alle den Unterschied zwischen Überzeugung und Überredung als Teilnehmer an Diskursen ständig schon *erfahren* und an diesen praktischen Differenzerfahrungen *ethisch* wachsen oder *machtversessen* scheitern können. Im Grunde geht es dabei um nichts anderes als die Frage, ob wir uns am soziologischen Kommunikationsbegriff (Macht) oder am philosophischen Kommunikationsbegriff (Ethik) orientieren – uns also als Vernunftpolitiker oder als Machtpolitiker verstehen. Ersichtlich fällt dieser Lernprozess *allen* Beteiligten schwer, vor allem in einem sich immer ungenierter an alternative facts, fake news und wilden Spekulationen ergötzendem Umfeld. So wird eine *Ethik* der Kommunikation von vielen sogar grundlegend verweigert mit dem Hinweis, dass in Arbeitsverhältnissen doch letztlich alles nur in Machtpolitik, Willkür oder »Arbeitspolitik« zerfällt. So gesehen hätte dann Michel Foucault (2005) das letzte Wort in der Sache gesprochen und eine weitere Befassung mit der Ethik wäre nur blanke Rhetorik und mehr oder weniger überflüssig. Wer das so meint, kann das Weiterlesen hier eigentlich beenden und sich zurück auf seinen verbalen »Kampfplatz« begeben. Leseempfehlung: Schopenhauer (1830).

---

7   In radikaler Kürze sei hierzu nur zusammengefasst, dass die Ethik des Diskurses eine macht- und vorurteilsfreie, nicht-persuasive und sachkundige Argumentation mit dem Ziel wechselseitiger Überzeugung erfordert. Das ursprünglich von Apel (1973) und Habermas (1983) in transzendentalpragmatischer Absicht formulierte Ziel des allseitigen freien Konsenses – der berühmte »eigentümlich zwanglose Zwang des besseren Arguments« (Habermas) – wird in der neueren Diskurs- und Argumentationsphilosophie empirisch abgeschwächt zum Ziel einer (faktischen) »Einwandfreiheit« (b.a.w. keine weiteren Einwände) von Diskursergebnissen bei Harald Wohlrapp (2008).

3. Grundsätzliche Orientierungen

3.1 Moralen und Ethik

Die weiterhin Neugierigen müssten sich nun mit der ersten Weichenstellung näher befassen. *Welche Ethik?* Die Erfahrung zeigt, dass man gerade in überblicksartigen Abhandlungen zum Thema Ethik immer – i.e. ausnahmslos – an einen Punkt kommt, wo man grundlegende Begriffe kurz erläutern und vor allem sein eigenes Verständnis von Ethik transparent machen muss. Das liegt darin begründet, dass *faktisch* existierende Wertegerüste in jeder sozialen Gemeinschaft eine tragende Rolle spielen. Es gibt keine soziale Gemeinschaft ohne Moral, das ist schon im Begriff der Gemeinschaft angelegt. Die Frage kann daher nur lauten, *welche* Moral dort herrscht. Interessanterweise sind die Wertegerüste von außer- oder nebengesetzlichen Gemeinschaften wie der Mafia oder bestimmten »Querdenkern«, aber auch von betrügerisch tätigen Gruppierungen in Unternehmungen, in der Regel sogar stärker als die grundlegend schon im Recht verankerten Wertevorstellungen der offiziellen Gesellschaft. Der Grund für die Strenge einer »Ganovenehre« (Victor Lustig 1937) liegt auf der Hand: Die deviante Gruppe muss zusammenhalten, um sich vor den formalen, sanktionsbewehrten Regeln der Gesellschaft zu schützen. Viele Beispiele von Firmenskandalen von Enron über Siemens und Volkswagen bis Wirecard sprechen hier eine deutliche Sprache: In betrügerisch tätigen Netzwerken gibt es starke soziale Abhängigkeiten durch moralische Binding. Aber man sieht auch: Solche faktisch bestehenden »Wertegerüste« sind oft fragwürdig. Daher muss man zwingend einen begrifflichen Unterschied machen zwischen *Moral* = faktisch herrschende und *Ethik* = allgemein begründbare Normen- und Wertegerüste (vgl. Pieper 2015, S. 15 ff.).

Dazu brauchen wir in der Sache einige Grundkenntnisse. Wer nun meint, Philosophie ist nicht so mein Ding, ich will lieber wissen, was das »praktisch« alles bedeutet, mag den folgenden Abschnitt 3.2 erst einmal überspringen. Ich vermute allerdings, dass auch rein praxisfokussierte Leser doch bald wieder genau hierher zurückkehren, weil es ganz ohne grundlegende gemeinsame Begriffe eben nicht geht. Das ist auch beim Bilanzlesen und im Arbeitsrecht so, nur für die Ethik denken sich viele Menschen: »Ach, kenn ich schon, war schon in der Schule ein Kinderspiel, nur gute Noten.« Leider ist das so mit jeder Propädeutik: Gerade was einfach aussieht, ist in der konkreten Durchführung oft sehr kompliziert, wie das Abwägen von Argumenten.

3.2   Werte und Normen, Moral und Ethik

Ein bestimmtes Wertegerüst – eine *Moral* – hat also jeder Entscheidungsträger in der Personalarbeit, dies lässt sich gar nicht vermeiden. Die Frage ist, ob und wie sich diese persönlichen Leitlinien, für die seit Kant auch der Begriff der *Maximen* gebräuchlich ist (z. B.: »Mein Grundsatz: Nur Leistung zählt.«), allgemeinverbindlich begründen lassen.

Unter *Moral* versteht man jene Werte und Normen, die durch faktische Anerkennung der Menschen eines Kulturkreises gemeinsam als verbindlich angesehen werden. Wegen der empirischen Pluralität solcher Kulturkreise, auch innerhalb von Gesellschaften oder Unternehmungen, spricht man häufig im Plural von »Moralen« oder Gruppenmoralen. Gerne wird heute auch von einer Differenz zwischen »expliziter« (offizieller) und »impliziter« (tatsächlicher) Moral gesprochen – das ist dann der häufig erlebbare Widerspruch zwischen den sichtbar vor sich her getragenen und den faktisch gelebten Normen und Werten, das beliebte Gesellschaftsspiel: Wasser predigen und Wein trinken (Heinrich Heine 1843, 2019). Moralen können so zueinander in verschiedenen Beziehungen von Harmonie über Toleranz bis Konflikt stehen.

Normen stellen in diesem Zusammenhang Aufforderungen zu bestimmten Handlungsweisen dar, die regelmäßig in Form von Sollenssätzen formuliert sind (z. B. »Lüge nicht!«), wobei man seit alters her gelernt hat (z. B. in Form des Dekalogs), dass es sich hierbei viel öfter um Verbote als um Gebote handelt. Nicht von ungefähr nennt sich das Strafrecht nicht »Belohnungsrecht« für Wohlverhalten, das würde man eher der Pädagogik zuordnen. Solche Normen beruhen nun stets auf *Werten* als inhaltlichen Leitvorstellungen über das, was die Menschen eines Kulturkreises oder in einer Institution für bedeutsam halten. Dies wird regelmäßig in Seinssätzen ausgedrückt (z. B. »Wahrheit« ist ein kulturtragender Wert), wobei man allerdings feststellen muss, dass Werte häufig von so grundlegender Natur sind, dass sie nur schwer begreifbar und explizit zu vermitteln sind. Das Menschenbild gehört dazu, Geschlechterrollen gewiss, oder die Rolle, die man den Mitmenschen, der Natur oder dem Sein ganz allgemein zumisst: Hat ein Baum ein Recht an sich? Ein Fluss? Auch die fundamentale Frage, was unter »Arbeit« richtigerweise zu verstehen ist, welchen Wert sie für das Individuum und die Gesellschaft hat (vgl. Aßländer 2005): Sollten wir froh sein, die Arbeit als »Mühe, Last, Plage« endlich loszuwerden an Kollege Roboter – oder stellt sie die Basis für individuelle Selbstverwirklichung dar?

Die herrschende *Moral* als Werte- und Normenmaßstab regelt so gesehen das Verhältnis des Menschen zu sich selbst, zu seinen Mitmenschen, zur Arbeit, zur Gesellschaft und zur Natur, indem sie hilft, selbstbestimmt das Richtige zu tun. Weil wir aber im Alltag nicht über jede einzelne Handlung stundenlang reflektieren können und wollen, werden moralische Legitimationsversuche häufig mit Hilfe pragmatischer Abkürzungen (»Meinungen«) routinisiert, z. B.

- dem Vorbringen bloß *oberflächlicher* Rechtfertigungen in Form von Phrasen, z. B.: »Kündigungen sind aufgrund der wirtschaftlichen Situation des Unternehmens unvermeidlich.«
- einem negativen oder positivem *Gefühl*, das man bei einer Handlungsoption hat, z. B.: »Mein persönlicher Eindruck ist, dass dieser Bewerber nicht in unsere Unternehmenskultur passt.«
- die *spekulative,* nicht näher begründete Kalkulation möglicher Folgen, z. B.: »Wenn wir kein gezieltes Outsourcing betreiben, besteht für die ganze Belegschaft die Gefahr des Arbeitsplatzverlustes.«
- die Bezugnahme auf unhinterfragte *Traditionen* oder eingeschliffene Vorstellungen, z. B.: »Leitlinie für unser Verhalten ist stets das Vorbild des Firmengründers.«

Solche abgekürzten Begründungsversuche sind in der Praxis sogar häufig erfolgreich und entlasten das allgemeine Denken und Handeln. Werden sie allerdings als unreflektierte »Routinen« dauerhaft und umstandslos bis naiv angewendet, können sie leicht zu problematischen Urteilen und fatalen Konsequenzen führen. Darum ist es wichtig, sich die grundsätzlichen Wege vor Augen zu führen, auf denen man bestmöglich nach *Begründungen* für seine moralisch relevanten Entscheidungen sucht. Anders formuliert: Man muss die Unterscheidung zwischen der Moral als *faktisch* herrschender Orientierung und der Ethik als *begründet* geltender Orientierung doch vollziehen, wenn es wirklich ernst wird. Die *Ethik* ist in diesem Sinne die Lehre von den Begründungsstrategien moralischen Handelns, oder besser: die methodisch disziplinierte Untersuchung von Begründungsansätzen für die praktische philosophische Basisfrage: *Was sollen wir tun?* Die Ethik (oder: Praktische Philosophie), von der es seit der Antike eine Vielzahl an »Ansätzen« gibt, will dadurch bloße moralische »Meinungen« des Einzelnen von methodisch begründbaren Urteilen mit Allgemeingültigkeit unterscheiden. Dabei sucht sie (a) als *analytische Ethik* (be-schreibend) oder (b) als *normative Ethik* (vor-schreibend) nach legitimen Wegen der Begründung. Aus analytischer Perspektive kann man hierbei zeigen (z. B. Frankena 2000; Pieper 2015), dass vor allem folgende Positionen einen normativ-ethischen Geltungsanspruch erhoben haben:

- Die Berufung auf eine göttliche *Offenbarung* hat die längste Tradition, auf sie konnte zum Beispiel Moses bei der Übernahme der 10 Gebote am Berg Sinai verweisen: Nicht er hat sie sich ausgedacht, sondern sie stammen direkt von Gott als höchster Autorität. Der gleiche Begründungsansatz findet sich für die Scharia: Was direkt von Gott bestimmt ist, kann der Mensch nicht anzweifeln. Im Christentum ist die Sache etwas komplizierter: Die Katholische Soziallehre und die Evangelische Sozialethik sind ja explizit menschengemacht; es bedarf also schon des Dogmas der Unfehlbarkeit des Papstes, um den in Enzykliken (Lehrmeinungen) festgehaltenen Grundsätzen der Ethik höchste Verbindlichkeit zu geben. Freilich: In einer Welt, in der es mehrere Götter oder Offenbarungen gibt, kreiert dieser Ansatz schnell seine Probleme, den »Kampf der Kulturen« nach Samuel Huntington (1995).

- Im Ansatz verwandt wird unter Bezug auf das *Naturrecht* seit Aristoteles die These gepflegt, verbindliche Normen lägen quasi in der Natur der Sache oder des Menschen, z. B. eine unterschiedliche Rolle von Mann und Frau. Man müsse diese Natur eben nur richtig (wahr) erkennen, z. B. als Gottes Schöpfungsplan. Frage ist dann nur: Wer schaut/deutet/erkennt richtig?

- In jüngster Zeit erfährt das Naturrecht eine säkularisierte Renaissance im *Biologismus* der Neuro-Wissenschaften, die den locus operandi moralischer Urteilskraft in den Synapsen und bio-chemischen Prozessen bestimmter Gehirnregionen zu verorten suchen. Da wird dann also mit Hilfe von Positronen-Emissions-Tomographie (PET), single Photon Emission Computed Tomography (SPECT) oder funktioneller Magnetresonanztomographie (fMRT) diagnostiziert, ob und in welchen Arealen des cortex cerebralis eine neuronale »moralische Aktivität« stattfindet. Für die Personalauswahl deuten sich da völlig neue Methoden an: Dürfen bald nur noch »moralisch aktive Gehirne« wichtige Entscheidungen treffen?

- *Formalisten* suchen demgegenüber lediglich den Nachweis einer inneren *Logik* der moralischen Entscheidungsbegründung, insbesondere die konsistente und widerspruchsfreie Ableitung der einbezogenen Faktoren aus einem Prämissensystem. Wie bei jedem axiomatisch begründeten System wird die Gretchenfrage damit nur verschoben in die Legitimation der zentralen Annahmen, aus denen alles logisch deduziert wird: Logik ist eben nur Logik – und keine Ethik.

- In der Moderne des 20. Jahrhunderts hat der *Dezisionismus* von Carl Schmitt (1922) große Bedeutung erlangt, mit dem behauptet wird, dass nur noch diejenigen Normen auch eine »Gültigkeit« besitzen, die faktisch von Mächtigen durchgesetzt werden. So gesehen waren auch die Rassengesetze der Nationalsozialisten eine »Ethik«, weil die Differenz zwischen Moral und Ethik durch die normative Macht des Faktischen eingezogen wird. Wenn sich die Rechtsphilosophie als blanker Rechtspositivismus damit zufrieden gibt – die Ethik muss es nicht. Sie darf weiter auf der Differenz von Recht und Gerechtigkeit bestehen.

- In der völligen Subjektivierung des Dezisionismus der Post-Moderne begnügt sich der *Instrumentalismus* schließlich mit einem (begründungsfreien) Verweis auf die individuellen Ziele des Handelns, um aus dieser nicht mehr transzendierbaren Subjektivität bestimmte Maßnahmen zu »rechtfertigen«. Das ist die Preisgabe von Gemeinschaft, Solidarität, die Überhöhung des auf sich selbst verwiesenen Ichs zum letzten Maßstab: mein Wille geschehe. Für smarte Führungskräfte sicher nicht unattraktiv, als Philosophie; für abhängig Beschäftigte eher Zynismus.

- Gegen diesen modernen, in der Post-Moderne zum Prinzip gesteigerten Verzicht auf inter-subjektive Begründungsbemühungen setzt die auf den Vernunftgebrauch setzende *Diskursethik* darauf, dass man in einer pluralistischen Welt zwar keine inhaltliche Ethik mehr vorfinden, wohl aber noch ein Verfahren zur Herstellung verbindlicher Normen bestimmen kann. Dieses Verfahren ist die in kommunikativen Anstrengungen erzeugte, auf freiem Einvernehmen der Beteiligten beruhende Konsenssuche (vgl. Apel 1973, Habermas 1983, neuerdings modifiziert Wohlrapp 2008). Daran wollen wir hier anschließen.

Ethische Begründungskonzepte sind also unterschiedlich aufgebaut. Einerseits können generelle Normen- und Werteordnungen (»Prinzipien«) herangezogen werden, die für die jeweiligen Entscheidungen ausschlaggebend sind. Andererseits lassen sich ethische Urteile durch den Hinweis auf die Folgen der Ausführung einer bestimmten Entscheidung (»Konsequenzen«) begründen. Diese beiden Formen der Argumentation werden häufig unter Bezug auf Max Weber als gesinnungsethische und verantwortungsethische Position unterschieden.

Gesinnungsethisch argumentiert, wer von festen Prinzipien ausgeht und Handlungen durch die Prinzipientreue rechtfertigt. Das kann nicht nur rigoros sein – das ist es, wie schon Kant am Beispiel des Lügens prominent gezeigt hat: Es ist nie erlaubt, unter keinen Umständen. Die Frage, ob der »genetische Fingerabdruck« ein probates Mittel der Personalauswahl ist, beantwortet der in der Tradition kantianischer Menschenrechtsgedanken verwurzelte Gesinnungsethiker daher vermutlich mit einem entschiedenen Nein – denn hier werden auf eine für ihn nicht zu billigende Art und Weise Persönlichkeitsrechte außer Kraft gesetzt, die prinzipiell zu befolgen sind und nicht-disponible Orientierungen für das Handeln darstellen.

Verantwortungsethisch argumentiert, wer bei seinem moralischen Urteil die Gesamtheit der möglichen Folgen einer Handlung in Betracht zieht. Seine Stellungnahme zum genetischen Fingerabdruck fällt daher differenzierter aus: Unter Umständen, z. B. zur Verhinderung, dass ein genetischer Defekt durch die Arbeitsbedingungen zur gesundheitlichen Beeinträchtigung eines Mitarbeiters führen kann, kann ein Gen-Screening ein verantwortungsethisch legitimierbares Mittel der Personalauswahl sein. Aber genau da sieht Kant auch das Problem: Wer definiert, legitimiert die »Umstände« so, dass es nicht zur Willkür kommt?

So extrem und eingängig diese viel bemühte Differenzierung auf den ersten (theoretischen) Blick ist, so verwoben wird sie auf den zweiten (empirischen) Blick. Schon Max Weber hat darauf hingewiesen, dass Gesinnungsethiker nicht »verantwortungslos« und Verantwortungsethiker nicht »gesinnungslos« handeln (können), denn beide Geltungsansprüche sind immer aufeinander bezogen: Um Folgen zu beurteilen, braucht man eine bestimmte »Gesinnung«, und eine ethische Gesinnung entsteht im Grunde nur wegen bestimmter Folgen.

3.3 Die Realität: Dilemma-Situationen

Die Sache mit der Ethik wäre nun relativ einfach, wenn es immer nur darum ginge, bestimmte Prinzipien »anzuwenden«: *Du sollst keine Gefälligkeiten annehmen. Du darfst keine Daten manipulieren. Du darfst niemanden diskriminieren.* usw. usf. Eine derart mechanische Vorstellung, die auch in vielen »Checklisten« von Zertifizierungsprozessen zum Ausdruck kommt, kann aber nur in den allerwenigsten Fällen zur Anwendung kommen, weil der Normalfall eines ethischen Konfliktes in der Lebenswirklichkeit das *echte Dilemma* ist: Bestechen oder Auftrag (= Jobs) verlieren? Ergebnisse ein bisschen schönrechnen oder das Projekt eingestellt bekommen? Die Besten fördern oder Quoten erfüllen? Oder, etwas globaler gedacht: Durch Standortverlagerung 100 teure Arbeitsplätze hier abbauen, aber dort 400 billige schaffen (und im Geschäft bleiben)?

Es ist bei genauer Betrachtung auch so, dass solche Dilemma-Strukturen nicht nur in den »großen« Entscheidungen der Chefetagen an der Tagesordnung sind, sondern eine Alltagserfahrung an jedem Arbeitsplatz darstellen. Soll man einen wichtigen Kollegen »verschuften«, nur weil er nach dem Einstempeln erst einmal private Telefonate führt? Wo genau sind die roten Linien, jenseits derer man zum Whistleblower werden müsste: Nur weil man merkt, dass der Chef bei der letzten Reisekostenabrechnung die Zeiten ein wenig großzügig angegeben hat, soll er angeschwärzt werden? Oder was ist z. B. im Einkauf (»Sourcing«) ein normales Flunkern, das zum Verhandeln unter »Profis« einfach dazu gehört, und wo sollten die Skrupel beginnen, weil man sich gegenseitig anlügt, übertölpelt und erpresst? Täglich Fragen über Fragen.

Der entscheidende Punkt ist also der, dass es wieder um die Entwicklung moralischer Urteilskraft der gesamten Belegschaft gehen muss, insbesondere an den riskanten Schnittstellen und Knotenpunkten, an denen ethisches Versagen schwere Konsequenzen nach sich ziehen würde. Diese Entwicklung moralischer Urteilskraft kann in modernen »Dilemma-Trainings« nicht mehr darin bestehen, mit erhobenem Zeigefinger von oben herab einen Compliance-Katalog auszuteilen, sondern muss sich der Realität der widersprüchlichen Anforderungen stellen und auch damit umgehen lernen, dass es in echten Dilemmas in der Regel keine eindeutig »richtige« Lösung gibt, sondern nur ein Abwägen nach besten diskursiven Maßstäben stattfinden kann – zusammen mit anderen, die etwas zur Lösung beitragen können. So hatte schon Edzard Reuter (1989) als damaliger Vorsitzender von Daimler-Benz die Herausforderung knapp auf den Punkt gebracht: *»Verantwortung kann heute nur noch im Dialog wahrgenommen werden.«*

4. Wertegerüste für das Personalmanagement

Es haben sich vor diesem Hintergrund verschiedene Vorschläge für ein *ethisch* begründetes Wertegerüst im Personalbereich entwickelt, um den Orientierungsbedarf für Personalaufgaben zu konkretisieren. Wir werden diese kurz erläutern, um ihre Grundidee zu verstehen und auf Gemeinsamkeiten Bezug zu nehmen, so dass sie für die »kommunikativen« Herausforderungen näher ausformuliert werden können (vgl. auch Löhr 2016).

4.1 Ein Wertegerüst für Führungskräfte im Personalmanagement nach Artur Wollert

Ein von Artur Wollert erarbeiteter Vorschlag für einen Kodex für Führungskräfte im Personalmanagement wurde zu einem in Deutschland schon früh diskutierten Beispiel für Wertegerüste. Ein Kodex für das Personalmanagement muss sich einerseits an den Aufgaben und Besonderheiten orientieren, die mit den Funktionen des Personalmanagements einhergehen; andererseits muss er konform zu den Werten des Grundgesetzes sein. Ausgehend von der dort festgehaltenen *Menschenwürde* als übergeordnetem Grundwert bezeichnet Wollert vor allem folgende allgemeine Prinzipien für konstituierend:

- fairen Interessenausgleich (Gerechtigkeit)
- wechselseitige Loyalität
- Begründungspflicht von Entscheidungen
- Beteiligung der Betroffenen.

Die konkreteren Ziele für Personalmanager hängen dann vom individuellen Unternehmen und seinen Zielen ab. Durch eine Personalarbeit, die sich an diesen Grundsätzen orientiert, werden Personalmaßnahmen transparent und verständlich; die Personalpolitik wird im Unternehmen zu einem Kontinuitätsfaktor, der den Mitarbeiter:innen Sicherheit gibt und es ermöglicht, Flexibilität und Leistung von ihnen einzufordern. Diese Umsetzung setzt für Wollert bestimmte Arbeitsprinzipien und Charaktereigenschaften einer Führungskraft im Personalmanagement voraus, die dann auch als Maßstäbe für die Auswahl von Personalmanagern gelten sollten (Wollert 2003):

Leitlinie:	Würde der anvertrauten Mitarbeiter wahren
Ziele/Werte:	Leistung fordern und fördern; Perspektiven der Entfaltung bieten;
	Mitarbeiter ist immer auch Ziel, niemals nur Mittel des Handelns;
	Individualität respektieren; Verantwortung übertragen; Flexibilität fördern.

71

Arbeitsprinzipien:	Orientierung an den Unternehmenszielen; systematisches und wirtschaftliches Arbeiten; Verständlichkeit und Transparenz; Konstruktivität und Vertrauen; Fair und zuvorkommend sein auch gegenüber Mitarbeitern.
Charakter/Haltung:	Sensibilität; Verlässlichkeit; Konflikt-/Kompromissfähigkeit; Zivilcourage; Kommunikationsfreude; Fantasie und Kreativität; Vorbildfunktion wahrnehmen.

Wollerts Ausführungen machen zum einen auf die grundsätzliche Notwendigkeit eines Wertegerüsts für die praktische Orientierung der Personalarbeit aufmerksam; zum anderen zeigen sie auf, dass Konformität mit dem Grundgesetz, Sinnstiftung für die Mitarbeiter:innen und Orientierung an den Unternehmenszielen wichtige Konstruktionsprinzipien sind, die bei einem Wertegerüst für das Personalmanagement berücksichtigt werden müssen.

4.2 Code of Conduct des Chartered Institute of Personnel and Development (CIPD)

In seinem »Code of Professional Conduct« formuliert das britische *Chartered Institute of Personnel and Development* Standards professionellen Verhaltens für seine Mitglieder. Demnach sind die Mitglieder des CIPD gehalten, durch das Befolgen des Kodex den guten Ruf der Profession zu wahren und ihr Ansehen zu heben.[8]

Von den Mitgliedern wird erwartet, kontinuierlich ihre Leistung zu verbessern sowie ihre Fähigkeiten und ihr Wissen zu aktualisieren und aufzufrischen. Sie sollen die Menschen im Unternehmen im Hinblick auf die gegenwärtigen und künftigen Anforderungen des Unternehmens möglichst umfassend entwickeln und Eigenständigkeit fördern. Das CIPD fordert, etablierte Verfahren des Personalmanagements in der angemessensten Art und Weise anzuwenden und Strukturen zu schaffen, die das Unternehmen befähigen, seine Ziele bestmöglich zu erreichen. Von den Mitgliedern wird erwartet, gerechte und vernünftige Standards im Umgang mit den Menschen in ihrem Wirkungsbereich zu fördern und selbst einzuhalten, Beschäftigungspraktiken zur Bekämpfung von Diskriminierung zu praktizieren sowie gerechtfertigte Vertraulichkeitsbedürfnisse zu respektieren. Die CIPD-Mitglieder sollen im Hinblick auf Informationen und Ratschläge, die

---

8 *https://www.cipd.co.uk/knowledge/culture/ethics/role-hr-factsheet#23799*

sie Arbeitgebern und Arbeitnehmer:innen geben, mit der erforderlichen Sorgfalt vorgehen und den Anforderungen der Rechtzeitigkeit, der Angemessenheit und der Genauigkeit gerecht werden. Sie sind gehalten, die Grenzen ihres eigenen Wissens und ihrer eigenen Fähigkeiten anzuerkennen und keine Tätigkeiten auszuüben, auf die sie nicht angemessen vorbereitet sind. Schließlich wird an die Mitglieder des CIPD die ethische Erwartung gerichtet, in ihrem Berufsalltag integer, ehrlich und sorgfältig zu sein und sich angemessen zu verhalten. Sie sollen in Übereinstimmung mit dem Gesetz handeln und ungesetzliches Verhalten weder anregen noch unterstützen und nicht in einem geheimen Einverständnis mit Arbeitgebern, Arbeitnehmer:innen oder anderen Parteien, die sich ungesetzlich verhalten, handeln.

4.3 Code of Conduct der Society for Human Resource Management (SHRM)

Die Society for Human Resource Management (SHRM) hat einen »SHRM Code of Ethical and Professional Standards in Human Resource Management« verfasst. Dieser Kodex umfasst folgende Kernprinzipien:[9]

Verantwortung und Entwicklung: Die SHRM verlangt von ihren Mitgliedern, die höchsten Standards ethischen und professionellen Verhaltens einzuhalten, den Wirkungsbeitrag des Personalmanagements zum Unternehmenserfolg zu messen, die Gesetze zu befolgen und in Übereinstimmung mit den Werten der Profession zu arbeiten. Sie sollen ein Höchstmaß an Dienstleistung, Leistung und sozialer Verantwortung anstreben und für den angemessenen Einsatz der Mitarbeiter:innen sowie für deren Achtung eintreten. Weiterhin wird von SHRM-Mitgliedern erwartet, dass sie in etablierten Foren offen an Debatten teilnehmen, um Entscheidungen zu beeinflussen, dass sie Gelegenheiten zur formellen Weiterbildung wahrnehmen, dass sie kontinuierlich ihre Fähigkeiten weiterentwickeln und neu erworbenes Wissen im Personalmanagement anwenden. Die Mitglieder sollen zum »body of knowledge«, zur Entwicklung der Profession und der Individuen durch Lehre, Forschung sowie die Verbreitung von Wissen beitragen. Die SHRM verlangt von ihren Mitgliedern außerdem, dass sie sich zertifizieren lassen.

Führung: Die Mitglieder sind verpflichtet, in jeder professionellen Situation ethisch zu handeln und gegebenenfalls die Handlungen von Individuen oder Gruppen zu hinterfragen, um sicher zu stellen, dass die Entscheidungen ethisch sind und in ethischer Art und Weise umgesetzt werden. Sie sollen Rat von Experten einholen, wenn Zweifel im Hinblick auf die ethische Korrektheit einer Situation bestehen und andere durch Lehre und Mentoring zu ethischen Multi-

---

9 *https://www.shrm.org/about-shrm/pages/code-of-ethics.aspx*

plikatoren machen. Zu den zentralen Forderungen der SHRM an ihre Mitglieder gehört der respektvolle Umgang miteinander. Die Verhaltensrichtlinien verlangen, die Einzigartigkeit jedes Individuums als Wert zu respektieren, die Menschen mit Würde, Respekt und Mitgefühl zu behandeln, um eine vertrauensvolle Arbeitsumgebung ohne Belästigung, Einschüchterung und Diskriminierung zu schaffen. Es ist zu gewährleisten, dass jeder die Gelegenheit erhält, seine Fähigkeiten und Kompetenzen weiterzuentwickeln und ein Bekenntnis zur Vielfalt im Unternehmen sicherzustellen.

Gerechtigkeit: Prozesse, die eine gerechte, konsistente und gleiche Behandlung aller gewährleisten, sollen gefördert, entwickelt, verwaltet und verteidigt werden. SHRM-Mitglieder sind gefordert, unabhängig von persönlichen Interessen Unternehmensentscheidungen zu unterstützen, die sowohl ethisch als auch legal sind, verantwortlich zu handeln und in den Ländern, in denen das Unternehmen tätig ist, ein vernünftiges Management zu praktizieren.

Interessenkonflikte: Die Unternehmensleitlinien zum Umgang mit Interessenkonflikten sollen beachtet und vertreten werden. Die eigene Position darf nicht eingesetzt werden, um persönlichen, materiellen oder finanziellen Gewinn zu erzielen. Im Rahmen der Personalarbeit darf eine bevorzugte Behandlung weder angestrebt noch gewährt werden. Die SHRM fordert ihre Mitglieder auf, die eigenen Verpflichtungen zu klären, um Interessenkonflikte zu identifizieren und Konflikte – falls sie auftreten – auf die relevanten Stakeholder zu begrenzen.

Informationspolitik: Für den Umgang mit Informationen gilt für die SHRM-Mitglieder: Informationen werden ausschließlich mit ethischen und verantwortlichen Mitteln gewonnen und verbreitet; es wird sichergestellt, dass nur angemessene Informationen für Entscheidungen, die das Beschäftigungsverhältnis betreffen, herangezogen werden; Personalinformationen werden auf einem aktuellen und präzisen Stand gehalten; die Sicherheit vertraulicher Informationen wird überwacht; die Korrektheit aller über Leitlinien, Methoden und Fortbildungen verbreiteten Informationen wird durch angemessene Maßnahmen gewährleistet.

5. Ein diskursiv-ethisch orientiertes Wertegerüst

5.1 Grundregeln für werteorientierte Personalarbeit[10]

Wenn nun nach unserem Verständnis im Zentrum aller Bemühungen um eine ethisch ausgerichtete Personalarbeit die Würde des Einzelnen und das Leitbild des offenen Diskurses (Dialogs) zwischen allen Betroffenen stehen und zum allgemeinen Kompetenzziel erklärt werden soll, kann man folgende Grundregeln für eine werteorientierte Personalarbeit formulieren (das ist, wie bei jeder Ethik, natürlich nur ein Vorschlag):

* *Die Würde des Einzelnen respektieren*
  Funktionsträger der Personalarbeit respektieren in allen Handlungen die Unantastbarkeit der Würde jedes Einzelnen als artikulationsberechtigtes und -fähiges Subjekt. Diese demokratische Grundregel darf durch vorgebliche Sachzwänge aus Politik, Wirtschaft und Gesellschaft nicht eingeschränkt oder außer Kraft gesetzt werden. Betroffene Mitarbeiter:innen sind insbesondere auch vor Angriffen auf ihre Persönlichkeit und Integrität zu schützen (z. B. Mobbing, Cybermobbing, digitale Herabwürdigung).
* *Chancengerechtigkeit – Selbstentfaltung fördern*
  Funktionsträger der Personalarbeit fördern die Selbstentfaltung, Eigenverantwortung und Kommunikationskompetenz der Mitarbeiter:innen. Sie fördern die betriebliche Sozialpartnerschaft durch entwicklungsfreundliche Rahmenbedingungen und eine Kultur der Ermöglichung von Beteiligung (»capacity building«).
* *Verantwortung über die Organisation hinaus übernehmen*
  Funktionsträger der Personalarbeit sind sensibel für Entwicklungen im politischen und gesellschaftlichen Umfeld der Unternehmung, vor allem für die Auswirkungen des unternehmerischen Handelns auf dieses Umfeld. Sie sind offen für partnerschaftliche Lösungen mit externen Bezugsgruppen, die nach Möglichkeit engagiert im Dialog gesucht werden sollten (Beispiel: »Materiality Assessments« im Zuge von Stakeholderdialogen).
* *Balance der relevanten internen Interessen anstreben*
  Funktionsträger der Personalarbeit handeln im Bestreben, für das nachhaltige Wohl der Organisation eine Balance zwischen der Wirtschaftlichkeit und den Mitarbeiterinteressen unter Berücksichtigung des geltenden Rechts und der gesellschaftlichen Verantwortung herzustellen. Die angestrebte Balance soll im offenen Diskurs der betroffenen Interessen gesucht und hergestellt werden.

---

10 Ich nehme hier konkret Bezug auf die Ergebnisse des Arbeitskreises »Code of Conduct« der DGFP (Deutsche Gesellschaft für Personalführung), publiziert in DGFP (Hrsg.): Wertegerüst für Funktionsträger des Personalmanagements – ein Diskussionsbeitrag. Positionspapier 4/2005, Düsseldorf 2005.

- *Verfahrensgerechtigkeit sichern*
  Funktionsträger der Personalarbeit treffen ihre Entscheidungen auf der Basis eines transparenten, akzeptierten und als gerecht anerkannten Verfahrens. Jede Entscheidung muss in einem Dialog mit den relevanten Anspruchsgruppen vertreten werden können (auch wenn dieser Dialog praktisch oft gar nicht geführt werden muss, sondern erst jenseits kritischer Relevanzschwellen).

- *Integer und reflexiv sein*
  Funktionsträger der Personalarbeit streben nach Integrität und sind darin Vorbild. Sie räumen bei ihrem Entscheiden und Handeln der moralischen Reflexion auf Basis einer Konsultation betroffener Ansichten (das heißt der Diversität im und um das Unternehmen) einen hohen Stellenwert ein.

5.2 Ausgewählte Fragestellungen

Insgesamt betrachtet können die diskursiv-ethischen Legitimationsbemühungen in der Personalarbeit auf drei hierarchisch gestaffelten Ebenen angeordnet werden (vgl. Steinmann/Löhr 1992a, Sp. 848): (1) auf der Ebene der überbetrieblichen Regelungen (insbesondere Tarifverträge); (2) auf der Ebene der personalpolitischen Richtlinien eines Unternehmens (z. B. Lohn- und Gehaltspolitik, Sozialleistungen), und (3) auf der Ebene der personalpolitischen Einzelfallentscheidungen (z. B. Zulagen, Versetzungen, Weiterbildung). Das sind schon je für sich genommen weite Felder, deren diskursiv-ethische Transformation im Detail einmal schwerer vorstellbar ist (man denke hier an die eingeübten Routinen in Tarifverhandlungen) und einmal leichter zugänglich erscheint (z. B. im Prozess der Personalbeurteilung oder bei der Karriereplanung). Gewiss hängt die Realisationschance einer diskursiven Ethik dabei auch maßgeblich von der jeweiligen Branchen-, Unternehmens- und Führungskultur ab, die den Rahmen für ein Unternehmen abgeben.

Schreitet man im engeren Sinne die Instrumente des betrieblichen Personalmanagements kurz ab (vgl. näher Holtbrügge 2018), so kann man stichpunktartig erkennen, dass sich die Möglichkeit des *praktischen Anfangs* einer diskursiven statt machtpolitisch ausgerichteten Personalarbeit im Grunde für jedes Unternehmen eröffnet (vgl. u. a. Steinmann/Löhr 1992a, Sp. 849 ff.):

- Schon in der *Personalbedarfsplanung* und in der *Personalbeschaffung* gilt es die herkömmliche Vorstellung zu überwinden, dass man sich vor dem Vertragsschluss gegenseitig das Blaue vom Himmel verspricht und nach der Unterschrift gegenseitig die Rechtspositionen um die Ohren wirft. Überall, wo das theoretische Menschenbild des rationalen Opportunisten auch das praktische Handeln bestimmt, sind ethische Konflikte vorprogrammiert, da man sich wechselseitig mit technisch-manipulativen Methoden in den Griff bekommen will. Verstöße gegen Persönlichkeitsrechte, informationelle Selbstbestimmung oder das Gebot der Wahrhaftigkeit liegen dann in der Natur der Begegnung. Ein umfassendes Personalmarketing muss sich demgegenüber an das künftige Mitarbeiterpotenzial als diskursbegabte Persönlichkeiten richten, mit denen man sich in wechselseitiger Anerkennung auf einen gemeinsamen Weg einigen möchte. Es ist vielen vielleicht noch fremd: aber das integrierte diskursive Mitwirken am strategischen Unternehmensgeschehen bedeutet weitaus mehr als die gelegentliche Mitbestimmung über Betriebsrat oder Aufsichtsrat in einigen Grundsatzfragen.

- Bezüglich der betrieblichen *Lohnfindung* geht es im Kern um die klassische Frage nach der Lohngerechtigkeit (vgl. Steinmann/Löhr 1992b). Die dabei hergebrachte Vorstellung einer Äquivalenz von Lohn und Leistung, gemäß der der gerechte Lohn in objektiven Gegebenheiten der Arbeit verborgen liegt und (durch Spezialisten) entdeckt werden kann, muss dann überwunden werden. Was im diskursiv-ethischen Sinne als gerechter Lohn gelten soll, müssen die Betroffenen in einem Prozess der wechselseitigen Überzeugung und gemeinsamen Überzeugung herstellen. Auch die so häufig gestellte Frage, wie hoch der Lohn für Manager sein darf, hat dann formal eine einfache Antwort: Wenn alle Beteiligten am Unternehmen es wirklich für richtig halten, den CEO mit zig Millionen für seine Tätigkeit zu honorieren, dann ist es gerechtfertigt. Denn: Es gibt keine höhere ethische Autorität als die Betroffenen selbst (zugegeben ist es ein faktisches Problem, dass selten alle Betroffenen beteiligt werden).
- In der *Personalbeurteilung* muss man sich von der Gewohnheit verabschieden zu glauben, dass sich die beurteilende Instanz schon kraft Amtes im Besitz der richtigen Maßstäbe und einer umfassenden Situationskenntnis befindet und die Beurteilten nur »zurechtweisen« muss. Beurteilungsverfahren sind vielmehr im Sinne einer gemeinsamen diskursiven Herstellung von Verbesserungspotenzial zu konzipieren. Auch wenn es Betroffenen auf den ersten Blick vielleicht schwerfällt, die eigene Leistung auch kritisch zu würdigen, so hängt es doch genau davon ab, dass sie aus der Beurteilung mit selbstkritischer Motivation heraus gehen. Vielleicht kann man sich da vom Leistungssport und seinen Trainingsmethoden noch einiges abschauen.
- Das weite Handlungsfeld der *Personalentwicklung* darf nicht mehr nur im Sinne einer Vervollkommnung der technischen Fähigkeiten von Mitarbeiter:innen verstanden werden. Personalentwicklung muss sich auch auf die Ausbildung der von der praktischen Vernunft geforderten Argumentationskompetenz und moralischen Urteilskraft erstrecken. Es geht um die Entwicklung von mündigen, dialogfähigen Mitarbeiterinnen und Mitarbeitern, die – das wurde eingangs schon betont – die entscheidende Basis für strategisches Reaktionsfähigkeit darstellen. Es sei nochmals betont: Etische Kompetenzen stellen keinen Selbstzweck dar, sondern sind als integraler Teil des unternehmerischen

Risikomanagements zu verstehen. Gewiss ist das in den meisten Fällen nicht einfach, schnell und billig zu haben – die Schäden im Falle eines Ethikversagens sind jedoch regelmäßig viel höher (wie z. B. die Zusammenbrüche von Enron oder Wirecard belegen).

- Schließlich erfordert auch der so unbequeme Themenkomplex Kapazitätsanpassung, Standortverlagerung und *Personalfreisetzung* ein Umdenken, wenn er mit einem Anspruch auf ethische Legitimation betrieben werden will. Dann kann es nicht mehr um »einsame« Entscheidungen gehen, die von den härtesten Führungskräften getroffen und »durchgesetzt« werden, sondern es sind gerade in existentiellen Krisen alle Optionen mit den Betroffenen diskursiv zu erörtern und zu gestalten. Die Erfahrung zeigt, dass sie in aller Regel ohnehin Bescheid wissen und mitreden – nur nicht in den vorgesehenen Kanälen. So ist es nicht nur ein Gebot der Ethik und des Anstands, auch in schwierigen Zeiten miteinander zu reden, sondern oft auch klug, insbesondere wenn sich eine diskursfähige Kultur bereits etabliert hat. Denn so können sich manchmal überraschende Optionen ergeben.

6. Fazit

Die hier skizzierte Transformation in Richtung einer diskursiv-ethischen Ausrichtung der Personalarbeit kann freilich nicht alleine in einzelbetrieblicher Bemühung bestehen. Ersichtlich bräuchte es eine gesamthafte Neuorientierung der aktuell herrschenden Kommunikationskultur, beginnend in Schule, Ausbildung und Studium, fortgeführt in allen politischen, gesellschaftlichen und wirtschaftlichen Institutionen, und begleitet durch eine übergreifende Kulturanstrengung in den Medien und dem Adressieren globaler Herausforderungen im Zuge der »interkulturelle Kommunikation«. Die Personalarbeit in Unternehmungen kann da nur ein Brennglas dieser Entwicklungen darstellen – ein mächtiges und aktiv justierbares allerdings, mit entscheidender Vorbildwirkung. Wie hier vorgetragen, ist man dabei über den Experimentierstatus auch schon hinaus und es gibt zahlreiche »best practice«-Orientierungen. Die hier behauptete Konvergenz strategischer und ethischer Erfordernisse hin zu einer vernunftbasierten Kommunikation in Unternehmungen eröffnet gerade im europäischen Kontext auch einen Wettbewerbsvorteil, der erkannt und sorgsam gepflegt werden sollte, statt ihn im globalen politischen Kampf um Deutungsherrschaft in einer digitalisierten Medienwelt preiszugeben. Die Kernbotschaft ist dabei einfach: *Sprecht ernsthaft miteinander.*

7. Literatur

Apel, K.-O. (1973): Transformation der Philosophie, 2 Bde., Frankfurt/M. 1973.

Aßländer, M. (2005): Von der vita activa zur industriellen Wertschöpfung. Eine Sozial- und Wirtschaftsgeschichte menschlicher Arbeit, Marburg 2005.

Bleicher, K. (1982): Vor dem Ende der Mißtrauensorganisation? In: Office Management (1982) 4, S. 400–404.

Foucault, M. (2005): Analytik der Macht, Frankfurt/M. 2005.

Frankena, W. (2000): Analytische Ethik. Eine Einführung, 5. Aufl., München 2000.

Freeman, R.E. (1984): Strategic Management. A Stakeholder Approach, Pitman publ. 1984.

Ghoshal, S. (2005): Bad Management Theories are Destroying Good Management Practices, in: Academy of Management Learning and Education 4 (2005), pp. 75–91.

Ghoshal, S./Moran, P. (1996): Bad for Practice: A Critique of the Transaction Cost Theory, in: Academy of Management Review Vol. 21 (1996) No 1, pp. 13–47

Habermas, J. (1983): Diskursethik – Notizen zu einem Begründungsprogramm, in: ders.: Moralbewußtsein und kommunikatives Handeln, Frankfurt/M. 1983, S. 53–125.

Heine, H. (2019): Deutschland. Ein Wintermärchen, Mit einem Vorwort von Joachim Gauck, Hoffmann und Campe 2019 (Original 1843).

Hofer, Ch./Schendel, D. (1978): Strategy Formulation. Analytical Concepts, West Group publ. 1978.

Holtbrügge, D. (2018): Personalmanagement, 7. Aufl., Berlin/Heidelberg 2018.

Huntington, S. (1996): The Clash of Civilizations and the Remaking of World Order, Simon & Schuster New York 1996.

Löhr, A. (2016): Unternehmensethik und Personalarbeit, in: Klaus, H./Schneider, H.J. (Hrsg.): Personalperspektiven. Human Resource Management und Führung im ständigen Wandel, 2. Aufl., Wiesbaden 2016, S. 135–159.

Lustig, V. (1993): Ten Commandments for Con Men (1937), in: Lindskoog, K.A.: Fakes, Frauds and Other Malarkey, Zondervan Publ. 1993.

Maucher, H. (1990): »Dieses ethische und soziale Gesäusel«. Nestlé-Chef Helmut Maucher fordert mehr Kampfgeist im deutschen Management, in: Manager Magazin vom 01.04.1990, S. 36–37.

Pieper, A. (2017): Einführung in die Ethik, 7. Aufl., Tübingen 2017.

Reuter, E. (1989): Verantwortung im Dialog, in: Stuttgarter Nachrichten vom 21. Februar 1989.

Scherer, A.G./Palazzo, G. (2007): Toward a Political Conception of Corporate Responsibility. Business and society seen from a Habermasian perspective, in: Academy of Management Review 32 (2007), pp. 1096–1120.

Schmitt, C. (1922): Politische Theologie. Vier Kapitel zur Lehre von der Souveränität. 1922.

Schopenhauer, A. (1830): Eristische Dialektik oder Die Kunst Recht zu behalten, 1830 (diverse Neuausgaben).

Simons, R. (1994): Levers of Control. How Managers Use Innovative Control Systems to Drive Strategic Renewal, Boston/Mass. 1994.

Steinmann, H./Hennemann, C. (1996): Personalmanagementlehre zwischen Managementpraxis und mikro-ökonomischer Theorie – Versuch einer wissenschaftstheoretischen Standortbestimmung, in: Weber, W. (Hrsg.): Grundlagen der Personalwirtschaft, Wiesbaden 1996, S. 223–277.

Steinmann, H./Löhr, A. (1992a): Ethik im Personalwesen, in: Handwörterbuch des Personalwesens, 2. Aufl., hrsg. von Eduard Gaugler und Wolfgang Weber, Stuttgart 1992, Sp. 843–852.

Steinmann, H./Löhr, A. (1992b): Lohngerechtigkeit, in: Handwörterbuch des Personalwesens, 2. Aufl., hrsg. von Eduard Gaugler und Wolfgang Weber, Stuttgart 1992, Sp. 1284–1294.

Steinmann, H./Löhr, A. (2015): Grundlegung einer republikanischen Unternehmensethik. Ein Projekt zur theoretischen Stützung der Unternehmenspraxis, in: van Aaken, D./Schreck, Ph. (Hrsg.): Theorien der Wirtschafts- und Unternehmensethik, Frankfurt/M. 2015, S. 269–309.

Weber, M. (1992): Politik als Beruf (Neudruck), Stuttgart 1992, S. 70f.

Wohlrapp, H. (2008): Der Begriff des Arguments. Über die Beziehungen zwischen Wissen, Forschen, Glaube, Subjektivität und Vernunft. Würzburg: Königshausen u. Neumann, 2008.

Zerfaß, A./Piwinger, M. (Hrsg.) (2014): Handbuch Unternehmenskommunikation, Wiesbaden 2014.

Ina Aust/Jan-Paul Giertz

Erweiterung des Unternehmenszwecks um Nachhaltigkeit und Verantwortung

Inhaltsübersicht

1.   Einleitung

Der Unternehmenszweck, englischsprachig »purpose«, oder wie es unsere französischsprachigen Nachbarn ausdrücken: die »raison d'être«, also die Daseins- oder Existenzberechtigung eines Wirtschaftsunternehmens, hat heute zweifellos die Eindeutigkeit und Beständigkeit vergangener Zeiten eingebüßt. Während ein Automobilunternehmen im vergangenen Jahrhundert noch unschwer als Hersteller eleganter und Fahrfreude vermittelnder Fahrzeuge wirtschaftlich erfolgreich sein konnte, so muss es heute seinen verschiedenen Anspruchsgruppen schon mehr anbieten. BMW beispielsweise beantwortet die Frage nach dem »Wofür« heute folgendermaßen: »*Wir stellen uns den unternehmerischen, ökologischen und gesellschaftlichen Herausforderungen. Wir übernehmen unsere*

---

1   Der hier folgende Abschnitt basiert im Wesentlichen auf Aust et al., 2020, S. 2–6.

Verantwortung für die Mobilität von morgen durch überzeugende Angebote und nachhaltiges Wirtschaften.«[2] Eine solche, nicht mehr nur an Autofahrer:innen, sondern die gesamte Gesellschaft gerichtete Aussage adressiert für einen Automobilhersteller ungewohnte, neue und zusätzliche Aspekte: Heute wird die Herstellung eines Produktes neben dem wirtschaftlichen Erfolg, der damit zu erzielen ist, an weitere Bedingungen geknüpft: Es sollte ökologisch und gesellschaftlich verantwortungsvoll sein und zudem einem höheren gesellschaftlichen Zweck dienen – in diesem Falle Mobilität. Derart erweiterte Konzepte finden sich immer häufiger. Sie stehen für eine Neuausrichtung des Verhältnisses von Gesellschaft und Wirtschaft.

Diese Entwicklung hat sich in den letzten Jahren bereits stark auf strategische und operative Managementbereiche von Unternehmen ausgewirkt, vor allem auf jenen Managementbereich, der seit jeher den verantwortungsvollen Umgang von Unternehmen mit ihren Mitarbeiterinnen und Mitarbeitern sicherstellen sollte: das Personalmanagement. Dies ist eine Herausforderung, aber auch eine Chance für das Personalmanagement, mehr Gestaltungsraum und strategische Bedeutung für sich zu beanspruchen und konstruktiv die Zukunft der Arbeit in einer nachhaltigen Wirtschaft mitzugestalten.

Dieser Gestaltungsanspruch hat in der aktuellen HR-Debatte durchaus eine gewisse Bedeutung erlangt: »*Was ein gutes Unternehmen auszeichnet, bemisst sich immer weniger am Erwirtschaften von Gewinnen allein. Vielmehr geht es künftig darum, neben den Aktionärs-, und Kundeninteressen, auch den gesellschaftlichen Anforderungen Rechnung zu tragen. Unternehmen müssen sich verstärkt darum kümmern den Zweck ihres Wirtschaftens herauszustellen. Das betrifft vor allem die Arbeit der Personaler:innen*« (BPM 2020).[3] Der Bundesverband der Personalmanager geht also von der Gesellschaft als wichtigem Stakeholder unternehmerischen Handelns aus und erklärt den Personalbereich für zuständig, diese neuen Perspektiven und den erweiterten Begriff des Unternehmenszwecks z. B. gegenüber Bewerber:innen und Beschäftigten herauszustellen. Aus Sicht des Personalmanagements geht es hier einerseits darum, Mitarbeitern und Mitarbeiterinnen »sinnvolle« Arbeit anzubieten und andererseits einen Beitrag zu einer gesellschaftlichen nachhaltigen Entwicklung zu leisten (Aust/Mathews/Muller-Camen 2020; Ehnert 2012; Ehnert/Harry/Zink 2014; Olbert-Bock/Ehnert 2013). Das Ziel dieses Beitrags ist es, die Implikationen eines um Verantwortung und Nachhaltigkeit erweiterten Unternehmenszwecks für das Personalmanagement zu diskutieren. Nach einer kurzen Einleitung werden die begrifflichen Grundlagen geklärt sowie mögliche Erweiterungen des Unternehmenszwecks durch Nachhaltigkeit und Verantwortung untersucht. Anschließend wird anhand der

---

2   *https://www.bmwgroup.com/de/unternehmen/strategie.html (14. 12. 2020)*
3   *https://www.bpm.de/sites/default/files/200107_pm_hr_trends_2020.pdf*

Typologie von Aust et al. (2020), gezeigt, welche Typen des Personalmanagements sich aus der Debatte des erweiterten Unternehmenszwecks in Praxis und Forschung ergeben haben: ein »sozial verantwortliches Personalmanagement«, »grünes Personalmanagement«, »Triple Bottom Line Personalmanagement« sowie ein »gemeinwohlorientiertes Personalmanagement«. In diesem Kontext wird Mitbestimmung als möglicher Ansatz und zusätzliche Herausforderung zum Management von Spannungsfeldern für betroffene und beteiligte Personalmanagementakteure diskutiert. Abschließend wird mit realistischem Blick auf die Praxis ein Ausblick auf die Zukunft eines Nachhaltigen Personalmanagements gewagt.

2. Unternehmenszweck: Ein Begriff im Wandel

In den verschiedenen Stufen der Industrialisierung, wurde die Frage nach dem Unternehmenszweck immer wieder neu gestellt. Er ist im Zeitablauf grundsätzlich eng mit der Frage nach der Beziehung zwischen Wirtschaft und Gesellschaft verbunden und unterliegt somit zwangsläufig einem stetigen Wandel. Heute verwenden Unternehmen den Begriff Unternehmenszweck im Zusammenhang mit oder als Synonym für den Dreiklang Mission, Vision, Werte und meinen damit häufig auch eine gegenüber dem deutlich engeren, aber verwandten Begriff des Unternehmensinteresses eine stärkere gesellschaftliche Zweckbindung. Sie erkennen damit an, dass sie Akteure einer dynamischen und ergebnisoffenen gesellschaftlichen Debatte sind, die häufig auch ihre eigenen Produkte und Dienstleistungen betrifft.

Gesellschaftliche Anforderungen in den eigenen Daseinszweck zu integrieren, bedeutet Verantwortung für die Konsequenzen des eigenen Handelns zu übernehmen. Verantwortung ist in dieser Form eine neue und ungewohnt dynamische Komponente des Unternehmenszwecks, da sie immer wieder aufs Neue mit der grundlegenden Frage der wirtschaftlichen, sozialen und ökologischen Nachhaltigkeit abgeglichen werden muss. Unternehmenszweck ist somit nicht mehr allein das Resultat einer mehr oder weniger stabilen inneren Verfasstheit eines Unternehmens, sondern in zunehmendem Maße zusätzlich von den Perspektiven der immer wieder aufs Neue zu bewertenden sozialen und biologischen Unternehmensumwelten geprägt.

2.1 Unternehmenszweck und soziale Verantwortung

Spätestens seit den 1960er Jahren entstand in der Diskussion der Beziehung von Wirtschaft und Gesellschaft auch die Frage nach der sozialen Verantwortung von

Unternehmen. Eine jahrzehntelang in Hochschulen und Wirtschaft dominierende Sichtweise war die von Milton Friedman, dass es nur eine einzige soziale Verantwortung von Unternehmen gebe, und dies sei die Aufgabe von Unternehmen Profite zu mehren, und zwar innerhalb eines juristisch gesteckten Rahmens (Friedman 1970). Dieser Sichtweise wurde in den 1980er Jahren der Stakeholderansatz entgegengesetzt (Freeman 1984), der für eine stärkere Berücksichtigung von Ansprüchen jenseits der Gewinnmaximierung den Boden bereitete, aber keine Antwort auf die Frage nach dem Zweck eines Unternehmens gab (Donaldson/Wals 2015). Erst vor einigen Jahren haben Hollensbee, Wookey, Hickey, George und Nichols (2014) zu einer neuen Diskussion des Unternehmenszwecks im 21. Jahrhundert aufgerufen und für eine stärkere Berücksichtigung des Gemeinwohls in Wirtschaftsunternehmen plädiert.

Das einleitend angeführte Beispiel eines aktuellen Unternehmenszwecks zeigt, dass ein Unternehmen durchaus wie der sprichwörtliche »Schuster, bei seinen Leisten« bleiben und zugleich seinen Bezugsrahmen deutlich weiter stecken kann. Ein Automobilhersteller fühlt sich heute für einen wesentlichen »Faktor der zivilisatorischen Evolution« (Lübbe 2015), nämlich die »Mobilität von morgen«, verantwortlich. Unternehmerische Verantwortung bedeutet inzwischen also, mehr als in der Vergangenheit, ein gesellschaftliches Problem zu lösen und einen sinnvollen Zivilisationsbeitrag zu leisten. Mit dieser Anspruchshaltung begibt sich ein Unternehmen aber gleichzeitig in einen erweiterten gesellschaftlichen Bezugsrahmen und damit in eine gegenüber dem traditionellen Unternehmenszweck deutlich erweiterte Verantwortung. Es geht um Nachhaltigkeit und von nun an, neben ökonomischen Herausforderungen des weltweiten Wettbewerbs auch darum, in verantwortlicher Weise einen Beitrag zur Lösung ökologischer und sozialer Probleme zu leisten. In einem ökonomisch-rationalen Entscheidungsraum stellt das Unternehmen damit den Anspruch der sozialen Legitimität seines Handelns heraus.

In dieser umfassenden Form Verantwortung zu übernehmen, bedeutet möglicherweise auch, den Unternehmenszweck immer wieder aufs Neue zu hinterfragen und ggf. anzupassen. Zweifellos bedingt dieser erweiterte Unternehmenszweck latente Zielkonflikte. Es entstehen neue Risiken, insbesondere für Unternehmen, die neue Produkte und Dienstleistungen auf den Markt bringen und neue Wege der Wertschöpfung identifizieren. Was ist, wenn diese Innovationen sich als nicht hinreichend verantwortungsvoll oder nachhaltig im Lichte einer gesellschaftlichen Debatte herausstellen? Was ist, wenn Disruption nicht nur eine Erschütterung des Althergebrachten ist, sondern – im Wortsinne – eine Störung der Entwicklung? Zugleich bieten sich Unternehmen neue Chancen entlang des erweiterten Unternehmenszweckbegriffs. So kann Verantwortung auch der »unique selling point« für Produkte und Dienstleistungen sein, ein Antrieb für Innovation und damit eine neue, dynamische Triebfeder des Unternehmenszwecks. Unternehmen wie Patagonia haben diesen Ansatz inzwischen marktfähig gemacht. Wenn Wirtschaftsunternehmen heute versuchen, Verantwortung in ihre Selbstdarstellung zu integrieren, neigen sie häufig zu vorsichtiger, oberflächlicher und austauschbarer Wortwahl. Aber auch diese Form der »Diplomatie« gehört zu den neuen Anforderungen an das Management. Unternehmen formulieren ihre Daseinsberechtigung heute mit Bedacht, denn es gibt immer mehrere Adressaten für die Kommunikation des Unternehmenszwecks, mindestens aber drei Adressaten mit durchaus unterschiedlichen Interessenlagen. In Zeiten des Finanzmarktkapitalismus stehen Investor:innen häufig an erster Stelle. Auch sie sind möglicherweise getrieben durch gesellschaftliche Debatten, aber in diesem veränderlichen Umfeld im Kern weiterhin auf Gewinnmaximierung aus. Die zweite Adressatengruppe sind die Kund:innen einer Unternehmung. Diese können in einer freien Gesellschaft durchaus sehr unterschiedliche Produkte und Dienstleistungen bevorzugen und auch in sehr unterschiedlichem Maße die gesellschaftspolitische Verantwortung eines Unternehmens hinterfragen. Als dritter Adressat kommen oft die Beschäftigten selbst. Es ist davon auszugehen, dass Mitarbeiter:innen und auch Bewerber:innen zunehmend vom »Purpose« bzw. Unternehmenszweck ausgehen, wenn sie sich für oder gegen einen Arbeitgeber entscheiden. Der Unternehmenszweck ist somit ein Spielfeld vielfältiger Zielkonflikte, die das Management in diesen Zeiten herausfordern. Das Ergebnis ist dann häufig der kleinste gemeinsame Nenner, inhaltlich schwer greifbar, oder eben für die eine oder andere Stakeholdergruppe nicht überzeugend.

Gerade Beschäftigte hinterfragen die Plausibilität des verkündeten Unternehmenszwecks und erkennen Widersprüche zur tatsächlichen inneren Verfasstheit ihres Unternehmens. Reinhard K. Sprenger[4] bemerkt dazu: »Wenn man versucht, Sinn zu verordnen, ist das im Extremfall reine Ideologie, also falsches Bewusstsein.« Der Berater sagt, er wäre beleidigt, in einem Unternehmen zu arbeiten, das versuche, ihm den Sinn vorzugeben. Unternehmen könnten Orientierung geben, meint Sprenger. Den Sinn müsse jede:r Mitarbeiter:in für sich selbst finden.

Wenn ein Unternehmen sich also auf die Suche nach dem eigenen Zweck, ja nach der Berechtigung für die eigene Existenz und nach der Sinngebung macht, dann nicht zuletzt um seine zahlreichen Stakeholder zu überzeugen. Dabei muss das Unternehmen für seine strategische Ausrichtung die innere Verfasstheit

---

4 In Handelsblatt v. 18.4.2019: Die Frage nach dem Warum: Was unserer Arbeit Bedeutung verleiht. Mit ihrem gesellschaftlichen Nutzen wollen Konzerne neuerdings Investoren und Talente anlocken. Aber wie findet ein Unternehmen seinen »Purpose«? *https:// www.handelsblatt.com/unternehmen/management/unternehmenskultur-die-frage-nach-dem-warum-was-unserer-arbeit-bedeutung-verleiht/24225480.html?ticket=ST-9020461-TdjdPfqGhLsqz2hPRE6z-ap2*

ebenso würdigen wie es den Blick nach außen wenden muss. Insbesondere das »Außen« ist mehr als der Kunde oder der Investor, es handelt sich vielmehr um vielfältige gesellschaftliche Anforderungen, die aus unterschiedlichen zum Teil widersprüchlichen Perspektiven unter dem Begriff Nachhaltigkeit verhandelt werden.

2.2 Erweiterung des Unternehmenszwecks um Nachhaltigkeitsziele

Nachhaltigkeit und Nachhaltige Entwicklung sind heute zu zentralen Begriffen geworden, wenn nicht sogar zu Synonymen für einen wirtschaftlichen und sozialen Wandel, welcher wirtschaftliches Wachstum in Verbindung mit unbegrenztem Ressourcenverbrauch als Leitbild in Frage stellt (Meadows/Meadows/Randers 1972). Das Prinzip Nachhaltigkeit soll »sicherstellen, dass ein regeneratives, natürliches System in seinen wesentlichen Eigenschaften dauerhaft erhalten bleibt« und ist in diesem Verständnis ein »ressourcenökonomisches Prinzip« (Pufé 2014, S. 16; Müller-Christ 2001). Die nachhaltige Entwicklung der Gesellschaft wurde erstmals öffentlichkeitswirksam im sogenannten Brundtland-Bericht mit wirtschaftlicher Entwicklung verknüpft: »Humanity has the ability to make development sustainable – to ensure that it meets the needs of the present without compromising the ability of future generations to meet their own needs« (World Commission on Environment and Development 1987, S. 15). Nachhaltigkeit steht somit für sorgsames und gegenüber zukünftigen Generationen verantwortliches Wirtschaften, wurde aber in dieser Bedeutung schnell als Marketingbegriff entdeckt, man könnte sagen als Chiffre für glaubhaftes Handeln »gekapert« (Bauchmüller 2014).

Die Ziele und Begriffsdefinitionen nachhaltigen Wirtschaftens bleiben in der Praxis häufig diffus und insbesondere im Umgang mit den innewohnenden Zielkonflikten widersprüchlich. Ungeklärt ist oft, ob ökologische, soziale und wirtschaftliche Nachhaltigkeit jeweils als wachstumsorientiert oder bestandserhaltend zu verstehen ist. Auch die Frage der Reihenfolge wird zum Teil sehr unterschiedlich beantwortet. Nachhaltigkeit sollte aus Sicht mancher Autoren nämlich nicht bedeuten, »Gewinne zu erwirtschaften, die dann in Umwelt- und Sozialprojekte fließen, sondern Gewinne bereits umwelt- und sozialverträglich zu erwirtschaften« (Pufé 2014, S. 16). Selbst dann, wenn die entstehenden Zielkonflikte, wie etwa Klimaschutz vs. Sicherung von Arbeitsplätzen beim Kohleabbau, einen vielgestaltigen und koordinierten Aushandlungsprozess und Wertentscheidungen auf vielen Ebenen voraussetzen (Stichwort: Kohlekompromiss). Der Bedeutungsinhalt nachhaltigen Wirtschaftens muss demnach immer im konkreten Kontext und Diskurs entwickelt werden. Dabei geht es dann »[...] *um die Bestimmung dessen, was Bestand haben soll, und um die Verknüpfung der zeitlichen und räumlichen Ebene, die eine Nachhaltigkeitspolitik einzubeziehen hat. Die*

Grundidee basiert also auf der einfachen Einsicht, dass ein System dann nachhaltig ist, wenn es selber überlebt und langfristig Bestand hat. Wie es konkret auszusehen hat, muss im Einzelfall geklärt werden« (Carnau 2011, S. 14).

Für Unternehmen bedeutet dieser Ansatz, dass Profitmaximierung und Marktorientierung nicht mehr als hinreichende Steuerungsmechanismen angesehen werden können und der Unternehmenszweck erweitert werden muss, um die ganze Bandbreite mittelbar und unmittelbar involvierter Interessenlagen zu würdigen. Angesichts weltweit extremer wirtschaftlicher Ungleichheiten, Hungerkatastrophen, eines ungebremsten und vermutlich nicht mehr revidierbaren Verbrauchs natürlicher Ressourcen und zunehmender Umweltbelastung wächst ein neues Verständnis für nachhaltiges Wirtschaften, konkretisiert sich in Gesetzen[5] und wird letztendlich auch im Unternehmenszweck und damit in den Zielsetzungen von Unternehmen sichtbar. Der Erfolg eines Unternehmens muss heute gleichzeitig sowohl nach klassischen wirtschaftlichen Kriterien (Gewinn, Kapitalverzinsung, Unternehmenswert etc.) als auch nach Umwelt- und Sozialkriterien (von Reinhaltung der Luft bis Verteilungsgerechtigkeit) beurteilt werden und nicht mehr einzig und allein nach seinem Markterfolg.

2.3 Implikationen des erweiterten Unternehmenszwecks für die Unternehmensführung

Wenn ein Unternehmen in seiner Strategie und seinen Aktivitäten nun die Balance zwischen wirtschaftlichem Erfolg, ökologischen Anforderungen und sozialen Gesichtspunkten sucht, so geschieht dies unter der Voraussetzung neu geordneter strategischer Instrumente, Rahmenbedingungen, Akteure und Prämissen der Unternehmensführung, die Vitols (2011) folgendermaßen zusammenfasst:

- Es existiert ein mehrdimensionales Konzept zur Nachhaltigkeit mit klaren Verantwortlichkeiten.
- Der Stakeholder Value ist ein wichtiges Element für das Management.
- Das Unternehmen hat ein Leitbild und eine Nachhaltigkeitsstrategie, die eine Umsetzung der Ziele befördert.
- Ressourcenschutz und Verminderung der Umweltbelastung sind wichtige Kriterien für das Unternehmen.
- Faire Arbeitsbedingungen, Arbeits- und Gesundheitsschutz, Vielfalt, Chancengleichheit sind Teile der Nachhaltigkeitsziele des Unternehmens.

---

5   Z.B. das Gesetz zur Stärkung der nichtfinanziellen Berichterstattung der Unternehmen in ihren Lage- und Konzernlageberichten (CSR-Richtlinie-Umsetzungsgesetz) vom 11. April 2017.

- Die Mitarbeiter:innen und andere Stakeholder sind an der Entscheidungsfindung im Unternehmen beteiligt. Hierzu sind unterschiedliche Mechanismen von der Beteiligung in Aufsichtsräten, durch Betriebsräte, Gewerkschaften oder auch Multi-Stakeholder-Beratungsgremien möglich.
- Es gibt ein transparentes und veröffentlichtes Reporting für finanzielle und nicht-finanzielle Kennzahlen.
- Es gibt konkrete Zielsetzungen und Messkriterien für die Erreichung der Ziele.
- Das Unternehmen setzt gezielt Anreize, um seine Nachhaltigkeit zu verbessern. Dies umfasst auch die Vergütung des Managements.
- Die Eigentümer des Unternehmens (also die Shareholder) sind als langfristig orientierte Investoren nicht an kurzfristiger Gewinnmaximierung interessiert, sondern verfolgen ebenfalls nachhaltigkeitsorientierte Ziele.

Die strategischen Anforderungen werden in der Praxis je nach Branche und Unternehmensgröße (Kontext) unterschiedlich sein. Unzweifelhaft ist aber, dass die überwiegende Mehrzahl der von Vitols (2011) angesprochenen Aspekte strategische Managementleistungen des Personalbereichs betreffen. Und insbesondere der wesentlich erscheinende Beteiligungsaspekt zeigt, dass der Managementgegenstand Personal Zweck und zugleich auch Mittel personalpolitischen Handelns ist (Ehnert 2009a; Taylor/Osland/Egri 2012). Das heißt, Personalmanager müssen sich also sowohl mit Problemen des (nicht-)ressourcenorientierten Umgangs mit Menschen (Gesundheit, Qualifikation, Motivation) auseinandersetzen, als auch mit deren (subjektiven) Beiträgen zur Entscheidungsfindung in Bezug auf ökonomische, ökologische und soziale Problemstellungen der Unternehmensführung. Das Personalmanagement muss (und kann) neben dem nachhaltigen Management der Ressource Personal, die für die Weiterentwicklung des Unternehmenszwecks wesentliche Frage beantworten, welche Anreize und Instrumente geeignet sind, um die vielfältigen Potenziale der Mitarbeitenden stärker und systematischer in die Entwicklung einer nachhaltigen und verantwortungsvollen Unternehmensführung einzubeziehen.

3. Konsequenzen des erweiterten Unternehmenszwecks für das Personalmanagement

Die Diskussion um den Unternehmenszweck, hat (in der jüngeren Debatte insbesondere unter dem Chiffre »Purpose«) in den vergangenen Jahrzehnten immer wieder dazu geführt, die strategischen Konsequenzen für das Personalmanagement zu überdenken und somit auch den Zweck und die Rolle des Personalmanagements in der Unternehmensführung (Aust et al. 2020). In Anlehnung an das traditionelle Verständnis des Unternehmens als gewinnmaximierende Einheit haben Fobrun, Tichy und Devanna (1984) das Modell eines »harten« Personalmanagements (Michigan-Ansatz) entwickelt. Dieses Modell orientiert sich konsequent an der Unternehmensstrategie und bemisst seinen Erfolg am Beitrag zur Maximierung des wirtschaftlichen Ergebnisses des Unternehmens (shareholder value; Aust et al. 2020). Das Gegenmodell eines zur gleichen Zeit entstandenen »weichen« Personalmanagements (Harvard-Ansatz) berücksichtigt neben den Auswirkungen der personalpolitischen Entscheidungen (z. B. Anreizsysteme, Arbeitssysteme) auf die direkten Ergebnisse des Personalmanagements (Bindung, Kompetenz, Kongruenz und wirtschaftliche Effektivität) auch langfristige Konsequenzen (z. B. Wohlergehen der Mitarbeiter:innen, gesellschaftliches Wohlergehen; Beer/Spector/Lawrence/Mills/Walton 1984). Die Personalstrategie im Sinne des Harvard-Ansatzes zielt auf eine stark mitwirkungsorientierte Gestaltung der Arbeitgeber-Arbeitnehmer-Beziehungen, in denen Verhalten häufig selbst-reguliert ist und auf einer Vertrauens- und Kooperationskultur basiert (vgl. auch Aust et al. 2020). Zentrales Anliegen bleibt jedoch auch in diesem Modell der Beitrag des Personalmanagements zum wirtschaftlichen Erfolg des Unternehmens.

Nicht als relevant für das Personalmanagement erachtet wurden in diesen beiden Modellen jedoch breitere gesellschaftliche soziale und ökologische Herausforderungen. Erst in den letzten Jahren haben Forscher:innen dazu aufgerufen, bestehende Modellvorstellungen über das Personalmanagement weiter in Richtung eines Nachhaltigen Personalmanagements (Ehnert 2009a, 2009b) unter der Berücksichtigung verschiedener Anspruchsgruppen (Beer/Boselie/Brewster 2015) zu entwickeln (Aust et al. 2020). Vorbereitet wurde diese Entwicklung durch die vergleichende Personalforschung, die sich mit der Bedeutung des (jeweiligen) institutionellen Kontextes für den Erfolg von Personalmanagementstrategien und -praktiken befasst hat (z. B. Legge 1995) und die darauf aufmerksam gemacht hat, dass der Beitrag des Personalmanagements zum wirtschaftlichen Erfolg um Beiträge zur sozialen Legitimität und Fairness eines Unternehmens ergänzt werden sollte, um langfristig erfolgreich und überlebensfähig zu sein (Paauwe 2004). Der Erfolg des Personalmanagements wird demnach als mehrdimensionales Konstrukt betrachtet, welches die Auswirkungen des Personalmanagements auf globale Herausforderungen (Klimawandel, Biodiversität, Urbanisierung, demografische Entwicklung am Arbeitsplatz, Migration usw.) berücksichtigt (Aust et al. 2020). Dies bedeutet aber auch, dass die ursprünglich dominante Perspektive des wirtschaftlichen Erfolges zunehmend von einem vielfältigeren und komplexeren Erfolgsbegriff ersetzt wird – bis hin zu der Annahme, dass es Teil des Unternehmenszwecks und der -strategie sein kann, zum gesellschaftlichen und ökologischen Fortschritt (vgl. auch Aust/Claes 2017) beizutragen und somit dem Gemeinwohl zu dienen (Aust et al. 2020).

Basierend auf Forschungen zum strategischen Management, internationalen Management, zur sozialen Verantwortung von Unternehmen (Corporate Social Responsibility [CSR]), zum strategischen Personalmanagement sowie basierend auf der globalen Führungsforschung wurde in den letzten Jahren eine steigende Anzahl an Beiträgen für ein Nachhaltiges Personalmanagement (sustainable HRM) verfasst (vgl. auch die Übersichtsartikel von De Stefano, Bagdadli, Camuffo 2018; Podgorodnichenko/Edgar/McAndrew 2019).

Nachhaltiges Personalmanagement kann definiert werden »als ... Einsatz von Personalmanagementstrategien und -praktiken, die es ermöglichen, in einem langfristigen Zeitraum, unter Kontrolle von unerwünschten Neben- und Rückwirkungen, finanzielle, soziale und ökologische Ziele zu erreichen« (Ehnert/Parsa/Roper/Wagner/Mueller-Camen 2016, S. 90). Nachhaltiges Personalmanagement wird also als eine Erweiterung des strategischen Personalmanagements verstanden (Ehnert 2009a, 2009b) und kann charakterisiert werden als

- ökonomisch rational und strategisch bedeutsam,
- eine robuste Legitimationsgrundlage personalrelevanter Entscheidungen,
- Sinnstiftung für (mindestens) Personalmanager sowie Mitarbeiter:innen und führt so zu höherer Arbeitszufriedenheit und geringerer Fluktuation (Guerci/Decramer/van Waeyenberg/Aust, 2018),
- sichtbarer Beitrag des Unternehmens zu einer gesellschaftlichen nachhaltigen Entwicklung.

Gerade mit der Erfüllung der letzten konzeptionellen Anforderung richtet sich der Fokus des Personalmanagements (auch) nach außen, adressiert gesellschaftspolitische Anforderungen und richtet sich am Gemeinwohl aus. Die Forschung hat aufgezeigt, dass in Praxis und Forschung verschiedene Typen eines Nachhaltigen Personalmanagements entstanden sind, die sich mal mehr der sozialen Verantwortung, mal mehr den verschiedenen Aspekten der Nachhaltigkeitsdiskussion widmen.

3.1 Typen Nachhaltigen Personalmanagements[6]

In Anlehnung an eine Typologie von Dyllick und Muff (2016) haben Aust et al. (2020) vier Typen des Nachhaltigen Personalmanagements (sustainable HRM) in der Forschung identifiziert. Diese Typen wurden anhand von wiederum vier Dimensionen bestimmt. Die erste Dimension unterscheidet, ob sich der Zweck (purpose) auf das Unternehmen selbst bezieht (inside-out) oder auf die Nachhaltigkeitsherausforderungen der Gesellschaft (outside-in; Dyllick/Muff 2016).

---

6   Der hier folgende Abschnitt basiert im Wesentlichen auf Aust et al., 2020, S. 2–6.

Die zweite Dimension bezieht sich auf die zentralen Ansatzpunkte des Nachhaltigen Personalmanagements, das heißt die Fähigkeiten, das Wissen und die Einstellungen, um (1) ein Bewusstsein zu entwickeln, für die Verantwortungsübernahme des Personalmanagements hinsichtlich der Auswirkungen von Personalentscheidungen, (2) Integration von kurz- und langfristigen Zwecken (purposes) und (3) der Beitrag zu regenerativen Organisations- und Personalmanagementpraktiken (Aust et al. 2020). Die dritte Dimension der Typologie bezieht sich auf die Prozesse des Nachhaltigen Personalmanagements, das heißt, wie wird mit Risiken umgegangen, *nicht* nachhaltig zu sein, und wie wird Nachhaltigkeit zur Gestaltung von Organisations- und Personalmanagementprozessen eingesetzt? Die vierte Dimension betrachtet die Ergebnisse (weiterhin in Analogie von Dyllick und Muff 2016), das heißt die durch das Personalmanagement gestalteten Werte oder Ressourcen (Aust et al. 2020). Anhand dieser vier Dimensionen wurden von Aust und Kollegen in der bestehenden Forschung vier Typen des Nachhaltigen Personalmanagements identifiziert.

Der Typ 1 »sozial verantwortliches HRM« knüpft eng an die humanistische Tradition des »weichen« Harvard Modells an, was sich auch in der dualen – ökonomischen und sozialen – Zwecksetzung zeigt. Gemäß der inside-out-Perspektive des Unternehmens wird ein sozial verantwortliches Personalmanagement soweit implementiert, wie die Praktiken und Instrumente einem (auch zukünftigen) wirtschaftlichen Zweck des Unternehmens dienen. Der zentrale Ansatzpunkt dieses Typus liegt darin, das Bewusstsein zu schärfen für die (auch langfristigen) Auswirkungen von Personalmanagemententscheidungen auf die im Unternehmen arbeitenden Menschen, aber auch auf die außerhalb des Unternehmens von den Entscheidungen Betroffenen (z. B. in der globalen Lieferkette oder im lokalen Unternehmensumfeld). Hierbei geht es jedoch nicht primär darum, die Lebensbedingungen von Arbeitnehmer:innen in der Lieferkette zu verbessern, sondern es geht um die Minimierung von Risiken, die die soziale Legitimität von Personalmanagemententscheidungen beeinträchtigen könnten. Ein sozial verantwortliches HRM wird beispielsweise in der nicht-finanziellen Nachhaltigkeitsberichterstattung vertreten (Aust et al. 2020) und wird konkret in Personalmanagementprozesse umgesetzt durch Praktiken zu Diversität und Inklusion, Gesundheit und Sicherheit am Arbeitsplatz oder zur Personalentwicklung (Ehnert/Parsa/Roper/Wagner/Muller-Camen 2016). Die Leistung eines sozial verantwortlichen Personalmanagements liegt darin, die soziale Reputation des Unternehmens sowie das Arbeitgeberimage zu verbessern, das heißt, der soziale Zweck dient dem Ökonomischen (Aust et al. 2020). Vernachlässigt wird in der Diskussion um ein sozial verantwortliches Personalmanagement die Betrachtung ökologischer gesellschaftlicher Herausforderungen. In diese Lücke sind in den vergangenen Jahren Bemühungen um ein »grünes« bzw. umweltorientiertes Personalmanagement gestoßen.

Die Forschungsarbeiten zum Typ 2 »Green HRM« (Grünes Personalmanagement) fassen Entwicklungen im HRM zusammen, die auf einen Beitrag zu einem ökologischeren Unternehmen abzielen (z. B. durch die Verbesserung der CO_2-Bilanz des Unternehmens oder durch die Implementierung ökologischer Werte in der Unternehmenskultur; Guerci/Longoni/Luzzini 2016). Die Forschung befasst sich beispielsweise mit der Frage, wie das Personalmanagement systematisch zu einem umweltfreundlicheren Verhalten im Unternehmen beitragen kann, beispielsweise durch entsprechende Auswahl von Mitarbeiter:innen, Bonuszahlung für die Erreichung ökologischer Ziele oder ökologisches Wissen und Kompetenzen vermittelnde Personalentwicklung (Renwick/Redman/ Maguire 2013; Renwick/Jabbour/Muller-Camen/Redman/Wilkinson 2016; Jackson/Renwick/Jabbour/Muller-Camen 2011). Im Gegensatz zu Typ 1, betrachtet Green HRM ökonomische und ökologische Zwecke des Personalmanagements. Die Organisationsperspektive ist weiterhin von innen nach außen gerichtet (inside-out), was bedeutet, dass auch hier der wirtschaftliche Erfolg des Unternehmens im Vordergrund steht und die Ökologie Mittel zur Zweckerreichung ist (Aust et al. 2020). Während die bisherigen Typen des Nachhaltigen Personalmanagements vorwiegend zwei Nachhaltigkeitsdimensionen betrachten, umfasst der folgende Ansatz drei Dimensionen.

Der Typ 3 »Triple Bottom Line HRM« betrachtet die ökonomischen, sozialen und ökologischen Zwecke, um ökonomische, soziale und ökologische Ziele auszubalancieren (Bush 2019). Dahinter steht die breit akzeptierte Grundannahme, dass die ökonomische, soziale und ökologische Dimension untrennbar miteinander verflochten sind, denn gesellschaftliches und wirtschaftliches Leben hängen von einer funktionsfähigen, intakten Umwelt ab. Der Ansatzpunkt des Triple Bottom Line HRM ist es, HRM Kompetenzen und Wissen zu nutzen, um win-win-win-Situationen zu generieren (De Prins et al. 2014; Jackson et al. 2011). Hierzu wird eine breite Palette von HR-Instrumenten genutzt, um Verhalten, Strategien und Kultur im Unternehmen zu beeinflussen und einen Beitrag zur Unternehmensnachhaltigkeit zu leisten. In win-win-win-Situationen können paradoxe Spannungen (Ehnert 2009a; Podgorodnichenko et al. 2019) oder Konflikte (Bush 2019) entstehen, die proaktiv bewältigt werden sollten. Die Triple Bottom Line HRM-Perspektive bleibt von innen nach außen gerichtet, das heißt, der ökonomische Zweck ist in Zweifelsfällen übergeordnet. So erklären sich auch Dyllick und Muff (2016), warum bisher trotz aller Bemühungen zur Erreichung der globalen Nachhaltigkeitsziele keine ausreichenden Fortschritte zu verzeichnen sind. Diese Diskussion dürfte in Zukunft noch befeuert werden durch die Rückschritte während der Covid 19-Pandemie.

Aust et al. (2020) haben die Kritik von Dyllick und Muff (2016) aufgegriffen und Überlegungen zu einem Typ 4, Common Good HRM (gemeinwohlorientiertes Personalmanagement), angestellt. Ein gemeinwohlorientiertes HRM unterstützt

Unternehmen, ihre Perspektive von innen nach außen umzudrehen und zu über-legen, wie das Personalmanagement ein Unternehmen dabei unterstützen kann, aktiv zu sozialem und ökologischem Fortschritt und zur Erreichung der 17 Nach-haltigkeitsziele (STG) der Vereinten Nationen auf globaler und/oder lokaler Ebene beizutragen (outside-in).

Dies bedeutet eine paradigmatische Wende bei der Bestimmung des Unterneh-menszwecks, denn die Lösung von gesellschaftlichen und/oder ökologischen Herausforderungen wird zum – durchaus auch ökonomisch erfolgversprechen-den – Geschäftsmodell. Aust et al. (2020) nehmen in der Denktradition des »Soft HRM« an, dass vertrauensvolle Arbeitsbeziehungen und Mitbestimmung (Par-tizipation) sowie Personalmanagementinstrumente, die gemeinwohlorientiertes Denken, Werte und Verhalten im Unternehmen fördern, wesentliche Vorausset-zungen für ein erfolgreiches gemeinwohlorientiertes Personalmanagement sein werden. Messbare Ergebnisse eines solchen Personalmanagements können die Erreichung wissenschaftsbasierter Nachhaltigkeitsziele (science-based targets) sein, die Schaffung bzw. Erhaltung von Beschäftigung oder die Förderung de-mokratischer Strukturen in Unternehmen (Aust et al. 2020). Fest steht jedoch bereits heute, dass Unternehmen, die über ein konstruktiv funktionierendes Mitbestimmungssystem verfügen, einen Vorteil bei der Implementierung neu-er, gemeinwohlorientierter und auch insbesondere umweltorientierte Manage-ment-Praktiken erwarten können (Markey et al. 2019).

3.2 Mitbestimmung als konstitutives Merkmal nachhaltigen Personal-managements

Mit dem Harvard-Ansatz wurden in der HRM-Literatur Modelle vorgelegt, die in Wirtschaftssystemen Europas und insbesondere Deutschlands bereits prak-tiziert werden. Diese Bezüge sind auch hinsichtlich der Nachhaltigkeitsdebatte interessant, da sie gleichsam eine Brücke zu einem breiten Stakeholder-Ansatz darstellen. So ist in der deutschen Unternehmensmitbestimmung bereits an vie-len Stellen (am ausgeprägtesten in der Montanmitbestimmung) eine »Arena« der Strategiemitsprache zumindest für die Beschäftigten und die Anteilseigner in echter Parität vorhanden. Die Montanmitbestimmung geht sogar so weit, über den sogenannten »neutralen Mann«, das weitere Mitglied im Aufsichtsrat und auch über den/die Arbeitsdirektor:in vielfältige gesellschaftspolitische Perspek-tiven in die Strategiedebatte einzubringen.

Die Montanmitbestimmung lässt sich so zwar nicht 1 : 1 mit den genannten Typologien erfassen, zumindest kann man das in den arbeitsdirektorialen Berei-chen der Montanunternehmen praktizierte Personalmanagement aber als sozial verantwortliches HRM bezeichnen, das zugleich auch Elemente des Common-Good-Typs aufweist.

Aber auch jenseits dieser weitentwickelten Form des ursprünglich durch Fritz Naphtali (1929) und andere formulierten Ansatzes der Wirtschaftsdemokratie ist Mitbestimmung ein gesellschaftlich anerkanntes (Nienhüser 2016), tradiertes und hoch entwickeltes Instrument (vgl. auch Widuckel 2003; Kluge/Vitols 2020) sozial verantwortlichen und gemeinwohlorientierten Wirtschaftens, das mit dem Personalmanagement zahlreiche strategische Kooperationsfelder aufweist (Giertz 2018). Diese Perspektive ist in der Fachdebatte des HRM ebenso schwach beleuchtet wie der Aspekt der Nachhaltigkeit an sich. Dabei kann Mitbestimmung durchaus als konstitutives Element nachhaltigen Personalmanagements und moderner HRM-Konzepte gelten – vorausgesetzt, dass es ihr (der Mitbestimmung) gelingt, sich ihrerseits zu modernisieren, das heißt, Zielkonflikte zu adressieren und konstruktiv zu bewältigen (vgl. auch Keegan/Aust/Brandl 2018)

Widuckel (2003) hat diese Zielkonflikte bereits früh herausgearbeitet und die gegenseitige Bedingtheit und damit die Klammer der Nachhaltigkeitsdimensionen aus gewerkschaftlicher Perspektive beschrieben (ebd., S. 471 f.). »Es liegt auf der Hand, dass eine Ausbeutung und Beanspruchung von natürlichen Ressourcen ... zu einer Verschlechterung der Arbeits- und Lebensbedingungen führt und am schärfsten die sozial Benachteiligten trifft.« Die Verbesserung der Rahmenbedingungen erscheint aber umso illusorischer, wenn zugleich die Verantwortlichen »befürchten, ... eine Vorteilsposition in der Kostenkonkurrenz einzubüßen.« Dieser Umstand stellt die bis dato bestimmende Nachhaltigkeitsperspektive zumindest der deutschen Gewerkschaften in Frage: Beschäftigungssicherung und Sicherung des Arbeitsvermögens. Ökologische und weitergehende soziale Anforderungen müssen also zunehmend mit der Tatsache vereinbart werden, dass die jeweils mitbestimmten Unternehmen sich »in einer kapitalistischen Konkurrenzökonomie behaupten müssen« (ebd., S. 473). Diese Form des Wirtschaftens hat ihren zentralen Grundpfeiler in der Ausnutzung des Wohlstandsgefälles entwickelter und weniger entwickelter Volkswirtschaften. Widuckel (2003) forderte entsprechend (ebd., S. 478):

1. Den Aspekt der Nachhaltigkeit in gewerkschaftliche Handlungsfelder zu integrieren. Es gelte interessenpolitisches Handeln als globales und nicht als »isoliertes betriebliches oder nationales Projekt« zu konzipieren.
2. Nachhaltigkeit für die Mitbestimmung zu operationalisieren, das heißt, konkrete Ziele und Handlungsfelder zu definieren.
3. Nachhaltigkeit auch als politisches Handlungsfeld im Globalisierungsdiskurs zu entwickeln.

Viele dieser Punkte sind in den folgenden Jahren aufgenommen und in praktischen Ansätzen realisiert worden (etwa das Beispiel VW-Weltbetriebsrat, vgl. Haipeter 2019) und auch die europäische und internationale Gewerkschaftspolitik hat mit »just transition« Ansätze (vgl. etwa Kohler 1998; Smith 2017) für einen gerechten Übergang entwickelt. Die Auflösung der Zielkonflikte im Sinne einer »Common-Good-Co-Determination« jenseits von green oder decent-jobs kann aber noch keineswegs als abgeschlossen angesehen werden (Barth/Jochum/Littig 2019).

Gleichwohl ist eine Modernisierung des Personalmanagements im oben genannten Sinne ohne eine hoch entwickelte Mitbestimmung nur schwer denkbar, wenn diese als Element der Meinungsbildung, Entscheidungsfindung und revolvierenden (Neu-)Ausrichtung von Unternehmenszweck und Strategie verstanden wird. Der gemeinsame Instrumentenkasten füllt sich und insbesondere an der Ausrichtung deutscher mitbestimmter Unternehmen an CSR-Fragestellungen (Vitols/Scholz 2018), an den Veränderungen in der internen und externen Berichterstattung (z. B. GRI oder auch personalspezifisch im DIN ISO 30414) und auch an der (wieder) aufkommenden Fachdebatte um ein erweitertes Instrumentarium des Personalcontrollings (Berger et al. 2021) zeigt sich, dass Mitbestimmung eine wesentliche Grundbedingung nachhaltigen Personalmanagements ist.

4. Ausblick

Angesichts der anhaltenden Infragestellung der tatsächlichen Strategiefähigkeit des Personalbereichs (vgl. Giertz/Schaaf in diesem Band) erscheint der Gedanke, dass das Personalmanagement zukünftig zum Gemeinwohl beitragen kann, zunächst geradezu naiv. Gleichwohl liefert die (vor allem internationale) HRM-Debatte attraktive Lösungsansätze für zukünftige Herausforderungen (vgl. Aust et al. 2020) und damit neue und wirksame Argumente für einen notwendigen Bedeutungszuwachs des Personalmanagements in der Unternehmensführung. Das Ringen um »Augenhöhe«, insbesondere in der deutschsprachigen Personaldebatte (z. B. Wehner et al. 2017) lenkt aber möglicherweise von den erfolgversprechenden Zukunftsfeldern des Personalmanagements ab. Jedenfalls ist das eine mögliche Erklärung dafür, dass Nachhaltiges Personalmanagement in der deutschen Fachdebatte bis dato kaum eine Rolle spielt.

Dabei ist Deutschland andererseits schon seit Langem ein erfolgreicher Experimentierraum für das Harvard-Modell beteiligungsorientierten Personalmanagements. Beteiligung der Belegschaft als zentralem »Stakeholder« und die Übernahme gesellschaftlicher Verantwortung spielt dabei eine herausragende, erprobte aber sicher auch noch ausbaufähige Rolle. Mitbestimmung kann hierzulande mit einiger Berechtigung als Gestaltungsprinzip der sozialen Marktwirtschaft und auch der Nachhaltigen Unternehmensführung bezeichnet werden. Das Modell des »Nachhaltigen Unternehmens« (Vitols/Kluge 2011) ist in hohem Maße anschlussfähig zu dem hier skizzierten Verständnis Nachhaltigen Personalmanagements.

Und es ist ein Modell, das in Teilen bereits praktisch erprobt ist. Der/Die Arbeitsdirektor:in, die »Neutrale Person« und das »weitere Mitglied« im Aufsichtsrat könnten im Zuge der Nachhaltigkeitsdebatte eine neue Relevanz erhalten.

Das Modell eines »Common Good HRM« ist in Deutschland also durchaus anschlussfähig, wenn auch nicht ganz voraussetzungslos. Es bedarf (zumindest) einer systematischen

- Anerkennung der Nachhaltigkeit als ökonomisch-rationalem Prinzip,
- Aufwertung der strategischen Bedeutung des Personalmanagements und
- Stärkung des Selbstverständnisses, der Rolle und auch der Position der Personalverantwortlichen in der Unternehmensführung sowie
- Einbindung und Stärkung der Mitbestimmung.

In der Erweiterung des Unternehmenszwecks um Nachhaltigkeit und Verantwortung liegt eine Chance der »Re-Humanisierung« und Stärkung des Personalmanagements, insbesondere durch eine stärkere Mitarbeiter:innenorientierung, bzw. die Anerkennung der Beschäftigten als Subjekte und relevante Stakeholder. Es besteht Anlass zu Hoffnung, dass dies mit einer Stärkung demokratischer Willensbildungsprozesse in Wirtschaftsunternehmen, einer verstärkten Gemeinwohlorientierung und einer mindestens substanzerhaltenden, wenn nicht sogar regenerativen neuen Art des Wirtschaftens einhergeht. Dies setzt allerdings einen bewussten Umgang mit »paradoxen Spannungen« voraus. Der sozial- bzw. konfliktpartnerschaftliche Ansatz der sozialen Marktwirtschaft bietet hierfür einen geeigneten Rahmen. Ein Rahmen, der insbesondere das Personalmanagement in die Lage versetzt, plausibel zu erklären, warum es ein Unternehmen gibt und wofür es steht. Nachhaltigkeit und vor allem der mitbestimmte Managementprozess zu dessen Sicherstellung wird dabei die wichtigste »Sinn-Zutat« und zugleich auch das messbare Resultat (bzw. die Ergebniserwartung und das Messkriterium) personalpolitischen Handelns sein.

5. Literatur

Aust (Ehnert), I./Matthews, B./Muller-Camen, M. (2020): Common Good HRM: A paradigm shift in Sustainable HRM? Human Resource Management Review, 30, *https://doi.org/10.1016/j.hrmr.2019.100705.*

Aust, I./Claes, M.T. (2017): Global leadership for sustainable development. In: Reiche, S.B./Stahl, G.K./Mendenhall, M.E./Oddou, G.R. Routledge, pp. 438–457.

Barth, Th./Jochum, G./Littig, B. (2019): Nachhaltige Arbeit: machtpolitische Blockaden und Transformationspotenziale, WSI-Mitteilungen, 72. JG, 1/2019.

Bauchmüller, M. (2014): Schönen Gruß aus der Zukunft. In: Aus Politik und Zeitgeschichte, 64. Jahrgang 31–32/2014, 28. Juli 2014, S. 3–6

Beer, M./Spector, B.A./Lawrence, P.R./Mills, D.Q./Walton, R.E. (1984): Managing human assets. New York, NY: Schuster & Schuster.

Beer, M./Boselie, P./Brewster, C. (2015): Back to the future: Implications for the field of HRM of the multi-stakeholder perspective proposed 30 years ago. Human Resource Management, 54(3), 427–438.

Berger, T./Reinhard, R./Schütte, A. (2021): Analyse und Bewertung von Personalrisiken im Angesicht der Transformation. In: R. Gröbel/I. Dransfeld-Haase (Hrsg.), Strategische Personalarbeit in der Transformation. Partizipation und Mitbestimmung für ein erfolgreiches HRM. Frankfurt a. M.: Bund Verlag, S. 101.

Bush, J.T. (2019): Win-Win-Lose? Sustainable HRM and the promotion of unsustainable em-ployee outcomes. Human Resource Management Review. *https://doi.org/10.1016/j.hrmr.2018.11.004.*

Carnau, P. (2011): Nachhaltigkeitsethik – Normativer Gestaltungsansatz für eine global zukunftsfähige Entwicklung in Theorie und Praxis. Rainer Hampe, Verlag: München.

De Prins, P./van Beirendonck, L./De Vos, A./Segers, J. (2014): Sustainable HRM: Bridg-ing theory and practice through the ›Respect Openness Continuity (ROC)‹-model. Management Revue, 25(4), 263–284.

De Stefano, F./Bagdadli, S./Camuffo, A. (2018): The HR role in corporate social responsibility and sustainability: A boundary-shifting literature review. Human Resource Management, 57(2), 549–566.

Donaldson, T./Walsh, J.P. (2015): Research in Organizational Behavior 35 (2015) 181–207.

Dyllick, T./Muff, K. (2016): Clarifying the meaning of sustainable business: Introducing a typology from business-as-usual to true business sustainability. Organization & Environment, 29(2), 156–174.

Ehnert, I./Parsa, S./Roper, I./Wagner, M./Muller-Camen, M. (2016): Reporting on sustainability and HRM: A comparative study of sustainability reporting practices by the world's largest companies. International Journal of Human Resource Management, 27(1), 88–108.

Ehnert, I./Harry, W./Zink, K. J. (2014): Sustainability and HRM. In: Ehnert, I./ Harry, W./Zink, K.J. (Eds.): Sustainability and human resource management (pp. 3–32). Heidelberg: Springer.

Ehnert, I. (2012): Nachhaltiges Personalmanagement: Konzeptionalisierung und Implementierungsansätze. In: Kozica, A./Kaiser, S. (eds.): Ethik im Personalmanagement: Zentrale Konzepte, Ansätze und Fragestellungen, DNWE (Deutsches Netzwerk Wirtschaftsethik), pp. 131–157.

Ehnert, I. (2009b): Sustainability and human resource management: reasoning and applications on corporate websites, in: European Journal of International Management, Vol. 3, Nr. 4, 2009, S. 419–438.

Ehnert, I. (2009a): Sustainable human resource management. A conceptual and exploratory analysis from a paradox perspective. Heidelberg: Springer.

Fombrun, C./Tichy, N.M./Devanna, M.A. (1984): Strategic human resource management. New York, NY: Wiley.

Freeman, R.E. (1984): Strategic management: A stakeholder approach. Boston: Pitman.

Friedman, M. (1970): Essay, in: New York Times Magazine.

Haipeter, T. (2019): Transnationale Artikulation von Arbeitnehmerinteressen im Weltbetriebsrat von VW, WSI-Mitteilungen 4/2019, S. 260–269.

Giertz, J.-P. (2018): Besser im Schulterschluss. Wie Personalmanagement und Mitbestimmung gemeinsam die Arbeit der Zukunft gestalten Zeitschrift Personalführung Juli/August 2018, S. 25–31.

Guerci, M./Decramer, A./van Waeyenberg, T./Aust, I. (2018): Moving Beyond the Link Between HRM and Economic Performance: A Study on the Individual Reactions of HR Managers and Professionals to Sustainable HRM. Journal of Business Ethics, 4/2018, https://doi.org/10.1007/s10551-018-3879-1.

Guerci, M./Longoni, A./Luzzini, D. (2016): Translating stakeholder pressures into environmental performance–the mediating role of green HRM practices. The International Journal of Human Resource Management, 27(2), 262–289.

Hollensbe, E./Wookey, C./Hickey, L./George, G./Nicols, C.V. (2014): Organizations with Purpose, Academy of Management Journal, 57(5), 1227–1234.

Jackson, S.E./Renwick, D.W./Jabbour, C.J./Muller-Camen, M. (2011): State-of-the-art and future directions for green human resource management: Introduction to the special issue. German Journal of Human Resource Management, 25(2), 99–116.

Keegan, A./Aust, I./Brandl, J. (2018): Handling tensions in Human Resource Management: Insights from Paradox Theory. German Journal of Human Resource Management, 1–17. https://doi.org/10.1177/2397002218810312.

Kluge, N./Vitols, S. (2020): Codetermination for the sustainable company I.M.U. Policy Brief, https://www.imu-boeckler.de/de/faust-detail.htm?sync_id=8897.

Kohler, B. (1998): Just Transition – A labour view of Sustainable Development, CEP Journal on-line, Summer, Vol. 6, No. 2.

Legge, K. (1995): Human resource management: A critical text. London: Palgrave.

Lingnau, V./Willenbacher, P. (2014): Leitmaximen legitimierter Unternehmensführung – Die Bedeutung von Unternehmensinteresse, Unternehmenszielen und Unternehmenszweck, aus Beiträge zur Controlling Forschung Nr. 25, Kaiserslautern.

Linne, G./Schwarz, M. (Hrsg.) (2003): Handbuch Nachhaltige Entwicklung. Wie ist nachhaltiges Wirtschaften machbar? Leske und Budrich.

Lübbe, H. (2015): Mobilität. Verkehr und Kommunikation als Faktoren der zivilisatorischen Evolution, in: Autostadt GmbH/Pazzini, K.-J./Wiesmüller, Chr. (2015): DENK(T)RÄUME Mobilität, S. 49–66.

Markey, R./McIvor, J./O'Brien, M./Wright, C.F. (2019): Reducing carbon emissions through employee participation: evidence from Australia, Industrial Relations Journal, Februar 2019.

Meadows, D.H./Meadows, D.L./Randers, J./Behrens, W.W. III (1972): The Limits of Growth: A Report for the Club of Rome's Project on the Predicament of Mankind. New York: Universe Books and Potomac Associates.

Müller-Christ, G. (2001): Nachhaltiges Ressourcenmanagement. Marburg: Metropolis-Verlag.

Naphtali, F. (Hrsg.) (1928): Wirtschaftsdemokratie. Ihr Wesen, Weg und Ziel. Berlin 1928.

Nienhüser, W. (2016): Mitbestimmung der Arbeitnehmer – Widersprüche in einem umkämpften sozialen Feld. In: Finzer, P./Kadel, P./Weber, W. (Hrsg.): Partnerschaft im Betrieb. Zur Erinnerung an Eduard Gaugler. Mannheim: Forschungsstelle für Betriebswirtschaft und Sozialpraxis e. V., S. 53–66.

Olbert-Bock, S./Ehnert, I. (2013): Nachhaltigkeit und HRM: Impulse für eine Nachhaltige Unternehmensentwicklung, in: Zölch, M./Pekruhl, U./Spaar, R., Jahrbuch Human Resource Management, WEKA Media Business AG (Zürich), 207–249.

Paauwe, J. (2004): HRM and performance: Achieving long-term viability. Oxford: Oxford University Press.

Podgorodnichenko, N./Edgar, F./McAndrew, I. (2019): The role of HRM in developing sustainable organizations: Contemporary challenges and contradictions. Human Resource Management Review. *https://doi.org/10.1016/j.hrmr.2019.04.001.*

Pufe, I. (2014): Was ist Nachhaltigkeit? Dimensionen und Chancen, in: Aus Politik und Zeitgeschichte, 64. Jahrgang 31–32/2014 28. Juli 2014, S. 15–21.

Renwick, D.W./Jabbour, C.J./Muller-Camen, M./Redman, T./Wilkinson, A. (2016): Contemporary developments in Green (environmental) HRM scholarship. International Journal of Human Resource Management, 27(2), 114–128.

Renwick, D.W./Redman, T./Maguire, S. (2013): Green human resource management: A review and research agenda. International Journal of Management Reviews, 15(1), 1–14.

Smith, S. (2017): Just Transition. A Report for the OECD. Just Transition Centre, Brüssel; *https://www.oecd.org/environment/cc/g20-climate/collapsecontents/ Just-Transition-Centre-report-just-transition.pdf.*

Taylor, S./Osland, J./Egri, C.P. (2012): Introduction to HRM's role in sustainability: Systems, strategies, and practices. Human Resource Management, 51(6), 789–798.

Vitols, S./Kluge, N. (2011): The Sustainable Company: a new approach to corporate governance, Brüssel 2011.

World Commission on Environment and Development (1987): Our Common Future. Oxford University Press, Oxford 1987.

Wehner, M./Kabst, R./Meifert, M. (2017): HR im internationalen Vergleich, in: Personalmagazin 02/17, S. 14–19.

Widuckel, W. (2003): Mitbestimmung und Nachhaltigkeit, in: Linne, G./Schwarz, M. (Hrsg.) (2003): Handbuch Nachhaltige Entwicklung. Wie ist nachhaltiges Wirtschaften machbar? Leske und Budrich.

Thomas Berger/Rüdiger Reinhardt/Annabell Schütte

Analyse und Bewertung von Personalrisiken im Angesicht der Transformation

Inhaltsübersicht

1. Einführung

In dem Artikel mit dem Titel »Personalentwicklung und Innovation«, veröffentlicht durch Thomas Otto – ehemaliger Leiter des Ressorts Mitbestimmung der IG Metall – steht vor allem der »Humankapitalansatz« im Kontext des modernen Personalmanagements im Vordergrund. Dieser ist eng verbunden mit der Unternehmensstrategie und den Unternehmenszielen. Die Voraussetzung für den nachhaltigen Erfolg muss also durch das Personalmanagement selbst geschaffen werden. Eine Verknüpfung langfristiger Personalstrategien mit der Unternehmensstrategie ist in der Praxis jedoch oft nicht üblich, wie eine Studie der Hans-Böckler-Stiftung im Rahmen eines aktuellen Projektes zeigt.[1] Für die Zu-

---

1 Siehe Mitbestimmungsportal – Personalrisiken – ein unterschätzter strategischer Faktor (4.12.2020).

101

kunftsfähigkeit des Unternehmens und die dauerhafte Absicherung der Beschäftigten ist eine langfristig ausgerichtete Personalstrategie, orientiert an der Unternehmensstrategie, aber unverzichtbar. Des Weiteren ist es notwendig, dass sich die Personalabteilung der neuen Rolle bewusst wird und dies auch nach außen kommuniziert bzw. umsetzt. Dazu muss die Abteilung über die dazu notwendigen Kompetenzen und Fachkenntnisse verfügen. Es ist also essenziell entsprechend in die Entwicklung des Personals zu investieren. Der Ansatz des internen Beraters, so wie er in der Realität oftmals umgesetzt wird, ist in diesem Kontext nicht zielführend. Das HR-Management soll vor allem als Businesspartner – *als gleichgestellter strategischer Partner auf Augenhöhe* – mit der Geschäftsführung agieren. Dies setzt voraus, dass das HR-Management von der Geschäftsführung und dem Rest der Belegschaft auch als strategisch gleichgestellter Partner anerkannt wird und selbst entsprechend der neuen Rolle agiert. Neu ist dabei vor allem, dass das HR-Management nun *selbst* auch explizit als maßgeblich *für den Erfolg des Unternehmens verantwortlich angehen wird.* Dies gilt nicht nur für den eigenen Fachbereich. – Ziel ist es den Mehrwert, welcher durch die Arbeit des HR-Businesspartners erzielt wird, messbar zu machen. Dabei stellt sich die Frage, wie dies bestmöglich umsetzbar ist (Krings 2015).

Wie aus jeder Strategie entstehen auch bei Personalstrategien Risiken – definiert als die Möglichkeit der Abweichung eines gesetzten Zieles. Gerade die personalstrategischen Risiken werden aktuell noch nicht entsprechend beachtet, weshalb nachfolgend das Management von Personalrisiken im Kontext der Transformation im Vordergrund stehen soll. Wir stellen zunächst dar, was unter Risikomanagement verstanden wird, bevor auf die speziellen Risiken des Personalbereichs bzw. Risiken für und durch das Personal eingegangen wird. Es werden empirische Ergebnisse als auch Konzeptionen des Personalrisikomanagements erläutert. Der Ansatz von Kobi soll anschließend im Fokus der Betrachtung stehen, bevor mögliche Personalrisiken der digitalen Transformation als auch ein Fallbeispiel zur Quantifizierung näher erläutert werden.

2. Personalrisiken als Teil des Risikomanagements

Grundlage für das Risikomanagement ist für die meisten Unternehmen das Kontroll- und Transparenzgesetz (KonTraG), das 1998 erlassen wurde und zunächst nur für Aktiengesellschaften gilt. Zentrale Anforderung ist dabei, »geeignete Maßnahmen zu treffen, insbesondere ein Überwachungssystem einzurichten, damit den Fortbestand gefährdende Entwicklungen früh erkannt werden« (§ 91 Abs. 2 AktG). Es wird jedoch häufig argumentiert, dass Unternehmen, die gewisse Größenordnungen in Bezug auf Mitarbeitende, Bilanzsumme oder Umsatz überschreiten, auch vom KonTraG betroffen sein werden (Kobi 2012). Im Rahmen des KonTraG ist eine Erfassung der bestandsgefährdenden Risiken gefordert, unabhängig von der Art des Risikos, der Hierarchieebene oder dem Bereich des Unternehmens. Diskussionen der möglichen Risiken sind dann im Vorstand und im Aufsichtsrat zu führen, um Gegenmaßnahmen einleiten zu können und die Wirksamkeit zu beurteilen oder ggf. zu verbessern. Dazu werden operative Einheiten errichtet, die diese Aufgabe im Alltag umsetzen, z. B. als eigenständige Einheit Risikomanagement oder als Teilbereich des Controllings. Diese führen kontinuierlich Analysen zu möglichen Risiken in Eigenregie durch, oder dies wird auf die Fachabteilungen delegiert. In regelmäßigen Intervallen – monatlich oder quartalsweise – werden dann die Risikoinventarlisten mit den wesentlichen Risiken, den relevanten Informationen zur potenziellen Höhe, den Gegenmaßnahmen als auch zugehörigen Verantwortlichkeiten erstellt. Diese Listen werden anschließend meist IT-gestützt vom Risikomanagement zusammengeführt. Nachfolgend wird unter Beachtung der Wechselwirkungen das Gesamtrisiko für das Unternehmen abgeleitet. Es werden anschließend Aussagen zu Bestandsgefährdungen getroffen, welche Bandbreiten möglicher Abweichungen vom Soll- und Istzustand aufzeigen. Die Entwicklung wird über mehrere Jahre abgeleitet, zusätzlich werden wesentliche Treiber genannt. Dazu wird dargestellt, wie sich die Gegenmaßnahmen auf die Höhe des Risikos auswirken könnten (Brutto- vs. Nettobetrachtung). Hierzu werden quantitative Verfahren wie die Monte-Carlo-Simulation eingesetzt, welche die Risiken unter Beachtung der Wechselwirkungen in Bezug auf eine Zielgröße aggregiert. Wesentlich ist dabei, dass die Risiken in quantifizierter Form vorliegen, damit die Risikohöhe auch quantitativ ausgedrückt werden kann, z. B. als Eigenkapitalbedarf zur Deckung möglicher Ausfälle in Euro.

Das Risikomanagement bietet dadurch eine »Vielzahl« ökonomischer Vorteile, wie z. B. sinkende Risikokosten und die Optimierung strategischer Entscheidungen. Sogar der Aktienkurs kann positiv beeinflusst werden: Unternehmen mit niedrigem »fundamentalem Risiko« weisen demnach eine deutlich bessere Performance auf als der Gesamtmarkt (Gleißner und Wolfrum 2019). Ebert (2014) bezeichnet das Risikomanagement gar als »Schlüsselwerkzeug für Führungskräfte«, das dazu beiträgt, Chancen, Unsicherheiten und Risiken proaktiv zu vermeiden. Zusätzlich bemängelt er, dass das Risikomanagement in vielen Unternehmen nicht effektiv zum Einsatz kommt.[2] Dies hat ungenutzte Chancen und das Scheitern von Projekten zur Folge. Führungskräfte, die Risiken ignorieren und nicht ernst nehmen, würden nicht nur sich selbst, sondern auch das Unternehmen gefährden (Ebert 2014).

---

2   Vgl. dazu die aktuelle Studie von Köhlbrandt, J./Gleißner, W./Günther, Th. (2020).

Dabei sollte klar sein, dass Risiken aus dem Bereich des Personals und des Personalmanagements bei der Analyse potenzieller Risiken genauso einbezogen werden sollten wie Risiken aus anderen Bereichen. Da dies in der Praxis noch nicht gelebt wird (Angermüller/Berger 2013), gehen wir deshalb zunächst auf die Relevanz der Personalrisiken ein.

3. Relevanz des Personalrisikomanagements

Eine Studie von Führing (Führing 2004) analysierte die im Lagebericht aufgeführten Risiken der zukünftigen Entwicklung der Unternehmen im DAX. Dazu zählen auch Fehlentscheidungen und Fehlverhalten des Managements oder fehlende Qualifikation und Unterstützung. Diese Risiken ergeben sich u. a. aus der fehlenden Funktion des Human Ressource Managements (HRM). Die Studie hat ergeben, dass die DAX 30 Unternehmen insgesamt 177 Risiken innerhalb des Wertesystems nach Porter ausführen. Davon betreffen 20 der genannten Risiken HR-Risiken, elf davon das Thema Personalwirtschaft und neun die Corporate Governance als auch Risiken im Management. Wesentliches Ergebnis dieser Analyse ist auch, dass 17 Unternehmen mittels ihrer Risiko-Berichterstattung nicht in der Lage waren, die geforderten rechtlichen Standards nach dem HGB einzuhalten. Der Gesamtdurchschnitt lag bei der Schulnote 4,6. Fünf der Unternehmen wurden sogar mit der Note ungenügend bewertet.

Eine Studie aus dem Jahr 2007 der »Economist Intelligence Unit« (Economist Intelligence Unit 2007) macht darauf aufmerksam, dass Personalrisikomanagement in Unternehmen für die Mitarbeitenden von Bedeutung ist, aber leider nicht genügend Beachtung findet. Im Rahmen der Umfrage wurden Mitarbeitende verschiedener Unternehmen über einen Zeitraum von zwei Jahren hinweg befragt. Die Umfrage ergab, dass sowohl die Einhaltung von Vorschriften als auch die Reputation (Risiken aus dem HR-Bereich) von den Mitarbeitenden als relevant eingeschätzt wurden. Außerdem wurden quantifizierbare Risiken aus dem finanziellen Bereich als weniger relevant eingestuft. Die Befragten äußerten sich hinsichtlich der Anwendung von leichtquantifizierbaren Risiken im finanziellen Bereich weitgehend zuversichtlich, die Vermeidung von Risiken im HR-Bereich wurde dagegen eher kritisch gesehen. Des Weiteren wurde die Reputationsfähigkeit eines Unternehmens als relevantester Faktor gesehen. Es ist jedoch unklar, ob diese als Risikofaktor einzuschätzen ist oder als Folge eines Risikos. Des Weiteren gelten als Ursachen für HR-Risiken ferner Negativfolgen in den Bereichen Personal, Qualifikation und Nachfolgeregelung. Etwa die Hälfte der Befragten war der Meinung, dass ihr Unternehmen mit den regulatorischen Risiken effektiv umgeht. Dennoch belegen die Umfragewerte, dass viele Mitarbeitende ihrem Unternehmen die Umsetzung rechtlicher Standards nicht zutrauen.

Mit einem Bericht der FOMACO GmbH aus dem Jahr 2013 wurde eine Statistik der SAGE HR Solutions AG veröffentlicht. In Zusammenarbeit mit der Ludwig-Maximilians-Universität München wurde ein Personal-Risiko-Index[3] entwickelt. Die Statistik verdeutlicht, welche Personalrisiken in den nächsten Jahren für Unternehmen relevant werden könnten. Gegenstand der Befragung waren insgesamt 536 Geschäftsführer und Personaler. Bewertet wurden acht verschiedene Risiken anhand einer Ordinalskala, wobei »null« kein Risiko bedeutete und zehn ein sehr hohes Risiko (HCC-Magazin 2013). Der Gesamtindex lag im Jahr 2013 bei 4,02. Das Engpassrisiko in Form des Fachkräftemangels ist das am stärksten vertretene Personalrisiko, gefolgt vom Führungsrisiko, welches auf eine fehlende Absprache zwischen Personalabteilung und Führungskräften hinweist. An dritter Stelle steht das Motivationsrisiko, welches mit einer geringeren Leistungsbereitschaft einhergeht. Das vierthöchste Risiko ist das PRM (Personalrisikomanagement) selbst, danach folgen krankheitsbedingte Ausfall- und Anpassungsrisiken. Das Loyalitätsrisiko und das Austrittsrisiko belegen die Plätze acht und sieben und stellen so das geringste Risiko dar.

Nachfolgend sind weitere Studien aufgeführt, die sich mit Teilbereichen von möglichen Personalrisiken auseinandergesetzt haben, ohne jedoch speziell einen Bezug zum Personalrisikomanagement zu nennen.

In einem Bericht des Instituts der deutschen Wirtschaft erläutern Burstedde und Werner (Burstedde/Werner 2017), dass Unternehmen bedingt durch den Fachkräftemangel einen längeren Zeitraum für die Personalsuche einplanen müssen. Mit ca. 82 Tagen im Schnitt ist die Dauer bis zur Neubesetzung wesentlich länger als in der Vergangenheit. Im Jahr 2016 waren bereits 2/3 aller offenen Stellen für qualifiziertes Fachpersonal nur schwer besetzbar gewesen. Der Zeitraum bis zur realen Stellenbesetzung ist jedoch insgesamt (mit durchschnittlich 82 Tagen) stärker gestiegen als der Planungshorizont. Die Unternehmen müssen daher noch mehr Zeit zur Rekrutierung der Mitarbeitenden einplanen. Die Anzahl unbesetzter Stellen lässt sich ebenso wie die Vakanzzeiten reduzieren, indem Zeithorizont und Suchaufwand zur Personalbeschaffung angepasst werden. Deshalb ist eine zukunftsbezogene, an den demografischen Wandel (Rente der geburtenstarken Jahrgänge) angepasste Personalplanung von hoher Relevanz.

Der Kurzbericht des Instituts der deutschen Wirtschaft aus dem Jahr 2018 (Burstedde/Kolev/Matthes J. 2018) verdeutlicht, dass der Fachkräftemangel die deutsche Wirtschaft negativ beeinträchtigt. Es hätten wesentlich bessere wirt-

---

3   Vgl. HCC-Magazin (2013).

schaftliche Ergebnisse in den Unternehmen erzielt werden konnen, wenn dieser Bedarf an Fachkräften mit einer Lücke von 440 000 abgedeckt gewesen wäre. Demnach hätte die Wirtschaftsleistung um ca. 0,9 besser ausfallen können, was einem Betrag von 30 Milliarden Euro entspricht. In einer Studie des Instituts der deutschen Wirtschaft Köln aus dem Jahr 2018 wurden die Kosten und der Nutzen von Weiterbildungsmaßnahmen untersucht. Die Digitalisierung geht demnach mit einem steigenden Bedarf an Qualifikationen einher. Unternehmen, die hiervon betroffen sind, investieren häufiger finanzielle Ressourcen und Zeit in die Qualifizierung ihrer Mitarbeitenden. Mit zunehmendem technologischem Fortschritt werden auch vermehrt IT-Kompetenzen vermittelt (Placke/Seyda 2017).

Die Kompetenzen, die im Rahmen der Weiterbildung vermittelt werden, umfassen demnach: berufliches Fachwissen, Kooperations- und Kommunikationsfähigkeit, IT-Anwenderkenntnisse, Selbstständigkeit Organisations- und Planungsfähigkeit, IT-Fachwissen/Softwareprogrammierung und Führungskompetenzen. Nur in ca. 29 Prozent der Fälle konnten Geringqualifizierte einen anderen Aufgabenbereich übernehmen, ohne zuvor eine Weiterbildungsmaßnahme zu absolvieren (Schöpper-Grabe/Vahlhaus 2019). Im Rahmen der Gallup-Studie 2019 (Brekemeyer 2019) wurde u. a. deutlich, dass die Förderung von Fortbildungsmaßnahmen durch die Geschäftsführung oder die HR-Führungsverantwortlichen sich positiv auf die Motivation der Mitarbeitenden auswirkt. Vor allem im Zuge der digitalen Transformation komme es darauf an, dass die Unternehmen die Qualifikation ihrer Mitarbeitenden durch Weiterbildungsmaßnahmen an die neue Situation anpassen. Der Gallup Engagement-Index des Jahres 2019 hat ergeben, dass 34 Prozent der Mitarbeitenden der Meinung sind, bei der Digitalisierung und möglichen Weiterbildungen zu wenig von den Unternehmen unterstützt zu werden. Außerdem haben nur 21 Prozent der Mitarbeitenden der Aussage zugestimmt, dass ihr Unternehmen sie mittels der Aneignung neuer Fähigkeiten und Fertigkeiten gut auf die Digitalisierung vorbereitet. Die Weiterbildungsimpulse haben deutlich positive Auswirkungen auf das Engagement der Mitarbeitenden, liegen jedoch oftmals brach. Nur 15 Prozent aller Arbeitgeber wiesen 2019 eine hohe emotionale Bindung zum Betrieb auf. Hierbei zeigte sich eine höhere Unternehmensbindung bei den Angestellten, die von Führungskräften oder HR-Verantwortlichen Unterstützung erfuhren. Die emotionale Bindung war bei der Belegschaft, die die volle Unterstützung erhielt (27 Prozent) dreimal so hoch gewesen wie bei Mitarbeitenden, die in diesem Kontext keine Unterstützung erhielten (8 Prozent). Nach dem Engagement-Index 2019 seien 15 Prozent (5,56 Mio.) aller Mitarbeitenden stark an das Unternehmen gebunden, jedoch 69 Prozent (25,59 Mio.) nur mittelstark und 16 Prozent (5,93 Mio.) nur schwach, Letztere haben also bereits innerlich gekündigt. Die innerliche Kündigung verursache einen gesamtvolkswirtschaftlichen Schaden im Umfang von 122 Milliarden Euro im Jahr, dieser Betrag wurde geschätzt.

Wie nun diese diversen Themen in ein Gesamtkonzept des Personalrisikomanagements überführt werden können, behandelt der folgende Abschnitt. Dabei stellen wir zunächst verschiedene Ansätze dar, bevor wir den Ansatz von Kobi (2012) etwas stärker in den Mittpunkt rücken.

4. Ansätze zum Personalrisikomanagement

Es gibt eine Reihe von Ansätzen für das Personalrisikomanagement, die meist über die Betrachtung einzelner Risiken induktiv übergeordnete Risikokategorien bilden, ohne eine weiter gehende Konzeption zu entwerfen, wie beispielsweise bei Wucknitz (2005) oder Brand-Noé (1999). Brand-Noé (1999) stellt sieben Kategorien zur Diskussion: (1) Risiken aus zu geringem Personalbestand, (2) aus zu hohem Personalbestand, (3) aus der Überalterung des Personals, (4) aus Versäumnissen der Personalentwicklung, (5) aus einer unzeitgemäßen Unternehmenskultur, (6) aus dem Ethikverständnis des Unternehmens sowie (7) Risiken aus der Unvereinbarkeit von Unternehmenskulturen. Einen ähnlichen Ansatz verfolgt Wucknitz (2005), der eine Gliederung in zehn Teilkategorien vornimmt, die neben Unternehmensfeld, Unternehmensstruktur, Personalstruktur, Schlüsselkräften, Führung, Team-Prozessen, Personalmanagement, arbeitsrechtlichen Regelungen auch Personalkosten und die Unternehmenskultur als Kategorie beinhaltet. Es bleibt bei all diesen Ansätzen festzuhalten, dass diese Risikokategorien letztlich nur ein Hilfsmittel sein können, müssen doch u. a. die unklaren Ursache-Wirkungszusammenhänge (Paul 2011) sowie das Eigenhandeln der Subjekte (Führing 2004) einbezogen werden. Laut Führing setzt der Umgang mit Personalrisiken damit

»ein Rollen- und Selbstverständnis der Personaler voraus, dass auf einem Spektrum von Personalverwaltung bis strategischem HRM eindeutig dem Letzteren zuzuordnen ist« (Führing 2004, S. 203).

5. Verschiedene Personalrisikomanagement-konzepte

Nachfolgend stellen wir deshalb die zwei Ansätze von Ackermann und Kobi dar, die versuchen, sich dem Themenkomplex umfassender zu nähern.

5.1 Ansatz von Ackermann

Der Ansatz von Ackermann (1999) sieht den Bereich Personalmanagement zunächst sowohl als »Störfaktor« als auch als »Störobjekt« im Kontext der Ursache möglicher Risiken an. Dabei wird gezeigt, dass auch bei der Bewältigung des Risikos Personal und Personalmanagement betroffen sind. Anhand dieser Betrachtungsweise sind verschiedene Risikoarten zu identifizieren, die nachfolgend dargestellt werden.

Tabelle 1: Personalrisiken nach Ackermann

Orientierung	Betrachtung	
	Personal	Personalmanagement
Ursachenorientierung	Risiken durch das Personal	Risiken des Personal-managements
Wirkungsbezug	Risiken für das Personal	Risiken für das Personal-management
Managementbezug	Risiken bewältigen mit dem Personal	Risiken bewältigen mittels Personalmanagement

Quelle: nach Ackermann, 1999, S. 66

Bei Risiken »*durch das Personal*« wird grundsätzlich davon ausgegangen, dass sich das Personal möglicherweise nicht unternehmenskonform verhält und ein potenzielles bestandsgefährdendes Risiko darstellt. Als Risiken durch das Personal sind benannt: *Eintrittsrisiken, Bleiberisiken und Austrittsrisiken.* Die »*Risiken für das Personal*« umfassen im Gegensatz dazu diejenigen Risiken, denen sich die Mitarbeitenden aussetzen, z. B. Leib- und Lebensgefährdung durch technische Mängel. Aus der letzten Perspektive werden Mitarbeitende als Potenzial zur Risikobewältigung angesehen. Typische Risiken für das Personal bestehen in Betriebs- und Arbeitsunfällen, auf ergonomisch nicht optimalen Arbeitsplätzen, beim Kontakt mit gesundheitsgefährdenden Stoffen, durch Umweltbelastung am Arbeitsplatz (Staub, Lärm, ungünstige Lichtverhältnisse etc.), im weiteren

Sinne auch durch psychologische Erkrankungen und die Störung des Biorhythmus. Das Personalmanagement kann Schäden verursachen, indem Fehler in den Bereichen Personalbestandsanalyse/-prognose, Personalbeschaffung, Personalbedarfsplanung, Personalfreisetzung, Kostenmanagement, Personalführung, Personalinformationsmanagement und Personalentwicklung gemacht werden. Zu den Risiken für das Personalmanagement zählen hingegen Änderungen des ökonomischen Umfelds, neue technologische Entwicklungen, Wertewandel der Gesellschaft und arbeitsrechtliche Veränderungen (Ackermann 1999). Der Hauptrisikoprozess setzt sich schließlich aus drei Kernelementen zusammen:

- Risikoerkennung/-analyse (durch und für Personal),
- Risikobewertung (nach Schadenshöhe und Eintrittswahrscheinlichkeit),
- Risikobewältigung (Kontrolle und Implementierung von Bewältigungsmaßnahmen).

Ackermann unterteilt die Risiken zur Bewertung in verschiedene Schweregrade: *Existenzrisiken, Großrisiken und Kleinrisiken*. Dabei ist auch die Unternehmensgröße zu beachten, da die Abwanderung wichtiger Schlüsselpersonen beispielsweise für ein Kleinunternehmen eine Existenzgefährdung darstellt, für ein Großunternehmen aber nur ein Kleinrisiko. Die Risikobewältigungsphase umfasst die Auswahl, Suche, Kontrolle und Veranlassung geeigneter Maßnahmen zur Risikobewältigung. Hierzu sind vier verschiedene Strategien einsetzbar, die *Risikovermeidung, Risikoüberwälzung, Risikoverminderung und Risikoselbsttragung*. Meist erfolgt die Risikobewältigung in Form der »gerichteten Risikobewältigung«. Das Risiko wird erkannt, nach Relevanz und Maßnahmen bewertet und schließlich zur Bewältigung abgeleitet. Laut Ackermann gibt es hier eine gerichtete Risikobewältigung durch und für das Personal (Ackermann 1999).

5.2 Ansatz von Kobi

Die Konzeption von Kobi (2012) ist der am häufigsten zitierte Ansatz. Er teilt die verschiedenen Personalrisiken in vier wesentliche Personalrisikofelder ein. Diese seien zwar laut Autor nicht vollständig, decken aber die relevantesten Risiken aus der Praxis im Personalbereich ab:

- **Engpassrisiko:** Das Fehlen von Leistungsträgern (bedarfs- und personell bedingt).
- **Austrittsrisiko:** Bestimmte Schlüsselpersonen und gefährdete Mitarbeitende müssten im Unternehmen gehalten werden (Retention Management).
- **Anpassungsrisiko:** falsch qualifiziert oder/und illoyale Mitarbeitende. Zur Prävention ist es notwendig, Umschulungen und Neuqualifizierungen durchzuführen.

- **Motivationsrisiko:** Das Zurückhalten von Leistung, geringes Engagement, Überlastung, innerliche Fluktuation und Mitarbeitende kurz vor der Rente wirken sich negativ auf die Motivation aus.

Der erweiterte Ansatz von Kobi (2012) umfasst außerdem zusätzlich zu den genannten Risiken die Führungsrisiken, Risiken aus dem Personalmanagement selbst, Integrationsrisiken und psychologische Arbeitsverträge (gegenseitige Erwartungen und Angebote von Arbeitgebern und Arbeitnehmern).

Gemäß Kobi bedarf es zur frühzeitigen Erkennung der Risiken eines systematischen HR-Researchs. Nur mittels eines solchen Frühwarnsystems ist es möglich, zeitgerecht auf Risiken bzw. Chancen hinzuweisen und dementsprechend zu handeln. Im Fokus der Betrachtung stehen *interne* (Kultur, Struktur, Strategie) und *externe* Faktoren (Arbeitsmarkt, Umfeld) zur Abschätzung der bedarfsgerechten Reaktion. Technische, gesellschaftliche und wirtschaftliche Aspekte sind mittels eines »Umfeldradars« zu identifizieren. Relevante Daten sind aus der Masse an verfügbaren Daten (Konjunktur-/Trend-/Psychologieforschung, Landkarten, Umfrageergebnissen etc.) herauszufiltern, um mittels dieser Informationen die Führungskräfte für die wesentlichen Trends zu sensibilisieren. In folgender Abbildung wird der Sachverhalt dargestellt.

Abbildung 1: Frühwarnsystem

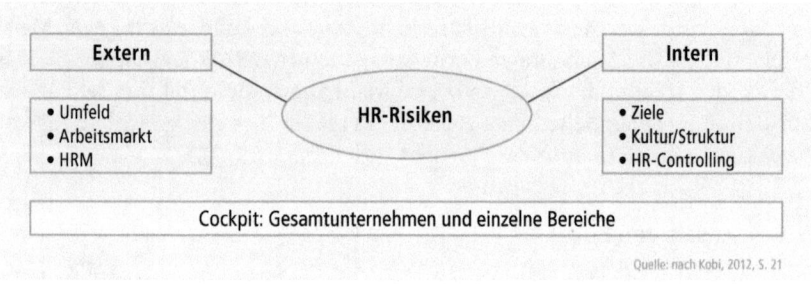

Quelle: nach Kobi, 2012, S. 21

Nach Kobi besteht die Aufgabe des *Personalrisikomanagements* in der Identifikation, *Steuerung, Messung und Überwachung* von Personalrisiken. Dabei hat Kobi auch die monetäre Perspektive einbezogen, wie mit dem nachfolgenden vereinfachten Beispiel für die monetäre Wirkung einer Verminderung von Personalrisiken in Anlehnug an Kobi gezeigt wird (Kobi 2012).

Tabelle 2: Monetäre Betrachtung der Personalrisikovermeidung

Eckdaten: 5.000 Mitarbeitende (500 Neuzugänge), 300 Millionen Gehaltssumme, 10 Prozent Fluktuation p. a.

Verhindertes Personalrisiko	Kostenersparnis in Euro pro Jahr
Fehlrekrutierung (Um 20 Prozent reduziert auf 33 Prozent)	4 Millionen
Kündigung (Um 10 Prozent reduziert auf 25 Prozent)[1]	15 Millionen
Innere Fluktuation[1] (Reduktion um 4 Prozent)	3 Millionen
Abwesenheit (Reduktion um 1 Prozent)[1]	3 Millionen
Schlechtes Committent (Verbesserung um 5 Punkte)[2]	15 Millionen
Gesamtkosteneinsparung	ca. 40 Millionen

1) Entspricht 1 Prozent der Gehaltssumme   2) 5 Punkte entsprechen 1 Prozent der Gehaltssumme   Quelle: nach Kobi, 2012, S. 20

Es mag sein, dass in der Praxis die Sachverhalte komplexerer Natur sein mögen und die Ableitung von konkreten Zahlen in vielen Bereichen schwerfallen wird. Der Ansatz jedoch, die Wirkung der Personalrisiken auch monetär darzustellen, ist nahe am Risikomanagement, das Risiken quantifiziert darstellt und ist daher anschlussfähiger als andere Ansätze.

6. Potenzielle Risiken aus der digitalen Transformation

6.1 Risiken aus der digitalen Transformation im HR-Bereich

Wie Pothke et al. (2017) erläutern, wird im Rahmen der Digitalisierung oftmals das Thema e-HRM und e-learning zur Personalentwicklung, also operativen Umsetzung im Kontext der Digitalisierung erforscht, weshalb hier bereits einige Studienergebnisse vorliegen. Demnach ist es sinnvoll, die Auswirkungen auf psychologischer Ebene näher zu betrachten, um festzustellen, wie sich die Digitalisierung auf die *Motivation (Commitment und Jobzufriedenheit)* als auch die *Leistung (Produktivität und Fehlzeiten)* auswirkt. Die Autoren empfehlen, die veränderte Beziehung zwischen *Führungskräften und Mitarbeitenden* zu erforschen. Mit der Digitalisierung sei ein erhöhter Grad der Flexibilisierung, des Auflösens der Grenzen und der Digitalisierung der Arbeit selbst verbunden. Des Weiteren sind die notwendigen Kompetenzen, welche die Digitalisierung fordert, als Voraussetzung zur Personalentwicklung näher zu erforschen. Laut Hammermann und Stettes 2014 (2015 in Anlehnung an: IW-Personalpanel 2014) weist die Planungs- und Organisationsfähigkeit einen stark positiven signifikanten Zusammenhang mit der Personalentwicklung auf. Hinzu kommt der aktuell immer relevanter werdende Aspekt des *Fachkräftebedarfs* und der geforderten *Veränderungsbereitschaft* im Zuge der voranschreitenden Digitalisierung. Dieser Bedarf weist einen Einfluss auf unternehmerische Zielgrößen auf. Demnach wurde ein schwach signifikanter Zusammenhang zwischen der *Fluktuationsrate und dem Digitalisierungsgrad* für Unternehmen des Status 4.0 im Rahmen der Studie festgestellt. Jedoch haben sich auch Chancen für Unternehmen 4.0 eröffnet; dies zeigt der positive signifikante Zusammenhang zwischen dem Digitalisierungsgrad und der Steigerung der Innovationskraft sowie die verbesserte unternehmensinterne Kommunikation und die flexiblere Produktions-/Dienstleistungserstellung. So wird also deutlich, dass mit der Vermeidung der Risiken, welche die voranschreitende Digitalisierung für das Personal mit sich bringt, auch Chancen bzw. Nutzenperspektiven einhergehen. Vor allem der Nutzen der Vermeidung des Anpassungsrisikos wurde mit den Ergebnissen der Studie verdeutlicht.

6.2 Potenzielle Risiken aus der digitalen Transformation allgemein

Wir wollen im Folgenden mögliche Risikofelder aus der digitalen Transformation beleuchten, die im Rahmen einer Analyse der Personalrisiken bedeutsam sein könnten.

Grundsätzlich ist zunächst einmal die Digitalisierungsstrategie einer Organisation als mögliches Risikofeld zu benennen. Hier ergeben sich – analog des Ansatzes von COSO (2017) – Risiken aus der Strategie selbst, z. B. Inkonsistenzen. Des Weiteren ergeben sich Risiken aus der Umsetzung (Terminrisiken, Budgetrisiken etc.) oder aus einer mangelhaften Abstimmung der Strategie als auch aus einem Verfehlen der Ziele. Für Personalrisiken bedeutet dies grundsätzlich, dass die Digitalisierungsstrategie auch den Aspekt der Personalstrategie umfassen sollte bzw. mit einer solchen zu verzahnen ist. Auch das Fehlen einer Digitalisierungsstrategie an sich ist schon als Risiko anzusehen.

Konkret muss u. a. beleuchtet werden, welche Auswirkungen sich auf verschiedene Bereiche des Personalrisikomanagements, z. B. entlang der Systematik von Kobi, ergeben können. Leitfragen sind Folgende:

- Wie könnten sich die Maßnahmen auf die Motivation betroffener Bereiche auswirken?
- Welche erhöhten Austritte könnten die Folge sein?
- Welche Auswirkungen ergeben sich für die Gesundheit der Mitarbeitenden, z. B. durch belastende Tätigkeiten oder einer Effizienzsteigerung und evtl. damit einhergehende Arbeitsverdichtung (Rothe et al. 2019)?
- Welche Engpässe in Form von fehlenden Leistungsträgern könnten bei der Umsetzung auftreten?
- Inwiefern könnten Anpassungen der (fachlichen) Kompetenzen, von neuen Arbeitsgebieten oder ähnlichem scheitern oder verzögert sein und was sind die möglichen Konsequenzen hieraus?
- Welche Auswirkungen ergeben sich für die Führung?

Methodisch bieten sich hier Workshops und Interviews an, um gemeinsam die Personalrisiken zu ermitteln und Steuerungsmaßnahmen ableiten zu können. Anschließend besteht die Möglichkeit, die Risiken monetär zu bewerten, um eine Steuerungsgröße zu erhalten, z. B. in Form einer Verteilungsfunktion. Dabei ist es hilfreich, sich zunächst über die konkreten Felder von Auswirkungen (Motivation, erhöhte Kosten oder Ähnliches) Gedanken zu machen und strukturiert zu erfassen. Es hat sich außerdem oft bewährt, diese Auswirkungen in Form von Szenarien zu erfassen, damit diese leichter zu diskutieren und abzugrenzen sind. Wir wollen dies am Beispiel des Verlusts einer Schlüsselperson während der Transformation aufzeigen.

6.3 Fallbeispiel

Während des Prozesses der Transformation ist das Unternehmen einer gewissen Abhängigkeit von Schlüsselpersonen unterworfen. Das Risiko besteht nun darin, eine wichtige Person als Leistungsträger zu verlieren (aus individuellen Gründen). Es wird nun angenommen, dass drei Szenarien zu unterscheiden sind: ein bester Fall, ein wahrscheinlicher Fall sowie ein »schlimmer« Fall. Es wird dann die Struktur der Kosten festgelegt. In diesem Fall wären dies *Rekrutierungskosten* für die Ersatzbeschaffung (hier eine externe Beschaffung), die *Mehrarbeit* während der Ersatzbeschaffung sowie die *Einarbeitungskosten*. Für alle drei Szenarien werden dann Dauer und Kosten festgelegt (z. B. im Rahmen eines Workshops oder mittels Interviews durch Expertenschätzungen) diese Ergebnisse werden für alle Szenarien aufsummiert, wie in folgender Abbildung dargestellt und eine Verteilung für die Modellierung im Rahmen der Monte-Carlo-Simulation erstellt (Berger/Gleißner 2018).

Abbildung 2: Fallbeispiel Austrittsrisiko

(Beträge in Euro)

	Bester Fall	Wahrschein-lichster Fall	Schlimmster Fall	Erläuterung
Rekrutierungskosten				
Rekrutierungszeit bis Einstellung neuer Mitarbeiter:innen in Monaten	3	5	10	
Prozesskosten intern je Prozess	1.000	1.500	2.200	
Prozesskosten extern je Prozess	–	800	1.600	Kosten für Anzeigen etc.
Anzahl Prozesse (ein Prozess ist ein Bewerbungszyklus)	1	3	5	Annahmen
	1.000	6.900	19.000	= (extern + intern) x Anzahl
Mehrarbeit während Rekrutierung				
Mehrarbeitskosten der Kollegschaft je Monat bis Einstellung	13.000			v. a. Zuschläge für Mehrarbeit
Dauer in Monaten	3	5	10	Annahmen
Summe	39.000	65.000	130.000	= Monate x Mehrarbeitskosten
Einarbeitungskosten				
Mehrarbeitskosten durch Kollegschaft während Einarbeitung				v.a. Zuschläge für Mehrarbeit
1. bis 3. Monat	10%	30%	50%	nach 3 Monaten eingearbeitet
4. bis 6. Monat	0%	20%	30%	nach 6 Monaten eingearbeitet
5. bis 12. Monat	0%	0%	10%	nach 12 Monaten eingearbeitet
Summe über alle Monate	3.900	19.500	41.600	= Monate x % der Mehrarbeitskosten
Gesamt	43.900	91.400	190.600	

Diese Angaben werden nun für die Modellierung des Risikos in eine Dreiecks-verteilung überführt. Auf dieser Grundlage wird angenommen, dass sich die Bandbreite möglicher Auswirkungen auch zwischen den beiden Extremwerten »bester Fall« und »schlimmster Fall« bewegen kann, sich jedoch eher um den wahrscheinlichsten Fall bewegt. Auch monetäre Auswirkungen wie 80 000 Euro oder 120 000 Euro wären denkbar, nicht nur die drei angenommenen Szenarien. Diese Annahme ist deutlich realistischer als eine ausschließliche Modellierung der drei Szenarien und bietet auch den Vorteil, die Szenarien nicht mit Wahr-scheinlichkeiten hinterlegen zu müssen. Gerade die Abschätzung der Wahr-scheinlichkeiten bereitet die größten Schwierigkeiten und kann so umgangen werden.

Abbildung 3: Risikoverteilung

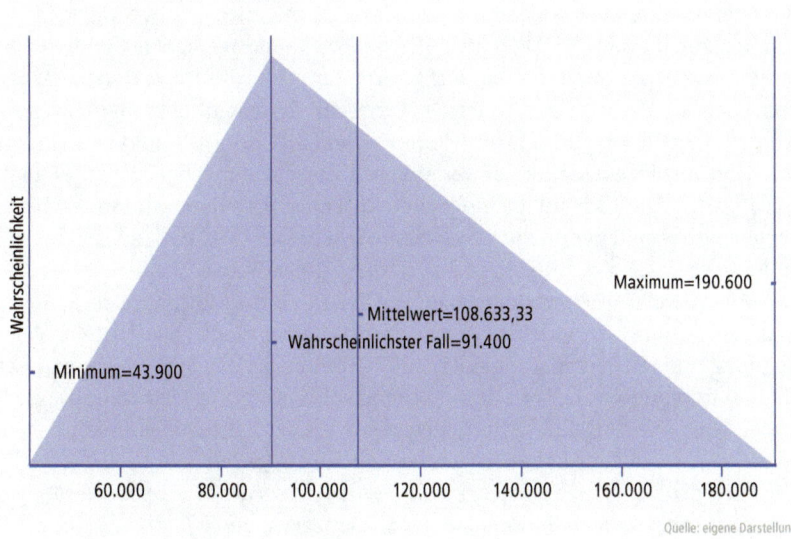

Quelle: eigene Darstellung

Wie wir im Beispiel sehen, wird aus den verschiedenen Komponenten des Risi-kos (*Rekrutierung, Mehrarbeit, Einarbeitung*) eine Gesamtbewertung des Risikos abgeleitet (hier »im Mittel« ein Risiko von *108 633 Euro*). Die größten Schwie-rigkeiten bestehen dann darin, eine belastbare Zahlengrundlage zu erhalten, was jedoch im Laufe der Zeit durch die Erfahrung im Umgang mit den Risiken leichter fallen wird. Ohne diese Zahlengrundlage kann ein Risiko nicht für die Aggregation einbezogen werden und ist damit de facto mit »*Null*« Euro Risiko erfasst (Berger/Gleißner 2018).

7.   Fazit und Ausblick

Der Beitrag hat die Relevanz der Personalrisiken generell und in Bezug auf die Transformation deutlich gemacht. Es konnte gezeigt werden, dass beispielsweise Motivationsrisiken oder Austrittsrisiken besondere Relevanz aufweisen und entsprechend beachtet werden müssen. Es wurden vertiefend die Ansätze von Ackermann und Kobi dargestellt, die nicht nur mögliche Risikofelder aufzeigen, sondern die Risiken in eine Gesamtkonzeption überführten. Dabei wurde betont, dass ein Personalrisikomanagement praktisch immer Teil des unternehmensweiten Risikomanagements sein wird und sich deshalb mit den Anforderungen aus diesem System in Bezug auf *Datenqualität, Berichtsinhalte* oder Ähnlichem befassen muss. Grundlage des Risikomanagements ist das *KonTraG*, durch das eine Ableitung einer möglichen Bestandsgefährdung und eine Erfassung der bestandsgefährdenden Risiken, unabhängig von der Art des Risikos, der Hierarchieebene oder dem Bereich des Unternehmens, notwendig sind.

Ein Risikomanagement – oder auch Personalrisikomanagement als Teilbereich – hat dann einen ökonomischen Mehrwert, wenn Risikoinformationen sachgerecht bei der Vorbereitung unternehmerischer Entscheidungen berücksichtigt werden. Organe wie Aufsichtsräte können dann ihre Kontroll- und Gestaltungsfunktion ausführen, indem bei wesentlichen Entscheidungen wie einer Digitalisierungsstrategie auch auf die möglichen Risiken eingegangen wird und z. B. verschiedene Varianten monetär verglichen werden. Das abschließende Fallbeispiel sollte zeigen, wie diese monetäre Bewertung erfolgen kann.

Der Ansatz von Ulrich aus dem Jahr 1997 kann als transformationsorientierter »wertschöpfender« Ansatz der Personalarbeit herangezogen werden. Zur Anerkennung und effizienten Tätigkeit des HR-Businesspartners (HR = Human Ressource) ist dieser Partner mit den gleichen Mitbestimmungsrechten und -pflichten anderer Führungskräfte im Unternehmen auszustatten. Hierzu können Instrumente wie die HR Balanced Scorecard genutzt werden.

Die HR-Balanced-Scorecard stellt ein Instrumentarium des Managements dar, welches dem Unternehmen im Rahmen der Strategieerarbeitung folgende Möglichkeiten eröffnet:

- *HR als »strategischen Vermögenswert« und als »Wettbewerbsvorteil« in das Management integrieren*
- *den positiven Beitrag der HR-Abteilung bzgl. des Finanzergebnisses als auch der Rentabilität messbar machen*
- *einen Deckungsgrad von Strategie und HR-Architektur herstellen und diesen auch quantifizieren*

Eine effektiv eingesetzte HR-Scorecard verknüpft das Handeln der Mitarbeitenden mit der Unternehmensstrategie und beachtet dabei mögliche Abweichungen – sprich Risiken, um diese strategisch und operativ steuern zu können (Becker et al. 2001).

8. Literatur

Ackermann, K.-F./ISPA GmbH (Hrsg.) (1999): Risikomanagement im Personalbereich. Reaktionen auf die Anforderungen des KonTraG; Gabler Verlag Wiesbaden.

Angermüller, N./Berger, T. (2013): Personalrisiken als Teil des Risikomanagements in: Risiko Manager, Nr. 3/2013, S. 15–17.

Becker, B./Huselid, M./Ulrich, D. (2017): THE HR SCORECARD. Linking People, Strategy and Performance; in: *Summaries.Com*, S. 1–7. Online verfügbar unter *http://www.summaries.com*.

Berger, T./Gleißner, W. (2018): Einfach Lernen! Risikomanagement, 3. Aufl., Ventus Publishing Aps, Frederiksberg.

Berger, T./Gleißner, W./Rinne, M./Schmidt, M. (2005): Risikoberichterstattung und Risikoprofile von HDAX-Unternehmen 2000 bis 2003; veröffentlicht in Finanz Betrieb 5/2005, S. 343–353. Online verfügbar unter: *http://www.risknet.de/fileadmin/downloads/FINANZBETRIEB_Risikoprofile_HDAX_Unternehmen_052005.pdf*.

Brekemeyer, R. (2019): BERKEMEYER Unternehmensbegeisterung – GallupStudie. Hg. v. BERKEMEYER Unternehmensbegeisterung. Online verfügbar unter *https://www.berkemeyer.net/news/gallup-studie/*, zuletzt aktualisiert am 21.05.2020, zuletzt geprüft am 21.05.2020.

Burstedde, A./Kolev, G./Matthes, J. (2018): IW-Kurzbericht 27/2018. Wachstumsbremse Fachkräfteengpässe: Institut der deutschen Wirtschaft.

Burstedde, A./Werner, D. (2017): IW-Kurzbericht 17/2018. Unternehmen müssen mehr Zeit für Personalsuche einplanen: Institut der deutschen Wirtschaft; Online verfügbar unter *https://www.iwkoeln.de/fileadmin/user_upload/Studien/Kurzberichte/PDF/2018/IW-Kurzbericht_2018_17-Fachkraeftesicherung.pdf*.

Ebert, Chr. (2014): Risikomanagement kompakt: Risiken und Unsicherheiten bewerten und beherrschen; Springer-Verlag.

Economist Intelligence Unit (2007): Best practice in risk management A function comes of age. A report from the Economist Intelligence Unit Sponsored by ACE, IBM and KPMG. In: The Economist.

Führing, M. (2004): Risikoberichterstattung über Humanressourcen – Eine empirische Analyse der DAX 30 on JSTOR. Online verfügbar unter *https://www.jstor.org/stable/23277814?seq=1*, zuletzt aktualisiert am 20.04.2020, zuletzt geprüft am 20.04.2020.

Gleißner, W./Wolfrum, M. (2019): Grundlagen des Risikomanagements. In: Gleißner, W./Wolfrum, M. (Hrsg.): Risikoaggregation und Monte-Carlo-Simulation. Schlüsseltechnologie für Risikomanagement und Controlling; Wiesbaden: Springer Fachmedien Wiesbaden (essentials), S. 3–13.

Gulden, T. (2003): Microsoft Word – Text108.doc. Risikoberichterstattung in den Geschäftsberichten der deutschen Automobilindustrie. Research Report; Zugriff am 28.10.2020. Verfügbar unter *https://www.econstor.eu/bitstream/10419/97598/1/786489367.pdf*.

Hammermann, A./Stettes, O. (2014): Fachkräftesicherung im Zeichen der Digitalisierung. Empirische Evidenz auf Basis des IW-Personalpanels.

HCC-Magazin (2013): Personal-Risiko-Index: Wie fit ist meine Belegschaft? In: HCC-Magazin.

IG Metall Vorstand (Hrsg.) (2007): Das A & O für die Aufsichtsratsarbeit. Das A & O für die Aufsichtsratsarbeit Personalentwicklung und Innovation. Arbeitshilfe A2. Online verfügbar unter *http://praxinno.de/mediapool/58/584093/data/docs_ig_metall_xcms_29453_2.pdf*, zuletzt geprüft am 19.08.2020.

Kobi, J.-M. (2012): Personalrisikomanagement. Strategien zur Steigerung des People Value. 3. Aufl.; Wiesbaden: Gabler Verlag; Online verfügbar unter *http://gbv.eblib.com/patron/FullRecord.aspx?p=1083347*.

Köhlbrandt, J./Gleißner, W./Günther, Th. (2020): Umsetzung gesetzlicher Anforderungen an das Risikomanagement in DAX- und MDAX-Unternehmen. Eine empirische Studie zur Erfüllung der gesetzlichen Anforderungen nach den §§ 91 und 93 AktG, in: Corporate Finance, Heft Nr. 07–08/2020, S. 248–258.

Krings, T. (2015): Der HR Business Partner – ein Missverständnis? In: Krings, T. (Hrsg.): Erfolgsfaktoren strategischen Personalmanagements. Wiesbaden: Springer Gabler, S. 1–27.

Paul, C. (2015): Personalrisikomanagement: Bestandsaufnahme und Perspektive; Online verfügbar unter *http://hdl.handle.net/10419/116569*, zuletzt geprüft am 17.04.2020.

Placke, B./Seyda, S. (2017): Die neunte IW-Weiterbildungserhebung. Kosten und Nutzen betrieblicher Weiterbildung: Institut der deutschen Wirtschaft Köln Medien GmbH.

Pothke, U./Klasmeier, K./Rowold, J. (2017): Human Resource Managements in einer digitalisierten Arbeitswelt, in Surrey, H./Tiberius, V. (Hrsg.) (2017): Die Zukunft des Personalmanagements: Herausforderungen, Lösungsansätze und Gestaltungsoptionen. Herausforderungen und Perspektiven des Human Resource Managements in einer digitalisierten Arbeitswelt: vdf Hochschulverlag AG.

Rothe, I./Wischniewski, S./Tegtmeier, P. et al. (2019): Arbeiten in der digitalen Transformation – Chancen und Risiken für die menschengerechte Arbeitsgestaltung. Z. Arb. Wiss. 73, 246–251 2019. *https://doi.org/10.1007/s41449-019-00162-1*.

Schöpper-Grabe, S./Vahlhaus, I. (2019): Grundbildung und Weiterbildung für Geringqualifizierte. Unter Mitarbeit von IW-Trends – Vierteljahresschrift zur empirischen Wirtschaftsforschung: Institut der deutschen Wirtschaft Köln Medien GmbH.

Dietmar Hexel

Gute Arbeit – Gestaltungskriterium für strategische Personalarbeit

Inhaltsübersicht

»Die Würde des Menschen ist unantastbar.«[1]
(Art. 1 Abs. 1 Satz 1 Grundgesetz)

Dieser Beitrag geht vom Menschen und seinem Wunsch nach »Guter Arbeit« aus, nicht vom »Humankapital«, dem Unwort des Jahres 2004. Das Thema wird hier sowohl unter verhaltenstheoretischen wie ökonomischen Aspekten behandelt. Es geht um die soziale Dimension einer Arbeit, die dem Menschen entspricht, nicht

---

1   Ein stets guter Kompass für meine Haltung und Arbeit als DGB-Vorstand war das Buch
      von Oskar Negt, Arbeit und Menschliche Würde.

um die Erhöhung der »Profitabilität«. Gleichwohl geht es um Produktivität. Radikal ist die Vision, dass in Zukunft nicht mehr Finanzer:innen, Kaufleute oder Techniker:innen, sondern Personaler:innen an der Spitze von Unternehmen stehen werden – und die Beschäftigten demokratisch entscheiden, welcher bzw. welche Manager:in ihre Talente und Zusammenarbeit organisiert, also »führt«. Es folgen einige wenige praktische Vorschläge, wie im Alltag des real existierenden Kapitalismus »Gute Arbeit« erreicht werden kann. Nicht Strategie-Leitbilder, sondern wirkliche Handlungsveränderung bringen Resultate. Ob Veränderungen wirksam sind, lässt sich mit dem »DGB-Index Gute Arbeit« messen.

1. Warum Gute Arbeit nötig ist: Menschliche Grundbedürfnisse

Alle Menschen haben physiologische und psychologische Grundbedürfnisse. Zu den physiologischen Bedürfnissen gehören Atmen (saubere Luft), Trinken (sauberes Wasser), Essen (gesunde Nahrung), körperliche und seelische Unverletzlichkeit und Schlafen (Ruhe und Entspannung), ein Dach über dem Kopf. Wie ist die Luft (besonders in Corona-Zeiten) im Büro und der Fabrikhalle? Lüfter mit HEPA-Filter im Einsatz? Gibt es kostenloses Wasser gegen Dehydrierung und das nicht nur im Sommer? Gibt es eine Kantine oder die Möglichkeit, Essen warm zu machen? Ist Schichtarbeit wirklich unverzichtbar (wie z. B. bei Feuerwehr, in Krankenhäusern, an Hochöfen)? Und wenn ja, wie sind hier Ruhezeiten und Nachtschichten geregelt? Kritisch im Sinne Guter Arbeit bleiben Länge und Dauer der Arbeitszeit sowie das Bedürfnis nach Schlafen und Ruhe bei Schichtarbeit. Die Produktion von Autos, Kühlschränken oder Zustelldienste müssen nicht in die Nacht verlegt werden. Werden Roboter uns hier und da »befreien«?

Wenn neben den physiologischen die psychologischen Grundbedürfnisse nicht beachtet werden, können Menschen schwer zu Schaden kommen (und in der Folge auch die Unternehmen). Was zu psychologischen Grundbedürfnissen gehört, wird in der soziologischen und psychologischen Literatur unterschiedlich, teilweise kontrovers diskutiert. Je nach Persönlichkeit, sozialem Umfeld und kulturellem Hintergrund haben Menschen durchaus unterschiedliche psychologische Bedürfnisse. Einige jedoch sind über alle Kulturen und Epochen hinweg bei allen Menschen gleich.

Der Sozialpsychologe Erich Fromm (1900–1980) verstand unter »*existentiellen*« Bedürfnissen des Menschen (einschließlich seiner Leidenschaften, die in den unterschiedlichen Charakteren verwurzelt seien) *den Orientierungsrahmen und ein Objekt der Hingabe* (um seine Energie in eine Richtung zu integrieren), *Verwurzelung, Einheitserleben, Wirkmächtigkeit, Erregung und Stimulation* (Fromm

1980a, S. 207 ff.). Arbeit hat in besonderer Weise etwas mit dem **Bedürfnis nach Wirkmächtigkeit** zu tun: *»Ich bin, weil ich etwas bewirke«*, beschreibt Fromm das Prinzip. Im psychosozialen Erklärungsgebäude des **Enneagramms**, das die Beziehungen und Unterschiede zwischen neun Persönlichkeitsprofilen (populär: Hauptcharaktereigenschaften) aufzeigt (Salzwedel/Tödter 2021, S. 43 f.), wird über alle neun Haupt-Profile hinweg die Existenz von drei einheitlichen Antreibern oder Grundmotiven in einer Triade von Fühlen, Denken, Handeln postuliert, die stets nach Erfüllung streben: Selbstbestimmung, Anerkennung und Sicherheit, wahlweise ergänzt durch jeweils drei Sub-Typen (Naranjo 2017, S. 53 f.). Die Theorie der **Transaktionsanalyse** (Eric Berne, 1910–1970) nennt ebenfalls drei psychologische Grundbedürfnisse: Stimulanz (es regt mich an, macht mir Freude), Strokes (Zuwendung/Anerkennung), Struktur (Hunger nach Sicherheit, Information und Zeitstruktur). Wird eines dieser Grundbedürfnisse im Arbeitsleben nicht befriedigt oder nicht ausreichend beachtet, hat dieser Mangel unmittelbar Auswirkung auf die Aufgabe, die von Beschäftigten zu lösen ist (Hagehülsmann 2007, S. 74). Die Energie des Betroffenen, der Antrieb, die Motivation oder Begeisterung für seine Tätigkeit sinkt in diesem Fall.

Zu ähnlichen Schlussfolgerungen kommt ein neueres Modell (2008) von Deci und Ryan. Sie postulieren in ihrer **Selbstbestimmungstheorie** (SDT) drei psychologische Grundbedürfnisse (»Selbstbestimmungstheorie«, 2021): Kompetenz (competence), Autonomie/Selbstbestimmung (autonomy), soziale Eingebundenheit (relatedness), *»deren Befriedigung sich auf die Qualität von Verhalten sowie auf das mit der Ausübung dieses Verhaltens verbundene Wohlbefinden auswirkt«* (»Grundbedürfnis«, 2021). Mit Kompetenz ist ein Gefühl gemeint, effektiv auf die Dinge einwirken zu können, damit die gewünschten Resultate erzielt werden. Mit Autonomie ist nicht Unabhängigkeit von anderen gemeint. Unter Autonomie verstehen Deci und Ryan das Gefühl, freiwillig etwas zu befolgen, wenn man von der Notwendigkeit überzeugt ist (beispielsweise Masken oder Sicherheitsschuhe zu tragen). Soziale Eingebundenheit meint die Bedeutung, die andere für einen selbst haben und die man selbst für andere hat. Die menschlichen Grundbedürfnisse möglichst gut zu befriedigen, spielt auch im Arbeitsleben eine entscheidende Rolle.

2. Kann man Gute Arbeit messen? Beschäftigte als Expert:innen

Man kann und muss lange darüber streiten, wie psychologische Grundbedürfnisse in Betrieben am besten zu erfüllen sind und was Gute Arbeit wirklich ist und wie sich diese dann messen lässt. Die Psychologie, Industriesoziologie, Neurobiologie, Medizin (vor allem die psychosomatisch orientierte) und die Arbeitswissenschaft haben Wesentliches dazu beigetragen. Die Arbeitswissenschaft hat menschengerechte Arbeit (nicht zu verwechseln mit Guter Arbeit) definiert[2] und in der DIN EN ISO 9241-2 die arbeitswissenschaftlichen Erkenntnisse fixiert, die in jedem Betrieb anzuwenden sind. Ergänzt wird eine wirksame Analyse wie Realisierung von ergonomischen Arbeitssystemen durch die Norm DIN EN ISO 6385:2016. Daraus resultieren die berühmten »**Sieben Humankriterien**« zur Gestaltung von Arbeitsaufgaben: Benutzerorientierung, Vielseitigkeit, Ganzheitlichkeit, Bedeutsamkeit, Handlungsspielraum, Rückmeldung, Entwicklungsmöglichkeiten.

Beinhaltet »Strategische Personalarbeit« diese Ziele als Teil der »Guten Arbeit« als unabdingbare Basis? Wie genau? Was sagen Organisations- und IT-Abteilungen, die wesentlich die Arbeitsabläufe vorgeben? Wie sehen Betriebsrat und die Arbeitnehmerschaft dies? Der Autor kennt die Sachzwänge der Praxis aus eigener Erfahrung. Als Projektkoordinator lernte er bei der IG Metall in einem eigenen Projekt[3] und später als DGB-Vorstand für Personal, dass Wünsche und Normen das eine, die Realisierung das andere ist. IT-Abteilungen oder Produktionsplaner:innen haben oft Durchsetzungsvorteile gegenüber Normen und Zielen der Betriebsorganisation und Personalabteilung. Da helfen nur rechtzeitige Kommunikation, Mut und Macht.

»Gute Arbeit« ist keine Erfindung der Arbeitswissenschaft. Der Begriff stammt von den Gewerkschaften. Die schwedische Metallgewerkschaft gab Mitte der 1980er Jahre den Anstoß (Lippert/Jürgens 2012, S. 118). Ende der 1990er folgten die deutschen Gewerkschaften, aufbauend auf den Erfahrungen des Projektes »Humanisierung des Arbeitslebens (HdA)«.[4] Wikipedia nennt Gute Arbeit ein »Fahnenwort« der Gewerkschaften. Der Begriff ist positiv schillernd. Ist Gute

---

2   Danach ist die Arbeit menschengerecht, wenn die Arbeitenden »in produktiven und effizienten Arbeitsprozessen, schädigungslose, ausführbare, erträgliche und beeinträchtigungsfreie Arbeitsbedingungen vorfinden, Standards sozialer Angemessenheit nach Arbeitsinhalt, Arbeitsaufgabe, Arbeitsumgebung sowie Entlohnung und Kooperation erfüllt sehen, Handlungsräume entfalten, Fähigkeiten erwerben und in Kooperation mit anderen ihre Persönlichkeit erhalten und entwickeln können.« Vgl. Schlick, C. et al. (2010, S. 7), in: Institut DGB-Index Gute Arbeit, (2020, S. 102).

3   IG Metall-Projekt »Betriebs- und Kommunikationsstrukturen der IGM (BK)«, das unter dem Vorsitzenden Franz Steinkühler die verwaltungsmäßige »Erneuerung« innerer Arbeitsabläufe der IGM zum Ziel hatte, einschließlich des erstmaligen Einsatz von PC mit bundesweiter Vernetzung, was 1986 alles andere als trivial war. Vgl. auch: Schmitz, K. (2020).

4   Das Projekt wurde 1974–1989 vom Bundesforschungsminister Matthöfer (SPD) gefördert und später durch das Programm Arbeit und Technik abgelöst. HdA heißt ausdrücklich Humanisierung des Arbeitslebens, nicht Humanisierung der Arbeit. Vgl. zur Guten Arbeit auch Jahrbücher Gute Arbeit, z. B. C. Schmitz/H.-J. Urban (2021).

Arbeit in der kapitalistischen (oder sozialistischen) industriellen Arbeitswelt, innerhalb eines »*pathologischen Lohnarbeitssystems*« (Bergmann 2004, S. 373) überhaupt möglich? Doch solange wir im heutigen System von abhängiger Lohnarbeit feststecken und es nicht überwunden haben, muss alles getan werden, um Gute Arbeit innerhalb dieses Systems zu realisieren. Kollidiert dies mit anderen Zielen des heutigen Wirtschaftens, stellt sich die praktische (Macht-)Frage:

- Sind die Ziele des heutigen Wirtschaftens und Arbeitens richtig? Müssen sich Vorstellungen von Guter Arbeit und damit die Menschen dem System unterordnen?
- Oder sind die Grenzen der Lohnarbeit, bei der Eigentümer:innen von Finanzkapital nicht demokratisch legitimierte Entscheidungen über Beschäftigte treffen, nicht längst erreicht?

Alternative Utopien,[5] die besonders die Grundbedürfnisse des Menschen im Blick hatten, sind bis heute freilich nicht besonders erfolgreich gewesen. Doch jetzt leuchten durch die High-Tech-Möglichkeiten im entwickelten Kapitalismus, eine überbordende Konsumproduktion mit ihren unübersehbaren messbaren Schäden am Planeten Erde und die zunehmende Gegenwehr durch soziale Bewegungen realistische gesellschaftliche Modelle am Horizont auf. Wie könnte es gehen, wenn der Mensch mit seinen Grundmotiven und -bedürfnissen und nicht eine gewinnorientierte Produktionstechnik die Arbeit bestimmt? Haben Unternehmensstrategen und Strategische Personalarbeit diesen nötigen Paradigmenwechsel im Blick?[6] Was folgt daraus konkret für die Arbeitsbeziehungen in Betrieb und Verwaltung? (Vgl. hierzu Senge/Hafenmayer 2011; Hoffmann 2015.)

In den Betriebswirtschaften (Meyer 2001) wie den Arbeitswissenschaften (Schlick 2010, S. 7) gibt es unterschiedliche Meinungen und vor allem Interessen.[7] Deshalb war die Idee in den Gewerkschaften: Fragen wir doch einfach die Experten, also die Beschäftigten selbst! So entstand der DGB-Index Gute Arbeit. Der Index startete 2007. Er ist eine Methode, mit der die Qualität der Arbeitsbedingungen von Arbeitnehmer:innen gemessen wird. Er umfasste zunächst 15 Dimensionen mit 31 Fragen. 2012 wurde das Instrument weiterentwickelt. Heute gibt es 42 Einzelfragen (Items) innerhalb von folgenden elf Kriterien der Arbeitsqualität (Dimensionen):

---

5   E. Fromm erinnerte daran, dass alle Formen des Sozialismus die Idee einer Organisation der Industrie hatten, »*in der jeder arbeitende Mensch ein aktiver und verantwortlicher Partner ist, in der die Arbeit attraktiv und sinnvoll ist und in der nicht das Kapital die Arbeiter in seinen Dienst stellt, sondern die Arbeiter das Kapital.*« (Fromm 1980b)

6   »*Es müssen Konzepte für die Zukunft entwickelt werden, die nicht auf hohe Renditen angewiesen, aber trotzdem stabil sind und dabei allen Beziehern einen auskömmlichen Lebensstandard ermöglichen.*« (Diefenbacher et al. 2016, S. 124, vgl. auch Senge/Hafenmayer 2011; Hoffmann 2015)

7   Zum Thema Vorrang welcher Wissenschaft im Corona-Zeitalter, vgl. Streeck, W. (2021).

1. Gestaltungsmöglichkeiten
2. Entwicklungsmöglichkeiten
3. Betriebskultur
4. Sinn der Arbeit
5. Arbeitszeitlage
6. Emotionale Anforderungen
7. Körperliche Anforderungen
8. Arbeitsintensität
9. Einkommen
10. Betriebliche Sozialleistungen
11. Beschäftigungssicherheit

Jährlich werden 4000 Beschäftigte nach dem Zufallsprinzip telefonisch befragt und ihre Angaben wissenschaftlich ausgewertet. Aus den Antworten wird ein Wert zwischen null und hundert ermittelt. Null Punkte stehen für sehr schlechte, unerreichte hundert Punkte für bestmögliche Arbeit. Der Index wird unterteilt in die Teile Ressourcen, Belastungen sowie Einkommen und Sicherheit. Die Entwicklung ist in den letzten Jahren in erfreulicher Weise positiv:

Abbildung 1: DGB-Index Gute Arbeit – Entwicklung 2012–2020

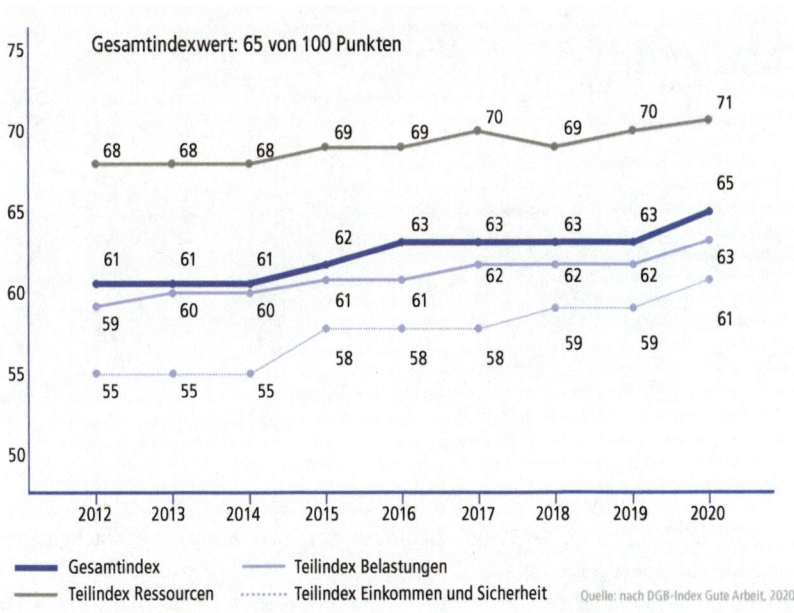

Was besonders erstaunlich ist: Der Sinngehalt der Arbeit wird stabil positiv beurteilt. Der Wert liegt 2020 mit 82 Punkten im Bereich Gute Arbeit. Hingegen ist der Index für widersprüchliche Anforderungen und Arbeitsintensität sehr kritisch: nur 51 Punkte, also nur knapp über dem Prädikat »schlechte« Arbeit.

Abbildung 2: DGB-Index Gute Arbeit 2020

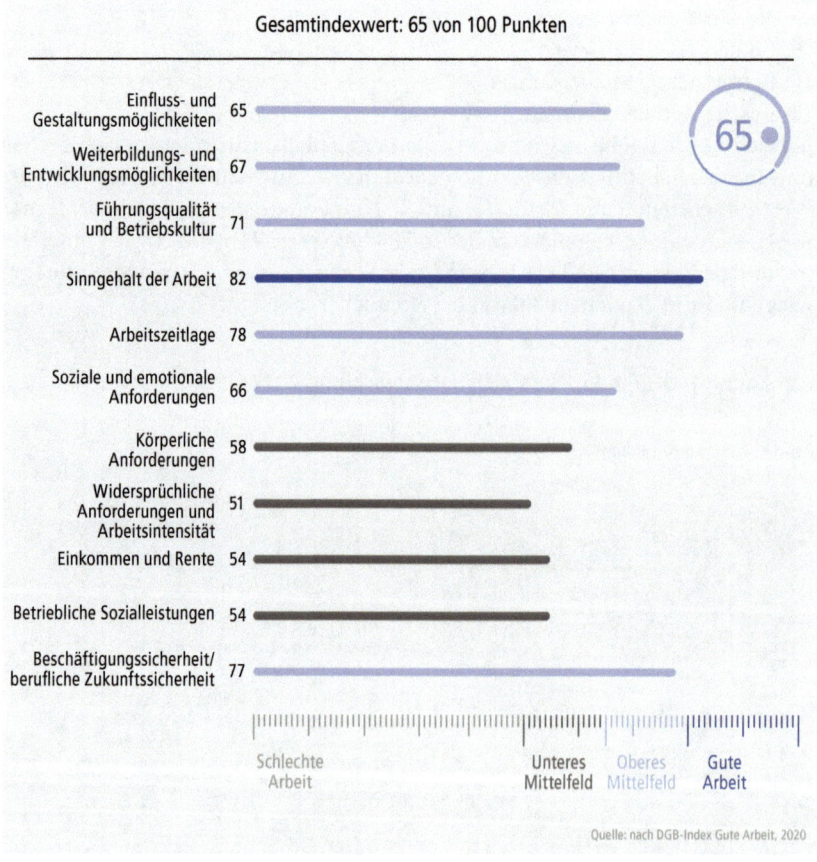

Quelle: nach DGB-Index Gute Arbeit, 2020

Der Gute Arbeit-Index ist in Europa einer der wenigen wissenschaftlich fundierten Indizes zur Qualität der Arbeitsbedingungen. Zusätzlich zur jährlichen Standardbefragung werden wechselnde Themenschwerpunkte bearbeitet und Reports erstellt, u. a.: 2020: Mehr als Homeoffice. Mobile Arbeit in Deutschland; 2019: Arbeitsintensität. Arbeiten am Limit; 2018: Interaktionsarbeit; 2017: Vereinbarkeit von Arbeit und Privatleben; 2016: Digitalisierung der Arbeitswelt; 2015: Ursachen

der Arbeitshetze. Daneben gibt es Sonderauswertungen nach Branchen oder Themen, wie z. B. Emotionale Belastungen im Polizeiberuf oder Prima Klima – Wie die Beschäftigten die sozialen Beziehungen im Betrieb bewerten.
Startidee des Index Gute Arbeit war es, ein Kommunikationsinstrument für die Ziele in der breiten Öffentlichkeit und gleichzeitig eine fundierte Grundlage für Handlungen auf den Ebenen Betrieb und Unternehmen zu bieten. Das Instrument ist im Rahmen von Mitarbeiter:innenbefragungen gleichermaßen für die Strategieentwicklung wie für die strategische und operative Arbeit der Personalabteilungen, Aufsichtsräte und Betriebsräte geeignet. Der Index kann mit unterschiedlichen Aspekten und Fragestellungen für das jeweilige Unternehmen oder den Betrieb ergänzt werden.[8] Man erhält dann eine valide Basis und Zeitreihe für die eigenen Veränderungsziele und gleichzeitig einen Abgleich mit dem »Markt«. Wo sind wir besser? Wo sind wir schlechter? Wo anders? Reicht unsere Attraktivität als Unternehmen aus, um auch in der nächsten Dekade für Menschen und ihre Entwicklung interessant zu sein?
Dazu stellen sich folgende Prüffragen:
- Wie weit stimmen die Unternehmenswerte mit meinen persönlichen Werten überein?
- Wie attraktiv ist für mich die Arbeit? Macht sie für mich in meinem Leben einen Sinn?
- Werde ich als Mensch mit meinen Bedürfnissen gesehen – oder bin ich nur eine Nummer?
- Welche Möglichkeiten habe ich im Unternehmen, mich während dieser Phase meines Lebens beruflich und persönlich zu entwickeln?
- Wie ist die Zusammenarbeit im Unternehmen organisiert?
- Gibt es genügend Spielraum für meine Wünsche, die Arbeitszeit entsprechend zu gestalten?
- Kann ich von dem Einkommen, abgesichert durch Tarifverträge, leben?

Wirksame Veränderung passiert nicht durchs Messen, sondern durch nur direkten Dialog!

3. Hintergrund: Die Zielsetzung des Index und wie es dazu kam

Die Gewerkschaften befanden sich in den 1990er Jahren in schwierigem Fahrwasser. Sie galten als Dinosaurier des Industriezeitalters. Die Mitgliederzahlen

---

8 Das Institut DGB-Index Gute Arbeit, Berlin, macht entsprechende Angebote. Ausgewertet werden die Daten vom Internationalen Institut für Empirische Sozialforschung (infes gGmbH).

sanken, mit ihnen die Beitragseinnahmen und die Fähigkeit, Normen durch Streik und Tarifverträge durchzusetzen. Mehrere DGB-Gewerkschaften hatten bereits fusioniert. Eine »Trendwende« sollte eingeleitet werden. Der Autor dieses Beitrages war Mitglied des geschäftsführenden DGB-Bundesvorstandes und initiierte das Projekt »Trendwende« als ein Vorhaben aller acht Einzelgewerkschaften.[9] Auf einer Klausur in Neu-Hardenberg verständigten sich alle Vorsitzenden der DGB-Gewerkschaften auf sechs gemeinsamen Teilprojekte, u. a. auf das DGB-Barometer Gute Arbeit. Aus dem »DGB-Barometer« entstand dann der DGB-Index Gute Arbeit.[10] Die Hauptbotschaft der Vorsitzenden der Einzelgewerkschaften für das Teilprojekt lautete 2007:

»Der neue Index macht die Qualität betrieblicher Arbeitsplätze erstmals bundesweit transparent. Zukunftssicherheit und Entwicklungsdynamik im Betrieb werden von denen beurteilt, die sie erleben: den Arbeitnehmern. Mit den gewonnenen Informationen kann man direkt arbeiten – in betrieblichen und überbetrieblichen Initiativen, in enger Zusammenarbeit von Gewerkschaft, Betriebsrat und Management.

Im Zentrum steht die Sicht der Beschäftigten – ihre Erfahrungen in der realen Arbeitswelt – in Vergleich zu anderen Unternehmen, Betrieben, Branchen, Abteilungen. Dies grenzt das Vorhaben von anderen Projekten ab, z. B. Great Place to Work oder des Engagement Index der Gallup Organisation.«[11]

4. Gute Arbeit und »New Work«

Seit einigen Jahren wabert der Begriff »New Work« nicht nur durch die Berater:innen- und Personalszene. Die Verheißung lautet, »Alte Arbeit« wie durch einen Zauberstab in wunderbare »New Work« zu verwandeln, die Beschäftigte und Unternehmen begeistert. Aus demotivierender Fremdbestimmung werde Freiheit, Flexibilität, Innovation und Wohlbefinden. Ganz so einfach ist es nicht, auch wenn es nach Guter Arbeit klingt.

Der inzwischen inflationäre Begriff »New Work« greift auf bahnbrechende Überlegungen von Prof. Dr. Fritjof Bergmann, University of Michigan in Ann Arbor, zurück. Mit seinen Überlegungen haben die heute angebotenen Praktiken der New Work-Welle nichts oder nur noch sehr wenig zu tun. Der in Österreich

---

9   Die Idee war: Ressourcen aller Gewerkschaften gemeinsam nutzen und neue Angebote für alle Mitglieder. Michael Jung danke ich für manche Idee und Unterstützung.

10 Verantwortlicher Projektpate war Frank Bsirske (Vorsitzender der Gewerkschaft ver.di), Projektleiter der inzwischen leider verstorbene Hans-Joachim Schulz.

11 Projektbeschreibung Trendwende, DGB-Archiv, im Besitz des Autors.

geborene Bergmann hatte 1984 nach dem Zusammenbruch der US-amerikanischen Automobilindustrie in Flint ein »Zentrum für Neue Arbeit« gegründet, später in anderen Ländern und auch in Deutschland. Ursprüngliches Ziel in Flint war es, mit arbeitslosen und zumeist ungelernten Automobilarbeiter:innen neue Ideen und andere Lebensperspektiven jenseits der Lohnarbeit zu entwickeln Das Job-System sei an sein Ende gekommen, auch wegen der zunehmenden Automatisierung und Digitalisierung, vor allem jedoch wegen der Fremdbestimmung, die viele Menschen nicht mehr wollten.

Viele Manager:innen seien ernsthaft begeistert »*von der Idee einer Arbeit, die die Menschen wirklich und wahrhaftig tun wollten. (…) Was für die Firma das Beste war, sollte das sein, was die Arbeiter aus tiefster Seele und mit Leidenschaft tun wollten.*« (Bergmann 2004, S. 318). Das kann so nicht funktionieren und ist auch nicht die Idee des Konzepts »Neue Arbeit«, wie es Bergmann propagiert. **Zentrale Werte seiner »Neuen Arbeit« sind Selbstständigkeit, Freiheit und Teilhabe an der Gemeinschaft.** Bergmann setzt auf eine **Dreiteilung der Arbeitswoche**: zehn Stunden fremdbestimmte Erwerbsarbeit, zehn Stunden Selbstversorgung auf hohem Niveau, u. a. durch High-Tech-Produktion, und zehn Stunden selbstbestimmte Eigenarbeit zum Nutzen der Gesellschaft.[12] Den heutigen 3D-Drucker sah er weitsichtig unter dem Begriff »Fabricator« voraus.

Wesentlich ist jedoch seine Frage an alle Menschen: »**Was willst du wirklich, wirklich und wahrhaftig tun in deinem Leben?**« Damit es nicht zum »*Konzept des nicht gelebten Lebens*« komme.[13] Bergmann geht es um eine Kehrtwende um 180 Grad in vielen kleinen Schritten. »Das Ziel der Neuen Arbeit ist deshalb die Wiederaneignung, die Wiederinbesitznahme der Arbeit.« (Bergmann 2004, S. 385). Ziele einer neuen Wirtschaft und eines neuen Arbeitssystems seien die Reduzierung körperlicher schwerer oder eintöniger sowie geistig lähmender Arbeit und das Ende der Armut. Ob ein solches Experiment in den Unternehmen, wie sie heute strukturiert sind und geführt werden, gelingen kann, ist fraglich –

---

12 Auf dem IGM-Gewerkschaftstag 1996 wurde von F. Bergmann ein Trabi als Teil eines Projektes der »Neuen Arbeit« in Thüringen vorgestellt. Arbeitslose Jugendlichen sollten alte Trabis recyceln und zum Elektroauto umbauen. Diese Idee (eines Elektro-Autos!) wurde von vielen als ziemlich absurd bewertet und belächelt. Heute ist z. B. Volkswagen schon weiter. Das Projekt in Thüringen kam aus anderen Gründen leider nicht ins Laufen.

13 In nahezu allen Fällen muss zuerst der ganze Mensch lebendiger werden; er muss auf dem Sprung sein und ernsthaft etwas wollen. Nach seiner Meinung »ist die Vorbedingung für eine Arbeit, die man wirklich und wahrhaftig tun will, materielle Unabhängigkeit, physische, ökonomische Autonomie.« Bergmann erkannte eine »Armut der Begierde«, also die Unfähigkeit, seine eigenen Wünsche zu äußern und die Projekte zu realisieren, die man wirklich, wirklich will. Denn nur ein solcher Wille führe zu Leidenschaft, Kraft und Vitalität des Lebens. Die Pathologie des Lohnarbeitssystems »macht jedoch das genaue Gegenteil: es stumpft die Menschen ab, es entmutigt sie, es gewöhnt sie an Langeweile und Passivität, es macht sie abhängig und unterwürfig.« Bergmann, F. (2004, S. 373)

nicht zuletzt wegen des immer noch wirksamen grundsätzlichen Konfliktes zwischen »Lohn und Leistung«. Es spricht nichts dagegen, Möglichkeiten und einzelne Vorschläge auszuprobieren. Bergmanns Idee wirkt ansteckend. Personalabteilungen, Gewerkschaften und Betriebsräte sind gefragt, gute Arbeit zu gestalten.

Die erreichten Produktivkräfte der Wirtschaft in der Industriegesellschaft sind enorm. Mit dem gesammelten menschlichen Wissen und Können, den Ergebnissen moderner Hirnforschung, der technischen Entwicklungsstufe von Automatisierung und schwacher Künstlicher Intelligenz (KI), den Prototypen von Quantencomputern sowie neuartigen Gen-technischen Verfahren wie Crisp-Casp[14], ist es prinzipiell nicht mehr unmöglich, Gute Arbeit und ein gutes Leben für alle Menschen zu ermöglichen, Armut zu lindern und sie sogar ganz zu beseitigen. Diese Annahme bedeutet nicht, naiv zu glauben, die technologischen und sozialen Entwicklungen kommen quasi von allein oder uns würden gar selbsternannte Eliten mit ihrem »Great Reset«-Vorschlag (Yilmaz, 2020) retten. Eine akzeptierte Lösung kann nur demokratisch bewirkt werden, durch Machtverschiebung und bewusst anderes Verhalten. Möglich ist es, ganz im Sinne von Keynes, der in seinem Brief an die Enkel schon vor über 150 Jahren schrieb:

»Zum ersten Mal seit seiner Erschaffung wird der Mensch damit vor seine wirkliche, seine beständige Aufgabe gestellt sein, wie seine Freiheit von drückenden wirtschaftlichen Sorgen zu verwenden, wie seine Freizeit auszufüllen ist, die Wissenschaft und Zinseszins für ihn gewonnen haben, damit er weise, angenehm und gut leben kann« (Keynes 1928).

Arbeitsplätze, die uns nicht (mehr) menschenwürdig erscheinen (und sofern Roboter ökonomischer sind), werden künftig durch Maschinen ersetzt.[15] Jede:r arbeitet nur noch so viel, wie es seine bzw. ihre Fähigkeiten und die Lebensplanung erlauben. Allerdings ist vorher gleichzeitig die Frage zu entscheiden, wer über das Arbeitsvolumen entscheidet und wie die Früchte dieser Entwicklung verteilt werden. Kollektiv- und einzelvertraglich gesicherte Lohnarbeit wird in 20 Jahren vielleicht nur eine add-on-option sein.

---

14 Die Risiken, gerade von Crisp-Casp und KI sind gewaltig. Zum Risiko der KI für die Menschheit vgl. besonders den ausgezeichneten Beitrag von Russell, S. (2020).

15 Einen kritischen Blick in eine denkbare Zukunft bietet der Essay »Von der Zukunft des homo sapiens«, aufgerufen 2.5.2021 – *https://www.deutschlandfunk.de/anmerkungen-zur-automatisierung-von-der-zukunft-des-homo.1184.de.html?dram:article_id=487673.*

5. Gute Arbeit – Störfaktor für Wirtschaft und Unternehmen?

Schon heute wird klar, dass Wissen und Können die wichtigsten Produktionsfaktoren sein werden – oder in einzelnen Branchen schon sind. Sie könnten in einer digitalisierten Welt leicht geteilt, skaliert und von Menschen in aller Welt genutzt werden. Die mobilen Wissensarbeiter (Drucker 2006, S. 11) dieser neuartigen Produktionsfaktoren werden gleichzeitig die Eigentümer und Besitzer der Unternehmen und damit ihrer Arbeitsplätze sein. Diese Zukunft erscheint noch utopisch, weil die wirtschaftliche und zunehmend auch politische Macht bei denen liegt, die über Finanzkapital und Boden verfügen. Doch wenn immer mehr standardisierte Arbeit besser, schneller und billiger von Robotern und Algorithmen erledigt wird, wie wird Arbeit dann gestaltet und wie die stetig wachsende Wertschöpfungen verteilt, die durch wenige Menschen und viele Maschinen erbracht werden? Wer bestimmt darüber? Nur die Besitzer:innen nach heutigem Recht? »Wir wollen nicht das Stück Kuchen, wir wollen die ganze Bäckerei«, steht auf einer U-Bahn-Brücke in Berlin – zum Schmunzeln. Doch der Sponti-Spruch hat einen wahren Kern. Warum können in einer Demokratie Eigentümer:innen oder Manager:innen über andere Menschen bestimmen, sie kontrollieren und das größte Stück des Kuchens behalten, ohne dass sie dazu von den Beschäftigten legitimiert sind? Von je her will Mitbestimmung wirtschaftliche und innerbetriebliche Macht begrenzen, Gute Arbeit schaffen und so zur Emanzipation der Arbeitnehmer:innen beitragen. Warum endet Demokratie immer noch an der Betriebsgrenze oder durch die Kontrollsoftware beim Homeoffice? Was bedeutet »Menschenwürde« im Betriebsalltag? Müssen wir uns fürchten oder können wir uns über die Zukunft freuen?

Zweck von Unternehmen ist es, Güter und Dienstleistungen zum Nutzen für den Kund:innen (und die Gesellschaft) herzustellen, um so das Leben aller zu erleichtern. Der Zweck von Unternehmen ist es nicht, Eigentümer:innen oder Manager:innen reicher zu machen.

»Man wird es den Menschen in keiner Gesellschaft und unabhängig von ihrem Wohlstandsniveau verständlich machen können, dass sie mehr zu leisten haben, produktiver sein müssen und unter Umständen in Massen entlassen werden – nur um Aktionäre reich zu machen. Sie leisten – und bringen möglicherweise Opfer – wenn es im Dienste des Unternehmens sein muss, aber nicht, um ohnehin schon reiche Leute noch reicher zu machen. So wird der Shareholder-Value, wie immer er gemeint sein mag, von jenen nämlich verstanden, die wirklich die Leistungen bringen und es gibt keine Möglichkeit, es anders darzustellen« (Malik 2001).

Unternehmen sind – bis auf bestimmte, gesellschaftlich nötige Ausnahmen – ebenfalls nicht dazu da, Arbeitsplätze zu schaffen. Doch sie sind, selbst wenn sie als Plattform-Ökonomie daherkommen, ethisch und rechtlich dafür verantwortlich (neben den Arbeitnehmer:innen selbst), wie sie mit den Rationalisierungsgewinnen umgehen, wie die Arbeitsbedingungen der Beschäftigten aussehen und wie bestimmte Grundbedürfnisse der Beschäftigten (und beim Produkt Bedürfnisse der Kund:innen) anerkannt und unter Nachhaltigkeitsparametern befriedigt werden. Unternehmen scheitern langfristig, wenn solche Faktoren ignoriert werden. Das Narrativ von mehr Wohlstand und Lebensqualität durch mehr Wachstum[16] wird vom Autor allerdings nicht geteilt. Ohne Nachhaltigkeit, die besonders den Aspekt der menschlichen Bedürfnisse einschließt, werden Unternehmensstrategien nicht erfolgreich und Gute Arbeit nicht erreichbar sein.

6. Gute Arbeit und Strategische Personalarbeit

Das Bonmot ist bekannt: »Der Mensch steht im Mittelpunkt. Da steht er im Weg.« Die Betriebswirtschaftslehre hat je nach Theorie und Menschenbild versucht, den »Faktor« Mensch rational zu planen und einzusetzen. Menschen sind jedoch keine Schrauben oder Computerprogramme. Sie haben einen eigenen Willen und eine persönliche Haltung. Sie sind begeistert oder resigniert. Sie sind gut drauf oder deprimiert. Sie sind unterwürfig oder aufmüpfig. Sie sind gesund oder krank, sie sind angepasst, risikogeneigt oder risikoscheu. Sie ändern ihre Meinung – aber selten ihr Verhalten. Sie sind auf jeden Fall keine fest kalkulierbaren und steuerbaren Produktionsfaktoren wie Maschinen oder Algorithmen. Sie wollen Gute Arbeit für sich – und gute Ergebnisse für die Kund:innen. Diese Ansprüche machen die Menschen und Strategische Personalarbeit so spannend. Das Management als Beauftragte der Eigentümer:innen strebt danach, Qualität für die Kund:innen zu liefern, die Geschäftsprozesse so kostengünstig wie möglich zu gestalten, mehr Gewinne zu machen und ihr Direktionsrecht (angeborenes Naturrecht?) der Kontrolle und Herrschaftssicherung möglichst ohne Einschränkung von außen auszuüben.

Da kommen ihnen außer den mündigen Arbeitnehmer:innen der Gesetzgeber, die Gewerkschaft und der Betriebsrat in die Quere. Diese vertreten mit der Idee »Guter Arbeit« u. a. vorrangig das Interesse nach Arbeitsplatzsicherheit, nach gesunder Führung und Arbeitsumgebung, nach gesichertem Einkommen, nach guter Qualifizierung, nach menschengerechter Arbeitsgestaltung und selbstver-

---

16 Der Autor war Mitglied der Enquete-Kommission der Bundesregierung »Wachstum, Wohlstand, Lebensqualität«. Zu Alternativen vgl. u. a. von Weizsäcker, E. U. et al. (2017).

antwortlichem Arbeiten, nach Produkten, die Nutzen stiften, ohne dass dem Klima, der Natur einschließlich anderer Menschen geschadet wird. Kurzum: Sie möchten nicht, dass ihnen die Würde genommen und sie als Kostenfaktor betrachtet werden. Diese Bedürfnisse kollidieren mit anderen Zielen und Strategien, besonders mit dem Ziel optimaler Gewinnmaximierung (Simon 2020). Diese Spannung führt zu Konflikten, die aber lösbar sind. Nicht nur auf der Makro- und Mesoebene von Gesetzen, Tarifverträgen, Betriebsvereinbarungen und Arbeitsverträgen, sondern auch und immer öfter auf der täglichen Mikroebene: Teams, Gruppen, Führungspersonen, Kund:innen, Öffentlichkeit.

Als der Betrieb noch als soziale Organisation angesehen wurde, sprach man von Personal- und Sozialwesen. Daraus wurde Personalwesen, dann Personalabteilung. Jetzt heißt es Personal-Management oder Human Ressource Management (HRM) – eine Richtungsänderung. Folgerichtig ist jetzt für bestimmte Beschäftigte der Einkauf zuständig, nicht mehr das Personalwesen – ein bedenklicher Konstruktionsfehler: der Mensch als Ware.[17] Im Kern der Personalarbeit oder -politik, die Personalentwicklung einschließt, geht es »*bei den Arbeitsverhältnissen dagegen um durch und durch konfliktbeladene Beziehungen zwischen Menschen und den unterschiedlichen Interessen des Managements und der Belegschaft*« (Breisig 2016, S. 50f.). Zu erörtern sind folgende Fragen:

- Was meint ein Management genau, wenn es von Strategischer Personalarbeit spricht? (Definition und Ziele)
- Was meint ein Aufsichts- oder Betriebsrat, wenn er von Strategischer Personalarbeit spricht? (Ziele und Auswirkungen)

Strategie ist fein. Damit darf man (fast) alles begründen – ist halt strategisch! Wirklich entscheidend für Strategische Personalarbeit ist es, zunächst folgende Fragen zu klären: Wie lauten die strategischen Ziele des Unternehmens für die nächsten drei bis fünf Jahre? Wachsen? Schrumpfen? Fusionieren? Andere Märkte erschließen? Anderes Produktportfolio entwickeln? Neue (digitale) Techniken verwenden? Welche anderen Tätigkeiten und Qualifikationen ermöglichen? Gibt es einen Konsens über diese strategischen Ziele zwischen Management und Betriebsräten? In einem Fachbuch liest man zur Definition strategischer Personalentwicklung:

»Der Zweck der strategischen Personalentwicklung liegt in der Entwicklung und Förderung der in einem Mitarbeiter angelegten Potenziale auf Basis der strategischen Unternehmensziele. (…) Jedoch zielt erfolgreiche Personalentwicklung nicht darauf ab, jeden Mitarbeiter im Unternehmen weiter zu qualifizieren, sondern sie soll einen konkret ermittelbaren Weiterbildungsbedarf umsetzen und Maßnahmen im Abgleich mit der Unternehmensstrategie suchen.« (Wegerich 2015)

---

17   Zum arbeitspolitischen Ansatz als Alternative zum HRM-Modell vgl. Breisig (2016).

Sehen Management, Aufsichtsrat und Betriebsrat das wirklich so? Ist der Mensch vor allem Mittel zum Zweck? Solche Managementkonzepte wollen die gekaufte Arbeitskraft in möglichst viel Leistung umwandeln. Dem werden die Beschäftigten nicht zustimmen! Sie wollen ihre Arbeitskraft nicht verausgaben, sondern eben »gut arbeiten« und sich dabei entwickeln, im Interesse guter Produkte für die Kund:innen und im langfristigen Unternehmensinteresse, das mit ihrem Existenzinteresse zusammenfällt. Vor allem wollen die meisten nicht das Gefühl haben, ihre Arbeit verdiene keine Achtung und nur die »Eliten« seien Leistungsträger:innen, wer oder was auch immer das ist. Beschäftigte sind vorrangig kein betriebswirtschaftlicher Kostenfaktor. Es geht vor allem nicht um Zählen der Vollzeitäquivalente[18] oder um »Köpfe minimieren«. **Mit ihrem Potenzial an Fähigkeiten, Fertigkeiten und kreativen Energien stellen Beschäftigte die wirklichen Ressourcen für die Wertschöpfung des Unternehmens zur Verfügung.** Im Total-Quality-Management (TQM) hieß es früher: »Das Gold aus den Köpfen holen.« Allerdings sind vorher die Schürfrechte einschließlich der Arbeitszeit kollektiv auszuhandeln, antworten die Beschäftigten.

Einen einheitlichen Strategiebegriff gibt es nicht, auch nicht in der Personalarbeit, wie Beiträge in diesem Handbuch zeigen. Allgemein kann man Strategie als Instrument zur Führung und Steuerung von Organisationen ansehen, um ihre langfristige, nachhaltige Überlebensfähigkeit sicher zu stellen (Stöger 2005). Zugespitzt auf Personalarbeit bedeutet dies:

- Was müssen wir für Gute Arbeit heute **tun**, damit wir als Unternehmen morgen gut überleben? Wo muss in die Entwicklung der Mitarbeiter:innen nachhaltig investiert werden, damit wir im Wettbewerb besser sind als andere?

Der Erfolg eines Unternehmens lässt sich anhand von sechs Schlüsselgrößen (Stöger 2005, S. 13) bestimmen (wobei die Aspekte Nachhaltigkeit und Gemeinwohl nachzutragen wären): Marktstellung, Innovationen, Produktivität, Attraktivität für Arbeitnehmer, Liquidität, Profitabilität (Gewinnerfordernis). Für die Attraktivität ist vorrangig der Personalbereich verantwortlich. Er wird so zum Treiber einer Unternehmensentwicklung mit Guter Arbeit und bleibt nicht Anhängsel der Unternehmensstrategie. Ein Leitbild dafür ist »Gute Arbeit«. Stand früher die Frage »Welches Personal brauchen wir für …«, lautet heute und morgen die Frage:

- Welche »Räume der Möglichkeiten« (Bergmann 2004, S. 342) für Gute Arbeit müssen wir schaffen, damit die Mitarbeiter:innen ihre Fertigkeiten und Fähigkeiten gut entwickeln können?

Strategisch ist keineswegs nur langfristig gemeint. In einer Krise (z. B. Corona oder drastische Marktveränderung) können auch kurzfristige Personalmaß-

---

18 Full time equivalent (FTE).

nahmen »strategisch« sein – wenn sie zum Überleben des Unternehmens beitragen.

7. Wesentliche Aspekte Guter Arbeit

»Gute Arbeit« ist, wenn auch der Begriff unscharf ist, viel mehr als die Anwendung arbeitswissenschaftlicher Erkenntnisse. Dazu gehören auch Fragen der Unternehmensführung und Strategie (Rosner 2020, S. 119; Malik 2006), ihre Auswirkungen bei der Produktion und Verteilung von Gütern und Dienstleistungen auf die Natur und Gesellschaft sowie die sozialen Beziehungen in und zwischen den unterschiedlichen Gesellschaften in der Welt. Diese Themen würden den vorliegenden Beitrag sprengen. **Strategische Personalarbeit erfordert, Klarheit über die Würde des Menschen und seine Stellung im Betrieb, die Unternehmensziele und das Ziel des Wirtschaftens zu bekommen.** Soll vor allem der Eigennutz (in Form des Profits) des Unternehmens und seiner Eigentümer:innen gemehrt werden – oder wächst die Überzeugung, dass es um eine andere Zielrichtung geht: Sollte es anstatt um weitere Beschleunigung und Leistungs-Hype nicht vielmehr um Mehrung des Gemeinwohls[19] sowie die Verbesserung der Arbeitsbedingungen und Produkte wie Dienstleistungen in einer globalen Kreislaufwirtschaft gehen?

7.1 Mehr Gute Arbeit durch Agilität?

Klassische Managementzyklen und -instrumente mit Analyse, Zielfestlegung und Planung, Entscheidungen, Durchführung und Kontrolle führen nicht mehr dazu, Unsicherheit zu vermeiden und zu überwinden.[20] **Heutiges Management muss ständig mit und in Ungewissheit handlungsfähig sein.** Um mit Unsicherheit, Komplexität, Ambiguität (Mehrdeutigkeit), Beschleunigung in der sogenannten VUCA-Welt besser klar zu kommen, gelten nach »Lean Management«,

---

19 Aktuell dazu: Sandel, M.J. (2020): The Tyranny of Merit. Der deutsche Titel: »Vom Ende des Gemeinwohls. Wie die Leistungsgesellschaft unsere Demokratien zerreißt«, trifft es nicht ganz. Bereits in der Vergangenheit wurde darüber viel nachgedacht. Letztlich sind auch die Wirtschaftsformen der Genossenschaften und Gemeinwirtschaften Ausdruck dieser Diskurse gewesen. Vgl. auch C. Felber (2018) und besonders A. Sen (1999).

20 Toffler, ein damals führender Gesellschaftsfuturologe, ahnte schon 1970: »Die zunehmend unstabiler werdende Umwelt fordert mehr und mehr selbstständige Entscheidungen auf unterer Ebene; die Notwendigkeit sofortiger Rückkoppelung verwischt die Unterschiede zwischen Linien- und Stabsorganisation, die hierarchische Struktur gerät ins Wanken. Die Planer sind zu weit vom Schuß, wissen zu wenig von den lokalen Bedingungen, reagieren zu langsam auf die Veränderungen.« Toffler, A. (1970)

»Business Reengineering« und »Balance Scorecard« nun »Agilität« (Hexel 2019), »Mindset« und »Purpose« (Hofert 2018) als neue Zaubervokabeln im Management. Potenziale und Selbstverantwortung der Beschäftigten sollen erschlossen und gestärkt werden, die Arbeit soll »selbstorganisiert« werden. In einer vom Management »fremdorganisierte[n] Selbstorganisation« (Pongratz 1997) löst sich das Spannungsverhältnis zwischen den Interessen der Beschäftigten (Selbstorganisation/Autonomie) und den Interessen des Managements (Fremdsteuerung/Produktivität) allerdings nicht auf.

Auch wenn Hierarchien nicht verschwinden, sind agile Arbeitsformen trotzdem für Beschäftigte und Unternehmen eine große Chance, die bisherige Arbeitsorganisation zu ändern, angepasstes neues Führungsverhalten zu gestalten und einen emanzipatorischen Schritt zu gehen. Selbstverständlich gelingt dies nur, wenn der Betriebsrat diese umfangreiche Betriebsänderung nicht nur misstrauisch beäugt, sondern sie mitgestaltet und so auch den agilen Gruppen Autonomierechte sichert. Es geht um eine andere betriebspolitische Machtbalance (Pongratz 1997, S. 102). Der Abschluss einer Betriebsvereinbarung sowohl nach § 28a wie § 111 BetrVG ist dafür unverzichtbar (Baukrowitz/Hageni 2020; Krause 2021; Pfeiffer 2021). Die bereits erwähnten psychologischen **Grundbedürfnisse der Beschäftigten** (Stimulation, Anerkennung, Struktur bzw. Kompetenz, Autonomie, soziale Eingebundenheit) könnten – bei richtiger Anwendung – bei agilen Arbeitsformen gut berücksichtigt werden und Früchte tragen. Das geht nur, wenn die beiden Grundmerkmale der agilen Arbeit wirklich eingehalten werden – und sie nicht zur Methode verkommt. Sonst droht eine Entgrenzung des Arbeitsvolumens durch Fremdziele von oben oder durch den Kunden.

*»Zwei **Grundmerkmale agilen Arbeitens** gibt es: **Erstens:** Die Mitglieder einer Arbeitsgruppe (ArbeitsG) entscheiden autonom über das WIE ihrer Arbeit. **Zweitens:** Lösungen werden selbstverantwortlich direkt mit internen bzw. externen Kunden gemeinsam (arbeitsteilig) erarbeitet. Weitere Hierarchiestufen sind nicht oder nur zur Unterstützung beteiligt. (…)*

Die Entwicklung agiler Arbeitsformen und anderer Formen Guter Arbeit ist ein evolutionärer, widersprüchlicher und vor allem ein sozialer Prozess, der drei Bereiche und einen mehrjährigen Prozess umfasst: Methodeneinführung, Organisationsveränderung, Werte- und Kulturwandel. Er erfordert Kultur- und Haltungsänderung und vor allem eine neue Machtbalance in Betrieb und Unternehmen. »Machtungleichgewichte und Machtkämpfe im Betrieb (…) sind mit dem Prinzip Selbstorganisation nicht aus der Welt geschafft, sondern sie werden im Gegenteil in besonderem Maße relevant.« (Hexel 2020, S. 33)

7.2 Gute Arbeit durch Gesunde Führung

»Die Menschen sind weniger veränderbar, als wir glauben. Verschwende nicht deine Zeit mit dem Versuch, etwas hinzuzufügen, das die Natur nicht vorgesehen hat. Versuche herauszufinden, was in ihnen steckt. Das ist schwer genug.« (Buckingham/Coffmann 2002, S. 63) Dem schließe ich mich an. Anstelle des Begriffs Führungskraft benutze ich lieber **Führungsperson**. Das scheint mir angemessener und menschlicher zu sein. Über Führung wird viel und vor allem sehr Unterschiedliches geschrieben. Das weist darauf hin, dass Führung eine kleine Kunst ist. Jede Führungsperson besitzt eine bestimmte Persönlichkeit bzw. ein ausgeprägtes Persönlichkeitsprofil, das auch den Führungsstil beeinflusst. Im Kern bleibt jede Persönlichkeit »in ihrer Haut« authentisch. Jede:r kann jedoch ihr/sein Führungsrepertoire erweitern und ihr/sein -verhalten situativ fördernd gestalten. Im Gegensatz zu vielen populären Meinungen vertrete ich ebenso wie Malik, das persönliche Führungsstile für den Erfolg nicht wirklich entscheidend sind (Malik 2006, S. 146 ff.). **Entscheidend sind vor allem gegenseitiges Vertrauen und die Fähigkeit zur ständigen Selbstreflexion: Wer bin ich, welche Antreiber habe ich und wie wirke ich auf andere?** Wer von anderen mehr Motivation fordert, muss vor allem Möglichkeiten dafür schaffen, damit Beschäftigte Kontakt zu ihren wirklichen Motiven bekommen können. Hauptaufgabe von dienendem Management ist es, die Kund:innen zu verstehen und »Steine« für die Beschäftigten bei Seite zu räumen[21], damit sie ihre Arbeit gut machen können. Gute Ergebnisse werden erzielt, wenn Menschen von sich aus intrinsisch motiviert sind und sich mit ihrer Arbeit und dem Unternehmen identifizieren. Die Gestaltung von »Guter Arbeit« leistet dafür einen wesentlichen Beitrag. Eigentlich einfach: Fragen wir die Mitarbeiter:innen selbst, wie sie am besten zum Ziel kommen und was sie dazu brauchen. Natürlich sind dabei die unterschiedlichen Aufgabenstellungen der Arbeit zu berücksichtigen – und auch die Ressourcen, die zur Verfügung stehen.

Unreflektiertes Führungsverhalten kann krank machen – sowohl die jeweilige Führungsperson (Sandwich-Position) wie die Beschäftigten, die unter einer kranken Führungsperson leiden. Fast jede:r hat es erlebt, wie es geht, wenn man (vielleicht sogar ungerechtfertigt) zurechtgewiesen wird. Die Angst davor lähmt – oder erzeugt heftige Gegenwehr. **Gute Arbeit bedeutet auch, psychologisch sichere Räume zu schaffen, in denen sich die Mitarbeiter:innen auf**

---

21 Frederik Herzberg hat sich in seiner verbreiteten Zwei-Faktoren-Theorie dargelegt, wie Hygiene- und Motivationsfaktoren Beschäftigte beeinflussen. Dem liegt ein positives Menschenbild zugrunde, mit Neugier zum Lernen und dem Drang, tätig zu werden. Der Motivationsforscher G.A. Kelly schreibt ergänzend: *»Der Mensch trägt immer irgendein Motiv in sich – Außenstehende und wir selbst können es nur nicht immer erkennen.«* (Kelly 1965, S. 499)

gleicher Augenhöhe angstfrei artikulieren können (Edmonson 2020). Der erste Schritt dazu ist, aktiv zuzuhören und andere Meinungen wertzuschätzen. Führungspersonen, Betriebsräte und Personalabteilungen können für den Weg zur gesunden Führung als wichtiger Teil Guter Arbeit viel bewirken.[22] Ein Gesundheitsmanagement mit vor allem präventiven Maßnahmen muss fester Bestandteil der Strategischen Personalarbeit und Guter Arbeit sein.

7.3 Wertschätzung, Transparenz und Beteiligung – Treiber für Gute Arbeit

Voraussetzungen zum Gelingen vieler menschlicher Aktionen sind **Wertschätzung** und Respekt. Jede Arbeit ist wichtig und trägt zum Gelingen der »Leistungsgemeinschaft Betrieb«[23] bei. Wer Belegschaften in Leistungsträger:innen, Verweiger:innen und »Schwachleister:innen« einteilt, hat nichts begriffen von der Würde des Menschen und seiner Arbeit sowie den verheerenden gesellschaftlichen Folgen bei ihrer Missachtung.

Gute Arbeit braucht weiterhin **Transparenz** über die Unternehmensziele und -absichten, über den Beitrag des Unternehmens zum Purpose, also zum Gemeinwohl, die langfristigen und Jahresziele. Die wesentlichen Informationen über Chancen (Personalentwicklung), darüber, wie jede:r sich als Beschäftigte:r entwickeln kann und welche Formate (und Budgets) dafür zur Verfügung stehen, bedürfen einer ständigen Kommunikation. Damit das **Grundbedürfnis nach Anerkennung** erfüllt und gute Ergebnisse erzielt werden können, sind Formen aktiver Beteiligung an Entscheidungen und am Ergebnis nötig. **Aktive Beteiligung heißt, einen Dialog- und Gestaltungsprozess zu ermöglichen, *wie* und unter welchen Bedingungen die Arbeit erledigt werden soll.** Je nach Branche und Aufgabe gibt es dafür unterschiedliche Formate (vgl. Wetzel 2015, 2013; ver.di 2020; Laloux 2015; Becker/Langosch 1990), die hier im Einzelnen nicht dargestellt werden können.

Die **Teilhabe** an der ökonomischen Ergebnisseite der **Wertschöpfung** (Mazzucato 2019) ist ein Schlüsselthema der Zukunft. Der berühmte Kuchen wird in die Stücke Löhne/Gehälter (Personal), Steuern (Gemeinwesen), Zinsen (Kapitalgeber:innen), Gewinn (Eigentümer:innen) zerlegt. Die Einkommensschere zwi-

---

22 U. a. macht das Kompetenzzentrum für seelische Gesundheit am Arbeitsplatz (LPCU) und Verbindung mit der Psychosomatischen Universitätsklinik Ulm fundierte Weiterbildungsangebote für Führungspersonen.

23 Diesen Begriff habe ich vom ehemaligen Präsidenten Gesamtmetall (2002–2012), Martin Kannegießer.

schen lebendiger Arbeit und Kapital weltweit und auch in Deutschland klafft extrem auseinander[24], begleitet von »*einer ansteigenden Flut des wütenden Nationalismus*« (Sandel 2021, S. 91). Entscheidend ist zukünftig die Frage: Wie werden die Produzent:innen zusätzlich zur Verteilung an der zunehmenden Wertsteigerung der Unternehmen beteiligt? Dafür wurden z. B. nach der letzten Krise 2008/2009 Formate entwickelt, wie Belegschaften (on-top zum Tarifeinkommen) durch Belegschaftskapital[25] an Unternehmen dauerhaft partizipieren können. Da die Automatisierung und Digitalisierung zunimmt, ist es an der Zeit, andere evolutionäre Formen des Eigentums und seiner gemeinsamen Nutzung zu entwickeln, ein »*Konzept, das individuelles und kollektives Eigentum übersteigt*« (Laloux 2015, S. 293), z. B. durch intelligente Stiftungslösungen oder die Weiterentwicklung der Genossenschaftsidee auf Basis der Gemeinwohlökonomie oder Unternehmen mit Belegschaftskapital (DGB 2009) und Verantwortungseigentum, bei denen das Unternehmen sich ausschließlich selbst gehört. Wird die Durchsetzungsmacht der Gewerkschaften hierzu reichen?

Genauso entscheidend für den Zusammenhalt der Gesellschaft und die Stellung der Arbeitenden wird zunehmend die Frage, wer die Macht im Unternehmen ausübt und ob diese überhaupt legitimiert ist. Legale Macht, die auf Eigentum basiert, wird sich in Zukunft durch demokratische Prozesse über die bestehenden (und unzureichenden) Mitbestimmungsregelungen in Aufsichtsräten hinaus legitimieren müssen. Beschäftigte müssen direkt mitentscheiden können. In einigen Unternehmen stellen sich Führungspersonen bereits dem Votum der Beschäftigten.[26] Der DGB-Bundeskongress hat 2014 dazu einen richtungsweisen Beschluss gefasst:

»*Mitbestimmung am Arbeitsplatz wird immer wichtiger. Gleichberechtigung auf gleicher Augenhöhe bedeutet, nicht kommandiert zu werden, sondern Selbstverantwortung zu übernehmen. Unsere Vision ist, dass Manager in Zukunft nicht mehr im Auftrag des Eigentums über das Arbeitsschicksal der AN entscheiden. Vielmehr werden AN in nicht zu ferner Zukunft in einem demokratischen. Prozess gefragt, ob ein Manager für sie arbeiten darf. Manager werden sich dann auf jeder Ebene legitimieren müssen, ob sie im Einverständnis mit den Arbeitnehmern die Arbeits- und*

---

24 »Der Einkommensanteil der unteren 50-Prozent sank von 26 Prozent im Jahr 1995 auf knapp 17 Prozent im Jahr 2013. Gleichzeitig erhöhte sich der Einkommensanteil der obersten Zehn-Prozent von 32 auf 40 Prozent.« *https://www.diw.de/de/diw_01.c.575256. de/einkommensverteilung_in_deutschland_spreizung_der_bruttoeinkommen_hat_seit_der_ wiedervereinigung_zugenommen.html* – aufgerufen 22.12.2020.

25 Vgl. die umfangreiche Literatur zur Kapitalbeteiligung von Arbeitnehmern, u. a. Bontrup, H.-J. (2002) sowie besonders DGB-Bundesvorstand (2009).

26 Vgl. dazu die Aufsätze in Sattelberger, T. et al. (2015) und besonders: Semmler, R. (1993).

Betriebsorganisation gestalten können. Gegen oder ohne die Arbeitnehmer kann ein Betrieb nicht erfolgreich geführt werden« (DGB 2014).

8. Gute Arbeit und Mitbestimmung nicht fordern – machen!

Um gute Arbeit und Mitbestimmung nicht nur zu fordern, sondern auch umzusetzen, sind Engagement und konstruktive Zusammenarbeit aller Akteure erforderlich: Beschäftigte, Aufsichtsrat, Management und Betriebsrat.

8.1 Die Beschäftigten sind die eigentlichen Expert:innen

Das Wichtigste ist es, die Beschäftigten zu ermutigen, ihre Arbeitssituation zu reflektieren und aktiv zu werden. Was wollen sie besser machen?[27] Für die Realisierung der Beteiligungsorientierung müssen »Räume der Möglichkeiten«, Zeit für geeignete Workshops und anschließende »Kurz-Stopps« zur Verfügung stehen. Die Gewerkschaften bieten solche Möglichkeiten für ihre Mitglieder an. Eine Betriebsvereinbarung nach § 28a BetrVG sichert ihnen Rechte und Einfluss. (Allerdings bisher nicht auf der Ebene der Zielsetzung und Ergebnisverteilung. Das gilt es noch zu ändern.) Gefährdungsanalysen und Maßnahmen nach § 91 BetrVG können die Aktivitäten der Betroffenen unterstützen. Auf Betriebsversammlungen stellen die Beschäftigten ihre Vorschläge allen vor.

8.2 Gute Arbeit im mitbestimmten Aufsichtsrat

Auch der Aufsichtsrat ist gefordert. Im mitbestimmten Unternehmen ist das einfacher. Dafür gibt es gute Instrumente.[28] Die Arbeitnehmerbank kann sogar Anträge stellen (Das wäre oft wahrlich eine Revolution!), Gute Arbeit ist als Teil der Strategischen Personalarbeit in der Unternehmensstrategie zu verankern. Das ist gewiss nicht ganz einfach und bedarf sorgfältiger strategischer Vorarbeit etwa in einem Workshop. Der Aufsichtsrat kann weiterhin den seit 2017 obligatorischen Bericht zur Corporate Social Responsibility (CSR) inhaltlich prüfen oder gar selbst erstellen lassen, auf jeden Fall verlangen, dass bestimmte Daten und Abläufe aufgenommen werden, z. B. Lieferketten, Kinderarbeit, Zahl der Tarifverträge und Betriebsräte im Konzern, Zahl der Weiterbildungen etc. Der Aufsichtsrat (und die Arbeitnehmervertreter:innen) haben ganz besonders

---

27 Vgl. dazu in diesem Buch Schröder, W., Besser statt billiger.
28 Vgl. dazu die verschiedenen Beiträge in diesem Buch sowie Hexel, D. (2009).

wirksamen Einfluss: Ohne ihre Zustimmung wird kein:e Manager:in auf seine bzw. ihre Position kommen oder bleiben. Gute Arbeit und anderes Wirtschaften sind deshalb ein Auswahlkriterium bei Neueinstellungen oder Verlängerungen des Vertrages von Manager:innen. Wie haben die Manager:innen, besonders der Arbeitsdirektor hier »performt«? Selbstverständlich ist das nicht nur eine nette Diskussion. Grundlage sind vorher festzulegende Ziele (= erwartetes Ergebnis) und die Beeinflussung der Vorstandsvergütung durch klare Kennziffern. Hier gibt es volle Mitbestimmung. Der DGB-Index Gute Arbeit ist hierfür eine ausgezeichnete Grundlage, ergänzt durch unternehmensspezifische Kenndaten. Es geht nicht prioritär um den »Gewinn« oder den Return of Investment (ROI) etc., sondern um die Lebensfähigkeit der Unternehmen. Noch eine kleine, aber ungemein wirksame Idee: In welcher Reihenfolge wird dem Aufsichtsrat vom Vorstand berichtet? Wenn die Beschäftigten das wichtigste Kapital des Unternehmens sind, dann muss der Arbeitsdirektor oder Personalvorstand[29] als erster (nach dem CEO versteht sich) berichten, noch vor dem Finanzvorstand. Menschen sind die wichtigste Ressource? Zu radikal gedacht?

8.3 Das Management als Vorbild für Gute Arbeit

Was kann das Management für Gute Arbeit tun? Warum nicht eine Management-Klausur mit dem ausschließlichen Thema: Was ist unser gesellschaftlicher Zweck (Purpose)? **Was tun wir intern für Gute Arbeit?** Stimmen unsere Führungsannahmen noch? Denken wir zunehmend an eine Transformation, bei der die Kund:innen und Beschäftigten als zwei Fixsterne unserer Haltung im Mittelpunkt stehen? Wie wollen wir selbst als Manager arbeiten? Was brauchen wir von anderen für unseren Erfolg und was geben wir dafür?

8.4 Der Betriebsrat – Gute Arbeit und Würde des Menschen als Leitthema

Strategische wie operative Personalarbeit einschließlich Guter Arbeit ist für Betriebsräte ein wesentlichen Aktionsfeld. Auch hier gilt es, zunächst zu klären: Was verstehen wir darunter? Was gilt für alle Arbeitnehmer:innen und was für spezifische Jobgruppen? Benchmark ist ein wie auch immer modifizierter Index Gute Arbeit. Ohne regelmäßige Mitarbeiter:innenbefragung und Dialoge haben weder Betriebsrat noch das Management einen nachvollziehbaren Kompass.

---

29 Noch sei die Bedeutung der Arbeitsdirektoren und P-Abteilungen nach 20 Jahren Diskussion nicht gestiegen. Sie seien weiterhin »Erfüllungsgehilfen« der Geschäftsführung, beklagt die Cranet-Studie 2015/16 (Wehner 2017, S. 14).

Mitbestimmungspflichtige Teile einer dynamischen Strategischen Personalarbeit finden sich in § 2 Abs. 1 BetrVG: Arbeitgeber und Betriebsrat haben zum Wohl der Arbeitnehmer zusammenzuarbeiten; sie haben nach § 75 Abs. 2 BetrVG die freie Entfaltung der Persönlichkeit der Arbeitnehmer zu schützen und zu fördern. § 91 BetrVG bringt eine erzwingbare Mitbestimmung, wenn Änderung des Arbeitsplatzes, des Ablaufs oder der Arbeitsumgebung nicht der menschengerechten Arbeit entsprechen. Und § 92a BetrVG ergibt ein Initiativ- und Beratungsrecht zur Beschäftigungssicherung. Bei Personalbeurteilungen (bei Feedback-Gesprächen: mit welchen Fragen und Zielen?) sowie betrieblichen Bildungsmaßnahmen nach §§ 97, 98 BetrVG gibt es für kreative Betriebsratsarbeit viele Möglichkeiten. Am besten stets unter aktiver Beteiligung der Beschäftigten – und wo es sie gibt, von gewerkschaftlichen Vertrauensleuten. Fehlt noch das gesamte Feld einer Betriebsänderung nach § 111 BetrVG. Als Folge der Beschleunigung werden wir es zunehmend mit permanenten und »lebenden« Betriebsänderungen zu tun haben. Eine Daueraufgabe, auch für die Gestaltung von Guter Arbeit.

9.   Fazit

Noch müssen die allermeisten Beschäftigten in immer kürzerer Zeit, unter steigendem Druck, einen ständig wachsenden Beitrag zum Gewinn abliefern. Das ist nicht attraktiv und ungesund. Immer weniger Beschäftigte werden gebraucht, um Waren und Güter herzustellen. Ein Großteil der Arbeitnehmer:innen musste bislang Tätigkeiten verrichten, um zu überleben, obwohl sie an ihrer Arbeit keine Freude hatten. Nun können wir es uns auch ökonomisch leisten, kreativer zu arbeiten, auf unsere Grundbedürfnisse zu achten, um gesünder und länger zu leben, nicht nur eine kleine privilegierte Gruppe der Gesellschaft. Wir alle wollen geliebt und anerkannt werden, über uns selbst bestimmen und das tun, was einen Sinn macht. Gute Arbeit ist existentiell für den einzelnen Menschen und seine sozialen Beziehungen in der Gesellschaft. Über die bestehende gesetzliche Mitbestimmung hinaus lohnt sich die Gestaltung von »Guter Arbeit« für Arbeitnehmer:innen und Unternehmen. In »Räumen der Möglichkeiten« entstehen mehr Autonomie, weniger Abhängigkeit, mehr Zufriedenheit und bessere Produkte. Gute Arbeit, gute Rente, gutes Leben – das ist die Herausforderung für alle, die guten Willens sind.

10. Literatur

Baukrowitz, A./Hageni, K.-H. (2020): Agiles Arbeiten mitgestalten. In: Hans-Böckler-Stiftung, Schriftenreihe Mitbestimmung, Heft Nr. 30, Düsseldorf.

Becker, H./Langosch, I. (1995): Produktivität und Menschlichkeit, 4. Aufl., Stuttgart.

Bergmann, F. (2004): Neue Arbeit – Neue Kultur, Freiamt.

Bontrup, H.-J. (2002): Gewinn- und Kapitalbeteiligung. Wiesbaden.

Breisig, T. (2016): Personal. Eine Einführung aus arbeitspolitischer Perspektive. 2. Aufl., Herne/Berlin.

Buckingham, M./Coffmann, C. (2002): Erfolgreiche Führung gegen alle Regeln. Frankfurt/New York.

DGB (2009): Belegschaftskapital als attraktiver Baustein einer Krisenlösung. Verzicht ist keine Alternativ. Berlin. Aufgerufen 22.12.2020, von *https://www.boeckler.de/pdf/mbf_hexel_belegschaftskapital_2010.pdf*.

DGB (2014): Beschlüsse des 20. Ordentlichen DGB Bundeskongress. Aufgerufen 22.12.2020, von *http://bundeskongress.dgb.de/++co++9981f15e-cebd-11e3-a119-52540023ef1a*.

Diefenbacher, H./Foltin, O./Held, B./Rodenhäuser, D./Schweizer, R./Teichert, V. (2016): Zwischen den Arbeitswelten. Frankfurt/M.

diGAP (2021): Gute Agile Projektarbeit in der digitalisierten Welt. Nürnberg.

DIW Berlin (2018): Einkommensverteilung in Deutschland. Aufgerufen 22.12.2020, von *https://www.diw.de/de/diw_01.c.575256.de/einkommens verteilung_in_deutschland_spreizung_der_bruttoeinkommen_hat_seit_der_ wiedervereinigung_zugenommen.html*.

Drucker, P.F. (2006): Die Kunst des Managements, 3. Aufl., München.

Edmonson, A. D. (2020): Die angstfreie Organisation. München.

Felber, C. (2018): Gemeinwohl-Ökonomie. München.

Fromm, E. (1980a): Gesamtausgabe, Band VI, Gesellschaftstheorie, Stuttgart.

Fromm, E. (1980b): Gesamtausgabe Band VII, Aggressionstheorie, Stuttgart.

Grundbedürfnis (2020, 26. Mai): In: *Wikipedia. https://de.wikipedia.org/wiki/ Grundbedürfnis.*

Häusling, A. (Hrsg.) (2018): Agile Organisationen, 1. Aufl., Freiburg.

Hafenmayer, J. u. W.: Die Zukunftsmacher (2011), München.

Hagehülsmann, U. u. H. (2007): Der Mensch im Spannungsfeld seiner Organisation, 3. Aufl., Paderborn.

Hexel, D. (Hrsg.) (2009): Never change a winning system. Erfolg durch Mitbestimmung. Marburg.

Hexel, D. (2019): Agile Mitbestimmung – der § 28a BetrVG als Chance für mehr Selbstorganisation und Emanzipation der Arbeitnehmer. In: Arbeit und Recht, 67. Jg., Heft 6, 255–263.

Hexel, D. (2020): Demokratie durch Selbstorganisation. In: Arbeitsrecht im Betrieb, 41. Jg., Heft 4, Frankfurt/M., S. 33–36.

Hofert, S. (2018): Das agile Mindset. Mitarbeiter entwickeln, Zukunft der Arbeit gestalten, Wiesbaden.

Hoffmann, R. (Hrsg.) (2015): Arbeit der Zukunft, Frankfurt/M./New York.

Institut DGB-Index Gute Arbeit (2020): Jahresbericht 2020. Ergebnisse der Beschäftigtenbefragung zum DGB-Index Gute Arbeit 2020, Berlin.

Kelly, G.A. (1965): Der Motivationsbegriff als irreführendes Konstrukt. In: Thomae, H. (Hrsg.), Die Motivation menschlichen Handels, Köln/Berlin. 498–509

Keynes, J.M. (1928): Wirtschaftliche Möglichkeiten für unsere Enkelkinder. In: Reuter, N. (2007). Wachstumseuphorie und Verteilungsrealität. Wirtschaftspolitische Leitbilder zw. Gestern und Morgen. Mit Texten zum Thema von Keynes und Leontief, 2. Aufl., Marburg.

Krause, R. (2021): Agile Arbeit und Betriebsverfassung, HSI-Schriftenreihe, Band 37, Frankfurt/M.

Laloux, F. (2015): Reinventing Organizations, München.

Lippert, I./Jürgens, U. (2012): Corporate Governance und Arbeitnehmerbeteiligung in den Spielarten des Kapitalismus, Berlin.

Malik, F. (2001): St. Gallen. Die Rückkehr des Corporate Capitalismus – Unternehmensführung im Zeichen der Lebensfähigkeit des Unternehmens. In: New Management Nr. 11, 8–37.

Malik, F. (2006): Führen, Leisten, Leben. Frankfurt/New York.

Mazzucato, M. (2019): Wie kommt der Wert in die Welt? Vom Schöpfen und Abschöpfen. Frankfurt/New York

Meyer, H. (2001): Was ist betriebswirtschaftliches Denken? In: Negt O. (2001: 342–354), Göttingen.

Naranjo C. (2017): Charakter und Neurose. Eine integrative Sichtweise. Wiesbaden.

Negt, Oskar (2001): Arbeit und Menschliche Würde, Göttingen.

Pfeiffer, S. (2021): Abschlussbroschüre zum Forschungsprojekt Gute Agile Projektarbeit in der digitalisierten Welt (diGAP). Aufgerufen 27.4.2021, von *https://www.gute-agile-projektarbeit.de/files/downloads/Abschlusstagung/diGAP-Abschlussbroschu%CC%88re-2021.pdf*.

Pongratz, H.J./Vogt, G.G. (1997): Fremdorganisierte Selbstorganisation. In: Rosner, S. (2020: 93–118).

Rosner, S. (2020): System Dynamics. Augsburg/München.

Russell, S. (2020): Human Compatible. Künstliche Intelligenz und wie der Mensch die Kontrolle über superintelligente Maschinen behält, Frechen.

Salzwedel, M./Tödter, U. (2021): Authentisch führen. Soziale Kompetenz als Führungskraft mit dem Business-Enneagramm, 4. Aufl., Freiburg/München/ Stuttgart.

Sandel, M.J. (2020): Vom Ende des Gemeinwohls. Wie die Leistungsgesellschaft unsere Demokratien zerreißt, Frankfurt/M.

Sattelberger, T./Welpe, I./Boes, A. (2015): Das demokratische Unternehmen, Freiburg/München.

Schlick, C. et al. (2010): Arbeitswissenschaft, Heidelberg. Zit. nach: Institut DGB-Index Gute Arbeit (2020: 102).

Schmitz, C./Urban H.-J. (2021): Demokratie in der Arbeit – Eine vergessene Dimension der Arbeitspolitik? Frankfurt/M.

Schmitz, K. (2020): Die IG Metall nach dem Boom. Herausforderungen und Reaktionen, Bonn.

Selbstbestimmungstheorie (2021, 22. März): In: *Wikipedia. https://de.wikipedia. org/wiki/Selbstbestimmungstheorie.*

Semmler, R. (1993): Das Semco System – Management ohne Manager – Das neue revolutionäre Führungsmodell, München.

Sen, A. (1999): Ökonomie für den Menschen. Wege zu Gerechtigkeit und Solidarität in der Marktwirtschaft, Frankfurt/M.

Senge, P.M. (2011): Die notwendige Revolution. Wie Individuen und Organisationen zusammenarbeiten, um eine nachhaltige Welt zu schaffen. Heidelberg.

Simon, H. (2020): Am Gewinn ist noch keine Firma kaputt gegangen. Frankfurt/ New York.

Stöger, R. (2005): Geschäftsprozesse erarbeiten – gestalten – nutzen. Stuttgart.

Streeck, W. (2001): Welchen Wissenschaftlern folgen wir in der Pandemie? In: FAZ Nr. 8, 11. 1. 2021, 13.

Toffler, A. (1970): Der Zukunftsschock, Bern, München, Berlin.

ver.di (2020): Agiles Arbeiten. Empfehlungen für die tarif- und betriebspolitische Praxis. Berlin.

Wegerich, C. (2015): Strategische Personalentwicklung in der Praxis, 3. Aufl., Berlin-Heidelberg.

Wehner, M. (2017): HR im internationalen Vergleich: Die Ergebnisse der Cranet-Studie 2015/16. In: Personalmagazin, 19. Jg. Heft 2/17, 14–19.

Weizsäcker, E.U. von, et al. (2017): Wir sind dran. Club of Rome: Der große Bericht. Gütersloh.

Wetzel, D. (Hrsg.) (2013): ORGANIZING: Die Veränderung der gewerkschaftlichen Praxis durch das Prinzip Beteiligung, Hamburg: VSA-Verlag.

Wetzel, D. (Hrsg.) (2015): Beteiligen und Mitbestimmen: Für eine lebendige Demokratie in Wirtschaft und Gesellschaft, Hamburg: VSA-Verlag.

Yilmaz, C. (2020, 15. Juni): »The Great Reset«: Wie die Eliten der Welt eine neue Wirtschaftsordnung planen. Aufgerufen 10.1.2021, von *https://deutsche-wirtschafts-nachrichten.de/504717/The-Great-Reset-Wie-die-Eliten-der-Welt-eine-neue-Wirtschaftsordnung-planen.*

Werner Widuckel

Mitbestimmung in der Transformation – eine Kooperation auf Augenhöhe

1. Einleitung

Die betriebliche Mitbestimmung in Deutschland kann zu den sozialen und politischen Stabilisatoren in Prozessen organisationaler, wirtschaftlicher und gesellschaftlicher Veränderungen gezählt werden. Betriebliche Mitbestimmung konnte und kann einen wesentlichen Beitrag zur Bewältigung von wirtschaftlichem und sozialem Strukturwandel sowie zur Überwindung von Krisen leisten, der einerseits eine soziale Überforderung der Gesellschaft vermieden und andererseits soziale und wirtschaftliche Leistungs- und Entwicklungspotenziale gestärkt hat. Diese Stabilisatorenrolle ist Ausdruck der kooperativen Grundkonstruktion betrieblicher Mitbestimmung, die im Betriebsverfassungsgesetz ihre normative Zusammenfassung durch das Gebot der »vertrauensvollen Zusammenarbeit zum Wohle des Betriebes und der Arbeitnehmer« findet. Diese »vertrauensvolle Zusammenarbeit« ist allerdings komplex und vielfältig. Dies spiegelt auch die wissenschaftliche Literatur wider. So hat Kotthoff stark unterscheidbare Beziehungstypen zwischen Management und Betriebsrat herausgearbeitet, und deren Einbettung in die »betriebliche Sozialordnung« hervorgehoben (Kotthoff 1981, 1994). Die betriebliche Sozialordnung bezeichnet die Praxis sozialer Interaktion im Kontext von Herrschaftsbeziehungen. Sie setzt somit einen Rahmen für die sozialen Austauschbeziehungen zwischen Betriebsrat und Management (Kotthoff/Reindl 2019). In der sozialen Realität kann vor diesem Hintergrund von unterschiedlichen Beziehungstypen auf Grund sehr differenzierter betrieblicher Sozialordnungen gesprochen werden, die vom »ignorierten Betriebsrat« bis zum »Betriebsrat als kooperativer Gegenmacht« reichen. Diese Beziehungstypen räumen in ihren jeweiligen Ausprägungen Betriebsräten sehr unterschiedliche Möglichkeiten zur Einflussnahme auf Entscheidungen und auf die Gestaltung betrieblicher Veränderungsprozesse ein. Die normative Maßgabe der »vertrauensvollen Zusammenarbeit« darf offensichtlich nicht mit einer homogenen sozialen Praxis industrieller Beziehungen verwechselt werden. Hierauf deutet auch die sehr umfangreiche empirische Untersuchung von Hauser-Ditz, Hertwig und Pries hin, die einerseits eine Dominanz kooperativer Grundorientierungen bei Betriebsräten und verantwortlichen Manager:innen ausmacht, aber auch einen relevanten Unterschied zwischen aktiv und passiv kooperierenden Betriebsräten feststellt (Hauser-Ditz et al. 2008). Die Stabilisatorenrolle von Betriebsräten scheint also in der sozialen Praxis sehr unterschiedlich begründet, gestaltet und wirksam zu sein.

Die Transformation von Unternehmen und der Gesellschaft stellt eine erhebliche Herausforderung für die hieran beteiligten und mitwirkenden Akteur:innen dar. Der Begriff der Transformation deutet darauf hin, dass es sich hierbei nicht nur um Veränderungen auf bekannten Pfaden, sondern um grundlegende Umwälzungen handelt. Diese Umwälzungen verändern organisationale Identitäten sowie gesellschaftliche Herrschafts- und Beziehungsstrukturen und mit ihnen die Lebensbedingungen von Individuen. Betriebsräte und Personalmanagement sind einerseits Teil dieser Transformation und andererseits gefordert, diese zu gestalten und hierbei existenzgefährdende Brüche zu vermeiden. Transformation ist hierbei nicht einfach ein Synonym für Digitalisierung. Vielmehr gibt die Digitalisierung der Transformation eine technologische Form der genannten grundlegenden Umwälzungen, die mit einer Neugestaltung von Strategien. sozialen Beziehungen, Führungsstrukturen, Arbeitsorganisation, Steuerungssystemen, Kompetenzen, Sozial- und Herrschaftsbeziehungen sowie kulturellen Grundorientierungen einhergeht. Prosaisch formuliert bleibt bei einer Transformation »kein Stein auf dem anderen«. Dies gilt für Gesellschaften wie für Organisationen. Dieser Beitrag setzt sich zum Ziel, zu untersuchen, wie die Transformation von Organisationen bzw. Unternehmen die Anforderungen an das Strategische Personalmanagement, an Betriebsräte und die betriebliche Mitbestimmung verändert. In einem ersten Schritt wird aufgezeigt, welchen Konsequenzen organisationale Transformation für das Strategische Personalmanagement hat. In einem zweiten Schritt werden diese Konsequenzen für Betriebsräte näher beleuchtet, um in einem dritten Schritt die Beziehung zwischen Transformation und Mitbestimmung als Interaktionsprozess zwischen Personalmanagement und Betriebsrat zu untersuchen.

2. Organisationale Transformation und Strategisches Personalmanagement

Der Gebrauch des Terminus »Strategisches Personalmanagement« lässt häufig begriffliche Klarheit und Systematik vermissen. Deshalb sollen zu Beginn dieses Abschnitts einige Überlegungen zur inhaltlichen Klärung angestellt werden. Ein vielfach verwendeter Bezug zwischen Personalmanagement und Strategie wird darin gesehen, dass das Erstere zur Realisierung der Zweiteren unterstützend beitragen soll. In diesem Sinne unterstützt Personalmanagement Wettbewerbsstrategien der Unternehmen und trägt so zur deren Entwicklungs- und Leistungsfähigkeit bei (Stock-Homburg/Groß 2019, S. 17). Diese Unterstützungsfunktion kann sich jedoch nicht auf die Gestaltung und Ausfüllung von operativen Handlungsfeldern (z. B. Personalgewinnung, Personalentwicklung) beschränken, sondern benötigt seinerseits eine strategische Ebene, die diese Felder integriert und mit übergreifenden, langfristigen Zielen verknüpft. Damit wäre allerdings das Strategische Personalmanagement aber immer noch ein aus der Unternehmensstrategie abgeleiteter, nachrangiger Teilbereich, der seinerseits keine eigenständige Bedeutung für die Ziele und Inhalte dieser Strategie hätte.

Eine weitergehende Bedeutung bekäme das Strategische Personalmanagement jedoch, sofern es Teil der inhaltlichen Zielbestimmung der Unternehmensstrategie würde. Dazu müsste es allerdings über die genannte Wettbewerbsperspektive hinausweisen und auch Ziele mit einem Bezug zu den eigenständigen Interessen und Bedürfnissen von Mitarbeitenden (z. B. Beschäftigungssicherung, Leistungsgerechtigkeit, Entfaltungsmöglichkeiten) in die Unternehmensstrategie integrieren. In verschiedenen Theorien zum Personalmanagement und zur Organisation werden hierzu sehr unterschiedliche Positionen eingenommen. So sieht als herausragende Vertreterin die Human Resources Theorie in den spezifischen Leistungs- und Motivationspotenzialen der Mitarbeitenden das entscheidende wettbewerbsdifferenzierende Element von Unternehmen, knüpft dies aber an sehr harte Kriterien (selten, wertvoll, schwer imitierbar, schwer ersetzbar), die der Wettbewerbsperspektive unterliegen (Barney/Clark 2009, S. 121–141). Menschliche Potenziale werden also hinsichtlich ihrer Funktionalität für die Wettbewerbsfähigkeit besonders hervorgehoben, bleiben aber auch hierauf beschränkt. Andere Ansätze leiten weitergehend die Rolle des Strategischen Personalmanagements aus seinen spezifischen Handlungsfeldern und damit verbundenen Kompetenzen ab, die dazu geeignet seien, einen eigenständigen Beitrag zur Realisierung von Unternehmensstrategien erbringen zu können. Hierbei werden häufig Veränderungen von Bedingungen der Organisationsumwelt genannt wie z. B. der demografische Wandel, der Mangel bzw. Engpässe von Fachkräften, die Globalisierung, die Digitalisierung oder die Entwicklung von

Diversität in der Gesellschaft (z. B. Bruch et al. 2010; Rump/Eilers 2014). Aus diesen häufig als »Megatrends« apostrophierten Entwicklungen werden strategische Orientierungen des Personalmanagements abgeleitet, die neben der Wettbewerbsperspektive der Unternehmen auch Bedürfnispräferenzen und Interessen von Mitarbeitenden in den Blick nehmen. Hieraus leiten sich Plädoyers für strategische Paradigmen wie z. B. die »Lebensphasenorientierung« (z. B. Rump/Eilers 2014), eine differenzierte und differenzierende Generationsorientierung in der Personalführung (Bruch et al. 2010) oder Nachhaltigkeit (z. B. Ehnert 2009; Zaugg 2009) im Personalmanagement ab. Der Bezug auf die Mitarbeitenden erfolgt hierbei zwar auch aus einer Wettbewerbsperspektive, verlangt aber Anpassungen dieser Perspektive an grundlegende personalspezifische Bedingungen und Ziele. Der strategische Beitrag des Personalmanagements besteht in der »Übersetzung« von Veränderungen sozial wirksamer Rahmenbedingungen, um hieraus schlussfolgernd die notwendigen Anpassungsleistungen der Unternehmen zu initiieren und zu gestalten. Am weitesten geht hierbei das Paradigma der Nachhaltigkeit, bei dem Mitarbeitendenziele nicht nur als externe Variable der Unternehmensstrategie eingeordnet werden, sondern diese als deren integrierten Bestandteil zu betrachten und normativ aufzunehmen sind. Allerdings weist insbesondere Ehnert mit großer Berechtigung darauf hin, dass diese Zielintegration mit Konflikten, Dilemmata und Paradoxien verbunden ist (Ehnert 2009). Die Wettbewerbsperspektive bildet hierbei ein Spannungsfeld zwischen ökonomischen, ökologischen und sozialen Zielen.

Zusammenfassend kann daher an dieser Stelle festgehalten werden, dass der Terminus »Strategisches Personalmanagement« von der Personalstrategie als Instrument der Unternehmensstrategie über das strategische Management sozial wirksamer Einflüsse auf Unternehmen bis zur Verankerung von Zielen in der Unternehmensstrategie reicht, die sich auf Interessen und Bedürfnisse von Mitarbeitenden beziehen. Solche Ziele können z. B. Beschäftigungssicherheit oder normative Maßgaben einer gesunden Organisation sein (Badura/Wallner/Hehlmann 2009, S. 31–40). Der Zusammenhang zur Wettbewerbsfähigkeit von Unternehmen leitet sich nicht unmittelbar aus diesen Zielen ab, was z. B. bei strategischen Ertragspotenzialen wie neuen Märkten der Fall wäre, sondern müsste im Aushandlungs- und Verständigungsprozess der hiervon betroffenen Stakeholder (Vorstand/Geschäftsführung, Führungskräfte/Organisationsbereiche, Betriebsrat, Mitarbeitende) hergestellt werden. Hierbei käme dem Personalmanagement eine Schlüsselrolle zu, um die Prozesse zu organisieren und zu gestalten.

Bevor im nächsten Schritt die Beziehung zwischen Strategischem Personalmanagement und organisationaler Transformation untersucht wird, soll nun Letztere begrifflich präzisiert werden. Der Begriff der »Transformation« unterliegt ebenso wie das Attribut »strategisch« einer inflationären Nutzung. Transformation signalisiert Bedeutsamkeit auf der Höhe der Zeit. Diese Bedeutsamkeit resultiert jedoch daraus, dass Transformation über konventionelle organisationale Veränderungsprozesse hinausreicht. Organisationale Transformation zeigt eine grundlegende systemische Veränderung an, die die Identität der hiervon betroffenen Organisation verändert. Dies betrifft Geschäftsmodelle, Kernkompetenzen, soziale Beziehungen, Strukturen und Prozesse sowie die Organisationskultur mit ihren handlungs- und verhaltensleitenden Werten und Normen. Diese organisationale Transformation basiert also nicht nur auf der Einführung und Ausbreitung neuer Technologien, um Bestehendes effektiver, effizienter und hochwertiger zu realisieren, sondern sie stellt eine Umformung der Organisation dar, durch die diese eine grundlegend veränderte Identität erhält. Das lässt sich in vielen Branchen (z. B. Finanzdienstleistungen, Einzelhandel, Automobilindustrie, Landwirtschaft) beobachten. Digitale Technologien sind hierbei nicht die Ursache der Transformation. Vielmehr ist die Transformation eingebettet in die Bedingungen des marktwirtschaftlich-kapitalistischen Wettbewerbs von Unternehmen und seiner Regulierung. Die Digitalisierung stellt daher eine Verknüpfung der Gestaltung, Konfiguration und Nutzung von digitalen Technologien mit den strategischen Wettbewerbspositionierungen von Unternehmen, die vor allem in Renditezielen und Marktzielen ihren Ausdruck finden. Mit der digitalen Transformation werden die Verfügbarkeit und Verknüpfung von Daten und die Beherrschung sowie Steuerung von Vernetzung und Feedbackprozessen zu strategischen Kompetenzen und Ressourcen. Nicht mehr die »große Maschinerie« (Marx 1890, 1975, S. 391–530), sondern die systemische Vernetzung von Entwicklung, Produktion, Vertrieb und Nutzung durch Kund:innen wird bestimmend für die Wertschöpfung. Ihre Bindeglieder werden durch Software gebildet. Die Kundenbeziehung wird permanent durch die kontinuierliche Lieferung von Daten durch das Handeln und Verhalten im digitalen Netz. Es wird erkennbar, dass die Transformation durch die Digitalisierung nicht nur als organisationale Transformation zu verstehen ist, sondern dass diese eingebettet in eine gesellschaftliche Transformation ist, die die Produktions- und Lebensweise insgesamt grundlegend verändert. Dies wird sichtbar an der Veränderung sozialer Beziehungen durch »soziale Netzwerke«, der lebensweltlichen Orientierungen von Individuen als Teil des digitalen Netzes oder der Veränderung von Macht- und Herrschaftsbeziehungen in Organisationen und in der Gesellschaft. Das ist etwas anderes als ein so genannter »Change«, der nicht als Umwälzung, sondern als Anpassung zu verstehen ist (Widuckel 2020).

Die organisationale digitale Transformation stellt somit für das Strategische Personalmanagement eine besondere Herausforderung in unterschiedlichen Bereichen und auf verschiedenen Ebenen dar. Dies betrifft die Veränderung der Unternehmensstrategie, weil handlungsleitende, übergreifende, langfristige Ziele neu definiert werden müssen. Strukturen, Prozesse, Kultur und Kompetenzen müssen grundlegend neu definiert und gestaltet werden. Hieraus resultiert eine Neukonfigurierung der Macht- und Herrschaftsordnung im jeweiligen Unternehmen sowie eine Infragestellung bisheriger die Organisation bestimmender Positionen. Dies ruft Konflikte hervor und birgt das Risiko von irreparablen Brüchen bei den Mitarbeitenden und Führungskräften. Der bisherige Pfad wird verlassen und ein neuer Weg ist mit einer neuen Gangart zu definieren und frei zu machen und zu beschreiten. Zusätzlich ist das Personalmanagement selbst von der Transformation betroffen und muss sich ebenfalls auf diese Herausforderung der Neudefinition und Neugestaltung einstellen und diese bewältigen.

Aus diesen Gründen kann das Strategische Personalmanagement nicht einfach auf bisher bewährte Orientierungen und Instrumente zurückgreifen, sondern muss sich der Herausforderung einer strategischen Neuorientierung stellen. Diese Neuorientierung ist jedoch nicht als Vorgabe definiert, die nur »abzuarbeiten« wäre, sondern hängt wesentlich von der Position und Positionierung des Strategischen Personalmanagements im jeweiligen Unternehmen ab. Hierbei sind folgende Szenarien denkbar: Sofern sich das Strategische Personalmanagement als »Transmission« der Unternehmensstrategie einordnet, geht es aus der hieraus resultierenden Wettbewerbsperspektive im Wesentlichen darum, die erforderlichen Personalressourcen als strategische Kernkompetenzen bereitzustellen und handlungsleitende übergreifende Orientierungen für die Veränderung der Unternehmenskultur und damit verbundene Verhaltensänderungen zu vermitteln. Hieraus resultieren entsprechende Programme und Maßnahmen in den Bereichen Personalentwicklung, Personalgewinnung, Personalführung, Anreizgestaltung, Organisationsgestaltung, Flexibilitätsmanagement sowie Personalabbau. Es erfolgt daher eine strikte Konzentration auf die Definition der wettbewerbsrelevanten Ressourcen und personellen Potenziale sowie Kapazitäten und einer hierauf abgestimmten Gestaltung von Personalsystemen und -instrumenten (Szenario 1 »Transmission«).

In einem zweiten Szenario würde das Strategische Personalmanagement sich auch als Seismograf gesellschaftlicher Entwicklungen verstehen und deren Relevanz für die organisationale Transformation ableiten. Hier käme eine Interpretationsrolle hinzu, die über die organisationsinterne Wettbewerbsperspektive hinaus auch gesellschaftliche Einflussfaktoren mit Personalrelevanz berücksichtigen würde. Die Wettbewerbsperspektive würde hier um externe Einflussvariablen erweitert, die z. B. Ansprüche von Beschäftigten an die Vereinbarkeit von Familie und Beruf, die Flexibilität der Arbeitszeit oder die berufliche Entwicklung, die Qualität sozialer Beziehungen und die Attraktivität von Aufgaben aufzeigen. Die Wettbewerbsperspektive kann in diesem Szenario nicht nur durch Verfolgung ihrer inhärenten Ziele gestaltet werden.

In diesem Szenario kommt dem Personalmanagement eine strategisch relevante Deutungs- und Interpretationsrolle zu, die auf die Einordnung der Relevanz der genannten »Megatrends« und die Ableitung von Konsequenzen gerichtet ist. Dies ist allerdings nicht nur von objektiven Informationen oder Daten und deren Verfügbarkeit abhängig, sondern auch von der Deutungskompetenz sowie von normativen Orientierungen, die im jeweiligen Personalmanagement bzw. im betreffenden Unternehmen vorherrschend sind. So erklärt sich z. B. die strategische Relevanz von Gendergerechtigkeit oder Diversity-Management nicht allein aus dem möglichen Verfügbarkeitsproblem von Personal (Nienhüser 2006, S. 3), sondern deren strategische Deutung ist auch abhängig von kulturellen und ideologischen Orientierungen, die zum Teil sehr fest in individuellen und organisationalen Tiefenstrukturen verankert sind. Dies zeigt auch eine umfangreiche empirische Untersuchung zum lebensphasenorientierten Personalmanagement, dem von den befragten Personalverantwortlichen nur in vereinzelten Ausnahmenfällen ein strategischer Stellenwert beigemessen wurde (Hohensee 2017). Dies deckt sich nicht unbedingt mit deren beigemessenem Stellenwert in der Literatur. Ebenso zeigen Daten zur Gendergerechtigkeit auf, dass trotz der vielfachen Einordnung von erwerbstätigen Frauen als nicht ausgeschöpftem Entwicklungspotenzial deren Karrieremöglichkeiten im Vergleich zu Männern eingeschränkt sind. So ist die Repräsentanz von Frauen in Vorständen größerer Unternehmen, trotz einiger Fortschritte eher bescheiden und beträgt in den größten 200 Unternehmen rund zehn Prozent (Kirsch/Wrohlich 2020). Zudem liegt es nahe, dass diese leichten Fortschritte auch auf Maßgaben gesetzlicher Regulierung zurückzuführen sind, die einen öffentlichkeitswirksamen Legitimationsdruck schaffen. Ein anderes Bild zeigt der Umgang mit dem demografischen Wandel. Hier wird durchaus eine Veränderung erkennbar, die sich in einem gestiegenen und steigenden Renteneintrittsalter widerspiegelt. Gleichwohl belegen allerdings Daten zum Altersübergang in die Rente und zur Weiterbildung Älterer, dass hierbei zum einen soziale Ungleichheiten in Abhängigkeit von der Arbeitsbelastung auftreten (Brussig 2018) und zum anderen Ältere im Mainstream der betrieblichen Wahrnehmung als »Problemgruppe« betrachtet werden (Bellmann/Dummert/ Leber 2018).

Diese empirischen Befunde zeigen, dass die Deutung als »strategisch bedeutsam« und der Umgang mit externen Herausforderungen einen sehr unterschiedlichen und zum Teil widersprüchlichen Niederschlag in der Praxis des Strategischen Personalmanagements zu haben scheint. Dieser Niederschlag dürfte auch das Ergebnis von Interpretations- und Aushandlungsprozessen in den Unternehmen sein, die am Ende dafür ausschlaggebend sind, wie relevant diese Einflussfaktoren eingeschätzt werden und welche Schlussfolgerungen für die konkrete Praxis zu ziehen sind (Szenario 2 »Deutung und Aushandlung«).

In einem dritten Szenario würde das Strategische Personalmanagement einen Einfluss auf die Zieldefinition der Unternehmensstrategie nehmen und Interessen sowie Bedürfnisse und Interessen von Mitarbeitenden in deren Zielen ver-

ankern. Ein derartiges übergreifendes strategisches Ziel könnte z. B. »Beschäftigungssicherheit bei hoher Arbeitsqualität« sein. Hiermit würde ausgesagt, dass
dieses Ziel nicht nur als Resultat einer erfolgreichen Wettbewerbsposition interpretiert würde, sondern als Basis für die Gleichberechtigung von wirtschaftlichen und sozialen Entwicklungsgrundlagen des betreffenden Unternehmens
dient, die einen handlungsleitenden Maßstab für die Alltagspraxis bilden soll.
Ein anderes Beispiel könnte der Umgang mit Diversität sein, indem Diversity-Management nicht nur zur Verbesserung der Leistungspotenziale des Unternehmens dienen soll, sondern auch in einem bestimmten Menschenbild verankert ist, das nicht ausschließlich von deren Ertragspotenzialen abhängig gemacht
wird. Mit diesem Ansatz übernimmt das Strategisches Personalmanagement eine
normative Orientierungsfunktion für das gesamte Unternehmen und definiert
so die Unternehmensstrategie mit. Allerdings wird der Wettbewerbsbezug hierbei nicht einfach ausgeblendet, sondern mit einer eigenständigen normativen
Orientierung verbunden. Hierbei erfolgt ein Bezug zu längerfristigen Zielen, die
sich tagesaktuellen Konjunkturen entziehen (Szenario 3 »Strategische normative
Orientierung«).

Bei Betrachtung dieser drei Szenarien liegt auf der Hand, dass diese für die Rolle
des Strategischen Personalmanagements als Akteur der digitalen, organisationalen Transformation sehr unterschiedliche Konsequenzen haben. Dies illustriert
die folgende Tabelle.

**Tabelle 1: Rollen des Strategischen Personalmanagements in der organisationalen
Transformation**

	Gestaltung der Umsetzung	Deutung externer Variablen	Beeinflussung der Ziele der Unternehmens-strategie
Transmission	X		
Deutung und Aushandlung	X	X	
Strategische normative Orientierung	X	X	X

Quelle: eigene Darstellung

In Tabelle 1 wird erkennbar, dass die unterschiedlichen Szenarien Konsequenzen für die Rollen des Strategischen Personalmanagements bezüglich der Tie-

fe und Reichweite der Beeinflussung von Transformation und Strategie haben. Hierbei ist zu berücksichtigen, dass sich diese Rollen in ihrer Definition und Ausführung gegenseitig beeinflussen. Strategische Funktionen haben alle drei Rollen. Die Unterscheidung ist hier vielmehr zwischen einer hauptsächlich unterstützenden Funktion zur Umsetzung von strategischen Vorgaben und dem Grad der Beeinflussung der Unternehmensstrategie zu machen. Dem entsprechend unterscheiden sich auch die Gestaltungsziele der jeweils zu bearbeitenden Themen- und Handlungsfelder des Personalmanagements im Rahmen der Transformation. Dieser Unterschied kennzeichnet auch eine deutliche Differenzierung des Stellenwerts des Personalmanagements als Teil des Macht- und Herrschaftsgefüges der betreffenden Organisation. Im Szenario 3 erscheint das Strategische Personalmanagement als Akteur, dem eine Definitions- und Handlungskompetenz zugeschrieben wird, die auf bestimmten Feldern die Definition der Transformationszielen bestimmen. Dies beschränkt sich im Szenario 1 auf die Zubilligung von Handlungskompetenz zur Erreichung vorbestimmter Ziele. Im Szenario 2 wird durch die zugeschriebene Deutungskompetenz ein Einfluss auf die Unternehmensstrategie erkennbar, der sich auf die Berücksichtigung von relevanten Einflussfaktoren bezieht und damit Transformation und Strategie modifiziert. Die hier eindimensional dargestellten Rollen lassen sich allerdings auch in einem dreidimensionalen Modell denken, das graduelle Unterscheidungen sowie Übergänge und Überlappungen zwischen den Rollen und Szenarien berücksichtigt.

Zusammenfassend lässt sich hierzu feststellen, dass das sehr gerne verwendete Attribut »strategisch« im Kontext des Personalmanagements alles andere als eindeutig ist. In Abhängigkeit von der Selbstdefinition und der Position des Strategischen Personalmanagements im Macht- und Herrschaftsgefüge des Unternehmens wird dessen strategische Funktion entweder als nachgeordnet oder als mit entscheidend wirksam. Dies hat vor dem Hintergrund von organisationaler digitaler Transformation eine besondere Bedeutung, weil auch das Personalmanagement gezwungen wird, seine Rolle und Kompetenzen zu überprüfen und sich seinerseits zu transformieren. Organisationale digitale Transformation stellt daher auch für das Personalmanagement eine Bewährungsprobe dar, die hinsichtlich seiner strategischen Rolle gravierende Folgen haben kann. Denn Transformation stellt auch Einflusspositionen potenziell in Frage.

Bevor die betriebliche Mitbestimmung als Einflussfaktor von organisationalen Transformationen und das strategische Personalmanagement untersucht werden kann, sollen im nächsten Abschnitt die hieraus resultierenden Anforderungen für Betriebsräte aufgezeigt werden.

3. Betriebsräte in der organisationalen Transformation

Organisationale digitale Transformation stellt Betriebsräte wie das Personalmanagement vor erhebliche Herausforderungen. Sofern man der o. g. Abgrenzung zwischen Transformation und konventionellen Veränderungsprozessen (»Change«) folgen will, so sehen sich Betriebsräte mit tiefgreifenden Folgen auf unterschiedlichen Ebenen und Themenfeldern konfrontiert. So werden grundlegend Geschäftsmodelle, Tätigkeiten sowie Kompetenzstrukturen, Verhaltensanforderungen, Werte, Organisationsstrukturen und die Führungsorganisation verändert. Hierdurch ändert sich in der Folge die organisationale Identität, worunter die im Unternehmen geteilte Selbstdefinition des Organisationzwecks, der Organisationsziele und der bestimmenden Merkmale von Stärken und der Abgrenzung zu anderen Organisationen zu verstehen ist. Der Betriebsrat muss vor diesem Hintergrund seine Rolle als gewählte Interessenvertretung der Beschäftigten grundlegend neu konzipieren und seine interessenpolitischen Zielsetzungen und Positionen neu definieren. Dies resultiert aus den sehr umfassenden möglichen Folgen organisationaler digitaler Transformation, die tiefgreifend Belegschaftsstrukturen, Arbeits- und Verhaltensanforderungen sowie qualitative und quantitative Beschäftigungsbedarfe verändert. Darüber hinaus ist zu berücksichtigen, dass mit der Veränderung organisationaler Identität auch die sozialen Identitäten von Gruppen und Individuen in Unternehmen einer starken Veränderungsherausforderung ausgesetzt sind. Der interessenpolitische Fokus von Betriebsräten erfährt somit aus der Perspektive von Beschäftigten eine starke Erweiterung durch die Herausforderung organisationaler digitaler Transformation.

Parallel zu dieser Erweiterung sind auch die sozialen Beziehungen zum Management einer Bewährungsprobe ausgesetzt. So werden das Ziel und die Folgen organisationaler digitaler Transformation zum Gegenstand von komplexen Aushandlungsprozessen, die zudem einem starken Zeitdruck unterliegen. Diese Konstellation stellt daher auch Arbeitsweisen, Organisations-und Kompetenzstrukturen sowie die organisationale Positionierung des Betriebsrats in Frage; denn es kann nur noch sehr eingeschränkt auf entwickelte Routinen, inhaltliche Priorisierungen und Kompetenzschwerpunkte, Erfahrungswissen und gewachsene soziale Beziehungen zurückgegriffen werden. Darüber hinaus wächst die Bedeutung der Ansprüche von Beschäftigten auf eine direkte Beteiligung an der interessenpolitischen Positionierung von Betriebsraten und deren Artikulation. Betriebsräte wiederum sind zunehmend auf den Rückgriff auf das Expertenwissen von Beschäftigten angewiesen, um die Ursachen und die Wirkungen von Transformationsprozessen ausreichend durchdringen zu können (Widuckel

2020).[1] Die Transformation der Organisation wird somit auch für den Betriebsrat zu einer Transformation seines interessenpolitischen Handelns und dessen Organisation.

Diese Herausforderung birgt für den Betriebsrat eine Fülle von Chancen und Risiken. Auf der Seite der Chancen steht, seine interessenpolitische Legitimation gegenüber den Beschäftigten zu festigen oder gar auszubauen und hierbei Beschäftigtengruppen anzusprechen, die den Betriebsrat für die Vertretung der eigenen Interessen bisher als eher nicht relevant eingeschätzt haben. Es entsteht aber auch das Risiko von betriebsratsinternen Konflikten um die Neukonzipierung der interessenpolitischen Positionierung und deren Arbeitsmodus. Diese Konflikte können wohl zur internen Klärung dieser Neukonzipierung einen positiven Beitrag leisten, aber auch zu einer sehr konfliktbehafteten kulturellen Diskrepanz innerhalb des Betriebsrats führen, die dessen Handlungsfähigkeit gefährdet. In diesem Fall droht sogar ein Legitimationsverlust. Im Umgang mit diesen Herausforderungen sind ebenfalls unterschiedliche Szenarien bzw. Rollendefinitionen denkbar, die belegen, dass die Reflexion und Handlungsweisen von Betriebsräten in der organisationalen Transformation nicht automatisch vorherbestimmbar sind.

In einem hieran anknüpfenden Szenario wäre z. B. denkbar, dass der Betriebsrat sich vor allem auf die Abfederung möglicher negativer sozialer Folgen der organisationalen Transformation konzentriert, um hiervon betroffene Beschäftigtengruppen bestmöglich zu schützen. In diesem Rollenverständnis ist die organisationale digitale Transformation nicht zu verhindern, bietet aber keine oder nur sehr wenige Chancen zur Gestaltung im Interesse der Beschäftigten. In diesem Szenario 1 hält der Betriebsrat an vertrauten Orientierungen und Handlungsweisen fest, weil diese in einer komplexen Situation Sicherheit und eine Wahrung der Legitimation versprechen. Hierbei wird es allerdings dem Betriebsrat kaum gelingen, Beschäftigtengruppen für sich zu gewinnen, die ohnehin auf die Stärke der Selbstvertretung vertrauen. So kann von zwei Transformationswelten mit und ohne Betriebsrat in der jeweiligen Organisation gesprochen werden. Dieses Szenario 1 entspricht einem Rollenverständnis des »sozialen Beschützers bei strategischer Ohnmacht«.

Ein weiteres denkbares Szenario offenbart ein Rollenverständnis des Betriebsrats als Interessenorganisation im Übergang. Der Betriebsrat ist hier ein Spiegelbild der differenzierten Auswirkungen der organisationalen digitalen Transformation auf unterschiedliche Beschäftigtengruppen und deren sozialer Positionierung

---

1 Dieser Zusammenhang zwischen Partizipationsansprüchen von Beschäftigten und Rückgriff des Betriebsrats auf Expertenwissen zeigt sich in den Befunden des von der Hans-Böckler-Stiftung geförderten Forschungsprojekts »Partizipative Mitbestimmung in digitalisierter Arbeitswelt« (ParaDigMa), deren Veröffentlichung in Vorbereitung ist. Hieran knüpfen auch die Überlegungen zu den in diesem Kapitel dargestellten Szenarien an.

in diesem Prozess. Im Betriebsrat treffen widerstreitende Interessen aufeinander, die zu komplexen internen Aushandlungsprozessen führen, um die unterschiedlichen Perspektiven auf die Transformation zu integrieren. In dieser Rolle betreibt der Betriebsrat eine »interessenpolitische Balancierung« der Transformation, bei der er kulturelle Brüche und widerstreitende Positionen verarbeiten muss. Dies erschwert eine gemeinsame strategische Positionierung erheblich, so dass hierzu immer nur Teilaspekte aufgenommen werden können, die man als »fragmentierte strategische Orientierung« einordnen kann.

Ein drittes Szenario zeigt den Betriebsrat als Protagonisten der Transformation, der allerdings auch Alternativen zu Strategien und Konzepten des Managements vertritt und somit die organisationale Transformation im Interesse von Beschäftigten gestalten will. Dies kann sich z. B. auf Prozesse und Ziele der Personalentwicklung oder der Personalführung wie auch der Beschäftigungssicherung oder des Flexibilitätsmanagements (Arbeitszeit, Arbeitsort, Arbeitsaufgabe) beziehen. In diesem Rahmen wird auch die Strategie des Managements auf seine innere Logik und Schlüssigkeit hin hinterfragt und ganzheitlich hinsichtlich seiner Wirkungen auf das Unternehmen und die Beschäftigten bewertet, um gezielt Lösungen für die Bewältigung der Transformation vorzuschlagen, die interessenpolitisch stark legitimiert sind und gleichzeitig die Wettbewerbsperspektive des Unternehmens einbezieht. Man könnte in diesem Szenario 3 den Betriebsrat als »Protagonisten einer sozial-partizipativen Transformation« bezeichnen. Diese Szenarien bzw. Rollenverständnisse lassen sich ebenfalls tabellarisch zusammenfassen:

Tabelle 2: Rollen des Betriebsrats in der organisationalen Transformation

	Transformation als Schicksal	Transformation als interessen-politisches Spannungsfeld	Transformation als Alternative
Sozialer Beschützer	X		
Interessenpolitische Balancierung	X	X	
Protagonist einer sozial-partizipativen Transformation	X	X	X

Die Darstellung dieser drei Rollentypen zeigt die Gemeinsamkeit, dass die organisationale digitale Transformation als ein unausweichliches Phänomen (Schicksal) mit Relevanz anerkannt wird. Im Szenario 1 beschränkt sich der Betriebsrat auf die Kompensation negativer sozialer Folgen, während im Szenario 2 die Bewältigung von interessenpolitischen Spannungen als Differenzierung in Angriff genommen wird, aber hierbei ein Scheitern droht. Im Szenario 3 können diese Spannungen jedoch auch überwunden werden, um hiermit verbunden Alternativen zum managementseitigen Transformationskonzept aufzuzeigen und einzufordern. Dies basiert neben der hohen Deutungs- und Handlungskompetenz des Betriebsrats auch auf Prozessen direkter Partizipation der Beschäftigten, auf denen der Betriebsrat seine interessenpolitische Positionierung wesentlich mit aufbaut.

Dese drei Szenarien bzw. Rollenverständnisse lassen sich ebenfalls auch als dreidimensionales Modell denken, in denen graduelle Unterschiede und Vermischungen bzw. Überlappungen dargestellt werden könnten. Im letzten Schritt soll nun die betriebliche Mitbestimmung in der Transformation als Interaktionsprozess zwischen dem Strategischen Personalmanagement und dem Betriebsrat untersucht werden. Hierbei geht es im Kern um die Frage, der möglichen Wirksamkeit dieser Interaktionsbeziehung in Abhängigkeit von deren Qualität.

4. Betriebliche Mitbestimmung und Strategisches Personalmanagement in der Transformation

Die Interaktionsbeziehung zwischen Betriebsrat und Strategischem Personalmanagement ist geprägt durch den sozialen Austausch, der sich in der betrieblichen Mitbestimmung manifestiert (Müller-Jentsch 2008). Die organisationale Transformation stellt die betriebliche Mitbestimmung auf eine harte und umfassende Bewährungsprobe. Der grundlegende Wandel der organisationalen Identität und die hiermit verbundenen sehr weitreichenden und tiefgreifenden strukturellen sowie kulturellen Veränderungen wirken sich auch auf die Beziehungen zwischen Betriebsrat und Personalmanagement aus. Vertraute inhaltliche Orientierungen und Routinen, Verhaltenserwartungen sowie Institutionalisierungen werden in Frage gestellt und müssen gegebenenfalls ebenfalls verändert werden. Im Kontext der digitalen Transformation von Unternehmen stehen Arbeitsprozesse, Tätigkeiten, Kompetenzen, Flexibilitätsregime, Verhaltenserwartungen, Anreizsysteme und Normen sozialer Sicherheit auf dem Prüfstand. Hierbei ist für die Wandlungsfähigkeit von Organisationen nicht nur entscheidend, sich für den Wandel zu öffnen, sondern auch bestimmte Kontinuitäten zu sichern. Deshalb ist die vielfach anzutreffende Formulierung, dass sich Unternehmen »neu erfinden« würden, irreführend. Denn der Wandel organisationaler Identität bedeutet nicht einfach, eine bisher vorhandene Identität durch eine neue komplett zu ersetzen (Schreyögg/Geiger 2016, S. 424–428). Organisationaler Identitätswandel erfordert Stabilisierungen und Stabilisatoren, die das erforderliche Vertrauen in den Wandel gewährleisten. Die betriebliche Mitbestimmung kann hierbei eine aktive Rolle einnehmen, weil sie Vertrauen von Beschäftigten in neue Regeln, Systeme, Verhaltenserwartungen und soziale Positionierungen schaffen kann, indem sie gleichzeitig eine institutionelle Kontinuität darstellt, die eben nicht in Frage gestellt wird. Darüber hinaus kann sich die digitale organisationale Transformation nicht einfach vollständig von bestehenden Werten der betreffenden Organisation lösen. Vielmehr werden Werte zum Teil unverändert erhalten oder zum Teil neu interpretiert. So ist es kaum vorstellbar, dass sich Unternehmen im Zuge der organisationalen digitalen Transformation einfach vom Wert der »sozialen Verantwortung« verabschieden, sofern dieser Wert in deren Selbstverständnis tief verankert und zeitlich der Transformation vorgelagert ist. Hier wäre also Kontinuität im Wandel vorhanden. Es ist ebenso denkbar, dass wiederum ein Wert wie »Verantwortung jedes Individuums in der Organisation« z. B. durch die Einführung von agilen Prinzipien eine Neuinterpretation erfährt. Damit wäre dieser Wert ebenfalls ein Ausdruck von Kontinuität und Wandel. Die betriebliche Mitbestimmung kann mit ihren Partizipations- und Regulierungspotenzialen einen erheblichen Beitrag zur Verbindung von Kontinuität und Wandel und damit für die Verknüpfung von Stabilität und Öffnung leisten. Dies wäre zum einen durch die Rolle von Betriebsräten als Institution der Interessenvertretung der Beschäftigten möglich und zum anderen durch ein sehr spezifisches soziales Wissen, das Betriebsräte durch die Erfahrungen und die soziale Verankerung ihrer Mitglieder im Betrieb repräsentieren. Betriebsräte haben ein Wissen über Erwartungen, Erfahrungen, Enttäuschungen und Meinungen sowie Einstellungen von Beschäftigten, das Mitgliedern des Managements nicht unbedingt zugänglich ist. Dieses Wissen reicht bis in Feinstrukturen von Organisationen hinein (Tietel 2008). Betriebsräte sind somit auch Wissensträger hinsichtlich der Erwartungen und Befürchtungen, der Hoffnungen und der Ängste bezüglich der organisationalen digitalen Transformation und können somit Orientierungen für die Priorisierung und Justierung bei deren Gestaltung vermitteln.

Es wäre allerdings zu kurz gedacht, den Potenzialen betrieblicher Mitbestimmung ausschließlich eine stabilisierende und damit legitimierende Funktion für die genannte Transformation zuzuschreiben. Vielmehr können Betriebsräte auch eine innovative Rolle einnehmen. Dies gilt vor allem für die soziale Gestaltung von Arbeitsprozessen, die technisch-organisatorisch grundlegend verändert werden sowie für die Sicherung von Beschäftigung und die Erschließung neuer Beschäftigungsperspektiven. Betriebsräte werden hierbei nicht nur zu Regulierern, sondern auch zu direkten Gestaltern digitaler organisationaler Transformation. Betriebliche Mitbestimmung fördert hierdurch soziale Gestaltungspotenziale zutage, die das Management bei der Verfolgung seiner ökonomisch-technischen Rationalität häufig gar nicht im Blick hat. Insofern zwingt betriebliche Mitbestimmung zum Denken in Alternativen und macht somit Gestaltungspotenziale überhaupt erst sichtbar. Diese Positionierung von Betriebsräten schließt einerseits die Interessen der Beschäftigten ein und ist hierbei auch bereit, Konflikte auszutragen, die z. B. in Aushandlungsprozessen zu sozial-innovativer Arbeitsprozessgestaltung oder zu Konzepten der Personalentwicklung und Beschäftigungssicherung entstehen können. Andererseits ist bei den Betriebsräten aber auch die betriebswirtschaftliche Leistungsfähigkeit des jeweiligen Unternehmens mit im Blick, der sie an die Logik des kapitalistischen Wettbewerbs auch bindet. Diese Berücksichtigung ist aber an soziale Bedingungen gebunden, die in den eigenständigen Gestaltungsvorschlägen ihren Ausdruck findet. Beides hat seinen Preis, der zum Gegenstand von Aushandlungsprozessen und Vereinbarungen wird, die wiederum, der Transformation einen institutionalisierten, vertrauensbildenden Rahmen geben (Schwarz-Kocher et al. 2011; Haipeter 2019).

Diese Gestaltungsrolle hat durchaus eine strategische Bedeutung und stellt mehr dar als eine operative Variante der betrieblichen Mitbestimmung und des Personalmanagements. Durch die betriebliche Mitbestimmung in einer Gestaltungsrolle kann die organisationale digitale Transformation auch an soziale Ziele gebunden werden. Sie wäre damit weitergehend als die Kompensation sozialer Folgen. Diese weitergehende Gestaltungswirkung ist allerdings an einige Voraussetzungen gebunden und stellt sich keinesfalls als »Automatismus« ein. Diese Voraussetzungen können wie folgt zusammengefasst werden:

a. Die Beziehungsstruktur zwischen Personalmanagement und Betriebsrat muss eine innovativen Gestaltungseinfluss des Betriebsrats zulassen. Sofern das Management aus normativ-ideologischen Gründen einen derartigen Einfluss ablehnt, droht ein derartiger Anspruch des Betriebsrats ins Leere zu laufen und erfordert in diesem Fall eine Veränderung dieser Beziehung (vgl. Trinczek 2004).

b. Das Personalmanagement entwickelt und gestaltet einen strategischen Anspruch, der sich nicht nur auf die Umsetzung strategischer Vorgaben beschränkt und eine eigenständige Beeinflussung strategischer Unternehmensziele verfolgt.

c. Der Betriebsrat verfolgt die Absicht und verfügt über Kompetenzen sowie Ressourcen, um eine strategische Einflussbeziehung durch die betriebliche Mitbestimmung aufbauen und aufrecht erhalten zu können. Dies erfordert auch eine Perspektive des Betriebsrats, die auf das Überleben des gesamten Unternehmens gerichtet ist (vgl. D'Alessio/Oberbeck 2000).

d. Der Betriebsrat verfügt über Potenziale und Ressourcen, um soziale Konflikte mit dem Management austragen und somit die soziale Bedeutung bestimmter Gestaltungsthemen im interessenpolitischen Spannungsfeld signalisieren und geltend machen zu können.

e. Betriebsrat und Personalmanagement benötigen eine stabile Vertrauensbasis, die darauf gerichtet ist, die betriebliche Mitbestimmung als kooperativen Lernprozess auf Augenhöhe aufzufassen, der soziale Interessenkonflikte nicht leugnet, sondern diese als notwendigen Teil dieses Prozesses akzeptiert.

f. Betriebliche Mitbestimmung muss als Teil der Unternehmenskultur in deren Tiefenstruktur (vgl. Schein 2017) eingeschrieben sein und wäre in diesem Sinne nicht ein »notwendiges Übel«, sondern Ausdruck eines sozial-ethischen Menschenbildes, das durch die organisationale digitale Transformation nicht einfach »ad acta« gelegt, sondern aktualisiert wird.

Sofern diese Voraussetzungen gegeben sind, kann betriebliche Mitbestimmung als kooperativer Prozess auf Augenhöhe einen wirksamen Beitrag zur Gestaltung organisationaler digitaler Transformation leisten, der auch eine strategische Dimension aufweist. Auf dieser Basis kann betriebliche Mitbestimmung aber auch noch einen Schritt weiter gehen: So können Betriebsräte die Strategien von Unternehmen im Rahmen der digitalen Transformation direkt in den Blick nehmen und nicht ausschließlich aus dem Blickwinkel ihrer Wirkungen auf die Qualität der Arbeit und der Beschäftigungssicherheit. In diesem Fall würde der Betriebsrat eine übergreifende Position zur Transformation einnehmen, die in der Handlungsebene und -reichweite weit über die Normen des Betriebsverfassungsgesetzes hinausginge. Inhaltlich würde sich der Betriebsrat hierbei mit der Logik und Nachvollziehbarkeit von Geschäftsmodellen, Produktstrategien, Investitionsstrategien und Strategien der Marktbearbeitung auseinandersetzen. Diese Ebene der Auseinandersetzung wird insbesondere in Großunternehmen mit starker Mitbestimmungsverankerung sichtbar.[2] Dies belegt z. B. die aktuelle Auseinandersetzung um die Transformation der Automobilindustrie sowie der Zulieferindustrie und deren Zukunft, die sich keineswegs nur um deren soziale Folgen, sondern auch um deren sozialen Zielgehalt dreht.[3] Hierbei geht es auch um den grundsätzlichen Stellenwert betrieblicher Mitbestimmung in der Zu-

---

2 Dies zeigen auch Befunde aus dem bereits erwähnten Forschungsprojekt »ParaDigMa«, wobei hier nicht nur eine Korrelation zur Betriebsgröße sichtbar wird. Vielmehr erfolgt diese direkte Auseinandersetzung mit der Unternehmensstrategie auch in einem kleineren Digitalunternehmen mit einem relativ neuen bzw. jungen Betriebsrat, der wahrgenommene Defizite des Managements aktiv aufgreift.

3 Dies belegen beispielhaft entsprechende aktuelle Konflikte bei Daimler, Volkswagen und Continental, die nicht auf Differenzen zwischen handelnden Personen verkürzt werden sollten.

kunft, der hierbei in diesen Unternehmen gegenwärtig ebenfalls Gegenstand von Aushandlungsprozessen ist.

Dies zeigt auf, dass in der Transformation nicht nur Gestaltungspotenziale von betrieblicher Mitbestimmung entwickelt und wirksam werden, sondern dass diese auch infrage gestellt werden können. Eine strukturelle bzw. kulturelle Herauslösung von betrieblicher Mitbestimmung würde allerdings auch deren Verlust als Stabilisatorin bedeuten. Ebenso würden zwangsläufig auftretende soziale Konflikte der Transformation ihren institutionellen Lösungsrahmen verlieren. Dies würde das Risiko des Scheiterns der Transformation im Unternehmen eher erhöhen. Demgegenüber böte eine strategische Kooperationsebene in der betrieblichen Mitbestimmung die Chance, die soziale Qualität der Transformation zu verbessern, indem fundamentale Bedürfnisse und Interessen der Beschäftigten in die strategischen Zielfelder integriert würden. Dies böte positive Anknüpfungspunkte für Vertrauen, Motivation und Leistung im Sinne einer positiven Beeinflussung des affektiven und normativen Commitments von Beschäftigten (vgl. Meyer/Allen 1991). Darüber hinaus böte eine strategische Dialogebene in der betrieblichen Mitbestimmung die beiderseitige Chance, mögliche Alternativen der Gestaltung der Transformation zu reflektieren und eigene Vorstellungen zu überprüfen.

Eine derartige Dialogebene betrieblicher Mitbestimmung ist allerdings auf drei Verknüpfungen wesentlich angewiesen: Erstens muss die gegenseitige Vertrauensbasis ausreichend stabil sein, was vor allem durch die Einhaltung bestimmter Spielregeln und Verhaltenserwartungen gewährleistet sein muss. Zweitens können bestimmte strategische Entscheidungsthemen nur in der Verbindung zur Unternehmensmitbestimmung in den Aufsichtsräten (z. B. Investitionen) verhandelt und vereinbart werden. Es muss daher eine konsistente Wechselbeziehung zwischen beiden Ebenen der Mitbestimmung gegeben sein. Drittens muss sich betriebliche Mitbestimmung verstärkt der direkten Partizipation durch die Beschäftigte öffnen; denn die Komplexität der Gestaltung und der Bewältigung der organisationalen digitalen Transformation lässt Betriebsräte wie auch das Personalmanagement und Führungskräfte an Grenzen ihres Wissens und ihrer Erfahrung stoßen. Dies bedeutet, dass gerade bei der Gestaltung von organisationalen Strukturen und Prozessen wie auch Regeln, Instrumente und Systemen des Personalmanagements eine direkte Beteiligung von Beschäftigten immer sinnvoller und auch notwendiger wird (Widuckel 2020, 2018). Zudem ist in diesem Rahmen auszuhandeln und zu entscheiden, in welchen Feldern jeweils die soziale Kompensation, die Ausbalancierung der Interessen unterschiedlich betroffener Beschäftigtengruppen und die strategische Zukunftsgestaltung der organisationalen digitalen Transformation stattfinden kann und soll und wie diese drei Lösungsansätze miteinander zu verbinden sind. Somit wird erkennbar, dass betriebliche Mitbestimmung auf Augenhöhe in der Transformation die komplexe Verknüpfung von übergreifenden und personalspezifischen Themen, in unterschiedlichen Lösungsmodi und auf unterschiedlichen Ebenen erfordert. Zusammengefasst geht die betriebliche Mitbestimmung in der Transformation mit der Transformation der Mitbestimmung einher.

5. Fazit

Die organisationale digitale Transformation stellt Betriebsräte und das Strategische Personalmanagement jeweils vor eine Bewährungsprobe, die die betriebliche Mitbestimmung zentral betrifft. Der mit der organisationalen digitalen Transformation genannte grundlegende Wandel organisationaler Identitäten verändert auch das Macht- und Herrschaftsgefüge, deren Bestandteil die betriebliche Mitbestimmung und damit der Betriebsrat ist. Darüber hinaus werden Kompetenzanforderungen, Bedeutungszuschreibungen, Verhaltensanforderungen und Strukturen sowie Prozesse grundlegend umgewälzt, was Auswirkungen auf die soziale Zusammensetzung von Belegschaften sowie Personalinstrumenten und -systemen hat. Zusammengefasst werden Organisationsziele und der Organisationszweck fundamental gewandelt. Betriebsräte und Personalmanagement stehen daher jeweils vor der Herausforderung einer inhaltlichen Neuorientierung, die auch ihre eigenen Strukturen, Prozesse und Kompetenz- sowie Verhaltensanforderungen verändern. Betriebliche Mitbestimmung kann hierbei sowohl eine stabilisierende als auch eine innovativ gestaltende Funktion ausüben, sofern bestimmte Voraussetzungen beim Betriebsrat, im Strategischen Personalmanagement und in deren Beziehungsstruktur erfüllt sind. Das Zusammenwirken von Stabilisierung und Erneuerung in der betrieblichen Mitbestimmung mindert Risiken des Scheiterns der Transformation, in dem soziale Konflikte aufgezeigt, gelöst und mit innovativen Veränderungsprozessen verbunden werden, die auf einer Balance von Vertrauen und Öffnung aufbauen. Hierbei wird die betriebliche Mitbestimmung um Prozesse direkter Beschäftigtenpartizipation erweitert und steht in einer Wechselbeziehung mit der strategischen Einflussnahme durch die Unternehmensmitbestimmung sowie gesellschaftlichen Einflüssen wie z.B. veränderte lebensweltliche Orientierungen von Beschäftigten in der Beziehung zwischen Erwerbsarbeit und weiteren Lebensbereichen oder veränderten Ansprüchen an die Qualität der Arbeit. Betriebliche Mitbestimmung verfügt über ein hohes Gestaltungspotenzial in der Transformation, aber der Weg dorthin, ist mit vielen Stolpersteinen gepflastert.

6. Literatur

Badura, B./Wallner, U./Hehlmann, T. (2010): Die Vision einer gesunden Organisation In: Dies. (Hrsg.) Betriebliche Gesundheitspolitik – der Weg zur gesunden Organisation, Heidelberg, Springer, S. 31–39.

Barnes, J.R./Clark, D.J. (2009): Resource-Based Theory, Oxford University Press, 2. Aufl., Oxford.

Bellmann, L./Dummert, S./Leber, U. (2018): Konstanz altersgerechter Maßnahmen trotz steigender Beschäftigung Älterer. In: WSI-Mitteilungen, H. 1, Jg. 72, S. 20–27.

Bruch, H./Kunze, F./Böhm, S. (2010): Generationen erfolgreich führen – Konzepte und Praxisanforderungen zum Management des demografischen Wandels, Wiesbaden, Gabler.

Brussig, M. (2018): Verlängerte Erwerbsbiografien – Triebkräfte, Grenzen, soziale Ungleichheiten. In: WSI-Mitteilungen, H. 1, Jg. 72, S. 12–19.

D'Alessio/Oberbeck, H. (2000): Rationalisierung in Eigenregie: Ansatzpunkte für den Bruch mit dem Taylorismus bei VW, Hamburg, VSA-Verlag.

Ehnert, I. (2009): Sustainable Human Resource Management, Berlin, Heidelberg, Physica-Verlag.

Haipeter, T. (2019): Interessenvertretung in der Industrie 4.0, Nomos, edition sigma, Baden-Baden.

Hauser-Ditz, A./Hertwig, M./Pries. L. (2008): Betriebliche Interessenregulierung in Deutschland, Frankfurt/New York, campus.

Hohensee, L. (2017): Lebensphasen von Mitarbeitern und ihre Life-Domain-Balance, Hamburg, Verlag Dr. Kovać.

Kirsch, A./Wrohlich, A. (2020): Managerinnen-Barometer 2020. In: DIW-Wochenbericht H. 4, S. 38–49.

Kotthoff, H. (1994): Betriebsräte und Bürgerstatus – Wandel und Kontinuität betrieblicher Mitbestimmung, München und Mering, Rainer Hampp Verlag.

Kotthoff, H. (1981): Betriebsräte und betriebliche Herrschaft – eine Typologie von Partizipationsmustern im Industriebetrieb, Frankfurt/New York, campus.

Kotthoff, H./Reindl, J. (2019): Die soziale Welt kleiner Betriebe – Wirtschaften, Arbeiten und Leben im mittelständischen Industriebetrieb, 2. Aufl., Wiesbaden, Springer-VS.

Marx, K. (1890): Das Kapital, Band 1. In: Marx-Engels-Werkausgabe (1975), Band 23, Berlin, Dietz-Verlag.

Meyer, J.P./Allen, N.J. (1991): A Three Component Conceptualization of Organizational Commitment In: Human Resource Review, Vol. 1, No, 1, S. 61–89.

Müller-Jentsch, W. (2008): Arbeit und Bürgerstatus, Wiesbaden, VS-Verlag.

Nienhüser, W. (2006): Substanzielle und symbolische Personalmanagement-Forschung – das Beispiel des »Personalmanagement-Professionalisierungs-Index« der Deutschen Gesellschaft für Personalführung. In: Zeitschrift für Personalforschung, Jg 20, H 1, S. 5–23.

Rump, J./Wilms, G./Eilers, S. (2014): Die lebensphasenorientierte Personalpolitik. In: Rump, J./Eilers, S. (Hrsg.), Lebensphasenorientierte Personalpolitik, Berlin, Heidelberg, S. 3–69.

Schein, E.H. (2017): Organizational Culture and Leadership, 5. Aufl., Hoboken, NJ. Wiley.

Schreyögg, G./Geiger, D. (2016): Organisation – Grundlagen moderner Organisationsgestaltung, Heidelberg, Berlin, SpringerGabler.

Schwarz-Kocher, M./Kirner, E./Dispen, J./Jäger, A./Richter, U./Seibold, B./Weißfloch, U. (2011): Interessenvertretungen im Innovationsprozess – Der Einfluss von Mitbestimmung und Beschäftigtenbeteiligung auf betriebliche Innovationen, Berlin, edition sigma.

Stock-Homburg, R./Groß, M. (2019): Personalmanagement, Theorien – Konzepte – Instrumente, 4. Aufl., Heidelberg, Berlin, SpringerGabler.

Tietel, E. (2008): Konfrontation-Kooperation-Solidarität – Betriebsräte in der emotionalen Zwickmühle, Berlin, edition sigma.

Trinczek, R. (2004): Management und betriebliche Mitbestimmung. Eine interessenpolitisch fundierte Typologie kollektiver Orientierungsmuster. In: Artus, I./Trinczek, R. (Hrsg.), Über Arbeit, Interessen und andere Dinge – Phänomene, Strukturen und Akteure im modernen Kapitalismus, München und Mering, Rainer Hampp Verlag, S. 181–211

Widuckel, W. (2018): Kompetent führen in der Transformation. In: de Molina, K./Kaiser, S./Widuckel, W. (Hrsg.), Kompetenzen der Zukunft – Arbeit 2030, Freiburg, München, Stuttgart, Haufe, S. 205–234.

Widuckel, W. (2020): Arbeit 4.0 und Transformation der Mitbestimmung. In: Bader, V./Kaiser, S (Hrsg.), Arbeit in der Data Society, Heidelberg, Berlin, SpringerGabler, S. 17–34.

Zaugg, R.J. (2009): Nachhaltiges Personalmanagement, Wiesbaden, Gabler.

Norbert Kluge/Robert Scholz

Die vergessene Ressource – Mitbestimmung für gute Arbeit und gute Einkommen

Inhaltsübersicht

1. Einleitung: Wie hängen Mitbestimmung und strategische Personalarbeit zusammen?

Strategische Personalarbeit ist Führungsaufgabe. In einer Zeit, in der demografisch bedingte Personalengpässe die fachliche Qualifikation des und der Einzelnen wertvoller machen und die digitale Transformation zu teils radikalen Veränderungen der Arbeits- und Unternehmensorganisation führen, kann nur eine mitarbeiter- und beteiligungsorientierte Unternehmenskultur zum Ziel führen. Personalführung bedeutet, so verstanden, die Fähigkeit, Vertrauen unter den Arbeitenden für die anstehenden Veränderungen herzustellen. Dabei muss moderne Personalführung nicht zwangsläufig mitbestimmt sein. Aber wenn sie nach den gesetzlichen Bestimmungen mitbestimmt ist, dann greift das in Führung ein. »Mitbestimmung nimmt – allein schon aufgrund der betriebsverfassungsrechtlichen Regelungen – steuernd auf Personalpolitik Einfluss und prägt damit wesentlich die Kultur eines Unternehmens.« (Reppel 2001, S. 109) Viele Manager:innen erkennen an, dass die Mitbestimmung faktisch Kontinuität in einem dynamischen Handlungskontext herstellt.

Das ist gewiss keine neue Erkenntnis. Interessant ist allerdings, dass Mitbestimmung ihre Rolle im Alltag von Führung und Arbeitsbeziehungen auch dann behaupten kann, wenn sich, wie heute, Arbeitswelt radikal verändert. Es verwundert daher nicht, dass in der Literatur zum Personalmanagement schon lange und mit guten Gründen der Grundsatz zu finden ist: Führung ist »ein Gruppensport und keine individuelle heroische Aktivität« (z. B. zuletzt erst wieder Schein 2020). Diese Auffassung überdauert offenbar wechselnde Moden der Managementlehre und taucht immer wieder als Konstante in der Theorie der Personalführung auf.

Die Dynamik zur Überwindung der Covid-19-Pandemie könnte nun neue Kräfte freisetzen, diesem Führungsverständnis endlich nicht nur in der Literatur, sondern auch in der Realität stärker zum Durchbruch zu verhelfen. Digitalisierung und veränderte Arbeitsformen sind zwar wesentliche Herausforderungen, bieten aber zugleich auch erhebliche Chancen. Denn aus gesellschaftlicher wie auch individueller Perspektive geht es im Kern um Gute Arbeit als Einkommensquelle als Ergebnis mitbestimmt geführter, umwelt- und klimagerechter und dadurch wirtschaftlich erfolgreicher Unternehmen mit Zukunftsperspektive.

Personalarbeit hat aus Sicht von Management und Interessenvertretungen der Arbeitnehmer:innenschaft dabei eine existenzielle Bedeutung. Folgt man Analyst:innen, so hat sie sich während der Covid-19-Krise zum größten Wachstumsrisiko entwickelt (KPMG 2020): Während die Kategorie »Mitarbeiter und Fachkräfte« zu Beginn des Jahres 2020 nur von einem Prozent der befragten Vorstandsvorsitzenden als Wachstumsrisiko für die nächsten drei Jahre ausgemacht wurde, zu dieser Zeit waren »Umwelt und Klima« (22 %), »Rückkehr zum Territorialismus« (19 %) und »Cyber-Sicherheit« (15 %) ganz vorn, ist die Einschätzung im Sommer 2020 gänzlich anders (Abbildung 1). »Mitarbeiter und Fachkräfte« werden als das größte Wachstumsrisiko angesehen und von etwa einem Fünftel der befragten Vorstandsvorsitzenden genannt (21 %), gefolgt von »Lieferketten« (18 %) und der »Rückkehr zum Territorialismus« (14 %). Insofern hat insbesondere Covid-19 den Fokus auf die Personalarbeit verstärkt, die durch

Digitalisierung, Flexibilisierung und neue Arbeitsformen ohnehin schon einem verstärkten Wandel und Anpassungsdruck unterliegt.

Abbildung 1: Dreijahresausblick der größten Wachstumsrisiken aus Sicht von Vorstandsvorsitzenden im Verlauf des Jahres 2020

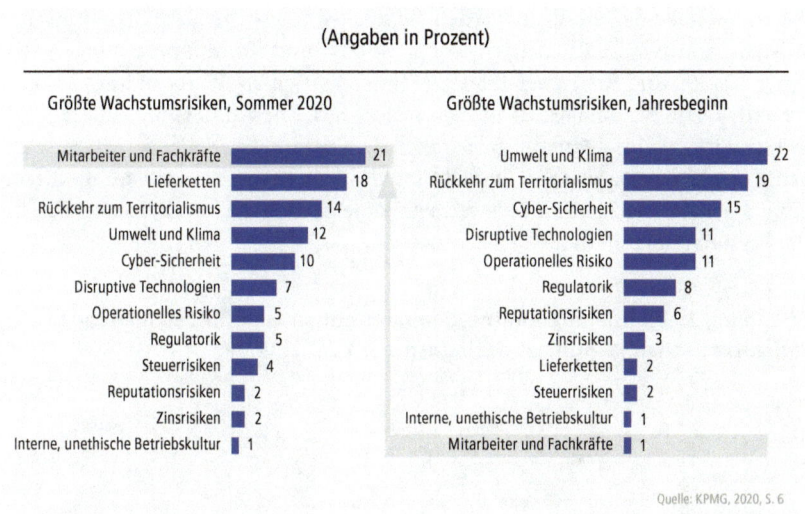

(Angaben in Prozent)

Größte Wachstumsrisiken, Sommer 2020

Mitarbeiter und Fachkräfte	21
Lieferketten	18
Rückkehr zum Territorialismus	14
Umwelt und Klima	12
Cyber-Sicherheit	10
Disruptive Technologien	7
Operationelles Risiko	5
Regulatorik	5
Steuerrisiken	4
Reputationsrisiken	2
Zinsrisiken	2
Interne, unethische Betriebskultur	1

Größte Wachstumsrisiken, Jahresbeginn

Umwelt und Klima	22
Rückkehr zum Territorialismus	19
Cyber-Sicherheit	15
Disruptive Technologien	11
Operationelles Risiko	11
Regulatorik	8
Reputationsrisiken	6
Zinsrisiken	3
Lieferketten	2
Steuerrisiken	2
Interne, unethische Betriebskultur	1
Mitarbeiter und Fachkräfte	1

Quelle: KPMG, 2020, S. 6

Der vorliegende Beitrag ist folgendermaßen strukturiert: Im zweiten Kapitel wird konzeptionell erläutert, wie die Mitbestimmung mit strategischer Personalarbeit verzahnt ist. Kapitel drei veranschaulicht anhand von Daten zum Mitbestimmungsindex (MB-ix), inwiefern die Mitbestimmung auf die Gestaltung von strategischer Personalarbeit wirkt, anhand der Gestaltung von Guter Arbeit und der beruflichen Ausbildung. Im vierten Kapitel werden Szenarien zur zukünftigen Entwicklung der Mitbestimmung dargestellt, bevor das fünfte Kapitel ein Fazit zieht.

2. Mitbestimmte Unternehmensführung als Taktgeber für strategische Personalarbeit

2.1 Zusammenspiel der verschiedenen Ebenen in den industriellen Beziehungen

Als industrielle Beziehungen werden, genereller gesprochen, die ökonomischen Austauschprozesse und sozialen Kooperations- und Konfliktbeziehungen zwischen Kapital und Arbeit verstanden (Müller-Jentsch 2007). Abbildung 2 veranschaulicht die Personalarbeit in diesem Kontext. Die Mitbestimmung im Aufsichtsrat ist dabei elementarer Bestandteil des »deutschen Modells«. Mit ihr kann Einfluss auf die strategische Ausrichtung des Unternehmens und auf die Besetzung der Vorstände genommen werden. Beides wiederum hat Konsequenzen für die Personalarbeit in den Unternehmen.

Abbildung 2: Unternehmensmitbestimmung, betriebliche Mitbestimmung und Tarifpartnerschaft im Kontext der industriellen Beziehungen

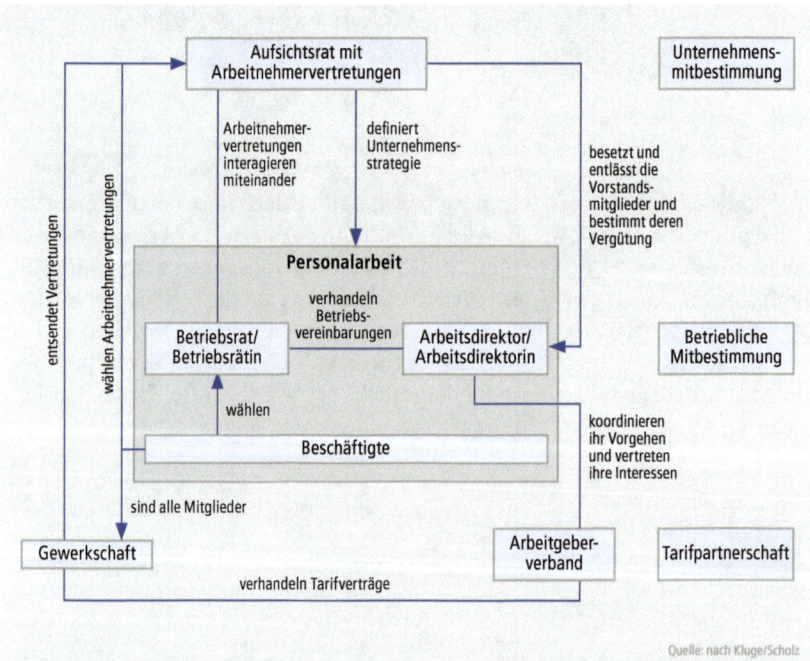

Quelle: nach Kluge/Scholz

2.2 Der Arbeitsdirektor als Protagonist mitbestimmter Personalführung

Unzweifelhaft zählt die Position des Arbeitsdirektors als derjenige im Vorstand mit der Verantwortung für Personal in seiner ursprünglichen und idealtypischen Ausgestaltung des Montan-Mitbestimmungsgesetzes (MontanMitbestG) vom 21.5.1951 zu den anspruchsvollsten, weitreichendsten, aber auch umstrittensten Funktionen mitbestimmter Unternehmensführung. Er oder sie ist zugleich Ausdruck institutionalisierter Mitbestimmung und in der kollegial konstruierten Unternehmensführung (nach § 76 AktG) gleichberechtigtes Vorstandsmitglied. Im dualistischen System der Organisationsverfassung ist der Arbeitsdirektor somit neben dem Aufsichtsrat speziell unter den Bedingungen der Montanmitbestimmung der zweite Kanal der Arbeitnehmer:innenseite in die Unternehmensführung (Giertz 2017). Personal als Führungsaufgabe im Vorstand eines Unternehmens und Mitbestimmung sind miteinander verknüpft.

Besonders nach den Maßgaben des Montanmitbestimmungsgesetzes von 1951 entfaltet diese Position als Scharnier und Protagonist für mitbestimmte Unternehmensführung ihre besondere Kraft. Die hier gesetzlich gewährleistete »echte Parität« ohne letztendlicher Entscheidungsmacht für die Eignerseite im Aufsichtsrat (durch das doppelte Stimmrecht des Vorsitzenden, wie es im MitbestG 1976 vorgesehen ist) hinterlässt ihre nachhaltigen Spuren in der Corporate Governance eines Unternehmens.

Der (montan-)mitbestimmte Arbeitsdirektor bzw. die Arbeitsdirektorin war nicht nur von historischer Bedeutung für die Entwicklung des strategischen Personalmanagements, sondern ist in Zeiten des beschleunigten technologischen und gesellschaftlichen Wandels modell- und vorbildhaft für eine den Menschen zugewandte, innovationsfördernde und strategiefähige Personalpolitik.

Im Laufe der Generationswechsel unter den Arbeitsdirektorinnen und Arbeitsdirektoren haben sich ihre Herkunft und ihr Qualifikationsprofil verschoben, von vorwiegend in den Gewerkschaften selbst aufgewachsenen Praktiker:innen hin zu heute vorherrschenden Personalmanager:innen mit akademischer Ausbildung. Dies spiegelt sich auch in der Zusammensetzung und Arbeitsorganisation ihrer sog. Stabsmitarbeiterinnen und Stabsmitarbeiter wider. Auf Initiative der Hans-Böckler-Gesellschaft (einer Vorgängereinrichtung der Hans-Böckler-Stiftung) wurde bereits am 24. September 1964 eine Arbeitsgemeinschaft der sogenannten engeren Mitarbeiter:innen der Arbeitsdirektoren in der Stahlindustrie gegründet. Mit diesem Zusammenschluss wurden die Personalexpertinnen und -experten in den Kontext gewerkschaftlicher Mitbestimmungspolitik eingebunden, zugleich war es auch ein Schritt hin zur Professionalisierung der Personalarbeit. Die Hans-Böckler-Stiftung diente von nun an als gemeinsame Plattform für Erfahrungsaustausch, Facharbeit und Weiterqualifizierung (Otto 2014).

Worin liegen nun die Merkmale und besonderen Wirkungen eines Mitglieds im Vorstand, das mit dem besonderen Vertrauen der Belegschaft ausgestattet ist? Welche Anforderungen bringt diese Rolle mit sich und wie haben sich diese im Laufe der Zeit verändert? Handelt es sich um einen wirtschaftshistorischen Sonderweg oder um eine zukunftsträchtige Option für gute und nachhaltige Unternehmensführung?

In der Praxis ermöglicht die Mitbestimmung dem Arbeitsdirektor oder der Arbeitsdirektorin in der Unternehmensführung durch eine »gestaltende Vermittlertätigkeit dieses Stückchen Macht«, wie es *Alfred Heese* als langjähriger Arbeitsdirektor in der Stahlindustrie beschrieb (Kruse/Lauschke/Lichte 2010). Vor allem die Teilnahme an Vorbesprechungen der Arbeitnehmer:innenvertretungen des Aufsichtsrats war und ist relevant, und damit die Möglichkeit, Arbeitnehmer:inneninteressen mit zu prägen und umgekehrt, das Arbeitnehmerinteresse gegenüber den Vorstandskolleginnen und -kollegen zu vermitteln und auf den Vorstand insgesamt einwirken zu lassen.[1]

Peter Hartz entwickelte in diesem Sinne das Konzept des mitbestimmten Arbeitsdirektors im Vorstand eines börsennotierten Unternehmens in seiner Rolle als Personalvorstand bei Volkswagen zwischen 1993 und 2005 weiter. Auch unter dem Einfluss von Krisen und Transformationen machte er die Mitbestimmung zum Motor für Innovation und eine industrielle Arbeitsweise, die Wirtschaftlichkeit und soziale Interessen in der rauen betrieblichen Wirklichkeit miteinander in Einklang zu bringen versuchte. Hartz' Motto »Jeder Arbeitsplatz hat ein Gesicht« (Hartz 1994) brachte sein Credo für Sinn und Ziel von Unternehmensführung auf den Punkt. Genauer formulierte er: »Die Ideen der Mitarbeiterinnen und Mitarbeiter, ihre Kreativität, ihr Wissen und ihre Erfahrung sind ein strategischer Wettbewerbsfaktor« (Hartz 1999, S. 308).

Man ist geneigt, dieses Ziel kritisch zurückzuweisen, die Vereinnahmung des arbeitenden Menschen für unternehmerische Zwecke zum Programm der Führungsarbeit zu machen. Allerdings plädierte Hartz dafür, den Preis der Augenhöhe durch Mitbestimmung und materielle Beteiligung der Arbeitnehmerinnen und Arbeitnehmer zu zahlen: »Wir wollen Kapitaleigner davon überzeugen, dass ihr Geld dort am besten angelegt ist, wo Arbeitnehmer und Arbeitgeber gleichermaßen Verantwortung tragen« (Hartz 1999, S. 312). Mit diesem Verständnis, auch die Eigner von der Relevanz der Mitbestimmung zu überzeugen, entwickelte sich der Diskurs über das Unternehmen Volkswagen und seiner besonderen Umstände weiter. *Karlheinz Blessing*, ein weiterer Protagonist mitbestimmter

---

1 Das war das Verständnis von Alfred Heese von mitbestimmter Führung, das er in seiner dreißigjährigen Praxis als Personalleiter und Arbeitsdirektor in verschiedenen Unternehmen der Stahlindustrie und besonders bei Hoesch zwischen 1965 und 1995 zum Wohle aller Beteiligten in einer vom ständigen Wandel und Personalabbau geprägten Industrie praktizierte.

Unternehmensführung[2], formulierte, dass eine zentrale Herausforderung für die Mitbestimmung sein müsse, in »doppelter Buchführung« zu beweisen, dass mitbestimmte Unternehmensführung nicht nur das sozialere Modell, sondern auch das wirtschaftlichere Modell von Unternehmensführung sei (Blessing 1998). Hartz, Blessing und andere standen dafür, dass mit diesem Auftrag die Mitbestimmung ihren etablierten Platz im Machtgefüge eines Unternehmens eingenommen hatte. Die Frage, ob und wie die Mitbestimmung den aufgestellten Leistungsanspruch tatsächlich und messbar zu erbringen wusste, ist damit noch nicht beantwortet. Hier setzt der 2015 konzipierte Mitbestimmungsindex an (der im Kapital 3 ausführlich aufgegriffen wird). Er folgt den Prämissen der Leistungsfähigkeit von Mitbestimmung für das »nachhaltige Unternehmen« und markiert damit eine unterschiedliche Bemessungsgrundlage zur üblichen betriebswirtschaftlichen Erfolgsbewertung von Unternehmensführungen. Das ist ganz im Sinne der Blessing'schen »doppelten Beweisführung«, nach der die Ausrichtung des Unternehmens auch, aber nicht nur an den wirtschaftlichen Interessen orientiert sein soll. Es geht also darum, das Profil der besonderen Leistungen von Mitbestimmung herauszuarbeiten und ihre Belastbarkeit empirisch zu unterlegen.

2.3 Das »nachhaltige Unternehmen« als Strategieziel – sozial, ökologisch und wettbewerbsfähig

In den vergangenen Jahrzehnten gab es eine intensive Debatte darüber, wofür ein Unternehmen da ist und welcher Interessengruppe es primär dient. Nicht nur Prominenz, sondern große Dominanz hat das Shareholder-Value-Modell erfahren, das heißt die Auffassung, dass das Unternehmen in erster Linie den Anteilseignerinnen und Anteilseignern verpflichtet ist (Lazonick 2020). Die Unternehmen tragen aber ebenfalls gesellschaftliche Verantwortung, die viel breiter ausgerichtet ist und die sich jüngst auch in Richtung Nachhaltigkeit verschoben hat, u. a. durch die Umweltbewegungen aber auch durch die zunehmende soziale Ungleichheit. Vermehrt steigt zudem die Willensbekundung von Investoren, nur noch in nachhaltige Unternehmen zu investieren. Allerdings variiert das zu Grunde gelegte Verständnis von Nachhaltigkeit gewaltig. Von uns wird Nachhaltigkeit im doppelten Sinne verstanden: erstens als Zukunftsfähigkeit und Krisenresilienz des Unternehmens selbst, und zweitens als umweltschonendes und klimaverträgliches Unternehmen durch seinen Output von Produkten und Dienstleistungen. Das so verstandene nachhaltige Unternehmen will sich mit dem Mitbestimmungsindex (MB-ix) an sechs Merkmalen messen lassen (Vitols 2011):

---

2   Karlheinz Blessing brachte es in seiner Karriere vom Büroleiter des IG Metall-Vorsitzenden Franz Steinkühler erst zum Arbeitsdirektor und dann bis heute zum Vorstandsvorsitzenden der beiden größten saarländischen Stahlerzeuger Saarstahl und Dillinger Hütte.

- Unternehmensorientierung am Stakeholder-Value, das heißt an allen Anspruchs- und Interessengruppen (nicht nur den Shareholdern bzw. Anteilseignern),
- Berücksichtigung des Stakeholder-Values, insbesondere der »workers' vioce« (im Gegensatz des Entscheidungsmonopols der Anteilseigner),
- Förderung von langfristigen, an Nachhaltigkeit orientierten Eigentümern (statt effizienten Aktienmärkten),
- Existenz und Verfolgung unternehmerischer Nachhaltigkeitsstrategien und konkreter Nachhaltigkeitsziele (statt Verlagerung der Verantwortung für Nachhaltigkeit an den Staat),
- transparente Berichterstattung zur sozialen und ökologischen Performanz (statt freiwilliger Berichterstattung),
- Kopplung der Manager:innenvergütung an die Erreichung von Nachhaltigkeitszielen (nicht an die Aktienkursentwicklung).

Insgesamt geht es beim Konzept der »sustainable company« um einen integrativen Ansatz, von Unternehmensführung, die sich nicht nur und vor allem an der Aktienkursentwicklung orientiert. Mit einem breiteren Verständnis von Unternehmensführung werden andere Leistungskriterien ins Zentrum gerückt: Perspektiven für Arbeit, Einkommen und Standorte, Krisenresistenz und Zukunftsfähigkeit und eine gesunde Umwelt – und trotzdem (oder besser: deswegen) wirtschaftlich erfolgreich. An dieser Leitidee der »sustainable company« setzt auch der Mitbestimmungsindex an, wie im Folgenden geschildert wird.

Exkurs: Vorwärtsgewandter Blick in die Vergangenheit: 70 Jahre Montanmitbestimmung (von Daniel Hay und Sebastian Sick)
Als Standard nachhaltigen Investments hat sich die Begrifflichkeit »ESG« etabliert. Darunter versteht man unternehmerische Verantwortungskriterien aus Umwelt (Environmental), Soziales (Social) und verantwortungsvolle Unternehmensführung (Governance). In Folge des Klimawandels ist Ökologie im ESG-Dreiklang das dominierende Thema für Kapitalanleger.
Allerdings verdeutlichen Corona-Krise und Transformation, wie wichtig gesellschaftlicher Zusammenhalt ist. Tarifbindung und Mitbestimmung stärken diesen Zusammenhalt, weshalb der Teil »Social« eine ebenso zentrale Bedeutung hat. Exemplarisch für dieses Verständnis steht das Montanmitbestimmungsgesetz, das die Wertigkeit menschlicher Arbeit fest verankert und in diesem Jahr sein 70-jähriges Jubiläum feiert. Demnach sind Unternehmen im Sinne eines pluralistischen Unternehmensinteresses nicht nur im Sinne der Kapitalgeber, sondern auch nach den Interessen der Arbeitnehmer:innen und der Allgemeinheit zu führen.
Arbeit als zentrale Wohlstandsquelle unserer Gesellschaft bietet Sicherheit. Diese Sicherheit erodiert bei lediglich kapitalmarktgetriebenen Unternehmensentscheidungen. Genau hier setzt die Mitbestimmung als ordnungspolitisches

Korrektiv an, denn sie sorgt in sozialer Hinsicht dafür, dass Nachhaltigkeit unternehmerischen Handelns als langfristige Existenz des Unternehmens und der Arbeitsplätze verstanden wird. Abgerundet wird nachhaltige Unternehmensführung durch einen vom Vertrauen der Arbeitnehmer:innen getragenen Arbeitsdirektor. Mitbestimmte Personalarbeit mit der Institution des Arbeitsdirektors schafft Solidarität und Veränderungsbereitschaft in der Belegschaft – gerade in Krisenzeiten eine wichtige Voraussetzung.

Dieser Erkenntnis zum Trotz findet vor unser aller Augen eine schleichende Erosion der Mitbestimmung im Aufsichtsrat statt, weil

1. Unternehmen Lücken in den Mitbestimmungsgesetzen ausnutzen oder die gesetzlichen Vorgaben rechtswidrig ignorieren und sich so ihrer sozialen Verantwortung entziehen. Nicht zuletzt europäisches Recht (z. B. Europäische Aktiengesellschaft [SE] und ausländische Rechtsformen) hat neue Einfallstore zum Aushebeln von Mitbestimmung geschaffen.

2. das mittels Doppelstimme des Aufsichtsratsvorsitzenden verankerte strukturelle Ungleichgewicht zwischen Anteilseigner- und Arbeitnehmerseite im MitbestG 1976 nicht mehr zeitgemäß ist. Es gefährdet die Sozialpartnerschaft in Deutschland, wenn beispielsweise unter Nutzung der Doppelstimme über die Köpfe der Arbeitnehmerseite hinweg die Schließung eines Werks beschlossen wird.

Wenn ESG und Nachhaltigkeit ernst genommen werden sollen, ist es höchste Zeit, die Neujustierung der Machtverhältnisse im Unternehmen anzugehen. Die Lücken in den deutschen Mitbestimmungsgesetzen zu schließen, kann dabei nur ein erster Schritt sein. Darüber hinaus bedarf es Anpassungen im Kräfteverhältnis des Corporate Governance Systems. Kapitalanleger verfolgen reine Profitziele. Die Zukunft von ganzen Regionen und den Menschen, die dort einer Arbeit nachgehen, sollten nicht ausschließlich von Investorenbelangen determiniert werden. So ist in Zeiten anonymisierter Investorenschaft das Doppelstimmrecht heute nicht mehr zeitgemäß. Ein Schlichtungsmechanismus – bekannt aus der Montanmitbestimmung – würde der Idee umfassender Nachhaltigkeit dagegen eher Geltung verschaffen. Im Sinne mitbestimmter Personalarbeit und Sozialpartnerschaft sollten außerdem Entscheidungen wie M&A, Sitzverlagerung, Rechtsformwechsel, Betriebsschließung/-verlagerung oder Massenentlassungen stets der Zustimmung des mitbestimmten Aufsichtsrats unterworfen und nicht ohne die Stimmen der Arbeitnehmer:innen gefällt werden können[3]. Mitbestimmung ist der zentrale Hebel, mit dem Investorenforderungen und Arbeitnehmerinteressen in einen besonnenen Einklang gelangen.

---

3 Weiterführende Literatur: Sick, #ZukunftMitbestimmung – Erosion der Mitbestimmung gefährdet Sozialpartnerschaft, Betriebs-Berater 46/2020, Die erste Seite. Sick, Erosion als Herausforderung für die Unternehmensmitbestimmung, 01.05.2020, mit weiteren Nachweisen, *https://www.mitbestimmung.de/html/erosion-als-herausforderung-fur-die-14188.html.* Sick, Fortschritt für die Nachhaltigkeit oder Geschenk an Investoren, Audit Committee Quarterly I/2020, S. 20 ff.

3. Starke Mitbestimmung und strategische Personalarbeit: Welche Ergebnisse liefert der Mitbestimmungsindex (MB-ix)?

3.1 Mitbestimmung, die Wahl der Unternehmensstrategie und wirtschaftliche Performanz

Die duale Organisationsstruktur (Corporate Governance) in den großen Kapitalgesellschaften in Deutschland schreibt gesetzlich die beschriebene Trennung von Führung (Vorstand) und Kontrolle (Aufsichtsrat) vor. Der Aufsichtsrat hat dabei die Aufgabe, den Vorstand zu überwachen und dessen Mitglieder zu ernennen oder zu entlassen. Auch das System der Vorstandsvergütung mit seinen spezifischen Anreizen und Kennziffern unterliegt der Entscheidung durch den Aufsichtsrat. Außerdem hat der Aufsichtsrat die Pflicht, die Unternehmensplanung und den Jahresabschluss abzunehmen sowie die Architektur der Vorstandsvergütung mit den zielführenden finanziellen Anreizen zur Führung des Unternehmens zu bestimmen und der Aktionärshauptversammlung zur Zustimmung vorzulegen. Mit diesen Entscheidungskomponenten rücken auch die strategischen Überlegungen des Vorstands und ihre Umsetzung in den Fokus der Aufsichtsratstätigkeit: Der Aufsichtsrat kann Einfluss auf die langfristige wirtschaftliche Orientierung des Unternehmens nehmen; konkret etwa die Planung und Etablierung neuer Geschäftsmodelle, die Gestaltung von Wertschöpfungsketten und der eigenen Wertschöpfungstiefe, Investitionen und Desinvestitionen, Übernahmen und Zusammenschlüsse und auch personelle Aspekte wie z. B. zur Qualifizierung von Beschäftigten.

Mit der strategischen Ausrichtung des Unternehmens hängen immer Folgerungen für die Perspektive der Arbeitnehmerinnen und Arbeitnehmer generell, aber auch an einzelnen Standorten und Betrieben zusammen. Entscheidungen des Aufsichtsrats geben daher indirekt den Handlungsrahmen auch der Personalverantwortlichen in Vorständen und Geschäftsführungen vor.

Für Porter (1980, 1983) ist der Erhalt oder die Ausweitung der unternehmerischen Wettbewerbsfähigkeit die Grundlage von strategischen Entscheidungen; er differenziert drei grundsätzliche (sog. generische) Wettbewerbsstrategien: Kostenführerschaft, Differenzierung und Nischenfokussierung. Entweder die Firmen verschaffen sich also einen Wettbewerbsvorteil, indem sie kostengünstiger sind als ihre Wettbewerberinnen und Wettbewerber, indem sie verschiedene hoch qualitative Produkte und Dienstleistungen anbieten (Differenzierungsstrategie) oder indem sie spezifische Nischen besetzen, wobei Letzteres gerade für Großunternehmen eher untypisch ist. Ausgehend von dieser stark vereinfachenden Systematik wird aber schon deutlich, dass vor allem bei Gegenüberstellung von Kostenführerschaft und Differenzierung sehr unterschiedliche Konsequenzen folgen können, gerade auch für die Personalarbeit. Wenn das Unternehmen eine Kostenführerstrategie verfolgt, wird mehr automatisiert, Tätigkeiten, wenn möglich, in Einfacharbeiten zerlegt und permanent beabsichtigt, die Produktivität zu steigern. Wenn das Unternehmen hingegen eine Differenzierungsstrategie verfolgt, besteht beispielsweise ein höherer Bedarf an Fachkräften und auch an Aus- und Weiterbildung, um die Differenzierung der Produkte und Dienstleistungen überhaupt zu realisieren. Die Produktivitätsfortschritte werden hier nicht durch Kostensenkungen erzielt, sondern durch ein höheres Maß an Wertschöpfung über Innovation oder Spezialisierung. Im Gegensatz zur Kostenführerschaft verspricht die Differenzierungsstrategie auch mehr Spielraum für eine nachhaltig ausgerichtete Personalpolitik, die auf Ausbildung, Qualifizierung und langfristige Orientierung setzt.

Exkurs: Was ist der Mitbestimmungsindex (MB-ix) und wie setzt sich dieser zusammen?
Der Mitbestimmungsindex (MB-ix) wurde am Wissenschaftszentrum Berlin für Sozialforschung entwickelt, gefördert von der Hans-Böckler-Stiftung. Mit dem MB-ix soll die Verankerung der Mitbestimmung im Aufsichtsrat messbar gemacht und die Bedeutung der Mitbestimmung auch auf nicht-ökonomische Orientierungen und Wirkungen des Unternehmens versachlicht werden. Es werden frei zugängliche Daten aus den Geschäftsberichten genutzt. Die genaue MB-ix-Zusammensetzung ist im intensiven Austausch mit anderen Wissenschaftlerinnen und Wissenschaftlern aber vor allem auch mit Praktikerinnen und Praktikern aus den Aufsichtsräten, den Unternehmen und Gewerkschaften entstanden.
Der MB-ix umfasst sechs Komponenten. Die ersten vier Komponenten folgen einem engeren Verständnis der Mitbestimmung im Aufsichtsrat und gehen jeweils zu 20 Prozent ein. Es handelt sich dabei um 1) die Zusammensetzung des Aufsichtsrats nach Anzahl und Art der Mandate der Vertretungen der Arbeitnehmenden, 2) die interne Struktur, das heißt die Position und das Mandat des oder der stellvertretenden Aufsichtsratsvorsitzenden, 3) die Existenz und die Besetzung der Ausschüsse und 4) die Internationalisierung und Existenz grenzüberschreitender Arbeitnehmendenvertretungen. Die zwei weiteren Komponenten sind eher indirekter Art und fließen daher zu je 10 Prozent in den MB-ix ein. Das sind 5) die Einflussmöglichkeit des Aufsichtsrats basierend auf der Rechtsform und 6) die Existenz eines eigenständigen Personalressorts im Vorstand. Der MB-ix nimmt einen Wert zwischen Null und 100 an, wobei es bei Null gar keinen Aufsichtsrat gibt oder keine Arbeitnehmervertreterinnen und Arbeitnehmervertreter. Beim Maximalwert 100 sind hingegen alle Indikatoren zur Messung der Repräsentation der Arbeitnehmervertretung vollständig erfüllt.[4]

---

4   Für eine ausführliche Darstellung sei auf Scholz/Vitols (2016, S. 8 ff.) verwiesen oder auf die umfassende Präsentation des Projekts unter: *www.mitbestimmung.de/mbix*.

Welchen Einfluss hat aber nun die Mitbestimmung auf die Strategie der Unternehmen? Dazu haben Campagna/Eulerich/Fligge/Scholz/Vitols (2020) eine Untersuchung anhand von börsennotierten Unternehmen unter Einbeziehung des Mitbestimmungsindex (MB-ix) vorgenommen (siehe Exkurs). Mit Bezug auf die Strategien und auf Basis einer logistischen Regression liegt die Wahrscheinlichkeit, dass ein Unternehmen ohne Unternehmensmitbestimmung eine Kostenführerstrategie verfolgt bei 27 % (bei MB-ix = 0). Wenn der MB-ix hingegen bei 100 Punkten liegt, liegt die Wahrscheinlichkeit bei 10 %. Die Wahrscheinlichkeit, dass ein Unternehmen eine Kostenführerstrategie verfolgt, sinkt demnach signifikant mit der Stärke der Mitbestimmung. Je größer der Einfluss der Arbeitnehmenden im Unternehmen ist, desto seltener werden die beschriebenen Arbeitsbedingungen akzeptiert, die einen starken Wettbewerbsvorteil durch eine Kostenführerschaft ermöglichen. Zugleich zeigt die Untersuchung, dass mit Zunahme des MB-ix auch die Wahrscheinlichkeit steigt, eine Differenzierungsstrategie zu verfolgen. Bei den stark mitbestimmten Unternehmen (MB-ix = 100) des Samples liegt die Wahrscheinlichkeit bei ca. 25 %, während sie bei nicht mitbestimmten Unternehmen bei 12 % liegt (MB-ix = 0). Die Analyse zeigt, dass Arbeitnehmervertreterinnen und -vertreter eine strategische Ausrichtung der Differenzierung favorisieren und diese durch ihre Einflussmöglichkeiten über die Mitbestimmung unterstützen. Die Untersuchung bezieht außerdem noch mit ein, dass ein Unternehmen beide Strategien zugleich verfolgt, wie auch den Fall, dass keine dominante Strategie vorliegt. Allerdings führt weder eine schwache noch starke Mitbestimmung zu einer höheren Wahrscheinlichkeit eine Mischstrategie oder keine dominante Strategie zu verfolgen.

Neben der Wahl der Strategie untersucht die Studie von Campagna/Eulerich/Fligge/Scholz/Vitols (2020) auch, ob es Unterschiede zwischen stark und schwach mitbestimmten Firmen hinsichtlich der wirtschaftlichen Performanz gibt. Um die wirtschaftliche Leistungsfähigkeit zu messen, wurden drei Indikatoren einbezogen: 1) die EBIT-Marge (Earnings before Interest and Taxes bzw. Gewinn vor Steuern und Zinsen als Prozent des Umsatzes) als Kennzahl für die operative Effizienz des Unternehmens, 2) der ROA (Return on Assets bzw. Gesamtkapitalrentabilität: Gewinn als Prozent der Bilanzsumme) als Kennzahl für die Rentabilität des gesamten eingesetzten Kapitals und 3) der Cash Flow per Share (Gewinn nach Steuern plus Abschreibungen pro Aktie) als Kennzahl, die vor allem für Aktionär:innen relevant ist und angibt, wie viele Finanzmittel relativ zum Aktienkurs generiert wurden. Diese drei Indikatoren wurden mit den Strategietypen gegenübergestellt, wobei hier aus Gründen des Umfangs nicht alle 15 Kombinationen repliziert werden sollen. Für die Argumentation ist letztlich zu betonen, dass gerade unter den Unternehmen, die eine Differenzierungsstrategie verfolgen, die Mitbestimmung einen signifikant positiven Einfluss auf alle drei Indikatoren hat. Stark mitbestimmte Unternehmen weisen im Durchschnitt eine höhere Performanz auf als schwach mitbestimmte Unternehmen; wobei dieser Unterschied eben besonders groß bei den Unternehmen ist, die eine Differenzierungsstrategie verfolgen. Die genannte Studie bestätigt damit die Vermutung, dass in »Hochlohnländern« wie Deutschland Unternehmensstrategien mehr Zukunftschancen haben, wenn sie auf Qualität der Produkte und Dienstleistungen sowie auf Innovationen (Differenzierungsstrategie) setzen statt auf Kostenvorteile. Das impliziert schließlich auch, die Personalarbeit an einer solchen Differenzierung auszurichten, etwa durch intensive Berufs- und Weiterbildung, Diversität, Mobilität etc.

3.2 Mitbestimmung und die Gestaltung von Guter Arbeit

Es wurde erläutert, dass Unternehmen mit einer hohen Verankerung der Mitbestimmung häufiger eine Differenzierungs- als eine Kostenführerstrategie wählen und dass der MB-ix vor allem bei einer verfolgten Differenzierung einen signifikant positiven Einfluss auf die wirtschaftliche Performanz hat. Damit sind zwei wesentliche Rahmungen für die Gestaltung der Personalarbeit gegeben, die in diesem Abschnitt für Elemente von Guter Arbeit – ebenfalls unter Berücksichtigung des MB-ix – weiter ausdifferenziert werden sollen.
Es gibt unterschiedliche Auffassungen was »Gute Arbeit« eigentlich ist. Verschiedene Organisationen wie etwa die Internationale Arbeitsorganisation (ILO), die Organisation für wirtschaftliche Entwicklung und Zusammenarbeit (OECD), die Arbeitgeberverbände oder Gewerkschaften haben darunter Leitbilder entwickelt (Cazes/Hijzen/Saint-Martin 2015). Auch wenn es Unterschiede zwischen den Definitionen gibt, sind doch drei Elemente für alle zentral: das Einkommen, die Beschäftigungssicherheit und die Qualität des Arbeitsumfeldes. Der DGB-Index »Gute Arbeit« sieht es etwas genauer und versteht darunter Arbeitsbedingungen, die umfangreich mit Ressourcen ausgestattet sind, zu möglichst geringen Fehlbeanspruchungen führen, von den Beschäftigten als entwicklungsförderlich und belastungsarm beschrieben werden, Arbeitsplatzsicherheit sowie ein angemessenes und leistungsgerechtes Einkommen bieten (*index-gut-arbeit.dgb.de*).
Wie »Gute Arbeit« in den einzelnen Unternehmen konkret umgesetzt wird, ist schwierig zu messen. Vielfach wird mit Befragungen gearbeitet, die allerdings stark vom Erhebungskontext abhängen, und die Daten sind meist nicht frei zugänglich. Außerdem wird die Realisierung von Guter Arbeit auch durch die Beschäftigten selbst unterschiedlich eingeschätzt und interpretiert.
Im MB-ix-Projekt wurde daher anders vorgegangen und über strukturelle Merkmale der Personalsituation und Arbeitsbedingungen wurden Rückschlüsse auf die Gestaltung von Guter Arbeit gezogen. Indikatoren, also quantifizierbare Werte, für das Themenfeld Beschäftigung sind etwa die Fluktuationsrate, der Anteil befristeter Beschäftigter oder Teilzeitquoten, für das Themenfeld Qualifi-

zierung etwa die Ausgaben für Fort- und Weiterbildung, Teilnahmequoten oder Weiterbildungstage (Scholz 2017). Die dazu notwendigen Daten konnten zwar aus den Geschäftsberichten entnommen werden, allerdings ist eine lückenhafte Berichterstattung zu konstatieren, so dass nur einzelne Aspekte betrachtet werden können. Die derzeitigen Diskussionen und Bemühungen die nichtfinanzielle Berichterstattung zu intensivieren, dürften die Chancen für zukünftige Analysen verbessern.

Trotz der methodischen Grenzen konnten für die konkrete Personalarbeit einige erste Erkenntnisse identifiziert werden, die die Rolle der Mitbestimmung im Aufsichtsrat untermauern. Für Unternehmen mit einem hohen MB-ix trifft im Gegensatz zu nicht mitbestimmten Unternehmen oder solchen mit einem geringen MB-ix Folgendes zu: Diese Unternehmen haben häufiger ein eigenes, das heißt vom CEO oder CFO unabhängiges Personalressort im Vorstand und gewichten damit ihre Personalarbeit im obersten Führungsgremium höher (Giertz/Scholz 2018). Denn wenn der Finanzvorstand gleichzeitig das Personalressort mitverantwortet bzw. Arbeitsdirektor/Arbeitsdirektorin ist, gerät diese Person in einen inneren Konflikt. Er oder sie muss mit sich selbst beispielsweise ausmachen, die Ausgaben zu begrenzen, um einer finanziellen Attraktivität gerecht zu werden, oder die Weiterbildungsausgaben zu erhöhen, um einer nachhaltigen Personalpolitik gerecht zu werden. Mit einem von CEO bzw. CFO unabhängigen Ressort besteht dieses Spannungsverhältnis zumindest nicht in einer Person allein (Giertz 2017).

Neben diesem Merkmal innerhalb der Governance-Struktur beschäftigen die höher mitbestimmten Unternehmen in Hinblick auf die Demographie unterdurchschnittlich viele Jüngere, dafür überdurchschnittlich viele Ältere. Dies ist Ausdruck von geringerem Fluktuationsverhalten und spricht für langfristige Perspektiven und Beschäftigungssicherung (Scholz 2017). Allerdings sollte es nicht zum Fehlschluss kommen, dass die mitbestimmten Unternehmen »überaltern«, denn sie haben höhere Ausbildungsquoten, wie es der folgende Abschnitt 3.4 erläutert. Weiterhin sind Unternehmen mit einem hohen MB-ix dadurch gekennzeichnet, dass dort nicht nur mehr Frauen über Mandate im Aufsichtsrat verfügen, sondern auch dadurch, dass die Unternehmen mit Frauen im Vorstand häufiger mitbestimmt sind als Firmen mit ausschließlich männlichen Vorständen (Scholz/Wing 2018). Insofern trägt die Mitbestimmung dazu bei, die Unterrepräsentanz von Frauen in den obersten Führungs- und Kontrollgremien zu verringern. Das ist auch deshalb von Bedeutung, weil sich der Frauenanteil an den Beschäftigten nur unterdurchschnittlich auf den Frauenanteil unter den Führungskräften überträgt und sich damit eine »Gläserne Decke« etabliert. Daher ist es relevant, die obersten Gremien auch mit Frauen zu besetzen, sowohl als Vorbildfunktion wie auch unter der Prämisse, die Geschlechterverhältnisse damit »top-down« zu ändern (Giertz/Scholz/Wing 2019). Neben der Rolle des Personalressorts im Vorstand, der Demografie und angesprochenen Gender-Spezifika beleuchtet der folgende Abschnitt schließlich noch das Ausbildungsverhalten, um daran anschließend ein Zwischenfazit zum MB-ix zu ziehen.

3.3 Mitbestimmung und berufliche Ausbildung

Die berufliche Bildung in Deutschland gilt als Erfolgsmodell. Denn in ihrer dualen Variante wird der Erwerb theoretischer Kenntnisse in staatlichen Berufsschulen mit dem Erlernen praktischer Fähigkeiten in den Betrieben kombiniert. Sie begünstigt den Übergang von der Schule in den Beruf und ist ein Grund für die z. B. im europäischen Vergleich geringe Jugendarbeitslosigkeit in Deutschland (Bundesinstitut für Berufsbildung 2019, S. 499). Abgesehen von dieser volkswirtschaftlichen Bedeutung stellt sie für die Betriebe ein probates Mittel dar, um ein Reservoir an Fachkräften zu entwickeln, welches bereits über betriebsspezifisches Know-how verfügt. Insofern hat die Berufsbildung eine hohe Bedeutung und wird von den Betriebs- aber vor allem auch von den Sozialpartnern mit Initiativen unterstützt und gefördert, etwa in der Allianz für Aus- und Weiterbildung.

Im MB-ix-Projekt wurde die berufliche Bildung mehrfach aufgegriffen und es gibt Unterschiede zwischen den hoch und den gering oder nicht mitbestimmten Unternehmen. Eine erste Analyse im Kontext von Guter Arbeit brachte zwei Ergebnisse hervor: Erstens lag in den dort betrachteten börsennotierten Unternehmen die Ausbildungsquote in den nicht mitbestimmten Unternehmen bei etwa 3,6 % (MB-ix = 0), während sie in den mitbestimmten Unternehmen (MB-ix > 0) bei durchschnittlich 4,5 % lag, und zweitens ist die Schwankung bei den mitbestimmten Unternehmen geringer, speziell während der Wirtschaftskrise 2008/09 (Scholz 2017). Zusätzlich durchgeführte Regressionsanalysen haben belegt, dass die Unternehmensgröße und die Branche keinen Einfluss auf die Ausbildungsquote haben. Somit scheint die Mitbestimmung ein höheres und stabileres Ausbildungsniveau in den Unternehmen zu begünstigen. Die fördernde Rolle der Mitbestimmung hat eine weitere Analyse untermauert, die sich auf die 50 größten Unternehmen in Berlin bezog, die eine variierende Eignerstruktur haben und auch nicht alle börsennotiert sind. Dieses breitere Sample zeigt, dass die Unternehmen, die die meisten Auszubildenden haben, auch die Unternehmen sind, die das höchste Niveau an Mitbestimmung im Aufsichtsrat haben (Scholz 2020).

4. Die Rolle der Mitbestimmung für strategische Personalarbeit in der Transformation – Szenarien

Die Ergebnisse des MB-ix sind klar: Die Existenz starker Institutionen der Mitbestimmung inklusive des Arbeitsdirektors als voll verantwortliches Mitglied im Unternehmensvorstand verstärken sich im Zusammenwirken positiv. Sie fördern die nachhaltige Performanz von Unternehmen, mit Perspektiven für gute Arbeit und Einkommen und Standorte in gesunder Umwelt (nach dem Leitbild der »Sustainable Company«). Personal erweist sich auch in Zeiten von Automatisierung und Digitalisierung – und auf dem Weg aus der Covid-19-Pandemie – als kritische Ressource für die Zukunft von Unternehmen. Wenn also eine Wirtschaft gewollt ist, die sich vor allem als »people business« versteht, stößt man auf den Faktor Mitbestimmung im Aufsichtsrat. Denn hier kreuzen und verknüpfen sich die verschiedenen Interessen am Unternehmen institutionell über den Arbeitsdirektor im Vorstand und die Arbeitnehmervertreterinnen und Arbeitnehmervertreter im Aufsichtsrat mit dem Thema Personal. Der Mitbestimmung kommt daher für die Personalarbeit in der Transformation eine strategische Rolle zu.

Um den Bogen zu dieser Ausgangsfrage des Beitrags zurückzuschlagen und die Zukunftschancen der Unternehmensmitbestimmung, verstanden als System guter Unternehmensführung, besser abschätzen zu können und weitere Debatten zu stimulieren, sollen Szenarien aus der Retroperspektive des Jahres 2035 skizziert werden. Es geht also darum, aus der Zukunft auf die vergangenen 15 Jahre zurück zu blicken.

Im Jahr 2035 werden wir höchstwahrscheinlich immer noch viele Rahmenbedingungen vorfinden, deren Grundlagen wir heute schon voraussehen können. Lassen wir uns bei unseren Beobachtungen von einem W-W-W-Prinzip leiten:

- Weniger: Was wird weggelassen?
- Wiederentdecken: Was wurde von den Krisenursachen unseres Jahrtausends, Finanzkrise und Pandemie verschüttet?
- Wegweisendes neu entwickeln: Welche Freiräume und neuen Handlungsmöglichkeiten hat die Transformation hervorgebracht?

W wie Weniger: Die Produktivität des Wirtschaftens wird im Jahr 2035 viel höher sein als heute. Aber der Kampf gegen den Klimawandel wird Produkte und Dienstleistungen verändern: Weniger wird mehr sein, was die Masse und die stärkere Konzentration auf ihre umwelt- und sozialverträgliche Qualität angeht. Nach anfänglicher Kritik von Wirtschaft und Industrie gegen nationale und europäische Standards und Verpflichtungen, werden mehr Transparenz und bessere Führung in globalen Wertschöpfungsketten als Wettbewerbsvorteil wahrgenommen. Versprechen sie doch weltweit mehr Rechtssicherheit und Akzeptanz von Unternehmensentscheidungen in der Gesellschaft, aber auch besonders an den Börsen. Kritisch bleibt, inwieweit der »Green New Deal« (finanz)marktgetrieben oder doch besser als politisches Beteiligungsprojekt mit stärkerer staatlicher Intervention umgesetzt werden kann und muss. Insgesamt kommen Vorstände zu unterschiedlichen Einschätzungen, wie sie das Personal beteiligen und strategisch qualifizieren sollen und welche Rolle dabei die Mitbestimmung spielen soll.

W wie Wiederentdecken: Der »Homo Oeconomicus«, der über 100 Jahre als Menschenbild für ökonomischen und unternehmerischen Erfolg diente, dankt ab. Stattdessen sollen alle Menschen sich mit dem Lebensnotwendigen versorgen können, soweit die planetaren Ressourcen nicht überstrapaziert werden.[5] Nicht nur Arbeit, die einen Preis hat, wird zum Maßstab für wirtschaftliche Leistung. Auch im Jahr 2035 werden Menschen zumeist durch ihre Arbeitskraft ihr Einkommen erzielen. Da, wo auskömmliche Tarifgehälter aber nicht vereinbart sind, greifen staatliche Maßnahmen. Zwar ist ein allgemeines garantiertes Grundeinkommen noch immer im Gespräch. Aber flächendeckend garantierte Mindestlöhne in einer gesellschaftlich ausgehandelten gerechtfertigten Höhe erscheinen zielführender, um die menschliche Arbeitsleistung besser zu differenzieren und damit anzuerkennen. Unternehmen wollen auch weiterhin von den wertschöpfenden Vorteilen globaler Vernetzung profitieren. Aber dafür gehört es zunehmend und zwingend in den Führungskanon, als Unternehmen selbst für eine gerechte und sozialverträgliche Verteilung dieser Vorteile zu sorgen – und zwar unter ihrem Personal weltweit wie auch über die lokalen betrieblichen Grenzen hinaus. Geleitet von den Kernarbeitsnormen der ILO entwickeln bestehende und neue internationale Rahmenabkommen mit den internationalen Gewerkschaftsorganisationen ihre Wirkungsmächtigkeit. Sie unterstützen Unternehmensleitungen wie ein internes und weltweites Monitoring-System. Das erfordert Stabilität und Augenhöhe in den Arbeitsbeziehungen. In Deutschland erledigen das die Mitbestimmung und die gewerkschaftliche Macht, gute Tarifverträge abzuschließen.

W wie Wegweisendes neu entwickeln: Um die Rolle der Mitbestimmung für die strategische Personalarbeit weiter zu entwickeln, ist das Aufspannen von Freiräumen erforderlich. Auch zukünftig hängt die Bewertung von Unternehmen über die klassischen Kennziffern hinaus davon ab, was sie in den Kategorien Nachhaltigkeit und Corporate Social Responsibility (CSR) zu leisten in der Lage sind. Umweltfreundlicher und sozial ausgewogener Wohlstand rückt unter intelligenter Anwendung neuer Technologien näher. Geringere Arbeitszeiten könn-

---

5   Bereits heute befassen sich weltweit vor allem Ökonominnen wie Mariana Mazzucato, Kate Raworth, Esther Duflo, Stephanie Kelton und Carlota Pérez mit einem solchen Paradigmenwechsel, siehe Schrupp, A. (2020): Die Wertedebatte. Wie fünf Ökonominnen Wirtschaft und Politik neu verbinden. Deutschlandfunk.

ten ausreichen, um die notwendigen Güter und Dienstleistungen bereitzustellen. Mehr Zeit und Ressourcen wären für familiäres Zusammenleben und Freunde, Sorgearbeit, Bildung und Kultur das Ergebnis. Gerade solche Perspektiven sind eng mit strategischer Personalarbeit verknüpft. Darauf nimmt Mitbestimmung, in welcher Spielart auch immer, Einfluss. Das Spektrum ihre Spielarten verändert und erweitert sich dabei. Aber wie, das muss unter den jeweiligen Rahmenbedingungen und Führungskulturen der Unternehmen herausgefunden werden. Das Erkunden der Möglichkeiten von Mitbestimmung könnte sich dabei entlang der beiden Dimensionen »individuell-direkte Partizipation vs. kollektiv-repräsentative Mitbestimmung« und »teilhabehemmende vs. teilhabefördernde Unternehmenskultur« bewegen, wie ein Szenario-Projekt »Mitbestimmung 2035« bereits 2015 vorgeschlagen hat.[6]

Die »fast vergessene Ressource« Mitbestimmung ist strukturell so stark, dass sie auch im Jahr 2035 ihre Rolle für die Personalarbeit als Element von Unternehmensstrategie spielen wird. Allerdings wird sich ihre Funktion in unterschiedlichen Szenarien abspielen (siehe Abbildung 3). Jedes der skizzierten Unternehmenstypen hat eine realistische Perspektive, die wir uns heute schon vorstellen können. Die Akteure von Personalmanagement und Mitbestimmung haben es in der Hand, welcher Richtung sie entlang der oben genannten W-W-W-Prinzipien Gestalt geben wollen. Die Möglichkeiten des Handelns hängen ganz sicher von den gegebenen Machtkonstellationen im Unternehmen ab, insbesondere in der Corporate Governance eines Unternehmens im Verhältnis zwischen Eignern und Entscheidern (»Principals« und »Agents«). Die politisch erwünschten Effekte aus dem europäischen »Green New Deal« und auch den »Next Generation«-Erholungsmaßnahmen nach der Pandemie von EU-Kommission und nationalen Regierungen werden sich nicht von alleine einstellen. Die Akteure in Unternehmen und Wirtschaft haben es in der Hand, aus den staatlichen Vorgaben und bereit gestellten öffentlichen Mitteln etwas Wegweisendes zu machen: Gute Arbeit für ein besseres Leben (Motto der IG Metall).

---

6   Diese analytischen Kategorien gehen zurück auf ein Szenario-Projekt aus dem Jahr 2015 (Hans-Böckler-Stiftung und Institut für Prospektive Analysen 2015). Die Szenarien wurden in der Folgezeit mit Praktikerinnen und Praktikern und Mitgliedern aus Aufsichtsräten und Gewerkschaftern fortentwickelt: Hans-Böckler-Stiftung. Mitbestimmungsportal, *https://www.mitbestimmung.de/html/szenarien-mitbestimmung-2035-15516.html*

Abbildung 3: Szenarien – Die Rolle der Mitbestimmung für die strategische Personalarbeit in der Transformation

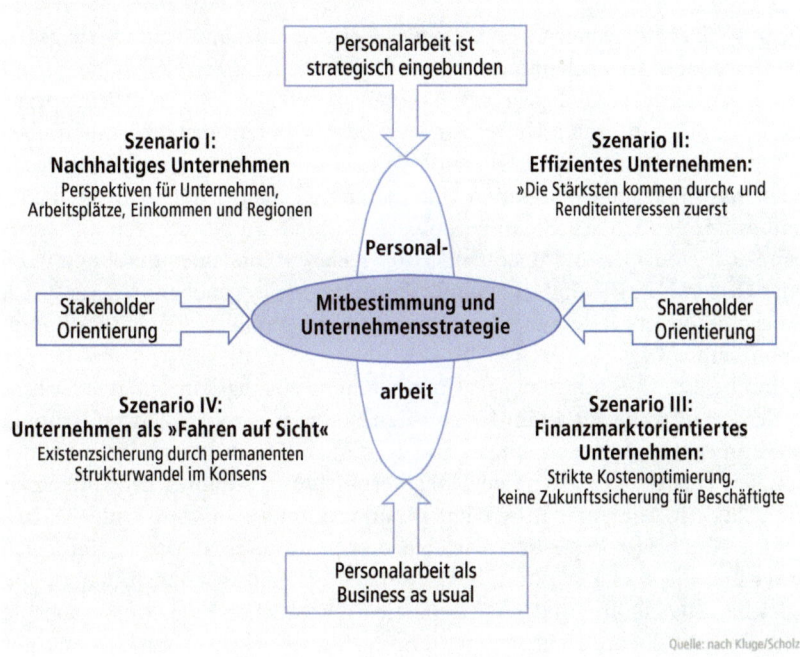

Quelle: nach Kluge/Scholz

5. Fazit

Mitbestimmte Unternehmen mit hohem MB-ix sind wirtschaftlich erfolgreicher als Unternehmen mit einer fehlenden oder geringen Verankerung der Mitbestimmung im Aufsichtsrat. Starke Mitbestimmung rüstet Unternehmen offenbar besser für den produktiven Umgang mit den Herausforderungen unserer Zeit aus: Digitalisierung, die grundlegende Veränderung von Wertschöpfungsprozessen, neue Arbeitsformen oder die notwendige Reaktion auf eine Pandemie. Das unterstreichen die wissenschaftlichen Auswertungen zum MB-ix.

Herausgehobene Personalarbeit ist für die Transformation dieser Unternehmen funktional und zentral. Mit ihrem hohen MB-ix gestalten sie ihren Wandel eher mit einer Strategie der Differenzierung als allein über die Erlangung von Kostenführerschaft. Sie setzen darauf, ihr Fachpersonal, und damit ihr berufliches Wissens- und Erfahrungspotenzial, lange im Unternehmen zu halten. Höher mitbestimmte Unternehmen bieten mehr Beschäftigungssicherheit. In ihnen arbeiten mehr ältere Beschäftigte mit langer Verweildauer, was dafür ein Indiz ist. Das bedeutet jedoch nicht, dass der Nachwuchs in ihnen vernachlässigt wird. Denn gleichzeitig bauen sie gezielt neue eigene Kompetenzen auf, da sie gegenüber nicht oder schwach mitbestimmten Unternehmen höhere Ausbildungsquoten haben. In regional abgegrenzten Arbeitsmärkten wie Berlin zählen speziell die hoch mitbestimmten Unternehmen zu den größten Ausbildungsbetrieben. Weiterhin sehen wir mehr Frauen in den obersten Führungs- und Kontrollgremien von stärker mitbestimmten Unternehmen. Es fällt schließlich auf, dass in mitbestimmten Unternehmen gegenüber den nicht mitbestimmten das Personalressort eindeutig und unabhängig von anderen Vorstandsfunktionen (CEO oder CFO mit Zuständigkeit auch für Personal) herausgehoben ist. Das spricht für die besondere Relevanz des Ressorts in der Leitung stärker mitbestimmter Unternehmen.

Damit liefert Mitbestimmung als Unternehmensführungskonzept gute Gründe, in der Praxis nicht nur an ihr festzuhalten, sondern ihre gesetzlichen Grundlagen immer wieder zu verteidigen und zu stärken. Denn Augenhöhe im Unternehmen entsteht nur aus gesetzlicher Verpflichtung – und nicht lediglich aus Freiwilligkeit. Die gesetzliche Montanmitbestimmung, die im Frühjahr 2021 auf ihr 70-jähriges Bestehen zurückblickt, steht für dieses Prinzip. Heute geht es darum, die starke Wirkung des bewährten Prinzips gesetzlich hergestellter »gleicher Augenhöhe« in der Wirtschaft auf die aktuellen Verhältnisse, auch auf europäischer Ebene, zu übertragen und fortzuentwickeln. Deshalb ermuntert die Frage zum politischen Handeln, die *Norbert Lammert*, seinerzeit Präsident des Deutschen Bundestags, in seiner Festrede zum 125-jährigen Bestehen der IG Metall am 4. Juli 2016 äußerte: Er fragte provozierend, »ob es wirklich der Weisheit allerletzter Schluss ist, dass mit dem Auslaufen des Bergbaus und dem Rückgang der Stahlindustrie dieses Mitbestimmungsmodell in die Geschichtsbücher wandert.«[7]

---

7   Lammert, N. (2016): Festrede auf dem Festakt anlässlich 125 Jahre IG Metall am 4. Juni 2016. Ausgelegtes Manuskript, S. 5.

6. Literatur

Blessing, K. (1998): Doppelte Beweisführung. In: Die Mitbestimmung, 6/1998, S. 36–38.

Bundesinstitut für Berufsbildung (Hrsg.) (2019): Datenreport zum Berufsbildungsbericht 2019. Informationen und Analysen zur Entwicklung der beruflichen Bildung. Bonn.

Campagna, S./Eulerich, M./Fligge, B./Scholz, R./Vitols, S. (2020): Entwicklung der Wettbewerbsstrategien in deutschen börsennotierten Unternehmen. Der Einfluss der Mitbestimmung auf die strategische Ausrichtung und deren Performanz. (Mitbestimmungsreport Nr. 57). Institut für Mitbestimmung und Unternehmensführung der Hans-Böckler-Stiftung. Düsseldorf.

Cazes, S./Hijzen, A./Saint-Martin, A. (2015): Measuring and Assessing Job Quality: The OECD Job Quality Framework (OECD Social, Employment and Migration Working Paper no. 174). Paris.

Giertz, J. P. (2017): Der Kollege im Vorstand. Der Arbeitsdirektor in der Stahlindustrie als Mitbestimmungsakteur. (Mitbestimmungspraxis Nr. 6). Hans-Böckler-Stiftung. Düsseldorf.

Giertz, J. P./Scholz, R. (2018): Strategische Personalarbeit ohne eigenständigen Personalvorstand? In: WSI-Mitteilungen 71 (2), S. 140–149.

Giertz, J. P./Scholz, R./Wing, L. (2019): Macht HR Führung weiblich? Personalmanagement kann eine Schlüsselrolle bei der Besetzung von Toppositionen spielen. In: Personalführung – Das Fachmagazin für Personalverantwortliche, 12/2019-01/2020, S. 50–57.

Hans-Böckler-Stiftung und Institut für Prospektive Analysen (Hrsg.) (2015): Mitbestimmung 2035. Vier Szenarien. Hans-Böckler-Stiftung, Düsseldorf.

Hartz, P. (1994): Jeder Arbeitsplatz hat ein Gesicht – Das VW-Modell. Frankfurt am Main/New York.

Hartz, P. (1999): Horizonte überschreiten, Neues wagen, Konsens für eine veränderte Personalpolitik bei Volkswagen. Mitbestimmung – Gesellschaftlicher Auftrag und ökonomische Ressource. In: Breisig, T. (Hrsg.): Festschrift für Hartmut Wächter. München und Mering, S. 297–316.

KPMG (Hrsg.) (2020): Die CEO-Agenda für die neue Normalität. CEO-Outlook 2020 – Pulse Survey Covid-19. Executive Summary.

Kruse, W./Lauschke, K./Lichte, R. (2010): Alfred Heese: Akteur und Zeitzeuge der Mitbestimmung in der deutschen Stahlindustrie. Hans-Böckler-Stiftung, Düsseldorf.

Lazonick, W. (2020): Corporate Governance for the Common Good? Shareholder Primacy as an Ideology of Predatory Value Extraction. (AIR Report 2020-10-1.) The Academic Industry Research Network, Boston.

Müller-Jentsch, W. (2007): Strukturwandel der industriellen Beziehungen. »Industrial Citizenship« zwischen Markt und Regulierung. Wiesbaden.

Otto, K.-P. (2014): 50 Jahre engere Mitarbeiter Arbeitsdirektoren Stahl. Präsentation.

Porter, M. E. (1980): Competitive Strategy. New York.

Porter, M. E. (1983): Wettbewerbsstrategie: Methoden zur Analyse von Branchen und Konkurrenten. Frankfurt am Main/New York.

Reppel, R. (2001): Unternehmenskultur und Mitbestimmung. In: Bertelsmann Stiftung und Hans-Böckler-Stiftung (Hrsg.): Praxis Unternehmenskultur, Band 1: Erfolgsfaktor Unternehmenskultur. Gütersloh.

Schein, E. (2020): Egon Zehnder in conversation with Ed Schein »Let's go to know each other!« *www.egonzehnder.com/insight* (Zugriff am 26. 10. 2020).

Scholz, R. (2017): Der MB-ix und ›Gute Arbeit‹ – Was wir messen können. Wirkungen der Mitbestimmung auf Personalstruktur und Arbeitsbedingungen. (Mitbestimmungsreport 32). Hans-Böckler-Stiftung, Düsseldorf.

Scholz, R. (2020): Regionale Gestaltung von Arbeit. Beschäftigung, Mitbestimmung, Personalaufwand und Ausbildung in den 50 größten Unternehmen in Berlin. WZB Discussion Paper SP III 2020-301. Berlin.

Scholz, R./Vitols, S. (2016). Der Mitbestimmungsindex MB-ix. Wirkungen der Mitbestimmung für die Corporate Governance nachhaltiger Unternehmen. (Mitbestimmungsreport 22). Hans-Böckler-Stiftung, Düsseldorf.

Scholz, R./Wing, L. (2018): Mehr Frauen in Aufsichtsräten. Bessere Chancen durch Mitbestimmung und Vernetzung. In: WZB-Mitteilungen, 161, S. 42–44.

Schrupp, A. (2020): Die Wertedebatte. Wie fünf Ökonominnen Wirtschaft und Politik neu verbinden. Deutschlandfunk, *dradio.de* (Zugriff am 18. 10. 2020). Köln.

Vitols, S. (2011): What is the Sustainable Company? In: Vitols, S./Kluge, N. (Hrsg.): The Sustainable Company. A New Approach to Corporate Governance. (Series of the European Trade Union Institute, 1). Brüssel, S. 15–37.

Thomas Habenicht

Gewerkschaftliche Anforderungen an die betriebliche Personalpolitik

Inhaltsübersicht

1. Worum geht es?

In diesem Beitrag wird die betriebliche Personalarbeit aus der Perspektive der abhängig Beschäftigten betrachtet. Im Mittelpunkt der Personalarbeit steht die Bereitstellung und der zielorientierte Einsatz von lebendiger Arbeit. Der Charakter des Menschen in der Arbeit ist dabei vielschichtig: Er, sie oder divers ist

- zunächst ein dispositiver Faktor, primär ausgerichtet an einem effizienten und effektiven Kosten- und Produktionsmanagement bei der Gestaltung der Arbeitsleistung;
- im Unterschied zu anderen in der Arbeit eingesetzten Faktoren, wie z. B. Betriebsmittel, nicht nur Objekt einer Arbeitsleistung, sondern Ausdruck des

schwer zu kalkulierenden und eher zu pflegenden subjektiven Moments der Arbeit;

- darüber hinaus in sich schnell verändernden Arbeitswelten auch zunehmend Innovationsträger und Garant für das Gelingen von Veränderungsprozessen.

Somit wäre der ganze Mensch mit seinen subjektiven Fähigkeiten und Kompetenzen, Potenzialen und Einstellungen, Bedürfnissen und Interessen – mit all seinen Facetten und Umweltbezügen in der betrieblichen Personalarbeit im Sinne des Unternehmenserfolges zu berücksichtigen (vgl. Breisig 2005, S. 5ff.). Das Einbringen der Arbeitskraft und die Bedürfnisse eines Beschäftigten entsprechen aber nicht unbedingt den Zielsetzungen und personalpolitischen Ausrichtungen eines Kosten- und Produktionsmanagements. Dies erklärt sich über deren Status, Rolle und Funktion, Einbeziehung in die Arbeitsorganisation, die Bewertung in den Arbeits- und Personalsystemen der Unternehmen sowie der Rechte und Ansprüche aus Gesetzen und Tarifverträgen. Diese Kriterien sind wiederum Ausgangspunkt von gewerkschaftlichen Anforderungen, die im Sinne der Interessen der Arbeitnehmer:innen in die betriebliche Personalpolitik der Unternehmen eingebracht werden.

Die Personalpolitik im Betrieb stellt die Weichen für alle in einem Unternehmen ergriffenen personalwirtschaftlichen Maßnahmen der Personalarbeit (vgl. Fischer 2004, S. 27ff.).

Im Folgenden werden gewerkschaftliche Anforderungen an die Personalpolitik im Kontext struktureller Wandlungsprozesse, betrieblicher Handlungslogiken und der Interessen des abhängig Beschäftigten dargestellt. In diesem Zusammenhang wird die Mitgestaltung des betrieblichen Personalmanagements bzw. der betrieblichen Personalarbeit durch die Interessenvertretung skizziert und die Bedeutung von gewerkschaftlichen Anforderungen nachvollzogen.

2. Strukturwandel in Wirtschaft, Arbeit und Gesellschaft

Strukturelle Wandlungsprozesse in der Industriegesellschaft durchziehen Branchen, Regionen oder wirtschaftliche Sektoren.[1] Hintergrund solcher Veränderungen in Wirtschaft, Gesellschaft und Arbeitswelt sind u. a. technologische Entwicklungen, wie Digitalisierung, Ressourcenknappheit, veränderte (inter-

---

1 In der Historie vollzog sich der Wandel vom primären (Landwirtschaft) zum sekundären Sektor (Produktion), vom tertiären (Dienstleistung) zum quartären Sektor (Wissensarbeit i. S. v. Sammlung und Verarbeitung von Information und Daten z. B. bei Forschung, Finanz- und Beratungsdienstleistungen).

nationale) Arbeitsteilung, geänderte Angebots- oder Nachfragebedingungen, demografische Entwicklungen oder auch politische Entscheidungen im Sinne geänderter gesellschaftlicher Wertevorstellungen z. B. zu einer Energie- und Mobilitätswende. Die Veränderungen gehen einher mit Verschiebungen in der Wertschöpfung und der Beschäftigung, zum Beispiel gekennzeichnet durch einen Bedeutungszuwachs der Wissensarbeit und mehr Dienstleistungen, die häufig in Verbindung stehen mit der industriellen Produktion. Die Zunahme der Dienstleistungsberufe ist dabei viermal so hoch wie die der Produktionsberufe. Mittlerweile sind in den Dienstleistungsbereichen in Deutschland fast 75 Prozent der Erwerbstätigen zu finden und lediglich 18,5 Prozent im produzierenden Gewerbe (Statista 2019: 22. 12. 2020).

Ein Strukturwandel in der Branche vollzieht sich in der Fahrzeugindustrie. Diese muss gesetzte Klimaziele erreichen und alternative Antriebe entwickeln; dabei auch die digitale Vernetzung mit Konsequenzen für Produkt, Geschäftsmodell und Produktion bewältigen – wie beispielsweise das autonome Fahren und der Einsatz von künstlicher Intelligenz (vgl. IG Metall Vorstand 2020a). Das geht mit starken Veränderungen für Beschäftigung, Arbeitsorganisation und Arbeitsbedingungen in den Unternehmen einher.[2]

Auch hier entstehen neue Tätigkeiten mit veränderten Berufsstrukturen und Qualifikationsprofilen. Dies zeigt sich beispielsweise in der Entwicklung der Sekretariatsarbeiten, von der Schreibarbeit zum Büromanagement, wie auch bei den Fertigungsberufen. Bei diesen Berufen mit mittlerem bis geringem Qualifikationsniveau ist eine Abnahme zu verzeichnen. Diese wird kompensiert durch eine Zunahme der fertigungstechnischen Berufe mit mittlerem bis hohem Qualifikationsniveau (eher steuernde und entwickelnde Tätigkeiten). Das wiederum zeigt auf getätigte Automatisierungsinvestitionen, durch die primär auszuführende Tätigkeiten wegfallen, die heute und zukünftig durch Computer oder computergesteuerte Maschinen erledigt werden (vgl. Bundesanstalt für Arbeit 2020). Mit Blick auf die Digitalisierung gehen Hochrechnungen davon aus, dass Beschäftigungsverluste sich in etwa die Waage halten mit neu entstehenden Arbeitsplätzen (vgl. Kuhnhenne 2020, S. 7).

Insbesondere die Treiber eines Strukturwandels wie digital vernetzte Arbeits- und Lebenswelten, Klimawandel und die Notwendigkeiten eines nachhaltigen Arbeitens und Lebens (siehe dazu auch: Gies et al. 2019) forcieren einen weiteren sozioökonomischen Wandel mit Auswirkungen auf die Formen von Produktion oder Dienstleistung und die entsprechenden Tätigkeitsmuster.[3]

---

2 Vgl. Seminarprotokoll »Industrie 4.0 im Aufbruch«, 2017, Lohr am Main; zur Unternehmensentwicklung und zu Veränderungen in den Unternehmen siehe auch den Beitrag von Günther Thoma in diesem Band.

3 *https://www.bpb.de/apuz/32343/wer-soll-in-zukunft-arbeiten-zum-strukturwandel-der-arbeitswelt;* 14. 01. 2021.

Entsprechend sind alle gesellschaftlichen Kräfte aufgefordert, ihre Gestaltungskompetenz einzubringen. Die »Kommission Wachstum, Strukturwandel und Beschäftigung (WSB)«[4] beispielsweise hat sich unter Beteiligung der Gewerkschaften für Regeln und begleitende Maßnahmen zum weiteren Umbau der Energieversorgung ausgesprochen. Bei den Maßnahmen werden eine sozialverträgliche Ausgestaltung des Ausstiegs aus der Kohleverstromung und der Aufbau von zukunftsgerichteten Arbeitsplätzen mit adäquaten Lohn- und Arbeitsbedingungen eingefordert. Als Grundlage dafür wird das Prinzip »Gute Arbeit« als ein Ziel der Strukturpolitik verankert. Darüber hinaus wurden Projekte vorgeschlagen, die neben der Förderung von Infrastruktur, Wissenschaft und Innovation, Arbeitsmarkt und Fachkräftemangel berücksichtigen. Sozialparteien haben verabredet, verbindliche tarifliche Regelung zu treffen, z. B. zur Aus- und Weiterbildung (vgl. IG Metall Vorstand 2019).

2.1   Strukturwandel in der Arbeit: Mobiles Arbeiten und Homeoffice

Das Institut für Arbeitsmarkt- und Berufsforschung (vgl. Grunau 2019, S. 3) stellte bereits 2019 fest, dass in der Privatwirtschaft der Anteil derer, die mobil Arbeiten, in den letzten Jahren stetig gestiegen ist. 71,2 Prozent der Arbeitgeber befürworten in einer Befragung der Fraunhofer IAO (vgl. Hofmann 2021, o.S.) eine Ausweitung mobiler Arbeit. Sie ist im Begriff, von der Ausnahme zum festen Bestandteil der Arbeit zu werden. Mobiles Arbeiten ist eine Arbeitsform, die nicht in einer Arbeitsstätte gemäß § 2 Absatz 1 Arbeitsstättenverordnung (ArbStättV) ausgeübt wird, sondern bei der die Beschäftigten an einem beliebigen Ort tätig werden. Die Entscheidung, ob mobiles Arbeiten als Arbeitsmodell für bestimmte Personengruppen oder bestimmte Arbeitsbereiche vorgesehen ist, liegt beim Arbeitgeber im Rahmen seines Direktionsrechtes (§ 903 BGB). Sie kann mit dem einzelnen Beschäftigten im Arbeitsvertrag vereinbart werden (§ 109 GewO).

Mobile Arbeit stellt besondere Anforderungen an die Selbststeuerung der Beschäftigten. Sie bedingt im Interesse der Beschäftigten, dass Beschäftigte im Rahmen der gesetzlichen, tarifvertraglichen und betrieblichen Regelungen eigenverantwortlich und selbständig arbeiten können. Gewerkschaften konstatieren, mobile Arbeit darf nicht in angeordnete »Heimarbeit« mit un- oder unterbezahlter Arbeit und prekären Arbeitsverträgen, wie z. B. solo-selbständiger Ar-

---

4   Die Kommission für Wachstum, Strukturwandel und Beschäftigung (WSB) wurde am 6. Juni 2018 von der deutschen Bundesregierung eingesetzt. Die Kommission soll Empfehlungen für Maßnahmen zur sozialen und strukturpolitischen Entwicklung der Braunkohleregionen sowie zu ihrer finanziellen Absicherung erarbeiten.

beit, Crowd-Working und Werkverträgen umschlagen (vgl. IG Metall Vorstand 2020b).

Eine besondere Ausprägung erfährt mobile Arbeit während der Corona-Krise 2020/2021 mit dem Arbeiten im Homeoffice.[5] Der Gesetzgeber hat in der Zeit der sog. »2. Welle« mit einer Verordnung der Nutzung von Homeoffice weiteren Nachdruck verliehen. Das Arbeiten von Zuhause kann gesellschaftlich sinnvoll sein, wenn es dazu beiträgt, die Vereinbarkeit der Arbeitstätigkeit mit der persönlichen Lebensführung in Familie und Beruf zu verbessern und eine klimaschonende Mobilität fördert. Fehlende funktionierende soziale Infra- und Bildungsstrukturen (wie Kitas und Schulen) können umgekehrt zu Vereinbarkeitsproblemen führen und eine geschlechtsspezifische Arbeitsteilung fördern (vgl. ebd. 2020). Mögliche positive Effekte von Homeoffice gehen mit negativen Erfahrungen aus Sicht der Beschäftigten einher: der Kontakt zu Kolleg:innen leidet, Vorgesetzte unterstellen Minderleistung und die Grenze zwischen Arbeit und Freizeit verschwimmt, verbunden mit der Folge einer ständigen Verfügbarkeit und Erreichbarkeit der Beschäftigten (vgl. IAB 2014). »Wer das vereinte Potenzial beider Arbeitsmodelle (Büroarbeitsplatz und Homeoffice) nutzen will, sollte bewusst ein neues Arbeitsmodell für diese neue Wirklichkeit, veränderte Bedürfnisse und neu entstandene Möglichkeiten entwickeln« (Bauer W. 2020, S. 45).

Risiken wie (vgl. IG Metall Vorstand 2020b, o.S.)

- erschwerte Kommunikation mit Kolleg:innen, Führungskräften und Interessenvertretung und Verlust von sozialer Infrastruktur,
- eingeschränkte Möglichkeiten mit Blick auf Weiterbildung, informelle Lernprozesse und berufliche Entwicklungswege,
- weniger Arbeits- und Gesundheitsschutz und soziale Isolation sowie
- potenziell negative Auswirkungen auf die Unternehmenskultur

tangieren grundsätzliche Interessen der Beschäftigten und bedürfen der Aufmerksamkeit der Interessenvertretungen. Die Chancen auf eine erfolgreiche Weiterentwicklung der Arbeit in digital vernetzten Strukturen in der Zukunft steigen, wenn Beschäftigte daran beteiligt werden, neue Arbeitsmodelle und ihre Rahmenbedingungen zu erarbeiten und die Einführungsprozesse mit der Interessenvertretung in Betriebsvereinbarungen verabredet werden.[6]

---

5   Beim Arbeiten im Homeoffice ist die Einhaltung der arbeitsschutzrechtlichen Vorschriften vollumfänglich sicherzustellen. Wohingegen bei der mobilen Arbeit zumindest die Regeln der Arbeitsstättenverordnung (ArbStättVO) nicht gelten und die Festlegung auf mobile Arbeit damit deutlich kostengünstiger ist als die bei der Einrichtung von Homeoffice-Arbeitsplätzen.

6   Dies zeigen die Erfahrungen in den Betrieben bei Betriebsräten: vgl. Seminarprotokoll »Mobile Arbeit« vom März 2019, Lohr am Main.

2.2 Fortschreitender Strukturwandel fördert »Lebenslanges Lernen«

Die Dynamik der schnellen Wechsel in Veränderungsprozessen und die Triebkräfte einer permanenten Weiterentwicklung in den Unternehmen[7] machen immer unklarer, welche veränderten Berufsstrukturen und Qualifikationsprofile zukünftig Bestand haben werden und zur Wettbewerbsfähigkeit und Beschäftigungssicherung beitragen werden. Erpenbeck (et al. 2018, S. 110) bringen es auf den Punkt: »*Wie bereiten wir Menschen auf Jobs vor, die gegenwärtig noch gar nicht existieren, auf die Nutzung von Technologien, die noch gar nicht entwickelt sind, um Probleme zu lösen, von denen wir heute noch nicht wissen, dass sie entstehen werden?*« Für die Suche nach Lösungen in weniger planbaren und determinierbaren Arbeitssystemen wird es unvermeidbarer, vielfältig und permanent zu lernen, um in dem Sinne innovativ zu sein – in einer Wechselwirkung von individueller Kompetenz und betrieblicher Organisationsentwicklung (vgl. Meyer 2013, S. 23 ff.). Beschäftigte und Führungskräfte profitieren gemeinsam von einer starken Lernkultur. Mit der Unterstützung des selbstgesteuerten Lernens, vor allem durch digitale Angebote und entsprechender Rahmenbedingungen für deren Einsatz, kann Lernen individualisiert und flexibel in den Arbeitsalltag integriert werden (vgl. Plattform Industrie 4.0 2021, S. 5).
Eine zentrale Voraussetzung für den Menschen in der Arbeit ist also: beste Bildung, für alle, ein Leben lang, so Hilmar Höhn in seinem Dossier »Beste Bildung für eine demokratische Arbeitswelt 4.0« (2019). Für Beschäftigte mag die Forderung, nie ausgelernt zu haben, Wissen in Können zu verwandeln, ohne ständige Qualifizierung Jobverlust und Arbeitslosigkeit zu riskieren mit Angst und Anstrengung verbunden sein. Lernen erfordert zudem von Beschäftigten, sich täglich sowohl im Prozess ihrer Arbeit als auch in ihrem Privatleben mit Lernanforderungen auseinanderzusetzen und eine bewusste und persönliche Systematisierung der eigenen Arbeitserfahrungen vorzunehmen (vgl. Meyer 2013, S. 23 ff.). Die Aktualität verfügbarer Wissensbestände und Fähigkeiten bedingt Lernen und wird als Bestandteil der Arbeit zu einer zu erbringenden Leistung. Für diese gilt es, kombinierte Arbeits- und Lernsituationen zu schaffen (vgl. Freiling 2020, S. 142 ff.). Die lernförderliche Arbeitsgestaltung im Betrieb gewinnt so an Bedeutung. In diesen kann eine umfassende fachliche, soziale und personale Kompetenzentwicklung in »Blended-Learning-Konzepten« verfolgt werden. In der Konsequenz steigt die Chance auf eine Lernkultur in den Betrieben, die den Beschäftigten die Angst nimmt und ihnen die Unterstützung gibt, die neuen Herausforderungen und ungewohnten Situationen anzunehmen.
Insgesamt bleibt das Bild vielschichtig: Unternehmen und Arbeitnehmer:innen investieren zunehmend in Weiterbildung und auf betrieblicher Ebene steigt z. B.

---

7 Siehe dazu auch den Beitrag von Günther Thoma in diesem Band.

die Weiterbildungsbeteiligung wieder. Jedoch ist in kleinen und mittleren Unternehmen (KMU) oft keine Weiterbildung vorgesehen. Beschäftigte in KMU bilden sich mit einem Zeitanteil von 40 Prozent in ihrer Freizeit fort (vgl. IW Weiterbildungserhebung 2020, o.S.). Der Staat reagiert mit »Qualifizierungsoffensiven« und mit einer »Nationalen Weiterbildungsstrategie« zur Unterstützung der Gestaltung des Wandels in der Arbeitswelt.[8]

»Die Ergebnisse der Enquete-Kommission des Deutschen Bundestags ›Berufliche Bildung in der digitalen Arbeitswelt‹ müssen zeitnah mit den Akteuren der beruflichen Bildung diskutiert und konsensuale Maßnahmen schnell auf den Weg gebracht werden«, so die Handlungsempfehlungen des Bündnisses Zukunft der Industrie.[9] Auch in diese sind gewerkschaftliche Anforderungen und Vorschläge nach zukunftsfähiger Ausbildung, dem Erhalt von Ausbildungskapazitäten, dem Identifizieren und Durchführen von Aus- und Weiterbildungsmaßnahmen und einer verlässlichen Personalplanung in den Unternehmen eingeflossen (vgl. 2020: 20).

3. Personalmanagement: Betriebliche Handlungslogiken

Zentrale Aufgabe im Personalmanagement ist, das Leistungsverhalten des Menschen als Arbeitskraft zu organisieren, zu prognostizieren und zu steuern. Dafür wird der Beschäftigte über verhaltenssteuernde Maßnahmen in das soziale und produktive System eines Betriebes integriert (vgl. Breisig 2005, S. 13 ff.) Auch beschäftigtenorientierte Strategien der letzten Jahrzehnte mit organisationsoptimierender Orientierung oder Motivations-, Beteiligungs- oder Individualorientierung dienen zunächst der Effizienz und effektiven Produktivitätssteigerung (vgl. Müller 2003). Für die ergriffenen, operativen als auch strategischen Maßnahmen, die sich auf alle die Beschäftigten betreffenden Ziele, Aufgaben

---

8 Mehr Informationen dazu: BMAS und BMBF zur Qualifizierungsoffensive; des Weiteren: Förderinstrumente für den Arbeitsmarkt: Qualifizierungschancengesetz, 2018; Arbeit-Von-Morgen-Gesetz, 2020; *www.bmas.de/Arbeit/Aus-und-Weiterbildung*

9 Im Bündnis »Zukunft der Industrie« arbeiten 17 Partner aus Gewerkschaften, Wirtschafts- und Arbeitgeberverbänden, dem Deutschen Industrie- und Handelskammertag sowie dem Bundeswirtschaftsministerium (BMWi) seit 2015 zusammen. Gemeinsames Ziel ist es, den Industriestandort Deutschland modern zu gestalten, die Industrieakzeptanz zu erhöhen und die industrielle Wettbewerbsfähigkeit Deutschlands zu stärken. Das Bündnis setzt seine sozialpartnerschaftliche Struktur insbesondere für die Stärkung des Industriestandorts Deutschlands sowie für die Schaffung und Sicherung von Arbeitsplätzen der Zukunft ein. Es ist ein zentrales Dialoggremium für industriepolitische Fragestellungen (BMWi – Gemeinsam die Industrie stärken; Zugriff: 28.02.2021).

und Maßnahmen beziehen, sind »Grundeinstellungen« in der Personalpolitik im Unternehmen der Bezugspunkt zur Ausführung (vgl. Fischer 2004, S. 27). Für das »Ob« und »Wie« einzelner personalwirtschaftlicher Vorgehensweisen ist die Entscheidung hinsichtlich der gewünschten Personalarchitektur im Unternehmen mitentscheidend (vgl. Lebrenz 2017, S. 26):

- Im Markt-Ansatz wird potenziell wenig in die Fähigkeiten der Beschäftigten investiert. Um maximale Flexibilität mit dem Personal zu erzielen, wird eher auf bedarfsorientierte, kurzfristige Einstellungen und Entlassungen gesetzt.
- Im Investment-Ansatz werden Beschäftigte im Unternehmen als Ressource favorisiert. Um potenziell produktivere Arbeitnehmer:innen zu generieren, wird eher in Aus- und Weiterbildung, Qualifizierung oder in gute Arbeitsbedingungen und Partizipation investiert – für Beschäftigte, die sich auch stärker mit dem Unternehmen und den Aufgaben identifizieren.

Die Ansätze im Personalmanagement werden im Unternehmen unter Berücksichtigung unterschiedlicher Geschäftsfelder oder Beschäftigtengruppen oft in Mischformen praktiziert. Sie stehen im Spannungsfeld von kurzfristigen, operativen Unternehmensmanagemententscheidungen und den Zielen einer eher mittel- oder langfristig, strategisch angelegten Personalarbeit. Diese wird auch beeinflusst durch die Umweltbedingungen des Unternehmens, den (regionalen) Arbeitsmärkten, technologischen Entwicklungen, Absatzmärkten und Lieferketten, Vorgaben und Entscheidungen der Politik und der Rechtssetzung. Personalpolitische Grundpositionen der Unternehmenssteuerung reflektieren dabei die Auswirkungen großer Trends, wie Globalisierung und Migration, Demografischer Wandel, atypische Beschäftigungsformen, Wandel zur Wissensgesellschaft, Individualisierung von Erwerbsbiografien, Arbeit 4.0 (vgl. Freiling 2020, V).

Themen der Zukunft, Digitalisierung, Robotik und Künstliche Intelligenz verändern zudem etablierte Handlungsmuster der Arbeit: Arbeitsorganisation, Arbeitsteilung und Arbeitsbedingungen müssen »sowohl schneller, flexibler aber auch agiler austariert werden. Versuch und Irrtum prägen diese Arbeitswelt, die volatil, unsicher, komplex und mehrdeutig ist« (Schritt 2018, S. 6ff.).[10] Dies bringt neue Kommunikations- und Kooperationsprozesse auf den Weg, Leistungs- und Kompetenzanforderungen wandeln sich genauso wie Beanspruchungen und Belastungen für die Beschäftigten.

Die betriebliche Personalarbeit blickt also umfassend auf die betriebswirtschaftlichen, technologischen, arbeitsorganisatorischen und kulturellen Anforderungen und stellt sich als ein komplexes, schwer kalkulierbares Unterfangen dar. Zumal davon ausgegangen werden kann, dass Planungsprozesse in Organisationen, die eher unsicher, komplex und mehrdeutig sind, in diesen weniger Relevanz haben: »statt auf Vorhersagen und Kontrollen wird sich auf eine agile Entschei-

---

10 Siehe dazu auch den Beitrag von Günther Thoma in diesem Band.

dungslogik verlassen, nach welcher praktikable Lösungen gesucht, ausprobiert und gegebenenfalls wieder angepasst werden«[11] (Jedrzejczyk 2020, S. 146).

4. Der Mensch im Mittelpunkt

Der Beschäftigte ist Teil der in das System »Unternehmen« eingebrachten Faktoren einer funktionierenden Leistungserstellung. Im Personalmanagement geht es dabei zum einen um Antworten auf grundsätzliche Fragestellungen (vgl. Lebrenz 2017, S. 26): Welches Personal wird gebraucht? Wie wird das Personal effizient betreut und eingesetzt? Wie wird das Personal in die Strategie der Organisation eingebunden? Auch die Reduzierung von Personal oder Einsparungen beim Erhalt des Humankapitals sind zentrale Überlegungen zur Kostenreduzierung in Unternehmen und gängige Praxis in der Personalarbeit.

Zum anderen sind die Beschäftigten als »Subjekte« Gegenstand der Personalarbeit, die mit ihrem Eigenwert und ihren Eigenarten, ihren Interessen und Bedürfnissen, auch im Leistungserstellungsprozess und seiner Ausgestaltung individuell zu berücksichtigen sind (vgl. Breisig 2005, S. 145 ff.). Dabei bedient sich das Personalmanagement, neben personal- und arbeitswirtschaftlicher Instrumente[12], zahlreicher weiterer Techniken und Interventionen anderer Disziplinen, wie der Psychologie und Soziologie (vgl. Breisig 2005, S. 9 ff.). Der Mensch steht also durchaus im Mittelpunkt komplexer unternehmenspolitischer Entscheidungen. Die Antwort auf die Frage, welche Rolle und Wertschätzung ihm zu Teil wird, hängt davon ab, unter welchen Arbeitsbedingungen welche Leistung generiert werden kann.

4.1 Der Mensch im Unternehmen: abhängig beschäftigt

Die eingesetzte Arbeitskraft im Unternehmen ist zunächst abhängig beschäftigt. Im deutschen Gesellschaftsrecht wird sie durch ein individuelles Vertragsverhältnis (hier: Arbeitsvertrag[13]) mit dem Arbeitgeber als Arbeitnehmer:in definiert: »Arbeitnehmer ist, wer auf Grund eines privatrechtlichen Vertrags im Dienst

---

11 Siehe dazu auch Kapitel 5 »Direkte Beteiligung«.
12 Z.B. Zieldefinitionen, Maschinensysteme, Personalführung, materielle Anreizsysteme, um nur einige zu nennen (vgl. Breisig 2005, S. 13).
13 Der Arbeitsvertrag regelt die Rahmenbedingungen für das eingegangene Arbeitsverhältnis und begründet ein Dienstverhältnis mit Rechten und Pflichten für beide Vertragspartner. Hauptmerkmale sind dabei die Erbringung von Leistung, die Vergütung für die Leistung und die grundsätzliche Dauer (befristet oder unbefristet).

eines anderen zur Leistung weisungsgebundener, fremdbestimmter Arbeit in persönlicher Abhängigkeit verpflichtet ist. Das Weisungsrecht kann sich auf Inhalt, Durchführung, Zeit und Ort der Tätigkeit beziehen. Weisungsgebunden ist, wer nicht im Wesentlichen frei seine Tätigkeit gestalten und seine Arbeitszeit bestimmen kann« (§ 611a BGB).[14]

Der Gesetzgeber hat mit dem Tarifvertragsgesetz, dem Betriebsverfassungsgesetz, Mitbestimmungsgesetzen und anderen Gesetzen zur Arbeits- und Sozialpolitik weitere Orientierung für die Ausgestaltung der Beziehungen zwischen Arbeitnehmer:innen und Arbeitgebern gegeben und Eigentums- und Direktionsrechte der Arbeitgeber eingeschränkt. Damit sollen Grundrechte von abhängig Beschäftigten geschützt und die Realisierung von gesellschaftlichen Werten wie Gleichbehandlung, Emanzipation sowie Teilhabe und Beteiligung unterstützt werden (vgl. Meine 2020, S. 18 ff.). Letztendlich ändert sich dadurch der Status der Arbeitnehmer:innen aber nicht. Arbeitnehmer:innen sind in einer abhängigen Position, und damit auch abhängig von Interessenvertretungsarbeit, um ihre Bedürfnisse und Interessen in dem Bedingungsgefüge aus soziotechnischem System (Mensch-Technik-Organisation) und betriebswirtschaftlicher Kalkulation einzubringen.

4.2 Interessen der Arbeitnehmer:innen – Soziale Kriterien in der Personalarbeit

Aus der Sicht der abhängig Beschäftigten ist bei der Personalarbeit von Bedeutung, inwieweit auch soziale Kriterien Eingang in das Personalmanagement finden (vgl. Breisig 2005, S. 149). Im Folgenden werden individuelle und soziale Bedürfnisse des Menschen in der Arbeit nach Gesundheit, Qualifikation, humanen Arbeitsbedingungen, individueller Entfaltung, sozialer Anerkennung und Partizipation nachvollzogen. Spannungsfelder unterschiedlicher Interessensla-

---

14 Der Arbeitgeber verfügt im Rahmen der Eigentums- und Direktionsrechte (Art. 14 GG, § 903 BGB und § 106 GewO) über die Produktionsmittel sowie Inhalte, Ort und Zeit der Arbeitsleistung nach »billigem Ermessen«. Dabei handelt es sich um einen unbestimmten Rechtsbegriff: Der Arbeitgeber ist beispielsweise aufgrund seines Direktionsrechts (§ 106 GewO) berechtigt, die Arbeitsleistung seiner Angestellten näher zu bestimmen und Inhalt, Ort und Zeit festzulegen, sofern dies nicht durch Arbeits-, Tarifvertrag oder Gesetz erfolgt. Dabei hat der Arbeitgeber einen Ermessensspielraum, den er aber »billig« ausüben muss. Das heißt: Er muss in angemessener Weise die Interessen der Beschäftigten berücksichtigen. Dazu gehört auch, privaten Lebensumständen, besonderen Vorlieben, Abneigungen und Kenntnissen der Beschäftigten Rechnung zu tragen. Aber auch das Betriebsverfassungsgesetz kennt den Begriff der »Billigkeit«: Nicht nur der Arbeitgeber, sondern auch der Betriebsrat muss überwachen, dass alle Beschäftigten im Betrieb nach den Grundsätzen von Recht und Billigkeit behandelt werden (vgl. § 75 Abs. 1 BetrVG).

gen werden dabei anhand einzelner Aspekte des Arbeitsverhältnisses aufgezeigt (vgl. Meine 2020, S. 23 ff.).

- **Sichere Arbeitsverhältnisse:** Sichere, unbefristete Normalarbeitsverhältnisse mit guten tariflichen Bedingungen sind Grundlage der sozialen Sicherung und begünstigen eine berufliche Entwicklung. Atypische Arbeitsverhältnisse[15] wie Befristungen, Leiharbeit, Werkverträge oder Crowdwork als Mittel unternehmerischer Flexibilität stehen der Normalarbeit gegenüber.
- **Stabile Arbeitsentgelte:** Tariflich gesicherte, stabile und möglichst hohe Arbeitsentgelte sichern die Teilhabe am gesellschaftlichen Leben. Sie stehen im betrieblichen Alltag neben niedrigen Grundentgelten und flexiblen Leistungs- bzw. gewinnabhängigen oder freiwilligen Entgeltbestandteilen.
- **Verlässliche Arbeitszeiten:** Arbeitszeiten, die genug Zeit für Familie, Freizeit und Regeneration bereithalten, entsprechen eher dem Bedürfnis der Arbeitnehmer:innen. Das Interesse in Unternehmen folgt zunächst einer termingerechten Produktion oder Dienstleistung und der Auslastung ihrer Anlagen verbunden mit einer hohen Verfügbarkeit des Personals. Bei Arbeitszeitfragen in flexiblen und agilen Arbeitssystemen ist nicht nur die Lage und Verteilung der Arbeitszeit, sondern auch, wer darüber entscheidet, von besonderer Bedeutung.
- **Menschengerechte Arbeit:** Eine zu erbringende Arbeitsleistung, in der Menge wie auch in der Qualität, ist so zu bestimmen, dass sie von den Beschäftigten für die Dauer eines Arbeitslebens ohne Gesundheitsbeeinträchtigung erbracht werden kann.[16] Ausgehend von technisch-organisatorischen Standards ist die Arbeitsleistung Gegenstand arbeitswirtschaftlicher Kalkulation und sollte unter Berücksichtigung der Kriterien menschengerechter Arbeit stattfinden (vgl. Martin 1994, S. 21 ff.). Über die betriebliche Personalplanung kann z. B. eine ausreichende Personalbesetzung in Arbeitsbereichen gewährleistet werden.
- **Individuelle Belastungsgrenzen:** Physische und psychische Beanspruchung des Menschen durch technologisch und arbeitsorganisatorisch begründete Belastungen (steigende Produktivität und Verdichtung in den Arbeitsprozessen) erfordern Grenzen hinsichtlich Dauer und Intensität der Arbeit. Größtmöglicher Einsatz und dauerhaft flexible Verfügbarkeit der Arbeitnehmer:in-

---

15 Zur Erläuterung von Arbeitsverhältnissen siehe z. B. die Analyse des Sachverständigenrates zur Begutachtung der gesamtwirtschaftlichen Entwicklung: Normalarbeitsverhältnisse und atypische Beschäftigung in Deutschland, 2007.

16 Diese Maßgabe findet sich z. B. im Tarifvertrag der Metall- und Elektroindustrie über das Entgeltrahmenabkommen (ERA-TV). Sie basiert auf dem Stand der arbeitswissenschaftlichen Forschung und berücksichtigt den Stand der arbeitswirtschaftlichen Setzungen. Zum Stand der arbeitswissenschaftlichen Erkenntnisse siehe u. a.: Gesellschaft für Arbeitswissenschaft e. V.

nen liegt dabei im Interesse der Unternehmen. Vereinbarkeit von Arbeit und Privatleben sowie Regenerationsbedürfnisse verlangen auf der anderen Seite eine Regulierung von Arbeitszeiten und die Möglichkeit, in dynamischen und agilen Arbeitsumwelten darüber selbst mitzuentscheiden.

- **Datenschutz und Persönlichkeitsrechte:**[17] Digital vernetzte Arbeit rückt die informationelle Selbstbestimmung als Persönlichkeitsrecht in der Arbeit in den Vordergrund. Im betrieblichen Alltag werden neben Informationen zum Produkt, zur eingesetzten Technologie und der Arbeitsorganisation auch zunehmend personenbezogene Daten erhoben.[18] Das individuelle Grundrecht auf Gewährleistung der Vertraulichkeit bei der Verarbeitung personenbezogener Daten steht dabei dem Interesse im Unternehmen gegenüber, die erhobene Datenbasis umfassend zu nutzen. Der Datenschutz (DSGVO und BDSG neu) ist eine Möglichkeit, missbräuchlichen Umgang mit Informationen zur Person zu vermeiden.

- **Qualifizierung, Aus- und Weiterbildung, Beschäftigungsfähigkeit:** Der Grundstein für eine gute Beschäftigungsfähigkeit wird durch eine Ausbildung in einem anerkannten Beruf gelegt. Der Erhalt, die Anpassung und Entwicklung von in der Arbeit benötigten Wissen, Fertigkeiten und Fähigkeiten bedingt stetiges Lernen des Menschen für sich verändernde Kompetenzanforderungen. Im Unternehmen stellt sich stets die Frage, von wem die Investition in die qualifikatorische und berufliche Entwicklung getätigt wird?
  - Ist der Arbeitgeber für die Investition in die Kompetenzen verantwortlich? Kompetenzentwicklung ist durch die Anforderungen der Arbeit motiviert. Sie wird eingesetzt und auch essenziell gebraucht für die Weiterentwicklung von Produkten, Dienstleistungen und Geschäftsmodellen.
  - Oder ist der lernende Beschäftigte selbst dafür verantwortlich und trägt eigenständig die Kosten und den Zeitaufwand als Träger der Kompetenzen und primär Nutznießender?
  - Oder ist es doch die Gemeinschaft, die Rahmenbedingungen für eine zukunftsfähige Wirtschaft und Gesellschaft schafft?

- **Partizipation:** Umfassende Beteiligungsmöglichkeiten bei betrieblichen und arbeitsplatzbezogenen Themen sind zum einen als Antagonist zum Direktionsrecht im Interesse von abhängig Beschäftigten. Sie nehmen damit Einfluss auf ihre Arbeits- und Leistungsbedingungen. Zum anderen ist die Be-

---

17 Abgeleitet und begründet mit dem Grundrecht »auf freie Entfaltung der Persönlichkeit und der Menschenwürde« (Art. 2 Abs. 1 in Verbindung mit Art. 1 Abs. 1 GG).

18 Für Arbeitnehmer:innen besteht bei der Datennutzung die Gefahr, dass hinsichtlich ihrer Leistung und/oder ihrem Verhalten unverhältnismäßig kontrolliert und überwacht, benachteiligt oder diskriminiert wird. Der Arbeitgeber hat bei der Erhebung, Verarbeitung und Nutzung personenbezogener Daten stets mit den Beschäftigten eine Erlaubnis abzustimmen (DSGVO).

teiligung der Beschäftigten entscheidend für die erfolgreiche Gestaltung von betrieblichen Veränderungsprozessen, so die Charta für Arbeiten und Lernen in der Industrie 4.0 (vgl. Plattform Industrie 4.0 2021, S. 6). »Agile Unternehmen erfordern moderne Formen der konstruktiven Zusammenarbeit und Kommunikation, gekennzeichnet durch direkte Partizipation oder eine verstärkte Übernahme sozialer Verantwortung durch die Belegschaft und ihren Beteiligungsstrukturen« (vgl. ebd.).

5. Betriebliche Interessenvertretung dual und direkt

In Deutschland ist die betriebliche Interessenvertretung nicht wie in zahlreichen anderen Industrieländern an die Gewerkschaften gebunden. Das deutsche System der Interessenvertretung prägt ein Dualismus aus Gewerkschaft und Betriebsrat. Innerhalb dieses Systems bestehen zahlreiche Verbindungen und Wechselwirkungen. So sind die Betriebsratsmitglieder mehrheitlich auch Mitglied der Gewerkschaft und arbeiten ehrenamtlich in den Gremien der Gewerkschaft mit.

Gewerkschaften als Interessenorganisationen »vertreten die Interessen der Menschen, die im Arbeitsleben stehen, die eine Ausbildung und Arbeit anstreben« (vgl. DGB 1996).[19] Sie sind ein Zusammenschluss von Beschäftigten, die gegenüber den Arbeitgebern, im Betrieb, im Unternehmen, in der Branche für gemeinsame Interessen einstehen. Bezugspunkt für die gewerkschaftliche Interessenvertretung ist das Arbeitsverhältnis, auf deren Elemente Einfluss genommen wird. Über Tarifverträge mit den Arbeitgebern werden Arbeits- und Leistungsbedingungen sowie Ansprüche der Beschäftigten in der Arbeit geregelt (vgl. Meine 2020, S. 62). Gewerkschaften bringen sich aber auch auf gesamtgesellschaftlicher Ebene in die Politik ein, um wirtschaftliche und gesellschaftliche Weichenstellungen und Entscheidungen in der Arbeits- und Lebenswelt zu beeinflussen. Zu Themen wie der Berufsbildung geschieht dies dauerhaft institutionalisiert, aber auch fakultativ; wie in Regierungsinitiativen oder Initiativen des deutschen Bundestages, »Plattform Industrie 4.0«, »Enquete-Kommission«, »Berufliche Bildung in der digitalen Arbeitswelt« oder in der Nationalen Weiterbildungsstrategie.

---

19 »Sie sind Interessenorganisationen, die ihre Ziele und Forderungen in Auseinandersetzungen mit anderen Interessen, (…), durchsetzen.« (vgl. DGB 1996). Sie schließen eigenständig bzw. autonom mit Arbeitgeberverbänden oder Unternehmen ohne Verbandsmitgliedschaft Tarifverträge ab, die Regeln für die Arbeits- und Leistungsbedingungen und Ansprüche der Beschäftigten festlegen (u. a. zu Entgelt, Arbeitszeit, Qualifizierung und Bildung).

Gewerkschaftliche Vertreter im Betrieb, sogenannte »Vertrauensleute«, fungieren ehrenamtlich als Ansprechpartner in der Belegschaft, nehmen Anregungen und Vorschläge ihrer Mitglieder auf und bringen sie zum einen in die Entscheidungsgremien einer Gewerkschaft ein. Zum anderen erläutern sie im Betrieb die beschlossenen Positionen und Forderungen (vgl. Meine 2020, S. 268 ff.). Gewerkschaftliche Vertrauensleute können bei wichtigen Themen im Betrieb, wie dem Schlüsselthema der Transformation »Weiterbildung und Qualifizierung« in enger und abgestimmter Zusammenarbeit mit dem Betriebsrat die Interessenvertretungsarbeit unterstützen. Als sogenannte »Weiterbildungsmentoren«[20] sind sie beispielsweise Ansprechpartner und Berater der Beschäftigten in Fragen beruflicher Weiterbildung.

Der **Betriebsrat** nimmt insgesamt die Interessen der Belegschaft wahr. Er nimmt tarifliche Regelungen auf und formt verhandlungsfähige Pakete, die an den Arbeitgeber herangetragen und in Betriebsvereinbarungen unter Beachtung der tariflichen Bestimmungen verbindlich verabredet werden (vgl. Breisig 2005, S. 116 ff.). In Tarifverträgen befinden sich zahlreiche Gestaltungsklauseln, in denen Betriebsräten zugewiesen wird, die tariflichen Regelungen im Betrieb umzusetzen. Der Betriebsrat ist aufgrund seiner gesetzlichen Aufgaben in »personellen Angelegenheiten« (§§ 92 bis 105 BetrVG) für das betriebliche Personalmanagement ein gewichtiger Akteur. Man kann den Betriebsrat durchaus als einen »Träger der Personalarbeit« bezeichnen (Breisig 2005, S. 115). Er verfügt über zahlreiche Beteiligungsrechte, die neben Informations- und Beratungsrechten auch Initiativ- und Mitbestimmungsrechte umfassen. Damit verbunden sind Mechanismen der Konfliktregelung. In Angelegenheiten der Personalarbeit mit einem Mitbestimmungsrecht ist eine Einigung zwischen Betriebsrat und Arbeitgeber zwingend (beispielhaft § 98 BetrVG: Durchführung betrieblicher Bildungsmaßnahmen).[21]

Auch von Managementvertretern wird dem Betriebsrat mit seinen Beteiligungs- und Mitbestimmungsrechten in der Personalarbeit mehrheitlich eine zentrale Rolle beschieden (vgl. Breisig 2005, S. 117). Zu seinen Kernthemen gehören u. a.: Personalplanung,[22] Beschäftigung im Betrieb fördern und sichern, Vereinbarkeit

---

20 Im Rahmen der von Bund, Ländern, Sozialpartnern und der Bundesagentur für Arbeit beschlossenen Nationalen Weiterbildungsstrategie werden gewerkschaftliche Vertrauensleute für diese Aufgabe qualifiziert. Vgl. Nationale Weiterbildungsstrategie beschlossen – gemeinsam für eine neue Weiterbildungskultur – BMBF.

21 Ist z. B. die Teilnahme an betrieblichen Bildungsveranstaltungen aus Sicht der Beschäftigten wegen potenzieller Benachteiligungen von Einzelnen oder Beschäftigtengruppen umstritten, berechtigt dies den Betriebsrat im Rahmen seiner Mitbestimmung, § 98 BetrVG, auf der Basis eigener Vorschläge zur Teilnahme bis zur Einigung mit dem Arbeitgeber zu verhandeln.

22 Im Besonderen die Handlungsfelder: Personalbedarfsplanung, Personalbeschaffungsplanung, Personaleinsatzplanung, Personalentwicklungsplanung, Personalabbauplanung.

von Familie und Erwerbstätigkeit fördern, Ausschreibung von Arbeitsplätzen, Personalfragebogen, Beurteilungsgrundsätze, Auswahlrichtlinien, betriebliche und berufliche Bildung, personelle Einzelmaßnahmen. Diese Themen stehen in enger Verbindung untereinander und mit Bezügen zur Arbeitsgestaltung (§§ 90, 91 BetrVG), zu Betriebsänderungen, Interessenausgleichen und Sozialplänen (§§ 111 ff. BetrVG) und weiterer Mitbestimmungsrechte zahlreicher sozialer Angelegenheiten (§ 87 BetrVG: wie z. B. Arbeitszeit, Sicherheit und Gesundheit, Entgeltsysteme, Schutz der Persönlichkeitsrechte). Die Interessenvertretungsarbeit im Betriebsrat wird ergänzt durch Formen der Hinzuziehung von Arbeitnehmer:innen in die Beteiligungsstrukturen und Aufgaben des Betriebsrates (§§ 28a, 80 Abs. 2 BetrVG).

5.1 Direkte Beteiligung der Beschäftigten

In flexiblen Organisationsstrukturen und agilen Prozessen werden Entscheidungen und der Vollzug personalpolitischer Aspekte (z. B. zur Personalbemessung) unter direkter Beteiligung der Beschäftigten im Arbeitsbereich vor Ort getroffen und u. U. auch schnell wieder verworfen, bevor die Interessenvertretung Kenntnis davon bekommt. Aufgrund der Handlungslogik des Veränderungsprozesses steigt also die Befürchtung, dass vereinbarte personalpolitische Standards und Arbeitnehmer:inneninteressen keine Berücksichtigung finden (vgl. IMU 2015, S. 9 ff.). Erfahrungen aus der Betriebsratsarbeit verweisen darauf, dass es in dieser Dynamik nicht ausreicht, personalpolitische Ziele in Betriebsvereinbarungen festzuschreiben, da Beschäftigte arbeits- und personalpolitische Ziele im Arbeitsbereich selten durchsetzen können. Beschäftigten fehlt u. U. sowohl Grundlagenwissen in Arbeitsschutzgesetzen und Tarifverträgen als auch die Erfahrung, die Auswirkungen von Veränderungen abschätzen zu können. Außerdem gibt es keine rechtlich abgesicherte Konfliktregulierung, so dass im Zweifelsfall ihre Interessen in einem Workshop am Arbeitsplatz überstimmt werden können. Direkte Beteiligungskonzepte weisen also systembedingte Defizite auf. Das Konzept der direkten Beteiligung kann der stellvertretenden Interessenvertretung aber überlegen sein, wenn die Beschäftigten für die Qualität ihrer Arbeitsbedingungen und sie tangierende Themen der Personalarbeit sensibilisiert und ihre Selbstvertretungskräfte gestärkt werden. Das IMU Institut für arbeitsorientierte Forschung und Beratung (*www.imu-institut.de*; 06. 01. 2021) hat ein Vorgehen bei betrieblichen Veränderungsprozessen entwickelt, das die direkte Beteiligung der Beschäftigten mit der Arbeit der Interessenvertretung verzahnt und sowohl betriebliche Kennzahlen als auch Kriterien guter Arbeit und der betrieblichen Bestimmungen z. B. zu Arbeitszeit, Qualifizierung, Personalbesetzung und Arbeitsplatzsicherung systematisch berücksichtigt (vgl. IMU 2015, S. 12). Workshops in den Arbeitsbereichen im Rahmen kontinuierlicher betrieblicher Verbesserungsprozesse werden dabei als Forum arbeits- und personalpolitischer Aushandlung mit der formalen Beteiligung und Mitbestimmung des Betriebsrats verbunden. Im Beispiel-Unternehmen war die nachhaltige Entwicklung von Beschäftigten als gemeinsames Ziel der Betriebsparteien und Voraussetzung einer nachhaltigen Entwicklung des Produktionssystems definiert. In dem Vorgehen wird die Kommunikation zwischen Beschäftigten im Arbeitsbereich und Betriebsrat mit einer Checkliste ermöglicht, mit dessen Hilfe die Auswirkungen auf die Qualität der Arbeitsbedingungen einer Veränderung mitberücksichtigt werden können. Über eine Prozessvereinbarung – einem sog dynamischer Interessenausgleich – wurde der Betriebsrat in den Veränderungsprozess integriert, so dass er kontinuierlich über den Veränderungsverlauf informiert wird und notwendige Regelungen zur arbeits- und personalpolitischen Gestaltung (wie Arbeitsteilung, Austaktung, Personalbemessung) aufnehmen und aushandeln kann. Damit sich die Akteure auf einen dynamischen Gestaltungsprozess einließen, mussten in allgemeingültigen Betriebsvereinbarungen verlässliche Rahmenbedingungen geregelt werden, wie z. B. zur gleichberechtigten Beteiligung aller betroffenen Beschäftigten, Regelungen zur Personalbemessung, entsprechende Personalplanung ohne Personalabbau, Sicherung von Qualifikation und Entgelt. Auf innovative Weise nutzt der Betriebsrat so durch Kombination von direkter und kollektiver Beteiligung die Dynamik der Veränderungsprozesse für eigene arbeits- und personalpolitische Ziele und zur Realisierung gewerkschaftlicher Anforderungen.

5.2   Zusammenarbeit der dualen Interessenvertretung

Die Zusammenarbeit der dualen Interessenvertretung aus Gewerkschaft und Betriebsrat mit dem Arbeitgeber ist im Betriebsverfassungsgesetz geregelt (§ 2 Abs. 1 BetrVG). Das **Beispiel**»Digitales Leitbild für Evonik«[23] zeigt auf, wie eine Zusammenarbeit der Betriebsparteien bei der Gestaltung digitaler Veränderungsprozesse mit dem Ziel, den digitalen Wandel aktiv und unter Einbeziehung aller Beteiligten zu gestalten, ausgerichtet werden kann. Das von Unternehmensleitung, Betriebsrat und Gewerkschaft unterzeichnete Grundlagendokument listet neun Eckpunkte zur Gestaltung der digitalen Arbeitswelt auf. Zentrale Themen sind: Qualifizierung, Datenschutz, Gesundheit und frühe Einbeziehung der Beschäftigten in Veränderungsprozesse. Das Leitbild bietet Orientierung mit konkreten Grundsätzen zur Qualifizierung, Führung und Gesundheit von Arbeitnehmer:innen angesichts des digitalen Wandels. Dabei geht es z. B. um den Persönlichkeitsschutz beim Umgang mit schützenswerten Daten oder um die verstärkte Zusammenarbeit von Beschäftigten durch neue Vernetzungsmög-

---

23   *https://corporate.evonik.de/de/presse/pressemitteilungen/corporate/meilenstein-fuer-mitbe
stimmung-100-jahre-betriebsraetegesetz-122824.html.*

lichkeiten. Auch zu neuen Arbeitsformen und zu selbstbestimmten Arbeiten sind Grundsätze enthalten, dahingehend, dass Arbeitnehmer:innen möglichst individuelle Flexibilität gewährt und Beschäftigung bei Evonik lebensphasengerecht gestaltet wird. Das vereinbarte Digitale Leitbild fixiert dazu das gemeinsame Bekenntnis, Arbeitsmodelle in konkreten Projekten und Programmen zu erproben.

6. Gewerkschaftliche Anforderungen gestalten betriebliche Personalpolitik mit

Die Personalpolitik stellt die Weichen für alle Maßnahmen der Personalarbeit in Betrieb und Unternehmen. Gegebenheiten oder Veränderungen der strukturellen Bedingungen einer Wirtschaft und Gesellschaft 4.0 beeinflussen dabei die personalpolitische Ausrichtung.

Der Mensch in der Arbeit rückt in der Transformation einmal mehr in den Mittelpunkt des Interesses der Personalarbeit als eine wesentliche Triebkraft des Unternehmenserfolges. Arbeitnehmer:innen sind allerdings unterschiedlich betroffen von den Veränderungen und haben sehr individuelle Voraussetzungen und Möglichkeiten, im Wandel zu partizipieren.

Hier setzen gewerkschaftliche Anforderungen ein erstes Mal an. Sie lenken den Blick auf diverse Bedürfnisse der Beschäftigten nach Gesundheit, Qualifikation und Bildung, humanen Arbeitsbedingungen, individueller Entfaltung, sozialer Anerkennung und Beteiligung und bringen diese in die betriebliche und darüber hinaus gehende Politik ein. Dabei finden sie Eingang in regionale oder branchenorientierte Maßnahmen und werden manifest in Tarifverträgen und/oder betrieblichen Vereinbarungen mit dem Ziel, den Beschäftigten einen verlässlichen Boden und Sicherheit zu geben, für ihre Anpassung an Erfordernisse zukünftiger Arbeit sowie ihre Veränderungsbereitschaft.

Sich verändernde Arbeitssysteme sind auf der Suche nach einer neuen, flexiblen Produktivität und werden getragen von Veränderungen bei den Kooperations-, Kommunikations- und Partizipationskonzepten. In agilen Strukturen erodieren bestehende Hierarchien, Macht- und Führungsprinzipien.[24] Bei dieser Neuausrichtung sind gewerkschaftliche Anforderungen als Ausdruck gebündelter Interessen und Bedürfnisse der Beschäftigten wichtige Faktoren für den individuellen Handlungs- und Entscheidungsrahmen in den Arbeitsprozessen und der Kompetenzentwicklung der Beteiligten. Sie geben den Entscheidungen vor Ort Impulse und Orientierung für einen sozialen Rahmen. Sie tragen damit zu einer

---

24 Siehe dazu auch den Beitrag von Günther Thoma in diesem Band.

größeren Sicherheit der Menschen in der Arbeit bei, an der Schnittstelle von agilen, offenen Arbeitssystemen und verbindlichen Arbeitsbedingungen. Gewerkschaftliche Anforderungen sind Teil des Rahmens zur Gestaltung aktueller und zukünftiger Arbeitsplätze und entsprechender Personalmaßnahmen. Sie orientieren Akteure der Personalarbeit im Unternehmen[25] bei ihren Entscheidungen und im Vorgehen, eine Belegschaft mit Zukunft zu formen unter Berücksichtigung individueller und sozialer Kriterien, wie z. B. Qualifizierung, Weiterbildung oder Bedingungen, sich an lebensbegleitenden Lernprozessen zu beteiligen. Für die Interessenvertretungen sind sie zudem unverzichtbare Reflexionsebenen bei der Rahmensetzung von vielfältigen Arbeits- und Personalprozessen. Gewerkschaftliche Anforderungen bieten den Akteuren der Personalarbeit dabei die Möglichkeit des Rückgriffs auf notwendige soziale Standards in der Auseinandersetzung mit effizienten Kosten- und Produktivitätskonzepten im Unternehmen.

7. Literatur

Bauer, W. et.al. (Hrsg.) (2020): Arbeiten in der Corona-Pandemie – Auf dem Weg zum »New Normal«, Stuttgart: Fraunhofer-Institut für Arbeitswirtschaft und Organisation IAO, 26 S.

BMAS (2021): SARS-CoV-2-Arbeitsschutzregel 2021, in GMBl. Nr 11/2021 v. 22.02.2021.

BMAS (2021): Corona-ArbSchV, Bundesanzeiger: BAnz AT 22.01.2021 V1.

BMWI (2020): Handlungsempfehlungen des Bündnisses »Zukunft der Industrie« zur Stärkung des Industriestandortes Deutschland und Europa, bmwi. de: Zugriff 18.12.2020.

Breisig, T. (2005): Personal, Einführung aus arbeitspolitischer Perspektive, Herne/Berlin: NWB-Studienbücher, Verlag Neue Wirtschaftsbriefe.

Bundesanstalt für Arbeit (BA) (2020): Hintergrundinformationen zur Visualisierung »Strukturwandel nach Berufen«, Nürnberg.

Deutscher Gewerkschaftsbund (1996): Grundsatzprogramm, Berlin.

Erpenbeck, J./Sauter, W. (2018): Betriebliche Bildung in mittelständischen Unternehmen. Ein Geschäftsmodell im Zeitalter der Digitalisierung. In: Heyse, V. u. a. (Hrsg.): Mittelstand 4.0 – eine digitale Herausforderung. Münster/New York: Waxmann Verlag.

---

25 Unternehmensleitung, Personalabteilung, Führungskräfte, Beschäftigte und ihre Interessenvertretung.

Fischer, U. et. al. (2004): Betriebliche Personalpolitik, Frankfurt am Main: Bund-Verlag.

GMBl. (11/2021): SARS-CoV-2-Arbeitsschutzregel vom 22.02.2021).

Freiling, T. et. al. (Hrsg.) (2020): Zukünftige Arbeitswelten, Hamburg: Springer Verlag.

Gies, J./Wolf, U./Stein, T. (2019): Strukturwandel der Arbeit im Kontext der Agenda 2030 / Deutschen Nachhaltigkeitsstrategie am Beispiel gemeinschaftlicher Mobilitätsformen und mobiler Dienste in Deutschland. Report to the Science Platform Sustainability 2030. Berlin: Deutsches Institut für Urbanistik.

Grunau, P./Ruf, K./Steffes, S./Wolter, S. (2019): Mobile Arbeitsformen aus Sicht von Betrieben und Beschäftigten, Nürnberg: IAB-Kurzbericht 11/2019, 12 S.

Habenicht, T. (2017): Qualifizierung – Schlüssel für Gute Arbeit 4.0, in: Gute Arbeit, Heft 4/2017, S. 8–11, Frankfurt am Main: Bund Verlag.

Habenicht, T. (2019): IT:D – Ein Projekt der Sozialpartner als Beitrag zur Bewältigung der Transformation S. 27–29, in: Berufsbildung (bb), Heft 179, Detmold: Eusl-Verlagsgesellschaft mbH.

Hofmann, J., et. al. (2021): Arbeiten in der Corona-Pandemie, Leistung und Produktivität im ›New Normal‹, Folgestudie zu 2020, Stuttgart: Fraunhofer-Institut für Arbeitswirtschaft und Organisation IAO, 6 S.

Höhn, H. (2019): Beste Bildung für ein demokratische Arbeitswelt 4.0, Düsseldorf: Dossier Hans-Böckler-Stiftung.

IG Metall Vorstand (2019): Kommentar zum Abschlussbericht vom 26 Januar 2019, IG-Metall Vorstand, VB01 & VB04 vom 31.1.2019, Frankfurt am Main: IG Metall-Intranet Zugriff: 28.12.2020

IG Metall Vorstand (2020a): Transformation der Automobilindustrie: Vorschläge der IG Metall, Frankfurt am Main: IG Metall-Intranet Zugriff: 28.12.2020.

IG Metall Vorstand (2020b): Vorstand, Fachbereich Zielgruppenarbeit, Gleichstellung und Fachbereich Betriebspolitik, Frankfurt am Main: IG Metall-Intranet Zugriff: 28.12.2020

IMU (2015): Gute Arbeit durch KVP? KVP-Workshops zur Verbesserung der Arbeitsbedingungen nutzen, 2. Überarbeitete Auflage, Stuttgart.

Institut für Arbeitsmarkt und Berufsforschung (IAB) (2014): Linked Personnel Panel (LPP): Linked Personnel Panel – www.iab-forum.de.

Jedrzejczyk, P. (2020): Personalmanagement in den Arbeitswelten der Zukunft: 4.0 oder Adieu? In: Freiling T. u. a. 2020: Hamburg: Springer Verlag.

Kuhnhenne, M. (2020): Lebensbegleitendes oder Lebenslanges Lernen? Herausforderungen der Weiterbildung, Report Nr. 8 Forschungsförderung, Düsseldorf: Hans-Böckler-Stiftung.

Lebrenz, H. (2017): Strategisches Personalmanagement, Hamburg: Springer Verlag.

Martin, H., (1994): Grundlagen der menschengerechten Arbeitsgestaltung, Frankfurt am Main: Bund Verlag.

Meine, H. (2020): Gewerkschaft, ja bitte!, 3. überarbeitete und aktualisierte Aufl., Hamburg: VSA-Verlag.

Meyer, R./Müller, J.K. (2013): Work-Learn-Life-Balance in der wissensintensiven Arbeit, in: Berufsbildung in Wissenschaft und Praxis (BWP) 1/2013, S. 23–27, Bonn.

Müller, S. (Hrsg.) (2003): Der Mensch im Mittelpunkt, Frankfurt am Main: Bund-Verlag.

Plattform Industrie 4.0 (2020): Impulspapier Agiles Arbeiten, *www.plattform-I40.de*

Plattform Industrie 4.0 (2021): Charta Lernen und Arbeiten in der Industrie 4.0, *www.plattform-I40.de*

Schritt, S. (2018): Maschinen können kein Glück, in: Personalführung 10/2018, S. 6–9, Berlin: Deutsche Gesellschaft für Personalführung e. V.

Internetquellen

https://www.bpb.de/apuz/32343/wer-soll-in-zukunft-arbeiten-zum-strukturwandel-der-arbeitswelt; Zugriff: 14.01.2021

IW – Weiterbildungserhebung (2020): *https://www.iwkoeln.de/fileadmin/user_upload/Studien/IW-Trends/PDF/2020/IW-Trends_2020-04-07_Seyda_Placke.pdf*; Zugriff 12.01.2021

Statista (2019): Verteilung der Erwerbstätigen in Deutschland nach Wirtschaftsbereichen 2019 *https://de.statista.com/statistik/daten/studie/150764/umfrage/erwerbstaetige-nach-wirtschaftsbereichen-in-deutschland-2008/*; Zugriff: 22.12.2020

www.gesetze-im-internet.de

Günther Thoma

Führung und Management in der digitalen Transformation – Unternehmerische Forderungen an die Interessenvertretung

Inhaltsübersicht

1. Einleitung

Die Industrie befindet sich weltweit in einem tiefgreifenden Wandel zur Digitalen Ökonomie. Deutschland ist im Zugzwang. Die Managementpraxis und Methodik der letzten Jahrzehnte greifen hier nicht. Die Agile Transformation, wie sie derzeit in vielen Unternehmen vollzogen wird, stellt einen Musterwechsel dar. Auch die Unternehmensführung, die Art und Weise des Changemanagements, das Personalmanagement, die Einbindung der Beschäftigten und die Zusammenarbeit mit den Interessenvertretungen sind hiervon betroffen. Wenn sich die Arbeitgeberseite auf den Weg macht, wenn Führung sich verändert, wenn Hierarchie abgebaut wird und eine neue Unternehmenskultur entstehen soll, dann wird sich dies auch auf die Zusammenarbeit mit den Interessenvertretungen auswirken. Ein gemeinsames Verständnis und ein transparenter Dialog zu nachfolgenden Punkten sind hierfür erforderlich:
1. Transformation im Kontext der Digitalisierung aus Sicht der Unternehmen
2. Evolution der Managementkonzepte und Abkehr von mechanistischen Ansätzen

3. Veränderungsgestaltung als dialogischer Lernprozess
4. Unternehmensseitige Anforderungen an die Interessenvertretungsorgane

2. Transformation im Kontext der Digitalisierung aus Sicht der Unternehmen

Viele namhafte deutsche Industrieunternehmen sind von der Bildfläche verschwunden. Einstige Symbole des deutschen Wirtschaftswunders wie Grundig oder AEG können hier beispielhaft genannt werden. Auch ein Blick auf den DAX ist aufschlussreich. Von den 30 Gründungsunternehmen im Jahr 1988 ist die Hälfte nicht mehr dabei und im globalen Vergleich ist unter den 100 wertvollsten Unternehmen mit SAP nur noch ein deutsches Unternehmen vertreten. Dies spiegelt allerdings nur einen Teil der Realität wider. Deutschland ist eine exportstarke Nation und verdankt seine noch gute Position unter den führenden Wirtschaftsnationen seiner Automobilindustrie und seiner »Hidden Champions«. Eine Machtverschiebung in der Weltwirtschaft zugunsten der USA und Asien schreitet jedoch weiter voran. Wachstumsmotor ist die Digitalisierung, welche so gut wie alle Branchen transformiert und die Corona-Pandemie hat diesen Prozess weiter beschleunigt. Hier fällt Deutschland im globalen Wettbewerb seit Jahren zurück. Dabei geht es nicht nur darum, dass durch Digitalisierung Innovationen z. B. im klassischen Maschinenbau (Industrie 4.0) voranschreiten und Produkte kontinuierlich verbessert werden, sondern sich durch die Digitalisierung die gesamte Wirtschaft und Gesellschaft in einem umfassenden Umbruch hin zu einer Digitalen Ökonomie befindet. Andreas Boes (Institut für Sozialforschung, ISF München) vergleicht diesen Umbruch und seine Tragweite mit dem Übergang von der Agrargesellschaft zur Industriegesellschaft (Boes 2019). Kern dieses Umbruchs ist die Entstehung und Nutzung eines Informationsraums, der Unternehmen wie Apple, Google, Amazon oder Alibaba einen Produktivkraftsprung und ein exponentielles Wachstum ermöglicht. Unsere Vorstellungen von Wertschöpfung werden dadurch revolutioniert.

In einem aktuellen Forschungsbericht (Boes 2021) stellt Andreas Boes das Produktionsmodell von Tesla der etablierten Automobilindustrie gegenüber und prognostiziert, dass in etwa 10 bis 15 Jahren Tesla als »Game-Changer« für eine neue industrielle Produktionsweise in Deutschland betrachtet werden wird. Boes bezeichnet Tesla als »ersten Automobilbauer in der Informationsökonomie« und als Vorbote eines Paradigmenwechsels, in dem Autos nach den gleichen Prinzipien gebaut werden, wie Google das Internet nutzbar macht, Amazon seinen Marketplace betreibt oder Netflix die Filmindustrie aufrollt.

3. Evolution der Managementkonzepte und Abkehr von mechanistischen Ansätzen

Industrieunternehmen sind über viele Jahrzehnte von Hierarchie und Taylorismus geprägt worden. Frederick W. Taylor, der 1911 mit seiner Studie »Scientific Management« den Grundstein der Betriebswirtschaftslehre legte, ist im Mindset und Handeln noch immer weit verbreitet (Tanner 2007). Die Maxime lautete Wissenschaft statt Faustregeln, wo immer möglich, Messen und Anpassung, Standardisierung, Skalierung durch Serienproduktion, Vermeidung von tagtäglicher Verschwendung und straffes Kostenmanagement. Den Beschäftigten gegenüber galt es, misstrauisch zu sein. Man ging davon aus, dass sie wenig motiviert waren, ihr Bestes zu geben. Taylor betrachtete sogar eine weit verbreitete Leistungsverweigerung als das größte Übel. Diese Haltung wurde von Douglas McGregor in den 60er Jahren in seinem Buch »The Human Side of Enterprise« aufgegriffen (McGregor 1960). Er brachte es auf die Formel, dass es zwei Vorstellungen über Menschen gibt. Es gibt Theorie-X Menschen, welche extrinsisch motiviert werden müssen (entsprechend dem Menschenbild von Taylor) und Theorie-Y Menschen, selbst-motiviert und mit besten Eigenschaften ausgestattet. Er betonte jedoch, dass es Theorie-X Menschen von Natur aus nicht gebe und dass es die Manager seien, welche an diesem Mythos festhielten und quasi als selbsterfüllende Prophezeiung den einen oder anderen Menschentyp hervorbringen.

Bis in die 80er Jahre hinein lag der Strategiefokus wesentlich auf der Kostenersparnis (siehe Abbildung 1). Das Kredo lautete, kontinuierlich produktiver und günstiger zu werden. Eine vorwiegend mechanistische und hierarchisch geprägte Unternehmensführung hat die Prinzipien von Taylor durch Methoden des Kosten- und Produktivitätsmanagements erfolgreich umgesetzt. Kennzahlenbasierte Planung, Organisation, Führung, Kontrolle und Anpassung. Wenig Spielraum für die Beschäftigten. Personalentwicklung und Qualifizierung wurden über betriebliche Veranstaltungskataloge standardisiert und verwaltet. Das menschliche Verhalten wurde an die Produktionsbedingungen angepasst. Gedacht und entschieden wurde »oben«. Der Rest des Unternehmens sollte gefügig sein. Systemisch betrachtet resultiert daraus noch heute das Selbstverständnis der Interessenvertretungen und Betriebsräte, in diesem Machtgefälle einen Ausgleich herzustellen.

Abbildung 1: Managementkonzepte und Strategiefokusse im Wandel

Seit den 80er Jahren hat sich durch die Erfolge der japanischen Autoindustrie ein neuer Fokus für das Management ergeben. Jetzt standen Qualität, die Konzentration auf die eigenen Kernkompetenzen und die Kundenorientierung im Vordergrund. Kosten und Produktivität sind weiterhin wichtig, aber im Wettbewerb nicht ausreichend. In der Folge haben sich zahlreiche neue Methoden und Managementansätze ergeben, die teilweise durch Heerscharen von Unternehmensberatern implementiert wurden. Lean Management, Qualitätsmanagement, KVP und Business Process Reengineering – um nur einige zu nennen. Die Veränderungen und die Einführung neuer Managementpraktiken wurden von der Unternehmensleitung delegiert und über die Hierarchie mit Zielbildern oder Best Practice Beispielen und entsprechenden Qualifizierungsmaßnahmen vorangetrieben.

Mit der jetzt zunehmenden Komplexität und Veränderungsgeschwindigkeit (Stichwort »VUCA-Zeitalter«), der Dominanz der Digitalgiganten des Silicon Valley und ihren disruptiven Produkten stehen wir aktuell erneut vor der Frage, mit welchen Managementpraktiken wir Schritt halten können. Lassen sich die Silicon Valley-Methoden als Best Practice importieren? Passen die New Work-Ansätze in unsere von Hierarchie und Taylor geprägten Industrieunternehmen?

Das Silicon Valley selbst hatte keinen »kausalen Plan« und ist in einem Kontext gänzlich anderer Prinzipien wie Effectuation, Agilität und Start-up Mentalität entstanden.

4. Veränderungsgestaltung als dialogischer Lernprozess

Die methodische Veränderungsgestaltung und Unternehmensentwicklung der letzten Jahrzehnte lassen sich nicht auf die jetzt anstehende Agile Transformation anwenden. Die in der Fachliteratur bis zum Jahre 2000 üblichen Konzepte des Changemanagements sind inzwischen revidiert. John P. Kotter hat in seinem 1996 veröffentlichten Ansatz »Leading Change« (Kotter 1996) ein Stufenkonzept veröffentlicht, welches lange Zeit als richtungsweisend galt. Es hat im Wesentlichen die Rolle der Führungskräfte hervorgehoben und wurde gerne von Unternehmensführung und Unternehmensberatungen aufgegriffen. Die Betonung der Hierarchie wird schon in den Überschriften seines linearen Phasenmodels deutlich transportiert. So heißt es hier: »Erzeugen eines Dringlichkeitsgefühls«, »Aufbauen einer Führungskoalition«, »Entwickeln einer Vision und Strategie«, »Kommunizieren der Veränderungsvision«, »Befähigung der Belegschaft auf breiter Basis«. Obwohl dieses Konzept häufig zitiert wird, ein Standard in vielen Changemanagement-Ausbildungen war (und noch ist) und als Leitfaden für Veränderungsvorhaben eingesetzt wurde, gibt es wenig empirisch untersuchte Erfolgsbeispiele. Gescheiterte Projekte gibt es viele. Jahre später hat Kotter in seinem Buch »Accelerate« (Untertitel: »Strategischen Herausforderungen schnell, agil und kreativ begegnen«) selbst eingeräumt, dass die Hierarchie als Machtquelle ihre Grenzen hat und ein »zweites Betriebssystem« erforderlich wird. Hiermit gemeint ist ein komplementärer Einsatz von Netzwerken, hierarchiefreien »Change Agents«, agilen, selbstorganisierenden und freiwilligen Arbeitsgruppen und gleichzeitig ein Abbau traditioneller Managementsysteme (Kotter 2015).

Für eine nachhaltige agile Transformation sind Lern- und Veränderungsprozesse auf den Ebenen »agiles Mindset«, »Hierarchie, Macht und Führung« und »Nachhaltiges unternehmerisches Denken« erforderlich. Diese Ebenen sind auch essenziell für eine gemeinsame Reflexion mit den Interessenvertretungen und werden hier kurz erläutert:

Agiles Mindset:
In den IT-Bereichen und Digitalisierungsprojekten werden bereits seit Jahren agile Methoden in der Zusammenarbeit praktiziert. Am weitesten verbreitet ist

Scrum. Viele Unternehmen exportieren diese Arbeitsmethodik nun auch in die Bereiche außerhalb der IT und skalieren damit ein agiles Framework auf das Gesamtunternehmen. Hierbei wird häufig die Erfahrung gemacht, dass äußerlich agile Methoden angewendet werden, das Wesentliche einer agilen Zusammenarbeit sich jedoch nur schwer entwickelt. Als die wichtigsten Merkmale eines agilen Mindsets gelten:

* Offenheit und Neugier in Bezug auf Veränderungen
* Systemisches Denken und Handeln
* Vertrauen in sich und in die Kollegen haben
* Offenheit und Authentizität in Bezug auf Kommunikation und Zusammenarbeit
* Fähigkeit zur Selbstführung (Reflexion der eigenen Situation, Streben nach Weiterentwicklung, eigene Ziele setzen und Verantwortungsübernahme in Bezug auf den eigenen Entwicklungsweg)

Hierarchie, Macht und Führung:
Es gibt zahlreiche Gründe für eine gehemmte Entwicklung des agilen Mindsets. In der Praxis ist die gelebte klassische Hierarchie der häufigste Grund. Strukturen und Hierarchie sind in aller Regel notwendig, jedoch muss sich ein neues Zusammenspiel mit selbstorganisierenden agilen Teams herausbilden. Wenn hierarchische Führungskräfte ihre gewohnte Kontrolle aufrecht halten und Entscheidungsbefugnisse nicht übertragen, werden sich agile Merkmale wie Selbstführung und Selbstorganisation in Teams sowie Verantwortungsübernahme jedes Einzelnen nicht entwickeln. Führungskräfte müssen von ihrer »Macht durch Hierarchie« loslassen, müssen Orientierung stiften, einen Schutzraum für persönliche Entwicklung kreieren und ein produktives und gesundes Arbeitsumfeld schaffen. Auf der anderen Seite muss dies natürlich von den Beschäftigten angenommen werden, was in vielen Fällen Ermutigung und Unterstützung erfordert.

Nachhaltiges unternehmerisches Denken:
Erfolgsrezepte und Best Practice-Beispiele lassen sich gut verkaufen, gute Zahlen und Profitversprechen werden gerne gehört und häufig sind die schnellen Lösungen von gestern die Probleme von heute. Markantes Beispiel im großen Maßstab ist die »Dieselkrise«. Ein Beispiel am Arbeitsplatz wäre das Verbergen von Fehlern oder das Schönfärben von Statusberichten, statt offen, ehrlich und transparent zu kommunizieren. Wir arbeiten häufig noch mit den »Denkwerkzeugen« des letzten Jahrhunderts und hinterfragen sie nicht. Aber genau hier müsse man ansetzen, so Wolfgang Fassnacht (HR Director bei SAP), der auf einer Tagung im April 2018 die Grundprinzipien der SAP-Unternehmenstransformation vorgestellt (Fassnacht 2018). Demnach soll sich das Denken und Handeln wie folgt transformieren: Vom Profitdenken hin zur Ausrichtung auf den Unternehmenssinn aus Sicht des Kunden. Vom kausalen, linearen Planungsden-

ken hin zum Experiment. Vom Controlling hin zum Empowerment. Von der Geheimhaltung hin zur völligen Transparenz. Die Transformationsarbeit geschieht durch regelmäßige Feedbacks und kontinuierliche Dialoge zwischen allen Ebenen. Führungsarbeit wird zur Beziehungs- und Lerngestaltung. HR wird zum Veränderungsbegleiter und Promotor einer neuen Lernkultur.

Eine praxisorientierte und theoretisch fundierte Darstellung der wichtigsten Zusammenhänge für eine nachhaltige Unternehmensentwicklung und Lernende Organisation wird von Peter Senge in seinem Buch »Die fünfte Disziplin« (Senge 1996) beschrieben. Besonders hervorzuheben sind hier die Zusammenhänge zwischen Nachhaltigkeit, Systemischem Denken, Dialoggestaltung und Lernen in Teams. Es ist ein Klassiker und wohl eines der wichtigsten und grundlegendsten Werke zu diesem Thema. Ebenfalls grundlegend und basierend auf der Erforschung des Denkens und Handelns besonders erfolgreicher Unternehmer ist das Framework »Effectuation« (Faschingbauer 2017). Es ist eine Sammlung von Prinzipien, die insbesondere in hochkomplexen und ungewissen Situationen der VUCA-Welt wirksam sind und sich deutlich von den klassischen kausalen Managementmethoden unterscheiden. Basisprinzipien des Effectuation sind:

- Mittelorientierung: Die jeweils verfügbaren Mittel bestimmen, welche Ziele angestrebt werden und nicht umgekehrt. Ziele sind beweglich.
- Leistbarer Verlust: Nicht die Risikobetrachtung, sondern der individuell leistbare Einsatz bzw. Verlust bestimmen, welche Gelegenheiten und konkreten Schritte wahrgenommen werden.
- Umstände und Zufälle: Unerwartetes und Zufälle werden aktiv als Chancen und Hebel genutzt und in Innovation und unternehmerische Vorteile transformiert.

Für die digitale und agile Transformation gibt es keine fertigen Vorgehenskonzepte, die einen Erfolg garantieren. Zu unterschiedlich sind die Ausgangssituationen. Zu unterschiedlich sind die komplexen Wechselwirkungen zwischen allen Beteiligten. Das wohl wichtigste Prinzip ist eine dialogorientierte Einbindung aller Interessengruppen über alle Hierarchien. Auch wenn die Zeit drängt, sind die schnellen Lösungen aus der Hierarchie meist die langsamen. Aber nicht überall kann durch Lernen und Dialog ein Weg gefunden werden. Es gibt Situationen, in denen harte Schnitte erforderlich sind, um neues Wachstum zu ermöglichen.

5. Unternehmensseitige Anforderungen an die Interessenvertretungsorgane

Interessenvertretungsorgane und hier insbesondere das Betriebsratsgremium genießen in vielen Unternehmen (Arbeitgeberseite) einen zweifelhaften Ruf. Auf die Gründe soll hier nicht im Detail eingegangen werden. Meist hat es damit zu tun, dass die Interessen der Beschäftigten nicht deckungsgleich mit denen der Unternehmensleitung sind. Zur Arbeit des Betriebsrates und der Interessenslage der Beschäftigten wird an dieser Stelle auf den Beitrag von T. Habenicht in diesem Buch verwiesen (Habenicht 2021). Auch wenn die Arbeitgeberseite den Betriebsrat gedanklich mit Konflikt, Widerstand, Kosten und gesetzlicher Pflicht zur Einbindung verbindet, wird doch immer wieder bestätigt, dass sich gute Geschäftsführungen einen guten Betriebsrat wünschen.

Aktuell lässt sich beobachten, dass durch rapide Veränderungen das Verhältnis zwischen den Interessenvertretungen und Unternehmen neu belastet wird. Von Geschäftsführern hört man dann schon mal Rückmeldungen wie »Sozialromantiker« oder »Bewahrer längst vergangener Zeiten«. Das überträgt sich dann auch auf die Wahrnehmung durch Führungskräfte, HR und auch auf die Beschäftigten. Auf der Gegenseite hört man Klagen, dass die Unternehmensleitung viel zu spät reagiert, die Beschäftigten und das Gremium nicht angemessen einbindet und es vor allem an der nötigen Augenhöhe im direkten Kontakt fehlt.

An dieser Stelle sollen einige Anforderungen im Kontext »Digitale Transformation« zusammengetragen werden, die von der Unternehmensseite an »gute Interessenvertreter« gestellt werden.

Der Betriebsrat sollte ein **repräsentatives Abbild der Beschäftigten** des gesamten Unternehmens sein, da sonst über die gesetzliche Mitbestimmungspflicht eine Unwucht und einseitige Entscheidungsfindung begünstigt wird. Traditionell sind Betriebsräte in Industrieunternehmen stärker aus den gewerblichen Bereichen (z. B. Produktion) vertreten, obwohl sich ihr Anteil an der Gesamtbeschäftigtenzahl immer weiter verringert. Bei Hochschulabsolventen und technischen sowie kaufmännischen Angestellten besteht eine gewisse Distanzierung zu den Interessenvertretungsgremien und dementsprechend eine geringere Vertretungsquote. Es stellt sich hier also die Frage, wie z. B. auch Ingenieure, Digitalisierungsexperten, Entwickler und auch Führungskräfte in die Interessenvertretungen eingebunden werden können, da viele Veränderungen und Transformationsmaßnahmen gerade diese Bereiche betreffen. Ein Ansatz hierfür auf der Unternehmensseite wäre eine aktive Wertschätzung der Interessenvertretungsarbeit als »karrierefördernd« für eine spätere Führungslaufbahn, aber auch ein aktives Bemühen seitens der Gremien selbst, eine repräsentative Zusammensetzung anzustreben, auch wenn dies dazu führt, dass Betriebsratspositionen aus den bislang überrepräsentierten Bereichen wegfallen.

Die Frage nach einer »guten Interessenvertretung« betrifft neben der Zusammensetzung auch die Eigenschaften eines Gremiums im Zusammenhang mit den in den Abschnitten 1 bis 3 beschriebenen Veränderungen. Sie sollen hier kurz auf folgenden Ebenen skizziert werden:

- **Selbstverständnis und Mission.** Wenn sich das Selbstverständnis der Führung verändert und Hierarchien abgebaut werden, dann sollte dies auch eine Entsprechung auf Seiten der Interessenvertretungen haben. Es ist schwierig, hier ein allgemeingültiges Bild zu zeichnen, da der Entwicklungsstand und die Bestrebungen auf der Führungsseite in den Unternehmen sehr unterschiedlich sind. Daher sollte im Zusammenhang mit der Transformationsgestaltung eine explizite Reflexion gemeinsam mit der Unternehmensführung stattfinden und die Frage geklärt werden, mit welchem Selbstverständnis und mit welchem Beitrag die jeweilige Seite sich zur Erreichung gemeinsamer Visionen einbringen wird.

- **Mindset, Überzeugungen und Haltung.** Für viele Führungskräfte ist ein starker Betriebsrat auch unbequem. Das darf er auch sein, wenn dabei das Gesamtwohl des Unternehmens und angestrebte Visionen nicht aus dem Blickfeld geraten. Das in Abschnitt 3 oben dargestellte Mindset darf z. B. in einem Betriebsratsgremium kein Fremdwort sein. Driftet dieses von den im Unternehmen angestrebten Werten ab, sind unüberbrückbare Konflikte vorprogrammiert. Wünschenswert wäre, wenn sich die Interessenvertretungen mit einer systemisch geprägten Ausrichtung auf Zukunft und kontinuierliches Lernen und Verändern ihrer Arbeit annähmen. Von alleine wird sich dies jedoch kaum einstellen. Die Unternehmensseite kann hier einen entwicklungsförderlichen Rahmen schaffen, ist jedoch auch darauf angewiesen, dass Gewerkschaften z. B. in der Bildungsarbeit für Betriebsräte diesen Faden aufnehmen und entsprechende Angebote entwickeln.

- **Kompetenzen sowie Führung und Zusammenarbeit innerhalb eines Gremiums.** Eine verantwortungsvolle Gremiumsarbeit ist hochkomplex und findet in vielen Situationen auf Augenhöhe mit den Führungskräften statt. Wesentliche Teile der hier unter Selbstverständnis und Mindset aufgeführten Anforderungen liegen in der Verantwortung der Gremienführung, sind aber auch abhängig vom Ausbildungsstand der Gremiumsmitglieder. Da es sich um ein demokratisches System handelt, sollte hier bereits im Zusammenhang mit der Aufstellung von Kandidaten und auch im Wahlkampf der Hebel für eine Veränderung angesetzt werden. Die im Zusammenhang mit der Coronapandemie beschleunigte Digitalisierung und die damit einhergehende Veränderung der Zusammenarbeit in den Unternehmen durch Nutzung von digitalen Kollaborationssystemen hat noch ein weiteres Defizit in den Interessenvertretungen sichtbar gemacht. Die Schere zwischen den Führungsebenen, Entwicklungsabteilungen, HR und Administration auf dem Gebiet der digitalen Kollaboration und Kommunikation geht immer weiter auseinander. Dies behindert auch die Zusammenarbeit der Unternehmensseite mit den Interessenvertretungen und auch die Produktivität der gremieninternen Arbeit fällt im Vergleich zum Gesamtunternehmen zurück. Auch hier sollte es verstärkte Anstrengungen geben, die gegebenenfalls vom Unternehmen gemeinsam mit den Gewerkschaften vorangetrieben werden müssten. Letztendlich müssen neue Formen der agilen Projektarbeit und Digitalisierung zur täglichen Übung und Praxis innerhalb der Interessenvertretungen werden.

Abschließen soll an dieser Stelle noch ein Gedanke, wie sich eine kooperative Veränderungsgestaltung zwischen Interessenvertretungen und Unternehmensführung einrichten ließe. Die Interessenvertretungen haben durch ihre Wahl einen eigenen vertrauensvollen Zugang zu den Beschäftigten. Dieser könnte auch aktiv genutzt werden, um herauszufinden, in welchem Zustand sich die Beschäftigten in Bezug auf die erforderlichen Lern- und Veränderungsprozesse befinden. Dieses Wissen kann wiederrum für die Reflexion und Steuerung der Veränderungsarbeit genutzt werden. Weiterhin sollte auch eine Zusammenarbeit angestrebt werden, um die Bedeutung und Wege der Transformation verständlich zu vermitteln und da, wo es notwendig ist, Beschäftigte zu ermutigen, eingeschlagene Entwicklungswege mitzutragen. Diese Vorgehensweise wäre auch kompatibel zu den Vorschlägen aus Kotters letztem Buch »Accelerate« (Kotter 2015).

6. Literatur

Boes, A. (2019): It's the Internet, stupid! Deutsche Wirtschaft im Paradigmenwechsel. Berichte aus der Forscherwerkstatt. Dezember 2019. ISF München.

Boes, A. (2021): Umbruch in der Industrie: Game-Changer Tesla als Chance nutzen. Berichte aus der Forscherwerkstatt. Februar 2021. ISF München.

Faschingbauer, M. (2017): Effectuation. Wie erfolgreiche Unternehmer denken, entscheiden und handeln. 3. erweiterte Aufl. Schäffer-Poeschel. Stuttgart.

Fassnacht, W. (2018): Digital und agil – Herausforderungen für HR. Einblick in die Transformation bei SAP. Konferenz »Empowerment in der digitalen Arbeitswelt«. 10. April 2018. München.

Habenicht, T. (2021): Gewerkschaftliche Anforderungen an die betriebliche Personalpolitik. In: R. Gröbel/I. Dransfeld-Haase (Hrsg.), Strategische Personalarbeit in der Transformation. Partizipation und Mitbestimmung für ein erfolgreiches HRM. Frankfurt a. M.: Bund Verlag, S. 189.

Kotter, J. P. (1996): Leading Change – Wie Sie Ihr Unternehmen in acht Schritten erfolgreich verändern. Deutsche Ausgabe erschienen 2011. Verlag Vahlen. München.

Kotter, J. P. (2015): Accelerate: Strategischen Herausforderungen schnell, agil und kreativ begegnen. Verlag Vahlen. München.

McGregor, D. (1960): The Human Side of Enterprise. McGraw-Hill. New York.

Senge, P. (1996): Die fünfte Disziplin. Kunst und Praxis der lernenden Organisation. Klett-Cotta. Stuttgart.

Tanner, J. (2007): Managementkonzepte im gesellschaftlichen Wandel. In: io-New Management, Nr. 6, Mai 2007, S. 8–13.

Stephan Kaiser

Personalarbeit in der Transformation

Inhaltsübersicht

1. Einleitung

In der Forschung besteht Konsens, dass sich die **strategische Personalarbeit** an langfristigen Erfolgspotenzialen orientiert (Ringlstetter/Kaiser 2008). Dies gilt insbesondere in Phasen des Wandels oder, wie man heute sagt, in der permanenten Transformation. Allerdings ist die Frage nach dem Erfolg und den Erfolgspotenzialen in der Personalarbeit deutlich komplexer als in anderen unternehmerischen Funktionen, da das Personalmanagement grundsätzlich sowohl unternehmerische als auch soziale, das heißt mitarbeiterorientierte Zielsetzungen verfolgt. Obgleich diese beiden Zielsetzungen langfristig auf das Überleben von Organisationen einzahlen, so spricht man seit langem von einem konfliktorientierten Ansatz der Personalarbeit (Marr/Stitzel 1979). Im Zusammenhang mit der Transformation von Organisationen und der unvermeidlichen damit verbundenen Transformation der Personalarbeit reduzieren sich jedoch die komplexen Überlegungen auf den ersten Blick.

In den Vordergrund tritt die Frage, wie sich, erstens, das komplexe Feld der Personalarbeit selbst transformiert und, zweitens, wie Personalarbeit die Transformation von Organisationen unterstützt. Beide Aspekte der direkten und indirekten Beteiligung an der Transformation sind aus strategischer Sicht mit inhaltlichen und organisatorischen Überlegungen zur Innovation der Personalarbeit verknüpft. Denn strategische Personalarbeit ist in diesem Sinne auf die Zukunftsfähigkeit von Organisationen und den Umgang mit der Transformation gerichtet, so dass gelten kann: »**Strategische Personalarbeit ist innovative Personalarbeit** – und umgekehrt.« Zielsetzung des vorliegenden Beitrags ist es deshalb, aus der Perspektive der Managementforschung zu beantworten, wie sich die strategische Personalarbeit auf Innovation ausrichten kann, damit diese gemeinsam mit Beschäftigten, Unternehmensführung und Arbeitnehmervertretung die Herausforderungen der Transformation meistert.

Ausgehend von konzeptionellen Überlegungen der Kopplung von Unternehmensstrategien und Personalstrategien (Krauss 2002; Ringlstetter/Kaiser 2008) wissen wir, dass ein inhaltlicher Zusammenhang von Personalarbeit und Unternehmensstrategie bestehen sollte. Dieser ergibt sich in der Praxis durch eine prozessuale und organisationale Verknüpfung von Personalarbeit und Strategieformulierung. Im Ergebnis werden eine strategiekonforme Schwerpunktsetzung in allen Aufgabenfeldern der Personalarbeit sowie eine interne Stimmigkeit oder Konsistenz innerhalb der Aufgabenfelder des Personalmanagements gefordert. Befinden sich Unternehmen, Geschäftsmodelle oder Arbeitswelten in der Transformation, ändert sich aber die strategische Ausrichtung des Unternehmens und auch die Personalarbeit muss die Transformationsprozesse aktiv oder reaktiv begleiten.

Aus einer – später noch zu erläuternden – konfigurationstheoretischen Perspektive (Kaiser et al. 2017) auf das Feld der Transformation zeigt sich wiederum, dass die personalbezogenen Herausforderungen vielfältig und komplex sind. Zum Teil kann man uneindeutige und sogar widersprüchliche Konsequenzen der Transformation konstatieren (Bader/Kaiser 2017). Strategische Personalarbeit kann diesen Herausforderungen nur mit Innovationen begegnen. Hierfür ist aus Sicht der Innovationsforschung, die bisher in der Praxis der Personalarbeit kaum eine Rolle gespielt hat, die Fähigkeit zur Absorption neuer Ideen von außen, aber auch von innerhalb des Unternehmens, das heißt von den Mitarbeitenden, Führungskräften und Arbeitnehmervertretenden notwendig (Kaiser/ Kozica 2018). Nur dadurch lassen sich neue Trends und Ideen der vielfältigen Stakeholder der Personalarbeit erkennen. Absorptionsfähigkeit und damit Innovationen im strategischen Personalmanagement ergeben sich aber nicht von selbst, sondern müssen organisiert werden. Die organisatorischen Antworten in den Unternehmen müssen dabei der Komplexität der Fragestellungen gerecht werden und deshalb unterschiedliche Stakeholder vernetzen.

Um die Zielsetzung des Beitrags zu erreichen, wird im Folgenden zunächst kurz skizziert, vor welchen Herausforderungen die Personalarbeit in der aktuellen Transformation steht. In einem weiteren Kapitel wird daraufhin gezeigt, dass sich Personalarbeit, um diesen Herausforderungen zu begegnen, strategisch auf Innovationen ausrichten muss und sich gleichzeitig mit der strategischen Weiterentwicklung des Unternehmens sowie den Bedürfnissen von Mitarbeiter:innen und gesellschaftlichen Trends auseinandersetzen muss. Innovativität ist dabei in erster Linie eine strategische Fähigkeit der Personalarbeit, muss aber gleichzeitig durch entsprechende organisatorische Gestaltungsmaßnahmen ermöglicht werden. Diese sind Inhalt eines vierten Kapitels, bevor in einem Ausblick ein kurzes Resümee gezogen wird.

2. Herausforderungen der strategischen Personalarbeit in der Transformation

Herausforderungen für die Personalarbeit ergeben sich immer dann, wenn sich Rahmenbedingungen der Arbeit verändern. Denn Veränderungen können bedeuten, dass bewährte Praktiken der Personalarbeit nicht mehr geeignet sind, um die gewollten Ergebnisse zu erreichen. Die Praktiken des Personalmanagements müssen sich folglich selbst verändern bzw. neuartige Praktiken der Personalarbeit müssen entwickelt werden. Ohne Frage ist dies keine neue Erkenntnis, sondern fast eher eine trivial anmutende Feststellung. Zudem wäre es auch nicht angebracht zu behaupten, dass Personaler:innen in der Vergangenheit keine innovativen, auf strategische Erfolgspotenziale ausgerichteten Personalpraktiken hervorgebracht hätten. Gleichwohl befinden sich viele Unternehmen aktuell in einer Transformation der Arbeit, die in ihrer Komplexität und Tragweite besonders herausfordernd ist und somit auch für die Personalarbeit nicht ohne weiteres handzuhaben sind.

Aus Sicht der Managementforschung lässt sich die Bedeutung der Herausforderungen **konfigurationstheoretisch** begründen (Kaiser et al. 2017). Damit ist angesprochen, dass die Veränderungen der Arbeitswelt multidimensional und vernetzt sind. Was heißt dies konkret? Es verändern sich nicht nur einzelne Aspekte der Arbeitswelt, sondern mehrere gleichzeitig und diese Veränderungen stehen dabei in wechselseitigen Wirkbeziehungen. Mit Fokus auf die **Digitalisierung** und Datafizierung der Arbeitswelt (Bader/Kaiser 2020a) lässt sich dies exemplarisch erläutern (Thiemann et al. 2019). Führt ein Unternehmen beispielsweise eine neue digitale Kommunikationstechnologie ein, so ist dies nicht nur eine technologische Neuerung, sondern es verändert meist auch das

Kommunikationsverhalten und greift auf vorhandene oder auch nicht vorhandene Kompetenzen von Mitarbeiter:innen zurück. Das veränderte Kommunikationsverhalten wiederum beeinflusst die Form der Führung, wird zur gelebten Unternehmenskultur und kann sich letztlich sogar auf die Strukturen des Unternehmens auswirken. Ermöglicht die Kommunikationstechnologie permanente Erreichbarkeit, so kann Überlastung die Folge sein, aber auch Arbeitsverdichtung. Kommunikationstechnologien können zudem gleichzeitig Instrumente der Überwachung und des Empowerments sein. Diese und andere Wirkbeziehungen zeigen, wie facettenreich und komplex die Transformation der Arbeitswelt sein kann. Insbesondere die Widersprüchlichkeiten, welche die Digitalisierung von Arbeitswelten mit sich bringt, fordert die strategische Personalarbeit heraus. Bedeutet Digitalisierung Autonomie oder Kontrolle (Bader/Kaiser 2017), entstehen Arbeitsplätze oder gehen diese verloren, kommt es zu Kompetenzzuwächsen oder sehen wir eine abnehmende Professionalisierung, verlagern sich Entscheidungen auf Mitarbeiter:innen oder übernehmen Algorithmen die Führung (Bader/ Kaiser 2019; Kaiser/Kraus 2014b).

Der Einzug von intelligenten **Algorithmen** in die Arbeitswelt ist ein weiterer sehr bedeutsamer Aspekt der Transformation der Arbeit, da mehr oder weniger intelligente Software an den Entscheidungen aller Akteure ansetzt und mit den Entscheidungen ein zentrales Element des Funktionierens von Organisationen betroffen ist. Nicht nur alles betriebliche Geschehen hängt von Entscheidungen ab (Heinen/Dietel 1978), sondern auch das hier im Fokus stehende Feld der Personalarbeit. Entscheidungen des Personalmanagements lassen sich zunehmend unter Zuhilfenahme von Algorithmen treffen, wie unter den Schlagworten People Analytics oder Workplace Analytics diskutiert wird (Kaiser/Kraus 2014a; Kaiser/ Loscher 2018; Loscher/Kaiser 2019). Wenngleich die Anwendungen und deren Reichweite sich aktuell noch in Grenzen halten, wird dies ein weites Feld für die Entwicklung innovativer Personalpraktiken aus Sicht des strategischen Personalmanagements sein. Die massiven Auswirkungen auf die Funktion des Personalmanagements, die Führung, die Arbeitsverhältnisse und die Mitarbeiter:innen verlangen nicht nur strategische Entscheidungen und verantwortungsbewusstes Handeln, sondern geben Hinweise darauf, dass diese nur in einem integrativen und mehrstimmigen Aushandlungsprozess zwischen Mitarbeiter:innen, Arbeitgebern und Sozialpartnern gelingen kann.

Als letztes Beispiel mag die massive Veränderung der Arbeitswelt durch die **Covid-19-Pandemie** gelten. Für viele Branchen und große Teile der Belegschaft wurde insbesondere die digitalisierbare Arbeit in das Homeoffice verlagert und Kommunikation in digitale Räume. Die Auswirkungen auf individuelles Lernen, Vertrauensdynamiken, Führung, informelle Kommunikation, Unternehmenskultur, aber auch Innovationsverhalten und den Austausch von Wissen sind beträchtlich, wenn auch nicht eindeutig prognostizierbar. Vorherzusehen ist, dass

der fehlende räumlich-physische Anker zu einer nachlassenden organisationalen Identifikation und Bindung führen könnte. Dies geht einher mit einem seit
Längerem zu beobachtendem Phänomen der neuen Arbeitswelt, nämlich dem
Aufkommen neuer Beschäftigungsformen, zuletzt insbesondere über Plattformen vermittelte Arbeit, der sogenannten **Gig Work**. Dies bedeutet insgesamt
große Umbrüche für das Verständnis des Managements von Personal und hält
völlig neue und ungelöste Fragen bereit (Wood et al. 2019), die strategischer und
innovativer Antworten seitens des Personalmanagements bedürfen.

3. Strategisch-innovative Personalarbeit als Antwort für Herausforderungen der Transformation

Die Träger des Personalmanagements, das heißt Personalabteilungen, aber im
weiteren Sinne auch Vertretungen der Arbeitnehmerseite, werden in Unternehmen nicht als die zentralen Treiber von Innovationen gesehen. Gleichwohl zeigt
sich aus der Historie der Personalarbeit, dass sich eine Entwicklung von einem
rein verwaltungsorientierten Personalwesen zu einem strategieorientierten Personalmanagement nachzeichnen lässt. Gerade in jüngster Zeit lässt sich diese
Entwicklung im Diskurs der Personalpraktiker:innen immer deutlicher erkennen, wenn beispielsweise über Experimentierbereiche für Personalpraktiken gesprochen wird, in denen systematisch innovative Personalpraktiken ausprobiert
werden. Zu bedenken dabei ist, dass aus Sicht der Forschung Personalinnovationen nicht nur auf eine Verbesserung bestehender Personalpraktiken abzielen,
sondern einen Neuigkeitsgrad zumindest aus Sicht des implementierenden Unternehmens bieten sollten (Kaiser/Kozica 2018). Gleichzeitig sollen diese Innovationen dabei helfen, die Herausforderungen der Transformation zu meistern,
und leisten damit einen potenziellen Beitrag zum Erfolg des Unternehmens. Vor
diesem Hintergrund ist zweierlei wichtig: Erstens ist es wichtig, zu erkennen, wo
Personalinnovationen im Sinne strategischer Erfolgspotenziale notwendig sind
und wodurch diese ausgelöst werden. Zweitens ist es notwendig, sich über die
Tragweite und den Neuigkeitsgrad von Transformation und Innovation Klarheit
zu verschaffen, da je nach Innovationsgrad unterschiedliche organisatorische
Vorkehrungen zu treffen sind.
Die Notwendigkeiten und Auslöser für Personalinnovationen lassen sich in
Analogie zum Bereich der Produktinnovationen, wo Kundenwünsche oder neue
Technologien als Auslöser gesehen werden (Hauschildt et al. 2016), thematisie-
ren. Konkret lassen sich für die Innovationen im Personalmanagement folgende
Innovationsauslöser differenzieren (siehe Abbildung 1):

- **Individuen**: Eine wichtige und mithin die zentrale Quelle für Innovationen im Personalmanagement sind die Mitarbeiter:innen des Unternehmens. Die Bedürfnisse der Mitarbeiter:innen, die sich als Kund:innen des Personalmanagements und Nutzer:innen von Praktiken des Personalmanagements verstehen lassen, sind Grundlage jeder Nachfrage nach innovativen Personalpraktiken. Im Idealfall werden diese Bedürfnisse konkret erkennbar und aufgegriffen, so dass strategisch relevante und innovative Personalpraktiken in einem Bottom-up-Prozess initiiert werden. Selbstverständlich sind auch Mitarbeiter:innen in Führungspositionen, die Personalpraktiken anwenden, z. B. im Rahmen der Leistungsbeurteilung oder der Personalauswahl, wichtige Quellen für innovative Ideen.
- **Gesellschaft**: Verbunden mit den individuumsbezogenen Auslösern sind gesellschaftliche Entwicklungen eine wichtige Quelle für Innovationen, auf die das Unternehmen proaktiv mit Innovationen im Personalmanagement reagiert. Anders als bei den mitarbeiterbezogenen Quellen muss die gesellschaftliche Entwicklung noch nicht direkt zu konkreten Bedürfnissen bei Mitarbeitenden geführt haben. Beispiele wären die frühzeitige Einführung von innovativen Work-Life-Balance-Initiativen und die stärkere Demokratisierung des Unternehmens im Sinne von New Work, in der Annahme, dass dies für die Gewinnung zukünftiger Mitarbeiter:innen von Bedeutung sein könnte.
- **Technologien**: Ein weiterer Auslöser für innovative Personalpraktiken können neuartige Technologien sein, die im Personalmanagement Anwendungsgebiete finden. Zu nennen wären etwa Sensortechnologien, die Daten zur Zusammenarbeit und zum Kommunikationsverhalten von Arbeitnehmern liefern und über eine intelligente Analytik helfen, die Leistung von Teams weiter zu optimieren, indem etwa die Zusammensetzung von Teams geändert wird oder neue Kommunikationsstrukturen etabliert werden. Allgemein sind die übergreifende Digitalisierung aller betrieblichen Abläufe sowie neue Methoden der Datenerhebung und -analytik, die etwa bei der Eignungsdiagnostik und Personalauswahl ihre Anwendung finden können, weitere Beispiele für Auslöser von Personalinnovationen. Hierbei ist es besonders wichtig zu erkennen, dass Technologien nicht immer positive Effekte auf Seiten der Beschäftigten hervorrufen, sondern die Gefahr von Überwachung, Diskriminierung und Arbeitsverdichtung beinhalten.
- **Unternehmensstrategie**: Selbstverständlich können auch Veränderungen in der Unternehmensstrategie und in Geschäftsmodellen Auslöser für innovative und neuartige Personalpraktiken sein, da das strategische Personalmanagement im Hinblick auf die inhaltliche Ausrichtung und die Schwerpunktsetzung idealtypisch eng mit der Unternehmensstrategie vernetzt ist. Unternehmensstrategische Entscheidungen induzieren meist personelle Konsequenzen

qualitativer und quantitativer Art. Das einfache Beispiel einer Wachstums strategie kann dies verdeutlichen. Die personellen Konsequenzen wiederum können Innovationsdruck auf das Personalmanagement ausüben.

Die Auslöser und Quellen von Personalinnovationen sind vernetzt und stehen im wechselseitigen Zusammenhang. Beschäftigte, als individuelle Betroffene des Personalmanagements, sind gleichzeitig auch Mitglieder der Gesellschaft, in der neue Technologien entstehen. Auch die Formierung unternehmensstrategischer Entscheidungen geschieht nicht im luftleeren Raum, sondern integriert humane Potenziale des Unternehmens, technologische und gesellschaftliche Entwicklungen. Um im Rahmen der strategischen Personalarbeit innovative Personalpraktiken hervorzubringen, ist der Blick also einerseits in die Zukunft und andererseits auf die Innenwelt des Unternehmens und insbesondere auch auf das externe Umfeld zu richten.

Abbildung 1: Einbettung der Auslöser für strategische Personalinnovationen

Quelle: eigene Abbildung

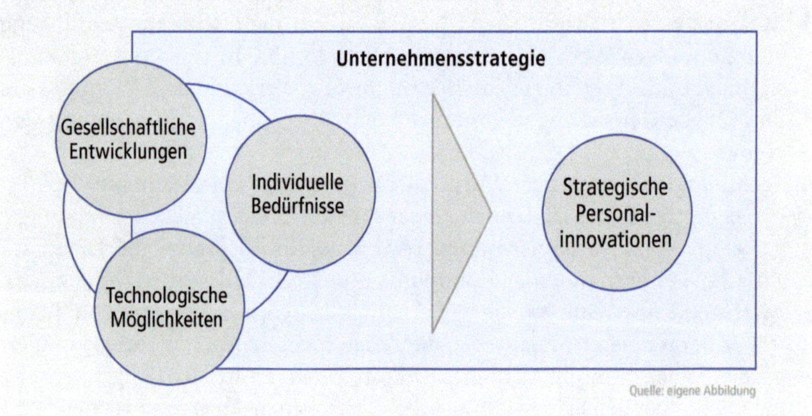

Für Unternehmen, die aus strategischer Perspektive innovative Personalpraktiken entwickeln wollen, ist es jenseits dessen wichtig zu erkennen, dass sich Innovationen im Personalmanagement im Hinblick auf ihren Veränderungsgrad, der hoch oder niedrig sein kann, unterscheiden (Kaiser/Kozica 2018), denn hieraus ergeben sich unterschiedliche Anforderungen an die Organisation strategischer Personalarbeit:

• Die meisten Innovationen, die Personalpraktiken betreffen, sind inkrementeller Art: Es werden neuartige Lösungen für bekannte Problemstellungen gesucht, die auf bestehenden Lösungen aufsetzen und diese eher schrittweise erneuern. Wichtig dabei ist allerdings, dass es sich trotz allem um eine Innovation handelt und nicht lediglich um ein Verbessern bestehender Personal-praktiken.

• Gerade im Rahmen der strategischen Transformation von Unternehmen geht es in zunehmendem Maße auch im Personalmanagement um radikale Inno-vationen, die neuartige Personalpraktiken für bisher nicht bekannte Problem-stellungen liefern. Solche Innovationen tragen häufig strategischen Charakter, da sie bei Gelingen langfristig zum Erfolg des Unternehmens beitragen.

Radikalere und strategisch relevante Personalinnovationen zu organisieren, ist in der Regel für Unternehmen deutlich herausfordernder. Dies liegt daran, dass die Organisation von Innovation für viele Beteiligte als kontraintuitiv gilt. Und dies ist insofern nachvollziehbar, als Innovation in erster Linie nach Strukturlo-sigkeit verlangt, um sich von Bestehendem zu lösen und nicht in die Erfolgsfalle der Nutzung bestehender Lösungen zu tappen. Erst bei der Umsetzung der In-novation wird wieder ein organisiertes Vorgehen plausibler. Aber, und dies ist der springende Punkt, es lässt sich auch feststellen, dass Strukturlosigkeit, da sie in der effizient funktionierenden Organisation eigentlich nicht vorgesehen ist, »organisiert« werden muss: Innovation benötigt, auch wenn es eigenartig klingt, Strukturen für Strukturlosigkeit.

4. Die Organisation strategischer und innovativer Personalarbeit für die Transformation

In der Organisations- und Managementforschung sind ingenieursartige Vorstel-lungen bezüglich der Vorhersehbarkeit von Wirkungen bestimmter Praktiken auf die Menschen in Organisationen oder die Organisation als Ganzes selten zielführend und deshalb nicht angebracht. Der Münchner Strategieforscher Werner Kirsch hat dies mit dem Terminus »Illusion der Machbarkeit« treffend umschrieben (Kirsch 1991). Die Möglichkeit, Innovation im Sinne einer ver-folgten Strategie der Personalarbeit erfolgreich zu organisieren, muss vor die-sem Hintergrund realistisch eingeschätzt werden. Was wir jedoch wissen, ist, dass sich Organisationen im Sinne des »Law of Requisite Variety« des Kyber-netikers Ashby (Ashby 1956) ausreichend komplexe Strukturen geben müssen, um mit der Komplexität der Herausforderungen des Umfelds umzugehen. Dies heißt, dass auch im Personalbereich entsprechende organisatorische Strukturen vorhanden sein müssen, um strategisch agieren zu können und wirkliche Inno-vationen hervorzubringen. Wie sehen diese Strukturen und organisatorischen Vorkehrungen aber aus? Hierzu sind im Folgenden drei Aspekte tiefergehend zu analysieren (siehe Abbildung 2):

- *Erstens* ist eine strukturelle Beidhändigkeit des Personalbereichs notwendig, denn Personalarbeit besteht nicht nur aus Strategie und Innovation, sondern auch operativer Exzellenz und in der Weiterführung und allenfalls Optimierung bestehender Personalpraktiken (siehe 4.1).
- *Zweitens* muss sich die strategische Personalarbeit, um Personalinnovationen für die Transformation hervorzubringen, nach innen – in die unterschiedlichen Unternehmensbereiche und -funktionen hinein – und nach außen zu anderen Unternehmen, Forschungseinrichtungen und zur Gesellschaft als Ganzes (Trendforschung) vernetzen. Hiermit einher geht die Forderung nach Mehrstimmigkeit von strategischer Personalarbeit. In dieser Mehrstimmigkeit besteht Personalarbeit nicht nur aus den Beiträgen von Personaler:innen, sondern auch von Arbeitnehmervertreter:innen, Arbeitgeber:innen und Mitarbeiter:innen (Bader/Kaiser 2020b; Kaiser/Bader 2020; siehe auch 4.2).
- *Drittens* sind neben den Strukturen geeignete und systematische Prozesse zu etablieren, die die Strategie- und Innovationsfähigkeit der Personalarbeit sicherstellen (siehe 4.3).

Abbildung 2: Mehrstimmige Organisation strategischer innovativer Personalarbeit

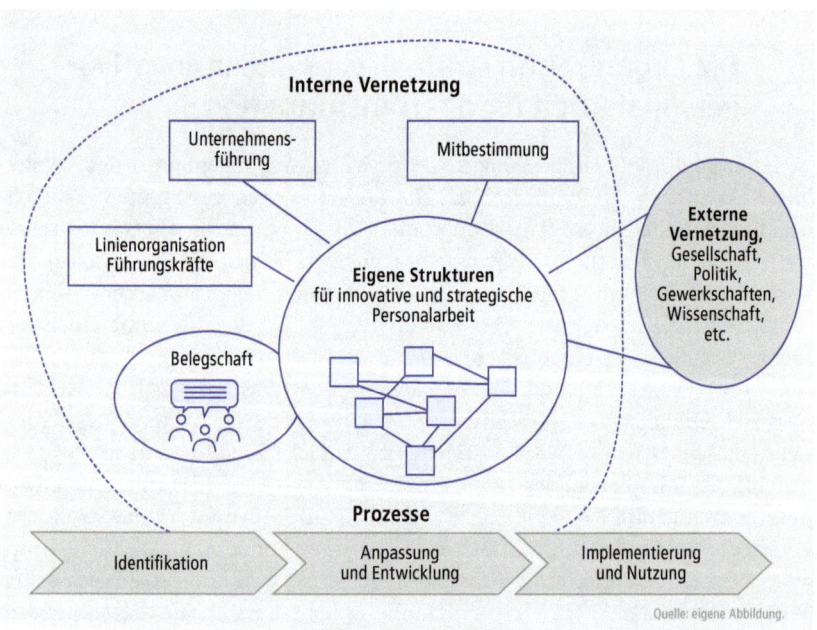

Quelle: eigene Abbildung.

4.1 Eigene Strukturen für strategisch-innovative Personalarbeit

Personalbereiche, aber auch andere Träger der Personalarbeit, wie z. B. Führungskräfte, Arbeitnehmervertretungen oder Mitarbeiter:innen selbst, sehen sich der Herausforderung gegenüber, beidhändig agieren müssen. Das heißt, die Personalarbeit muss sich darum kümmern, sowohl funktionierende Personalpraktiken operativ durchzuführen, zu bewahren und zu optimieren, als auch strategisch neue und innovative Personalpraktiken hervorzubringen. In der Managementforschung spricht man in diesem Zusammenhang von der sogenannten Ambidextrie, die aussagt, dass Unternehmen sowohl neues Wissen entwickeln (Exploration) als auch bestehende Routinen nutzen müssen (Raisch et al. 2009), um langfristig strategisch erfolgreich zu sein. Auf das Personalmanagement lassen sich diese Überlegungen übertragen und es ergibt sich daraus die Notwendigkeit, eigene Strukturen für die strategisch-innovative Personalarbeit im Unternehmen vorzusehen, wenn man der Forschung zu strukturellen Ambidextrie folgt (O'Reilly/Tushman 2013). Diese mündet nämlich im Vorschlag auch im Personalmanagement exploitative und explorative Tätigkeiten räumlich und strukturell zu entkoppeln.

Nimmt man die Idee der **strukturellen Ambidextrie** in der Personalarbeit also ernst, heißt dies, dass auch im Personalmanagement eigenständige Forschungs- und Entwicklungsbereiche oder zumindest Projekte für innovative Personalpraktiken etabliert werden. Diese treiben dann vor dem Hintergrund der strategischen Transformation die Innovationen voran, die Bedürfnisse der Mitarbeiter:innen und aktuellste technische sowie gesellschaftliche Entwicklungen aufgreifen. Gleichzeitig sind die zu entwickelnden Personalinnovationen in Abstimmung zur Unternehmensstrategie zu bringen. Dies hat inhaltliche und prozessuale Komponenten, auf jeden Fall aber ist es notwendig, dass strategische und innovative Personalarbeit durch die Unternehmensführung mitgetragen wird. Im Ergebnis zeigt sich bereits hier ein komplexes Zusammenwirken von Bottom-up-, lateralen und Top-down-Prozessen, um wirklich auf Innovation ausgerichtete Personalarbeit zu institutionalisieren.

Umgesetzt werden können diese innovativen Strukturen als permanent eingerichtete Organisationsbereiche oder als sekundäre Projektorganisationen, welche die eigentliche Organisationstruktur ergänzen. Die Entscheidung für permanente Organisationsstrukturen verspricht Personalinnovation mit größerem Neuigkeitsgrad, da der mentale Abstand zum exploitativen Tagesgeschäft und die Freiheitsgrade größer sind (Kaiser/Kozica 2018). Umgekehrt dürfte sich in diesen Fällen die Herausforderung zeigen, innovative Personalpraktiken in die Linienorganisation zurück zu integrieren, da sie dort als Fremdkörper wahrgenommen werden können.

Jenseits dessen sind die neu geschaffenen Innovationseinheiten bzw. -projekte des Personalmanagements ausreichend mit Ressourcen auszustatten. Konkret sind erstens Mitarbeiter:innen zu nennen, die entweder aus ihren bisherigen Positionen in Linienfunktionen des Personalmanagements oder auch aus anderen Bereichen des Unternehmens oder von extern in die Innovationsstrukturen gebracht werden. Zweitens sind hiermit finanzielle Mittel für den Aufbau und den Betrieb der Innovationsstrukturen gemeint. Um für die beiden angesprochenen Ressourcen Unterstützung zu erhalten, ist es auch in modernen und flachen Hierarchien zielführend, Befürworter auf den obersten Managementebenen, bestenfalls auch außerhalb des Personalmanagements, zu haben.

4.2 Vernetzung und Mehrstimmigkeit

Ohne Frage ist es nicht ausreichend, lediglich organisatorische Strukturen für eine funktionierende strategische Personalarbeit, die Personalinnovationen hervorbringt, zu schaffen. Dies lässt sich aus den vorangehenden Abschnitten bereits ablesen. Wichtig ist es, die auf Personalinnovation und -strategie ausgerichteten Organisationsbereiche nach innen in die Organisation hinein und nach außen in das Umfeld zu öffnen und vernetzen. Dadurch erhöht sich die Anregungsdichte für die Mitarbeiter:innen und die oben beschriebenen Auslöser und Quellen für innovative Personalpraktiken, die helfen die Transformation erfolgreich zu meistern, lassen sich frühzeitig erkennen.

Die **Öffnung** und **Vernetzung** nach außen in das Umfeld der Organisation dienen erstens dazu, technologische Trends, gesellschaftliche Entwicklungen und Veränderungen der Arbeitswelt außerhalb der eigenen Organisation, relevante wissenschaftliche Erkenntnisse, den Wandel politischer Rahmenbedingungen usw. frühzeitig zu erkennen. Dies gelingt beispielsweise durch Beobachtungen von Trends auf Kongressen, in Medien, Verbänden oder durch eigene Zukunftsforschung zum Themenbereich Personal und Arbeit. Zudem ist die Mitwirkung an organisationsübergreifenden Netzwerken zu Personalthemen sinnvoll. Hieraus lassen sich Trendreports erstellen, aus denen sich der Bedarf an Innovationen ableitet.

Ebenso zentral sind die Öffnung und Vernetzung nach innen in die eigene Organisation hinein. Träger der Personalarbeit müssen veränderte und neuartige Bedürfnisse von Mitarbeiter:innen frühzeitig identifizieren, bewerten und daraus Innovationsbedarfe ableiten. Dies kann geschehen durch partizipativ gestaltete Veranstaltungen, wie beispielsweise organisationsweite Barcamps, aber insbesondere auch Online-Plattformen, die eingesetzt werden, um die Mitarbeiter:innen als intelligenten Schwarm in die Ermittlung von Innovationsbedarfen und die Innovationsentwicklung einzubeziehen. Der Transformationsatlas der IG-Metall (Gerst 2020; siehe hierzu auch den Exkurs von Rudolf Luz) ist ein bewährtes

Instrument, das zeigt, wie, ausgehend von der Betriebsratsarbeit, große Teile der Belegschaft in die Transformation einbezogen werden können. Die Vernetzung in die Organisation ist aber zweitens auch deshalb wichtig, um entwickelte Innovationen oder Innovationsvorschläge in Treffen mit Linienmanagern, Führungskräften und HR-Business-Partnern oder dezentralen Personalreferenten zu entwickeln und zu validieren. Und schließlich zeigt sich, dass eine Vernetzung in Richtung Unternehmensführung hochgradig relevant ist, um unternehmensstrategische Entwicklungen mitzubestimmen und frühzeitig in die eigene strategische Personalarbeit zu integrieren.

Der Aspekt der Öffnung und Vernetzung zeigt damit sehr deutlich, dass erfolgreiche auf Innovation ausgerichtete strategische Personalarbeit von **Mehrstimmigkeit** geprägt ist. Mitarbeiter:innen sind zu integrieren, nicht nur als Betroffene der Personalarbeit, sondern auch als wichtige Ideengeber mit Nähe zu den eigentlichen Problemlagen in der täglichen Arbeit. Ebenso wichtig ist Vernetzung mit der betrieblichen Mitbestimmung, die als kollektive Interessenvertretung gerade in einer komplexen digitalen Transformation, die durch Widersprüchlichkeiten geprägt ist (Bader/Kaiser 2017), ebenfalls agile Ansätze einer partizipativen Mehrstimmigkeit verfolgen kann (Bader/Kaiser 2020b; Eller/Schiederig 2020; Gerst 2020; Widuckel 2020).

Exkurs: Transformationsatlas (von Rudolf Luz)

Die IG Metall hat im Frühjahr 2019 eine umfassende Befragung durchgeführt, um Handlungsfelder zu ermitteln, die sich aus der Transformation ergeben. Sachverständigenteams aus Betriebsräten haben sich an der Erstellung differenzierter Bestandsaufnahmen in 1964 Betrieben beteiligt. In diesen Betrieben aus allen Branchen der Metall- und Elektrowirtschaft sowie der Textilindustrie waren zum Zeitpunkt der Befragung mehr als 1 700 000 Menschen beschäftigt. Grundlage für die betrieblichen Analysen war ein Fragenkatalog mit 93 Einzelfragen zu insgesamt zehn Fragenkomplexen. Für jeden Betrieb wurde ein differenzierter Transformationsatlas erstellt, der Chancen- und Risikopotenziale ermitteln sollte. Der Transformationsatlas sollte erste Hinweise geben, um in einer dann zu vertiefenden Analyse Handlungsempfehlungen für eine beteiligungsorientierte soziale und gerechte Gestaltung der Transformation zu erarbeiten. Es handelt sich bei den Ergebnissen um Einschätzungen, welche die Betriebsräte in Workshops auf der Grundlage intensiver Diskussionen und betrieblicher Recherche vorgenommen haben.

Erhebung zur Personalplanung

(Angaben in Prozent)

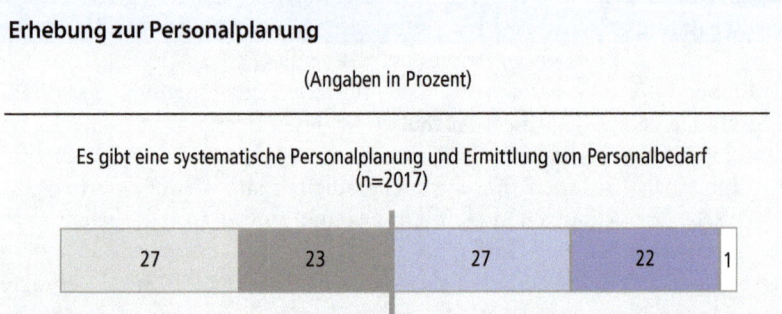

Es gibt eine systematische Personalplanung und Ermittlung von Personalbedarf
(n=2017)

| 27 | 23 | 27 | 22 | 1 |

☐ trifft gar nicht zu ■ trifft eher nicht zu ■ trifft teilweise zu ■ trifft zu ☐ lässt sich nicht beurteilen

Quelle: Transformationsatlas der IGM 2019.

Die betrieblichen Bestandsaufnahmen hatten insbesondere folgende Gebiete im Fokus:
(1) Die Identifikation von Bereichen der Digitalisierung und dessen Stadium.
(2) Eine Analyse der Beschäftigungsstruktur und -entwicklung und die Ermittlung von Beschäftigungsrisiken, insbesondere auf dem Hintergrund möglicher Substituierungspotenziale, die durch die Digitalisierung entstehen.
(3) Eine Einschätzung der Unternehmensentwicklung und absehbarer Strategien der Transformation.
(4) Eine Evaluation der Personalplanung und -entwicklung und erforderlicher Qualifizierungsbedarfe.
(5) Die Einschätzung des Stellenwerts der Mitbestimmung, der Beteiligung und Einbeziehung der Betriebsräte und der Beschäftigten.
Die Ergebnisse machten insbesondere in drei Bereichen Handlungsbedarf deutlich: 1. In vielen Betrieben gibt es strategische Defizite zur Bewältigung der Herausforderungen, die durch die Transformation entstehen. In nur 37 % der Betriebe werden Zukunftsstrategien identifiziert, in der Mehrzahl der Betriebe werden Zukunftsstrategien vermisst. 2. Personalplanung und Weiterbildung werden als signifikante Aufgabengebiete konstatiert. Hier gibt es eine hohe Differenzierung. Während in 49 % der Betriebe eine systematische Personalplanung und -bedarfsermittlung existiert, finden diese in der anderen Hälfte der Betriebe nur unzureichend statt. Ähnlich sind die Werte der Qualifizierungsbedarfsermittlung, die nur in 45 % der Betriebe gut und zufriedenstellend seien. 3. Nicht ausreichend ist die Einbindung der Betriebsräte in Transformationsthemen. Während in 48 % der Betriebe eine Mitgestaltung durch Betriebsräte stattfindet, sind 52 % der Gremien außen vor. Noch eklatanter sind die Ergebnisse bezüglich der Einbindung der Beschäftigten, wonach nur in 28 % der Betriebe die Belegschaften ausreichend darüber informiert sind, welche Veränderungen zukünftig auf sie zukommen.

4.3 Prozesse

Um die vernetzten Strukturen erfolgreich zu nutzen, ist es notwendig sich auch mit der Frage nach konkreten Arbeitsprozessen der strategischen Personalarbeit, die auf Innovation ausgerichtet ist, auseinanderzusetzen. Als hilfreich erweist sich aus Sicht der Forschung das Konzept der sogenannten **Absorptionsfähigkeit** (Cohen/Levinthal 1990; Todorova/Durisin 2007; Zahra/George 2002). Absorptionsfähigkeit steht allgemein für die Fähigkeit des Unternehmens, relevantes externes Wissen zu identifizieren, zu interpretieren, gegebenenfalls anzupassen und für die eigene Organisation zu nutzen. Übertragen auf die Absorptionsfähigkeit der strategischen Personalarbeit wird, wie mit der oben beschriebenen Vernetzung bereits angedeutet, Folgendes klar: nicht nur die externe Umwelt hält wichtiges neuartiges Wissen bereit, sondern auch innerhalb des Unternehmens ergeben sich neuartige Bedürfnisse und Erkenntnisse, die für Personalmanagementinnovationen und strategische Personalarbeit relevant sein können (Kaiser/ Kozica 2018). Konkret gilt es für die Entwicklung von Personalinnovationen einen Absorptionsprozess zu organisieren, der die Phasen Identifikation, Anpassung und Nutzung beinhaltet:

- Der Prozess der **Identifikation** beschreibt erstens die systematische Beobachtung von externen Trends und unternehmensinternen Entwicklungen und zweitens die Abschätzung, welche der identifizierten Themen für die strategische Personalarbeit und die Ableitung von innovativen Personalpraktiken relevant sind. Im Sinne der Vernetzung Mehrstimmigkeit sind hier Mitarbeiter:innen, Betriebsratsmitglieder und andere interne Stakeholder beteiligt.
- Im Rahmen eines **Anpassung**sprozesses wird das unüberlegte Aufspringen auf neueste Trends für die Entwicklung unternehmensspezifischer Personalinnovationen verhindert. Dies geschieht, indem aktuelle Trends und interne Bedürfnisse vor dem Hintergrund spezifischer Herausforderungen der Transformation interpretiert werden. Auf dieser Basis lassen sich die Umsetzungsideen für innovative Personalpraktiken herauskristallisieren.
- Entscheidend für den strategischen Erfolg von Personalinnovation ist aber deren **Implementierung** und **Nutzung**. Strategische Personalarbeit muss innovative Personalpraktiken also nicht nur spezifisch entwickeln, sondern sicherstellen, dass diese integriert in die bestehende Personalarbeit Anwendung finden, um den Wertbeitrag der Innovation zu realisieren.

5. Zusammenfassung und Fazit

Strategische Personalarbeit ist zukunftsorientiert und soll Potenziale für zukünftige Erfolge sicherstellen. Das Hervorbringen innovativer Personalpraktiken ist mithin ein wesentlicher Aspekt strategischer Personalarbeit. Dies gilt umso mehr, als sich die Arbeitswelt in einer bedeutsamen Phase der Transformation befindet, wie sich aus einer illustrativen Analyse der Herausforderungen darstellen ließ. Es zeigt sich, dass sich das Personalmanagement selbst transformieren muss, um mit den Herausforderungen der Transformation umzugehen und innovative Personalpraktiken hervorzubringen. Hierzu zählen in erster Linie die Schaffung eigener innovativer Strukturen und das Aufsetzen von Prozessen, die das Entstehen von Personalinnovationen systematisch unterstützen. Von wesentlicher Bedeutung scheint die Öffnung und Vernetzung der strategischen Personalarbeit nach außen, aber insbesondere auch in das Unternehmen hinein. Strategische Personalarbeit, die zukunftsfähige Innovationen entwickeln will, ist mehrstimmige Personalarbeit. Die Teilhabe von Mitarbeiter:innen und betrieblicher Mitbestimmung spielt hier eine zentrale Rolle, um den Prozess der Generierung von strategischen Personalinnovationen erfolgreich zu gestalten. Während sich die Erkenntnis, dass strategische Personalarbeit an unternehmensstrategische Vorgaben andocken muss, bereits in vielen Bereichen durchgesetzt hat, bleibt die Idee des Aufsetzens eines ernstgemeinten, mehrstimmigen Prozesses für die strategische und innovative Personalarbeit und die Institutionalisierung von Innovationstrukturen für die Personalarbeit für viele Unternehmen bisher noch Neuland. Es wäre deshalb zu wünschen, dass die Praxis wichtige Erkenntnisse der Forschung zur organisationalen Ambidextrie, zur Absorptionsfähigkeit und zu partizipativen Arbeitswelten auch in der strategischen Personalarbeit noch stärker berücksichtigt.

6. Literatur

Ashby, W. R. (1956): An Introduction to cybernetics. Chapman & Hall.

Bader, V./Kaiser, S. (2017): Autonomy and control? How heterogeneous sociomaterial assemblages explain paradoxical rationalities in the digital workplace. Management Revue, 28(3), 338–358. *https://doi.org/10.5771/0935-9915-2017-3-338*

Bader, V./Kaiser, S. (2019). Algorithmic decision-making? The user interface and its role for human involvement in decisions supported by artificial intelligence. Organization, 26(5), 655–672. *https://doi.org/10.1177/1350508419855714*

Bader, V./Kaiser, S. (2020a): Arbeit in der Data Society: Perspektiven auf die Zukunft von Mitbestimmung und Personalmanagement. In V. Bader/S. Kaiser (Hrsg.), Arbeit in der Data Society: Zukunftsvisionen für Mitbestimmung und Personalmanagement (S. 3–14). Gabler Verlag.

Bader, V./Kaiser, S. (2020b): Die zukünftige Rolle der Sozialpartner: Experimentieren und Problemlösung statt Verhandeln. Personalführung, 2020(11), 14–20.

Cohen, W. M./Levinthal, D. A. (1990): Absorptive Capacity: A New Perspective on Learning and Innovation. Administrative Science Quarterly, 35(1), 128. *https://doi.org/10.2307/2393553*

Eller, E./Schiederig, K. (2020): Mitbestimmung 4.0 - zur Weiterentwicklung der betrieblichen Sozialpartnerschaft. In V. Bader/S. Kaiser (Hrsg.), Arbeit in der Data Society: Zukunftsvisionen für Mitbestimmung und Personalmanagement (S. 101–112). Springer Fachmedien Wiesbaden. *https://doi.org/10.1007/978-3-658-32276-2_7*

Gerst, D. (2020): Mitbestimmung in digitalen und agilen Betrieben - das Modell einer prozessualen partnerschaftlichen Konfliktkultur. In V. Bader/S. Kaiser (Hrsg.), Arbeit in der Data Society: Zukunftsvisionen für Mitbestimmung und Personalmanagement (S. 35–56). Springer Fachmedien Wiesbaden. *https://doi.org/10.1007/978-3-658-32276-2_3*

Hauschildt, J./Salomo, S./Schultz, C./Kock, A. (2016). Innovationsmanagement, 6. Aufl. Vahlens Handbücher der Wirtschafts- und Sozialwissenschaften. Vahlen.

Heinen, E./Dietel, B. (Hrsg.) (1978): Entscheidungsorientierte betriebswirtschaftliche Studien: Bd. 2. Betriebswirtschaftliche Führungslehre: Ein entscheidungsorientierter Ansatz. Gabler.

Kaiser, S./Bader, V. (2020): Zukunft der Arbeit in der Data Society. In J. Nachwei/A. Sureth (Hrsg.), HR Consulting Review. Sonderband Zukunft der Arbeit (Bd. 12, S. 256–259). *https://doi.org/10.13140/RG.2.2.33923.32803*

Kaiser, S./Kozica, A. (2018). Organisation eines beidhändigen Personalmanagements: Voraussetzung für Innovationen im Personalmanagement. In H. Surrey/V. Tiberius (Hrsg.), Die Zukunft des Personalmanagements: Herausforderungen, Lösungsansätze und Gestaltungsoptionen (S. 261–272). vdf Hochschulverlag.

Kaiser, S./Kozica, A./Wittmann, P. (2017): Führung und Arbeit in einer digitalisierten und datengetriebenen Welt: Ein konfigurationstheoretischer Zugang. ZfbF-Sonderheft book series (ZFBFS), 72, 65–80. *https://doi.org/10.1007/978-3-658-18751-4_4*

Kaiser, S./Kraus, H. (2014a): Big Data im Personalmanagement: Erste Anwendungen und ein Blick in die Zukunft. zfo Zeitschrift Führung + Organisation, 83(6), 379–385.

Kaiser, S./Kraus, H. (2014b): Big Data in der Arbeitswelt: Übernehmen Algorithmen die Führung? Austrian Management Review, 4(September), 122–123.

Kaiser, S./Loscher, G. (2018): People Analytics – Die Zukunft des Personalmanagements. In H. Surrey/V. Tiberius (Hrsg.), Die Zukunft des Personalmanagements: Herausforderungen, Lösungsansätze und Gestaltungsoptionen (S. 203–214). vdf Hochschulverlag.

Kirsch, W. (1991): Unternehmenspolitik und strategische Unternehmensführung (2. Aufl.). Kirsch.

Krauss, N. F. (2002): Strategische Perspektiven des Humanressourcen-Managements. Schriften zur Unternehmensentwicklung. Deutscher Universitätsverlag. *https://doi.org/10.1007/978-3-663-11548-9*

Loscher, G./Kaiser, S. (2019): People Analytics als Zukunftsthema des Personalmanagements: Voraussetzungen, Vorgehen und Zukunftsaussichten. Controlling: Zeitschrift für erfolgsorientierte Unternehmenssteuerung, 31(5), 19–25.

Marr, R./Stitzel, M. (1979): Personalwirtschaft: ein konfliktorientierter Ansatz. Verlag Moderne Industrie.

O'Reilly, C. A./Tushman, M. L. (2013): Organizational ambidexterity: Past, present, and future. The Academy of Management perspectives, 27(4), 324–338.

Raisch, S./Birkinshaw, J./Probst, G. J. B./Tushman, M. L. (2009): Organizational ambidexterity: Balancing exploitation and exploration for sustained performance. Organization Science, 20(4), 685–695.

Ringlstetter, M./Kaiser, S. (2008): Humanressourcen-Management. Oldenbourg Wissenschaftsverlag.

Thiemann, D./Kozica, A./Rauch, R./Kaiser, S. (2019): Digitalisierungsatlas: Die Digitalisierung der Arbeitswelt verstehen und gestalten. Zeitschrift Führung + Organisation (ZfO), 88(2), 114–121.

Todorova, G./Durisin, B. (2007): Absorptive capacity: Valuing a reconceptualization. Academy of Management Review, 32(3), 774–786. *https://doi.org/10.5465/amr.2007.25275513*

Widuckel, W. (2020): Arbeit 4.0 und Transformation der Mitbestimmung. In V. Bader/S. Kaiser (Hrsg.), Arbeit in der Data Society: Zukunftsvisionen für Mitbestimmung und Personalmanagement (S. 17–34). Springer Fachmedien Wiesbaden. *https://doi.org/10.1007/978-3-658-32276-2_2*

Wood, A. J./Graham, M./Lehdonvirta, V./Hjorth, I. (2019): Good Gig, Bad Gig: Autonomy and Algorithmic Control in the Global Gig Economy. Work, employment & society: a journal of the British Sociological Association, 33(1), 56–75. *https://doi.org/10.1177/0950017018785616*

Zahra, S. A./George, G. (2002): Absorptive Capacity: A Review, Reconceptualization, and Extension. Academy of Management Review, 27(2), 185–203. *https://doi.org/10.5465/amr.2002.6587995*

B. Die Gestaltungsfelder strategischer Personalarbeit

I. Neue Anforderungen an Personalverantwortliche: Aufgabenbereiche, Selbstbild und Kompetenzprofile

Anne-Katrin Neyer/Juliane Müller

Strategische Kompetenzentwicklung für HRM: Impulse für ein Investitionsprogramm

Inhaltsübersicht

1. Kompetenzen der Zukunft

»Wir führen jetzt in vielen Abteilungen das Prinzip des agilen Arbeitens ein, aber bei uns in HR erstmal nicht.« In den Interviews und Gesprächen, die wir als Wissenschaftlerinnen mit HR-Verantwortlichen führen, lernen wir viele spannende Ansätze kennen, die HR im Unternehmen etabliert. Gleichzeitig beobachten wir, dass HR dies zwar für »andere« tut, sich selbst dabei an vielen Stellen allerdings vergisst, übersieht, in den Hintergrund rückt. Folgendes Beispiel

241

illustriert dies sehr gut: Die Recruiting Abteilungen vieler Unternehmen suchen im Moment nach Data Analysts für verschiedenste Bereiche des Unternehmens (Abfrage bei Linkedin am 21.01.2021 mit dem Schlagwort »data analyst« in Deutschland: 2418 Ergebnisse; marketing data analyst: 88 Ergebnisse, »finance data analyst«: 206 Ergebnisse), um der zunehmenden Bedeutung der datenunterstützten Entscheidungen in den einzelnen Geschäftsbereichen gerecht zu werden. Eine Abfrage mit dem Schlagwort »HR data analyst« ergab 31 Ergebnisse. Auch wenn es sich hierbei um keine repräsentative Umfrage handelt, spiegelt es doch einen zentralen Aspekt in der aktuellen Diskussion der Kompetenzentwicklung für HR selbst wider: Wenn es im Zuge der Digitalisierung zu einer zunehmenden Automatisierung der operativen Prozesse kommt, müssen Personaler:innen sich proaktiv mit neuen Rollen- und Kompetenzanforderungen auseinandersetzen bzw. sich klar werden, welches Selbstverständnis sie für sich erarbeiten.

Diesen Expert:innen sind Aspekte der Kompetenzmodellierung, des Kompetenzmanagements und die Schwierigkeiten der operativen Arbeit mit dem oftmals uneinheitlich verstandenen Konstrukt der Kompetenzen in vielen Fällen wohlbekannt. Diese finden sich sowohl in der strategischen Ausgestaltung eines Kompetenzmodells als auch in dessen operativer Umsetzung. In der wissenschaftlichen Literatur zeigen sich verschiedenste Ansätze, um sich der Frage der notwendigen Kompetenzen zu nähern. Das Kompetenzmanagement mit seiner zentralen Aufgabe der systematischen Beschreibung von individuellen und organisationalen Kompetenzen spielt dabei eine wesentliche Rolle und ist damit ein zentraler Pfeiler für eine Umsetzung der Unternehmensstrategie (Rost 2020; North et al. 2013). Ausgehend von der jeweiligen Unternehmensstrategie werden zukünftige Anforderungen an die fachlichen, sozialen und methodischen Kompetenzen der Mitarbeiter:innen zusammengefasst, die rollen- und organisationsübergreifend als erfolgversprechend angesehen werden (Meifert 2013). Erpenbeck (2017) versteht unter Kompetenzen die Fähigkeiten, in komplexen und dynamischen Situationen selbstorganisiert zu handeln, das heißt Kompetenzen schlagen sich in Handlungen nieder (Erpenbeck/Sauter 2015). Dass Kompetenzen sowohl situationsabhängig sind und sich in beobachtbaren Verhaltensweisen zeigen, wird auch von Kurzhals (2011) untermauert. Mit dem Fokus auf einer selbstorganisierten Problemlösung unterscheiden sich Kompetenzen also von Qualifikationen, die fremdorganisiert auf die Erfüllung vorgegebener Ziele abzielen (Arnold 2001).

Im Sinne des Resource-Based Views (Barney 1991) wollen immer mehr Unternehmen, dass ihr bereits existierendes oder sich in der Entwicklung befindendes strategisches Kompetenzmanagement darauf abzielt, sowohl seltene als auch wertvolle Kompetenzressourcen der eigenen Mitarbeiter:innen zu schaffen.

Aber welche Kompetenzen braucht es? Zur Beantwortung dieser Frage kann u. a. das Konzept der beruflichen Handlungskompetenz herangezogen werden, welches Kompetenzen ganzheitlich durch das Zusammenwirken der Teilaspekte Fach-, Methoden- und Sozialkompetenz sowie erweitert auch die Selbstkompetenz betrachtet (Graßmann 2005; Grote et al. 2006). Ausgehend von einem Fokus auf individuelle Kompetenzen werden Kompetenzen zunehmend um organisationale und Teamkompetenzen erweitert (Kauffeld/Paulsen 2018), um sowohl neue als auch vertraute Aufgaben und Herausforderungen proaktiv meistern zu können.

Picot et al. (2020, S. 151) unterstreichen, dass »durch veränderte Rahmenbedingungen wie insbesondere Digitalisierung, Wertewandel und neue organisatorische Lösungen neue Anforderungen an die Kompetenzen der Menschen entstehen (…). Vom Umgang mit digitalen Medien und schneller, lebenslanger Lernfähigkeit und Offenheit diesbezüglich, hin zu Eigenverantwortung und Kreativität ergibt sich eine Facette an Fähigkeiten und Fertigkeiten, welche über die bisherigen grundlegenden Anforderungen der Sozial-, Fach-, und Methodenkompetenzen an Mitarbeiter hinausgehen« (MÜNCHNER KREIS 2016, 2020). Darunter fallen u. a. eigenverantwortliche Entscheidungsfähigkeit (Empowerment), Medienkompetenz, Lernbereitschaft, Offenheit und Kreativität sowie Resilienz (Picot et al. 2020).

Angetrieben durch sich ändernde Kundenwünsche sind insbesondere Industrieunternehmen gefordert, die bislang als rein physisch gedachten Produkte in hybride Produkt-Service-Systeme einzubetten und zu vermarkten. Dazu sind jedoch ganz neue Denkweisen, Entwicklungsmethoden und Kompetenzen nötig. In dem laufenden BMBF-geförderten Forschungsprojekt *AgilHybrid*[1] werden daher insbesondere Teamkompetenzen im Kontext der Entwicklung digital vernetzter Geschäftsmodelle untersucht. Die Relevanz des dabei entstandenen Teamkompetenzmodells (siehe Abbildung 1) wird dadurch unterstrichen, dass im Rahmen der Untersuchung ein enormer Kompetenzentwicklungsbedarf bei deutschen Unternehmen aufgedeckt wurde (Beiner et al. 2021).

---

1   Dieses Forschungs- und Entwicklungsprojekt AgilHybrid wird im Rahmen des Programms »Zukunft der Arbeit« vom Bundesministerium für Bildung und Forschung und dem Europäischen Sozialfonds (ESF) gefördert und vom Projektträger Karlsruhe (PTKA) betreut. Die Verantwortung für den Inhalt dieser Veröffentlichung liegt bei den Autorinnen.

Abbildung 1: Kompetenzen der Zukunft – das AgilHybrid Kompetenzmodell der 20 Schlüsselkompetenzen für DVGM-Entwicklungsteams

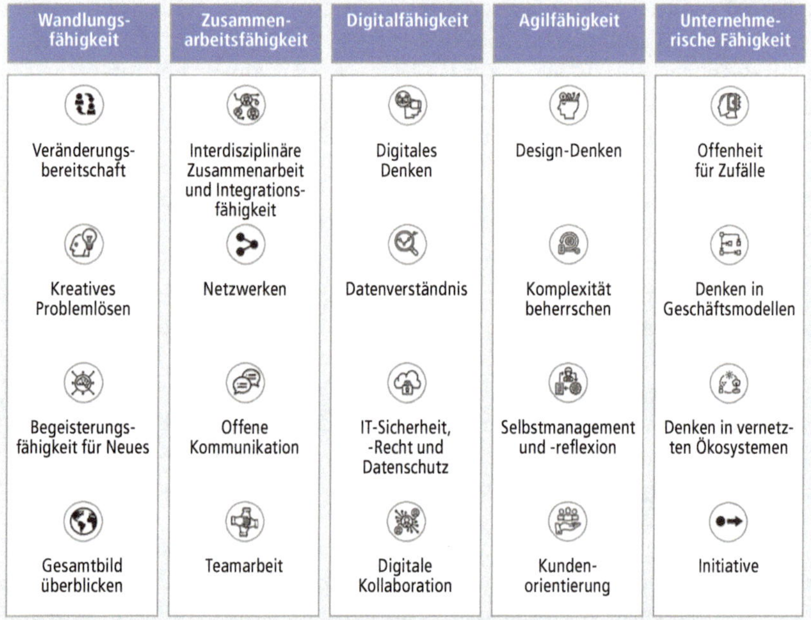

Wandlungs-fähigkeit	Zusammen-arbeitsfähigkeit	Digitalfähigkeit	Agilfähigkeit	Unternehme-rische Fähigkeit
Veränderungs-bereitschaft	Interdisziplinäre Zusammenarbeit und Integrations-fähigkeit	Digitales Denken	Design-Denken	Offenheit für Zufälle
Kreatives Problemlösen	Netzwerken	Datenverständnis	Komplexität beherrschen	Denken in Geschäftsmodellen
Begeisterungs-fähigkeit für Neues	Offene Kommunikation	IT-Sicherheit, -Recht und Datenschutz	Selbstmanagement und -reflexion	Denken in vernetz-ten Ökosystemen
Gesamtbild überblicken	Teamarbeit	Digitale Kollaboration	Kunden-orientierung	Initiative

Quelle: Beiner et al. 2021.

Auch dieses Beispiel verdeutlicht, dass durch eine Veränderung der strategischen Unternehmensziele und die daraus resultierenden neuen Modelle der Arbeitsstrukturierung eine offene, zukunftsorientierte und nachhaltige Auseinandersetzung mit den notwendigen Kompetenzen im Unternehmen eine wesentliche Rolle spielt. Doch nicht nur die Digitalisierung, sondern insbesondere plötzliche, unvorhersehbare, ungeplante Eingriffe in unsere Gesellschaft (Stichwort: Covid-19) zeigen es in aller Deutlichkeit: Die Art und Weise, wie wir arbeiten und leben, ändert sich, unerwartet, radikal oder aber schleichend. Zusammenarbeit wird neu definiert. Eigene Erwartungen werden kritisch hinterfragt. Menschen wollen oder müssen ihre Karrierepläne regelmäßig anpassen. Diese permanenten Veränderungen fordern, dass sich der Mensch sehr oft neu erfinden muss. Dies eröffnet neue Perspektiven, hat aber auch seinen Preis: Es kostet viel mentale Energie.

Ein historisch gewachsenes Verständnis der »Ressource« Mensch wird nicht mehr ausreichen, um die notwendige mentale Flexibilität im Unternehmen zu verankern. Dazu bedarf es einer ganzheitlichen Betrachtung der Mitarbeiter:innen, das heißt mit den jeweiligen individuellen Kompetenzen, Fähigkeiten, Fertigkeiten und Bedürfnissen als wichtigste und wertvollste Ressource im Unternehmen. Dieses Verständnis darf auch vor den Mitarbeiter:innen der HR-Abteilung als Gestalterin der strategischen Kompetenzmodelle nicht Halt machen. Ganz im Gegenteil.

Woran liegt es also, dass trotz der offensichtlichen Anforderungen an ein Neudenken bzw. Weiterdenken von Kompetenzen die Frage der strategischen Kompetenzentwicklung für HR selbst nicht selten auf Wiedervorlage gelegt wird? In ihrer Studie zum Stand der Digitalisierung der HR-Arbeit zeigen Wirges et al. (2020), dass über die Hälfte der Befragten fehlende Zeit (64 % fehlende Zeit für Personalentwicklung; 61 % fehlende Zeit für Netzwerkpflege) als zentralen Aspekt nennen, sich um das kümmern zu können, was eine der zentralen Aufgaben von HR ist: die Arbeit mit und für den Menschen, die im Unternehmen tätig sind und deren Kompetenzentwicklung. Sich selbst eingeschlossen.

Aus diesem Grund zeigen wir in weiterer Folge auf, warum es für eine stärkenbasierte Kompetenzentwicklung für HR ein Investitionsprogramm braucht, wie dieses gestaltet werden kann und warum es die damit verbundenen Mühen und Anstrengungen wert ist.

2. Investitionsprogramm für HR

2.1 Warum gerade jetzt investieren: Die Rolle von Jobcrafting

»In sich selbst zu investieren, ist eine der besten Investitionen, die man tätigen kann.« Diese bekannte Aussage von Warren Buffet fokussiert auf ein wachstumsorientiertes Selbstbild, auch Wachstumsdenken genannt. Wachstumsdenken fokussiert auf den Glauben an das eigene Potenzial und ermöglicht dadurch, Aufgaben und Probleme aus einer anderen Perspektive zu betrachten. Die Frage nach dem wertschöpfenden Beitrag von HR, das eigene Selbstverständnis sowie das Verständnis der anderen über die Notwendigkeit der Investition in HR, wird nicht erst seit der fortschreitenden Digitalisierung operativer Prozesse immer wieder kritisch diskutiert. In einer aktuellen Umfrage des IBM Institute for Business Value wurde die Bedeutung des Chief Human Resources Officer in den kommenden Jahren mit gerade nur 16 % weit hinter den Chief »Technologie« Officers (CIO/CTO) genannt (IBM Institute for Business Value, 2021).

Diese, sowohl in der Praxis als auch in der wissenschaftlichen Community geführten Diskussionen, waren normal, gehörten zum Alltag. Doch seit März 2020 hilft das Gewohnte nicht weiter. Innerhalb kurzer Zeit waren viele Unternehmen gefordert, das Arbeitsumfeld ihrer Mitarbeiter:innen neu zu denken. In vielen

Fällen war und ist das die Aufgabe der HR-Abteilung. Es galt und gilt zu sortieren, bestehende HR-Prozesse zu hinterfragen, genau hinzuhören, insbesondere da die Personalentwicklung zunehmend zuhause stattfand und immer noch stattfindet (»Personalentwicklung @home«). Die daraus entstandenen Dynamiken, Zusammenhänge und Prozesse mussten und müssen erkannt, reflektiert und überschaubar gemacht werden, damit Mitarbeiter:innen und Führungskräfte sie verstehen können. Das Ergebnis ist ein Festlegen: Wir machen das jetzt so. So haben es viele HR-Abteilungen geschafft, u. a. ihre Mitarbeiter:innen innerhalb kürzester Zeit ins Homeoffice zu begleiten. Ein Schritt, der in vielen Unternehmen bislang nur bedingt vorstellbar war.

Die zentrale Frage ist, was macht HR jetzt aus diesem Wendepunkt? Wie kann aus einem Sortieren aus der Not heraus, ein fokussiertes Machen und Umsetzen werden, das heißt eine Dauerleistung? Hier setzt das in weiterer Folge dargestellte Investitionsprogramm an.

Für die Entwicklung dieses Investitionsprogramms braucht es in einem ersten Schritt ein gemeinsames mentales Modell, das dabei helfen kann, dass an vielen Stellen herrschende eingefahrene – alltägliche – Verständnis des wertschöpfenden Beitrags von HR/der HR-Rolle weiter zu denken als gewohnt.

Wir arbeiten an dieser Stelle mit dem Ansatz des Job Craftings (Wrzesniewski/Dutton 2001). Job Crafting ist darauf ausgerichtet, dass die Mitarbeiter:innen das eigene Arbeitsfeld entlang dreier Dimensionen umgestalten können: der physischen, der kognitiven und der sozialen Dimension. Im Rahmen der physischen Umgestaltung werden die Grenzen des eigenen Aufgabenumfelds erweitert, um u. a. zusätzliche oder andere Aufgaben zu übernehmen, die den individuellen Präferenzen mehr entsprechen. Von einer kognitiven Umgestaltung wird gesprochen, wenn das eigene Aufgabenumfeld aus einer anderen Perspektive betrachtet wird. Dabei geht es darum, sich mental damit auseinanderzusetzen, welchen potenziellen Mehrwert die eigenen Aufgaben für einen selbst, die Organisation und die Gesellschaft haben könnten, das heißt der Frage, ob die Aufgabe sinnstiftend ist. Die soziale Umgestaltung erfolgt, indem die Qualität der Beziehungen zu Kolleg:innen, Vorgesetzten und Kund:innen verbessert wird und dadurch die Arbeitsbeziehungen als bereichernd wahrgenommen werden (Wrzesniewski/Dutton 2001). Darüber hinaus unterstreichen Buonocore et al. (2020) die Bedeutung von Makro-Faktoren (z. B. Arbeitsplatzunsicherheit) auf die kognitive Umgestaltung des eigenen Arbeitsumfeldes.

Unter Berücksichtigung des zuvor skizzierten Wendepunkts durch Covid-19 und die fortschreitende Digitalisierung als Makro-Faktoren ist jetzt also ein guter Zeitpunkt für ein Job Crafting für Personaler:innen. Was bedeutet das konkret? Erstens: Rollenverteilung festlegen, das heißt, welchen Aufgaben widme ich meine Zeit? Zweitens: Motivation beschreiben, das heißt, was sind meine eigentlichen Ziele und Wünsche? Drittens: Umsetzung planen, das heißt, wie lassen sich die neuen Aufgaben selbstbewusst angehen? (Wrzesniewski et al., 2010). Und dies alles mit den Unternehmenszielen vor Augen.

Für eine solche bewusste und strategisch-orientierte Entscheidung für ein Reframing des Verständnisses von HR-Arbeit muss in verschiedene Kompetenzen investiert werden. Das in weiterer Folge skizzierte Investitionsprogramm bietet dazu einen Impuls.

2.2 Drei Investitionsentscheidungen

Wenn in der Wissensgesellschaft von Investitionen gesprochen wird, dann oft in dem Zusammenhang, dass Bildung eine Investition in die Zukunft ist. Longhi (2020, S. 124) attestiert zurecht, dass Zeit dabei eine wesentliche Rolle spielt. Allerdings unterstreicht sie in Anlehnung an Dörpinghaus (2007, S. 35 f.), dass Zeit dabei weniger aus dem Blickwinkel der Möglichkeiten für die Reifung der eigenen Persönlichkeit herangezogen wird, sondern oft als Maßstab dafür, ob und wie sie sinnvoll zur Lösung von privaten und beruflichen Problemen genutzt worden ist. Dadurch entsteht ein Spannungsfeld, das den Erwartungsdruck erhöht: Einerseits braucht der Mensch Zeit für die eigene Entwicklung, Zeit sich aufgrund des Wandels regelmäßig neu zu erfinden. Andererseits fehlt es genau daran: an der Zeit.

Wie kann nun ein Job Crafting für die Personaler:in gelingen, wenn Zeit Mangelware ist? Bei einer solchen Investitionsentscheidung steht also ohne Zweifel eine zielgerichtete Verwendung der wenigen Zeit im Mittelpunkt. Unter diesem Gesichtspunkt haben wir drei Dimensionen identifiziert, die eine Investition in die Kompetenzentwicklung von HR ermöglichen (siehe Tabelle 1). Dabei stehen für uns die Investitionsentscheidungen im Vordergrund und nicht die Vollständigkeit der Zuordnung der hier dargestellten Kompetenzen. Diese dienen lediglich zur Orientierung und können je nachdem, worauf der Fokus der Investitionsentscheidung liegt, auch variieren bzw. ergänzt und differenzierter ausgearbeitet werden. Jeder Investitionsentscheidung haben wir eine Investitions-Philosophie zugrunde gelegt, die verdeutlicht, warum die jeweilige Investitionsentscheidung wichtig ist.

Tabelle 1. Ein Investitionsprogramm für die strategische Kompetenzentwicklung

Investitionsentscheidung	Kompetenz	Zugrundeliegende Investitionsphilosophie
Investiere in Dich	Selbstkompetenz	Positive Psychologie
Investiere in Beziehungen	Sozialkompetenz	Soziales Kapital
Investiere in Talente	Fach- und Methodenkompetenz	Datenunterstützte Entscheidungsfindung

Quelle: eigene Darstellung.

2.2.1 Investiere in dich

»Du bist mutiger als du glaubst, stärker als du aussiehst und schlauer als du denkst.« (Pu der Bär)

Bereits 2013 zeigten Harzer und Ruch, dass die Arbeit an Aufgaben und Aktivitäten, in denen sich die eigenen Stärken widerspiegeln, zu einem positiven Erleben von Arbeit, Engagement und erlebter Bedeutsamkeit führen. Die positive Psychologie zielt darauf ab »mit wissenschaftlichen Methoden die Bedingungen und Konsequenzen des Wohlbefindens, menschlicher Stärken und positiv gestalteter Institutionen zu untersuchen und Interventionen zu entwickeln und zu evaluieren, die der Förderung einer positiven individuellen, institutionellen und gesellschaftlichen Entwicklung dienen« (Seligmann 2012, S. 9). Ein anerkanntes und gut erforschtes Modell (PERMA) der Positiven Psychologie für ein erfüllendes Leben besteht aus den fünf Säulen: (1) positive Emotionen, (2) Engagement, (3) Beziehungen, (4) Sinnerleben und (5) Zielerreichung (Seligman 2011).
Den Blick auf das Positive richten, auf die eigenen Stärken und nicht auf die Dinge, die gerade falsch laufen oder möglicherweise falsch laufen könnten, das ist eine große Herausforderung für unser Gehirn. Das menschliche Gehirn ist seit Urzeiten darauf ausgerichtet, in einer Art »Hab-Acht«-Haltung zu agieren. Hätten unsere Vorfahren sich gelassen zurückgelehnt, hätten sie die Signale möglicher Gefahren überhört bzw. übersehen und hätten den Überlebenskampf verloren. Ohne Zweifel gibt es auch heute noch Situationen, in denen diese »Hab-Acht«-Haltung wichtig ist. Dennoch befinden wir uns in einer anderen Situation

als unsere Vorfahren. Und trotzdem reagiert unser Gehirn immer noch stärker auf das Negative als auf das Gute (Baumeister et al. 2001).

Um nun also selbstbewusst ein Job Crafting für die Personaler:innen zu gestalten und umzusetzen, brauchen diese die Selbstkompetenz »**sich selbst zu kennen**«. Wann sehe ich Dinge in meinem Arbeitsalltag positiv? In welchen Situationen dominiert die »Hab-Acht« Haltung meines Gehirns? Warum ist das so? Wer sich selbst gut kennt, kann besser einschätzen, wie die eigenen Fähigkeiten in heutigen und zukünftigen Arbeitsaufgaben eingebracht werden können. Dazu gehört auch eine ehrliche Einschätzung der Grenzen des Machbaren.

Diese Form der Selbstreflexion ist übrigens keine Erfindung unserer Zeit. Bereits Marc Aurel führte eine tägliche Selbstreflexion durch und erarbeitete in dieser Form sein Weltbild im Selbstdialog. Diese sind uns heute als das Werk »Selbstbetrachtungen« bekannt. Bandura (1979) unterstreicht, dass die systematische und bewusste Beobachtung des eigenen Verhaltens ein wichtiger Wirkfaktor für Selbstregulationsprozesse ist. Dadurch werden Menschen zu einem aktiven, selbstgesteuerten und geplanten Handeln befähigt. Ciampa (2017) zeigt unter der Überschrift »The more senior your job title the more you need to keep a journal« die Potenziale, aber auch Herausforderungen des Führens eines Reflexionstagebuchs für Führungskräfte auf.

Das Reflexionstagebuch dient also zur Rekonstruktion und Analyse des eigenen Verhaltens. Es hilft, Empfindungen und Handlungen nachvollziehbar zu machen und innere Prozesse zu kommunizieren (Bolger/Davis/Rafaeli 2003). Wie sollte es auch anders sein, eines der Gegenargumente für die Nutzung dieser Methode ist: fehlende Zeit. Dem sei entgegengestellt, dass es verschiedenen Formen gibt, ein solches Reflexionstagebuch zu führen. Angefangen von 6-Minuten-Reflexionsbüchern bis hin zur App-unterstützten Ausführung. In einem aktuellen Forschungsprojekt am Lehrstuhl für Personalwirtschaft und Business Governance der Martin-Luther-Universität Halle-Wittenberg werden Studierende im Rahmen einer Experience Sampling-Studie in ihrem studentischen Arbeitsalltag in Pandemiezeiten begleitet. Dabei wird App-basiert täglich reflektiert und der Lernprozess durch entsprechende Interventionen begleitet. Der Zeitaufwand für die Reflexion beträgt ca. 5 Minuten pro Tag. Das Ziel ist eine bewusste Auseinandersetzung mit der Frage, wie sich unterschiedliche Formen von Kreativitätstraining auf die Entwicklung von kreativem Selbstvertrauen und kreativem Verhalten von Studierenden im Kontext hybrider Lehrkonzepte auswirken. Job Crafting für Personaler:innen wird in vielen Fällen ein Verlassen der eigenen Komfortzone bedeuten. Dweck (2017) zeigt, dass das eigene Selbstbild den individuellen Umgang mit Herausforderungen bestimmt. »Investiere in dich selbst« ist daher ein wesentlicher Bestandteil des Investitionsprogrammes für die strategische Kompetenzentwicklung von HR.

2.2.2 Investiere in Beziehungen

Die Muster der Arbeitsteilung ändern sich: Es kommt zu einer permanenten Weiterentwicklung von Strukturen und Zusammenarbeit. Die abteilungs- und organisationsübergreifende Arbeit von Einzelnen und Teams wird immer mehr zur Standardform der Zusammenarbeit. Netzwerke werden immer wichtiger, wobei eine höhere strukturelle, inhaltliche und räumliche Flexibilität zur Erreichung der Unternehmensziele notwendig ist (Picot et al. 2020). Das verändert auch die Kommunikations- und Interaktionsbeziehungen der Mitarbeiter:innen.

Diese sich permanent verändernden Rahmenbedingungen als auch die zuvor angesprochenen Makro-Faktoren bieten die Chance für ein Job Crafting der Personaler:innen. Eine wesentliche strategische Perspektive auf die Leistungserstellung von HR ist dabei die eigene Perspektive auf die Investition in Beziehungen. Wir beziehen uns dabei als zugrundeliegende Investitionsphilosophie auf das soziale Kapital, das heißt der Annahme, dass durch die Investitionen in soziale Beziehungen ein Nutzen generiert wird (u. a. Burt 1982; Coleman 1973; Granovetter 1973). Verschiedene Studien (Barthauer/Kauffeld 2018; Barthauer et al. 2016; Luthans et al. 2004) zeigen dass Sozialkapital (»wen kenne ich«) neben dem Humankapital (»was habe ich«) und dem psychologischen Kapital (»wer bin ich«) für den Karriereerfolg ausschlaggebend ist. Nach Barthauer et al. (2019) liegt der Nutzen des sozialen Kapitals in den aktuellen und potenziellen Ressourcen, die Beschäftigten in Organisationen durch direkte und indirekte Beziehungen zur Verfügung stehen.

Jene soziale Vernetzung erfordert Sozialkompetenz, also die Fähigkeit sich im interpersonellen Umgang situationsspezifisch und angemessen zu verhalten. Insbesondere Kommunikations-, Konfliktfähigkeit und Mitgefühlskompetenz unterstützen Aufbau und Pflege belastbarer Beziehungen und das damit verbundene Vertrauen sowie die Lösung von Verständnisproblemen. Sozialkompetenz ist ohne Zweifel unabhängig von der Position relevant. Jedoch hat der technologisch-organisatorische Wandel dazu geführt, dass insbesondere Führungskräfte gefordert sind – mehr als das bisher der Fall war –, über räumliche Grenzen hinaus Vertrauensverhältnisse aufzubauen und Widerstände abbauen zu können (Posé 2016). Das gilt auch für Personaler:innen. Gerade im Hinblick auf die notwendigen und häufig noch fehlenden Kompetenzen zur strategischen Arbeit mit Daten bedarf es eines Auf- und Ausbaus von Beziehungen zu Partnern in und außerhalb des Unternehmens, die a) über diese Kompetenzen verfügen und b) deren Unterstützung es für die Implementierung eines »data-driven Mindsets« in die strategische HR-Arbeit braucht. Dabei spielen Vertrauen und Kommunikation, die beide eng miteinander verbunden sind (Müller et al. 2017), eine wesentliche Rolle. Stärker als bislang gilt es, Vertrauen an neuen Schnittstellen des Wissensaustausches in Organisationen aufzubauen. Dazu braucht es nicht nur ein Verständnis dafür, um welche Schnittstellen es sich handelt, sondern mehr denn je auch die Offenheit und Transparenz darüber, wie die oftmals komplexe Schnittstellen-Kommunikation gestaltet werden kann. Rau et al. (2016) zeigen im Kontext von Innovationsprojekten auf, welche Rolle sowohl pragmatische als auch semantische Grenzen für einen erfolgreichen Wissenstransfer zwischen den verschiedenen Fachabteilungen aber auch über Organisationen hinweg spielen, und wie mit diesen umgegangen werden kann. In diesem Kontext wird häufig auch von der Kompetenz des »**boundary spanning**« (Tushman/Scalan 1981) gesprochen. Diese Kompetenz zielt darauf ab, die Kommunikation zwischen verschiedenen Akteursgruppen aufrechtzuerhalten. Neidig (2019) und Neidig et al. (2018) analysieren als eine der relevanten Kompetenzen für Aufsichtsräte die **HR-Kompetenz des Beziehungsmanagements**. Darunter fallen aus einer strategischen Perspektive u. a. die Kenntnisse der grundlegenden Rahmenbedingungen, die bei der Auswahl und Zusammenarbeit mit externen Akteursgruppen relevant sind. Auf operativer Ebene muss verstanden werden, wie mit verschiedenen Anspruchsgruppen umgegangen wird (u. a. Konfliktmanagement). Auf einer kommunikativen Ebene gilt es aufgrund der bereits angesprochenen komplexen Schnittstellen-Kommunikation Glaubwürdigkeit und Integrität in Konfliktsituationen zu verkörpern (Neidig et al. 2018, S. 63).

Die Investition in Beziehungen als grundlegende Voraussetzung für ein Job Crafting von Personaler:innen ist somit ein essenzieller Bestandteil des Investitionsprogramms für die strategische Kompetenzentwicklung von HR.

Im Folgenden betrachten wir die Bedeutung positiver Bindungen für Personaler:innen selbst, Arbeitnehmende und die Organisation als Ganzes. Zudem widmen wir uns der Frage, welche Stakeholder HR künftig in den Fokus nehmen sollte. **Positive Beziehungen** und eine **positive Arbeitskultur** sind wertschöpfend, da sie durch energetisierende zwischenmenschliche Interaktionen den Energiezustand des Teams, der Abteilung bzw. Organisation als Ganzes stärken (Rose 2019b). Grundlegend für diese Perspektive ist das Verständnis einer Organisation als »unendlichen Strom von kurzen oder längeren Interaktionen« im Kollegium, in Teams aber auch zwischen Beschäftigten und anderen Stakeholdern (Rose 2019b, S. 30). Jene Begegnungen zwischen zwei oder mehr Menschen generieren, dämpfen oder vernichten relationale Energie, die wir als motivationale Kraft spüren (Baker 2019) und die auf andere Menschen übertragbar ist. Entsprechend kann jede Interaktion das Level relationaler Energie der Organisation ändern. Owens et al. (2016) zeigen dass Leistung und Engagement von Mitarbeitenden mit dem Level an relationaler Energie ihrer Führungskräfte, die als Energie-Broker agieren, verknüpft ist. Unternehmen wie Facebook fördern daher gezielt den Energiefluss, die Entstehung positiver Energie und regen ihre Beschäftigten an, ihr individuelles Energielevel zu reflektieren (Rose 2019b).

Exkurs: Employee Experience – Hype oder Notwendigkeit?
(Von Felicitas von Kyaw und Leon Jacob)
In der Arbeitswelt von heute geht es um Erlebnisse: Kundenerlebnisse, Markenerlebnisse, Produkterlebnisse, Mitarbeitererlebnisse. Die Qualität der Erlebnisse, die Mitarbeiter:innen mit ihren Arbeitgebern machen, prägt dabei ihre Beziehung zu diesen. Und HR gestaltet diese Beziehung aktiv mit.
Der Anspruch, die Employee Experience (EX) aktiv zu gestalten, fordert von Personaler:innen einen Perspektivwechsel. Personalverantwortliche müssen die Prozessbrille ab- und die interne Kundenbrille aufsetzen. Kommt bei ihren internen Kund:innen an, was ankommen soll? Werden die HR Produkte und Dienstleistungen positiv aufgenommen? Schafft HR es damit, positive Erlebnisse zu bieten?
EX bezeichnet die Summe aller Wahrnehmungen, die Mitarbeiter:innen durch die Interaktion mit ihren Arbeitgeber:innen haben. Dabei geht es vor allem um die emotionale, positive Erfahrung, die Wahrnehmung und Bauchgefühl prägt und über das Rationale weit hinaus geht.[2]
Entscheidend für die Beziehung von Mitarbeiter:innen zu ihren Arbeitgebern sind vor allem Schlüsselmomente wie der erste Tag im Job, Feedbackgespräche mit der oder dem Vorgesetzten, der Umgang mit Fehlern oder die Kommunikation von organisationalen Veränderungen. Diese gilt es, kundenorientiert zu gestalten und auszurichten. Helfen können dabei Methoden, die Designer:innen unter dem Begriff Design Thinking schon seit Jahren einsetzen, um (interne) Kund:innen zu begeistern.
Investitionen in eine positive Employee Experience zahlen sich aus. Kundenorientierung, Engagement und Produktivität steigen. Fluktuation und Krankenstand gehen zurück. So profitieren am Ende alle: Mitarbeiter:innen, Arbeitgeber und Kund:innen.[3]
Wer mehr erfahren will, liest weiter in den folgenden Publikationen oder probiert EX Design am besten selbst aus. Wie das geht, steht im Employee Experience Design Playbook des BPM.[4]

Working Out Loud (WOL) ist eine vielfältig einsetzbare Methode, die sich den Ansatz relationaler Energie zu Nutze macht und auf positive Beziehungen und Reziprozität baut. Das von Stepper (2020) entwickelte netzwerkbasierte Lern- und Arbeitsformat Working Out Loud baut auf selbstgesteuerten, informellen

---

2   Jacob, L./von Kyaw, F. (2019): Wer CX sagt, muss auch EX sagen. Erschienen in: Changement! Ausgabe 8/2019, Handelsblatt Group, Düsseldorf.
3   Jacob, L./von Kyaw, F. (2020): Mitarbeiterorientierung als Wettbewerbsvorteil. Erschienen in: Smart HRM, Springer Gabler, Wiesbaden.
4   BPM (2019): Employee Experience Design Playbook. Frei verfügbar unter: *https://www.bpm.de/sites/default/files/ex_design_playbook_web_0.pdf*

Wissenstransfer und Lernen in einer selbstorganisierten Kleingruppe von vier bis fünf Personen (»Circle«). Ein selbstgewähltes, individuelles Lernziel, ein konkreter Leitfaden (Circle-Guide mit Übungen) und fünf Grundprinzipien (u. a. für transparentes, kollaboratives Arbeiten) geben einem Working Out Loud Circle zwölf Wochen lang Anregungen und Struktur. Die wöchentlichen ein- bis zweistündigen Circle-Treffen, bestehend aus Feedback und Austausch zu den Übungen, Diskussion und Reflexion, finden analog oder digital statt. Besonders reizvoll ist diese Methode für Individuen und Organisationen, da sie in verschiedenen Kontexten und zudem mehrfach angewandt werden kann. Mit immer wieder frisch zusammengesetzten Circles, neuen Lernzielen sowie bedarfsgerechten Übungen und Circle-Ablauf entwickelt sich Circle für Circle ein individuelles, nachhaltiges Lern- und Wissensnetzwerk. Working Out Loud zielt neben Lernen, Zielerreichung und Karriereentwicklung auch darauf ab, relevante und belastbare Arbeitsbeziehungen aufzubauen und stärkt so das soziale Kapital und die Vernetzungskompetenz der Teilnehmenden. Obwohl die Bestandteile des WOL-Ansatzes einzeln betrachtet wenig spektakulär sind, wurden sie von Stepper auf wirksame Weise zusammengesetzt und mit aktuellen Themen wie Kollaboration, Lernen in Netzwerken und der sinnvollen Nutzung sozialer Medien verknüpft.

Das Potenzial der flexiblen Methode Working Out Loud nutzen bereits Mitarbeitende aus über 40 Unternehmen für sich und ihre Organisation, darunter sind insbesondere Konzerne wie Siemens, Bosch, Continental AG und Daimler AG. Die Praxis spricht von einem Evolutionsprozess (Lipkowski 2017; Weilbacher 2018): WOL beginnt bisher häufig als Graswurzelbewegung Einzelner (bspw. bei Bosch in 2015), bevor sich die Methode im Unternehmen verbreitet und schließlich durch das obere Management unterstützt wird (bei Bosch in 2018). Der selbstorganisierte Lernansatz kann gezielt den kulturellen Wandel fördern und Wissens-Silos auflösen, resümiert Schuller (2019) in ihrer Befragung von 53 WOL-Teilnehmenden. Denn Wissen und Erfahrungen können über Alters-, Hierarchie- und Abteilungsgrenzen fließen, selbst wenn das Format in unternehmensindividuelle Prozesse integriert wird. Nach Schuller (2019) erfüllt diese vielseitige und zugleich einfache Methode die Anforderungen an ein Instrument einer Personalentwicklung 4.0, wobei die Akzeptanz dafür sehr hoch und sie für alle Mitarbeitenden verschiedenster Hintergründe und Kontexte im Unternehmen geeignet ist. Als neues HR-Instrument stärkt WOL in individuellem Tempo sowohl Schlüsselkompetenzen als auch Mindset für die neue Arbeitswelt, mit ihrer vernetzten, offenen und für alle Beteiligten wertschöpfenden Art zu Lernen und zu Arbeiten. So wird arbeitsintegriert gelernt und zudem die digitale Transformation beflügelt (Weilbacher 2018). Schuller (2019) unterstreicht die von Stepper (2020) genannten vielfältigen Einsatzmöglichkeiten von Working Out Loud Circle auf Basis ihrer Befragung und Erfahrungen von Unternehmen, die WOL bereits nutzen. Demnach lässt sich Working Out Loud in verschiedene HR-Prozesse einbinden: 1) Onboarding für neue Mitarbeitende und Rückkehrende, 2) Wissensmanagement, 3) Teamentwicklung und -veränderung und 4) Learning & Development. Beispielsweise erlebt Siemens WOL als »eine Art Teilchenbeschleuniger für das Enterprise Social Network« (Lipkowski 2017). Auch als Instrument für Chancengleichheit und Empowerment kann WOL eingesetzt werden. Bundesweit starteten Anfang 2021 erstmals über 3000 Frauen in WOL #Frauenstärken. Ob als Graswurzel- oder Konzerninitiative, mit diesem Format kann die Personalentwicklung ihrer »Rolle und Aufgabe als Lern-Ermöglichende und -Begleitende gerecht werden« (Schuller 2019, S. 63).

In engem Zusammenhang mit dem Ansatz relationaler Energie steht die eigene innere Haltung, da sie sich in Handlungen ausdrückt und in Interaktionen weitergegeben wird. Dahingehend ist es wichtig, dass sich auch Personaler:innen mit ihren individuellen Werten und ihrer Haltung auseinandersetzen. Wachstumsdenken, positive Emotionen und damit zusammenhängende Werte wie Vertrauen und Respekt bilden die Grundlage für positive, energetisierende Beziehungen und psychologische Sicherheit (Edmondson 2019). Dies ermöglicht eine positive Fehlerkultur und somit eine positive, authentische Lernkultur, in der Denken in MVP (Minimal Viable Product) erwünscht ist.

Sowohl positive, energetisierende Beziehungen als auch eine positive Lernkultur sind, wie oben skizziert, für eine als positiv wahrgenommene Arbeitskultur relevant. Wie steht es um Ihre Bindungen im Arbeitskontext? Wie schätzen Sie beispielsweise die Interaktion und Kommunikation mit Arbeitnehmendenvertretungen ein? Gleich, wie die Antwort ausfällt: **Gute Arbeit 4.0**, als gemeinsames Ziel, bietet die Chance für eine gelingende Beziehung zu den Arbeitnehmendenvertretungen. Denn Gute Arbeit vereint die Interessen von Beschäftigten und Unternehmen, da mit ihr das Wohlergehen beider Seiten einher geht und insofern eine Win-Win Situation darstellt (Schermuly 2019; Rose 2019a).

Wie verstehen wir Gute Arbeit 4.0 und was bedeutet dies für HR? In Zeiten von New Work wird gute Arbeit und Arbeitskultur unterschwellig oft mit Post-Its, Kickertisch und Obstkorb for free gleichgesetzt. Doch zu Guter Arbeit bedarf es weitaus mehr. Nach dem bisherigen Verständnis des gewerkschaftsnahen Konzepts geht Gute Arbeit mit entwicklungsförderlichen und belastungsarmen Arbeitsbedingungen, möglichst wenig Fehlbeanspruchung, umfangreichen Ressourcen sowie Arbeitsplatzsicherheit und leistungsgerechtem Einkommen einher (DGB-Index Gute Arbeit 2017). Doch angesichts der oben erwähnten Herausforderungen und Veränderungen erhält auch das Konzept Guter Arbeit die Chance, sich weiterzuentwickeln und durch Erkenntnisse der positiven Organisationspsychologie zu verjüngen. In einer aktuellen qualitativ-empirischen Studie im Projekt *AgilHybrid,* kommen Müller et al. (in Vorbereitung) zu dem Schluss, dass Gute Arbeit 4.0 für Wissensarbeitende neben guter Arbeitsgestaltung (u. a. Struktur, monetäres Einkommen) auch mit positiver Arbeitskultur (u. a. mentales Einkommen) verbunden ist. Positive Arbeitskultur umfasst demnach unternehmensübergreifend jene Aspekte, die Werte, Normen sowie ein stärkendes und wachstumsorientiertes Handeln und Verhalten am Arbeitsplatz im Sinne der Positivität bestimmen. Die Elemente und daraus resultierende Haltung des anerkannten PERMA-Modells (vgl. oben), positive Emotionen und positive Beziehungen, Engagement, Sinnerleben und Leistungserfahrungen prägen die wahrgenommene Arbeitskultur. Auf positive Bindungen als zentrale Stellschraube in diesem Kontext sind wir bereits eingegangen. Eine positive Arbeitskultur hängt zudem mit einer stärkenden (empowernden) Lern- und Fehlerkultur zusammen. Dieses Modell von Guter Arbeit 4.0 aus Sicht der Beschäftigten basiert auf der Analyse von Reflexionstagebüchern, in denen Wissensarbeitende, aus fünf klein- und mittelständischen Unternehmen (KMU), im Zuge des Verbundprojekts AgilHybrid fünf Wochen lang regelmäßig ihr Befinden und ihr Verständnis von guter Arbeit notierten. Um Gute Arbeit 4.0 zu beflügeln, sollte HR zukünftig zunehmend auf empowernde Personalauswahl (siehe Schermuly, 2019 für konkrete Ansätze) und positive Personalentwicklung bzw. Talentmanagement (siehe 2.3.3) setzen.

Von dieser als relevant identifizierten positiven Arbeits- und Lernkultur profitieren nicht nur Beschäftigte, sondern auch das Unternehmen. Der Ausblick auf spürbar motiviertere, engagierte und leistungsfähigere Beschäftigte (Hu/Hirsh 2017; Schermuly 2019) und eine aufblühende Organisation sollte auch die Unternehmensführung davon überzeugen, dass Gute Arbeit 4.0 und positive Arbeitskultur erstrebenswert sind. Die skizzierten Faktoren des positiven Managements ebnen den Weg dorthin. Es empfiehlt sich, bei Gesprächen zu positivem Management wissenschaftlich fundierte Argumente auf übliche Rückfragen und Einwände parat zu haben (ergänzend siehe Rose 2019a, S. 337 ff.). Angesichts der skizzierten strategischen Relevanz der HR-Themen sollte auch die Beziehung zur Unternehmensführung und zu Organisationsentwickelnden reflektiert und gestärkt werden. Dies schließt, neben Überlegungen zur Kommunikation und gemeinsamen Werten, auch die interne Sichtbarkeit der HR ein. Im Austausch mit Personaler:innen werden wir oft gefragt, wie der HR-Bereich sichtbarer werden kann. Eine Antwort darauf bietet Personal Branding bzw. Employee Branding. Indem sich Personaler:innen abteilungs-/unternehmensübergreifend als individuelle Expert:innen, beispielsweise für positive Arbeits- und Lernkultur, positionieren, stärkt HR die persönliche Marke sowie die Position im Unternehmen. Einen Schritt weiter ginge strategisches Department Branding für den HR-Bereich. Flankierend können mittels strategischem Beziehungsmanagement zunehmend Multiplikator:innen für die eigenen HR-Herzensthemen bzw. positive Arbeits- und Lernkultur gewonnen werden. Auch dafür können Personaler:innen gezielt (interne) Working Out Loud Circle nutzen.

Wir haben gesehen, welche Bedeutung soziales Kapital und strategisches Netzwerken für HR selbst sowie für verschiedene Stakeholder-Gruppen hat. Einen guten Ansatzpunkt für positive Beziehungen und ein gelingendes Beziehungsmanagement bilden »boundary spanning« und Gute Arbeit 4.0. Positive Beziehungen und Working Out Loud als neues HR-Format schaffen einen Nährboden für Gute Arbeit 4.0, indem sie einerseits positive Arbeitskultur und andererseits positive Lernkultur ermöglichen. Die Investitionsentscheidung »Investiere in Beziehungen!« will aufgrund ihrer Tragweite intensiv überlegt und strategisch angegangen werden. Zudem zeigen die Ausführungen, wie wichtig in diesem Zusammenhang Sozialkompetenz ist. Bei der Weiterentwicklung dieser Kompetenzen spielt sowohl die Investitionsentscheidung in sich selbst eine zentrale Rolle, als auch die Fokussierung auf die eigenen Talente.

2.3.3 Investiere in Talente

Aus einer Investitionsperspektive helfen durch Makro-Faktoren ausgelöste Wendepunkte dabei, einen Perspektivwechsel vorzunehmen. Standen bislang das Konsumieren bzw. das Sparen im Vordergrund, das heißt der primäre Fokus auf die Kompetenzen, die bereits vorhanden sind, geht es nun um eine kluge Investition. Eine neue Arbeits- und Lernkultur braucht ein Weiterdenken von Talentmanagement. Was bedeutet das für das Job Crafting der Personaler:innen? Damit dies gelingen kann, muss HR für sich selbst ein effektives Talentmanagement etablieren. Das erfordert eine Investition, die weniger von dem Bild der heutigen Personalarbeit geleitet wird, sondern mit Weitblick auf die Frage, wie die HR-Aufgabenfelder der Zukunft aussehen könnten. Dabei muss insbesondere darüber nachgedacht werden, was sich organisatorisch und qualitativ an den Aufgabenfeldern ändert bzw. sich zukünftig ändern wird. Für die Ausgestaltung einer solchen Investitionsstrategie eignen sich Kompetenzmodelle, für die zunächst zukunftsrelevante Kompetenzen aus der Unternehmensstrategie abgeleitet werden. Im Zuge der Digitalisierung rückt für HR das Generieren, Sammeln und Auswerten von Daten in den Fokus (Wirges et al. 2020). Folglich braucht es neue Kompetenzen, zu denen insbesondere auch die selbstbewusste und sichere Arbeit mit unterschiedlichsten Datenquellen gehört (Weigert et al. 2017). Weigert et al. (2017) und Wirges et al. (2020) unterstreichen die Bedeutung der Bereitschaft von HR, sich hier weiterzubilden und offen für die weitere technologische Entwicklung zu sein.

Um nun ein entsprechendes Talentmanagement zu etablieren, braucht es neben der zugrundeliegenden Investitionsphilosophie, dass datenunterstützte Entscheidungen einen potenziellen Mehrwert für die HR-Arbeit liefern, eine positive, individuelle und sensible Personalentwicklung für HR. Warum? Studien zeigen im HR-Bereich das Fehlen statistischer Kenntnisse (Marler/Boudreau

2017) bzw. eine große Unsicherheit gegenüber der analytischen Arbeit (Fairsail 2015) auf. Daher muss ein Talentmanagement in diesem Kontext neben den fachlichen und methodischen Kompetenzen insbesondere auf das **Verständnis von Talent als Kombination aus Kompetenz und individueller Stärke** zurückgreifen. Sind Personaler:innen im Zuge des Job Craftings gefordert, sich mit der Rolle von Algorithmen und Künstlicher Intelligenz in den Entscheidungsprozessen entlang der HR-Wertschöpfungskette auseinanderzusetzen, dann braucht es nicht nur ein individuelles Wollen, sondern auch die individuelle Stärke, sich dieser Herausforderung anzunehmen. Dies lässt sich am Beispiel der Arbeit mit Künstlicher Intelligenz in HR gut verdeutlichen. Künstliche Intelligenz unterstützt die Menschen dabei, Muster bezogen auf die Frage »Was ist das Problem?« zu erkennen. Die Bewertung, Evaluierung und das Ableiten von Lösungen ist und wird auch weiterhin die Aufgabe der Menschen sein (Neyer 2018; Neyer/ Lehmann 2019). Personaler:innen müssen also verantwortungsvolle Strategien für den Einsatz von Künstlicher Intelligenz in der HR Arbeit erarbeiten. Damit können im Rahmen des Job Craftings für Personaler:innen das Gestalten und Ausprobieren kombiniert mit einer Überwindung der Scheu vor der Arbeit mit Daten zur Grundlage strategischer HR-Arbeit werden.

Zusammenfassend bedeutet dies: Für die Umsetzung der Investitionsentscheidung »Investiere in Talente« braucht es ein klares Ja zu den beiden zuvor dargelegten Investitionsentscheidungen: Die große Herausforderung vor der HR im Umgang mit datenunterstützten Entscheidungen braucht einerseits das »Investiere in dich«, das heißt, wenn man selbst stark ist, dann kann selbstbewusst agiert werden. Andererseits hilft das »Investiere in Beziehungen« dabei, wenn fachliche und methodische Kompetenzen (noch) fehlen, Verbündete zu suchen, die bei der Umsetzung helfen. Dies wird insbesondere dann der Fall sein, wenn seitens der anderen Abteilungen oder von weiteren relevanten Stakeholdern gesehen wird, dass sich aus HR-Perspektive intensiv Gedanken gemacht worden sind und nun Unterstützung in der Umsetzung notwendig ist. Auch das hat etwas mit Talent zu tun: die individuelle Stärke, andere um Hilfe zu bitten.

3. Auf dem Weg zu einer nachhaltigen Investitionsstrategie

Die Entscheidung, eine Investition zu tätigen, fällt in vielen Fällen nicht von heute auf morgen. Doch bereits die bewusste Auseinandersetzung mit den Möglichkeiten einer Investitionsstrategie zeigt neue Perspektiven auf, wie eine gute Arbeits- und Lernkultur, auch und gerade in HR, für mehr Wertschätzung sich selbst gegenüber, im Team und in der Organisation gestaltet werden kann.

Ausgehend von der Überlegung, dass jetzt der richtige Zeitpunkt für ein Job Crafting für Personaler:innen ist, stellt dieser Beitrag ein strategisches Kompetenzmodell für HR mit drei Investitionsentscheidungen vor. Unter der Investitionsentscheidung »**Investiere in dich!**« möchten wir insbesondere HR empowern, sich zukünftig für die eigene Weiterentwicklung und den Ausbau ihrer Stärken Zeit zu nehmen und einzufordern. Nur mit einer lernenden HR-Abteilung kann sich eine authentische Corporate Learning Kultur entwickeln, welche eine der wesentlichen Stellschrauben für die Zukunftsfähigkeit von Unternehmen darstellt. Denken wir nur einmal an die Sicherheitseinweisung zu Beginn eines Fluges, auch wenn die Erinnerung an Flugreisen zunehmend verblasst. Alle Fluggesellschaften empfehlen, sollte die Sauerstoffversorgung ausfallen, zunächst sich selbst mit einer Sauerstoffmaske zu versorgen und danach Hilfsbedürftige neben sich. In diesem Sinne empfehlen wir, dass sich HR zukünftig noch mehr als Persona ihrer eigenen Arbeit versteht, da sie so besser die anderen Mitarbeitenden versorgen kann.

Die Investitionsentscheidung »**Investiere in Beziehungen!**« unterstreicht die Bedeutung, dass im Rahmen des Job Craftings eine bewusste Entscheidung getroffen wird, für welche Aufgaben sich Zeit genommen wird. Eng damit verbunden ist die Frage, wie will HR in Zukunft arbeiten? Wie sieht der Wertschöpfungsbeitrag von HR aus und wie profitieren HR selbst sowie die verschiedenen Stakeholder-Gruppen davon? Die dargestellte Perspektive der Guten Arbeit als Grundlage für das Beziehungsmanagement und das »boundary spanning« hilft bei der Beantwortung dieser Frage. Auch gerade deshalb, weil diese Perspektive dabei hilft aufzuzeigen, was aus dem Hier und Jetzt, den Wendepunkten, möglich sein kann.

Darüber hinaus braucht es für das Job Crafting von Personaler:innen eine ehrliche Auseinandersetzung mit der Investitionsentscheidung »**Investiere in Talente**«. Was sind die eigentlichen Ziele und Wünsche, die HR verfolgt? Visionen alleine werden bei der Beantwortung dieser Frage nicht helfen. Es bedarf einer systematischen und strategischen Analyse dessen, was HR anbieten möchte und kann und in welche Richtung das bereits Vorhandene weiterentwickelt werden kann. Kurzum: Welche Talente, das heißt Kompetenzen und individuelle Stärke braucht es zur Umsetzung? Die Sache mit der Investition in Talente schließt also auch die Investition in sich selbst und die Investition in Beziehungen mit ein.

Ein attraktives Investitionsprogramm für die stärkenbasierte Kompetenzentwicklung von HR hängt davon ab, dass Wendepunkte in der HR-Arbeit richtig bewertet, verstanden und Zusammenhänge erkannt werden. Dieser Beitrag gibt dafür aus dem Blickwinkel des Job Craftings für Personaler:innen erste Impulse und schärft den Blick darauf, dass eine nachhaltige Investitionsstrategie in die Kompetenzentwicklung von HR einen langfristigen Wettbewerbsvorteil für HR und im Umkehrschluss für die Organisation bieten kann.

4. Literatur

Arnold (2001): Wörterbuch Erwachsenenpädagogik, 2001.

Baker (2019): Emotional energy, relational energy, and organizational energy: Toward a multilevel model. Annual Review of Organizational Psychology and Organizational Behavior, 373–395.

Bandura (1979): Sozial-kognitive Lerntheorie.

Barney (1991): Firm Resources and Sustained Competitive Advantage, Journal of Management, 99–120.

Barthauer/Kauffeld (2018): The role of social networks for careers. Gruppe Interaktion Organisation Zeitschrift für Angewandte Organisationspsychologie, 50–57.

Barthauer/Spurk/Kauffeld (2016): Women's Social Capital in Academia: A Personal Network Analysis. International Review of Social Research, 195–205.

Barthauer/Sauer/Kauffeld (2019): Karrierenetzwerke und ihr Einfluss auf die Laufbahnentwicklung. In Kauffeld/Spurk (Hrsg.), Handbuch Karriere und Laufbahnmanagement. Springer Reference Psychologie.

Baumeister/Bratslavsky/Finkenauer/Vohs (2001): Bad Is Stronger than Good, Review of General Psychology.

Beiner/Trabert/Kinkel/Müller/Cherubini/Lehmann (2021), Identifikation und Validierung von Teamkompetenzen für die Entwicklung digital vernetzter Geschäftsmodelle – Gruppe. Interaktion. Organisation, Zeitschrift für Angewandte Organisationspsychologie, 2.

Bolger/Davis/Rafaeli (2003): Diary methods: Capturing Life as it is lived, Annual Review of Psychology, 579–616.

Buonocore/de Gennaro/Russo/Salvatore (2020): Cognitive job crafting: A possible response to increasing job insecurity and declining professional prestige, Human Resource Manager, 244–259.

Buffet (2021): *https://www.businessinsider.de/wirtschaft/finanzen/warren-buffet-investieren-tipp/*, online eingesehen am 05.02.2021.

Burt (1982): Toward a Structural Theory of Action. Network Models of Social Structure, Perception, and Action.

Ciampa (2017): *https://hbr.org/2017/07/the-more-senior-your-job-title-the-more-you-need-to-keep-a-journal*, online eingesehen am 10.02.2021.

Coleman (1973): The Mathematics of Collective Action.

DGB-Index Gute Arbeit (2017): Der Report 2017 – Wie die Beschäftigten die Arbeitsbedingungen in Deutschland beurteilen.

Dörpinghaus (2007): Bildungszeiten. Über Bildungs- und Zeitpraktiken in der Wissensgesellschaft. In Müller/Stravoravdis (Hrsg.), Bildung im Horizont der Wissensgesellschaft, 38.

Dweck (2017): Mindset – Changing the way you think to fulfill your potential.

Edmondson (2019): The fearless organization, Creating psychological safety in the workplace for learning, innovation, and growth, Hoboken.

Erpenbeck (2017): Handbuch Kompetenzmessung – Erkennen, verstehen und bewerten von Kompetenzen in der betrieblichen, pädagogischen und psychologischen Praxis, 3. Aufl.

Erpenbeck/Sauter (2015): Wissen, Werte und Kompetenzen in der Mitarbeiterentwicklung. Ohne Gefühl geht in der Bildung gar nichts (essentials).

Fairsail (2015): Mind the gap – the have and have nots of HR Analytics. Online verfügbar unter *https://www.realwire.com/writeitfiles/Mind%20the%20 gap%20-%20the%20have%20and%20have%20nots%20of%20HR%20analytics. pdf, 2015*, online eingesehen am 19.02.2021.

Granovetter (1973): The Strength of Weak Ties, American Journal of Sociology, 1360–1380.

Graßmann (2005): Qualifikation, Kompetenz und Personalentwicklung: Zum Einfluss der Informations- und Kommunikationstechnik auf Bankmitarbeiter.

Grote/Kauffeld/Denison/Frieling (2006): Kompetenzen und deren Management: Ein Überblick. In Grote (Hrsg.), Kompetenzmanagement – Grundlagen und Praxisbeispiele, 15–32.

Harzer/Ruch (2013): The application of signature character strengths and positive experiences at work. Journal of Happiness Studies, 965–983.

Hoßbach/Bachmann/Roth/Neyer (2021): Studentischer Alltag in Pandemiezeiten. Unveröffentlichtes Arbeitspapier.

Kurzhals (2011): Personalarbeit kann jeder? Professionalisierung im Personalmanagement – erfolgsrelevante Kompetenzen von HR-Managern.

Lipkowski (2017): Working Out Loud @ DeutschePost/DHL, ManagerSeminare, *https://www.managerseminare.de/blog/Working-Out-Loud-DeutschePost_ DHL,3876u/Hirsh* (2017): The Benefits of Meaningful Work: A Meta-Analysis, Academy of Management Proceedings.

IBM Institute for Business Value (2021): C-suite Series: The 2021 CEO Study, Find your essential How to thrive in a post-pandemic reality.

Kauffeld/Paulsen (2018): Kompetenzmanagement in Unternehmen: Kompetenzen beschreiben, messen, online eingesehen am 09.03.2021.

Longhi (2020): Krisenzeit als Lernchance – Über die Bedeutung interdisziplinären Lernens für die Bewältigung organisationaler Krisen, in Keller (Hrsg.), Arbeitsintegriertes Lernen in der Personal- und Organisationsentwicklung, 115–132.

Luthans/Luthans/Luthans (2004): Positive psychological capital: beyond human and social capital. Business Horizons, 45–50.

Marler/Boudreau (2017): An evidence-based review of HR Analytics, The International Journal of Human Resource Management, 3–26.

Meifert (2013): Strategische Personalentwicklung.

Müller/Castrellon-Gutierrez/Kurzmann/Neyer (in Vorbereitung), Das Geheimnis zukunftsfähiger Industrie: Gute Arbeit. HR Insights.

Müller/Mander/Hellert (2017): Virtuelle Arbeitsstrukturen durch Vertrauen, Zeitkompetenz und Prozessfeedback fördern. Gruppe. Interaktion. Organisation. Zeitschrift für Angewandte Organisationspsychologie, 279–287.

MÜNCHNER KREIS (2016): Chancen reflektiert wahrnehmen in einer digitalisiert-vernetzten Lebens-und Arbeitswelt. *https://www.muenchner-kreis.de/ fileadmin/dokumente/Aktuelles/Positionspapier_Arbeit_130917_web.pdf*, online eingesehen am 14.01.2021.

MÜNCHNER KREIS (2020): Kompetenzentwicklung für und in der digitalen Arbeitswelt; Positionspapier des Arbeitskreises »Arbeit in der digitalen Welt«.

Neidig (2019): Human Resources in Aufsichtsräten. Entwicklung eines Kompetenzmodells.

Neidig/Wylenzek/Neyer (2018): Aufsichtsräte eine Chance für HR, Personalwirtschaft, 61–63.

Neyer (2018): Künstliche Intelligenz: Wundertüte oder Impulsgeber für eine innovative HR Arbeit? Vortrag auf dem Treffen der BPM Fachgruppe Strategisches Personalmanagement am 25.10.2018 in Friedrichshafen.

Neyer/Lehmann (2019): Künstliche Intelligenz im Arbeitsalltag. HR Insights.

North/Reinhardt/Sieber-Suter (2013): Was ist Kompetenz? In: Kompetenzmanagement in der Praxis, 43–91.

Owens/Baker/Sumpter/Cameron (2016): Relational energy at work: Implications for job engagement and job performance. Journal of Applied Psychology, 35–49.

Picot/Reichwald/Rolf/Möslein/Neuburger/Neyer (2020), Die Grenzenlose Unternehmung. 6. Aufl.

Posé (2016): Die Digitalisierung kann soziale Kompetenz nicht ersetzen. Human Resources Manager.

Rau/Möslein/Neyer (2016): Playing possum, hide-and-seek, and other behavioral patterns: knowledge boundaries at newly emerging interfaces. R&D Management, 341–353.

Rose (2019): Arbeit besser machen. Positive Psychologie für Personalarbeit und Führung.

Rose (2019): Sonnen und schwarze Löcher in der Organisation. Relationale Energie messen und nutzen. OrganisationsEntwicklung, 30–33.

Rost (2014): Mit Kompetenzmanagement die Strategie und Innovationsfähigkeit des Unternehmens unterstützen. In Pfannstiel/Steinhoff (Hrsg.), Transformationsvorhaben mit dem Enterprise Transformation Cycle meistern, S. 283–299.

Schermuly (2019): New Work – gute Arbeit gestalten. Psychologisches Empowerment von Mitarbeitern, 2. Aufl.

Schuller (2019): Working Out Loud. Ein Instrument für Personalentwicklung der Zukunft.

Seligman (2011): Flourish.

Seligman (2012): Flourishing: Wie Menschen aufblühen.

Stepper (2020): Working out loud. Wie Sie Ihre Selbstwirksamkeit stärken und Ihre Karriere und Ihr Leben nach eigenen Vorstellungen gestalten.

Tushman/Scanlan (1981): Boundary Spanning Individuals: Their Role in Information Transfer and Their Antecedents. AMJ 1981, 289–305.

Weigert/Bruhn/Strenge (2017): Digital HR oder HR Digital – Die Bedeutung der Digitalisierung für HR. In Jochmann/Böckenholt/Diestel (Hrsg.), HR-Exzellenz. Innovative Ansätze in Leadership und Transformation, 323–337.

Weilbacher (2018): Working Out Loud: Endlich raus aus der Anonymität, Changemanagement-Magazin 02/2018, 4–7.

Wirges/Ahlbrecht/Neyer (2019): HR-Analytics. Was HR-Verantwortliche und Führungskräfte Wissen und Können Müssen.

Wirges/Neyer/Kunisch (2020): HR-Studie 2020: So steht es um die Digitalisierung der Personalarbeit: Inwiefern Human Resources 4.0 bereits Realität ist und welche Potenziale noch ungenutzt sind. Studienreihe der forcont business technology gmbh.

Wrzesniewski/Berg/Dutton (2010): Managing Yourself: Turn the Job You Have into the Job You Want. Harvard Business Review.

Wrzesniewski/Dutton (2001): Crafting a job: Revisioning employees as active crafters of their work. Academy of Management Review, 179–201.

Martina Niemann

Der Blick des CFO auf die Personalverantwortlichen

Inhaltsübersicht

1.   Neue Prioritäten in Zeiten der Krise – wie Corona unsere Führungskultur und HR verändert

In den letzten zwölf Monaten hat die Coronavirus-Krise unser Arbeitsumfeld extrem verändert – und wir wissen aktuell noch nicht, welche von diesen Veränderungen unser zukünftiges Arbeiten in einem »New Normal« weiter prägen werden. Umso mehr müssen wir jetzt die Gelegenheit nutzen, den Dingen absolute Priorität zu geben, von denen wir überzeugt sind, dass sie unsere Arbeitswelt besser und unsere Unternehmen erfolgreicher machen werden. Aus der Perspektive einer CFO ist es deshalb wichtig, jetzt einen Blick auf die Personaler:innen zu werfen. Denn nicht allein die Finanzen sind wichtig für die Zukunftsfähigkeit von Unternehmen, sondern mindestens genauso entscheidend ist das Potenzial und die Kreativität ihrer Beschäftigten und Führungskräfte. Nur wenn diese beiden Kraftquellen für Unternehmen gemeinsam erschlossen werden können, ist eine ganzheitliche Weiterentwicklung möglich, die wir jetzt so dringend brauchen. Finanzen und Talente gehören zusammen.

Es lohnt sich, die Vorschläge der Personaler:innen aufzugreifen. Aus Sicht einer CFO zeigen sich diese sehr deutlich in der Transformation der Wirtschaft in den letzten 20 Jahren durch die tech-getriebenen Digitalunternehmen. Personaler:innen bieten Führungskräften seit Jahren immer wieder an, sich mit den mitarbeiterzentrierten Konzepten zu befassen, die diese Unternehmen erfolgreich machen.

Hierbei sind insbesondere die Konzepte für agiles Arbeiten entscheidend. Sie ermöglichen es, dass Teams mit spezifischer Verantwortung und Befugnissen zusammenkommen, um eine Aufgabe anzugehen, und sich dann wieder auflösen. Oder die konsequente Orientierung aller Entscheidungen an Unternehmenszweck und Leistungsversprechen (Neudeutsch: Purpose) und an klaren, allgemein verständlichen Prozessen. Sie stellt sicher, dass eine flache, dezentrale Organisation auch wirklich funktionieren kann. Und nicht zuletzt eine Unternehmenskultur, in der Mitarbeiter:innen für ihre Kenntnisse und Beiträge geschätzt werden und nicht für den Rang, den sie in der Hierarchie einnehmen.

HR-Manager:innen haben die Kraft erkannt, die diese Prinzipien entfalten können und viele Anläufe unternommen, mitarbeiterzentrierte Konzepte in ihren Unternehmen populär zu machen. Bislang mochten aber erstaunlich viele Führungskräfte noch nicht von den Überzeugungen ihrer bisherigen Komfortzone lassen. Damit blieb es in den Unternehmen häufig bei einer theoretischen, folgenlosen Diskussion, ob die Organisation so schnell sein könne wie ein Start-up, oder ob agile, mitarbeiterbezogene Konzepte der bessere Weg zur Mobilisierung der Beschäftigten wären.

Dann kam die Coronavirus-Krise und änderte vieles. Dort, wo schnell auf die Krise reagiert werden musste, haben Unternehmen unerwartete Zugewinne an Geschwindigkeit und Produktivität erzielt und ihre Prozesse mit neuen Arbeitsweisen beschleunigt. Kommunikative Silos wurden beseitigt, digitale Technologien eingeführt und Entscheidungen nicht nur beschleunigt, sondern auch weiter an die Ränder der Organisation verlagert. Führungskräfte haben mehr Zeit virtuell direkt mit ihren Mitarbeiter:innen verbracht, Teams wurden cross-funktional aus verfügbaren Talenten zusammen- und auch flexibel wieder umgestellt, um Aufgaben für Unternehmen und Kund:innen zu lösen.

Die coronabedingte zwangsweise Hinwendung zu mehr Mitarbeiter:innenorientierung – das Ende der Präsenzkultur, weniger Kontrolle, mehr Flexibilität – hat die Personaler:innen gestärkt. Zum einen in ihrer Verantwortung für das finanzielle Ergebnis, denn die durch die neuen Führungskonzepte entstandenen wirtschaftlichen Vorteile sind sichtbar. Zum anderen in ihrer Rolle für die Unternehmenskultur. Größter Erfolg: Mitarbeiter:innen, die in der Corona-Krise mit klarem Verständnis für den Sinn ihrer Arbeit und mit größerer Entscheidungsautonomie arbeiten konnten, haben 2020 in vielen Unternehmen die Resultate der Mitarbeitendenbefragungen in die Höhe getrieben.

Aus der Perspektive einer CFO ist es nun ein vordringliches Ziel, diese Erfolge auch in Post-Corona-Zeiten zu erhalten. Und deshalb ist jetzt der richtige Zeitpunkt, dass CFOs und Personaler:innen gemeinsam die acht folgenden mitarbeiterzentrierten Konzepte in ihren Unternehmen verankern, um die Arbeitswelt besser und die Unternehmen zukunftsfähig zu machen.

1.1 Mehr als ein Mission Statement: Sinn verankern, um Werte zu schaffen

Wer kennt sie nicht: Unternehmen, deren Unternehmenszweck und Leistungsversprechen sinnstiftend sind, ihnen Charisma verleihen, Enthusiasmus und Engagement ihrer Beschäftigten wecken, ihre Kund:innen begeistern und bei den Investor:innen glänzen. Diese Unternehmen haben so viel mehr als nur ein Unternehmensleitbild. Ihr Leistungsversprechen gibt ihnen eine Antwort auf die Frage, was die Kund:innen und die Welt verlieren würden, wenn sie als Unternehmen nicht mehr existieren sollten. Sie strahlen eine Authentizität aus, die Kund:innen, Beschäftigte, Lieferant:innen, Partner:innen und Investor:innen anerkennen.

HR-Manager:innen fördern daher schon lange eine Firmenkultur, die diesen Sinn glaubwürdig verankert und zu einem selbstverständlichen Teil der täglichen Entscheidungsfindung macht. Dazu müssen sich alle Kernaktivitäten des Unternehmens konsequent auf das zentrale Leistungsversprechen ausrichten, das heißt nicht nur auf Produkte, Dienstleistungen und die Entscheidung, auf welchen Märkten das Unternehmen aktiv sein will, sondern z. B. auch auf das Performance-Management, das Talent-Management und das externe Engagement der Gesellschaft.

Und dies auch und gerade in der Coronavirus-Krise. Wenn uns die Pandemie eines lehrt, dann dass Menschen und Organisationen miteinander verbunden sind und füreinander und die Gesellschaft als Ganzes jenseits kurzfristiger Gewinne Verantwortung tragen. Mitarbeiter:innen, Kund:innen, Zuliefer:innen und die unsere Unternehmen umgebenen Gemeinschaften – ob örtlich oder online – werden uns genau beobachten und haben ein gutes Gedächtnis. Deshalb sollten wir jetzt spätestens starten, das Potenzial eines glaubwürdig gelebten Unternehmenszwecks und Leistungsversprechens zu erschließen.

1.2 Die Hierarchie der Bosse überwinden

Im Grunde haben agilere Arbeitsstrukturen immer zwei Ziele. *Erstens*, den Mitarbeiter:innen, die sich an den Rändern der Organisation befinden und damit Kund:innen, Partner:innen und der umgebenden Gesellschaft am nächsten sind, mehr Autonomie für Entscheidungen und Innovationen zu geben. Und *zweitens*, Übereinstimmung zwischen den verschiedenen Gruppen im Unternehmen zu erzielen, welche Dinge als nächstes umgesetzt werden sollen. Was dabei bislang in vielen Unternehmen im Weg steht, ist eine reflexartige Einhaltung der Hierarchie in ihren verschiedenen Erscheinungsformen, von Org-Charts bis zu Leitungsspannen.

Hierarchien haben einen sehr bedeutenden Nachteil, vor allem in Krisensituationen. Denn sie führen zu Verzögerungen der Kommunikation mit Kund:innen, Lieferant:innen oder Beschäftigten. Der Grund dafür ist einfach und in hierarchischen Organisationen wohlbekannt: Kommt es auf schnelle Kommunikation an, so hat jeder den Eindruck, dass dies eigentlich Aufgabe von jemand anderem in der Organisation wäre.

Schlechte Kommunikation wird von Kund:innen nicht toleriert. Deshalb haben schon vor der Coronavirus-Krise viele Unternehmen mit agilen, flexibleren Strukturen experimentiert. Und seit Beginn der Pandemie sehen wir überall Krisen-Räume, abteilungsübergreifende, cross-funktionale Netzwerke verschiedener Expert:innen und andere schnelle Aktionsteams. Die erfolgreichsten von ihnen haben Beschäftigte aus verschiedenen Bereichen gemischt und sie dazu berechtigt, Prioritäten zu setzen, schnelle Entscheidungen zu treffen und diese zügig umzusetzen. Konservative Unternehmen, die bisher agile Ansätze gescheut haben, nutzen diese nun aus purer Notwendigkeit. Wirklich smarte Unternehmen werden Wege finden, um diese Ansätze auch zukünftig beizubehalten.

Als signifikante Erkenntnis aus der Coronavirus-Krise können wir mitnehmen, dass sich die Vorteile flacher Organisationen – Geschwindigkeit, Flexibilität, Produktivität und Befähigung – wirklich schnell einstellen können. Um diese zu erhalten, muss es unser Ziel sein, die »Hierarchie der Bosse« durch andere, flexiblere Strukturen zu ersetzen.

1.3 Entscheidungsprozessen den Turbo verpassen

So seltsam es sich auch anfühlt: Viele Führungskräfte haben aktuell den Eindruck, in der Coronavirus-Krise schneller entscheiden zu können – und das auch noch mit unvollständigen Informationen – als vorher. Und gerade in einer Krise, das heißt, wenn Dringlichkeit und Unsicherheit zusammenkommen, ist die Zeit, die sich ein Management bis zu einer Entscheidung gibt, auch eine Entscheidung an sich.

In einer Welt post Corona wird für Unternehmen weiterhin gelten, dass Schnelligkeit besser ist als Langsamkeit, was die Entscheidungsprozesse angeht. Auch hier können HR-Manager:innen helfen. Denn sie regen schon lange an, dass Führungskräfte sich bewusst machen, welche Art von Entscheidungen wo im Unternehmen getroffen werden und welche Praktiken der Entscheidungsfindung beschleunigend wirken könnten.

Und sie haben gute Ratschläge. Zum Beispiel für Routine-Entscheidungen: Welche Führungskraft kennt nicht die Tendenz, solche Entscheidungen aus Unachtsamkeit viel zu weit ins Zentrum der Reporting Lines gelangen zu lassen. Wenn sie in der Coronavirus-Krise nun richtigerweise an den Rändern der Organisation nah bei den Kund:innen stattfinden, sollten wir sie unbedingt dort belassen.

Andere Entscheidungen erfordern, dass sich kleine, höherrangige Teams darum kümmern. Etliche Unternehmen haben in den frühen Tagen der Pandemie große Krisenmanagement-Teams gebildet, die viele verschiedene Gruppen von Akteuren einbinden. Sie haben aber inzwischen erkannt, dass es bei einigen elementaren Entscheidungen um Probleme geht, die diese Gruppen noch nicht behandelt haben. Deshalb empfiehlt es sich, dafür die richtigen Personen in einer sehr kleinen Gruppe zusammenzuziehen und diese Entscheidungen sehr schnell zu treffen. Dieses Vorgehen mag etwas ad hoc wirken, es ist aber gleichzeitig sehr effektiv.

Insgesamt kann man erkennen, dass es ein Wert an sich sein kann, die Qualität von Entscheidungen durch ihre Beschleunigung zu verbessern. Wir sollten deshalb die Konzepte, die die Personaler:innen den Unternehmen dazu anbieten, konsequent umsetzen.

1.4   Influencer:innen mobilisieren

Führungskräfte sind nicht die einzigen Menschen, die Mitarbeiter:innen führen. Influencer:innen, die an den verschiedensten Stellen in Unternehmen arbeiten, können das Energie-Level ihrer Kolleg:innen stark beeinflussen. Ungeachtet ihres offiziellen Titels oder ihres Status sind sie sehr wirksam, weil sie viele persönlichen Kontakte zu ihren Kolleg:innen haben, von denen sie respektiert und teilweise auch nachgeahmt werden. Influencer:innen verbinden Menschen, sind unabhängig, können andere überzeugen und sind deshalb wichtige Ratgeber.

HR-Manager:innen zeigen uns, wie wir die manchmal unbekannten Influencer:innen z. B. durch Analyse sozialer Netzwerke finden können. Dazu hilft es, in Abstimmung mit dem Betriebsrat die Beschäftigten (anonym) zu bitten, z. B. jeweils drei bis fünf Kolleg:innen zu nennen, deren Rat sie respektieren. Werden solche Befragungen so lange weitergeführt, bis sich die Namen wiederholen, ist das ein Hinweis auf wertvolle Influencer:innen.

Für Führungskräfte sind die Resultate dieser Befragungen teilweise überraschend, denn die Rollen und Positionen von Influencer:innen spiegeln nur selten die Organisation der Unternehmen wider. Wer aber als Führungskraft das Privileg hat, im regelmäßigen Austausch mit Influencer:innen zu stehen, kann sehr viel über die Stimmung an der Basis lernen.

Wie gelingt es, Influencer:innen zu mobilisieren? Die Personaler:innen raten uns, dass wir sie bitten sollten, in Veränderungsprozessen, z. B. bei Tests von neuen Methoden und Verfahren, mitzumachen. Das mindeste ist aber, ihr aktives Feedback zu suchen und Influencer:innen einen frühen Zugang zu Informationen zu gewähren. Wenn das Management diese Gruppe ansprechen kann, um neue Ideen weiterzuentwickeln, ist das ein Weg, um die Akzeptanz der Ideen schnell zu testen und die Effektivität von Veränderungsprozessen dramatisch zu erhöhen.

1.5 Wandel zu einem persönlichen Anliegen für Führungskräfte machen

Es ist eine Binsenweisheit: Wenn Unternehmen Arbeitsweisen und Verhalten ihrer Belegschaften weiterentwickeln wollen, ist es elementar wichtig, dass Führungskräfte das Neue aktiv vorleben und zu ihrem persönlichen Anliegen machen. Mit zunehmender Digitalisierung kommt Führungskräften dabei die zentrale Rolle zu, auch die Veränderungen der digitalen Arbeitskultur vorzuleben, die auf Vertrauen, Offenheit und Transparenz aufbaut, und nicht auf Ansagen der Bosse weiter oben in der Hierarchie. Was aber tun Unternehmen dafür, dass sie das leisten können?

Die HR-Manager:innen schlagen vor, dass Unternehmen diesen Wandel nicht einfach verordnen, sondern ihren Führungskräften ausreichende Gelegenheiten bieten, durch Reflexion persönliche Einsichten zu gewinnen, bevor sie ihre Erkenntnisse in ihre tägliche Arbeit aufnehmen und ihre Netzwerke nutzen, um das Engagement der Mitarbeiter:innen zu fördern. Unternehmen werden deutliche Verbesserungen in der Vorbildwirkung ihrer Führungskräfte sehen, wenn sie ihnen regelmäßig ausreichende Möglichkeiten zur Reflexion, z. B. in durch Psycholog:innen begleiteten Workshops, bieten.

Es ist nicht zu unterschätzen, in welchem Maße Reflexion im Tagesgeschäft immer wieder untergeht. Unternehmen müssen sich deshalb regelmäßig fragen, wie sie die Soft-Skills ihrer Führungskräfte stärken können. Dies als Voraussetzung dafür, dass sie dann Freiräume für ihre Teams mit den notwendigen mitarbeiterzentrierten Konzepten schaffen, die es wiederum den Beschäftigten ermöglichen, sich immer wieder flexibel auf das sich ständig verändernde Umfeld einstellen zu können.

1.6 Wechselseitige Kommunikation wirksam fördern

Will man das Engagement von Mitarbeiter:innen fördern, so braucht es wechselseitige Kommunikation. Dabei darf aber niemand den »Fluch des Wissens« unterschätzen. Psycholog:innen beschreiben damit folgenden Effekt: Sobald man etwas weiß, ist es schwierig, sich vorzustellen, wie es ist/war, es nicht zu wissen. So nehmen z. B. Führungskräfte, die tief in die Erstellung der Botschaften des Unternehmens eingebunden sind, häufig an, dass auch andere sie sehr schnell aufnehmen und verstehen können. Und sind dann sehr überrascht, wenn jemand, der sie zum ersten Mal hört, die sorgfältig erstellten Botschaften nur als wenig zusammenhängende Ideen wahrnimmt.

Unsere HR-Kolleg:innen empfehlen deshalb eine Kombination verschiedener Maßnahmen, um eine wirklich wechselseitige Kommunikation zu ermöglichen: Alle, die eine Botschaft vermitteln, müssen zwingend verstehen, wie es ist, wenn man diese zum ersten Mal hört. Das sollte intensiv getestet werden. Die Botschaft muss kontinuierlich in leicht verständlicher Sprache wiederholt werden und viele Kanäle – direkte Ansprache, Print, Online, Social Media, Symbole und Rituale – sollten sie verstärken. Noch besser ist es, wenn es gelingt, Kanäle aus der Mitarbeiterschaft zu entwickeln. Diese müssen sich aber autonom verbreiten. So geben z. B. einige Unternehmen ihren Influencer:innen Budgets und ein Mandat, die Botschaften ebenfalls zu kommunizieren.

Zu einer wirklich wechselseitigen Kommunikation gehört aber vor allem, dass man vom Senden zum Fragen wechselt und auch zufällige Begegnungen mit Mitarbeiter:innen intensiv dafür nutzt. Einige Fragen bieten sich an: »Wie machen Sie für Ihre Organisation einen Unterschied?«, »An welchen Verbesserungsideen arbeiten Sie?«, »Wann haben Sie zuletzt ein Coaching oder Feedback von Ihrem/Ihrer Vorgesetzten erhalten?« und »Was sind unsere stärksten Wettbewerber?« Mitarbeiter:innen auf diese Weise zu adressieren, hat eine viel stärkere Wirkung, als ihnen einfach nur Botschaften zu senden.

Ein wesentlicher weiterer Kommunikationsraum ist die Außenwelt. Interne Ergebnisse bewirken wenig, wenn jede:r in den sozialen Medien lesen kann, dass das Unternehmen immer noch schlechte Ergebnisse hat, keinen positiven Beitrag zur Gesellschaft bringt oder Mitarbeiter:innen und Kund:innen enttäuscht hat.

Personaler:innen empfehlen deshalb schon lange, dass Unternehmen sich nach Wegen umsehen sollten, Kund:innen oder andere Stakeholder in einer glaubwürdigen Art und Weise einzusetzen, um Botschaften für das Unternehmen zu transportieren. In der Coronavirus-Krise konnten wir eine solche Kommunikation in vielen »Danke«-Botschaften von Kund:innen oder anderen Stakeholdern, die von Unternehmen gezielt zum Dank an die eigene Belegschaft eingesetzt wurden, eindrucksvoll beobachten. Dadurch sind sehr emotionale Momente entstanden, die die (Ver-)Bindung zwischen Mitarbeiter:innen und Unternehmen stark vertieft haben. Dies gilt es zu erhalten.

1.7   Motivieren durch soziale Vereinbarungen

Folgende Erkenntnis ist allgemeingültig: Wenn mit den Zielen einer Veränderung im Unternehmen keine Incentivierung verbunden ist, kann sie in den Augen der Beschäftigten auch nicht wichtig sein.

Es müssen aber keine finanziellen Anreize sein, da diese in der Wahrnehmung der meisten Menschen Marktnormen von Leistung und Gegenleistung implizieren, deren Motivationswirkung begrenzt ist. Nicht-finanzielle Maßnahmen können allerdings Motivation fördern, indem sie die Wirkung von sozialen Vereinbarungen nutzen. Ein Beispiel dafür ist, dass niemand erwarten würde, dass Gäste einer Einladung zu einem privaten Essen einen Geldbetrag dafür mitbringen sollten. Wenn sie aber ein Geschenk, z. B. Blumen, Konfekt oder Ähnliches, überreichen, demonstrieren sie auf Basis einer allgemein geltenden sozialen Vereinbarung Dank und Wertschätzung.

Im übertragenen Sinne gilt das auch im Unternehmen. Gute Führungskräfte nutzen kleine, unerwartete, nicht-finanzielle Belohnungen und Anerkennung, um Motivation zu fördern. Dieser soziale Ansatz, um Verhalten zu fördern, ist häufig sehr effektiv. Dies können z. B. kleine Aufmerksamkeiten sein, und auch eine positive Strategie des Lobens ist sehr wirkungsvoll. Dafür gibt es viele Beispiele von internem Lob an die Teams, über Lob für Mitarbeiter:innen, das eine größere Firmenöffentlichkeit erreicht, bis hin zu Lob, das nicht nur an die Team-Mitglieder adressiert wird, sondern auch bei ihren Lebenspartner:nnen und Familien ankommt.

Wir hören immer wieder von den Personaler:innen, dass wir in unseren Unternehmen allgemein viel zu wenig loben und Anerkennung für die Leistungen der Mitarbeiter:innen zeigen. Dies sollte sich ändern, wenn wir uns vor Augen führen, wieviel mehr Motivation und Energie wir dadurch schaffen können. In der Coronavirus-Krise haben wir es zum ersten Mal in den letzten Jahrzehnten erlebt, dass Menschen in den systemrelevanten Berufen öffentlich gelobt wurden und regelmäßige Anerkennung erfahren haben. Diesen sozialen Ansatz mit seiner enormen motivierenden Wirkung sollten wir stärker in unserem unternehmerischen Alltag verankern.

1.8   Talente und Strategie durch agile Konzepte entfesseln

Ein wesentlicher Erfolgsfaktor digitaler Unternehmen sind ihre agilen Organisationen aus Teams mit spezifischer Verantwortung und Befugnissen, die zusammenkommen, um eine Aufgabe anzugehen, und sich dann wieder auflösen. Das ist nachweislich der beste Weg, um nicht nur in wenigen Ausnahmen, sondern kontinuierlich die richtigen Talente zu den passenden strategischen Initiativen zuzuordnen und für alle Projekte sicherzustellen, dass die Talente an Bord sind, bevor das Unternehmen tief in Strategie- und Finanzplanungen einsteigt. Diese Kultur der Autonomie und Eigeninitiative fördert, dass Mitarbeiter:innen ihren Weg zu den Projekten finden, die sie interessieren. Einige Teams bleiben für Jahre zusammen, andere lösen sich nach ein paar Wochen auf. Die Organisation erneuert sich kontinuierlich.

Ein weiterer Erfolgsfaktor ist darüber hinaus, dass digitale Unternehmen ihren Teams ermöglichen, sich vollständig auf die Kund:innen zu fokussieren, die die Team-Produkte nutzen, und dabei die besten Lösungen zu finden, die genau diese Kund:innen brauchen. Diese Angebote erfüllen die Wünsche der Kund:innen zu dem Preis, den die Menschen bereit sind, dafür zu zahlen. Das ist einfach und intuitiv und ein sehr großer Gegensatz zum vielfach üblichen Auftrag, den Kund:innen ein Standardprodukt zu verkaufen.

Will man eine solche talentorientierte Organisation einführen, muss man dies Schritt für Schritt tun. Die Elemente dazu, das heißt Förderung durch das Top-Management, kontinuierliche Talententwicklung, die Verpflichtung, Talente und Strategie zu verbinden, und eine agile, flexible Unternehmensstruktur sind jedes Einzelne für sich genommen wichtig. Und sie können einen Multiplikator-Effekt erzeugen, wenn sie aufeinander aufbauend zusammenwirken. Der Wert der Talente für die Organisation erhöht sich exponentiell, wenn durch agile Konzepte neue gute Ideen zu noch besseren Ideen führen und kreatives Denken sich bereichsübergreifend und über alle Senioritäts- und Expertise-Levels hinweg verstärkt.

Wichtig dabei: Die Chefs müssen Schritt für Schritt loslassen und ihren Teams diese Autonomie geben, das empfehlen Personaler:innen immer wieder. In der Coronavirus-Krise haben wir die Erfolge solcher Ansätze deutlich sehen können, Mitarbeiter:innen Vertrauen zu schenken in einer totalen Ausnahmesituation, hat sich dort vielfach bewährt.

2. Keine Scheu, Grenzen zu überwinden: HR als Treiber einer talentorientierten Organisation – es ist Zeit für Potenzialentfaltung

Aus der Perspektive einer CFO sind die Erkenntnisse aus der Coronavirus-Krise über den Erfolg dieser acht mitarbeiterzentrierten Konzepte eine große Chance auf dem Weg zu einer talentorientierten Organisation. Die Personaler:innen als bisherige »Hüter:innen« der Talente dürfen jetzt keine Scheu haben, ihre bisherigen Grenzen zu überwinden. Die Ausstattung von Unternehmen mit Kapital ist wichtig, aber nicht genug. Erst der gemeinsame Einsatz von Finanzen und Talenten bringt Erfolg, wenn das Top-Management sicherstellen will, dass die richtigen Talente mit dem notwendigen Kapital die richtigen Ideen auch zukünftig vorantreiben.

Um gestärkt aus der Krise hervorzugehen, ist es höchste Zeit, in Potenzialentfaltung zu investieren. Deshalb müssen die Personaler:innen jetzt ihre traditionelle Rolle als Umsetzer:innen oder Ausführer:innen der Unternehmensziele verlassen. An dieser Stelle, mitten in der Corona-Krise bietet sich ihnen die Chance, ihre Rolle als strategische Partner:innen im Unternehmen einzufordern und aktiv umzusetzen. Damit können sie nun endlich die mitarbeiterzentrierten Konzepte zur Potenzialentfaltung vorantreiben. Dazu müssen sie sich ab jetzt die Verantwortung nehmen und die Diskussionen steuern, ob die richtigen Talente für die Umsetzung der Strategien an Bord sind, wie neue Talente gewonnen und wie Mitarbeiter:innen gefördert werden können.

Der Grad, mit dem Talenten und Finanzen die gleiche Bedeutung gegeben wird, wird sich dabei daran messen lassen, wie sich Art und Reihenfolge der Diskussion von wesentlichen Fragen der Unternehmensagenda ändern. Wenn das Top-Management Talente nicht mehr nur gelegentlich als isolierten Punkt auf der Agenda diskutiert, sondern die Talentfrage mit jedem Punkt der aktuellen Tagesordnung verbindet, ist das Ziel erreicht.

Moderne CEOs und CFOs mit einem ganzheitlichen Blick auf die Mitarbeitenden, die Finanzen und die Strategie ihrer Unternehmen werden die Personaler:innen dabei unterstützen. Das heißt, sie werden bei jedem Punkt auf der Tagesordnung neben den wirtschaftlichen Folgen für das Unternehmen intensiv und gleichberechtigt darüber sprechen, welche Talente sich dabei entfalten können. Dazu reicht es nicht, bloß Fakten aus Lebensläufen zusammenzustellen. Ein umfassenderer Blick ist notwendig. Vorbei an den Zahlen, hin zu den Werten, die aus den Potenzialen der Menschen in den Unternehmen erwachsen. Hierdurch wird zukünftig von Personaler:innen deutlich mehr verlangt als aktuell üblich: Sie haben die Chance, ihre Unternehmen zu talentbasierten Organisationen zu transformieren.

Auf nachhaltigen Erfolg ausgerichtete Unternehmen, die nicht nur den Shareholder Value, sondern Kund:innen, Mitarbeiter:innen und Anteilseigner:innen gleichermaßen in den Blick nehmen, werden für diese Konzepte der Personaler:innen offen sein.

Emmanuel Siregar

Soziale Partnerschaft in Deutschland: Interview mit Professor Dr. Jochen Maas, Sanofi-Aventis Deutschland GmbH

Als Geschäftsführer Personal und Organisation der Sanofi-Aventis Deutschland GmbH (2011 bis 2018) hatte ich über den gesamten Zeitraum die Freude, mit Prof. Dr. Jochen Maas, dem Geschäftsführerkollegen für R&D zusammenzuarbeiten. Gemeinsam mussten wir über mehrere Jahre Restrukturierungsmaßnahmen durchführen, die wir stets im strittigen aber am Ende konstruktiven Dialog mit Gewerkschaften und Betriebsräten vorantrieben. Jochen Maas hat sich bereiterklärt, für ein Interview zur Verfügung zu stehen. Im Ergebnis ist ein Gespräch über die gemeinsam durchlebte Zeit entstanden, in der eines deutlich geworden ist: Am Ende ist nur ein sozialpartnerschaftlicher Weg erfolgreich, der alle Beteiligten möglichst transparent und fair im offenen Dialog hält. Meine persönliche Erfahrung ist es zusätzlich, dass es nicht darum geht, Human Resources als verlängerten Arm des Arbeitgebers in einen isolierten strittigen Dialog mit Betriebsräten und Gewerkschaften zu schicken, sondern von Anfang an alle drei Parteien, Business-Verantwortliche, Human Resources und Betriebsräte an einen gemeinsamen Tisch zu bringen.

Frankfurt-Höchst ist Sitz und größter Standort von Sanofi in Deutschland. Etwa 7700 der deutschlandweit rund 9000 Mitarbeiter arbeiten hier in Forschung und Entwicklung, Produktion und Fertigung sowie in der Verwaltung. Leiter der dortigen Forschung und Entwicklung der Sanofi-Aventis Deutschland GmbH ist Prof. Dr. Jochen Maas. Er ist seit Oktober 2010 Geschäftsführer Forschung & Entwicklung der Sanofi-Aventis Deutschland GmbH. Als Head R&D Germany leitet er eines von vier weltweiten integrierten Forschungs- und Entwicklungszentren von Sanofi und ist Mitglied des globalen Leitungsteams. Zusätzlich zu seiner Tätigkeit in der Industrie hält Jochen Maas als Professor an der technischen Hochschule Mittelhessen Vorlesungen über Pharmakokinetik und Drug Delivery Systeme und ist als Werkstattleiter in der Initiative Gesundheitsindustrie Hessen und als Vizepräsident der »House of Pharma & Healthcare« engagiert. Jochen Maas ist Biologe und Veterinärmediziner (Universitäten Heidelberg, München und Zürich). Er begann seine Industrielaufbahn in der Forschung der Pharmasparte der Hoechst AG in Frankfurt als Leiter des Labors Tier-Pharmakokinetik. Nach seiner Funktion als Gruppenleiter und Vorstandsassistent wurde er

Leiter der Abteilung Drug Metabolism & Pharmacokinetics in Frankfurt, gefolgt von ähnlichen Verantwortungsbereichen für das Nachfolgeunternehmen Aventis in Paris und in ganz Europa. Gleichzeitig war er für den gesamten Bereich Entwicklung in Deutschland verantwortlich, bevor er schließlich als Geschäftsführer die Verantwortung sowohl für den Bereich Forschung als auch Entwicklung in Deutschland übernahm.

Neben seiner Tätigkeit im F&E-Management des Unternehmens hält Jochen Maas häufig wissenschaftliche Vorträge. Darüber hinaus ist er Fachautor und Mitherausgeber mehrerer wissenschaftlicher Monographien.

Frage: Wenn wir uns die letzten zehn Jahre bei Sanofi in Deutschland ansehen, dann stand die Sozialpartnerschaft in den konkreten sozialpolitischen Auseinandersetzungen vor großen Herausforderungen. Oft sind für eine Geschäftsführung auch harte, zuweilen sogar – und das ist das Schwierigste – für den einzelnen Mitarbeiter schwer nachvollziehbare Entscheidungen aus einer Konzernzentrale heraus zu kommunizieren und umzusetzen. Kannst Du Dich noch an die Tage und Wochen im Jahre 2011 erinnern, als es darum ging, die Forschungseinrichtung vor den Toren des Industrieparks, den Kastengrund zu schließen?

Prof. Dr. Jochen Maas: Ja, das war eine schwierige Zeit. Wir sind damals das erste Mal zusammen hingefahren. Die eigentliche Problematik bestand ja darin, dass im direkten betriebswirtschaftlichen und qualitativen Vergleich zu anderen Einrichtungen von Sanofi der Kastengrund nicht schlechter abgeschnitten hatte. Für die Führungsmannschaft dort und für die einzelnen Mitarbeiter war es extrem schwer, diese konzernpolitische Entscheidung zu akzeptieren. Ich denke, wir haben zumindest versucht, aufeinander zuzugehen. Die Intensität der Kommunikation war wichtig, der kontinuierliche gesuchte Dialog mit jedem Einzelnen, die sicherlich harten, aber dann fairen Verhandlungen mit unserem Betriebsrat. Ich kann mich sogar daran erinnern, dass wir beide auch zugegeben hatten, dass es letztlich keine echten betriebswirtschaftlichen Gründe dafür gab, diese Entscheidung umzusetzen. Diese Ehrlichkeit hat die Situation nicht gelöst, aber sie hat geholfen in der Art und Weise des Umgangs miteinander. Sehr gut fand ich, wie oft wir beide auch unabhängig voneinander dort präsent waren, keine einfachen Begegnungen, aber wir haben von uns aus Kommunikation angeboten.

Frage: Vielleicht waren die Wochen im Kastengrund ein starkes Signal dem Sozialpartner gegenüber, dass zwar jeder, Arbeitgeber wie Betriebsrat, seine Rolle im sozialpolitischen Konflikt einzunehmen hat, dass es aber bei der Lösung eines sozialpolitischen Problems vor allem darum geht, wie man letzten Endes aufeinander zugeht und miteinander umgeht, und zwar von Anfang an.

Prof. Dr. Jochen Maas: Genau das haben wir versucht, nicht nur im Kastengrund, sondern auch die vielen Jahre danach. Ich finde, dass das Verhältnis zu unseren Betriebsräten und zu unserer Gewerkschaft immer besser geworden ist. Das hat natürlich auch mit den handelnden Personen zu tun. Und es kommt immer auf das »Wie« an: klar und transparent und vor allem ehrlich und rechtzeitig zu kommunizieren. Oft erliegen Top-Führungskräfte aus der Wirtschaft der Versuchung, Betriebsräte lieber vor vollendete Tatsachen zu stellen und viel zu spät mit einzubeziehen, weil man es sich zu Beginn bequem macht oder weil man glaubt, dass Betriebsräte bei der konzeptionellen Vorbereitung eines sozialpolitisch relevanten Projektes keinen Mehrwert darstellen. Ein fataler Fehler. Das böse Ende kommt dann, denn nicht selten führen Intransparenz und mangelnde Kommunikation zu Aggression und Konfrontation. Das Vertrauen ist weg, bevor es überhaupt entstehen konnte. Es lohnt sich, von Anfang an ehrlich zu kommunizieren, vielleicht zunächst nur im kleinen Kreis, aber von Anfang an offen und fair. Wir müssen immer bedenken: Es geht doch um unsere Mitarbeiterinnen und Mitarbeiter, es geht um Menschen, um Familien, um Existenzen.

Frage: Es ging dann ja noch weiter. Erinnerst Du Dich an die Aufsichtsratssitzung in 2012, als der damalige Gesamtbetriebsratsvorsitzende im Aufsichtsrat der Sanofi-Aventis Deutschland GmbH das Thema des Equal Pay zu seinem Thema gemacht hat?

Prof. Dr. Jochen Maas: Ja, das war schon sehr bemerkenswert. Es war während der Vorbesprechungen im Umfeld einer Aufsichtsratssitzung. Damals wurde von den beteiligten Gremien die Frage diskutiert, ob und warum im außertariflichen Bereich die Gehälter von Frauen und Männern, die aus der Elternzeit zurückkehren, nicht unerhebliche Unterschiede aufzeigen würden. Am Ende dieser Aufsichtsratssitzungen entstand ja die erste gemeinsame Kommission. Du hattest diese ja sogar paritätisch besetzt. Genauso viele von Arbeitgeberseite wie von Arbeitnehmerseite, genauso viele Frauen wie Männer, genauso viele HRler wie Businessvertreter. Das Besondere war, dass wir die Kommission an prominenter Stelle verortet haben, nämlich exakt zwischen Geschäftsführung und Aufsichtsrat. Das machte ja nicht nur prozessual Sinn, sondern war der entscheidende Faktor für ganz viele weitere Entwicklungen: Ich erinnere mich nicht nur an Equal Pay, sondern auch an bessere, weil chancengerechte Personalauswahlprozesse, an unseren Umgang mit Rückkehrerinnen aus der Elternzeit, an Vereinbarkeit von Beruf und Familie und an die Pflege von Angehörigen von Mitarbeitern, bis hin zu sehr guten Ansätzen im Gesundheitsmanagement.

Frage: Kannst Du noch einmal erklären, was bei den Rückkehrern aus der Elternzeit verändert werden musste?

Prof. Dr. Jochen Maas: Es ging generell erstmal um den Vergleich von Gehalts-daten zu Marktdaten im außertariflichen Bereich. Auffällig schien nach ersten Untersuchungen, dass vor allem Mitarbeiterinnen-Gehälter im außertariflichen Bereich nach längerer Abwesenheit ungleich reguliert wurden, nämlich nur zu 30 Prozent. Auch nach längerer Beobachtung ergab dies selbst bei Leistungs-gleichheit zwischen Frauen und Männern einen nahezu uneinholbaren Vor-sprung auf Jahre hin. Wir hatten uns damals entschieden, auf Basis deiner Ana-lyse Elternzeitrückkehrer – gleich welchen Geschlechts – künftig zu 100 Prozent zu regulieren. Es lag aber noch ein langer Weg vor uns. Denn weil Regulierung und Wiedereingruppierung im Wesentlichen aus der Abstimmung zwischen dem Management und der Personalabteilung erfolgte, galt es, über die HR-Bu-siness-Partner die Vorgesetzten zum Thema Equal Pay fortlaufend und zuneh-mend zu sensibilisieren.

Frage: Damals wurde Leben & Arbeiten bei Sanofi zu einer kulturstiftenden Plattform, auf der das soziale Engagement, alle Prozesse und alle Projekte ih-ren Ausgangspunkt finden sollten. Im Grunde waren das aber Zeiten, in denen wir teilweise hinter unseren französischen Kollegen hinterherhinken mussten. Frankreich ist ja sozial gesehen an vielen Stellen weiter als wir.
Prof. Dr. Jochen Maas: Das ist zum Teil wahr. Im Thema Gender-Balance ist Frankreich uns voraus. Das hat auch damit zu tun, dass in Frankreich das Sozial-system berufstätige Frauen besser unterstützt. Auch dass es in der Konzernzen-trale in Paris viel mehr Frauen in Führungspositionen gibt, liegt sicherlich auch daran. Trotzdem glaube ich, dass wir sozialpolitisch weiter sind als Frankreich. Die betriebsverfassungsrechtliche Mitbestimmung in Deutschland ist am Ende zielführender und lösungsorientierter als das französische System der »consulta-tion«. Während wir in Deutschland aufgrund einer echten Mit-Bestimmung dazu verpflichtet sind und dazu gezwungen werden, den Sozialpartner von Anfang an mit einzubeziehen, wenn es zu einer zielführenden sozialpolitischen Lösung kommen soll, geht es in Frankreich nicht um die Verpflichtung zur gemeinsamen Lösungsfindung, sondern nur um die Verpflichtung zur gegenseitigen Beratung. Wie oft mussten wir erleben, dass es in Frankreich nicht um die Inhalte, sondern am Ende nur um die Faktoren Zeit und Geld ging, also um Rahmenbedingun-gen und Konditionen, nicht um eine tatsächliche inhaltliche Auseinandersetzung und um sozialpolitische Lösungen wie Leben & Arbeiten bei Sanofi.

Frage: Was hat Deiner Meinung nach gelungene Sozialpartnerschaft mit dem wirtschaftlichen Erfolg einer Unternehmung zu tun?
Prof. Dr. Jochen Maas: Ich sehe da einen direkten Zusammenhang. Von einer gelebten und gelungenen Sozialpartnerschaft gehen positive Wachstumseffekte aus. Allein in schwierigeren Zeiten kommt es erheblich darauf an, im Dialog zu

sein, um die Situation gemeinsam zu bewältigen. Die Betriebsräte habe ich nie als sozialpolitische Gegner, sondern als Botschafter der gemeinsamen Verhandlungsergebnisse gesehen. Nur so kann man wirtschaftlichen Schaden, beispielsweise durch Arbeitsniederlegungen minimieren und für eine Kultur in einem Unternehmen kämpfen, die sich auch in schwerer Zeit bewährt. Aus meiner Sicht gilt dies auch für die vielen Sozialpläne und Interessenausgleiche, die wir in den letzten Jahren abschließen mussten. Sie verhalfen am Ende dazu, einen Kompromiss zu verhandeln, der auch tragfähig ist und von beiden Seiten in den jeweiligen Interessengruppen loyal aufrechterhalten werden muss.

Frage: Was hat Deiner Meinung nach gelungene Sozialpartnerschaft mit Arbeitgeberattraktivität zu tun?

Prof. Dr. Jochen Maas: Beides gehört sehr stark zusammen. Es besteht ein direkter Zusammenhang zwischen gelebter Sozialpartnerschaft und der Kultur eines Unternehmens. Und genau das strahlt von innen nach außen aus. Man beginnt, über Sanofi zu reden. Wir standen und stehen nach wie vor unter dem Druck, im sogenannten »War for Talents« zu bestehen und möglichst viele und die besten Nachwuchskräfte für das Unternehmen zu begeistern. Die wichtigsten Botschafter eines Unternehmens sind nach den Kunden immer noch die eigenen Mitarbeiter. Genau hier wird Sozialpartnerschaft wichtig, weil ihre Qualität ein recht präziser Indikator für die Gesamtstimmung in einem Unternehmen ist. Zusätzlich meine ich, dass sich das Analyse- und Suchverfahren junger Berufseinsteiger wesentlich verändert hat. Der persönliche Blick, der Radius des Suchstrahls von Jobsuchenden hat sich gewaltig geweitet. Es geht nicht mehr nur um die eigene Job-Passgenauigkeit in einer isolierten Sicht von fachlicher Funktionalität, sondern um eine ganzheitliche Sicht auf das in Gänze zu erwartende Arbeitsumfeld: Welche Angebote aus dem Gesundheitsmanagement gibt es? Welches sind die gelebten Unternehmenswerte? Welche Möglichkeiten bietet der Arbeitgeber in puncto Vereinbarkeit von Beruf und Familie, und dies in unterschiedlichen Lebensphasen – beispielsweise mit der arbeitgeberseitigen Gewährung von Pflegezeiten für Familienangehörige – oder auf die Möglichkeit des Umwandelns von Zeit in Geld und Geld in Zeit über die Einrichtung von Langzeitkonten?

Wir haben damals auch eine Grundsatzerklärung verfasst: »Die Geschäftsführung der Sanofi-Aventis Deutschland GmbH tritt ein für ein Arbeitsumfeld in Vielfalt, Chancengleichheit, Gesundheit und Arbeitssicherheit sowie Achtung und Wertschätzung. Dazu gehört auch, dass Frauen und Männer gleichberechtigt angesehen und wertgeschätzt werden, dass sie sich chancengleich entwickeln und in Führungspositionen gelangen können. Die Geschäftsführung fördert Maßnahmen und Projekte mit dem Ziel der Gleichberechtigung von Frau und Mann. Sie verfolgt weiterhin das Prinzip der gleichen Entlohnung von Frau und

Mann, die Ausgewogenheit in Personalauswahlprozessen und die Einhaltung der Werte, wie sie in unserem Ethikkodex beschrieben werden. Die Geschäftsführung schlägt vor, eine paritätische Arbeitskommission einzurichten, die das Thema der Chancengleichheit von Frau und Mann zukünftig nachhaltig und kontinuierlich begleiten soll.«

Frage: Wie hat der Sozialpartner darauf reagiert?

Prof. Dr. Jochen Maas: Das war keine Reaktion, sondern eine gemeinsame Aktion über mehrere Jahre. Da ist Vertrauen gewachsen. Da haben wir auch viele schwierige Zeiten gemeinsam erlebt, durchlitten und durchgestanden. Deutlich wird das für mich persönlich durch den Wittenbergprozess, dem wir erst vor einigen Jahren beigetreten sind.

Der Wittenbergprozess ist ein breit angelegtes Dialogforum der Chemie-Sozialpartner mit dem Ziel, verantwortliches Handeln in der Sozialen Marktwirtschaft zu fördern. Daraus entstanden ist ein Ethik-Kodex, der im Sommer 2008 in Anwesenheit des damaligen Bundespräsidenten unterschrieben wurde. Mit dieser Vereinbarung gibt es für die gesamte Chemische Industrie gemeinsam formulierte ethische Grundsätze. Die folgenden fünf Leitlinien wurden im Sommer 2007 in einer Workshop-Reihe in der Lutherstadt Wittenberg erarbeitet:

- Soziale Marktwirtschaft braucht nachhaltigen unternehmerischen Erfolg.
- Nachhaltigkeit braucht eine vernünftige Balance von Ökonomie, Ökologie und Sozialem.
- Gute Arbeit braucht Respekt, Fairness, Vertrauen und Verantwortung.
- Globalisierung braucht Fairness.
- Nachhaltiger Erfolg braucht Qualifikation und Engagement.

Als Sozialpartner haben wir einen gemeinsamen Weg zurückgelegt:

Wir möchten gemeinsam unsere Unternehmenskultur nachhaltig und zum Wohle des Unternehmens und unserer Mitarbeiterinnen und Mitarbeiter vielfältig gestalten. Damit geht Sanofi Deutschland auch einher mit dem Wittenbergprozess. Wir bekennen uns zu einer aktiven, gestaltenden und gelebten Sozialpartnerschaft.

Das Interview führte Dr. Emmanuel Siregar, Generalbevollmächtigter Personal und Organisation der CLAAS KGaA mbH und sieben Jahre lang Geschäftsführungskollege von Jochen Maas in Frankfurt am Main.

II. Neue Anforderungen an betriebliche Interessenvertretungen

Claudia Niewerth

Strategische Personalentwicklung für betriebliche Interessenvertretung

Inhaltsübersicht

1. Einführung

Digitalisierung, Industrie 4.0 und die demografische Entwicklung sind gesellschaftliche Herausforderungen mit schwerwiegenden Folgen für die Arbeitswelt. Sie gehen einher mit technischen, ökonomischen sowie personellen Veränderungen in zum Teil erheblichem Ausmaß auf der betrieblichen Ebene. In diesen Prozess häufig eng verwoben sind die betrieblichen Interessenvertretungen: Sie behandeln Themen wie Beschäftigungssicherung, die Gestaltung der Arbeitsbedingungen, demografische Herausforderungen, Erhalt und Verbesserung der Arbeitsfähigkeit und Qualifizierung. Weiterhin sind Arbeits- und Gesundheitsschutz ebenso wichtige Themen wie Bearbeitung arbeits- und tarifrechtlicher Gestaltungsfelder (Esteban-Palomo et al. 2019).

Zeitgleich findet in den Betriebsratsgremien ein Generationenwechsel statt. Die durch das Ausscheiden der Generation 55plus in den kommenden Jahren entstehende Wissens- und Kompetenzlücke muss innerhalb der Betriebsratsgremien erkannt, geplant und rechtzeitig geschlossen werden, um die anstehenden Herausforderungen im Kontext von Transformation, Auswirkungen der Corona-Krise und wirtschaftlichen Entwicklungen bewältigen zu können. Als Teilbereich des Personalwesens umfasst die Personalentwicklung sämtliche Maßnahmen zur Förderung, Qualifizierung und Weiterbildung von Beschäftigten und Führungskräften. Das langfristige Ziel der strategischen Personalentwicklung besteht also darin, Mitarbeiter:innen so zu qualifizieren, dass sie bestmöglich zum Unternehmenserfolg beitragen. Dazu sollte der Wissensstand der Mitarbeiter:innen kontinuierlich auf dem neusten Stand gehalten werden, junge Nachwuchskräfte sollen ans Unternehmen gebunden werden und die Nachbesetzung ausscheidender Stellen und Funktionen sollte frühzeitig vorbereitet werden. Diese Aufgaben stellen sich für Betriebsratsgremien ähnlich dar, es gilt aber eine Besonderheit zu berücksichtigen: Das Amt des Betriebsrats ist ein Wahlamt, dessen Zusammensetzung alle vier Jahre durch die Beschäftigten gewählt wird. Somit ist die strategische Personalentwicklung nicht nur eine Managementaufgabe, sondern hat eine betriebspolitische Komponente. Die strategische Personalplanung von Betriebsratsgremien ist daher vielfältigen Einflüssen unterworfen und ist darüber hinaus in Zeiten von Digitalisierung und Transformation mit einer erheblichen Veränderungsdynamik konfrontiert.

Das folgende Kapitel beschäftigt sich mit der strategischen Personalentwicklung im Betriebsrat und nimmt dabei zwei wesentlichen Themenfelder in den Blick: die Methoden der Personalplanung sowie die besonderen Herausforderungen einer Personalplanung für betriebliche Interessenvertretungen. Bevor die Kernfelder der strategischen Personalentwicklung von Betriebsräten behandelt werden können, gilt es, den Betriebsrat als Institution kennenzulernen und die an diese Institution geknüpften Besonderheiten für die Personalentwicklung.

2. Die Institution betriebliche Interessenvertretung

Der Betriebsrat ist eine von den Arbeitnehmern gewählte Interessenvertretung. Das Betriebsverfassungsgesetz (BetrVG) regelt, welche Aufgaben der Betriebsrat wahrnimmt, um sich für die Interessen der Beschäftigten im Betrieb einzusetzen. Er hat weitgehende Mitbestimmungsrechte, die ihm erlauben, beim betrieblichen Arbeitsalltag mitzubestimmen. Zudem kann der Betriebsrat die Beschäftigten z. B. bei Kündigungen vor der Willkür des Arbeitgebers schützen.

Bei einem Wahlamt wie dem Betriebs-/Personalratsmandat sind personelle Wechsel nicht immer vorauszusehen. Der altersbedingte Ausstieg ist dabei noch der am ehesten zu kalkulierende Faktor. Rein juristisch kommen vielfältige Gründe dafür in Betracht, das Mandat an jemanden anderen zu übertragen: Dazu zählen formal der Ablauf der Amtszeit des Betriebsrats oder auch die Niederlegung des Betriebsratsamts (= Rücktritt als Betriebsratsmitglied). Ebenso können Faktoren wie die Beendigung des Arbeitsverhältnisses, der Verlust der Wählbarkeit, der Ausschluss aus dem Betriebsrat oder die nachträgliche Feststellung der Nichtwählbarkeit eine Rolle spielen. All diese Gründe haben die Auswirkung, dass eine Übergangsgestaltung in Kombination mit einer Personalplanung (oder auch Nachfolgeplanung) im Betriebsrat nur vorbehaltlich des Wahlausgangs erfolgen kann.

2.1 Besonderheiten des Wahlamtes für die Personalplanung im Betriebsrat

Das Personalmanagement in Betriebsratsgremien ist immer flankiert von der Besonderheit des Wahlamtes: Das Amt der betrieblichen Interessenvertretung wird durch die Betriebsratswahl bestimmt. Einige wesentliche Punkte umreißen die Besonderheit des Wahlamtes in Bezug auf die Personalplanung im Betriebsrat.

Dazu gehört zum einen, dass die **reguläre Amtszeit** eines Betriebsratsmitglieds vier Jahre beträgt, das heißt in regelmäßigem Turnus stellen sich Kandidaten für das Amt des Betriebsrats zur Wahl. Vom Wahlergebnis hängt ab, ob ein Kandidat oder eine Kandidatin für (weitere) vier Jahre im Amt tätig ist oder nicht. Bezogen auf die Personalplanung des Betriebsrats bedeutet dies, dass die Personalplanung grundsätzlich vom Wahlausgang der nächsten Betriebsratswahl anhängig ist und keinerlei Planungssicherheit in Bezug auf die Besetzung des BR-Gremiums besteht bzw. bestehen kann. Eine weitere Besonderheit des Wahlamts stellt die **Anzahl der Betriebsratsmandate** dar. Sie ist pro Unternehmen abhängig von der Unternehmensgröße. Diese Regelung schränkt die Personalplanung des Betriebsrats ebenfalls in gewisser Weise ein: Die Personalbemessung des BR-Gremiums wird in Bezug auf die Unternehmensgröße festgelegt – unabhängig von

Inhalt und Aufwand der für das Gremium anstehenden Aufgaben. Ergänzend zur Anzahl der Mandate spielt auch die Art der **Freistellung** eine nicht unerhebliche Rolle. Hier zeigt sich in der betrieblichen Praxis, dass der Umfang an Freistellungen oft nicht ausreicht, um den vielfältigen Aufgaben der Betriebsratstätigkeit nachzukommen. Gerade Betriebsratsgremien mit wenigen Freistellungen beklagen häufig eine Überbelastung in ihren Aufgaben. Ein weiterer entscheidender Punkt im Kontext der Personalplanung im Betriebsrat ist das **Wahlverfahren**. Wie die Sitze nach der Wahl im Betriebsrat verteilt werden, unterscheidet sich maßgeblich – je nachdem, ob als Personen- oder als Listenwahl gewählt wird. Dies hat u. U. erheblichen Einfluss auf die Besetzung der Gremienmandate nach der Wahl. Nicht zuletzt spielen auch gesetzliche Vorgaben und Empfehlungen an die **Zusammensetzung eines BR-Gremiums** eine nicht unerhebliche Rolle bei der Personalplanung im Betriebsrat: So sollten Beschäftigte aus allen Abteilungen im Betriebsrat vertreten sein. Gleichermaßen sollten im Betriebsrat auch Arbeitnehmer und Arbeitnehmerinnen der verschiedenen »Beschäftigungsarten« vertreten sein, also z. B. die gewerblichen Arbeitnehmer:innnen, Facharbeiter:innen, Angestellten, AT-Angestellten usw. Das BetrVG regelt allerdings verpflichtend das zahlenmäßige Verhältnis von Männern und Frauen im Betriebsrat.

Zusammenfassend kann festgehalten werden, dass die strategische Personalentwicklung einer betrieblichen Interessenvertretung von gesetzlichen Bestimmungen z. B. des Betriebsverfassungsgesetzes flankiert ist, die im Strategieprozess zu berücksichtigen sind. Dazu gehören die Wahl der Kandidaten als solche, die Dauer der Amtszeit, die Größe des Gremiums, die Art des Wahlverfahrens, die Anzahl der Freistellungen und die Zusammensetzung des Gremiums.

2.2 Kompetenzen betrieblicher Interessenvertretungen

Friedrich Fürstenberg (1958) kennzeichnet den Betriebsrat als Grenzinstitution, welche mit dreierlei Aufgaben konfrontiert ist: erstens die Interessen unterschiedlicher Belegschaftsgruppen gleichgewichtig zu vertreten (Repräsentationsproblem), zweitens, mit vergleichsweise schwachen Rechten ausgestattet, die Beschäftigteninteressen gegenüber dem Arbeitgeber wirkungsvoll zu vertreten, aber gleichzeitig im Rahmen der vertrauensvollen Zusammenarbeit das Betriebswohl im Blick zu haben (Integrationsproblem), und drittens mit der Gewerkschaft als überbetriebliche Beschäftigteninteressenvertretung trotz weitgehender institutioneller Unabhängigkeit im Spannungsfeld zwischen notwendiger sowie gewünschter Kooperation und teilweiser Konkurrenz zu interagieren (Solidaritätsproblem; vgl. Fürstenberg 1958; Maylandt 2020).

Die strategische Personalentwicklung des Betriebsrats ist demnach nicht nur als eine Organisationsaufgabe zu verstehen, bei der es um die Besetzung von Mandaten durch ein Wahlverfahren geht; mindestens ebenso bedeutsam ist die Feststellung von Anforderungen an die Betriebsratstätigkeit und die daraus ableitbaren erforderlichen Qualifikationen der Mandatsträger. Die folgenden Abschnitte erläutern, in welchem Kontext sich die Anforderungen an betriebliche Interessenvertretungen entwickeln und welche Kompetenzen für die Bewältigung der Aufgaben einer betrieblichen Interessenvertretung erforderlich sind.

Das Aufgabenprofil von Betriebsräten hat sich im letzten Jahrzehnt spürbar verändert. Die Komplexität der Anforderungen an betriebliche Interessenvertretungen wird anhand der folgenden Tabellen deutlich. Im Rahmen des von der Hans-Böckler-Stiftung geförderten und von der IG BCE und der IG Metall unterstützten Projekts »Unser BR kann mehr – Systematische und nachhaltige Betriebsratsarbeit in KMU« wurden vier Entwicklungsfelder und Kompetenzen für KMU-Betriebsräte zusammengestellt, die das Anforderungsprofil von Betriebsräten in KMU umreißen (vgl. Otto et al. 2018).

Diese Kompetenzfelder gelten nicht nur für KMU-Betriebsräte, auch betriebliche Interessenvertretungen großer Unternehmen haben es mit einem breiten Spektrum an Anforderungen zu tun. Eine Zusammenfassung von Kompetenzmustern für betriebliche Interessenvertretungen entwickeln Niewerth/Massolle/Grabski 2016 im Kontext der Ausbildung von Betriebsräten zu Innovationspromotoren. Hierbei wurden fünf Kompetenzdimensionen identifiziert, entlang derer sich die Kompetenzentwicklung von Betriebsräten beschreiben lässt.

Die **Fachkompetenz** bezieht sich auf verschiedene Kompetenzfelder, die darauf abzielen, fachbezogenes Wissen zu erlangen, zu vertiefen und in sinnvolle Handlungszusammenhänge zu setzen. Es handelt sich dabei um fachliche Fertigkeiten und Kenntnisse, die sich auf Produkte und Verfahren beziehen, auf die Grundlagen zu Recht und Mitbestimmung sowie auf Kenntnisse aus den Bereichen Betriebswirtschaft und Arbeitsorganisation.

Die **Feldkompetenz** besteht aus den spezifischen Sach- und Fachkenntnissen, Fertigkeiten und Fähigkeiten, die durch Erfahrung in einem bestimmten Arbeits- oder Tätigkeitsfeld erworben wurden. Im Kontext der Ausbildung zum Innovationspromotor bedeutet dies, dass der Betriebsrat über grundlegendes Orientierungswissen verfügt und es im Sinne seiner Aufgabe als Promotor anzuwenden versteht. Beschreibbar wird die Feldkompetenz über die Kenntnisse in Bezug auf die jeweilige Branche, die Regionalstruktur sowie über Kenntnisse aus dem gewerkschaftspolitischen Kontext.

Als dritte Kompetenzart wird die **Methodenkompetenz** ermittelt. Diese wird hier als Schlüsselqualifikation verstanden; sie umfasst die Fähigkeiten zur Anwendung bestimmter Lern- und Arbeitsmethoden. Dazu zählen die Kompetenzen zu Präsentations- und Moderationstechniken, Kenntnisse aus dem Bereich des Projektmanagements, der Anwendung von Problemlösetechniken sowie weitere Lern- und Arbeitstechniken.

Die Gestaltungsfelder strategischer Personalarbeit

Tabelle 1: Werkzeugkasten Systematische und nachhaltige BR-Arbeit im KMU –
»Unser BR kann mehr« – ein Projekt finanziert von der Hans-Böckler-Stiftung,
unterstützt von IG BCE und IG Metall

Selbstkompetenz/ Persönlichkeit	Soziale Kompetenz	Methoden-kompetenz	Fachkompetenz/ Wissen
Bereitschaft, Verantwortung zu übernehmen	Teamfähig sein, andere beteiligen können	Moderne Kommunikationsmedien anwenden können	Regelungen des Arbeitsrechts kennen
Psychische Belastbarkeit, Ruhe bewahren können	Aufmerksam zuhören können	Gespräche führen können und Reden halten können	Gewerkschaftliche Strukturen nutzen
Aus Fehlern lernen können	Tragfähige Beziehungen gestalten können	Systematisches Arbeiten anwenden und organisieren können	Politische Kenntnisse besitzen
Einfühlungsvermögen zeigen können, auch in angespannten Situationen	Fehler eingestehen können	Arbeitsgruppen und Sitzungen leiten können	Strukturen im Unternehmen kennen
Durchsetzungsfähig sein	Konfliktfähig sein	Präsentieren und Moderieren können	Eigene fachliche Schwerpunkte entwickeln
Nähe und Distanz herstellen können	Verhandlungen führen können	Instrumente der Projektarbeit anwenden können	Netzwerke aufbauen und pflegen
Aufgeschlossen sein für Neues und anderes	Netzwerke pflegen können	Strategien entwickeln und verfolgen können	Qualifizierung langfristig planen

Ein Projekt finanziert von der Hans-Böckler-Stiftung, unterstützt von IG BCE und IG Metall

Die vierte untersuchte Kompetenzart bezieht sich auf die Entwicklung der **Sozialkompetenz** der Teilnehmer:innen. Dazu gehören das Erlernen von Konflikt- und Kritikfähigkeit, Kenntnisse über Teamentwicklung und -fähigkeit, Kommunikationsfähigkeit und interkulturelle Kompetenzen. Neben den vier in der Literatur weit verbreiteten Kompetenzarten hat die Entwicklung der **Persönlichen**

Kompetenz ebenfalls große Bedeutung. Der Begriff Persönliche Kompetenz bezieht sich auf Grundhaltungen und Werte-Einstellungen. Darunter versteht man z. B. die Haltung und Einstellung zu bestimmten Sachverhalten, die Entwicklung von Kreativität und Offenheit, die Steigerung des Selbstbewusstseins sowie eine Erhöhung der eigenen Flexibilität.

Ergänzend hierzu verweisen neuere Befunde aus Untersuchungen von Anforderungen an betrieblichen Interessenvertretungen, dass insbesondere die Kompetenzen im Bereich Digitalisierung und Agilität in erheblichem Umfang erweitert werden. In den Kontext der Zunahme von Methodenkompetenzen gehören hierbei sowohl Kompetenzen im Einsatz neuer (sozialer) Medien als auch der vermehrte Einsatz kreativer Techniken. Eine Erweiterung des methodischen Kompetenzfeldes ist bei der Anwendung agiler Methoden wie DesignThinking oder Elemente des Scrum-Frameworks zu beobachten (vgl. Niewerth/Massolle 2020b; Esteban-Palomo et al. 2019).

3. Strategische Personalentwicklung im Betriebsrat

Erhebungen und Studien zeigen, dass Nachfolgeplanung, Rekrutierungsgespräche, Personaleinsatzplanung, Potenzialanalysen, Weiterbildungsförderung und weitere Maßnahmen der Personalarbeit einen mittleren Stellenwert in der Geschäftsführungspraxis von Betriebsräten besitzen (vgl. Virgillito/Naegele et al. 2015).

Die Aufgaben im Kontext von Qualifizierung und Personalentwicklung im Gremium lassen sich wie folgt skizzieren:

- Langfristige Planung und Umsetzung von Schulungen
- Kontinuierliche Qualifizierung
- Entwicklung von Mitgliedern zu Experten für bestimmte Themen
- Einbeziehung sachkundiger Beschäftigter in die BR-Arbeit
- Konsequentes Wissensmanagement
- Nutzung gewerkschaftlicher Unterstützungsangebote
- Reflexion der BR-Arbeit und
- Wissenstransfer ausscheidender Mitglieder
- Verbinden von beruflicher Entwicklung und Ehrenamt
- Akzeptieren und Verfolgen von Austrittsoptionen
- Nachwuchsgewinnung

Aufgrund der zunehmenden Herausforderungen wird Personalplanung mehr und mehr als strategisches Aufgabenfeld der betrieblichen Interessenvertretung definiert und einem systematischen Managementprozess unterworfen. Eine detaillierte Beschreibung einzelner Elemente findet sich in der Broschüre »Nachfolgemanagement und Personalentwicklung im Betriebsrat. Praxistipps für den Generationswechsel« der IG Metall (IG Metall Vorstand 2017).

Die wesentlichen Komponenten der operativen und strategischen Personalplanung im Betriebsrat bestehen demnach aus der Personalbestandsplanung, einer Personalbedarfsplanung, der Personalgewinnungsplanung, der Personalentwicklungsplanung sowie der Personaleinsatzplanung (IG Metall Vorstand 2017).

Eine bedeutsame Unterscheidung ist dabei zu treffen zwischen der operativen und der strategischen Personalplanung, die auch in der betrieblichen Interessenvertretung zu beachten ist. Bei der **operativen Personalplanung** orientieren sich die handelnden Akteure im Wesentlichen am bestehenden Personalbestand und zielen darauf ab, den Status quo zu halten. Diese Form der Personalplanung ist im Kontext eines sich wenig ändernden geschäftlichen Umfeldes ein sinnvolles Instrument für den Betriebsrat, wenn es in erster Linie darum geht, erwartbare Abgänge rechtzeitig durch Neubesetzung zu kompensieren.

Zentrales Ziel der **strategischen Personalplanung** ist der Aufbau der »richtigen Mannschaft« für die Umsetzung der Unternehmensstrategie. Strategische Personalplanung setzt zunächst – ebenso wie die operative Personalplanung – am Personalbestand an, erstreckt sich im Gegensatz dazu aber über alle strategisch relevanten Handlungsfelder der personalwirtschaftlichen Prozesskette – und ist zukunftsgerichtet. Ihr Gegenstand ist die Planung, Umsetzung und Vorsteuerung von Aktivitäten, um frühzeitig Personalpotenziale aufzubauen, zu erhalten, zu nutzen oder auch abzubauen. Die Beteiligten einer strategischen Personalplanung müssen dabei die wichtigsten externen und internen Faktoren so herausarbeiten, dass entsprechende Handlungsfelder identifiziert und priorisiert werden, die es im Anschluss systematisch zu bearbeiten gilt (IG Metall Vorstand 2017).

Die operative und strategische Personalplanung des Betriebsrats besteht aus einigen klassischen Teilaspekten der Personalplanung.

3.1   Personalbestandsplanung

Im Rahmen der Personalbestandsplanung werden der vorliegende Ist-Zustand und absehbare Veränderungen des Personalbestandes untersucht. Eine solche Personalbestandsanalyse wird insbesondere durch das Instrument der Altersstrukturanalyse durchgeführt. Im Rahmen einer Altersstrukturanalyse lassen sich die personellen Veränderungen der nächsten und übernächsten Betriebsratswahl abbilden. Dadurch können voraussichtliche Personalab- und -zugänge für den Planungszeitraum ermittelt werden (Rentenzugangszeitpunkte der ältesten Wissensträger:innen, Ausscheiden von Mandatsträgern aus anderen Gründen, Rückkehr aus langer Krankheit).

3.2 Personalbedarfsplanung

Die Personalbedarfsplanung ermittelt im Hinblick auf die zukünftige Aufgaben-entwicklung und mit Bezug auf Veränderungen der Zahl der Wahlberechtigten, wie viele Betriebsratsmitglieder mit welchen Qualifikationen benötigt werden. Dafür muss die Zahl der Wahlberechtigten und der Gremiengröße geprüft werden, der Personalnachfolgebedarf beziffert und der Verlust von strategischen Wissensträgern ermittelt werden. Erst jetzt kann die Nachbesetzung von Schlüsselqualifikationen und Schlüsselpositionen vorgeplant werden. Dazu ist es erforderlich, auch die Unternehmensstrategie (Markt-, Innovations- und Produktivitätsziele des Unternehmens) zu analysieren und daraus künftige Aufgaben und Anforderungsprofile für den Betriebsrat abzuleiten.

3.3 Personalgewinnungsplanung

Die Personalgewinnung ist ein strategisch wichtiger Teil der Personalwirtschaft des Betriebsrats. Die Aufgabe der Rekrutierung besteht darin, die im Rahmen der Personalbedarfsplanung erkannten Nachfolgerisiken zu entschärfen und dafür zu sorgen, dass die Interessen der Arbeitnehmer:innen durch kompetente Nachfolger:innen vertreten werden. Mit dem Einsatz von Instrumenten der Personalgewinnung soll ein genügend großer Kreis an geeigneten Bewerber:innen erschlossen werden. Bereits jetzt fließen rechtliche Anforderungen an die Zusammensetzung des Gremiums in die Planung der Personalgewinnung ein: Über die Auswahl von Zielgruppen und Erschließungsbereichen muss geklärt werden, welche Kandidat:innen aus welcher Zielgruppe verstärkt im Gremium vertreten sein sollen. Aber auch Fragen nach einer Verjüngung des Gremiums spielen in der Personalgewinnungsplanung eine wesentliche Rolle. Dazu werden häufig potenzielle Kandidat:innen aus der Jugend- und Auszubildendenvertretung (JAV) und dem Vertrauenskörper angesprochen.

3.4 Personalentwicklungsplanung

Der Aufgabenbereich der Personalentwicklung beschäftigt sich mit der aufgabenvorbereitenden, aufgabenbegleitenden und aufgabenfordernden Aus- und Weiterbildung der Gremienmitglieder und potenzieller Nachfolgekandidat:innen sowie mit der Ableitung geeigneter Qualifizierungsmaßnahmen und Förderstrategien aus den Anforderungen der Unternehmensentwicklung, des Arbeits- und Sozialrechts und der Interessen der Beschäftigten.
Die Ziele der Personalentwicklung bestehen in der Befähigung zur wirksamen Interessenvertretung, zur Übernahme neuer bzw. erweiterter Fach- und Führungsaufgaben und zur Erreichung und Sicherung der operativen und strate-

gischen Ziele des Betriebsrats. Dazu gilt es, Zukunftsaufgaben und Kompetenz-entwicklungsbedarf des Gremiums einzuschätzen und entsprechende Qualifizie-rungspläne zu erstellen.

3.5   Personaleinsatzplanung

Unter Personaleinsatzplanung versteht man zum einen die optimale Zuordnung der verschiedenen Gremienmitglieder und ihres Qualifikations- und Fähigkeits-profils zu den einzelnen Funktionen und Aufgaben des Betriebsrats. Personal-einsatzplanung umfasst auch die Steuerung von Personalersatz auf freien oder freigewordenen Positionen und sie leistet einen Beitrag zur Förderung der Kar-riere von Mitgliedern.

Die besondere Herausforderung liegt dabei in der Weisungsfreiheit des Gremi-ums. In der Regel wird die Arbeit innerhalb eines Gremiums in Form von Aus-schüssen organisiert. Bei mehr als neun Mitgliedern müssen die laufenden Ge-schäfte des Betriebsrats sogar zwingend durch einen Betriebsausschuss geführt werden (§ 27 BetrVG). In Betrieben mit mehr als 100 Arbeitnehmern kann der Betriebsrat zudem Ausschüsse und Arbeitsgruppen bilden und diesen bestimmte Aufgaben übertragen (§§ 28, 28a BetrVG). Die Zuteilung von Tätigkeiten und Aufgaben im Betriebsrat selbst wird allerdings nicht durch den Vorsitz oder ei-nen Ausschusssprecher festgelegt, sondern die Aktivitäten im Betriebsrat werden über das eigene Engagement und die Bereitschaft zur Mitarbeit festgelegt. Der Vorsitz ist hier »Gleiche/r unter Gleichen«.

3.6   Bildungsplanung im Betriebsrat

Die Ziele der Personalentwicklung und der strategischen Bildungsplanung im Betriebsrat liegen in der Befähigung der einzelnen Gremienmitglieder zur wirk-samen Interessenvertretung, zur Übernahme neuer bzw. erweiterter Fach- und Führungsaufgaben und zur Erreichung und Sicherung der operativen und stra-tegischen Ziele des Betriebsrats (vgl. IG Metall Vorstand 2017).

Bedeutende Erkenntnisse zur Bildungsplanung stammen darüber hinaus auch aus der Studie »Einflussgrößen auf den Wissenstransfer in der betrieblichen In-teressenvertretung« von Virgillito u. a. (2015). Hier wurde der Wissenstransfer innerhalb von betrieblichen Interessenvertretungsgremien untersucht. Insbeson-dere das Ausscheiden langjähriger Vorsitzender stellt die Gremien hier vor ernst-hafte Herausforderungen. In einer standardisierten Online-Befragung von 6000 Betriebs- und Personalräten wurde untersucht, wie die Gremien dem drohenden Wissensverlust begegnen wollen. Als strukturelle Maßnahmen zur Sicherung vorhandenen Wissens im Betriebsrat wurden dabei neben der unmittelbaren

Nachfolgeplanung Einarbeitungsroutinen, Mentorenprogramme und schließlich auch eine Bildungsplanung für das Gremium beleuchtet.

Die Weiterbildungsaktivitäten im Gremium, dazu kommen Esteban-Palomo et al. in ihrer Analyse zum Weiterbildungsverhalten von Betriebsräten, ist dort höher, wo eine systematische Bildungsplanung im Gremium stattfindet. Dabei ist es offenbar von Vorteil, wenn nicht der oder die Vorsitzende selbst diese Aufgabe mit übernimmt, sondern ein anderes Betriebsratsmitglied oder eine Arbeitsgruppe für Bildungsplanung zuständig ist. Aus den Befunden der Studie geht allerdings hervor, dass die betriebsratsinterne Organisation von Weiterbildung einer weitergehenden Professionalisierung bedarf. Bei lediglich einem Viertel der Befragten wird im Gremium ein jährlicher Bildungsplan aufgestellt. Mit Blick auf die betriebsgrößenspezifischen Unterschiede wird deutlich, dass dies möglicherweise zum Teil fehlenden Ressourcen geschuldet ist, allerdings wird zu einem anderen Teil der strategischen Bildungsplanung vermutlich ein geringer Stellenwert beigemessen. Die fehlende strategische Weiterbildungsplanung in einigen Gremien kann dabei als potenzieller Einflussfaktor für die Weiterbildungspraxis insgesamt bewertet werden (vgl. Esteban-Palomo et al. 2019).

4. Herausforderungen der strategischen Personalentwicklung im Betriebsrat

Die strategische Personalplanung im Betriebsrat ist mit vielfältigen Herausforderungen konfrontiert, die die Weiterentwicklung der Gremien flankieren: Dazu zählen der anstehende Generationenwechsel in den Gremien, die erhebliche Anzahl an Gremienmandaten, die es in den nächsten Jahren zu besetzen gilt, die veränderten Karrierepfade von Gremienmitgliedern sowie die Ansprüche an die zunehmende Professionalisierung der Betriebsratsarbeit.

4.1 Demografischer Wandel und Generationenwechsel

Bereits heute schlägt sich der demografische Wandel in den Altersstrukturen vieler Unternehmen nieder: Das Durchschnittsalter der Beschäftigten wird immer höher. Die volle Wirkung des demografischen Wandels entfaltet sich aktuell schon, da besonders die geburtenstarken Jahrgänge in den Ruhestand eintreten. Die Unternehmen werden mit mehreren Herausforderungen konfrontiert: qualifizierte Nachbesetzung frei werdender Stellen und der rechtzeitig einzuleitende Wissenstransfer zwischen den Generationen.

Neben den demografischen Herausforderungen auf betrieblicher Ebene ist das Thema Demografie auch für BR-Gremien selbst ein drängendes Thema. Denn auch Betriebsräte in Deutschland werden immer älter: Die Hälfte der Betriebsratsmitglieder ist im vorgerückten Alter von 46–59 Jahre (Greifenstein 2014). Durch die bevorstehende Welle von Altersabgängen aus den Arbeitnehmervertretungen bei den kommenden Betriebsratswahlen droht der Verlust von Kontinuität und langjährig erworbenem Erfahrungswissen. Bis 2034 müssen mehrere Zehntausend Betriebsratsmandate wieder besetzt werden. Damit muss verstärkt um jüngere Nachfolger:innen geworben werden. Angesichts schwach besetzter Jahrgänge ab Mitte der 1970er Jahre ist dies ein Spagat zwischen niedriger Verfügbarkeit von Bewerber:innen und hoher Dringlichkeit der Stellenbesetzung. Hinzu kommt eine nicht weniger herausfordernde Aufgabe: Die Gremien müssen sich in strategischen Bereichen verstärken, die erst noch zu erschließen sind.

Laut Trendreport Betriebsratswahlen der Hans-Böckler-Stiftung (Demir et al. 2018) sind etwa 62 Prozent der Betriebsrät:innen 46 Jahre und älter, knapp 6 Prozent sind älter als 60 Jahre und bestreiten damit ihre letzte volle Amtsperiode vor dem Renteneintritt. Gleichzeitig traten 41 Prozent der 2018 gewählten Betriebsrät:innen ihre erste Amtszeit an. Im Jahr 2014 lag dieser Wert bei 36 Prozent (Greifenstein/Kißler/Lange 2017). Die deutschen Betriebsräte befinden sich also mitten in einem anhaltenden Generationswechsel. Demgegenüber war die Fluktuation in den Betriebsräten bisher gering und die Gremienmitglieder haben lange Amtszeiten vorzuweisen (Greifenstein/Kißler/Lange 2014). Somit stellt sich die Situation dar, dass mit dem Generationswechsel kontinuierliche personelle Strukturen in den Betriebsratsgremien – auch den Vorsitz betreffend – aufbrechen.

Marion Houben beschäftigte sich bereits 2011 mit dem Generationswechsel im Betriebsrat. Sie zeigt die Schwierigkeiten auf, die mit einem nahenden Generationswechsel einhergehen können, und macht Vorschläge, wie man diese mittels Teamcoaching für Betriebsratsgremien lösen kann (vgl. Houben 2011). Durch Teamcoaching sollen sich Betriebsratsgremien insbesondere über ihre eigene Situation (anstehende Fluktuation, Kompetenzportfolio, strategische Ausrichtung usw.) und daraus abzuleitende Handlungsschritte klar werden. Besonders die Beteiligung aller Betriebsratsmitglieder, indem der Vorsitz Aufgaben delegiert, ist für Houben (2011) eine wichtige Bedingung für einen gelungenen Generationswechsel.

4.2   Berufskarrieren auf Zeit

Daran anknüpfend hat die strategische Personalentwicklung des Betriebsrats noch mit einer weiteren Herausforderung zu tun: Die persönliche Entwicklungs-

und Karriereplanung ist für Betriebsräte häufig ein schwieriges Thema. Auch im Gremium und in der Gewerkschaft werden persönliche Entwicklungspfade von Betriebsräten wenig bis selten diskutiert. Doch schon lange gilt nicht mehr nur »Einmal Betriebsrat – immer Betriebsrat«. Daher stellt sich für viele Betriebsräte die Frage nach der Vereinbarkeit von Amt und beruflicher Entwicklung. Die Verberuflichung des Betriebsratsamtes findet sich weitestgehend nur noch in größeren Unternehmen. Die Tätigkeit im Betriebsrat wird zunehmend eher als ein Baustein einer innerbetrieblichen Karriereentwicklung verstanden. Die Professionalisierung von Betriebsräten bzw. der Betriebsratsarbeit bedeutet somit künftig die stärkere Vereinbarkeit der Qualifizierung für das Amt und der Weiterbildung für die persönliche berufliche Entwicklung.

In der repräsentativen Studie zum Weiterbildungsverhalten von Betriebsratsmitgliedern (Esteban-Palomo et al. 2019) wird ermittelt, dass etwa drei Viertel aller Betriebsratsmitglieder (73 Prozent) sich sowohl in ihrer Funktion als Betriebsrat als auch für die individuelle berufliche Perspektive qualifizieren möchten. Lediglich gut ein Fünftel (22 Prozent) will sich ausschließlich auf die Arbeit im Gremium konzentrieren. Einer kleinen Minderheit (5 Prozent) ist die ausschließliche Fokussierung auf ihre berufliche Entwicklung von Bedeutung, auch wenn sie als betrieblicher Interessenvertreter gewählt sind (vgl. Esteban-Palomo et al. 2019).

Vor allem die Gut- und Hochqualifizierten fürchten um ihre beruflichen Entwicklungschancen und entscheiden sich immer häufiger nur für eine Mitarbeit auf Zeit. Sie können sich vorstellen, ein oder zwei Wahlperioden im Betriebsrat tätig zu sein und im Anschluss zu ihrer angestammten Fachtätigkeit zurückzukehren. Die Freistellung verliert an Attraktivität (vgl. Kotthoff 2012). So ist der Betriebsrat nicht mehr nur als interessenpolitische Repräsentanz der Beschäftigten zu sehen, sondern ist gleichermaßen Sozialisationsinstanz für die Mitglieder des Betriebsrats (Tietel/Hocke 2015). Sie konstatieren die *Erosion der betriebsrätlich-gewerkschaftlichen Normalbiografie* (männlich, Facharbeiter, Vollzeit, unbefristet; Tietel/Hocke 2015).

Somit muss die strategische Personalplanung des Betriebsrats auf sich verändernde Anspruchsmuster im Hinblick auf berufliche und Betriebsratskarriere reagieren: Jüngere Beschäftigte möchten nach einer Zeit im Betriebsrat im Unternehmen weiter aufsteigen. Manchen erscheint der Betriebsrat dabei womöglich auch als willkommenes Sprungbrett auf die nächste Stufe. Diese Motivlagen müssen zukünftig in Nachfolgeprozessen berücksichtigt werden. Bereits 2014 verweist Ralph Greifenstein darauf, dass es darum gehe, eine Balance zwischen den Modellen *Betriebsrat auf Lebenszeit* und *Lebensabschnittsbetriebsrat* zu finden. Letztere Variante sei geeignet, um Höherqualifizierte für die Mitarbeit im Betriebsrat zu gewinnen (vgl. Greifenstein 2014). Die damit einhergehende erhöhte Fluktuation im Gremium und die erforderlich wachsende Zahl an Interessenten müssen in Zukunft vermehrt Berücksichtigung finden.

4.3 Professionalisierung der Betriebsratsarbeit

Zeitgleich mit dem Digitalisierungsgrad eines Betriebes sind auch die Qualifikationen und Kompetenzen der betrieblichen Interessenvertretung weiterzuentwickeln, um die Herausforderungen der Zukunft im Sinne der Beschäftigten bewältigen zu können. Übernehmen Betriebsräte häufig eine aktive Rolle bei der Ausgestaltung der Digitalisierung und stufen den **digitalen Wandel** als Gestaltungsfeld der betrieblichen Interessenvertretung ein, so mangelt es jedoch häufig an Expertise im Gremium, um Digitalisierungsprojekte umzusetzen (vgl. Stokic et al. 2016; Oerder et al. 2018; Ahlers 2018). Haipeter führt neben einer *neuartige[n] Verbindung neuer Herausforderungen für klassische arbeitspolitische Themenfelder mit Innovationsfragen* (Haipeter 2018, S. 318) die Beteiligung der Beschäftigten als Kernelement eines Leitbilds für die Mitbestimmung in der digitalisierten Arbeitswelt an.

Die immer größere Vielfalt regulierungsrelevanter Themen stellt für Betriebsräte eine Herausforderung dar, für deren Bewältigung die Weiterentwicklung der eigenen Qualifikationen und Kompetenzen wie auch die Einbindung der Beschäftigten und ihres Erfahrungswissens unabdingbare Voraussetzungen darstellen (vgl. Haipeter 2018, S. 304). Die zunehmende Tendenz der Verbetrieblichung der Regulierung von Arbeits- und Beschäftigungsbedingungen (vgl. Amlinger/Bispinck 2016, S. 211–212) als auch die Anforderungen zur Begleitung von Industrie 4.0, Digitalisierung und Transformation auf Unternehmens- und Konzernebene (vgl. Niewerth/Massolle 2020b) erhöhen die Anforderungen an das Wahlamt. Nicht zuletzt die Bewältigung gesellschaftlicher und wirtschaftlicher Krisen wie die Wirtschaftskrise im Jahr 2009 und die Corona-Pandemie im Jahr 2020 und ihre Folgen verschärfen die Anforderungen an die Fähigkeiten von Betriebsräten (vgl. Massolle 2020).

Die Erarbeitung von Konzepten und Strategien zur langfristigen und nachhaltigen Bearbeitung erforderlicher Maßnahmen und die strategische Implementation betriebspolitisch relevanter Fragestellungen zeichnen sich zunehmend als ein Trend moderner Betriebsratsarbeit ab.

Eine weitere Anforderung an die Betriebsrattätigkeit ergibt sich aus der zunehmenden Ausdifferenzierung von Belegschaftsstruktur und Interessen einzelner Beschäftigtengruppen. Der Betriebsrat muss sich mit unterschiedlichen Interessenlagen, aber auch einer tendenziellen Entfremdung der Hochqualifizierten auseinandersetzen, die ihre Interessen eigenständig vertreten möchten und vom Betriebsrat erwirkte Schutzregelungen für entbehrlich halten (Tietel 2008).

Bezüglich der Beziehungen zu den Gewerkschaften ist zu beobachten, dass zum einen die Bindung schwächer geworden ist, weil die Intensität der Betreuung kleiner und mittelgroßer Betriebe durch die Gewerkschaften abgenommen hat und die gewerkschaftliche Präsenz im Betrieb in Form aktiver Vertrauenskörper merklich ausdünnt. Zum anderen hat sich das Aufgabenspektrum des Betriebsrats um einen Teil ehemals originär gewerkschaftlicher Obliegenheiten erweitert, indem die konkrete Ausformung kollektiver Aushandlungsergebnisse auf tariflicher Ebene verbetrieblicht wurde (vgl. Amlinger/Bispinck 2016).

4.4 Doppelte Transformation betrieblicher Interessenvertretung

Betriebsräte sind in zweifacher Hinsicht mit Digitalisierung und betrieblicher Transformation konfrontiert. Ihnen kommt auf der einen Seite die Aufgabe zu, den digitalen Umbruch zum Fortbestehen des Unternehmens mitzugestalten und die Wandlung der Arbeitsplätze mit dem Ziel der Standort- oder Arbeitsplatzsicherung zu vollziehen. Auf der anderen Seite verändert sich die Arbeitsorganisation der Betriebsräte selbst: Während Komplexität und Dichte an Themen ein hohes Fachwissen benötigen, erfordern dynamische Entwicklungen eine potenzielle Beschleunigung der Bearbeitung von Aufgaben und Herbeiführung von Entscheidungen. Gleichermaßen gilt es, den Anforderungen an rechtliche Rahmenbedingungen gerecht zu werden und die eigene Rolle als Akteur in der digitalen Transformation zwischen Schutz und Gestaltung zu definieren. Betriebsräte befinden sich in der *Doppelten Transformation* (Niewerth/Massolle 2020b): Gremien reorganisieren sich und entwickeln ein neues Selbstverständnis ihrer Arbeit und der ihrer Betriebsratsrolle. Es wird Abstand genommen von der Stellvertreterpolitik, stattdessen wird eine intensivere Beteiligung von Beschäftigten angestrebt (Niewerth/Massolle 2020a).

Es lassen sich in diesem Zusammenhang vier zentrale Ebenen identifizieren, auf denen sich betriebsrätliche Arbeit verändert. Die erste Ebene ist die Digitalisierung. Betriebsräte integrieren z. B. kollaborative Tools und nutzen verstärkt digitale Medien für die gremieninterne Kommunikation und im Austausch mit Beschäftigten und Arbeitgeber. Zudem werden neue Methoden in der Betriebsratsarbeit angewendet. Agile Methoden oder Elemente aus diesen (z. B. Kanban-Board, Daily's) werden sowohl für die Arbeit im eigenen Gremium als auch in der Austauschbeziehung mit dem Arbeitgeber und HR benutzt. Ein neues Instrument stellen in dem Zusammenhang agile Betriebsvereinbarungen dar, bei denen Regelungen nicht vor, sondern zeitgleich zu Veränderungsprozessen vereinbart werden. Die dritte Ebene bezieht sich auf die Organisation von Betriebsratsgremien. Zu erkennen ist, dass sich Betriebsräte zur Bewältigung ihrer Aufgaben restrukturieren und z. B. Team- und Gruppenarbeit verstärkt nutzen. Oft ist das mit dem Ausbau von demokratischen Strukturen verbunden. Die letzte Ebene ist die des veränderten Selbstverständnisses. Es lässt sich ein neues Rollenverständnis beobachten, indem beispielsweise Abstand von der Stellvertreterfunktion genommen wird und stattdessen mehr direkte Beteiligung ermöglicht wird. Besonders im Austausch mit dem Arbeitgeber werden neue Akteurskonstellationen erprobt, um schneller und mit einer hohen Transparenz Prozesse zu gestalten (vgl. Niewerth/Massolle 2020b).

Diese Anpassungs- und Entwicklungsleistung bleibt nicht auf der Ebene schlichter Anwendung neuer Methoden oder digitaler Techniken. Betriebsratsgremien durchlaufen einen Prozess der Organisationentwicklung, der eine systematische und gezielte Veränderung der Struktur und Kultur des Gremiums zur Folge haben kann. Dabei ist die doppelte Transformation von Betriebsratsgremien nicht als Ergebnis eines zwangsläufigen Transformationsprozesses oder eines gar deterministisch geprägten Vorgangs der Entwicklung von betrieblicher Interessenvertretung zu verstehen. Sie liefert vielmehr relevante Hinweise darauf, wie u. a. auch die strategische Personalplanung von BR-Gremien thematisch verankert sein muss.

5. Zusammenfassung und Fazit: die strategische Personalentwicklung im Betriebsrat

Die strategische Personalentwicklung im Betriebsrat ist in weiten Teilen mit der Personalentwicklung im Personalwesen vergleichbar. Auch für die betriebliche Interessenvertretung beinhaltet sie sämtliche Maßnahmen zur Förderung, Qualifizierung und Weiterbildung ihrer Gremienmitglieder. Gleichermaßen besteht die Aufgabe darin, Betriebsratsmitglieder an das Gremium zu binden und die Nachbesetzung ausscheidender Stellen und Funktionen frühzeitig vorzubereiten. Bei diesen Aufgaben ist jedoch eine Besonderheit zu berücksichtigen: Das Amt des Betriebsrats ist ein Wahlamt, dessen Zusammensetzung alle vier Jahre durch die Beschäftigten gewählt wird. Somit ist die strategische Personalentwicklung nicht nur eine Managementaufgabe, sondern hat auch eine betriebspolitische Komponente.

Die strategische Personalentwicklung einer betrieblichen Interessenvertretung ist von gesetzlichen Bestimmungen z. B. des Betriebsverfassungsgesetzes flankiert, die im Strategieprozess zu berücksichtigen sind. Dazu gehören die Wahl der Kandidaten als solche, die Dauer der Amtszeit, die Größe des Gremiums, die Art des Wahlverfahrens, die Anzahl der Freistellungen und die Zusammensetzung des Gremiums.

Die Kernaufgaben der strategischen Personalentwicklung im Betriebsrat bestehen aus der langfristigen Planung und Umsetzung von Schulungen, kontinuierlicher Qualifizierungen aber auch die Verbindung von beruflicher wie ehrenamtlicher Entwicklung, Nachwuchsgewinnung und Nachfolgeplanung sind dabei wesentliche Aufgabenfelder.

Gesellschaftliche, politische, aber auch wirtschaftliche Rahmenbedingungen haben darüber hinaus Einfluss auf die strategische Personalentwicklung in der betrieblichen Interessenvertretung: Der demografische Wandel und der damit einhergehende Generationenwechsel fordert erhebliche Anstrengungen im Hinblick auf die Kandidatengewinnung, gleichermaßen möchten Betriebsratsmitglieder zunehmend nur noch zeitlich begrenzt ein Wahlamt ausüben. Dies erhöht die Fluktuation im Betriebsrat und damit verbundene Anforderungen. Darüber hinaus machen Transformationsbestrebungen von Unternehmen eine zunehmende Professionalisierung der Betriebsratsarbeit erforderlich, flankiert von der Herausforderung, das eigene betriebsrätliche Handeln auch nach innen hinein zu reflektieren und neue Muster der betrieblichen Mitbestimmung zu entwickeln.

In einer Stellungnahme für die Enquêtekommission »Digitale Transformation der Arbeitswelt in NRW« formuliert das WSI der Hans-Böckler-Stiftung wesentliche Punkte der Herausforderungen für die Sozialpartnerschaft in der digitalen Transformation. Die größte Herausforderung für die Sozialpartnerschaft in Deutschland ist die seit mehr als 30 Jahren sinkende Bindungskraft der Verbände und damit verbunden die sinkende Handlungsfähigkeit in der Tarifpolitik, aber auch in der betrieblichen Mitbestimmung. Diese Entwicklung vollzieht sich unabhängig von den Herausforderungen der digitalen Transformation und setzte bereits in den 1980er Jahren ein. Sie resultiert aus einer Vielzahl von Faktoren, angefangen beim Strukturwandel zur Dienstleistungsökonomie, einer zunehmenden Reorganisation von Unternehmen, beim Effekt der deutschen Wiedervereinigung und der Deregulierung des Arbeitsmarktes (vgl. Hassel/Schroeder 2018).

Dass sich betriebliche Sozialpartnerschaft verändert, ist in Anbetracht der skizzierten Herausforderungen erforderlich. Dies lässt sich an drei zentralen Aspekten festmachen: (1) Angesichts der Geschwindigkeit, mit der sich Veränderungen in der Arbeitsorganisation ergeben, werden traditionelle Aushandlungswege und -muster, an dessen Ziel Betriebsvereinbarungen abgeschlossen werden, von den betrieblichen Sozialpartnern als zu langwierig empfunden. (2) Arbeitsorganisatorische Veränderungen sind teilweise zu komplex und ihre Auswirkungen auf Beschäftigung in ihren Einzelheiten zu Beginn des Veränderungsprozesses nicht komplett ersichtlich. Notwendig sind daher Aushandlungsformen, in denen Regelungen während des Umstellungsprozesses vereinbart werden. Die neuen Konzepte der Aushandlung sind jedoch hoch voraussetzungsvoll für die Betriebsparteien. (3) Durch die Bereitschaft, sich bei betrieblichen Fragestellungen auf neue Formen der Aushandlung mit der Arbeitgeberseite einzulassen, eröffnen sich für die Gremien mitbestimmungsfreie Zonen, in denen Betriebsräte neue Handlungsfelder erschließen können.

Im Zuge dieser sich neu entwickelnden Mitbestimmungsmuster rückt das Streben nach konsensuellen Problemlösungen mehr und mehr in den Vordergrund – gleichzeitig wird am traditionellen Verständnis der Konfliktpartnerschaft zwischen Betriebsrat und Arbeitgeber festgehalten, da eine vollständige Aufgabe dieser Form des Binnenverhältnisses als zu unsicher eingestuft wird (Niewerth/Massolle 2020b).

Die genannten Herausforderungen machen deutlich, dass die zukünftigen Schwerpunkte der strategischen Personalplanung in Betriebsratsgremien nicht mehr nur in einer funktionalen Besetzung von Aufgaben und Profilen zu finden sind; vielmehr wird in den Gremien selbst ein Kulturwandel vollzogen, der von den Gremienmitgliedern erkannt, erlebt und vielleicht auch ertragen werden muss.

6.   Literatur

Ahlers, E. (2018): Die Digitalisierung der Arbeit. Verbreitung und Einschätzung aus Sicht der Betriebsräte. WSI-Report No. 40. Düsseldorf: Hans-Böckler-Stiftung.

Amlinger, M./Bispinck, R. (2016): Dezentralisierung der Tarifpolitik. Ergebnisse der WSI Betriebsrätebefragung 2015; in: WSI-Mitteilungen, 69, 3, 211–222.

Demir, N./Greifenstein, R./Kißler, L./Maschke, M. (2018): Trendreport Betriebsratswahlen 2018. Erste Befunde, Stand Herbst 2018. Mitbestimmungsreport Nr. 45, 10.2018, Düsseldorf: Hans-Böckler-Stiftung, *https://www.imu-boeckler.de/de/faust-detail.htm?sync_id=8255* (Abruf am 08.02.2021).

Esteban Palomo, M./Filipiak, K./Niewerth, C./Wannöffel, M./Ahlene, E./Hauser-Ditz, A. (2019): Weiterbildungsverhalten von Betriebsratsmitgliedern. Working Paper Nummer 001, September 2019, Hans-Böckler-Stiftung (Hrsg.). Düsseldorf.

Fürstenberg, F. (1958): Der Betriebsrat – Strukturanalyse einer Grenzsituation. In: Kölner Zeitschrift für Soziologie und Sozialpsychologie 10, H. 3, S. 418–429.

Greifenstein, R. (2014): Nachwuchsförderung im Spiegel der Ergebnisse von Betriebsratswahlen und Betriebsratsforschung. Vortrag im Forum Nachwuchsförderung – Betriebsratswahl 2018 im Rahmen des Wissenschaft-Praxis-Dialogs »Laufbahngestaltung von Betriebsratsmitgliedern«, *https://www.boeckler. de/pdf/v_2014_09_15_greifenstein.pdf* (Abruf am 08.02.2021).

Greifenstein, R./Kißler, L./Lange, H. (2014): Trendreport Betriebsrätewahlen 2014. Zwischenbericht. Marburg, *https://www.boeckler.de/pdf_fof/91409.pdf* (Abruf am 08.02.2021).

Greifenstein, R./Kißler, L./Lange, H. (2017): Trendreport Betriebsratswahlen 2014. Study 350, März 2017, Düsseldorf: Hans-Böckler-Stiftung, *https://www. boeckler.de/de/faust-detail.htm?sync_id=7770* (Abruf am 08.02.2021).

Hassel, A./Schroeder, W. (2018): Gewerkschaften 2030. Rekrutierungsdefizite, Repräsentationslücken und neue Strategien der Mitgliederpolitik. WSI Report Nr. 44. Wirtschafts- und Sozialwissenschaftliches Institut (WSI) der Hans-Böckler-Stiftung (Hrsg.). *https://www.boeckler.de/pdf/p_wsi_ report_44_2018.pdf* (Abruf am 13.03.2021).

Haipeter, T. (2018): Digitalisierung, Mitbestimmung und Beteiligung – auf dem Weg zur Mitbestimmung 4.0? in: H. Hirsch-Kreinsen, P. Ittermann, J. Niehaus (Hrsg.): Digitalisierung industrieller Arbeit, Seite 303–322. Die Vision Industrie 4.0 und ihre sozialen Herausforderungen. 2. Aufl. 2018.

Hocke, S. (2018): Spurwechsel – Übergänge in der Bildungs- und Erwerbsbiografie von Betriebs- und Personalräten aktiv gestalten. Ein Manual zur Berufsweg- und Übergangsberatung. Study 388, August 2018, Düsseldorf: Hans-Böckler-Stiftung, *https://www.boeckler.de/de/faust-detail.htm?sync_ id=8179* (Abruf am 08.02.2021).

Hocke, S./Neuhof, J. (2018): Übergänge in der Interessenvertretung gestalten. Handlungsempfehlungen für Betriebs- und Personalräte, Bildungsanbieter und gewerkschaftliche Akteure. Study 399, September 2017, Düsseldorf: Hans-Böckler-Stiftung, *https://www.imu-boeckler.de/de/faust-detail. htm?sync_id=8220* (Abruf am 08.02.2021).

Houben, M. (2011): Generationenwechsel im Betriebsrat. Nach außen hin stark sein. In: Arbeitsrecht im Betrieb 2011, H. 3, S. 158–162. IG Metall Vorstand (Hrsg.) (2017): Praxistipps für den Generationenwechsel. Nachfolgemanagement und Personalentwicklung im Betriebsrat, Frankfurt am Main.

IG Metall Vorstand (Hrsg.) (2017): Praxistipps für den Generationenwechsel. Nachfolgemanagement und Personalentwicklung im Betriebsrat, Frankfurt am Main.

Kotthoff, H. (2012): Einmal Betriebsrat – immer Betriebsrat. In: DENK-doch-MAL.de, Ausgabe 01–12, *http://denk-doch-mal.de/wp/hermann-kotthoff-einmal-betriebsrat-immer-betriebsrat/* (Abruf am 18.02.2021).

Massolle, J. (2020): Unternehmen in Krisen. Einblicke in Anwendungsbeispiele guter Praxis. Eine Sonderauswertung eingereichter Projekte für den Deutschen Betriebsrätepreis der Jahre 2009–2019. Nr. 35 Nov. 2020. Mitbestimmungspraxis der Hans-Böckler-Stiftung (Hrsg.). Düsseldorf.

Massolle, J./Niewerth, C. (2017): Generationenwechsel im Betriebsrat. Wissensmanagement und Nachfolgeplanung im Betriebsrat. Mitbestimmungspraxis Nr. 8, Dezember 2017, Düsseldorf: Hans-Böckler-Stiftung, *https://www.boeckler.de/pdf/p_mbf_praxis_2017_008.pdf* (Abruf am 08.02.2021).

Maylandt, J. (2020): Nachfolgeplanung und Übergangsgestaltung im Betriebsrat: Vorgehensweisen und Einflussgrößen, Study der Hans-Böckler-Stiftung, No. 448, ISBN 978-3-86593-364-5, Hans-Böckler-Stiftung, Düsseldorf.

Niewerth, C. (2015): Innovative Betriebsratsarbeit. Eine Sonderauswertung des Deutschen Betriebsratspreises 2009–2014. Mitbestimmungs-Report Nr. 16, Oktober 2015, Düsseldorf: Hans-Böckler-Stiftung, *https://www.imu-boeckler.de/de/faust-detail.htm?sync_id=7412* (Abruf am 08.02.2021).

Niewerth, C./Massolle, J. (2020a): Betriebsräte – die neue Generation. In: Arbeitsrecht im Betrieb 4/2020. Themenschwerpunkt »Generationswechsel – So gelingt die Nachfolge im Betriebsrat«, S. 10–13.

Niewerth, C./Massolle, J. (2020b): Interessenvertretung in der doppelten Transformation – Einblicke in neue Gestaltungsformen betriebsrätlicher Arbeit. Nr. 36 Nov. 2020. Mitbestimmungspraxis der Hans-Böckler-Stiftung (Hrsg.). Düsseldorf.

Niewerth, C./Massolle, J./Grabski, C. (2016): Zwischen Interessenvertretung und Unternehmensgestaltung: Der Betriebsrat als Promotor in betrieblichen Innovationsprozessen. Eine Untersuchung von Qualifizierungen zu überbetrieblichen Innovationspromotoren. Study der Hans-Böckler-Stiftung, Bd. 321. Düsseldorf 2016.

Oerder, K./Behrend, C./Stokic, J. (2018): Betriebsrat 4.0. Digitalisierung aus Sicht der Betriebsräte und und deren Potential als Gestalter der digitalen Arbeitswelt in NRW. Düsseldorf.

Otto, K.-S./Erbel, H./Faß, J./Karl, K./Papendieck, L. (2018): Systematische und nachhaltige Betriebsratsarbeit in KMU – »Unser BR kann mehr«. 6 Handlungsfelder für nachhaltige Betriebsratsarbeit in KMU. Düsseldorf: Hans-Böckler-Stiftung, *https://www.evoco.de/werkzeugkasten-systematische-und-nachhaltige-betriebsratsarbeit-in-kmu-unser-br-kann-mehr-ist-online/* (Abruf am 08.02.2021).

Prott, J. (2013): Zukunft für Betriebsräte – Perspektiven gewerkschaftlicher Betriebspolitik. Münster: Westfälisches Dampfboot.

Stokic, J. (2016): Digitalisierung der Arbeitswelt – das Potential der Betriebsräte als Gestalter der sozialen Innovation. Bonn

Tietel, E. (2008): Betriebspolitik im Wandel: Betriebsräte als Grenzgänger. In: Supervision, H. 1/2008, S. 7–13.

Tietel, E. (2017): Wenn die Rollen neu verteilt werden. In: Mitbestimmung, H. 1/2017, S. 22–25.

Tietel, E./Hocke, S. (2015): Nach der Freistellung. Beruflich-biografische Perspektiven von Betriebsratsmitgliedern. Baden-Baden: Nomos.

Virgillito, A./Bertermann, B./Wilkesmann, U./Naegele, G. (2015): Einflussgrößen auf den Wissenstransfer in der betrieblichen Interessenvertretung. Eine empirische Untersuchung. edition 290, Düsseldorf: Hans-Böckler-Stiftung, *https://www.boeckler.de/de/faust-detail.htm?sync_id=7272* (Abruf am 08.02.2021).

Franziska Elfers/Simon Alsmeier

So gelingt die Staffelholzübergabe im Betriebsrat: Nachfolgeplanung, Wissenstransfer und Personalentwicklung in der betrieblichen Interessenvertretung bei Schunk

Ein Gespräch der Academy of Labour mit Simon Alsmeier, Betriebsratsvorsitzender bei der GbR Schunk in Heuchelheim

Inhaltsübersicht

Transformation, Digitalisierung, Stellenabbau, Beschäftigungssicherung – das sind die großen Herausforderungen, mit denen sich Unternehmen derzeit konfrontiert sehen, so auch die Schunk Group. Die Schunk Group ist ein international agierender Technologiekonzern mit mehr als 9100 Beschäftigten. Insgesamt umfasst die Schunk Group drei *Divisions* und zehn *Business Units*, die in weltweit 80 Werken produzieren. Neben dem Stammwerk in Heuchelheim, in dem knapp 2000 Mitarbeiter:innen beschäftigt sind, befinden sich 14 weitere Werke in Deutschland.

Um in den genannten Herausforderungen auf Augenhöhe mit dem Arbeitgeber agieren zu können, müssen Betriebsräte sowohl fachlich als auch methodisch qualifiziert sein. Dies setzt innerhalb der Interessenvertretungsorgane eine strategische Personalentwicklung voraus. Zusätzlich droht vielen Betriebsratsgremien in den nächsten Jahren ein Wissens- und Erfahrungsverlust durch ein altersbedingtes Ausscheiden der erfahrensten Kolleg:innen. So war das Schunk-Werk in Heuchelheim 2010 in der Situation, dass zukünftig 30 Prozent der Betriebsratsmitglieder, darunter auch der Vorsitzende und sein Stellvertreter, im Jahr 2018 und spätestens 2020 ausgeschieden wären. Um diese Entwicklung zu verhindern, bestand dringender Handlungsbedarf. Zwischen 2010 und 2021 hat sich das Betriebsratsgremium daher deutlich verjüngt und seine Arbeitsweise grundlegend geändert.

Wie der Generationswechsel, die Nachfolgeplanung und der Wissenstransfer gelingen können, aber auch welche Schwierigkeiten und Hürden Betriebsräte in diesem Prozess überwinden können, ist Gegenstand des Gesprächs mit Simon Alsmeier, Betriebsratsvorsitzender des Schunk-Werks in Heuchelheim. Der 37-Jährige ist gelernter Industriemechaniker und seit 2003 bei Schunk. Als Jugend- und Auszubildendenvertreter ist er bereits seit 2006 in der Interessenvertretung von Arbeitnehmer:innen aktiv. 2010 erhielt er sein erstes Betriebsratsmandat, seit 2016 ist er freigestellter Betriebsrat und Konzernbetriebsratsmitglied. 2018 wurde er zum Betriebsratsvorsitzenden in Heuchelheim gewählt. Damit hat er den Generationswechsel innerhalb des Betriebsrats von Beginn an nicht nur miterlebt, sondern aktiv mitgestaltet. Seine Erfahrungen zu *best practices* für einen erfolgreichen Generationswechsel und zum Umgang mit Schwierigkeiten werden in diesem Beitrag dargestellt.

1. Sachliche Bestandsanalyse

Ausschlaggebend für einen erfolgreichen Generationswechsel im Betriebsrat bei Schunk war eine frühzeitige Auseinandersetzung mit dem anstehenden altersbedingten Personalumbruch. *Nachfolgeplanung* und *Wissenstransfer* waren bereits 2009/2010 auf Klausurtagungen wichtige Punkte der Tagesordnung und die Gremien des Betriebs ließen sich dabei von einer externen Beratung der Ruhr Universität Bochum begleiten. Sich zunächst einen sachlichen Überblick über die Situation zu verschaffen, ist der erste Schritt in einer strategischen Herangehensweise. Folgende Fragen sind dabei besonders relevant:

- Wer ist im Betriebsrat?
- Wann scheiden die erfahreneren Kolleg:innen aus?
- Welches Wissen ist vorhanden und welches Wissen droht mit den Kolleg:innen in Rente zu gehen?

Der Betriebsrat bei Schunk hat sich dazu die Altersstruktur seiner Mitglieder genau angeschaut und festgestellt, dass sich schon bei den Betriebsratswahlen 2018 fünf Betriebsratskolleg:innen an der Grenze zum Rentenalter befinden würden. 2022 wären sieben Kolleg:innen ausgeschieden, darunter drei der sechs freigestellten Betriebsrät:innen, und vor allem der Vorsitzende und sein Stellvertreter. In einem zweiten Schritt lautete die Frage also, wie junge und qualifizierte Menschen für die Betriebsratsarbeit begeistert werden können. In einem dritten Schritt galt es dann zu klären, wie der Wissenstransfer zwischen den erfahrenen Wissensgeber:innen und den jungen Wissensnehmer:innen organisiert werden kann. Die sachliche Bestandsanalyse führte bei allen Beteiligten zu der Erkenntnis, dass der Generationswechsel frühzeitig aktiv angegangen werden muss.

2. Von der Erkenntnis zur Umsetzung

Nun stand der Betriebsrat vor der Frage, wie man diese Mammutaufgabe praktisch angehen und umsetzen soll. Oberstes Ziel war es, die Handlungsfähigkeit des Gremiums aufrechtzuerhalten und dem *Braindrain* zuvorzukommen. Gemeinsam mit der externen Beratung, die Simon Alsmeier als sehr gewinnbringend ansieht, wurden Maßnahmen für die Nachfolgeplanung und den Wissenstransfer erarbeitet. Die externe Beratung gewährleistete mit einem Blick von außen eine regelmäßige Überprüfung und Veränderung der internen Prozesse. Eine Besonderheit bei Schunk war zudem, dass sich die Arbeitnehmervertretung von Anfang an mit dem Arbeitgeber zusammengesetzt hat, um diesen von der Notwendigkeit eines gelungenen Generationswechsels im Betriebsrat zu überzeugen, denn: »*Das liegt ja auch im Interesse des Arbeitgebers selbst. Nur durch eine gute Personalentwicklung und Qualifizierung der betrieblichen Interessenvertretung hat der Arbeitgeber einen Verhandlungspartner auf Augenhöhe*«, sagt Simon Alsmeier. Um den Arbeitgeber von einer proaktiven Unterstützung beispielsweise im Hinblick auf Freistellung und Finanzierung von Qualifizierungsmaßnahmen zu überzeugen, suchte sich der Betriebsrat Kooperationspartner:innen bei der Arbeitnehmervertretung im Aufsichtsrat – mit Erfolg. Mit der arbeitgeberseitigen Unterstützung des Projekts war ein weiterer Grundstein für die Planung und Gestaltung des Generationswechsels im Betriebsrat gelegt.

Bereits bei der Vertrauensleute-Wahl 2012 wurde auf eine Verjüngung der Altersstruktur geachtet, indem gezielt junge Kolleg:innen angesprochen wurden und versucht wurde, Interesse für die gewerkschaftliche Arbeit zu wecken. Zudem wurde nach der Betriebsratswahl 2014 ein Ausschuss Wissenstransfer gegründet, der Maßnahmen für das Gelingen des personellen Umbruchs innerhalb des Gremiums entwickelte. Dazu zählten vor allem das Erstellen eines Wiki zu den wichtigsten Themen für Betriebsräte sowie die Erstellung eines Kompetenzmodells und Wissensbaums. Für die Übersicht, welche Kompetenzen vorhanden sind und benötigt werden, konnte auf die Bestandsanalyse des vorhandenen Wissens zurückgegriffen werden. Ebenso wurden aber auch zukünftige Anforderungen und Themen einbezogen, wie beispielsweise erforderliche Kompetenzen im Kontext der Digitalisierung der Arbeitswelt. Darauf aufbauend erfolgte eine systematische Bildungs- und Qualifizierungsplanung. Bevor der Wissenstransfer jedoch greifen kann, müssen geeignete Nachfolger:innen gefunden werden.

3. Nachfolgeplanung

Wie findet man also geeignete und interessierte potenzielle Nachfolger:innen? *»Reden, reden, reden«,* lautet Alsmeiers Devise,

»das wichtigste ist, auf die Kolleg:innen zuzugehen, mit ihnen zu sprechen, sie für die Betriebsratsarbeit zu begeistern, aber auch Hilfe anzubieten, wenn es beispielsweise um Qualifizierung geht. Wir sind da den klassischen Weg über die Vertrauensleute gegangen, aber haben eben auch frühzeitig mit Jugend- und Auszubildendenvertretern gesprochen. Das muss man mindestens ein Jahr vor Ende der Ausbildung machen.«

Durch die Gespräche wurde vielen Beschäftigten die Möglichkeit einer Laufbahn in der Arbeitnehmervertretung als Alternative oder auch ergänzend zu einem Meister oder Techniker erst bewusst. Um frühzeitig auf den ersten großen Personalumbruch bei den Wahlen im Jahr 2018 vorbereitet zu sein, wurden diese Gespräche mit potenziellen Nachfolger:innen bereits vor den Betriebsratswahlen 2014 geführt. Damals war Simon Alsmeier einer der *»Jüngeren«.* 2018 wurde er zum Betriebsratsvorsitzenden gewählt und heute führt er die Gespräche mit potenziellen Nachfolger:innen selbst, denn die Nachfolge wird insbesondere für die Betriebsratswahlen 2022 wieder ein wichtiges Thema. Die Reaktionen auf die Adressierung durch den Betriebsrat sind durchweg positiv. Kolleg:innen zeigen sich interessiert und freuen sich darüber, angesprochen zu werden. Manche können sich eine Laufbahn in der Arbeitnehmervertretung durchaus vorstellen, wollen sich aber zunächst fachlich weiter qualifizieren. Dann gilt es, die Kolleg:innen dabei zu unterstützen und den Kontakt aufrechtzuerhalten.
Wichtig bei der Nachfolgeplanung ist zudem, dass es sich um einen kontinuierlichen Prozess handelt, der nie endet. Bei Schunk ging es akut darum, den Personalumbruch bei den Betriebsratswahlen 2018 zu bewältigen. Das bedeutet aber keineswegs, dass die Nachfolgeplanung im Anschluss wieder einschlafen kann.

»Wir wollen und brauchen kontinuierlich und langfristig gute und interessierte Kolleginnen und Kollegen, sonst müssten wir in fünf bis zehn Jahren wieder von vorne anfangen. Ich versuche eigentlich jedes Jahr mindestens ein Gespräch zu dieser Thematik mit der Jugend- und Auszubildendenvertretung zu führen. Und dann geht's eben darum, Perspektiven aufzuzeigen, Bedenken anzusprechen, Unterstützung anzubieten und Bedenken dann im besten Fall auch aus der Welt zu schaffen«, so Simon Alsmeier.

Die Nachfolgeplanung funktioniert also einerseits über die direkte Ansprache. Andererseits berichtet Alsmeier, dass auch die Veränderung der Arbeitsweise innerhalb des Betriebsrats einen Pull-Effekt hat:

»Wenn die jungen Kolleginnen und Kollegen beispielsweise sehen, dass wir im Betriebsrat als Team arbeiten, dass jede und jeder einen eigenen Zuständigkeitsbereich hat und dass man in diesen Bereichen auch selbstbestimmt arbeiten kann, erhöht das natürlich auch die Attraktivität der Betriebsratsarbeit.«

Sichtbar werden die inhaltliche Arbeit und die neue Arbeitsweise des Betriebsrats durch eine erhöhte Präsenz im Betrieb:

»Wir haben unsere Öffentlichkeitsarbeit extrem ausgebaut. Da haben wir dem Arbeitgeber auch so ein bisschen den Informationsvorsprung abgeluchst. Die Kolleg:innen erfahren beispielsweise über eine neue Betriebsvereinbarung zuerst vom Betriebsrat und nicht mehr vom Arbeitgeber. Es gibt alle drei Wochen Aushänge, in denen über aktuelle Projekte, Betriebsvereinbarungen oder ähnliches informiert wird.«

Der Betriebsrat hat zudem einen Intranet-Auftritt gestaltet, der mit Newslettern über den gesamten Schunk-Mailverteiler beworben wird. Darüber hinaus wurde ein hochwertiges Betriebsrats-Magazin ins Leben gerufen, das bis zu fünfmal im Jahr erscheint. Darin greift der Betriebsrat aktuelle Themen auf, wie beispielsweise die Auswirkungen der Corona-Pandemie auf die Arbeitswelt, Vor- und Nachteile von Homeoffice, Betriebliches Eingliederungsmanagement oder einen Ratgeber zu Arbeitssicherheit im Homeoffice. Die inhaltlich-redaktionelle Arbeit übernimmt der für Öffentlichkeitsarbeit zuständige Kollege im Betriebsrat. Für die Gestaltung des Layouts hat sich das Gremium in Absprache mit dem Arbeitgeber eine professionelle Agentur an Bord geholt. Gemeinsam wurde ein Corporate Design entwickelt, das auf allen Aushängen und Präsentationen des Betriebsrats verwendet wird. *»Wir wollen den Betriebsrat sozusagen zu einer Marke machen, die für etwas steht und Wiedererkennungswert hat,«* so Alsmeier.
Die Öffentlichkeitsarbeit hat also einen Doppeleffekt. Einerseits bildet sie einen wichtigen Bestandteil der Beteiligungsorientierung des Betriebsrats: Die Beschäftigten werden über aktuelle Themen informiert und sehen, dass ihre Anliegen vom Betriebsrat aufgegriffen werden. Andererseits weckt die Öffentlichkeitsarbeit Interesse an der Betriebsratsarbeit selbst, wodurch wiederum potenzielle Nachfolger:innen angesprochen werden.

4. Qualifizierung und Spezialisierung

Ist das Interesse bei potenziellen Nachfolger:innen geweckt, ist für Simon Alsmeier Qualifizierung das wichtigste Thema. Die Betriebsratsmitglieder müssen für die Vertretung der Arbeitnehmer:innen gewappnet sein.

»Dabei geht es einerseits darum, dass wir als Betriebsrat die sich wandelnden Arbeitsrealitäten der Kolleginnen und Kollegen kennen und verstehen, dass wir als Betriebsrat wissen, was die Veränderungen bedeuten und welche Interessen die Kolleginnen und Kollegen haben. Nur so können wir diese in Verhandlungen mit dem Arbeitgeber im Sinne der Beschäftigten vertreten. Andererseits bedeutet das auch, unsere Arbeit selbst zu überdenken und neu zu gestalten. Das heißt: Wie funktioniert überhaupt Betriebsratsarbeit? Wie gehe ich an eine Betriebsvereinbarung heran oder was mache ich im Kündigungsfall? Dann geht es natürlich darum, wie wir die Aufgaben verteilen. Wer kann was? Wer macht was? Wichtig ist dabei immer: Wie erreichen wir die Kolleginnen und Kollegen im Betrieb? Wie erheben wir, welche Themen den Beschäftigten wichtig sind und was sie sich wünschen? Wie informieren wir die Beschäftigten über unsere Arbeit, aktuelle Entwicklungen, eine neue Betriebsvereinbarung oder ähnliches?«, so Simon Alsmeier.

Für diese grundlegenden Fragestellungen hat sich die Seminarreihe der IG Metall *Junge Aktive* als besonders wertvoll erwiesen, an der sechs Betriebsratsmitglieder teilgenommen haben. Im Mittelpunkt der Qualifizierungsreihe steht die Arbeit an eigenen betrieblichen Projekten und die Vermittlung von Inhalten, die für die berufliche Weiterentwicklung für die Interessenvertretung wichtig sind. Darüber hinaus hat ein Betriebsrat ein einjähriges Studium an der Europäischen Akademie der Arbeit (EAdA)[1] absolviert, ein weiterer Kollege, der ehemalige JAV-Vorsitzende, befindet sich derzeit im Studium der EAdA. Das zeigt, dass die Qualifizierung nicht erst mit dem Betriebsratsmandat beginnen muss. Vielmehr können potenzielle Nachfolger:innen frühzeitig durch Weiterbildungsmaßnahmen auf die Aufgaben vorbereitet werden. Simon Alsmeier selbst hat gemeinsam mit einem weiteren Kollegen den berufsbegleitenden Zertifikatslehrgang Beteiligungsmanagement an der Academy of Labour[2] abgeschlossen, ein drittes Betriebsratsmitglied absolviert diesen gerade. Durch die Unterstützung der Arbeitnehmervertretung im Aufsichtsrat in den Verhandlungen mit dem Arbeitgeber wurden letztlich alle Betriebsratsmitglieder für diese längerfristigen Qualifizierungsmaßnahmen freigestellt, die Finanzierung übernahm ebenfalls

---

1   Studienangebot der Europäischen Akademie der Arbeit siehe: *https://www.uni-frankfurt.de/62311734/Studium.*
2   Seminarprogramm der Academy of Labour siehe: *https://www.academy-of-labour.de/,* Studienangebot der University of Labour siehe: *https://www.university-of-labour.de/.*

der Arbeitgeber. »*Das ausschlaggebende Argument ist an dieser Stelle immer, dass der Arbeitgeber einen Verhandlungspartner auf Augenhöhe braucht, um Zukunftsthemen wie Transformation, Digitalisierung und Beschäftigungssicherung anzugehen,*« sagt Simon Alsmeier.

Eine systematische Bildungsplanung ist nach der Betriebsratswahl vor allem für neue Betriebsratsmitglieder von besonderer Bedeutung. Gemeinsam mit allen Betriebsratsmitgliedern wird analysiert, welches Wissen und welche Kompetenzen der Kolleg:innen vorhanden sind und wo noch Bedarf besteht, aber auch wo Interessen oder Vorbildung liegen. Dementsprechend werden Verantwortlichkeiten und Geschäftsbereiche verteilt. Auf dieser Grundlage können die Kolleg:innen dann die für ihr jeweiliges Themengebiet spezifischen Seminare besuchen, anstatt dass *alle alles können müssen.*

Damit geht einher, dass eine themenspezifische Arbeitsteilung und Spezialisierung im Betriebsrat stattfinden. Jede:r hat sein bzw. ihr Fachgebiet, von Entgelt, über Arbeitszeit, Arbeits- und Gesundheitsschutz, Rente bis hin zu Digitalisierung und Öffentlichkeitsarbeit. Innerhalb ihrer Fachgebiete arbeiten die Betriebsratsmitglieder selbstbestimmt und autonom. Ein selbstbestimmtes und gleichzeitig teamorientiertes Arbeiten ist Simon Alsmeier besonders wichtig. Er sieht seine Aufgabe als Betriebsratsvorsitzender nicht darin, inhaltlich an den einzelnen Themen mitzuarbeiten, sondern vielmehr in der Führung und dem Zusammenhalten des Betriebsrats. Jede:r Kolleg:in hat dem Aufgabengebiet entsprechend Regeltermine mit den jeweiligen Führungskräften. Über die Ergebnisse wird in der wöchentlich stattfindenden Betriebsratssitzung berichtet. Zudem findet jeden Morgen eine Teambesprechung der freigestellten Betriebsratsmitglieder statt. »*Das ist mir auch besonders wichtig, dass wir uns als Team verstehen. Jeder hat seine Aufgabe, aber wir unterstützen uns gegenseitig,*« so Simon Alsmeier.

Ein besonders wichtiges Thema stellt aktuell und auch in Zukunft die Digitalisierung der Betriebsratsarbeit dar. Dies stellt grundsätzlich aber vor allem angesichts der zunehmenden Nutzung von Homeoffice eine große Herausforderung dar. Der Betriebsrat treibt Digitalisierungsprozesse beispielsweise zwischen der Personalabteilung und dem Betriebsrat aktiv voran. Im Kern geht es dabei darum, die Prozesse, die derzeit noch in Papierform ablaufen, zu digitalisieren und somit zu vereinfachen. Im Fokus steht zunächst die Digitalisierung des Prozesses der Anhörung des Betriebsrats, der in einem Pilotverfahren bei der Einstellung von Zeitarbeitnehmer:innen in digitaler Form erprobt werden soll. Weitere Digitalisierungsvorhaben betreffen beispielsweise den Ablauf für Mehrarbeitsanträge. Perspektivisch ist eine Digitalisierung aller Personalakten und somit eines Großteils der Personalarbeitsabläufe vorgesehen. Hier arbeitet das Gremium eng mit der Personal- und IT-Abteilung zusammen, um schnelle Lösungen zu finden. Auch dafür ist ein entsprechendes Know-how auf dem

Gebiet der Digitalisierung auf Seiten des Betriebsrats erforderlich, was bei der Qualifizierungsplanung berücksichtigt werden muss. Es geht also nicht nur darum, das vorhandene Wissen zu erhalten, sondern sich frühzeitig auf aktuelle und zukünftige Herausforderungen im Zuge der Transformation und Digitalisierung der Arbeitswelt vorzubereiten.

5.   Selbst laufen lernen

Auch wenn eine hochwertige Qualifizierung Grundvoraussetzung ist, gehört die praktische Erfahrung ebenso dazu. Wie funktioniert also der Wissenstransfer zwischen erfahrenen Betriebsratskolleg:innen und jungen Nachfolger:innen bei Schunk?

Ein wichtiges Element ist ein Schunk-Wiki, in dem Informationen nach einzelnen Themen sortiert abgelegt sind. Auf der Grundlage des Wissensbaums, der bereits im Rahmen der Bestandsanalyse 2009/2010 erstellt wurde, wurden die wichtigsten Themen für den Wissenstransfer geclustert. Im Anschluss wurden Interviews mit erfahrenen Kolleg:innen zu den einzelnen Themen geführt, die in Artikeln in der Schunk-Wiki gesammelt wurden. Maßgeblich hierbei sind praktische Fragen wie: *Was ist eine Betriebsvereinbarung und wie wird diese abgeschlossen? Was muss ich als Betriebsrat in einem Kündigungsfall machen?* usw. 2018 wurde das Wiki auf Sharepoint umgestellt, so dass alle Betriebsräte der Schunk Group den gleichen Informationsstand haben und sich situations- und themenabhängig informieren können.

Ein weiterer wichtiger Aspekt ist der Erhalt von Kontakten und Netzwerken. Zu diesem Zweck entwickelte der Betriebsrat die inzwischen auch digitalisierte Broschüre »Netzwerke«. Darin hielten erfahrene Kolleg:innen ihre Kontakte zu Gewerkschaften, Behörden, anderen Betriebsräten, Konzernbetriebsräten, Aufsichtsräten, Bildungsträgern, Rechtsanwälten, etc. fest. So wissen junge Betriebsratsmitglieder immer, wen sie zu welchem Thema ansprechen können. Zudem erleichtert beispielsweise die Nennung des ehemaligen Betriebsratsvorsitzenden die Kontaktaufnahme zu Ansprechpartner:innen und ermöglicht einen unkomplizierten und ggf. informellen Austausch.

Um zudem einen informellen Wissenstransfer und ein »learning by doing« zu ermöglichen, wurde im Betriebsrat ein Patenprogramm implementiert, bei dem Nachfolger:innen erfahrenere Betriebsratsmitglieder bei ihren alltäglichen Aufgaben begleiteten. *»Ich selbst habe dann auch mal im Betriebsratsbüro hospitiert, bevor ich in der Freistellung war. Das hat mir schon sehr geholfen, bei allen möglichen Besprechungen und Verhandlungen mit dem Arbeitgeber mal dabei zu sein* *und das mal live mitzuerleben,*« berichtet Simon Alsmeier. Am meisten geholfen habe ihm dann aber der Sprung ins kalte Wasser:

»*Man kann in Seminaren und auch durch die Begleitung der Kolleginnen und Kollegen viel lernen, aber am wichtigsten war für mich, dass ich dann auch irgendwann Verantwortung bekommen habe. Dann war ich als frischer Betriebsrat recht schnell zuständig für die Ausbildung und musste das eben auch einfach mal machen. Es reicht nicht, nur überall mitzulaufen. Man muss auch selbst laufen lernen.*«

Grundvoraussetzung für diese Staffelholzübergabe ist demnach die Bereitschaft der jungen Kolleg:innen, Arbeitsgebiete kennenzulernen und auch zu übernehmen. Zeitgleich müssen die Wissensträger:innen bereit sein, ihr Wissen weiterzugeben, Verantwortung abzugeben und ebenso neue Herangehensweisen zulassen zu können. Insbesondere vor dem Hintergrund, dass es sich beim Betriebsrat um eine Wahlfunktion handelt, besteht hier zumindest das Risiko, dass bei Einzelnen die Bereitschaft fehlt, den jungen Kolleg:innen den Weg zu ebnen. Die Angst ist nachvollziehbar und muss ernst genommen werden. An dieser Stelle helfen vor allem viele Gespräche und Überzeugungsarbeit. Es muss verdeutlicht werden, dass es darum geht, die Handlungsfähigkeit des Betriebsrats im Sinne der Arbeitnehmer:innen langfristig aufrechtzuerhalten. Aber auch wenn die Erkenntnis bei allen vorhanden ist, kann es zuweilen schwerfallen, Verantwortung abzugeben. Es erscheint nachvollziehbar, dass sich erfahrene Kolleg:innen, die teilweise bis zu dreißig Jahre im Betriebsrat tätig sind und diese Aufgabe mit Leidenschaft erfüllt haben, schwer tun, ihre Arbeitsgebiete an unerfahrenere Kolleg:innen abzugeben. Hier kann das Patenprojekt Abhilfe leisten, indem eine schrittweise Übergabe ermöglicht wird. Die jungen Kolleg:innen können in die Aufgaben hereinwachsen und die erfahrenen Betriebsratsmitglieder sehen, dass ihre Nachfolger:innen den Aufgaben zunehmend gewachsen sind. Für Simon Alsmeier ist das hauptsächlich eine Einstellungsfrage:

»*Man muss bereit sein, neue Wege zu gehen, man muss auch zulassen, dass mal ein Fehler gemacht wird, um dann im Nachgang zu schauen, was schiefgelaufen ist und wie man es besser machen kann. Der Betriebsratsvorsitzende nimmt dabei eine Schlüsselposition ein. So war das auch bei mir. Meine Vorgänger hat den Prozess des Generationswechsels aktiv vorangetrieben und mir damit den Einstieg immens erleichtert.*«

6.   Fazit und Ausblick

Der Generationswechsel im Betriebsrat von Schunk-Heuchelheim ist durch eine intensive Nachfolgeplanung, eine strukturierte Qualifizierung und einen organisierten Wissenstransfer gelungen. Das Gremium hat sich deutlich verjüngt und eine arbeitsteilige und gleichzeitig teamorientierte Arbeitsweise implementiert. Damit hört die Arbeit jedoch nicht auf. Generationswechsel, Nachfolgeplanung und Wissenstransfer sind kontinuierliche Themen, die auch für die Betriebsratswahlen 2022 wieder aktuelle Herausforderungen sind. Schwierigkeiten können vor allem darin bestehen, den Arbeitgeber für eine Unterstützung der Maßnahmen zu gewinnen. Weitere Hürden können in der praktischen Umsetzung bestehen, wenn Veränderung zwar theoretisch gewollt ist, praktisch aber die Bereitschaft fehlt. Hier helfen vor allem Überzeugungsarbeit und eine gut geplante Übergangsphase, die beiderseitiges Vertrauen zwischen Nachfolger:innen und erfahrenen Betriebsratsmitgliedern schafft.

Das Projekt im Betriebsrat Heuchelheim gilt als Musterbeispiel. Der Plan ist, das Konzept auch auf andere Betriebsräte sowie auf die Nachfolgeplanung im Konzernbetriebsrat und im Aufsichtsrat auszuweiten. Zu diesem Zweck besucht der Konzernbetriebsratsvorsitzende einzelne Betriebe der Schunk Group und führt Gespräche, um Überzeugungsarbeit im Zusammenhang mit dem Generationswechsel zu leisten und Veränderungsprozesse anzustoßen.

Die entscheidenden Kernelemente für einen gelungenen Generationswechsel sind laut Simon Alsmeier »*Akzeptanz und Bereitschaft für Veränderungsprozesse und das Verständnis einer Teamarbeit, bei der alle dasselbe Ziel verfolgen*«.

Klaus-Theo Sonnen-Aures

Die Transformation als Herausforderung zum Umdenken im Betriebsrat bei DB Systel

Inhaltsübersicht

In den ersten Kapiteln wurden wesentliche Merkmale zur Bestimmung von Transformationsprozessen der Arbeitsbeziehungen dargestellt, so dass sich die Darstellung dieses Beitrags auf ein konkretes Beispiel solcher Veränderungsprozesse beschränken kann.

Das Beispiel, von dem berichtet wird, bezieht sich auf ein Unternehmen der Deutschen Bahn AG, die DB Systel, die als IT-Provider für den Mutterkonzern fast alle Anwendungen betreibt und wesentlich für die Erstellung und Einführung neuer Software für die komplexen Anwendungen der Bahn zuständig ist. Inzwischen besteht das Unternehmen aus 5500 Mitarbeiter:innen, die **alle** in den Prozess der Transformation einbezogen sind. Diese Kolleg:innen erarbeiten derzeit einen jährlichen Umsatz von 1,1 Mrd. Euro – auch während der Corona-Krise und des Lockdowns – mit steigender Tendenz.

Der Transformationsprozess des darzustellenden Beispiels begann 2015 und er wird voraussichtlich 2023/24 dahingehend abgeschlossen sein, dass alle Mitarbeiter:innen in selbstorganisierten Teams ohne traditionelle Führungskräfte arbeiten werden. Am langen Zeitraum von fast zehn Jahren, über den sich der Transformationsprozess erstreckt, lässt sich die Komplexität des tiefgreifenden Wandels und die Ernsthaftigkeit, mit der er betrieben wird, ablesen. Über Erfahrungen aus diesem Prozess soll hier berichtet werden, um daraus die besonderen Herausforderungen abzuleiten, vor denen die betrieblichen Interessenvertreter:innen stehen. Dabei soll das Augenmerk besonders auf die neuen Anforderungen an die Qualifizierung und Haltung von Betriebsräten gelegt werden.

Die Transformation ist kein Hype und auch kein kurzzeitiger Trend, der bald wieder im Dickicht des Vergessens verschwinden wird. Sie ist eine breite Bewegung in der Industrie, der Verwaltung und im Dienstleistungsbereich, die in vielen Betrieben – nicht nur in kleinen Startups – Fuß gefasst hat und sich immer mehr ausbreitet. Es soll beispielhaft dokumentiert werden, dass sie auch große und mittelgroße Unternehmen erfasst und gelingen kann.

Das Gelingen der Transformation ist nicht voraussetzungslos. Einige wichtige Vorbedingungen sind hier skizzenhaft zu benennen: Da ist zum einen eine kollektive Krisenerfahrung und -erkenntnis. Es gehören aber auch dazu der konstruktive und kollektive Wille großer Teile einer Belegschaft, die Krisenursachen grundlegend und gemeinsam zu beseitigen und durch ein grundlegend neues Konzept des Unternehmensaufbaus, der Unternehmensführung und letztlich einer neuen Unternehmenskultur zu überwinden.

Das stellt besondere Anforderungen an die betrieblichen Akteure: die traditionelle Unternehmensführung, die (mittleren) Führungskräfte, die Betriebsräte und zu allererst an die Mitarbeiter:innen selbst.

1. Kollektive Krisenerfahrung und -erkenntnis

Im vorliegenden Fall bestand die gemeinsame Krisenerfahrung der DB Systel-Mitarbeiter:innen darin, dass in den strategischen Überlegungen der Konzernführung zur Bewältigung der großen Herausforderungen, die die Digitalisierung (technologischer Anstoß) für die Eisenbahn in Deutschland mit sich bringt, das IT-Unternehmen der Bahn, die DB Systel, zunächst überhaupt gar keine Rolle zu spielen schien. Die DB Systel wurde als veraltet, unflexibel, unstrukturiert, wenig serviceorientiert, innovationsfern und unmodern empfunden und wurde überhaupt nicht in den ersten Konzepten zur Erneuerung von (technischer und digitaler) Infrastruktur, Organisation und Geschäftsmodellen erwähnt. Dies war ein tiefer Schlag gegen das Selbstverständnis aller Mitarbeiter:innen der DB Systel: der Geschäftsführung, der Führungskräfte, der Betriebsräte und der Mitarbeiter:innen selbst.

Anstatt in Resignation, Fatalismus oder hektisches Organisationsgetue zu verfallen, wurden mehrere Diskussions- und Handlungsrahmen geschaffen, die am Ende ein umfassendes Konzept der betrieblichen Neuorganisation und des Aufbaus vollkommen neuer – gewissermaßen auf den Kopf gestellter – Arbeitsbeziehungen beinhaltete. Es ist hervorzuheben: Das grundlegende Konzept ging im Wesentlichen aus Beiträgen, Überlegungen und Ergebnissen von Diskussionen aus der Belegschaft hervor.

Nach etlichen Vorbereitungsterminen, an denen immer der Betriebsrat beteiligt war, erging der Aufruf der Geschäftsleitung an die Belegschaft, am Prozess der Erneuerung des Unternehmens mitzuwirken und sich hier einzubringen.

2. Herstellung eines gemeinsamen Willens zur Erneuerung des Unternehmens

Trotz einiger Skepsis, Desinteresses oder Ablehnung von Teilen der Belegschaft war die Reaktion auf den Aufruf zur Mitgestaltung des Unternehmens alles in allem überwältigend: Binnen kurzer Zeit meldeten sich über 600 Mitarbeiter:innen, also ca. 20 Prozent aller damaligen Beschäftigen (2016: 3150 Beschäftigte), die aktiv und praktisch an der Transformation mitarbeiten wollten. Voraussetzung hierfür war u. a., dass der Betriebsrat dafür sorgte, dass die für die Transformation aufgewendete Zeit der Mitarbeiter:innen als Arbeitszeit anerkannt wurde.

In dieser Phase der Transformation wurden aus einer ganzen Fülle von zum Teil auch kuriosen und widersprüchlichen Überlegungen die Konzepte zur Erneuerung erarbeitet und verbindlich festgeschrieben. Hierbei spielte die betriebliche Interessenvertretung eine wesentliche Rolle, denn sie bemühte sich, die vielen Ansätze zusammenzuführen, zu klassifizieren, in ein Gesamtkonzept einzubringen und in einer besonderen Betriebsvereinbarung, einer Art von Grundgesetz der Transformation, festzuschreiben.

Zentrale Elemente dieser (nunmehr in der siebten Erweiterung vorliegenden) Betriebsvereinbarung sind:

- Die Festlegung, dass beim Organisationsaufbau das Bottom-up-Prinzip strikt beachtet wird (Aufwuchs der Organisation von unten, von den Teams, nach oben). Das bedeutet, dass im Zentrum der neuen Organisation die Herausbildung von selbstorganisierten Teams steht; selbstorganisiert heißt dabei: Die Mitarbeiter:innen konstituieren sich selbständig zu Teams bestehend aus sieben plus/minus zwei Mitgliedern, einem PO (Product Owner) und einem AM (Agility Master).
- Die rechtsverbindliche Festschreibung der sozialen Rechte der Mitarbeiter:innen, die in die Transformation gehen (keine Verschlechterung der elementaren arbeitsrechtlichen Bestimmungen, Tarifierung und Eingruppierung, Urlaubsanspruch etc.) war ein weiterer wichtiger Eckpfeiler. Außerdem waren die Zusicherung des Prinzips der freiwilligen Entscheidung jedes Einzelnen für die Transformation, Reversibilität der Transformation nur auf der Grundlage einer erneuten einvernehmlichen kollektiven Vereinbarung zwischen den Betriebsparteien unverzichtbare Elemente zu Absicherungen der Mitarbeiter:innen, wodurch die Transformation erst an Attraktivität und Glaubwürdigkeit gewann.
- Die detaillierte Beschreibung des Weges durch die Transformation und der Vorgehensweisen bei der Bildung von Teams: Mitarbeiter:innen vereinbaren **freiwillig** untereinander, ein Team zu gründen, einen Business Case aufzustel-

len, die künftige Leistung des Teams detailliert zu beschreiben, agile Methoden als Mittel der Selbstorganisation auszuwählen, sich einen PO, der die unternehmerischen Aufgaben des Team verantwortet, zu suchen und einen AM (Agility Master), der die organisatorischen Aufgaben bearbeitet, zu **wählen**. Der Transformationsprozess von der traditionellen in die selbstorganisierte Arbeitswelt wurde als geregelter Übergangsprozess, der in der Regel ein Jahr dauert, in seinen verbindlichen drei Phasen (Gründungsphase, Vorbereitung und Einüben von agilen Arbeitsmethoden, Als-ob-Phase und am Ende dann der Übergang in die selbstorganisierte Arbeitswelt) beschrieben, was den Mitarbeiter:innen ein klares Bild von der Transformation vermittelt.

- Die detaillierte Beschreibung der Verteilung der Führungsaufgaben im Team: Alle drei Rollen im Team übernehmen schwerpunktmäßig Führungsaufgaben und -verantwortungen: der PO die unternehmerischen, der AM die technisch-organisatorischen, die Teammitglieder die Verantwortung für die Qualität der abgelieferten Leistung. So geht beispielsweise die Verantwortung für die fachliche Qualifizierung der Mitarbeiter:innen auf sie selbst über: Sie sagen, welche Weiterbildungsmaßnahmen sie benötigen, der PO stellt die finanziellen Mittel zur Verfügung, der AM organisiert die Qualifizierungsmaßnahmen. – Alles wird zu einem demokratischen Aushandlungsprozess zwischen den drei Rollen. Und es funktioniert! – Durch diese »Gewaltenteilung«, die Neuverteilung der Führungsaufgaben auf die drei Rollen, wird die traditionelle Führungskraft überflüssig.
- Bei der Arbeitsorganisation und -verteilung sind strikt die Prinzipien der Selbstorganisation zu wahren (z. B. ist das sogenannte Pull-Prinzip anzuwenden, bei dem die Arbeitsaufgaben nicht mehr »von oben« zugewiesen, sondern nach der gemeinsamen Arbeitsplanung vom Kanban-Board »gezogen« [pull] wird).

Man kann sich vorstellen, dass es eine Sache ist, diese Prinzipien in Verhandlungen mit gegensätzlichen Interessen zu vereinbaren und niederzuschreiben, und eine ganz andere, dies in die Praxis umzusetzen. Dieser Prozess läuft nun bereits seit gut drei Jahren. Etwa 35 Prozent aller Mitarbeiter:innen arbeiten heute schon in autonomen selbstorganisierten Teams; die restlichen befinden sich auf dem Weg in die selbstorganisierte Arbeitswelt.

Es sei noch einmal hervorgehoben: Das ganze Unternehmen, angefangen bei den Innovationszentren, über die Vertriebseinheiten und die großen Bereiche der Betriebsführung der IT-Verfahren und ihrer Infrastruktur bis hin zur Softwareentwicklung und – last but not least – den Querschnittsabteilungen (Einkauf, Personal, Finanzen etc.) machen mit.

3. Die Rolle der Interessenvertretung im Prozess

Der Weg der Betriebsräte in die Transformation war ein Weg mit vielen Umwegen. Betriebsräte stehen Veränderungen häufig eher skeptisch bis ablehnend gegenüber. In jahrelangen Abwehrkämpfen wurden Techniken entwickelt, Haltungen geprägt und verinnerlicht, durch die sie zu Abwehrspezialist:innen gegen die häufig mit Zumutungen für Arbeitnehmer:innen einhergehenden arbeitgeberseitigen Organisationsänderungen wurden. Das Betriebsverfassungsgesetz (BetrVG) wurde als »Defensivwaffe« im Kampf gegen rationalisierungsbedingte Organisationsmaßnahmen, an deren Ende in aller Regel der Abbau von Arbeitsplätzen stand, interpretiert.

Betriebsräte haben tendenziell eher ein Interesse an der Bewahrung der bestehenden Verhältnisse, denn alles, was kommt, könnte noch schlimmer sein; sie sind tendenziell strukturkonservativ. Diese Grundhaltung in eine Einstellung konstruktiv-kritischer Gestaltungskompetenz umzuformen, ist ein langwieriger sozialer und politischer Prozess, in dem viele Hürden überwunden werden müssen. Dies kann gelingen, wenn durch gegenseitige, vertrauensbildende Maßnahmen eine Zuversicht bei den Betriebsräten herausgebildet wird, dass Veränderungen auch zum Nutzen von Mitarbeiter:innen gestaltet werden können.

Sehr früh (2013/14) war der Betriebsrat in Diskussionsprozesse einbezogen, die sich mit der Veränderung der Arbeitsbeziehungen befassten. So ist es nicht erstaunlich, dass in dem Moment, als Schwung in die Sache kam, als viele Mitarbeiter:innen ihr Interesse an einer konstruktiven Mitgestaltung der Arbeitsbeziehungen bezeugten, der Betriebsrat sich mit Eifer in die Diskussionen über die Neugestaltung des Verhältnisses zwischen Führungskräften und Mitarbeiter:innen einbrachte.

Fazit: Ohne eine Grundeinstellung des Betriebsrats, die von einem starken Gestaltungswillen geprägt ist, ist eine Transformation der Arbeitsbeziehungen nicht vorstellbar. Eine solche Transformation gegen den Willen der organisierten Interessenvertretung ist letztlich nicht durchsetzbar, so dass es auch im Interesse des Arbeitgebers liegt, die Interessenvertretung konstruktiv und auf Augenhöhe miteinzubeziehen.

Frühzeitig machte man sich im Betriebsrat Gedanken darüber, was der spezifische »Wertbeitrag« der verfassten Interessenvertretung sein könnte. Naheliegend war es, die Möglichkeiten des BetrVG zu nutzen.

Die hohen Ansprüche und die Bereitschaft zur Veränderung von weiten Teilen der Belegschaft kam in Slogans wie »Wir stürzen die Pyramide«, »Zusammenarbeit auf gleicher Augenhöhe« oder »Wir schaffen die Chefs ab« zum Ausdruck. Andererseits verbreiteten sich in anderen Teilen des Unternehmens Unsicherheit und Zukunftsungewissheit. Dies begründete die Notwendigkeit, entsprechende Veränderungen auch im Sinne der Beschäftigten zu begleiten und mit den rechtlichen Mitteln des BetrVG (siehe oben) abzusichern. Das war die Stunde für die RGBV (RahmenGesamtBetriebsVereinbarung).

Mit den Instrumenten des BetrVG (insbesondere § 77, Betriebsvereinbarung) wurde ein »Gerüst für soziale Sicherheit in der Transformation« geschaffen. Als vertragsrechtlich verbindliche und »zwingende« Vereinbarung zwischen den beiden kollektiven Vertragspartnern des Unternehmens, dem Betriebsrat stellvertretend für die Belegschaft und der Geschäftsführung als Beauftragte der Gesellschafter:innen ist die Betriebsvereinbarung **ein rechtspolitisch einzigartiges Instrument**, mit dem für alle Akteure eines Betriebes Rechtssicherheit geschaffen werden kann.

In der Präambel der RGBV ist die zentrale Absicht der Vereinbarung formuliert:

»Ziel dieser RGBV ist es, einen Rahmen zu vereinbaren, in welchem die Betriebsparteien zusammen den Weg in die selbstorganisierte Arbeitswelt beschreiten und hierbei gemeinsame Erfahrungen sammeln, diese zu bewerten und bei Bedarf entsprechend anzupassen.

Ziel dieser RGBV ist es darüber hinaus, die vielfältigen Dimensionen der Transformation zu benennen und ihre Auswirkungen auf die arbeits-, sozial- und betriebsverfassungsrechtlichen Schutzbestimmungen in den Blick zu nehmen. Grundlegend ist es, festzulegen, wie »die zugunsten der Arbeitnehmer geltenden Gesetze, Verordnungen, Unfallverhütungsvorschriften, Tarifverträge und Betriebsvereinbarungen« (§ 80 Abs. 1 Satz 1 BetrVG) unter den neuen Bedingungen im Transformationsprozess in die selbstorganisierte Arbeitswelt zu verstehen und umzusetzen sind. In diesem Sinne versteht sich diese RGBV nicht als eine Verabschiedung aus der Mitbestimmung, sondern – im Gegenteil – als Weiterentwicklung und Neuinterpretation der Arbeitsbeziehungen in der neuen Arbeitswelt auf der Grundlage des BetrVG.«

4. Die neuen Herausforderungen an die Interessenvertretungen

Aus dem oben skizzierten Entwicklungsprozess und dem Agieren des Betriebsrats lassen sich einige wichtige Schlussfolgerungen (learnings) ableiten, durch die die neuen Herausforderungen beschrieben und die Qualifikationsanforderungen bestimmt werden können:

- Interessenvertreter:innen in der Transformation müssen selbst zum eigenen Wandel bereit und fähig sein: Das heißt, dass sie sich aus der Rolle des bzw. der bloßen Verhindernden und des puren Lagerdenkens herausbewegen müssen. Dafür benötigen sie eine gefestigte Haltung als Interessenvertreter:innen der abhängig Beschäftigten, die ihnen die Möglichkeit eröffnet, aus einer neuen, arbeitnehmer:innenorientierten Grundhaltung an der konstruktiven (Mit-)Gestaltung der Arbeitsbeziehungen mitzuarbeiten. Sie müssen lernen, die bloße konfliktorientierte Grundeinstellung und das »bequeme« Parteiendenken zu überwinden und gleichzeitig die grundsätzlichen Aufgaben, die ihnen das BetrVG (siehe oben) vorgibt, zu erfüllen. – Das ist zuweilen eine schmale Gratwanderung und kann schief gehen – muss es aber nicht.
  Diese Veränderung der Grundeinstellung der Betriebsräte (Haltungsänderung) ist das Entscheidende für das Gelingen der Transformation und stellt eine Art Emanzipationsprozess dar, für den es keine Anleitung und keinen Lehrgang gibt, sondern nur die Bereitschaft der Betriebsräte als Individuen und als Kollektiv, sich auf Neues einzulassen.
- Eine konstruktive und kooperative Zusammenarbeit in temporären und thematisch begrenzten Bündnissen mit der Geschäftsführung, den (mittleren) Führungskräften und diversen Gruppen von Beschäftigten kann nur gelingen, wenn der Betriebsrat über eine hohe Kommunikationskompetenz verfügt. Er muss die neuen Anforderungen an die Bestimmung der eigenen Positionen und seine strategische Orientierung in einer konsensfähigen Form darstellen und mit besten Argumenten begründen können. – In den neuen Zusammenhängen (agilen Teams, Konferenzen, Assessmentmeetings etc.) sind Rollenwechsel gefordert und ständig werden die Grenzen der traditionellen Interessenvertretung verschoben. Ein stetiger Reflexionsprozess der Rolle Betriebsrat – auch von außen – ist unverzichtbar, damit er in diesen Kontexten bestehen kann und nicht die fundamentalen Aufgaben aus dem Blick verliert und zum willenlosen »Abnicker« des Transformationsprozesses wird. Diese Anforderungen gelten für alle Mitglieder des Gremiums.
- Umfassende Informationen sind die Rohstoffe, die die Transformation vorantreiben: Sie müssen ständig neu eingeholt, klassifiziert, bewertet und strategisch eingeordnet werden.
- Die Anforderung, ständig neue, lagerübergreifende Bündnisse eingehen zu müssen, stellen erhöhte Anforderungen an die Kooperations-, Kommunikations- und Verhandlungskompetenzen der Betriebsräte. – Sie müssen ganz neu gedacht und eingeübt werden.
- Grenzüberschreitende Kooperationen stellen auch hohe Anforderungen an die Argumentationsfestigkeit und -sicherheit der Betriebsräte: In ihren Gremien müssen sie im permanenten Diskurs ihre arbeitnehmer:innenorientier-

ten Positionen zu vollständig neuen Themen (z. B. Arbeitszeitkontrolle vs. selbstbestimmte Arbeitszeit) finden und einüben.

- Überhaupt: Die Herausbildung der Fähigkeit zur zielgerichteten strategischen Diskussion (Welche Ziele sollen verfolgt werden? Welche rechtlichen und politischen Mittel stehen zur Verfügung? Welche temporären Bündnisse geht man ein? Welches sind die wichtigen/unwichtigen Fragen und Themenkomplexe? Wie sieht die große Line [Big Picture] des Betriebsrats aus? etc.) ist von allergrößter Bedeutung. – Hier eröffnet sich ein weites Feld – auch für überbetriebliche – Schulungsangebote.

- Betriebsräte benötigen umfassende organisations-, arbeitswissenschaftliche und betriebswirtschaftliche Kenntnisse, um Impulse und konstruktive Vorschläge in die Diskussion über die Selbstorganisation der Arbeitsprozesse qualifiziert einbringen zu können. – Den Business Plan oder Business Case eines selbstorganisierten Teams bewerten zu können, setzt detaillierte betriebswirtschaftliche Kenntnisse voraus.

- Selbstverständlich werden fundierte Kenntnisse über und Erfahrungen mit den neuen agilen Arbeitsmethoden (Scrum, Retros, Kanban, Rollenbezeichnungen und -inhalte, Sprints, Design Thinking etc.) den Betriebsräten in der Transformation abverlangt.

- Eine wichtige Kompetenz von Betriebsräten in der Transformation ist die Fähigkeit, das BetrVG als Instrument für konstruktive betriebliche Gestaltungsprozesse (bezügl. organisatorischer und unternehmerischer Fragestellung) einzusetzen. Weg von der reinen Defensiv-Interpretation des BetrVG, hin zur konstruktiven Gestaltung und Festlegung von neuen Arbeitsprozessen, -beziehungen, Organisationsformen und Netzwerken in betriebsverfassungsrechtlichen Vereinbarungen und Organen und ihren Instrumenten.

- Über alldem darf nicht vergessen werden: Die Neugestaltung der Arbeitsbeziehungen und die Einrichtung von selbstorganisierten Teams (mit Führungskräften oder ohne Führungskräfte) stellt zwar eine deutliche Verschiebung der Grenzen in Richtung auf mehr Selbständigkeit und Freiheit in der Arbeitsgestaltung für die abhängig Beschäftigten dar, also für mehr Autonomie im Arbeitsprozess. – Dies ist ja schließlich das Ziel der ganzen Bemühungen. Gleichwohl muss festgehalten werden: Die Transformation der Arbeitsbeziehungen ist keine Überwindung der Abhängigkeit der Beschäftigten: Sie sind nach wie vor darauf angewiesen, ihre Arbeitskraft zu »verkaufen«, durch die Transformation werden sie nicht zu Unternehmer:innen. Sie tragen kein unternehmerisches Risiko, ihre Unsicherheit besteht weiterhin im Verlust des Arbeitsplatzes. Daher ist und bleibt es eine Kernaufgabe (Alleinstellungsmerkmal) des Betriebsrats, die langfristige Sicherung der Arbeitsplätze durch zukunftsfähige Selbstorganisationsmechanismen zu ermöglichen und einer etwaigen Überforderung durch die neu gewonnene Selbstorganisation und Autonomie vorzubeugen.

- Für die Transformation gibt es keine Blaupause: Alle Interessenvertretungen müssen in diesem Prozess ihre eigenen Wege suchen und Erfahrungen machen; sie sind tendenziell auf sich selbst und ihr Handlungsgeschick angewiesen: Aus diesem Grunde ist es umso dringlicher, über gewerkschaftliche Organisationen, z.B. DGB, Hans-Böckler-Stiftung, Foren und Plattformen des Informations- und Erfahrungsaustauschs einzurichten, in denen die Interessenvertretungen gegenseitig ihre Erfahrungen austauschen und sich gegenseitig helfen können. Der Aufbau eines Registers der Betriebe und Betriebsräte, die Erfahrungen mit agilen Arbeits- und Organisationsformen gemacht haben, die Zusammenstellung eines Katalogs von richtungsweisenden Betriebsvereinbarungen (siehe Register der Betriebsvereinbarungen bei der Hans-Böckler-Stiftung), die sozialwissenschaftliche Begleitung und theoretische Unterstützung der Betriebsräte in Transformationsprozessen könnten als wichtige Impulsgeber und Unterstützung für Betriebsräte dienen.
- Betriebsräte in der Transformation benötigen ebenfalls eine kontinuierliche wissenschaftliche Begleitung und Unterstützung. Hier ist vieles zu tun. Gerade die industriesoziologische Forschung sollte sich stärker mit den Prozessen der Transformation befassen, den elfenbeinernen Turm verlassen und zur Kenntnis nehmen, was in vielen Betrieben vor sich geht. Beide Seiten könnten so voneinander und miteinander lernen.

Die Herausforderungen, die an die Betriebsräte in der Transformation gestellt werden, sind also sehr vielfältig und mit der hier dargestellten Auflistung wohl noch nicht erschöpfend dargestellt. Dieser Beitrag soll lediglich einen ersten Beitrag zu einer weitergehenden Diskussion liefern, an deren Ende vielleicht modifizierte, besser angepasste Lehrgangs-, Studien- und Kooperationsangebote stehen könnten. – Dies könnte vielen Interessenvertreter:innen helfen, sich besser in der neuen Situation zurechtzufinden.

III. Vorausschauende Personalplanung und Beschäftigungssicherung

Gernot Mühge/Tim Harbecke

Studieren statt entlassen! Fachkräfte- und Beschäftigungssicherung durch ein betriebliches Angebot für Hochschulbildung

Inhaltsübersicht

1. Einleitung

Berufliche Bildungsinvestitionen gelten als zentrales Mittel zur Bewältigung des Strukturwandels. Der Wandel nach Kompetenzen und die Entwicklung hin zu einer forschungs- und wissensintensiven Gesellschaft erfordert erhebliche Investitionen in berufliche Bildung, damit sich das Arbeitsangebot an die wachsende

Nachfrage nach qualifizierter Arbeit anpasst. Diese Form der Fachkräftegewinnung gilt »als originäre Aufgabe der Berufsbildung« (Esser 2011), aber auch die Arbeitsmarkpolitik hat in der Vergangenheit die Weiterbildungsaktivitäten und Qualifizierungsansprüche gestärkt, und auch sie setzt aus gutem Grund auf berufsfachliche Bildung und Abschlüsse. Der Fokus auf qualifizierte Facharbeit hat auf der anderen Seite zur Folge, dass universitäre oder Hochschulabschlüsse in arbeitsmarktpolitischen Qualifizierungsstrategien traditionell nur ein Schattendasein fristen; auch in betrieblichen Strategien zur Bewältigung von Transformationsprozessen spielen sie so gut wie keine Rolle.

Der vorliegende Beitrag argumentiert, dass zur Bewältigung der aktuellen wirtschaftlichen Transformation auch tertiäre Bildungsstrategien notwendig sind, um die aktuell entstehenden Fachkräfteüberhänge zur Bewältigung des fortbestehenden Fachkräftemangels zu nutzen und auf diese Weise zur Strukturanpassung, zur Stabilität von Beschäftigung und zu sozialer Sicherheit beizutragen. Eine solche strukturwandeladäquate Strategie ist allerdings voraussetzungsvoll. Der vorliegende Beitrag stellt dazu den Betrieb in den Mittelpunkt. Sein Gegenstand ist ein betriebliches Konzept, das Beschäftigten, vor allem solchen, die von Stellenabbau bedroht sind, den Zugang zu Hochschul- oder universitären Abschlüssen ermöglichen soll.[1] Das hier skizzierte Qualifizierungsprogramm zielt somit gleichzeitig auf die Gewinnung von Fachkräften für den internen Arbeitsmarkt und auf die Vermeidung von Entlassungen auf den externen Arbeitsmarkt.

Das Konzept, das im Folgenden dargestellt wird, ist auf beruflich qualifizierte Beschäftigte zugeschnitten, sofern für diese in fachlicher und persönlicher Hinsicht eine akademische Ausbildung sinnvoll erscheint und sie die notwendige Eignung mitbringen. Der inhaltliche Schwerpunkt des vorgeschlagenen Bildungsprogramms liegt damit zwar auf tertiärer Bildung; die konzeptionellen Überlegungen lassen sich aber auch auf andere abschlussbezogene, langfristige, nicht-modulare Qualifizierungen übertragen.

---

1   Der Beitrag ist im Kontext des Forschungsvorhabens »Beschäftigungssicherung durch strategische Qualifizierung. Innerbetriebliche Agenturen in der wirtschaftlichen Transformation (AQFA)« entstanden, dass durch die Hans-Böckler-Stiftung, Düsseldorf, gefördert wird.

2. Die Vorläufer: Beschäftigungsplan und Personalvermittlungsabteilung

Die Idee, Beschäftigten, die von Stellenverlust bedroht sind, mittels eines betrieblichen Qualifizierungsprogramms neue Tätigkeitsfelder auf internen oder externen Arbeitsmärkten zu eröffnen, ist nicht neu. Ein wichtiger Bezugspunkt sind sogenannte Beschäftigungspläne, die unter dem Motto »Qualifizieren statt Entlassen« (Bosch 1990) in den 1980er Jahren entwickelt und erprobt worden sind. Beschäftigungspläne waren damals als Alternative zum konventionellen (Abfindungs-)Sozialplan gedacht. Ihr Kern war die Verpflichtung des Arbeitgebers, Beschäftigte in unternehmerischen Krisen- oder Umbruchsituationen zu qualifizieren, um sie nach erfolgter Diversifizierung des Unternehmens im internen Arbeitsmarkt weiterbeschäftigen zu können.

Das Konzept des Beschäftigungsplans ist für die aktuelle Debatte zur Bewältigung von Transformationsprozessen in zweierlei Hinsicht bedeutsam. Dazu gehört erstens die Tatsache, dass Beschäftigungspläne die in sie gesteckten Erwartungen *nicht* erfüllt haben (ebd., S. 17; Wagner 1992). Ein zentraler Grund für ihr Scheitern war die implizite Annahme, dass sich die Prozesse der Qualifizierung und Wiedereingliederung in den internen Arbeitsmarkt quasi von selbst einstellen, wenn Regularien der Stellenbesetzung für Beschäftigte und Akteure des internen Arbeitsmarkts klar benannt sind. Dieser Effekt, also ein Wechsel von Beschäftigten auf offene Stellen des internen Arbeitsmarkts, der allein auf Prozessen der Selbstregulation beruht, wurde überschätzt (Wagner/Rinninsland 1990).

Zweitens ist von Bedeutung, dass die Erfahrungen und Fehleinschätzungen später, in den 1990er und 2000er Jahren, zur Entwicklung neuer Konzepte geführt haben, die im Unterschied zum Beschäftigungsplan eine effektive Beschäftigungssicherung auf internen Arbeitsmärkten erreicht haben (Mühge 2018, S. 15ff.). Im Zentrum stand die Einführung von eigenständigen Organisationseinheiten in Unternehmen, für die sich die Bezeichnung *Abteilungen zur Personalvermittlung im internen Arbeitsmarkt* etabliert hat. Das Stammpersonal dieser Personalvermittlungsabteilungen (PVA) hat die Aufgabe, die vom Stellenverlust betroffenen Beschäftigten zu beraten und auf freie Stellen im internen Arbeitsmarkt zu vermitteln (Kirsch/Mühge 2010; vgl. auch Freimuth 1994; Hüning/Stodt 1999; Finkemeier 2003 und insbesondere Herrwig 2001). Studien zeigen, dass PVA in Großunternehmen relativ weit verbreitet sind und einen wirkungsvollen Beitrag zur Beschäftigungssicherung in Zeiten von Stellenreduzierungen leisten (Mühge/Kirsch 2012; Niewerth/Mühge 2012), auch wenn sie in der Fachöffentlichkeit weitgehend unsichtbar geblieben sind (ebd.; vgl. auch Dineen et al. 2011).

Personalvermittlungsabteilungen zielen darauf, Entlassungen auf den externen Arbeitsmarkt zu vermeiden. Ihr Vermittlungsansatz ordnet sich diesem Ziel unter; die Vermittlung erfolgt primär auf solche Stellen, die dem Kompetenz- und Anforderungsprofil der betroffenen Beschäftigten entsprechen. Die PVA versteht sich nicht als Instrument der Fachkräfteentwicklung, sondern der Beschäftigungssicherung durch die Förderung horizontaler Mobilitätsprozesse. Wenn Qualifizierungen im Rahmen der Vermittlungsarbeit notwendig sind, dann handelt es sich erfahrungsgemäß vor allem um Anpassungsqualifizierungen. Investitionen in berufliche Weiterbildung, die durch Personalvermittlungsabteilungen getätigt werden, sind tendenziell gering.

Im aktuellen Strukturwandel bleibt dieser Ansatz zwar weiterhin erforderlich, um Beschäftigungssicherheit in internen Arbeitsmärkten auf einem hohen Niveau zu erhalten. Es ist jedoch an der Zeit, den PVA-Ansatz um ein Qualifizierungsprogramm zu erweitern, um den Wandel der Kompetenzstrukturen mit den Beschäftigten des internen Arbeitsmarkts zu bewältigen.

3. Betriebliche Qualifizierung als wiederentdeckte Brücke zwischen Beschäftigungs- und Fachkräftesicherung

Das an dieser Stelle vorgeschlagene Konzept geht davon aus, dass in vielen Industrieunternehmen, wie z. B. in der Automobil(-zuliefer-)Industrie, aber auch in anderen Branchen Stellenabbau bei qualifizierten Facharbeiter:innen droht und zeitgleich hochqualifizierte Fachkräfte, das heißt tertiär ausgebildete Spezialistinnen und Experten gesucht werden. Das Konzept zielt darauf, einen Teil dieses betrieblichen Engpasses an hochqualifizierten Fachkräften mit Beschäftigten aus den schrumpfenden Facharbeitssegmenten aufzufangen. Dies soll mit einem spezifischen betrieblichen Qualifizierungsprogramm erreicht werden, das komplementär zur traditionellen Vermittlungsaufgabe der PVA steht.

Die Basis des hier vorgeschlagenen Konzepts bildet ein Qualifizierungsangebot des Unternehmens. Die Zielgruppe des Angebots sind beruflich qualifizierte Beschäftigte. Wenn das Qualifizierungs- und Vermittlungsziel im Feld hochqualifizierter Expert:innen und Spezialist:innen liegt, muss das Angebot entsprechend hochwertige und eine lange Qualifizierungsdauer erfordernde Abschlüsse beinhalten, das heißt Universitäts-, Hoch- oder Fachschulabschlüsse anbieten. Vor dem Hintergrund der Lebensumstände der Beschäftigten setzt das Konzept weniger auf ein berufsbegleitendes Studium, sondern präferiert das Vollzeitstudium. Die Teilnehmenden bleiben während der Studienzeit Beschäftigte des

Unternehmens. Die für das Studium notwendige Freistellung bzw. die entsprechenden Teilzeitmodelle sollen so beschaffen sein, dass das Studium und der Studienerfolg im Zentrum stehen. Die Hauptlast der Kosten trägt somit das Unternehmen, sie bestehen aus den Kosten für Freistellung für die Dauer von mehreren Semestern. Einen kleineren Teil tragen die teilnehmenden Beschäftigten durch eine (moderate) Reduktion des Entgelts.

Eine zentrale Erfahrung mit Beschäftigungsplänen in den 1980er Jahren bestand darin, dass die effektive Umsetzung von Qualifizierungs- und Versetzungsprozessen in der Transformation davon abhängt, ob es eine eigenständige Organisationseinheit gibt, die diese Prozesse steuert, das heißt im hier beschriebenen Fall, die die Programmsteuerung durchführt und die Eingliederung der Absolvent:innen in den internen Arbeitsmarkt übernimmt. Erfahrungen aus der Praxis von Personalvermittlungsabteilungen sowie aus der Beratung von Menschen in beruflichen Umbrüchen zeigen weiterhin, dass die intensive Beratung der betroffenen Beschäftigten eine Schlüsselfunktion einnimmt. Die Beratung ist notwendig, um das Programm, den Programmzugang, die Rechte und Pflichten der Beschäftigten und die vielfältigen Konsequenzen auf das zukünftige Arbeitsleben mit den potenziell Teilnehmenden zu erörtern. Dies ist für die Akzeptanz von großer Bedeutung; Studien zeigen, dass die Teilnahme an berufsabschlussbezogenen Qualifizierungsprogrammen eine komplexe, individuelle Entscheidung voraussetzt, die sorgfältig abgewogen werden und durch ein hochwertiges Beratungsangebot begleitet werden muss (Filipiak 2016; Mühge 2017).

Unternehmen, die bereits über eine Personalvermittlungsabteilung verfügen, sind im Vorteil. Die oben skizzierten Anforderungen an Beratung und Begleitung der Beschäftigten machen eine im Unternehmen bereits vorhandene PVA zur »natürlichen« Organisationseinheit des betrieblichen Studienangebots, weil die PVA bereits die entsprechenden Erfahrungen und Kompetenzen besitzt. Es braucht eine PVA oder eine vergleichbare unternehmensinterne Beratungsinstitution als Ansprechpartnerin der Beschäftigten, aber auch für die operative Umsetzung des Qualifizierungsprogramms. Eine Personalvermittlungsabteilung, die um diese Aufgaben erweitert wird, haben wir an anderer Stelle »Agentur für Qualifizierung und Fachkräftesicherung – AQFa« genannt (Giertz/Mühge 2019).

AQFa und das oben grob skizzierte Bildungsangebot sollen eine Brücke zwischen Fachkräfte- und Beschäftigungssicherung bilden. Sie greifen dazu die Grundidee des Beschäftigungsplans, zu qualifizieren statt zu entlassen, wieder auf, aber mit drei entscheidenden Unterschieden:

- Durch die Einbindung der PVA/AQFa werden erstens die operativen Mängel der damaligen Beschäftigungspläne hinsichtlich der Stellenbesetzung behoben;

- zweitens besitzen die Programme eine institutionalisierte Ansprechpartnerin und ein hochwertiges Beratungsangebot für die potenziellen Teilnehmenden;
- drittens erschließt das Qualifizierungsangebot den tertiären Bildungsbereich und führt Beschäftigte aus dem Segment der Facharbeit in das Feld der Hochschulbildung. Ziel des Bildungskonzepts ist die Weiterentwicklung von Facharbeiter:innen zu hochqualifizierten Spezialist:innen und Fachkräften.

Das Konzept ist inhaltlich an den Bedarfen des Unternehmens ausgerichtet, um zur Bewältigung der kompetenzbezogenen Transformation vieler interner Arbeitsmärkte in Industrieunternehmen beizutragen. Dieser Beitrag zur Unternehmenstransformation ist allerdings auch, wie der folgende Abschnitt zeigt, nicht ohne kostenintensive betriebliche Bildungsinvestitionen zu erreichen.

4.   Konturen des Konzepts

Der folgende Abschnitt fasst die wichtigsten Merkmale, Bedingungen und Parameter des vorgeschlagenen Bildungskonzepts zusammen. Neben inhaltlichen Fragen sind dies Fragen des Zugangs, nach dem Verhältnis von Arbeit und Freistellung während der Qualifizierungszeit und den Rechten nach dem Abschluss der Qualifizierung. Die wichtige Frage nach der richtigen Zielgruppe und ihrer Motivation zur Teilnahme wird im Anschluss in einem eigenen Abschnitt bearbeitet.

Die *inhaltliche Gestaltung des Programms* orientiert sich am langfristigen Bedarf des Unternehmens an hochqualifizierten Fachkräften. Eine Voraussetzung der Bedarfsorientierung und -ermittlung ist die enge Kommunikation zwischen der AQFa (als operatives Programm-Management) mit den betrieblichen Fachabteilungen, in denen Fachkräftebedarf vorliegt, ergänzt durch Instrumente der strategischen Personalplanung (vgl. den Beitrag von Schaaf/Giertz in diesem Band, sowie Giertz/Stracke 2019). Auf dieser Grundlage lässt sich ein Katalog aus angebotenen Studiengängen und ggf. weiteren berufsfachlichen, langfristigen Weiterbildungen ableiten. Der Katalog beschreibt neben dem Studienangebot auch Größenordnungen des Angebots, also die maximale Teilnehmendenzahl pro Studiengang/Qualifizierung sowie ggf. die berufsfachlichen Zielgruppen, an die sich der jeweilige Studiengang richtet. Es ist z. B. möglich, ein bestimmtes Studienangebot für Beschäftigte aus bestimmten technischen Berufen zu öffnen, ein anderer Studiengang richtet sich eher an Beschäftigte mit kaufmännischer Ausbildung, weitere Angebote wiederum an alle qualifizierten Beschäftigten.

Der *Zugang zum Programm* erfolgt unter dem Prinzip der zweifachen Freiwilligkeit. Das bedeutet einerseits, dass Beschäftigte sich aus freien Stücken um eine

Programmteilnahme bewerben können. Andererseits haben sie keinen festen Anspruch auf das Programm, dessen Umfang begrenzt ist.

Dies leitet über zur *Auswahl der Beschäftigten*, die möglichst transparent und nach einem klaren Verfahren erfolgen sollte, verbunden mit hohen Ansprüchen an die Verfahrensgerechtigkeit. Kriterien der Auswahl sind z. B. Fachlichkeit und Motivation; berücksichtigt wird ferner die Eignung, also die Qualifizierungs- und Studierfähigkeit sowie die formale Zugangsberechtigung in das Hochschulsystem.

Die *Rahmenbedingungen* während der Studien- und Qualifizierungszeit sind auf ein Vollzeit- und Präsenzstudium ausgerichtet. Diese Fokussierung soll berufsbegleitende oder hybride Studienformate nicht kategorisch ausschließen; ganz im Gegenteil kann das angebotene Programm z. B. Wahlmöglichkeiten hinsichtlich des Studienformats enthalten. Trotzdem wird hier das Vollzeitstudium ins Zentrum gestellt. Grund dafür ist die Überlegung, dass dieses Format am stärksten auf die Lebenswelt und Altersstruktur der Zielgruppe zugeschnitten ist, weil es die typischen Doppelbelastungen und Überforderungen durch Vollzeitstelle, berufsbegleitendes Studium und ggf. familiäre Verpflichtungen vermeidet.

Wichtige Rahmenbedingungen sind Arbeitsvertrag, Arbeitszeit und Entgelt während der Qualifizierungsphase. Die Teilnehmenden behalten einen unbefristeten Arbeitsvertrag mit dem Unternehmen, aber sie werden für das Studium mit einem bestimmten Anteil von der Arbeit freigestellt. Die Frage, welchen Umfang die Freistellung haben soll, ist nicht einfach zu beantworten, weil sie in einem Spannungsverhältnis steht. Hinsichtlich des Studienerfolgs ist einerseits eine großzügige Freistellung wünschenswert, andererseits ist diese mit hohen Kosten verbunden. Als Orientierung können Arbeitszeiten von studentischen Hilfskräften oder Werkstudierenden dienen; der Gesetzgeber hat die maximale Arbeitszeit für ordentlich Studierende auf 20 Stunden pro Woche in der Vorlesungszeit festgelegt. Wünschenswert ist ein flexibles Arbeitszeitmodell, das eine Differenzierung der Arbeitszeit zwischen Vorlesungs- und vorlesungsfreier Zeit oder hinsichtlich lehrintensiver Prüfungszeiten erlaubt.

Für die produktive Arbeitszeit steht den Teilnehmenden das volle Entgelt zu; in Bezug auf die Vergütung in Zeiten der Freistellung sind mehrere Modelle möglich (Abbildung 1). Denkbar ist eine Freistellung ohne Entgeltausgleich (wie im Fallbeispiel unten) oder z. B. eine moderate Absenkung auf ein Niveau von 80 oder 85 Prozents des ursprünglichen Nettoentgelts, so wie es oftmals bei Kurzarbeit üblich ist. Die hier diskutierten Werte zur Absenkung und Freistellung basieren auf hypothetischen Überlegungen zur Lebenswelt der Zielgruppe, nicht auf empirischen Beobachtungen. Sie sind von dem Grundsatz geleitet, dass auch nicht-traditionale Studierende »ein Recht auf eine gesunde Work-Life-Balance« haben (DGB 2017). Werden Freistellung und Entgelt hoch angesetzt und zeitliche und finanzielle Belastungen vermieden, dann steigen zum einen die Kosten für das Unternehmen, zum anderen steigen mit dem Entgeltniveau aber auch die Bereitschaft, sich am Programm zu beteiligen, sowie die Wahrscheinlichkeit, das Studium innerhalb der Regelstudienzeit mit Erfolg abzuschließen.[2]

Abbildung 1: Arbeitszeit- und Entgeltgestaltung während der Qualifizierungsphase

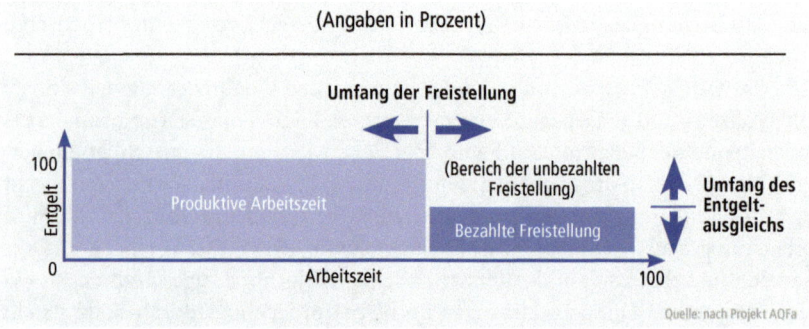

Die *Rückkehrbedingungen*, das heißt, die Rechte und Pflichten der Beschäftigten nach Studienabschluss sollten die Sicherheitsbedürfnisse der Beschäftigten mit den Erfordernissen des internen Arbeitsmarkts in Ausgleich bringen. Haben die Teilnehmenden ihr Studium erfolgreich abgeschlossen, endet die Freistellung und es beginnt eine Übergangsperiode. Ab diesem Zeitpunkt stehen ihnen die Bedingungen des vormaligen Arbeitsvertrags und Arbeitsplatzes zu, den sie zunächst wieder einnehmen. Bewerbung und Vermittlung in das hochqualifizierte Tätigkeitssegment und die damit verbundenen Prozesse liegen in der Verantwortung der Personalvermittlungsabteilung/AQFa. Sobald die neue Stelle angetreten werden kann, erfolgt dann die Neueinstufung gemäß dem höherem Tätigkeitsniveau.

Abhängig vom Beschäftigungssegment und der Situation auf dem allgemeinen Arbeitsmarkt kann es sinnvoll sein, die Absolventinnen und Absolventen des Programms für eine verpflichtende Zeit an das Unternehmen zu binden. Dies kann etwa über individuelle Rückzahlungs- oder Bindungsklauseln geschehen,

---

2   Betrieblich wünschenswert und arbeitsmarktpolitisch sinnvoll wäre eine Kofinanzierung der Freistellung durch die Bundesagentur für Arbeit. In diesem Kontext werden zurzeit neue Anspruchsgrundlagen des Kurzarbeitergelds für Zeiten der Qualifizierung unter verschiedenen Namen diskutiert (Qualifizierungs-[Q-]-KuG oder Transformations-KuG). Treffender als eine neues KuG wäre eine Reform des § 82 SGB III durch eine Erweiterung der dortigen Fördermöglichkeiten um höhere berufliche Bildungsabschlüsse, verbunden mit einer praxisnahen Abmilderung der Rigiditäten der Akkreditierungs- und Zulassungsverordnung Arbeitsförderung (AZAV).

die, sofern sie rechtlich wirksam formuliert sind, verhindern sollen, dass Beschäftigte nach Abschluss ihres Studiums oder ihrer Fortbildung zu anderen Unternehmen abwandern. Inwiefern dieses Risiko relevant ist, sollte im Einzelfall entschieden werden. Im folgenden Fallbeispiel über das Programm »Qualifizierung in Teilzeit« bei der Merck KGaA wird beispielsweise auf eine derartige Bindungsvereinbarung mit den Teilnehmenden verzichtet.

5. Ein Fallbeispiel: Das Programm »Qualifizierung in Teilzeit« bei Merck, Darmstadt

Mit seinem Programm *Qualifizierung in Teilzeit* nimmt das Wissenschafts- und Technologieunternehmen Merck in Darmstadt eine Vorreiterrolle in der strategischen Qualifizierung bei Transformationsprozessen ein. Das Programm, das im Sommer 2021 starten soll, bietet Beschäftigten, deren Stellen durch Restrukturierungsprozesse bedroht sind, berufsbegleitende, langfristige Qualifizierungen an. Der Schwerpunkt sind langfristige Qualifizierungen mit einer Dauer von bis zu vier Jahren einschließlich verschiedener Hochschulabschlüsse. Ziel ist es, die Beschäftigten mit ihren neuen Qualifizierungs- und Berufsabschüssen in anderen Tätigkeitsbereichen im internen Arbeitsmarkt einzusetzen und dort zur Fachkräftesicherung beizutragen.

Die Qualifizierungsangebote bestehen aus Bachelor- und Masterstudiengängen sowie Ausbildungsberufen und Meisterfortbildungen, die an den zukünftigen Qualifikationsbedarfen des Unternehmens ausgerichtet sind. Die persönlichen Voraussetzungen, die interessierte Mitarbeiter:innen mitbringen müssen, sind ein unbefristeter Arbeitsvertrag und mindestens ein Jahr Betriebszugehörigkeit sowie die Teilnahme an einem Eignungsgespräch, das gemeinsam mit ihren Vorgesetzten, Ausbilder:innen und dem/der Programmbetreuer:in geführt wird. Zudem müssen sie ihre Motivation und ihr mit der Qualifizierungsmaßnahme verbundenes Entwicklungsziel im Rahmen einer schriftlichen Bewerbung darlegen. Der Zugang in das Programm folgt grundsätzlich dem Prinzip der doppelten Freiwilligkeit, das heißt, sie hängt von der Zustimmung von Unternehmen und Beschäftigten ab. Es gibt also weder eine Pflicht noch ein Anrecht der Beschäftigten auf eine Programmteilnahme.

Sofern die Zustimmungen vorliegen und die persönlichen Voraussetzungen gegeben sind, beginnt das Programm für den einzelnen Beschäftigten mit dem Abschluss eines Weiterbildungsvertrags mit dem Unternehmen, der auch die Arbeitszeitreduktion enthält. Die Teilnehmenden bleiben örtlich – nun in Teilzeit – am alten Arbeitsplatz, wechseln aber vertraglich für die Dauer der Qualifizierungsphase in die Personalvermittlungsabteilung des Unternehmens (»MyJob@ Merck«). Diese unterstützt sie beim Eintritt in die Qualifizierung, sie begleitet die Qualifizierungsphase, auch durch die Vermittlung von Interims-Einsätzen »on the job« in potenziellen zukünftigen Aufgabenbereichen des Unternehmens. Nach erfolgreichem Abschluss kehren die Beschäftigten zunächst auf ihre Stelle in ihren ursprünglichen Bereich zurück und werden durch die PVA bei der Aufnahme einer neuen, qualifikationsadäquaten Stelle in anderen Unternehmensbereichen unterstützt.

Die Kosten der Fortbildung werden vollständig vom Unternehmen getragen; der finanzielle Beitrag der Teilnehmenden liegt bei Einbußen des Entgelts durch die Reduktion der Arbeitszeit. Teilnehmende, die ein Studium beginnen, bekommen zusätzlich die Möglichkeit, an fünf Tagen pro Jahr sowie zehn weiteren Tagen zur Anfertigung ihrer Abschlussarbeit eine bezahlte Freistellung wahrzunehmen.

Das Qualifizierungsprogramm wird zwei Mal jährlich von einer unternehmensinternen Bildungskommission evaluiert, um es regelmäßig auf die Qualifizierungsbedarfe im Unternehmen anpassen zu können. Die geplante Größenordnung des Programms liegt bei einem Zugang von ca. 20 bis 30 Mitarbeiter:innen pro Jahr.

6. Beratungsanforderungen an AQFa

Grundsätzlich haben berufstätige Beschäftigte, die vor Weiterbildungsentscheidungen stehen, einen großen und komplexen Beratungsbedarf. Dies gilt insbesondere dann, wenn die Qualifizierung zu weitreichenden Veränderungen des Berufslebens führt, wie es nach dem Hochschulabschluss der Fall ist, die aber auch schon mit Beginn der Studienzeit eintreten.

Die Beratung hat im Vorfeld der Programmteilnahme die Aufgabe, zu informieren, Orientierung zu stiften und die Entscheidungsfindung der Beschäftigten zu unterstützen sowie die Eignungsdiagnose und Bewerberauswahl durchzuführen. Diese Phase der Entscheidung und Anbahnung ist aus verschiedenen Gründen der komplexeste und anspruchsvollste Teil der Beratung. Im weiteren Verlauf besteht die Aufgabe der AQFa darin, die Beschäftigten während der Qualifizierungsphase zu begleiten und zu unterstützen, und schließlich darin, erfolgreiche Absolvent:innen auf die passenden, hochqualifizierten Stellen des internen Arbeitsmarkts zu vermitteln.

In der Phase der Orientierungsberatung und Bewerbung kommen viele Aspekte zum Tragen, die für die Entscheidung der Beschäftigten, sich zu bewerben, berücksichtigt werden sollten. Wissenschaftliche Studien zeigen, dass die Hemmnisse, ein Studium aufzunehmen, für Beschäftigte mit beruflicher Bildung in der

Regel hoch sind, auch dann, wenn die Beschäftigten eine hohe Studienmotivation besitzen. Vor diesem Hintergrund besteht die Aufgabe der Beratung darin, vorhandene Hemmnisse zu ergründen und individuell zu erörtern. Insgesamt ist damit zu rechnen, dass eine große Unsicherheit von Beschäftigten gegenüber den Institutionen der tertiären Bildung besteht. Sie hat berufliche, aber auch lebensweltliche und kulturell-habituelle Ursachen, die für Berufstätige als »non-traditional students« typisch sind (Teichler/Wolter 2004). Lebensalter, familiäre, finanzielle oder soziale Verpflichtungen, aber auch eine milieu-bedingte Hochschulferne und mangelnde tertiäre Lernerfahrung schaffen Distanz, die oftmals durch erschwerte Orientierungsmöglichkeit in einem komplizierten Hochschulsystem weiter vergrößert wird (vgl. Schulte 2015, S. 21).

Am besten lässt sich das Anforderungsspektrum skizzieren, wenn man die Beratungsaufgabe in vier Phasen untergliedert. Die *erste Phase* dient der Information und Orientierung der Beschäftigten. Dazu gehört auch, Programm, Inhalte, Programmzugang sowie Rechte und Pflichten zu erläutern und entsprechendes Informationsmaterial zur Verfügung zu stellen. In diese Beratungsphase gehört weiterhin die Erörterung des Berufs- und Lebensumfelds, aber auch die Prüfung der formalen Eignung, der Studier-/Ausbildungsfähigkeit, die Prüfung des Hochschulzugangs mit/ohne Abitur; schließlich die individuelle Grundsatzentscheidung einschließlich der Auswahl des Studienfachs, der Bewerbungsprozess um die Programmteilnahme und das Auswahlverfahren.

Die *zweite Phase* beginnt mit der Zusage zur Programmteilnahme. Im Zentrum steht die Immatrikulation und die damit verbundenen technischen Fragen einschließlich der Anerkennung von Studienleistungen. In diese Beratungsphase gehören auch die »Verweisungsberatung« (Schulte 2015) zu anderen Expert:innen, insbesondere Akteuren der kooperierenden Hochschulen, die in der Regel ein eigenes Beratungsangebot für nicht-traditionell Studierende vorhalten, sowie die Beratungsangebote der jeweiligen Fachbereiche (Kamm 2015).

Phase drei beginnt nach der Immatrikulation mit Beginn des Studiums. Aufgabe der AQFa ist es, die Beschäftigten während des Studiums zu begleiten, etwa in Form eines Mentoring-Programms. Als sinnvoll haben sich zielgruppenspezifische, alters- und habitussensible Unterstützungsangebote erwiesen, die auf milieuspezifische und lernkulturelle Unterschiede abstellen (vgl. Emmerich/Schmidt 2014). Zweckmäßig sind ferner ein Beratungsangebot für Studienzweifler:innen sowie klare betriebliche Regeln für den Studienabbruch.

Die *vierte und letzte Phase* fängt mit dem erfolgreichen Studienabschluss an. Sie beinhaltet die Eingliederung der nun hochqualifizierten Fachkraft auf offene Stellen, die dem neuen Berufsabschluss entsprechen. Diese Aufgabe entspricht der klassischen Beratungs- und Vermittlungsaufgabe der PVA, die dort ihr volles Instrumentarium in Anschlag bringen kann.

7. Zielgruppen des Programms und ihre Motivation

Das Programm für tertiäre Bildung lässt sich grundsätzlich für zwei verschiedene Ziel- bzw. Beschäftigtengruppen konzipieren, die sich je nach betrieblicher Situation auch miteinander kombinieren lassen. Die erste Zielgruppe sind beruflich qualifizierte Beschäftigte, die vom Verlust ihrer Stelle bedroht sind, die zur Teilnahme geeignet sind und aus Gründen der Beschäftigungssicherheit im internen Arbeitsmarkt gehalten werden sollen. Diese Zielgruppe entspricht der traditionellen Zielgruppe einer Personalvermittlungsabteilung. Mit Bezug auf diese Zielgruppe bildet das Qualifizierungsprogramm eine direkte Brücke zwischen Beschäftigungs- und Fachkräftesicherung im internen Arbeitsmarkt.

Das Angebot (oder Teile davon) kann sich zweitens auch an *alle* beruflich qualifizierten Beschäftigten eines Unternehmens richten, die einen Wunsch nach beruflicher Weiterentwicklung haben und die notwendige Eignung besitzen. Ein solches Programm erhöht die funktionale Flexibilität des internen Arbeitsmarkts, es eröffnet neue Karriereperspektiven und trägt zur Mitarbeiter:innenbindung und Fachkräftesicherung bei. Der Beitrag zur Beschäftigungssicherung erfolgt indirekt: Das Programm schafft Raum für »Ringtauscheffekte«, da Arbeitsplätze im Bereich der Facharbeit durch die Programmteilnahme vakant werden.[3]

Für die Wirksamkeit des Qualifizierungsprogramms ist die Akzeptanz der Beschäftigten und ihre Motivation, eine Fachschulausbildung oder ein Studium zu beginnen, entscheidend. Studien über beruflich qualifizierte Studierende stimmen optimistisch, sie zeigen, dass das Interesse dieser Zielgruppe wächst; die Studiengestaltung sollte sich allerdings auf eine heterogene Zielgruppe einstellen (Lewin 2015; Nickel et al. 2018; Buchholz et al. 2012). Lewin (2015) kommt im Rahmen einer quantitativen Studie über die Motivation dieser Studierenden zum Ergebnis, dass beruflich-arbeitsmarktliche Aspekte klar im Zentrum des Studieninteresses stehen. Studieninteressierte aus dem Segment der Facharbeit streben einerseits eine Verbesserung der beruflichen Situation und Erweiterung von Aufstiegs- und Karrieremöglichkeiten an; andererseits verbinden sie mit dem tertiären Abschluss die Erwartungen an eine höhere Beschäftigungssicherheit, an Statuswahrung und Vermeidung von beruflichen Abstiegen (Lewin 2015: 38ff.; vgl. Nickel et al. 2018). Ein weiteres wichtiges Studienmotiv ist der Wunsch nach

---

3   Darüber hinaus kann ein solches Programm grundsätzlich auch für Beschäftigte konzeptioniert werden, die von Entlassung betroffen sind und die das Unternehmen z. B. auf Grundlage eines Transfersozialplans im Rahmen einer Transfergesellschaft verlassen. Auch hier würde ein entsprechend gestaltetes Programm den Beschäftigten die beruflichen Chancen auf dem Arbeitsmarkt signifikant verbessern; es kann zudem einen Beitrag zur Bewältigung des allgemeinen Fachkräftemangels auf dem externen Arbeitsmarkt leisten.

individueller Entwicklung der Persönlichkeit durch eine erweiterte Allgemeinbildung. Insgesamt unterscheidet Lewin (2015) vier Motivationstypen: Typ (1) beschreibt relativ junge Beschäftigte, die in hohem Maße intrinsisch für ein Studium motiviert sind. Hintergrund dieser Motivation ist oftmals eine berufliche Unterforderung, die sich bereits während der Ausbildung oder nach kurzer Berufserfahrung eingestellt hat, verbunden mit einem hohen Interesse am fokussierten Studienfach und einer beruflichen Neu- und Aufstiegsorientierung. Die Beschäftigten haben keine familiären Verpflichtungen, stammen in der Regel aus Nichtakademikerelternhäusern und sind relativ weit vom formalen Zugang zu einer Hochschule entfernt.

Typ (2) umfasst berufserfahrene Beschäftigte, die die eigene Leistungsfähigkeit hoch bewerten, bei denen oftmals eine direkte Hochschulzugangsberechtigung vorliegt und die den Wunsch äußern, die berufliche Anschluss- und Aufstiegsfähigkeit zu erhalten.

Auch Typ (3) beschreibt berufserfahrene Beschäftigte, die in einem dynamischen Arbeitsmarkt die berufliche Anschlussfähigkeit nicht verlieren wollen, aber im Unterschied zu (2) oftmals nicht über einen direkten Hochschulzugang verfügen.

Typ (4) beinhaltet Beschäftigte, die eher extrinsisch an einem Studienabschluss motiviert sind. Beschäftigte dieses Typus' streben einen akademischen Bildungsgrad und den damit verbundenen sozialen Statusgewinn an und sind gleichfalls an sozialen und beruflichen Aufstiegsmöglichen interessiert.

Die Typisierung der Beschäftigten nach beruflicher Erfahrung, Motivation und formalen Voraussetzung für ein Studienprogramm sind wichtiges Hintergrundwissen für die Erstberatung der betrieblichen Agenturen für Fachkräftesicherung und Qualifizierung im Rahmen des hier konzipierten Programms. Sie zeigen darüber hinaus, dass mit gewissem Optimismus auf die Akzeptanz, Motivation und Eignung beruflich qualifizierter Beschäftigter für ein solches Programm geschaut werden kann.

8.   Fazit und Ausblick

Mit dem hier konturierten betrieblichen Programm für tertiäre Bildung ist der Wunsch verknüpft, die Debatte um wirksame Instrumente der Beschäftigungssicherung zu beleben und um Aspekte der Fachkräftesicherung zu bereichern. Der Beitrag hat versucht, die lange Tradition und die betrieblichen Erfahrungen der Beschäftigungssicherung mit der aktuellen Transformation zu verbinden, um daraus hinreichend Anhaltspunkte und Orientierung für Implementation von betrieblichen Qualifizierungsprogrammen zu gewinnen.

Das vorgeschlagene Konzept zielt auf die Fortbildung von qualifizierten Beschäftigten aus internen Arbeitsmärkten in die Hochschul- und universitäre Bildung. Dieser Vorschlag berührt das teilweise verminte Terrain, auf dem das Verhältnis von Berufsfachlichkeit und Akademisierung und ihre Normativität für das deutsche Erwerbssystem diskutiert wird.

Es spricht vieles für den vordergründig paradoxen Effekt, dass die betriebliche Förderung von tertiärer Bildung letztlich zu einer Stärkung der beruflichen Erstausbildung beitragen wird. Das hier vorgeschlagene Konzept wirkt positiv auf die Durchlässigkeit von Bildungswegen und wirkt damit der Konkurrenz zwischen beruflicher und akademischer Bildung entgegen. Die höhere Durchlässigkeit kann beispielweise Schulabgänger:innen die Entscheidung zur beruflichen Erstausbildung erleichtern, weil die Chance auf die akademische Bildung und die damit verbundenen Karrierepfade gewahrt bleiben. Das Programm bildet auch eine komplementäre Ergänzung zum dualen Studium sowie zur klassischen beruflichen Aufstiegsfortbildung etwa zum Meister oder Techniker. Beschäftigten und dem betrieblichen Personalmanagement eröffnet es schließlich neue Aufstiegsmöglichkeiten angesichts des Bedeutungsverlusts von klassischen Karrierepfaden im berufsfachlichen Segment (Elsholz et al. 2018). Und nicht zuletzt bietet das Konzept die Chance, dass sich in internen Arbeitsmärkten ein neuer Typus der/des beruflich ausgebildeten und erfahrenen, hochqualifizierten Wissensarbeiter:in etabliert.

9. Literatur

Bosch, G. (1990): Qualifizieren statt entlassen. Beschäftigungspläne in der Praxis. Opladen: Westdt. Verl. (Sozialverträgliche Technikgestaltung, 9).

Buchholz, A./Heidbreder, B./Jochheim, L./Wannöffel, M. (2012): Hochschulzugang für Berufstätige: Exemplarisch analysiert am Beispiel der Ruhr-Universität Bochum. Düsseldorf (Arbeitspapier der Hans-Böckler-Stiftung, 188).

Deutscher Gewerkschaftsbund (2017): Position des DGB zum dualen Studium. Berlin.

Dineen, B. R./Ling, J./Soltis, S. M. (2011): Manager responses to internal transfer attempts: Managerial orientation, social capital, and perceived benefits as predictors of assisting, hindering, or refraining. In: Organizational Psychology Review 1 (4), S. 293–315.

Elsholz, U./Jaich, R./Neu, A. (2018): Folgen der Akademisierung der Arbeitswelt. Wechselwirkungen von Arbeits- und Betriebsorganisation, betrieblichen Qualifizierungsstrategien und Veränderungen im Bildungssystem. Düsseldorf (Study der Hans-Böckler-Stiftung, 401).

Emmerich, J./Schmidt, M. (2014): Die Beratung von Studierenden im Projekt »MyStudy«: Habitussensibilität als professionelles Kernwissen. In: Sander, T. (Hrsg.): Habitussensibilität – Eine neue Anforderung an professionelles Handeln? Wiesbaden, Springer, S. 303–317.

Esser, F. H. (2011): Fachkräftesicherung ist originäre Aufgabe der Berufsbildung. In: BWP – Berufsbildung in Wissenschaft und Praxis, 40/3. S. 3.

Filipiak, K. (2016): Befähigung durch Beratung. Begleitende Bewältigung beruflicher Umbruchsituationen. Friedrich-Ebert-Stiftung – Abteilung Wirtschafts- und Sozialpolitik (Gute Gesellschaft – Soziale Demokratie #2017plus).

Finkemeier, J. (2003): Welche Potenziale haben interne Arbeitsmärkte? In: Die Mitbestimmung 2003 (12), S. 60–63.

Freimuth, J. (1994): Inplacement. Ein Beitrag zu einer antizyklischen Strategie in betrieblichen Beschäftigungskrisen. In: Zeitschrift für Personalforschung, S. 75–88.

Giertz, J.-P./Mühge, G. (2019): Qualifikationen und Anforderungen richtig matchen. HR kann sich auf internen Arbeitsmärkten als Transformationsgestalter beweisen. In: Personalführung (3), S. 19–25.

Giertz, J.-P./Stracke, S. (2019): Strategische Personalplanung. Praxiswissen Betriebsvereinbarungen. Düsseldorf (Study der Hans-Böckler-Stiftung, 433).

Herrwig, I. (2001): Personalentwicklung und interner Arbeitsmarkt. In: Bertelsmann-Stiftung, Faulth-Herkner & Partner und Walter A. Oechsler (Hrsg.): Leitfaden Systematische Beschäftigungs-Management. Hilfestellung für ein modernes Personalmanagement. Gütersloh: Verlag Bertelsmann Stiftung, S. 324–252.

Hüning, H./Stodt, U. (1999): Regulierte Desintegration. Aspekte des internen Arbeitsmarkts bei der Deutschen Bahn AG. In: Nickel, H.M./Völker, S./ Hüning, H. (Hrsg.): Transformation – Unternehmensorganisation – Geschlechterforschung. Opladen: Leske + Budrich (Geschlecht und Gesellschaft, 22), S. 175–203.

Kamm, C. (2015): Informations- und Beratungsangebote für nicht-traditionelle Studierende aus der Perspektive der Zielgruppe. In: Balke, J. et al. (Hrsg.): Gestaltung von Zu- und Übergängen zu Angeboten der Hochschulweiterbildung. (Handreichung der wissenschaftlichen Begleitung des Bund-Länder-Wettbewerbs »Aufstieg durch Bildung: offene Hochschulen«, 4), S. 35–41.

Kirsch, J./Mühge, G. (2010): Die Organisation der Arbeitsvermittlung auf internen Arbeitsmärkten. Modelle – Praxis – Gestaltungsempfehlungen. Düsseldorf (edition Hans-Böckler-Stiftung, 256).

Lewin, D. (2015): Beruflich Qualifizierte für ein berufsbegleitendes Studium motivieren, beraten und unterstützen. OHO-Arbeitsbericht 13. München (Schriftenreihe Hochschulen im Wandel).

Mühge, G. (2018): Mikropolitik in der Personalvermittlung im internen Arbeits-markt. München und Mering: Hampp (Arbeitsmarkt und betriebliche Perso-nalpolitik, 2).

Mühge, G. (2017): Qualifizierung und Teilqualifizierung in Transfergesellschaf-ten. Düsseldorf (Study der Hans-Böckler-Stiftung, 371).

Mühge, G./Kirsch, J. (2012): Wirksamkeit der Arbeitsvermittlung auf internen Arbeitsmärkten in Deutschland. München, Mering: Hampp.

Nickel, S./Püttmann, V./Schulz, N. (2018): Trends im Berufsbegleitenden und dualen Studium. Vergleichende Analysen zur Lernsituation von Studierenden und Studiengangsgestaltung. Düsseldorf (Study der Hans-Böckler-Stiftung, 396).

Niewerth, C./Mühge, G. (2012): Abteilungen zur internen Personalvermittlung. Effektive Beschäftigungssicherung und Herausforderung für das Personalma-nagement. Institut Arbeit und Qualifikation. Duisburg (IAQ-Report, 2012–02).

Schulte, B. (2015): Beratung beruflich Qualifizierter an der Hochschule Han-nover. In: Balke, J. et al. (Hrsg.): Gestaltung von Zu- und Übergängen zu An-geboten der Hochschulweiterbildung. (Handreichung der wissenschaftlichen Begleitung des Bund-Länder-Wettbewerbs »Aufstieg durch Bildung: offene Hochschulen«, 4), S. 21–27.

Teichler, U./Wolter, A. (2004): Zugangswege und Studienangebote für nicht-tra-ditionelle Studierende. In: Die Hochschule: Journal für Wissenschaft und Bil-dung, 13 (2), S. 64–80.

Wagner, D. (1992): Personalabbau. In: Wagner, D./Zander, E./Hauke, C. (Hrsg.): Handbuch der Personalleitung. Funktionen und Konzeptionen der Perso-nalarbeit im Unternehmen. München: Beck, S. 615–638.

Wagner, D./Rinninsland, G. (1990): Sozialplan vs. Beschäftigungsplan und inter-ner Arbeitsmarkt. In: Zeitschrift für Personalforschung 4 (2), S. 133–145.

Eva Maria Spindler

Die Roadmap Digitale Transformation von Volkswagen

1. Einführung

Die Automobilindustrie befindet sich in dem umfassendsten Branchenwandel seit ihrem Bestehen. Wesentliche Treiber dieser Veränderung sind einerseits neue Möglichkeiten, die Mobilität durch Elektrifizierung und Dekarbonisierung umweltfreundlicher zu gestalten, andererseits die sich veränderten Wünsche, Bedürfnisse und Erwartungshaltungen hinsichtlich der persönlichen Mobilität, denen durch vernetzte Systeme und (teil)autonomes Fahren begegnet werden kann. Dabei werden nicht nur grundlegende Antriebsmodelle von Autos und Nutzfahrzeugen hinterfragt, sondern auch die digitalen Assistenzsysteme entwickeln sich zu einem immer wichtigeren Bestandteil der Ausstattung von Fahrzeugen.

Die Volkswagen AG, als größter Automobilhersteller der Welt, steht ebenfalls vor der Herausforderung, diesen Wandel konstruktiv und zukunftssichernd zu gestalten, und entwickelt kontinuierlich innovative und kreative Antworten auf die Fragen der Branche. Dass der Konzern in der Lage ist, insbesondere mit Blick auf seine soziale Verantwortung, Branchenstandards zu setzen, zeigt die Gesamtbetriebsvereinbarung »*Roadmap Digitale Transformation*«, die zwischen Gesamtbetriebsrat und Unternehmensvertretung im Jahr 2019 verhandelt wurde. Diese regelt Beschäftigungssicherung, Investitionsziele und eröffnet der Belegschaft umfassende Qualifizierungsmöglichkeiten (vgl. Volkswagen AG 2019).

Die verankerten kreativen Lösungswege dieser Zukunftsvereinbarung finden dabei Antworten, die über die Konzerngrenzen hinausgehen, und auch im Rahmen der Tarifverhandlungen Anerkennung finden und Inspiration bieten (vgl. Opel 2020).

Dieser Beitrag skizziert den Entstehungskontext dieser Roadmap ebenso wie die wesentlichen darin enthaltenen Lösungsansätze. Die Diskussion über langfristige Zielsetzungen und Strategien erlaubt zugleich einen reflexiven Ausblick auf Herausforderungen der betrieblichen Mitbestimmung, die es noch zu lösen gilt.

2. Dieselgate und die weitreichenden Folgen für den Konzern

Das Jahr 2014 hielt für die Volkswagen AG erstmalig über zehn Millionen verkaufte Fahrzeuge bereit, und das Ziel, größtes Automobilunternehmen der Welt zu werden, war zum Greifen nahe. Doch so groß die Freude im Jahr 2015 über die Erreichung des Siegertreppchens für die meistverkauften Fahrzeuge weltweit war, so tief saß der Schock über die Veröffentlichungen der Dieselgate-Affäre im September 2015. Für die Volkswagen AG war mit diesem Moment der Beginn einer neuen Ära eingeläutet, denn mit dem Beginn der Dieselkrise wurden zugleich radikale tiefgreifende und organisationale Veränderungen erforderlich: Politische Regulierungen setzten auf E-Mobilität und Dekarbonisierung als Antwort auf den Skandal. Darüber hinaus ist eine stärkere Digitalisierung erforderlich – sowohl der Fahrzeuge als auch der konzerneigenen Prozesse –, um wettbewerbsfähig zu bleiben und Effizienzen zu heben. Beides resultiert in einer Veränderung des bisherigen Kerngeschäfts und verlangt nach umfassenden Investitionen, die wiederum nur durch Produktivitäts- und Effizienzsteigerungen erreicht werden können (siehe Abbildung 1).

Neben den skizzierten, primär externen Anforderungshaltungen und Spannungsfeldern sorgten zugleich vielfältige interne Umbrüche für Veränderungsbedarfe im Unternehmen. Dazu gehörten u. a. (Pettigrew 1987, 1990):

- Kontextuell: Das Vertrauen der Belegschaft in das Unternehmen wurde durch umfassende Kulturmaßnahmen wiederaufgebaut.
- Prozessual: Insbesondere das Monitorship veränderte vorhandene Prozesse grundlegend und setzte viele neue Prozesse ein, um integres Verhalten strukturell im Konzern zu verankern.
- Inhaltlich: Der Umschwung zur E-Mobilität und die Umsetzung der Produkt-, aber auch Prozessdigitalisierung im Konzern gleichen einer umfassenden Qualifizierungsinitiative.

Abbildung 1: Externe Anforderungshaltungen an die Roadmap Digitale Transformation

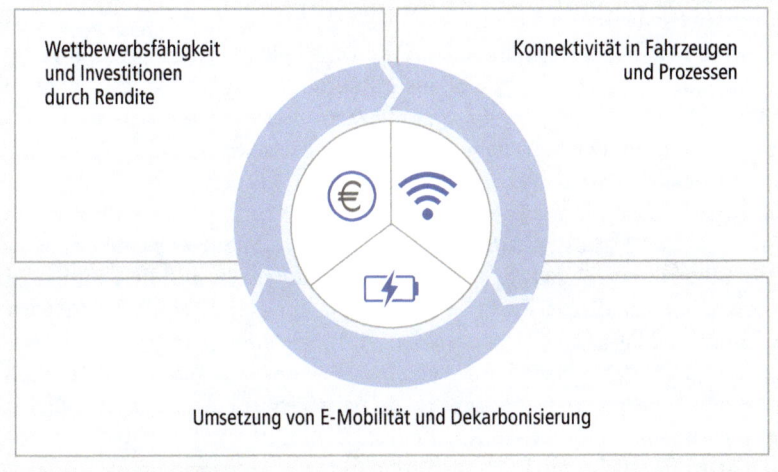

Wettbewerbsfähigkeit und Investitionen durch Rendite

Konnektivität in Fahrzeugen und Prozessen

Umsetzung von E-Mobilität und Dekarbonisierung

Quelle: Eigene Darstellung

In dieser Gemengelage wurde die stabilisierende Wirkung der betrieblichen Mitbestimmung deutlich, die sich immer wieder als wertvoller, strategischer und gestaltender Akteur im Konzern unter Beweis stellen konnte. Im aktuellen Kontext der E-Mobilität wurde bereits im Jahr 2010 durch den Gesamt- und Konzernbetriebsratsvorsitzenden Bernd Osterloh die Forderung nach dem Bau einer eigenen Batteriefabrik laut (vgl. auto motor sport 2010), einerseits um zukunftsträchtige Arbeitsplätze zu schaffen, andererseits um den Batteriebedarf des Konzerns bei einer möglichen Elektrifizierung abzusichern (vgl. Zeit online 2016; Germis 2016).

Neben zukunftsgerichteten Forderungen zeigte der Betriebsrat auch durch konkrete Handlungen seine strategischen Kompetenzen. So konnte der Betriebsrat im Jahr 2014 personelle Abbauziele der Volkswagen AG vermeiden, indem er Effizienzmaßnahmen sammelte, die durch die Belegschaft binnen zwei Monaten erarbeitet wurden, und an den Vorstand übergab. Dieser etwa 500 Seiten umfassende sogenannte Belegschaftsordner thematisierte insbesondere folgende Handlungsfelder:

- Die Reduktion von Komplexität und Variantenvielfalt entlang der Produkte und Produktentwicklung.
- Die Optimierung von Produktionsabläufen durch die Reduktion von Anlagenmängeln, Systemschulungen oder die Verbesserung von Logistikprozessen.

- Anpassung von Unternehmensstrukturen, die entweder zu Entscheidungsstaus, zu späten Entscheidungen oder langwierigen Prozessen beitrugen. Darüber hinaus wurden auch Beispiele gesammelt, die zeigen, wo eine Lernkultur verhindert wurde.

Die in diesem Kontext gesammelten Erfahrungen kamen dem Gremium zugute, als im Jahr 2016 schließlich eine erste Zukunftsvereinbarung im Zeichen der Krise verhandelt wurde, der sogenannte Zukunftspakt. Dieser Zukunftspakt ist in der ökonomischen Schieflage der Marke Volkswagen im Jahr 2015 verankert: Im Vergleich zu vergangenen Planungsrunden wurden die angestrebten Absatzziele deutlich verfehlt, was sich auch in einem geringen operativen Ergebnis und zu hohen Fixkosten widerspiegelte. Antwort darauf war eine umfassende Gesamtbetriebsvereinbarung, welche Wirtschaftlichkeit und Beschäftigungssicherung explizit als gleichwertige Ziele festhielt. Unter dieser Prämisse wurden so konkrete Maßnahmen, Stückzahlen und Investitionszusagen für die einzelnen Standorte der Marke Volkswagen festgehalten. Zugleich wurden zahlreiche personelle Maßnahmen vereinbart, wie beispielsweise umfassende Qualifizierungsmaßnahmen für je Bereich definierte Zukunftsberufe oder die Vermeidung von Arbeitsverdichtung durch die Einhaltung der Prozessschritte des Volkswagen-Wegs. Darüber hinaus wurden Instrumente wie z. B. Altersteilzeit geregelt, um den Personalabbau möglichst sozialverträglich zu gestalten.

Exkurs: Der Volkswagen Weg

Bei dem sog. Volkswagen-Weg handelt es sich um eine Rahmenvereinbarung, die seit dem Jahr 2006 insgesamt vier Gesamtbetriebsvereinbarungen der Marke Volkswagen sinnvoll bündelt. Die Umsetzung des Volkswagen-Wegs erfolgt in dezentralen Gremien die sowohl durch Betriebsrats- als auch Unternehmensverterter:innen besetzt sind. Ein zentrales Gremium auf Markenebene dient ggf. als Eskalationsforum.

Das Regelungspaket zielt zum einen auf eine kontinuierliche Verbesserung und Weiterentwicklung von Arbeitsabläufen und Organisationsstrukturen ab, um diese möglichst effizient und nachhaltig zu gestalten. Zum anderen fokussiert es auf die Absicherung dezentraler Mitbestimmungsrechte. So sehen die Instrumente des Volkswagen-Wegs beispielsweise vor, dass ein Stellenabbau nur in dem dezentralen Bereichs-Gremium entschieden werden kann. Dabei müssen die vor Ort beteiligten und betroffenen Beschäftigten in diese Entscheidung eingebunden werden, um eine Arbeitsverdichtung zu vermeiden. Zugleich sind Beschäftigte, bei einem Stellenabbau vor Arbeitsplatz- oder Entgeltverlusten geschützt.

Zwei Jahre nach Inkrafttreten des Zukunftspakts wurde im Oktober 2018 deutlich, dass den Herausforderungen der Digitalen Transformation und Elektrifizierung mit noch mehr finanzieller Durchschlagskraft begegnet werden muss, um den erforderlichen organisationalen Umschwung rechtzeitig zu meistern. Der Bedarf einer weiteren Zukunftsvereinbarung, diese sollte schließlich die Roadmap Digitale Transformation sein, zeichnete sich ab.

3. Roadmap Digitale Transformation

Im Oktober 2018 eröffnete die Unternehmensvertretung der betrieblichen Mitbestimmung, dass ein Ergebnisverbesserungsprogramm (EVP) in Planung sei, dass Effizienzen heben, Produktivität steigern und rund 7000 Arbeitsplätze abbauen sollte (siehe Abbildung 2). Dieser erste Auftakt sorgte auf Seiten der Arbeitnehmervertretung für Unmut und wurde in der vorhandenen Fassung abgelehnt. Begleitende Diskussionen in der medialen Öffentlichkeit erschwerten dabei eine konstruktive Verhandlungsführung.

Abbildung 2: Aushandlungsprozess der Roadmap Digitale Transformation im Zeitverlauf

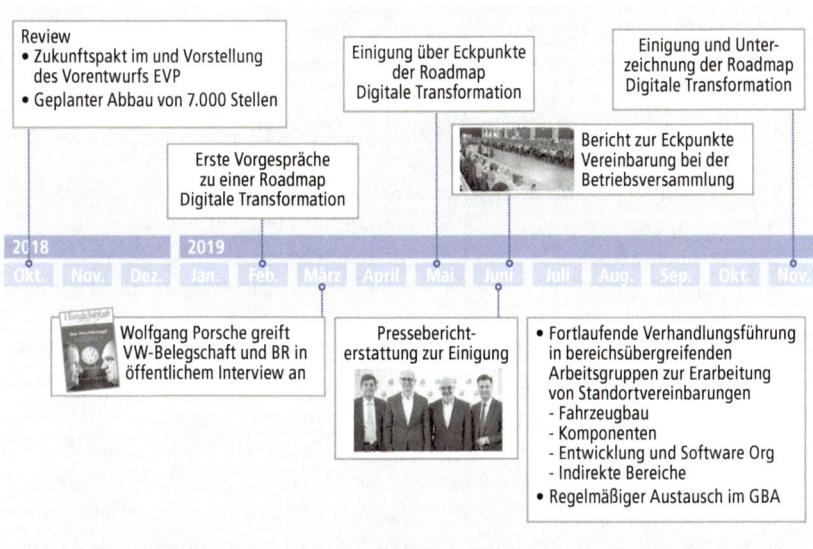

Quelle: eigene Darstellung; Bildquellen: Volkswagen AG; Murphy/Menzel, 2019

Aus dem Initialvorschlag entstand so ein umfassender Aushandlungsprozess. Dabei wurde in einem ersten Schritt eine Eckpunktevereinbarung zur Roadmap Digitale Transformation erarbeitet, die im Mai 2019 unterzeichnet wurde. Diese Eckpunktevereinbarung diente sodann als Grundlage für die weiteren Verhandlungen, in denen explizite Vereinbarungen für die einzelnen Standorte der Marke Volkswagen getroffen wurden, die jedoch auch die bereichsübergreifenden Bedürfnisse in der Verwaltung, dem Fahrzeugbau sowie den Komponentenstandorten der Marke Volkswagen berücksichtigten.

Ähnlich wie bei der Verhandlung des Zukunftspakts wurde auch bei der Roadmap Digitale Transformation großer Wert darauf gelegt, Wirtschaftlichkeit und Beschäftigungssicherung als gleichberechtigte Elemente zu berücksichtigen. Demnach balancieren sowohl die Eckpunktevereinbarung als auch die finale Gesamttextierung der Roadmap Digitale Transformation Zukunftsinvestitionen, Beschäftigungssicherung und Einsparpotenziale. Die wesentlichen Inhalte der Eckpunktevereinbarung sind dabei:

- Ausschluss betriebsbedingter Kündigungen und Vereinbarung der Beschäftigungssicherung für die Volkswagen AG und die Volkswagen Sachsen GmbH bis 2029
- Investitionen von über vier Milliarden Euro in Projekte zur Prozessdigitalisierung in den Verwaltungs- und Produktionsbereichen des Volkswagen Konzerns
- Personalabbau in den Verwaltungsbereichen um bis zu 4000 Stellen mithilfe sozialverträglicher Maßnahmen, wie z. B. Altersteilzeit (ATZ), Flexibilisierung des Personaleinsatzes, Versetzungen mithilfe des internen Arbeitsmarktes, Qualifizierungsinitiativen und Outplacement-Angeboten auf Managementebene
- Aufbau von 2000 Digitalisierungs-Arbeitsplätzen in allen Unternehmensbereichen
- Schaffung agilerer hierarchischer Strukturen durch eine Reduzierung der Führungsspanne, Stärkung agiler Arbeitsformen und Infrastruktur durch die Gestaltung von Pilotbereichen und agilen Flächen
- Produktivitätssteigerungen in den produzierenden Bereichen, die u. a. durch eine Reduzierung der Fremdvergaben an Dritte erreicht werden sollen
- Aufstockung des Qualifizierungsbudgets auf insgesamt 160 Millionen Euro, um personelle Transformationsbedarfe zu begleiten, Überarbeitung der Qualifizierungsangebote und Erweiterung digitaler Lernangebote
- Absicherung vorhandener Ausbildungsplätze inkl. der Stärkung dualer Ausbildungsmodelle, Realisierung innovativer Projektwerkstätten an sechs Standorten zur Förderung von Zukunftsberufen, grundlegende Überarbeitung der Berufsausbildung zur zeitgemäßen Adaption an Unternehmensbedarfe

Entlang der Eckpunktevereinbarung, aber auch der Gesamttextierung manifestiert sich das Zusammenspiel zwischen den Gegenpolen Wirtschaftlichkeit und

Beschäftigungssicherung (siehe Abbildung 3). Insbesondere die Vereinbarung der Beschäftigungssicherung bis zum Jahr 2029 fordert Unternehmen und betriebliche Mitbestimmung heraus, kreative Herangehensweisen und Kompromisslösungen – wie exemplarisch den Ausschluss der Fremdvergabe oder die Flexibilisierung des Personaleinsatzes – zu entwickeln, die für beide Seiten tragbar sind und den langfristigen ökonomischen Erfolg des Unternehmens absichern. Die erfolgreiche Implementierung umfassender Digitalisierungsprojekte in den Verwaltungsbereichen nimmt dabei eine essenzielle Rolle ein, denn sie sollen Prozesse effizienter gestalten. Damit soll einer Arbeitsverdichtung entgegengewirkt und zugleich eine sozialverträgliche Reduktion von Arbeitsplätzen ermöglicht werden. Dabei ist die partizipative Teilhabe der betroffenen Belegschaft zentral, um Mitarbeiter:innen entweder zu schulen, die neue Systemlandschaft anzuwenden, oder aber eine persönliche Weiterentwicklung und neue berufliche Perspektiven in anderen Unternehmensbereichen zu ermöglichen.

Abbildung 3: Wirtschaftlichkeit und Beschäftigungssicherung als gleichwertige Ziele der Roadmap Digitale Transformation

Wirtschaftlichkeit	Investitionen und Beschäftigungssicherung
Agilität und Digitalisierungsprojekte • Flachere Hierarchien • Verstärkte Nutzung von Bots und KI zur Entlastung bei Routinetätigkeiten • Umfassende Prozessdigitalisierung und Einsatz cloudbasierter Anwendungen (z. B. SAP S4/HANA)	**Investitionen** • Investition von über 4 Milliarden Euro in Digitalisierungsprojekte • Ausbildungsfläche für Agiles Arbeiten • Investition in Ausbildungsflächen und Zukunftsfähigkeit der Ausbildung
Arbeitsplätze • Abbau von bis zu 4.000 Stellen in Verwaltungsbereichen • Flexibilisierung des Personaleinsatzes über Standorte hinweg	**Arbeitsplätze** • Beschäftigungssicherung bis 2029 • Aufbau von bis zu 2.000 Digitalisierungsarbeitsplätzen • Sozialverträgliche Maßnahmen zum Abbau von Arbeitsplätzen (z.B. ATZ)
Produktivitätsziele • Verzicht auf Fremdvergabe zur Steigerung der Produktivität • Altersteilzeit Entnahme nur bei Erreichung der Produktivitätsziele	**Qualifizierung** • Aufstockung des Qualifizierungsbudgets um 60 Millionen Euro • Absicherung von 1.400 Ausbildungsplätzen inklusive dual Studierender und Teilnehmenden der Fakultät 73! • Projekte für Berufsgruppen, z. B. Sekretariate der Zukunft

Quelle: eigene Darstellung nach Spindler 2020

Das große mediale Interesse, aber auch die Diskussionen im gewerkschaftlichen Kontext rund um diese Vereinbarungen, verdeutlichen deren Tragweite. Gerade unter den aktuellen Corona-Bedingungen stellt diese Vereinbarung ein solides Fundament, um Einsparungen sozialverträglich und verantwortungsvoll zu realisieren.

4. Längerfristige Zielsetzung und Strategie

Obgleich die Vielzahl an Veränderungen in und um die Volkswagen AG einerseits die Lernfähigkeit des Unternehmens – und damit auch seine Zukunftsfähigkeit – steigert, steht zugleich die Gefahr im Raum, dass die Belegschaft durch die Vielzahl an Veränderungsinitiativen verunsichert wird und sich eine Veränderungsmüdigkeit breitmacht (vgl. Maak/Ulrich 2007: 317; von der Reith/Wimmer 2014: 144). Dabei ist gerade gegenwärtig erforderlich, dass Unternehmensvertretung, Belegschaft und betriebliche Mitbestimmung möglichst proaktiv und weltgewandt auf dieses volatile Umfeld reagieren, um möglichst vielen Herausforderungen gestalterisch, nicht aber reaktiv begegnen zu können.

Als nivellierendes Element zielt die Roadmap Digitale Transformation darauf ab, die Umbrüche der Automobilindustrie hin zu Elektromobilität, Dekarbonisierung und Digitalisierung verantwortungsvoll zu begleiten und Sicherheit für die Belegschaft zu schaffen. Dennoch zeigen gegenwärtige Entwicklungen zugleich, wie fragil das Konstrukt der Gesamtbetriebsvereinbarungen sein kann. So sorgte die Kündigung der Betriebsvereinbarung zur Beschäftigungssicherung bei der MAN SE in den Kreisen der betrieblichen Mitbestimmung für ein hohes Maß an Unsicherheit und destabilisiert das Vertrauen in getroffene Vereinbarungen. Dies zeigt, dass die Wahrung betrieblicher Mitbestimmung und Arbeitnehmerinteressen in einem von Volatilität und Kurzlebigkeit geprägten Umfeld keine Selbstverständlichkeit sein wird und als fragiles Konstrukt zu verstehen ist.

Damit die einzigartige Sozialstruktur von Volkswagen auch zukünftigen Generationen sichere, fair bezahlte und qualifizierte Arbeitsplätze in Deutschland garantieren kann, reicht es nicht aus, die Fragen nach Qualifizierungsbedarfen, strukturellen Veränderungen und neuen Arbeitsweisen nur auf Unternehmensstrukturen und die Beschäftigten zu reduzieren. Denn um die Digitale Transformation heute und künftig im Sinne der Belegschaft zu gestalten, muss auch die betriebliche Mitbestimmung selbst Antworten auf diese Fragen finden. Gerade in solchen Betriebsrats-Kontexten die von einer qualifizierten Mitbestimmung (vgl. Baum-Ceisig/Osterloh 2011) geprägt sind, ist es essenziell, die eigene strategische, strukturelle und kulturelle Aufstellung zu reflektieren und weiterzuentwickeln. Dadurch sollten einerseits die Stärken der qualifizierten Mitbestimmung (wie z. B. der hohe Professionalisierungsgrad durch Qualifizierungen; vgl. Müller-Jentsch/Seitz 1998; Hocke 2012) gestärkt und auch in Zeiten Digitaler Transformation gefestigt werden. Schließlich wird erst dadurch ein Austausch auf Augenhöhe mit Unternehmensvertreter:innen und damit auch die Erarbeitung von Zukunftsvereinbarungen ermöglicht. Andererseits können dadurch auch Herausforderungen (wie z. B. die erschwerte Erreichbarkeit der Belegschaft im Rahmen mobiler Arbeit oder aber die Veränderung der Zielgruppen durch neue Programmierungsschwerpunkte) systematisch adressiert und nivelliert werden. Beispielsweise könnten die Chancen der Digitalisierung und die Digitale Transformation zu einer Weiterentwicklung der qualifizierten Mitbestimmung beitragen, da sie grundsätzlich ebenso dazu geeignet sind, die Partizipation weiterer Belegschaftsteile leichter zu gestalten (z. B. geringere Hürden zur Umsetzung und Auswertung von Meinungsabfragen in der Belegschaft oder auch die Entwicklung und Etablierung digitaler Dialog- und Beteiligungsformate für die Belegschaft). Die betriebliche Mitbestimmung muss somit auch für sich selbst eine tragfähige, progressive Roadmap gestalten, um sowohl strukturelle Veränderungen als auch inhaltliche Neuerungen im Unternehmen weiterhin qualifiziert begleiten zu können. Denn die gesellschaftlich verantwortungsvolle Bewältigung der umfassenden Transformation in der Automobilindustrie braucht eine starke und tragfähige Sozialpartnerschaft, die auch künftig in der Lage ist, die Dilemmata und Spannungsfelder zwischen Wirtschaftlichkeit und Beschäftigungssicherung aktiv zu adressieren und kreativ zu lösen.

5. Resümee

Die Volkswagen AG stellt sich seit Dieselgate im Jahr 2015 zahlreichen tiefgreifenden und transformativen Veränderungen in und um das Unternehmen. Wesentliche Veränderungstreiber sind dabei die Digitalisierung von Unternehmensprozessen und Fahrzeugelementen, der Umschwung von Verbrenner-Technologien zu elektrischen Antriebsformen und den damit einhergehenden Dekarbonisierungszielen sowie der Finanzierung der Investitionsbedarfe, um derartige Herausforderungen meistern zu können. Die betriebliche Mitbestimmung bei Volkswagen war dabei von Anfang an ein strategischer und gestaltender Partner, der nicht nur für soziale Aspekte Verantwortung übernommen hat, sondern auch ökonomische Unternehmensbelange berücksichtigt. Dies manifestiert sich in den Zukunftsvereinbarungen, wie dem Belegschaftsordner, dem Zukunftspakt oder aber der Roadmap Digitale Transformation.

Die tiefgreifenden Umbrüche fordern die betriebliche Mitbestimmung dabei auf mehreren Ebenen: Nicht nur müssen die Belange der Belegschaft angemessen gewahrt und berücksichtigt werden, auch die eigenen Strukturen, Qualifikationen und Arbeitsformen geraten zunehmend unter Druck. Kritische Selbstreflexion braucht es somit nicht nur für die Unternehmensvertretung und die Belegschaft, sondern auch für die betriebliche Mitbestimmung: damit Volkswagen, Volkswagen bleibt.

6. Literatur

auto motor sport (2010): VW muss Batteriefabrik bauen. *https://www.auto-motor-und-sport.de/news/beriebsrat-osterloh-vw-muss-batteriefabrik-bauen/.*

Baum-Ceisig, A./Osterloh, B. (2011): Wirtschaftsdemokratie in der Praxis. Erweiterte Mitbestimmung bei Volkswagen. In: Meine, H. (ed.): Mehr Wirtschaftsdemokratie wagen! Hamburg: 123–137.

Germis, C. (2016): VW-Betriebsratschef: Wir müssen Batterien bauen. Streit bei Volkswagen. In: FAZ.NET.

Hocke, S. (2012): Konflikte im Betriebsrat als Lernanlass. Wiesbaden.

Maak, T./Ulrich, P. (2007): Integre Unternehmensführung. Ethisches Orientierungswissen für die Wirtschaftspraxis. Stuttgart.

Müller-Jentsch, W./Seitz, B. (1998): Betriebsräte gewinnen Konturen. Ergebnisse einer Betriebsräte-Befragung im Maschinenbau. In: Industrielle Beziehungen. Zeitschrift für Arbeit, Organisation und Management, 5: 361–386.

Murphy, M./Menzel, S. (2019): Machtkampf bei VW – Ein Weltkonzern blockiert sich selbst. Stillstand statt Umbruch. In: Handelsblatt.

Opel, C. (2020): So will die IG Metall Wolfsburg die Transformation mitgestalten.

Pettigrew, A. M. (1987): Context and Action in the Transformation of the Firm. In: Journal of Management Studies, 24: 649–670.

Pettigrew, A. M. (1990): Longitudinal Field Research on Change. Theory and Practice. In: Organization Science, 1: 267–292.

Spindler, E. (2020): Wie betriebliche Mitbestimmung sozioökonomische Reflexion in Zeiten digitaler Transformation bewahren kann. In: Zeitschrift für Wirtschafts- und Unternehmensethik.

Volkswagen AG (2019): Volkswagen beschließt Roadmap Digitale Transformation für Verwaltung und Produktion. Wolfsburg.

von der Reith, F./Wimmer, R. (2014): Organisationsentwicklung und Change-Management. In: Wimmer, R./Meissner, J. O./Wolf, P. (eds.): Praktische Organisationswissenschaft: Lehrbuch für Studium und Beruf. Heidelberg: 139–166.

Zeit online (2016): VW will eigene Batteriefabrik bauen. *https://www.zeit.de/ wirtschaft/unternehmen/2016-05/elektromobilitaet-volkswagen-salzgitter- elektroautos-investition-batteriefabrik?utm_referrer=https%3A%2F%2Fwww. google.de%2Furl%3Fsa%3Dt%26rct%3Dj%26q%3D%26esrc%3Ds%26source %3Dweb%26cd%3D%26cad%3Drja%26uact%3D8%26ved%3D2ahUKEwizl- HyxeHtAhWNHOwKHZBeDXMQFjACegQIDxAC%26url%3Dhttps%253A %252F%252Fwww.zeit.de%252Fwirtschaft%252Funternehmen%252F2016- 05%252Felektromobilitaet-volkswagen-salzgitter-elektroautos-investition- batteriefabrik%26usg%3DAOvVaw0vN0B5UlEEvhEfff94C2o- (12/22/2020).*

Claudia Schubert/Anna Engfer/Svenja Laurich/Christian Vetter

Interessenausgleich und Sozialplan – ein Planspiel für Studierende zum kollektiven Arbeitsrecht

Verhandlungen sind ein zentraler Bestandteil der praktischen Tätigkeit von Jurist:innen im Arbeitsrecht. Im juristischen Studium findet sich dies jedoch kaum wieder. Der folgende Beitrag stellt ein Lehrkonzept vor, das Studierenden anhand von Interessenausgleichs- und Sozialplanverhandlungen das kollektive Arbeitsrecht und das Verhandeln als Technik vermittelt.

Das Arbeitsrecht als Sonderprivatrecht ist in seiner Entwicklung stets von den tatsächlichen Veränderungen der Rechtspraxis getragen. Aus dieser Praxis heraus haben sich aktuelle Forschungsfragen ergeben. Die rechtliche Bewertung neuer Gestaltungsformen in der Praxis ist der Ausgangspunkt für die Forschung. Arbeitsrechtswissenschaft und arbeitsrechtliche Praxis kommunizieren insoweit miteinander. Das muss auch die Lehre im juristischen Studium spiegeln.

Im Schwerpunktbereichsstudium erwerben die Studierenden in einem ausgewählten Bereich vertieftes Wissen und Fertigkeiten. Wegen des Anwendungsbezugs des Arbeitsrechts bedarf es aber nicht nur einer theoretischen Wissensvermittlung, sondern auch eines praxisorientierten Verständnisses. Eine Reihe von Fallgestaltungen erschließt sich besser durch den Praxisbezug.

Die Praxis des Arbeitsrechts ist nicht nur durch die Streitentscheidung der Gerichte, sondern vor allem durch das Verhandeln und Gestalten von Verträgen geprägt, seien es Arbeitsverträge oder Kollektivverträge (Betriebsvereinbarungen, Tarifverträge, Beteiligungsvereinbarungen). Für ein anwendungsorientiertes Lernen sind daher nicht nur Exkursionen zu Gerichten geeignet. Simulierte Verhandlungen als Veranstaltungstyp haben gerade nicht die forensische Praxis im Blick, sondern die Verhandlung und die Gestaltung von Vereinbarungen, die zu den essenziellen Arbeitsweisen der Praxis gehören.

In der Ausbildung dominiert die Rechtsverletzungsperspektive. Zudem ist das Leitbild in der universitären Ausbildung stark durch den Richterberuf geprägt, obwohl es sich um eine Ausbildung zum sogenannten Einheitsjuristen handelt, der die Befähigung zum Beruf des Richters/der Richterin, des Anwalts/der Anwältin und des Staatsanwalts/der Staatsanwältin zum Ziel hat. Insofern müssen auch die Lehrveranstaltungen diese drei Bereiche der späteren beruflichen Tätigkeit reflektieren. Gerade hieran fehlt es bisher. Die kreative oder gestaltende Tätigkeit von Jurist:innen, z. B. bei der Gestaltung von individuellen und kollektiven Verträgen, der Unternehmensorganisation oder der Gesetzgebung, hat derzeit in der Ausbildung keinen festen Platz. Dieses Defizit wird auch im Bericht der Hochschulrektorenkonferenz zur »Juristenausbildung heute – Zwischen Berlin und Bologna« kritisiert.

Das hier vorgestellte Ausbildungskonzept setzt genau an diesem Defizit an. Bei den simulierten Verhandlungen spielen die Studierenden einen konkreten Fall einer Verhandlung mit Unterstützung von Praktiker:innen nach. Der Fall ist dabei nur der Ausgangspunkt für eine eigene Ergebnissuche, wobei die Verhandlungsteams die Interessen ihrer Partei analysieren und bewerten sowie eine Ergebniserwartung und Verhandlungsstrategie entwickeln müssen.

An der Universität Hamburg haben die Studierenden die Möglichkeit, sich in simulierten Interessenausgleichs- und Sozialplanverhandlungen als Planspiel das kollektive Arbeitsrecht von seiner praktischen Seite zu erschließen. Dabei handelt es sich um ein Lehrformat, das ich seit dem Wintersemester 2016/2017 einsetze, um auf die spätere praktische Tätigkeit vorzubereiten und das Arbeitsrecht mit seinen Praxisbezügen erlebbar zu machen. Verhandlungen sind essenzieller Teil der späteren beruflichen Praxis für Anwält:innen und Justiziare. Daher sollen die Studierenden erste Erfahrungen in der Verhandlungsführung sammeln.

Die simulierten Verhandlungen verbinden das universitäre Schwerpunktbereichsstudium, die Wissensvermittlung und eigenes wissenschaftliches Arbeiten mit der Personalpraxis. Die Studierenden erwerben die notwendigen Vorkenntnisse in den Vorlesungen zum kollektiven Arbeitsrecht. In der Veranstaltung »Verhandeln, Gestalten, Entscheiden – Veranstaltung zur angewandten Arbeitsrechtswissenschaft« vertiefen sie durch die simulierten Verhandlungen als Planspiel dieses Wissen in anwendungsorientierter Form.

Die Verhandlung wird jeweils rechtlich, strategisch und kommunikationspsychologisch vorbereitet. Das eigene Verhandeln dient zudem der Aktivierung in der Lehre, die nach den bisherigen Erfahrungen eine sehr eindrückliche Stoffvermittlung bewirkt, Komplexität vermittelt und für die Beschäftigung mit dem Arbeitsrecht motiviert. Zudem wechseln nicht nur die Studierenden, sondern auch der Lehrende die Rollen: Er ist sowohl Wissensvermittler, Coach als auch Assistent.

Ein solches Planspiel lässt sich insbesondere im kollektiven Arbeitsrecht am Beispiel von Interessenausgleichs- und Sozialplanverhandlungen umsetzen. In den letzten Jahren haben die Studierenden nicht nur die Schließung des Kernkraftwerkes Biblis unter Betreuung der daran beteiligten Praktiker:innen simuliert, sondern zuletzt eine Umstrukturierung in einem internationalen Konzern mit Matrixorganisation verhandelt, bei der in erheblichem Umfang Personal abgebaut wurde.

Die Verhandlungen finden an zwei Tagen statt, wobei die gemeinsame Sitzungszeit jeweils ca. sechs bis sieben Stunden beträgt. Diese Begrenzung des Zeitrahmens dient der Abstimmung dieser Lehrveranstaltung auf das Schwerpunktbereichsstudium im Semester. Das hat zur Folge, dass der Sachverhalt und die sich daraus ergebende Aufgabenstellung begrenzt werden muss, damit in der vorgegebenen Zeit Ergebnisse erzielt werden können. Die Sachverhalte haben die Coaches regelmäßig ihrer Praxis entlehnt.

Der erste der beiden Arbeitstage dient der Verhandlungsvorbereitung. Es findet ein Training zur Verhandlungstechnik und ggf. auch zur Kommunikationspsychologie statt. Nach einer knappen theoretischen Einführung erschließen sich die Studierenden in kleinen Gruppen anhand von Planspielen Grundfragen der Verhandlungstechnik (z. B. Entwickeln von maximalen und minimalen Verhandlungszielen, kooperatives und konfrontatives Verhandeln).

Darüber hinaus werden Rechtsfragen, die für den Gegenstand der Verhandlung von Bedeutung sind, systematisch erarbeitet (z. B. Interessenausgleichs- und Sozialplanverfahren, rechtliche Grenzen für Sozialplaninhalte, parallel bestehende Beteiligungsrechte wegen einer Massenentlassung). Die Studierenden können dabei auf ihr Wissen aus den Vorlesungen zurückgreifen, so dass dieser Veranstaltungsteil vor allem der Vertiefung dient.

Ergänzend dazu verschaffen sich die Studierenden einen Überblick über die personalwirtschaftlichen Handlungsoptionen, die es im Falle einer Betriebsänderung gibt. Das schließt die kurzfristigen Maßnahmen wie Kündigungen, Versetzungen und Umschulungen ebenso ein wie langfristige Maßnahmen einer strategischen Personalplanung. Schließlich erfolgt eine Einführung in den Sachverhalt der folgenden Verhandlung und eine Übung zur Niederschrift eines Kollektivvertrages.

Am zweiten Arbeitstag finden die eigentlichen Verhandlungen statt. Die Teams verständigen sich zunächst separat unter der Betreuung des Coaches über die Verhandlungsziele und das Vorgehen. Sie treffen sich dann in mehreren Verhandlungsrunden, um sich schrittweise dem Ergebnis anzunähern. Dabei beschränken sich die Coaches auf Anregungen und Unterstützung bei den strategischen Überlegungen. Es bleibt das eigene Verhandeln der Studierenden, die aber Hinweise zu den Vor- und Nachteilen der Verhandlungsoptionen durch die Coaches erhalten. Auf diese Weise werden sie in den Stand versetzt, interessengerechte und erreichbare Verhandlungsziele zu identifizieren und zu verfolgen.

Dabei wird schnell deutlich, dass die rechtliche Beurteilung nur ein kleiner Teil dessen ist, was für die Durchführung der betrieblichen Mitbestimmung erforderlich ist. Die Studierenden erfassen durch das eigene Verhandeln die wirtschaftliche und soziale Dimension einer Betriebsänderung und der betrieblichen Mitbestimmung. Der Verhandlungstag schließt mit einer Protokollierung der Verhandlungsergebnisse und einer Feedbackrunde durch die Coaches. Die Studierenden evaluieren die Lehrveranstaltung mit standardisierten Fragebögen der Lehrevaluation der Universität.

Das simulierte Verhandeln ist unter den angewendeten Lehr- und Lernformen wegen des eigenen Handelns aktivierend und besonders eindrücklich. Es wird eine Rolle übernommen, die in ihren tatsächlichen wie rechtlichen Voraussetzungen durchdacht werden muss, um in konsensualer oder konflikthafter Verhandlung die Aufgabenstellung zu bearbeiten. Insofern arbeitet das Modell der simulierten Verhandlungen auch mit der Methode affektiven Lernens. Die Übernahme einer Rolle führt zu einer stärkeren Identifikation mit einem rechtlichen Interesse.

Simulierte Verhandlungen – Erfahrungsbericht der Coaches

Ziel der Simulation war es, die Studierenden mit der Praxis im Umgang der Sozialpartner untereinander vertraut zu machen. Sie wurden zwei Gruppen zugeordnet, nämlich der Unternehmensleitung einerseits und dem Betriebsrat anderseits. Der Gruppe »Unternehmensleitung« wurde ein erfahrener Praktiker in Funktion eines internen arbeitsrechtlichen Syndikus und der Gruppe »Betriebsrat« eine erfahrene Beraterin einer Gewerkschaft zur Seite gestellt. Deren Aufgabe war es, die durch sie zu betreuende Gruppe mit dem üblichen innerbetrieblichen Ablauf einer simulierten Verhandlung zwischen den Betriebsparteien vertraut zu machen. Vorgegeben war eine Betriebsänderung zur Verlagerung einer teilbetrieblichen Einheit aus Deutschland heraus in ein anderes Unternehmen im europäischen Ausland. Beide Unternehmen gehörten zur selben global agierenden Unternehmensgruppe, die einen Konzern bildete. Neben der teilbetrieblichen Einheit sollten auch einzelne Funktionsträger aus Deutschland heraus in das andere europäische Land wechseln. Im Konzern gab es auf Seiten der deutschen Geschäftsleitung bereits Interessenausgleiche und Sozialpläne, deren Strukturen auch für die Umsetzung dieser Maßnahme übernommen werden sollten. Nach der »Einweisung« erfolgten interne Vorbesprechungen und anschließend die Verhandlung.

Für die Coaches war erstaunlich, wie schnell sich die Studierenden in die Rolle der durch sie vertretenen Betriebspartei einfanden. Obwohl niemand einschlägige Erfahrungen, beispielsweise aus Praktika in Personalabteilungen von Unternehmen aufweisen konnte, fanden die Studierenden schnell und ohne jegliche Einmischung der beiderseitigen Coaches die Argumentations- und Verhandlungslinien, die üblicherweise in der Praxis vorkommen. Das reichte von sachlichen und üblichen Argumentationen bis hin zu den teilweise auch vorkommenden Blockadehaltungen und sogar zur Verwendung von emotionalen Begrifflichkeiten, die – bildlich beschrieben – im Unternehmensalltag »die Hitze des Gefechts« widerspiegeln. Verlauf und Ergebnis der Verhandlung wurden anschließend in einer gemeinsamen Diskussion analysiert und bewertet.

Das Vorhaben bewies, wie sinnvoll und notwendig neben der Vermittlung von theoretischem Wissen weiterhin auch die Kenntnis der betrieblichen Praxis bei

Mitbestimmungssachverhalten ist. Jede:r Praktiker:in weiß, dass es wegen der Bedeutung des Arbeitslebens in unserer Gesellschaft ohne die Praxis nicht funktioniert. Empfindsamkeiten spielen nach wie vor eine immens wichtige Rolle, denn es geht um die Gestaltung eines essenziellen Teils unserer Existenz. Deshalb muss ein noch größeres Augenmerk darauf gerichtet werden, dass denjenigen, die sich dem Arbeitsrecht in der betrieblichen Umsetzung verschreiben wollen, auch die Gelegenheit gegeben wird, sich schon während der universitären Ausbildung entsprechende Kenntnisse anzueignen. Das gilt für beide Seiten der betrieblichen Sozialpartnerschaft. Ziel muss es sein, das Gebot der vertrauensvollen Zusammenarbeit mit Leben auszufüllen. Und dafür können die entsprechenden Kenntnisse nicht früh genug gesammelt werden.

Christian Vetter

Rechsanwalt und ehem. Leiter Arbeits- und Sozialrecht der Dow Deutschland Inc.

Anna Engfer

Gewerkschaftssekretärin IG Bergbau, Chemie, Energie

Die dadurch gewonnenen Erkenntnisse über die Rechtsanwendung und die sich praktisch ergebenden Fragen sollen einerseits die Fähigkeit zur Rechtsanwendung, anderseits das Ausloten der rechtswissenschaftlichen Fragen und der Konsequenzen der gewonnenen Ergebnisse verbessern. Darüber hinaus erwerben die Studierenden bei einer solchen Lehrveranstaltung Kenntnisse in den Grundlagenfächern. Dazu gehören insbesondere die Verhandlungslehre, aber auch die betriebswirtschaftlichen Grundlagen, vor allem des Personalmanagements. Gerade die wirtschaftlichen Zusammenhänge, in denen arbeitsrechtliche Fragestellungen stehen, machen eine Sensibilisierung für die wirtschaftliche Relevanz der juristischen Fragestellungen notwendig.

Erfahrungsbericht einer Studierenden

Ich habe im Sommersemester 2019 an der Veranstaltung »Simulierte Sozialplanverhandlung« teilgenommen. Die Veranstaltung war ein Teil des universitären Schwerpunktbereichs »Arbeitsrecht mit gesellschaftsrechtlichen Bezügen« unter der Leitung von Frau Professor Schubert. Die simulierte Sozialplanverhandlung war eine Blockveranstaltung, durch die es uns Studierenden ermöglicht wurde, die Arbeit der Sozialpartner anhand eines praktischen Beispiels besser nachvollziehen zu können.

In Vorbereitung auf das Blockseminar haben wir neben der regulären Vorlesung »Mitbestimmung im Betrieb und Unternehmen« zwei Präsentationen von Studierenden des Schwerpunktbereichs zu den Themen »Einführung in die betriebliche Mitbestimmung in wirtschaftliche Angelegenheiten – Beteiligungsrechte bei Betriebsänderungen, §§ 111–113 BetrVG« und »Prozedurale Anforderungen und Probleme bei betriebsändernden Entlassungen« gehört, in denen die Themenbereiche Interessenausgleich und Sozialplan behandelt wurden.

In dem Blockseminar, das in einer Gruppe bestehend aus ungefähr zehn Studierenden abgehalten wurde, konnten wir zunächst wählen, ob wir in der simulierten Sozialplanverhandlung auf Arbeitgeber:innen- oder Arbeitnehmer:innenseite stehen möchten. Daraufhin wurde die Gruppe räumlich getrennt. Den jeweiligen Gruppen wurde dann von Frau Engfer (IG BCE) und Herrn Vetter (DOW) erläutert, wie eine Sozialplanverhandlung konkret abläuft und was auf Arbeitgeber:innen- bzw. Arbeitnehmer:innenseite beachtet werden muss. Darüber hinaus bestand die Möglichkeit, noch offene Fragen zu stellen.

Im Rahmen der simulierten Verhandlung wurde nicht mehr viel Hilfestellung gegeben, damit die Verhandlung nicht zu sehr von außen beeinflusst wird und damit es uns Studierenden möglich war, auszuprobieren, wie man die entgegenstehenden Interessen am besten in Einklang bringt. Nach Ende der Verhandlung hatten wir erneut die Möglichkeit, Fragen zu stellen und die Verhandlung auszuwerten.

Die simulierte Sozialplanverhandlung hat das Thema Interessenausgleich und Sozialplan durch eigene praktische Anwendung veranschaulicht. Dadurch, dass wir das Thema vorher bereits theoretisch im Rahmen der Präsentationen und der Vorlesung behandelt hatten, verfügten wir alle bereits über ausreichendes Vorwissen, um uns an der mündliche Sozialplanverhandlung zu beteiligen.

Svenja Laurich
Studierende an der Universität Hamburg

Im Ergebnis haben sich die simulierten Verhandlungen als Planspiel zu einer wertvollen Ergänzung des juristischen Studiums erwiesen. Sie ermöglichen den Studierenden, sich durch eigenes Handeln unter Anleitung zu erschließen, dass betriebliche Mitbestimmung mehr ist als Rechtsanwendung. Sie erfassen so die wirtschaftliche und soziale Dimension des Arbeitsrechts. Das trägt zu einer umfassenderen Ausbildung bei.

Das Konzept dieser Simulation kann für andere Themenfelder und Adressatengruppen weiterentwickelt werden. Für die Ausbildung von Studierenden im Studiengang Rechtswissenschaft kommt insbesondere eine Simulation von Verhandlungen über eine Betriebsvereinbarung in sozialen Angelegenheiten oder die Simulation einer Tarifverhandlung in Betracht. Darüber hinaus kann dieses Konzept auch für Mitarbeiter im Personalmanagement bzw. für Betriebsräte adaptiert werden, um das Verhandeln an sich zu trainieren oder häufig wiederkehrende Themen in einer angewandten Form vorzubereiten. Dazu ist die Verhandlungsvorbereitung auf die jeweiligen Ausbildungsziele zuzuschneiden.

IV. Recruiting und Onboarding: starke Bindung in schnelllebigen Zeiten

Markus-Oliver Schwaab

Neue Mitarbeiter:innen gewinnen und integrieren

Inhaltsübersicht

1. Einleitung

Die beste Geschäftsidee ist nichts wert, wenn keine qualifizierten Personen zur Verfügung stehen, um diese erfolgreich umzusetzen. Unternehmen sind als Arbeitgeber deshalb darauf angewiesen, talentierte Mitarbeiter:innen zu gewinnen und dauerhaft an sich zu binden. Wie dies gelingen kann, insbesondere in Zeiten, in denen gute Fach- und Führungskräfte heftig umworben werden, damit befasst sich dieser Beitrag. Die zentralen Aspekte, die seitens des Personalmanagements zu berücksichtigen sind, wenn es darum geht, Arbeitnehmer:innen für einen Arbeitgeber zu begeistern und dann dauerhaft als loyale und motivierte Leistungsträger:innen an diesen zu binden, stehen dabei im Mittelpunkt.

Zunächst werden die verschiedenen Perspektiven betrachtet, die es hinsichtlich der Personalgewinnung zu beachten gilt. Auf die Herausforderungen, mit denen sich die Arbeitgeber in diesem Zusammenhang konfrontiert sehen, wird danach differenziert eingegangen. Wie eine zeitgemäße Personalgewinnung und -auswahl aussehen sollte, wird näher erläutert, bevor schließlich dargestellt wird, wie neue Mitarbeiter:innen in eine Organisation integriert und idealerweise langfristig an diese gebunden werden können. Ein Fazit sowie ein Ausblick runden diesen Beitrag ab.

2. Perspektiven der Personalgewinnung

Wird über die Beschaffung, Gewinnung, Rekrutierung oder Akquisition (diese Begriffe werden nachfolgend synonym verwandt) neuer Mitarbeiter:innen gesprochen, so wird im Personalmanagement häufig nur die betriebliche Sichtweise berücksichtigt. Dabei sind auch zwei weitere Perspektiven von Bedeutung, die hier ebenfalls behandelt werden: die der Gesellschaft und die der Mitarbeiter:innen.

2.1 Betriebliche Perspektive

Bei der Personalbeschaffung kann zunächst danach unterschieden werden, ob diese innerhalb oder außerhalb einer Organisation stattfindet. Während es bei der Suche nach einer internen Lösung darum geht, innerhalb einer bestimmten Organisation von dieser bereits beschäftigte Arbeitskräfte zu finden, mit denen der Personalbedarf adäquat abgedeckt werden kann, kommt es bei der externen Option darauf an zu prüfen, inwieweit auf dem relevanten Arbeitsmarkt geeignete Personen zur Verfügung stehen.

Bei der internen Personalbeschaffung kann wiederum unterschieden werden, inwieweit die Erhöhung der Personalkapazitäten im Rahmen des Arbeitszeitmanagements möglich ist. Hier kommen zusätzliche Arbeitszeiten der bereits Beschäftigten wie Überstunden und Zusatzschichten genauso in Frage wie die Aufstockung von Teilzeitverträgen. Eine weitere interne Lösung besteht in der Versetzung von Mitarbeiter:innen aus anderen Bereichen der Organisation. Auch die Übernahme fertig ausgebildeter Nachwuchskräfte ermöglicht es, die Kapazitäten aufzustocken.

Sind die internen Möglichkeiten ausgereizt oder will ein Arbeitgeber bewusst extern Personal gewinnen, so hat er die Wahl, dieses direkt selbst zu suchen und einzustellen. Neben diesem klassischen externen Weg der Personalrekrutierung kann er aber auch auf die Unterstützung durch externe Dienstleister zurückgreifen. Diese können dann ihr eigenes Personal zur Verfügung stellen, wie dies z. B. Zeitarbeits- oder Beratungsunternehmen tun, oder aber mit ihren Dienstleistungen dabei helfen, neue Mitarbeiter:innen zu akquirieren. Aus dem betrieblichen Personalmanager, der sich um die Rekrutierung und Betreuung der angestellten Arbeitnehmer:innen kümmert, wird dann ein Koordinator von Humanressourcen, die sich aus eigenen Mitarbeiter:innen sowie von außen kommenden Arbeitskräften zusammensetzen.

Sind freie Stellen mit einer neuen Arbeitskraft zu besetzen, gibt es sowohl für eine interne als auch für eine externe Lösung gewichtige Argumente (Scholz 2014b), wie Tabelle 1 zeigt.

Tabelle 1: Argumente für die Besetzung einer Vakanz mit einem bzw. einer internen oder externen Kandidat:in

Vorteile der internen Personalbeschaffung	Vorteile der externen Personalbeschaffung
• Weiterentwicklungs- und Aufstiegschancen für Mitarbeiter:innen und sich daraus ergebende motivierende Effekte	• Gewinnung exzellenter Fachleute (neues Know-how)
• Nachzuvollziehende Personalpolitik	• Keine Probleme mit früheren Kolleg:innen
• Mitarbeiter:in kennt den Betrieb	• Kandidat:in nicht betriebsblind
• Mitarbeiter:in bekannt, damit geringeres Auswahlrisiko	• Am Arbeitsmarkt größere Auswahl
• Geringere Rekrutierungskosten	• Meist geringere Qualifizierungskosten
• Schnellere Realisierung	• Kein Versetzungskarussell

Quelle: eigene Darstellung.

Für die Besetzung freier Stellen mit Kandidat:innen aus den eigenen Reihen spricht, dass die Beschäftigten einer Firma nachhaltig motiviert werden, wenn sie feststellen, dass sie sich in einem vertrauten Umfeld weiterentwickeln und, wenn sie es wünschen, vielleicht auch aufsteigen können. Eine entsprechend ausgerichtete Personalpolitik ist leicht zu kommunizieren. Vorteil einer internen Lösung ist auch, dass die internen Bewerber:innen besser als Externe abschätzen können, welche Herausforderungen in der neuen Position auf sie zukommen könnten. Auch ist der Arbeitgeber regelmäßig nicht mehr auf Personalauswahlverfahren angewiesen, um die fachliche Eignung oder die Persönlichkeit einer Person einschätzen zu können. Im Normalfall sollten bei internen Kandidat:innen bereits aussagekräftige Erfahrungswerte und Einschätzungen vorliegen (Moser/Sende 2014). Weitere Argumente für die Berücksichtigung Interner bei Stellenbesetzungen sind die eingesparten Kosten für Werbeaktivitäten, das Einschalten externer Personaldienstleister oder auch aufwendige Auswahlprozeduren. Da bei internen Bewerber:innen auch keine Kündigungsfristen einzuhalten sind und oft fließende Übergangslösungen gefunden werden, ist zudem eine schnellere Besetzung der vakanten Position möglich.

Angesichts all dieser Argumente, die für eine interne Personalbeschaffung sprechen, könnte man vermuten, dass damit der einzuschlagende Weg klar vorgezeichnet sein könnte. Dem ist aber nicht so. Es gibt durchaus Situationen, in denen eine Rekrutierung am externen Arbeitsmarkt sinnvoller ist. Dies ist z. B. der Fall, wenn ein Unternehmen Fachkräfte mit einem Qualifikationsprofil sucht, das bis dahin noch niemand oder nicht genug Arbeitskräfte im Betrieb haben. Die neu Eingestellten können mit ihrem Know-how völlig neue Impulse setzen. Sie zeichnet gewöhnlich auch aus, dass sie unvoreingenommen an eine neue Aufgabe herangehen, denn sie sind weder betriebsblind noch durch existierende Kontakte oder Konflikte mit bisherigen Kolleg:innen beeinflusst. Ein Pluspunkt der externen Rekrutierung ist auch, dass am Arbeitsmarkt mehr Kandidat:innen mit einem geeigneten Profil in Frage kommen könnten. Ist dem tatsächlich so, dann sollte es auch meistens möglich sein, eine Arbeitskraft mit der Stelle zu betrauen, die mit ihrem Können dem relevanten Anforderungsprofil bereits gut entspricht. Zumindest sollten die Kosten für eine eventuell erforderliche ergänzende Qualifizierung regelmäßig niedriger ausfallen als bei zu vergleichenden internen Bewerber:innen. Die Entscheidung für eine von außen kommende Person hat noch einen letzten Vorteil: So wird ein Versetzungskarussell vermieden, das immer dann in Gang gesetzt wird, wenn eine Vakanz mit einem Arbeitnehmer oder einer Arbeitnehmerin aus dem eigenen Betrieb gefüllt wird. Jede Stellenbesetzung reißt dann nämlich an einer anderen Stelle der Organisation eine neue Lücke, die wiederum geschlossen werden muss, was zu einer weiteren neu zu besetzenden Position führen kann. Würde konsequent, das heißt ausschließlich intern nachbesetzt, würde dies letztlich bedeuten, dass eine Organisation über einen längeren Zeitraum geschwächt wäre, da ständig irgendwo Lücken klaffen würden.

Welche der beiden Optionen intern oder extern aus betrieblicher Perspektive letztlich sinnvoller ist, hängt davon ab, wie die langfristige Personalstrategie des Unternehmens, der Arbeitsmarkt und auch die spezifische Vakanz aussehen. Vieles spricht jedoch dafür, nicht unreflektiert nur den einen oder anderen Weg einzuschlagen. Gerade in Zeiten knapper Fachkräfte sollten Arbeitgeber nicht von vorneherein eine interne Lösung ausschließen, denn die positiven Auswirkungen einer Förderung eigener Talente dürfen nicht unterschätzt werden. Sind Arbeitgeber auf den externen Arbeitsmarkt angewiesen, geht es für sie darum, dort die Arbeitskräfte zu finden und zu einer Mitarbeit zu bewegen, die mit ihrem Qualifikationsprofil den relevanten Anforderungen der zu besetzenden Stellen am besten gerecht werden und damit diese Vakanzen kompetent ausfüllen können.

Der Personalakquisition sollte regelmäßig eine gründliche quantitative und qualitative Personalbedarfsplanung vorangestellt werden. Ergibt sich als Ergebnis der Planung die Notwendigkeit, am externen Arbeitsmarkt personelle Verstärkung zu beschaffen, dann sind die nächsten Schritte in die Wege zu leiten, um geeignete Mitarbeiter:innen zu rekrutieren (siehe Abschnitt 4.2). Es geht hier zunächst darum, die richtigen Personenkreise über geeignete Kommunikationskanäle anzusprechen. Danach gilt es, die Kandidat:innen auszuwählen, die mit ihren Qualifikationen den Anforderungen der zu besetzenden Stellen am besten entsprechen (siehe Abschnitt 4.3).

Das Ziel der Unternehmen sollte es insgesamt sein, eine Stammbelegschaft aufzubauen, die zum einen so gut wie möglich den vorauszusehenden betrieblichen Bedarf an Mitarbeiter:innen abdecken, die zum anderen aber auch möglichst flexibel eingesetzt werden kann, um auf Bedarfsveränderungen schnell reagieren zu können. Die funktionale, zeitliche und manchmal auch räumliche Flexibilität der Stammkräfte ist dann gefragt, um letztendlich einen effizienten Personaleinsatz zu gewährleisten.

2.2 Gesellschaftliche Perspektive

Qualifizierte Fach- und Führungskräfte sind auf vielen Teilarbeitsmärkten knapp. Viele Stellen bleiben derzeit z. B. in Pflege-, Ingenieur- oder IT-Berufen unbesetzt. Unsere Gesellschaft muss vor diesem Hintergrund ein großes Interesse daran haben, dass alle dem Arbeitsmarkt zur Verfügung stehenden Erwerbspersonen entsprechend ihren Kompetenzen eingesetzt werden. So ergibt sich der größtmögliche Nutzen für die Allgemeinheit. Um dies zu erreichen, ist erforderlich, dass der Arbeitsmarkt gut funktioniert und die Arbeitskräfte dank geeigneter Informationen auch die Stellen finden, auf denen sie sich mit ihrem Know-how am besten einbringen können.

In diesem Kontext ist es wichtig, dass die Arbeitgeber ihre Personalgewinnung richtig ausgestalten. Transparenz ist gefragt. Nur wenn gewährleistet ist, dass die Arbeitnehmer:innen erfahren, wo es vakante Positionen gibt und welche konkreten Anforderungen mit diesen verbunden sind, können sie ihre potenzielle Eignung richtig einschätzen und sich auch auf diese Stellen bewerben. Nur so kann letztlich eine optimale Allokation der Ressourcen erfolgen.

Es ist also nicht nur im Interesse der Arbeitgeber und der Erwerbstätigen, dass bei der Personalgewinnung alle bedeutsamen Aspekte offen kommuniziert werden. Auch für die Gesellschaft als Ganzes ist dies wichtig, um eine optimale Ressourcenzuordnung zu ermöglichen. Deshalb ist es positiv, wenn sich die Arbeitnehmer:innen recht einfach darüber informieren können, wo es welche freien Stellen gibt und wo sie mit ihrem Qualifikationsprofil am besten eingesetzt werden könnten.

Um sicherzustellen, dass ein:e Bewerber:in für eine zu besetzende Stelle wirklich geeignet ist, sollte mit der Rekrutierung auch eine zuverlässige Personalauswahl verbunden werden. Der Arbeitgeber hat Sorge dafür zu tragen, dass die eingesetzten Verfahren valide sind. Nur so ist zu gewährleisten, dass die richtigen Kandidat:innen zum Zug kommen (Schuler 2014).

Auch in einem ganz anderen Zusammenhang haben Arbeitgeber bei der Personalakquisition eine große gesellschaftliche Verantwortung. Menschen verfolgen zunehmend Lebenskonzepte, die sich von der klassischen Vollzeitbeschäftigung bei einem Unternehmen unterscheiden. Immer mehr Menschen streben an, mehrere Tätigkeiten und Lebenssituationen geschickt miteinander zu kombinieren. Dabei geht es nicht nur darum, das Berufs- mit dem Privatleben zu vereinbaren, sondern auch darum, verschiedene Formen der Erwerbstätigkeit, wie abhängige Beschäftigung und Selbstständigkeit oder mehrere Teilzeitverträge bei unterschiedlichen Arbeitgebern, unter einen Hut zu bringen. Unternehmen sollten sich gegenüber diesen neuen Vorstellungen aufgeschlossen zeigen und bereit sein, von traditionellen Beschäftigungsverhältnissen abzuweichen und Kompromisse einzugehen.

Gesamtwirtschaftlich betrachtet wäre es zu begrüßen, wenn alle Arbeitskräfte dauerhaft entsprechend ihres Könnens beschäftigt werden könnten. Dann hätten sie die Chance, sich mit ihren Stärken einzubringen und Leistung zu zeigen. Davon würde das gesamte Sozialsystem profitieren. Dieser zugegeben idealistische Ansatz geht von einigen wesentlichen Grundüberlegungen aus: Die Arbeitnehmer:innen müssten einerseits bereit sein, immer wieder gemäß ihrer Qualifikation auf den geeigneten vakanten Stellen tätig zu werden, wozu es eines transparenten Arbeitsmarkts und einer ausgeprägten Flexibilität bedürfte. Andererseits müssten es die Unternehmen unterlassen, mehr Mitarbeiter:innen zu beschäftigen als sie tatsächlich brauchen; insbesondere Konstellationen, in denen die Arbeitnehmer:innen unterfordert bzw. überqualifiziert wären, wären zu vermeiden.

2.3 Perspektive von Arbeitnehmer:innen

Für Arbeitnehmer:innen geht es in Verbindung mit der Personalrekrutierung der Unternehmen nicht nur darum, sich einen Arbeitsplatz und damit regelmäßig auch die Basis für den Lebensunterhalt zu sichern. Stattdessen spielt für sie ebenfalls eine Rolle, inwieweit sie sich mit der angestrebten Tätigkeit verwirklichen können. Untersuchungen zur Attraktivität von Arbeitgebern zeigen, dass neben dem Betriebsklima und ansprechenden Tätigkeiten auch die gebotenen Entwicklungschancen und die Möglichkeit, das Berufliche gut mit dem Privaten vereinbaren zu können, von Bedeutung sind (Schwaab/Schäfer 2013).

Legt man der genaueren Betrachtung die beschriebene Unterscheidung in interne und externe Personalbeschaffung zugrunde, dann liegt auf der Hand, dass Mitarbeiter:innen zunächst die Rekrutierung wertschätzen, die aus dem Kreis der in einer Organisation bereits Beschäftigten vorgenommen wird. Die externe Personalakquisition hat aus der Sicht von Arbeitnehmer:innen zwei Seiten. Zum einen kann daraus natürlich von außen Konkurrenz beim eigenen Arbeitgeber erwachsen, was eher skeptisch aufgefasst wird. Zum anderen ergeben sich daraus aber auch Chancen, wenn selbst ein Arbeitgeberwechsel angestrebt wird.

Für die Wahrnehmung einer Rekrutierungssituation durch Arbeitskräfte ist ebenfalls wichtig, wie sie ihre Stellung am Arbeitsmarkt erleben. Sehen sie sich eher in einer starken Position, dann können sie damit deutlich entspannter umgehen als Personen, die vielleicht um ihre berufliche Zukunft bangen müssen oder in vergleichbaren Konstellationen schon schlechte Erfahrungen gesammelt haben. Waren Arbeitnehmer:innen früher häufig in der Rolle eines Bewerbers oder einer Bewerberin, der bzw. die sich um eine Anstellungszusage bemühen musste, so sieht dies inzwischen angesichts knapper Fach- und Führungskräfte oft anders aus. Wettbewerb gibt es nämlich mittlerweile nicht nur unter verschiedenen Bewerber:innen, Wettbewerb ist inzwischen auch unter Arbeitgebern an der Tagesordnung. Die Kräfteverhältnisse am Arbeitsmarkt haben sich für viele Akteure des Arbeitsmarkts definitiv verändert.

Viele Arbeitnehmer.innen stellen sich in diesem Kontext auch die Frage, wie viel Zeit sie in einen Bewerbungsprozess investieren sowie welche Bewerbungs- und Auswahlverfahren sie überhaupt akzeptieren sollen. Je nach Einschätzung der Stärke ihrer eigenen Position kann es durchaus sein, dass sie es ablehnen, mehr als einen bestimmten Zeitaufwand auf sich zu nehmen oder gewisse Auswahlmethoden zu akzeptieren. Die Arbeitgeber sind hier gezwungen, umzudenken und ihr Vorgehen an den Erwartungen der Kandidat:innen auszurichten, wenn sie bei bestimmten Zielgruppen überhaupt eine Chance haben wollen (Jäger 2018). Nicht verschwiegen werden soll, dass es auf dem Arbeitsmarkt auch eine Vielzahl von Menschen gibt, die sich damit schwertun, dauerhaft eine Beschäftigung zu finden. Dies kann daran liegen, dass sie keinen qualifizierenden Berufsabschluss haben oder auch an ganz anderen Gründen, die sie nicht zu verantworten haben. Häufig wird die betroffene Gruppe auch mit dem Stichwort Prekariat umschrieben. Die ihr zuzurechnenden Personen nehmen die Thematik der Personalbeschaffung völlig anders wahr. Auf dem Weg in eine Erwerbstätigkeit brauchen sie erst einmal einen angemessenen Zugang zum Arbeitsmarkt. Konkret: Sie müssen erfahren, wo es Beschäftigungsmöglichkeiten gibt, welche Anforderungen dort gestellt werden und wie sie sich bewerben können. Und dann sollten sie von den Arbeitgebern eine faire Chance eingeräumt bekommen, ihr Potenzial zu beweisen.

3. Betriebliche Herausforderungen der Personalgewinnung

Arbeitgeber müssen sich nicht nur Gedanken machen, ob sie intern und/oder extern neue Mitarbeiter:innen gewinnen wollen. In Zeiten, in denen perspektivisch jedes Jahr mehr Erwerbspersonen den deutschen Arbeitsmarkt verlassen als nachrücken, müssen sie sich auf diesem auch gut auskennen, um dort geschickt agieren zu können. Nachfolgend wird der relevante Arbeitsmarkt genauer beschrieben, im Anschluss daran näher auf die Erwartungen der Arbeitnehmer:innen eingegangen.

3.1 Wandel des Arbeitsmarkts

Eine isolierte Betrachtung des deutschen Arbeitsmarkts ergibt, dass das Erwerbspersonenpotenzial in den nächsten Jahrzehnten deutlich zurückgehen wird, wenn es nicht gelingt, dieser Entwicklung mithilfe einer starken Nettozuwanderung und/oder einer Steigerung der Erwerbsquote entgegenzuwirken (Klinger/ Fuchs 2020). Diskutiert wird unter Experten nicht, ob die Zahl der verfügbaren Arbeitskräfte zurückgehen wird, sondern nur um wie viel. Gleichzeitig zeichnet sich auch noch nicht ab, dass der Gesamtbedarf an Erwerbstätigen in Deutschland deutlich abnehmen könnte.
Die lange umstrittene, letztlich aber überfällige Einführung des Fachkräfteeinwanderungsgesetzes ist Ausdruck dafür, dass wir in Deutschland ein großes In-

teresse daran haben müssen, qualifiziertes Personal aus anderen Ländern anzulocken und dauerhaft zu integrieren. Daran ändert auch die Tatsache nichts, dass infolge des anhaltenden Wandels hin zur Industrie 4.0 und weiterer wirtschaftlicher Neuausrichtungen (z. B. in der Automobil- und Energiewirtschaft) nicht ausgeschlossen werden kann, dass eine ganze Reihe von Arbeitsplätzen wegfallen könnte. Für die Unternehmen, die eine Rekrutierung im Ausland anstreben, bedeutet dies, dass sie sich auch mit den ausländischen Arbeitsmärkten vertraut machen müssen, um gezielt dort aktiv werden zu können, wo sich genügend Arbeitskräfte mit den Kompetenzen tummeln, die in Deutschland dringend nachgefragt werden.

Genau genommen gibt es nicht einen deutschen Arbeitsmarkt, sondern viele Teilarbeitsmärkte, in denen sich die Arbeitgeber zurechtfinden müssen. Auffällig ist zunächst, dass die Zahl der Arbeitsuchenden in weiten Teilen Ostdeutschlands und auch in anderen vom Strukturwandel besonders betroffenen Regionen deutlich höher ist als z. B. in weiten Teilen Süddeutschlands. Während zukünftig vielerorts die Anzahl der dem Arbeitsmarkt zur Verfügung stehenden Erwerbspersonen deutlich abnehmen dürfte, könnte es in attraktiven Ballungszentren, die Zuwanderer:innen unterschiedlichster Herkunft anlocken, anders aussehen. Besonders gesucht sind beispielsweise Fach- und Führungskräfte in der Medizin, Pflege, IT und einigen Ingenieurwissenschaften. Aber auch in vielen Handwerksberufen sind fachkundige Arbeitskräfte rar.

Für viele Arbeitgeber wird es immer herausfordernder, qualifiziertes Personal zu rekrutieren und zu halten. Der Wettbewerb um Talente hat in weiten Teilen des Arbeitsmarkts zugenommen. Den Unternehmen bleibt nichts anderes übrig, als hier um die Gunst neuer Mitarbeiter:innen zu buhlen. Und es ist alles andere als selbstverständlich, dass die Erwerbstätigen einem Arbeitgeber die Treue halten. Die Fluktuation hat in den letzten Jahren zugenommen, sieht man einmal vom Zeitraum der Coronakrise ab. Dies mag daran liegen, dass sich wechselwillige Arbeitnehmer:innen in vielen Berufen unter einer Vielzahl von Stellenangeboten umschauen können. Sicherlich spielt auch eine Rolle, dass es für Erwerbstätige dank verschiedener Internetlösungen immer einfacher wird, sich über Vakanzen zu informieren und dann zu bewerben. Das Risiko, als Arbeitnehmer:in bei einem Arbeitgeberwechsel in eine Sackgasse zu geraten, wenn man eine Fehlentscheidung getroffen hat, ist im Kontext des ausgeprägten Fachkräftemangels gering. Die Tatsache, sich jederzeit und vergleichsweise einfach neu orientieren zu können, erhöht die Bereitschaft, zu einem neuen Arbeitgeber zu wechseln.

In diesem Zusammenhang sei auch auf einen anderen Aspekt hingewiesen, der den Arbeitsmarkt prägt und die Bedeutung der Personalgewinnung unterstreicht. Die durchschnittliche Dauer der Beschäftigungsverhältnisse hat insgesamt abgenommen. Dies liegt nicht allein daran, dass viele Arbeitgeber befristete Verträge bevorzugen, um flexibel auf Schwankungen ihres Personalbedarfs reagieren zu können. Die Arbeitnehmer:innen wechseln auch von sich aus häufiger die Stelle.

Zu den Charakteristika des deutschen Arbeitsmarkts gehört auch, dass dieser immer transparenter wird. Die Marktteilnehmer:innen können mithilfe der Karriereseiten der Arbeitgeber oder in zahlreichen Jobbörsen vergleichsweise einfach herausfinden, wo es zu besetzende Positionen gibt. Über die Arbeitge-berbewertungsportale gelangen sie zudem – neben den Aussagen zur Attraktivi-tät der verschiedenen Firmen – schnell an Informationen zur Ausgestaltung der Auswahlverfahren oder des zu erwartenden Vergütungsangebots.

3.2 Erwartungen der Arbeitnehmer:innen

Um potenzielle Mitarbeiter:innen erfolgreich ansprechen und rekrutieren zu können, müssen die Arbeitgeber wissen, welche Erwartungen und Bedürfnisse die relevanten Personen haben. Diese können davon abhängen, wie deren aktu-elle berufliche Situation aussieht oder woher sie stammen (vgl. Abbildung 1).

Abbildung 1: Mögliche Zielgruppen der externen Personalgewinnung

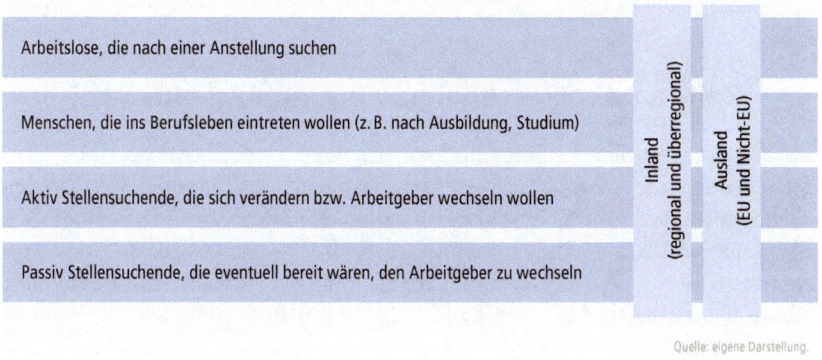

Quelle: eigene Darstellung.

Es können aber auch Gesichtspunkte wie Karriereziele oder der Wunsch nach interessanten Tätigkeiten oder guten Arbeitsbedingungen eine Rolle spielen. Um sich hier richtig positionieren zu können, ist es für rekrutierende Organisatio-nen wichtig, die verschiedenen Determinanten der Arbeitgeberattraktivität bei den relevanten Zielgruppen gut zu kennen (Schwaab/Schäfer 2013). Nur wenn ein Unternehmen den Erwartungen von potenziellen Mitarbeiter:innen gerecht werden kann, hat es gute Chancen, qualifizierte Arbeitskräfte gewinnen und län-gerfristig binden zu können.

Was die einzelnen Personen von einem Arbeitgeber erwarten, wird ebenfalls von deren jeweiligem Erfahrungshintergrund beeinflusst. Die familiäre und finanzielle Situation ist genauso relevant wie die individuell wahrgenommene Stellung am Arbeitsmarkt. Konkretes Beispiel: Wenn IT-Spezialist:innen tagtäglich erleben oder spätestens mithilfe des Internets problemlos herausfinden können, dass ihr Qualifikationsprofil sehr begehrt ist, attraktive Gehälter auf sie warten und sie sich ihren Arbeitgeber fast schon aussuchen können, dann ist verständlich, dass diese Personen grundsätzlich nur wenig Lust auf aufwendige Bewerbungs- und Auswahlverfahren haben.

Die Erwartungshaltungen der Arbeitnehmer:innen und damit die Determinanten der Arbeitgeberattraktivität sind nicht in Stein gemeißelt. Dies zeigen Studien zu den Generationen Y und Z (Scholz 2014a), aber gerade auch die Auswirkungen der Coronakrise. Waren Themen wie Arbeitsplatzsicherheit und Homeoffice-Möglichkeiten lange von untergeordneter Bedeutung, so sieht das inzwischen anders aus. Aktuell kann noch niemand zuverlässig abschätzen, welche Erwartungen die Erwerbstätigen in der Zeit nach der Pandemie haben werden. Wie viele Freiräume und wie viel Sicherheit werden sie sich wünschen? Klar ist aber schon eins: Die Arbeitgeber werden sich darauf einstellen und im Wettbewerb um die Talente die richtigen Antworten geben müssen.

4. Zeitgemäße Personalgewinnung und -auswahl

»Der Köder muss dem Fisch schmecken, nicht dem Angler.« Diese Aussage müssen rekrutierende Arbeitgeber immer präsent haben, wenn sie über Maßnahmen nachdenken, um neue Mitarbeiter:innen für sich zu begeistern. Dies gilt für die Phase der Kontaktanbahnung genauso wie für den gesamten Rekrutierungsprozess und insbesondere die Verfahren zur Auswahl der richtigen Kandidat:innen. Was es hier zu beachten gilt, wird nachfolgend genauer betrachtet.

4.1 Zielgruppengerechtes Personalmarketing

Arbeitgeber können ihre Attraktivität nur in bestimmten Grenzen beeinflussen. Dies liegt daran, dass das Image einer Branche, eines Unternehmens, eines Produkts oder eines Standorts außerhalb des direkten Einflussbereiches des Personalmarketings liegen und allenfalls indirekt geprägt werden können. Das Personalmanagement selbst kann anstreben, die Arbeitsbedingungen attraktiv zu gestalten, einen eigenen Beitrag zu einem sozial verantwortlichen Handeln des Unternehmens zu leisten und mithilfe geeigneter Kommunikationsmaßnahmen das Arbeitgeberimage zu stärken. Auch durch ein überzeugendes Auftreten gegenüber potenziellen Bewerber:innen und tatsächlichen Kandidat:innen können die Personalverantwortlichen Pluspunkte für ihre Firma sammeln.

Ein gutes Arbeitgeberimage oder eine hohe Arbeitgeberattraktivität sind allein jedoch noch kein Garant dafür, dass sich die besten Talente für ein Unternehmen entscheiden. Dies liegt daran, dass genau diese Personen sehr umworben werden.

Bevor spezifische Maßnahmen zur Steigerung der Arbeitgeberattraktivität präziser analysiert werden, soll hier noch näher auf den Ruf bzw. das Image eines Arbeitgebers eingegangen werden. Oft wird in diesem Zusammenhang auch von einer Arbeitgebermarke oder Employer Brand gesprochen (Kanning 2017). Eine solche Marke zeichnet sich durch ihre Bekanntheit in der relevanten Öffentlichkeit aus und geht regelmäßig mit einem qualitätsbezogenen Vertrauensvorschuss einher, der es ermöglicht, sich von den Konkurrenten abzuheben. Mit gut durchdachten Aktivitäten, gerne auch als Employer Branding bezeichnet, soll erreicht werden, dass ein Arbeitgeber – wie ein Markenartikel – einen hohen Bekanntheitsgrad erreicht und ihm dauerhaft bestimmte attraktivitätsbildende Attribute zugeschrieben werden. Im Idealfall kann es Arbeitgebern so gelingen, Alleinstellungsmerkmale herauszubilden und entscheidende Vorteile im Wettbewerb um die Gunst neuer Arbeitnehmer:innen zu erlangen. Soweit die Grundidee.

Der Aufbau und die erforderliche kontinuierliche Pflege einer Arbeitgebermarke sind in einem Umfeld, in dem immer mehr Unternehmen versuchen, auf sich aufmerksam zu machen, jedoch mit viel Aufwand verbunden. Dies können sich eventuell Großunternehmen mit großen Personalmarketingbudgets leisten, doch kaum kleine und mittelständisch geprägte Organisationen. Mit ihren limitierten Mitteln können sie nur dann sinnvoll in ein Employer Branding investieren, wenn ihre Zielgruppe klar abgegrenzt und damit auch ganz gezielt angesprochen werden kann. Dies ist beispielsweise dann möglich, wenn ein Unternehmen regional besonders stark verankert ist oder sich bei der Personalbeschaffung vollständig auf ein konkretes Segment von Arbeitskräften fokussieren kann.

Steht eine spezifische Zielgruppe fest, auf die sich das Rekrutierungsinteresse konzentriert, dann kann das Personalmarketing entsprechend ausgerichtet werden. Voraussetzung dafür ist allerdings noch, dass zuerst mit den Methoden der Arbeitsmarktforschung ermittelt wird, welche besonderen Merkmale eine Zielgruppe auszeichnen und wie die Personen, die dieser zugerechnet werden können, die Attraktivität eines Arbeitgebers und seiner Konkurrenten wahrnehmen. Auch gilt es in Erfahrung zu bringen, wie die interessierende Zielgruppe am besten angesprochen werden kann. Liegen alle diese Informationen vor, und nur dann, können zielgruppenspezifische Maßnahmen in die Wege geleitet werden, um erfolgversprechend rekrutieren zu können.

4.2 Aktivitäten zur Personalrekrutierung

Ausgehend von ihrem existierenden Bekanntheitsgrad können Arbeitgeber Rekrutierungsaktivitäten starten, um geeignete Arbeitskräfte für sich zu gewinnen. Mit dem Trichtermodell (vgl. Abbildung 2) lässt sich gut veranschaulichen, welches systematische Vorgehen sich zur Anbahnung, Verdichtung und Pflege des Kontakts mit interessanten Kandidat:innen empfiehlt.

Abbildung 2: Trichtermodell der Personalrekrutierung

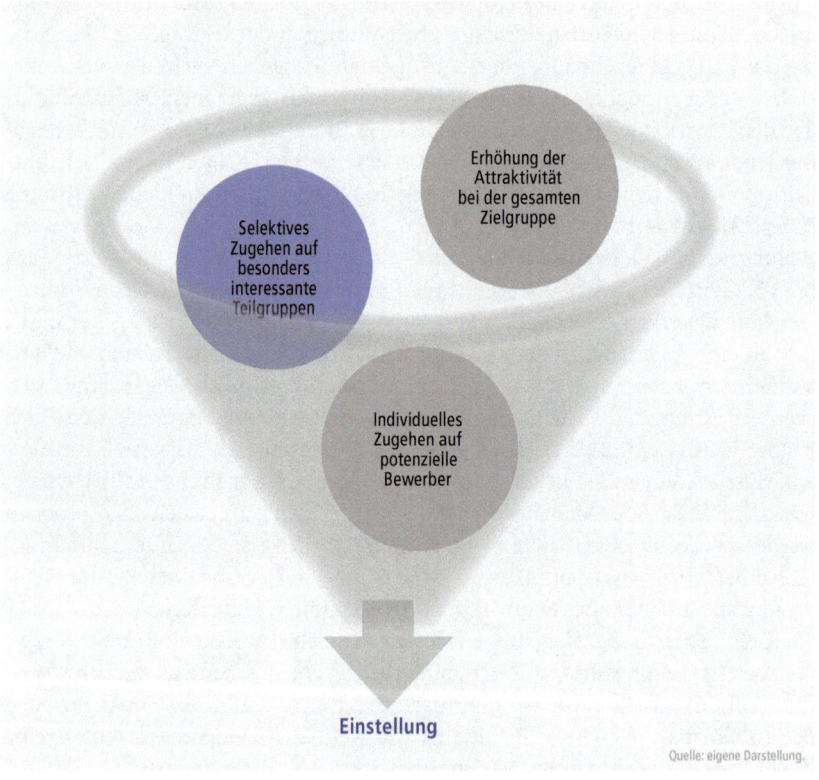

Quelle: eigene Darstellung.

Zunächst geht es darum, von der gesamten relevanten Zielgruppe als potenzieller Arbeitgeber wahrgenommen zu werden und bei dieser die Attraktivität zu steigern. Solche Imagekampagnen können beispielsweise mittels Imageanzeigen, Plakataktionen, Videobotschaften, Social Media oder Messeteilnahmen umgesetzt werden. Auch ein Tag der offenen Tür kann dazu beitragen, allerdings nur regional begrenzt, als Arbeitgeber bekannter zu werden.

Deutlich fokussierter sind dann schon die Maßnahmen, mit denen die Unternehmen auf besonders interessierende Teile ihrer Zielgruppen dort zugehen, wo diese anzutreffen sind – dies können bestimmte Hochschulen oder Studiengänge, Branchentreffen oder Weiterbildungsveranstaltungen, aber auch spezielle soziale Medien sein. Auf den Punkt gebracht, geht es für die Recruiter darum, sich persönlich dort zu tummeln, wo sich die begehrten Talente und qualifizierten Arbeitskräfte aufhalten. Sie sind hier gefordert, genau die Personen zu identifizieren, die über besonders spannende Profile für ihr Unternehmen verfügen, und mit denjenigen erste Kontakte zu knüpfen. Die Recruiter müssen dann versuchen, diese Kontakte Schritt für Schritt weiter auszubauen. So bietet es sich z. B. bei Studierenden an, diese über Praktika oder studienbegleitende Jobs besser kennenzulernen und schon ein Stück weit an das Unternehmen zu binden.

Das Ziel muss es bei all diesen Aktivitäten letztlich sein, die als Potenzialträger ermittelten Personen gezielt ansprechen zu können, wenn eine vom Anforderungsprofil her passende Stelle zu besetzen ist. Gelingt es in diesen Fällen, eine Einstellung unter Dach und Fach zu bringen, dann waren die Rekrutierungsbemühungen vollends erfolgreich.

Das vorgestellte Trichtermodell hat nicht mehr viel mit dem Rekrutieren in früheren Zeiten unter Rückgriff auf Stellenanzeigen in Printmedien oder – noch früher – dem Einschalten der Agenturen für Arbeit zu tun. Diese Rekrutierungskanäle, die stets dann ins Spiel kommen, wenn es kurzfristig eine konkrete Vakanz zu füllen gilt, haben eine immer geringere Bedeutung (Weitzel et al. 2020). So wird nur noch in gewissen Teilarbeitsmärkten (z. B. Führungspositionen, regionaler Fokus) regelmäßig auf gedruckte Stellenannoncen zurückgegriffen. Auch die internetgestützten Stellenbörsen, die viele gedruckte Anzeigen verdrängt und für eine bessere Markttransparenz gesorgt haben, scheinen ihre besten Zeiten gesehen zu haben. Dazu trägt auch bei, dass sich bei Stellensuchenden zunehmend karriereseiten- oder jobbörsenübergreifende Suchangebote (z. B. von Google) durchsetzen. So verwundert auch nicht, dass Rekrutierungsstrategien gemäß dem Motto »post & pray« (übersetzt: Stellenanzeigen schalten und auf Bewerbungen warten) immer häufiger kritisch hinterfragt werden.

Im modernen Recruiting geht es für die Arbeitgeber vielmehr darum, gezielt, persönlich und aktiv auf die möglichen Mitarbeiter:innen von morgen zuzugehen. Dazu werden häufig Business-Netzwerke wie das international dominierende LinkedIn oder das im DACH-Gebiet verbreitete Xing genutzt. Es gibt aber auch andere Plattformen, auf denen sich bestimmte Berufsgruppen wie IT-Spezialist:innen oder HR-Expert:innen gerne treffen.

Eine weitere, bei Unternehmen immer beliebtere Option, um mit potenziell geeigneten Arbeitnehmer:innen in Verbindung zu treten, besteht darin, bereits in der eigenen Organisation beschäftigte Mitarbeiter:innen zu motivieren, diese Aufgabe zu übernehmen. Hinter Programmen mit der Überschrift »Mitarbeiter:innen werben Mitarbeiter:innen«, die nicht selten mit Bonuszahlungen incentiviert werden, steht auch die Überzeugung, dass die internen Vermittler:innen anschließend zur erfolgreichen Integration der neuen Kolleg:innen beitragen werden.

Eine zentrale Stellung nehmen bei der Rekrutierung auch die Webpräsenz und vor allem die speziellen Karriereseiten der Unternehmen ein (Weitzel et al. 2020). Dabei geht es zum einen darum, dass dort gewöhnlich die zu besetzenden Stellen ausgeschrieben werden. Zum anderen nutzen Bewerber:innen die zur Verfügung gestellten Informationen, um sich ein genaueres Bild vom möglichen Arbeitgeber zu verschaffen. Unterm Strich bedeutet dies, dass diese Internetpräsenzen als wichtiges Aushängeschild dienen. Sie müssen attraktiv gestaltet und immer aktuell gepflegt werden, um im Wettbewerb um Talente bestehen zu können.

Als Rekrutierungskanal dürfen die verschiedenen externen Dienstleister, die für die Personalbeschaffung ebenfalls in Frage kommen, nicht vergessen werden. Deren Angebote überlappen sich zusehends und lassen sich immer schwieriger klar voneinander abgrenzen. Neben Zeitarbeitsunternehmen, Personalvermittlern und Headhuntern bieten auch immer mehr andere Organisationen an, bei der Gewinnung neuer Arbeitnehmer:innen zu unterstützen (Schwaab/Durian 2017). Diese Dienstleister kennen sich auf den relevanten Arbeitsmärkten besonders gut aus und können meist schon auf einen Pool verfügbarer oder zumindest wechselbereiter Arbeitskräfte zugreifen. Ergänzend können sie ihre bestehenden Kontakte aktivieren, um gut qualifizierte Personen zu finden. Gerade für Organisationen, die sich auf den relevanten Arbeitsmärkten nicht auskennen, sich erst im Aufbau befinden oder keine eigenen Personalabteilungen haben, bietet es sich an, mit solchen Experten zusammenzuarbeiten.

Nicht nur viele Dienstleister gehen mithilfe ihrer existierenden Netzwerke gezielt auf potenziell geeignete Arbeitnehmer:innen zu. Auch viele Arbeitgeber legen zunehmend die Scheu ab, selbst ein sogenanntes Active Sourcing zu betreiben und damit interessante externe Kandidat:innen direkt anzusprechen (Weitzel et al. 2020). Dabei greifen auch sie auf Online-Möglichkeiten wie die Business-Netzwerke Xing oder LinkedIn zurück, um Kontakte zu knüpfen. Aber auch bei anderen Gelegenheiten, wie unternehmensübergreifenden Weiterbildungsmaßnahmen, Messen oder Konferenzen, halten ihre Personalverantwortlichen, teilweise sogar allein darauf spezialisierte Active Sourcer, nach potenziellen Bewerber:innen Ausschau. Es bleibt abzuwarten, inwieweit sich das Insourcing dieser traditionell von Dienstleistern wahrgenommenen Direktansprache dauerhaft durchsetzen und an Bedeutung gewinnen wird.

4.3 Personalauswahl unter veränderten Vorzeichen

Über viele Jahre sah der Personalauswahlprozess meist so aus, dass die Arbeitgeber aus einer Position der Stärke heraus handeln konnten. Die Arbeitskräfte freuten sich, wenn ihre Bewerbungen berücksichtigt wurden und sie die Chance bekamen, sich persönlich beim potenziellen neuen Arbeitgeber vorzustellen. Inzwischen hat sich die Situation gewandelt. Während es am Arbeitsmarkt noch immer Bereiche gibt, in denen die Arbeitnehmer:innen eine vergleichsweise schwache Stellung haben, weil den Stellenangeboten zahlreiche Kandidat:innen gegenüberstehen, nehmen die Teile des Arbeitsmarkts zu, in denen die Arbeitskräfte sich zunehmend bewusst werden, dass die Arbeitgeber händeringend nach geeigneten Arbeitnehmer:innen Ausschau halten.

Vor diesem Hintergrund sind die Unternehmen gut beraten, ein professionelles Bewerbungsmanagement zu implementieren (Verhoeven 2020) und die Personalauswahl so zu gestalten, dass sie nicht nur zuverlässig die geeigneten Personen ermittelt. Die Wertschätzung gegenüber den Bewerber:innen kommt durch schnelle, transparente Prozesse und die individuelle Behandlung der Kandidat:innen zum Ausdruck. Die Arbeitgeber sollten auch darauf achten, dass die Auswahlverfahren von den beteiligten Personen akzeptiert werden und diese nicht abschrecken (Hausknecht et al. 2004). Geschickt ausgestaltet, können Auswahlmethoden sogar helfen, sich im Vergleich mit konkurrierenden Unternehmen bessere Chancen zu sichern. Welche Selektionsverfahren finden die höchste Akzeptanz? Eindeutig diejenigen, die von den Bewerber:innen nachzuvollziehen sind und transparent erscheinen (Armoneit/Schuler/Hell 2020), wie z. B. Interviews oder Arbeitsproben. Aktuelle Studien zeigen, dass Kandidat:innen zwar digitalisierte Verfahren im Rekrutierungsprozess akzeptieren, sich jedoch mehrheitlich wünschen, dass ab dem Einstellungsgespräch Menschen in die Personalauswahl eingebunden werden (Hansen et al. 2020).

Bei der Personalauswahl sollten die Arbeitgeber angesichts der oft überschaubaren Kandidat:innenzahl auch darüber nachdenken, sich endgültig von der Suche nach der schwimmenden und eierlegenden Wollmilchsau zu verabschieden. Vielmehr scheint es angebracht zu sein, mehr Kompromisse einzugehen und gezielt nach Personen Ausschau zu halten, die vielleicht nicht alle Qualitäten, aber durchaus genügend Potenzial mitbringen, um eine Stelle auf Dauer kompetent auszufüllen. Dieses Plädoyer dafür, auch denen eine Chance zu geben, die vielleicht nicht die besten Bildungsabschlüsse haben oder sich über Umwege ihr Know-how angeeignet haben und deshalb zu den vermeintlichen B-Kandidat:innen gehören, sollten sich insbesondere die Organisationen zu Herzen nehmen, die nicht zu den attraktivsten zählen. Diejenigen, die dies schon begriffen haben, profitieren davon, denn die Fluktuationsgefahr ihrer Arbeitnehmer:innen ist geringer.

Der akute Fachkräftemangel könnte Arbeitgeber dazu verleiten, Auswahlentscheidungen sehr schnell zu treffen oder Kompromisse rasch zu akzeptieren, um freie Positionen zügig besetzen zu können. Davor soll hier ausdrücklich gewarnt werden. Eine nicht sorgfältig abgesicherte Personalauswahl kann zu kostspieligen Fehlbesetzungen führen. Auf den Punkt gebracht: Kompromisse sind bei der Personalauswahl angesichts fehlender Kandidat:innen, die allen Anforderungen umfassend gerecht werden, durchaus sinnvoll und auch zu akzeptieren; die entsprechenden Entscheidungen sollten allerdings bewusst sowie unter Abwägung aller Chancen und Risiken getroffen, nicht unter Zeitdruck übers Knie gebrochen werden.

Auch auf einen anderen Aspekt der Personalauswahl, der gerne übersehen wird, soll in diesem Beitrag hingewiesen werden. Die Personalmanager:innen tragen nicht nur Verantwortung für das Unternehmen, das sie vertreten, sondern auch für die Kandidat:innen, über deren Zukunft sie mitentscheiden. Für diese kann mit einem Unternehmenswechsel die Aufgabe eines Besitzstands beim bisherigen Arbeitgeber oder ein Umzug sowie der Verlust eines sozialen Netzwerks verbunden sein. Diese Arbeitnehmer:innen haben also ebenfalls ein berechtigtes Interesse daran, dass der zukünftige Arbeitgeber valide Verfahren einsetzt, um zuverlässig einzuschätzen, inwieweit sie für die besetzende Position fachlich geeignet sind und auch sonst gut in die neue Organisation passen.

5. Integration und Bindung neuer Mitarbeiter:innen

Eine Personalgewinnung kann streng genommen erst dann als erfolgreich bezeichnet werden, wenn eine neue Mitarbeiterin bzw. ein neuer Mitarbeiter im neuen Arbeitsumfeld vollständig integriert ist und die zu besetzende Position komplett ausfüllt. Um dies zu gewährleisten, bedarf es einer systematischen Einführung neu eingestellter Arbeitnehmer:innen, die auch als Inplacement oder Onboarding bezeichnet werden kann (Birmele et al. 2019). Dabei stehen zwei Aspekte im Mittelpunkt: die fachliche Einarbeitung in die neue Aufgabe und die soziale Integration in die Arbeitsgruppe sowie die ganze Belegschaft. Gelingt all dies, dann sind wichtige Voraussetzungen dafür gegeben, dass eine Arbeitskraft nicht nur richtig in ein Unternehmen integriert wird, sondern sich auch auf Dauer wohl fühlt und damit integriert bleibt. Eine gelungene Integration beim Start in einem neuen Unternehmen ist damit die Basis für eine anhaltende Mitarbeiterbindung.

5.1 Erfolgsfaktoren der Integration

Ein systematisches Einführungskonzept trägt entscheidend dazu bei, dass eine neu eingestellte Person zu einer leistungsfähigen, gut vernetzten und sich mit dem Unternehmen identifizierenden Mitarbeiter:in wird. Das erfolgversprechende Onboarding sollte so früh wie möglich beginnen, am besten bereits vor oder direkt zu Beginn des Rekrutierungsprozesses. Geben Arbeitgeber im Rahmen ihrer Personalmarketingaktivitäten bereits realistische Informationen im Hinblick auf die zukünftigen Tätigkeiten und das Arbeitsumfeld (Moser/ Sende 2014), gewähren sie in Verbindung mit dem Auswahlverfahren vielleicht sogar erste Einblicke, dann ist das ein erster wichtiger Schritt. Werden den frisch Rekrutierten dann noch vor dem ersten Arbeitstag im neuen Umfeld weitere wertvolle Informationen zur Verfügung gestellt oder persönliche Kontakte mit zukünftigen Kolleg:innen ermöglicht, so steigen die Chancen eines reibungslosen Einstiegs und einer schnellen Integration.

Am Tag des Arbeitsantritts sollte für den bzw. die neue Arbeitnehmer:in alles vorbereitet sein, um auch auf diese Weise ein persönliches »Willkommen« zu signalisieren. Aus einer Vielzahl von Details, auf die es seitens des Arbeitgebers zu achten gilt, seien exemplarisch ein sauberer, aufgeräumter Arbeitsplatz, der Betriebsausweis, die Arbeitskleidung oder das versprochene Firmentelefon genannt. Der/Die neue Mitarbeiter:in sollte den zukünftigen Kolleg:innen vorgestellt und mit ihren Aufgaben vertraut gemacht werden. Dieser Prozess der Orientierung ist keine Frage von Tagen. Vielmehr kann davon ausgegangen werden, dass ein:e neu eingestellte:r Arbeitnehmer:in ein Jahr und vielleicht auch noch länger benötigen kann, bis er/sie ihre Funktion kompetent ausfüllen kann und mit den anderen Beschäftigten gut vernetzt ist.

Um neuen Mitarbeiter:innen das Ankommen und die Integration zu erleichtern, sind Lösungen hilfreich, bei denen Personen unterstützen, die bereits bei dem neuen Arbeitgeber beschäftigt sind. In der betrieblichen Praxis werden Patenschaften sowie Mentoring- oder Buddyprogramme angeboten, die je nach konkreter Ausgestaltung den Fokus mehr auf die fachliche oder persönliche Integration legen. Klar ist, dass diese Aktivitäten nur dann erfolgreich sind, wenn sie von den betrieblichen Kontaktpersonen konsequent verfolgt und sich auch die neuen Arbeitskräfte aufgeschlossen zeigen. Ihnen muss bewusst sein, dass sie nur dann einen überzeugenden Beitrag zum Erfolg ihrer Organisation leisten können, wenn sie in jeder Hinsicht richtig integriert sind.

Falsche oder unvollständige Informationen im Vorfeld des Einstiegs eines oder einer neuen Beschäftigten gilt es zu vermeiden. Wird darauf nicht geachtet, dann können unrealistische Erwartungen entstehen, sowohl bei den Neulingen als auch bei deren Kolleg:innen oder Vorgesetzten. Enttäuschungen, Abwehrreaktionen und Konflikte, die nicht selten in eine Frühfluktuation münden können, sind dann vorprogrammiert. Damit es gar nicht erst soweit kommen kann, tragen alle Beteiligten Verantwortung: Die Vertreter:innen des zukünftigen Arbeitgebers, aber auch die neuen Arbeitskräfte sind gefordert, keine falschen Erwartungen zu wecken.

5.2 Ansätze zur Bindung von Mitarbeiter:innen

War es früher keine Seltenheit, dass Mitarbeiter:innen viele Jahre oder gar Jahrzehnte bei ein und demselben Arbeitgeber tätig waren, so ist die Situation inzwischen etwas anders. 25- und 40-jährige Betriebsjubiläen, die früher regelmäßig auf der Tagesordnung standen, sind heute vergleichsweise selten. Sogar zehn Jahre Beschäftigung in einem Unternehmen sind inzwischen schon etwas Besonderes. Dies liegt daran, dass Arbeitskräfte flexibler geworden sind, sich am Arbeitsmarkt immer wieder neue Chancen auftun und der Wechsel eines Arbeitgebers zur Normalität geworden ist. Musste sich z.B. früher ein:e Bewerber:in, der bzw. die in den ersten zehn Berufsjahren drei- oder viermal den Arbeitgeber gewechselt hatte, in Einstellungsgesprächen durchaus die Frage gefallen lassen, weshalb er/sie sich so häufig neu orientiert hatte, so steht heute eher die Person unter Erklärungsdruck, die eine Dekade beim selben Arbeitgeber tätig war. Dahinter steckt häufig die unausgesprochene Frage: Hatte sie keine andere Wahl? Scheut sie Veränderungen? Ist sie überhaupt offen für Neues?

Vor dem Hintergrund der Tatsache, dass es inzwischen viele Möglichkeiten gibt, um die Firma zu wechseln und dies inzwischen alles andere als ungewöhnlich ist, sind Arbeitgeber gefordert, im Rahmen eines Retentionmanagements für ihre Beschäftigen Arbeitsbedingungen zu schaffen, die diese zum Bleiben und zur anhaltenden engagierten Mitarbeit motivieren (Kanning 2017). Dazu gehört neben einem guten Betriebsklima, einer interessanten Aufgabe und einer angemessenen beruflichen Entwicklungsperspektive auch eine zufriedenstellende Führungsqualität, denn gerade Defizite in dieser Hinsicht sorgen häufig für Kündigungen. Eine gerechte Vergütung und die Möglichkeit, das Berufs- und Privatleben gut miteinander zu vereinbaren, werden von Arbeitgebern ebenfalls erwartet. Gerade in Zeiten, in denen die Grenzen zwischen Arbeitsleben und Freizeit zunehmend verschwimmen, wird es immer bedeutender, dass sich die Mitarbeiter:innen in ihrem Arbeitsumfeld und Team wohl fühlen, verwirklichen und Spaß haben können.

An Bedeutung gewinnen im Kontext der Mitarbeiterbindung auch die von den Arbeitgebern gemachten Qualifizierungsangebote. Da sich viele Arbeitnehmer:innen nicht darauf verlassen können und wollen, langfristig bei einem Unternehmen tätig zu sein, müssen sie sich um ihre eigene Employability, zu Deutsch Beschäftigungsfähigkeit, kümmern. In einem wirtschaftlichen Umfeld, in dem kaum ein Unternehmen seinen Mitarbeiter:innen eine lebenslange Anstellung zusagen kann, gewinnt dasjenige an Attraktivität, das für eine zugleich kontinuierliche und individuell angepasste Qualifizierung seiner Beschäftigten sorgt. In der Vergangenheit haben Arbeitgeber bei teuren Personalentwicklungsmaßnahmen mit ihren Arbeitnehmer:innen recht oft vertragliche Regelungen mit teilweise mehrjährigen Rückzahlungsklauseln angestrebt. So sollte vordergründig abgesichert werden, dass Bildungsinvestitionen sich amortisieren. Eigentlich ging es allerdings darum, das Personal langfristig an sich zu binden. Heutzutage werden solche Vereinbarungen zu einem Auslaufmodell, zumal sich Unternehmen, die Arbeitskräfte abwerben wollen, von entsprechenden Regelungen nicht abschrecken lassen und bereit sind, diesen mit geeigneten finanziellen Ausgleichszahlungen zu begegnen.

Angesichts der Wohnungsknappheit und der daraus resultierenden hohen Mietpreise in deutschen Ballungszentren könnte zukünftig wieder eine freiwillige betriebliche Sozialleistung an Relevanz gewinnen, die zuletzt etwas in Vergessenheit geraten ist: Betriebswohnungen. Gerade Arbeitgeber in Großstädten oder Metropolregionen denken darüber nach, so im Wettbewerb um qualifizierte Mitarbeiter:innen zu punkten und diese Personen auf diese Art auch mehr an sich zu binden.

Zusammenfassend sollte es aus Unternehmenssicht bei den Bemühungen zur Bindung der Arbeitnehmer:innen das Ziel sein, diesen ein reizvolles Gesamtpaket anzubieten, um so im Wettbewerb um qualifizierte Beschäftigte bestehen zu können. Dazu können auch attraktive freiwillige betriebliche Sozialleistungen, denen keine unmittelbare Gegenleistung der Beschäftigten in Form einer besonderen Arbeitsleistung gegenübersteht, gehören (z. B. Kantinen, Sportangebote, zusätzliche Altersversorgung). Angesichts der damit teilweise verbundenen erheblichen Kosten sind allerdings auch Vorsicht und Augenmaß geboten, bevor entsprechende Zusagen gemacht werden, denn mit einem großzügigen Angebot könnten Gefahren einhergehen. Zwei Argumente sind hier zu bedenken: Einerseits muss das Unternehmen in der Lage sein, die Ausgaben auch in wirtschaftlich schwierigeren Zeiten zu tragen, weil andernfalls bei einem Sparkurs bei den Mitarbeiter:innen eine Frustrations- und Abwanderungswelle droht. Andererseits sollte auch vermieden werden, dass die angebotenen betrieblichen Sozialleistungen so attraktiv sind, dass sie zum Hauptanziehungspunkt eines Arbeitgebers werden – dann bestünde nämlich die Gefahr, dass dort viele Menschen einsteigen und dauerhaft verbleiben, die durch diese Zusatzleistungen vielleicht mehr angezogen werden als durch die angebotenen Tätigkeiten. Ob so die Basis für Topleistungen geschaffen würde, wäre dann zumindest fraglich.

6. Fazit und Ausblick

Mit diesem Beitrag konnte gezeigt werden, dass Arbeitgeber eine Vielzahl von Aspekten zu beachten haben, wenn sie qualifizierte Mitarbeiter:innen rekrutieren und langfristig als Leistungsträger:innen an sich binden wollen. Gerade in Zeiten, in denen gute Fach- und Führungskräfte in vielen Bereichen sehr begehrt sind, sind damit einige Herausforderungen verbunden, denen nur professionell agierende Unternehmen richtig begegnen können.

Dieser Beitrag ist mitten in der Coronakrise entstanden. Was hat dies zu bedeuten? Oder: Wie wirkt sich dies auf das Personalmanagement und die Rekrutierung sowie Bindung von Mitarbeiter:innen aus? Über viele Jahre hinweg hatten Entwicklungen wie die Globalisierung der Wirtschaft, der demografische Wandel und der damit zusammenhängende Fachkräftemangel die Überlegungen zu den zukünftigen Herausforderungen des Personalmanagements geprägt. Bis zu Beginn der Pandemie hat es danach ausgesehen, dass die Konsequenzen der zunehmenden Digitalisierung, der Klimaveränderungen und des auch dadurch in vielen Industriebereichen ausgelösten Strukturwandels den Diskussionen zur zukünftigen Ausrichtung des HR-Managements ihren Stempel aufdrücken sollten. Auch die veränderten Erwartungen vieler Arbeitnehmer:innen an ihr Berufsleben waren dabei ein wichtiger Gesichtspunkt.

Die Coronakrise hat dafür gesorgt, dass die Uhren neu gestellt werden. Gerade in der Arbeitswelt hat sich einiges sehr schnell verändert. Neue Themen spielen plötzlich eine Rolle. Vieles wird jetzt hinterfragt, worüber zuvor noch nicht wirklich nachgedacht worden war. Nicht nur die Wertschätzung für bislang eher vernachlässigte Berufsgruppen hat zugenommen. In vielen Bereichen wurden Arbeitsweisen revolutioniert, die Art der Kommunikation und Kooperation auch. Es hat sich gezeigt, dass viele Aufgaben mit digitaler Unterstützung mühelos von irgendwo aus wahrgenommen werden können. Homeoffice ist angesagt, viele Büros sind monatelang verwaist geblieben. Die erforderliche technologische Infrastruktur wurde auf- und ausgebaut, die Arbeitnehmer:innen haben sich damit vertraut gemacht und versuchen, sogar den fehlenden persönlichen Kontakt online zu kompensieren. Die Unternehmen haben parallel feststellen können, dass die mit erheblichen Kosten verbundenen Reisen zu Treffen mit Kunden oder ausländischen Kolleg:innen eingespart werden können. Wie sich all diese Entwicklungen und Erfahrungen in der Nach-Corona-Zeit auf den quantitativen und qualitativen Personalbedarf auswirken werden, ist noch schwer abzuschätzen. Es kann aber gut sein, dass sich gewisse Berufsbilder erheblich wandeln werden.

Digitale Lösungen hatten im Personalmanagement schon vor der Pandemie Konjunktur (Petry/Jäger 2018; Mülder 2018; Schwaab/Jacobs 2018). Das Coronavirus erweist sich jetzt zusätzlich als ein wahrer Digitalisierungsbooster. Wird jetzt auch in der Personalgewinnung, in der in den letzten Jahren schon zahlreiche moderne Technologien schrittweise Einzug gehalten haben (Herrmann et al. 2020), alles digital? Nein, nicht alles, aber doch einiges. Während es Sinn macht, den Rekrutierungsprozess bis zum Bewerbungseingang so digital wie möglich zu gestalten, legen Bewerber:innen nach wie vor großen Wert darauf, es spätestens danach mit Menschen zu tun zu bekommen (Hansen et al., 2020). Dabei können zwar auch technologiegestützte Lösungen wie z. B. Videokonferenzsysteme unterstützend eingesetzt werden, doch zeichnet sich ab, dass es in der Personalrekrutierung soziale Grenzen der Digitalisierung geben könnte. Der persönliche Kontakt darf nicht zu kurz kommen, wenn neue Mitarbeiter:innen gewonnen werden sollen. Wenn sich Arbeitgeber im Wettbewerb um Fach- und Führungskräfte gegen ihre Konkurrenten durchsetzen wollen, müssen sie konsequent auf die Wünsche ihrer Kund:innen achten – und für diese gehört zu einem professionellen Bewerbungsmanagement nach wie vor auch die Möglichkeit, bei Bedarf einfach auf kompetente Ansprechpartner:innen im HR-Bereich zugehen zu können.

Und wie sieht es mit der Integration neuer Mitarbeiter:innen und deren dauerhaften Bindung ans Unternehmen aus? Während der Coronapandemie mussten viele Firmen erkennen, dass die Integration neuer Arbeitnehmer:innen besonders herausfordernd ist, wenn sich der persönliche Kontakt mit den neuen Kolleg:innen nicht automatisch am Arbeitsplatz ergibt. Auch hier können zwar digitale Lösungen helfen, doch bleibt abzuwarten, inwieweit auf dieser Basis tatsächlich eine erfolgreiche Integration und nachhaltige Bindung der Arbeitnehmer:innen gelingen kann.

Abschließend bleibt festzuhalten: Die Personalgewinnung und die Integration neuer Arbeitskräfte wird zweifelsohne immer digitaler. Dies darf aber nicht gleichbedeutend sein mit unpersönlich. Vielmehr müssen die Arbeitgeber alles daransetzen, die technologischen Lösungen im Personalmanagement konsequent kundenorientiert zu gestalten und zu nutzen, wie es bereits Appel und Wahler (2020) gefordert haben. Entscheidend ist, dass diese digitalen Lösungen im Zusammenspiel mit den persönlichen Kontakten potenzielle neue Mitarbeiter:innen gezielt anlocken, überzeugen und schließlich auch erfolgreich integrieren, um so eine gute Basis für eine langanhaltende, fruchtbare Zusammenarbeit zu legen.

7.   Literatur

Appel, W./Wahler, M. (2020): Chancen und Risiken der HR-Digitalisierung. Personalführung, 53(4), S. 12–19.

Armoneit, C./Schuler, H./Hell, B. (2020): Nutzung, Validität, Praktikabilität und Akzeptanz psychologischer Personalauswahlverfahren in Deutschland 1985, 1993, 2007, 2020. Zeitschrift für Arbeits- und Organisationspsychologie, 64 (2), S. 67–82.

Birmele, C./Bömers, J./Merklin-Wendle, A./Pohl, F./Lemke, V. (2019): Perfekter Job-Start dank Onboarding. Freiburg: Haufe.

Hansen, M./Heming, J./Hermann, A./Kurzhals, Y./Zimmermann, T. (2020): Sind wir jetzt digital? Digitales Bewerben und Recruiting im Fokus. Recruiting Insights by StepStone & BPM. *https://www.bpm.de/sites/default/files/stst_bpm_digitales_rec_web01.pdf* (22.10.2020).

Hausknecht, J. P./Day, D. V./Thomas, S. C. (2004): Applicant reactions to selection procedures: An updated model and meta-analysis. Personnel Psychology, 57, S. 639–683.

Herrmann, K./Ritter, J. K./Baier, M./Sadowski, R. (2020): BPM-Berufsfeldstudie »People & Organization 2020«. Präsentation ausgewählter Ergebnisse auf dem Personalmanagementkongress 2020 am 15.09.2020. *https://www.dgfp.de/fileadmin/user_upload/DGFP_e.V/Medien/Publikationen/2020/DGFP_BFS-PeopleOrganization2020_PMK.pdf* (21.10.2020).

Jäger, W. (2018): Digitalisierung im Recruiting (Recruiting 4.0). In: Petry, T./Jäger, W. (Hrsg.): Digital HR: Smarte und agile Systeme, Prozesse und Strukturen, S. 213–223. Freiburg: Haufe.

Jäger, W./Petry, T. (2018): Digital HR – Ein Überblick. In: Petry, T./Jäger, W. (Hrsg.): Digital HR: Smarte und agile Systeme, Prozesse und Strukturen, S. 27–99. Freiburg: Haufe.

Kanning, U. P. (2017): Personalmarketing, Employer Branding und Mitarbeiterbindung – Forschungsbefunde und Praxistipps aus der Personalpsychologie. Berlin: Springer.

Klinger, S./Fuchs, J. (2020): Wie sich der demografische Wandel auf den deutschen Arbeitsmarkt auswirkt. IAB-Forum 02.06.2020.

Moser, K./Sende, C. (2014): Personalmarketing. In: Schuler H./Kanning P.U. (Hrsg.): Lehrbuch der Personalpsychologie, 3. Aufl., S. 99–148. Göttingen: Hogrefe.

Mülder, W. (2018): Überblick zu Potenzialen neuer Technologien für HR. In: Petry, T./Jäger, W. (Hrsg.): Digital HR: Smarte und agile Systeme, Prozesse und Strukturen, S. 103–123. Freiburg: Haufe.

Scholz, C. (2014a): Generation Z: wie sie tickt, was sie verändert und warum sie uns alle ansteckt. Weinheim: Wiley.

Scholz, C. (2014b): Personalmanagement, 6. Aufl. München: Vahlen.

Schuler, H. (2014). Psychologische Personalauswahl – Eignungsdiagnostik für Personalentscheidungen und Berufsberatung, 4. Aufl. Göttingen: Hogrefe.

Schwaab, M.-O./Durian, A. (2017): Vom Zeitarbeitsunternehmen zum Personaldienstleister der Zukunft. In: Schwaab, M.-O./Durian, A. (Hrsg.): Zeitarbeit, 2. Aufl., S. 359–377. Wiesbaden: Springer Gabler.

Schwaab, M.-O./Jacobs, V. (2018): Auswirkungen der Digitalisierung auf die Organisation des HR-Bereichs. In: Appel, W./Wahler, M. (Hrsg.): Die digitale HR-Organisation, S. 61–74. Köln: Luchterhand.

Schwaab, M.-O./Schäfer, W. (2013): Zuwanderung: Neue Herausforderungen für das Personalmarketing. PERSONALquarterly, 65(2), 34–39.

Verhoeven, T. (2020): Digitale Candidate Experience. In: Verhoeven, T. (Hrsg.): Digitalisierung im Recruiting, S. 51–66. Wiesbaden: Springer Gabler.

Weitzel, T./Maier, C./Weinert, C./Pflügner, C./Oehlhorn, C./Wirth, J./Laumer, S. (2020): Social Recruiting und Active Sourcing. Centre of Human Resources Information Systems. Bamberg. *https://media.newjobs.com/id/hiring/419/page/ Recruiting_Trends_2020/Studien_2020_Social_Recruiting.pdf* (22. 10. 2020)

Dirk Schulte/Denny Broßat

Nächster Halt: Update Recruiting, BVG

Inhaltsübersicht

1. Einleitung

Die Berliner Verkehrsbetriebe (BVG) als Anstalt des öffentlichen Rechts (AöR) sind das größte kommunale Nahverkehrsunternehmen im deutschsprachigen Raum und zugleich der viertgrößte Arbeitgeber Berlins. Mit 15 300 Beschäftigten im Konzern hält die BVG die Berliner Hauptstadt im Takt. Dabei schlägt die BVG denselben Takt wie Berlin und das 24 Stunden sowie 7 Tage die Woche. Eine Umstellung des Recruitings wurde nötig, da die BVG in der Vergangenheit aufgrund eines intensiven Personalabbaus nur sehr wenige externe Einstellungen vorgenommen hatte. Die größte Herausforderung im Jahr 2015 stellte die Besetzung der bis Ende 2027 freiwerdenden 3227 Stellen, wovon 2067 Fach- und Führungspositionen betreffen, dar. Der Personalbestand der BVG wurde seit der »Wende« und damit der Zusammenführung der BVG (West) und der BVB (Ost) zur BVG AöR innerhalb von 15 Jahren knapp halbiert. Es wurde also kaum Personal eingestellt. In einem nennenswert größeren Umfang wurden lediglich ca. 120 Azubis pro Jahr eingestellt. Eine Aufgabe, die es zu bewältigen galt, war die Umwandlung des sogenannten Bewerbermanagements hin zu einem modernen Personalmarketing und Recruiting.

Eine konsequente Nachfolgeplanung, bei der ein Überblick über die altersbedingten Abgänge erstellt wird, hilft dabei einen Blick in die Zukunft zu werfen, um zu wissen wie viele Stellenbesetzungen in den kommenden Jahren anstehen. Allerdings ist damit nur der absehbare Personalbedarf abgedeckt. Hinzukommen Fluktuation und im Falle der BVG auch ein Personalaufbau. Doch allein der Blick in die altersbedingte Nachfolgeplanung verriet 2015, dass bis 2027 insgesamt 3027 Stellen nachbesetzt sein mussten. Das entsprach durchschnittlich 270 Stellen pro Jahr, und zwar nur an altersbedingten Nachbesetzungen. Diese Entwicklung erfolgt allerdings nicht linear, sondern exponentiell. Daraus folgt, dass hinten heraus am Ende des Zeitstrahls immer mehr Stellenbesetzungsverfahren durchgeführt werden müssen, da die Altersstruktur durch geburtenstarke Jahrgänge und den bereits erwähnten Einstellungsstopp sowie den Personalabbau nicht gleichmäßig verteilt war bzw. ist.

Zu der altersbedingten Nachfolgeplanung kommen die Stellenbesetzungen aufgrund von Fluktuation. Die sich ändernden Bedingungen auf dem Arbeitsmarkt hin zu einem arbeitnehmerorientierten Arbeitsmarkt mit starker Fokussierung auf den Fachkräftebedarf, sorgen dafür, dass die Wechselbereitschaft bei den Beschäftigten steigt. Im Vergleich zu anderen Bereichen zeichnen sich die Beschäftigten im Umfeld des öffentlichen Dienstes allerdings eher durch ihre Beständigkeit, in Form einer durchschnittlichen Betriebszugehörigkeit von 22 Jahren, aus. Im Vergleich mit anderen Branchen ist die Wechselbereitschaft, gemessen an der Fluktuation in Form von arbeitnehmerseitigen Kündigungen, aber auf einem sehr niedrigen Niveau.

Ein Aspekt, der für die BVG in puncto Stellenbesetzungen in den letzten Jahren ebenfalls relevant wurde, ist das Thema der wachsenden Stadt und der Mobilitätswende, die dafür sorgen, dass die Anforderungen an den ÖPNV in Berlin und damit auch den Personalbedarf steigen. So wurde durch Personalmehrbedarfe, Fluktuation und altersbedingte Nachfolgeplanung im Jahr 2019 ein Rekord von über 1800 Stellenbesetzungen erreicht. Um diese Fülle an Aufträgen zu stemmen, braucht es optimierte Prozesse, digitale Unterstützung und ein gutes Team an Recruiter:innen.

Doch nicht nur die Vielzahl an Stellenbesetzungen ist eine Herausforderung für das Recruiting. Neben dem demografischen Wandel erhöht der Fachkräftemangel den Druck und damit den Wettbewerb um geeignete Talente, also Menschen mit passenden und dringend benötigten Fähigkeiten und Kompetenzen. Eine Bedarfsunterdeckung bei bestimmten Zielgruppen führt zu einem erhöhten Risiko in der betrieblichen Stabilität. Die betriebliche Stabilität des Mobilitätsangebotes hätte wiederrum Auswirkungen auf das Kerngeschäft des Unternehmens. Ein unzuverlässiger Takt z. B. durch personalbedingte Ausfälle bei den Fahrer:innen führt zu unzufriedenen Kund:innen und Kündigungen von Abonnementverträgen. Ähnlich verhält es sich bei fehlendem Werkstattpersonal, denn dann werden Instandhaltungsaufgaben bei Omnibussen, U-Bahnen und Straßenbahn verschoben oder in reduzierter Form ausgeführt, was zu technischen Ausfällen und damit zu einem instabilen Mobilitätsangebot in Form von technisch bedingten Ausfällen führt. Ebenso verhält es sich mit fehlenden Beschäftigten für die Instandhaltung der Verkehrsinfrastruktur oder der IT-Stabilität. Unzufriedene Kund:innen, welche dem ÖPNV in letzter Folge abschwören, verändern ihren Modal-Split zu Ungunsten des ÖPNV-Angebotes in Richtung des motorisierten Individualverkehrs. Das wiederrum hat Einfluss auf die Erreichung der Klimaziele des Stadtstaates Berlin.

2. Neue Anforderungen durch veränderte externe Rahmenbedingungen

Zu den betrieblichen Themenstellungen kommen neue veränderte Anforderungen. Früher existierte ein Mangel an Ausbildungsplätzen, heute eine Mangel an qualifizierten Schulabsolventen:innen. Kandidaten:innen wurden durch die post and pray-Methode (Anzeige schalten und beten) gesucht, moderne Unternehmen umwerben Kandidaten:innen per Active Sourcing (zielgerichtete Identifizierung vielversprechender Mitarbeiter:innen über individuelle Recruitingkanäle). Somit verlieren Karrierewebseiten als wichtigster Recruitingkanal an Bedeutung und Online-Jobbörsen werden wichtigste Quelle der Neueinstellung. Mittlerweile herrscht ein erhöhter Wettbewerbsdruck um qualifizierte Talente (war for talents), demgegenüber konnten Unternehmen früher aus einem großen Pool an Talenten schöpfen. Die Beständigkeit eines Arbeitsverhältnisses (ein Arbeitgeber auf Lebenszeit) verändert sich hin zu einer höheren Wechselbereitschaft sowie lebensphasenorientierten Arbeitszeitmodellen. Gleichzeitig sind Status und eine entsprechende Vergütung nicht mehr nur das ausschlaggebende Kriterium, sondern eine wachsende Bedeutung von Kollegialität, Führungsstil, Unternehmenswerten und Entwicklungschancen stehen im Vordergrund.

3. Start einer kontinuierlichen Verbesserung mit dem Projekt Recruitinghouse

Aufgrund der Wichtigkeit und Dringlichkeit der genannten Rahmenbedingungen wurde das Projekt Recruitinghouse ins Leben gerufen. Mit dem Start des Projektes im August 2015 ging es von Anfang an nicht um ein reines Umorganisationsprojekt, sondern vielmehr um den Beginn zur Transformation des gesamten Personalbereichs. Den Fokus bildete allerdings zuerst das Recruiting, das unter Hochdruck bearbeitet und bereits bis September 2017 abgeschlossen werden sollte. Die Herausforderung bestand darin, das Bewerberbüro, das über Jahre die Fähigkeit Initiativbewerbungen aufgrund des Einstellungsstopps freundlich abzulehnen perfektioniert hatte, zu einem modernen Bewerbermanagement und im nächsten Schritt zu einem kundenorientierten Recruitingdienstleister umzuwandeln.

Ziel des Projekts war die Sicherstellung der Stabilität des Betriebs im mittelfristigen Planungszeitraum durch wettbewerbsfähige Positionierung in den relevanten Arbeitsmärkten, sowie die effektive und effiziente Suche und Auswahl von Mitarbeiter:innen, Fach- und Führungskräften.

Um dies zu erreichen, wurden folgende Unterziele definiert: Etablierung neu definierter Recruiting Rollen, Implementierung des Soll-Prozesses unter Berücksichtigung der neuen Recruiting Rollen, Umsetzung der definierten IT-Anforderungen, Einführung steuerungsrelevanter KPIs, Etablierung neuer Auswahldiagnostik und -instrumente sowie die Durchführung von Qualifizierungsmaßnahmen für alle neu definierten Rollen.

Bei der Etablierung neuer Rollen im Recruiting wurde zwischen sogenannten Recruitingmanager:innen und Recruitingkoordinator:innen unterschieden. Ein/e Recruitingmanager:in ist der direkte Kontakt zu den Bewerber:innen und Kund:innen, führt unter anderem das Einstellungsgespräch und hilft bei der Einstellungsentscheidung. Ein:e Recruitingkoordinator:in kümmert sich um alle Angelegenheiten rund um die Einstellung, z. B. um organisatorische Details. Eine weitere Rolle, die explizit betrachtet und beschrieben wurde, ist die bzw. der Kund:in. Auch wenn es sich beim Recruiting um eine interne Abteilung innerhalb der BVG handelt, bietet diese Leistungen an, die von den Fachbereichen nachgefragt werden. Damit sind die Führungskräfte des Unternehmens die Kund:innen des Recruitings und müssen als solche auch einen entsprechenden Kundenservice bekommen.

Aufbauend auf der strategischen Personalbedarfsplanung werden proaktiv mit dem Kunden Recruitingkonzepte entwickelt und umgesetzt. Das Augenmerk liegt dabei insbesondere auf den risikorelevanten Zielgruppen im Kontext der betrieblichen Stabilität. Für die BVG sind das die Fahrer:innen, aber auch

IT-Fachkräfte und Ingenieure etc. Eine konsequente Ausrichtung am Bedarf des Kunden sichert die spätere passgenaue Besetzung der Vakanz.

Sämtliche Aktivitäten im Marketing sowie Maßnahmen (Produktportfolio) im Recruiting zahlen am Ende des Tages auf die erfolgreiche und passgenaue Besetzung von Vakanzen ein. Eine Positionierung der BVG als attraktiver Arbeitgeber am Markt in und über die Stadtgrenzen Berlins hinaus ist dabei essenziell, um Talente auf die BVG aufmerksam zu machen. Neben passenden Marketingmaßnahmen sind allerdings zufriedene und engagierte Mitarbeiter:innen die besten Botschafter:innen für das Unternehmen. Aus diesem Grund wurde ein Mitarbeiterempfehlungsprogramm aufgesetzt um die Beschäftigten aktiv an der Suche zu beteiligen, wenn sie einen vielversprechenden Kandidaten in ihrem Bekanntenkreis haben.

Standardisierte und optimierte Recruitingprozesse (u. a. end-to-end), sowie ein entsprechender IT-workflow unterstützen den Besetzungsprozess. Projekte zur Digitalisierung und Straffung von Standardprozessen zur Personalauswahl sollten darauf fokussieren, Ineffizienzen im Prozessablauf aufzudecken und nach Möglichkeit zu beseitigen. Eine Definition von Kennzahlen sowie eine systemgestützte Auswertung ermöglichen ein kontinuierliches Monitoring des Prozesses und somit einen kontinuierlichen Verbesserungsprozess. Um die Kennzahlen immer im Blick zu haben, eignet sich ein entsprechendes Dashboard, das Kennzahlen tagesaktuell anzeigt und den Recruiter:innen offenlegt, ob der Prozess stabil läuft und ob z. B. ausreichend Bewerbungen generiert werden.

4. Standardisierte Vorgehensweise

Da die BVG ein mitbestimmtes Unternehmen ist, wurden die Standards für die Personalauswahl mit den Arbeitnehmervertretungen erarbeitet und abgestimmt. Im Rahmen einer betrieblichen Vereinbarung sind die einzelnen Schritte des Recruitingprozesses definiert sowie mögliche Instrumente der Vorauswahl und der Auswahl beschrieben:

Abbildung 2: Schritte Recruitierungsprozess

Quelle: BVG, Unternehmenspräsentation - Recruiting-Prozess im Überblick, 29.05.2018.

In der BVG unterscheiden sich diese Prozesse je nach Zielgruppe. Die BVG beschäftigt insgesamt über 486 Berufsgruppen. Dabei sind Busfahrer:innen und U-Bahnfahrer:innen genauso wie Ingenieur:innen und Projektleitungen, aber auch Kantinenpersonal und Verwaltungsmitarbeiter:innen. Da der Bedarf an Fahrer:innen in der Regel größer ist als z. B. an Informatiker:innen unterscheiden sich die Recruitingprozesse für die beiden Zielgruppen. So kommt bei den Fahrer:innen während der Vorauswahl ein Online-Test zum Einsatz, während bei den Informatiker:innen stärker auf die Bewerbungsunterlagen geschaut und eine genaue Bewertung vorgenommen wird. Auch nachdem feststeht, wer zum persönlichen Gespräch erscheinen soll, weichen die Prozesse voneinander ab. Für die Positionen, für die meist nur eine oder wenige Stellen zu besetzen sind, kommt das klassische Bewerbungsgespräch oder Fachinterview zum Einsatz. Dabei gibt es einen kompetenzbasierten Teil, bei dem spezifische Fragen gestellt werden, um bestimmte Kompetenzen, die der/die Bewerber:in mitbringen soll, zu prüfen. Den Rahmen bildet dabei das Basisprofil für Mitarbeiter:innen und Führungskräfte.

Das Basisprofil bildet die Mindestanforderungen an alle Beschäftigten der BVG ab und definiert diese Anforderungen. Es funktioniert wie ein Baukastensystem und setzt sich zusammen aus Basis-, Führungs- und rollenspezifischen Kompetenzen. In einer unternehmensweiten Anforderungsanalyse der internen Personalentwicklung wurden die wichtigsten überfachlichen Anforderungen definiert in Kooperationsfähigkeit, Selbstreflexion, Ziel- und Ergebnisorientierung, Kunden- und Serviceorientierung, Kommunikationsfähigkeit und Veränderungsfähigkeit. Für die Führungskräfte ergeben sich ergänzende Anforderungen wie Mitarbeitermotivation und Mitarbeiterentwicklung. Über die kompetenzbasierten Fragen hinaus werden je nach künftigem Einsatzort auch Fachfragen gestellt, um die Fachexpertise zu prüfen. Dies kann ergänzt werden durch eine Praxisaufgabe, bei der die Bewerber:innen entweder zuhause oder am Tag des Gesprächs eine kleine Aufgabe aus der Praxis des künftigen Arbeitsplatzes lösen sollen.

Bei bestimmten erfolgskritischen Positionen (z. B. Projektleitungen) kann in Abstimmung mit dem Recruiting auch ein Einzel-Assessment-Center durchgeführt werden. In dem Fall gibt es komplexere Fallbeispiele zu lösen und, sofern passend, auch eine Gesprächssimulation.

Demgegenüber steht bei der Besetzung der Fahrpositionen im Vordergrund, den Bewerber:innen den künftigen Arbeitsalltag näher zu bringen, z. B. eine Fahrprobe zu absolvieren oder einen Rundgang über den Betriebshof zu machen. Das Kennenlernen findet hierbei über ein sogenanntes Speed-Dating statt, bei dem die Recruiter:innen Gelegenheit haben, sich in kurzer Zeit ein Bild über den/die Bewerber:in zu machen.

Die jeweiligen Bestandteile des Auswahlverfahrens fließen in eine Gesamtbewertung ein, die darüber entscheidet, wer den Zuschlag erhält und bei der BVG einsteigen darf. Dabei gilt klar das Prinzip der Bestenauslese. Der Bewerber oder die Bewerberin, der bzw. die die beste Eignung, Befähigung und fachliche Leistung mitbringt, kann sich freuen, bald die Mobilitätswende in Berlin mitzugestalten.

Eines ist im Recruitingprozess bei der BVG, unabhängig von der zu besetzenden Berufsgruppe, immer wichtig: die enge Zusammenarbeit mit den Arbeitnehmervertretungen. Sowohl zum Text der Ausschreibung, zur Vorauswahl (welche Kandidat:innen sollen eingeladen werden) sowie zur Einstellung gibt es enge Abstimmungen zwischen dem Recruiting und der Frauenvertretung, der Schwerbehindertenvertretung sowie dem Personalrat.

Exkurs: Künstliche Intelligenz in der Personalauswahl – algorithmische Systeme für das Recruiting (von Steffen Fischer)

Wenn man sich heute mit Recruiting & Onboarding beschäftigt, darf ein Exkurs zu Künstlicher Intelligenz (KI) nicht fehlen, auch wenn es aktuell nur wenige Beispiele echter, das heißt selbst lernender HR-KI im Alltag des/der operativen Personalers/Personalerin gibt. Im allgemeinen Sprachverständnis versteht man heute unter KI im weitesten Sinne Software, die die Entscheidungsstrukturen des Menschen nachbildet, so dass eigenständige Probleme und komplexe Aufgaben gelöst werden. Im Personalgewinnungsprozess können grundsätzlich folgende automatisierten HR-Themenfelder mit KI-Einsatz unterschieden werden:

1. **externe Arbeitsmarktanalysen** (z. B. »BIG-Data-Analysen«: Verarbeitung und Aufbereitung riesiger Datenmengen aus Internetquellen, u. a. um die gesuchten Anforderungsprofile mit dem öffentlichen Arbeitsmarkt und Universitätsabschlüssen zu matchen)
2. **interne Talentanalyse** (im Wesentlichen wie externe Arbeitsmarktanalyse, nur dass die Datenmengen aus internen bislang nicht genutzten oder nicht vernetzten Quellen gesammelt werden, wie z. B. Intranet-Foren oder Weiterbildungsplattformen)
3. **Personalmarketing** (Erhöhung der Attraktivität und Sichtbarkeit der Arbeitgebermarke durch Multi-Channel-Streuung bis hin zur Optimierung der Stellenausschreibung durch Auswertung und Verwendung attraktiver und die Bewerber:innen individuell ansprechender Formulierungen)
4. **aktive Personalsuche** (z. B. Auswerten von Internetprofilen und digitale Ansprache von Kandidat:innen)
5. **automatisierte Bewerbervorselektion** (eingehende Bewerbungen werden nach Relevanz geordnet, automatisierte Einladungen generiert)
6. **automatisierte Bewerberkommunikation** (Chatbots navigieren die Bewerber:innen durch das Verfahren, starten Assessments und ermitteln Skills)

Bei der Diskussion über den Einsatz von KI-Lösungen werden zurecht viele ethisch-moralische und datenschutzrechtliche Fragen gestellt: Alle Nutzer einer KI im Auswahlverfahren wollen die Funktionsweise des Algorithmus »in der Blackbox« einigermaßen nachvollziehen: Schafft KI in HR eher eine erhöhte Objektivität und Fairness oder gibt es auch unerkannte Effekte, die zu ungewollten Benachteiligungen bestimmter Gruppen führen? Gibt es messbare Optimierungen und was funktioniert technisch? Es macht hochgradig Sinn, sich mit diesen Fragen und konkreten Anwendungen zu beschäftigen.[1] Denn eines steht fest: KI in HR kommt und digitale Kenntnisse gehören heute zur Pflichtkompetenz eines modernen Personalers oder einer modernen Personalerin.

5. Onboarding

Passgenaue Marketing- und Recruitinginstrumente sind erste wichtige Schritte bei der Besetzung von Vakanzen; zielgruppenspezifische Onboarding-Prozesse sorgen anschließend dafür, dass neue Mitarbeiter:innen sich willkommen fühlen und gut informiert und motiviert im Unternehmen starten.

---

[1] Wer eine erste Orientierung sucht, dem sei die Seite *www.ki-hr-lab.com* ans Herz gelegt: Hier finden sich über 50 KI/HR-Beispiele allein im Recruiting und man kann sich so der Materie nähern.

Es geht beim Onboarding aber nicht nur um den Eindruck am ersten Tag, auch wenn dieser immens bedeutend ist. Eine systematische Integration neu eingestellter Mitarbeiter:innen ist notwendig und wird bei der BVG in einem End-to-End-Prozess geregelt. Alle Prozessbeteiligten sind eng verzahnt und schauen ganzheitlich, also bereits im Bewerberstadium, auf die Willkommenskultur. Regelmäßig befragt die BVG ihre neuen Mitarbeiter:innen zu ihren Erfahrungen beim »an Bord kommen«, um das etablierte Vorgehen zu reflektieren. Nach Bedarf werden aus den Erkenntnissen die Onboarding-Maßnahmen nachgeschärft.

Innerhalb des Onboarding-Prozesses werden den jeweiligen Fachbereichen Checklisten in Kombination mit dem ergänzenden »Leitfaden – Erfolgreiche Einarbeitung neuer Mitarbeiter:innen« und den Einarbeitungsplänen bereitgestellt. Mit diesen Instrumenten werden praktikable Anregungen und Hinweise für eine erfolgreiche Gestaltung des Einarbeitungsprozesses gegeben. Viele Punkte, die zur systematischen Einführung neuer Mitarbeiter:innen gehören, sind im Prinzip bekannt. Sie wiederholen sich in der Praxis häufig. Allerdings gehen diese Anforderungen im Tagesgeschäft oft unter, das heißt, sie werden vielfach nur intuitiv und unvollständig berücksichtigt. Deshalb wurden für die verantwortlichen Führungskräfte Checklisten entwickelt, die die systematische Planung und Steuerung des Prozesses erleichtern sollen. Hieraus können im Einzelfall diejenigen Punkte herausgegriffen, vertieft und ergänzt werden, die in der jeweils spezifischen Situation angemessen sind.

Die Einarbeitung kann zunächst in drei Phasen gegliedert werden: Phase I: Vor dem ersten Tag, Phase II: Der erste Tag – Orientierung, Phase III: Einarbeitung und Probezeit. In Phase I geht es verstärkt um organisatorische Erledigungen des Fachbereichs, so dass am ersten Arbeitstag des zukünftigen Beschäftigten z. B. Arbeitskleidung, technische Ausstattung oder Laufwerksberechtigungen vorhanden sind. In Phase II geht es vor allem um das Vertrautmachen mit der neuen Umgebung und praktischen Dingen wie z. B. den Flucht- und Rettungsplan oder das Kennenlernen der direkten Kolleg:innen. In Phase III geht es vornehmlich um die erfolgreiche Einarbeitung.

6. Zielgruppenorientiertes Onboarding am Beispiel: Busfahrer:innen bei der BVG

Das Prinzip *one-size-fits-all* kann beim Thema Onboarding nicht funktionieren. So unterschiedlich die Berufsgruppen sind, so unterschiedlich sind auch die jeweiligen Bedürfnisse in der Startphase.

Bei der Eingliederung von neuen Busfahrern:innen hat die BVG in den vergangenen Jahren viel verändert. Die Herausforderungen sind vor allem für Berufseinsteiger:innen vielfältig, es ist wie ein Sprung ins kalte Wasser: enge Fahrzeiten, anspruchsvolle Fahrgäste, der Berliner Straßenverkehr, die unterschiedlichen Fahrzeugtypen und die Kassentechnik, das ist für viele Neuland und darf nicht zu einer Überforderung führen. Hier ergibt sich eine besondere Verantwortung, die auf den Führungskräften und speziell dafür geschulten Mitarbeiter:innen des Busbereichs liegt.

Onboarding beginnt im Bereich Omnibus bereits spürbar für die zukünftigen Busfahrern:innen am Auswahltag. Ein qualifiziertes Onboardingteam des Busbereiches unterstützt das Recruiting am Auswahltag und entscheidet, wer ins Team passt. Die Bewerber:innen lernen somit bereits zu diesem frühen Zeitpunkt wichtige Ansprechpartner:innen ihres potenziell neuen Arbeitgebers kennen und können im Rahmen eines Rundgangs auf dem Betriebshof Einblicke in das Leben eines/einer Busfahrer:in gewinnen.

Haben sie das Auswahlverfahren erfolgreich absolviert, werden sie am ersten Arbeitstag im Rahmen einer Willkommensveranstaltung von ihren neuen Führungskräften und dem Onboardingteam begrüßt. Bei dieser Veranstaltung geht es vor allem darum, sich untereinander, aber auch die Führungskräfte und Ansprechpartner:innen der Arbeitnehmervertretung kennenzulernen. Das »Wir-Gefühl« entsteht und sie bekommen einen ersten Eindruck vom Unternehmen, von dem sie ab sofort ein wichtiger Teil sind.

Auch nach der Qualifizierung zur/zum Busfahrer:in werden die neuen Kolleg:innen eng betreut. Am ersten Arbeitstag auf ihrem Betriebshof begrüßt sie das Onboardingteam, informiert über ihren neuen Wirkungsbereich und vermittelt ihnen die persönlichen Fahrpläne der nächsten Tage, Wochen und Monate. Speziell ausgebildete Lehrfahrer:innen begleiten die Neuankömmlinge in den nächsten bis zu 18 Tagen (je nach Bedarf und Vorerfahrungen) und geben wichtige Tipps für das operative Tagesgeschäft. Nach erfolgreich absolvierter Lehrfahrerzeit sind die neuen Kolleg:innen in der Lage, den täglichen Einsatz im Linienverkehr allein zu meistern und haben nebenbei ein umfangreiches Netzwerk aufgebaut.

V. Potenziale fördern: die Mitarbeiter:innen im Blick der Organisationsentwicklung

Stefanie Hiestand/Shana Rühling

Personalentwicklung im Spannungsfeld individuellen Lernens und betrieblicher Organisationsentwicklung

Inhaltsübersicht

1. Thematische Einordung

Organisationen sind vor dem Hintergrund sich wandelnder Anforderungen (z. B. Digitalisierung, Subjektivierung und Ambiguitäten) gefordert, ihre Struktur und Kultur neu zu denken und innovativ anzupassen. Betriebliche Change-Projekte scheitern jedoch häufig an der konkreten Umsetzung, da Beschäftigte weiterhin nach ihren gewohnten Handlungs- und Deutungsmustern agieren (vgl. Moldaschl 2009). Damit äußern sie rationalen, politischen oder emotionalen Widerstand gegen diese »von oben« vorgegebenen Veränderungen (vgl. Vahs 2007; Vahs/Weiand 2013). Einerseits geht ein Verständnis- und Glaubwürdigkeitsproblem mit den Change-Projekten einher (vgl. Doppler/Lauterburg 2008). Andererseits finden die Kompetenzen der Beschäftigten oft keine Berücksichtigung in der strategischen Planung und Umsetzung der organisationalen Entwicklungsmaßnahmen (vgl. Hiestand 2017).

Die Zunahme von technologischer und organisatorischer Komplexität von Arbeit hat zur Folge, dass Tätigkeiten, die Kreativität, soziale Intelligenz und analytische Fähigkeiten sowie die Fähigkeit zur Selbstreflexion und strukturellen Reflexion fordern, an Bedeutung gewinnen. Zukünftig reicht ein umfangreiches Fachwissen allein nicht mehr aus, um solche Arbeitsprozesse zu bewältigen. Vielmehr werden Kompetenzbündel benötigt, die es ermöglichen, in der Praxis auftretende Herausforderungen selbstorganisiert zu bewältigen (vgl. Hiestand 2020). Diese Kompetenzen können nur bedingt in formalen Lernsettings entwickelt werden. Jedoch sind es jene pädagogisch organisierten Lernsettings, die überwiegend im Fokus der betrieblichen Personalentwicklung stehen. Um die Beschäftigungsfähigkeit der Mitarbeiter:innen sowie die betriebliche Wettbewerbsfähigkeit erhalten bzw. fördern zu können, bedarf es einer neuen Ausrichtung der Personalentwicklung.

Aufgabe der Personalentwicklung ist die strategische Gestaltung der betrieblichen Verwertung von Qualifikationen an der Schnittstelle von Kompetenz (Individuum) und Organisation (Betrieb). Eine besondere Herausforderung besteht darin, die Beschäftigten auch bei organisationalen Veränderungsprozessen »mitzunehmen« und ihre Lerninteressen und ggf. auch Lernwiderstände zu berücksichtigen, um so betriebliche und individuelle Veränderungsenergie freilegen zu können. Damit dies gelingt, ist eine Personalentwicklung gefordert, die betriebliche Verwertungsinteressen mit den Entwicklungsbedürfnissen der Beschäftigten verknüpft. Es stellen sich daher die Fragen, *wie individuelle Kompetenz- und betriebliche Organisationsentwicklung gelingen können und welche Rolle dabei die Personalentwicklung einnimmt.* Um auf diese Fragen eingehen zu können, werden zunächst die Konzeptionen zur organisationalen Veränderung sowie im Anschluss auch die Ansätze zur Kompetenzentwicklung dargelegt. Die Handlungsfelder des Personalmanagements und der -entwicklung werden im darauffolgenden Abschnitt diskutiert. Der Beitrag schließt mit einem Fazit.

2. Organisationale Veränderung und Widerstand

Es gibt eine Vielzahl an theoretischen Konzeptionen und Ansätzen zur organisationalen Entwicklung. Hieraus lassen sich drei Kategorien bzw. Modelle systematisieren:

Bei den *Selektionsmodellen* ist die Entwicklung von Organisationen durch externe bzw. exogene Kräfte motiviert. So stehen ressourcenorientierte Ansätze

(Competence-Based-View, Dynamic Capabilities und Ambidextrie) im Vordergrund. Wettbewerbsvorteile generieren sich aus dieser theoretischen Perspektive durch die Fähigkeit der optimalen Nutzung von betrieblichen Ressourcen. Eine Änderung der betrieblichen Ressourcen führt daher auch zu einer Veränderung der Organisation und somit potenziell zu einer positiven Entwicklung.

Bei den *Entwicklungsmodellen* werden Veränderungen der Organisation durch endogene Dynamiken beschrieben. Zentral sind diesbezüglich die Konzeptionen zur Pfadabhängigkeit. Organisatorische Pfade werden durch Entscheidungsprozesse festgelegt und können beispielsweise zu »Betriebsblindheit« oder anderen verfestigten Wahrnehmungsstörungen führen, die bei der Suche nach Alternativen hinderlich sind. Zu den Entwicklungsmodellen zählt auch das Konzept der *Organisationsdynamik*, welches die Betrachtung von kollektiven Akteuren sowie ihren mikropolitischen internen Machtbeziehungen zulässt. Hierbei wird von der Dominanz der strukturellen Fokussierung hin zu einer Konzentration auf Prozesse und soziale Beziehungen gewechselt. Diese Prozess- und Beziehungsorientierung ermöglicht die Annahme, dass nicht nur Individuen, Gruppen oder die Gesellschaft als alleiniger Ausgangspunkt für die Erklärung sozialen Handelns und Wandels fungieren, sondern eben auch ihre Verbindung und der Prozess der Interaktion von Bedeutung sind (vgl. Felsch 2010).

Bei den *Lernmodellen* erfolgt eine Veränderung der Organisation durch Bedürfnisbefriedigung, Werterealisierung und Erfolgsorientierung der Individuen und der Organisation und wird in den Konzeptionen zur »Lernenden Organisation« thematisiert. Organisationales Lernen erfolgt durch kontinuierliche Interpretation von Erfahrungen (Deutungsmustern), die geprägt werden durch Werte und Normen, Rationalisierungen des Handelns und implizite, handlungsleitende Prinzipien, welche durch organisationale Sozialisationsprozesse entstehen.

Die jeweilige *Unternehmens- und Lernkultur* spielt eine zentrale Rolle für die Prozesse der Organisationsentwicklung (vgl. Wieland 2004; Hiestand 2017). Sie bestimmen die Motivation, Verantwortlichkeit und die Lernmöglichkeiten, über die ein Organisationsmitglied verfügt (vgl. Becker 2013), sowie die organisationalen Strukturen und die Integration, die das individuell generierte Entwicklungspotenzial nutzbar machen. Die Unternehmenskultur, die auch als kollektives Schema beschrieben werden kann und Ausdruck in betrieblichen Strukturen findet, ist von organisationalen expliziten und impliziten Regeln geprägt. Sie kann durch kollektive Reflexion der Sinnzuschreibungen verändert werden (vgl. Giddens 1990). Dies ist jedoch nicht immer einfach:

»Deutungsmuster und Normen lassen sich schon individuell schwer ändern, erst recht aber, weil sie uns ganz überwiegend nicht individuell, sondern gemeinschaftlich gegeben sind und die jeweils anderen bei der Änderei nicht mitmachen, weil,

mit anderen Worten, Regeln soziale Tatsachen sind, die nicht im je einzelnen Handeln sofort zur Disposition stehen.« (Ortmann 2008, S. 185f.)

Widerstand gegen Änderungen von sozialen Praktiken und damit von neuen Regeln und Ressourcen kann die Folge sein (vgl. Windeler 2014). Dies ist vor allem dann der Fall, wenn beispielsweise geänderte Handlungsvoraussetzungen zu unabsehbaren, nichtintendierten Folgen im neuen Handlungszyklus führen. Trotz individueller und kollektiver Reflexionsprozesse kann es dabei zu Deutungsunterschieden und Ineffizienzen kommen, wie sie z. B. im Diversity Management diskutiert werden. Individuelles Lernen ist also kein Garant für organisationales Lernen und damit für betrieblichen Change, denn entspricht es nicht der Unternehmenskultur, dass innovative Ideen (generiert aus individuellen Lernprozessen) der Beschäftigten in die Arbeitsorganisation oder in den Ablaufprozess integriert werden, dann kann keine Organisationsentwicklung erfolgen. Oder erscheinen für andere Organisationsmitglieder individuelle Veränderungen von Handlungs- und Deutungsmustern (Kompetenzentwicklung) nicht funktional, werden diese nicht in den kollektiven Deutungsmustern eines Unternehmens verankert. Das bedeutet, dass den Unternehmen Innovations- und Veränderungspotenziale, basierend auf Ideen, Kompetenzen und Wissen von Beschäftigten, verloren gehen, wenn keine hierfür geeignete Struktur bzw. Unternehmenskultur gegeben ist (vgl. Hiestand 2019).

Veränderungen werden von Beschäftigten unter anderem[1] als Anpassungszwang und nicht als Entwicklungsmöglichkeit gesehen, wenn biografisch gewachsene Deutungsmuster infrage gestellt werden und in diesem Kontext als Identitätsangriff wahrgenommen werden (vgl. Hiestand 2017). Oft entziehen sich Arbeitnehmer:innen dieses Wandels, indem sie ihre alten Handlungsmuster beibehalten. Das Unternehmen ist im Hinblick auf Transformationsprozesse jedoch darauf angewiesen, dass Mitarbeitende ihr Denken, Handeln sowie Wissen und Können in den Dienst der Organisation stellen (vgl. Schüll 2020).

---

[1] Veränderungsprozesse berühren unmittelbar die persönlichen Interessen, Ziele und Werte der Organisationsmitglieder. Diese sind keineswegs immer mit den Zielen, Werten und Interessen der Organisation deckungsgleich. Dort, wo eigene Interessen vermeintlich bedroht oder beeinträchtigt werden, ist Widerstand gegen den Wandel die logische Folge (vgl. Nolte/Zimmermann 2015). Ursachen von Widerstand können also in bedrohten Eigeninteressen (persönlicher Verlust von Macht und Status), falschem Verständnis der Beweggründe für den Wandel sowie Misstrauen gegenüber den Initiatoren der Veränderung, fehlendem Problembewusstsein bei den Mitarbeiter:innen und geringer Toleranz für Veränderungen (Komfortzone) liegen. Aber auch Mangel an Kommunikation, Koordination und Kooperation zwischen Abteilungen sowie starkes Gruppendenken können Widerstand gegen Change-Projekte hervorrufen (vgl. exempl. Doppler/Lauterburg 2008; Vahs/Weiand 2013).

Bei *top-down organisierten Initiativen* ist der Erfolg des organisationalen Wandels maßgeblich von der Begleitung und der Kommunikation abhängig. Neben dem organisationalen Erfordernis ist es ebenso zentral, sowohl den organisationalen als auch den individuellen Nutzen zu verdeutlichen und Handlungsspielräume für die Beschäftigten aufzuzeigen. Reflexionseinheiten bieten den Mitarbeiter:innen die Gelegenheit, bevorstehende Anforderungen vor dem Hintergrund ihrer aktuellen Fähigkeiten und Fertigkeiten zu reflektieren und Entwicklungschancen wahrzunehmen (vgl. Hiestand 2020). Insbesondere *bottom-up Maßnahmen* können in Change-Prozessen zielführend zum Einsatz kommen. Damit die Mitarbeiter:innen jedoch mit ihren individuellen Kompetenzen effektiv und nachhaltig zur Entwicklung des Unternehmens beitragen können, bedarf es einer Partizipationskultur, die sich nicht nur in Prozessen des Ideenmanagements bzw. eines strategischen, kontinuierlichen Verbesserungsprozesses äußert. Eine Partizipationskultur, welche die Veränderungsenergie der Mitarbeiter:innen fördert, zeichnet sich durch transparente und klar kommunizierte Unternehmensziele sowie durch Strukturen aus, die zum einen eine individuelle und kollektive Reflexion von implizitem Wissen und Erfahrungen und zum anderen gezielt systematisierten Austausch (z. B. Lessons Learned und Community of Practice) ermöglichen (vgl. Hiestand 2017). Ähnlich argumentieren auch Nolte und Zimmermann (2015). Sie weisen darauf hin, dass, neben fehlender Transparenz der Ziele des Veränderungsprozesses, der defizitäre Umgang der Organisation mit Ambiguitäten und Konflikten und die daraus resultierende Verunsicherung der Beschäftigten Ursache für Widerstand gegen Organisationsentwicklung ist. Als förderlich erweist sich in diesem Zusammenhang auch eine (soziale) Sicherheit *»als überaus bedeutsame ›Ressource‹ für Innovationsprozesse«* (Kädtler et al. 2013, S. 269). Es wirkt bei bottom-up Veränderungen unterstützend, wenn Führungskräfte Vertrauen in die Kompetenzen ihrer Mitarbeiter:innen setzen: Das Gefühl, Fehler machen zu dürfen, beeinflusst die Kreativität und den Mut für unkonventionelle Lösungsstrategien positiv. Zudem erweisen sich individuelle als auch kollektive Prozesse der Kompetenzentwicklung als zielführend für strukturelle Innovation (vgl. Hiestand 2017).

Um Beschäftigte im Prozess der Organisationsentwicklung mitzunehmen, bedarf es einer organisational reflexiven Perspektive auf die individuelle Kompetenzentwicklung der Beschäftigten (also auf ihre Lernpotenziale, -motive aber auch -widerstände) und auf ihre Veränderungsenergie.

3. Kompetenzentwicklung und (Ent-)Lernen

Unter *Kompetenzen* werden Fähigkeiten, Kenntnisse und Wertvorstellungen verstanden, die ein Leben lang weiterentwickelt werden (vgl. Dehnbostel 2015). Kompetenz gliedert sich auf *in kompetent sein*; also eine Befähigung zu besitzen, *in Kompetenz haben*; also in das Dürfen (Verantwortungsbereich), und *in die Bereitschaft*, kompetent im beruflichen und betrieblichen Alltag zu handeln. Wenn Beschäftigte z. B. einen Widerspruch zwischen ihren eigenen Werten und der betrieblichen Führungs- und Unternehmenskultur wahrnehmen, kann es dazu führen, dass sie nicht in dem Umfang kompetent handeln, zu dem sie eigentlich befähigt sind (sowohl hinsichtlich kompetent sein als auch Kompetenz haben).

Kompetenzen sind nicht frei übertragbar, sondern hoch individualisiert und durch Handlungen, Wertvorstellungen und mentale Modelle geprägt. Kompetenzen sind also subjektbezogen, da sie sozial-kommunikative, aktionale und persönliche Handlungsdispositionen umfassen. Qualifikationen dagegen beziehen sich auf die Erfüllung konkreter Nachfragen und Anforderungen des Arbeitsmarktes und sind tätigkeitsbezogen (vgl. exempl. Arnold/Schüssler 2001). Im Fokus steht dabei die Vermittlung von Wissen und Fertigkeiten. Qualifikationen sind fachbezogene Kenntnisse und somit Teil von Kompetenzen, das heißt, sie sind als integrale Bestandteile von Kompetenzen zu sehen. In diesem Zusammenhang formulieren Erpenbeck und Sauter (2013, S. 32) pointiert: »*Es gibt keine Kompetenzen ohne Fertigkeiten, ohne Wissen, ohne Qualifikationen. Aber Fertigkeiten, Wissen, Qualifikationen ›sind‹ keine Kompetenzen, sondern nur Grundbestandteile davon. Sonst gäbe es nicht so viel hochqualifizierte Inkompetente.*«

Eine Herausforderung für die betriebliche Bildungsarbeit liegt in dem Umstand begründet, dass *Kompetenzentwicklung* nur durch das Subjekt selbst stattfinden kann: Zwar können Wissen und Qualifikationen, jedoch nicht Kompetenzen vermittelt werden. Es kann lediglich ein Entwicklungsrahmen geschaffen werden, innerhalb dessen jeder einzelne Mitarbeiter und jede einzelne Mitarbeiterin aus sich selbst heraus Kompetenzen entwickelt. Bei der Gestaltung bzw. Implementierung betrieblicher Strukturen, die die Entwicklung von Kompetenzen anregen, ist die reflexive Verknüpfung von formalen (organisiertes Lernen) und informellen Lernprozessen (Lernen über Erfahrung) bzw. von Theorie- und Erfahrungswissen zu berücksichtigen: In pädagogisch *organisierten Lernsettings*, wie z. B. Seminaren oder Schulungen, ist die Lernwirksamkeit bzw. der Lerntransfer des neuen (Theorie-)Wissens auf die individuelle Arbeitssituation dann hoch, wenn das Erfahrungswissen der Teilnehmer:innen aktiv eingebunden wird (vgl. Dehnbostel 2020; Arnold 2018). Wird eine gemachte *Erfahrung im Arbeitsprozess* nicht re-kontextualisiert, indem sie reflexiv mit abstraktem Wissen verknüpft wird, besteht die Gefahr, dass die Erfahrung »beliebig« bleibt und daraus keine Handlungsveränderungen (Kompetenzen) für neue und/oder ähnliche Arbeitssituationen erfolgen können (vgl. exmpl. Dehnbostel 2015; Pfeiffer 2012). Reflektiert aber beispielsweise ein:e Arbeitnehmer:in seine/ihre Erfahrungen aus der Bewältigung einer bestimmten Arbeitshandlung mit seinem/ihrem abstrakten Wissen, können neues Wissen und neue Fähigkeiten entstehen und sich auch individuelle Deutungs- und Handlungsmuster wandeln. Es liegt jedoch kein rein kumulativer Entwicklungsprozess vor: Zum Lernen gehört auch *Entlernen*, das heißt, dass sich in manchen Situationen der bzw. die Lernende bewusst entscheiden muss, bisher Gelerntes nicht mehr anzuwenden, um neue Sichtweisen und Lerninhalte in sich aufnehmen und Kompetenz entwickeln zu können (vgl. Hiestand 2019). Dies erfordert eine reflexive Steuerung und Begleitung, da der Prozess des Entlernens teils auch als Identitätsverlust wahrgenommen werden kann (vgl. ebd.). Mitarbeiter:innen können sich in ihrer bisherigen Lebensweise und Wahrnehmung der eigenen Identität von neuen Lerninhalten bedroht fühlen. Sie sind noch nicht bereit, bestimmte Lerninhalte/Wissen, das sie (evtl. vor langer Zeit) erlernt haben, aufzugeben und durch neues Wissen zu ersetzen. Sie haben das Gefühl, dass ihre bisherige Arbeits- und Lebensweise dadurch geschmälert oder gemindert wird. Das bewusste Entlernen wird vor allem dann als herausfordernd wahrgenommen, wenn das »veraltete« Wissen mit positiven Emotionen verknüpft ist (vgl. Hiestand 2017)[2]. Lernaufforderungen, die also nicht als Bereicherung, sondern als Bedrohung empfunden werden, rufen Vermeidungsreaktionen hervor. Dies gilt auch dann, wenn diese Lernangebote pädagogisch »gut gemeint« sind. Insofern werden die Appelle lebenslangen Lernens und permanenter Veränderung manchmal auch als Zumutung, als Überforderung, als Verunsicherung erlebt.

Eine Kompetenzorientierung im Kontext organisationaler Wandlungsprozesse ermöglicht Lernwiderstände zu erkennen und abzubauen und so Veränderungsenergie von den Beschäftigten auf die Organisation zu übertragen. Die Personalentwicklungsarbeit kann sich in dieser Perspektive in eben dieser Schnittstelle zwischen Kompetenz- und Organisationsentwicklung verorten.

---

2   Es gibt darüber hinaus noch weitere Ursachen für Lernwiderstände. Beispielsweise nach Faulstich (2013) oder Siebert (2006) können sich diese vielfältig und in unterschiedlichen Zusammenhängen ausdrücken: im Umgang mit Medien und Materialien, indem diese nicht verstanden oder sogar abgelehnt werden. Aber auch bei Kommunikationsproblemen zwischen Lehrkraft und Lernenden kann es zu Widerstandshandlungen kommen. Zudem nehmen der Gruppenkontext (Heterogenität, Sympathie) und die räumlichen sowie zeitlichen Bedingungen Einfluss auf den Lernwiderstand und/oder die Lernmotivation.

4. Personalmanagement und -entwicklung

Die Personalentwicklung ist Teil des betrieblichen Personalmanagements und *»ist die Gesamtheit aller Maßnahmen in Organisationen zur zweckgerichteten Förderung der arbeitsbezogenen Kompetenzen und Einstellungen der Mitarbeiter[:innen], um die Effizienz und Effektivität der Organisationen zu steigern«* (Lindner-Lohmann et al. 2016, S. 162). Der Personalentwicklung kommt in Deutschland eine spezifische Rolle zu, die sich aus der betrieblichen Zuständigkeit der Aus- und Weiterbildung ergibt: Der Betrieb dient im dualen Ausbildungssystem als einer der zwei zentralen Lernorte und damit auch der betrieblichen Fachkräftequalifizierung und als größter Weiterbildungsort der Fort- und Weiterbildung der Beschäftigten (vgl. Arnold 2018). Aufgabe der Personalentwicklung ist es, Maßnahmen zur Personalbildung und -förderung zielgerichtet und systematisch zu planen, umzusetzen und zu evaluieren (vgl. Becker 2013). Konkret bedeutet das, die Kompetenzen der Mitarbeiter:innen zu fördern und zu fordern, um ein situationsadäquates Handeln in der Arbeit durch Wissen, Können und Wollen zu ermöglichen.

Die Ausrichtung der Personalentwicklung ist abhängig davon, welches Verständnis ein Unternehmen von der Entwicklung der eigenen Beschäftigten hat. Lindner-Lohmann et al. (2016) systematisieren in diesem Kontext die Personalentwicklung, indem sie drei Säulen beschreiben: Grundlegend ist die *Personalbildung* (erste Säule), die sich auf Grundlage des Berufsbildungsgesetzes (BBiG) ergibt, also die betriebliche Aus- und Fortbildung sowie Umschulung. Diese Säule stellt allerdings nur ein Mindestmaß dar und wird durch die *Personalförderung* (zweite Säule) ergänzt. Diese zweite Säule gliedern Lindner-Lohmann et al. (2016) wiederum in einen Dreischritt aus Bedarfsanalyse, Intervention und pädagogischem sowie ökonomischem Controlling auf. Anhand einer Aufgaben- und Personenanalyse können tätigkeitsbezogene Leistungsanforderungen und Kompetenzprofile der Beschäftigten ermittelt werden und in einem Soll-Ist-Abgleich einander gegenübergestellt werden. Daraus lässt sich der Personalentwicklungsbedarf ableiten, der im Interventionsbereich aufgegriffen wird. Die Intervention beginnt mit der Konzeption, in welcher Inhalte und Methoden anhand der Personalentwicklungsziele bestimmt werden. Nach der Durchführung ist der Transfer des Gelernten von besonderer Bedeutung, da die Anwendung im Arbeitsalltag erst tatsächliche Veränderungsprozesse anstößt. Das Controlling erfolgt im Spannungsfeld von ökonomischen und pädagogischen Zielen und fokussiert die Wirksamkeit, Effizienz sowie die Passung der eingesetzten Maßnahmen mit dem Arbeits- und Lernumfeld.[3]

---

3 Die Überprüfung kann schon formativ im Prozess erfolgen oder sich summativ auf das Ergebnis beziehen.

Zur Personalentwicklung zählen auch die *Prozesse der Organisationsentwicklung* (dritte Säule). Damit sind die Gestaltung und Begleitung des organisatorischen Wandels gemeint. Diese begründen sich in Innovationsprozessen, beispielsweise durch kontinuierliche Verbesserungsprozesse und Ideenmanagement aber auch durch Prozesse des Wissensmanagements und in diesem Kontext vor allem durch Erfahrungswissen. Oft wird diese dritte Säule, getrennt von der ersten und zweiten Säule, strategisch gedacht und umgesetzt, was zu konträren Entwicklungen, subjektivem Widerstand und einem Scheitern der Change-Vorhaben führen kann (vgl. Schüler 2020).

Personalentwicklungsaufgaben beschränken sich vielfach noch immer auf die Planung von Seminaren (vgl. Sauter/Scholz 2015). Im Zuge einer sich stets verändernden Arbeitswelt, die durch Subjektivität, Ambiguitäten und digitale Transformation geprägt ist, kommt dem Personalmanagement jedoch die Aufgabe zu sich als »*Veränderungsspezialist[:innen]*« (Arnold 2018, S. 225) zu verstehen. Das Personalmanagement bewegt sich dabei in einem Kontinuum, das unterschiedliche Rollenanforderungen zur Folge hat: der strategische vs. operativen Fokus (vgl. Ulrich 1997, zit. nach Martin et al. 2016, S. 120). Auf *operativer* Prozessebene stellt das Personalmanagement eine effiziente Administration sicher. Bei einer *strategischen* Personalentwicklung werden alle Aufgaben prozessorientiert mit der Unternehmensstrategie koordiniert und zukünftige Entwicklungen bei Entscheidungen und Handlungen einbezogen. Für Unternehmen ist diese »*strategische Kopplung*« (Martin et al. 2016, S. 120) noch immer eine große Herausforderung, kann aber dazu führen, dass das Personalmanagement nicht in kurzfristigen und operativen Prozessen hängen bleibt. Mit Fokus auf die Beschäftigten werden diese operativ beraten und in ihrer Entwicklung unterstützt. In strategischer Partnerschaft mit der Unternehmensleitung und der Belegschaft wird Veränderung auf verschiedenen Unternehmensebenen angestoßen, mitgestaltet und begleitet. Zentral ist dabei die Befähigung der Mitarbeiter:innen, an diesem Wandel zu partizipieren (vgl. ebd.).

Die klassische Personalentwicklung ist größtenteils noch immer top-down orientiert, wonach Ziele und Inhalte fremdgesteuert »von oben« vorgegeben werden.[4] Lernen findet oft in isolierten Settings statt und wird durch Expert:innen

---

4   Bei der beruflichen, top-down gesteuerten Weiterbildung ist ein Lernzielkonflikt zwischen Beschäftigten und Arbeitgebern denkbar: Arbeitnehmer:innen tendieren zu allgemeinen Lerninhalten, die sie persönlich interessieren oder karriereförderlich sind. Der Arbeitgeber hingegen neigt zu bedarfsorientierten Lerninhalten, die sich in betriebsspezifischem »Humankapital« bzw. »Human Resources« ausdrücken. Dieses Interessen- und Spannungsverhältnis wird unter anderem im Rahmen einer Konvergenz-Divergenz-Debatte erörtert, als pädagogische und ökonomische Vernunft diskutiert und unter dem Begriff der »Koinzidenz« thematisiert (vgl. exempl. Meyer/Haunschild 2017; Diettrich/Gillen 2005). Der betrieblichen Bildungsarbeit kommt dabei die Rolle zu, Unternehmens- und

bestimmt (vgl. Sauter/Scholz 2015, S. 10). So »[...] *hängen Betriebliche Bildungs-arbeit und Personalentwicklung in Deutschland vielerorts auf dem Weg von der Input- zur Outcomeorientierung fest*« (Arnold 2018, S. 61). Wenn sich die Personalentwicklung jedoch als strategisches Kompetenzmanagement versteht, ist eine bottom-up Ausrichtung entlang der Steuerung durch die Mitarbeitenden selbst zentral. Entlang einer unterstützten Selbstorganisation können individuelle Kompetenzziele und bedarfsorientierte Inhalte im Arbeitsprozess ermöglicht und gefördert werden (vgl. Sauter/Scholz 2015). Der Personalentwicklung kommt die Aufgabe zu, die strategischen Unternehmensziele mit den individuellen Kompetenzzielen zu verknüpfen, indem sie zum einen eine gemeinsame Verständigung geeigneter Lernprozesse ermöglicht, diese unterstützt und begleitet. Örtliche und zeitliche Bezugspunkte können dabei an Bedeutung verlieren, während eine virtuelle und vernetzte Zusammenarbeit zunehmend charakteristischer werden (vgl. Arnold 2018, S. 30).

Strukturen zur persönlichen Entfaltung wirken sich positiv auf die Verknüpfung von bottom-up und top-down Entwicklungszielen aus: Mit individueller Entfaltung sind neben den Prozessen der Kompetenzentwicklung auch vertikale und horizontale Karrieremöglichkeiten gemeint. Die Möglichkeit zu mehr Verantwortung – gleich ob inhaltlich oder personell – wirkt sich überwiegend positiv auf das Arbeitsengagement und vor allem auf die Veränderungsenergie der Beschäftigten aus (vgl. Hiestand 2017).

Vor diesem Hintergrund ist eine Mitarbeiter:innenorientierung effektiv, die sich durch die Förderung der individuellen Kompetenzentwicklung, Partizipation und Bindung ausdrückt. Um Organisationen als Raum der individuellen und organisationalen Lern- und Entwicklungsmöglichkeit zu begreifen, ist eine Personalentwicklungsarbeit mit einem offenen und explorativen Anspruch zielführend (vgl. Arnold 2018) – gerade auch im Hinblick darauf, dass die berufliche Handlungskompetenz das Ergebnis eines komplexen Entwicklungsprozesses ist, der einer mentalen und reflexiven Verknüpfung verschiedener Lernformen bedarf, wobei eine individuelle Steuerung eine zentrale Stellung einnimmt: Die Selbststeuerung des Lernprozesses ist einerseits entscheidende Voraussetzung, da Kompetenzen aus subjektiven Lern- und Entwicklungsprozessen resultieren, die nur schwer fremdbestimmt werden können. Die Notwendigkeit der Selbstorganisation des Lernens liegt andererseits darin, dass hier über vorher festgelegte Ziele hinausgegangen wird und sich Selbstorganisationsdispositionen als konkrete Kompetenz entwickeln (vgl. Hiestand 2019).[5] Selbstgesteuerte Lern-

---

Mitarbeiterinteressen gleichberechtigt zu berücksichtigen und Lernen als Bedingung für Veränderungsprozesse zu verstehen (vgl. Falk 2007).

5 Neue Anforderungen, die sich an betriebliche Aus- und Weiterbildung und damit an die Personalentwicklung stellen, bestehen in der Entwicklung eines Verständnisses über die Differenz der Wissensvermittlung und des Kompetenzerwerbs. Während Wissensbe-

prozesse implizieren jedoch, dass Lernende ihr eigenes Lerntempo berücksichtigen und dadurch externe Zeitvorgaben nur begrenzt möglich sind. Durch diese unterschiedlichen Lerntempi bzw. Zeitautonomie entsteht »Ungleichzeitigkeit« innerhalb einer betrieblichen Organisation. Aufgabe des Personalmanagements ist es somit, Strukturen zu bilden, welche auch die unterschiedlichen Geschwindigkeiten im Prozess des selbstgesteuerten Lernens ihrer Beschäftigten berücksichtigen. Um ein selbstgesteuertes Handeln zu gewährleisten, sind Handlungsspielräume (objektive Freiheits- und Entscheidungsgrade; Autonomie) nötig. Klare Regelungen der Verantwortlichkeiten sind hierfür eine Voraussetzung (vgl. Hiestand 2020).

Das »Neue« der betrieblichen Bildungsarbeit ist also, dass im Zentrum die/der Lernende steht. Lernen wird dabei Teil der Organisationsentwicklung. Das Lernen wird einerseits an den Arbeitsort verlagert, so dass arbeitsintegrierte Lernformen und das Konzept »Lernen im Prozess der Arbeit« zunehmend Beachtung finden (vgl. exempl. Dehnbostel 2015; Hiestand 2017; Arnold/Stroh 2018). Anderseits sind neue Gestaltungsansätze in der Angebotsplanung notwendig, um dynamisch wandelnden betrieblichen Bedarfen mit passenden Bildungsmaßnahmen zu begegnen. Standardisierte Qualifizierungsangebote decken meistens weder unternehmensspezifische Bedarfe noch individuelle Entwicklungsbedürfnisse der Arbeitnehmer:innen ab. Um standardisierte Bildungsprogramme zu flexibilisieren, ist ein Wechsel von angebotsorientierter zu nachfrageorientierter Weiterbildung mit einer Lernprozessbegleitung notwendig. So kann die Angebotsplanung die Entwicklung unternehmensspezifischer Themen berücksichtigen und auf individualisierte Bedarfe, durch z. B. altersspezifische Angebote (z. B. Lernen mit digitalen Medien), orts- und zeitunabhängige Lernangebote (z. B. E-Learning; cloudbasiertes Lernen), Arbeiten 4.0 (z. B. Arbeiten und Lernen in virtuellen Räumen; Arbeiten mit digitalen Assistenzsystemen) eingehen.

Individualisierungstendenzen in Aus- und Weiterbildung bedürfen pädagogisch geschulten Personals und begründen den vermehrten Einsatz von Lernprozessbegleiter:innen, die im Sinne der betrieblichen Bedarfe, aber insbesondere für die individuelle Entwicklung der Arbeitnehmer:innen zuständig sind (vgl. Buschmeyer 2015).[6]

---

stände *vermittelt* werden, kann der Erwerb von Kompetenzen nur *ermöglicht* werden, so dass es bei der Lernprozessbegleitung auf eine ermöglichungsdidaktische Gestaltung von Lehr-Lernsettings ankommt. Die Lernprozesse werden dabei von pädagogischem Personal begleitet und die Lernenden darin unterstützt, eigene Lernstrategien zu entwickeln (vgl. exempl. Buschmeyer 2015).

6   Führungskräfte und betriebliches Aus- und Weiterbildungspersonal werden zu Prozessbegleiter:innen individueller Lernprozesse, aber auch betrieblicher Veränderungsprozesse. Ihnen kommen die Aufgaben der Initiierung, Ermöglichung und Koordination von Lernen im Arbeitsprozess zu. Sie fungieren damit als Mediator:innen, die eine Verknüpfung zwischen dem individuellen Lernen und der Organisationsentwicklung herstellen.

5. Fazit und Ausblick

Weitestgehend besteht in der Wissenschaft und betrieblichen Praxis Einigkeit darüber, dass Arbeitnehmer:innen nicht nur als Kostenpositionen in den Bilanzen geführt, sondern als ein strategischer Faktor für Innovationsgenerierung betrachtet werden; vorausgesetzt die Organisation investiert in die Kompetenzen der Beschäftigten. Die Kompetenzentwicklung ist im Kontext einer sich schnell wandelnden Arbeitswelt zentral, um Mitarbeiter:innen zu eigenverantwortlichem Handeln zu befähigen. *Die Personalentwicklung bedarf daher einer Kompetenzorientierung, die betriebliche Verwertungsinteressen mit den Entwicklungsbedürfnissen der Beschäftigten verknüpft.* Formale, inputorientierte Lernsettings allein sind dafür wenig geeignet, schaffen sie doch keinen Ermöglichungsrahmen, in welchem die Lernenden eigene Lernstrategien entwickeln können. *Die Personalentwicklung befähigt die Beschäftigten zum einen durch nachfrageorientierte Weiterbildung mit Lernprozessbegleitung und zum anderen durch eine Outcome-Perspektive in kompetenzorientierten Lehr-/Lernsettings potenzielle Lernwiderstände abzubauen und Veränderungsenergie freizulegen.* Lernprozessbegleiter:innen können Beschäftigte dabei unterstützten, selbstgesteuertes Lernen zu erlernen, da Mitarbeiter:innen nicht prinzipiell gewohnt sind, selbst Lernziele, -methoden und -strategien zu entwickeln.

Personalentwicklung fungiert nicht nur als »Veränderungsspezialist[:in]« (Arnold 2018, S. 225), *sondern auch als »Verknüpfer:in« von Erfahrungs- und Theoriewissen.* Denn um die individuellen Lernprozesse mit der Organisationsentwicklung koppeln zu können, eignet sich eine Partizipations- und Fehlerkultur, die sowohl individuelle als auch organisationale Veränderungsenergie freilegt. *Der Personalentwicklung (und auch der Führung) kommt dabei die Aufgabe zu, Handlungsspielräume und Vertrauen sowie individuelle und kollektive Reflexion von implizitem Wissen und Erfahrungen zu ermöglichen* (z. B. durch geeignete Workshop-Konzepte, Strukturen, die ein Lernen im Prozess der Arbeit fördern oder kompetenzorientierte Mitarbeiter:innengesprächsleitfäden).

Durch die strategische Kopplung von Kompetenz und Organisation kann Lernen zum nachhaltigen Element der Organisationsentwicklung werden. Das Personalmanagement ist vor diesem Hintergrund gefordert, sich als strategische:r Partner:in in Veränderungsprozessen zu verstehen und ein modernes Verständnis von Personalentwicklung zu leben.

6. Literatur

Arnold (2018): Das kompetente Unternehmen. Pädagogische Professionalisierung als Unternehmensstrategie.

Arnold/Schüssler (2001): Entwicklung des Kompetenzbegriffs und seine Bedeutung für die Berufsbildung und für die Berufsforschung. In: Franke (Hrsg.): Komplexität und Kompetenz – ausgewählte Fragen der Kompetenzforschung. Bundesinstitut für Berufsbildung, S. 52–74.

Arnold/Stroh (2018): Neue Methoden betrieblicher Bildungsarbeit. In: Arnold et al.: Handbuch Berufsbildung, S. 411–425.

Becker (2013): Personalentwicklung. Bildung, Förderung und Organisationsentwicklung in Theorie und Praxis, 6. Aufl.

Buschmeyer (2015): Kompetenzlernen und Lernprozessbegleitung.

Dehnbostel (2015): Betriebliche Bildungsarbeit – Kompetenzbasierte Aus- und Weiterbildung im Betrieb, 2. Aufl.

Dehnbostel (2020): Erfahrungslernen mit organisiertem Lernen verbinden, Weiterbildung, Schwerpunkt Mantras der Weiterbildung, 1/2020, S. 19–21, Link: *https://www.peterdehnbostel.de/.cm4all/uproc.php/0/wb_1-2020_19-21. pdf?_=175d150f080&cdp=a* (letzter Aufruf: 03.01.2021).

Dittrich/Gillen (2005): Lernprozesse im Betrieb zwischen Subjektivierung und Kollektivierung – Dilemmasituation oder Potential?, bwp@ Berufs- und Wirtschaftspädagogik – online, Nr. 9, Link: *http://www.bwpat.de/ausgabe9/ abstract_diettrich_gillen_bwpat9.shtml* (letzter Aufruf: 23.10.2011).

Doppler/Lauterburg (2008): Change Management. Den Unternehmenswandel gestalten. 12. erw. Aufl.

Erpenbeck/Sauter (2013): So werden wir lernen!

Faulstich (2013): Menschliches Lernen. Eine kritisch-pragmatische Lerntheorie.

Felsch (2010): Organisationsdynamik. Zur Konstruktion organisationaler Handlungssysteme als kollektive Akteure.

Geißler/Naumann (2020), Integration von Personal- und Organisationsentwicklung in der beruflichen Bildung. In: Arnold et al. (Hrsg.) Handbuch Berufsbildung, S. 623–635

Giddens (1990), The Consequences of Modernity.

Hiestand (2017): BITs & BIER: Eine empirische Analyse im Brauwesen und in der IT-Branche zur Verknüpfung individueller Kompetenz- und betrieblicher Organisationsentwicklung.

Hiestand (2019): Von der traditionellen Personalentwicklung zur Kompetenzorientierung in der Arbeit, Berufsbildung. Zeitschrift für Theorie-Praxis-Dialog, 2019, Heft 179, 73. Jg., S. 30–32.

Hiestand (2020): Verknüpfung von Kompetenz- und Organisationsentwicklung. In: Richter, G. (Hrsg.): Lernen in der digitalen Transformation. Wie arbeitsintegriertes Lernen in der betrieblichen Praxis gelingt, S. 51–64.

Kädtler/Sperling/Wittke/Wolf (2013): Mitbestimmte Innovationsarbeit. Konstellationen, Spielregeln und Partizipationspraktiken.

Lindner-Lohmann/Lohmann/Schirmer (2016), Personalmanagement, 3. Aufl.

Martin/Redzepi/Olbert-Bock (2016): Das neue Rollenverständnis des Personalmanagements, KMU-Magazin, Nr. 7/8, Juli/August, S. 119–123. Link: *https://www.researchgate.net/publication/307605770_Das_neue_Rollenverstandnis_des_Personalmanagements* (letzter Aufruf: 11. 12. 2020).

Meyer/Haunschild (2017): Individuelle Kompetenzentwicklung und betriebliche Organisationsentwicklung im Kontext moderner Beruflichkeit – berufspädagogische und arbeitswissenschaftliche Befunde und Herausforderungen, bwp@ Berufs- und Wirtschaftspädagogik – online, Nr. 32, S. 1–20. Link: *http://www.bwpat.de/ausgabe32/meyer_haunschild_bwpat32.pdf* (letzter Aufruf: 13. 12. 2020).

Moldaschl (2009): Erkenntnisbarrieren und Erkenntnisverhütungsmittel – Warum siebzig Prozent der Changeprojekte scheitern. In: Kramer et al. (Hrsg.): Organisationsberatung – blinde Flecken in organisationalen Veränderungsprozessen, S. 301–312.

Nolte/Zimmermann (2015): Managementwissen für eine innovative und lernende öffentliche Verwaltung.

Ortmann (2008): Organisation und Welterschließung. Dekonstruktion. 2. Aufl.

Pfeiffer (2012): Wissenschaftliches Wissen und Erfahrungswissen, ihre Bedeutung in innovativen Unternehmen und was das mit (beruflicher) Bildung zu tun hat. In: Kuda et al. (Hrsg.): Akademisierung der Arbeit: Hat berufliche Bildung noch eine Zukunft?, S. 203–219.

Sauter/Scholz (2015), Von der Personalentwicklung zur Lernbegleitung. Veränderungsprozess zur selbstorganisierten Kompetenzentwicklung.

Schüll (2020), Das Triade-Konzept der Personalentwicklung.

Siebert (2006): Lernmotivation und Bildungsbeteiligung.

Ulrich (1997): Human Resource Champions: The Next Agenda for Adding Value and Delivering Results.

Vahs (2007): Organisation. Einführung in die Organisationstheorie und -praxis, 6. erw. Aufl.

Vahs/Weiand (2013), Workbook Change Management. Methoden und Techniken, 2. Aufl.

Wieland (2004): Arbeitsgestaltung, Selbstregulationskompetenz und berufliche Kompetenzentwicklung. In: Wiese (Hrsg.): Individuelle Steuerung beruflicher Entwicklung, Kernkompetenzen in der modernen Arbeitswelt, S. 170–197.

Windeler (2014): Können und Kompetenzen von Individuen, Organisationen und Netzwerken. Eine praxistheoretische Perspektive. In: Windeler/Sydow (Hrsg.): Kompetenz. Sozialtheoretische Perspektiven, S. 225–301.

Rita Meyer

Beruf, Arbeitsorganisation und betriebliches Lernen als Bedingungsrahmen von Personalarbeit und Mitbestimmung

Inhaltsübersicht

Personalentwickler:innen und Betriebsräte stehen vor der Herausforderung, die Zukunft der Unternehmen unter den Bedingungen der digitalen Transformation, die vor allem im Hinblick auf zukünftige Qualifikationsanforderungen große Unsicherheiten aufweist, nachhaltig zu gestalten. Ihre Tätigkeit unterliegt einer doppelten Zweckstruktur: Zum einen definiert die Organisation, das heißt das Unternehmen, die Bedingungen ihres Handelns und konfrontiert sie mit spezifischen Erwartungen. Zum anderen sind sie– quasi als Personendienstleister – auch mit den individuellen Voraussetzungen, Motiven, Wünschen der Beschäftigten konfrontiert. Es gehört zu ihren Aufgaben, die Strukturen und Prozesse der betrieblichen Organisation mit den individuellen Kompetenzen von (potenziellen) Beschäftigten zu vereinbaren.

Die Organisation von Arbeit befindet sich gegenwärtig, angetrieben durch den technologischen Fortschritt, in einem gefühlt rasanten Umbruch. Die Frage, wie in Deutschland zukünftig gewirtschaftet, gelebt und gearbeitet wird, wird maßgeblich von dem Prozess der Digitalisierung geprägt. Dieser schafft eine neue, intelligente, informationsbasierte und hochvernetzte Arbeits- und Lebenswelt. Damit einher gehen neue Formen der betrieblichen Rationalisierung und Reorganisation. Infolge dieser Entwicklungen unterliegen die Beschäftigungsverhältnisse sowie die Arbeitsformen und -zeiten auf der gesellschaftlichen und auf der betrieblichen Ebene einem Wandel. Damit steht auch das Berufskonzept, in dem Qualifizierungsprozesse in Deutschland traditionell organisiert sind, auf dem Prüfstand.

In diesem Beitrag wird ausgehend vom Wandel der Arbeit und den damit einhergehenden Qualifikationsanforderungen (Abschnitt 1) aus einer berufs- und wirtschaftspädagogischen Perspektive die These vertreten, dass im Berufskonzept sowohl auf der gesellschaftlichen als auch auf der betrieblichen Ebene – im Rahmen der Personalarbeit und der Mitbestimmung – Potenziale zur Gestaltung der Transformation liegen: Auf der gesellschaftlichen Ebene bildet die berufsförmig organisierte Arbeit ein Muster zum Tausch von Arbeitskraft auf berufsfachlich organisierten Arbeitsmärkten. Dies stellt aufgrund gegenseitiger Qualifikations- und Gratifikationserwartungen mit Blick auf Personalarbeit eine Entlastung dar: Erwartungen an Arbeitsleistungen, Kompetenzen und auch Haltungen müssen in der Regel bei Absolvent:innen eines Ausbildungsberufes nicht individuell ausgehandelt, überprüft und bewertet werden (Abschnitt 2). Auch Ansprüche an selbständiges Arbeiten, die Bereitschaft zur Übernahme von Verantwortung und die Fähigkeit zur Selbstkontrolle sind in diesem Konzept durch den hohen Stellenwert betrieblichen Lernens angelegt (Abschnitt 3). Die Rolle von Personalarbeit und Mitbestimmung wird abschließend mit Blick auf ihre Gestaltungspotenziale reflektiert (Abschnitt 4).

1. Quo vadis? – Wandel von Arbeit und Qualifikationen

Wohin sich die Arbeitswelt zukünftig entwickeln wird, lässt sich kaum vorhersehen. Dies liegt u. a. daran, dass seriöse Prognosen lediglich auf der Basis vergangener oder gegenwärtiger Analysen gestellt werden können, wobei in der Regel eine Fortschreibung der bestehenden Situation unterstellt wird. Vor dem Hintergrund einer hohen Innovationsgeschwindigkeit in der digitalen Transformation zeichnen sich bereits Entwicklungstendenzen ab, die in ihrer Komplexität eine Herausforderung für die Personalarbeit und die Mitbestimmung darstellen. Diese werden hier – auch im Hinblick auf ihre sozialen Folgen – kurz skizziert.

1.1 Entgrenzungstendenzen der Arbeit

In der *gesellschaftlichen Perspektive* ist eine zunehmende Entgrenzung von Arbeit zu verzeichnen. Der Begriff der »Entgrenzung« von Arbeit steht – neben zeitlichen und räumlichen Entgrenzungen im Zuge mobiler Arbeit – auch für den Versuch der Unternehmen, einen Zugriff auf bislang begrenzt zugängliche Potenziale der Ressource »Mensch« zu erreichen. Entgrenzung meint in diesem Zusammenhang auch das Verschwimmen bisher bestehender Grenzen zwischen der privaten Lebenswelt und der Sphäre der Arbeit. Mit der »Entgrenzung von Arbeit« gehen zwei Entwicklungstendenzen der gesellschaftlichen und betrieblichen Arbeitsorganisation einher: *Subjektivierung* und *Flexibilisierung*, verstanden als eine zunehmende Aufforderung zu Selbstorganisation, Selbstoptimierung und Selbstrationalisierung der Beschäftigten.

Im Zuge der Flexibilisierung nimmt die Zahl fragiler Beschäftigungsverhältnisse jenseits des »Normalarbeitsverhältnisses« – das vertraglich geschützt war, unbefristet, langfristig angelegt und perspektivisch einkommenssichernd – stetig zu: sogenannte atypische Beschäftigung, das heißt Beschäftigung auf der Basis von befristeten Arbeitsverträgen, in »Minijobs«, zum Teil ungewollter Teilzeitarbeit, in Form von Leiharbeit, Werkverträgen oder »Neuer Selbstständigkeit«, nimmt einen immer größeren Raum in der Struktur der Erwerbstätigkeit ein und wird somit zunehmend »normaler«. Diese Entwicklung in Industrie und Dienstleistungen wird flankiert von der Zunahme der Beschäftigung in sogenannten »flexiblen« Arbeitsformen wie »Job on demand« (Arbeit auf Abruf), »mobiler IT-Arbeit«, »Lieferkettenarbeit«, des »Crowd-« und »Cloud-Working« (vgl. Leimeister/Durward/Zogaj 2016). Schon der Begriff der »atypischen« Beschäftigung signalisiert, dass die hier beschriebene Entgrenzung von Arbeit historisch zu relativieren ist, weil sie einen Bezug zum (alten) Idealtypus des Normalarbeitsverhältnisses aufweist. Dieses ist bzw. war von Standardisierung (fester Arbeitsort und Vollzeittätigkeit) sowie Hierarchisierung gekennzeichnet und auf den männlichen Erwerbsverlauf zugeschnitten.

Diese standardisierten Bildungs- und Berufsverläufe, die für die Industriegesellschaft charakteristisch waren, lösen sich zunehmend auf. Damit stehen die Einzelnen vor der Herausforderung, ihre Erwerbsbiografien immer wieder neu zu gestalten und die Koordinaten ihres Lebenslaufs und ihrer Beruflichkeit permanent selbst zu (re-)konstruieren. Dies bedeutet u. a., dass sie dauerhaft für ihre Einsetzbarkeit auf sich schnell verändernden Arbeitsmärkten und -plätzen zu sorgen haben. Die sogenannte »Normalarbeit« ermöglichte gerade durch ihre Standardisierung – und dazu gehört auch die Organisation im Berufskonzept, auf die unten noch ausführlicher eingegangen wird – in zeitlicher Hinsicht auch ein »Normalleben«. Dies erlaubte u. a. die Planbarkeit aufgrund relativ fester Grenzen zwischen Arbeit und Freizeit, welche nicht zuletzt im Zuge des Pandemiegeschehens und der Verlagerung der Arbeit ins Homeoffice zunehmend aufgeweicht werden. Abhängig von Lebensalter und Lebensphase stellen sich damit individuell, betrieblich und auch gesellschaftlich spezifische Herausforderungen, die eine Ausbalancierung der *Work-Learn-Life-Balance* erfordern (Antoni et al. 2014).

Zu fragen ist, inwiefern vor diesem Hintergrund das klassische, relativ stabile Lebenslaufregime[1] (vgl. Kohli 1985), das mit der Dreiteilung von Vorbereitungs-, Aktivitäts- und Ruhephase (das heißt Kindheit bzw. Jugend/aktives Erwachsenenalter/Alter) um das Erwerbssystem herum organisiert ist, noch als strukturierendes Element dienen kann. Personalarbeit und Mitbestimmung sind hier insbesondere mit Blick auf die betrieblichen Gestaltungsanforderungen angesichts der Altersheterogenität und des Problems der Sicherung von Erfahrungswissen tangiert. Aber auch für den Einzelnen hat das zur Konsequenz, dass permanent Orientierungsleistungen erbracht werden müssen: Im Verlauf eines Erwerbslebens sind zahlreiche arbeitsbezogene Übergänge in horizontaler (Aufgaben- und Positionswechsel innerhalb von Unternehmen, Wechsel von Unternehmen, Lernprozesse in der Arbeit) und in vertikaler Hinsicht (Studium, Aufstieg und Karriere, Weiterbildungen) zu vollziehen.

Diese Entwicklungen fordern die Arbeit von Personalabteilungen und Mitbestimmungsakteur:innen in einem besonderen Maß, denn sie sind es, die zwischen den technischen und ökonomischen Anforderungen, die auf der Organisationsseite den betrieblichen Bedingungsrahmen des Handelns bilden, und dem individuellen Arbeitsvermögen und den Interessenlagen der Beschäftigten vermitteln müssen.

1.2 Wandel betrieblicher Arbeit und Qualifikationsanforderungen

In *betrieblicher Perspektive* hat sich schon in den 1990er Jahren ein Wandel von einer funktionalen Betriebsorganisation zu einer Prozessorientierung, sowohl am Produktionsprozess als auch am gesamten betrieblichen Geschäftsprozess vollzogen (vgl. Baethge/Schiersmann 1998). Die Prozessorientierung stellt angesichts von Flexibilisierungs- und Dezentralisierungsmaßnahmen neue Anforderungen an die Beschäftigten: Dabei geht es vor allem um eine Zunahme der (Selbst-)Steuerung, erhöhte Verantwortungsübernahme und neue Kooperations- und Kommunikationsformen. Voß und Pongratz (1998) haben in diesem

---

1 Kohlis (1985) Lebenslaufstrukturmodell bietet eine Interpretationsfolie für Transformationsprozesse als strukturelle Übergänge im Lebenslaufregime. Er zeigt in historischer Perspektive, dass es zu einer Verzeitlichung komme und da diese an einem chronologischen Lebensalter orientiert sei, habe sich im Zuge der Chronologisierung ein Normallebenslauf ergeben. Die Freisetzung der/des Einzelnen aus lokalen und ständischen Bindungen führe zur Individualisierung.

Zusammenhang den neuen Arbeitnehmertypus des »Arbeitskraftunternehmers« gekennzeichnet, der im Zuge von Individualisierung und Subjektivierung spezifischen Belastungen und Zumutungen ausgesetzt ist.

Die berufswissenschaftliche Forschung prognostiziert in qualifikatorischer Perspektive im Wesentlichen zwei Entwicklungsszenarien (vgl. Spöttl 2016): In einem *Werkzeugszenario* entwickeln sich im Rahmen der Digitalisierung Expertensysteme mit einem Werkzeugcharakter, die die qualifizierten Fachkräfte bei ihrer Arbeit unterstützen. Dem steht ein *Automatisierungsszenario* gegenüber, in dem es durch den Einsatz von hoch entwickelter Technik (u. a. Künstlicher Intelligenz) zu massiven Einschränkungen der Autonomie der Fachkräfte kommt, bis hin zu einer Verdrängung der Facharbeit. Welches Szenario tatsächlich Realität wird, das entscheidet sich in der konkreten Arbeitsorganisation der Betriebe.

Für die *betriebliche Arbeitsorganisation* prognostizieren die Wissenschaftler:innen die polarisierte Organisation, in der es eine relativ geringe Zahl von gering qualifizierten Arbeitskräften gibt und zugleich eine große »Gruppe hoch qualifizierter Experten und technischer Spezialisten, deren Qualifikationsniveau deutlich über dem bisherigen Facharbeiterniveau liegt« (Hirsch-Kreinsen 2014, S. 425).

Es ist davon auszugehen, dass diese Entwicklungen branchenspezifisch – insbesondere an der Schnittstelle von Industrie, Dienstleistungsarbeit und Handwerk – stark divergieren. Für die Berufsfelder Metall- und Elektrotechnik liegen Studien vor, die zeigen, dass vor allem prozessbezogene Tätigkeiten an Bedeutung gewinnen und dass ein deutlicher Trend der Entwicklung zu Hybridberufen erkennbar ist (vgl. Frenz/Heinen/Zinke 2016). Aufgabe dieser domänenübergreifend ausgebildeten Fachkräfte ist vor allem die Analyse und die Fehler- und Schwachstellenbeseitigung innerhalb der automatisierten Prozesse. Eine Studie im Feld der Bayerischen Metall- und Elektroindustrie kommt zu dem Schluss, dass die Facharbeiterberufe für den digitalen Wandel durchaus gerüstet sind, dass jedoch kurz- und mittelfristige Anpassungen in den unterschiedlichen Berufsprofilen vorgenommen werden müssen (vgl. Spöttl/Windelband 2017).

Bereits jetzt ist ein großer Teil der Arbeitsplätze in Deutschland nicht durch Routinetätigkeiten gekennzeichnet, sondern durch komplexe Aufgaben und das Handeln in nicht-standardisierten, unvorhersehbaren Situationen. Laut dem »Arbeitsvermögensindex« (AVI) (Pfeiffer/Suphan 2015) müssen 74 Prozent aller Erwerbstätigen täglich Unwägbarkeiten und Wandel bewältigen, wobei Berufsfelder mit einem eher niedrigen AVI (wie z. B. Logistik »Packer:innen, Lager- und Transportarbeiter:innen«) und mit einem hohen AVI (z. B. IT-Kernberufe) zu unterscheiden sind.

Unklar ist, inwiefern sich die neuen Technologien und Organisationsformen flächendeckend, z. B. auch im Mittelstand durchsetzen werden. Eine Studie im Auftrag der Friedrich-Ebert-Stiftung zeigt, dass Mittelständler:innen oftmals eine umfassende Strategie fehlt, um auf die Herausforderungen der Arbeitswelt 4.0 zu reagieren (vgl. Schröder 2017). Aber gerade in kleinen und mittelständischen Unternehmen, die eine wichtige Säule der deutschen Wirtschaft bilden, sind die Erfahrungen und das Arbeitsvermögen einzelner Beschäftigter bei der Ausgestaltung von »4.0 Konzepten« von besonderer Bedeutung und müssen daher verstärkt in den Fokus gerückt werden (Ludwig et al. 2015).

1.3 Soziale Konsequenzen der Transformation

Eine unausweichliche Folge befristeter Beschäftigung und Leiharbeit ist die Zunahme von sozialer Unsicherheit und Prekariat. Zudem zeichnet sich ab, dass mit der Digitalisierung neue Herrschaftskonflikte auf der betrieblichen Ebene entstehen, z. B. hinsichtlich Leistungserbringung, Zeit und Entgelt sowie Datenschutz und Persönlichkeitsrechten (vgl. Schröder 2016). Insgesamt unterliegen die Innovationen der Arbeitswelt 4.0 einem »paradoxalen Charakter […] denn ihre strukturverändernden Effekte rufen zugleich Widerstände, Grenzen und Barrieren ihrer Realisierung hervor« (Hirsch-Kreinsen 2014, S. 427). Diese Paradoxien finden ihren Ausdruck darin, dass neue Erwerbsformen entstehen (z. B. im Zuge von Online-Arbeit), die sich in den Kategorien traditioneller Arbeit und Beruflichkeit kaum noch beschreiben lassen. Sie sind gekennzeichnet durch Ungewissheit in der Auftragslage, niedrige Bezahlung und Verdienstausfall, lange Arbeitszeiten, Zusammenhangslosigkeit und soziale Isoliertheit (vgl. Bormann/Pongratz 2018). Insbesondere für das Feld der IT-Arbeit ist empirisch belegt, dass Zeit- und Leistungsdruck »ganz normal« sind (vgl. Dunkel/Kratzer 2017).

Zu den Paradoxien der Transformation gehört aber auch, dass sich mit neuen Arbeitsformen durchaus neue Handlungs- und Selbstbestimmungsspielräume (vgl. Breyer-Mayländer 2018; Warsewa 2015) eröffnen. Aufgrund steigender Ansprüche an die Innovationskraft und Flexibilität sind Unternehmen vermehrt auch auf die Bereitschaft der Arbeitnehmer:innen zur eigenverantwortlichen Leistungsverausgabung angewiesen. Damit entsteht ein gegenseitiges Abhängigkeitsverhältnis, welches auf eine *Aufwertung des Individuums* und auf eine *Ausweitung individueller Handlungsspielräume* hindeutet. Dies zeigt sich insbesondere angesichts der engen Verwiesenheit der betrieblichen Organisationsentwicklung auf die individuelle Kompetenzentwicklung der Beschäftigten (vgl. Antoni et al. 2013).

Vor diesem Hintergrund ist zu fragen, welcher Stellenwert dem in Deutschland tradierten Konzept der Beruflichkeit als Konzept der gesellschaftlichen und betrieblichen Arbeitsorganisation noch zukommt und welche Bedeutung es für die Personalarbeit und die Mitbestimmung hat.

2. Verliert der Beruf an Bedeutung?

Mit der Flexibilisierung der Arbeitswelt geht auch eine Veränderung der Beruflichkeit einher. Der Begriff *Beruflichkeit* kennzeichnet ein Konzept der sozialen Organisation von Arbeit und Arbeitstätigkeiten. Die historische Entwicklung zeigt, dass das Berufskonzept jeweils abhängig von technischen, ökonomischen, politischen und sozialen Rahmenbedingungen eine kontinuierliche Veränderung erfahren hat. Derzeit stehen diverse Ausprägungen von traditionellen und modernen Formen von Beruflichkeit nebeneinander. Um es vorwegzunehmen: Einerseits ist nicht von der Hand zu weisen, dass traditionelle Elemente des deutschen Berufskonzeptes starken Erosionstendenzen ausgesetzt sind. Andererseits ist festzustellen, dass sich die Organisation von Arbeit im Konzept von Beruflichkeit in den letzten Jahren in Deutschland nicht zuletzt aufgrund permanenter Modernisierung durchaus verändert und an die neuen Herausforderungen angepasst hat. Vor diesem Hintergrund wird hier der Stellenwert dieses Konzeptes für die Personal- und Betriebsratsarbeit thematisiert.

»Beruf« ist ein spezifisch deutscher Begriff, der außerhalb des deutschsprachigen Raums keine Entsprechung hat. »Im angelsächsischen Sprachgebrauch kommt dem Berufsbegriff nicht der des ›job‹, sondern der Begriff der ›profession‹ am nächsten, da dieser über den reinen Tätigkeitsbezug hinausgeht.« Berufe werden verstanden als eine

»Kombination spezifischer Fähigkeiten und Fertigkeiten, die als Leistungspotential die Grundlage für eine kontinuierliche Erwerbs- und Versorgungschance des Individuums abgeben. Er [der Beruf] bildet die Basis und Rechtfertigung der gesellschaftlichen Position, und ist eines jener vergleichsweise stabilen Merkmale, die das Individuum mit gesellschaftlichen Strukturen und Prozessen verbinden« (Daheim et al. 1972, S. 13).

In dieser Definition drückt sich eine allgemeine Bestimmung von Beruflichkeit aus, mit der sich die soziale Organisation von Arbeit *unabhängig* von kulturellen und historischen Kontexten beschreiben lässt. Der Beruf stellt hier eine spezifische Organisationsform von Arbeit dar, die sich in abstrakten Fähigkeits-, Kompetenz- und Arbeitskraftmustern ausdrückt. Dass Arbeit im Konzept der Beruflichkeit organisiert ist, führt auch dazu, dass sie spezialisiert, standardisiert und institutionell fixiert ist. Gerade für die Personalarbeit stellt dies eine Entlastung dar, weil genau darauf wiederum spezifische Handlungsroutinen basieren: Aufgrund der Schneidung von Kompetenzen in beruflich verfassten Qualifikationsbündeln legitimieren sich gegenseitige Erwartungshaltungen an Wissen, Können und Arbeitsbereitschaft einerseits (auf der Seite der Betriebe) und an eine dem Abschluss bzw. Zertifikat angemessene Entlohnung andererseits (auf der Seite der Beschäftigten).

2.1 Merkmale und Funktion berufsförmiger Organisation von Arbeit

Dem Beruf kommt in der Ausdifferenzierung moderner Gesellschaften eine Schlüsselfunktion zu, weil er unterschiedliche soziale Systeme – sowohl Wirtschaft und Erziehung als auch Person und Sozialsystem – miteinander verbindet. Über das Prinzip der Beruflichkeit erfolgt eine Koppelung zwischen dem Ausbildungssystem und dem Arbeitsmarkt, die ihren Ausdruck u. a. darin findet, dass Arbeitsmärkte berufsfachlich organisiert sind (vgl. Bosch 2017). Zudem bildet Beruflichkeit auch die Schnittstelle zwischen der Organisation und dem Individuum, also den Beschäftigten. Wenn die Schnittstellen dieser Koppelung nicht funktionieren, entstehen Strukturprobleme, die aufgrund der mangelnden Anschlussfähigkeit dieser Systeme »biographisiert« werden (Kurtz 2005, S. 221) und zur Exklusion aus Organisationen bzw. aus den Teilsystemen der Gesellschaft führen. Dies kommt u. a. darin zum Ausdruck, dass An- und Ungelernte sowie Geringqualifizierte in der Regel keinen Zugang zu bestimmten betrieblichen und gesellschaftlichen Positionen (einschließlich eines entsprechenden Einkommens) haben und damit besonders vom Prekariat betroffen sind.

Nicht zuletzt wird durch die berufsförmige Organisation der Arbeit ein Qualifikationsüberschuss erzeugt, der Selbststeuerung und Selbstkontrolle ermöglicht und somit wiederum den Unternehmen eine flexible Einsetzbarkeit ihres Personals sichert. Das deutsche Wirtschaftssystem konnte bisher Krisen erfolgreich begegnen, weil mit dem Qualifizierungsmodell im Dualen System der Berufsausbildung *nicht* für spezifische Unternehmens- bzw. Arbeitskontexte ausgebildet wird, sondern – im Gegensatz z. B. zum englischsprachigen Raum – das Prinzip der umfassenden beruflichen Handlungskompetenz zentral ist. Über das Organisationsprinzip der Beruflichkeit werden Qualifikationen der bloßen ökonomischen Verwertbarkeit eines einzelnen Betriebes enthoben und erfahren im Berufsprinzip eine Universalisierung, die bundesweit verbindliche Standards für die Aus- und Weiterbildung setzt (vgl. Harney 1998).

Berufe legitimieren sich nicht nur über Inhalte und Kompetenzanforderungen, sondern auch über den Prozess ihres partizipativen Zustandekommens, der wiederum durch föderalistische und korporatistische Steuerungselemente geprägt ist. Berufe werden von den sogenannten »vier Bänken« (Bund, Ländern sowie Sozialpartnern, vertreten durch Arbeitgeber- und Arbeitnehmerverbände) im Konsensverfahren »geordnet«. Damit sind Berufe soziale Konstrukte, die zunächst spezifischen Qualifikationserwartungen von betrieblicher Seite unterliegen, in die aber auch die jeweiligen sozialen Interessenlagen der Arbeitnehmer- und Arbeitgeberseite eingehen (vgl. Greinert 1998). In den geordneten

Berufsprofilen, die mehr sind als bloße Qualifikations- oder Kompetenzbündel, werden spezifische Elemente festgeschrieben und im Sinne einer Institutionalisierung auf Dauer gestellt. Als Merkmale einer berufsförmigen Gestaltung von Arbeit gelten (vgl. Meyer 2000):

- die Definition von Qualifikationsstandards über Ordnungsmittel (Aus- und Fortbildungsverordnungen sowie Rahmenlehrpläne)
- die formale Organisation des Qualifikationserwerbs und die Zertifizierung der Qualifizierungsgänge und Handlungskompetenzen
- die Regelung spezifischer Zuständigkeiten nach dem Föderalismus- und Korporatismusprinzip sowie die Beteiligung von unterschiedlichen Interessengruppen nach dem Partizipationsprinzip
- die kollektive Absicherung von Einkommen, Zeiten und Arbeitsbedingungen (z. B. über Tarifverträge)

Hervorzuheben ist, dass neben der Erwerbssicherung und der beruflichen Qualifizierung die Entwicklung einer *sozialen Identität* – individuell oder als Berufsgruppe – ein zentraler Effekt von Berufen ist (vgl. Lempert 2006).

Bildungspolitisch kommt dem Konzept der Beruflichkeit eine entscheidende Bedeutung zu, weil die mit staatlichem Einfluss geregelte, berufsförmige Gestaltung von Arbeit den Einzelnen von dem Zwang entlastet, individuelle soziale Regelungen zu treffen. Berufsbilder, Zertifikate und die o.a. spezifischen Gestaltungs- und Kontrollmechanismen der Berufsbildung bilden die Basis für eine gegenseitige realistische Einschätzung von Qualifikationen einerseits und eine angemessene Entlohnung andererseits. Der Beruf als eine gesellschaftlich organisierte Form der Rationalisierung (vgl. Hesse 1981) repräsentiert somit quasi eine Untergrenze einer sozialen Regulierung der Systeme Arbeit und Gesellschaft. Darin ist seine hohe soziale Integrationskraft – auf gesellschaftlicher und betrieblicher Ebene – begründet und er bildet somit die Folie, auf der eine gewerkschaftliche Einflussnahme auf Prozesse der Beruflichen Bildung überhaupt erst möglich wird.

2.2 Erosion traditioneller Berufe versus moderne Beruflichkeit

In der berufsbildungspolitischen und auch in der berufs- und wirtschaftspädagogischen Diskussion der 1990er Jahre wurde der Beruf bzw. das Berufskonzept zunehmend mit der Konnotation thematisiert, vor allem in seiner *fachlichen* Dimension nicht mehr geeignet zu sein, moderne Arbeit angemessen zu organisieren (vgl. u. a. Geißler 1991; Lipsmeier 1998; Baethge/Baethge-Kinsky 1998). Tatsächlich zeigt sich in der betrieblichen Arbeitswelt eine zunehmende Dysfunktionalität berufsfachlicher Zuschnitte: Durch die Integration fertigungsnaher Bereiche in den Produktionsprozess deutet sich das »Verschwimmen« fachspezifischer Abgrenzungen an. Es kommt zu einer Entgrenzung von Fachlichkeit im

Sinne einer Ausweitung durch die Überschneidung einzelner Berufsfelder (z. B. im Beruf des Mechatronikers). Ausgehend von dieser Dysfunktionalität werden Berufe in Deutschland kontinuierlich neu geordnet, wobei die *berufsfachlichen* Zuschnitte zum Teil neu definiert werden.

Vor dem Hintergrund der digitalen Transformation und der damit einhergehenden schwindenden fachlichen Eindeutigkeit der Berufsprofile richtet sich der Fokus der Diskurse überwiegend auf die *funktionale* (qualifikatorische) Dimension des Berufsprinzips, aus der die Annahme einer Entwicklung in Richtung Entberuflichung geschlossen wird. Es ist jedoch wichtig, Beruflichkeit auch in der *sozialen* Dimension zu thematisieren. In dieser Perspektive geht es z. B. um individuelle berufliche Identifikation, betriebliche und gesellschaftliche Sozialisation und auch Formen der sozialen Vergemeinschaftung. Festzustellen ist, dass sich das *traditionelle* Berufskonzept zwar in bestimmten Dimensionen verändert, dass sich aber durchaus neue, quasi moderne[2] Formen von Beruflichkeit etablieren, die wesentliche Funktionsmerkmale des traditionellen Berufskonzeptes aufnehmen (vgl. Meyer 2004; Kutscha 2015).

Als Ausdruck dieser neuen Beruflichkeit, die sich unter den Bedingungen der Flexibilisierung und Entgrenzung von Arbeit und im Kontext digitalisierter Arbeitsformen konstituiert, können die folgenden Merkmale gelten:

- eine geringere Formalisierung, insbesondere in Bezug auf Gratifikations- und Sozialleistungen sowie bezogen auf die sozialen Abstimmungsprozesse
- eine Entgrenzung beruflichen Lernens – damit ist eine räumliche Entgrenzung aus den Lernorten Schule und Betrieb, eine zeitliche Entgrenzung aus der Phase der Erstausbildung in die Weiterbildung sowie eine inhaltliche Entgrenzung durch das Verschwimmen der Fachgrenzen und disziplinären Zuständigkeiten gemeint
- eine Verschiebung traditioneller, funktionsorientierter betrieblicher Strukturen hin zu einer Prozessorientierung – diese gilt als neues Leitbild für die Arbeitsorganisation und die betrieblichen Lernprozesse

Kennzeichnend für moderne Formen von Beruflichkeit sind permanente Veränderung, geringe zeitliche Konstanz, hohe Flexibilität und damit verbunden die Forderung an die Subjekte zu lebenslangem Lernen. Konstitutiv sind somit auch Individualisierung und Selbstorganisation – dies gilt bezogen auf den Qualifikationserwerb, wie auch für die eigenverantwortliche Steuerung und Gestaltung von Arbeits- und Qualifizierungsprozessen.

---

2   Das Konzept »moderner« Beruflichkeit wird hier dem »traditionellen« Beruf entgegengesetzt, aber nicht als etwas wirklich Neues, sondern im Sinne einer komplexen Entwicklung gesellschaftlicher Systeme, in denen eine Ablösung von Traditionsbeständen erfolgt, wobei diese das System quasi als prämoderne Grundlagen moderner Gesellschaften (Parsons 1996) nach wie vor prägen.

Zusammenfassend ist festzustellen, dass in der Tat eine Erosion des spezifisch traditionellen Berufskonzeptes zu verzeichnen ist, dass aber das Konzept von Beruflichkeit als allgemeines Organisationskonzept von Arbeit für Deutschland eine erstaunliche Stabilität aufweist. Die zahlreichen Neuordnungsverfahren, die in den letzten Jahren durchgeführt wurden – allein 2018 startete das Ausbildungsjahr mit 25 modernisierten Ausbildungsberufen – zeigen, dass unser Berufsbildungssystem durchaus »industrie4.0-fähig« ist (BIBB 2018).

Den Sozialpartnern und insbesondere den Gewerkschaften kommt zukünftig bei der Gestaltung von Arbeit und Bildung eine besondere Rolle zu. Vor diesem Hintergrund zielt das Konzept einer »erweiterten modernen Beruflichkeit« (IG Metall Vorstand 2014; Kassebaum/Ressel/Schrankel 2016) auf den Erhalt, den Ausbau und die Regulierung von Beruflicher Bildung auf der gesetzlichen, tariflichen und betrieblichen Ebene (z. B. Regelung von Dualen Studiengängen im BBiG; Berufsorientierung an allgemeinbildenden Schulen u. Ä.). Diese bildungspolitische Position reagiert darauf, dass sich die komplexen Problemlagen, die sich mit Blick auf das deutsche Duale System stellen, nicht von allgemeinen Problemlagen unseres Bildungssystems entkoppeln lassen. Daher werden im Folgenden kurz strukturelle Problemlagen des (Berufsbildungs-)Systems skizziert, die – zumindest mittelbar – auch die Personalarbeit und die Mitbestimmung tangieren.

2.3   Systemprobleme des deutschen Berufsbildungssystems

Neben den sich seit Jahren reproduzierenden Passungs- und Qualitätsproblemen der Ausbildung im Dualen System, erodiert im Kontext »moderner« Arbeit das Prinzip der berufsförmigen Organisation von Arbeit an den Systemgrenzen des Dualen Systems der Berufsausbildung: Am unteren Rand hat sich ein sogenanntes »Übergangssystem« etabliert. Es handelt sich dabei nicht um ein institutionell verfasstes, gesetzlich geregeltes »System«, sondern eher um eine Ansammlung von einzelnen Bildungsangeboten diverser Bildungsträger: ein »Maßnahmendschungel«, in dem junge Menschen, denen eine Benachteiligung oder auch eine vermeintlich mangelnde Ausbildungsreife zugeschrieben wird, Orientierung finden oder im besten Fall auch qualifiziert werden sollen. Angesichts der hohen Zahl jugendlicher Geflüchteter, deren Integration sinnvollerweise in erster Linie über Arbeit und Beruf erfolgen kann, dehnt sich dieses Übergangssystem quantitativ weiter aus, allerdings geht dies nicht mit einer Qualitätssicherung über Standards einher. Inwieweit die jungen Menschen, die dieses »System« in der Regel ohne formalen Abschluss wieder verlassen (vgl. Maier/Vogel 2013), für eine hoch flexible Arbeitswelt gerüstet sind, ist eine bildungspolitische Frage, die nach wie vor unbeantwortet ist.

Am oberen Rand des Berufsbildungssystems entstehen zugleich neue, sogenannte »hybride« Bildungswege, wie z. B. duale und berufsbegleitende Studiengänge. Diese sind im Zuge der Umsetzung der EU-Bildungspolitik politisch gewollt und werden mit ihren akademischen Anteilen auch vor dem Hintergrund der Herausforderungen der Digitalisierung als perspektivisch tragfähige Lösung der Qualifizierungsprobleme für den Arbeitsmarkt gehandelt. Problematisch zu bewerten ist jedoch auch hier, dass diese hybriden Bildungsformate sich den gesellschaftlich institutionalisierten und den schulisch und betrieblich etablierten Standards der Beruflichen Bildung (z. B. der Regelung durch das Berufsbildungsgesetz – BBiG) weitgehend entziehen.

Massive Probleme deuten sich für den schulischen Teil der Berufsausbildung an (vgl. IG Metall Vorstand 2017). Gravierend ist z. B. ein eklatanter Mangel an Berufsschullehrer:innen, der insbesondere für die Sektoren Metall- und Elektrotechnik zur Rekrutierung von Lehrerinnen und Lehrern über Seiten- und Quereinstiegsprogramme führt, was für den schulischen Teil der Berufsausbildung deutliche Qualitätsprobleme mit sich bringt.

Es lassen sich weitere Probleme im Feld der Beruflichen Bildung identifizieren: Dazu gehört z. B., dass das Feld der beruflichen und betrieblichen Weiterbildung eine hohe Intransparenz aufweist und sich ebenfalls nahezu gänzlich gesetzlicher Regulierung entzieht. Zum Problem werden im Zuge der Transformation auch Professionalisierungsdefizite des betrieblichen Bildungspersonals. Und nicht zuletzt führt eine mangelnde Anerkennung des Zusammenhangs von individueller Kompetenzentwicklung und betrieblicher Organisationsentwicklung dazu, dass die Potenziale qualifizierter Beschäftigter nicht für die Arbeitsgestaltung genutzt werden.

Damit steht das Duale Berufsbildungssystem, das traditionell durch die Verknüpfung von Theorie und Praxis an den Lernorten Schule und Betrieb gekennzeichnet ist, im Kontext der Transformation der Arbeit vor diversen Herausforderungen. Festzuhalten ist jedoch: Trotz aller Systemprobleme, die ihren Ausdruck u. a. in der mangelnden fachlichen, regionalen und auch sozialen Passung zwischen Ausbildungsplatzangebot und -nachfrage (vgl. BIBB Berufsbildungsbericht 2020) und in Qualitätsdefiziten der betrieblichen Ausbildung finden (vgl. DGB Ausbildungsreport 2020), weist das Duale System nach wie vor eine hohe politische Akzeptanz auf und ist auch international angesehen.

Ein wesentlicher Grund dafür ist, dass – wie bereits in 2.1 erwähnt – die formale berufliche Qualifizierung unter der Beteiligung der Sozialpartner in einem Konsensverfahren (entlang der gesetzlichen Regelung des Berufsbildungsgesetzes) geregelt wird. Im Feld der beruflichen Bildung decken sich die Interessen der Sozialpartner (noch) weitgehend. Insbesondere bezogen auf die berufliche Erstausbildung besteht größtenteils Einigkeit darüber, Qualifizierung im Modus des Berufskonzeptes zu organisieren.

Ein besonderer Stellenwert kommt unter den Bedingungen der Transformation und der Uneindeutigkeit zukünftiger Qualifikationsanforderungen dem *betrieblichen Lernen*, der Kompetenzentwicklung der Beschäftigten im Prozess der Arbeit, zu. Darin liegt auch ein enormes Potenzial für die Arbeitsgestaltung, die bisher weder in der Praxis der Personalarbeit noch in der Betriebsratsarbeit hinreichend Beachtung findet.

3. Stellenwert betrieblichen Lernens für Arbeitsgestaltung

Einerseits ist – wie oben gezeigt und auch vor dem Hintergrund der Auswirkungen des Covid-19-Pandemiegeschehens deutlich wurde – eine räumliche, zeitliche und soziale Entgrenzung des Arbeitens und des Lernens zu verzeichnen. Andererseits sind Unternehmen unter den Bedingungen der Transformation mehr denn je darauf angewiesen, dass die Beschäftigten ihre – zumeist informell und selbstorganisiert erworbenen – Kompetenzen in die betriebliche Organisationsentwicklung und damit auch in eine innovative Arbeitsgestaltung einbringen. Damit steigt die Bedeutung des Lernortes Betrieb, wobei der Begriff »Betrieb« angesichts von Cloud- und Crowdworking, neuer Beschäftigungsformen auf virtuellen Plattformen im digitalen Netz sowie zunehmend temporären betrieblichen Organisationen perspektivisch zu re-definieren wäre.

Es ist oben in bildungspolitischer Perspektive gezeigt geworden, dass die berufsförmige Organisation von Arbeit eine enge Koppelung von Person, Organisation und Gesellschaft erzeugt. Aber auch auf der *didaktischen Ebene* des beruflichen und betrieblichen Lernens zeichnet sich die berufsförmig organisierte Arbeit durch spezifische Merkmale aus, die das Zusammenwirken von Subjekt und Organisation verstärken. Dazu gehören die explizite Verknüpfung von Theorie und Praxis wie auch von Arbeiten und Lernen im Prinzip der Dualität sowie die Erfahrungs-, Handlungs- und Kompetenzorientierung. Genau damit kommt dem Betrieb gegenüber der Schule sein besonderer Stellenwert als Lernort zu. Und darin liegt eine Chance, wenn es darum geht, Beschäftigte an der Arbeitsgestaltung im Kontext von Transformationen zu beteiligen. Denn: Betriebliches Lernen ist immer auch soziales Lernen, weil es in der Regel in reale arbeitsteilige oder kooperative Arbeitsprozesse eingebettet ist.

3.1 Betriebliches Lernen als soziales Lernen

Betriebliches Lernen findet hauptsächlich in sozialen Räumen durch Interaktion statt und wird als situiertes Lernen (vgl. Lave/Wenger 1991) gekennzeichnet. Zentral sind dabei ein gemeinsames Aushandeln und eine gemeinsame Bedeutungskonstruktion zwischen den Akteur:innen: Bewusste Handlungen von Individuen folgen einer kognitiven Struktur im Sinne von Deutungsmustern und allgemeinen Werten und Normen (vgl. Argyris und Schön 1978), wobei die dafür handlungsleitenden Motive einerseits explizit vereinbart sein können, wie z. B. in Unternehmensleitlinien und Verfahrensvorschriften. Diese Normen können aber andererseits auch in Form von *impliziten* handlungsleitenden Prinzipien vorliegen, die durch organisationale, betriebliche Sozialisationsprozesse vermittelt werden.

Vorhandenes Wissen führt somit in einem Wechselspiel von Handlungen zu einer gemeinsamen Konstruktion von neuem Wissen. Dies erfolgt im Rahmen von Arbeitsgemeinschaften – sogenannten *communities of practice* – durch die gemeinsame narrative Konstruktion des arbeitsbezogenen Wissens. Communities of Practice sind informell und bilden sich in der Regel selbstorganisiert heraus. Eine besondere Bedeutung kommt dabei dem impliziten Wissen zu (vgl. Polanyi 1985), das wiederum durch die Partizipation an Arbeits- und Gruppenprozessen expliziert wird. Damit wird es für die verantwortungsvolle (Mit-)Gestaltung der Arbeit durch Arbeitnehmer:innen konstitutiv.

In Prozessen des arbeitsbezogenen Lernens steht das lernende Subjekt als Gestalter des eigenen Lernprozesses im Zentrum. Kompetenzentwicklung wird durch die Arbeitstätigkeit induziert, wobei die Lernprozesse nicht unbedingt bewusst und gesteuert ablaufen, sondern auch unbewusst bei der Ausführung der Arbeitstätigkeit stattfinden (vgl. Bergmann 2005). An diese individuellen und organisationalen Lernprozesse ist auch die betriebliche und die berufliche Sozialisation – sowohl individuell als auch als Gruppe – gekoppelt (vgl. Lempert 2006). Hier werden Erfahrungen gemacht, die auf die Persönlichkeitsentwicklung einwirken: So wird z. B. in der betrieblichen Berufsausbildung auf der einen Seite ein spezifisches und individuelles Kontrollbewusstsein ausgebildet, das zu einer hohen Selbstwirksamkeitsüberzeugung führt. Hoff (1982) definiert in diesem Zusammenhang als Ausdruck betrieblicher Sozialisationserfahrungen einen »interaktionistisch-flexiblen« Typus, der auch vor dem Hintergrund von organisatorischem Wandel flexibel einsetzbar ist und selbständig und verantwortungsvoll agieren kann. Auf der anderen Seite werden in der und im Anschluss an die Berufsausbildung aber auch Begrenzungserfahrungen im Hinblick auf Aufstieg und Karriere wirksam, die dann wiederum (Weiter-)Lernanlässe sind, z. B. wenn nach einer kurzen Phase der Berufstätigkeit eine Aufstiegsfortbildung oder ein berufsbegleitendes Studium aufgenommen wird (vgl. Dittmann 2016).

Diese Erfahrungen, die Beschäftigte in der Arbeit machen und die sie in Persönlichkeit und Habitus prägen, sind immer auch der Ausgangspunkt für weitere berufliche Orientierungen des Subjektes. Damit sind in betriebspädagogischer Perspektive die Verfahren arbeitsplatznaher betrieblicher Weiterbildung sowie das Lernen im Prozess der Arbeit in besonderem Maß geeignet, den Anforderungen einer dynamischen und flexiblen Arbeits- und Betriebsorganisation gerecht zu werden (vgl. Dehnbostel 2007).

Empirische Studien zeigen, dass für das Zusammenwirken von individueller Kompetenzentwicklung und betrieblicher Organisationsentwicklung der Grad an Partizipation(-smöglichkeiten) einen zentralen Einflussfaktor darstellt (vgl. Antoni et al. 2013; Hiestand 2017). Eine *lernförderliche Arbeitsgestaltung* bildet das Bindeglied zwischen individueller Kompetenz- und betrieblicher Organisationsentwicklung, da zwischen beruflicher Handlungskompetenz und ihrer Entwicklung auf der einen, und den Arbeits- und Handlungsbedingungen der Organisation auf der anderen Seite, Wechselwirkungen bestehen.[3]

Hervorzuheben ist, dass der Erwerb, die Anwendung und Weitergabe von Erfahrungswissen gerade bei der Implementierung von neuen Produktionskonzepten elementar sind und somit die Basis für technische und auch organisationale Innovationen bilden (vgl. Strauß/Kuda 1999). Je mehr kreative Wissensgenerierung gefordert ist, desto stärker werden die Beschäftigten an organisationalen Veränderungen beteiligt. Dies spiegelt sich vor allem in Handlungsspielräumen sowie in selbstregulierten und produktorientierten Teamstrukturen mit flachen Hierarchien und zum Teil auch agilen Projektmanagementmethoden wider.

Bisher liegen nur wenige *empirische* Erkenntnisse über das Lernen in der Arbeit vor. Daher werden nachfolgend exemplarisch Erkenntnisse aus einem Forschungsprojekt in der chemischen Industrie vorgestellt.[4] Die im Rahmen von Expert:innengesprächen und Betriebsfallstudien generierten Ergebnisse geben Hinweise auf zukünftige Qualifikations- und Kompetenzanforderungen in dieser Branche, die ggf. auch auf andere Branchen übertragbar sind.

---

3   Dehnbostel (2007) formuliert acht Kriterien, die gewährleistet sein müssen, damit diese Wechselwirkungen auch zu erfolgreichen Lernprozessen des Subjektes führen: die Erfüllung vollständiger Handlungen, Selbstorganisation, Handlungsspielraum, Regelungen der Verantwortlichkeit, Problem- und Komplexitätserfahrung, soziale Unterstützung und Kollektivität sowie die Entwicklung von Professionalität und Reflexivität.

4   Das Projekt »Lernort Betrieb 4.0« wurde durch die Hans-Böckler-Stiftung im Zeitraum 02/2018 bis 01/2020 gefördert und an der Leibniz Universität Hannover am Institut für Berufspädagogik und Erwachsenenbildung durchgeführt. Befragt wurden insgesamt 35 Personen.

Exkurs: Mitbestimmung – der Innovationsmotor für die Transformation (von Tom Kehrbaum)

Mitbestimmung fördert soziale und technologische Innovationen. Das ist seit langem wissenschaftlich belegt (Hans-Böckler-Stiftung). In jüngster Zeit wird der Fokus auf die konkreten sozialen Prozesse gerichtet. Dabei wird die Frage nach Sinn und Zweck zwischenmenschlicher Interaktionen immer mehr mit den großen Herausforderungen unserer Zeit in Verbindung gebracht. Am Beispiel der Mitbestimmung in der beruflichen Erstausbildung wird deutlich, dass gerade die Verbindung von beruflichen mit politischen Kontexten lern- und innovationsförderlich ist.

Die meisten Jugend- und Auszubildendenvertreter:innen (JAV) – die nach dem Betriebsverfassungsgesetz in Deutschland in Betrieben mit fünf und mehr Jugendlichen und Auszubildenden gewählt werden – üben dieses Ehrenamt während ihrer eigenen Ausbildung aus. So bilden sie sich – über das Ziel des erfolgreichen Berufsabschlusses hinaus – in gewerkschaftlichen Seminaren in rechtlichen, wirtschafts- und gesellschaftspolitischen Fragen weiter. Sie verstehen ihre Aufgaben als JAV im Ausbildungsbetrieb im Kontext unterschiedlicher Interessenslagen und können ihr betriebspolitisches Handeln gut planen und begründen. Mit und für ihre Azubi-Kolleg:innen kommen sie so ihren Pflichten nach, die Qualität der Ausbildung für alle Auszubildenden und den Ausbildungsbetrieb zu kontrollieren und zu verbessern.

Von beruflichen Bildungsprozessen ausgehend weiten sie ihre persönlichen und kollektiven Urteils- und Handlungsfähigkeiten auf betriebs- und wirtschaftspolitische Kontexte aus. Der Betrieb wird als umfassender Sozialraum versteh- und gestaltbar. Sie beantworten das Vertrauen ihrer Mitlernenden, die sie wählten, mit der Verantwortung für die maßgebliche Gestaltung lokaler demokratischer Prozesse, für Problem- und Konfliktlösung sowie für neue z. B. tarifpolitische Zielsetzungen.

Die integrierte Entwicklung beruflicher und politischer Handlungskompetenzen entpuppt sich als ein Schlüssel zur Umsetzung aktueller Transformationsprozesse. Die Persönlichkeitsbildung und die Entwicklung eines von Verantwortung geprägten Berufsverständnisses führt Themen wie Unternehmenserfolg und demokratische Teilhabe zusammen. Denn Kritikfähigkeit, gesellschaftliche Verantwortung und Kommunikations- und Interaktionskompetenzen sind heute wichtige Voraussetzungen für Innovationen und kreative Problemlösung. Sind lokale Praxisgemeinschaften dabei weitgehend beteiligt, werden Lösungen nicht nur gemeinsam getragen, sondern auch kontinuierlich verbessert. Dem Zusammenhang methodischer, politischer und gesellschaftlicher Aspekte sollte deshalb in der beruflichen Aus- und Weiterbildung ein hoher Stellenwert eingeräumt werden.

3.2   Beispiel: Lernen in der Arbeit in der chemischen Industrie

In dem Forschungsprojekt »*Lernort Betrieb 4.0*« wurden die Auswirkungen der Digitalisierung in der chemischen Industrie auf der *Organisationsebene* (Betriebe) und auf der *Subjektebene* (Beschäftigte) untersucht. Ziel des Projekts war die Analyse der Verknüpfung von Arbeiten und Lernen, um organisationale und subjektive Lern- und Entwicklungsperspektiven im Kontext der Digitalisierung zu identifizieren (vgl. Baumhauer et al. 2019 und 2021).

In der chemischen Industrie sind Auswirkungen der digitalen Transformation bereits heute beobachtbar, da die Branche aufgrund eines traditionell hohen Automatisierungs- und Vernetzungsgrads und der umfassenden Anwendung computergestützter Systeme als Beispiel einer hoch digitalisierten Branche gilt. Vor allem der Produktionsbereich ist geprägt durch die Integration von Informationstechnologien und die fortlaufende Vernetzung von Anlagen. Die Branche ist durch eine hochqualifizierte und altersheterogene Belegschaft gekennzeichnet.

Die Forschungen haben ergeben, dass der Umgang mit Anlagenfehlern und die Identifikation von potenziellen Fehlerquellen den Kern der Produktionsarbeit in der Chemieindustrie bildet. Damit stellt der Erhalt von Wissen und Kompetenzen für den Störfall die größte Herausforderung des digitalen Wandels für die Betriebe dar. Die Steigerung der Komplexität von Arbeitsaufgaben hat auch eine Erhöhung kognitiver Anforderungen zur Folge: Im Umgang mit komplexen Anlagedaten benötigen Fachkräfte eine *umfassende Antizipationsfähigkeit und Problemlösekompetenz*, um Interventionsnotwendigkeiten im Anlagenprozess zu erkennen und angemessen eingreifen zu können. Damit ist ein spezifisches *Prozesswissen* notwendig, welches durch die Kombination von handlungspraktischen und abstrakten Wissensbeständen gekennzeichnet ist. Dieses Wissen kann kaum in formalen Bildungsgängen erworben werden, was zur Folge hat, dass in der Chemiefacharbeit permanent (weiter) gelernt wird.

Das Lernen findet am Arbeitsplatz eigenverantwortlich und selbstorganisiert statt. Im Umgang mit der – auch von Seiten der Unternehmens geforderten – Selbststeuerung der Beschäftigten kommt dem *informellen Lernen* im Arbeitsprozess ein hoher Stellenwert zu. Gelernt wird kooperativ in produktionsbezogenen Praxisgemeinschaften, wobei der Austausch in der und über die Arbeit elementar ist.

Zusammenfassend kann festgestellt werden, dass der Lernort Betrieb mit Blick auf Fragen der Arbeitsgestaltung auch unter den Bedingungen der Transformation den zentralen Interaktionsraum für das Zusammenwirken von Kompetenz- und Organisationsentwicklung bildet. Inwiefern er vor dem Hintergrund einer Zunahme an Homeoffice diesen Stellenwert verliert, wird sich zeigen. Es deutet sich schon jetzt an, dass in dieser Frage – Wer kann und darf unter welchen

Bedingungen im Homeoffice arbeiten? – die tradierte Segmentationslinie zwischen den früher sogenannten »Arbeiter:innen« und »Angestellten« re-etabliert wird.

4. Fazit und Ausblick

Es wurde gezeigt, dass die Organisation von Arbeit im Konzept von *Beruflichkeit*, wie sie für das deutsche Beschäftigungssystem prägend ist, einen zentralen Beitrag dazu leistet, dass eine verantwortungsvolle partizipative Arbeitsgestaltung auch unter den Bedingungen von Unsicherheit möglich wird. Die berufliche Verfasstheit wirkt damit auch der Gefahr entgegen, dass durch eine verstärkte subjektivierte Verantwortung für Kompetenzentwicklung die sozialen Risiken der modernen Arbeitswelt (noch weiter) individualisiert werden.

Um diesem Problem zu begegnen, sind auf der *gesellschaftlichen* Ebene bildungspolitische Regelungen zu Freistellungen und Finanzierungen in Bund und Ländern und auch im Rahmen von Tarifvereinbarungen bereits zahlreich vorhanden. Diese haben bisher allerdings keine nachhaltige Wirkung gezeigt. Die Gewerkschaften haben nicht zuletzt mit Initiativen zur Etablierung einer Weiterbildungsgesetzgebung über viele Jahrzehnte versucht, dies zu verändern.

Umso wichtiger ist die Rolle der Personalarbeit und der Mitbestimmung auf der *betrieblichen* Ebene. Hier gilt es, individuelle, flexible und betriebsspezifische Lernmöglichkeiten zu schaffen, um die Beschäftigten sowohl auf die steigende Komplexität von Arbeitsprozessen, als auch auf den Umgang mit Unbestimmtheit in Transformationsprozessen vorzubereiten. Die Entwicklung und Implementierung von lern- und kompetenzförderlichen Arbeitsstrukturen bietet Potenziale, arbeitsintegriertes Lernen als konstitutiven Bestandteil digitalisierter Industriearbeit zu nutzen – auch im Umgang mit der zunehmenden Entgrenzung von Arbeits- und Lernorten (vgl. u. a. Ahrens 2018; Cernavin 2018; Dehnbostel 2018; Guggemos et al. 2018).

Lernförderliche Arbeit bildet den Bedingungsrahmen, in dem die Beschäftigten Transformationskompetenz erwerben können. Die Arbeit von Personalverantwortlichen und Betriebsräten bewegt sich unter den Bedingungen der digitalen Transformation an der Schnittstelle Mensch, Maschine (einschl. IT) und Organisation. Damit sind sie gefordert, Arbeit in humangerechten und lernförderlichen Arbeitssystemen zu gestalten: Das heißt konkret, ein Bildungs- und Personalmanagement im Sinne einer Kompetenzbewertung und -entwicklung auch im Hinblick auf Technologieentwicklung und Technikfolgenabschätzung zu etablieren. Gerade im Zuge der digitalen Transformation geht es u. a. um den Auf- und Ausbau von (digitalen) Netzwerkstrukturen, z. B. auf Basis einer digital gestützten Community of Practice (CoP). Ziel ist dabei auch die Etablierung von informellen Lernmöglichkeiten im Betrieb. Dies setzt wiederum die Partizipation und Bereitschaft aller Bildungsakteure voraus, ihr Wissen (als Ressource für professionelles Handeln) in Netzwerken zu teilen.

Tarifvertragliche Regelungen und Betriebsvereinbarungen bieten grundsätzlich eine Möglichkeit, das Lernen in der Arbeit verbindlich zu regeln und nachhaltig in den Unternehmen zu verankern. Dabei geht es auch darum, den Zumutungen und Belastungen, die sich mit dem Imperativ des sogenannten »Lebenslangen Lernens« verbinden, entgegenzuwirken. Unter der ökonomischen Prämisse der Effizienz wird Lern- und Optimierungs*druck* meist direkt an die Beschäftigten »durchgereicht«. Stattdessen könnten Arbeits- und Kompetenzentwicklungsprozesse sozialverträglich in den Modus einer gestaltungsorientierten Partizipations*energie* transformiert werden. Allerdings zeigen umfassende Analysen von Betriebsvereinbarungen und Fallstudien, die im Rahmen eines interdisziplinären Forschungsprojektes durchgeführt wurden,[5] dass Betriebsräte ihre Handlungsspielräume auch in Bezug auf Qualifizierungsthemen deutlicher und systematischer ausschöpfen könnten (vgl. Haunschild et al. 2021). Dies wiederum setzt eine entsprechende Qualifizierung der Akteur:innen in der betrieblichen Interessenvertretung voraus.

Nicht zuletzt sind aber in der Transformation auch die Berufsgruppen selbst gefordert, ihre Ansprüche und Interessen an und in der Arbeit politisch durchzusetzen und Gerechtigkeit und Rationalität als Legitimitätsgrundlage einer modernen Arbeitsmoral zu formulieren (Tillius/Wolf 2016). Dieser Prozess kann durch kompetenzförderliche, strategieumsetzende Personalarbeit und durch gewerkschaftliche Mitbestimmungsstrukturen flankiert und unterstützt werden. Für Personalentwicklung und Mitbestimmung besteht damit eine wesentliche Herausforderung darin, das individuelle Arbeitsvermögen der Beschäftigten in den Unternehmen unter ökonomischen Prämissen ressourcenorientiert zu be- und verwerten, ohne dass dabei die Interessen der Beschäftigten aus dem Blick geraten.

5. Literatur

Ahrens (2018): Lernmöglichkeiten in vermeintlich lernfeindlichen Arbeitsumgebungen. In: Denk-doch-MAL.de. Das Online Magazin, H. 2, S. 1–6, On-

---

5 Das interdisziplinäre Projekt »Nachhaltigkeit durch Mitbestimmung« wurde von der Hans-Böckler-Stiftung gefördert und von 2016 bis 2019 an der Leibniz Universität Hannover durchgeführt.

line: *http://denk-doch-mal.de/wp/daniela-ahrens-lernmoeglichkeiten-in-vermeintlich-lernfeindlichen-arbeitsumgebungen/* (Zugriff: 08.12.2020).

Antoni/Friedrich/Haunschild/Josten/Meyer (Hrsg.) (2014): Work-Learn-Life-Balance in der Wissensarbeit. Herausforderungen, Erfolgsfaktoren und Gestaltungshilfen für die betriebliche Praxis. Wiesbaden: Springer.

Antoni/Haunschild/Meyer/Hiestand/Oertel (2013): Niemand weiß immer alles. Über den Zusammenhang von Kompetenz- und Organisationsentwicklung in der Wissensarbeit. Berlin: Edition Sigma.

Baethge/Baethge-Kinsky (1998): Jenseits von Beruf und Beruflichkeit? Neue Formen von Arbeitsorganisation und Beschäftigung und ihre Bedeutung für eine zentrale Kategorie gesellschaftlicher Integration. In: Mitteilungen aus der Arbeitsmarkt- und Berufsforschung 31, H. 3, S. 461–472.

Baethge/Schiersmann (1998): Prozessorientierte Weiterbildung – Perspektiven und Probleme eines neuen Paradigmas der Kompetenzentwicklung für die Arbeitswelt der Zukunft. In: Arbeitsgemeinschaft Qualifikations-Entwicklungs-Management (Hrsg.): Kompetenzentwicklung '98. Forschungsstand und Forschungsperspektiven. Münster: Waxmann. S. 15–87.

Baumhauer/Beutnagel/Meyer/Rempel (2019): Produktionsfacharbeit in der chemischen Industrie: Auswirkungen der Digitalisierung aus Expertensicht, Working Paper Forschungsförderung Nr. 144 der Hans-Böckler-Stiftung, Düsseldorf: Online: *https://www.boeckler.de/pdf/p_fofoe_WP_144_2019.pdf* (Zugriff: 08.12.2020).

Baumhauer/Beutnagel/Meyer/Rempel (2021): Lernort Betrieb 4.0. Organisation, Subjekt und Bildungskooperation in der digitalen Transformation der Chemieindustrie. Study 454 der Hans-Böckler-Stiftung, Düsseldorf: Online: *https://www.boeckler.de/de/faust-detail.htm?sync_id=9162* (Zugriff: 26.1.2021).

Bergmann (2005): Arbeitsimmanente Kompetenzentwicklung. In: Wiesner, G. (Hrsg.): Die lernende Gesellschaft. Lernkulturen und Kompetenzentwicklung in der Wissensgesellschaft. Weinheim: Beltz Juventa. S. 97–111.

BMBF (Bundesministerium für Bildung und Forschung) (2020): Berufsbildungsbericht 2020. Online: *https://www.bmbf.de/upload_filestore/pub/Berufsbildungsbericht_2020.pdf* (Zugriff: 08.12.2020).

Bormann/Pongratz (2018): Arbeitsbelastungen bei Online-Arbeit. Zur sozial-räumlichen Dimension von ›Crowdwork‹. In: Schröder/Urban (Hrsg.): Gute Arbeit – Ausgabe 2018: Ökologie der Arbeit – Impulse für einen nachhaltigen Umbau. Frankfurt am Main, S. 300–312.

Bosch (2017): Facharbeit und Arbeitsmarkt. Weltweit gleiche Technologien – aber unterschiedliche Berufsausbildung. In: Berufsbildung Zeitschrift für Theorie-Praxis Dialog 71, H. 164, S. 12–14.

Breyer-Mayländer (2018): Autonomes Arbeiten und Leben – die permanente Verfügbarkeit. In: Ders. (Hrsg.): Das Streben nach Autonomie. Reflexionen zum digitalen Wandel. Baden-Baden: Nomos-Verlag-Ges. S. 153–168.

Cernavin (2018): Ansätze für eine lernförderliche Arbeitsgestaltung 4.0. In: Arbeit. Zeitschrift für Arbeitsforschung, Arbeitsgestaltung und Arbeitspolitik 27, H. 4, S. 295–315.

Daheim/Luckmann/Sprondel (1972): Berufssoziologie. Köln/Berlin: Kiepenheuer & Witsch.

Dehnbostel (2018): Lern- und kompetenzförderliche Arbeitsgestaltung in der digitalisierten Arbeitswelt. In: Arbeit. Zeitschrift für Arbeitsforschung, Arbeitsgestaltung und Arbeitspolitik 27, H. 4, S. 269–294.

DGB (Deutscher Gewerkschaftsbund) (2020): DGB-Jugend: Ausbildungsreport 2020. Online: *https://www.dgb.de/++co++b79d0ae4-e7ab-11ea-807a-001a4a160123* (Zugriff: 08. 12. 2020).

Dittmann (2016): Mit Berufserfahrung an die Hochschule. Orientierungen berufsbegleitend Studierender im MINT-Bereich. Waxmann: Münster, New York 2016.

Dunkel/Kratzer (2017): Ganz normal: Zeit- und Leistungsdruck. In: Schröder/Urban (Hrsg.): Gute Arbeit. Streit um Zeit – Arbeitszeit und Gesundheit. Frankfurt am Main: Bund-Verlag GmbH. S. 163–175.

Geißler (1991): Das Duale System der Berufsausbildung hat keine Zukunft. In: Leviathan. Zeitschrift für Sozialwissenschaft 19, S. 66–77.

Greinert (1998): Das »deutsche System« der Berufsausbildung. Tradition, Organisation, Funktion. Baden-Baden: Nomos-Verlag-Ges.

Guggemos/Jacobs/Kagermann/Spath (Hrsg.) (2018): Die digitale Transformation gestalten: Lebenslanges Lernen fördern. Empfehlungen des Human-Resources-Kreises von acatech und der Jacobs Foundation sowie der Hans-Böckler-Stiftung. München: Online: *https://www.acatech.de/publikation/die-digitale-transformation-gestalten-lebenslanges-lernen-foerdern/* (Zugriff: 08. 12. 2020).

Harney (1998): Handlungslogik betrieblicher Weiterbildung. Stuttgart: Hirzel.

Haunschild/Meyer/Ridder/Clasen/Krause/Rempel (2021): Nachhaltigkeit durch Mitbestimmung. Study der Hans-Böckler-Stiftung, Düsseldorf: im Erscheinen.

Hesse (1981): Wandel der Berufe – Ende der Qualifikationen? In: arbeiten + lernen. 3, H. 18, S. 9–12.

Hiestand (2017): Bits & Bier: Zur Verknüpfung individueller Kompetenz- und betrieblicher Organisationsentwicklung – eine empirische Analyse im Brauwesen und in der IT-Branche. München/Mering: Hampp.

Hirsch-Kreinsen (2014): Wandel von Produktionsarbeit – »Industrie 4.0«. In: WSI Mitteilungen Zeitschrift des Wirtschafts- und Sozialwissenschaftlichen Instituts der Hans-Böckler-Stiftung 67, H. 6/2014, S. 421–429.

IG Metall Vorstand (2017): Berufsschulen mit Zukunft: Investieren – Qualifizieren – Erneuern. Neun Forderungen der IG Metall. Frankfurt am Main: Online: *wap.igmetall.de/docs_2017_IG_Metall_Initiative_Berufsschulen_mit_Zukunft_62d9336842eb34841934dc51f6798c6b66e7448e.pdf* (Zugriff: 08. 12. 2020).

IG Metall Vorstand (2014): Ressort Bildungs- und Qualifizierungspolitik: Erweiterte moderne Beruflichkeit. Ein gemeinsames Leitbild für die betrieblich-duale und die hochschulische Berufsbildung. Frankfurt am Main: Online: *https://wap.igmetall.de/docs_Leitbild_Beruflichkeit_web_d748b21f41205de480 6090c4d63dcc33d769c0d4.pdf* (Zugriff: 08. 12. 2020).

Kohli (1985): Die Institutionalisierung des Lebenslaufs. Historische Befunde und theoretische Argumente, in: Kölner Zeitschrift für Soziologie und Sozialpsychologie, Jg. 37, 1985, S. 1–29.

Kurtz (2005): Die Berufsform der Gesellschaft. Weilerswist: Velbrück.

Kutscha (2015): Erweiterte moderne Beruflichkeit – Eine Alternative zum Mythos »Akademisierungswahn« und zur »Employability-Maxime« des Bologna-Regimes. In: Berufs- und Wirtschaftspädagogik – online. Ausgabe 29. *www.bwpat.de/ausgabe29/kutscha_bwpat29.pdf* (Zugriff: 08. 12. 2020).

Lave/Wenger (1991): Situated Learning. Legitimate Peripheral Participation. Cambridge u. a.: Cambridge University Press.

Leimeister/Durward/Zogaj (2016): Crowd Worker in Deutschland. Eine empirische Studie zum Arbeitsumfeld auf externen Crowdsourcing-Plattformen. Online: *https://www.boeckler.de/pdf/p_study_hbs_323.pdf* (Zugriff: 08. 12. 2020).

Lempert (2006): Berufliche Sozialisation. Baltmannsweiler: Schneider Verlag.

Lipsmeier (1998): Vom verblassenden Wert des Berufes für das berufliche Lernen. In: Zeitschrift für Berufs- und Wirtschaftspädagogik 94, H. 4, S. 481–496.

Maier/Vogel (Hrsg.) (2013): Übergänge in eine neue Arbeitswelt. Blinde Flecken der Debatte zum Übergangssystem Schule-Beruf. Wiesbaden: Springer Fachmedien.

Meyer (2000): Qualifizierung für moderne Beruflichkeit. Soziale Organisation der Arbeit von Facharbeiterberufen bis zu Managertätigkeiten. Münster/New York: Waxmann.

Meyer (2004): Entwicklungstendenzen der Beruflichkeit – Neue Befunde aus der industriesoziologischen Forschung. In: Reinisch et al. (Hrsg.): Didaktik beruflichen Lehrens und Lernens. Reflexionen, Diskurse und Entwicklungen. Berlin/Toronto: Opladen. S. 83–94.

Parsons (1996): Das System moderner Gesellschaften. Weinheim und München: Juventa.

Pfeiffer/Suphan (2015): Der AV-Index. Lebendiges Arbeitsvermögen und Erfahrung als Ressourcen auf dem Weg zu Industrie 4.0. Working Paper 2015 #1, draft v1.0 vom 13.04.2015. Universität Hohenheim, Fg. Soziologie. Online: *https://www.sabine-pfeiffer.de/files/downloads/2015-Pfeiffer-Suphan-final.pdf* (Zugriff: 08.12.2020).

Schröder (2016): Die Digitale Treppe. Wie die Digitalisierung unsere Arbeit verändert und wie wir damit umgehen. Sonderausgabe. Frankfurt am Main: Bund-Verlag GmbH.

Spöttl (2016): Industrie 4.0 – Herausforderungen für die Lehrerbildung. In: Wenz/Schlick/Unger (Hrsg.): Wandel der Erwerbsarbeit. Berufsbildungsgestaltung und Konzepte für die gewerblich-technischen Didaktiken. Berlin: LIT Verlag. S. 60–76.

Spöttl/Windelband (Hrsg.) (2017): Industrie 4.0: Risiken und Chancen für die Berufsbildung, Bielefeld: Bertelsmann.

Tillius/Wolf (2016): Moderne Arbeitsmoral: Gerechtigkeits- und Rationalitätsansprüche von Erwerbstätigen heute. In: WSI Mitteilungen Zeitschrift des Wirtschafts- und Sozialwissenschaftlichen Instituts der Hans-Böckler-Stiftung 69, H. 7/2016, S. 493–502.

Voß/Pongratz (1998): Der Arbeitskraftunternehmer. Eine neue Grundform der Ware Arbeitskraft? In: Kölner Zeitschrift für Soziologie und Sozialpsychologie 50, S. 131–158.

Warsewa (2015): Individuen als neue Akteure des Erwerbssystems: Chancen für reflexive Arbeitsgestaltung? In: Dingeldey/Holtrup/Warsewa (Hrsg.): Wandel der Governance von Erwerbsarbeit. Wiesbaden: Springer VS, S. 45–69.

Karin Michaelis/Mathias Möreke

Transformation: Moderne Personalpolitik zwischen Profit und Joberhalt, Volkswagen

Inhaltsübersicht

1. Ausgangssituation und Rahmenbedingungen

Transformation, das ist für Betriebsräte kein neues Thema. Veränderungen bei den Produkten oder in der Produktion gehören zum Alltag. Mitunter ist die Veränderung aber grundsätzlicher und tiefgreifender. Um eine solche Transformation geht es in diesem Beitrag. Es geht um eine Situation, die gekennzeichnet ist durch den teilweisen Rückzug des Betriebs aus bisherigen Geschäftsfeldern, und den Start eines neuen Geschäftsfeldes, das technologisch und bezüglich der Anforderungen an die Kompetenzen mehr Brüche als Kontinuitäten zu dem auslaufenden Bereich besitzt.

Der Umbau des Produktportfolios ist die Folge einer umfassenderen Umstrukturierung des Unternehmens und steht im Zusammenhang mit der Neuausrichtung der Automobilindustrie auf den Klimawandel. Im Mittelpunkt steht der schrittweise Umstieg von Verbrennerfahrzeugen zur Elektromobilität.

Das Ausmaß der Transformation hin zur Elektromobilität ist für die Beschäftigten mit Risiken verbunden. Generell wird ein deutlicher Rückgang der Beschäftigung prognostiziert. Die Nationale Plattform Zukunft der Mobilität NPM rechnet bis 2030 mit einem Abbau von bis zu 410 000 Arbeitsplätzen (NPM 2020). Die Transformation umfasst nicht nur den Übergang zur E-Mobilität, sondern auch die zunehmende Digitalisierung und damit verbundene technische, organisatorische und soziale Innovationen bei Produkten und Prozessen. Die Transformation findet unter schwierigen Rahmenbedingungen statt: einem verschärften globalen Wettbewerb in der Automobilindustrie, dem Aufkommen neuer Wettbewerber:innen, demografischen Veränderungen in der Gesellschaft und in den Belegschaften, veränderten Mobilitätsanforderungen und einer zunehmend kritischen gesellschaftlichen Diskussion über das Automobil. Die Coronapandemie und ihre Folgen haben den Anpassungsdruck noch einmal – krisenhaft – verstärkt. Die Liquiditätssicherung wird unter diesen Bedingungen zur zentralen Unternehmensaufgabe.

Der Startpunkt der gegenwärtigen Transformation war der Zukunftspakt, der 2016 zwischen Unternehmen und Gesamtbetriebsrat der VW AG abgeschlossen wurde. Die Forderung nach einem solchen Vertrag war von Seiten des Gesamtbetriebsrats gekommen. Ziel war, in einer verbindlichen Vereinbarung Produkt-, Stückzahl- und Investitionszusagen für die nächsten Jahre festzuschreiben; die Unsicherheit in der Belegschaft bezogen auf die Folgen der Dieselkrise sollte beendet werden. Der Vorstand reagierte auf diesen Vorschlag nach längerem Beharren schließlich positiv; ein langfristiger Zukunftspakt und die Sicherheit der Standorte lägen auch im Interesse des Vorstands.

Die Rahmenvereinbarung zum Zukunftspakt wurde schließlich im November 2016 zwischen Konzern- und Markenvorstand sowie dem GBR und den Betriebsräten der VW Nutzfahrzeuge und der VW Sachsen GmbH unterzeichnet. Wesentliche Ergebnisse des Zukunftspakts sind die Beschäftigungssicherung, das heißt, der Ausschluss betriebsbedingter Kündigungen bis einschließlich 2029, der unternehmensweite, sozial verträgliche Abbau von 23 000 Arbeitsplätzen, Kosteneinsparungen von 4,7 Milliarden Euro, der Aufbau von 9000 Arbeitsplätzen in wichtigen Zukunftsbereichen wie IT und Softwareentwicklung sowie die Zusage von Produkten und Investitionen für die jeweiligen Standorte. Als Instrument zur Umsetzung des Personalabbaus wurde die arbeitgebergeförderte Ausweitung der Altersteilzeit bis zum Geburtsjahrgang 1967 mit einer maximalen Dauer von sieben Jahren vor dem Renteneintritt vereinbart.

2. Den Prozess des Wandels am Standort konkret gestalten

2.1 Ziele und Anforderungen

Das Werk Braunschweig wird im Rahmen der Umsetzung des Zukunftspaktes demnach zu einem Zentrum der Batteriesystemfertigung ausgebaut, die entsprechende Fertigungskapazität soll schon im Jahr 2021 bei 500 000 Einheiten pro Jahr liegen. Wegen der hohen Automatisierung entstehen in der Batteriesystemproduktion nur wenige Hundert neue Arbeitsplätze.

Zu den bisherigen Geschäftsfeldern kam nun neu das Kompetenz-Center »E-Mobilität«, das heißt die Entwicklung und Fertigung von kompletten Batteriesystemen hinzu. Im Gegenzug läuft die Kunststoffteile-Fertigung am Standort Braunschweig mit ursprünglich mehr als 600 Arbeitsplätzen bis 2021 aus. Für die bestehenden Kompetenz-Center »Fahrwerk« und »Achsmontage und Lenkung« wurde das Auslaufen nicht wirtschaftlicher Produkte vereinbart.

Bezogen auf die Gewinner:innen-Verlierer:innen-Frage war ein entscheidender Punkt, dass Möglichkeiten für die Mitarbeiter:innen geschaffen werden, in die neuen Geschäftsfelder zu wechseln. Dies erschien mit Blick auf die unterschiedlichen Technologien auf den ersten Blick wenig erfolgversprechend. Die marktökonomische Lösung wäre: Entlassungen hier, Neueinstellungen dort. Gerade dies wurde nicht gewollt und darin bestand auch Einigkeit mit dem Management.

2.2 TLK als Analyse-Instrument

Zur Ermittlung einer qualifizierten, fundierten Datenbasis und daraus resultierender Szenarien wurde das Instrument »Transformationslandkarte« (TLK) entwickelt; Impulse aus der Betriebslandkarte der IG Metall sind dabei eingeflossen. In zahlreichen internen Experten-Workshops wurden die Quelldaten beschafft, harmonisiert und interpretiert. Dadurch ist ein solides Gerüst geschaffen worden, das nun regelmäßig aktualisiert werden muss. Die praktikable Empfehlung hierfür lautet: einmal jährlich.

Die TLK beleuchtet alle drei Aspekte einer ganzheitlichen, arbeitswissenschaftlichen Sichtweise. Ihre Basis bildet die Dimension »**Produkte und Technologien**«. Dabei werden die Entwicklung der Produktpalette inklusive Innovationen sowie der Einsatz der relevanten Technologien für die Zukunft prognostiziert. Dies erfolgt so detailliert wie möglich, das heißt z. B. für neue Produkte: unter Abschätzung des Eintrittstermins, der Einführungsgeschwindigkeit (bis Kammlinie), des erwarteten Volumens und gegebenenfalls unter Berücksichtigung des zu substituierenden Produkts.

Daraus lässt sich die zweite Dimension »**Organisation und Prozesse**« ermitteln, die sich mit dem Einfluss der strategischen Zukunftstechnologien und der Auftragsentwicklung auf den Personalbedarf und die Arbeitsorganisation beschäftigt. Somit findet sowohl einerseits eine quantitative Personalplanung statt, die die Veränderung des Mitarbeiter:innenanzahl ermittelt. Andererseits lässt sich auch der qualitative Personalbedarf ableiten: Welche Qualifikationen werden in den Zeitscheiben benötigt, welche werden überflüssig? Zudem berücksichtigt diese Dimension auch die voraussichtliche Veränderung in der Arbeitsorganisation, von Zusammenarbeitsmodellen bis hin zu flexiblen Arbeitszeiten.

Auf die Auswirkungen des Transformationsprozesses auf die einzelnen Mitarbeiter:innen fokussiert die Dimension »**Mitarbeiter:in**« und kommt somit der Betriebslandkarte sehr nahe. Abgeleitet aus den anderen beiden Dimensionen enthält sie für jede Schlüsselfunktion/jedes Kompetenzprofil eine »Zukunftsmatrix«. Darin ist aufgeführt, wie sich die jeweilige Schlüsselkompetenz entwickelt hinsichtlich a) der Arbeitsanforderungen, b) der Arbeitsbedingungen und c) der persönlichen Entwicklungsmöglichkeiten. So werden Berufszweige, deren Relevanz abnimmt (z. B. Mechaniker:innen), frühzeitig transparent und die Planung für nachgefragte Kompetenzen kann beginnen (z. B. Mechatroniker:innen).

Die dritte Dimension ist daher für eine konkrete Personalentwicklung und die berufliche Transformation von Betroffenen unverzichtbar. Sie wird insbesondere in der operativen Personalarbeit und für die visuelle Erläuterung der Situation gegenüber dem Mitarbeiter bzw. der Mitarbeiterin genutzt. Die beiden anderen Dimensionen adressieren vor allem die Führungskräfte, das Management und den Betriebsrat, um langfristig fundierte Entscheidungen treffen zu können. Für die im vorangegangenen Kapitel getätigten Einschätzungen zur Situation am Standort hat insbesondere die TLK die belastbaren Zahlen, Daten und Fakten beigetragen.

2.3   Kritischer Rückblick

Das Konzept der Transformationslandkarte wurde aus Kapazitätsgründen nicht evaluiert. Dies liegt daran, dass aufgrund der extremen Personalanspannung als Folge der Dieselkrise die nötigen Ressourcen nicht vorhanden sind, um dieses qualifizierte Modell weiterzuführen. Und das, obwohl es auch von Seiten des Personalvorstandes als Tool auf einer Personalkonferenz ausgelobt wurde.

3. Allen Mitarbeiter:innen eine individuelle Lösung anbieten

Für die Interessenvertretung sind die Qualifizierung und Weiterbildung der betroffenen Beschäftigten eine zentrale Forderung. Sie sieht in einem umfassenden Qualifizierungsangebot eines der entscheidenden Instrumente auch für eine erfolgreiche Gestaltung der Transformation. Die Qualifizierungsbedarfe richteten sich vornehmlich auf das neue Geschäftsfeld. Da es sich bei der Herstellung von Batteriesystemen um Arbeiten unter Hochvoltbedingungen handelt, geht es bei den Qualifizierungsmaßnahmen unter anderem um die Erfüllung gesetzlicher Auflagen, wie beispielsweise dem Nachweis von Fachkompetenzen im Bereich Elektrik. Hinzu kommen Kenntnisse zur Bedienung und Steuerung von komplexen Produktionsanlagen. In vielen Fällen waren unter den Beschäftigten der Kunststoffteilefertigung die erforderlichen Voraussetzungen und die Bereitschaft nicht gegeben. Es mussten also Beschäftigte aus den anderen Betriebsteilen für einen Wechsel gewonnen werden, deren Arbeitsplätze wiederum von Mitarbeiter:innen aus der Kunststoffteilefertigung besetzt wurden. Häufig waren weitere Zwischenschritte erforderlich, um allen Erfordernissen und Wünschen gerecht zu werden. Die auf diese Weise entstehenden Besetzungsketten über mehrere Abteilungen hinweg führten dazu, dass der Kreis der von der Veränderung betroffenen Mitarbeiter:innen erheblich anwuchs. Durch diese Effekte war insgesamt rund ein Drittel der Beschäftigten am Volkswagenstandort Braunschweig unmittelbar von der Transformation durch Arbeitsplatzwechsel, Veränderung der Tätigkeit oder durch Weiterbildungsmaßnahmen betroffen.

3.1 Methoden und Instrumente

Eine solcherart umfassende personelle Transformation erforderte neue Instrumente und Konzepte zur Umsetzung. Dabei lag ein Schwerpunkt auf der Neuausrichtung der Weiterbildung. Erforderlich waren ein Ausbau und eine sehr viel flexibler auf die Qualifikationsanforderungen der Produktion reagierende Weiterbildung, in der auch neue Wege beschritten werden mussten. Im Vergleich zur Erstausbildung hat die Weiterbildung im Unternehmen bisher eher eine nachrangige Rolle gespielt. Dies hatte auch Auswirkungen auf das Transformationsbudget, das zuletzt noch einmal aufgestockt wurde.

Mit der Einrichtung von »**Transformationsbüros**« wurden dezentrale Ansprechpartner:innen vor Ort für interessierte und betroffene Beschäftigte geschaffen. Diese Anlaufstellen erfassten in mindestens zwei Beratungsgesprächen vorhandene Qualifikationen und Interessen der Beschäftigten. Danach koordinierten die Transformationsbüros die unterschiedlichen Einschätzungen unter anderem des Gesundheitsschutzes und des Personalwesens und gaben eine Empfehlung für zukünftige Einsatzmöglichkeiten ab. Damit übernahmen die »Transformationsbüros« eine Lotsenfunktion und bewerteten die Chancen für eine unmittelbare Versetzung in das neue Geschäftsfeld, einen anderen »Zielhafen« oder auch eine Versetzungskette bzw. für die Nutzung von Personalinstrumenten wie den Einsatz in das VW-eigene Projekt für Leistungsgeminderte (»work2work«), Altersteilzeit oder Standortwechsel.

Während die »Transformationsbüros« angebotsseitige Informationen und Erkenntnisse über die Qualifikationen im Betrieb bereitstellten, sorgte die betriebliche »Transformationslandkarte« für mehr Transparenz auf der Bedarfsseite. Damit sollte im Wesentlichen ein Abgleich zwischen gegenwärtig verfügbaren und zukünftig durch produktionstechnische und produktseitige Veränderungen notwendigen Qualifikationen und Kompetenzen ermöglicht werden.

Eine wichtige Maßnahme zur Unterstützung und finanziellen Absicherung stellte das im Zukunftspakt festgeschriebene **Transformationsbudget** in Höhe von 100 Millionen Euro für alle Standorte des Unternehmens dar. Mit diesem wurde ein Teil der entstehenden Kosten des Umbaus, beispielsweise für Qualifikationsmaßnahmen, aber auch für die Freistellung der einbezogenen Beschäftigten abgedeckt.

3.2 Vorgehensweise

Um für alle Beschäftigten einen individuellen Transformationsweg zu identifizieren, wurde ein einheitlicher Prozess am Standort abgestimmt. Dank der für die Arbeit im Transformationsbüro freigestellten Mitarbeiter:innen können die Beschäftigten während der gesamten Phase unterstützend begleitet werden. Die betreffenden Personen wissen bereits, dass sie aktuell in einem Arbeitsbereich tätig sind, der der Transformation unterworfen ist, und dass daher dieses Vorgehen mit ihnen persönlich erfolgt.

Den Auftakt bilden sogenannte bilaterale »**Transformationsgespräche – Stufe 1**«, die von hierfür geschulten Mitarbeiter:innen geleitet werden; in der Regel handelt es sich um hauptberufliche Angestellte des Personalwesens, die temporär diese Zusatzfunktion ausüben. Das circa 45-minütige Einzelgespräch hat einen Kennenlerncharakter; es werden zunächst die systemseitig hinterlegten Daten der Beschäftigten auf ihre Aktualität geprüft. Ergänzt werden sie durch die Erfassung zusätzlicher Kompetenzen der Transformationskandidat:innen. Dabei ist unerheblich, ob sie betrieblich erworben wurden oder auf einem anderen Bildungsweg. Selbst informelle Fähigkeiten und Fertigkeiten können für die Eingrenzung eines geeigneten Arbeitsplatzes relevant sein, weshalb hier auch private Tätigkeiten oder Ehrenämter aufgeführt werden können. Neben der Klärung der Mobilität können die Gesprächsteilnehmer:innen auch Präferenzen bezüglich ihres künftigen Einsatzbereiches äußern, wohlwissend, dass diese nicht zugesichert werden können. Daraufhin wird ihnen detailliert das weitere Vorgehen erläutert und es werden offene Fragen beantwortet.

Im Anschluss an das Gespräch findet im Transformationsbüro ein **Abgleich** der erhaltenen Datenlage mit den verfügbaren Arbeitsplätzen, die der neu entstehende Transformationsbereich zu bieten hat, statt. Daraus ergeben sich schnell mehrere – meistens zwei bis drei – Einsatzmöglichkeiten für die Betroffenen.

Im »**Transformationsgespräch – Stufe 2**«, das durchschnittlich drei Wochen später in der gleichen Konstellation erfolgt, werden den Gesprächsteilnehmer:innen dann diese Möglichkeiten offeriert. Zudem erhalten sie eine ausführliche Beratung dazu, ob sie gegebenenfalls noch Qualifizierungsprogramme oder andere Entwicklungswege durchlaufen müssten, um ausgehend von ihren derzeitigen Kompetenzprofilen in der neuen Funktion tätig zu werden. Außerdem bietet die gesprächsleitende Person verschiedene Möglichkeiten zum Vertrautwerden mit dem potenziellen Einsatz an. Dazu gehören unter anderem Informationsgespräche mit der Führungskraft des aufnehmenden Bereichs oder Look-See-Termine vor Ort. Das Transformationsbüro stimmt auf Wunsch auch weitere Zusatztermine mit anderen Fakultäten ab, beispielsweise mit dem Gesundheitswesen, der Schwerbehindertenvertretung oder der Altersteilzeitberatung.

Nach den Kontaktaufnahmen mit dem möglichen kommenden Einsatzbereich – über Gespräche, Besichtigungen und gegebenenfalls Probearbeitsphasen – haben die zu transformierenden Mitarbeiter:innen zweimal die Gelegenheit, einen »Zielbahnhof« abzulehnen. Das dritte und letzte **Angebot** des Transformationsbüros ist dann für sie bindend.

Sobald der »Zielbahnhof« feststeht, beginnt der **Entwicklungsweg** der Beschäftigen im engeren Sinne. Hierbei kann – je nach Kompetenz- und Qualifizierungsstatus – eine von vier Varianten zum Einsatz kommen. Variante A ist die »direkte Versetzung« und somit der unmittelbare Tätigkeitsbeginn im aufnehmenden Bereich. Variante B ist ein temporärer »Projekteinsatz« aus überwiegend organisatorischen Gründen, wobei die Übernahme zu einem späteren Zeitpunkt angestrebt wird. Variante C sind sogenannte »Versetzungsketten«. Möglicherweise kann die betroffene Person die erforderliche Tätigkeit nicht unmittelbar ausführen, aber sie könnte einen freigewordenen Arbeitsplatz in einem anderen Bereich besetzen. Wenn sie sich bereits – zufällig oder bewusst – auf eine freie Stelle im neu entstehenden Bereich beworben hat, könnte somit ein Ringtausch vonstattengehen. Die letzte und am häufigsten thematisierte Variante 4 ist die aufwendigste, aber auch am meisten bereichernde für die Beschäftigten. Sie beginnt zunächst mit einer fachlichen Weiterbildung oder einem kompletten Qualifizierungsprogramm. Darauf folgt eine Einarbeitungsphase. Das Ganze mündet in den neuen Funktionseinsatz.

In allen Varianten erlangen die betroffenen Mitarbeiter:innen ihren neuen »**Ziel-bahnhof**« unter Begleitung des Transformationsbüros. Dieses steht für Rückfragen und übergeordnete Herausforderungen zur Verfügung, zudem finden auch Feedbackgespräche zum Gesamtprozess statt.

4. Überfachliche Qualifizierungsformate

Ein wesentlicher Kern der personellen Transformation ist, wie bereits betont, die Qualifizierung der Beschäftigten. Die erforderlichen Weiterbildungs- und Qualifizierungsmaßnahmen wurden von der standorteigenen Akademie, die auch die Erstausbildung verantwortet, durchgeführt. Dabei stand man gleich vor mehreren Herausforderungen:

Auch während der Transformationsphase sind die betriebswirtschaftlichen Ziele des Unternehmens wie Kostendisziplin und vor allem akzeptable Rendite keineswegs suspendiert. Letztlich muss sich auch die Transformation, selbst wenn sie als unumgänglicher Schritt angesehen wird, »rechnen«. Qualifikationsbedingte Abwesenheit beeinträchtigt Produktions- und Produktivitätsziele. Darüber hinaus sorgen umfangreiche Qualifikationsmaßnahmen für zusätzliche Kosten und setzen die Kennzahlen der Fabrikperformanz unter erheblichen Druck. Von etlichen Führungskräften wird Weiterbildung zwar ganz allgemein anerkannt, aber im operativen Alltag eher als Hindernis angesehen.

Auch auf Seiten der Beschäftigten sind die Ausgangsbedingungen vielfach nicht qualifikationsförderlich; handelt es sich doch bei einem erheblichen Teil nicht um »freiwillige«, sondern um erforderliche Qualifizierungen, wie z. B. die Zulassung zur Arbeit im Hochvoltbereich.

Die Zielgruppe vorrangig im direkten Produktionsbereich zeichnet sich durch ein niedrigeres, weit überwiegend nicht akademisches Bildungsniveau aus. Hinzu kommt, dass der Altersdurchschnitt bei über 42 Jahren lag, also einem Alter, bei dem konkrete Bildungserfahrungen weit zurückliegen und die aktuelle Lernkompetenz eher geringer ausgeprägt ist. Die Erfahrung ist, dass die Motivation, sich weiter zu qualifizieren, in der Zeit nach der Erstausbildung am höchsten ist.

Unter diesen teilweise restriktiven Rahmenbedingungen erweist sich die Verbesserung der individuellen Lern- und Veränderungskompetenz als Schlüsselkompetenz im Personaltransformationsprozess. Als Reaktion auf diese Erkenntnis legten die betrieblichen Akteur:innen das Programm »Fit for Change« auf, das auf die Förderung der Lern- und Veränderungsmotivation ausgerichtet ist. Damit lassen sich Vorbehalte bis hin zu Ängsten von Mitarbeiter:innen gegenüber der Transformation oder gegenüber der Weiterqualifikation abbauen.

Ein Baustein ist das Qualifizierungsformat »Lernen lernen«, also zu lernen, wie erfolgreiches Lernen gelingt. Diese Maßnahmen setzen an den individuellen Lernhindernissen an: durch den Abbau von Prüfungsängsten und die Vermittlung von Lernmethoden und praktischen Lernstrategien sowie die Unterstützung bei Prüfungsvorbereitungen.

Als eine wichtige Erfahrung aus den beschriebenen Aktivitäten hat sich ergeben, dass neben der Bereitstellung von Angeboten zur fachlichen Qualifizierung überfachliche Bildungsmaßnahmen für das Gelingen der personellen Transformation eine wichtige Rolle spielen. Zu den weiteren Erfolgsfaktoren im Lern- und Veränderungsprozess gehören eine transparente Information über Chancen und Risiken und die offene Kommunikation der jeweiligen Veränderungsschritte. Dabei ist es wichtig, sicherzustellen, dass die Betroffenen nicht als Verlierer:innen des Veränderungsprozesses stigmatisiert und behandelt werden. Unverzichtbar ist zudem der Schutzschirm des Ausschlusses von betriebsbedingten Entlassungen. Nur unter dieser Voraussetzung kann die Bereitschaft von Menschen im Betrieb zur beruflichen Veränderung entstehen.

4.1   »Lernen lernen« – Das Konzept

Das erwähnte Seminar »Lernen Lernen« ist für diejenigen Beschäftigten konzipiert, die sich bereits für einen neuen Einsatzbereich entschieden haben. Sofern dieser andere bzw. weitere fachliche Kompetenzen erfordert, stehen die Betroffenen vor der Herausforderung, sich spezifische Fähigkeiten und Fertigkeiten anzueignen. Einige der hierfür notwendigen Qualifizierungen schließen zudem mit einer Prüfung ab, die den Absolvent:innen z.b. die Zulassung zur Arbeit im Hochvoltbereich attestiert.

Für Beschäftigte, deren letzte Bildungserfahrungen relativ weit zurückliegen, können diese Aussichten durchaus eine mentale Hürde darstellen. Wenngleich es sich bei der Zielgruppe um diejenigen Mitarbeiter:innen handelt, für die – in der Regel unterstützt durch das Format »Fit for Change« – berufliche Veränderungen nicht (mehr) negativ belegt sind, so bestehen doch häufig noch Vorbehalte gegenüber fachlichen Weiterbildungen. Unseren Befragungen zufolge sind diese insbesondere auf subjektive Prüfungsängste und den daraus resultierenden Weiterbildungsstress zurückzuführen. Wobei die Tatsache, dass die Betroffenen häufig in der näheren Vergangenheit keine regelmäßigen Lernerfahrungen hatten und somit über keine etablierten Routinen und Mechanismen verfügen, diese persönlichen Empfindungen durchaus objektiv untermauert.

Das Konzept von »Lernen lernen« setzt an beiden Stellhebeln an. Zum einen werden Prüfungsängste explizit thematisiert und der Umgang mit ihnen geschult. Des Weiteren werden Lernmethoden und Lernstrategien gemeinsam erprobt und individuelle Lernpläne für die jeweilige bevorstehende Fachqualifizierung erarbeitet.

4.2 »Lernen lernen« – Der Ablauf

»Lernen lernen« ist eine zweitägige Veranstaltung mit einer relativ kleinen Gruppe von Teilnehmenden, wobei diese idealerweise künftig den Einsatz im selben Fachgebiet bzw. Technologiebereich anstreben und somit vor den gleichen Lernherausforderungen stehen. Obwohl es sich um ein überfachliches Seminar handelt, hat sich herauskristallisiert, dass das Auswählen von Übungen und Beispielen, welche dem späteren Weiterbildungsinhalt ähneln, den Teilnehmenden den Transfer auf ihre persönliche Situation signifikant erleichtert. Es war ursprünglich angedacht, die unterschiedlichen Ausgangsbedingungen der Interessent:innen als (zusätzliches) Kriterium für die Zusammenstellung der Seminargruppen zu verwenden. Doch die heterogene Datenqualität (basierend auf den Selbstauskünften der betreffenden Personen) machte dies in der Praxis nicht anwendbar.

Flankiert von Klarheit über Ablauf, Nutzen und Spielregeln werden die Teilnehmenden zunächst bei ihren **Bedürfnissen** abgeholt. Didaktisch erfolgt dies in drei Schritten: Als Erstes gibt es eine spielerische Vorstellungsrunde, bei der unter anderem die individuellen Erwartungen an die Veranstaltung artikuliert werden. Zweitens wird durch eine Skalenabfrage ermittelt, in welcher Phase des beruflichen Veränderungsprozesses sich die einzelnen Teilnehmenden aktuell befinden. Drittens formuliert die Gruppe – unterstützt durch die Trainer:innen – schriftlich ihre offenen Fragen an die Verantwortlichen für die innerbetriebliche Transformation: das Personalwesen, den Betriebsrat und die Führungskraft des abgebenden und des aufnehmenden Fachbereichs. Dieser letzte Schritt mündet – idealerweise möglichst früh im Seminar – in ein reales Gespräch mit den Adressaten. In Ausnahmefällen werden die Fragen zurückgestellt. Am Veranstaltungsende sichten dann die Teilnehmenden gemeinsam, welche der Fragen nach wie vor ungeklärt sind. Die Moderator:innen leiten sie anschließend an die jeweiligen Stellen weiter, so dass die Teilnehmenden mit der Seminardokumentation auch die dazugehörigen Antworten zugesandt bekommen.

Die inhaltlichen Schwerpunkte des Seminars richten sich an den drei Erfolgsfaktoren des Lernens aus. Die Aspekte der **Lernmotivation** (Klarheit, Sinnhaftigkeit, Bewältigbarkeit) werden als sogenanntes »Motivationsdreieck« visualisiert. Die Teilnehmenden füllen es mit ihren persönlichen Einschätzungen, so dass es verinnerlicht ist und im Laufe der Veranstaltung immer wieder zurate gezogen wird.

Das Spektrum an förderlichen **Lernmethoden** ist sehr groß. Bei der Seminarkonzeption wurde daher eine Auswahl getroffen, die passend für die spezifischen anstehenden Weiterbildungen erscheint. Entlang eines »Lernzyklus« vermittelten die Moderator:innen diese Lernmethoden, indem den theoretischen Impulsen kleinere – und später größere, zusammengesetzte – Übungsschritte folgten. In Stufe 1 des Zyklus werden zu lernende Inhalte gesichtet und daraufhin ihr Erlernen geplant. Dafür wird die »4-Schritt-Lesemethode« angewendet. Stufe 2 befasst sich mit dem Aufbereiten der Lerninhalte. Hierfür eignen sich beispielsweise »Mindmaps«, die »Geschichtentechnik« und die »Routenmethode«. Das Abspeichern der zu erlernenden Inhalte bildet die Stufe 3, wobei die »Feynman-Methode« sehr nützlich ist. In Schritt 4 werden die Lerninhalte abgerufen und angewendet, also die Prüfung absolviert.

Der beschriebene Lernzyklus stellt zugleich eine konkrete Vorgehensstrategie dar für den dritten Erfolgsfaktor: **Lernen planen und kontrollieren.** Weiterhin ist hier das Stressmanagement von Bedeutung, das sich – angepasst an die Zielgruppe – insbesondere auf Prüfungsängste fokussiert. Sie werden zunächst evolutionswissenschaftlich hergeleitet. Auf Basis dieser Rationalisierung tragen die Teilnehmenden Ideen und Erfahrungen für den Umgang mit Prüfungsangst zusammen und beraten sich somit kollegial. Außerdem steht das Verinnerlichen der »ABC-Methode gegen Angst« im Seminarcurriculum. Es folgt das Auseinandersetzen mit eignen Vorurteilen zu Prüfungshindernissen. Dabei werden eingefahrene Denkmuster durchbrochen, beispielsweise durch einen Verweis auf Persönlichkeiten, die eine ähnliche Situation erfolgreich gemeistert haben. Der Appell, sich genau solche Vorbilder – gern aus dem unmittelbaren Bekanntenkreis – gelegentlich vor Augen zu führen, rundet die Erfolgsfaktoren des Lernens ab.

Mit der Erläuterung der **nächsten Schritte**, die die Teilnehmenden nun zu gehen haben, der Klärung letzter Fragen und einer Feedback-Runde endet die Veranstaltung, deren Dokumentation anschließend verteilt wird.

4.3 »Lernen lernen« – Kritischer Rückblick

Das Seminarkonzept und seine Umsetzung lassen sich als Erfolg werten. Die subjektiven Rückmeldungen der Teilnehmenden sind überdurchschnittlich positiv. Auch die Ergebnisse der Fachprüfungen haben sich – unter anderem dank der Veranstaltung »Lernen lernen« – verbessert. Die dennoch vorhandene Durchfallquote lässt sich mit weiteren Umfeldfaktoren begründen, beispielsweise dem größtenteils niedrigen Vorbildungsniveau und der lange Zeitspanne seit der letzten Qualifizierungsmaßnahme. Nicht zuletzt spielt die Tatsache eine Rolle, dass es sich in der Regel um auferlegte, nicht intrinsisch gewählte Weiterbildungen handelt. Die nachweislich größte Herausforderung ist die Personalsteuerung, die nicht optimal abgestimmt ist. Das Zusammenspiel der (abgebenden) Fachbereiche mit dem Personalwesen bezüglich der Meldung und Freistellung der

Betroffenen funktioniert nicht reibungslos. Kapazitätserwägungen überwiegen beim Management noch immer deutlich vor einer langfristigen Entwicklungs- und Einsatzplanung.

Auch hier zeigen die gemachten Erfahrungen wieder, dass die Schaffung einer (temporären) Organisationseinheit zur Steuerung der Transformation sinnvoll wäre. Mit einer Direktanbindung an die Werkleitung könnte sie vermittelnd und zugleich eskalierend agieren. Zudem könnte damit eine durchgängigere, zielgruppengerechte Informations- und Kommunikationsstrategie umgesetzt werden, um noch mehr Verständnis und Selbstverständlichkeit für die Transformation zu festigen.

Bernd Blessin/Nadine-Aimée Bauer/Heidi Hahn

Mit partizipativer Führung gemeinsam in die Zukunft

Inhaltsübersicht

1. Die VPV Versicherungen und wie alles begann

Unsere »Start-up-Phase« hatten wir bereits 1827. Mit mehr als 190-jähriger Tradition ist die VPV ein modernes Finanzdienstleistungsunternehmen. Unsere über 1000 Mitarbeiterinnen und Mitarbeiter im Innen- und Außendienst bieten am Hauptsitz Stuttgart, am Standort Köln und überall im Vertrieb unseren Kunden ein umfassendes Angebot an Versicherungen und weiteren Dienstleistungen – auch in Kooperation mit starken Partnern. Mit einer Bilanzsumme von über 7,9 Milliarden Euro gehört die VPV heute zu den mittelgroßen Versicherungsunternehmen Deutschlands.

Unser Weg in HR begann bereits 2014/2015. Mit der Überarbeitung der damaligen HR Strategie schafften wir die Grundlagen. Schon damals war klar: Das wird kein einfacher Weg, er wird nicht gerade verlaufen, mit Hindernissen versehen sein, uns werden aber sicherlich auch einige Erfolge und gute Entwicklungen gelingen. Und noch eines lag schon damals auf der Hand: Dieser Weg kann nur gemeinsam gelingen, also zusammen mit unseren Mitarbeitenden, Führungskräften und selbstverständlich unseren Betriebsräten.

Mit dem Leadership Camp 2021 wollen wir einen weiteren Meilenstein setzen, der die Weiterentwicklung unseres Führungsverständnisses und die sich verändernde Rolle unserer Führungskräfte in einer volatilen und instabilen Welt zum Ziel hat.

2. Die zentralen Begriffe in der aktuellen Führungsdiskussion

Führungstheorien und Führungsstil-Modelle gibt es zahlreiche (vgl. dazu ausführlich Blessin/Wick 2021; Weibler 2016; für die Weiterentwicklung der Führung auch Blessin 2019).

In der Diskussion um Führung und ihrer Weiterentwicklung tauchen immer wieder folgende Begriffe auf:

- Hierarchie und Partizipation
- Vernetzung und Offenheit
- Vertrauen und Kooperation

Führung lässt sich immer weniger durch Hierarchie legitimieren. Mitarbeiter:innen wollen in die Diskussion und Entscheidungsfindung einbezogen werden bzw. selbst entscheiden dürfen. Folglich bedarf es eines »Mehr« an

- Partizipation für die Mitarbeiter:innen
- Wissensaustausch und -transfer sowie
- Eigenverantwortung, Selbstorganisation und Vernetzung der Mitarbeiter:innen.

Partizipation braucht Offenheit. Führungskräfte und Mitarbeiter:innen verbinden sich besser mit Zielen und Aufgaben, wenn diese transparent und gemeinsam vereinbart werden. Zudem gewinnen Entscheidungen an Qualität, wenn im Vorfeld mehrere – ganz im Sinne von Diversität – dazu gehört und eingebunden werden. Gefragt ist also Führung, die Sinn und Bedeutung vermittelt, Kultur und Werte aufzeigt, (rechtliche) Grenzen und Rahmenbedingungen setzt sowie Verantwortung überträgt, dabei die Mitarbeiter:innen zur Eigenverantwortung befähigt und ihre Stärken fördert. Unverändert bleibt die Führungskraft in besonderer Verantwortung für Leistung, Beziehung und Ergebnis der Teams und Mitarbeiter:innen. Führung sollte verstärkt als Profession begriffen werden. Führende sind als Vorbilder und Coaches gefragt und sollten vorleben, was sie von ihren Mitarbeitenden erwarten.

Parallel zur Führungsdiskussion wird in den vergangenen Jahren zunehmend auch über die Art und Weise der Zusammenarbeit im Unternehmen bzw. Arbeit an sich diskutiert. Ob dies nun mit dem Begriff »Arbeit 4.0« oder »New Work« verbunden wird, soll hier unerheblich sein. New Work oder die Neue Arbeit geht auf den Sozialphilosophen Frithjof Bergmann (2020) zurück. Er beschrieb damit die Rezession und den tiefgreifenden Transformationsprozess der amerikanischen Automobilindustrie in den späten 1970er und zu Beginn der 1980er Jahre, insbesondere bei General Motors in Flint/Michigan. Bergmann beschrieb in seinem sozialphilosophischen Konzept eine ganz spezielle Form der Arbeit, nämlich eine Dreiteilung der Lohnarbeit in eine (verkürzte) Erwerbsarbeit, die Arbeit für die Selbstversorgung und die Arbeit, die der oder die Beschäftigte »wirklich, wirklich will«. Mittlerweile wird der Begriff New Work eher allgemein verwendet und beschreibt den Versuch, innerhalb der Erwerbsarbeit eine Reihe zukunftsorientierter Veränderungen zu implementieren. Diese umfassen u. a. die Schaffung von Freiräumen (wie z. B. Vereinbarkeit von Beruf und Familie oder Flexibilisierung der Arbeit), Agilität, neue Formen der Zusammenarbeit, Wertebasierung und Sinnstiftung von Arbeit. Verbindend bleibt: Der Mensch rückt in den Mittelpunkt.

Bedeutsamkeit, Selbstbestimmung und Kompetenzentwicklung des Menschen während und nach der Arbeit sollen die Lebensqualität steigern. Stehen die Bedürfnisse der Mitarbeitenden im Fokus, können folgende Faktoren eine verstärkende Rolle spielen:

- Führung und Führungsverständnis
- Arbeits- und Arbeitsplatzgestaltung
- Bereichs- und hierarchieübergreifendes Zusammenarbeiten
- Einsatz agiler Methoden in der täglichen Arbeit und im Projektmanagement
- IT-Tools, die die (virtuelle) Zusammenarbeit ermöglichen und fördern

Auch die VPV hat sich auf den Weg gemacht. Welche Schritte wir dabei gegangen sind, was wir erreicht haben und wo wir noch Lernfelder haben, zeigen die folgenden Abschnitte auf.

3. Der Weg der VPV: Über die Leadership Werkstätten zum Leadership Camp – ein iterativer Prozess

Wie eingangs erwähnt, haben wir die personalstrategischen Grundlagen für unseren Weg bereits 2014/2015 in unserer HR Strategie@2020 vorgezeichnet. In ihr wurden u. a. die Handlungsfelder »Führung und Mitarbeiter«, »Organisationsentwicklung« sowie »Digitale Agenda« verankert und die daraus abgeleiteten Ziele und Maßnahmen in den folgenden Jahren umgesetzt. Das war ein iterativer Prozess mit Konzeption und Erprobung, Reflexion und Nachjustierung. Dieser Prozess mündete 2017 in einen ersten hierarchie- und ressortübergreifenden Dialog der Führungskräfte, unser erstes Leadership Camp. Hier wurde der von der ersten Führungsebene erarbeitete »Leadership Kompass« vorgestellt und intensiv diskutiert. Der Leadership Kompass beschreibt unser Führungsverhalten. Mit dem Leadership Kompass als Basis ging es nun an die Ausrichtung der Unternehmenskultur der VPV auf das VUCA[1]-Umfeld. Aufgrund der Vielschichtigkeit und Dynamik der Herausforderungen eignet sich das VUCA-Prinzip auch für die Weiterentwicklung unserer Führung. Den notwendigen strategischen Wandel voranzubringen, war unser wesentlicher Treiber. Zugleich sollte eine enge Verbindung von Führungs- und Organisationsentwicklung hergestellt werden. Dies sollte in sogenannten Leadership Werkstätten gelingen. Hier arbeiten verschiedene Führungsebenen in Workshops zusammen (vgl. dazu ausführlich Blessin/Hahn 2020; Blessin/Bauer/Hahn 2021). Auch in unserer aktuellen HR Strategie@2023 sind die oben beschriebenen Handlungsfelder sowie der Leadership Kompass die bestimmenden Elemente für unsere Führungskräfteentwicklung und -begleitung. Eine weitere wichtige Grundlage ist der regelmäßige Austausch mit unseren Betriebsräten, um auch aus dieser Perspektive konkrete Impulse zu erhalten und in die Diskussion mit einzubringen.

Arne Hübler, Vorsitzender des Gesamtbetriebsrates
Führung wird nicht nur zwischen Führungskräften und Mitarbeitern diskutiert, sie ist auch ein Dauerthema in den Betriebsratsgremien. Normalerweise kommen wir ins Spiel, wenn es Mal wieder nicht klappt, wenn es zu Konflikten kommt.
Umso mehr freut es uns, dass die VPV hier andere Wege beschreitet. In die Initiative unseres Personalbereichs waren wir von Anfang an eingebunden. Über mehrere Jahre und viele Iterationsschleifen konnten wir uns aktiv einbringen und damit konstruktiven Einfluss auf die Inhalte der Leadership Werkstätten und Leadership Camps nehmen. Auch gelang es uns dadurch, eine Mittlerrolle zwischen unseren Mitarbeiter:innen und Führungskräften einzunehmen – aktiv gelebte Partizipation also.
Die »virtuellen« Leadership Werkstätten und (hoffentlich) ein Leadership Camp in Präsenz 2021 werden eine große Herausforderung, sowohl technisch als auch inhaltlich. Wir als Betriebsräte hoffen, dass sie gelingt und wir einige der in der Corona-Zeit gelernten Themen in das »New Normal« übertragen können. Zu nennen sind hier insbesondere die guten Erfahrungen mit Homeoffice, das gegenseitige Vertrauen, die Zusammenarbeit und das vielfältige Miteinander.

---

1 Das Akronym VUCA steht für volatility (Unbeständigkeit), uncertainty (Unsicherheit), complexity (Komplexität) und ambiguity (Mehrdeutigkeit).

Mit diesen strategischen Grundlagen sowie auch den Erfahrungen und Themen aus den Leadership Werkstätten 2019/20 wollten wir in unser Leadership Camp 2020 gehen. Leider mussten wir dieses wegen der Corona-Pandemie vom Frühjahr 2020 auf Herbst 2020 und von dort nun auf Herbst 2021 verschieben. Das Leadership Camp 2021 ist als Präsenzveranstaltung geplant. Um trotz der Einschränkungen in den Austausch mit allen Führungskräften zu gelangen und gemeinsam weiter an zentralen Themen arbeiten zu können, werden wir vor dem Leadership Camp digitale Leadership Werkstätten durchführen. Diese finden im Juni und Juli 2021 als halbtägige virtuelle Workshops mit bis zu 15 Teilnehmer:innen statt und sollen den Führungskräften den Raum für neue Impulse und kollegialen Austausch zu aktuellen Führungsthemen geben. Selbstverständlich nehmen wir die bisherigen Erfahrungen und Erkenntnisse aus der Corona-Zeit mit in diese Veranstaltungen.

In einem sogenannten »After Action Review« haben wir einen gemeinsamen Blick mit Mitarbeiter:innen, Führungskräften und unserem Betriebsrat auf die ersten sechs Monate der Pandemie und unseren Umgang damit gerichtet. Was ist uns dabei gelungen? Die Rückmeldungen waren dabei u. a.:

- Gute Abstimmung zwischen Notfallteam, Betriebsrat und Personal
- Gute, klare Kommunikation
- Schnelle und unkomplizierte IT-Umstellung
- Digitale Angebote für Führungskräfte und Mitarbeiter im »Flurfunk digital«, u. a. Trainings und Coachings, Resilient durch diese Zeit, Tipps und Tricks fürs Homeoffice, Kinder gut beschäftigt, Schnelle Küche fürs Homeoffice etc.
- Ausbau digitaler Kompetenzen
- Viel miteinander und füreinander, kollegiale Unterstützung
- Mut bei Entscheidungen, höhere Entscheidungsfreudigkeit und Fehlertoleranz

Selbstverständlich haben wir uns auch unsere Lernfelder angeschaut. Genannt wurde in diesem Zusammenhang u. a.:

- Führung auf Distanz
- Kontakt halten sowohl zwischen Führungskräften und Mitarbeiter:innen als auch der Mitarbeiter:innen untereinander
- Einheitliches einfaches Videokonferenz- bzw. Kommunikationstool
- Regeln für Video- und Telefonkonferenzen
- Ausbau der Medienkompetenz

Mit digitalen Seminarangeboten für Führungskräfte und Mitarbeiter:innen wollten wir kurz nach dem ersten Lockdown im Frühjahr 2020 schnell ein breites Angebot zu konkreten Herausforderungen aus dem (neuen) Arbeitsalltag bieten. Und natürlich wollten wir auch über diese Angebote trotz Einschränkungen durch die Pandemie weiter an unseren bisherigen erfolgreichen Weg der Führungskräfteentwicklung anknüpfen. Dieses breitgefächerte Angebot zu Themen wie »Erfolgreiche virtuelle Kommunikation und Kooperation«, »Führung aus der Ferne«, »Selbstwirksamkeit« und »Emotionsmanagement in herausfordernden Zeiten« sowie zahlreiche Online-Angebote zum Umgang mit den neuen technischen Tools wurden gerne auch in hierarchieübergreifenden Veranstaltungen angenommen.

Die geforderte (notwendige?) Offenheit für solch ein gemeinsames Lernen und Reflektieren über alle Hierarchieebenen hinweg ist bei der überwiegenden Mehrheit der Führungskräfte und Mitarbeitenden gut angekommen und wurde in der Auswertung zur Corona-Zeit – auch vom Betriebsrat – positiv angemerkt.

Wir sind mit den beschriebenen Angeboten und Erfahrungen unseren Zielen wieder einen Schritt näher gekommen. Mittlerweile wird im Kreis der Führungskräfte offen über eigene herausfordernde Führungssituationen gesprochen und mit den Kolleg:innen gemeinsam nach Lösungen gesucht.

Trotz dieser Erfolge sind unsere Lernfelder weiterhin, uns gemeinsam weiterzuentwickeln und nicht dem oftmals einfachen Impuls zu erliegen, darauf zu warten, dass irgendjemand dafür verantwortlich ist, die Kultur zu verändern. Oder dass gar der Vorstand das Wertegerüst für die VPV vorgibt. Alle Führungskräfte und Mitarbeitenden gestalten die Kultur gemeinsam und können und sollen diese auch verändern.

4. Ein Zwischenschritt: Coachings zur Reflexion, Standortbestimmung und Orientierung

Als Zwischenschritt bis zum nächsten Leadership Camp 2021 haben wir allen Führungskräften der VPV ein neues, ergänzendes Beratungsangebot gemacht.

Im Jahr 2020 haben unsere Führungskräfte die herausfordernde Pandemiezeit gut gemeistert und den Mitarbeiter:innen und sicherlich auch Kolleg:innen Orientierung, Kraft, Zuversicht und Motivation gegeben. Und das, obwohl vermutlich jedem Einzelnen dies angesichts von einer wachsenden Unsicherheit, Unbeständigkeit, Komplexität und völligen neuen Rahmenbedingungen und Anforderungen aus der Corona-Pandemie nicht immer leichtgefallen ist. Das Stichwort VUCA aus den Leadership Werkstätten hat rasant in den Führungsalltag Einzug gehalten. Daher haben wir uns ein neues, individuelles Angebot überlegt und jede Führungskraft konnte entscheiden, ob es für sie passend ist und sie das Angebot nutzen möchte.

Unsere Führungskräfte erhielten die Möglichkeit, sich in einem über die Personalentwicklung vereinbarten Termin (90 Minuten) mit einem externen Sparringspartner/Coach zu reflektieren. Unter den Leitfragen »Was war?« – »Was ist?« – »Was kommt?« konnte jede Führungskraft ihre ganz persönlichen Fragestellungen und Herausforderungen bewerten, neue Denkanstöße und Anregungen erhalten und Ziele für das Jahr 2021 formulieren.

Für einen Teil unserer Führungskräfte ging es darum, sich auf die eigenen Stärken zu besinnen, sich trotz Unsicherheit und Veränderung realistische Herausforderungen zu suchen oder Lösungen zu finden. Sie wollen trotz anhaltender Unsicherheit und Veränderung weiterhin souverän auftreten können, um für die Mitarbeiter:innen als Vorbild zu wirken.

Für den anderen Teil war es wichtig, schwierige Themen zu reflektieren, aufzuarbeiten, aber dann auch einen Haken an die Sache machen zu können, oder einen Blick auf die eigenen Erfolge zu werfen und diese bewusst für sich selbst zu feiern.

Dieses individuelle Angebot wurde zahlreich von Führungskräften aller Hierarchieebenen angenommen, als sehr hilfreich bezeichnet und als schöne Geste der Wertschätzung gegenüber unseren Führungskräften bewertet.

5.　Fazit und Ausblick: Leadership Camp 2021

Wir werden beim Leadership Camp 2021 an die Erfahrungen und Erkenntnisse sowohl aus der Pandemie als auch an die aus den diesjährigen digitalen Leadership Werkstätten direkt anknüpfen.

Ziel ist es, all diese Aspekte zu bündeln und diese mit der Unternehmensstrategie der VPV, der Organisationsentwicklung sowie unseren Agilitätsprinzipien zu synchronisieren (vgl. zu diesen Prinzipien ausführlich Blessin/Hahn 2020; Blessin/Bauer/Hahn 2021). Inhaltlich leiten wird uns vor allem eines dieser sieben agilen Prinzipien, nämlich das Prinzip »Kollaboration und Vertrauen«.

Gestalten wollen wir das Leadership Camp 2021 folglich hauptsächlich um die Begriffe

- fortführend und nachhaltig,
- umsetzungsorientiert und relevant,
- lösungsorientiert sowie
- verändern und gestalten.

Geplant ist, neben einem Großgruppenplenum in fünf Sessions (Teilgruppen) zu arbeiten. Die Themengebiete für die Sessions sind:

- Selbstverantwortung fördern und ausbauen
- Entscheidungsmethoden – Wie kommen wir gemeinsam vom NEIN zum JA?
- Spannungen lösen
- Führung in herausfordernden Zeiten
- Kraft und Energie für die Führung tanken.

Aus den im Camp gemeinsam erarbeiteten konkreten Themen und Ergebnissen werden wir mit Blick auf unsere Kernthemen geeignete Aktivitäten ableiten, um gemeinsam unser Mindset zur zukünftigen Führung sowie neue Formen unserer Zusammenarbeit weiterzuentwickeln und den Weg erfolgreich gemeinsam zu gestalten.

Wir sehen durch die beschriebenen Veränderungen in der Führungskräfteentwicklung die positiven Auswirkungen auch auf die Mitarbeiter:innen und deren Entwicklung. 2021 werden wir daher die hierarchie- und fachbereichsübergreifenden Seminare, das gemeinsame Lernen und den Dialog von Führungskräften und Mitarbeiter:innen weiter ausbauen. Unterstützen werden wir dies durch den Auf- und Ausbau agiler Methodenkompetenzen, die Förderung von Kreativität, Innovationsfähigkeit und Selbstverantwortung sowie Führen und Arbeiten auf Augenhöhe. Es ist uns bewusst, dass diese Veränderungen und neuen Formen der Zusammenarbeit einen langen Atem brauchen sowie die kontinuierliche Kommunikation und gemeinsame Reflexion über den erreichten Stand. Das bisher erreichte bestärkt uns aber, den Weg weiterzugehen.

6. Literatur

Bergmann, F. (2020): Neue Arbeit – Neue Kultur, 7. Aufl., Arbor, Freiburg.

Blessin, B. (2020): Führung neu denken, in: Schwuchow, K./Gutmann, J. (Hrsg.), HR-Trends 2020: Agilität, Arbeit 4.0, Analytics, Prozesse, Haufe, München, Freiburg, S. 109–118.

Blessin, B./Hahn, H. (2020): Weiterentwicklung der Führung@VPV – Leadership Werkstätten und Leadership Camps, in: Bischof, K./Gold, M. (Hrsg.), Führen in der Versicherungswirtschaft, Versicherungswirtschaft, Karlsruhe, S. 311–324.

Blessin, B./Bauer, N.-A./Hahn, H. (2021): Führung neu lernen, in: Rump, J./Eilers, S. (Hrsg.), Die Zukunft des Lernens, Schäffer Poeschel, Stuttgart (in Veröffentlichung).

Blessin, B./Wick, A. (2021): Führen und führen lassen, 9. Aufl., UVK, Konstanz, München.

Weibler, J. (2016): Personalführung, 3. Aufl., Vahlen, München.

VI. Neue Perspektiven von Führung

Irma Rybnikova

Strategische Führung: demokratisch, divers, digital?

Inhaltsübersicht

1. Einleitung

Strategische Führung als Thema weckt zahlreiche Begehrlichkeiten. Das ist nicht verwunderlich, umfasst es doch gleich zwei Themenkomplexe, Strategie und Führung, die in Organisationskontexten ziemlich alles zu bestimmen scheinen oder zumindest gravierende Auswirkungen auf jegliche Art organisatorischer Leistung ausüben können: die Motivation und Bindung von Beschäftigten, die unmittelbare und zukünftige Wettbewerbsfähigkeit von Organisationen, die gesellschaftlichen Auswirkungen. Sofort stellt sich eine Reihe von Fragen, auf deren Antworten man gespannt ist: Was macht strategische Führung strategisch? Wie verändern sich die Anforderungen an Führung und Führungskräfte? Sind strategische Führung und Führungskräfte in Zukunft überhaupt noch erforderlich? Wie gelingt ein gemeinsames Führungsverständnis zwischen Führungskräften und Beschäftigten? Welche Führungsstile sind in Zukunft gewinnbringend? Diese Fragen sind mitunter auch der Grund dafür, dass Strategie und Führung zu den am weitesten und intensivsten beforschten Bereichen der Organisations- und Managementforschung zählen. Auf die strategische Führung selbst trifft dies allerdings nur bedingt zu. Diese Gemengelage stellt einen Beitrag zum Thema vor ein gehöriges Problem: worauf sinnvollerweise fokussieren?

Im vorliegenden Beitrag habe ich mich dafür entschieden, mich auf einige aus meiner Sicht wichtige Aspekte zu beschränken, die in der Forschungsliteratur zur strategischen Führung adressiert werden. Einerseits werde ich die wesentlichen konzeptionellen Merkmale der strategischen Führung darstellen. Das umfasst zum einen das grundsätzliche Verständnis der strategischen Führung und eine Abgrenzung zu den anderen Führungsebenen, zum anderen die theoretischen Ansätze zu strategischer Führung. Andererseits gehe ich auf wenige aktuelle Themen in Verbindung mit strategischer Führung ein, die aus aktuellen gesellschaftlichen, juristischen oder technologischen Entwicklungen resultieren und die strategische Führung nachhaltig prägen: die Frage nach der Partizipation und Führungsteilung, Gender sowie digitale Führung. Im letzten Teil des Beitrags betrachte ich den Zusammenhang zwischen strategischer Führung und der strategischen Personalarbeit.

2. Strategische Führung: Konzeptionelle Übersicht

Unter der strategischen Führung wird im Wesentlichen Führung durch Topmanager:innen eines Unternehmens verstanden. Im Unterschied zu Mitarbeiterführung, bei der es um Führung IN Organisationen geht, wird die strategische Führung zugespitzt als Führung VON Organisationen bezeichnet (Boal/Hooijberg 2001: 516). Dabei konzentriert man sich auf »Führungskräfte, die die Gesamtverantwortung für eine Organisation tragen, auf ihre Eigenschaften, darauf, was und wie sie es tun, und insbesondere wie sie die Ergebnisse einer Organisation beeinflussen« (Finkelstein et al. 2008, S. 4). Strategische Führung wird somit mit Unternehmensleitung, Leitung von Geschäftseinheiten oder Aufsichtsräten gleichgesetzt (Finkelstein et al. 2008). Es werden verschiedene Funktionen hervorgehoben, die von der Unternehmensleitung erfüllt werden und die, so die Annahme, strategische Konsequenzen für Unternehmen haben. In ihrer Übersicht identifizieren Samimi und Kolleg:innen (2020, S. 3) insgesamt acht Funktionen, die in der Literatur zur strategischen Führung diskutiert werden, darunter das Treffen strategischer Entscheidungen, Kontaktpflege zu externen Stakeholder:innen, aber auch die Personalentscheidungen.

Es handelt sich also um eine explizite Betrachtung der höchsten Hierarchiepositionen einer Organisation. Die Beschäftigung mit strategischer Führung wird damit gerechtfertigt, dass die Führung auf der strategischen Ebene eine größere Breite, Durchdringung und dauerhaftere Auswirkungen habe und damit einen gravierenden Einfluss auf Organisationen ausübe im Unterschied zu Führung auf den niedrigeren Hierarchieebenen einer Organisation (Goldman/Casey 2010).

Im Rahmen der Führungsforschung gehört strategische Führung zu einem relativ jungen Gegenstand der Analyse, befasst sie sich doch mit den Prozessen der Mitarbeiterführung unabhängig von den Hierarchieebenen. Das zunehmende Interesse an der strategischen Führung, die in den 80ern des vergangenen Jahrhunderts begann (Boal/Hooijberg 2001), führt Yukl (2013), Autor eines der populärsten akademischen Übersichtswerke zu Führung, darauf zurück, dass der Wunsch zu verstehen, wie Führungskräfte ihre Unternehmen so umgestalten können, dass sie mit der Globalisierung, dem zunehmenden internationalen Wettbewerb und dem schnellen technologischen und sozialen Wandel zurechtkommen, gestiegen ist (Yukl 2013, S. 276). Seit jeher bieten Topmanager:innen die erste Anlaufstelle in Organisationen, wenn Antworten auf die großen Herausforderungen der jeweiligen Zeit gesucht werden.

Die Frage, wie strategische Führung konkret ausgeübt wird und wie die Leistung einer Organisation beeinflusst wird, erfährt verschiedene Antworten. Yukl (2013, S. 277) unterscheidet einerseits das Verhalten der Führungskräfte dem Personal gegenüber, sei es aufgabenorientiertes oder beziehungsorientiertes, mit dem die Organisationsergebnisse beeinflusst werden können. Andererseits weist der Autor auf Strukturen hin, mit deren Hilfe strategische Führung sich äußert. Dazu zählt er Wettbewerbsstrategie, Managementprogramme oder -systeme und Organisationsstruktur nebst -kultur. Über kulturelle Werte, gekoppelt mit Programmen und Belohnungssystemen, ließe sich ein unmittelbarer Einfluss auf Organisationergebnisse ausüben (Yukl 2013, S. 281). Während die meisten Führungstheorien den direkten Einfluss des Führungsverhaltens auf die Einstellungen und Motivation der Beschäftigten in den Fokus nimmt, ist die Beeinflussung der Mitarbeitenden durch Programme und Systeme bislang unzureichend betrachtet worden. Lediglich im Rahmen der sogenannten »verteilten Führung« (Lang/Rybnikova 2014) geschieht dies stärker. Hier wendet man sich insbesondere kulturellen Normen einer Organisation sowie den Führungskonfigurationen (Bolden 2011) zu.

Obwohl die Beschäftigung mit strategischer Führung auf der Kernannahme der Distinktion und Wirkmächtigkeit strategisch Führender beruht, nötigt die betriebliche Komplexität auch dieser Forschung einige Relativierungen ab. So verweist auch Yukl (2013) darauf, dass die grundsätzliche Einflussfähigkeit der strategischen Führung stets einer koordinierten Anstrengung von Führungskräften auf allen Ebenen einer Organisation bedarf, sobald es darum geht, strategische Programme oder Managementsysteme zu realisieren und sicherzustellen, dass diese im intendierten Sinne umgesetzt werden. Obwohl die oberste Führungsriege hauptsächlich für strategische Entscheidungen verantwortlich ist, sei eine erfolgreiche Umsetzung dieser Entscheidungen ohne die Unterstützung und das Engagement von Führungskräften der mittleren und unteren Ebene in der Organisation unwahrscheinlich (Yukl 2013, S. 283). Somit ist nicht zu ignorieren, dass auch strategische Führung ein kollektiver Prozess ist, an dem formelle und informelle Führungskräfte auf allen Ebenen und in verschiedenen Teilgebieten einer Organisation beteiligt sind (Yukl 2013). Einerseits wird die Meinung vertreten, dass sich in den Unternehmensleitungen besondere Kompetenzen konzentrieren sollten, wie die Aufnahmefähigkeit und Lernorientierung (en. absorptive capacity), die Anpassungsfähigkeit und Veränderungsbereitschaft (en. adaptive capacity) oder die Managementweisheit und Urteilsfähigkeit nebst sozialer Intelligenz (en. managerial wisdom; Boal/Hooijgard 2000). Die Liste wird gern ergänzt um »organisationale Ambitextrie«, die ein gleichzeitiges Ausnutzen bestehender Ressourcen (Explotation) und Erkundung neuer Möglichkeiten (Exploration) umfasst (Yukl 2013, S. 282).

Gleichwohl wird darauf hingewiesen, dass Topmanager:innen kein Monopol darüber besitzen, wie ihre Vorschläge oder Vorgaben von den Beschäftigten gedeutet und gelebt werden. Es kommt auf die Beiträge der Führungskräfte aller Hierarchieebenen an, wenn es z. B. darum geht, die Organisationskultur aufzubauen und sicherzustellen, dass sie verstanden und gelebt wird. Noch mehr: Einige Studien weisen darauf hin, dass innovative Ideen oft nicht vom Topmanagement, sondern von den Beschäftigten auf den unteren Hierarchieebenen ausgehen (Marion/Uhl-Bien 2001). Somit spricht Vieles dafür, dass erfolgreiche strategische Führung kein exklusives Anliegen des Topmanagements alleine darstellt, sondern die Beteiligung an den strategischen Entscheidungen seitens der Führungskräfte der mittleren und unteren Ebenen sowie seitens der Beschäftigten von besonderer Relevanz ist. Auch aus diesem Grund werden wir auf den Zusammenhang zwischen strategischer und partizipativer Führung später vertiefend eingehen.

3. Theorien zur strategischen Führung

In ihrer Übersicht zur bisherigen Forschung über strategische Führung unterscheiden Samimi und Kolleg:innen (2020) drei theoretische Perspektiven. Das sind zum einen *eigenschaftsorientierte Theorien*, welche individuelle Merkmale der Topmanager:innen adressieren. Das im Bereich der strategischen Führung prominenteste Beispiel stellt dabei die Theorie der höheren Ränge (en. upper echelons) von Hambrick und Mason (1984) dar. Die Autoren argumentieren, dass die Entscheidungsmuster von hochrangierten Führungskräften ihre individuellen Erfahrungen, Werte und Persönlichkeiten widerspiegeln, weil sich darin individueller kognitiver Stil, Informationen zu selektieren, diese wahrzunehmen und zu deuten, niederschlägt (Carpenter et al. 2004; Hambrick 2007). Durch strategische Entscheidungen beeinflussen diese individuell geprägten Informationsverarbeitungspraktiken wiederum die Ergebnisse auf Unternehmensebene. Ein zentraler Grundsatz der Theorie der höheren Ränge ist, dass bestimmte Handlungen des Topmanagements auf beobachtbare Merkmale, wie z. B. den funktionalen Hintergrund, Ausbildung, Betriebszugehörigkeit u. Ä., der jeweiligen Manager:innen zurückgeführt werden können. Nach der ursprünglichen Dominanz der demografischen und beobachtbaren Variablen der Unternehmensleitungen in der empirischen Forschung wurden später auch nicht-demografische Variablen (z. B. Persönlichkeitseigenschaften, Werte, Entscheidungsheuristiken, Erfahrung) einbezogen (Chen et al. 2015; Lim et al. 2015; Nadolska/ Barkema 2014).

Als zweite Theorieperspektive unterscheiden Samimi und andere (2020) den Ansatz der *strategischen Beziehungen*. Hierbei wird der Fokus nicht auf die Eigenschaften der Topmanager:innen gelegt, sondern auf die Beziehungen innerhalb der Unternehmensleistung sowie unternehmensübergreifend. Die Analyse beruht hier auf der Annahme, dass die Beziehungen, die Topmanager:innen untereinander pflegen, die Unternehmensergebnisse beeinflussen können (Samimi et al. 2020). Hier werden solche Fragestellungen behandelt, wie die Entlohnungsgerechtigkeit und die Folgen der empfundenen Ungerechtigkeit unter den Topmanager:innen (Wowak et al. 2017), Auswirkungen der Netzwerkdichte unter den Topmanager:innen verschiedener Firmen (Beckman et al. 2014), Orientierung der Unternehmensleistung auf kurzfristige Projekte anstatt auf langfristige (en. short-termism) vor dem Hintergrund der Risikoorientierung und der Principal-Agentur-Problematik (Laverty 1996) sowie die Dynamiken innerhalb des Teams der Unternehmensleitung.

Und zuletzt nennen Samimi und Kolleg:innen (2020) *die externe Perspektive* als den dritten Theorienzweig zur strategischen Führung. Der Schwerpunkt liegt hier auf dem reziproken Verhältnis zwischen der strategischen Führung und der externen Unternehmensumwelt. Ausgehend von der neoinstitutionalistischen Theorie und dem sogenannten Signaling-Modell wird in der externen Perspektive analysiert, wie der Markt oder die Stakeholder die Eigenschaften oder Aktivitäten des Topmanagements erwidern bzw. auf diese reagieren. Dabei werden Aspekte fokussiert, die die Legitimität der einzelnen strategischen Führungskräfte, des strategischen Führungsteams oder der gesamten Organisation bedingen. Obwohl auch hier die individuellen (z. B. Studienabschluss, Karriereverlauf)

Merkmale der Topmanager:innen oder die Merkmale der Managementteams (z. B. Machtbeziehungen innerhalb des Teams) betrachtet werden, wird hier im Unterschied zur ersten Theorierichtung darauf fokussiert, inwiefern diese die Legitimität in den Augen der Investor:innen und anderer Marktteilnehmer:innen beeinflussen.

4. Geteilte strategische Führung?

Die Idee der Partizipation ist in der gegenwärtigen Führungs- und Organisationsforschung hochgradig virulent. Trotz der stark verzweigten Diskussion um partizipative Führung (Rybnikova/Lang 2020) verbindet alle Ansätze die Vorstellung eines wie auch immer gearteten Teilens der Verantwortlichkeiten und Rechte, mitunter auch der Führungsbefugnisse, die mit einer Führungsposition einhergehen, zwischen den Führenden und Geführten.

Auch in Zusammenhang mit strategischer Führung wird der partizipative Ansatz oft diskutiert. Es wurde bereits erwähnt, dass die Unternehmensleitung einer Organisation weder das Monopol über die Informationen besitzt, noch ist sie in der Lage, stets die besten und innovativsten Ideen zu generieren. Auch ist jede Unternehmensleitung hochgradig davon abhängig, inwiefern die getroffenen strategischen Entscheidungen durch die vermittelnden Führungskräfte unterstützt und schlussendlich von den Beschäftigten umgesetzt werden. Angesichts dieser Konstellation drängt sich die Vorstellung einer stärkeren Partizipation bei den strategischen Entscheidungen und somit einer geteilten strategischen Führung geradezu auf.

In der Tat spiegelt sich diese Vorstellung auch in der Forschung zur strategischen Führung wider. In diesem Bereich lassen sich zwei Herangehensweisen unterscheiden. Einerseits handelt es sich um Partizipation und Führungsteilung im weiteren Sinne. Hier wird partizipatives Führungsverhalten als eine im gesamten Unternehmen gelebte Norm des Führens verstanden. Die Topmanager:innen gelten dabei als Vorbilder und Impulsgeber für partizipative und geteilte Führung innerhalb der gesamten Organisation, als diejenigen, die partizipative Führung auf den unteren Rängen unterstützen (oder aber verhindern). Andererseits lässt sich geteilte Führung im engeren Sinne unterscheiden. Der Gegenstand der Betrachtung ist hier das Team der Topmanager:innen (en. top management team), die ihre strategische Verantwortung auf eine oder andere Weise untereinander aufteilen.

Obwohl strategische Führung als ein bedeutender Einflussfaktor auf partizipative Führung in Organisationen gewürdigt wird und Topmanager:innen als wichtige Akteure für partizipative Führung angesehen werden, nur unzureichend wird erforscht, wie Topmanager:innen konkret ihre Organisationen und Belegschaften partizipativ oder nicht partizipativ führen (können). Der Grund dafür ist, dass eine explizite Berücksichtigung von verschiedenen Hierarchieebenen in der Forschung zur partizipativen Führung noch viel zu selten stattfindet, weil der Fokus auf den allgemeinen Partizipationspraktiken der Führungskräfte und deren Akzeptanz bei den Geführten gelegt wird.

Weitaus zahlreicher und auf strategische Führung fokussierter sind hingegen die Studien zu geteilter Führung innerhalb des Teams des Topmanagements. Die Vorzüge der geteilten Führung im Topmanagement werden damit begründet, dass ein einzelnes Individuum oft nicht die ganze Breite an Fähigkeiten besitzt, um die Komplexität der strategischen Führung abzudecken und diese im Alleingang zu erfüllen. Somit gilt die Aufteilung der Verantwortung für strategische Führung auf mehrere Personen mit komplementären Fähigkeiten als erfolgversprechend. Dieser Teamansatz der strategischen Führung (Yukl 2013) kann zu verschiedenen Konstellationen führen. Die Geschäftsführung besteht entweder aus gleichberechtigten Mitgliedern, die für verschiedene Ressorts zuständig sind, oder die Vorsitzenden der Geschäftsführung besitzen weiterhin mehr Macht als andere Mitglieder (z. B. Vorsitzende:r und deren Vertreter:innen). Wie strategische Führung in einer Organisation unter den Führungskräften tatsächlich aufgeteilt wird, ist von der formalen Struktur oftmals unabhängig. Zumal kann strategische Führung unter den Mitgliedern der Geschäftsführung sowohl formal wie informell geteilt werden (Ensley/Hmieleski/Pearce 2006). Ein autokratischer Geschäftsführer kann trotz eines bestehenden Topmanagementteams nur wenig Einfluss für die restlichen Mitglieder der Geschäftsführung zulassen. Und umgekehrt, auch bei einer zentralistischen Struktur kann eine partizipative strategische Führung stattfinden, sobald restliche Mitglieder der Geschäftsführung entsprechend ermächtigt werden, sich an den strategischen Entscheidungen zu beteiligen (Yukl 2013, S. 291).

Als mögliche Folgen der geteilten strategischen Führung wird eine Reihe von überaus positiven Resultaten diskutiert. Zum einen wird eine durch geteilte Führung höhere Entscheidungsqualität der Geschäftsführung genannt. Zurückgeführt wird dies darauf, dass wichtige Aufgaben bei mehreren Beteiligten weniger vernachlässigt werden. Auch würden sich die Kommunikation und die Zusammenarbeit in der Geschäftsführung aufgrund regelmäßiger Teambesprechungen bessern und die Interessen der einzelnen Ressorts würden besser berücksichtigt. Nicht nur würden sich die Mitglieder der Geschäftsführung stärker bei der Entscheidungsfindung engagieren, sich mehr wertgeschätzt fühlen und ihre Arbeitszufriedenheit würde sich bessern (Wood/Fields 2007), sondern auch die Entscheidungen werden als fairer empfunden (Korsgard/Schweiger/Sapienze 1995).

Einige Forschende argumentieren, dass geteilte Führung die Zusammenarbeit, den Konsens und gegenseitiges Einverständnis sowie eine »gesunde Gruppendynamik« in der Geschäftsführung fördert, was der Unternehmensleistung und der Marktorientierung zugutekomme (Carmeli 2008; Carmeli/Schaubroeck/ Tishler 2011; Charas 2014). Auch soll geteilte strategische Führung die Ambidextriefähigkeit eines Unternehmens fördern, da dadurch eine Atmosphäre der Lernbereitschaft innerhalb des strategischen Führungsteams ermöglicht und gleichzeitig der konstruktive Umgang mit Konflikten verbessert wird (Bosman 2015; Chen/Zhiying 2018; Umans/Smith/Andersson/Planken 2018). Diese Vorteile der geteilten strategischen Führung gegenüber konventioneller Führung sollen insbesondere für neu gegründete Unternehmen zutreffen (Pittino/Visintin/Compagno 2018).

Diese kurze Übersicht verdeutlicht, dass in der bisherigen Forschung zu geteilter strategischer Führung eine ausgeprägte Normativität und eine einseitige Betrachtung der Folgen überwiegen. Die konkreten Führungskontexte sowie die nachteiligen oder zumindest ambivalenten Wirkungen geteilter strategischer Führung werden viel zu selten thematisiert. Es fehlen eingehende und kontextspezifische Analysen, unter welchen Umständen welche Art der Teilung strategischer Führung welche Folgen nach sich zieht und warum. Und dabei wären nicht nur positive oder problematische Folgen für die Organisationen oder für die Geschäftsführung und dort getroffene Entscheidungen wichtig, sondern auch die Konsequenzen für Beschäftigte. Solange solche Forschung aussteht, bleiben die Ergebnisse wenig konkret und kaum belastbar.

5. Strategische Führung und Gender

Gender ist zu einem wichtigen Bestandteil der strategischen Führung nicht erst seit den aktuellen Gesetzesänderungen in Bezug auf die Geschlechterquote für Managementpositionen geworden. Im Zuge der juristischen Neuentwicklungen ist Gender eine nunmehr verpflichtende und damit nicht wegzudenkende Facette der Geschäftsführungen auch hierzulande. Spätestens seit 2009 wird in Deutschland eine intensive öffentliche Debatte zur Geschlechterquote geführt. Seit 2016 gilt für Aufsichtsräte von börsennotierten und paritätisch mitbestimmten Unternehmen in Deutschland eine gesetzliche Geschlechterquote von 30 Prozent, verankert im Gesetz für die gleichberechtigte Teilhabe von Frauen und Männern an Führungspositionen in der Privatwirtschaft und im öffentlichen Dienst (FüPoG). 2021 wurde im Bundeskabinett der Gesetzesentwurf zur Ergänzung und Änderung des FüPoG beschlossen. Eine wesentliche Ergänzung im FüPoG II betrifft den Mindestanteil von Frauen für Vorstände börsennotierter und paritätisch mitbestimmter Unternehmen in Deutschland: Bei mindestens drei Mitgliedern eines Vorstandes muss mindestens ein Mitglied eine Frau sein.

Die Diskussion um Geschlechterquoten in den Topmanagementpositionen ist durchaus kontrovers. Auch die Forschungsergebnisse zu den Folgen der Geschlechterquoten sind uneinheitlich. Eins zeigt sich jedoch: Trotz der im Vorfeld massiv geäußerten Bedenken konnte der Frauenanteil durch die Geschlechterquote in allen betroffenen Ländern innerhalb kurzer Zeit gesteigert und die Quotenforderung ohne große Mühe erreicht werden. Das bestätigen insbesondere die Ergebnisse aus Norwegen und Deutschland (Bozhinov/Koch/Schank 2019). Auch weisen die Studien darauf hin, dass die neuen weiblichen Mitglieder sich gut in die Aufsichtsräte integrieren und dazu beitragen, die Qualität der Gremienarbeit zu verbessern und die Arbeit der Aufsichtsräte insgesamt effizienter und transparenter zu gestalten, z. B. durch gute Vorbereitungen oder eine Diskussionskultur (Schulz-Strelow 2013). Analysiert werden auch mögliche Ausstrahlungseffekte der Geschlechterquote in Aufsichtsräten auf Vorstände. Der Anstieg der weiblichen Mitglieder in den Aufsichtsräten scheint sich positiv auf die geschlechterdiverse Zusammensetzung der Vorstände auszuwirken und den Frauenanteil in den Vorständen zu erhöhen. Gleichwohl sind die vorliegenden Ergebnisse uneinheitlich: Kirsch und Wrohlich (2020) beobachten einen höheren Anstieg des Frauenanteils in den Vorständen der quotengebundenen Unternehmen Deutschlands als in den übrigen Top-200 Unternehmen. Im Unterschied dazu stellt Fleischer (2021) keine positiven Ausstrahlungseffekte zwischen Aufsichtsräten und Vorständen deutscher Unternehmen in Bezug auf den Frauenanteil fest.

Welche Folgen für strategische Entscheidungen die Geschlechterquote für Vorstände eines Unternehmens haben können, wird bislang in Studien außerhalb Deutschlands untersucht. So stellen Matsa und Miller (2013) in ihrer Untersuchung norwegischer Unternehmen fest, dass Unternehmen, die von der Geschlechterquote für Vorstände betroffen sind, stärker an Beschäftigungssicherung und weniger an Personalkürzungen ausgerichtete Entscheidungen treffen als jene, die keine Geschlechterquote für Vorstände einhalten müssen. Dass ein größerer Frauenanteil im Vorstand mit einer Beschäftigungspolitik einhergeht, bei der die Sicherung der Arbeitsplätze im Fokus steht, zeigen auch die Untersuchungen von Matsa und Miller (2014) sowie Chen und Kao (2021). Unterstützt wird dies auch durch die Hinweise weiterer Arbeiten, die verdeutlichen, dass Frauen in Vorständen versuchen, auf die Bedürfnisse unterschiedlicher Stakeholder (Kund:innen, Mitarbeiter:innen, Umwelt) anstatt nur auf die der Aktionär:innen einzugehen (Rao/Tilt 2016).

Trotz dieser suggestiven Ergebnisse sollte man der Verführung widerstehen, Gender bzw. den Frauenanteil als alleinigen Faktor anzusehen, der für Beschäftigungssicherheit sorgen kann. Die Komplexität um Unternehmensentscheidungen ist und bleibt hoch. Das macht der Zusammenhang zwischen der Geschlechterquote und der Unternehmensleistung sichtbar: Während manch eine

Beratungsfirma den Unternehmenserfolg als Ergebnis eines höheren Frauenanteils darzustellen versucht (McKinsey & Company 2007), legen einige Untersuchungen am Beispiel Norwegens einen negativen Effekt der Geschlechterquote auf das finanzielle Ergebnis der Unternehmen nahe (Ahern/Dittmar 2012). Ob Geschlechterquoten in Aufsichtsräten und Vorständen für Beschäftigtenorientierung sorgen oder den Unternehmenserfolg gefährden oder stärken, ist ein allzu pauschaler Forschungsansatz, um die Wirkungen der Geschlechterquoten nachzuzeichnen. Vielmehr stellen sich hier die Fragen der subtilen Dynamiken des Ausschlusses und Einschlusses der weiblichen Mitglieder bei strategischen Entscheidungen, der konkreten Praktiken der Zusammenarbeit und der Interessendurchsetzung in den geschlechtlich notgedrungen diversifizierten Unternehmensleitungen. Diese Fragen blieben bislang wenig beachtet und harren ihrer Berücksichtigung in den zukünftigen Forschungsstudien.

6. Strategische Führung und Digitalisierung

Digitalisierung hat sich bereits im letzten Jahrzehnt zu einem Thema etabliert, das jegliche strategische Überlegungen in Organisationen dominiert. Pandemiebedingt und durch den politischen Druck, die sogenannten Homeoffice-Arbeitsplätze zu ermöglichen, bestimmt die Digitalisierung nunmehr nicht nur strategische Entscheidungen, sondern hat sich in vielen Unternehmen als ein elementarer Bestandteil des alltäglichen Arbeitslebens aufgezwungen. Eine der unmittelbaren Folgen dieser Entwicklungen ist, dass digitale Führung, also Führung mit Hilfe technologischer Medien und Kanäle, den Status eines Sonderfalls verlassen und sich zu einem Normalfall der Mitarbeiterführung entwickelt hat.

Schaut man auf die entsprechende Forschung, stellt man eine bemerkenswerte Diskrepanz fest. Während Digitalisierung grundsätzlich in Verbindung mit Unternehmensstrategien und strategischer Führung diskutiert wird, bleiben die Fragen der digitalen Arbeitsplätze aufgrund des pandemiebedingten Gebots der Arbeit zu Hause ein Anliegen des operativen Managements. In den aktuellen Forschungsstudien werden hauptsächlich Homeoffice-Arbeiter:innen zu ihrer Arbeitsmotivation und Produktivität unter den neuen Bedingungen befragt; die Ergebnisse der Studien richten sich abwechselnd entweder an Führungskräfte, Personal- oder betriebliches Gesundheitsmanagement. Als ob »Homeoffice« kein Thema der strategischen Führung wäre, wird die strategische Komponente dieser neuesten Entwicklungen entweder selten oder überaus plakativ behandelt. Dabei liegen bereits zahlreiche Studien auch älteren Datums zu mobilen Arbeitsplätzen, Telearbeitsplätzen und Homeoffice vor, die auf Herausforderungen distaler Arbeitsplätze hinweisen und Handlungsbedarf auf strategischer Ebene verdeutlichen. So zeigen Forschungsstudien, dass mobile Arbeitsplätze zu Produktivitätssteigerungen und seltenen Krankschreibungen führen (Harris 2003; Bloom et al. 2013). Zugleich aber stellt sich die schwindende Grenze zwischen dem Arbeits- und Privatleben als eine der größten Herausforderungen heraus, weil daraus Konflikte innerhalb der Familie, aber auch Gefahr einer arbeitsbedingten psychischen und physischen Auszehrung resultieren (Harris 2003). Das Wohlbefinden der Mitarbeiter:innen wird im Homeoffice durch Erwartung einer ständigen Erreichbarkeit, hohe Menge an digitalen Informationen sowie das Erlernen neuer Technologien erheblich geschmälert, gar gefährdet. Stress, emotionale Erschöpfung, Angst, Müdigkeit oder Ineffizienz sind langfristige Folgen, die zusammenfassend auch als »Technostress« beschrieben werden (Bordi et al. 2018). Erschwerend kommt die soziale Isolation der Betroffenen hinzu (Epley/ Schroeder 2014).

Die Perspektive der Führungskräfte auf Führung unter digitalen Bedingungen wurde bisher eher vernachlässigt. Zwar liegen zahlreiche Überlegungen dazu vor, was digitale Führung den Führungskräften abverlangt, wie z. B. permanente Lernbereitschaft, technische Affinität, Konfliktfähigkeit, Kommunikationsstärke (Wald 2014). Die aktuelle empirische Forschung hierzu ist noch rar. Die wenigen vorliegenden Studien zeigen aber, dass Führungskräfte unter massivem Erwartungsdruck arbeiten: Sie sollen sich selbst in die neuen Technologien einarbeiten, Ansprechpartner:innen für ihre Beschäftigten bei technischen Problemen und bei fachlichen Fragen sein, aber auch die soziale Isolation ihrer Mitarbeiter:innen kompensieren und die Leistungserbringung sicherstellen (Toleikienė et al. 2020). Zudem scheint pandemiebedingte Digitalisierung eine zunehmende Fragmentierung und ein erhöhtes Multitasking im Führungsalltag bedingt zu haben (Toleikienė et al. 2020).

Aus diesen Erkenntnissen ergeben sich einige wichtige Handlungsfelder für strategische Führung, die über digitale Führung weit hinausreichen und die enorme Relevanz einer Verschränkung von strategischer Führung und strategischer Personalarbeit unterstreichen:

1. Unternehmenskulturen: Angesichts einer starken Zurückhaltung gegenüber mobiler Arbeit in deutschen Unternehmen ist es an der Zeit, die offenbar dominierende Anwesenheitskultur und die Kontrollmentalität zu revidieren und die Leistungskriterien für verschiedene Beschäftigtengruppen neu zu bestimmen. Obwohl gerade digitale Arbeitsplätze eine umfassende Kontrolle von Mitarbeiter:innen ermöglichen, ist es wohl kaum zeitgemäß und erst recht nicht motivationsfördernd, die digitalen Kontrollmöglichkeiten flächendeckend einzusetzen und digitale Überwachungsbetriebe zu etablieren. Weder Kontrolle noch Vertrauen können den einzelnen Führungskräften aufgebürdet werden, sondern deren Verhältnis müsste zum expliziten Diskussionsthe-

ma auserkoren werden, welches einer strategischen Positionierung des Unternehmens und einer reflexiven Handhabe bedarf.

2. Weiterbildung und Trainings im digitalen Bereich bzw. zu digitalen Technologien: Die zeitweise Heraus-, oft Überforderung der Führungskräfte und der Beschäftigten durch mobile Arbeitsplätze verdeutlicht, wie wichtig eine strategische Weiterbildung in diesem Bereich ist, um die Digitalisierungsbemühungen zu flankieren und anstatt einer Hetzpolitik eine begleitete Entdeckungsreise zu ermöglichen. Trainings zu den neuen Apps, Systemen, Technologien sollen nicht gelegentlich oder einmalig angeboten werden, sondern als ein fester und regelmäßiger Bestandteil des Personalmanagements etabliert werden. Auf diese Weise kann der »Technostress« für Mitarbeiter:innen reduziert und Führungskräfte stark entlastet werden.

3. Gesundheitsorientierte Führung: Angesichts der Forschungsergebnisse zu Entgrenzung zwischen den Arbeits- und privaten Bereichen sowie der alarmierenden Hinweise auf die steigende Arbeitszeit und eine zunehmende Ermüdung unter den Homeoffice-Bedingungen gewinnt die gesunde Führung eine strategische Bedeutung. Neue Begrenzung der Produktivität und des Leistungsdiktats und auf soziale Nachhaltigkeit ausgerichtete Führungsverständnisse sollen sowohl Teil der Unternehmenskultur werden als auch des alltäglichen Agierens in Organisationen, und zwar sowohl von Führungskräften als auch von Beschäftigten selbst. Auch die Instanzen der betrieblichen Mitarbeitervertretung können hierbei ihre Rolle als Ko-Akteure des gesundheitsfördernden Umgangs mit Digitalisierung und damit der strategischen Führung weiter verankern.

4. Hybride Formen der Mitarbeiterführung: Anstatt des üblicherweise konstruierten Gegensatzes zwischen Digitalisierung und Nicht-Digitalisierung ist zu bedenken, dass gerade die Mitarbeiterführung in Zukunft höchstwahrscheinlich beide Formate umfasst: die Führung in Präsenz und über digitale Medien. Solche Hybrid-Modelle setzen Erfahrungen in beiden Bereichen voraus. Möglicherweise bieten sich hierfür Tandem-Lösungen und Teilung der Führungspositionen auf mehrere Personen mit verschiedenen Erfahrungshintergründen an. Diese können bei der strategischen Personalauswahl, gerade im Fall von Führungskräften, zunehmend bedacht werden.

7. Strategische Führung und strategische Personalarbeit

Der enge Zusammenhang zwischen der strategischen Führung und der Personalarbeit ist bereits aus dem anfangs aufgeführten Verständnis der strategischen Führung ersichtlich: Personalmanagement und damit die Personalarbeit gehört laut Samimi und Kolleginnen (2020) zu einer der hauptsächlichen Funktionen strategischer Führung einer Organisation. Den Forscher:innen zufolge entscheiden die Topmanager:innen über die Personalarbeit in Bezug auf alle Organisationsmitglieder. Demnach treffen die leitenden Führungskräfte Entscheidungen über die Auswahl, Beurteilung, Entlohnung, Weiterbildung oder Kündigung von Beschäftigten, einschließlich von Mitgliedern der Unternehmensleitung selbst. Alles in allem wird in der Literatur zur strategischen Führung strategische Personalarbeit als Teil des gesamten Aktionsradius von strategischer Führung gedacht, weil personalbezogene Entscheidungen eine wichtige Auswirkung auf die Leistung der gesamten Organisation haben.

Im Unterschied hierzu wird in der Forschung zum Personalmanagement viel stärker die Abhängigkeit der strategischen Personalarbeit von der strategischen Führung hervorgehoben. Dabei wird angenommen, dass strategische Personalarbeit dafür Sorge tragen soll, dass die eingesetzten Praktiken des Personalmanagements, wie z.B. Personalgewinnung, -entlohnung oder -entwicklung, zur Erreichung der Organisationsziele beitragen, indem das Arbeitsverhalten der Beschäftigten dadurch in die erwünschte Richtung beeinflusst wird (Wright/Snell 1991). Insbesondere beim Kontingenz- und beim Konfigurationsansatz (Delery/Doty 1996; Boxall/Purcell 2000) des strategischen Personalmanagements geht man davon aus, dass eine starke Unternehmensleistung davon abhängt, wie stark die Personalstrategie auf die konkrete Unternehmensstrategie abgestellt ist und wie gut die einzelnen Personalaufgaben untereinander harmonieren (Wright/Snell 1991). Es wird angenommen, dass die Schwerpunkte der Personalarbeit in Abhängigkeit von der Unternehmensstrategie gebildet werden sollen und bei Kostenführerschaft gänzlich anders ausfallen als bei Qualitätsführerschaft (Jackson et al. 1989; Schuler/Jackson 1987).

Der neuere Theorieansatz der strategischen Personalarbeit als institutionelle Arbeit (en. institutional work) und institutionelles Unternehmertum (en. institutional entrepreneurship) hinterfragt diese Annahme zwar nicht, fokussiert aber vielmehr auf das Verhältnis zwischen der Unternehmensleitung und dem Personalmanagement (z.B. Lewis et al. 2019). Damit versucht man, der zunehmenden Komplexität der strategischen Führung besser gerecht zu werden und die Prozesse zu analysieren, die zu strategischen Veränderungen und deren Umsetzung führen können. Diesmal lehnt man an den soziologischen Neoinstitutionalismus (Meyer/Rowan 1977; Scott/Meyer 1992) an, um Personalmanagement und seine strategische Bedeutung aus einer neuen Perspektive zu analysieren. Während institutionelle Arbeit eher als eine weitere theoretische Perspektive auf Personalmanagement genutzt wird (Lewis et al. 2019), wird das Konzept des institutionellen Unternehmertums herangezogen, um die Rolle der Personalarbeit für die Nachhaltigkeit in Organisationen zu beleuchten (z. B. Ren/Jackson 2020). Beide Ansätze weisen dem Personalmanagement eine weitaus aktivere Rolle in Strategieprozessen zu als das in den bisherigen Theorien der Fall war. Anstatt in Abhängigkeit von der Unternehmensstrategie auszuharren, werden die Fachkräfte des Personalmanagements hier als institutionelle Arbeitende bzw. als institutionelle Entrepreneure konzipiert. Als Einzelpersonen oder als Gruppe nutzen sie ihre fachlichen und systemischen Ressourcen und interagieren sowie verhandeln mit Unternehmensleitung die strategischen Entscheidungen und beeinflussen maßgeblich deren Umsetzung (Ren/Jackson 2019). Auf diese Weise verlässt Personalmanagement seine Rolle als Objekt der strategischen Führung, dessen Ziel darin besteht, die strategischen Entscheidungen operativ umzusetzen, und entwickelt sich hin zu Ko-Akteur:in der strategischen Führung, die strategische Veränderungen anstoßen und durchsetzen kann. Die Unternehmensleitung wiederum ist keine alleinige Autorität mehr, welche die Personalarbeit bestimmt, sondern sie wird gewissermaßen zu einer der vielen Verhandlungspartner:innen »herabgestuft«. Im Unterschied zum Geschäftspartnerpartnermodell, das bisher intensiv in Verbindung mit Personalmanagement diskutiert wurde und das der Personalarbeit schlussendlich doch eine strukturell unterlegene Position zuschreibt, geht es neuerdings darum, dass Personalmanager:innen proaktiv nach Einflussmöglichkeiten auf Unternehmensstrategie suchen. Um sich der Metapher von Ren und Jackson (2019) zu bedienen, ist Personalmanagement kein Zaungast am Tisch der strategischen Führung mehr, sondern organisiert eigenständig strategische Tische, um Diskussionen zu entfachen und strategische Veränderungen anzustoßen.

8. Fazit

Strategische Führung scheint in einem grundlegenden Wandel begriffen zu sein. Die traditionellen Ansätze der strategischen Führung setzen der Vorstellung von Unternehmensleitern als omnipotenten Machern (sic!) auf. Daraus resultiert das zentralistische, vertikal ausgerichtete Verständnis der strategischen Führung: Diese ist in den höchsten Etagen einer Organisation angesiedelt und steht über dem operativen Management. Nicht nur im politischen Sinne ist es an der Zeit, diese Vorstellung zu hinterfragen, tragen doch auch »die da unten« nicht minder zur Unternehmensleistung bei. Zugleich legen die hier besprochenen aktuelleren Ansätze der partizipativen oder geteilten Führung, aber auch der strategischen Personalarbeit als institutionelles Unternehmertum ein deutlich egalitäreres Verständnis der strategischen Führung nahe. Die Basis hierfür ist ein pluralistisches Modell der strategischen Führung, weil der Kreis der an den strategischen Entscheidungen Beteiligten größer ausfällt; in radikaler Ausprägung reicht es über die Führungsriege weit hinaus und stellt möglicherweise das zukunftsträchtige Modell der strategischen Führung dar.

Die in diesem Beitrag vorgestellten Entwicklungen zu geteilter Führung, Genderfragen und Digitalisierung verdeutlichen, wie stark es dabei auf eine enge Verschränkung der strategischen Führung mit der Personalarbeit einer Organisation ankommt. Weder geteilte Führung, noch Gender und Diversität, noch Digitalisierung lassen sich umsetzen, ohne die entsprechend ausgerichtete Personalauswahl und Personalentwicklung in einem Unternehmen zu etablieren. Trotz der immer wiederkehrenden Unkenrufe ob der sinkenden Bedeutung von Führungskräften und der Strategien (Boal/Hooijberg 2000) hat strategische Führung ihre Rechtfertigung kaum eingebüßt. Umgekehrt, in zunehmend komplexerem Umfeld bleibt den Führungskräften und den Unternehmensstrategien ihre wichtige Bedeutung erhalten. Strategische Führung ist und bleibt eine wichtige Projektionsfläche für aktuelle gesellschaftliche und politische Erwartungen an Unternehmen. Die reziproke Beziehung zwischen strategischer Führung und strategischer Personalarbeit scheint einer der Wege zu sein, diesen Erwartungen wenn nicht vollkommen gerecht zu werden, so diese zumindest auf akzeptable Weise erwidern zu können.

9. Literatur

Ahern, K.R./Dittmar, A.K. (2012): The Changing of the Boards: The Impact on Firm Valuation of Mandated Female Board Representation. In: Quarterly Journal of Economics, 127(1), 137–197.

Beckman, C.M./Schoonhoven, C.B./Rottner, R.M./Kim, S.J. (2014): Relational pluralism in de novo organizations: Boards of directors as bridges or barriers to diverse alliance portfolios? In: Academy of Management Journal, 57(2), 460–483.

Bloom, N./Liang, J./Roberts, J./Ying, Z.J. (2013): Does Working from Home Work? Evidence from a Chinese Experiment. In: The Quarterly Journal of Economics, 130(1), 165–218.

Boal, K. B./Hooijberg, R. (2001): Strategic leadership research: Moving on. In: The Leadership Quarterly, 11(4), 515–549.

Bolden, R. (2011): Distributed leadership in organizations: A review of theory and research. In: International Journal of Management Reviews, 13(3), 251–269.

Bordi, L./Okkonen. J./Mäkiniemi, J.P./Heikkilä-Tammi, K. (2018): Communication in the Digital Work Environment: Implications for Wellbeing at Work. In: Nordic Journal of Working Life Studies, 8(S3), 29–48.

Bosman, M. (2015): TMT shared leadership boosting organizational ambidexterity. A multidimensional perspective on innovation. Open Universiteit Nederland.

Boxall, P./Purcell, J. (2000): Strategic human resource management: where have we come from and where should we be going? In: International journal of management reviews, 2(2), 183–203.

Bozhinov, V./Koch, C./Schank, T. (2010): Has the Push for Equal Gender Representation Changed the Role of Women on German Supervisory Boards? IZA Institute of Labor Economics.

Carmeli, A. (2008): Top Management Team Behavioral Integration and the Performance of Service Organizations. In: Group & Organization Management, 33(6), 712–735.

Carmeli, A./Schaubroeck, J./Tishler, A. (2011): How CEO empowering leadership shapes top management team processes: Implications for firm performance. In: The Leadership Quarterly, 22(2), 399–411.

Carpenter, M.A./Geletkanycz, M.A./Sanders, W.G. (2004): Upper echelons research revisited: Antecedents, elements, and consequences of top management team composition. In: Journal of Management, 30(6), 749–778.

Chadwick, C./Super, J. F./Kwon, K. (2015): Resource orchestration in practice: CEO emphasis on SHRM, commitment-based HR systems, and firm performance. In: Strategic Management Journal, 36(3), 360–376.

Charas, S. (2014): Does upper echelons team dynamic matter? The criticality of executive team behaviour in economic value creation. Case Western Reserve University.

Chen, G./Crossland, C./Luo, S. (2015): Making the same mistake all over again: CEO overconfidence and corporate resistance to corrective feedback. In: Strategic Management Journal, 36(10), 1513–1535.

Chen, M.-Y./Kao, Ch.-L. (2021): Women on boards of directors and firm performance: the mediation of employment downsizing. In: The International Journal of Human Resource Management (online first).

Chen, Q./Zhiying, L. (2018): How does TMT transactive memory system drive innovation ambidexerity? Shared leadership as mediator and team goal orientations as moderators. In: Chinese Management Studies, 1, 125–147.

Delery, J.E./Doty, D.H. (1996): Theoretical frameworks in strategic human resource management: Universalistic, contingency, and configurational perspectives. In: Academy of Management Journal, 39(4), 802–835.

Ensley, M.D./Hmieleski, K.M./Pearce, C.L. (2006): The importance of vertical and shared leadership within new venture top management teams: Implications for the performance of startups. In: The Leadership Quarterly, 17(3), 217–231.

Epley, N./Schroeder, J. (2014): Mistakenly seeking solitude. In: Journal of Experimental Psychology: General 143(5), 1980–1999.

Finkelstein, S./Hambrick, D.C./Cannella, A.A. (2008): Strategic leadership. Theory and research on executives, top management teams, and boards. Oxford University Press: Oxford.

Fleischer, D. (2021): Does gender diversity in supervisory boards affect gender diversity in management boards in Germany? An empirical analysis. In: German Journal of Human Resource Management (online first)

Follett, M.P. (1940): Power. In H. C. Metcalf/L. Urwick (Hrsg.), Dynamic administration. Collected papers of Mary Parker Follett. New York und London: Harper and Brothers, pp. 95–116.

Gastil, J. (1994): A definition and illustration of democratic leadership. In: Human Relations, 47(8), 953–975.

Goldman, E.F./Casey, A. (2010): Building a Culture That Encourages Strategic Thinking. In: Journal of Leadership & Organizational Studies, 17(2), 119–128.

Hambrick, D. C. (2007): Upper echelons theory: An update. In: Academy of Management Review, 32(2), 334–343.

Hambrick, D.C./Mason, P.A. (1984): Upper echelons: The organization as a reflection of its top managers. In: Academy of Management Review, 9(2), 193–206.

Harris, L. (2003): Home-based teleworking and the employment relationship. In: Personnel Review, 32(4), 422–437.

Hoch, J.E./Dulebohn, J. H. (2017): Team personality composition, emergent leadership and shared leadership in virtual teams: a theoretical framework. In: Human Resource Management Review, 27, 678–693.

Jackson, S.E./Schuler, R.S./Rivero, J.C. (1989): Organizational characteristics as predictors of personnel practices. In: Personnel Psychology, 42(4), 727–786.

Kirsch, A./Wrohlich, K. (2020): DIW Wochenbericht. Managerinnen-Barometer 2020. Deutsches Institut für Wirtschaftsforschung. Berlin.

Korsgaard, M.A./Schweiger, D.M./Sapienze, H.J. (1995): Building commitment, attachment, and trust in strategic decision making: The role of procedural justice. In: Academy of Management Journal, 38, 60–84.

Lang, R./Rybnikova, I. (2014): Verteilte und geteilte Führung: Alle machen mit? In: Lang, R., Rybnikova, I.: Aktuelle Führungstheorien und -konzepte. Wiesbaden: SpringerGabler, 151–179.

Laverty, K. J. (1996): Economic »short-termism«: The debate, the unresolved issues, and the implications for management practice and research. In: Academy of Management Review, 21(3), 825–860.

Lewis, A.C./Cardy, R.L./Huang, L.S.R. (2019): Institutional theory and HRM: A new look. In: Human Resource Management Review, 29, 316–335.

Lim, E. N. (2015). The role of reference point in CEO restricted stock and its impact on R&D intensity in high-technology firms. In: Strategic Management Journal, 36(6), 872–889.

Marion, R./Uhl-Bien, M. (2001): Leadership in complex organizations. In: The Leadership Quarterly, 12, 389–418.

Matsa, D.A./Miller, A.R. (2013): A female style in corporate leadership? Evidence from quotas. In: American Economic Journal: Applied Economics, 5(3), 136–169.

Matsa, D.A./Miller, A.R. (2014): Workforce reductions at women-owned businesses in the United States. In: ILR Review, 67(2), 422–452.

McKinsey & Company (2007): Women Matter: Gender diversity, a corporate performance driver.

Meyer, J.W./Rowan, B. (1977): Institutionalized Organisations: Formal Structure and Myth and Ceremony. In: American Journal of Sociology, 83, 340–363.

Nadolska, A./Barkema, H.G. (2014): Good learners: How top management teams affect the success and frequency of acquisitions. In: Strategic Management Journal, 35(10), 1483–1507.

Pearce, C. L./Sims, H.P. (2000): Shared leadership: toward a multilevel theory of eadership. In: Advances in Interdisciplinary Studies of Work Teams, 7, 115–139.

Pittino, D./Visintin, F./Compagno, C. (2018): Co-leadership and Performance in Technology-Based Entrepreneurial Firms. Entrepreneurship and the Industry Life Cycle: The Changing Role of Human Capital and Competences. S. Cubico, G. Favretto, J. Leitão and U. Cantner. Cham, Springer, pp. 91–106.

Raelin, J.A. (2014): Imagine there are no leaders: reframing leadership as collaborative agency. In: Leadership, 12(2), 131–158.

Rao, K./Tilt, C. (2016): Board composition and corporate social responsibility: The role of diversity, gender, strategy and decision making. In: Journal of Business Ethics, 138(2), 327–347.

Ren, S./Jackson, S.E. (2020): HRM institutional entrepreneurship for sustainable business organizations. Human Resource Management Review 30 (3).

Rybnikova, I./Lang, R. (2020): Partizipative Führung: Auf den Spuren eines Konzeptes. In: Gruppe. Interaktion. Organisation. Zeitschrift für Angewandte Organisationspsychologie, 51 (2), 141–154.

Samimi, M./Cortes, A. F./Anderson, M.H./Herrmann, P. (2020): What is strategic leadership? Developing a framework for future research. In: The Leadership Quarterly (online pre-print).

Schuler, R.S./Jackson, S.E. (1987): Linking competitive strategies with human resource management practices. In: Academy of Management Perspectives, 1(3), 207–219.

Schulz-Strelow, M. (2013): Women on boards: lessons learnt from Norway. In: Machold, S./Huse, M./Hansen, K./Brogi, M. (Hrsg.): Getting women on to corporate boards: A snowball starting in Norway. Edward Elgar: Cheltenham, pp. 179–183.

Scott, W.R./Meyer, J.W. (Eds.) (1992): Institutional Environment and Organizations: Structural Complexity and Individualism. Sage: Thousand Oaks.

Tannenbaum, R./Schmidt, W.H. (1973): How to choose a leadership pattern. In: Harvard Business Review, 51, 3–12.

Toleikienė, R./Rybnikova, I./Juknevičienė, V. (2020): Whether and how does the Crisis-Induced Situation Change e-Leadership in the Public Sector? Evidence from Lithuanian Public Administration. In: Transylvanian Review of Administrative Sciences, Special Issue, pp. 149–166.

Umans, T./Smith, E./Andersson, W./Planken, W. (2018): Top management teams' shared leadership and ambidexterity: the role of management control systems. In: International Review of Administrative Sciences, 86(3), 444–462.

Wald, P. (2014): Virtuelle Führung. In: Lang, R., Rybnikova, I.: Aktuelle Führungstheorien und -konzepte. Springer-Gabler: Wiesbaden, 355–386.

Wood, M./Fields, D. (2007): Exploring the impact of shared leadership on management team member job outcomes. In: Baltic Journal of Management, 2(3), 251–272.

Wowak, A.J./Gomez-Mejia, L.R./Steinbach, A.L. (2017): Inducements and motives at the top: A holistic perspective on the drivers of executive behavior. In: Academy of Management Annals, 11(2), 669–702.

Wright, P.M./Snell, S.A. (1991): Toward an integrative view of strategic human resource management. In: Human Resource Management Review, 1(3), 203–225.

Yukl, G. (2013): Leadership in organizations. 8th Ed. Peason: Boston et al.

Adrian Mengay

Transformation der Führung – hin zu Matrixorganisation und agiler Arbeit

Inhaltsübersicht

Durch die Digitalisierung und die mit ihr einhergehenden Veränderungen von Wertschöpfung und Produktion steht auch der Bereich der Führung vor Veränderungen.

Ich widme mich in diesem Beitrag dem scheinbaren Paradox der gleichzeitigen Zentralisierung und Dezentralisierung der Führung in der gegenwärtigen Transformation. Dieses Paradox soll anhand zweier Tendenzen dargestellt werden. Als Erstes zeichne ich anhand der zunehmenden Verbreitung von Matrix-Strukturen die Zentralisierung von Entscheidung, Überwachung, Steuerung und Kontrolle der Führung beim Top-Management nach, die sich auch in den damit einhergehenden neuen Rollen (Matrixmanager:innen, Divisionsleiter:innen über mehrere Standorte, technische Projektleiter:innen ohne hierarchische Verantwortung ...) niederschlägt und auch auf technische Systeme angewiesen ist. Als Zweites widme ich mich exemplarisch der teilweisen Auflösung der direkten Führung und deren Überführung in Rahmen- bzw. Selbststeuerung von Gruppen im Kontext von agiler Arbeit. Nach einer kurzen Darstellung der beiden Konzepte beschäftige ich mich mit den Herausforderungen, die diese Veränderungen der Führung für Betriebsräte bedeuten und was diese bei der Gestaltung dieser Veränderungen berücksichtigen sollten.

1. Matrixorganisation und die Zentralisierung von Führung

Matrixstrukturen als Organisationsprinzip erfreuen sich großer Beliebtheit. Immer mehr multinationale Unternehmen verabschieden sich von klassischen funktionalen Abteilungen und der traditionellen hierarchischen (Ein-)Linienstruktur und gestalten Konzernstrukturen entlang ihrer Value Streams in Divisionen, differenzierten Produktlinien über verschiedene Regionen und Länder sowie in betriebsübergreifenden Business Units.

Eine Matrixstruktur zeichnet sich durch folgende Elemente aus:

1. Eine Ausgestaltung der Aufbauorganisation mit mehreren hierarchisch strukturierten Linien auf demselben organisationalen Level (Egelhoff/Wolf 2017).
2. Daraus resultiert eine multiple Führungsstruktur mit mindestens zwei Chefs bzw. Vorgesetzten (vgl. Davis/Lawrence 1977).
3. Die Doppelung des Weisungsrechts korrespondiert mit einer Doppelung der Rechenschaftspflicht, weshalb eine manchmal auch fragile Machtbalance zwischen beiden Teilen ein konstitutives Element der Matrix darstellt (vgl. Galbraith 2009).

In der Praxis sehen wir, dass eine Matrixorganisation meist auf eine bestehende Linienorganisation eines Unternehmens (auf-)gesetzt wird. Durch die Matrixstruktur als Mehrliniensystem etabliert sich ein neues Organisationsprinzip, das mit der Einheit von Kontrolle und Kommando in einer vertikalen Linie bricht und eine duale oder multiple Führungs-, Berichts- und Kommunikationsstruktur etabliert und diese meist beim Vorstand oder dem Top-Management zentralisiert.

»Das Hauptkennzeichen der Matrixorganisation ist eine Berichtslinien- und Weisungsstruktur, die quer zu den gesellschaftsrechtlichen Einheiten liegt. Es werden betriebsorganisatorische Einheiten (Divisionen, Units oder ähnlich) geschaffen, die an bestimmten Funktionen, Produkten oder Produktgruppen oder bestimmten Kundenbeziehungen über Betriebs- und Unternehmensgrenzen hinweg anknüpfen. Diese Einheiten werden von ›Matrix-Managern‹ geleitet, die von der Unternehmens- bzw. Konzernspitze eingesetzt und kontrolliert werden. Diese Manager besitzen in der Regel eine umfassende fachliche Weisungsmacht, während das auf den Arbeitsort und die Lage der Arbeitszeit und die klassischen disziplinarischen Aspekte bezogene Direktionsrecht weiterhin vom örtlich angesiedelten Vertreter des Vertragsarbeitgebers wahrgenommen wird.« (Vereinigung der Arbeitnehmeranwälte 2020, S. 5)

Die Matrixstruktur fügt sich in die kapitalistische Transformation mit ihren proklamierten Zielen der Flexibilisierung, Agilität und Beschleunigung ein und liefert ein Organisationsmodell, welches selbst diese Ziele verstärkt und plurale Strategien für das Topmanagement eröffnet.

Eine Matrixstruktur zwingt die Organisation (und die Beschäftigten!), sich zu verändern, weil potenziell konfligierende Ziele[1], Werte, Prioritäten und Strategien durch die Matrixstruktur integriert werden sollen und so eine Flexibilisierung erwirkt wird (vgl. Syles 1976, S. 15).

Es lassen sich mehrere Ursachen und Motivationen für die Einführung von Matrixstrukturen identifizieren:

1. Externe Zwänge (Wettbewerb, Kundenanforderungen, globale Strategien …) erfordern eine Anpassung an eine duale/plurale Strategie.

2. (Kosten- und Zeit-)Druck erfordert, beschränkte Ressourcen gemeinsam zu nutzen (z.B. zentrale F&E-Abteilungen für die ganze Division statt für einzelne Standorte).

3. Neue Technik (z.B. KI & Big Data) ermöglicht es, komplexe Informationen zu verarbeiten und damit eine viel kleinteiligere Kontrolle und Überwachung sowie Mikrosteuerung durch den Vorstand/das Topmanagement.[2]

4. Das Topmanagement möchte die Flexibilisierung der eigenen Betriebe und Beschäftigten durchsetzen und auch bisher in der Linienhierarchie oder funktionalen Trennung geschützte Bereiche, an Standorten gebundenen Ressourcen aufbrechen und nach seinem Willen (neu-)gestalten.

5. Die Ausgestaltung einer Matrixorganisation samt des Einsatzes von Matrix-Manager:innen ermöglicht es, im Sinne des »lean thinking« (Womack/Jones 2003) den gesamten Wertstrom vollständig durch den eingesetzten Matrix-Manager zu überwachen, zu *controllen* und zu optimieren. Zuständigkeit und Verantwortlichkeit werden so zentralisiert und direkt beim Topmanagement zusammengeführt.

Als wesentliche Vorteile von Matrixstrukturen wurden die Möglichkeiten identifiziert, neue Aktivitäten zu generieren und komplexe vielfältige Interdependenzen mittels kurzer Kommunikationswege zu koordinieren. Bestehende Or-

---

1 Ein historisches Beispiel aus der Luft- und Raumfahrt für konfligierende Ziele und plurale Strategien, die mit einer Matrixstruktur vereint werden können, sind z.B. die Optimierung der Kosten- und Zeitperformance bei zusätzlicher angestrebter Technologieführerschaft, wie es im Nachgang zum Sputnik Shock und trotz begrenzter Budgets gelang (vgl. Galbraith 2009, S. 9f.).

2 Die erweiterten technischen Möglichkeiten, wie z.B. in ERP Systemen über Rollenzuweisungen wie der des Matrix-Managers auch kleinteilige Kontroll- und Reportingberechtigungen über den ganzen Wertstrom zu erhalten, um damit auch wirklich kleinteilig Abweichungen von Planungen über verschiedene Standorte, Unternehmen, Arbeitsgruppen nachzuverfolgen und deren Leistung in Bezug auf Unternehmensziele und Businessplanung zu steuern, ist eine nicht zu vernachlässigende Komponente. Die Kontrollfähigkeit für den Matrix-Manager und die damit mögliche Führungsspanne hat sich so technisch enorm erweitert und ist häufig ohne zusätzliches Personal umsetzbar.

ganisationsstrukturen müssen nicht komplett neu aufgebaut werden, sondern können über die Vernetzung in der Matrix an neue komplexe Strategien angepasst werden. Matrixstrukturen können so zu einer erhöhten Flexibilität in dynamischen Märkten beitragen und dem (Top-)Management eine verbesserte Kommunikation, Koordination, Steuerung und Kontrolle ermöglichen. Für viele Beschäftigte bedeutet dies, Ambivalenzen zuzulassen, verschiedene Standpunkte mit einzubeziehen, sich kommunikativ im Team und mit den Vorgesetzten (auch über verschiedene Regionen) intensiv auszutauschen und neben interkulturellen Kompetenzen auch ein Maß an Konfliktfähigkeit und Widersprüchlichkeit zu ertragen.

Nicht von der Hand zu weisende Nachteile von Matrixstrukturen sind häufige Konflikte und Machtkämpfe zwischen Manager:innen und mögliche Probleme der Überwachung und Kontrolle (vgl. Larson/Gobeli 1987). Für Beschäftigte bedeuten die doppelten Anforderungen und pluralen Ziele häufig deutlich erhöhten Stress und Angst (vgl. die Studie von Pitts/Daniels 1984). Strikwerda und Stoehlhorst (2009) konnten zeigen, dass Matrixstrukturen politische Verteilungskämpfe über Ressourcen befördern und oft Begehrlichkeiten beim Topmanagement wecken. Matrixstrukturen können auch eingesetzt werden, um eine versteckte Machtergreifung eines Teils des Unternehmens über einen anderen zu ermöglichen, beispielsweise einen Standortleiter mit am Standort gebundenen Ressourcen (z. B. eigener Vertrieb, F&E) zu entmachten und über dessen Eingliederung unter bzw. in die Matrix diesen zu einem »besseren Abteilungsleiter« zu degradieren. Dies kann auch vielfältige Probleme für die Mitbestimmung und Verhandlung auf Augenhöhe mit sich bringen, da der Standortleiter dann nicht mehr der Entscheider für die Gestaltung des Betriebs und die dortige Ressourcen- und Zukunftsplanung ist. Betriebsräte und Gewerkschaften verlieren in Matrixstrukturen oft die betriebliche Aushandlungsebene, da der Standortleiter oder lokale Geschäftsführer in der Matrix oft wenig direkt zu entscheiden hat, da dies nun auf Vorstand bzw. Divisionseben passiert, welche sich der lokalen Verhandlung und betriebsbezogenen Aushandlungs- und Mitbestimmungskultur oft entziehen. Matrixstrukturen können dem Topmanagement in diesem Sinne auch als politisches Werkzeug dienen, um über das Organisationsdesign direkt die Macht im Unternehmen neu zu gestalten (vgl. Galbraith 2009, S. 11) und mittels zentralisierter Führung eine direkte Unterordnung unter die strategische Unternehmensplanung zu vollziehen.

2. Gestaltungsfelder für Betriebsräte und Gewerkschaften im Rahmen der Einführung von Matrixstrukturen

Ein Wechsel auf eine Matrixstruktur verändert neben der Organisationsstruktur, den Zuständigkeiten, Verantwortlichkeiten und Aufgaben auch meist die Leistungsbeurteilung, das Entgeltsystem, IT-Prozesse und Planungsprozesse. Wegen der vielfältigen möglichen Risiken (Arbeitsverdichtung, Abgruppierung, veränderte Tätigkeiten, Versetzungen und reduzierter Personalbedarf …) muss es für den Betriebsrat und gewerkschaftliche Aktive wesentlich sein, Beschäftigungssicherung, Gesundheitsschutz und Standortsicherung auch innerhalb der Matrix zu garantieren und in Betriebsvereinbarungen durch klare Verantwortlichkeiten, geklärte Eskalationswege und Schutz vor Nachteilen zu regeln.

Da die Matrixstruktur oder die mit ihr verbundenen Veränderungen meistens Betriebsänderungen im Sinne des § 111 BetrVG darstellen dürften, sollten die Einführung bzw. der Wechsel auf eine Matrixstruktur und deren Ausgestaltung auch von Seiten des Betriebsrats durch Verhandlungen über einen Interessenausgleich und Sozialplan und mit arbeitspolitischen Zielen begleitet und durch beratenden Einfluss und engagierte Mitbestimmung möglichst umfangreich im Interesse der Beschäftigten mitgestaltet werden.

3. Die Dezentralisierung von Führung und deren Überführung in (indirekte) Selbstführung von Gruppen – Anmerkungen zur agilen Arbeit

In diesem Abschnitt widme ich mich dem Aspekt der Dezentralisierung von Führung oder deren teilweisen Auflösung. Die Führung verschwindet allerdings nicht. Vielmehr könnte man von einer Verwandlung der direkten Führung und deren Überführung in Rahmen- bzw. Selbststeuerung von Gruppen reden, wie es sich beispielsweise im Kontext von agiler Arbeit ausdrückt.

4. Agile Arbeit und Methoden – Anmerkungen

Agile Arbeitssysteme und Konzepte sind nicht neu. Schon im Vorwort zu Taiichi Ohnos Grundlagenschrift »Das Toyota Produktionssystem« (Ohno 1993/2013) in dem Ohno, die wesentlichen Komponenten des Toyota Modells als aufein-

467

ander abgestimmtes und wechselseitig integriertes ganzheitliches Produktionssystem darstellt, die später unter dem Namen Lean Production bzw. Lean Management globale Wirkmächtigkeit erreichen sollten, hatte Stotko vorgeschlagen, dass Toyota Production System (TPS) und die dort ausbuchstabierten Elemente und Konzepte »als Lean Enterprise oder schlankes, agiles Unternehmen« Stotko (1993/2013, S. 16) zu bezeichnen. André Häusling, einem Vorreiter und Promotor von agilen Arbeitsformen folgend »lassen sich folgende Kennzeichen von Agilität über alle Definitionen hinweg festhalten: Zeit, Kosten, Kompetenzen, Flexibilität und Qualität sowie die ›reaktive und proaktive Reaktion auf Marktveränderungen unter dem Fokus der Kundenzufriedenheit‹« (Häusling 2018, S. 30). Dies entspricht eigentlich den klassischen Zielen des TPS und von Lean Management.

Agilität und das daraus abgeleitete Adverb agil beschreibt im Sinne einer Managementstrategie ein flexibles, proaktives, antizipatives und initiatives Agieren, um Wandel zu gestalten. Dabei werden wandelbare Zielbilder und Organisations- und Personalführungsstrukturen mit einer stärkeren Kundenorientierung und iterativen, im Sinne sich wiederholender Prozesse verstanden (vgl. Lassmann et al. 2019). Ein Teil der agilen Elemente resultiert aus der Übertragung von Lean Development-Techniken auf die Softwareindustrie und komplexe Formen der Zusammenarbeit, bei denen die Ziele und einzelnen Arbeitsschritte im Voraus nicht komplett planbar sind. Wesentlich dafür ist die kontinuierliche Verbesserung und integrierte Qualitätssicherung bei der Reduzierung von ökonomischer Verschwendung.

Kurz gesagt kann man unter agil die Anwendung von TPS bzw. »lean thinking« (Womack/Jones 2003) Konzepten fassen. Heutzutage wird häufig agil als neues Attribut für Formen der Gruppenarbeit im Bereich der Softwareentwicklung, innerhalb der Forschung und Entwicklung sowie für die Projektarbeit und dort verbreitete Arbeitsmethoden wie beispielsweise SCRUM und Kanban[3] bemüht.

---

3 In der Verwendung der Bezeichnung Kanban als Methode der Softwareentwicklung, wird die direkte Referenz zu Taiichi Ohno noch direkt deutlich. Ohno gilt als der große Promoter von Kanban, der selbst dessen Verbindung mit der visuellen Kontrolle und der Arbeitsverdichtung bzw. Reduzierung der Durchlaufzeiten formuliert hatte. Dies »führte zur Idee der visuellen Kontrolle, woraus dann Kanban entstand« (Ohno 2013, S. 52). Ohno gilt auch als großer Verfechter der Gruppenarbeit: »Teamarbeit ist alles« (Ohno 2013, S. 58). Oft vergessen wird allerdings, dass bei Ohno die Teamarbeit die Aufgabe hat, die Produktivität zu erhöhen, durch gemeinsames füreinander Einstehen im Team, um damit Personalabbau zu ermöglichen: »Wenn Arbeiter vereinzelt zwischen den Maschinen verteilt sind, sieht es so aus, als ob sie nur wenige wären. Wenn ein Arbeiter jedoch alleine ist, kann es keine Teamarbeit geben. Auch wenn es nur genug Arbeit für eine Person gibt, sollten fünf oder sechs Arbeiter zusammengetan werden, damit sie als Team arbeiten können. Wenn man eine Umgebung schafft, die menschliche Bedürfnisse berücksichtigt, wird es möglich, ein System einzuführen, das mit weniger Arbeitskräften auskommt.« Ohno (2013, S. 109)

Die Popularisierung von agilen Konzepten im Bereich der Softwareentwicklung hatte sich seit dem Jahr 2001 besonders durch das Agile Manifest der Softwareentwicklung[4] verbreitet und hat auch zu einer wesentlichen Veränderung der Führung beigetragen. Ich möchte dies exemplarisch anhand der agilen Methode Scrum verdeutlichen.

Scrum dient als Vorgehensmodell des Projektmanagements und der Gestaltung der Gruppenarbeit. Bei Scrum (und aufgrund dessen Entlehnung aus der Welt des Sports – dem Rugby) geht es darum, ein Team selbststeuernd aus einem Gedränge – ohne vollständig bestimmbare Schritte – mittels klarer Regeln einen flexiblen und kontrollierten Ansatz und nutzbare Ergebnisse gewinnen zu lassen. Die Regeln beschreiben Ereignisse, Artefakte und Rollen. Weil Scrum dem Lean Development entlehnt ist, beinhaltet es den kontinuierlichen (oder inkrementellen) Verbesserungsprozess z. B. für Zwischenergebnisse, die dann verfeinert werden. Die Steuerung des Teams erfolgt nicht mehr direkt von oben. Stattdessen wird eine neue Form der Selbststeuerung der Arbeitsgruppe mittels vorgegebener Rahmenbedingungen (Kundenanforderungen, Ziele, Ressourcen, Zeit) in enger Abstimmung mit dem Kunden favorisiert.

Dabei werden folgende Werte z. B. von den Verfassern des Agilen Manifestes angeführt, die solch eine Flexibilisierung befördern sollen und bewusst nicht wechselseitig abschließend formuliert sind, um duale Ziele in »mehr als« einer Relation vorzugeben:

*»**Individuen und Interaktionen** mehr als Prozesse und Werkzeuge*
__Funktionierende Software__ mehr als umfassende Dokumentation
__Zusammenarbeit mit dem Kunden__ mehr als Vertragsverhandlung
__Reagieren auf Veränderung__ mehr als das Befolgen eines Plans« (Beck/Beedle 2001)

Scrum basiert auf sich selbst steuernden Projektteams, die ihre Arbeitsleistung wechselseitig einschätzen und steuern müssen und sich möglichst den Kundenanforderungen und den externen Vorgaben (Ziele, Funktionalitäten, Rollen, Zeit und Ressourcen) unterordnen. Agile Gruppen- und Projektarbeit findet meist in Formen einer Matrixorganisation für das Projekt statt. Viele Beschäftigte erfahren am Anfang agile Arbeitsformen als eine Befreiung von klassischen Hierarchien und als ein Zuwachs an Gestaltungsspielraum, was sich meist in gesteigerter Produktivität, erhöhten Durchlaufzeiten und Outputmengen niederschlägt und vom Management häufig in zeitlich verkürzten Entwicklungs- und Projektzeitzyklen und nach erfolgreicher Stabilisierung in angepassten Personalkapazitäten übernommen wird.

---

4 Vgl. *www.agilemanifesto.org* (abgerufen am 16. 12. 2020).

Die Rahmenbedingungen Zeit und Ressourcen sind oft nicht Teil der Selbstbestimmung der in den Teams Eingesetzten. Die wechselseitige Abhängigkeit kann zu Gruppenzwang und erzwungener Selbstoptimierung führen. Die Selbststeuerung und die Verantwortung für das Produkt werden im Rahmen von Scrum oft vom Arbeitgeber auf die Teams verlagert, was manchmal Handlungsspielräume öffnet und manchmal als zusätzliche Belastung erfahren werden kann. Die individuelle Erfahrung, einen wesentlichen Projektbeitrag geleistet zu haben, passiert oft vor dem Hintergrund einer wechselseitigen Teamüberwachung, weil z. B. im Product Backlog die noch offenen Dinge stehen und eine entsprechende Schätzung des Arbeitsumfangs (als Menge und Komplexität) hinterlegt ist bzw. dies in einem agilen Softwaretool transparent einsehbar für jeden ist. Der Leistungsfortschritt und die Kontrolle der Teammitglieder sind so häufig transparent und für alle sichtbar und werden oft von softwarebasierten Projektsteuerungs- und Überwachungstools begleitet. Im täglichen daily scrum müssen die Teammitglieder berichten, was sie seit dem letzten daily scrum erreicht haben und bis zum nächsten erreichen wollen. Dies kann manchmal zu Rechtfertigungszwängen und Rechenschaftsberichten führen. Im Rahmen des Sprint Planning verpflichten sich die Mitglieder des Teams, den entsprechenden Arbeitsumfang zu erledigen und das Sprint-Ziel zu erreichen.

Für das Management löst Scrum das Problem, den Arbeitsumfang bei komplexen und nicht vollständig abschätzbaren Tätigkeiten (wie Forschung und Entwicklung) zentral festzulegen und den Fortschritt von oben zu überwachen. Dies wird auf die Beschäftigten ausgelagert, die ihr Arbeitspotenzial selbst organisieren, sich gegenseitig einschätzen und sich gemeinsam auf eine Zielerreichung und kontinuierliche Verbesserung verpflichten. Die Erfahrung der Selbstorganisation wird von manchen motivierend und ermächtigend erfahren, während andere erzwungene Optimierung und gesteigerte Kontrolle und Rechenschaftspflicht bemängeln, die im gemeinsamen Stress im meist zeitknappen Sprint (dem Entwicklungszyklus) erfahren werden.

Scrum begünstigt in vielen Fällen eine Arbeitsverdichtung und eine erhöhte Bereitschaft der Beschäftigten sich einzubringen, da sie ihre Arbeit und ihr Arbeitsergebnis regelmäßig bewerten und gemeinsam einen Sprint-Plan erstellen.

Im Rahmen von Scrum werden Beschäftigte oft genötigt, sich an wechselnde Bedingungen und veränderte Kontexte und Kundenwünsche anzupassen, während gleichzeitig kurze Feedbackschleifen verwendet werden. Die Versprechung, dass aufgrund des kontinuierlichen Verbesserungsprozesses und vieler Zwischenergebnisse auch ein bisher mittelmäßiges Produkt irgendwann näherungsweise perfekt wird, kann durchaus in Konflikt zum Selbstverständnis eines IT-Facharbeiters stehen. Dadurch, dass Scrum meist in verkürzten Produktentwicklungszyklen angewendet wird, ist es keine Seltenheit, dass das an den Kunden ausgelieferte Endprodukt leider doch erst die Version 1.0 war, welche dann nachträglich geupdatet werden muss bzw. beim nächsten Kunden dann erst als optimiertes Produkt 4.0 irgendwann zur Verfügung steht.

Die zunehmende Selbststeuerung von Arbeitsgruppen und Teams hat allerdings auch Konsequenzen für die bisherigen Führungskräfte (Teamleiter:innen, Gruppenleiter:innen, unteres Management), deren klassische Rolle als Manager:innen darin bestand zu steuern, kontrollieren, begleiten, coachen etc. Mit der Überführung in selbststeuernde Gruppen werden Teile der bisherigen operativen Führungskräfte und deren Kompetenzen zum Teil entwertet und überflüssig. Der klassische Karriereweg in das untere Management war für Beschäftigte oft durch mehrjähriges Engagement, gesteigerte Leistung und Erfahrung gekennzeichnet. Viele Team-, Gruppenleiter:innen und Beschäftigte im unteren Management zeichneten sich dadurch aus, dass sie ein gewisses Überblickswissen vorweisen konnten und die Kompetenz und das Verständnis für das Projekt hatten und oft auch die Fähigkeit vorweisen konnten, alle Arbeitsschritte zu beherrschen. Diese Fähigkeiten werden nun zunehmend vom agilen Team erwartet und damit stehen die klassischen Führungskräfte, die auch Leistungsträger waren, vor schwierigen Entscheidungen: entweder sich gleichberechtigt und damit zurückgesetzt in das agile Team einzufinden oder auf Zwischenrollen (Scrum Master, Gruppenkoordinator etc.) abgestellt bzw. zwischengeparkt zu werden. Eine Konsequenz dürfte sein, dass die klassischen Karriere- und Aufstiegswege sich deutlich reduzieren und verändern werden. Bei agilen Teams wird es oft darum gehen, die Teammitglieder für alle Aufgaben wechselseitig zu qualifizieren,[5] damit das Team sich in möglichst allen Bereichen wechselseitig unterstützen kann und so perspektivisch alle Teammitglieder alle Aufgaben wahrnehmen können, ohne dass noch eine direkte Führungskraft benötigt wird.[6] Dies kann von vielen Beschäftigten, die sich für ihre Karriere mehrere Jahre besonders angestrengt haben, als deutliche Zurückweisung und Entwürdigung erfahren werden.

---

5 Die Mehrfachqualifizierung hat natürlich auch die Funktion, die in den Gruppen benötigten Personalkapazitäten und den Reservebedarf an Personal mit spezifischen Kompetenzen zu reduzieren. Da man bei Mehrfachqualifikation im Team auf weniger Reservebedarf für besondere Kompetenzen angewiesen ist, kann so der Personalbestand häufig insgesamt reduziert bzw. in anderen Bereichen eingesetzt werden.

6 Das Beispiel zum Abbau der unteren Führungsebene mit 1100 Managern bei Daimler im Jahr 2019 »liegt nicht zuletzt an der agilen Transformation selbst« (Daum 2020, S. 95). Was mit den Potenzialen der Arbeitsverdichtung durch agile Arbeit und der Überführung von direkter Führung in Selbstführung und dem damit Überflüssigwerden der unteren Führungsebene und deren Tätigkeiten verbunden ist und sich in Personalabbau niederschlagen kann.

5. Gestaltungsfelder und Aufgaben für Betriebsräte und Gewerkschaften in Bezug auf agile Arbeit und Methoden

Die erzwungene Flexibilisierung und die kontinuierliche Verbesserung im Rahmen der agilen Methoden stellen Herausforderungen für die Mitbestimmung und deren Regulierung im Interesse der Beschäftigten dar.

Für den Betriebsrat im Allgemeinen und den Wirtschaftsausschuss im Besonderen stellen sich Fragen, wie sich durch agile Methoden, wie z.B. Scrum, wesentliche Elemente der Arbeit verändern und zwar in Bezug auf:

- Arbeitsumfang
- Arbeitsanweisungen
- Tätigkeitswechsel und Versetzungen
- Eingruppierungsfragen in Bezug auf die tatsächliche Arbeitsleitung
- Zielvereinbarung und Selbstverpflichtung im Scrum oder in der agilen Methode
- Leistungskontrolle und Sanktionen (in Verbindung mit § 87 Abs. 1 Nr. 6 BetrVG)
- Einhaltung der Arbeitszeit
- Personalplanung und insbesondere die Kapazitätsplanung (besonders nach der Stabilisierung der agilen Teamarbeit und nach der Einführungsperiode!)
- Das Erbringen und die Vergütung der vom Arbeitgeber hingenommenen Überstunden (auch wenn diese selbständig von den Beschäftigten aufgrund des zeitkritischen Projektfortschritts erbracht werden)

Für den Betriebsrat gilt es auch, zum Schutz der Beschäftigten und zur Sicherung dauerhaft guter Arbeitsbedingungen kritische Überlegungen in Bezug auf agile Arbeit und Methoden vorzunehmen:

- Die Sicherung einer Standardleistung, die nicht kontinuierlich verbessert werden muss, um der Gefahr der Arbeitsverdichtung und erhöhten Anforderungen entgegenzuwirken
- Die Überwachung, dass ausreichenden Ressourcen und Zeit in Scrum Projekten und agiler Arbeit gewährt werden
- Die Regelung der Einführung von agiler Gruppenarbeit ggf. als Betriebsänderung im Sinne der §§ 111 f. BetrVG und einen damit einhergehenden Interessenausgleich und sofern notwendig einen Sozialplan
- Die Gestaltung der agilen Gruppenarbeit, sofern möglich auch als erzwingbare Betriebsvereinbarung über die Grundsätze der Durchführung von Gruppenarbeit im Sinne des § 87 Abs. 1 Nr. 13 BetrVG

- Die Gestaltung des Entgelts und der Eingruppierung der agilen Arbeit (z. B. als Höhergruppierung) oder ggf. Entkopplung der Bezahlsysteme zu den Ergebnissen der Arbeit im Scrum bzw. agilen Methoden und agilen Teams
- Verhinderung einer Spaltung der Belegschaft in agil Arbeitende und nicht-agil Arbeitende und die daraus resultierende Gefahr, dass bei zukünftigem Personalabbau nach der erfolgreichen Stabilisierung von agiler Projektarbeit keine gemeinsame Sozialauswahl mehr möglich ist und leider die nicht agil Arbeitenden (also die meist älteren und nicht so flexiblen Beschäftigten) abgebaut werden müssen, die sonst bei der Sozialauswahl vor der agilen Spaltung besonders geschützt waren. (Im Interessenausgleich oder einer Betriebsvereinbarung sollte für den Fall eines zukünftigen Personalabbaus festgehalten werden, dass die Sozialauswahl über die agilen und nicht agilen Beschäftigten zusammen stattfinden muss!)
- Die Sicherung von Karrierewegen, Stellen und Beschäftigten in den unteren Führungsebenen, die durch die agile Transformation sowohl in ihrer Karriere als auch in ihre Beschäftigung gefährdet werden

6.   Fazit

Wie wir gesehen haben, zielt sowohl die Zentralisierung von Führung in der Matrix als auch die Dezentralisierung der Führung und deren Überführung in Selbststeuerung von Gruppen in der agilen Arbeit auf eine ökonomische Flexibilisierung der Beschäftigten und eine Erhöhung der Leistung sowie auf einen verbesserten Zugriff auf die Produktivität und Kontrolle der Produktivität durch das Management, bei dem technische Möglichkeiten eine wesentliche Voraussetzung und Mittel der Durchsetzung sind. Beide Tendenzen haben somit auch einen direkten Bezug zur strategischen Führung, die sich dem Ziel verpflichtet sieht, die Effektivität der Beschäftigten in Bezug auf die Erreichung der strategischen Unternehmensziele zu gewährleisten. Um dies zumindest auch im Interesse der Beschäftigten zu gestalten, bedarf es in beiden Fällen der engagierten Mitbestimmung des Betriebsrats, denn nur durch verbindliche kollektive Regelungen in Tarifverträgen oder Betriebsvereinbarungen lassen sich die Früchte der Flexibilisierung gerecht aufteilen, die Würde der Arbeit, die Selbstbestimmung und Gesundheit der Beschäftigten erhalten und der sanfte Zwang der Flexibilisierung so regeln, dass alle etwas davon haben.

7. Literatur

Beck, K./Beedle, M. (2001): Manifest für Agile Softwareentwicklung. *https://agilemanifesto.org/iso/de/manifesto.html.* Zugegriffen: 16.12.2020.

Daum, T. (2020): Agiler Kapitalismus. Hamburg.

Davis, S.M./Lawrence, P.R. (1977): Matrix. Reading, MA: Addison-Wesley.

Egelhoff, W./Wolff, J. (2017): Understanding Matrix Structures and their alternatives. The Key to Designing and Managing Large, Complex Organizations. London.

Galbraith (2009): Designing matrix organizations that actually work: how IBM, Procter & Gamble, and others design for success. San Francisco.

Häusling, A. (2018): Agile Organisationen. Wiesbaden.

Larson, E. W./Gobeli, D. H. (1987): Matrix management: Contradictions and insights. California Management Review, 29(4), 126–138.

Lassmann, N./Mengay, A./Rupp, R. (2019): Handbuch Wirtschaftsausschuss. Frankfurt/M.

Mengay, A. (2020): Matrixstruktur als Organisationsprinzip: Zwischen Heilserwartungen einer modernen Unternehmensstruktur und deren Nebenwirkungen. In: Vereinigung der Arbeitnehmeranwälte (2020): Betrieb und Matrix. Berlin

Ohno, T. (1993/2013): Das Toyota Produktionssystem. Frankfurt/M.

Pitts, R. A./Daniels, J. D. (1984): Aftermath of the matrix mania. Columbia Journal of World Business, 19(2), 48–54.

Sayles, L. R.(1976): Matrix Organization: The Structure with a Future, »Organizational Dynamics, Autumn, pp. 2–17.

Stotko, E. (1993): Geleitwort zur deutschsprachigen Ausgabe: Die Bedeutung des Werkes von Taiichi Ohno für die Industrie. In: Ohno, T. (1993/2013): Das Toyota Produktionssystem. Frankfurt/M.

Strikwerda, J./Stoelhorst, J. W. (2009): The emergence and evolution of the multidimensional organization. California Management Review, 51(4), 11–31.

Vereinigung der Arbeitnehmeranwälte (2020): Betrieb und Matrix. Berlin.

Womack, J. P./Jones, D. T. (1996/2003): Lean Thinking. Banish Waste and Create Wealth in our Corporation. London.

Susanne Knorre/Felix Osterheider

Sicher ist, dass nichts sicher ist – Über Führung und Kommunikation in einer unsicheren Welt

Prof. Dr. Susanne Knorre und Prof. Dr. Felix Osterheider im Gespräch

Inhaltsübersicht

Prof. Dr. Susanne Knorre ist selbstständige Unternehmensberaterin und Mitglied im Aufsichtsrat namhafter deutscher Unternehmen und verfügt über langjährige Führungserfahrung in Wirtschaft und Politik. Von 2000 bis 2003 war sie Wirtschaftsministerin in Niedersachsen. Prof. Dr. Felix Osterheider ist Geschäftsführender Gesellschafter einer Unternehmensberatung sowie CEO (ad interim) eines Multi Family Office. Zuvor war er Arbeitsdirektor und Geschäftsführer eines Stahlwerkes. Beide Gesprächspartner sind zugleich als Hochschullehrer an der Hochschule Osnabrück tätig.

Einer Theorie-Praxis-Reflexion wie der Folgenden ist eine grundlegende Bemerkung voranzustellen: Es gibt keine allgemeine Führungslehre. Denn die Art und Weise, wie in Unternehmen, Institutionen und Organisationen geführt wird, hängt einerseits stark mit der jeweiligen Organisationsform zusammen. Andererseits ist sie geprägt von den Veränderungen ihrer Märkte sowie ihrer gesamten Umwelt.

Beide Bedingungen für Führung verändern sich derzeit dramatisch – allgemein wie spezifisch. Organisationen lösen ihre althergebrachten Strukturen strategisch oder notgedrungen auf. Die einen erfinden sich neu: mit selbststeuernden Teams in losegekoppelten Netzwerken. Die »Spotifyisierung« greift um sich. Die anderen versuchen sich an radikaler Redimensionierung, weil das Geschäft die alte Größe einfach nicht mehr hergibt. Für alle gleicht die Welt um sie herum

475

immer mehr einem unübersichtlichen Stakeholder-Tummelplatz, mithin einem unsicheren Terrain, wenn nicht gar einem Minenfeld für jede Führungsentscheidung.

Welche plausiblen Zusammenhänge lassen sich daraus für situative Führungskonzepte ableiten? Wie kann unter diesen Bedingungen effektive Führung überhaupt gelingen? Welche Rolle spielen dabei die Personal- und die Kommunikationsverantwortlichen, welche Verantwortung müssen sie übernehmen und dazu in der Lage sein?

Eine zentrale Antwort, die in diesem Gespräch gegeben wird, lautet: Führungskräfte müssen mit Paradoxien umgehen können. Sie müssen Unsicherheiten zulassen, aber zugleich Orientierung geben; sie eröffnen Freiräume für eigenverantwortliches Handeln, stärken aber zugleich den Gemeinsinn; sie regen zur Leistung an und müssen zugleich immer neue Einschätzungen zum Stellenwert von Arbeit in ihr Handeln integrieren. Diese paradoxen und sich zugleich stetig wandelnden Anforderungen verlangen von Führungskräften mehr Selbstreflexion und ein aktives kommunikatives Handeln. Dies führt dazu, dass Führung und Kommunikation nicht zuletzt im Anforderungsprofil von Personalmanagern stetig weiter verschmelzen.

1.　Führungsstil

Knorre: Nach meinen Beobachtungen hat die Corona-Pandemie das Verständnis von Führung bei vielen Vorständen geändert. Postheroische Führung war zwar schon längere Zeit ein Thema der Fachdiskussion, jetzt aber ist es in der Praxis voll angekommen. Die Erkenntnis, dass man nicht alles regeln und beherrschen kann, trifft so manchen ziemlich unvorbereitet.

Osterheider: Ich würde sogar sagen, manche Führungskraft ist ein bisschen demütiger geworden. Und das kann nur helfen, um Wege aus der Krise zu finden oder die Gelegenheit beim Schopfe zu fassen, je nachdem. Sowohl die Krisenbewältigung als auch die Vorwärtsstrategie setzen gerade in unsicheren Zeiten voraus, zuhören zu können und andere an der Suche nach Lösungen zu beteiligen. Es geht darum, die kollektiven Kräfte einer Organisation zu heben. Das erfordert einen Führungsstil, der diese Kräfte zur Entfaltung kommen lässt.

Knorre: Das ist aber in der Praxis nicht einfach. So ein »suchender Führungsstil« bedeutet nämlich ganz konkret, sich und seine Entscheidungen immer wieder selbst in Frage zu stellen. Das kostet manchmal Selbstüberwindung und auf jeden Fall Kraft. Das heißt, dass bei jeder Entscheidung deutlich zu machen ist, dass es Alternativen gibt, die man jedoch aus bestimmten Gründen verworfen hat. Alternativlosigkeit ist ja ein logisches Unding und eine Zumutung für Führung und Geführte. Stattdessen besteht Führung darin, immer wieder zu ermuntern, Entscheidungen, selbst normativer und strategischer Art, zu hinterfragen. Kurz gesagt: Es gilt das Kontingenzprinzip.

Osterheider: Einmal verworfene Alternativen verschwinden ja auch nicht aus den Köpfen der Mitarbeitenden, das wird oft vergessen. Nur wer sich immer wieder Fragen und Vergleichen stellt, kann langfristig führen. Lediglich kurzfristig mag es mal mit der klaren Top-Down-Ansage gehen, die nicht zur Diskussion gestellt wird.

Knorre: Dennoch ist nicht zu übersehen, dass die Corona-Pandemie nicht allein partizipativeres und agileres Zusammenarbeiten befördert hat, sondern auch ein streng hierarchisches Krisenmanagement. Wenn dann noch an allen Ecken und Ende gespart werden muss, dann bleibt weder Zeit noch Geld für neue kollaborative Organisations- und Arbeitsformen, die ja bekanntlich wenigstens anfangs richtig zeitintensiv sind und in der Regel ein eigenes Transformationsmanagement benötigen. Dies leistet sich niemand, der ums Überleben kämpft.

Osterheider: Das stimmt. Die Hierarchie ist keinesfalls tot. Da mag man noch so digital unterwegs sein. So zeigen Untersuchungen, dass die Bereitschaft, Verantwortung in selbststeuernden Teams zu übernehmen, klare Grenzen hat – z. B. dort, wo es um Budgetverantwortung geht. Zugleich erleichtert es in Krisen natürlich sowohl Führende als auch Geführte, wenn es klare hierarchische Regeln gibt, sprich: wenn eher autoritär geführt wird. Das nimmt den Entscheidungsprozessen die Komplexität und ist dementsprechend überschaubarer und weniger anstrengend.

Knorre: Ja, es gibt nicht nur den einen erfolgreichen Führungsstil. Eine gut funktionierende Hierarchie hat zweifelsohne Vorteile, die heterarchische Formen nicht aufweisen. Beides zu beherrschen, das ist die Kunst. Das neue Zauberwort heißt ja deshalb Ambidextrie, also Beidhändigkeit. Das heißt, einerseits gelingt es, dass Routineaufgaben effizient hierarchisch ablaufen, während andererseits gleichzeitig Innovationsaufgaben agil gemanagt werden. Auch kein einfacher Spagat für die Unternehmensführung!

2. Führen im Remote-Modus

Osterheider: Die Pandemie hat zu einer Flut digitaler kommunikativer Tools geführt. Führung gestaltete sich über Nacht gänzlich anders, die Bedeutung von Raum und Zeit hat sich verschoben. Der Austausch hat dort quantitativ deutlich zugenommen, wo Büroarbeit dominiert. Der Austausch ist hingegen deutlich schwerer geworden, wo Mitarbeitende entweder keinen Zugang zum notwendigen technischen Equipment besitzen – oder ihre Arbeit maßgeblich händisch ausgeführt wird.

Knorre: Viele Führungskräfte, je nach Sichtweise, beraubt oder geleichtert ihrer Reisezeiten, haben mir gesagt, dass sie ihrer Wahrnehmung nach im Remote-Modus mehr miteinander kommunizieren.

Osterheider: Das Bild in Ergänzung zum Ton hat einen stärkeren Stellenwert bekommen und die Lernerfahrung zeigt: Alles, was zu regeln, zu klären, abzustimmen und zu terminieren ist, kann mit Hilfe von Zoom, Teams & Co. gut abgearbeitet werden. Effizienz ist in diesem Kontext ein Pandemie-Gewinner. Empathie hingegen ist ein kommunikativer Erfolgsfaktor, der virtuell nur schwer spürbar und damit nutzbar ist.

Knorre: In der Vergangenheit haben Studien ja deshalb immer schon darauf hingewiesen, dass sich so etwas wie ein »Wir-Gefühl« in virtuellen Teams nicht oder nur begrenzt einstellen kann. Ob sich das mit einer alltäglichen extensiven Nutzung digitaler Medien nach Corona ändert, ist Gegenstand der Forschung. Eines lässt sich aber rein logisch feststellen: Die persönlichen Begegnungen der Führungskräfte untereinander aber auch mit den Geführten werden knapper und damit kostbarer – und sie bedürfen einer deutlich sensibleren und wertschätzenden interpersonalen Kommunikation. Das ist nach meiner Beobachtung eine der vielen Paradoxien von Führung: die virtuellen Beziehungen professionell zu pflegen und gleichzeitig ganz stark auf die knappe Ressource des direkten Gespräches zu setzen.

3. Führung und Kommunikation

Osterheider: »Schön, dass wir d'rüber geredet haben.« Dieser Satz gilt noch heute weiterhin als gelungenes Bonmot unter Managern, zumeist männlichen. Diese Typologie Manager hängt häufig noch einem Grundsatz an: »Entweder man kann's, oder man kann es nicht.« Diese entlarvenden Gedanken, ob ausgesprochen oder nicht, spiegeln sich dann im konkreten Führungsverhalten wider. Und auch die Tatsache, dass Kündigungsgrund Nummer eins noch immer der/die direkte Vorgesetzte ist, hat den Theorie-Praxis-Transfer bis dato nicht beflügelt: Die Notwendigkeit einer professionalisierten, wertschätzenden und die Leistung fördernden Kommunikation bleibt unterschätzt.

Knorre: Das klingt ernüchternd. Es bedarf also immer wieder der positiven Beispiele, der Narrative, die den Erfolg dieses kommunikationszentrierten Führens belegen.

Osterheider: Und es bedarf der glaubwürdigen Köpfe, die aussprechen, was sie im Führungsalltag tun: altmodisch »Vorbilder« genannt. Im Bilder- und Präsentationshagel sich zugunsten der direkten Kommunikation zu zügeln, das ist ein weiterer Promotor dieses Führungsansatzes: Nicht die aufwändigste Bildsprache überzeugt, sondern die gehörte, ernst gemeinte und authentische Sprache der Führungskraft. Beginnend mit dem Zuhören und nicht endend mit Respekt vor dem Gegenüber: Das macht Führen erfolgreich. Sicher nicht bequem – aber dafür beidseits Zufriedenheit stiftend.

Knorre: Hier muss ich einwenden, dass sich diese beiderseitige Zufriedenheit nicht automatisch ergibt. Ich sehe das eher wie eine permanente Unvollkommenheit. Ich kenne ehrlich gesagt keine Erhebung, die zu dem Ergebnis kommt, dass mehr oder weniger alle mit der Kommunikation ihrer Führungskräfte zufrieden sind.

Osterheider: Mein Punkt ist vor allem: Kommunikation ist nicht auf gute Rhetorik zu reduzieren. Kommunikation ist vom Kommunikator nicht zu trennen, genauso wenig wie vom Publikum. Kommunikative Beziehungen konstituieren dementsprechend jede Organisation. Daraus folgt wiederum: nur wer diese kommunikativen Beziehungen analysiert, reflektiert und schließlich selbst gestaltet, der kann auch führen. Das ist natürlich alles sehr normativ formuliert, spiegelt aber zugleich meine Beobachtungen in der Praxis.

4. Digital Leadership

Knorre: Digital Leadership bedeutet ja nicht, dass nun alle Führungskräfte, einschließlich der Personalverantwortlichen, programmieren können müssen. Digital Leadership bedeutet, die Digitalisierung in ihrer Relevanz für die Unternehmensstrategie zu verstehen. Es ist viel wichtiger, das große Ganze mit all seinen Risiken und Chancen zu sehen, anstatt Mitarbeiter lediglich in IT-Kurse zu stecken und dann zu glauben, allein mit dem Bedienen von elektronischer Hard- und Software könne die digitale Transformation gelingen.

Osterheider: Ja, das wäre ein großes Missverständnis, Digitalisierung mit IT gleichzusetzen. Die Digitalisierung transformiert Geschäftsfelder hinsichtlich ihrer Produkte und Dienstleistungen aber auch in ihren Strukturen und Prozessen von Grund auf. Digital Leadership bedeutet deshalb für mich, diese Veränderungen bewerten und die Geschäftsfelder entsprechend ausrichten und gestalten zu können – und darüber hinaus, die Menschen zu einem aktiven Mitgestalten zu begeistern. Dabei ist die Kenntnis zu digitalen Technologien sicher hilfreich, aber genauso sicher nicht ausreichend. Anzunehmen, dass die junge Generation »das schon kann, weil sie mit dem Internet aufgewachsen ist«, ist naiv. Wer glaubt, die Digitalisierung meistern zu können, indem möglichst viele »digital natives« eingestellt werden, ist auf dem Holzweg.

Knorre: Dass dem Menschen in der Digitalisierung eine wichtige Rolle zukommt, da sind sich, glaube ich, alle einig. Aber wir sprechen hier ja gerade über Veränderungen, die nicht klar und eindeutig prognostizierbar, sondern eben mit vielen Unsicherheiten verbunden sind. Der Umgang mit Unsicherheit ist immer schwierig und schürt schnell Ängste. Deshalb ist es gerade so wichtig, die Kommunikation rund um dieses Thema sachlich, transparent und zielgruppengerecht zu führen. In diesem Sinne ist Digitalisierung ein Thema der strategischen internen Kommunikation. Es geht keinesfalls allein um den Einsatz digitaler Medien, sondern zuvörderst um einen strategischen Dialog über die digitale Zukunft der jeweiligen Organisation. Neue Geschäftsmodelle müssen erst einmal richtig verstanden werden, wo und wie verdient mein Unternehmen sein Geld? Was bedeutet das für unsere Zukunft und unsere Arbeitsplätze?

5. Neue Führungskompetenzen auch für Personalverantwortliche

Knorre: Natürlich lässt sich Führung lernen: Wie alle anderen Kompetenzen auch ist sie eine Mischung aus Wissen und Erfahrung, die zur Anwendung kommen. Daraus folgt aber, dass dieses Lernen nie aufhört. Das ist natürlich eine Binse, aber welche Führungskraft hat sich bis vor kurzem schon intensiv mit den Anforderungen von virtueller Führung auseinandergesetzt?

Osterheider: Hier gilt es jetzt tatsächlich viel zu lernen – damit sind wir wieder beim Thema Kommunikation. Lernbedarf besteht sowohl in Bezug auf den handwerklichen Medieneinsatz als auch die strategische Führungskommunikation. Beides sind übrigens Themen der Weiterbildung – nicht zuletzt Chance wie Aufgabe für berufsbegleitende Studiengänge, in denen eine interdisziplinäre Lehre geboten wird.

Knorre: Leider ist dieser interdisziplinäre wissenschaftliche Zugang zu einem Aufgabenfeld wie der Personalarbeit nach wie vor nur schwach ausgeprägt. Dabei teilen Human Resources und Kommunikationsmanagement zentrale theoretische Grundlagen der Managementlehre, beispielsweise die Ressourcenorientierung einerseits und die Arbeitsmarktorientierung andererseits. Daraus ergeben sich in der Praxis oft identische Aufgabenfelder: die interne Kommunikation, das Diversity Management und das Employer Branding, um nur die größten Schnittstellen zu umreißen.

Gleichwohl finden sich nach wie vor in konsekutiven Studiengängen, die den Schwerpunkt HR abbilden, nur wenige Studiengänge, die Module mit Inhalten des Kommunikationsmanagements anbieten. Das hat gerade eine Forschungsarbeit an der Hochschule Osnabrück gezeigt, in der zwölf HR-Studiengänge an Universitäten und Hochschulen untersucht wurden. Der Befund war eindeutig: Kommunikation ist in den Curricula allenfalls ein Randthema mit operativem Fokus, selten ein Pflichtfach mit einem Anteil von durchschnittlich nur rund 8 Prozent an den Credits des jeweiligen Studiengangs (Wolf 2020, S. 97).

Osterheider: Es fehlt also insgesamt an interdisziplinärer Perspektive, so dass naturgemäß auch der Theorie-Praxis-Transfer mangelhaft ist. Dieses Manko macht sich dann in der Berufspraxis nach wie vor in Form von Revierkämpfen zwischen HR und Unternehmenskommunikation bemerkbar. Das bindet Ressourcen, die eigentlich in die Bewältigung der Transformationsherausforderungen zu stecken sind.

Knorre: Dabei nimmt das Spektrum gemeinsamer Aufgabenfelder dramatisch zu! Führungskräfte brauchen auf allen Ebenen Unterstützung, um mit den viele Paradoxien umzugehen. Schnell entscheiden und dauerhaft präsent sein, aber sich dennoch Auszeiten nehmen und Zeit für Empathie nehmen, wer schafft das schon auf Anhieb? Ohne ein reibungsloses Zusammenwirken der HR- und Kommunikationsverantwortlichen geht das nicht. Das bedeutet auch, dass die Forderung nach mehr interdisziplinärer Aus- und Weiterbildung, die betriebswirtschaftliche, psychologische, soziologische und kommunikationswissenschaftliche Inhalte in Bezug auf unterschiedliche Aufgabenfelder verknüpft, bleibt so aktuell wie eh und je. Nach mehr als 15 Jahren Lehrerfahrung denke ich mittlerweile, dass hier die entscheidenden Impulse für die Wissenschaft aus der Praxis werden kommen müssen – und nicht umgekehrt.

6. Fähigkeit zur Selbstreflexion

Knorre: Insgesamt wird die Fähigkeit zur Selbstreflexion immer deutlicher zu einer zentralen Kompetenz von Führungskräften. Wo aber finden sich Orte der Selbstreflexion? Hier erfahren klassische Instrumente wie Führungskräftemeetings aller Art gerade ein Revival. Sich untereinander auszutauschen, Dritte anzuhören und sich »challengen« zu lassen, im besten Sinne Rat zu suchen: All das wird in dem Maße relevanter, in dem die Unsicherheiten wachsen. Womöglich ist der Zusammenhang nicht nur linear, sondern sogar progressiv.

Osterheider: Solche Reflexionsorte lassen sich meiner Erfahrung nach allerdings sehr begrenzt digital einrichten. Es ist eine ganz große Herausforderung in und nach der Corona-Pandemie, die Kultur der Selbstreflexion aufrechtzuerhalten und eine Kultur des Sparrings (wieder) zu etablieren, die das offene Wort, das offene Gesicht und das offene Ohr als Erfolgsfaktoren braucht.

Knorre: Stimmt, Corona wird eben nicht alles verändern! Personalverantwortliche haben übrigens Zugang zu einem ganz besonderen Reflexionsort, nämlich den Gremien der Mitbestimmung. Auch sie ermöglichen grundsätzlich Beobachtung und Reflexion außerhalb des Tagesgeschäftes – wenn sie denn systematisch dafür eingesetzt werden. Ich erlebe es immer wieder, dass in Vorstandssitzungen von den Personalverantwortlichen wichtige inhaltliche Beiträge kommen, die sie nach eigener Aussage aufgrund ihrer Reflexionen aus den Arbeitnehmergesprächen mitbringen.

Osterheider: Tatsächlich, dies ist eine besondere Chance für die Personalverantwortlichen, wenn sie denn erkannt wird. Auch diese reflexive Beziehung der Sozialpartner will gelernt und weiterentwickelt sein. Beispielsweise benötigt das Betriebsratsgremium Mitglieder mit Kompetenzen, die über die Bewältigung der Alltagsherausforderungen hinausweisen. Auch die Begriffe wie »Bewahren«, »Agilität« und »Change« müssen in geeigneten Weiterbildungsformaten aus verschiedenen Perspektiven erläutert, diskutiert und ihre Wirkungen übersetzt werden. Eine große Aufgabe für die Kommunikation – die auch im 21. Jahrhundert beweist, dass sie DER Erfolgsfaktor für gelingende Mitbestimmungskultur und -wirkung ist.

7.   Literatur

Au von (Hrsg.) (2016): Wirksame und nachhaltige Führungsansätze. System, Beziehung, Haltung und Individualität.

Breidenbach/Rollow (2019): New Works needs Inner Work.

Buchholz/Knorre (2019): Interne Kommunikation und Unternehmensführung. Theorie und Praxis eines kommunikationszentrierten Managements.

Kaehler (2014): Komplementäre Führung – ein praxiserprobtes Modell der organisationalen Führung.

Knorre/Osterheider/Schwägerl/Steinkamp (2013): Organizational Resource Management – interne Ressourcen entwickeln – aber wie?

Laloux/Kauschke (2015): Reinventing organizations: Ein Leitfaden zur Gestaltung sinnstiftender Formen der Zusammenarbeit.

Lebrenz (2016): Strategie und Personalmanagement.

Rüegg-Stürm/Grand (2019): Das St. Galler Management-Modell. Management in einer komplexen Welt.

Schnell/Schnell (2019): New Work Hacks.

Wolf (2020): Kommunikationsmanagement und Human Resource Management zwischen Kooperation und Konkurrenz: Welche Rolle spielt die strategische Kommunikation in der akademischen Ausbildung zukünftiger HR-Professionals? Masterarbeit, Kommunikation und Management (unveröffentlicht).

Marco Feindt

Inspirierende Führung als Wegbereiter für Transformation und New Work, Volksbank eG Osterholz Bremervörde

1. Führung muss erkennbar, erlebbar und evaluierbar sein

Der Gallup Engagement Index Deutschland zeigte 2019 auf, dass fast jeder fünfte Beschäftigte in Deutschland innerlich gekündigt hat (16 Prozent) und die große Mehrheit Dienst nach Vorschrift macht (69 Prozent; vgl. Nink 2019, S. 5). Führungskräften kommt hierbei ein zentrale Rolle zu, da in gleichnamiger Befragung aus dem Jahr 2016 fast jeder Fünfte (18 Prozent) daran dachte, in den vergangenen zwölf Monaten sein Unternehmen aufgrund seines direkten Vorgesetzten zu verlassen (vgl. Nink 2017, S. 18). Eine zentrale Stellschraube zur Erhöhung der emotionale Mitarbeiterbindung stellt daher in den Augen der Studienautoren die Führungsqualität dar (vgl. Nink 2017, S. 21).

Aber was versteht man unter einer guten Führungsqualität? Aus Sicht der Volksbank eG Osterholz Bremervörde (1,5 Mrd. Euro Bilanzsumme, 260 Mitarbeiter:innen, 28 Auszubildende; Stand 31.12.2020) ist eine gute Führungsqualität dann gegeben, wenn Führung für Mitarbeiter:innen transparent *erkennbar, erlebbar* und *evaluierbar* ist. Nur durch diesen Dreiklang kann sich eine nachhaltige Führungskultur etablieren.

- Führung ist erkennbar, wenn diese aus der Vision, dem Leitbild und der Strategie abgeleitet, niedergeschrieben und auf die Zukunft ausgerichtet ist.
- Führung ist erlebbar, wenn alle Mitarbeiter:innen Führung direkt am Verhalten aller Führungskräfte selbst wahrnehmen können.
- Führung ist evaluierbar, wenn Mitarbeiter:innen das Ausmaß der Übereinstimmung zwischen der Erklärung und dem Erleben der Führung bewerten können.

Um Führung zu erkennen, wurden im ersten Schritt bei der Volksbank eG Osterholz Bremervörde die Anforderungen an eine gute Führung definiert. Dies erfolgte im Rahmen eines mehrwöchigen bereichs- und hierarchieübergreifenden Projektes zur Erarbeitung eines unternehmensinternen »Führungsverständnisses«. Die Erarbeitung der dort formulierten Anforderungen erfolgte zunächst Bottom-Up, das heißt, auf Basis der Vision, des Leitbildes und der Strategie der Volksbank eG trugen Mitarbeiter:innen ohne Führungsfunktion, Vertreter:innen des Betriebsrates und Führungskräfte des mittleren Managements (Team- und Abteilungsleiter:innen) ihr Verständnis an eine gute Führung zusammen. Das Ergebnis wurde anschließend immer wieder den Führungskräften des oberen Managements (Bereichsleiter:innen) und der Geschäftsleitung (Vorstand) zurückgespiegelt, die wiederum aus ihrer Sicht im Rahmen eines Top-Down-Prozesses Anmerkungen und Ergänzungen zurückspiegelten. Im Ergebnis wurde ein Führungsverständnis erarbeitet, welches sowohl die Erwartungen an die Führungskräfte als auch die Erwartungen eines hierarchieunabhängigen von Respekt, Vertrauen und Zuverlässigkeit geprägten Umgangs in der Theorie zum Ausdruck brachte. Im Mittelpunkt stand das »WIR«, das später als zentrale Botschaft des Employer Branding der Volksbank eG Osterholz Bremervörde (»Erleben Sie unser WIR-Gefühl«) aufgenommen wurde. Um Führung in der Praxis erleben zu können, wurde das Führungsverständnis um konkrete Verhaltensbeschreibungen (Verhaltensanker) ergänzt. Die Herausforderung bestand aber darin, dass aus der gedruckten Hochglanzbroschüre kein zahnloser Papiertiger wird, sondern dass sich eine wirklich gelebte Führungskultur der Volksbank eG Osterholz Bremervörde etabliert. Jede:r Mitarbeiter:in sollte zukünftig das Recht haben, den im Führungsverständnis aufgezeigten gegenseitigen Umgang nicht nur erkennen zu können, sondern auch zu erleben und bei Bedarf einzufordern.

Was in der Theorie jedoch einfach klang, zeigte in der Praxis noch Schwächen:

- Eine Auseinandersetzung mit den Kernaussagen des Führungsverständnisses erfolgte nicht einheitlich und oft nur, wenn dies verpflichtend vorgegeben wurde.

- Eine einheitliche Führungskultur war nicht immer für jede:n Mitarbeiter:in sichtbar, da jede Führungskraft einzelne Aspekte ganz unterschiedlich auslegte.
- Vorreiter im Hinblick auf eine Konkretisierung des Führungsverständnisses (z. B. durch die Einführung von Service- und Dienstleistungsversprechen, die Etablierung eines Führungskräftefeedbacks) wurden zum Teil ausgebremst.
- Das Einfordern von Kernbotschaften insbesondere gegenüber Führungskräften bezog sich meist nur auf nach außen sichtbare Verhaltensmerkmale (z. B. Pünktlichkeit), aber weniger auf sensiblere Themenfelder wie Respekt oder Vertrauen.

2. Etablierung einer mehrdimensionalen Feedbackkultur

Es zeigte sich, dass durch das im ersten Schritt zur Steigerung der Führungsqualität formulierte Führungsverständnis zwar Transparenz im Hinblick auf die Anforderungen an eine Führungskraft geschaffen wurde, jedoch keine Transparenz im Hinblick auf die einheitliche Umsetzung des Führungsverständnisses durch die Führungskräfte. Das Erkennen der Führung war geglückt, weniger jedoch das einheitliche Erleben der Führung.

Es erfolgte daher im nächsten Schritt eine Evaluierung der Führungsqualität. Hierbei ging es darum, eine Rückmeldung der Mitarbeiter:innen zu erhalten, inwieweit eine Übereinstimmung zwischen der erklärten beabsichtigten Führung mit der tatsächlich erlebten Führung besteht. Um eine größtmögliche Aussagekraft zu erreichen, wurde eine mehrdimensionale Feedbackkultur gestaltet. Hierfür wurde ein Mix aus offenen und anonymen sowie zeitlich versetzten verschiedenen Feedbackinstrumenten gewählt:

1. offenes jährliches Mitarbeitergespräch,
2. anonyme freiwillige Arbeitgeberbewertung,
3. anonyme zweijährliche Mitarbeiterbefragung.

Das bereits offene, jährliche *Mitarbeitergespräch* (»MitarbeiterDialog«) wurde um die Facette eines Führungskräftefeedbacks erweitert. Fortan konnte der/die Mitarbeiter:in seiner direkten Führungskraft eine Rückmeldung zu für ihn bedeutsamen Momenten zukommen lassen durch die Beantwortung der Fragen:

a) »Welche zwei Erlebnisse mit Ihrer Führungskraft haben besonders positiv gewirkt und welche zwei Situationen hätten Sie sich anders gewünscht?«
b) »Was soll Ihre Führungskraft beibehalten und was wünschen Sie sich zusätzlich?«

Entscheidend für eine größtmögliche Offenheit war die Freiwilligkeit der Beantwortung dieser Frage durch den/die Mitarbeiter:in, die Verpflichtung der Führungskraft, die vorausgehende Fremdeinschätzung des/der Mitarbeiter:in schon vor dem Gesprächsbeginn erstellt zu haben, sowie die Vorgabe an die Führungskraft, lediglich Verständnisfragen im Nachgang noch stellen zu dürfen und keine Rechtfertigungen zu äußern. Auf diesem Wege wurden die Weichen für eine gegenseitig von Respekt, Vertrauen und Zuverlässigkeit geprägten Feedbackkultur gelegt.

Für die anonyme dauerhafte *Arbeitgeberbewertung* werden kontinuierlich die Mitarbeiter:innen der Volksbank eG Osterholz Bremervörde eingeladen, auf kununu.com ihr eigenes Unternehmen zu bewerten. Kununu bietet dabei als Europas führende Plattform für Arbeitgeberbewertungen[1] zusätzlich Informationen zu Gehalt, Führung und Unternehmenskultur anonym und für alle einsehbar. Bereits seit 2017 ist die Volksbank eG Osterholz Bremervörde aufgrund des proaktiven Umgangs mit kununu.com Träges des Siegels »kununu Open Company« und wurde aufgrund einer Mindestpunkte- und Bewertungsanzahl mit dem Siegel »kununu Top Company« ausgezeichnet.

Die Implementierung einer anonymen *Mitarbeiterbefragung* war der letzte Schritt zur systematischen Erfassung der Führungsqualität. Als Kooperationspartner wurde das Zentrum für Arbeitgeberattraktivität (zeag GmbH) ausgewählt, welches in Kooperation mit dem Institut für Führung und Personalmanagement der Universität St. Gallen unter der Leitung von Frau Prof. Dr. Heike Bruch eine anonyme und wissenschaftlich fundierten Vollerhebung durchführt. In sechs Kategorien (darunter »Führung & Vision«, »Kultur & Kommunikation«, »Motivation & Dynamik« und »Internes Unternehmertum«) wird hierbei ein realistisches Meinungsbild der Belegschaft aufgezeigt.[2] Das Verständnis der Universität St. Gallen an eine moderne Führung, das in der TOP JOB-Befragung abgebildet wird, zeigte große Parallelen zum formulierten Führungsverständnis der Volksbank eG Osterholz Bremervörde. Es ging sogar noch darüber hinaus, indem es die Erfassung der Führungsqualität anhand wichtiger Facetten im Führungsverhalten konkretisierte und den Blick auf die notwendige Umsetzung einer »Inspirierenden Führung« lenkte.

---

1 *https://www.kununu.com/at/kununu* (Stand: 01.01.2021).
2 *https://www.top-arbeitgeber.de/top-job-das-projekt/was-top-job-besonders-macht* (Stand: 29.12.2020).

3. Inspirierende Führung als Wegbereiter der Transformation

Ein zusätzlicher Effekt der TOP JOB-Befragung ist, dass die einzelne Führungskraft nicht nur mit dem Meinungsbild seiner/ihrer eigenen Mitarbeiter:innen konfrontiert wird, und damit sieht, wo er/sie steht und ob er/sie sich im Zeitablauf verbessert hat. Darüber hinaus kann die Führungskraft auch erkennen, wie er/sie intern in der Umsetzung der Führungsanforderung im Vergleich zu anderen Führungskräften steht, und wo er/sie sich im externen Vergleich zur Umsetzung moderner Führung befindet. All das flankiert die Einsicht in die Notwendigkeit der Umsetzung der definierten Führungsleitlinien.

3.1 Was versteht man unter einer »Inspirierenden Führung«?

Bei der inspirierenden Führung rückt »eine motivierende Vision in den Vordergrund, wodurch die Mitarbeiter:innen das Warum in ihrer Arbeit erkennen« (Bruch et al. 2018, S. 16). Führungskräfte können so den »Spagat zwischen zunehmender Individualisierung und der Bindung von Mitarbeitern über ein Wir-Gefühl schaffen« (Bruch/Berenbold 2017, S. 5). Standen in der Vergangenheit noch klassische ergebnisorientierte Management-Kompetenzen im Mittelpunkt (Stichwort: »Command and Control«) treten mit der Inspirierenden Führung Leadership-Skills in den Vordergrund, deren Denkmuster und Verhaltensweisen »eher einer inneren Haltung entsprechen und weniger als Management-Tools zu bezeichnen sind« (Rump/Borggräfe 2020, S. 42). Das »Befähigen« der Mitarbeiter:innen (Stichwort: Empowerment) ersetzt zunehmend das »Befehlen«.

3.2 Welche positiven Folgen hat eine »Inspirierende Führung«?

Empirisch konnte in der Studie »Future Work & Leadership« auf Basis der Befragung von mehr als 16 000 Mitarbeiter:innen in über 90 Unternehmen nachgewiesen werden, dass inspirierende Führung einen starken positiven Einfluss auf Leistungskennzahlen (z. B. Innovationskraft, Unternehmensleistung und Mitarbeiterproduktivität) und das Klima im Unternehmen (z. B. Internes Unternehmertum, Zufriedenheit und Engagement) hat (vgl. Bruch et al. 2018, S. 19 ff.).

3.3 Warum ist die »Inspirierende Führung« gerade in der heutigen Zeit wichtig?

»Unternehmen müssen immer schneller neue Anforderungen und Chancen von außen aufgreifen, flexibel auf Trends reagieren und diese in neue Geschäftsmodelle verwandeln, um in der durch digitale Transformation und technologischen Fortschrift veränderten Welt flexibel, innovativ und mit hohem Speed arbeiten zu können« (Bruch et al. 2019, S. 159). Übertragen auf die Volksbank eG Osterholz Bremervörde bedeutet dies die Transformation von einem bislang filialzentrierten zu einem kundenzentrierten Geschäftsmodell einer Omnikanalbank aufgrund eines durch die Digitalisierung veränderten Kundenverhaltens.

Führungskräfte benötigen bei diesem Wandel, »engagierte, motivierte und qualifizierte Mitarbeiter, die bereit sind, die Veränderungen mitzutragen, mitzugestalten und zielgerichtet umzusetzen« (BVR e. V. 2020, S. 28). Es braucht hierfür aber einen Wandel im Führungsstil. Dieser zeichnet sich in einem »Umdenken und Loslassen von starren und festen Strukturen sowie zentriertem und traditionellem Denken aus« (vgl. Bruch et al. 2018, S. 55). Die Aufgabe der Führungskraft ist es somit, dass sie Mitarbeiter:innen »inspiriert, ihnen Veränderungserfordernisse und Zielbilder aufzeigt, sie beteiligt und die individuellen Besonderheiten der Betroffenen (zum Beispiel ihre Erfahrungen, Potenziale, Fähigkeiten) berücksichtigt« (BVR 2020, S. 28).

4. Umsetzung der inspirierenden Führung in der Praxis

Der inspirierenden Führung kommt insbesondere in komplexen, unsicheren und fluiden Kontexten, in denen sich auch die Volksbank eG Osterholz Bremervörde befindet, eine Schlüsselrolle zu (vgl. Bruch/Berenbold 2017). In der Folge wurden die bis dato bestehenden Führungsinstrumente schrittweise und zielgerichtet auf die Umsetzung einer inspirierenden Führung ausgerichtet:

1. *Überarbeitung des Führungsverständnisses und Umbenennung in »Mitarbeiter- und Führungsleitlinien«.* Diese Leitlinien bilden drei Facetten des gegenseitigen Umgangs ab. Die erste Facette stellt unter der Überschrift »Unser gemeinsames Fundament« das Grundverständnis aller Mitarbeiterinnen und Mitarbeiter unserer Bank dar und zeigt die zugrundeliegenden Werte und Ziele auf. Die Umsetzung dieser formulierten Werte als gegenseitiges Versprechen bildet unter dem Titel »Wie wir alle miteinander umgehen« den zweiten Kernpunkt der Leitlinien. Den Abschluss bildeten die Führungsleitlinien als ein Versprechen der Führungskräfte »Wie wir Führung leben«. Die dort formulierten Erwartungen gelten für Führungskräfte zusätzlich zu den beiden vorgenannten Facetten.

2. *Konkretisierung der Führungsleitlinien um sechs Merkmale inspirierender Führung.* Hierbei handelte es sich zum einen um das aus dem Werteverständnis

der Volksbank eG abgeleitete Merkmal »den Blick des Einzelnen nie außer Acht lassen« sowie zum anderen um fünf weitere aus der anonymen Mitarbeiterbefragung abgeleitete Merkmale der inspirierenden Führung (»Visionen vermitteln«, »als Vorbild auftreten«, »zum Mitdenken auffordern«, »Stärken fördern« und »Ziele verfolgen«). Jedem dieser Merkmale wurden beobachtbare Verhaltensanker zugeordnet, die es Mitarbeiter:innen erleichtern sollen, das erwartete Führungsverhalten zu erkennen, zu reflektieren und einzufordern. Die Erwartungshaltungen an die Führungskräfte im Hinblick auf die Facette »Visionen vermitteln« lauten z. B. »Wir verfügen über eine Vision und eine konkrete Erwartung an die Zukunft«, »Wir vermitteln die daraus abgeleitete Strategie verständlich und überzeugend« und »Wir gestalten sinnstiftende Tätigkeiten und nehmen dabei die Mitarbeiter:innen mit«.

3. *Erweiterung des offenen Führungskräftefeedbacks* im MitarbeiterDialog um die neu hinzugekommenen Aspekte der Führungsleitlinien, die in der Summe das Kompetenzfeld »Führungsstärke« abbilden.

4. *Fokussierung der Führungskräfteentwicklung auf die Aspekte der inspirierenden Führung im Rahmen von regelmäßigen Führungskräfteworkshops* (»Führungswerkstätten«) für bestehende Führungskräfte als auch als Bestandteile der Qualifizierungsprogramme (»Leadershipmodule« mit Learning journeys: z. B. digitale Lernplattformen, Webinare, Präsenztrainings, Transfer-Coachings, Orientierungs-Center) für angehende Führungskräfte. Zielsetzung ist dabei ein gemeinsames, einheitliches und aufeinander abgestimmtes Führungsverständnis aller Führungskräfte (von der Geschäftsleitung, über die Bereichsleiter:innen, Abteilungs- und Teamleiter:innen), einschließlich der nebenamtlichen Ausbilder:innen und der Stellvertreter:innen).

5. *Beibehaltung des Aufrufs der Mitarbeiter:innen und von Bewerber:innen, auch zukünftig eine anonyme Arbeitgeberbewertung auf kununu.com abzugeben* und strategische Betrachtung der dort ermittelten Bewertung der Unternehmens-/ Führungskultur durch Dritte.

6. *Erfassung der Aussagen aus dem Mitarbeitergespräch (z. B. »Führungskräftefeedback«), der Mitarbeiterbefragung (z. B. »Zufriedenheit mit der Führungskraft«) und der Kununu-Bewertung (z. B. »Arbeitgeberbewertung«) als strategische Kennzahlen*, Abgleich der einzelnen Aussagen miteinander im Hinblick auf Abweichungen und Übereinstimmungen und bereichsbezogene Ableitung der Verantwortung der Führungsqualität auf die direkte Führungskraft.

Im Ergebnis wurde das in Abbildung 1 aufgezeigte Transparenzmodell einer erkennbaren, erlebten und evaluierten Führungskultur der Volksbank eG etabliert.

Abbildung 1: Transparenzmodell der Führungskultur

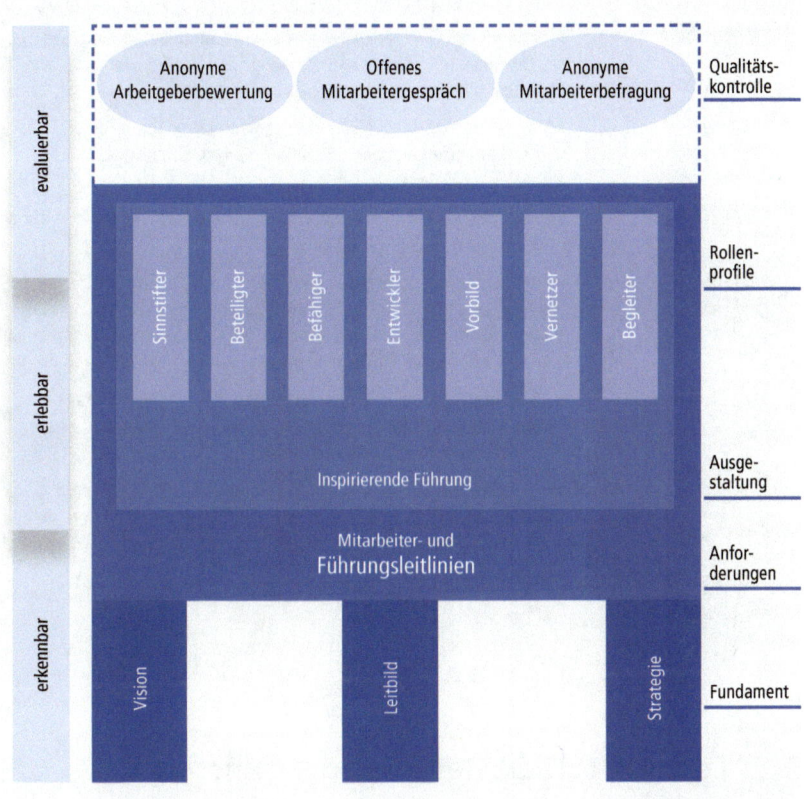

Die im Transparenzmodell beschriebene Rollenprofile gehen zurück auf den Bundesverband der Deutschen Volksbanken und Raiffeisenbanken e. V. (BVR). Dieser beschrieb im Zuge der Transformation zur Omnikanalbank neue notwendige Rollenprofile von Führungskräften (siehe Tabelle 1). Die Profile weisen eine hohe Deckungsgleichheit zu den beschrieben Führungsleitlinien der Volksbank eG auf und bestätigen den eingeschlagenen Weg einer inspirierenden Führung als Wegbegleiter der Transformation.

Tabelle 1: Führungsrollen der Zukunft (BVR, 2020)

Rolle	Aufgabe der Führungskraft
Sinnstifter	»vermittelt den Sinn der anstehenden Veränderungen, kommuniziert das Omnikanal-Zielbild, die Bankstrategie und die Ziele und gibt den Mitarbeiter:innen […] Orientierung und Transparenz«.
Beteiliger	»sorgt dafür, dass Mitarbeiter:innen entsprechend ihren Fähigkeiten und Kompetenzen in die Weiterentwicklung zur Omnikanal-Bank einbezogen werden«.
Befähiger	»ermächtigt und entwickelt Mitarbeiter:innen zu eigenverantwortlichem Handeln und delegiert Verantwortung«.
Personalentwickler	»unterstützt die Mitarbeiter bei der Entwicklung der Fähigkeiten, die für das Arbeiten in der Omnikanal-Bank erforderlich sind. Dabei ermutigt sie sie zu mehr Eigenverantwortung für das eigene Kompetenzprofil und begleitet individuelle Entwicklungswege«.
(Digitales) Vorbild	wird als mustergültiges Beispiel angesehen im Hinblick auf das generelle Verständnis für die Funktionsweisen und die Nutzung neuer Technologien, Prozesse und Methoden.
Vernetzer	»unterstützt die team-, projekt- und bereichsübergreifende Vernetzung der Mitarbeiter und fördert so die Intensivierung und Beschleunigung der Zusammenarbeit«.
Begleiter	steht Mitarbeiter:innen im Veränderungsprozess aktiv zur Seite.

Quelle: BVR, 2020

5. Lessons learned: Reflexion der bisherigen Umsetzung

Alle bisher beschriebenen Maßnahmen zahlten darauf ein, die Transparenz über das Erkennen, das Erleben und das Evaluieren der Führungsqualität zu verbessern. Rückblickend mussten aber immer wieder Irrtümer entkräftet werden, die einer erfolgreichen Etablierung des Transparenzmodells entgegenstanden. Wie das gelang, zeigen die folgenden Beispiele.

In Bezug auf das *»Erkennen der Führungsqualität«* bestand Irrtum Nr. 1 in der Annahme, dass Führung am besten gelinge, wenn diese »aus dem Bauch heraus praktiziert werde«. Erfolgreiches Führungsverhalten basiert in der Volksbank eG Osterholz Scharmbeck aber vielmehr auf wissenschaftlichen Grundlagen (> Modell der Inspirierenden Führung), wird von empirischen Studien zur Wirksamkeit begleitet (> höhere Mitarbeiterzufriedenheit und -bindung) und zeigt einen Bezug zu dem aktuellen Unternehmensumfeld auf (> Transformation zur

Omnikanalbank). Irrtum Nr. 2 war der Glaube, dass richtiges Führungsverhalten »nicht auch noch niedergeschrieben werden müsse«. Erst die Niederschrift (> aus der Vision und Strategie abgeleitete Leitbilder bzw. Leitlinien) schafft in unserer Bank jedoch sichtbare Verbindlichkeit und ein einheitliches Framework. Dabei ist weniger von Bedeutung, ob es sich hierbei um eine teure Hochglanzbroschüre handelt oder lediglich um eine selbstgestaltete pdf – auf den Inhalt kommt es hierbei an, weniger auf die Verpackung.

In Bezug auf das »*Erleben der Führungsqualität*« bestand Irrtum Nr. 3 in der Aussage: »Ich muss das nicht lernen, da ich schon lange Jahre Führungskraft bin.« Gutes erlebbares Führungsverhalten ist aus Sicht der Volksbank eG Osterholz Bremervörde nicht angeboren, sondern spiegelt eine Haltung wider (> abgeleitet aus dem Cultural Fit und den Führungsleilinien), muss erlernt (> durch Qualifizierungsprogramme für Führungskräfte), immer wieder hinterfragt (> durch offenes und anonymes Führungskräftefeedback), gefestigt, angepasst und weiterentwickelt werden (> durch regelmäßige Führungswerkstätten). Es ist vergleichbar mit der verpflichtenden Absolvierung eines Erste-Hilfe-Kurses im Zuge der Führerscheinprüfung. Je länger dieser Kurs zurückliegt, desto weniger möchte man selbst von dieser Person versorgt werden. Gleiches gilt für Führung. Irrtum Nr. 4 bezog sich auf die These »Führung läuft nebenbei«. Führung widmet sich dem kostbarsten Gut eines Unternehmens: den Menschen. Diese haben Wertschätzung, Vertrauen und vor allem Zeit verdient (> durch regelmäßige Mitarbeitergespräche und -befragungen). Eine Führungskraft agiert auch nicht im Maschinenraum unter Deck, sondern sichtbar auf der Brücke des Unternehmens. Daher wurde der Zeitanteil für Führung in unserem Unternehmen perspektivisch auf mindestens 25 Prozent und die Führungsspanne auf maximal sieben bis zwölf Personen festgelegt.

In Bezug auf das »*Evaluieren der Führungsqualität*« lag der Irrtum Nr. 5 in der Meinung, dass »Führung ein Rollenspiel sei«. In der Volksbank eG Osterholz Bremervörde geht es bei Führung vielmehr um das Sein als um den Schein. Authentizität, Glaubwürdigkeit und Haltung tragen langfristig zur Akzeptanz der Führungskraft bei. Hierfür wurde ein (anonymer) Abgleich des Selbst- und Fremdbildes der Führungskraft (> durch kununu.com, eine anonyme Vollerhebung als Mitarbeiterbefragung und das vertrauliche Vier-Augen-Gespräch) etabliert. Das Verfahren wurde von Beginn an unter Einbindung der Mitarbeitenden (> über einen Mitarbeiterbeirat als Querschnitt der Belegschaft) gestaltet, die Ergebnisse werden transparent aufgezeigt (> durch bereichsbezogene Vorstellung der Resultate) und die Konsequenzen konkret benannt (> durch Kommunikation von abgeleiteten Handlungsfeldern). Erst der Abgleich sowohl offener als auch anonymer Aussagen zu identischen Aspekten der Führungsqualität erhöht in unserem Unternehmen die Glaubwürdigkeit der gewonnenen Aussagekraft.

Auf diese Weise konnten eine einheitliche Qualität, Konsequenz und Klarheit unserer Führungskultur vorangetrieben werden.

Die genannten Irrtümer bestätigten die Erkenntnis, dass Führung in der Volksbank eG Osterholz Bremervörde ein Handwerk ist und bleibt, welches erlernt, angewendet, gefestigt und immer wieder hinterfragt und angepasst werden muss; aufbauend auf einer eigenen Haltung und einem klaren authentischen Profil unter Berücksichtigung des Transparenzmodells.

6. Ausblick in die Zukunft: New Work und inspirierende Führung

Werfen wir abschließend noch einen Blick in die Zukunft und auf »New Work« und inspirierende Führung. *Bedingen beide Faktoren einander oder schließen diese sich gegenseitig aus? Welche Auswirkungen sind für die Volksbank eG Osterholz Bremervörde bereits heute schon absehbar für eine zukunftsausgerichtete Führung?*

Es konnte zunächst empirisch nachgewiesen werden, »dass New Work generell und auch in einem angespannten wirtschaftlichen Umfeld signifikant die Leistung von Unternehmen beeinflusst und verstärkt zum strategischen Wettbewerbsfaktor wird« (Bruch/Berenbold 2020, S. 44). Die neue Arbeitswelt hat einen Einfluss auf die Zufriedenheit, Bindung und Identifikation der Mitarbeitenden und steigert darüber hinaus die Innovationskraft und das Interne Unternehmertum (vgl. Bruch 2020, S. 69). Die Covid-19-Pandemie hat zusätzlich dazu beigetragen, dass einzelne Aspekte von New Work (z.B. Mobile Office, virtuelle Zusammenarbeit, Kommunikation über digitale Plattformen) in vielen Unternehmen, so auch in der Volksbank eG Osterholz Bremervörde, von einem Moment auf den anderen und zum Teil eher unfreiwillig in den Arbeitsalltag übergegangen sind. »Wenn nun keine aktive Neugestaltung folgt, verspielen viele Unternehmen die Chance auf eine Modernisierung ihrer Arbeitskultur«, so die Einschätzung von Frau Prof. Heike Bruch (Bruch/Berenbold 2020, S. 44). Die inspirierende Führung ist hierbei ein wesentlicher Erfolgsfaktor für New Work, neben einer Vertrauenskultur, Familienorientierung, Entwicklungschancen und geringer Zentralisierung (vgl. Bruch 2020, S. 70). New Work und inspirierende Führung bedingen daher einander und zahlen gleichermaßen auf diese Weise auf eine hohe Arbeitgeberattraktivität und damit eng verbundene positive Folgen wie z.B. eine hohe Arbeitgeberattraktivität ein (vgl. Bruch 2020, S. 70).

Aus Sicht der Volksbank eG Osterholz Bremervörde gilt es auf dieser Erkenntnis aufzubauen und die etablierte inspirierender Führung mit New Work zu verbinden.

Sichtbares Merkmal dieser Entwicklung nach außen ist die Umbenennung des Personalbereichs der Volksbank eG Osterholz Bremervörde in »Personal, Kultur und New Work«. HR übernimmt zukünftig Verantwortung für die Gestaltung dieser drei Themenfelder und wird in Anlehnung an Bruch/Berenbold 2020 (S. 44) das Transparenzmodell weiterentwickeln, um

- ein Bewusstsein für die Entwicklung einer New-Work-Kultur zu verankern, [erkennen]
- eine Standortbestimmung im Hinblick auf New Work durchzuführen, [erkennen]
- abgeleitete Aktivitäten auf einer Roadmap festzuhalten, [erleben]
- New Work durch Spielregeln konkret anzuwenden und [erleben]
- Erfolge über Pulse-Checks sichtbar zu machen. [evaluieren]

Der inspirierenden Führung kommt hierbei in der Volksbank eG Osterholz Bremervörde nicht nur die Rolle als Wegbegleiter für Transformation und New Work zu, sondern ihr kommt auch in Zukunft eine besondere Rolle als wesentlicher Leadership-Skill zu. Die Corona-Krise erforderte genau diese Leadership Skills und Management-Kompetenzen gleichermaßen, ergänzt um das Mindset von New Work und agilen Arbeiten (vgl. Borggräfe/Rump 2020, S. 42).

Das Transparenzmodell der Führungskultur ist um genau diese Facetten weiterzuentwickeln.

7. Literatur

Borggräfe, J./Rump, J. (2020): Der Corona-Effekt in der Führung. Erschienen in personalmagazin 10/2020.

Bruch, H. (2020): Benchmarking Bericht Volksbank eG Osterholz Bremervörde. St. Gallen.

Bruch, H./Berenbold, S. (2017): Zurück zum Kern – Sinnstiftende Führung in der Arbeitswelt 4.0. Erschienen in OrganisationsEntwicklung 1/2017.

Bruch, H./Berenbold, S./Block, C. (2019): New Leadership: Führungsformen der Zukunft. in: Schwuchow, K./Gutmann, J. (Hrsg.): HR-Trends 2020, S. 159–168. Freiburg

Bruch, H./Berenbold, S. (2020): New Work jetzt!. Erschienen in personalmagazin 10/2020.

Bruch, H./Block, C./Färber, J. (2018): Leadership der Zukunft – Zwischen Inspiration und Empowerment. Konstanz/St. Gallen.

Bruch, H./Blcok, C./Färber, J. (2016): Arbeitswelt im Umbruch Von den erfolgreichen Pionieren lernen. Konstanz/St. Gallen.

Bundesverband der Deutschen Volksbanken und Raiffeisenbanken e.V (2020): KundenFokus Erfolgsfaktor Personal im Omnikanal-Modell. Berlin.

Nink, M. (2017): Engagement Index Deutschland 2016. Berlin. *https://www.steauf.de/wp-content/uploads/2017/11/Gallup-Engagement-Index-2016.pdf*

Nink, M. (2019): Engagement Index Deutschland 2019. Berlin. *https://www.gallup.com/de/engagement-index-deutschland.aspx*

VII. Gleiche Arbeit – gleicher Lohn

Claudia Niewerth/Sven Franke

Gute Arbeit – guter Lohn: Vergütungssysteme in der Transformation

Inhaltsübersicht

1. Einleitung

Die gegenwärtige Arbeitsgesellschaft erlebt durch eine Vielzahl von Transformationsprozessen einen tiefgreifenden Umbruch: Die digitale Transformation verändert die Formen der Steuerung und Organisation von Arbeit und damit die wesentlichen Parameter von Beschäftigung. Doch nicht nur die digitale Transformation, sondern auch neue Formen der Arbeitsorganisation, zunehmende Arbeits- und Leistungsverdichtung, der Wandel von Hierarchien und Führungsstilen, zeitliche und räumliche Entgrenzung der Arbeit implizieren eine entsprechende Transformation von Erwerbsarbeit. Die Transformationsherausforderungen stehen für einen tiefgreifenden Wandel der Produktion und Arbeitsorganisation. Dies bleibt nicht ohne Folgen für die drei Kernelemente des Arbeitsverhältnisses: Arbeitszeit, Leistung und Entgelt.

Dieser Text beleuchtet die Bedeutung tarifgebundener Entgeltsysteme sowie frei regulierter Vergütungssysteme in der Transformation. Mit der verfassten Mitbestimmung und den tariflichen Regelwerken stehen Instrumente zur Verfügung, um Veränderungsprozesse in Unternehmen und Branchen zu gestalten und Verteilungsfragen auszuhandeln. Regelungen und Grundsätze tariflicher und betrieblicher Leistungs- und Entgeltgestaltung geraten allerdings immer wieder aufs Neue unter Druck, da sie für eine flexible und agile Arbeitswelt ungeeignet erscheinen. Hervorgerufen durch sich verändernde Anspruchsmuster an Lohn und Leistung der Beschäftigten werden neue Konzepte von Vergütung entwickelt und erprobt. Auf der Suche nach einem »new pay« (Franke et al. 2019) wird es für die Zukunft der Arbeit von großer Bedeutung sein, die Debatte um Anspruch und Konflikt bei Leistung und Vergütung nicht zu vernachlässigen, sondern sie in den Prozess der Transformation von Arbeit einzubinden und anschlussfähig zu machen.

Die Herausforderungen der Transformation zeigen sich in der Veränderung von Arbeit entlang der gesamten Wertschöpfungskette. So zeichnet sich ein breites Spektrum divergierender Muster von Arbeitsorganisation ab, das durch zwei Pole begrenzt wird: Unter der »polarisierten Organisation« (Hirsch-Kreinsen 2014) wird das Gestaltungsmuster verstanden, das auf innerbetriebliche Polarisierung von Aufgaben, Qualifikationen und Personaleinsatz beruht. Der andere Pol des Spektrums ist die »Schwarm-Organisation« (Neef/Burmeister 2005), in der hochqualifizierte Beschäftigte in größtmöglicher Agilität und Flexibilität eigenverantwortlich und selbststeuernd Arbeits- und Projektaufgaben verrichten. In diesem Spannungsfeld verändert sich Arbeit in der Transformation. Dies hat Auswirkungen auf die Bewertung von Arbeit und die Vergütung von Leistung. Sowohl auf der betrieblichen wie tariflichen Ebene gilt es, dem Anspruch von guter Arbeit und gutem Lohn nachzukommen.

Dass »Guter Lohn« kein Zufall ist, zeigt sich an vielen wichtigen gesellschaftlichen Errungenschaften der vergangenen Jahrzehnte: Die Einführung des Acht-Stunden-Tags, die betrieblichen Mitbestimmung, das Prinzip gleicher Lohn für gleiche Arbeit, der Kündigungsschutz, auskömmlicher Löhne und vieles mehr waren wichtige Schritte auf dem Weg zu einer menschengerechten Gestaltung der Arbeit. Sie wurden von den Beschäftigten und den Gewerkschaften in den vergangenen 150 Jahren in harten Auseinandersetzungen erstritten.

2. Grundlagen der Vergütung

Im Folgenden werden Grundlagen der Vergütung vorgestellt, die Einfluss auf die Entgeltgestaltung im Betrieb haben. Dabei ist es bedeutsam, zwischen tariflich regulierten und nicht-tariflich regulierten Anwendungsfällen zu unterscheiden: Es gibt a) Unternehmen, die einen Betriebsrat haben und tarifgebunden sind, es gibt b) Unternehmen, die einen Betriebsrat haben, aber keiner Tarifbindung unterliegen, und es gibt c) Unternehmen, die weder eine Tarifbindung noch einen Betriebsrat haben. Für jeden dieser Anwendungsfälle gelten besondere Regeln oder Besonderheiten der Vergütungsgestaltung.

2.1 Der Unterschied zwischen Lohn und Gehalt

Wer einer unselbstständigen Arbeit nachgeht, erhält dafür ein Entgelt. Ob dieses als Lohn oder Gehalt bezeichnet wird, hängt von der Art der Tätigkeit ab. Wurde noch bis Ende des vergangenen Jahrhunderts die Unterscheidung zwischen dem Einkommen von Arbeiter:innen und Angestellten durch die Bezeichnung »**Lohn**« oder »**Gehalt**« unterschieden – die Arbeiter:innen erhielten einen Stundenlohn für körperliche Arbeit, die Angestellten erhielten dagegen ein Gehalt, mit dem sie für eher geistige Aufgaben in höheren Positionen vergütet wurden – ist dies heute nicht mehr der Fall. Die Bezeichnung Lohn oder Gehalt spielt nur dann eine Rolle, wenn verdeutlicht werden soll, dass die geleistete Arbeit nach tatsächlich vergüteten Stunden (Lohn) oder monatlich entgolten wird, ohne dass die gearbeitete Stundenanzahl in erster Linie eine Rolle spielt (Gehalt). Im Jahr 2003 einigten sich die Gewerkschaft IG Metall und der Arbeitgeberverband Gesamtmetall im Entgelt-Rahmenabkommen der Metall- und Elektroindustrie erstmals auf einen Tarifvertrag, in dem allgemeingültig von Entgelt gesprochen wird, um die Vergütung der Arbeitnehmer:innen zu bezeichnen. Seit dem 1. Oktober 2005 wird bundesweit praktisch nicht mehr zwischen Gehalt und Lohn unterschieden, da auch die gesetzliche Trennung von Arbeiter:innen und Angestellten aufgehoben wurde. Jetzt wird das monatliche Gehalt oftmals als Entgelt bezeichnet.

2.2 Wie wird die Höhe des Entgelts festgelegt?

Grundsätzlich ist das monatliche Gehalt zwischen Arbeitgeber und Arbeitnehmer:in frei verhandelbar. Sie einigen sich durch Niederschrift der Entgelthöhe im Arbeitsvertrag. Das Gehalt wird in aller Regel gemeinsam mit einer wöchentlichen Anzahl an Arbeitsstunden festgeschrieben. Der **Arbeitsvertrag** stellt – arbeitsrechtlich betrachtet – die unterste Ebene der Normen zur Regulierung von Arbeitsverhältnissen dar. Die Betriebsvereinbarung ist die nächsthöhere Ebene, gefolgt von der Betriebsvereinbarung, dem Tarifvertrag und weiteren Verordnungen und Gesetzen bis hin zum Europarecht.

Dieses Rangfolgeprinzip erklärt, warum Vertragsverhandlungen zum Gehalt durch verschiedene Vorschriften eingeschränkt sein können. Einige gesetzliche oder tarifliche Vorgaben regeln Gehaltsparameter, über die sich die Vertragspartner nicht ohne weiteres hinwegsetzen dürfen. So legen z. B. die unterschiedlichen Tarifverträge **Unter- und Obergrenzen** für das Tarifgehalt fest. Arbeitgeber und Arbeitnehmer:innen müssen sich dann an die in einem Gehaltstarifvertrag festgelegten Bestimmungen halten, wenn sie beide zum Zeitpunkt des Arbeitsvertragsabschlusses tarifgebunden sind. Sie müssen also Mitglied in der entsprechenden Gewerkschaft bzw. Arbeitnehmervereinigung sein. Eine Überschreitung tariflicher Obergrenzen ist jedoch grundsätzlich möglich, da diese zugunsten der Beschäftigten ausfällt. Dabei darf allerdings der Gleichbehandlungsgrundsatz nicht verletzt werden. Eine weitere Einschränkung bei der Gehaltsfestlegung erfahren deutsche Arbeitgeber durch den am 1. Januar 2015 festgelegten gesetzlichen Mindestlohn. Dieser beträgt zurzeit 9,50 Euro brutto für jede geleistete Arbeitsstunde (Stand: Januar 2021).

2.3 Einschränkung der betrieblichen Regelungsmöglichkeiten beim Entgelt

Bei der Gestaltung von Vergütung ist eine Unterscheidung wesentlich: Handelt es sich um ein tarifgebundenes Unternehmen oder nicht? Die zweite entscheidende Frage ist, ob es im jeweiligen Betrieb eine nach dem Betriebsverfassungsgesetz (BetrVG) gewählte betriebliche Interessenvertretung (Betriebsrat) gibt. Liegt beides nicht vor, kann (innerhalb gesetzlicher Vorschriften, wie z. B. der Mindestlohn) frei verhandelt werden.

Das Instrument, mit dem Vergütungssysteme in tarifgebundenen Unternehmen geregelt werden, sind Tarifverträge. Ist ein Arbeitgeber tarifgebunden, ist der Spielraum für betriebliche Regelungen zur Vergütungsgestaltung auf solche

Maßnahmen beschränkt, die nicht bereits abschließend durch Gesetz oder Tarifvertrag geregelt sind. Diese Einschränkung bezeichnet den **Tarifvorrang** nach § 87 Abs. 1 Eingangssatz BetrVG. Das hat zur Folge, dass ein tarifgebundener Arbeitgeber mit dem Betriebsrat betriebliche Vereinbarungen nur treffen kann, soweit es sich um den nicht tariflich geregelten, freiwillig geleisteten übertariflichen Teil der Vergütung handelt oder sich auf Regelungen für AT-Angestellte bezieht, deren Entgelte nicht durch Tarifverträge festgelegt werden.

In Betrieben, deren Arbeitgeber nicht tarifgebunden oder OT-Mitglieder im Arbeitgeberverband sind, erfasst die Mitbestimmung des Betriebsrats das gesamte Entgeltspektrum von der Aufstellung einer Entgeltordnung (Lohn-/Gehaltsgruppenfestlegung) bis zur Vereinbarung über die Verteilungskriterien freiwilliger Leistungen des Arbeitgebers. Eine weitere Einschränkung der betrieblichen Regelungsmöglichkeiten liegt durch den sogenannten **Tarifvorbehalt** vor: Regelungen zur betrieblichen Lohngestaltung können verbindlich für die Mitarbeiter:innen nur durch Betriebsvereinbarungen eingeführt und geändert werden, da nur diese unmittelbar und zwingend auf die Arbeitsverhältnisse wirken (§ 77 Abs. 4 Satz 1 BetrVG). Allerdings können Arbeitsentgelte und sonstige Arbeitsbedingungen, die durch Tarifvertrag geregelt sind oder üblicherweise geregelt werden, nicht Gegenstand einer Betriebsvereinbarung sein (§ 77 Abs. 3 Satz 1 BetrVG). Eine gegen diese Vorschrift verstoßende Betriebsvereinbarung ist unwirksam.

2.4 Die Vergütungsordnung

Um die Vergütung gerecht auszugestalten, kommt eine sogenannte Vergütungsordnung zur Anwendung. Diese wird auch Gehalts- und Lohngruppenordnung genannt. Sie ist in der Regel in tarifgebundenen Unternehmen vorzufinden, nicht selten werden Vergütungsordnungen aber auch von tarifungebundenen Unternehmen verbindlich übernommen oder selbst entwickelt. Eine Vergütungsordnung ist ein kollektives, mindestens zwei Gruppen enthaltendes Entgeltschema, das eine Zuordnung der Arbeitnehmer:innen nach bestimmten, generell beschriebenen Merkmalen vorsieht (BAG vom 8. 12. 2009 – 1 ABR 66/08). Damit soll die Wertigkeit der jeweiligen Arbeitnehmertätigkeiten im Verhältnis zueinander dargestellt werden. Die einzelnen Tätigkeiten werden bewertet und Gehalts-, Lohn- oder Entgeltgruppen zugeordnet, die für die Höhe des Arbeitsentgelts maßgeblich sind (BAG vom 8. 12. 2009 – 1 ABR 66/08).

Die Vergütungsordnung stellt ein wichtiges Instrument zur fairen Entlohnung dar: Kernidee der Vergütungsordnung ist die Bewertung von Stellen und/oder Funktionen entlang festgelegter Kriterien. Das bedeutet, dass die Höhe des Entgelts nicht durch die Person bestimmt wird, die die Tätigkeit verrichtet, sondern durch die Bewertung der Tätigkeit selbst – unabhängig von der Person, die sie durchführt. Die Stellenbewertung führt zur Einordnung der entsprechenden Stelle oder Funktion in das System der Lohn-, Gehalts- oder Entgeltgruppen.

2.5 Von der Stellenbewertung zur Eingruppierung

Der Wert von Arbeit wird viel diskutiert und die Ermittlung des Wertes von Arbeit damit gleichermaßen. Seit die Menschheit Geld gegen Waren und Dienstleistungen tauscht, wird über den Preis der Arbeit verhandelt. Die Berechnungsgrundlage basierte auf den Anforderungen an körperlicher oder geistiger Tätigkeit, den Arbeitsbedingungen und den Aufgaben und Verantwortungen. Mit dem beginnenden 21. Jahrhundert wurden die Vorteile der systematischen Stellenbewertung zunehmend sichtbar und das führte zu deren Weiterentwicklung. Im Kern werden zwei Verfahren unterschieden:

- Die **summarische Stellenbewertung**, bei der der Arbeitsplatz als Ganzes und im direkten Vergleich mit anderen Stellen eingestuft wird.
- Die **analytische Stellenbewertung**, die auf dem Prinzip der Stufung beruht, wobei jede Stelle nach vorgegebenen Kriterien bewertet wird.

Beide Verfahren sind heute weitverbreitet und finden in vielen Unternehmen Anwendung. Auch in Tarifverträgen zur Entgeltgestaltung finden sich sowohl analytische wie summarische Bewertungssysteme (vgl. Meine et al. 2014, S. 136ff.).

Der Stellenbewertung folgt die Eingruppierung. Dies bedeutet, dass eine Stelle oder Funktion einer aus der Vergütungsordnung festgelegten Entgeltgruppe zugeordnet wird. Jeder Beschäftigte hat danach Anspruch auf Vergütung entsprechend der Entgeltgruppe, in die er/sie eingruppiert wurde.

Üblicherweise werden Entgeltgruppen in Entgeltrahmentarifverträgen bzw. Lohn- oder Gehaltsrahmentarifverträgen festgelegt. Die Zuordnung von Eurobeträgen erfolgt durch Verhandlung der Tarifvertragsparteien (Tarifverhandlung). Im Betrieb eines tarifgebundenen Arbeitgebers sind sie verbindlicher Maßstab für die Entgeltbemessung für alle Arbeitnehmer:innen, unabhängig davon, ob sie tarifgebunden sind (BAG vom 18.10.2011 – 1 ABR 34/10).

Soweit ein entsprechender Tarifvertrag für den Arbeitgeber nicht verbindlich ist, kann die im Betrieb anzuwendende Vergütungsordnung entweder durch eine Betriebsvereinbarung begründet werden, durch eine einzelvertragliche Vereinbarung im Betrieb allgemein zur Anwendung kommen oder vom Arbeitgeber einseitig geschaffen sein (BAG vom 12.1.2011 – 7 ABR 34/09). Nicht tarifgebundene Arbeitgeber übernehmen häufig tarifvertragliche Lohn- oder Gehaltsrahmentarifverträge als verbindliche Vergütungsordnung für den Betrieb.

2.6 Mitbestimmung des Betriebsrats

In Unternehmen, in denen ein Betriebsrat existiert, hat dieser, soweit eine gesetzliche oder tarifliche Regelung nicht besteht, bei Fragen der betrieblichen Lohngestaltung mitzubestimmen. Dies gilt insbesondere bei
* der Aufstellung von Entlohnungsgrundsätzen und
* der Einführung und Anwendung von neuen Entlohnungsmethoden sowie deren Änderung (§ 87 Abs. 1 Nr. 10 BetrVG).

Das hat den Vorteil, das betriebliche Lohngefüge angemessen und transparent zu gestalten und die betriebliche Verteilungsgerechtigkeit zu wahren. Gleichermaßen können so Arbeitnehmer:innen vor einer einseitigen, nur an den Interessen des Arbeitgebers ausgerichteten oder willkürlichen Lohngestaltung geschützt werden.

2.7 Aus welchen Bestandteilen besteht ein Entgelt?

Grundsätzlich besteht das Entgelt eines Beschäftigten aus verschiedenen Komponenten, der Gesamtaufbau wird als **Entgeltsäule** bezeichnet. Den größten Anteil macht das Grundentgelt aus, das sich aus der Eingruppierung ergibt. Als weitere Komponente existieren häufig sogenannte Leistungszulagen oder leistungsbezogene Entgeltanteile, die sich z. B. aus Akkord, Prämie, Beurteilungen, Provisionen ergeben. Eine weitere Komponente sind tarifliche Zulagen oder Zuschläge, die über Tarifverträge geregelt werden. Zu den Zulagen zählen alle sonstigen Entgelte, die der Arbeitgeber für geleistete Arbeit oder wegen besonderer Belastungen der Arbeitnehmer:innen aufgrund gesetzlicher Regelungen oder tarifvertraglicher Vereinbarung gewährt. Dazu gehören z. B. Erschwerniszulagen oder Nacht- und Wechselschichtzulagen. Zulagen, die der Arbeitgeber freiwillig gewährt oder sich aus betrieblicher Übung ergeben, werden als außertarifliche Zulage (betrifft Gegenstände, die die einschlägigen tariflichen Bestimmungen überhaupt nicht vorsehen) oder auch übertarifliche Zulage (knüpft an den tariflichen Gegenstand an, geht aber über die tariflich normierten Mindestbedingungen hinaus) bezeichnet. Diese sind tariflich naturgemäß nicht abgesichert.

2.8 Gleiches Geld für gleiche Arbeit

Ein transparentes und gerechtes Vergütungssystem setzt voraus, dass die Stellen im Tarifbereich und im außertariflichen Bereich anhand eines einheitlichen Verfahrens bewertet werden. Erfolgt dies nicht, ist subjektiven oder politischen Wertungen und damit Diskriminierungen Tür und Tor geöffnet, z. B. weil Vorgesetzte bei der Bewertung unterschiedlich vorgehen oder persönliche Vorlieben einbeziehen. Dies wird vor allem im Zusammenhang mit dem »gender wage gap« diskutiert (vgl. Jochmann-Döll/Tondorf 2013, S. 25), kann sich grund-sätzlich aber auch auf andere Merkmale beziehen, wie z. B. das Alter oder die Erwerbsbiografie. Es geht also darum, die Wertigkeit der Anforderungen unter-schiedlichster Stellen – etwa im Service, im Bereich Forschung und Entwicklung oder in der Montage – anhand bestimmter Kriterien miteinander vergleichbar zu machen. Im nächsten Schritt können sie dann Entgeltgruppen oder -bändern so zugeordnet werden, dass gleichwertige Tätigkeiten auch in gleicher Weise be-zahlt werden. Dabei geht es immer um die Stellen bzw. Positionen, unabhängig von der Person, die diese Stelle besetzt (vgl. Bromberg/Haipeter/Hecker 2017). Regelungen wie eine Vergütungsordnung, aber auch Tarifverträge ermöglichen eine transparente und gerechte Entlohnung. Die Bedeutung von Tarifverträgen vor dem Hintergrund der Frage nach fairer Vergütung wird vom Entgelttrans-parenzgesetz (EntgTranspG) untermauert, das im Jahr 2017 in Kraft getreten ist. Für tarifliche Entgeltregelungen stellt § 4 Abs. 5 EntgTranspG die Vermutung auf, dass diese angemessen sind. Wird ein solches System auf die Arbeitsverhältnisse angewandt, so bestimmt Satz 2, dass Tätigkeiten nicht als vergleichbar angesehen werden, wenn sie in diesem System jeweils unterschiedlichen Entgeltgruppen zugewiesen sind. Diese Privilegierung tariflicher Entgeltsysteme unterstreicht, dass dort, wo Tarifverträge verbindlich sind, Lohnunterschiede messbar geringer seien als im außertariflichen Bereich.

3. Der Wandel von Arbeitsorganisation in der Transformation

Die Möglichkeiten, wie sich Organisationen durch Digitalisierung verändern und wie sich letztendlich die digitale Transformation darstellt, erscheinen end-los. Hirsch-Kreinsen (2015) prognostiziert, dass sich ein breites »*Spektrum di-vergierender Muster der Arbeitsorganisation*« (S. 93) entwickeln wird, das sich in unterschiedlicher Weise auf Beschäftigung auswirkt (Minssen 2017). Einen umfassenden Überblick geben Ittermann und Niehaus (2018), die aus einer Be-standsaufnahme aktueller Literatur, Studien und öffentlich zugänglicher Posi-tionspapiere vier mögliche Szenarien für die Industriearbeit entwickelten.

Im »Positivszenario« steht der Mensch als wertschöpfendes Objekt im Mittel-punkt, welcher von den digitalen Entwicklungen umfangreich profitiert. Ar-beits- und Produktionsabläufe werden angereichert und es entstehen mehr Handlungsspielräume für die Beschäftigten. Komplexere Tätigkeiten entwickeln sich, die umfangreichere analytische Fähigkeiten der Beschäftigten voraussetzen, weshalb der Bedarf an Hochqualifizierten zunehmen würde. Niedrigqualifizierte Beschäftigte würden an die neuen, deutlich komplexeren Tätigkeiten durch Fort- und Weiterbildungen herangeführt, weshalb von einem insgesamt höheren Qualifikationsniveau der Beschäftigten ausgegangen werden könnte. Viele Beschäftigte würde eine Aufwertung erfahren. Weiterhin würde eine flexiblere Arbeitsorganisation die Vereinbarkeit von Beruf und Familie erhöhen und insgesamt zu einer gestiegenen Lebensqualität führen. Auf Basis dieses Szenarios wird erwartet, dass Digitalisierung zu einem Beschäftigungszuwachs führen wird (Ittermann/Niehaus 2018).

Einen Gegenentwurf zum Positivszenario stellt die »Automated CPS Factory« (auch: Negativszenario) dar. Dem Szenario unterliegt die Annahme, dass die fortschreitende Digitalisierung zu einer großflächigen Automatisierungswelle durch cyber-physical-systems (CPS) der Industriearbeit führen wird. Für die Arbeitsorganisation würde eine sehr kleingliedrige Arbeitsteilung entstehen, die eine Dequalifizierung zur Folge hätte. Zum anderen würde eine solche Arbeitsteilung die Ausführung durch externe Beschäftigte begünstigen, was eine Entgrenzung des Beschäftigungsverhältnisses mit sich brächte (siehe Entgrenzungsszenario; Ittermann/Niehaus 2018)

Das »Polarisierungsszenario« (partielle Substitution und Auflösung der Mitte) schließt an die »polarisierte Organisation« an. Die Auswirkungen auf Tätigkeit und Qualifizierung lassen sich in diesem Szenario folgendermaßen beschreiben: Zum einen existieren Arbeitsbereiche mit zersplitterten, einfachen Tätigkeiten, die nur ein geringe Qualifikation erfordern, zum anderen entstehen komplexe Tätigkeitsfelder, die von hochqualifizierten Beschäftigten bedient werden. Diese Spaltung hätte zur Folge, dass vor allem die mittleren Beschäftigungsebenen und Qualifikationsgruppen, wozu beispielhaft qualifizierte Produktionsarbeit (Facharbeiter) zählt, erodierten. Von allen Szenarien wird diesem die höchste Eintrittswahrscheinlichkeit eingeräumt (Ittermann/Niehaus 2018).

In dem »Entgrenzungsszenario« (abseits von Ort, Zeit und Beruf) wird von einer extrem flexiblen Gestaltung und Entgrenzung der bisherigen Beschäftigungsverhältnisse ausgegangen, wodurch Räume autonomen und eigenverantwortlichen Handelns mit hohem Risiko für die arbeitende Personen entstehen würden. Arbeit könnte zeitlich, organisatorisch als auch räumlich entgrenzt werden. Ausgangspunkt für diese Entwicklung sei die Vernetzung von Arbeitsprozessen, die eine Reorganisation bisheriger Arbeits- und Produktionsabläufe bewirke. Als Resultat würden Arbeitsprozesse ausdifferenziert werden, wodurch Tätigkeiten an Komplexität verlören. Dies hätte zur Folge, dass neue überbetriebliche Arbeits- und Wertschöpfungsprozesse entstehen und Arbeitsaufgaben vermehrt nach »außen« gegeben würden. Der Anteil betrieblich externer Akteur:innen, wie beispielsweise Crowd- und Clickworker, zur Bewältigung betrieblicher Aufgaben würde steigen und gleichzeitig der Anteil derjenigen ohne reguläres Beschäftigungsverhältnis mit standardisierten Arbeitsbedingungen sinken. Die

Gefahr neuer Arbeitsbereiche bestehe, die weitgehend unreguliert sind, in denen Partizipation und Mitbestimmung fehlen und die nicht zuletzt dadurch ein hohes Potenzial prekärer Arbeit beinhalten (Ittermann/Niehaus 2018).

Die Szenarien zeigen auf eindrucksvolle Weise mögliche Wandlungsformen, die sich dabei in sämtlichen wertschöpfenden Tätigkeiten sowohl in operativen, als auch in strategischen Bereichen vollziehen. Zusammenfassend finden sich in den Szenarien drei Wandlungsformen von Tätigkeits- und Qualifizierungsstrukturen, die sich je in unterschiedlicher Stärke in den Szenarien zeigen:

(1) Arbeitsplätze mit geringen Tätigkeits- und Qualifikationsstrukturen werden durch Automatisierungsprozesse substituiert.

(2) Die mittlere Qualifikationsebene löst sich auf.

(3) Die Arbeitsaufgaben werden komplexer und können mit einem hohen Freiheits- und Flexibilitätsgrad bearbeitet werden, wodurch verstärkt nach höheren Qualifikationen gefragt wird (Hirsch-Kreinsen, 2015).

Deutlich wird durch die vier Szenarien, dass der Einfluss von Digitalisierung auf Beschäftigung sehr unterschiedliche Formen annehmen kann. Trotzdem das Polarisierungsszenario – gestützt durch aktuelle Forschungsergebnisse – als wahrscheinlichste Entwicklung genannt wird, ist es an dieser Stelle wichtig zu betonen, dass ein Wandel von Tätigkeits- und Qualifikationsstrukturen von verschiedensten Faktoren, wie beispielsweise der Branche, dem Marktumfeld und nicht zuletzt der Mitbestimmungsstärke beeinflusst wird und in keinem Fall linear einem Szenario folgt. Welche Entwicklung sich schlussendlich ergeben wird – der Wert von Arbeit und die Vergütung von Leistung wird davon ebenfalls beeinflusst werden.

3.1 Herausforderungen an Vergütung in der Transformation

Die Regelungen der tariflichen und betrieblichen Leistungs- und Entgeltgestaltung waren in den letzten 25 Jahren einem starken Veränderungsdruck ausgesetzt. Im Zuge der digitalen Transformation und ihren Auswirkungen auf Arbeit und Beschäftigung tritt das Konfliktthema »Leistungsbedingungen und Entgeltgestaltung« wieder verstärkt auf die Agenda der betrieblichen und tarifpolitischen Akteur:innen.

Die gewerkschaftliche Zielsetzung ist es, den Leistungsdruck und das Arbeitstempo auf ein zumutbares Maß zu begrenzen und die Leistungsbedingungen so zu gestalten, dass die Beschäftigten ihre Wünsche auf Entfaltung ihrer Leistungspotenziale verwirklichen können. Auf Seiten der Arbeitgeber zeichnen sich jedoch auch andere strategische Ziele der Leistungspolitik ab: Dazu gehören die Bildung von Profit-Centern, der immer größer werdende Anteil variabler zu fixen Entgeltbestandteilen oder auch die Entwicklung neuer Bezugsgrößen für Leistung. Dies sind Teile einer Strategie, Leistungsvorgaben und Personalbemessung so zu dynamisieren, dass eine ständige Anpassung an die Kosten- und Marktsituation des Unternehmens und der Abteilung erfolgen kann (Meine et al. 2014).

Völlig unklar ist im Moment, wie gut das System der Tarifpolitik auf die Herausforderungen vorbereitet ist, die sich aus der zunehmenden Technologisierung der Industriearbeit ergeben. Die Kennzeichen der zukünftigen Form der Industrieproduktion sind die starke Individualisierung der Produkte unter den Bedingungen einer hoch flexibilisierten (Großserien-)Produktion, die weitgehende Integration von Kund:innen und Geschäftspartner:innen in Geschäfts- und Wertschöpfungsprozesse und die Verkopplung von Produktion und hochwertigen Dienstleitungen, die in sogenannten hybriden Produkten münden (vgl. Schütte 2014). Es wird langfristig einen Paradigmenwechsel geben von »maximalem Gewinn aus minimalem Kapitaleinsatz« hin zu einer Produktion mit »maximaler Wertschöpfung bei minimalem Ressourceneinsatz« (Putz/Klocke 2017).

Hier zeigen sich jedoch nur wenige erfolgreiche Beispiele. Zum aktuellen Zeitpunkt der digitalen Transformation und der Entwicklung eines »new pay in einer new work« (Franke et al. 2019) gehen nur wenige Unternehmen das Thema an. Existiert weder Tarifbindung noch Betriebsrat, entscheidet das Unternehmen frei über die Gestaltung und Höhe von Entgelt und Leistung (in den gesetzlichen Grenzen z. B. des Mindestlohns). Ohne tarifvertragliche Regelung entstehen aktuell verschiedene anekdotische Modelle einer Entlohnung in neuen Formen der Arbeitsorganisation. Dazu gehören Konzepte wie »Wunschgehalt«, »Bezahlung nach Rollen und Kompetenzen«, »Einheitsgehalt«, »Peer-Entlohnung« und vieles mehr (vgl. dazu ausführlich Franke et al. 2019).

4. Vergütung in der New Work

Der Begriff und das Konzept »New Work« (Bergmann 1977, 2004) wurde vom Sozialphilosophen Prof. Dr. Frithjof Bergmann als Gegenentwurf zu geplanten Massenentlassungen in der amerikanischen Autoindustrie der 1970er Jahre entwickelt. Die damalige Autoindustrie hatte zu diesem Zeitpunkt ein ähnliches gelagertes Problem wie heute. Die Digitalisierung schritt voran, der globale Wettbewerb nahm zu und beides sollte zu Massenentlassungen führen. Bergmann, dessen Karriere sich vom Tellerwäscher bis zum Philosophieprofessor an der Universität in Michigan erstreckt, war bei General Motors in Flint (USA) beschäftigt. Im Rahmen seiner Tätigkeit entwickelte er einen Gegenentwurf, um drohende Massenentlassungen bei GM zu vermeiden. Die Idee: »Die Hälfte der Arbeitszeit sollte man am Fließband erledigen und in der anderen Hälfte der Arbeitszeit herausfinden, was man wirklich, wirklich will« (Hornung 2018).

Um Mitarbeitende dabei zu unterstützen, baute er das Zentrum für Neue Arbeit auf.

Doch das sollte nicht das Ende der Bergmannschen Vision sein, die er über die Arbeitswelt hinaus in die Gesellschaft gedacht hat. Sein Ideal ist ein Drittel klassische Erwerbsarbeit, ein Drittel dezentrale Selbstversorgung und ein Drittel Arbeit, die jemand wirklich, wirklich machen möchte.

Doch was ist nach 50 Jahren geblieben? Heute steht New Work eher allgemeiner für eine Veränderung der Arbeitswelt, in der selbstbestimmtes Handeln anstatt starrer Arbeitsmodelle und Netzwerke statt klassischer Organisationen dominieren (Hackl et al. 2017). Zentral sind dabei Werte und Prinzipien, wie Kollaboration, Kooperation, Ko-Creation, Augenhöhe, Partizipation, Transparenz und ein positives Menschenbild.

In der Folge werden Unternehmen individueller, die Unternehmenskultur aber auch die Ausrichtung auf den/die Kund:innen rückt stärker ins Zentrum des Handelns. Die Folge die Anwendung von Blaupausen funktioniert immer weniger. Unternehmen sind aufgerufen, ihren eigenen Weg zu entwickeln und zu gestalten. Somit ist die Frage »Was ist gute Arbeit aus Sicht der New Work Diskussion?«, nicht so einfach zu beantworten. Ein Versuch: Gute Arbeit ist Arbeit, die den Mitarbeitenden, ihr Umfeld und die Umwelt stärkt – statt sie zu schwächen.

4.1   New Pay

Der Begriff »New Pay« wurde das erste Mal im Herbst 2017 im Rahmen einer Blogparade von Nadine Nobile, Stephanie Hornung und Sven Franke genutzt. Die Idee: New Pay steht für verschiedene neue Vergütungsmodelle, die die Prinzipien von New Work widerspiegeln und sich trotzdem den gesetzlichen Anforderungen stellen. Neu bei dem Ansatz ist das grundsätzliche Fragen ganz neu gestellt werden:

- *Wofür* wollen Unternehmen ihre Mitarbeitenden eigentlich bezahlen? Ist die Grundlage die Leistung, Anwesenheit, Zielerreichung, Verantwortungsübernahme, Kreativität, Berufserfahrung, Stellenbewertung oder gar das Lernen aus Fehlern?
- *Was* wird in einem Vergütungssystem verteilt? Geht es nur um Geld oder gewinnen im Sinne des Total-Compensation-Ansatzes andere Zusatzleistungen wie Verfügbarkeit und Hoheit über die eigene Zeit oder steigende Selbstbestimmung eine immer größere Rolle?
- *Wie* wird verteilt? Sind die Mitarbeitenden eingebunden? Haben sie Transparenz über die Vergütung der anderen? Und wenn ja, nutzt das den Unternehmen oder schadet das sogar? (Franke et al. 2019)

Aus diesen und weiteren Fragestellungen wurde von den Autoren Franke/Hornung/Nobile die Dimensionen von New Pay abgeleitet, die Rahmen gebend für die Entwicklung eines auf New Pay Ansätzen basierenden Vergütungssystems sind.

Gleichzeitig sind diese Dimensionen und die Ausführungen zu New Work die gedankliche Grundlage für das Verständnis von guter Arbeit bei gutem Lohn.

4.2   New-Pay-Grading

Getrieben durch die New-Pay-Dimensionen Fairness und Transparenz ist das Bedürfnis nach Vergleichbarkeit von Stellen auch im New Work-Kontext festzustellen. Unter der Berücksichtigung dieser beiden Treiber fällt die Auswahl des zu Grunde liegenden Verfahrens für Unternehmen leicht. Die Vorteile des analytischen Verfahrens der Arbeitsbewertung wie transparenter Prozess mit nachprüfbaren Ergebnissen, geringer Einfluss von Subjektivität und weniger Diskriminierungspotenziale sind für die Entscheidung ausschlaggebend.

Gleichzeitig zeigt sich in der Praxis, dass die standardisierten Verfahren, die im Markt sind, nicht die Bedürfnisse des Unternehmens und der Mitarbeitenden abdecken, sondern schnell der Eindruck entsteht, dass die abgefragten Kriterien als nicht mehr stimmig oder maßgebend für die veränderte Arbeitswelt wahrgenommen werden. Dieser Nachteil wird auch nicht durch die Möglichkeit eines »einfachen« Marktvergleichs aufgehoben. Somit machen sich zunehmend Unternehmen auf den Weg, ihre eigenen individuellen analytischen Verfahren zu entwickeln, um damit ihre Stellen im Unternehmen vergleichbar zu machen. Der eigene Weg bietet zusätzlich die Möglichkeit, dass Mitarbeiter:innen sich aktiv bei der Entwicklung des unternehmensspezifischen Systems einbringen können. In der Praxis entstehen beispielsweise Freiwilligenteams aus der Mitarbeiterschaft, die das Thema ausarbeiten und dabei die Besonderheiten der eigenen Organisation ins Zentrum stellen.

Ziel dieser Vorgehensweise ist es ein kulturadäquates, faires und auf die Zukunft ausgerichtetes Stellenbewertungsverfahren aufzubauen, das in der Folge von den Führungsverantwortlichen und Mitarbeitenden genutzt wird, um die Stellen in der Organisation zu bewerten. Dabei ist ein Austausch untereinander unabdingbar. Gleichzeitig stärkt dieses Vorgehen den gemeinsamen Blick – das Wir-Denken – der Organisation.

4.3   Das Gehaltschecker-Modell bei Seibert Media

Ein Beispiel für die Anpassung von Gehaltsmodellen ist Seibert Media aus Wiesbaden. Seibert Media hat aus sich heraus ein Gehaltschecker-Modell entwickelt und passt dieses regelmäßig mit wissenschaftlicher Unterstützung an. Seibert Media sagt selbst dazu:

»GehaltsChecks sind etwas, dass Seibert Media von anderen Unternehmen unterscheidet. Während man in vielen Unternehmen nur dann eine Gehaltserhöhung erhält, wenn man laut schreit, vergleichen wir regelmäßig die Einstufungen in den einzelnen Teams und Rollen, um eine leistungsgerechte Bewegung für Mitarbeiter:innen zu schaffen. Wir wollen nicht, dass der/die beste Verhandlungskünstler:in das meiste Budget abgreift, sondern der/die, der/die die beste Leistung erbringt. Der Impuls dafür kann von Mitarbeiter:innen selbst, vom Team oder anderen Kolleg:innen kommen oder sich auch durch die Betrachtung eines anderen Mitarbeiters oder einer anderen Mitarbeiterin ergeben.

Wir bemühen uns, so viele Mitarbeiter:innen wie möglich, in die GehaltsChecks einzubeziehen und bilden für jede Betrachtung ein temporäres, individuelles Gehaltsgremium, das aus dem/der Mitarbeiter:in selbst, einem/einer Gehalts-Checker:in und anderen Kolleg:innen, die die aktuellen Leistungen einschätzen können, besteht und das einen Vorschlag erarbeitet, der dann noch von der GehaltsCheckerrunde geprüft und freigeben wird. Wir legen Geschäftszahlen offen. Mitarbeiter:innen wissen, wie viel Umsatz wir machen, wie viel Gewinn hängen bleibt und wie hoch unser Budget für einen GehaltsCheck ist. Das ist transparent und fair.« (Seibert Media 2021)

Seibert Media zeigt, dass es möglich ist, seinen eigenen Weg zu gehen und gleichzeitig ist auch dieser Weg nur als Inspiration für andere Organisation gedacht.

5.   Die Vergütung individueller Leistung: Bonus, Mitarbeiterbeteiligung und Co.

Bei der leistungsgerechten Vergütung ging der klare Trend die letzten 25 Jahre hin zu individuellen Zielvereinbarungen (MbO – Management by Objectives), die sich möglichst kaskadenförmig von den Unternehmenszielen ableiten lassen sollten. In vielen Trainings lernten Führungskräfte, wie sie smarte Ziele setzen. Nicht zu viele sollten es sein, damit der Fokus erhalten bleibt. Ergänzt wurde das System um das Mitarbeitergespräch, das einmal im Jahr stattfand (manchmal auch mit einem Zwischen-Review zur Jahresmitte) und eine Zielvereinbarung und eine Zielerreichungsüberprüfung beinhaltete. Die Ziele waren entweder quantitativ (und damit leichter messbar) oder qualitativ ausgerichtet. Dazu gab es mehr oder weniger elaborierte Systeme zur Leistungsmessung.

Sowohl die Zielerreichung als auch die Leistungsbeurteilung waren Grundlage für die Vergütung, die Unternehmen entweder als Bonus oder variable Komponente bezahlten. Die Grundlogik hinter dem System war klar: Es gibt eine Person (Vorgesetzter), die eine andere Person (Mitarbeitender) hinsichtlich Zielerreichung und Leistung bewertet (Franke et al. 2017). Auch auf Ebene der Tarifbeschäftigten sind individuelle Leistungszulagen Bestandteil der Vergütung. Während die Zielvereinbarung prägender für den Managementbereich zu sehen ist, hat sich auf Ebene der Tarifbeschäftigten die Leistungsbeurteilung (in der Regel durch den Vorgesetzten) als prägende Entgeltmethode, trotz aller Umsetzungsprobleme, die diese Methode mit sich bringt, durchgesetzt. Leistungsentgelte auf Basis messbarer Bezugsgrößen wie Akkord- oder Prämiensysteme sind mehr und mehr auf dem Rückzug.

Die Grundlagen der Zielvereinbarung stammen von Peter Drucker, der diese in seinem Buch »The Practice of Management« schon 1954 veröffentlichte (Drucker 2006/1954). In seinem Werk sprach er von »Management by Objectives and Self-control«. Es ging also nicht darum, dass Führungskräfte Mitarbeitende kontrollieren, sondern dass beide gemeinsam Ziele vereinbaren, die der Mitarbeitende zur eigenen Steuerung nutzt. Dieser Gedanke der Selbststeuerung und dem damit verbundenen positiven Menschenbild entsprach damals der wissenschaftlichen Ausrichtung.

Eine Weiterführung der MbO-Konzepte stellen die sogenannten OKR-Systeme dar. Objectives and Key Results (OKRs) ist ein Management-System zur zielgerichteten und modernen Mitarbeiterführung. Es ist ein Rahmenwerk zur Zielsetzung (Objectives) und Messung von Ergebniskennzahlen (Key Results; vgl. Lobacher et al. 2017).

5.1   Sind individuelle Bonus-Systeme noch zeitgemäß?

2015 ging ein Beben durch viele Chefetagen und Comp & Ben-Abteilungen. Bosch schafft die individuellen Boni ab. Konkret hieß es, die individuelle Komponente der Short-Term Incentives für Fach- und Führungskräfte wird gestrichen.

Zur Begründung sagte Volkmar Denner, Leiter der Geschäftsführung von Bosch im Interview mit der Frankfurter Allgemeinen Sonntagszeitung »*Motivieren Sie Menschen nur über monetär bewertete Ziele, erhalten Sie am Ende nicht bessere, sondern sogar schlechtere Leistungen.*« In einem Interview mit »Comp & Ben« konkretisierte Norbert Nester, Leiter der Zentralstelle Personalgrundsatzfragen – Vergütung bei Bosch die Entscheidungsfindung: »*Wir arbeiten immer vernetzter an gemeinsamen Aufgaben. In solch einer agilen Arbeitsorganisation ist ein variabler Vergütungsanteil, der die individuelle Zielerreichung betont, nicht mehr zeitgemäß.*« (Dr. Birkner 2016)

Das Beispiel von Bosch zeigt, wie sehr die Arbeitswelt im Wandel ist. Digitalisierung, Agilität, Internationalität, zunehmende Kooperation und Kollaboration sind die Treiber dieser Veränderung. Kaum eine Branche kann sich diesem Wandel entziehen. Die Corona-Pandemie hat dieses wie ein Brennglas mehr als deutlich vor Augen geführt.

5.2 Die Zukunft von Bonus-Systemen in der New Work

Wie das Beispiel Bosch deutlich zeigt, werden individuelle, auf die Person heruntergebrochene Zielvereinbarungen stark zurückgehen. Besonders die, die mit Leistungserwartungen verknüpft sind, da diese schlichtweg nicht mehr differenziert werden können. Der Leistungsgedanke der/des Einzelnen hat den Ursprung im Akkordlohn, da wo die Leistung der/des Mitarbeitenden anhand der Stückzahl sehr einfach gemessen werden konnte. Doch was ist heute individuelle Leistung? Wie kann die persönliche Leistung gemessen werden? Oder wer kann die Leistung beurteilen? Mit diesen Fragen beschäftigen sich immer mehr Unternehmen, ohne eine Antwort für sich zu finden.

Gleichzeitig ist das Thema Boni in Gänze nicht tot. Es wird aber notwendig sein, den Bonus neu zu gestalten, damit dieser den Wandel und die Zukunftsfähigkeit von Unternehmen positiv unterstützt. In der aktuellen Diskussion ist ein Trend zu **temporären Boni** festzustellen, da diese die Möglichkeit bieten, befristet auf Veränderungen in der Organisation zu reagieren. Wenn beispielsweise zeitlich befristet eine Führungsposition übernommen wird, kann für diese Veränderung ein Bonus für den Zeitraum der neuen Position gezahlt werden, ohne dass das Fixum erhöht wird. Letztendlich fördert diese Vorgehensweise mit dem Bonus die Flexibilität der Organisation. Selbstverständlich ist diese temporäre Bonusvariante auch für weitere Kernthemen denkbar und umsetzbar.

Auch das Thema **Mitarbeiterbeteiligung** spielt eine Rolle in den Unternehmen. Doch nach wie vor ist festzustellen, dass das Thema in der Nische ist. Die positiven Effekte sind seit Jahrzehnten bekannt und wurden in unzähligen Studien untersucht. Beispielsweise schreiben Prof. Dr. Michael Wolff und Ulrike Zchoche von der Wirtschaftswissenschaftlichen Fakultät der Georg-August-Universität Göttingen in ihre Studie zur Wirkung der Mitarbeiterbeteiligung am Beispiel der Siemens AG: »Die Ergebnisse zeigen, dass Beteiligungsprogramme die Motivation der Mitarbeiter und ihre Identifikation mit dem Unternehmen stärken können. Des Weiteren sprechen die Ergebnisse dafür, dass sich die Teilnahme an Beteiligungsprogrammen direkt auf das Verhalten der Mitarbeiter auswirken kann und so die individuelle Performance erhöht. Die verbesserte individuelle Performance spiegelt sich auch in einer erhöhten organisationalen Performance wider, so dass davon ausgegangen werden kann, dass Mitarbeiterbeteiligungsprogramme nachhaltig die Unternehmensperformance unterstützen können.« (Wolff et al. 2021)

Auch aus dem Blickwinkel New Pay ist Mitarbeiterbeteiligung nach wir vor ein Zukunftsinstrument, da sie die Dimension Wir-Denken, Partizipation und Fairness stärkt.

6. Projektarbeit und Agilität

Ein weiteres Ergebnis der Veränderung der Arbeitswelt, insbesondere der Erhöhung der Komplexität, ist in vielen Branchen die zunehmende Projektarbeit. Wenn langläufig über Projektarbeit gesprochen wird, werden schnell zwei ganz unterschiedliche Möglichkeiten miteinander vermischt: die Arbeit mit Freelancern und die unternehmensinterne Projektarbeit. Für die weitere Betrachtung ist der Fokus auf die unternehmensinterne Projektarbeit gelegt. Dabei ist ein Projekt als zeitlich befristete, relativ innovative und risikobehafte Aufgabe von erheblicher Komplexität (Gabler Wirtschaftslexikon 2021) beschrieben. Die Zusammenarbeit ist geprägt von temporären Rollen innerhalb der Projekte. Je nach Projektinhalt kann die Rolle des einzelnen Mitarbeitenden in unterschiedlichen Projekten ganz unterschiedlich sein. Und genau das ist die Herausforderung für eine faire Vergütung.

In der Praxis zeigen sich viele Experimente:

- Die Unterscheidung von Haupt- und Nebenrollen, wobei nur die Hauptrolle vergütungsrelevant ist. Der große Nachteil dieses Konzeptes wird in der Frage deutlich, wie die Organisation damit umgeht, wenn sich der »Wert« der Hauptrolle verringert?
- Die Hauptrolle wird über das Fixum vergütet und für Nebenrollen wir ein temporärer Bonus gezahlt.
- Die Einbindung von allen Rollen eines Mitarbeitenden durch festgelegte Faktoren für einzelne Rollen.

Die große Herausforderung für die Vergütung von Rollen ist der Aufbau eines »atmenden Vergütungssystems«, bei dem sich die Vergütung den Rollenkonstellationen anpassen kann und gleichzeitig die gesetzlichen Rahmenbedingungen erfüllt.

Die Vergütung über **Rollen** wird aktuell in tariffreien Unternehmen erprobt, stellt aber auch mittlerweile praktizierte Option für die Vergütung von außertariflichen Beschäftigten dar (AT-Vergütung). Die Übertragung des Konzeptes der Rollenvergütung auf tariflich Beschäftigte ist ebenfalls durchaus vorstellbar, sofern dabei alle tariflichen Bedingungen erfüllt werden können. Hier können Tarifverträge wichtige Rahmenbedingungen bereitstellen, in dessen Regelungskomponenten auch projektförmige Arbeit entlang eines Rollenkonzeptes vergütet werden kann. Hierzu gilt es, an betrieblichen Lösungen zu arbeiten, die diesen Beweis antreten.

Eine spezifische Form der Projektarbeit stellt die agile Arbeitsorganisation dar. Merkmale agiler Arbeitsmethoden sind kurze und sich wiederholende (iterative) Entwicklungs- bzw. Prozessschritte, selbstorganisierte crossfunktionale Teams, ein Wandel der Führungskultur und damit einhergehend zumindest teilweise flache Hierarchiestrukturen. Oftmals geht mit der Einführung agiler Arbeitsmethoden daher auch ein angestrebter Wandel der gesamten Unternehmenskultur und -struktur bzw. einzelner Unternehmensbereiche hin zu einer agilen Organisation einher (Boes et al. 2017; Seibold et al. 2016). So existieren in Scrum, der wohl prominentesten agilen Arbeitsmethode, eigene Rollen, die die beteiligten Personen dabei einnehmen. Diese Rollen sind mit spezifischen Rechten und Pflichten verknüpft, sie beschreiben aber auch Abhängigkeitsverhältnisse, Befugnisse wie auch hierarchische Strukturen untereinander. Aspekte dabei sind etwa teaminterne Dynamiken und Entscheidungsstrukturen sowie Regelungen hinsichtlich eines Konfliktmanagements.

Agile Teams zeichnen sich in ihrer Grundstruktur durch eine gewollte Hierarchielosigkeit und Crossfunktionalität aus: Die Rolle »Mitglied Development-Team« kann daher von Beschäftigten mit verschiedenen Kompetenzen, Qualifikationen und Tätigkeitsanforderungen verknüpft sein. Aktuelle Beispiele für die Erprobung eines Vergütungssystems stellt in diesem Projektformat die Konstruktion von Jobarchitekturen dar, in denen **Job-Profile** in Verbindung mit Job-Leveln und Job-Familien zur Stellenbewertung entwickelt werden.

7.   Guter Lohn für gute Arbeit – ein Ausblick

In den letzten Jahren konnten wir erleben, dass sich immer mehr Unternehmen massiv umbauen. Agilität, flache Hierarchien, Arbeiten auf Augenhöhe und Selbstorganisation halten Einzug und verändern die Struktur von Organisationen nachhaltig. Die klassische Aufbauorganisation wird verdrängt. Das Ziel dieser Transformation ist klar: Es soll eine neue Nähe zum Kunden entstehen bei gleichzeitiger Steigerung der Zufriedenheit des Kunden. Aber nicht nur die Zufriedenheit des Kunden rückt in den Fokus, sondern auch die Erhöhung der Zufriedenheit des Mitarbeitenden.

Während Organisationen kräftig umgebaut werden, wird in vielen Fällen die Vergütungsstruktur unangetastet gelassen. Konkret heißt das: Selbstorganisierte Strukturen treffen auf ein hierarchisch aufgebautes Vergütungssystem. Besonders in der Transformation sind Organisationen aufgerufen, sich auch mit dem vermeintlichen Tabuthema Vergütung zu beschäftigen und dieses iterativ idealerweise im Gleichklang mit der Organisationsentwicklung anzupassen.

Die Erkenntnisse aus anderen Wandlungsprozessen haben gezeigt, dass eine Implementation veränderter Arbeitsorganisation dann erfolgreich war, wenn im Entgeltsystem auf betrieblicher Ebene diese Veränderungsprozesse begleitet wurden. Auf dem Weg in die Digitalisierung und Transformation stellt sich die Frage, ob diese Entwicklungen nun auch erfolgreich durch angemessene Vergütungssysteme begleitet werden. Dabei muss das Ziel sein, sowohl Ideen eines New Pay als auch kollektive Regelungen der Vergütung über (Flächen-)Tarifverträge in moderne Vergütungssysteme einzubinden und zu überführen. Es wird sich zeigen müssen, ob Tarifverträge in der Lage sind, diesen Weg erfolgreich mit zu beschreiten, oder ob in der transformierten Arbeitswelt kein Raum für branchenweite Regelungen zu Entgelt und Leistung verbleibt. Es gilt zu diesem Zeitpunkt – in der Phase des Entstehens neuer Arbeitsorganisationsformen – die betriebliche Entgeltgestaltung bereits mit zu denken, mit zu planen und mit zu gestalten. Neben den schier unerschöpflichen Möglichkeiten, Arbeits- und Produktionsprozesse in der Zukunft durch digitale Prozesse weiterzuentwickeln, darf neben den vielen Herausforderungen, die sich dadurch auf betrieblicher Ebene stellen – die Gestaltung von Arbeit, die Entwicklung von Berufsbildern und beruflicher Qualifizierung, die Berücksichtigung alterns- und altersgerechter Beschäftigung und vieles mehr –, die Begleitung diese Entwicklung auch auf Ebene der Entgeltgestaltung nicht versäumt werden.

Eine Analyse der Anwendung tarifvertraglicher Regelungen auf neue Formen der Arbeitsorganisation hat ergeben, dass Tarifverträge durchaus in der Lage sind, Entgelt und Leistungsbedingungen moderner Arbeit über Tarifverträge und Betriebsvereinbarungen zu gestalten. Der Grad der Ordnungs- und Orientierungstendenzen in Tarifverträgen ist hierbei der entscheidende Faktor (Niewerth 2015). Tarifverträge können hier wichtige Rahmenbedingungen setzen, unter denen zeitgemäße Vergütungsmodelle entwickelt werden. Die betrieblichen Flexibilisierungsanforderungen in der Transformation legen den Fokus auf drei Ebenen von Flexibilität: die Flexibilisierung von Arbeitszeit, von Arbeitsort und nun auch von Arbeitsinhalten. Dabei werden folgende Fragen in Zukunft die Debatte um guten Lohn für gute Arbeit bestimmen: Wie wollen Menschen in Zukunft arbeiten und wofür möchten sie entlohnt werden? Wie verändern sich die Ansprüche an Vergütung? Welchen Wert hat Arbeit und wie bewerten wir Leistung in Zukunft? Die Herausforderungen moderner Entgeltsysteme werden mehr und mehr darin bestehen, auch in der Transformation die Verbindung von Guter Arbeit und Gutem Lohn sicherzustellen.

8. Literatur

Bromberg, T./Haipeter, T./Hecker, O. (2017): Gut geregelt? Entgeltgestaltung für außertariflich Beschäftige am Beispiel der chemischen Industrie. Reihe Praxiswissen Betriebsvereinbarungen der Hans-Böckler-Stiftung, Study Nr. 361 der Hans-Böckler Stiftung, Düsseldorf.

Bergmann, F. H. (1977): On Beeing Free. University of Notre Dame, Paris 1977; Bergmann, Frithjof H: Neue Arbeit, neue Kultur. Arbor, Freiburg 2004.

Birkner, Guido (21.07.2016), Teamgeist zahlt sich bei Bosch aus, *http://totalrewards.de/entgelt/teamgeist-zahlt-sich-bei-bosch-a-62453* (Abruf am 14.02.2021).

Boes, A./Kämpf, T./Langes, B./Lühr, T. (2017): »Lean« und »agil« im Büro. Neue Organisationskonzepte in der digitalen Transformation und ihre Folgen für die Angestellten. Hans-Böckler-Stiftung 193: Arbeit, Beschäftigung, Bildung. Transcript-Verlag: Bielefeld.

Drucker, P. F. (1954): The Practice of Management. HarperBusiness, New York 2006.

Franke, S./Hornung, S./Nobile, N. (2019): New Pay – Alternative Arbeits- und Entlohnungsmodelle, 2019.

Gabler Wirtschaftslexikon, *wirtschaftslexikon.gabler.de/definition/projekt-42861* (Abruf am 14.02.2021).

Hackl, B./Wagner, M./Attmer, L./Baumann, D. (2017): New Work: Auf dem Weg zur neuen Arbeitswelt – Management-Impulse, Praxisbeispiele, Studien. Springer, Wiesbaden 2017.

Hirsch-Kreinsen, H. (2014): Wandel von Produktionsarbeit – »Industrie 4.0«; Soziologisches Arbeitspapier Nr. 38/2014; Hirsch-Kreinsen, H./Weyer, J. (Hrsg.): Wirtschafts- und Sozialwissenschaftliche Fakultät, Technische Universität Dortmund; online abgerufen unter *http://www.wiso.tu-dortmund.de/wiso/is/de/forschung/soz_arbeitspapiere/Arbeitspapier_Industrie_4_0.pdf* (02/2015).

Hirsch-Kreinsen, H. (2015): Entwicklungsperspektiven von Produktionsarbeit. In: Botthof, A./Hartmann, E. (Hrsg.): Zukunft der Arbeit in Industrie 4.0. Berlin, Heidelberg: Springer Verlag, 89–98.

Hornung, S. (2018): Frithjof Bergmann: »Ich ärgere mich sehr, sehr tüchtig«, online verfügbar unter: *www.haufe.de/personal/hr-management/frithjof-bergmann-uebt-kritik-an-aktueller-new-work-debatte_80_467516.html* (Abruf am 13.02.2021).

Ittermann, P./Niehaus, J. (2018): Industrie 4.0 und Wandel von Industriearbeit – revisited. Forschungsstand und Trendbestimmungen. In Hirsch-Kreinsen, H./Ittermann, P./Niehaus, J. (Hrsg.): Digitalisierung industrieller Arbeit. Die Visio Industrie 4.0 und ihre sozialen Herausforderungen. Nomos, edition sigma 2, 33–62.

Jochmann-Döll, A./Tondorf, K. (2013): Betriebliche Entgeltpolitik für Frauen und Männer. Reihe Betriebs- und Dienstvereinbarungen. Hans-Böckler-Stiftung (Hrsg.), Frankfurt am Main: Bund-Verlag.

Lobacher, P./Jacob, C./Haag, J./Schubert, M. (2017): Agiles Zielmanagement Und Modernes Leadership Mit Objectives & Key Results (OKR): Das Umfassende Kompendium. CreateSpace Independent Publishing Platform, 2017.

Meine, H./Ohl, K./Rohnert, R. (Hrsg.) (2014): Handbuch Arbeit – Entgelt – Leistung. 6. Aufl. Bund-Verlag.

Minssen, H. (2017): Industrie 4.0. Ein Strukturbruch? In Hoose, F./Beckmann, F./Schonauer, A. (Hrsg.): Fortsetzung folgt. Kontinuität und Wandel von Wirtschaft und Gesellschaft. Wiesbaden: Springer Verlag, 117–138.

Niewerth, C. (2015): Ein Jahrhundertwerk auf der Zielgeraden: Die Prägekraft tarifvertraglicher Regelungen auf die Förderung moderner Formen von Arbeitsorganisation. Dissertation. Technische Universität Dortmund (Hrsg.). Dortmund.

Putz, M./Klocke, F. (2017): Fraunhofer Leitprojekt E3-Produktion. In: Ressourceneffizienz. Springer Vieweg, Berlin, Heidelberg. *https://doi.org/10.1007/978-3-662-52889-1_9* (Abruf am 18.03.2021).

Revision von betriebliche Lohngestaltung vom 19.02.2018 – 17:06; *https://wirtschaftslexikon.gabler.de/definition/betriebliche-lohngestaltung-29400/version-253008* (Abruf am 05.03.2021)

Schütte, G. (2014): Die vierte industrielle Revolution – Wie verändert sie Deutschland? – Rede anlässlich des SAP Executive Summit 2014 in Fellbach am 23.10.2014. Bundesministerium für Bildung und Forschung (Hrsg.). *https://www.bmbf.de%2Fpub%2Freden%2FRede_StS_SAP_Summit_Industrie_23_10_2014.pdf&usg=AOvVaw02x-OyygF3hxsllbf7goS6* (Abruf am 19.03.2021).

Seibert Media: *infos.seibert-media.net/display/seibertmedia/Gehalt+-+Konzept+und+Zusammensetzung* (Abruf am 14.02.2021).

Seibold, B./Schwarz-Kocher, M./Salm, R. (2016): Ganzheitliche Produktionssysteme. Reihe Praxiswissen Betriebsvereinbarungen der Hans-Böckler-Stiftung, Study Nr. 340. *https://www.boeckler.de/pdf/p_study_hbs_mbf_bvd_340.pdf* (Abruf am 18.03.2021).

Wolff, M./Zschoche, U. (2021): Studie zur Wirkung der Mitarbeiterbeteiligung am Beispiel der Siemens AG, *agpev.de/wp-content/uploads/wirkung_mitarbeiterbeteiligung_siemens_ag.pdf* (Abruf am 14.02.2021).

Manuela Haase

Gleicher Lohn für gleiche Arbeit, Bahlsen-Werk-Varel

Inhaltsübersicht

1. Einleitung

Das Unternehmen Bahlsen, Hersteller von »Feine Backwaren«, wurde vor 132 Jahren als Familienunternehmen gegründet. Insgesamt arbeiten bei Bahlsen 2700 Mitarbeiter:innen, davon allein in Deutschland 1800 Mitarbeiter:innen. Drei Werksstandorte befinden sich in Deutschland, und zwar in Berlin, Barsinghausen und Varel, ein Werksstandort befindet sich in Polen – und nicht zu vergessen der Verwaltungsstandort in Hannover in der Podbielskistraße, an dem der berühmte goldene Keks zu sehen ist.

Die drei deutschen Werksstandorte stellen im Jahr ca. 80 000 Tonnen Kekse und Kuchen, also »Feine Backwaren« her. Der Standort Varel produziert 24 000 Tonnen, davon ca. 6500 Tonnen Kuchen, der Rest sind Kekse.

In Varel steht das kleinste Werk mit 260 Mitarbeiter:innen. Dort arbeiten 140 Männer und 120 Frauen. Zudem wird im technischen Bereich ausgebildet, so dass immer acht bis zehn Auszubildende beschäftigt sind.

Wir, der Betriebsrat Varel, sind ein neunköpfiges Gremium, zuzüglich einer Schwerbehindertenvertretung und einer Jugend- und Auszubildendenvertretung (JAV).

2. Kurzbeschreibung des Projekts

Ziel des Projekts war, eine gleiche Eingruppierung und damit einhergehend eine gleiche Bezahlung von Männern und Frauen für dieselben Tätigkeiten zu erreichen. Das Geschlecht sollte bei der Einstellung und tarifentgeltlichen Eingruppierung keine Rolle mehr spielen. Viele Frauen, die bei Bahlsen Varel als Packerinnen arbeiten, haben erlernte Berufe. Diese erlernten Berufe spielten für die einfachen Packtätigkeiten, für die die Frauen eingestellt wurden, keine Rolle, so dass Frauen für einfache Packtätigkeiten als Packerinnen eingestellt und in die unterste Tarifgruppe des Bundesmanteltarifvertrages der Süßwarenindustrie eingruppiert wurden (Tarifgruppe A2[1]). Männer wurden von vornherein als Produktionshelfer und somit zwei Lohngruppen höher (Tarifgruppe C2[2] des Bundesmanteltarifvertrages der Süßwarenindustrie) eingruppiert. Dies hängt damit zusammen, dass Männer nicht zum Packen der Backware, sondern als Produktionshelfer eingestellt wurden. Die Arbeit des Produktionshelfers umfasst andere Tätigkeiten, wie beispielsweise das Umsetzen von Paletten. Damit geht eine körperlich schwere Arbeit einher, woraus sich die höhere Eingruppierung ergibt. Die Benachteiligung lag darin, dass den Frauen von vornherein ein technischer Sachverstand abgesprochen wurde, so dass erst gar nicht in Betracht gezogen wurde, Frauen als Produktionshelferinnen einzustellen.

Durch eine zunehmende Automatisierung der Produktion bzw. des Packprozesses glichen sich die Tätigkeiten von Frauen und Männern an – die unterschiedliche Eingruppierung blieb jedoch bestehen. Für uns als Betriebsrat galt es, diese ungleiche Behandlung aufgrund des Geschlechts zu verändern.

3. Was war die Ausgangsposition? Warum wurde das Gremium aktiv?

Jahrelang haben Frauen am Packband gesessen und Kekse per Hand auf Qualität geprüft und in Schachteln gepackt.

Im Jahr 2010 wurde die Produktion bzw. der Packprozess einer zunehmenden Automatisierung unterzogen. Das bedeutet: Die Backware musste nicht mehr händisch abgepackt werden, sondern erfolgte durch Anlagen, die von Maschinenführer:innen bedient werden mussten. Damit ging einher, dass die Pack-

---

1   Tarifgruppe A: Ausführen von mechanischen oder schematischen Tätigkeiten einfacher Art, die eine Einweisung erfordern.

2   Tarifgruppe C: Ausführen von mechanischen oder schematischen Tätigkeiten schwieriger Art, die eine Einarbeitung voraussetzen.

Abbildung 1: Besetzung der Packanlage

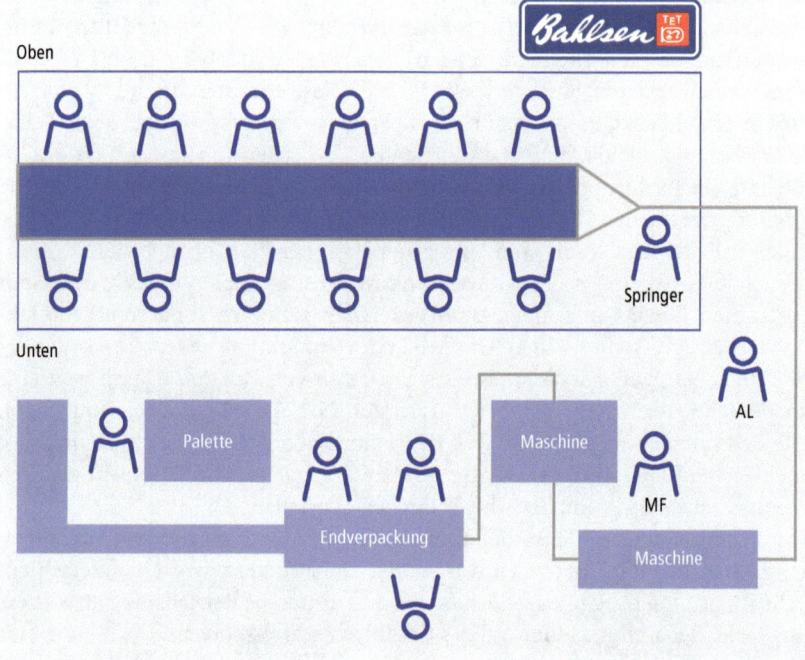

handarbeitsplätze, die ausschließlich von Frauen besetzt waren, komplett wegfallen sollten.

Die letzte Handpackanlage wurde 2011/2012 automatisiert.

Unterschwellig wurde gesagt, dass die Frauen keinen technischen Sachverstand haben, um die Maschinen zu bedienen, Störungen an den Maschinen zu erkennen, diese zu beseitigen und die Reinigungsintervalle durchzuführen.

Der Betriebsrat sah es als Diskriminierung an, dass Frauen nicht qualifiziert werden sollten, um die Maschinen zu bedienen und somit die gleiche Arbeit wie die Männer verrichten zu können. Daran gekoppelt ist zudem die Forderung, dass Frauen die gleiche Eingruppierung für die gleiche Arbeit erhalten sollten. Nach wie vor waren Frauen jedoch zwei Entgeltstufen niedriger eingruppiert als Männer und waren besonders von dem geplanten Stellenabbau im Zuge der Automatisierung betroffen. Dieser Ungleichbehandlung wollten wir als Betriebsrat entgegenwirken. Ziel war es, die Entlassungen der Frauen zu verhindern, die Frauen für die Tätigkeit der Maschinenführerin zu qualifizieren und so eine gleiche Eingruppierung für die gleiche Arbeit zu erreichen (siehe Abbildung 1).

Diese Skizze zeigt, wie die Anlage war vor der Automatisierung besetzt war: zwölf Packerinnen, ein:e Springer:in für Ablösetätigkeiten, drei Mitarbeiterinnen in der Endverpackung, ein:e Maschinenführer:in (MF), ein:e Mitarbeiter:in an der Palette und eine Anlagenleitung (AL).

4. Wie ist das Gremium vorgegangen, um das Ziel zu erreichen?

Erst einmal haben wir als Betriebsrat dafür gesorgt, dass die Frauen einen Ausbildungsplan erhielten, der die nötige Qualifizierung vorsah, dass die Mitarbeiter:innen die Maschinen bedienen, Störungen erkennen und beseitigen und letztlich einen reibungslosen Ablauf unter Arbeitssicherheitsvorgaben gewährleisten können.

Durch die Qualifizierungsmaßnahmen konnte der Stellenabbau so gering wie möglich gehalten und eine Vielzahl an Arbeitsplätzen gesichert werden.

Weiterhin nahmen wir uns den Tarifgruppenkatalog des Bundesrahmentarifvertrages der Süßwarenindustrie vor. Darin sind die verschiedenen Tarifgruppen, wie A2 und C2, und die darunterfallenden Aufgabengebiete für die Süßwarenindustrie beschrieben.

Wir verglichen die Arbeiten und Tätigkeiten, die die Frauen tatsächlich in unserem Werk ausübten und baten die Frauen, dies zu dokumentieren. Das Ergebnis dieser Dokumentation und eines entsprechenden Abgleichs war, dass deutliche Unterschiede zwischen geleisteten Aufgaben und Eingruppierung bestanden.

Das Gremium argumentierte gegenüber dem Arbeitgeber, dass die Tätigkeiten der Kolleginnen wie das Bedienen von Maschinen der höheren Tarifgruppe C2 und nicht der Tarifgruppe A2 für leichte Tätigkeiten entspreche.

So hatten wir Argumente und haben uns dann mit dem Arbeitgeber (im Werk der Werkleiter) zusammengesetzt und ihm das Thema mit den dazugehörigen Unterlagen dargestellt.

Die Frauen hatten gute Vorarbeit geleistet, in dem sie ihre tägliche Arbeit Tag für Tag dokumentiert hatten. So konnten wir nachweisen, dass die eigentlich ausgeführten Tätigkeiten nicht der Aufgabenbeschreibung der Eingruppierung des Bundesmanteltarifvertrags entsprachen. Durch dieses Vorgehen musste der Arbeitgeber einlenken und alle Frauen, die ihren Tätigkeiten nach den Anspruch auf eine Höhergruppierung hatten, wurden so auch höhergruppiert – und das nicht nur in die nächste Entgeltgruppe (B2), sondern gleichgestellt mit den Männern in die übernächste Lohngruppe (C2).

Die Gestaltungsfelder strategischer Personalarbeit

Abbildung 2: Beispiel 1

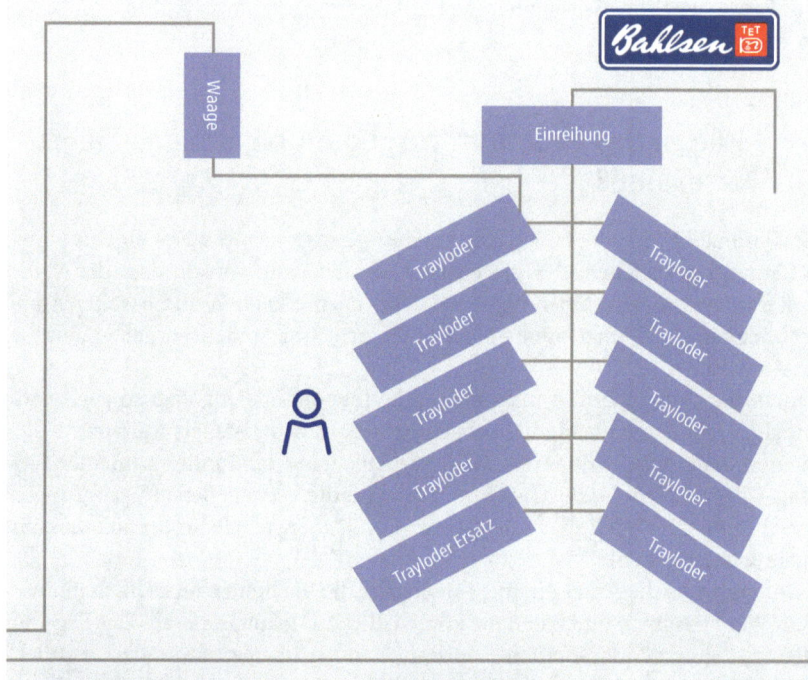

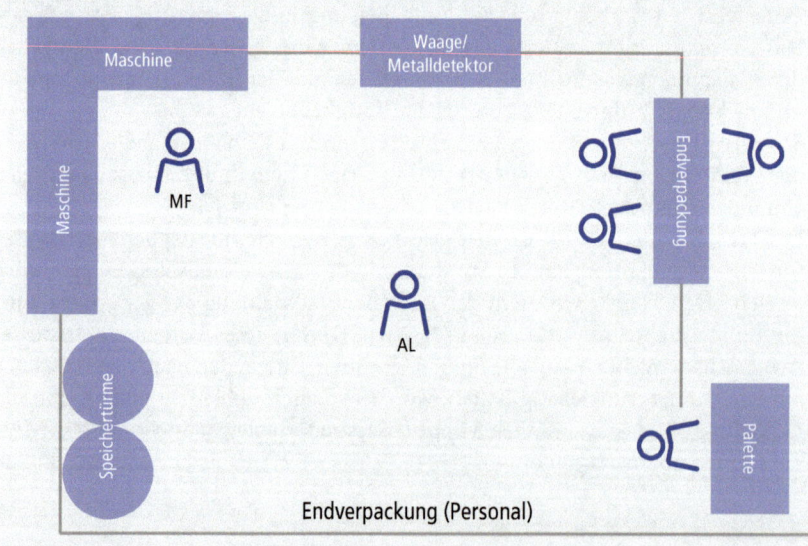

522

Diese Skizze zeigt die Anlage nach der Automatisierung: Eine Mitarbeiterin bedient die Trayloader[3] und befüllt diese mit Trays, in die die Roboterarme die Kekse packen, drei Mitarbeiter:innen arbeiten in der Endverpackung, hinzu kommt ein:e Maschinenführer:in, ein:e Mitarbeiter:in an der Palette und eine Anlagenleitung.

Was war das Ergebnis des Projektes?

Abschaffung der untersten Tarifgruppen des Bundesmanteltarifvertrags in der Süßwarenindustrie im Bahlsen Werk Varel (Tarifgruppen A und B).

Ca. 100 Frauen, also 100 Prozent der Frauen, wurden nach und nach nicht nur in die nächsthöhere Tarifgruppe B2, sondern gleich in die ihnen zustehende Tarifgruppe C2 umgruppiert. Das bedeutete 200 Euro brutto mehr Lohn pro Monat. Die Lohngruppen A und B wurden in unserem Werk in Varel abgeschafft. Durch das Engagement des Betriebsrats wurde also eine Gleichbehandlung der bereits angestellten Frauen erwirkt. Zudem konnten wir erreichen, dass das Geschlecht sowohl bei zukünftigen Einstellungen als auch bei der entsprechenden Eingruppierung keine Rolle mehr spielte und diese ausschließlich anhand der jeweiligen Tätigkeit erfolgte.

Anhand der folgenden Beispiele möchten wir aufzeigen, dass wir uns nicht ausgeruht, sondern weitergemacht haben, um Frauen nicht nur gerecht einzugruppieren, sondern ihnen auch eine ihren Fähigkeiten entsprechende Tätigkeit mit entsprechendem Entgelt zu ermöglichen.

Beispiel 2:

Eine Kollegin, die gelernte Bäckerin ist, wurde ursprünglich als Packerin eingestellt, da zum Zeitpunkt der Einstellung keine Bäcker:innen, sondern nur Packer:innen gesucht wurden. Erst in einem Gespräch zwischen Mitarbeiterin und Betriebsrat stellte sich heraus, dass sie gelernte Bäckerin war und dementsprechend auch als Bäckerin arbeiten könnte. Nachdem sie dem Arbeitgeber ihren Gesellenbrief vorgelegt hatte, wurde ihr durch die Unterstützung des Betriebsrats probeweise eine Stelle als Bäckerin angeboten. Selbstverständlich setzte sich der Betriebsrat dann auch für eine ihrer neuen Tätigkeit entsprechende Höhergruppierung ein. Dieser Prozess gestaltete sich bei der Kollegin deutlich langwieriger als bei männlichen Kollegen. Dieses Beispiel zeigt: Beharrlichkeit zahlt sich aus! Heute übt die Kollegin eine ihren Fähigkeiten und ihrer Ausbildung entsprechende Tätigkeit aus und ist in derselben Entgeltgruppe wie ihre männlichen Kollegen.

Beispiel 3:

Eine Kollegin, die als Maschinenführerin eingestellt wurde, hatte eine technische Ausbildung. In der Schlosserei war eine entsprechende Stelle frei, auf die sich die Kollegin bewarb. Auch hier wurde aufgrund ihres Geschlechts infrage gestellt,

---

3   Trayloader sind eingehauste Roboterarme, die die Trays mit Keksen befüllen.

ob sie überhaupt die schweren Maschinen warten und dementsprechend in die höhere Entgeltgruppe eingruppiert werden könne. Bei Männern mit derselben Ausbildung scheint die Frage nach der (körperlichen) Eignung erst gar nicht gestellt zu werden, während die Kollegin ihre Fähigkeiten trotz zertifizierter Ausbildung infrage gestellt sehen musste. Diese Ungleichbehandlung konnten wir als Betriebsrat nicht hinnehmen und inzwischen erhält die Kollegin den gleichen Lohn wie ihre männlichen Schlosser-Kollegen.

Auch hier war die Herangehensweise die Dokumentation der täglichen Aufgaben und der entsprechende Abgleich mit dem Bundesmanteltarifvertrag der Süßwarenindustrie. So konnten wir Diskrepanzen zwischen der tatsächlichen Tätigkeit und der Aufgabenbeschreibung der entsprechenden Tarifgruppe aufzeigen, wodurch eine Höhergruppierung zwingend wurde.

Auch hier gilt nun: »Gleicher Lohn, für gleichwertige Arbeit.«

Zudem wird an diesen Beispielen deutlich, dass die Gleichstellung von Frauen und Männern in der Arbeitswelt nicht nur eine Frage des Entgelts, sondern auch eine Frage geschlechterspezifischer Stereotype ist, die in diesen konkreten Beispielen dazu führten, dass bestimmte Tätigkeiten eher Frauen bzw. Männern zugeschrieben und zugetraut wurden. Hier führte diese Denkweise letztlich zu einer systematischen Benachteiligung von Frauen in doppelter Hinsicht – ihre Qualifikationen/Fähigkeiten wurden vom Arbeitgeber zunächst nicht berücksichtigt und als Folge dessen wurden sie strukturell in niedrigere Entgeltgruppen eingruppiert. Die Benachteiligung wirkt also auf mehreren Ebenen – sowohl in Bezug auf die Anerkennung ihrer Fähigkeiten als auch in finanzieller Hinsicht.

Beispiel 4:

Aber immer noch nicht genug. Wir hatten Blut geleckt und so sind wir die nächste Tätigkeit angegangen: die Eingruppierung von Kolleginnen und Kollegen in der Anlagenleitung. Der Job der Anlagenleitung wird sowohl von Frauen als auch von Männern ausgeführt. Bei insgesamt 24 Anlagenleitungen liegt der Anteil der Frauen bei 75 Prozent (18 Frauen) und der der Männer bei 25 Prozent (6 Männer).

Hier hat sich über die Jahre auch viel verändert. Gemeinsam mit der Gewerkschaft NGG haben wir 24 Geltendmachungen vorbereitet, bei denen wir die Tätigkeiten von 2012 und heute gegenübergestellt haben. Dabei stellte sich heraus, dass sich die Art der Tätigkeit und damit auch die einhergehende Verantwortung im Vergleich zu 2012 deutlich verändert haben. Leider gestalteten sich diese Verhandlungen für mehr Geld für die Anlagenleitungen schwierig, denn dieser Ausgang wäre richtungsweisend für die anderen Standorte gewesen, also tat man sich da schwer.

Diesen Umstand konnten wir nicht hinnehmen, so dass wir uns gezwungen sahen, mit der Frage nach der Eingruppierung der Anlagenleitung vor Gericht zu ziehen. Dabei wurde ein strukturelles Problem deutlich: In solchen Fällen gilt der

Entgeltrahmentarifvertrag, an dem sich auch Richter:innen orientieren müssen. In unserem Fall handelt es sich um den Tarifvertrag aus dem Jahr 1987 und dieser bildet die aktuellen Tätigkeiten der Anlagenleitung nicht ab. Diese Lücke gilt es zu schließen.

Die Richterin sagte klar, ihr seien die Hände gebunden. Sie sah es jedoch als Aufgabe des Arbeitgebers an, gemeinsam mit dem Betriebsrat eine Zwischenlösung zu finden.

Wir haben dann eine Betriebsvereinbarung zum Thema Anlagenleitungszulagen abschließen können, die gestaffelte Zuschläge für Anlagenleiter:innen vorsieht: Wer die Bedienung ein bis zwei unterschiedlicher Anlagen beherrscht, erhält 50 Euro, bei drei bis vier Anlagen 100 Euro und bei fünf bis sechs Anlagen 150 Euro brutto zusätzlich pro Monat. Zudem wurden Gespräche unter Beteiligung von Mitarbeiter:innen, Betriebsrat und Personalabteilung geführt, um den Kolleg:innen die angemessene Wertschätzung entgegen zu bringen.

An dieser Stelle sei erwähnt, dass sowohl Männer als auch Frauen, die als Anlagenleitung tätig sind, gleichermaßen von dieser Betriebsvereinbarung profitieren.

Insgesamt konnte durch das Projekt erreicht werden, dass wir nun zweimal im Jahr mit der Personalabteilung die Eingruppierungen und die außertariflichen Zulagen überprüfen. Diese Überprüfung ist aus unserer Sicht besonders wichtig, um zu gewährleisten, dass eine den Tätigkeiten entsprechende Eingruppierung auch kontinuierlich in der Praxis umgesetzt wird. Zudem sind wir so immer auf dem aktuellen Stand und Ungerechtigkeiten werden schneller aufgedeckt.

Unser Gremium nimmt darüber hinaus jährlich am Equal Pay Day der NGG teil. Dabei handelt es sich um einen internationalen Aktionstag für die gleiche Bezahlung von Frauen und Männern, bei dem wir auf diese Problematik aufmerksam machen wollen.

Wir haben den EG Scheck (Eingruppierungsscheck einzelner Tätigkeiten, z. B. Facharbeiter:innen, Bäcker:innen im Vergleich mit Anlagenleitung) mit der Gewerkschaft NGG durchgeführt. 2020 war die Ministerin für Soziales, Gesundheit und Gleichstellung aus Niedersachsen, Dr. Carola Reimann, bei uns zu Gast, dieses Jahr unsere Landtagsabgeordnete aus Jever Siemtje Möller, um unser Engagement zu würdigen. Aktuell nehmen wir an einer Studie der Universität Bielefeld und der Hans-Böckler-Stiftung zum Thema Frauen – Digitalisierung – Entgeltgleichheit teil.

Unsere Devise ist weiterhin: Nicht aufgeben und beharrlich bleiben – wir lassen uns nicht abschrecken und machen immer weiter, man darf das Ziel nicht aus den Augen verlieren.

VIII. Arbeitszeit im Spannungsfeld zwischen Vereinbarkeit und Entgrenzung

Angelika Kümmerling/Thomas Haipeter

Arbeitszeitpolitik zwischen den Krisen – Die Entwicklung der Arbeitszeiten im Wandel der Arbeitswelt

Inhaltsübersicht

1. Einleitung

Der verlässliche Strukturen schaffende oder – je nach Blickwinkel – das Arbeitsleben in ein Korsett von 8.00 Uhr bis 17:00 Uhr pressende Arbeitszeitrahmen scheint seine praktische Relevanz zu verlieren. Einerseits ist er seit Jahren für einen wachsenden Anteil der Beschäftigten keine Realität mehr, andererseits ist er für einen anderen Teil auch kein erstrebenswertes Ziel mehr. Vor dem Hintergrund des Demografischen Wandels und Megatrends wie Tertiarisierung, Globalisierung und Digitalisierung haben sich die faktische Arbeits(zeit)welt und gleichzeitig die Ansprüche der Beschäftigten an sie gewandelt – allerdings nicht immer in die gleiche Richtung. Diese Trends manifestierten sich in einer kontinuierlich steigenden Frauenerwerbstätigkeit, einem zunehmenden Anteil von Angestellten und Beschäftigten mit Hochschulausbildung, aber auch Veränderungen wie einer abnehmenden Bindungswirkung von Tarifverträgen sowie einem zunehmenden Bedarf an zeitlicher Flexibilität auf Seiten von Unternehmen und Beschäftigten oder nicht zuletzt einer stabilen Diskrepanz zwischen tatsächlichen und präferierten Arbeitszeiten.

Vor diesem Hintergrund war die Entwicklung der Arbeitszeiten – zumindest bis zur großen Weltwirtschaftskrise 2008/2009 – durch die Aufweichung der jahrzehntelang prägenden gesellschaftlichen Normalarbeitszeit und ihre Ersetzung durch eine als »Individualisierung« erscheinende, tatsächlich aber gruppenspezifische Dispositionen widerspiegelnde, Vielfalt gekennzeichnet. Dies lässt sich beispielhaft anhand des kontinuierlichen Anstiegs von Teilzeitarbeit insbesondere unter Frauen und Müttern illustrieren, dessen Ergebnis das Auseinanderdriften der Arbeitszeiten von Männern und Frauen ist. Andere Beispiele dafür sind die Ausdifferenzierung der Arbeitszeiten nach Beschäftigten- und Qualifikationsgruppen oder schließlich die Flexibilisierung der betrieblichen und individuellen Arbeitszeitorganisation mit widersprüchlichen Folgen für die Beschäftigten.

Auf diese Ausgangssituation traf der Corona-Schock mit disruptiven Auswirkungen auf die Arbeitszeiten und Arbeitsorganisation eines nicht unerheblichen Anteils der Erwerbstätigen. Während vor Corona nur knapp jede:r achte abhängig Erwerbstätige zumindest gelegentlich im Homeoffice arbeiten konnte, erhöhte sich der Anteil während des ersten Lockdowns im Frühjahr 2020 abrupt (Frodermann et al. 2020). Zwar ist diese Ausnahmesituation, in der das Arbeiten von zu Hause häufig ohne jede Vorbereitung der Beschäftigten, an ungeeigneten Arbeitsplätzen und nicht selten zu atypischen Zeiten und in vielen Fällen parallel zu Kinderbetreuung und Homeschooling durchgeführt wurde, weit entfernt von den Ansprüchen, die an gute Arbeit gestellt werden. Dennoch ist zu erwarten, dass diese Extremsituation, die von vielen Beschäftigten selbstorganisiertes und selbständiges Arbeiten verlangte, einen Ausstrahlungseffekt auch auf Post-Corona-Zeiten hat. Neue Konfliktfelder können hier z. B. bezüglich der Frage nach Lage und Verteilung der Arbeitszeit entstehen, aber auch die geschlechtsspezifische Dimension stärker in den Vordergrund stellen (Kohlrausch/Zucco 2020). Der hier skizzierte Rahmen stellt den Spannungsbogen unseres Beitrags dar. Arbeitszeiten umfassen eine große Bandbreite an Aspekten, die für eine Arbeitszeitpolitik von Personalbereichen und Interessenvertretungen wichtig sind. Dazu gehören so unterschiedliche Dimensionen wie die Flexibilisierung von Arbeit durch Gleitzeit und Arbeitszeitkonten, Schichtarbeit und Kurzarbeit, Mobile Arbeit und Homeoffice, Teilzeit- und Vollzeitbeschäftigung, aber auch die Entgrenzung von Arbeit oder die Bedeutung atypischer Arbeitszeiten wie Nacht- und Wochenendarbeit. In diesem breiten Feld der Arbeitszeit(politik) richten wir unseren Fokus auf drei Themen. Erstens beschäftigen wir uns mit der Entwicklung der Arbeitszeiten mit besonderem Fokus auf die Zeit zwischen den Krisen (2010 bis 2019) und untersuchen, ob und inwieweit sich der beschriebene Trend der gruppenbezogenen Ausdifferenzierung der Arbeitszeiten fortgesetzt hat, der Prozess ins Stocken geraten ist oder sogar eine Konvergenz eingesetzt hat. Dabei setzen wir die Entwicklung der tatsächlichen Wochenstunden in Bezug zu den präferierten Arbeitszeiten. Zweitens wird das Thema flexible Arbeitszeiten als Megatrend der Arbeitszeitorganisation behandelt. Wir unterscheiden hier zwischen arbeitnehmer- und arbeitgeberorientierter arbeitszeitbezogener Flexibilität einerseits und zwischen dynamisch-situativen und lebensphasenbezogenen Flexibilitätsinstrumenten andererseits. Der Beitrag endet drittens mit einer Darstellung der arbeitszeitbezogenen Entwicklungen – und insbesondere der Nutzung der Kurzarbeit – während der Covid-19-Pandemie und einem Versuch, die mit ihr assoziierten Effekte in eine längerfristige Perspektive einzuordnen.

2. Die Entwicklung der Arbeitszeit »zwischen den Krisen«

Aus der Vogelperspektive betrachtet sind die durchschnittlichen Arbeitszeiten in Deutschland seit der Wiedervereinigung rückläufig (Abbildung 1). Dabei verschleiert diese auf Mittelwerte fokussierende Betrachtung, dass sich das Arbeitszeitgeschehen in unterschiedlichen Beschäftigten- und Berufsgruppen zunehmend unterschiedlich darstellt und zumindest in einer Betrachtung bis kurz nach der großen Krise der Jahre 2008 bis 2010 »ein fragmentiertes und in mehrfacher Weise polarisiertes Muster« zeigt (Absenger et al. 2014, S. 5). Denn: Vertragliche Vollzeitstandards variieren zwischen 35 Wochenstunden in einzelnen Branchen wie der Metall- und der Druckindustrie und über 40 Stunden für Beamt:innen im öffentlichen Dienst. Wegen der Abnahme der Tarifbindung und der Zunahme der Beschäftigten in AT-Beschäftigungsverhältnissen haben viele Beschäftigte ihre Arbeitszeiten individualvertraglich geregelt. Zudem sind 48 % der abhängig beschäftigten Frauen und rund 11 % der Männer teilzeitbeschäftigt, wobei Teilzeitbeschäftigung eine hohe Varianz hinsichtlich vertraglicher Wochenstunden aufweist. Dementsprechend vielfältig ist das Bild der tatsächlichen Arbeitszeiten. Die Entwicklungen bis zur großen Krise sind unter den Stichworten »Verbetrieblichung« und Ausdifferenzierung bereits ausführlich beschrieben (z. B. Lehndorff 2010). Der folgende Beitrag konzentriert sich daher vor allem auf die Entwicklungen nach der Wirtschaftskrise bis zu der aktuellen pandemiebedingten Krise.

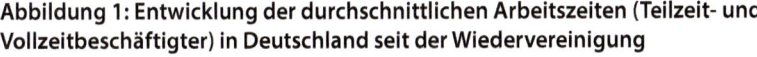

Abbildung 1: Entwicklung der durchschnittlichen Arbeitszeiten (Teilzeit- und Vollzeitbeschäftigter) in Deutschland seit der Wiedervereinigung

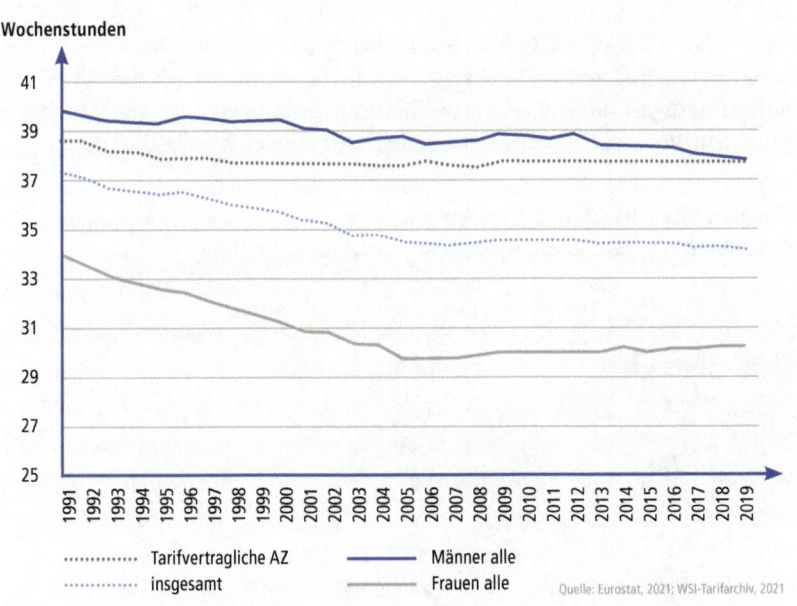

Die Arbeitszeitentwicklung seit Ende der Wirtschaftskrise 2009 kann als Phase der Konsolidierung[1] und – zumindest ansatzweise – der Umverteilung der Arbeitszeit zwischen Männern und Frauen betrachtet werden (Tabelle 1). Während die tariflichen Arbeitszeiten im Beobachtungszeitraum mit durchschnittlich 37,7 Wochenstunden stabil geblieben sind, sind die üblichen oder normalerweise geleisteten Arbeitszeiten geringfügig zurückgegangen (-0,2 Stunden zwischen 2010 und 2019); eine Entwicklung, die sich in den letzten Jahren vor allem mit dem Anstieg der Teilzeitarbeit erklären ließ. In der letzten Dekade ist der Entwicklungsverlauf allerdings komplexer. Zunächst lässt sich feststellen, dass die Entwicklung der Arbeitszeiten insgesamt vor allem von Veränderungen der Arbeits-

---

1 Der Anstieg in den Arbeitszeiten in den Jahren der Krise ist ein methodisches Artefakt und auf Änderungen in der Frageformulierung des Mikrozensus zurückzuführen (Kümmerling/Lazarevic 2016).

zeiten der Männer getrieben ist, deren Arbeitszeitdauer sich um nahezu eine Stunde verkürzt hat, während die Arbeitszeiten der Frauen im Gegenzug leicht gestiegen sind. Als Resultat hat sich auch die Gender Time Gap (GTG) deutlich reduziert, auch wenn sie nach wie vor auf hohem Niveau bleibt. Die Analyse der Beschäftigtengruppen zeigt zudem, dass die Entwicklung auch von den Vollzeitbeschäftigten getragen wird; sowohl bei vollzeitbeschäftigten Männern als auch bei Frauen gehen die Arbeitszeiten im Zeitverlauf zurück, dabei wiederum bei den Männern etwas stärker als bei den Frauen. Anders fällt dagegen die Bewegung bei den Teilzeitbeschäftigten aus. Hier finden wir einen deutlichen Anstieg bei den Arbeitszeiten weiblicher Beschäftigter, während sich die der Männer nur geringfügig erhöhen. Da die tariflichen Arbeitszeiten unverändert geblieben sind, deutet dies auf einen Rückgang der Überstunden hin (IAB 2018).

Tabelle 1: Die Entwicklung der wöchentlichen Arbeitszeiten im Zeitverlauf nach Geschlecht und insgesamt, für Voll- und Teilzeitbeschäftigte

	2010	2011	2012	2013	2014	2015	2016	2017	2018	2019
Tarifvertrag-liche AZ[1]	37,7	37,7	37,7	37,7	37,7	37,7	37,7	37,7	37,7	37,7
AZ insgesamt	34,6	34,6	34,6	34,4	34,5	34,4	34,4	34,3	34,3	34,2
Männer alle	38,8	38,7	38,8	38,5	38,4	38,3	38,3	38,1	38,0	37,9
Frauen alle	30,1	30,0	30,1	30,0	30,2	30,1	30,2	30,2	30,3	30,3
GTG AZ	8,7	8,7	8,7	8,5	8,2	8,2	8,1	7,9	7,7	7,6
VZ insgesamt	40,6	40,7	40,7	40,6	40,5	40,5	40,4	40,3	40,2	40,2
Männer VZ	41,0	41,1	41,2	41,0	40,9	40,9	40,8	40,7	40,6	40,6
Frauen VZ	39,8	39,8	39,9	39,8	39,7	39,7	39,6	39,5	39,5	39,5
GTG VZ	1,2	1,3	1,3	1,2	1,2	1,2	1,2	1,2	1,1	1,1
Frauen TZ	18,7	18,6	18,8	19,4	19,7	19,8	20,1	20,1	20,3	20,5
Männer TZ	17,1	16,2	16,3	16,6	16,6	16,8	16,9	16,9	17,0	17,3
GTG TZ	1,6	2,4	2,5	2,8	3,1	3,0	3,2	3,2	3,3	3,2

1) WSI-Tarifarchiv

Quelle: Eurostat, 2021

Eine Betrachtung der Arbeitszeiten nach Arbeitszeitformen zeigt zudem, dass der Trend der extremen Auseinanderdifferenzierung in sehr kurze und sehr lange Arbeitszeiten gestoppt zu sein scheint und sich die Arbeitszeiten – langsam –

anzunähern scheinen.[2] Insgesamt weisen die Daten auf eine Tendenz zu längeren Teilzeitformen und eine Abkehr von der langen Vollzeit auf (Abbildung 2).

Abbildung 2: Anteil abhängig Beschäftigter in unterschiedlichen Arbeitszeitformen im Zeitvergleich

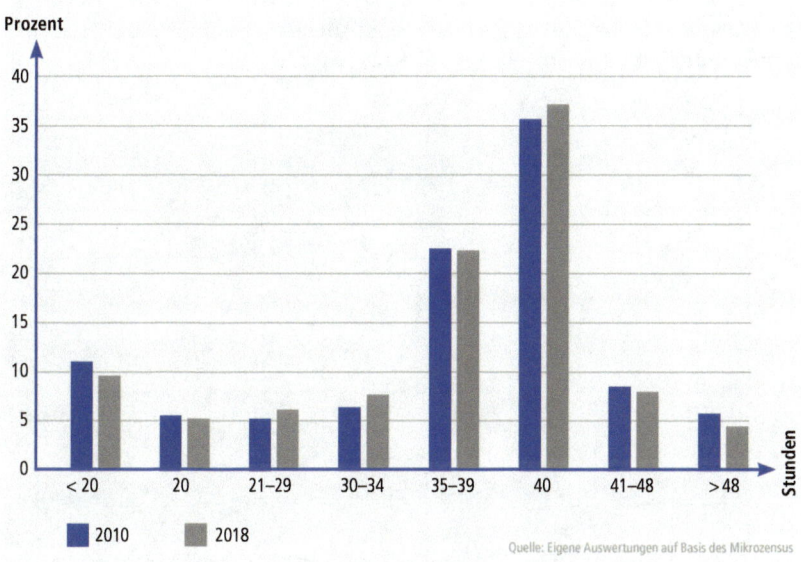

Quelle: Eigene Auswertungen auf Basis des Mikrozensus

Die geschlechtsvergleichende Perspektive zeigt dabei auf, dass sich die Arbeitszeitrealitäten von Männern und Frauen weiterhin diametral voneinander unterscheiden: Während es bei Männern nur vergleichsweise wenig Varianz in den Arbeitszeiten gibt, streuen die Arbeitszeiten der Frauen so stark, dass von einem allgemeinen Arbeitszeitstandard nicht die Rede sein kann – gerundet arbeiten genauso viele Frauen kurze Teilzeit (bis zu 20 Stunden) wie klassische Vollzeit (40 Stunden). Die Beobachtung des Zeitverlaufs zeigt aber, dass gerade an den Rändern, also dort, wo die Belastungen, seien sie finanzieller oder gesundheitli-

---

2   Für die vorliegende Darstellung haben wir, analog zu früheren Vorgehensweisen, die Unterteilung in verschiedene Teilzeitformen (kurze Teilzeit, 50 % der Standardarbeitszeit und lange Teilzeit) sowie kurze und lange bzw. überlange Vollzeit gewählt. Dabei definieren wir die verschiedenen Teilzeit- und Vollzeitformen wie folgt: kurze Teilzeit: bis zu 20 Wochenstunden, 50 % der Standardarbeitszeit: 20 Wochenstunden, lange Teilzeit: 21–29 Wochenstunden, kurze Vollzeit: 30–35 Stunden, Vollzeit: 36–39 Wochenstunden, Standardvollzeit: 40 Wochenstunden, lange Vollzeit: 41–47 Wochenstunden, überlange Vollzeit: 48 oder mehr Wochenstunden.

cher Art zunehmend bedenklich sind, Wandel zu verzeichnen ist (Abbildung 3: Männer und Frauen in verschiedenen Teilzeit- und Vollzeitformen nach Stundenintervallen im Zeitvergleich [2010 und 2018]). Das heißt: Frauen arbeiten seltener in kurzer Teilzeit, Männer dagegen weniger in langer Vollzeit. Auffällig ist dabei auch der Anstieg des Frauenanteils bei der kurzen Vollzeit.

Abbildung 3: Männer und Frauen in verschiedenen Teilzeit- und Vollzeitformen nach Stundenintervallen im Zeitvergleich (2010 und 2018)

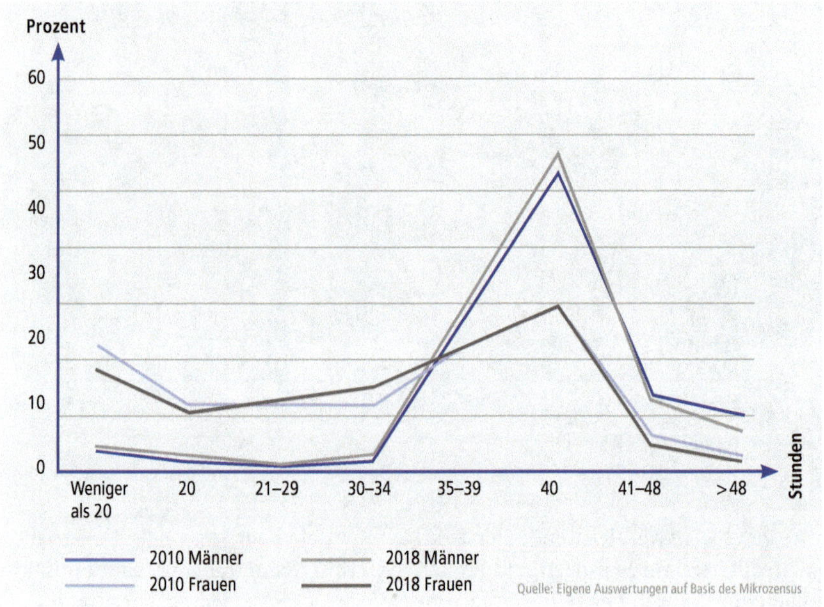

Entscheidend für die Integration von Frauen in den Arbeitsmarkt ist immer noch, ob (kleine) Kinder zum Haushalt gehören. Deshalb betrachten wir im folgenden Abschnitt, inwieweit sich die Arbeitszeiten in den letzten Jahren in Abhängigkeit der Lebensphasen verändert haben.

2.1 Die Bedeutung der Lebensphasen und Haushaltssituation für die Arbeitszeiten

Die Entscheidung, erwerbstätig zu sein, aber auch das von Frauen gewählte Arbeitszeitvolumen werden in Deutschland traditionell stark vom Familienstand und der jeweiligen Lebensphase beeinflusst (vgl. Kümmerling/Postels 2020). Hinzu kommt, dass es bis vor kurzen bei einmal reduzierter Arbeitszeit kein

Rückkehrrecht auf das Vollzeitvolumen gab (wie es die neuen Tarifverträge und die sogenannte Brückenteilzeit gewährleisten) und die Verkürzung der Arbeitszeit oftmals in die sogenannte Teilzeitfalle führte (Bundesregierung 2017). Ursachen hierfür sind auf der einen Seite Unternehmen, die Teilzeitbeschäftigten die Rückkehr oder Stundenaufstockung auf einen Vollzeitarbeitsplatz nicht ermöglichten, auf der anderen Seite aber auch die Spezialisierung der Partner auf bestimmte Lebensbereiche, die eine Neuorganisation der familiären Arbeitsteilung erschweren.

Abbildung 4 illustriert, wie sehr die wöchentlich geleisteten Arbeitszeiten von Frauen auch gegen Ende der zweiten Dekade des 21. Jahrhunderts durch ihre spezifische Haushaltssituation oder Lebensphase beeinflusst sind, während die der Männer davon nahezu unbeeinflusst bleiben. Zwar arbeiten Männer in jeder Lebensphase länger als Frauen, aber die Unterschiede sind bei alleinstehenden Männern und Frauen ohne partnerschaftliche oder familiäre Verpflichtungen vergleichsweise gering. Dagegen klaffen die Arbeitszeiten in Haushalten mit kleinen Kindern weit auseinander. Mütter in Haushalten mit kleinen Kindern arbeiten im Durchschnitt 9,7 Stunden weniger als Frauen in Paarhaushalten ohne Kinder und 12,8 Stunden weniger als Väter in der gleichen Situation. Die Arbeitszeiten sind noch geringer für Frauen, deren jüngstes Kind zwischen 7 und 12 Jahre alt ist. Dies ist ein Ergebnis, das wir so auch früher schon gefunden haben, wobei die Ursache für dieses Muster nicht ganz klar ist (Kümmerling 2018). Auffällig ist jedoch: Während die Arbeitszeiten von Vätern, deren Kinder mit im Haushalt leben, konstant hoch sind, sind die der Mütter über die gesamten entsprechenden Lebensphasen hinweg konstant niedrig. Es zeigt sich das typische »Badewannenmuster«. Im Zeitvergleich hat sich an diesem Grundmuster zwar nicht viel geändert, doch haben sich im letzten Jahrzehnt auf Seiten der Frauen mit betreuungspflichtigen Kindern im Haushalt signifikante Niveauverschiebungen ergeben. Mütter, insbesondere mit Kindern im Alter zwischen 7 und 12 Jahren, arbeiten 2018 deutlich länger als noch 2010.

Abbildung 4: Arbeitszeit von Männern und Frauen in verschiedenen Lebensphasen im Zeitvergleich (Mittelwerte)

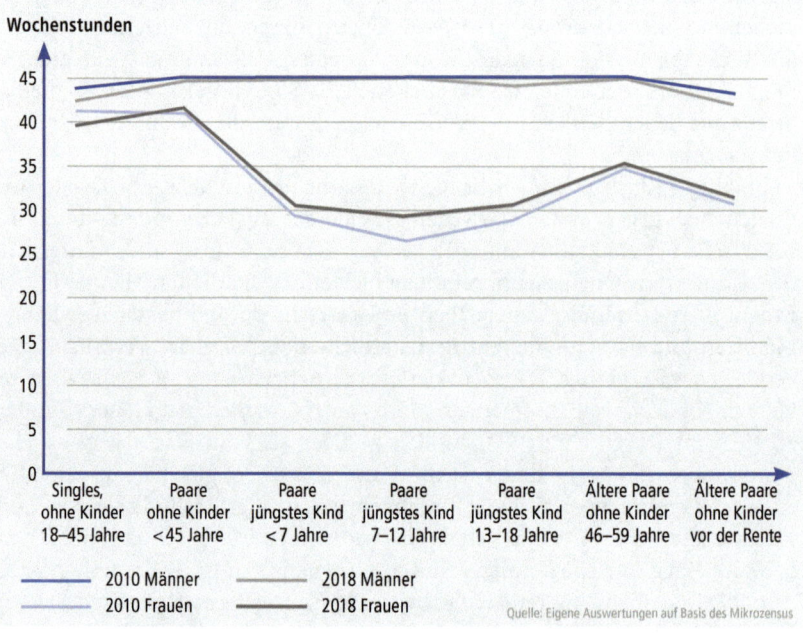

Quelle: Eigene Auswertungen auf Basis des Mikrozensus

An diese Ergebnisse schließt sich die Frage nach den Ursachen für das veränderte Arbeitszeitverhalten von Müttern an. Motor der Frauenerwerbstätigkeit sind sicherlich weiterhin die Kombination des Ausbaus von Kinderbetreuungseinrichtungen, das Recht auf einen Betreuungsplatz für Kinder ab dem vollendeten ersten Lebensjahr und nicht zuletzt die Einführung der Elternzeit und des Elterngelds (Plus). Frühere Studien konnten bereits den beschäftigungs- und arbeitszeitwirksamen Effekt des Elterngeldes belegen (Kluve/Schmitz 2014). Allerdings zeigen Analysen zu geschlechtsspezifischen Unterschieden in Arbeitszeiten auch wiederholt, dass für Mütter und Väter weiterhin unterschiedliche und persistierende Arbeitszeitstandards gelten. Als Ursache wird immer wieder diskutiert, dass Elterngeld und ein breiteres Kinderbetreuungsangebot im Widerspruch zu der arbeitszeitverkürzenden Wirkung des Ehegattensplittings und des Steuerklassensystems stehen (u. a. Kümmerling et al. 2017).

2.2 Arbeitszeitpräferenzen

Als Arbeitszeitpräferenzen werden Arbeitszeiten verstanden, die sich Beschäftigte wünschen, unabhängig davon, ob sie diese Zeiten auch realisiert haben oder absehbar realisieren können. Damit geben die Präferenzen Aufschluss über die Diskrepanzen zwischen Arbeitszeitwirklichkeit und Arbeitszeitwünschen. Arbeiten Beschäftigte länger, als sie gerne arbeiten würden, spricht man von einer Überbeschäftigung, im umgekehrten Fall von einer Unterbeschäftigung. Die erfassten Wünsche oder Präferenzen beziehen sich zumeist nur auf die Dimension der Dauer der Arbeitszeiten, nicht hingegen auf ihre Verteilung oder ihre Lage. Dies liegt daran, dass in den Arbeitszeiterhebungen Wünsche nur mit Blick auf diese Dimension erfasst werden. Dies vorangestellt beziehen wir uns im Folgenden auf Untersuchungen und eigene Erhebungen im Umgang mit dem SOEP,[3] das von der ganz überwiegenden Zahl der Forscher:innen zur Bestimmung der Arbeitszeitpräferenzen herangezogen wird.

Der Blick auf die Entwicklung der Arbeitszeitwünsche von Beschäftigten in Westdeutschland zeigt eine relative Stabilität der Präferenzen im Zeitverlauf bei einem leichten Rückgang seit 2012. Männer präferieren höhere Arbeitszeiten als Frauen; die Differenz zwischen den Geschlechtern ist allerdings im Zeitverlauf von gut zwölf Wochenstunden auf knapp elf Stunden gesunken. Neben dieser leichten Annäherung der Wunscharbeitszeiten ist die enge Bindung des Verlaufs der Wunscharbeitszeiten an die vertraglichen Arbeitszeiten auffällig. Beide Größen verlaufen sowohl für Frauen als auch für Männer parallel und sind in der Höhe fast deckungsgleich. Eine deutliche Kluft hingegen besteht zu den tatsächlichen Arbeitszeiten. Sowohl Männer als auch Frauen sind in dieser Perspektive mit Blick auf die tatsächlichen Arbeitszeiten überbeschäftigt, und zwar Frauen im Schnitt um rund 1,5 Wochenstunden, Männer hingegen um nahezu vier Wochenstunden (Abbildung 5). Vor allem Männer haben also den Wunsch, weniger zu arbeiten als sie dies tatsächlich tun.

---

3 Für die Erfassung solcher Präferenzen existieren in Deutschland zwei zentrale Datenquellen, das Sozio-oekonomische Panel (SOEP) und der Mikrozensus des Statistischen Bundesamtes. Beide Quellen lassen sich allerdings kaum miteinander in Einklang bringen, weil sie sehr unterschiedliche Ergebnisse liefern. Aufgrund methodischer Erwägungen (Rengers et al. 2017) und weil die Angabe zu Arbeitszeitpräferenzen im Mikrozensus zum Teil auf freiwilliger Basis erfolgt, stützen wir uns im Folgenden auf Analysen des SOEP.

Abbildung 5: Gewünschte, vertragliche und tatsächliche Wochenarbeitszeiten im Zeitverlauf 2000 bis 2014 für Westdeutschland

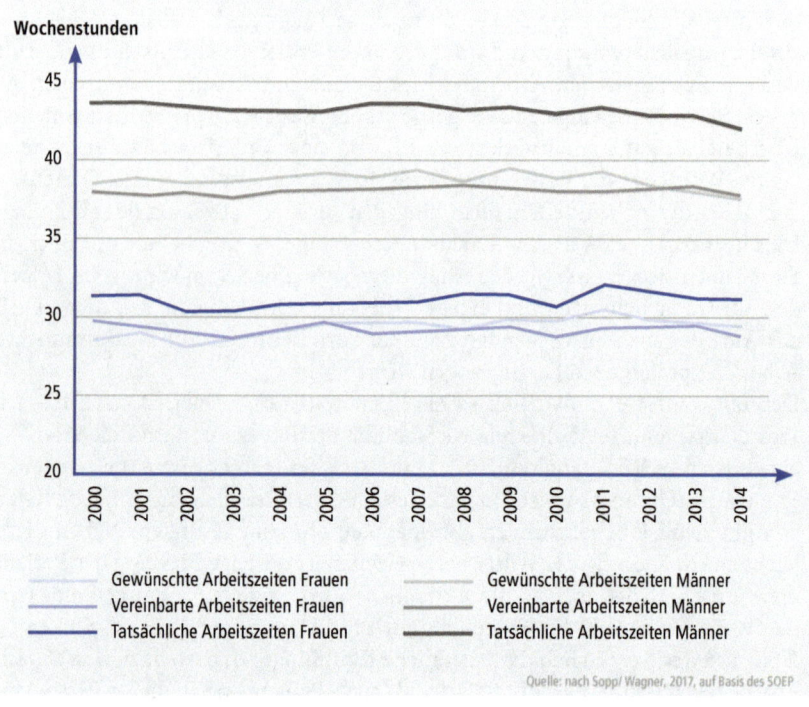

Quelle: nach Sopp/ Wagner, 2017, auf Basis des SOEP

Allerdings verdeckt der Blick auf die durchschnittlichen Wochenarbeitszeiten, wie oben beschrieben, die Vielfalt der Arbeitszeitrealitäten, die sich durch unterschiedliche Vollzeitstandards, vor allem aber auch durch die Unterschiede zwischen Voll- und Teilzeitstandards ergeben. Dementsprechend vielfältig ist das Bild der tatsächlichen Arbeitszeiten und der Arbeitszeitwünsche der Beschäftigten entlang ihrer Stundenintervalle. Die Arbeitszeitintervalle werden von Sopp und Wagner (2017) in vier größere Gruppen aufgeteilt (die kurze Vollzeit bis 20 Wochenstunden; die lange Teilzeit bis unter 35 Stunden; die Vollzeitnorm bis unter 45 Sunden; die überlangen Arbeitszeiten ab 45 Stunden). In der Nahbetrachtung dieser Gruppen lassen sich folgende Beobachtungen machen: Kurze Teilzeit ist eine Domäne weiblicher Beschäftigung. Allerdings weisen die Daten darauf hin, dass in dieser Teilzeitform eine Überbeschäftigung vorliegt, was auf eine unfreiwillige Teilzeitbeschäftigung in diesem Stundenintervall schließen lässt (Sopp/Wagner 2017). Auch in der langen Teilzeit arbeiten vorrangig Frauen; hier besteht aber sowohl bei Frauen als auch bei Männern ein Wunsch nach diesen Arbeitszeiten, der den tatsächlichen Beschäftigungsanteil deutlich übersteigt und damit eine ausgeprägte Unterbeschäftigung nahelegt. Im Rahmen der Vollzeitnorm wiederum zeigt sich eine deutliche Präferenz der Männer und, auf niedrigerem Niveau, auch der Frauen für eine 40-Stunden-Woche. Diese Präferenz lässt sich vor allem daraus erklären, dass Männer und Frauen mit einer tatsächlichen Arbeitszeit jenseits der 40 Stunden und vor allem auch mit 45 Stunden und mehr gerne weniger arbeiten würden.

Unterschiede existieren auch entlang der Lebensphasen im Lebensverlauf der Beschäftigten (Schmidt et al. 2000). Danach besteht bei Männern ab dem 30. Lebensjahr ein deutlich erkennbarer Wunsch nach Arbeitszeitverkürzung; im Altersbereich zwischen 39 und 45 Jahren würden Männer im Durchschnitt ihre Arbeitszeit gerne um über drei Stunden reduzieren, danach nimmt dieser Wunsch leicht ab. Der Wunsch nach Arbeitszeitverlängerung spielt demgegenüber bei den weitgehend vollzeitbeschäftigten Männern kaum eine Rolle. Auch bei Frauen lässt sich eine Präferenz für Arbeitszeitverkürzungen nachweisen. Dieser ist allerdings weniger ausgeprägt als bei Männern, setzt bereits ab dem 25. Lebensjahr ein und bleibt bis zum 52. Lebensjahr auf einem Niveau von rund zwei Stunden. Demgegenüber haben bei den Frauen aber Verlängerungswünsche ein größeres Gewicht. Ab dem 32. und bis zum 59. Lebensjahr liegen diese zwischen 2,5 und über drei Stunden pro Woche; zumeist handelt es sich dabei um den Wunsch, eine längere Teilzeit oder eine Vollzeitstelle zu bekleiden, wenn die Phase der Geburt von Kindern und deren Kleinkindalter abgeschlossen ist.

Insgesamt lässt sich an den Daten erkennen, dass sich sowohl Männer als auch Frauen eine gleichmäßigere Aufteilung der Arbeitszeiten wünschen. Dabei existieren allerdings systematische Unterschiede zwischen Personengruppen in Paarhaushalten, die sich nach Harnisch et al. (2018) auf verschiedene Restriktionen zurückführen lassen, denen sich die Beschäftigten ausgesetzt sehen. Dazu gehören eine schlechte Wirtschaftslage und Arbeitskraftnachfrage, vor allem aber auch ein mangelndes Angebot an Kinderbetreuungsmöglichkeiten. Demnach würde eine Beseitigung dieser Restriktionen zu einer durchschnittlichen Zunahme der Arbeitszeiten von Frauen um etwa 25 % führen. Nach Weber und Zimmert (2018) spielt zudem die berufliche Autonomie eine wichtige Rolle als Erklärungsfaktor für Arbeitszeitwünsche; eine geringe Autonomie trägt zu kürzeren tatsächlichen Arbeitszeiten und einem Wunsch nach längeren Arbeitszeiten bei, eine hohe Autonomie führt hingegen tendenziell zu Überbeschäftigung.

Das Problem der Restriktionen wirft die Frage nach der Realisierungschance von Arbeitszeitpräferenzen auf. Dazu stellen Sopp und Wagner (2017) in ihrer Analyse des SOEP fest, dass im Jahr 2013 etwa 45 % der Beschäftigten ihre Arbeitszeitwünsche realisieren konnten, gut die Hälfte hingegen nicht. Die größte Realisierungschance mit einer Wahrscheinlichkeit von 75 % haben demnach die Beschäftigten, die ihre Arbeitszeiten nicht verändern wollen. Veränderungswünsche haben demgegenüber nur eine Wahrscheinlichkeit der Realisierung von 24 %, darunter weisen Verlängerungswünsche eine größere Realisierungschance auf als Verkürzungswünsche. Seifert et al. (2016) kommen in ihrer Untersuchung der SOEP-Daten zu dem Befund, dass Beschäftigte nach drei Jahren ihre Verkürzungs- oder Verlängerungswünsche – die in die Untersuchung erst ab einem Umfang von mindestens fünf Stunden einbezogen wurden – um drei oder mehr Stunden zu 41 % resp. zu 43 % auch umsetzen konnten. Dabei unterscheiden sich die Chancen einer Annäherung von Wunsch und Wirklichkeit zwischen Männern und Frauen kaum. Arbeitszeitverlängerungen sind besser für Beschäftigte mit kurzen Arbeitszeiten in kleineren Betrieben umsetzbar, Arbeitszeitverkürzungen hingegen für Beschäftigte mit überlangen Arbeitszeiten und in Betrieben mit bis zu 200 Beschäftigten. Insbesondere wird demnach die Realisierung von Arbeitszeitwünschen durch Jobwechsel begünstigt; auf diese Weise können den Befunden zufolge 55 % der Beschäftigten ihren Verkürzungswusch und sogar 66 % ihren Verlängerungswunsch auch praktisch umsetzen.

Die Umsetzung der Wünsche in die Wirklichkeit kann einen wichtigen Beitrag dazu leisten, die Zufriedenheit und Gesundheit und damit auch die Produktivität der Beschäftigten zu erhöhen (Harnisch et al. 2018). Dabei sind zum einen die Unternehmen gefordert, die einen flexiblen Arbeitszeitrahmen zur Verfügung stellen sollten, der den Beschäftigten die Möglichkeit bietet, ihre Arbeitszeiten entlang ihrer lebensphasenbezogenen Bedürfnisse zu gestalten. Zum anderen kommt der Politik die Aufgabe zu, die Kinderbetreuung und die rechtlichen Möglichkeiten der Arbeitszeitgestaltung weiter auszubauen; mit Regelungen wie der Brückenteilzeit sind dazu wichtige Schritte eingeleitet worden.

3. Arbeitszeitflexibilität – immer verbreiteter, immer mehr Facetten

Die Verteilung der Arbeitszeit in Deutschland ist seit den 1980ern immer flexibler geworden – und eine Abkehr von diesem Trend ist nicht abzusehen. Der Zuwachs betrifft nahezu alle Dimensionen und Arten von Flexibilität. Dies gilt sowohl für atypische Arbeitszeitlagen – immer mehr Beschäftigte arbeiten nachts, am Abend oder am Wochenende – als auch für die Verbreitung von Instrumenten der flexiblen Arbeitszeitgestaltung wie Arbeitszeitkonten, insbesondere nach den guten Erfahrungen mit diesem Instrument in der Wirtschaftskrise (Ellguth et al. 2018). Berechnungen des IAB zeigen, dass der Anteil der Betriebe mit Arbeitszeitkonten sich seit 1999 fast verdoppelt hat und im Jahr 2016 35 % beträgt (wobei Arbeitszeitkonten ungleich in den Branchen verteilt sind). Bei rund 40 % der Arbeitszeitkonten handelt es sich um sogenannte Kurzzeitkonten, deren Ausgleichszeitraum zwischen sechs Monaten und einem Jahr variiert und die vor allem für die Anpassung der Arbeitszeit an kurzfristige Schwankungen des Arbeitsvolumens verwendet werden; die anderen Konten weisen längere Ausgleichszeiträume auf oder sind als Langzeitkonten konzipiert, die potenziell die gesamte Beschäftigungsbiografie umfassen. Im gleichen Zeitraum hat sich der Anteil der Beschäftigten mit Arbeitszeitkonto entsprechend von 35 % auf 56 % erhöht.

Instrumenten der flexiblen Arbeitszeitgestaltung wird eine Reihe von positiven kurzfristigen und langfristigen Wirkungen zugesprochen. Sie sollen gleichzeitig die Interessen von Arbeitnehmer:innen und Arbeitgeber:innen bedienen, sind also in der Lage, sowohl Arbeitsspitzen aufzufangen, als auch den zeitlichen Bedürfnissen von Beschäftigten, insbesondere von Eltern, entgegenzukommen und stellen so potenziell eine Win-win-Situation her (Munz 2006). Entsprechend gaben in einer Online-Studie 71 % der vollzeitbeschäftigten Teilnehmer:innen an, dass flexible Arbeitszeiten bei der Entscheidung für ihren aktuellen Arbeitsplatz eine sehr wichtige oder wichtige Rolle gespielt haben (Kunst 2019). Auf der anderen Seite steigt der Anteil der Betriebe, die zunehmend mehr flexible Arbeitszeitmodelle im Portfolio haben und angeben, auf die besondere Bedarfslage von Eltern Rücksicht zu nehmen (Unternehmensmonitor Familie 2019). Auch auf politischer Ebene wird ein höherer Flexibilitätsbedarf signalisiert. Seit einigen Jahren fordert z. B. die BDA eine Aufhebung der täglichen Höchstarbeitszeit zugunsten einer wöchentlichen und stellt auch hier einen Bezug zu der oben zitierten Win-win-Situation her. Oftmals wird in der Diskussion jedoch übersehen, dass die zeitlichen Anforderungen von Arbeitgeber:innen und Arbeitnehmer:innen im Widerspruch zueinander stehen können und die Flexibilität des einen immer auch die Flexibilität des anderen bedeutet. Vor diesem Hintergrund ist es nicht erstaunlich, dass empirische Erkenntnisse über die Wirksamkeit flexibler Arbeitszeitmodelle widersprüchlich sind (vgl. Klenner/Schmidt 2007; Lott 2014). So zeigt Lott (2014), dass die eigentlich vereinbarkeitsfördernde Autonomie in der Arbeitszeitgestaltung bei Männern häufig mit einem hohen Maß an Arbeitsintensität assoziiert ist, was sich in der Summe negativ auf die Work-Life-Balance auswirkt. In die gleiche Richtung weisen die Ergebnisse von Shvartsman und Beckmann (2016), dass Beschäftigte mit selbstbestimmten flexiblen Arbeitszeiten deutlich länger arbeiteten als Beschäftigte, deren Arbeitszeiten vom Arbeitgeber:innen festgelegt wurden. Zudem konnte die Studie von Zapf und Weber (2017) zeigen, dass die existierenden Flexibilitätsinstrumente vor allem im Sinne der Arbeitgeber:innen eingesetzt werden. Vor dem Hintergrund, dass Studien belegen, dass Arbeitszeitflexibilität nur dann positiv zur Work-Life-Balance beiträgt, wenn sie von den Beschäftigten selbst gestaltet wird, das heißt mit Autonomie und Souveränität verbunden ist (Anxo et al. 2013), wird deutlich, dass sich die Hoffnungen auf Win-win-Konstellationen durch die bloße Existenz dieser Instrumente kaum erfüllen dürften. Es müssen auch die Bedingungen geschaffen werden, die es Arbeitnehmer:innen ermöglichen, die Flexibilitätsversprechen auch einzulösen. Eine aktuellere Analyse von Lott (2019) zu den geschlechtsspezifischen Auswirkungen flexibler Arbeitszeitarrangements auf die Zeitverwendung zeigt zudem, dass deren Rolle für die Lösung bestehender Vereinbarkeitskonflikte überschätzt wird und Männer mit flexiblen Arbeitszeiten sogar weniger Zeit für die Familienarbeit aufwenden als Väter ohne flexible Arbeitszeiten.

Exkurs: Arbeitszeiten, die zum Leben passen! (Von Sophie Jänicke)
Arbeitszeit ist ein Kernthema für Beschäftigte und ihre Gewerkschaften. Denn Arbeitszeit ist maßgeblich für Einkommen, Gesundheit, Vereinbarkeit und eine selbstbestimmte Gestaltung des Lebens. Nicht zuletzt ist sie maßgeblich dafür, wer in dieser Gesellschaft Arbeit hat und wer nicht. Die aktuelle Wirtschaftskrise, mehr noch aber die digitale und klimaschutzgetriebene Transformation der Industrie, sind mit Rationalisierungsmaßnahmen in den Unternehmen verbunden. Damit ist auch Beschäftigung tendenziell gefährdet.
Die IG Metall hat das Thema Arbeitszeit seit 2018 wieder verstärkt auf der tarifpolitischen Agenda. Es geht uns dabei um zweierlei: In Krise und Transformation geht es darum, die vorhandene Arbeit auf viele Schultern zu verteilen, damit möglichst viele Menschen einen Arbeitsplatz behalten. (Kollektive) Arbeitszeitverkürzung ist ein bewährtes Mittel zur Beschäftigungssicherung. Es geht aber auch darum, die individuelle Selbstbestimmung der Beschäftigten über ihre Arbeitszeit gegenüber dem zum Teil maßlosen Zugriffsanspruch der Unternehmen zu stärken. Denn Arbeitszeitflexibilität darf keine Einbahnstraße zugunsten der Unternehmen sein. Mit der tariflich festgeschriebenen jährlichen Wahloption zwischen Zeit und Geld für Beschäftigte mit Kindern, pflegebedürftigen Angehörigen oder in Schichtarbeit hat die IG Metall 2018 einen tarifpolitischen Aufschlag für mehr Selbstbestimmung bei der Arbeitszeit gemacht.
Die Viertagewoche – bisher vorwiegend zur Beschäftigungssicherung umgesetzt – kann für beide Ziele ein Zukunftsmodell sein: Sie verbindet eine kollektive Verkürzung – und damit Umverteilung – der Arbeitszeit mit mehr Freiraum für die Beschäftigten durch einen zusätzlichen freien Tag in der Woche. Außerdem ist sie gut fürs Klima: Einen Tag weniger mit dem Auto zur Arbeit pendeln spart in erheblichem Ausmaß CO_2. Gerade vor dem Hintergrund eines sich abzeichnenden Fachkräftemangels in Teilen der Industrie sind die Unternehmen gut beraten, attraktive Arbeitszeitmodelle für Beschäftigte anzubieten, die zudem noch gesellschaftlichen Nutzen mit sich bringen.

3.1 Das Portfolio der Arbeitszeitflexibilität

Gesetzgeber, Tarifparteien und Arbeitgeber:innen haben in den letzten Jahren ein umfangreiches Portfolio an flexiblen Arbeitszeitinstrumenten entwickelt. Dabei lassen sich Flexibilitätsinstrumente nicht nur zwischen arbeitgeber- und arbeitnehmerorientiert unterscheiden, sondern auch danach, ob sie spontane, tagesaktuelle Flexibilität ermöglichen, z. B. mittels Gleitzeitkonten, Überstunden oder Homeoffice, oder sich auf lebenslaufbezogene Flexibilitätsbedürfnisse beziehen (z. B. Eltern- oder Pflegezeit, Langzeitkonten). Letztere haben aufgrund von veränderten familiären Rollenvorstellungen und Aufgabenverteilungen, Anforderungen des lebenslangen Lernens, aber auch den Folgen von Arbeitsverdichtung eine neue Aufmerksamkeit erhalten. Relevant werden auf Lebensphasen orientierende Flexibilitätsmodelle auch vor dem Hintergrund einer gleichstellungspolitischen Orientierung, da der arbeitspolitische Fokus auf das Normalarbeitsverhältnis zur Persistenz bestehender Rollenverteilungen führt(e). Insbesondere Väter befürchten durch eine stärkere Inanspruchnahme von Elternzeit oder Arbeitszeitreduzierungen negative Effekte für ihre berufliche Entwicklung (Samtleben et al. 2019) – diesen kann durch das Angebot lebensphasenorientierter Arbeitszeiten entgegengewirkt werden.

Seit 2019 haben Arbeitnehmer:innen in Betrieben mit mehr als 45 Beschäftigten[4] durch die Einführung der sogenannten Brückenteilzeit einen Rechtsanspruch auf befristete Arbeitszeitverkürzung. Damit kann die Teilzeitphase bis zu fünf Jahre umfassen und ist nicht anlassbezogen, das heißt, sie kann ohne Angabe von Gründen genommen werden. Über die tatsächliche Inanspruchnahme der Brückenteilzeit ist aktuell nicht viel bekannt. Eine Umfrage unter Personalleitern etwa sechs Monate nach Einführung ergab, dass nur in etwas mehr als einem Drittel der Firmen das neue Instrument genutzt wurde (darunter in 3 % »häufig«, in weiteren 11 % »gelegentlich« und in 22 % der Firmen »selten«; ifo Institut 2019).

Auch von Seiten der Gewerkschaften wurde auf den Bedarf nach lebensphasenspezifischer Arbeitzeitflexibilität reagiert und in den Tarifverträgen der IG BCE, EVG, IG Metall und ver.di unter den Stichworten »Optionsmodell« oder »Wahlarbeitszeit« umgesetzt. Während die Tarifverträge im Detail unterschiedlich ausgestaltet sind und sich auch zum Teil auf unterschiedliche Beschäftigtengruppen beziehen, haben sie gemeinsam, dass sie den Beschäftigten die Wahl zwischen einer monetären Entgelterhöhung und frei verfügbarer Zeit überlassen. In einer weiteren Variante bieten sie den Beschäftigten an, ihre Arbeitszeit für

---

4 Für Betriebe mit einer Größe über 46 bis 201 Beschäftigte gilt eine sogenannte Zumutbarkeitsgrenze, das heißt, es muss nur ein Antrag pro 15 Mitarbeiter:innen berücksichtig werden. Da aufgrund dieser Regelungen ein Großteil der Beschäftigten von der Nutzung der Brückenteilzeit ausgeschlossen ist, wurde sie stark kritisiert.

einen vorher definierten Zeitraum ohne Entgeltausgleich zu reduzieren. Die Resonanz der Beschäftigten auf die Wahloptionen ist positiv. Auch wenn Fragen des Personalausgleichs und die Gefahr der Leistungsverdichtung bei mangelnder adäquater Personalbemessung nicht abschließend geklärt sind, zeigt die Inanspruchnahme der Wahloption, dass sie zumindest für einen Teil der Beschäftigten den Puls der Zeit trifft.

Um die gestiegenen und mit großer Wahrscheinlichkeit weiter steigenden Flexibilitätsbedarfe der Arbeitnehmer:innen und der sich im nationalen und internationalen Wettbewerb befindenden Arbeitgeber:innen zu befriedigen, bedarf es eines bunten und umfassenden Straußes an Modellen der flexiblen Arbeitszeitgestaltung. Derzeit konzentrieren sich viele Angebote an Beschäftigte mit Sorgeaufgaben oder mit besonderen gesundheitlichen Belastungen, wie z. B. Schichtarbeiter:innen. Das ist einerseits verständlich, da diese Gruppe besondere Zeitbedarfe hat. Auf der anderen Seite wird es weder modernen Lebensentwürfen noch dem stetig wachsenden Bedarf an Weiterqualifikation gerecht. Nicht zuletzt lässt die zunehmende Arbeitsverdichtung erwarten, dass Auszeiten und temporäre Arbeitszeitverkürzung auch in anderen Berufsgruppen steigende Bedeutung haben werden. Notwendig wird künftig eine intelligente Verzahnung von lebensphasenorientierten und dynamisch-situativen Flexibilitätsangeboten sein. Dabei sind die berufsspezifischen Unterschiede zu beachten. So hilft das generelle betriebliche Angebot, auch mal von zu Hause arbeiten zu können, nicht dem/der Kassierer:in an der Kasse und nicht dem/der Arbeiter:in an der Linie und auch nicht, wie aktuell durch die Corona-Krise sichtbar, Eltern, die gleichzeitig Betreuungsverpflichtungen zu meistern haben. Veränderte Lebensentwürfe sowie der Bedarf und der Wunsch nach lebenslangem Lernen machen es in Zukunft jedoch dringlich, den Zugang zu flexiblen Arbeitszeitmodellen breiteren Beschäftigtengruppen zu ermöglichen.

4. Arbeitszeiten während der Pandemie – Kurzarbeit

Kurzarbeit ist die sicherlich wichtigste arbeitszeit- und beschäftigungspolitische Maßnahme in der aktuellen Corona-Krise. Sie ist zudem in Deutschland ein seit langem etabliertes arbeitsmarktpolitisches Instrument. Erste Formen staatlicher Kurzarbeitsregelungen sind bereits in der Weimarer Republik entwickelt worden. Die Grundidee der Kurzarbeit ist einfach: durch staatliche Zuschüsse Unternehmen von ihren Personalkosten zu entlasten und Einkommensverluste der Beschäftigten teilweise und in Abhängigkeit davon auszugleichen, wie hoch die Reduzierung der Arbeitsstunden individuell ausfällt. Auf diese Weise sollen Unternehmen in die Lage versetzt werden, ökonomische Krisenphasen zu überstehen, ohne ihre Beschäftigten entlassen zu müssen. Beschäftigten wird die Arbeitslosigkeit erspart, und Unternehmen müssen nach der Krise nicht auf dem Arbeitsmarkt neues Personal rekrutieren, sondern können ihre Aktivitäten mit ihrem eingespielten und qualifizierten Personal nahtlos wiederaufnehmen.

In der langen Phase der Nachkriegsprosperität Deutschlands war Kurzarbeit zunächst weitgehend bedeutungslos. Dies änderte sich erst in den Wirtschaftskrisen seit den 1970er Jahren, als Kurzarbeit in einigen Unternehmen und Branchen eingesetzt wurde, um Entlassungen zu vermeiden. Ein strategischer und großflächiger Einsatz der Kurzarbeit erfolgte erstmals in der Wirtschaftskrise nach der deutschen Wiedervereinigung. In Ostdeutschland diente ihr Einsatz der beschäftigungspolitischen Abfederung des Transformationsprozesses, und in großen Unternehmen wurde Kurzarbeit als wichtiges Instrument der Arbeitszeitreduzierung und der Beschäftigungssicherung genutzt. Bei VW beispielsweise war Kurzarbeit eine wichtige Ergänzung zur Einführung der Viertagewoche.

Der auch internationale Durchbruch der Kurzarbeit erfolgte dann in der Weltwirtschaftskrise des Jahres 2009, die sich im Gefolge der weltweiten Turbulenzen der Finanzmärkte ausbreitete. Im Zentrum der Anwendung von Kurzarbeit standen insbesondere die Industriebranchen des deutschen Exportsektors, in denen die Nachfrage um bis zu 40 % eingebrochen war. Mit Hilfe der Kurzarbeit gelang es in dieser Phase, das Beschäftigungsvolumen weitgehend konstant zu halten. Verbunden mit einem leichten Beschäftigungsaufbau in den Dienstleistungsbranchen konnte auf diese Weise eine Zunahme der Arbeitslosenzahlen vermieden werden, und dies trotz eines Rückgangs des Bruttoinlandsprodukts von rund 5 % im Jahr 2009. Die internationale Presse sprach vom deutschen Beschäftigungswunder (Bosch 2011), und dieses Wunder beruhte auf einer umfassenden Arbeitszeitverkürzung. Insgesamt wurde im Jahr 2009 die Arbeitszeit pro Beschäftigtem um mehr als 40 Stunden gesenkt, wozu neben der Kurzarbeit auch der Abbau von Arbeitszeitguthaben, der Abbau von Überstunden und betriebliche Vereinbarungen zur Beschäftigungssicherung beitrugen (Fuchs et al. 2010). Deutschland war jedoch bei weitem nicht das einzige Land, in dem in dieser Phase Kurzarbeitsregelungen praktiziert wurden. Nach Hijzen und Venn (2011) haben 24 der 34 Mitgliedsländer der OECD Kurzarbeit oder vergleichbare Maßnahmen eingesetzt.

In der Finanzmarktkrise wurden die staatlichen Regelungen zur Kurzarbeit temporär angepasst, die im SGB (Sozialgesetzbuch) III verfasst sind. Zu den wichtigsten dieser Regelungen gehört, dass Kurzarbeit bis zu zwölf Monaten gewährt werden kann, dass die Höhe des Kurzarbeitergeldes 60 % des vormaligen Nettoentgelts (und 67 % bei zu versorgenden Kindern) beträgt, dass die Unternehmen die Sozialversicherungsbeiträge der Beschäftigten alleine zu zahlen haben – diese bilden den Hauptteil der Remanenzkosten der Unternehmen – und dass vor Beginn der Kurzarbeit Überstunden abgebaut und Arbeitszeitkonten geräumt werden müssen. Die wichtigste Anpassung dieser Regelungen betraf seinerzeit die Ausweitung der maximalen Bezugsdauer von 12 auf 24 Monate. Nach der Krise lief diese temporäre Maßnahme dann wieder aus.

Kurzarbeit und Arbeitsbeziehungen stehen in einem engen Zusammenhang. Dafür sorgen sowohl die Mitbestimmungsrechte der Betriebsräte bei Veränderungen der Arbeitszeit nach § 87 Abs. 1 Nr. 3 BetrVG als auch die Vorgabe des SGB III, dass Kurzarbeit von den Betriebsparteien gemeinsam zu beantragen ist – und dass, falls kein Betriebsrat vorhanden ist, ein Einverständnis der Beschäftigten vorliegen muss. Betriebsräte können die Kurzarbeit mitgestalten, sei es mit Blick auf die Festlegung der betroffenen Bereiche und Beschäftigtengruppen, sei es mit Blick auf die Dauer der Kurzarbeit, die Höhe der Arbeitszeitreduzierung oder den Umgang mit Überstunden und Arbeitszeitkonten sowie mögliche Aufstockungen des Kurzarbeitergeldes. Zugleich können die Tarifvertragsparteien ergänzende Regelungen zur Kurzarbeit treffen. Beide Elemente, die Mitbestimmung der Betriebsräte und die Tarifpolitik der Tarifvertragsparteien, haben in der Finanzmarktkrise eine große Rolle gespielt. Die Betriebsräte konnten die Umsetzung der Kurzarbeit in den Unternehmen mit ihrer Fachexpertise initiieren und begleiten, und die Tarifvertragsparteien haben in den besonders betroffenen Branchen des Verarbeitenden Gewerbes ergänzende Tarifverträge ausgehandelt mit Regelungen zur Senkung der Remanenzkosten, zu tariflichen Erweiterungen der Kurzarbeit durch Absenkungen der Arbeitszeit oder zu tariflichen Zuschüssen zum Kurzarbeitergeld (Bispinck et al. 2010). Insgesamt hat sich damit im Schatten der Kurzarbeit eine Revitalisierung der Sozialpartnerschaft vollzogen (Haipeter 2012). Eine gute sozialpartnerschaftliche und tripartistische Kooperation erwies sich als Erfolgsfaktor der Kurzarbeit (Mandl/Mascherini 2011).

In der Corona-Pandemie hat die Nutzung der Kurzarbeit ein historisch neuartiges Niveau erreicht; im Jahr 2020 befanden sich deutlich mehr als zwei Millionen Beschäftigte jahresdurchschnittlich in Kurzarbeitsmaßnahmen. Doch nicht nur der Umfang, sondern auch die Verteilung der Kurzarbeit zwischen den Branchen hat sich im Verhältnis zur Finanzmarktkrise geändert. Lag damals der Anteil der Kurzarbeitenden in der Produktion bei etwa 80 %, spielt nun der Dienstleistungssektor eine deutlich größere Rolle. Nach Angaben der OECD (2020) betrug der Anteil des Verarbeitenden Gewerbes am Volumen der Kurzarbeit auf dem Höhepunkt der Kurzarbeitsnutzung rund 25 %; der Anteil des Handels hingegen lag bei knapp 20 % und der Anteil unternehmensnaher Dienstleistungen, zu denen auch der Touristikbereich gezählt wird, bei knapp 40 %. Die Zahlen zeigen, dass Dienstleistungen von den staatlichen Lockdown-Maßnahmen zum Gesundheitsschutz der Bevölkerung unmittelbar betroffen sind. Im Verarbeitenden Gewerbe wiederum hat die Kurzarbeit zwei primäre Ursachen, auf der einen Seite die Fragilität transnationaler Produktionsnetzwerke, die sich in der Pandemie durch Unterbrechung der Lieferketten bemerkbar macht, auf der anderen

Seite konjunkturbedingte Nachfragerückgänge in bestimmten Produktmärkten (Gehrke/Weber 2020).

Bis zum Herbst letzten Jahres entspannte sich die Lage dann; der Anteil der Kurzarbeitenden an den Beschäftigten im Hotel- und Gaststättengewerbe sank von 72 % im Mai auf 34 % im August, im Verarbeitenden Gewerbe lauteten die Vergleichszahlen 27 % und 21 % (Link/Sauer 2020). Die mit der Kurzarbeit verbundene durchschnittliche Reduzierung der Arbeitszeit lag nach Angaben des ifo für den September 2020 bei 39 %; daraus lässt sich ein Arbeitsausfall von 4,6 % für die Gesamtwirtschaft ableiten. Die höchste Arbeitszeitreduzierung von fast 60 % des Arbeitsvolumens war demnach in der Reisebranche zu beobachten (Link/ Sauer 2020). Abweichend von diesen Daten stellen Pusch und Seifert (2020) auf Grundlage der Erwerbstätigenbefragung des WSI einen Rückgang der Arbeitszeit von Kurzarbeitenden von etwa 55 % fest. Dieser Arbeitszeitreduzierung stand eine Zunahme der Arbeitszeit einzelner Beschäftigtengruppen gegenüber, so bei 19 % der sozialversicherungspflichtigen Beschäftigten im Handel und 17 % im öffentlichen Dienst. In diesen Bereichen fiel die Arbeitszeitverlängerung mit 5,7 Stunden (Handel) resp. 4,7 Stunden (öffentlicher Dienst) auch recht deutlich aus.

Die Branchenschwerpunkte der Kurzarbeit und die Bedeutung der Dienstleistungen spiegeln sich auch in der personellen Zusammensetzung der Kurzarbeitenden wider. Nach der Erwerbstätigenbefragung des WSI lag die Quote der Frauen in Kurzarbeit mit 13,2 % leicht über derjenigen der Männer mit 12,8 %, auch der Arbeitszeitrückgang der Kurzarbeitenden fiel bei Frauen mit 58 % höher aus als für Männer mit rund 51 % (Pusch/Seifert 2020). Über 30 % der Kurzarbeitenden verteilen sich auf Betriebe mit weniger als 20 Beschäftigten, und 12 % der Kurzarbeitenden sind Leiharbeiter:innen, die erstmals in die Geltung der Kurzarbeitsregelungen aufgenommen wurden.

Die Aufnahme der Leiharbeit ist einer der wichtigen Änderungspunkte, die im Zuge der Corona-Krise in den Regelungen zur Kurzarbeit erfolgt ist. Die Kurzarbeit wurde durch Ausweitung ihres Geltungsbereichs inklusiver, und zusätzlich wurde das Niveau der Leistungen deutlich ausgeweitet. Dies gilt für folgende Aspekte: die Ausweitung der Bezugsdauer von 12 auf maximal 24 Monate (bis Ende 2021); der Verzicht auf den Aufbau negativer Arbeitszeitsalden auf Arbeitszeitkonten; die Senkung des Pflichtanteils an Kurzarbeit von 30 % der Beschäftigten eines Betriebes auf 10 % (bis Ende 2021); die Erstattung der Sozialversicherungsbeiträge an die Arbeitgeber (bis Ende Juni 2021); die Aufstockung des Kurzarbeitergeldes von 60 % auf 70 % (ab dem vierten Bezugsmonat) und 80 % (ab dem siebten Monat) sowie entsprechend von 67 % auf 77 % und 87 % für die Arbeitnehmer:innen mit Kindern; schließlich die besondere Förderung der Weiterbildung während der Kurzarbeit durch Teilübernahme der damit verbundenen Kosten. Zudem gelten in der aktuellen Kurzarbeitsphase auch ergänzende

Tarifverträge zur Kurzarbeit weiter oder sind aktualisiert worden, in denen Aufstockungen des Kurzarbeitergeldes oder andere zusätzliche Maßnahmen vereinbart wurden. So gelten in der chemischen Industrie, in der Filmindustrie oder in der Systemgastronomie und anderen Branchen und Unternehmen tarifliche Aufstockungen des Kurzarbeitergeldes von bis zu 90 %, und in der Metallindustrie wurden zusätzliche individuelle Optionen der Arbeitszeitreduzierung im Tausch gegen Entgeltkomponenten vereinbart.

Allerdings wurde die Inklusivität der Kurzarbeit weder auf Minijobber:innen noch auf Solo-Selbständige ausgedehnt. Dementsprechend hat sich die Zahl der Minijobber:innen im Jahr 2020 im Vergleich zum Vorjahr um 7,4 % verringert. Die tariflichen oder betrieblichen Aufstockungen der Kurzarbeit wiederum gelten nur für die Unternehmen und Beschäftigten, die in den Geltungsbereich der entsprechenden Tarifverträge fallen. Dementsprechend gering sind die Anteile der Kurzarbeitenden mit Aufstockungen in Dienstleistungsbranchen mit niedriger Tarifbindung wie in den sozialen Dienstleistungen (34,5 %) oder dem Handel (35,4 %), denen Aufstockungsquoten von knapp 70 % in den Finanz- und Versicherungsdienstleistungen oder knapp 68 % im öffentlichen Dienst gegenüberstehen (Pusch/Seifert 2020).

Ähnlich wie in Deutschland wurden in der Corona-Pandemie auch in vielen anderen Ländern Europas und der OECD Kurzarbeitsregelungen oder Maßnahmen zur staatlichen Unterstützung von Unternehmen und Beschäftigten bei Arbeitszeitreduzierung oder Arbeitsausfall entweder ausgeweitet oder auch erstmals eingeführt (OECD 2020). Im europäischen Vergleich gibt es dabei starke Unterschiede zwischen den Ländern hinsichtlich der Höhe des Kurzarbeitergeldes und der Grenze der Bezugsdauer. Zumeist gehen großzügigere Regelungen des Entgeltausgleichs – so werden in Irland, Dänemark und den Niederlanden 100 % des vormaligen Entgelts ersetzt – mit niedrigeren Bezugsdauern einher; in den genannten Ländern ist der Zeitraum der Kurzarbeit zunächst auf drei Monate begrenzt mit einer Verlängerungsoption auf weitere drei Monate (Schulten/Müller 2020).

5. Fazit

Die Arbeitszeiten befinden sich im Wandel. Der Trend des Auseinanderfallens in eine (überwiegend männliche) Beschäftigtengruppe mit überlangen Wochenstunden und einer (überwiegend weiblichen) Gruppe mit sehr geringem Stundenvolumen scheint in den Jahren zwischen den Krisen zumindest aufgehalten. Die dargestellten Veränderungen sind jedoch noch graduell, so dass die weitere Entwicklung noch unklar ist. Denkbar scheinen derzeit vor allem folgende Szenarien: ein Szenario, in dem die Arbeitszeiten in einem neuen Arbeitszeitstandard der kurzen (oder kürzeren) Vollzeit konvergieren, sowie ein anderes Szenario, in dem Männer und Frauen zwei unterschiedliche Arbeitszeitrealitäten aufweisen – allerdings weniger polarisiert als in den Jahren zuvor. Ein drittes Szenario ist nach den Erfahrungen der Covid-19-Pandemie und ihren geschlechtsspezifischen Auswirkungen (Kohlrausch/Zucco 2020) allerdings auch möglich: das eines Backlash, in dem es zur Retraditionalisierung der Aufgabenverteilung von Männern und Frauen, Müttern und Vätern kommt.

In diesem Zusammenhang stellen Arbeitszeitpräferenzen einen wichtigen Indikator für die Arbeitszeitentwicklung und, vor allem, für die Arbeitszeitgestaltung dar. Der Blick auf die Daten eröffnet vier wichtige Erkenntnisse. Erstens besteht bei Vollzeitbeschäftigten ein deutlicher Wunsch der Reduzierung überlanger Arbeitszeiten. Zweitens präferieren vor allem teilzeitbeschäftigte Frauen eine Verlängerung ihrer Arbeitszeiten. Drittens bestehen deutliche Unterschiede der Arbeitszeitpräferenzen entlang der Lebensphasen von Beschäftigten. Viertens schließlich sind die Realisierungschancen für Veränderungen der Arbeitszeiten, sowohl für Arbeitszeitverlängerung als auch für Arbeitszeitverkürzungen, bislang insgesamt gering. Die ersten drei Befunde, die allerdings aus der Zeit vor der Pandemie stammen, sprechen für eine Entwicklung in Richtung der ersten beiden knapp skizzierten Szenarien. Die vierte Erkenntnis scheint die Wahrscheinlichkeit ihrer Realisierung dagegen eher wieder einzuschränken.

Welches der Szenarien sich durchsetzt und inwieweit die Beschäftigten in die Lage versetzt werden können, ihre Arbeitszeitwünsche auch zu realisieren, hängt entscheidend von den Regulierungen und Praktiken der Arbeitszeit ab, und zwar sowohl der politischen und der tariflichen Vorgaben als auch ihrer konkreten Umsetzungen durch Interessenvertretungen und Personalleitungen in ihren Betrieben. Dabei könnte die weitgehend reibungslose, effektive und beschäftigungssichernde Umsetzung der Kurzarbeit ein echtes Vorbild sein für andere Bereiche der Arbeitszeitregulierung, die bislang mit Blick auf Beschäftigtenwünsche, aber auch betriebliche Bedarfe, noch nicht zufriedenstellend gestaltet sind. Dies gilt im Ergebnis unserer Ausführungen vor allem für drei Bereiche: erstens die weitere Verbesserung der Flexibilität zwischen Voll- und Teilzeitbeschäftigung und die Reduzierung widersprüchlicher Anreizstrukturen wie dem Ehegattensplitting im Steuersystem; zweitens die Stärkung der Möglichkeiten der Arbeitszeitgestaltung der Beschäftigten bei der Umsetzung situativer Flexibilität und ihrer Vereinbarkeit mit der Work-Life-Balance; und drittens die Ausweitung der Spielräume für lebensphasenbezogene Variationen der Arbeitszeit der Beschäftigten.

In allen drei Bereichen geht es letztlich um eine Ausweitung der Arbeitszeitautonomie der Beschäftigten, von der auch die Unternehmen profitieren werden. Denn Beschäftigte mit mehr Autonomiespielräumen und einer besseren Balance im Verlauf ihrer Lebensphasen sind aller Voraussicht nach zufriedener und damit auch produktiver und kreativer in ihrer Arbeit. Wichtige Schritte auf diesem Weg sind mit Regulierungen wie der Brückenteilzeit und den neuen innovativen Tarifverträgen mit Wahloptionen bereits gegangen, weitere Schritte sollten folgen. Dazu gehört auch die »Einpreisung« der erforderlichen Flexibilitätsspielräume in der Personalbemessung der Betriebe.

6. Literatur

Absenger, N./Ahlers, E./Bispinck, R./Kleinknecht, A./Klenner, C./Lott, Y./Pusch, T./Seifert, H. (2014): Arbeitszeiten in Deutschland Entwicklungstendenzen und Herausforderungen für eine moderne Arbeitszeitpolitik. WSI-Report 19. November 2014. Düsseldorf: Hans-Böckler-Stiftung.

Anxo, D./Franz, C./Kümmerling, A. (2013): Working time and work-life balance in a life course perspective. A report based on the fifth European Working Conditions Survey. Project: Fifth European Working Conditions Survey. Dublin: Eurofound.

Bispinck, R./Laßmann, N./Rupp, R. (2010): Konjunkturbedingte Kurzarbeit. Regelungen in Betriebsvereinbarungen und Tarifverträgen. Betriebs- und Dienstvereinbarungen: Kurzauswertungen. Düsseldorf: Hans-Böckler-Stiftung.

Bosch, G. (2011): The German Labour Market after the Financial Crisis: Miracle or Just a Good Policy Mix? In: Daniel Vaughan-Whitehead (Hg.), Work inequalities in the crisis? Evidence from Europe. Cheltenham [u.a.], pp. 243–277.

Bundesregierung (2017): Zweiter Gleichstellungsbericht. BT-Drucksache 18/12840, Berlin.

Ellguth, P./Gerner, H.-D./Zapf, I. (2018): Flexible Arbeitszeitgestaltung wird immer wichtiger. IAB-Kurzbericht, 15/2018. Nürnberg: IAB.

Frodermann, C./Grunau, P./Haepp, T./Mackeben, J./Ruf, K./Steffes, S./Wanger, S. (2020). Online-Befragung von Beschäftigten: Wie Corona den Arbeitsalltag verändert hat. In: IAB-Kurzbericht, 13/2020. Verfügbar unter: *http://doku.iab. de/kurzber/2020/kb1320.pdf* (23.09.2020).

Fuchs, J./Hummel, M./Klinger, S./Spitznagel, E./Wanger, S./Zika, G. (2010): Der Arbeitsmarkt schließt an den vorherigen Aufschwung an. IAB-Kurzbericht, 18/2010. Verfügbar unter: *http://doku.iab.de/kurzber/2010/kb1810.pdf* (29.03.2021).

Gehrke, B./Weber, E. (2020): Kurzarbeit, Entlassungen, Neueinstellungen: Wie sich die Corona-Krise von der Finanzkrise 2009 unterscheidet. In: IAB-Forum. Verfügbar unter: *https://www.iab-forum.de/kurzarbeit-entlassungen-neueinstellungen-wie-sich-die-corona-krise-von-der-finanzkrise-2009-unterscheidet/* (29.03.2021).

Haipeter, T. (2012): Sozialpartnerschaft in und nach der Krise: Entwicklungen und Perspektiven. In: Industrielle Beziehungen 19 (4), pp. 387–411.

Harnisch, M./Müller, K.-U./Neumann, M. (2018): Teilzeitbeschäftigte würden gerne mehr Stunden arbeiten, Vollzeitbeschäftigte lieber reduzieren. DIW-Wochenbericht 38. Berlin: DIW.

Hijzen, A./Venn, D. (2011): The Role of Short-Time Work-Schemes During the 2008–2009 Recession. OECD Social, Employment and Migration Working Papers 115. Paris: OECD.

Klenner, C./Schmidt, T. (2007): Beruf und Familie vereinbar? Auf familienfreundliche Arbeitszeiten und ein gutes Betriebsklima kommt es an. WSI-Diskussionspapier, 155. Düsseldorf: Hans-Böckler-Stiftung.

Kluve, J./Schmitz, S. (2014): Social Norms and Mothers' Labor Market Attachment: The Medium-Run Effects of Parental Benefits. IZA Discussion Paper 8115. Bonn: IZA.

Kohlrausch, B./Zucco, A. (2020): Die Corona-Krise trifft Frauen doppelt. Weniger Erwerbseinkommen und mehr Sorgearbeit. WSI Policy Brief 40. Düsseldorf: Hans-Böckler-Stiftung.

Kümmerling, A. (2018): Geschlechtsspezifische Unterschiede in den Arbeitszeiten. Fortschritt auf der einen, Stagnation auf der anderen Seite. IAQ-Report 2018–07. Verfügbar unter: *https://www.iaq.uni-due.de/iaq-report/2018/report2018-08.pdf* (28.06.2019).

Kümmerling, A./Lazarevic, P. (2016): Die Erhebungspraxis und Berechnung von Maßzahlen in der Arbeitszeitforschung. Über die Gefahr von Artefakten durch unterschiedliche Messkonzepte und Berechnungsmethoden. In: Zeitschrift für Arbeitswissenschaft 66 (1), pp. 1–9.

Kümmerling, A./Postels, D. (2020): Ist die Geschlechterrolleneinstellung entscheidend? Die Wirkung länderspezifischer Geschlechterkulturen auf die Erwerbsarbeitszeiten von Frauen. In: Kölner Zeitschrift für Soziologie und Sozialpsychologie 72 (1), pp. 193–224.

Kümmerling, A./Postels, D./Slomka, C. (2017): Zufriedenheit mit der Arbeitszeit – wie kann sie gelingen? Eine Analyse der Arbeitszeiten nach Geschlecht und Statusgruppen. Forschungsförderung Working Paper 54. Düsseldorf: Hans-Böckler-Stiftung.

Kunst, A. (2019): Umfrage zur Relevanz von flexiblen Arbeitszeiten bei der Arbeitgeberwahl 2017. Online am 20.12.2019. Verfügbar unter: *https://de.statista.com/prognosen/1016105/relevanz-von-flexiblen-arbeitszeiten-bei-arbeitgeberwahl* (29.03.2021).

Lehndorff, S. (2010): Arbeitszeitpolitik nach der Kurzarbeit. In: Schwitzer, H./Ohl, K./Rohnert, R./Wagner, H. (Hrsg.): Zeit, dass wir was drehen! Perspektiven der Arbeitszeit- und Leistungspolitik, Hamburg: VSA, pp. 39–62.

Link, S./Sauer, S. (2020): Jeder neunte Beschäftigte in Deutschland in Kurzarbeit. ifo-Schnelldienst 73 (10), pp. 68–72.

Lott, Y. (2019): Weniger Arbeit mehr Freizeit? WSI-Report 47. Düsseldorf: Hans-Böckler-Stiftung.

Lott, Y. (2014): Flexibilität und Autonomie in der Arbeitszeit: Gut für die Work-Life Balance? Analysen zum Zusammenhang von Arbeitszeitarrangements und Work-Life Balance in Europa. WSI-Report 18, pp. 1–16. Düsseldorf: Hans-Böckler-Stiftung.

Mandl, I./Mascherini, M. (2011): Potenziale der Kurzarbeit. In: WSI-Mitteilungen 64 (7), pp. 363–368.

Munz, E. (2006): Mehr Balance durch selbstgesteuerte Arbeitszeiten? In: WSI-Mitteilungen 59 (9), pp. 478–484.

OECD (2020): Job Retention Schemes During the Covid-19 Lockdown and Beyond. Paris: OECD.

Pusch, T./Seifert, H. (2020): Kurzarbeit in der Corona-Krise mit neuen Schwerpunkten. Policy Brief WSI 47, 09/2020. Düsseldorf: Hans-Böckler-Stiftung.

Rengers, M./Bringmann, J./Holst, E. (2017): Arbeitszeiten und Arbeitszeitwünsche: Unterschiede zwischen Mikrozensus und SOEP. Statistisches Bundesamt. In: WISTA 4, pp.11–43.

Samtleben, C./Schäper, C./Wrohlich, K. (2019): Elterngeld und Elterngeld Plus: Nutzung durch Väter gestiegen, Aufteilung zwischen Müttern und Vätern aber noch sehr ungleich. In: DIW-Wochenbericht 35, pp. 607–613.

Schmidt, T./Matiaske, W./Seifert, H./Tobsch, V./Holst, E. (2020): Verlaufsmuster tatsächlicher und gewünschter Arbeitszeiten im Lebensverlauf. Persistenzen und Wandel von Arbeitszeitdiskrepanzen. Working Paper Forschungsförderung 173. Düsseldorf: Hans-Böckler-Stiftung.

Schulten, T./Müller, T. (2020): Kurzarbeitergeld in der Krise. Aktuelle Regelungen in Deutschland und Europa. Policy Brief 38, 04/2020. Düsseldorf: Hans-Böckler-Stiftung.

Seifert, H./Holst, E./Matiaske, W./Tobsch, V. (2016): Arbeitszeitwünsche und ihre kurzfristige Realisierung. In: WSI-Mitteilungen 69 (4), pp. 300–308.

Shvartsman, E./Beckmann, M. (2016): Fremdbestimmung verursacht Stress. Böckler Impuls Ausgabe 03/2016. Verfügbar unter: *https://www.boeckler.de/63634_63653.htm* (02.07.2019).

Sopp, P. M./Wagner, A. (2017). Vertragliche, tatsächliche und gewünschte Arbeitszeiten. SOEP-Papers on Multidisciplinary Panel Research Data 909. Berlin: Deutsches Institut für Wirtschaftsforschung.

Weber, E./Zimmert, F. (2018): Arbeitszeiten zwischen Wunsch und Wirklichkeit. Wie Diskrepanzen entstehen und wie man sie auflöst. IAB-Kurzbericht 13. Nürnberg: IAB.

WSI-Tarifarchiv (2021): Wöchentliche Arbeitszeit in Ost-, West- und Gesamtdeutschland, 1990 bis 2019 (in Stunden). Verfügbar unter: *https://www.wsi. de/de/wochenarbeitszeit-15326.htm* (12.03.2021).

Zapf, I./Weber, E. (2017): The role of employer, job and employee characteristics for flexible working time. An empirical analysis of overtime work and flexible working hours' arrangements. IAB Discussion Paper, 4/2017. Nürnberg: IAB. Verfügbar unter: *http://doku.iab.de/discussionpapers/2017/dp0417.pdf* (03.03.2021).

Marc Brandt

Partizipative Mitbestimmung bei der Arbeitszeit, Hermes Germany-Zentrale

Inhaltsübersicht

1. Einleitung

Die Hermes Germany GmbH ist nach eigener Darstellung der zweitgrößte deutsche Paketdienst. Sie wurde 1972 als Hermes Versand vom Otto Versand für die eigene Paketdistribution gegründet. Über die Jahre wurde der Kundenstamm stetig ausgebaut und mit ihm das Unternehmen. Heute arbeiten über 5000 Kolleg:innen direkt für die Hermes Germany GmbH. Neben den klassischen Paketen, von denen bis zu 2,2 Millionen am Tag zugestellt werden, kümmern sich die Kolleg:innen auch um den Im- und Export von Waren und dass diese per LKW in die Lager der Kund:innen kommen. In der Zentrale in Hamburg sind knapp 1250 Kolleg:innen in den Supportbereichen (IT, Kundenservice, Buchhaltung, Vertrieb Luft- und Seefracht und Steuerung der operativen Paketdistribution) beschäftigt. Die Betriebsratsstruktur für die Hermes Germany GmbH ist über einen Zuordnungstarifvertrag (Flächengremien) geregelt. In diesem wird für die Zentrale in Hamburg ein eigenes Gremium festgelegt.

Die Herangehensweise an Themen hat sich für Betriebsräte in den vergangenen 15 Jahren gravierend verändert. War es vormals so, dass wird als Betriebsräte in unseren Reihen alle Kenntnisse und Fähigkeiten vereint hatten, um die Herausforderungen im Sinne der Kolleg:innen zu lösen, ist es nunmehr so, dass auch wir unsere Arbeitsweise anpassen müssen, um der Vielschichtigkeit und Geschwindigkeit, mit denen Themen auf uns zukommen, gerecht zu werden. Auch

Betriebsräte leben in der VUCA-Welt.[1] Aus einem ehemals 7-köpfigen Gremium mit einem Sitzungsturnus von zwei Wochen ist über die Jahre durch Wachstum des Betriebs ein 15-köpfiges Gremium geworden, welches wöchentlich tagt und seine Arbeit in Arbeitsgruppen organisiert. Wir nutzen Elemente aus der agilen Arbeitswelt wie SCRUM und Kanbanboards, um uns intern zu strukturieren. Welche Vorteile die Offenheit für diese neuen Frameworks mit sich bringt, möchte ich anhand von zwei Fallbeispielen zum Thema Arbeitszeit darlegen.

Die Ansprüche an die Arbeitszeitgestaltung seitens der Kolleg:innen hat sich im Laufe der Jahre verändert. Heute ist es den Kolleg:innen wichtig, dass die Arbeitszeit zu ihrem Leben passt und nicht, dass sich ihr Leben der Arbeit anpasst. Der Anspruch, mehr Einfluss auch im beruflichen Kontext auf sein eigenes Leben zu haben, zeigt sich vordringlich im Thema Arbeitszeit. Die Systeme, in denen die Kolleg:innen sich als austauschbare Personalnummer ohne Einfluss wiederfinden, stoßen auf immer mehr Ablehnung. Im Betrieb entsteht oftmals ein Konflikt, weil das vermeintliche Machtmonopol der Führungskräfte bei der Verteilung und Zuweisung von Arbeitszeit(en) wegfällt. In diesem Spannungsfeld bewegen sich alle Diskussionen zwischen Betriebsräten und dem Arbeitgeber. An zwei Fallbeispielen werde ich darlegen, wie wir dies im Betrieb aufgelöst haben.

2. Fallbeispiel 1: Schichtplanung im Kundenservice (2014–2019)

In unserem Betrieb ist der inhouse-Kundenservice mit knapp 240 Kolleg:innen angesiedelt. Damit diese Kolleg:innen die Servicezeiten abdecken, unterliegen diese einer zentralen Schichtplanung.

Die zum Startzeitpunkt 2019 geltende Betriebsvereinbarung war von 2006 und ging von der Grundprämisse aus, dass alle Kolleg:innen innerhalb der Servicezeiten uneingeschränkt zur Verfügung stehen. Auf individuelle Bedürfnisse oder Einschränkungen nahm die Planung nur Rücksicht, wenn der/die Kolleg:in nachweisen konnte, warum es ihm/ihr unmöglich ist, uneingeschränkt zur Verfügung zu stehen. Ausnahmefälle konnten Kinderbetreuung, medizinische Gründe, häusliche Pflege sein. Dieses musste der Kollege oder die Kollegin durch Bescheinigungen (Schule, Kita, Arzt) nachweisen und auch diese wurden seitens des

---

1 VUCA – volatility = »Volatilität«[Unbeständig], uncertainty = »Unsicherheit«, complexity = »Komplexität« und ambiguity = »Mehrdeutigkeit«. Hiermit wird die Unsicherheit der (Um-)Welt ausgedrückt. Geprägt der Ausdruck vom US Militär, um die Situation beim Umbruch der UdSSR in den 1990ern zu beschreiben.

Arbeitgebers immer wieder hinterfragt. Die Gespräche, um als Kolleg:in in die sogenannte Schutzgruppe zu kommen, waren oftmals langwierig und sehr belastend. Individuelle Gründe, wie Teilnahme am Mannschaftstraining, Schichtplan des Ehepartners, Ehrenämter oder gar der eigene Biorhythmus hatten in der Welt der Planung keinen Platz. Zusätzlich war der mühevoll errungene Status immer zeitlich befristet und der Kollegen bzw. die Kollegin mussten somit alle sechs bis zwölf Monate erneut den Beweis erbringen.

Wir Betriebsräte haben in den Jahren immer wieder den Dialog mit dem Management gesucht und versucht, Lockerungen für die Kolleg:innen zu regeln. Auch hatten wir die Idee, die zentrale Planung durch eine Planung im Team selbst zu ersetzten. Früh suchten wir uns zu diesem Thema Verbündete im Betrieb. Schnell hatten wir die zuständige Personalbetreuerin auf unserer Seite, die ob der Blockade im Management versuchte, das Thema dort auch von Seiten der Personalabteilung zu platzieren. Auch für die Personalabteilung war deutlich, dass die Planung nicht mehr zeitgemäß war und mit ihr ein unnötiger bürokratischer Aufwand einher ging.

Obwohl die Einsatzplanung von beiden Seiten immer mal wieder angesprochen wurde, ergab sich zwischen 2014 und 2018 kein Weg, konkret über eine Erneuerung mit dem Management zu sprechen. Als Türöffner erwiess sich die Ende 2017 durchgeführte Gefährdungsbeurteilung zur psychischen Belastung im Betrieb. Mit ihr wurden die gefühlten Belastungen für die Kolleg:innen im Kundenservice, insbesondere durch die Form der Einsatzplanung auch für den Arbeitgeber sichtbar und als abzustellende Gefahr war das Thema nicht mehr zu ignorieren. Von den Kolleg:innen selbst kamen dann aus einem Workshop im Nachgang zur Gefährdungsbeurteilung auch die Idee, mehr Eigenverantwortung und Eigensteuerung in die Einsatzplanung zu bringen, um die mit der bisherigen Planung einhergehenden psychischen Belastungen zu mindern.

Wir Betriebsräte nahmen den Ball aus der Gefährdungsbeurteilung und dem Workshop auf und holten neben der Personalabteilung auch die Teamleiter:innen aus dem Kundenservice zu der Thematik ab. In einer crossfunktionalen Arbeitsgruppe aus Betriebsräten, der Personalmanagerin und Teamleiter:innen aus dem Kundenservice formten wir die Idee, die Einsatzplanung von einer zentralen Stelle in die einzelnen Teams zu verlagern. Zügig fanden wir drei Teamleiter:innen, die bereit waren, die neue Methodik parallel zur alten Planung in ihren Teams auszuprobieren. Insgesamt gibt es elf Teams in den zwei Abteilungen des Kundenservice. Für den Piloten vereinbarten wir in der Arbeitsgruppe minimale Regeln, die für alle Pilotteams Orientierung geben sollten:
- Die Kolleg:innen planen sich selbst,
- es gibt nur die Vorgabe X Kolleg:innen müssen um 8:00 Uhr da sein und Y Kolleg:innen bis 21:00 Uhr,

- auf individuelle Einschränkungen (Erkrankungen, Kinderbetreuung) muss im Team Rücksicht genommen werden,
- die Testteilnahme ist freiwillig.

Wir haben bewusst keine Vorgaben zum Mittel der Planung gemacht. Somit hatten es die Pilotteams selbst in der Hand, die für sie praktikabelste Lösung zu finden und einzusetzen. In dieser ersten Phase fanden regelmäßige Treffen der Arbeitsgruppe zum Austausch statt. Über die Durchführung des Piloten haben wir zügig Transparenz bei den Kolleg:innen im Kundenservice hergestellt. Hierzu waren die Pilotteams ermutigt, über ihre Erfahrungen mit Kolleg:innen zu sprechen.

Im Spätherbst des Jahres, etwa fünf Monate nach dem Pilotstart, haben wir alle Kolleg:innen im Kundenservice in einer Umfrage zum Thema Einsatzplanung befragt. Zum einem wollten wir von den Pilotteilnehmer:innen wissen, wie es ihnen mit dem Piloten geht, und zum anderen von den Kolleg:innen, die noch am Piloten teilnehmen, was sie davon gehört hatten und ob sie sich dies auch für ihr Team vorstellen könnten. Mit einer Teilnahmequote von 50 Prozent hatten wir einen erfreulichen Rücklauf. Überproportional nahmen Kolleg:innen aus den Pilotteams teil.

Abbildung 1:

»Sorgt die mitarbeitergestützte Einsatzplanung (SSEP) für mehr Gerechtigkeit?«

Nein
15 Prozent

Ja
48 Prozent

Unverändert
37 Prozent

Quelle: eigene Darstellung, Umfrage Customer Service

Die Ergebnisse nahmen wir zum Anlass, um in zwei StandUps mit den Kolleg:innen im Kundenservice in den direkten Dialog zu kommen und auch die zu erreichen, die vielleicht an der Umfrage nicht teilgenommen hatten. In den

StandUps kam es zu einem regen Austausch mit und zwischen den Kolleg:innen. Hier zeigte sich der Vorteil der Herangehensweise. Fragen und Bedenken seitens der Kolleg:innen wurden von anderen Kolleg:innen beantwortet. Es entstand ein reger Dialog untereinander. Wir hörten aufmerksam zu und bekamen über die Umfrage hinaus noch wertvolle Informationen zur Umsetzung, die uns bei einer späteren Entwicklung der Betriebsvereinbarung geholfen haben.

Zwischenzeitlich beteiligten sich drei weitere Teams an dem Piloten. Somit hatten wir über die Hälfte der Kolleg:innen im Piloten. Das Modell schien zu funktionieren. Nun ging es daran, die alte Betriebsvereinbarung zur Schichtplanung abzulösen und die neue Form der Planung mit einer entsprechenden Vereinbarung abzusichern.

Auch hier gingen wir einen neuen Weg und haben die Konzeption der Betriebsvereinbarung nicht zwischen Betriebsrat und Arbeitgeber am Verhandlungstisch entwickelt, sondern in einem Workshop gemeinsam mit den Kolleg:innen.

Methodisch haben wir den Workshop an das Konzept des Design Thinking angelehnt. Nach der Sammlung der Themenfelder in der Gruppe haben wir diese geclustert und auf Wände im Raum verteilt, die dann in Kleingruppen nacheinander bearbeitet wurden. Das auf den Wänden Gesammelte bildete dann die Grundlage für eine kleine Verhandlungsgruppe aus Betriebsrat, Personalabteilung und dem Fachbereich, eine Betriebsvereinbarung zu formulieren. Was vormals Monate gedauert hatte, geschah in diesem Fall binnen drei Wochen. Am Ende stand eine Betriebsvereinbarung, welche die Erfahrungen und Learnings aus dem Piloten aufnahm und trotzdem flexibel genug war, dass künftige Nutzer:innen noch Freiheiten hatten, ihren Weg zu finden. Weiterhin war den Teams freigestellt, welche Tools sie für die Planung nutzen, welche Formate zum Austausch im Team, deren Rhythmus. Dies ist das für unseren Betrieb Neue. Betriebsvereinbarungen regeln nicht mehr alle Eventualitäten für jeden, sondern zeigen das Spielfeld auf, auf dem sich bewegt werden darf.

Was hat es den Kolleg:innen und uns als Gremium gebracht? Für die Kolleg:innen war das psychisch belastende Element der Fremdsteuerung in der Einsatzplanung weg. Sie mussten immer noch Servicezeiten abdecken, konnten ihre Einsatzzeiten nun aber an ihr Leben anpassen. Für uns als Betriebsräte war dieses Projekt ein Mutmacher, die Kolleg:innen mehr in Themen einzubinden und stärker auf ihre Expertise zu setzen. Für den Arbeitgeber hat das neue Modell den Vorteil, zum einem das Risiko der psychischen Belastung aus der Einsatzplanung minimiert zu haben und auf der anderen Seite motiviertere und zufriedenere Mitarbeiter:innen zu haben. Was alle im Betrieb von diesem Projekt gelernt haben, ist sich in einer sich wandelnden Umgebung im Sinne von VUCA mit Engagement, Mut, Anpassungswillen und Ausdauer den Themen zu stellen, um das Unternehmen voranzubringen. Die Stärke des von uns gewählten Ansatzes war es, Parameter zu definieren, die Sicherheit geben, aber den Kolleg:innen so viel Freiraum lassen, dass sie ihre individuelle Teamspielweise finden und leben konnten.

Die Stärkung der Eigenverantwortung auf Seiten der Kolleg:innen hat zu einem neuen Rollenbild insbesondere für die Teamleiter:innen geführt. Waren sie in der Vergangenheit dafür verantwortlich, die Kolleg:innen fachlich, disziplinarisch zu führen und auch organisatorisch die Anwesenheiten ihres Teams sicherzustellen, übernimmt Letzteres nun das Team in Eigenregie. Der Teamleiter ist wie ein Spielleiter. Er steckt Rahmenparameter ab und hilft im Streitfall, dem Team eine Lösung zu finden. Das in der Vergangenheit zeitraubende Thema der Verfügbarkeiten einzelner Teammitglieder (Schutzgruppe) und Schichttausch fällt für die Teamleiter:in weg.

3. Fallbeispiel 2: Gleitzeitregelung (2020)

Im Betrieb gibt es seit 2013 eine Regelung zur Gleitzeit und speziell für Abteilungsleiter:innen und Direct Reports die Regelung über Vertrauensarbeitszeit. Im übrigen Betrieb war die Ausgangslage anders als im Kundenservice. Die Kolleg:innen haben schon hohe Freiheitsgrade bei der individuellen Steuerung ihrer Arbeitszeitverteilung. Gleichwohl kollidiert die Freiheit immer wieder mit dem Anspruch ihrer Führungskräfte, durch Vorgaben Einfluss auszuüben. Mit der Freiheit geht aus Sicht des Betriebsrats ein schwindendes Verständnis der Kolleg:innen für Themen aus dem Arbeitszeitgesetz und dem Gesundheitsschutz einher. Insbesondere die Kolleg:innen in Vertrauensarbeitszeit sind zwar nach der Betriebsvereinbarung zur Dokumentation ihrer Arbeitszeit im Zeitwirtschaftssystem verpflichtet, gleichwohl kamen viele dieser Pflicht nicht nach. Auch hatten wir im Laufe der Jahre festgestellt, dass die Formulierungen der Betriebsvereinbarung einen Interpretationsraum eröffneten, der zu Konflikten zwischen den Betriebsparteien geführt hat. Ein Umstand, der zwar jedem Vertrag immanent ist, aber 14 Jahre Empirie haben aufgezeigt, an welchen Stellen die Unschärfe der Formulierungen nicht hilfreich ist.

Herangehensweise: Betriebsrat und Personalabteilung haben sich Anfang 2020 darauf verständigt, die bestehende Regelung zur Arbeitszeit zu novellieren. Für die Gespräche wurde seitens des Betriebsrats ein neues Format gewählt. In wöchentlichen ganztägigen Terminen wurden gemeinsam die Arbeitsfelder abgesteckt und die Spielregeln für die Termine vereinbart. Schnell merkten wir in der Gruppe, dass wir dieselben Themen hatten, wenn auch aus unterschiedlicher Sicht. Für die Gespräche wurde vereinbart, dass alle Ideen ausgesprochen und besprochen werden. Keine Idee sollte und wurde von vornherein abgelehnt. Natürlich waren die Gruppenmitglieder nicht frei von ihrer Rolle und den damit verbundenen Erwartungen ihrer Stakeholder. Das gemeinsame Commitment, sich auf Lösungen zu fokussieren, half in kontroversen Themen, die es dadurch gab und immer noch gibt, das Ziel nicht aus den Augen zu verlieren, die bestehenden und in weiten Teilen akzeptierten Arbeitszeitregelungen durch eine Novellierung an die rechtliche aber auch von den Kolleg:innen gelebte Realität anzupassen – ein Spagat, der oftmals maximale Dehnbarkeit von beiden Seiten verlangt.

Nach jeder Runde gingen die Gruppenmitglieder zu ihren Stakeholdern und haben sich ein Feedback zum Arbeitsstand geholt. Ergänzend haben wir aus der Verhandlungsgruppe eine Umfrage an die Kolleg:innen im Betrieb verschickt und damit einen Abgleich vornehmen können, ob die Themenfeder die wir identifiziert hatten, auch die Themenfelder der Kolleg:innen sind. Mit einer Rücklaufquote von 35 Prozent (531 Kolleg:innen) lagen wir nicht so hoch wie im ersten Fallbeispiel, trotzdem konnten wir aus den Rückmeldungen quantitative und qualitative Impulse ziehen.

Abbildung 2:

Quelle: eigene Darstellung, Mitarbeiterbefragung, 2020

Einen großer Reibungspunkt bildeten die Grenzen, die uns das Gesetz und der Tarifvertrag gaben. Der Wunsch der Kolleg:innen nach Flexibilität ging weit über das Maß hinaus, das erlaubt und somit gestaltbar ist.

Der Arbeitgeberseite war es wichtig, die Vertrauensarbeitszeit für die Ebene der Abteilungsleiter:innen zu erhalten und diese auf die Ebene der AT-Mitarbeiter:innen auszuweiten. Uns als Betriebräten war es wichtig, eben keine Vertrauensarbeitszeit (keine Zeiterfassung) zu haben. Hier half uns die aktuelle Rechtsprechung des EuGH (C-55/18), um eine moderne Form der Vertrauensarbeitszeit zu modellieren.

Das neue Modell der Vertrauensarbeitszeit, bei uns in Abgrenzung zum alten Modell »**SelfControl**« genannt, sieht vor, dass die Kolleg:innen ihre Arbeitszeiten eigenverantwortlich mit Lage und Dauer im Zeitwirtschaftssystem dokumentieren und eigenverantwortlich den Zeitauf- und -abbau gestalten. Alle Zeitkonten werden als Jahresarbeitszeitkonten geführt und der Anspruch ist, dass diese zum Saldierungszeitpunkt ausgeglichen sind. »**SelfControl**« wurde von uns so gestaltet, dass die Risiken in Selbstausbeutung zu kommen, für die Kolleg:innen minimiert sind. Damit es ihnen leichter fällt, die geltenden gesetzlichen, tariflichen und betrieblichen Regelungen (Tagesarbeitszeit, Ruhezeit, Maximalaufbau etc.) einzuhalten, erhalten sie systemseitige Hinweise, wenn sie gegen Regeln verstoßen haben oder in Grenzbereiche kommen. Ein elementarer Grenzbereich in dem Modell liegt bei der Summe von vier Wochenarbeitszeiten. Überschreitet der Kollege oder die Kollegin diese Grenze, werden die Zeiten zwar noch dokumentiert, nur nimmt der Arbeitgeber diese nicht mehr als Arbeitszeit an und schreibt sie auch nicht dem Zeitkonto gut. Für diesen Mechanismus ist es elementar, dass den Kolleg:innen bei Einführung des Modells und auch bei Annäherung an den Saldo von vier Wochenarbeitszeiten systemseitig verdeutlicht wird, welche Konsequenz bei Überschreitung der Grenze folgt. Da die Kolleg:innen in dem Arbeitszeitmodell alleiniger Souverän sind, greifen weder Arbeitgeber noch Betriebsrat steuernd in die Arbeitszeit der Kollegin oder des Kollegen ein. In der derzeitigen Diskussion ist noch offen, ob und wenn ja welche Konsequenzen eine dauerhafte Überschreitung der Vierwochenarbeitszeitgrenze hat.

Auch für die tariflichen Kolleg:innen soll das bewährte Ampelmodell angepasst werden und sie erhalten mehr Freiräume zur eigenverantwortlichen Selbststeuerung. Gleichwohl ist hier die Führungskraft weiterhin in der Pflicht, steuernd einzugreifen, wenn sie bemerkt, dass die Selbststeuerung nicht funktioniert. Diesen Aspekt der Kooperation haben wir über den neuen Namen »**CoWork**« ausgedrückt. Auch in diesem Modell wird es systemseitige Meldungen zur Steuerungsunterstützung geben, wobei hier die Führungskraft mit im Verteiler ist, um ihrer Verantwortung nachkommen zu können und auch zu müssen. Denn auch dies haben wir aus den letzten Jahren gelernt: Nicht alle Führungskräfte nehmen diese Aufgabe ernst und dann standen Kolleg:innen in Einzelfällen alleine vor den Konsequenzen.

Tabelle 1: Vorteile der Modelle CoWork und SelfControl gegenüber der bisherigen Regelung

	Ampelmodell	CoWork	VertrauensarbZ	SelfControl
Ampelphasen	Ja	Ja	Nein	Ja
Rolle Führungskraft	Stark, Genehmiger	Abgeschwächt, aber noch verantwortlich	Keine	Keine
Kontrolle BR	Vorhanden	Vorhanden	Gering	Monitorend
Kontrolle ArbZG	Schwer möglich	Systemgestützt	Keine	Systemgestützt

Quelle: eigene Darstellung

4. Fazit

Was uns als Gremium die beiden Fallbeispiele gelehrt haben, ist, dass eine Herangehensweise mit Instrumenten aus der agilen Arbeitswelt Themen nicht nur beschleunigt, sondern uns auch hilft, auf die Lösung zu konzentrieren. Die in der Vergangenheit oftmals gepflegte Verhandlungsfolklore wird auf diesem Weg minimiert. Betriebsräte und Arbeitgeber haben weiterhin rollenbedingt divergierende Interessen, gleichwohl eint sie das Interesse, betriebliche Lösungen zu generieren, die nicht dann fertig sind, wenn der Bedarf sich schon wieder geändert hat. Uns ist bewusst, dass wir dem geschuldet nur bedingt finale Lösungen produzieren. Vielmehr bleibt es unsere gemeinsame Aufgabe, diese Lösung iterativ zu überarbeiten, wenn wir neue Erkenntnisse haben. Wenn in solchen Fällen nicht alles in Frage gestellt wird, sondern nur der »schadhafte« Code aus den Vereinbarungen überarbeitet wird, werden große Verhandlungen in Basisthemen der Vergangenheit angehören. Künftig geht es darum, eine Kultur zu etablieren, in der Betriebsrat und Arbeitgeber strukturiert die bestehenden Regelungen im Auge behalten und sich auf Instrumente einigen und diese nutzen, um deren Realitätsnähe zu überprüfen. Ein Erfolgsfaktor hierfür kann die stärkere Einbindung der Belegschaft sein. Durch die Digitalisierung stehen uns neue Instrumente zur Verfügung, um deren Meinung zu Themen abzuholen und schnell aufzuarbeiten. Die Zeiten, in denen die Kolleg:innen nur alle vier Jahre Einfluss auf die Betriebsratsarbeit in Form der Wahl haben, sollte vorbei sein. Wenn über die neue Form der Partizipation das Interesse und Verständnis für Betriebsratsarbeit gesteigert wird, kann dies die Rolle der Betriebsräte stärken, da der Rückhalt in der Belegschaft größer ist. Auch der Betriebsrat gewinnt durch stärkere Partizipation der Belegschaft, weil er einen breiteren Zugriff auf das Know-how hat. Was wir im Betrieb noch nicht gelöst haben, ist die Rolle der Führungskräfte neu zu definieren und in Folge dann auch einen Entwicklungsplan für die bestehenden Führungskräfte, um sich auf die neue Rolle anzupassen. Die Freiheitsgrade in den Themen Arbeitszeitgestaltung und auch der Arbeit an sich hängen derzeit noch stark von der individuellen Bereitschaft der Führungskraft ab, Freiräume zu gewähren. Nach dem Thema Arbeitszeit wird es Aufgabe der Betriebsparteien sein, Regelungen aufzustellen, wie agile Teams sich bilden und auflösen und damit einhergehende Konsequenzen regeln (Versetzung, Gehalt, disziplinarische Führung).

IX. Arbeit heute und morgen: von mobilen Arbeitswelten bis Präsenzarbeit

Simone Kauffeld

Die Arbeitswelt der Zukunft: Virtuell, mobil und doch gemeinsam?

Inhaltsübersicht

1. Einleitung

Die Arbeitswelt hat in den letzten Jahren einen grundlegenden und strukturellen Wandel erfahren. Eine der offensichtlichsten Veränderungen ist die Beschleunigung des technologischen Wandels. Die digitale Transformation und der damit verbundene Innovationsdruck fordern und fördern agile, selbstorganisierte und kundenorientierte Arbeitsprinzipien. Die Arbeit wird zeitlich und räumlich flexibel. Darüber hinaus verändert sich aber auch die Art der Zusammenarbeit mit Kolleg:innen und Kund:innen. Mitarbeitende haben zudem veränderte Erwartungen hinsichtlich Partizipation und Autonomie, die Arbeit soll als sinnstiftend erlebt und verschiedener Lebensbereiche integriert werden können (Kauffeld/ Sauer 2018). Aufgrund der Herausforderungen, Fachkräfte zu gewinnen und zu halten, haben Mitarbeitende, insbesondere diejenigen, die gut qualifiziert sind, am Arbeitsmarkt die Chance, ihre Forderungen in Organisationen zu adressieren und Gehör zu finden. Gleichzeitig haben die neuen Technologien das Potenzial, die Arbeit zu intensivieren und die Menschen stärker zu kontrollieren. Schon vor der Corona-Pandemie war der Wunsch vieler Mitarbeitender, in der Regel ein bis zwei Tag im Homeoffice arbeiten zu können (Grunau et al. 2019; Mergener 2020). Der Wunsch scheiterte dabei bislang häufig an den Bedenken des Arbeitgebers, so dass nur 12–25 % der Arbeitnehmenden gelegentlich im Homeoffice gearbeitet haben. Und selbst, wenn Homeoffice erlaubt war, waren oft die Hauptbarrieren die Präsenzkultur und eine geringe ergebnisfokussierte Kultur in der Organisation (z.B. Shockley/Allen 2010). Die mobile Arbeit wird dabei organisationsseitig vor allem mit weniger Kontrolle für die Führungskräfte, spätes Feedback bei Unregelmäßigkeiten und mit einem höheren, länger angestauten und häufiger unentdeckten Konfliktpotenzial in Verbindung gebracht (vgl. auch Boos/Hardwig/Riethmüller 2017). Zudem wurden reale und vorgeschobene technische Schwierigkeiten gefürchtet. Die Gewährleistung des Datenschutzes wird thematisiert. Auch Fairnessaspekte im Sinne einer Zweiklassen-Gesellschaft im Unternehmen werden angeführt, da nicht alle Arbeitsplätze gleichermaßen für die mobile Arbeit geeignet sind.

2. Covid-19 als Katalysator

Die Covid-19-Pandemie hat für das Thema mobile Arbeit als Katalysator in Organisationen gewirkt. Dabei bedeutet, in Zeiten von Covid-19 mobil zu arbeiten vor allem aus dem Homeoffice heraus zu arbeiten. Nach Zahlen des Deutschen Instituts für Wirtschaftsforschung (DIW Berlin) arbeiteten im Mai 2020 etwa 35 Prozent der Beschäftigten im Homeoffice. Eine Umfrage des Digitalverbands Bitkom mit mehr als 1000 Bundesbürger:innen im März 2020 zeigte, dass mittlerweile fast jede:r Zweite (49 Prozent) ganz oder zumindest teilweise im Homeoffice arbeitet. Dabei sind nicht nur Branchen und Arbeitsbereiche betroffen, die es gewohnt sind, virtuell zusammenzuarbeiten (z.B. IT, Forschung), sondern auch Bereiche, in denen Präsenz als unabdingbar angesehen wurde (z.B. öffentliche Verwaltung, Krankenkassen, Schulen). Der Anstieg ist deutlich: In 2016 haben nur 12,5 Prozent der Beschäftigten in Deutschland regelmäßig im Homeoffice arbeiteten. Während vor der Corona-Krise in der Braunschweiger Studie zur mobilen Arbeit knapp 20 Prozent der Arbeitszeit im Homeoffice verbracht wurden, waren es im April 2020 knapp 85 Prozent. Dabei geben 60 Prozent an, ausschließlich im Homeoffice zu arbeiten. Dieser Wert stabilisiert sich über die weiteren Befragungszeitpunkte bei 40 Prozent. Die virtuelle Zusammenarbeit aus dem Homeoffice heraus bietet sich als ausgezeichnete Lösung für physische (nicht soziale) Distanzierung bei der Arbeit an. Das sichere Homeoffice als Form der mobilen Arbeit dient in vielen Ländern einerseits der Abflachung der Infektionskurve und der Vermeidung der Zusammenbrüche des Gesundheitssystems und anderseits der Aufrechterhaltung der Wirtschaft (vgl. Kauffeld 2020). Dabei sind in der Regel bestehende Teams in das Homeoffice gewechselt, die sich gut kennen und die angehalten waren, ohne Vorbereitung virtuell zusammenzuarbeiten. In einigen Unternehmen wurde die Hälfte des Teams vor Ort eingesetzt und die andere Hälfte des Teams aufgefordert, mobil ihre Aufgaben zu erledigen, so dass sichergestellt war, dass bei einer Covid-19-Ansteckung zumindest die Hälfte des Teams den Betrieb aufrechterhalten könnte.

> **Exkurs: Mobile Arbeit**
> Von »**mobiler Arbeit**« wird gesprochen, wenn Beschäftigte ihre Arbeit außerhalb des Firmenbüros, zeitlich und örtlich flexibel leisten und dabei neue Informationstechnologien kollaborativ nutzen (Benz 2010; Brandt 2010). Mobile Arbeit kann dabei an jedem beliebigen Ort (also auch im Zug, im Café etc.) stattfinden, was sie von der Telearbeit unterscheidet, die ortsgebunden erfolgt (Kauffeld 2020).

Vor der Covid-19-Pandemie wurde bei virtueller Teamarbeit vor allem an globale Konzerne mit über mehrere Kontinente verteilten Standorten gedacht, in denen in der Tat auch häufiger virtuell zusammengearbeitet wird (Handke/Kauffeld 2019). Um die Virtualität zu beschreiben, werden in der Regel verschiedene Dimensionen genutzt (vgl. Tabelle 1). Seit der Covid-19-Pandemie sind vor allem die technologiegestützte Kommunikation und die mobile Arbeit in Form des Homeoffice im Fokus. Die räumlich und zeitlich verteilte Zusammenarbeit von Teams und damit die mobile Arbeit werden durch moderne Informations- und Kommunikationstechnologien (IKT), wie E-Mail-, Chat-, Videokonferenz-, Managementinformations-, Wissensmanagement- und Customer-Relation-Management-Systeme sowie Groupware bzw. Kollaborationssoftware mit gemeinsam genutzten, miteinander vernetzten Datenbanken ermöglicht. Diese erlauben in Echtzeit einen Zugriff auf gemeinsame Informationen und synchrone und asynchrone Kommunikation über Standorte, Länder- und Unternehmensgrenzen hinweg (Kauffeld et al. 2016; Antoni/Syrek 2017). So können sich Teammitglieder untereinander, mit Führungskräften, aber auch mit Kund:innen und Lieferant:innen zeitnah abstimmen. Die meisten Teams kommunizieren, auch wenn sie nicht räumlich und zeitlich verteilt arbeiten, mehr oder weniger virtuell. Sie nutzen, obwohl sie am gleichen Ort arbeiten, zur Koordination ihrer Handlungen oder zur Dokumentation virtuelle Medien. Virtualität ist daher nicht dichotom im Sinne von vorhanden oder nicht vorhanden zu verstehen, sondern ein kontinuierliches Konstrukt. Zudem ist die Virtualität dynamisch. Die Virtualität der/des Einzelnen und damit auch des Teams ändert sich, wenn z. B. ein Teammitglied von zu Hause aus arbeitet, wenn die Zugfahrt der Dienstreise genutzt wird, um ein Protokoll anzufertigen oder mit Kund:innen telefoniert wird (Kauffeld 2020).

Tabelle 1: Virtualitätsdimensionen und ihre Anwendung auf bestehende Teams

Dimension	Beschreibung
Technologiegestützte Kommunikation	Ausmaß, in dem sich Teammitglieder virtueller Tools bedienen, um Teamprozesse zu koordinieren und auszuführen
Geographische Dispersion	Räumliche Verteilung der Teammitglieder, u. a. operationalisiert als Entfernung zwischen den verschiedenen Standorten, Anzahl der Standorte sowie Anteil von Teammitgliedern pro Standort (O'Leary/Cummings 2007)
Kulturelle Unterschiede	Diversität hinsichtlich kultureller Werte, Verständnis von Status und Hierarchie, Sprachverständnis, lokale Standards, operationalisiert z. B. durch die durchschnittliche Anzahl verschiedener Nationalitäten im Team (Hoch/Kozlowski 2014)
Mobiles Arbeiten	Ausmaß, in dem die Teammitglieder andere Arbeitsorte als reguläre Büros nutzen, z. B. Heimarbeit, »Zug- bzw. Flug-Office« bzw. sog. »Co-Working Spaces« (Chudoba et al. 2005)
Organisationale Diskontinuität	Unterschiede in der organisationalen Zugehörigkeit, innerhalb eines Unternehmens (z. B. aus unterschiedlichen Fachbereichen) sowie interorganisational, d. h. Teams mit Mitgliedern aus verschiedenen Unternehmen (Chudoba et al. 2005)

Quelle: Kauffeld et al. 2016, Handke/Kauffeld 2019

3. Chancen und Herausforderungen der virtuellen Zusammenarbeit und des Homeoffice

Mit der virtuellen Zusammenarbeit werden verschiedene Vorteile verbunden. So können Mitarbeiter:innen zeit- und ortsunabhängig an Lösungen arbeiten. Teams können nach fachlichen Qualifikationen statt nach räumlicher Verteilung zusammengestellt werden (Akin/Rumpf 2014; Konradt/Hertel 2002). Durch den regionalen Erwerb von Fach- und Expertenwissen können lokale Märkte besser erschlossen werden (Kauffeld et al. 2016; Handke/Kauffeld 2019) sowie enge Verbindungen zu Lieferant:innen und Kund:innen aufgebaut und gehalten werden. Lohn- bzw. Lohnnebenkosten, Dienstreisen, Büroflächen und Energie können eingespart werden; zudem werden Regionen mit geringer Infrastruktur und ggf. geringeren Büromieten attraktiv und es können Personen mit geringer Mobilität in das Team integriert werden. Arbeitsprozesse und Ergebnisse werden durch die Nutzung digitaler Medien umfassender und zudem mehr oder weniger nebenbei dokumentiert (Handke/Kauffeld 2019). Die Attraktivität als Arbeitgeber steigt für Arbeitnehmer:innen, die sich dank der erhöhten Flexibilität und der Möglichkeit, Privat- und Berufsleben besser zu vereinbaren, vor allem ein ungestörtes, konzentrierteren Arbeiten mit einem besseren Zeitmanagement in angenehmerer Arbeitsatmosphäre sowie eine Einsparung von Fahrtzeit und Kosten durch geringeren Pendelaufwand zur Arbeit (z. B. Gilson et al. 2015; Kauffeld et al. 2016) versprechen. Pendelzeiten und damit auch die CO_2-Emissionen können durch Homeoffice reduziert werden. Zudem kann sich das Homeoffice positiv auf die Anzahl der Fehltage auswirken (vgl. Knieps/Pfaff 2020). In der Corona-Krise werden zudem der Wegfall von Dienstreisen, die Etablierung neuer Kommunikationsformen (z. B. Videokonferenzen) sowie eine Entschleunigung, die mit einem Rückbesinnen auf das »Wesentliche« verbunden ist, als Chancen benannt (vgl. Braunschweiger Studie).

Die Schattenseiten des mobilen Arbeitens wurden aber auch für Arbeitnehmende sichtbar (vgl. Brandt 2010; Kauffeld et al. 2016; Koroma et al. 2014; Staples/Zhao 2006): Mitarbeitende geben Selbstausbeutung, eine mangelnde Trennung von Arbeit und Privatleben und die hohen Anforderungen an die Fähigkeit zur Selbstorganisation an. Termin- und Zeitdruck, z. B. durch Informationsüberflutung, werden berichtet, die Arbeitsverdichtung und der Zwang, eigene Entscheidung zu treffen, kann zum relevanten Druckfaktor werden. Die fehlende soziale Integration, reduzierte soziale Unterstützung durch Kolleg:innen und Vorgesetzte, nachlassende Kontakte ins Unternehmen, mangelnde Einbindung in Planungs- und Entscheidungsprozesse, Befürchtungen eines Karriereknicks aufgrund fehlender Präsenz am Arbeitsplatz oder der Verlust sozialer und berufsbezogener Kompetenzen werden bemängelt. Mehrbelastung durch ständige

Erreichbarkeit, grenzenlose Arbeitszeiten, ungünstige ergonomisch gestaltete Arbeitsplätze und Umgebungsbedingungen werden mit der Arbeit im Homeoffice verbunden. In der Corona-Pandemie werden ganz neue Herausforderungen benannt wie ein »Lagerkoller« zu Hause durch die fehlende Trennung von Beruf und Familie. Die Doppelbelastung bei fehlender Kinderbetreuung wird angesprochen, ebenso wie die Angst um die Wirtschaft und den eigenen Arbeitsplatz. Die fehlende technische Ausstattung bei plötzlichem Wechsel ins Homeoffice wird als Herausforderung gesehen, ebenso wie unzureichende Strukturen innerhalb der Organisation, um mit der Krise und Veränderung umzugehen. Darüber hinaus belasten die Angst um Angehörige, die einer Risikogruppe angehören, und die ständige Bedrohung, selbst zu erkranken oder unter der Krise zu leiden.

In einer über drei Messzeitpunkte angelegten Studie in einem Großunternehmen vor der Corona-Kise konnte als Haupthinderungsgrund für die Nicht-Nutzung der mobilen Arbeit durch die Mitarbeitenden die Präsenzkultur in der entsprechenden Abteilung und die Einstellung von Führungskräften und Kolleg:innen zur mobilen Arbeit identifiziert werden. Bei denjenigen, die die mobile Arbeit genutzt haben, konnte in einer wiederholten Befragung festgestellt werden, dass die Pro-Argumente aufgrund der persönlichen Erfahrung bestätigt werden konnten, während die Befürchtungen sich nicht bestätigten (Kauffeld 2020). Da in der Corona-Krise sehr viele Mitarbeitende positive Erfahrungen mit dem Homeoffice gemacht haben, ist zu erwarten, dass sie dem Homeoffice positiver gegenüberstehen als vor der Covid-19-Pandemie. Diese Erwartung wird in der Braunschweiger Corona-Studie zur mobilen Arbeit bestätigt (vgl. Abbildung 1). Die Befragten geben an, dass vor allem ihre Führungskräfte, aber auch ihre Kolleg:innen ein positiveres Bild vom Arbeiten im Homeoffice haben als vor der Corona Krise.

Nichtsdestotrotz stellt die virtuelle Zusammenarbeit im Homeoffice an die Mitarbeitenden verschiedene Anforderungen: So müssen die Informationsanforderungen einer Aufgabe auf den Informationsgehalt des Kommunikationsmediums, das heißt der Kapazität bestimmte Informationen zu vermitteln, angepasst werden. Zudem ergeben sich koordinative Anforderungen, die bewältigt werden müssen. Von besonderer Bedeutung sind zudem die personalen Anforderungen, die an die einzelnen Personen gestellt werden.

Abbildung 1: Veränderung der Akzeptanz von Homeoffice bei den Befragten der Braunschweiger Corona Studie

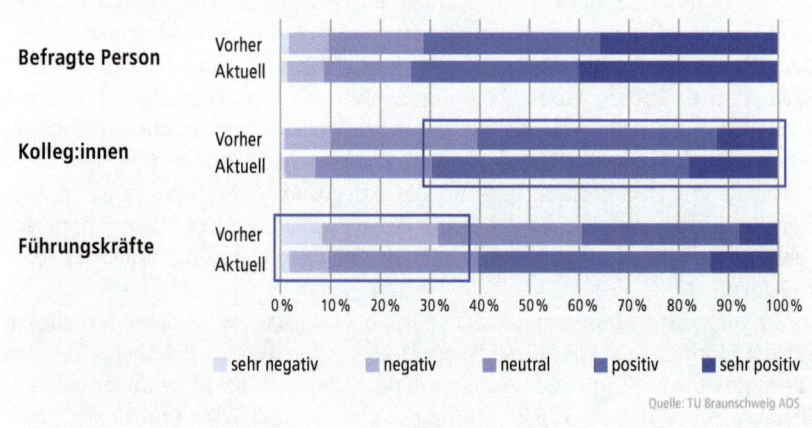

Quelle: TU Braunschweig AOS

4. Informationsanforderungen

Das Konzept der Medienreichhaltigkeit (MRT) geht davon aus, dass jedes Medium einen gewissen informationalen Wert hat. Dieser wird vor allem davon bestimmt, welche Kommunikationskanäle zur Verfügung stehen. Dabei kann unterschieden werden zwischen nonverbal (Körperhaltung, Gestik, Mimik), paraverbal (d.h. Stimmlage) und verbal (Inhalt der Kommunikation). Dementsprechend geht die MRT davon aus, dass elektronische Medien, die im Fall beispielsweise von E-Mails nur über einen verbalen Kommunikationskanal verfügen, weniger Informationen vermitteln, aufgrund ihrer Asynchronität auch weniger interaktiv sind und allgemein auch als weniger persönlich wahrgenommen werden. So ist ein Treffen »face to face« reichhaltiger als ein Telefonat und dies wiederum reichhaltiger als eine Chat-Kommunikation. Die Effektivität virtueller Kommunikation ist abhängig von der Passung zwischen Kommunikationsmedium und Aufgabe (z.B. Daft/Lengel 1986; McGrath/Hollingshead 1993). Höhere Mehrdeutigkeit und Interdependenz zwischen den Teammitgliedern stellen höhere Anforderungen an den Informationsgehalt des Mediums. So ist in einer Verhandlungssituation ein reichhaltigeres Medium zu nutzen als z.B. bei einer Terminabsprache. Ist die Nutzung reichhaltiger Kommunikationsmedien jedoch nicht möglich, zeigt die Forschung, dass dies kompensierbar ist (z.B. Kock 2005; Riethmüller/Boos 2011). Weniger reichhaltige Medien können »angereichert« werden, z.B. durch eindeutigere Erklärungen und Emoticons (z.B. Handke et al. 2018; Utz 2000). In neuen Teams hilft bereits ein Foto des Gesprächspartners beim Aufbau von Vertrauen (Zheng et al. 2002). Darüber hinaus kann die Steigerung der Kommunikationsintensität die mangelnde Medienreichhaltigkeit kompensieren (z. B. Kock 2005). Projektteams wählen zudem in Abhängigkeit von der Phase des Projektes unterschiedlich reichhaltige Medien. Über den Projektverlauf gibt es einen Trend zu weniger reichhaltigen Kommunikationsmitteln, vermutlich, da es in späteren Phasen nicht mehr um die Einigung hinsichtlich gemeinsamer Ziele und Aufgaben geht, die eine reichhaltigere und intensivere Kommunikation erfordert, sondern nur um deren Ausführung (Handke/Schulte/Schneider/Kauffeld, 2019). Diese Ergebnisse zeigen auch, dass face to face nicht per se die effektivste Art der Kommunikation ist.

Im Zuge der Covid-19-Pandemie sind webbasierten Konferenzsysteme zum relevantesten Tool für virtuelle Meetings geworden. Die häufige Nutzung von Videokonferenzen geht mit einer Vielzahl an Stressoren einher, auch unabhängig davon, wie lange die Besprechung dauert. So frieren die Bilder der Gesprächspartner:innen oft ein oder Umgebungsgeräusche werden übermäßig laut übertragen. Manchmal stürzt gar das gesamte System ab. Durch diese digitalen Stressoren fühlen sich Teilnehmende nach Videokonferenzen erschöpfter und stärker ermattet als nach klassischen Meetings. Dieses Phänomen bezeichnen Forscher:innen als »Zoom Fatigue« (Zoom-Ermüdung). Die Erforschung dieses negativen Effektes hat gerade erst begonnen (vgl. zusammenfassend Kauffeld/Sauer, in Druck).

5. Koordinative Anforderungen

Auch bei virtuellen oder hybriden Teams stehen das gemeinsame Ziel und die Aufgabenerledigung im Mittelpunkt. Geteilte mentale Modelle sind kollektive Wissensstrukturen, die sich in der einheitlichen Interpretation aufgabenrelevanter Informationen und teambezogener Aspekte zeigen (Andres 2011). Sie ermöglichen die implizite Koordination, reduzieren den Kommunikationsbedarf und die Unsicherheiten im Umgang miteinander und fördern damit die Teameffizienz. Was umfassen die gemeinsam geteilten Teammodelle? Es geht um die Interpretation der aktuellen Situation hinsichtlich ihrer Anforderungen, gemeinsamen Ziele, Strategien und Aufgaben (Aufgabenmodelle), der Rollen und Verantwortlichkeiten im Team (Teammodelle), der zeitlichen Abhängigkeiten (temporale Modelle) sowie der Nutzung von Medien (IKT Modelle; Müller/Antoni 2019; vgl. Abbildung 2). In virtuellen Teams sind die geteilten Modelle ungleich wichtiger und schwerer aufzubauen als in klassischen Teams, da die Kommunikation und der damit verbundene Wissensaustausch reduziert sind und das Team sich auf die geteilten mentalen Modelle in der täglichen Arbeit verlassen muss (Kauffeld et al. 2016).

Abbildung 2: Inhalte von Team-mentalen Modellen (TMM)

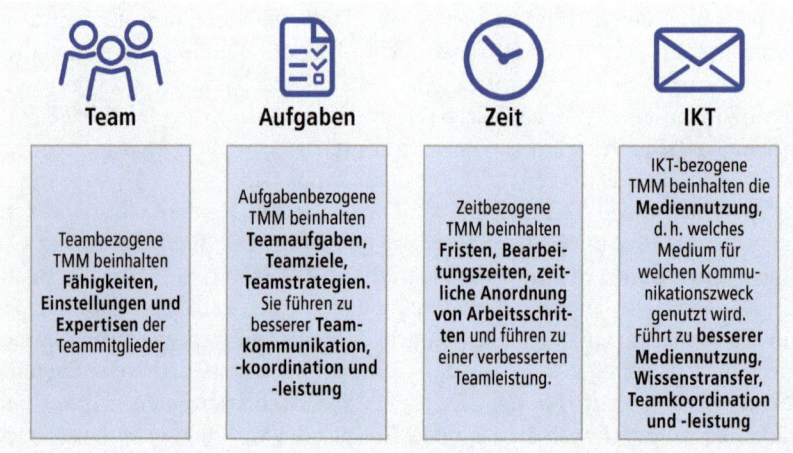

Quelle: TU Braunschweig AOS

Geteilte mentale Modelle entstehen durch Austausch, Feedback und Reflexion. Es ist vorteilhaft, wenn die Teammitglieder direkt zu Beginn die Rollen im Team klären und Aufgaben klar verteilen. Vereinbarungen zur virtuellen Kommunikation gilt es im Team – dies ist effektiver als für die Organisation – aufzustellen und zu etablieren (Soucek et al. 2016). Effektiv für den Erhalt und die Weiterentwicklung von gemeinsam aufgebauten Teamkognitionen hat sich – genauso wie bei face-to-face-Teams (Kauffeld/Güntner 2018) – eine gemeinsame Reflexion gezeigt, die besonders hilfreich ist, wenn diese regelmäßig stattfindet, Feedback zu bisheriger Teamleistung umfasst und angeleitet wird (Konradt et al. 2015). Die Reflexionen treten dabei selten spontan auf, sondern müssen initiiert werden (Kauffeld 2001). Um der Herausforderung des gesteigerten Konfliktpotenzials als Führungskraft entgegenzutreten, sollte die Zufriedenheit der Teammitglieder während des Projektverlaufes regelmäßig abgefragt werden, damit rechtzeitig interveniert werden kann. Zudem erhöht ein regelmäßiges Feedback der Prozesse im Team nachweislich die Motivation, Zufriedenheit und Leistung in virtuellen Teams (Geister et al. 2006). Über Feedbacktools können individuelle sowie teambezogene Leistungen (Martinez-Moreno et al. 2015), aber auch Einschätzungen hinsichtlich aktueller Teamprozesse (Geister et al. 2006; Peñarroia et al. 2015; Ellwart et al. 2015) zurückgemeldet werden. Als ein Tool zur effektiven Online-Erhebung der Stimmung im Team eignet sich beispielsweise das Teambarometer® (A-Side GmbH 2015), das auf der Erfassung zweier grundlegender Dimensionen basiert: die Aktivierung einer Person (d.h. ihre Handlungsbereitschaft) sowie die Valenz ihrer Emotion (d.h. positiv oder negativ). Die Teammitglieder beantworten in individuell festgesetzten Abständen eine Frage zur Stimmung, die aggregiert als Verlaufswerte der Teamstimmung angezeigt werden können. Dies ermöglicht der Führungskraft oder dem Team, ein regelmäßiges Monitoring, das zum Ausgangspunkt einer Reflexion bzw. Intervention genutzt werden kann (vgl. Abbildung 3).

Abbildung 3: Teambarometer (© 4 A-SIDE GmbH)

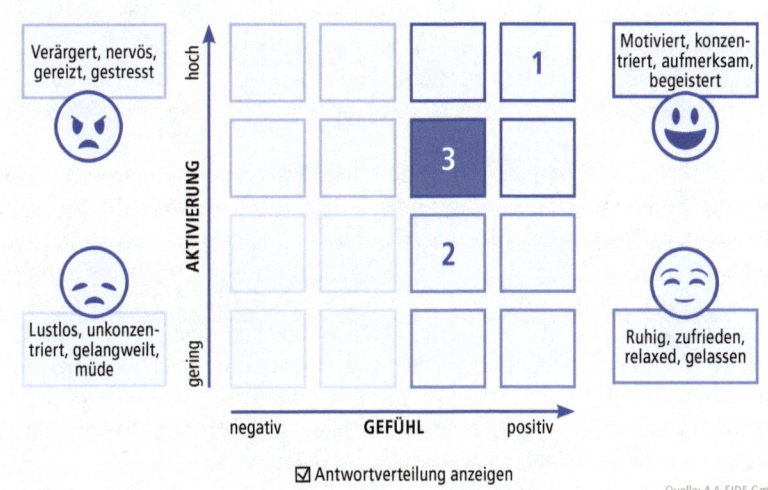

Quelle: 4 A-SIDE GmbH

Die Aufgabe der Führungskraft ist es, Teamprozesse so zu gestalten, dass sich geteilte Kognitionen und Emotionen im Team entwickeln, um darüber die Identifikation mit dem Team, die Verantwortungsübernahme für die Teamergebnisse und dessen Leistung zu fördern (vgl. auch Tabelle 2).

Die Führung Mobilarbeitender erfolgt ergebnisorientiert. Hierbei ist es besonders wichtig, die Bedingungen so zu gestalten, dass Mobilbeschäftigte die vereinbarten Ziele auch tatsächlich erreichen können, das heißt, Arbeitsvorgaben sollten klar definiert werden und ein realistisches Ausmaß nicht überschreiten. Insbesondere bei schwer vorausplanbaren Aufgaben sind hinreichende Zeitpuffer einzubauen. Außerdem wird besonders bei mobiler Arbeit hervorgehoben, dass eine möglichst große Mitsprache und Partizipation der Beschäftigten für die Vermeidung negativer Folgen wichtig sind. Damit Vertrauen auch unter Mobilitätsbedingungen entstehen kann, ist die wahrgenommene Präsenz und Sichtbarkeit der Teammitglieder nach innen und außen wichtig. Dies kann erreicht werden, indem gemeinsame Kalender genutzt werden und jeder weiß, wann wer angesprochen werden kann, die Beiträge jedes Teammitglieds präsent sind und synchrone Kommunikationsmittel genutzt werden.

In einem systematischen Review konnten wir für die virtuelle Zusammenarbeit relevante Anforderungen (Zeitdruck und Rollenunklarheit) und Ressourcen (Autonomie, Feedback sowie soziale Unterstützung) identifizieren (Handke/ Klonek/Parker/Kauffeld, 2019). Virtuelle Teams sind besonders anfällig dafür, dass unter Zeitdruck die Teamleistung sinkt. Rollenklarheit ist existentiell für Teamleistung und Wohlbefinden.

Führungskräfte sind in der Verantwortung, die nötigen personellen und materiellen Ressourcen für die Aufgaben bereitzustellen. Für das Team wirkt es zudem unterstützend, wenn ein gemeinsames Verständnis der Ziele, Aufgaben und zeitlichen Abläufe geschaffen wird und die Rollenerwartungen an die einzelnen Teammitglieder klar sind. Zudem sind regelmäßige Reflexionen empfehlenswert, die handlungsleitend werden (siehe Tabelle 2).

Führung kann bei komplexer digitaler Zusammenarbeit nur gelingen, wenn Führungsfunktionen im Sinne geteilter Führung (Grille/Kauffeld 2015) oder sich selbstorganisierender Teams an das Team delegiert werden und personale Führung durch strukturelle Führung (z. B. durch die Implementation von Feedbackmechanismen in IT-Tools) ergänzt wird (Grille et al. 2017). Prozess- und Leistungsindikatoren gilt es zu vereinbaren, online zu visualisieren und zu monitoren unter Berücksichtigung hoher datenschutzrechtlicher Anforderungen, um Selbststeuerung und Teamentwicklung zu unterstützen (Ellwart et al. 2015; Kauffeld et al. 2016), da Arbeitsfortschritte bzw. -erfolge bei der Nutzung digitaler Technologien und Medien oft wenig wahrnehmbar sind.

Der Vorteil geteilter Führung zeigt sich vor allem an der hohen Flexibilität, situations- und themenspezifisch reagieren zu können. So kann immer das Teammitglied, das für eine bestimmte Aufgabe am geeignetsten ist, temporär die Führungsfunktion im Team übernehmen (Quinn et al. 2006). Dabei zeigen Studien, dass die Aufteilung von Verantwortung die Leistung in Teams verbessert (Carson et al. 2007; Hiller et al. 2006; Seibert et al. 2011). Darüber hinaus argumentieren Forscher:innen, dass geteilte Führung den Zusammenhalt und das gegenseitige Vertrauen im Team stärkt sowie Kohäsion und Commitment fördert, so dass geteilte Führung eine zusätzliche Stärke für Teams darstellen kann (Hoch/ Kozlowski 2014). In Abbildung 4 sind vier wesentliche Dimensionen des Führungsverhaltens aufgezeigt, die im Team geteilt werden können und z. B. mit dem SPLIT per Fragebogen gemessen werden können (Kauffeld/Schulte 2013; Grille/ Kauffeld 2015).

Tabelle 2: Herausforderungen und Maßnahmen für Führungskräfte

- Ein gemeinsames Verständnis der Ziele, Aufgaben, zeitlichen Abläufen und Rollenerwartungen sowie Medieneinsatz schaffen (vgl. geteilte mentale Modelle)
- Medienkompetenz bei sich selbst und im Team aufbauen
- Die nötigen personellen, ITK und materiellen Ressourcen für die Aufgaben organisieren
- Das (berechtigte) Vertrauen in Team, Führung, Organisation, Prozesse und Technik fördern
- Regelmäßige Reflexionen, die handlungsleitend werden, um das Team zu unterstützen, initiieren
- Ergebnisorientiert mit Blick auf die Machbarkeit und dem Einplanen von Zeitpuffern führen
- Erwartungen zur Erreichbarkeit und Reaktionszeit klären
- Mitsprache und Partizipation der Beschäftigten ermöglichen
- Transparenz hinsichtlich der Ansprechbarkeit der Führungskraft schaffen (zu welchen Zeitpunkten, mit welchem Medium, zu welchen Themen)
- Das Team als Ganzes im Blick haben und den Beitrag der Einzelnen würdigen
- Team- und individuelle Ziele miteinander verknüpfen
- Zu jedem Teammitglied eine gute und durch Vertrauen geprägte Arbeitsbeziehung aufbauen
- Stimmungen wahrnehmen und darauf angemessen reagieren (ggf. hilfreich intervenieren)
- Für ein Klima der psychologischen Sicherheit im Team sorgen, in dem auch kritische Aspekte, Fehler etc. angesprochen werden können
- Arbeitsfortschritte bzw. -erfolge sichtbar machen, die bei der Nutzung digitaler Technologien und Medien weniger wahrnehmbar sind
- Auf geteilte Führung setzen
- Personale Führung durch strukturelle Führung (z. B. durch die Implementation von Feedback-mechanismen in IT-Tools, Stimmungsbarometer) ergänzen
- Belastungen der mobilen Arbeit reduzieren und Ressourcen stärken

Quelle: TU Braunschweig AOS

Abbildung 4: Dimensionen geteilter Führung

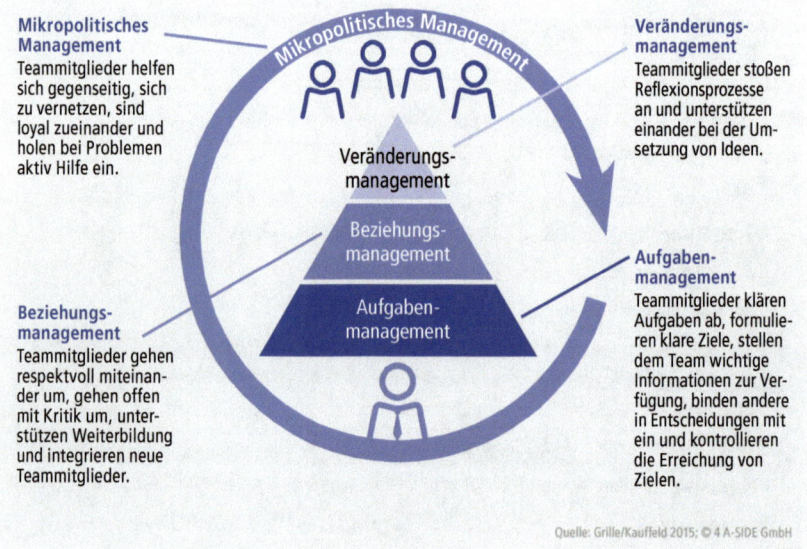

Quelle: Grille/Kauffeld 2015; © 4 A-SIDE GmbH

Mikropolitisches Management
Teammitglieder helfen sich gegenseitig, sich zu vernetzen, sind loyal zueinander und holen bei Problemen aktiv Hilfe ein.

Veränderungsmanagement
Teammitglieder stoßen Reflexionsprozesse an und unterstützen einander bei der Umsetzung von Ideen.

Beziehungsmanagement
Teammitglieder gehen respektvoll miteinander um, gehen offen mit Kritik um, unterstützen Weiterbildung und integrieren neue Teammitglieder.

Aufgabenmanagement
Teammitglieder klären Aufgaben ab, formulieren klare Ziele, stellen dem Team wichtige Informationen zur Verfügung, binden andere in Entscheidungen mit ein und kontrollieren die Erreichung von Zielen.

In Tabelle 3 sind zusammenfassend Ansatzpunkte zur Bewältigung der Herausforderungen zur virtuellen Zusammenarbeit und mobilen Arbeit dargestellt (vgl. Kauffeld 2020).

Tabelle 3: Herausforderungen und Maßnahmen auf Mitarbeitenden-, Team und Organisationsebene

Mitarbeitenden-Ebene	Team-Ebene	Organisations-Ebene
• Ausbau der Selbstmanagementfähigkeiten • Nutzung von Filtern und Priorisierungstools, um die eigene Arbeit zu strukturieren • Auswahl des Mediums passend zur Aufgabe • Aufbau von Kommunikations-, Medien- und Technologiekompetenz für unterschiedliche Anwendungen	• Klärung von Rollen direkt zu Beginn • Aufbau eines gemeinsamen Verständnisses der Ziele und Aufgaben im Team • Etablieren kollektiver Wissensstrukturen, Förderung von Wissensaustausch • regelmäßiges Feedback zu Prozessen und Ergebnissen • Bewusste Reflexion über Emotionen im Team • Aufbau von Vertrauen und Kohäsion durch persönliche Gestaltung (Erfahrungsaustausch, Fotos usw.) • Integration von face-to-face-Treffen zu besonderen Anlässen (zu Beginn, in Krisen etc.) • Zeit und Raum auch für Nicht-Aufgabenbezogenens (Small-Talk) einplanen	• Bereitstellung der benötigten Technik, orientiert am Nutzerbedarf • Gewährleistung von Datenschutz • Regelungen zur Leistungsüberwachung und -bewertung durch die digitalen Technologien treffen • Sensibilisierung und Unterstützung für Arbeits- und Gesundheitsschutz • Weiterbildungsmöglichkeiten hinsichtlich des Technologie und Medieneinsatzes bereitstellen und das Lernen in der Arbeit ermöglichen. • Unterstützung für die Lösung von Problemen mit digitalen Technologien und Medien bereitstellen • Für Rollenklarheit sorgen • Den Mitarbeitenden Handlungsspielraum bezüglich Aufgabenbewältigung und Mobilitätsbedingungen (Ort, Zeit etc.) geben

Quelle: TU Braunschweig AOS

6. Personale Anforderungen

Wie können die positiven Aspekte der Digitalisierung genutzt werden und gleichzeitig Risiken für die Gesundheit identifiziert und minimiert werden? Im Homeoffice verschwimmt die Grenze zwischen Arbeit und Privatleben und es wächst das Risiko, dass Erholungsphasen vernachlässigt werden (Badura/Ducki/Schröder/Klose/Meyer 2019). Selbstmanagementfähigkeiten sind gefragt: Wann beginne ich mit der Arbeit, wann mache ich eine Pause oder Feierabend? Wie grenze ich Wohn- und Arbeitsbereich voneinander ab? Und dies unter teilweise sehr schwierigen Bedingungen (z. B. Kinderbetreuung, Infrastruktur, Ergonomie). Mobilarbeitende müssen sich selbst motivieren können, selbst in der Lage sein, Gesundheitsgefahren und Überforderungssituationen frühzeitig zu erkennen und oft auch zu beheben (vgl. auch Infobox). Eine gesundheitlich ergonomische Arbeitsplatzgestaltung ist im Homeoffice oft abhängig von den individuellen Wohngegebenheiten des Arbeitnehmenden. Zudem arbeiten im Homeoffice viele Mitarbeitende oft länger als vertraglich vereinbart (z. B. Kunze/ Hampel/Zimmermann 2020). Work-Family-Konflikte werden zudem häufiger von mobilarbeitenden Außendienstmitarbeiter:innen genannt als von Innendienstmitarbeiter:innen, die im Büro arbeiten, und sind der häufigste Grund, warum Beschäftigte diese Arbeitsform aufgeben wollen (Lüdemann 2015). Telearbeiter:innen leiden häufiger unter Schlafstörungen, sind nervöser und erschöpfter als ihre Kolleg:innen, haben mehr Selbstzweifel und sind häufiger niedergeschlagen als Mitarbeitende, die vor Ort arbeiten (Bandura et al. 2019). Um diese negativen Auswirkungen zu verhindern, gilt es die Belastungsfaktoren von Arbeitnehmenden im Homeoffice möglichst gering zu halten. Doch wie ist dies umsetzbar? Um geeignete Interventionen bzw. Präventionen einzuführen, bedarf es vorerst einer fundierten Analyse der Belastungsfaktoren, die es ermöglicht, konkrete (präventive) Maßnahmen ab- und einzuleiten. Um Mitarbeitende und Führungskräfte bei der Gestaltung der Arbeit zu unterstützen, gilt es Tools zu etablieren, die die Analyse und die gezielte Empfehlung von verhaltens- und verhältnisorientierten Maßnahmen, die in der Organisation verfügbar sind, zu verknüpfen. Dabei gewinnt das digitale betriebliche Gesundheitsmanagement an Bedeutung. Großes Potenzial kann in Ansätzen gesehen werden, die (a) Analyse und Maßnahmenvorschläge nachvollziehbar verknüpfen, (b) das Feedback und die Handlungsempfehlungen »just in time« zur Verfügung stellen, (c) individuelle Präventionsübungen für Beschäftigte (Verhaltensprävention) mit Empfehlungen zur gesundheitsförderlichen Arbeitsgestaltung für Unternehmen (nachhaltige Verhältnisprävention) verbinden, (d) Beschäftigte aufbauend auf der Analyse mit organisationsspezifischen und regionalen Beratungsangeboten zusammenbringen und damit zum Aufbau einer effektiven Gesundheitsfürsorge bei der Prävention psychischer Belastungen beitragen (Kauffeld/Schulte, in Druck). Diesen Anforderungen wird das digitale Braunschweiger Gesundheitstool zur mobilen Arbeit (vgl. Infobox) gerecht. Es kann zur psychischen Gefährdungsbeurteilung genutzt werden und umfasst neben der Analyse, auch eine Rückmelde- und eine Interventionskomponente, die die Mitarbeitenden direkt unterstützen kann (Kauffeld et al. in Druck).

Infobox: Digitales Braunschweiger Gesundheitstool

Ziel der Analyse mit dem digitalen Braunschweiger Gesundheitstool ist es, Anforderungen und Ressourcen umfassend zu erheben. Dies geschieht mit dem Fragebogen zu Ressourcen (z. B. Autonomie, Unterstützung der Kollegen, Rollenklarheit) und Anforderungen (z. B. Unterforderung, technische Probleme, Leistungsdruck), der – psychometrisch überprüft – Annahmen des Job-Demand-Resources-Modells bestätigt, dass Anforderungen zu emotionaler Erschöpfung führen und Ressourcen emotionale Erschöpfung reduzieren und gleichzeitig das Arbeitsengagement steigern (Schulte et al. in Druck). Nach Absenden der Antworten bekommen alle Teilnehmenden »just in time« eine Rückmeldung zu ihrem eigenen Anforderungs- und Ressourcenprofil. Z. B. kann hier deutlich werden, dass die Unterforderung sowie die Autonomie hoch und die Unterstützung der Kollegen sehr gering ausgeprägt sind. Aufbauend auf dem Profil werden direkt personenorientiert Hinweise gegeben, welche Maßnahmen hilfreich sein könnten. Die Interventionsvorschläge kombinieren jeweils Psychoedukation mit konkreten – empirisch überprüften – Hinweisen und Maßnahmen. Dafür wird definiert, was unter der Ressource oder Anforderung zu verstehen ist. Es wird aufgezeigt, warum es wichtig ist, auf diese Ressource/Anforderung zu achten. Daraufhin werden evidenzbasiert konkrete Maßnahmenvorschläge, die ergriffen werden können, erläutert, um die entsprechende Ressource zu stärken bzw. die entsprechende Anforderung zu senken.

Die Ergebnisse können bei ausreichender Teilnahme über alle Teammitglieder aggregiert werden und als Team-, Abteilungs-, Bereichs- oder Funktionsauswertung für Führungskräfte oder das Betriebliche Gesundheitsmanagement (BGM) bereitgestellt werden. Führungskräfte bzw. Arbeitgeber können in die Pflicht genommen werden, um an den Verhältnissen gemeinsam mit den Mitarbeitenden etwas zu ändern. Dabei kann bedarfsspezifisch auf Unterstützungsangebote der Organisation hingewiesen werden.

7. Fazit: Wie wird die Zukunft aussehen?

Die Technisierung des Arbeitsplatzes wird immer weiter voranschreiten mit Auswirkungen auf die Gestaltung von Arbeitszeit und -ort sowie Führung und Führungskultur. Homeoffice wird bleiben. Die überwältigende Mehrheit der Beschäftigten wünscht sich zwei bis drei Tage Homeoffice in der Woche (vgl. Kunze et al. 2020; Braunschweiger Corona Studie). In der Braunschweiger Studie lehnen es nur 10 Prozent der Beschäftigten ab, im Homoffice zu arbeiten, weniger als 5 Prozent präferierten, die ganze Woche im Homeoffice zu arbeiten. Da die Mitarbeitenden in der Covid-19-Pandemie gezeigt haben, dass es möglich ist, im Homeoffice entsprechende Leistungen zu erbringen, wird es eingefordert werden. Homeoffice unter der Nutzung digitaler kollaborativer Tools hat in der Corona-Pandemie die Bewährungsprobe bestanden. Die ersten Unternehmen haben angekündigt, ihre Arbeitsmodelle zu ändern. Eine entsprechende Homeoffice-Option wird von qualifizierten Bewerbenden eingefordert werden, die in Zeiten des Fachkräftemangels oft zwischen verschiedenen Optionen wählen können. Unternehmen werden für Bewerber:innen auf dem Arbeitsmarkt attraktiv, wenn sie Homeoffice anbieten. Homeoffice wird zu einem Merkmal beim Employer Branding werden. Proaktiv hat Siemens angekündigt, dass die Mitarbeitenden zwei bis drei Tage in der Woche im Homeoffice arbeiten können. Mobiles Arbeiten als Kernelement der »neuen Normalität« wird angekündigt, bei dem zwei bis drei Tage mobiles Arbeiten als Standard eingeführt wird (Siemens 2020 in Med). Telefonica, ein Telekommunikationsunternehmen, geht noch einen Schritt weiter: Die Büropflicht wird abgeschafft (Trend 2020 in Med). Wenn generelle Regelungen nicht möglich sind, werden in Unternehmen vermehrt idiosynkratrische Vereinbarungen geschlossen werden, die auf die individuellen, ggf. auch lebensphasenabhängigen Wünsche der Mitarbeitenden eingehen und versuchen, eine Vereinbarung (z. B. zu Arbeitsort und Arbeitszeit) zu erzielen, die sowohl für die Organisation als auch für den einzelnen Mitarbeitenden befriedigend ist.

An der Präsenzarbeit schätzen Beschäftigte vor allem den persönlichen Austausch mit Mitarbeitenden und halten ihn für kreatives Arbeiten für unabdingbar (Kunze et al. 2020). Soziale Kontakte gewinnen durch die Isolation im Homeoffice an Relevanz. Unter anderem aus diesem Grund entwickeln sich Büros weg von reinen Arbeitsräumen hin zu sozialen Begegnungsräumen. Für Präsenz muss eine neue Qualität des Zusammentreffens stehen, die sich auch in ansprechenden Begegnungsräumen und -formaten im Büro niederschlagen wird. Büroräume werden flexibel gestaltet sein, so dass z. B. kreatives und konzentriertes Arbeiten möglich sein werden. Co-working spaces, die sich vor den Toren der Großstätte etablieren könnten, werden für Personen interessant sein, denen es weniger gut gelingt, Privat- und Berufsleben an einem Ort zu trennen. Arbeitnehmende suchen Räume, in denen sie ungestört vom Homeoffice-Alltag arbeiten können. Darüber hinaus wird jede Dienstreise hinsichtlich Kosten- und Energieeffizienz auf den Prüfstand gestellt werden. Meetings werden virtueller bleiben und Meetings, in denen einige live vor Ort agieren und andere sich virtuell hinzuschalten können, werden sich als neue Form etablieren. Neue Kollaborationstools und die Kombination dieser werden in Unternehmen Einzug halten. Neben Webkonferenzsysteme, die auf jedem PC installiert werden können, werden Raumsysteme, bei denen die Konferenzräume baulich an die Erfordernisse von Videokonferenzen (z. B. Beleuchtung und Akustik) und hybride Formate angepasst und spezifische Hardware integriert wird sowie Telepräsenzsysteme, bei denen eine realitätsnahe Darstellung der Teilnehmenden in Lebensgröße ein umfassendes Kommunikationserlebnis ermöglicht, Einzug in Organisationen halten (vgl. Kauffeld/Sauer in Druck). Neben den Mitarbeitenden, die hinsichtlich des Aufbaus von Selbstmanagementfähigkeiten, Arbeitsgestaltungs- und Medienkompetenz gefordert sind, und Führungskräften, die in vielfältiger Art und Weise unterstützen können, aber natürlich auch selbst befähigt werden müssten, kommen der Unternehmensleitung und dem Betriebsrat zentrale Rollen zu. Sie müssen die Grundlagen schaffen, dass mobil gearbeitet werden kann und gute – in diesem Fall virtuelle – Arbeit realisiert werden kann.

# 8.	Literatur

AOK Fehlzeitenreport, 2019.

A-Side GmbH (2015): Teambarometer [Computer software].

Akin/Rumpf (2014): Führung virtueller Teams, Gruppendynamik und Organisationsberatung, 44(4), 373–387.

Andres (2011): Shared mental model development during technology-mediated collaboration, International Journal of E-Collaboration, 7(3), 14–30.

Antoni/Syrek (2017): Digitalisierung der Arbeit: Konsequenzen für Führung und Zusammenarbeit, Gr Interakt Org, 48(4), 247–258.

Badura/Ducki/Schröder/Klose/Meyer (2019): Fehlzeiten-Report 2019. Digitalisierung – Gesundes Arbeiten ermöglichen.

Benz (2010): Online Forum mobile Arbeit, in: Brand (Hrsg.): Endbericht des Projektes »OnFormA«, S. 5–6.

Boos/Hardwig/Riethmüller (2017): Führung und Zusammenarbeit in verteilten Teams. Hogrefe Verlag.

Brandt (2010): Mobile Arbeit – Gute Arbeit? – Arbeitsqualität und Gestaltungsansätze bei mobiler Arbeit, Berlin.

Chudoba/Wynn/Lu/Watson-Manheim (2005): How Virtual are We? Measuring Virtuality and Understanding its Impact in a Global Organization, Information Systems Journal, 15(4), 279–306.

Daft/Lengel (1986): Organizational information requirements, media richness and structural design, Management Science, 32, 5.

DIW (2020): Vor dem Covid-19-Virus sind nicht alle Erwerbstätigen gleich, DIW aktuell, 41.

Ellwart/Happ/Gurtner/Rack (2015), Managing information overload in virtual teams: Effects of a structured online team adaptation on cognition and performance, European Journal of Work and Organizational Psychology, 24(5), 812–826.

Geister/Konradt/Hertel (2006): Effects of process feedback on motivation, satisfaction and performance in virtual teams, Small Group Research, 37(5), 459–489.

Gilson/Maynard/Young/Vartiainen/Hakonen (2015): Virtual Teams Research: 10 Years, 10 Themes, and 10 Opportunities, Journal of Management, 41(5), 1313–1337.

Grille/Kauffeld (2015): Development and preliminary validation of the Shared Professional Leadership Inventory for Teams (SPLIT), Psychology, 6, 75–92.

Grille/Kauffeld/Sauer/Schulte (2017): Führung teilen, Leistung ernten mit dem Online-Tool SPLIT, PERSONALquarterly, 1, 26–33.

Grunau/Ruf/Steffes/Wolter (2019): Mobile Arbeitsformen aus Sicht von Betrieben und Beschäftigten: Homeoffice bietet Vorteile, hat aber auch Tücken, IAB-Kurzbericht, 11.

Handke/Kauffeld (2019): Alles eine Frage der Zeit? Herausforderungen virtueller Teams und deren Bewältigung am Beispiel der Softwareentwicklung, Gr Interakt Org, 50, 33–41.

Handke/Schulte/Schneider/Kauffeld (2018): The medium isn't the message: Introducing a measure of adaptive virtual communication, Cogent Arts & Humanities, 5, 1–25.

Handke/Klonek/Parker/Kauffeld (2019a): Interactive effects of team virtuality and work design on team functioning, Small Group Research, Advance online publication, 2019.

Handke/Schulte/Schneider/Kauffeld (2019b): Teams, time, and technology: Variations of media use over project phases, Small Group Research, 50, 2019, 266–305.

Hoch/Kozlowski (2014): Leading virtual teams: hierarchical leadership, structural supports, and shared team leadership, The Journal of Applied Psychology, 99(3), 390–403.

Kauffeld (2001): Teamdiagnose.

Kauffeld (2020): Räumlich und zeitlich verteilt mobil im Team arbeiten, in: Knieps/Pfaff (Hrsg.): Mobilität – Arbeit – Gesundheit. Zahlen, Daten, Fakten – mit Gastbeiträgen aus Wissenschaft, Politik und Praxis. BKK Gesundheitsreport 2020.

Kauffeld/Güntner (2018): Teamfeedback, in: Jöns/Bungard (Hrsg.): Feedbackinstrumente im Unternehmen: Grundlagen, Gestaltungshinweise, Erfahrungsberichte, Wiesbaden 2018, 145–172.

Kauffeld/Handke/Straube (2016), Verteilt und doch verbunden: Virtuelle Teamarbeit, Gr Interakt Org (GIO), 47(1), 43–51.

Kauffeld/Lehmann-Willenbrock (2012): Meetings Matter. Effects of Team Meetings on Team and Organizational Success, Small Group Research, 43(2), 130–158.

Kauffeld/Sauer (2018): Vergangenheit und Zukunft der Arbeits- und Organisationspsychologie, in: Kauffeld (Hrsg.), Arbeits-, Organisations- und Personalpsychologie für Bachelor, S. 21–46

Kauffeld/Sauer (in Druck), Meetings in Organisationen. Stuttgart.

Kauffeld/Schulte/Müller (in Druck): Betriebliches Gesundheitsmanagement: Verknüpfung von verhaltens- und verhältnisbezogenen Interventionen in Organisationen, in: Michel/Hoppe, Handbuch Gesundheit, Heidelberg, Berlin.

Kauffeld/Schulte (in Druck): Instrumente und Methoden, in: Bamberg/Ducki, Gesundheitsmanagement.

Knieps/Pfaff (2020): Mobilität – Arbeit – Gesundheit. Zahlen, Daten, Fakten – mit Gastbeiträgen aus Wissenschaft, Politik und Praxis. BKK Gesundheitsreport 2020.

Konradt/Hertel (2002): Management virtueller Teams. Von der Telearbeit zum virtuellen Unternehmen, Management und Karriere, Weinheim.

Konradt/Schippers/Garbers/Steenfatt (2015): Effects of guided reflexivity and team feedback on team performance improvement: The role of team regulatory processes and cognitive emergent states, European Journal of Work and Organizational Psychology, 24(5), 777–795.

Koroma/Hyrkkänen/Vartiainen (2014): Looking for People, Places and Connections: Hindrances When Working in Multiple Locations – A Review, New Technology, Work and Employment, 29(2), 139–159.

Kunze/Hampel/Zimmermann (2020): Homeoffice in der Corona-Krise – Eine Nachhaltige Transformation der Arbeitswelt, Policy Paper Nr. 02 des Excellenzclusters »The Politics of Inequality« an der Universität Konstanz.

Lüdemann (2015): Gesundheit und Gesundheitsmanagement bei selbständigen Außendienstmitarbeitern, in: Badura/Ducki/Schröder/Klose/Meyer (Hrsg.): Fehlzeitenreport 2015 – Neue Wege für mehr Gesundheit – Qualitätsstandards für ein zielgruppenspezifisches Gesundheitsmanagement, Heidelberg, New York 2015, 117–131.

Martínez-Moreno/Zornoza/Orengo/Thompson (2015): The effects of team self-guided training on conflict management in virtual teams, Group Decision and Negotiation, 24(5), 905–923.

Mergener (2020): Homeoffice in Deutschland – Zugang, Nutzung und Regelung; Ergebnisse aus der BIBB/BAuA-Erwerbstätigenbefragung 2018, Version 1.0 Bonn.

Müller/Antoni (2019): Einflussfaktoren und Auswirkungen eines gemeinsamen Medienverständnisses in virtuellen Teams, Gr Interakt Org (GIO), 50(1), 25–32.

O'Leary/Cummings (2007): The Spatial, Temporal and Configurational Characteristics of Geographic Dispersion in Teams, MIS Quaterly, 31(3), 433–452.

Peñarroja/Orengo/Zornoza/Sánchez/Ripoll (2015), How team feedback and team trust influence information processing and learning in virtual teams: A moderated mediation model, Computers in Human Behavior, 48, 9–16.

Riethmüller/Boos (2011): Zwischen Aufgaben-Medien-Passung und Teamleistung: Ein Blick in die Blackbox der Kommunikation, Wirtschaftspsychologie, 3, 21–30.

Schlosser (2012): Umgang mit der Flexibilisierung der Arbeit bei der TRUMPF GmbH + Co. KG, in: Fehlzeiten-Report 2012, Berlin, Heidelberg, 267–277.

Shockley, K. M./Allen, T. D. (2010): Investigating the missing link in flexible work arrangement utilization: An individual difference perspective. Journal of Vocational Behavior, 76(1), 131–142.

Soucek/Ziegler/Schlett/Pauls (2016): Resilienz im Arbeitsleben – Eine inhaltliche Differenzierung von Resilienz auf den Ebenen von Individuen, Teams und Organisationen, Gr Interakt Org (GIO), 47(2), 131–137.

Staples/Zhao (2006): The Effects of Cultural Diversity in Virtual Teams Versus Face-to-Face Teams, Group Decision and Negotiation, 15(4), 389–406.

Zheng/Veinott/Bos/Olson/Olson (2002): Trust without touch: jumpstarting long-distance trust with initial social activities, ACM Press 2002, 141–146.

Ann-Kathrin Dohme/Manuela Lieber/Thomas Meisner/Thomas Rühl

Aktivitätsbasierte Büroraumgestaltung bei Volkswagen

Dass Veränderungsnotwendigkeiten bezüglich der Gestaltung von Büros angezeigt sind, ist kein neuer Gedanke. Die zunehmende Bedeutung der Wissensarbeit, damit einhergehende neue Formen der Zusammenarbeit und neue Tätigkeiten benötigen andere Arbeitsräume als das klassische Zellenbüro oder auch Großraumbüro. Zu häufig werden dort Flächen nicht effizient genutzt und im Planungsfokus steht lediglich der Einzelarbeitsplatz und weniger die Zusammenarbeit im Team. Spätestens mit der Corona-Pandemie, in der das Homeoffice für einen relevanten Teil der Arbeitnehmer:innen in Deutschland plötzlich zur täglichen Realität wurde, wurde jedoch auch einer breiteren Öffentlichkeit klar, dass die Kollaboration noch stärker ins Zentrum der Bemühungen um eine zeitgemäße Büroraumgestaltung rücken muss, denn die Zusammenarbeit mit anderen Personen scheint die am schwersten zu digitalisierende Arbeitsform. Bezüglich der Sinnhaftigkeit modularer und auf die Arbeitsweise abgestimmter Büroflächen scheint ein hoher Konsens zu bestehen. Im Volkswagen Konzern wie auch in anderen DAX-Unternehmen werden Konzepte diskutiert und umgesetzt, die unter dem Schlagwort »aktivitätsbasierte Arbeitsortgestaltung« zusammengefasst werden können.

Die Implementierung neuer Arbeitswelten jedoch ist immer eine sehr individuelle Herausforderung, dies lässt sich am Beispiel Volkswagen verdeutlichen. Hier liegt die Herausforderung vor allem in der Diversität der baulichen Strukturen: Unter dem Dach des Volkswagen Konzerns sind verschiedene Marken vereint, die zum einen unterschiedlich lang existieren und zum anderen unterschiedlich lang Teil des Konzerns sind. Schon allein deshalb unterscheiden sich die baulichen Gegebenheiten der verschiedenen Standorte zum Teil erheblich. Überwiegend befinden sich die Standorte außerhalb urbaner Zentren, jedoch gibt es auch Büroflächen innerhalb großer Metropolen. Weiterhin prägend ist ein hoher Eigentumsanteil, zum Teil von historisch relevanten Baustrukturen, die unter Denkmalschutz stehen. Insgesamt tut sich somit eine Spannweite zwischen industriell geprägten und kleinstrukturierten Büroflächen an den Traditionsstandorten auf der einen Seite und bereits nach aktuellsten Standards entworfenen Büros in Mietflächen in urbanen Zentren auf der anderen Seite auf.

583

Die Gestaltungsfelder strategischer Personalarbeit

Vor diesem diversen Hintergrund formierten sich im Jahr 2017 Expert:innen im Konzern zur markenübergreifenden Initiative »New Workplaces@Volkswagen Group«, um sich über Anforderungen an Arbeitsräume auszutauschen. Ihr Ziel: Sie wollten moderne, an den Bedürfnissen des Menschen ausgerichtete und zukunftsorientierte Arbeitsplätze für die (digitale) Wissensarbeit schaffen. Auf Grundlage von »Learning Journeys« bzw. regelmäßigen Besuchen anderer Unternehmen (sowohl andere große Unternehmen als auch Start Ups) wurde innerhalb dieser Gruppe ein Leitfaden für das Büro der Zukunft erarbeitet, der in Form des New Workplaces-Handbuchs veröffentlicht wurde.

Einer der Kerninhalte dieses Leitfadens sind 5 Prinzipien für die Gestaltung von New Workplaces. Diese fünf Prinzipien lauten:

1. Modular
2. Auf Augenhöhe
3. Kollaborativ
4. Flexibel
5. Innovativ

Abbildung 1: 5 Prinzipien

Das erste Prinzip »modular« zielt darauf ab, dass in Büros verschiedene Zonen geschaffen werden, die speziell auf unterschiedliche Arbeitsformen ausgerichtet sind. Hier wird die Idee der aktivitätsbezogenen Büroraumgestaltung unmittelbar aufgegriffen. Die fünf folgenden Arbeitsformen werden im New Workplaces-Konzept als wesentlich erachtet:

1. Kommunikation
2. Zusammenarbeit
3. Konzentration
4. Administration
5. Inspiration

Da jedes Team anders arbeitet und diese Arbeitsformen unterschiedlich verteilt sind, sollten diese Zonen bei der Büroraumgestaltung unterschiedlich gewichtet werden. Ermöglicht wird dies durch das Herzstück des Handbuchs: 14 Raummodule, die jeweils unterschiedliche Arbeitsformen in der Gestaltung in den Mittelpunkt rücken. Die Kunst guter New Workplaces liegt in der richtigen Kombination dieser Raummodule, die optimal auf die erforderlichen Tätigkeiten abgestimmt sein sollten. Dazu ist im Vorfeld eine umfassende Bedarfsanalyse unter Einbeziehung von Mitarbeiter:innen und Führungskräften nötig (siehe Abbildung 2).

Das zweite Prinzip »auf Augenhöhe« beschreibt, wie durch die räumliche Dimension der Arbeit, die Zusammenarbeit zwischen Führungskraft und Team unterstützt und gestärkt werden kann. Denn das klassische Einzelbüro für Führungskräfte kann allzu schnell dazu führen, dass die offene Zusammenarbeit und der Informationsfluss zwischen Team und Führungskraft gehemmt werden. Als Alternative sollen zusätzliche geschlossene Raummodule die Möglichkeit zum Rückzug und für vertrauliche Gespräche schaffen, aber einem größeren Personenkreis zugänglich sein.

Beim dritten Prinzip »kollaborativ« stehen die Zusammenarbeit von Teams und das Schaffen sozialer Begegnungsräume im Fokus. Denn in einem Punkt bestand innerhalb der Community aber auch in den besuchten Unternehmen große Einigkeit: Die Zusammenarbeit im Team, sei es in großen Projektworkshops oder in Zweier-Brainstormings, wird mehr und mehr zur zentralen Arbeitsform. Das klassische Büro jedoch hält für diese Anforderung nur unzureichend Möglichkeiten bereit.

Das vierte Prinzip »flexibel« soll die Möglichkeit zu einer möglichst freien Arbeitsplatzwahl der Mitarbeiter:innen verankern. Wo unterschiedliche Arbeitsmöglichkeiten (darunter auch die mobile Arbeit) zur Verfügung stehen, haben die Mitarbeiter:innen mehr Optionen, wo sie ihrer Arbeit am besten nachkommen können. Räumliche Flexibilität stärkt so die Eigenverantwortung, erleichtert die Zusammenarbeit über Organisationsgrenzen hinweg und optimiert die Arbeitsbedingungen.

Die Gestaltungsfelder strategischer Personalarbeit

Abbildung 2: Raummodule und Arbeitsformen

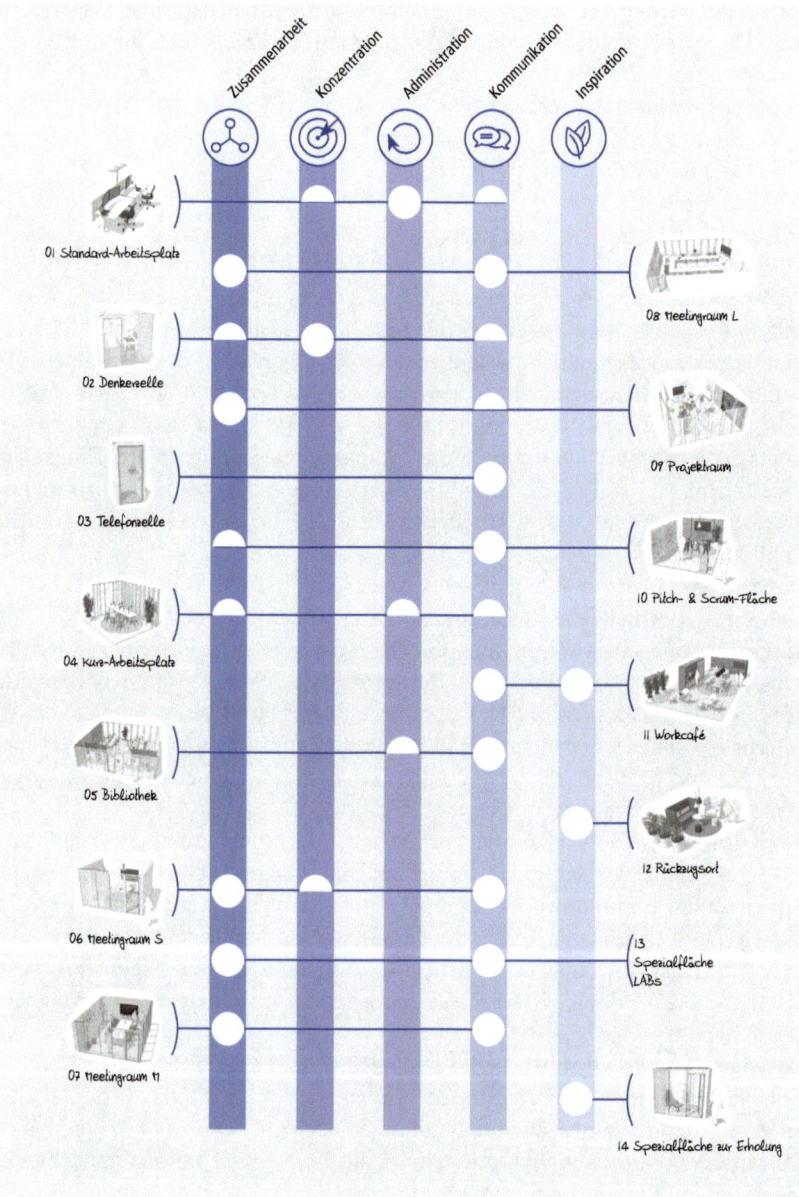

Das fünfte Prinzip »innovativ« unterstreicht die Notwendigkeit für attraktive und inspirierende Räume, in denen es Spaß macht zu arbeiten. Dies wird in Zukunft ein entscheidender Faktor der Arbeitgeberattraktivität und Leistungsfähigkeit der Mitarbeiter:innen sein.

Mit dem New Workplaces-Handbuch ist ein Großteil der konzeptionellen Arbeit getan. Nun besteht die Herausforderung darin, diese Konzepte zu realisieren. Mittlerweile gibt es an zahlreichen Standorten des Konzerns Um- und Neubauten, die das New Workplaces-Konzept berücksichtigt haben.

Ein sehr gelungenes Beispiel ist die Modernisierung der sogenannten Halle 6 am Standort Wolfsburg, eine ehemalige Industriehalle, die in eine Bürofläche umgewandelt wurde. Umgestaltet wurden insgesamt zwei durch Treppen verbundene Ebenen, wovon die obere Ebene eine große Empore bildet. In diesem Projekt wurden alle fünf Gestaltungsprinzipien umgesetzt und eine modulare und aktivitätsbasierte Arbeitsumgebung geschaffen. Zudem zeichnet sich dieser Umbau auch dadurch aus, dass die Nutzer am Gestaltungsprozess partizipieren konnten, in dem ihre Bedürfnisse und Wünsche analysiert worden sind. Zentral für das umgesetzte Konzept ist eine große marktplatzähnliche Begegnungsfläche auf der unteren Ebene, die zahlreiche Möglichkeiten für den informellen und interdisziplinären Austausch der Mitarbeiter:innen bietet. Hier befindet sich auch eine große Tribüne, auf der alle rund 230 Kolleg:innen zusammenkommen können. Rund um diese Fläche gruppieren sich verschiedene Besprechungsräume für formelle Meetings. Diese und andere Module schirmen zudem die dahinter liegenden Arbeitsplätze der Mitarbeiter:innen akustisch ab. Auf der Empore finden sich überwiegend Standardarbeitsplätze, doch auch hier wird der Raum durch verschiedene Module wie Besprechungsräume, Sitzecken und Telefonzellen sowie Raumtrenner und Pflanzen strukturiert. Das vor allem die Förderung der Zusammenarbeit der Mitarbeiter:innen im Fokus der Gestaltung stand, wird überall im Gebäude deutlich. Durch den Verzicht auf Einzelbüros für Führungskräfte wird zudem deutlich gemacht, dass eine offene Kommunikation und ein intensiver Informationsfluss gewünscht sind.

Es ist davon auszugehen, dass der Wunsch der Mitarbeiter:innen nach der Nutzung des Homeoffices auch nach dem Ende der Pandemie signifikant hoch bleiben wird, zu ausgeprägt scheinen die Zufriedenheit mit der Arbeit im Homeoffice und der positive Effekt auf die Vereinbarkeit von Beruf und Privatleben, wenn beispielsweise Pendelzeiten entfallen. So zeigt etwa eine VW-interne Befragung aus dem Frühjahr 2020 unter knapp 1000 Mitarbeiter:innen des HR-Ressorts, dass rund drei Viertel der Befragten zukünftig häufiger mobil arbeiten wollen. Gleichzeitig erscheint eine rein virtuelle Zusammenarbeit nicht erstrebenswert. So tun sich zwei Handlungsfelder auf: Das Büro muss zum einen geeignete Bedingungen für hybride Zusammenarbeit bieten, zum anderen stellt sich die Frage nach der Attraktivität der gestalteten Flächen in einem neuen Licht.

Das Büro ist in Zukunft nicht mehr der einzige Raum, in dem Arbeit und Zusammenarbeit stattfindet. Es konkurriert von nun an mit dem Homeoffice, mit Co-Working-Spaces, dem »Café um die Ecke« und vielen weiteren Orten. Um Büroräume weiterhin sinnvoll und an den Ansprüchen an Beschäftigung und Zusammenarbeit orientiert zu nutzen, sind die Stärken von physischen Räumen weiter herauszuarbeiten und auszubauen. Bei der Gestaltung von Büroflächen werden noch stärker Aspekte der Zusammenarbeit, Kommunikation, Inspiration und des Netzwerkens berücksichtigt werden müssen. Dabei darf jedoch nicht vergessen werden, dass es Gruppen von Beschäftigten gibt, für die das Homeoffice aus den unterschiedlichsten Gründen keine Option darstellt. In der eben zitierten Befragung trifft dies auf fast jeden zehnten Befragten zu. Die Anforderungen an den Büroraum steigen also auf unterschiedlichen Ebenen und es werden in Zukunft noch komplexere und individuellere Anforderungen berücksichtigt werden müssen.

X. Diversity und Inclusion

Claudia Neusüß/Philine Sandhu

Gleichstellung und Diversität: Vom Klick im Kopf zur Umsetzung

Inhaltsübersicht

1. Gesellschaftliche Megatrends als organisationale Herausforderung

Unternehmen der Privatwirtschaft, öffentliche Bildungs- und Kulturinstitutionen ebenso wie zivilgesellschaftliche Organisationen stehen vor der Herausforderung, einer diversifizierten Gesellschaft gerecht zu werden. Fragen von demokratischer Repräsentanz und Teilhabe sind dabei ebenso angesprochen, wie einem Markt mit seinen diversifizierten Verbraucher:innen gerecht zu werden.

Bereits heute hat gut jede vierte Person in Deutschland eine Migrationsgeschichte in erster oder zweiter Generation aufgrund von Einwanderung oder Flucht – Tendenz steigend. »Migrationshintergrund« ist daher längst weit eher die neue Norm als die Ausnahme. Hinzu kommt, dass die Deutschen älter werden, knapp 10 Prozent der Bevölkerung haben eine Schwerstbehinderung bzw. spezifische Bedürfnisse in der Ausgestaltung von Waren, Dienstleistungen und Arbeitsstruktur oder der Zugänglichkeit von Orten und Einrichtungen im Sinne von Teilhabe und Barrierefreiheit. Soziale Herkunft aus bildungsfernen Elternhäusern oder auch ostdeutsche Herkunft haben maßgeblich Einfluss auf vertikale Mobilität (Bundeszentrale für politische Bildung 2018).

Die Entwicklung hin zu einer Wissensgesellschaft verstetigt sich, Lebenslagen differenzieren sich weiter aus. Zunehmend mehr Frauen (mit Kindern) in (West-) Deutschland entscheiden sich für Beruf und Karriere, zunehmend mehr Männer nehmen zumindest einige Monate Erziehungszeiten. Aktive Elternschaft für alle Geschlechter gewinnt – insbesondere in der jüngeren Generation – normativ an Bedeutung. Pflege und Erziehung rücken – im Brennglas der gegenwärtigen Pandemie und der Mehrarbeit angesichts von Homeschooling und fehlender öffentlicher Kinderbetreuung – in ihrer »systemrelevanten« Bedeutung, signifikanten Unterbewertung und im Verbund mit negativen Gleichstellungseffekten (Allmendinger 2020). verstärkt in die Öffentlichkeit. Die geschlechtsspezifische Arbeitsteilung wirkt in der Grundlast – immer noch – stark und droht mittel- und langfristige nachteilige Gleichstellungseffekte zu haben.

Dazu kommt der Einfluss erstarkender sozialer Bewegungen der jüngeren Zeit, die nicht realisierte Gleichstellung anprangern. Die in den sozialen Medien verbreitete #Me Too Bewegung[1] setzte Alltagssexismus, den Missbrauch von Macht und sexuelle Übergriffe »bottum up« verstärkt auf die öffentliche Agenda, zeigte die immensen Defizite und beleuchtete mithin den Stand der Gleichberechtigung zwischen den Geschlechtern neu. Die in den USA entstandene und mittlerweile internationale Black Lives Matter Bewegung[2], die sich gegen Gewalt gegen Schwarze, Indigene und People of Color (BIPOC) wendet und ebenfalls stark in den sozialen Medien forciert wurde, zeigt auch in Deutschland Wirkung: Rassismus, fehlende Teilhabe und die Frage vom Zugang zu Privilegien sind stärker thematisierbar geworden.

---

1   Gestartet im Zuge des Weinstein-Skandals (2017).
2   Entstanden 2013 nach dem Freispruch von George Zimmerman nach dem Tod des afro-amerikanischen Jugendlichen Trayvon Martin, verstärkt durch weitere Opfer von Polizeigewalt u. a. George Floyd in 2020.

Die genannten gesellschaftlichen Megatrends, wie auch zusätzlich die gegenwärtige Covid-19-Krise, machen Gleichstellung und Diversity zu einem zentralen Thema für die unternehmerische und die politische Agenda. Es gilt, Diversität und Chancengleichheit zu befördern und negative Gleichstellungseffekte zu verhindern.

Der Druck steigt

Das Bewusstsein in Unternehmen und Organisationen und die Motivation zur Öffnung der Organisation für Vielfalt nehmen aus unterschiedlichen Motiven zu, sei es die Rekrutierung und Bindung von Talenten in Zeiten von Fachkräftemangel, die Schaffung eines positiven Images oder die Sicherung von Innovationseffekten durch diverse Teams (Charta der Vielfalt 2020). Insbesondere treibt bezüglich der Kategorie Geschlecht viele Unternehmen die Normentreue aufgrund politischer Regulation. Seit 2015 ist das »Gesetz für die gleichberechtigte Teilhabe von Frauen und Männern in Führungspositionen in der Privatwirtschaft und im öffentlichen Dienst« (FüPoG) in Kraft. Weil sich mit freiwilligen Selbstverpflichtungen der deutschen Wirtschaft der Frauenanteil in obersten Führungsetagen nur marginal erhöhte, gilt für börsennotierte und paritätisch mitbestimmte Unternehmen eine gesetzliche Mindestquote von 30 Prozent Frauen im Aufsichtsrat. Mit der Ausweitung des FüPoG auf die Vorstandsebene in 2021 soll in Vorständen ab vier Mitglieder mindestens eine Frau berufen werden.

Der Druck auf Unternehmen steigt, aber bislang beschränken sich viele Organisationen nur auf punktuelle und temporäre (Projekt-)Aktivitäten oder Einzelmaßnahmen. Deren Wirkungen aber verpuffen allzu schnell. Es braucht daher einen tiefgreifenden und ganzheitlichen Struktur- und Kulturwandel, eine auf die Verschränkung der verschiedenen Dimensionen von Vielfalt ausgerichtete, intersektionale Veränderung. Dafür gilt es Maßnahmen und Aktivitäten nachhaltig als kontinuierlichen Change-Prozess auszurichten.

2. Welche Vielfalt und welche Ungleichheitseffekte?

In Theorie und Praxis finden sich unterschiedliche Vorstellungen von Diversity und verschieden fokussierte Kategorien. Unter einer Perspektive sozialer Ungleichheit werden die unmittelbaren wie die mittelbaren Auswirkungen von Vielfalt betrachtet, die mit Blick auf Teilhabechancen zu sozialen Schieflagen führen. Im Rahmen des Allgemeinen Gleichbehandlungsgesetzes (AGG) sind dabei folgende Kategorien bzw. Dimensionen unter besonderen Diskriminierungsschutz gestellt: Geschlecht, Alter, ethnische/kulturelle Herkunft, sexuelle Orientierung,

Religion bzw. Weltanschauung sowie körperliche oder geistige Befähigung. Im AGG nicht explizit benannt, gleichwohl in der Auswirkung auf Teilhabenchancen ausgesprochen einflussreich, ist die Dimension sozialer Hintergrund. Die soziale Herkunft, die Bildungsferne bzw. Nähe des Elternhauses entscheiden maßgeblich über Bildungschancen und Erfolg und verschränken sich mit der Diskriminierung qua Geschlecht, »... *beim Weg in die Chefetagen der 400 führenden Großkonzerne sind die Söhne des gehobenen Bürgertums doppelt, die des Großbürgertums sogar mehr als dreimal so erfolgreich wie jene aus der breiten Bevölkerung*« (Hartmann 2004, S. 20). Eine rühmliche Ausnahme macht hier die Neufassung des Berliner Landesantidiskriminierungsgesetzes (LADG), in dem der soziale Status bundesweit erstmalig aufgenommen wurde.

Die meisten Dimensionen von Vielfalt sind nicht auf den ersten Blick sichtbar. Die Rede ist von Werthaltungen, Lebensstilen, Bildungsvoraussetzungen oder speziellen Fähigkeiten. Grundsätzlich kennt die Zahl der Dimensionen von Vielfalt keine Grenze nach oben. Im Diversity-Rad werden vier Ebenen differenziert (siehe Abbildung 1). Im Mittelpunkt steht das Individuum.

Auf der Ebene des Subjekts können sich Dimensionen von Vielfalt verschränken bzw. überlagern, sie verändern möglicherweise ihre Bedeutung im biografischen Verlauf (Hybridität), sind weniger statisch und in sich differenzierter als die Zuordnung zu einer »Gruppe« unterstellen mag. Jede betrachtete Gruppe in sich (»die« Migrant:innen, »die« Alten, »die« Frauen« usw.) ist sozial ausdifferenziert im Sinne einer »vielfältigen Vielfalt« der Lebenslagen (vgl. auch Berninghausen/Hecht-El Minshawi 2011; Krell/Ortlieb/Sieben 2011). Dies macht es anspruchsvoll, geeignete Maßnahmen zu entwickeln und setzt Wissens- und Kompetenzerwerb im jeweiligen Feld (z. B. über psychische Gesundheit, Transgender, besondere Fähigkeiten, religiöse Praxen) und förderliche Rahmenbedingungen voraus. Differenzzuschreibungen können in der Praxis wichtig sein, um soziale Ungleichheit und spezifische Lebenslagen in den Blick zu bekommen (z. B. Menschen mit Fluchthintergrund, LGBTIQ+, junge, alleinstehende Mütter, Jugendliche ohne Schulabschluss, BIPOCs) und diese mit zielgruppengerechten (positiven) Maßnahmen anzugehen. Gleichzeitig können sie dadurch aber im Sinne von Gruppenidentitäten erneut festgeschrieben und schubladisiert werden. Das ist ein nicht zuletzt aus der Gleichstellungsarbeit von Frauen bekanntes Dilemma. Hilfreich ist daher, dieses Spannungsverhältnis zu erkennen, als solches zu thematisieren und bewusst zu machen, ggf. auch »auszuhalten« und immer wieder zu befragen. Ebenso kann helfen, nicht nur auf die Unterschiede zu schauen, sondern auch gezielt Gemeinsamkeiten in den Blick zu nehmen (vgl. Krell/Ortlieb/Sieben 2011, S. 158).

Unter Intersektionalität (Crenshaw 2019) werden die Verschränkungen verschiedener Kategorien (wie etwa Alter, Geschlecht und sexuelle Orientierung) verstanden. Hier wird das Zusammenwirken von unterschiedlichen Dimensionen von

Abbildung 1: Diversity-Rad

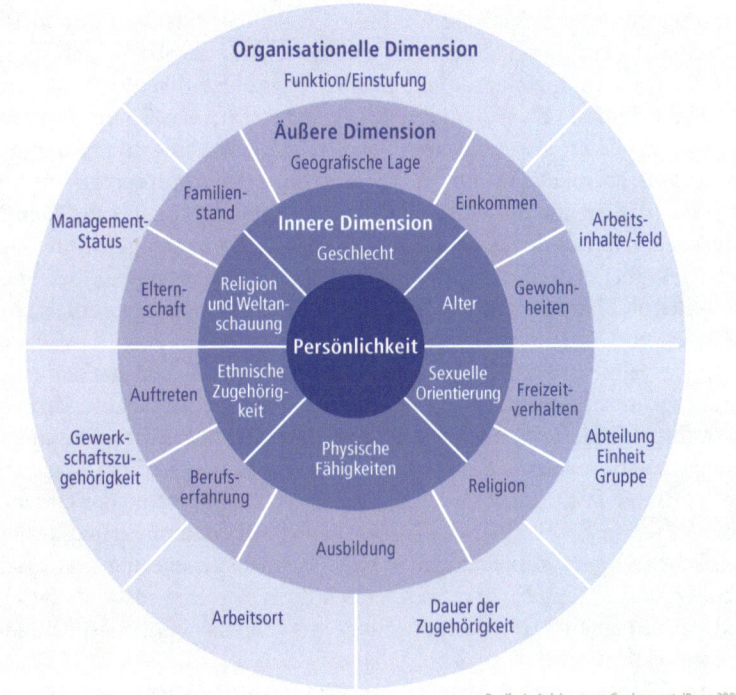

Quelle: In Anlehnung an Gardenswartz/Rowe 2002.

Vielfalt, deren Wechselwirkungen und Verschränkungen mit Blick auf die Produktion von sozialer Ungleichheit analysiert und verstanden (vgl. u. a. Winker/
Degele 2015). Darauf aufbauend können zielgruppenspezifische Maßnahmen
für Gleichstellung entwickelt werden.

Richten wir den Blick beispielsweise auf obere Führungspositionen wird deutlich, dass mehrere Vielfaltsdimensionen immer wieder kumulieren. Im Jahr
2020 war ein Vorstandsmitglied in deutschen Börsenunternehmen zu 90 Prozent männlich, im Schnitt 53 Jahre alt, zu 52 Prozent ein:e Wirtschaftswissen-
schaftler:in und zu 99 Prozent in Westdeutschland oder dem Ausland ausgebildet (AllBright Stiftung 2020). Die AllBright Stiftung prägte den Begriff
»Thomas-Kreislauf«, denn sie zählte aus, dass es in 2018 in deutschen Vorstandsetagen mehr Männer mit dem Namen Thomas und Michael gab, als alle weiblichen Vorstandsmitglieder zusammen. Ein Thomas rekrutiere immer wieder
einen Thomas und eben keine Daniela oder Stefanie, und auch keinen Mustafa
oder Ali.

Ungleichheitseffekte in Organisationen

Sind nun Thomasse und Michaels qua Namen qualifizierter und leistungsfähiger, um sich bei der Auswahl für Topmanagementpositionen durchzusetzen? Wissenschaftler:innen haben einen ganzen Korpus von Ungleichheitseffekten und Privilegien erforscht, die zu Selektionspfaden für den immer gleichen Typus Mann führen (Erfurt Sandhu 2014). Zentral für das Topmanagement ist, dass es bei oberen Führungsetagen an strukturierten und transparenten Auswahlprozessen mangelt. Gibt es keine definierten Anforderungsprofile, nur enge Suchradien für die Nominierung von Kandidat:innen oder kein Mehr-Augen-Prinzip bei der Auswahl, greift allzu leicht der sogenannte Ähnlichkeitseffekt, bei dem ein Thomas wieder einen Thomas auswählt. Aber bereits im mittleren Management werden bereits mehrheitlich (hegemoniale) Männer befördert und Organisationen verlieren viele Frauen auf allen Karriereetappen (»leaky pipeline«). Das Phänomen, dass Frauen und bestimmte andere Bevölkerungsgruppen aufgrund von Stereotypen, informellen Netzwerken und der Auswahl nach dem Ähnlichkeitsprinzip kaum in obere Führungspositionen gelangen, wird »gläserne Decke« genannt – »gläsern«, weil diese Ungleichheitsmechanismen fast unsichtbar in die Strukturen und Kulturen der Organisation eingewoben sind. Mit »glass walls« wird beschrieben, dass Frauen in stereotyp weiblichen Organisationsbereichen wie Personal, Verwaltung und Marketing arbeiten und akzeptiert sind, sich jedoch diese Bereiche nicht als durchlässig und karrieretauglich für das Erreichen von obersten Führungspositionen erweisen.

Auf dem Karriereweg spielt auch Elternschaft bzw. Vereinbarkeit von Beruf und Familie eine zentrale Rolle. Wenn Organisationen Karrierepfade mit Verweildauern für Karrierestufen definieren, werden Personen benachteiligt, die aufgrund von Erziehungszeiten oder Teilzeitmodellen die Anforderungen nicht im erwarteten Zeitrahmen erfüllen können (Erfurt Sandhu 2014). Frauen mit Kindern werden auch in Bewerbungsverfahren immer wieder benachteiligt. Eine Studie des Wissenschaftszentrums Berlin (WZB) zeigt auf, dass Mütter seltener zu Bewerbungsgesprächen eingeladen werden als Väter, die keinen Unterschied zu Männern ohne Kinder aufweisen (Hipp 2016, S. 10–12). Frauen müssten rund ein Drittel mehr Bewerbungen schreiben als Männer. Verschiedene WZB Untersuchungen haben ebenfalls gezeigt, dass auch Bewerber:innen mit (bestimmtem) Migrationshintergrund von Arbeitgeber:innen benachteiligt werden (ethnische Diskriminierung), insbesondere bei afrikanischen und muslimischen Herkunftsländern und auch wenn sie deutsche Staatsbürger:innen sind und in der zweiten Generation in Deutschland leben. Dazu können auch sozio-kulturelle Faktoren kommen, wie geringere Sprachkenntnisse, konventionelle Geschlechterordnung, weniger interkulturelle Kontakte auf Seiten der Bewerber:innen, wie eine Studie aufzeigt (Koopmanns 2016, S. 14–17).

Gibt es in einem Team oder in einer Abteilung nur einzelne Personen, die von der Mehrheit abweichen, kommt es häufig zum sogenannten »Brennglas-« oder »Othering-Effekt«. Angehörige der Minderheitengruppe werden besonders beobachtet, »fremd gemacht« bzw. als anders konstruiert und immer vor allem auch in ihrer Gruppenzugehörigkeit wahrgenommen und stereotypisiert, eben nicht als vielschichtige Individuen mit »vielfachen Vielheiten«. Der Rückschluss vom Einzelfall auf die Gruppenzugehörigkeit (»die Muslime«) behindert eine dynamische Weiterentwicklung hin zu mehr Vielfalt in der Organisation. Dazu zählt etwa die Frau in einer männerdominierten Umgebung oder die »Person of colour« (POC) in einem herkunftsdeutschen Kontext. Für die Betroffenen stellt diese ständige Sichtbarkeit und Fremdmachung eine erhebliche psychische Zusatzbelastung dar, die nichts mit den fachlich gefragten Leistungen zu tun hat (Ogette 2020). Diese Zusatzbelastung kann mit dazu führen, dass Mitarbeitende das Unternehmen verlassen, also nicht gehalten werden können. Dies ist für Unternehmen angesichts von Fachkräfte- und Personalmangel ein teurer Effekt, der der Notwendigkeit einer Personalstrategie, in der sich »finden und binden« als immer wichtiger erweist, entgegensteht.

3. Den Veränderungsprozess gestalten

Wollen Unternehmen und Organisationen erfolgreich und zukunftsfähig sein, sind sie gut beraten, ihre Agilität und ihre Innovationsfähigkeit zu steigern. Nur so können sie in hochveränderlichen Zeiten und Krisen Chancen identifizieren sowie Anpassungen und Transformationen kompetent angehen. Hier liegt ein Nutzen der Einführung von mehr Diversity für Unternehmen: Eine ganze Reihe von Forschungsarbeiten belegt, dass Organisationen Vorteile mit Blick auf ihre Innovationsfähigkeit, Kreativität und Veränderungsfähigkeit verzeichnen können, wenn sie sich Fragen von Diversität aufschließen, es gelingt, diese fruchtbar zu machen und entsprechende Rahmenbedingungen zu schaffen.[3] Gerade in Unternehmen der Privatwirtschaft wird eine Reihe möglicher Vorteile benannt, die im engeren Sinne das Potenzial von »Profit« und damit die (un-)mittelbare Zukunfts- und Wirtschaftskraft der Unternehmen berührt. Dazu gehören z. B. eine bessere Markt- und Kund:innennähe, Imagegewinne, mehr Produktqualität durch zielgruppenspezifischere Passung, das Aufschließen aller vorhande-

---

3   Zahlreiche Untersuchungen verweisen auf den engen Zusammenhang der Innovationsfähigkeit von Teams und ihrer Vielfalt (vgl. Bührer/Schraudner 2010; Kutzner 2011). Zum Zusammenhang von Innovation und Gender bzw. Diversity vgl. Schraudner 2010. Zum Zusammenhang von Gender Diversity und Unternehmenserfolg vgl. u. a. McKinsey, 2007–2012.

nen Talente sowie mehr innerbetriebliche Demokratie und Normtreue gegenüber Gesetzen und Richtlinien (Krell/Ortlieb/Sieben 2011). Dies sind Aspekte, die im Ansatz eines »Managing Diversity« bedeutsam sind. Die Forschung und beraterische Praxis zeigen aber auch, dass Diversity kein Selbstläufer in Unternehmen ist. Es braucht ein klares Commitment der Führung und zwar in der gesamten Linienkonfiguration tief ins mittlere Management, eine definierte Steuerung, klare und transparente Kommunikation, entsprechende Ressourcen, Zielverständigung sowie einen langen Atem. Den kulturellen und strukturellen Rahmenbedingungen, den vorhandenen Kompetenzen und der Aufgeschlossenheit für Vielfalt, mithin einer ganzheitlichen Perspektive auf Veränderung, kommt eine hohe Bedeutung zu. Hilfreich kann dabei sein, den Radar auch auf Offenheit, Ambivalenzen und Widersprüche in den Organisationen auszurichten. Sozialpsychologische Untersuchungen der Universitäten Basel und Koblenz-Landau zeigen etwa auf, dass Vielfalt zwar Zuspruch erhält, aber nur, wenn sie nicht im eigenen Team stattfindet. Hier werde nach wie vor Homogenität bevorzugt (Ekrot 2019).

3.1 Das ganze System in den Blick nehmen

Waren es in den Anfängen der institutionellen Gleichstellungsarbeit vor allem die Akteur:innen, auf die spezifische Maßnahmen etwa im Rahmen der Frauenförderung zielten, stellt die Zielgruppe »Frauen« immer noch die stärkste Gruppe mit Blick auf Maßnahmen dar. Allerdings sehen sich zunehmend die Erkenntnis und die Praxis durch, dass es nicht reicht und auch nicht erfolgreich genug ist, so zu verfahren. Zunehmend geraten daher männliche Führungskräfte als »Hüter des Verfahrens« (Edding/Clausen 2014) vor allem aber »das ganze System« und mithin auch der notwendige Struktur- und Kulturwandel in den Blick.

Ein Blick auf die im Changemanagement zentralen organisationalen Ebenen Personen – Strukturen – Kultur« (siehe Abbildung 2) kann sowohl helfen, Orte der Intervention im Diversity Management bzw. im Einsatz für Chancengerechtigkeit zu lokalisieren und zu bestimmen, als auch deren Wechselwirkungen als dynamisches Feld zu berücksichtigen. Hier entstehen Möglichkeitsräume für Veränderung.

Abbildung 2: Veränderungsdreieck für die Personal-, Kultur- und Organisationsentwicklung

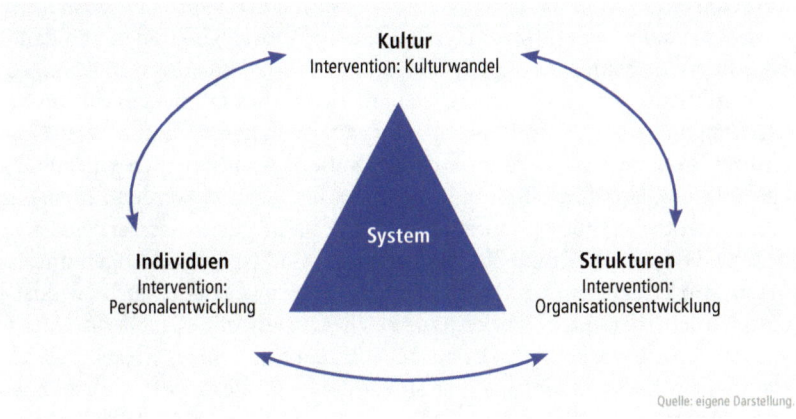

Quelle: eigene Darstellung.

Die »Produktion und Konstruktion« von Ungleichheit und die Einschreibungen in Organisationskulturen und -strukturen, Normen und mentale (Deutungs-) Muster inner- und außerhalb (der eigenen) Organisationen, macht die Aufgabe anspruchsvoll. Auch deshalb, weil kulturelle Dynamiken halb- oder unbewusst ablaufen und alle beteiligten Akteur:innen auf einer Alltagsebene mit Gender und Vielfalt zu tun und mithin Meinungen dazu haben. Widersprüche und Ambivalenzen charakterisieren die Dynamik des Veränderungsgeschehens und wollen untersucht werden (siehe unten). In der Personalentwicklung ist der Aufbau von Ambiguitätskompetenz in der Organisation förderlich, die hilft Spannungsfelder und Dilemmata auszuhalten. Nicht immer sind schnelle Antworten der beste Weg. Manches Mal sind erkundende und aufdeckende Fragen hilfreicher, die Empowerment fördern und die Akteur:innen in ihren Suchbewegungen für geeignetes Handeln stärken (Bereswill/Neusüß 2017, S. 101–108).

3.2 Veränderungen mit Kopf, Herz und Hand

Erkenntnisse aus der Veränderungs- und Innovationsforschung und der Sozialpsychologie können helfen, diese Prozesse besser zu verstehen, etwa wenn deutlich wird, dass Veränderung dort besonders gelingt, wo Themen auch auf einer emotionalen und nicht nur kognitiven Ebenen (wie durch Wissensaufbau) angesprochen/berührt werden. Der Klassiker der Veränderungsnarrative mit Blick auf männliche Führungskräfte ist die Erfahrung mit der eigenen Tochter, der man alle Chancen der Welt ermöglichen möchte. Ergeben sich hier Einschränkungen in deren Karriereentwicklung, etwa wenn das erste Kind kommt, wird das Thema seitens der Führungskraft auch im Unternehmen besser verstanden und mit Handlung unterfüttert. Spürbarer Sinn und Nutzen, die an die eigenen Währungssysteme und die der Organisation anknüpfen (Vorteile, Aufstiegsrelevanz, Anerkennung, Boni), können helfen, ebenso wie Sanktionen und damit ggf. verbundene Schmerzen (Stellenbesetzungsverbote, Rankings, Budgetnachteile, Kritik/Ansagen aus der Linie), wenn nicht eine bestimmte Anzahl von Bewerberinnen dabei ist. Otto C. Scharmer spricht von der Bedeutung von Kopf, Herz und Hand im Veränderungs- und Innovationsgeschehen (Scharmer 2009). Es geht darum, alte Vorstellungen loszulassen, um offen zu werden für eine an Vielfalt orientierte neue organisationale Welt. Dafür gilt es, immer wieder zu untersuchen, was die Gründe für das Festhalten sind (z. B. Machterhalt und Sicherung von Privilegien, Unwissen/unbewusste Vorurteile oder auch [Verlust-] Angst, Unsicherheit oder Überforderung). Gleichzeitig gilt es auch, die Umsetzung, das Tun zu stärken, um daraus neue Erkenntnisse zu entwickeln, die zumeist nicht vollständig antizipierbar sind. Paradoxe Effekte, wie »Wir können nur denken, was wir kennen bzw. wofür wir Worte haben«, schildern das Spannungsfeld mit Blick auf Neuerung aus. Folglich haben iterative, »mehrschleifige« Verfahren den Vorzug, dynamischere Vorstellungen von Veränderungen in der Prozessgestaltung zu erlauben und damit den heterogenen und vielschichtigen Bewegungen des Veränderungsgeschehens und der Lernwirklichkeit besser zu entsprechen. Gleichzeitig helfen sie, eine mögliche, neue und erwünschte an Inklusivität orientierte Zukunft zu denken. Veränderungsgeschehen als zugleich klein- und vielschrittiges Verfahren zu verstehen, kann helfen, den Blick für kleine Erfolge zu schärfen, die Bedeutung von »Schubsern« als Lernkultur unterstützende Instrumente (Burmester 2016) wie auch »quick wins« (z. B. die Einführung einer geschlechtersensiblen Sprache, andere Bilder, WCs für alle Geschlechter) als Energiequellen im Change-Prozess wertzuschätzen.

3.3   Lernkultur entwickeln

Erkenntnisse aus der Theorie der lernenden Organisationen und der systemischen Organisationsberatung können helfen, Informationen zu sammeln und den Change-Prozess strukturiert und systematisch anzugehen (Senge 1990; Scharmer 2009; Wimmer 2012). Am Anfang kann die Frage stehen: Wie laufen eigentlich derzeit die eingespielten Routinen bei uns im jeweiligen Untersuchungsfeld (z. B. im Bereich der Rekrutierung)? Warum wollen/sollten wir eigentlich jetzt handeln? Was macht ein Handeln dringlich, notwendig, wichtig, nützlich, sinnvoll, z. B. Fachkräftemangel, Imageprobleme, Bedarf an Produktpassung für Senior:innen? Wovon wollen/müssen wir uns – an mentalen Modellen, liebgewonnen Routinen – verabschieden, um eine an mehr Vielfalt orientierte organisationale Kultur willkommen zu heißen?

Organisational und im Aufwand oftmals unterschätzt ist die Frage nach und Arbeit an den Visionen und Zukunftsperspektiven. Was genau sind unsere Ziele, auf welche wollen/können wir uns im Unternehmen/im Handlungsfeld Diversity verständigen? Und schließlich die Umsetzung: Wie genau wollen wir die Diversity-Ziele und Anliegen steuern, welche Ressourcen mit Blick auf Zeitplanung, Kompetenzen und Ressourcenausstattung – personell, kommunikativ und monetär – braucht es? Wie steigern wir als Organisation unsere Umsetzungsstärke und -kompetenz? Wo können wir ggf. auf vorhandene Strukturen aufsetzen, statt – aufwendig – neue zu schaffen. Und wenn die Umsetzung Fahrt aufnimmt: Wie gewährleisten wir in der Implementierung einen agilen Blick? Wo haben sich – intern oder extern – Umfeldbedingungen geändert, die es ggf. notwendig machen, die Planung agil anzupassen (z. B. im Kontext der Pandemie oder aufgrund eines Führungskräftewechsels)? Wie sehen die Qualitätssicherung und das Monitoring aus? Wie schaffen und sichern wir unsere neuen Routinen strukturell und nachhaltig ab? Und schließlich: Wie bleiben wir unterwegs: Welche neue Aufgabe nehmen wir uns als nächstes vor (vgl. Wimmer 2012)?

3.4 Mitbestimmung und Beteiligung stärken

Eine an Chancengerechtigkeit, Gleichstellung und Inklusion orientierte Diversity-Arbeit braucht *organisierte* Multiplikator:innen und Beteiligung auf allen Ebenen – durch alle Funktions- bzw. Stakeholdergruppen hinweg. Dabei ist sowohl eine top-down- wie bottum-up-Bewegung (Führung von unten) förderlich, um die Organisationen zu durchdringen und Veränderung zu vernachlaltigen.

Den Betriebsräten in der Privatwirtschaft und den Personalräten in öffentlich-rechtlichen Verwaltungen kommt in der Beförderung des Anliegens eine wichtige Aufgabe zu.

Auch wenn noch Luft nach oben besteht, unterstreicht schon heute eine große Zahl der Betriebsmitglieder normativ die Bedeutung der Gleichstellung von Frauen und Männern (76 Prozent; Adsiz et al. 2017, S. 146). Gleichwohl fehle es an Qualifikationen mit Blick auf Normen, Gesetze und Verordnungen, an Information und Wissen über Prozesse und Vorgänge im Unternehmen im Themenfeld sowie an aktiver Beteiligung etwa bei der Überwachung von Zielgrößen. Und dies, obwohl die Information über den Stand der Umsetzung von Gesetzen oder Betriebsvereinbarungen laut Betriebsverfassungsgesetz zu den Rechten zählt (Adsiz et al. 2017, S. 175, 177).

Mit Blick auf Dimensionen der Vielfalt kann es auch in der Gremienarbeit zu Interessens- und Machtkonflikten kommen, etwa wenn ausgehandelt werden will und muss, welche (Ziel-)Gruppen prioritär beachtet werden sollen. Sieht man sich eher den Stammbelegschaften, den herkunftsdeutschen Kolleg:innen und bestimmten Sozialmilieus verbunden als den »Newcomern« mit Migrationsgeschichte?

Ein Weg könnte sein, perspektivisch das Thema Gleichstellung und Diversität strukturell und normativ in der Bedeutung zu stärken, etwa durch eine Integration in den Katalog der Kernaufgaben, die die zentralen Aufgaben des Betriebsrats definieren, in der gezielten und begleitenden Qualifikation der Betriebsrats- bzw. Personalratsmitglieder (z. B. zu Diversity, Rassismus, Unconscious Bias) sowie in der Repräsentanz unterschiedlicher Gruppen, um Perspektivenvielfalt auch in den Vertretungsorganen der Mitarbeiter:innenschaft zu befördern.

3.5 Monitoring und Wirkungsmessung

Auch wenn in unzähligen Unternehmen seit vielen Jahren Gleichstellungsarbeit geleistet und Diversity Management implementiert wird, stehen wir mit belastbaren empirischen Erkenntnissen zu wirkungsvollen Maßnahmen noch am Anfang. Oftmals wird eine Maßnahme eingesetzt, weil der Mitbewerber es so macht, ohne zu überprüfen, ob diese für das eigene Unternehmen sinnvoll ist oder sie tatsächlich auch die beabsichtigte Wirkung entfaltet. Die Wirkung von Diversity-Trainings ist umstritten (Dobbin/Kalev 2016; Bohnet 2017), vor allem, wenn sie nicht in umfänglichere Maßnahmen, die auf Nachhaltigkeit und Wirkung zielen, eingebunden sind. Es gibt Forschungsarbeiten, die eine kontraproduktive Wirkung flexibler Arbeitszeitangebote zeigen (Ely/Padavic 2020; Kornberger/Carter/Ross-Smith 2010, S. 775–791). In den untersuchten Fällen verstärkten diese Angebote die Benachteiligung von Frauen, da es kulturell die Überzeugung gab, dass die Nutzung von Teilzeitangeboten oder flexibler Arbeitsmodelle für eine geringere Karriereambition der Nutzer:innen steht.

Dennoch lassen sich einige Empfehlungen festhalten, um Diversity Prozesse gut aufzusetzen und nachzuhalten. Grundsätzlich gilt auch hier Peter Druckers Credo: »What gets measured, gets managed.« Das heißt, die Vorgänge oder Themen, die gemessen werden, werden auch be- oder abgearbeitet. Die Evaluierung des Führungspositionengesetzes (»Frauenquote«) zeigt, dass Unternehmen, die ein regelmäßiges Monitoring ihrer Gleichstellungs- und Diversity-Aktivitäten aufgesetzt haben, häufig auch höhere Frauenanteile auf Führungsebenen vorweisen können (Ebert et al. 2020). Bestenfalls wird im Vorstand mit einem Ampelsystem gearbeitet, mit dem für jeweilige Bereiche und Ebenen kenntlich gemacht wird, ob die gesetzten Diversity-Ziele erreicht wurden. Die Boston Consulting Group schlägt für die Kategorie Geschlecht fünf sogenannte Key-Performance-Indicators (KPI) vor, mit denen der Fortschritt der Erhöhung des Frauenanteils mit konkreten Zahlen als eine Art Gleichstellungs-Controlling gemessen werden kann (Boston Consulting Group 2018):

- Personalgewinnung: Frauenanteil bei Einstellungen je nach Hierarchieebene
- Bindung: Frauenanteil auf jeder Hierarchieebene, Fluktuationsraten im Vergleich zu Männern
- Beförderung: Anteil weiblicher Beförderungen in ihrer Kohorte im Vergleich zu Beförderungsraten der Männer
- Vergütung: Vergleich der Entlohnung zwischen Frauen und Männern in vergleichbaren Positionen (inkl. Zusatzleistungen und Boni)
- Repräsentation: Besetzung von Frauen über alle Abteilungen hinweg, das heißt nicht nur Personal oder Marketing

Da diese KPIs immer nur auf der Ebene der Repräsentanz ansetzen, ist ihre Aussagekraft zur Qualität der Diversität (z. B. Inklusionsfähigkeit des Teams, Zugehörigkeitsgefühl der Personen, die in der Minderheit sind) begrenzt. Hier kann über eine Ausdifferenzierung der KPIs nachgedacht werden (z. B. Anteil der Frauen mit Migrationshintergrund, Anteil der POCs). Qualitative Verfahren, die über reines Zahlenwerk hinaus gehen, bieten sich ergänzend an.

Mit einer Diversity-Balanced-Scorecard ließen sich die Wirkung einzelner Maßnahmen und ihr Return-on-Investment (ROI) noch genauer bestimmen. Gleichzeitig veranlasst die Scorecard, die Diversity-Strategie an den strategischen Unternehmenszielen anzuknüpfen und darauf einzuzahlen. Der klassische Balanced-Scorecard-Ansatz nach Kaplan & Norton, der die vier Perspektiven Finanzen, Kund:innen, Prozesse und Lernen/Innovation betrachtet, kann für Diversity-Themen übersetzt werden: Sollen neue Kundensegmente oder Märkte gewonnen werden? Dafür könnten heterogene Teams die neue Kundschaft besser intern abbilden und neue Produkte gemäß der Kund:innenanforderungen entwickeln. Braucht es eine Bindung der Beschäftigten, weil in der Branche Fachkräftemangel droht? Dann läge der Zusammenhang von lebensphasenorientiertem Personalmanagement (siehe unten) mit einer leistungsfähigen Stammbelegschaft nahe (ausführlich Hubbard 2014).

4. What works? Ausgewählte Beispiele aus der Praxis

Entlang des oben skizzierten Change-Dreiecks mit den Dimensionen Struktur – Individuum – Kultur stellen wir einige konkrete Ansatzpunkte und Maßnahmen vor, um die Vielfalt im Unternehmen zu erhöhen bzw. einen wertschätzenden und produktiven Umgang mit ihr zu finden.[4]

---

4   Vgl. auch die Ergebnisse des ISO-Projekts »Diversity und Inclusion« (ISO/FDIS 30415) in 2016 initiiert, die mit dem Fokus Human Resource Management ganzheitlich aufsetzten, entsprechende Guidelines entwickelt haben und auch Einkauf und Lieferketten einbeziehen.

4.1 Strukturebene

Ein zentraler struktureller Hebel sind diversity-orientierte Rahmenbedingungen für die Personalgewinnung und -entwicklung. In ihrem einschlägigen Buch »What works« beschreibt Iris Bohnet (2017), dass (Personal-)Entscheidungen nicht im luftleeren Raum getroffen werden, sondern die »Entscheidungsarchitektur« – z. B. die Art der Stellenausschreibung, der Ablauf des Auswahlgesprächs, die Auswahlkriterien – einen signifikanten Einfluss auf die Entscheidung nimmt. Kleine Unternehmen, die keine eigene Personalabteilung haben, aber auch oberste Hierarchieebenen in Großunternehmen neigen zu informellen und unstrukturierten Auswahlprozessen (Erfurt Sandhu 2014). Wenn es den Auswahlprozessen an breiten Rekrutierungskanälen, transparenten Kriterien und strukturierten Auswahlprozessen mit Mehraugenprinzip fehlt, können eine tatsächliche Überprüfung der Qualifikation und eine Bestenauslese jedoch nicht erfolgen. Zu prüfen ist deshalb u. a.:

- Werden diverse Kandidat:innen gezielt angesprochen und systematisch gesucht?
- Werden ggf. Informationen, die auf den sozialen und kulturellen Hintergrund schließen lassen, aus dem Verfahren genommen, um unbewusste Vorurteile zu vermeiden (Anonymisierung)?
- Werden transparente Anforderungsprofile erstellt (bevor die/der Kandidat:in feststeht)?
- Sind die Kriterien für Beförderungen transparent und diskriminierungsfrei?
- Ist die Auswahlkommission divers besetzt?

Ein großes IT-Unternehmen hatte beispielsweise seine Anforderungen für Führungskompetenz überarbeitet. Anstelle von direktiver »Management-Kompetenz« geht es nun um integrative »Coaching-Kompetenz« bei der Führung der Beschäftigten. Für das Unternehmen hatte diese Änderung einen überraschenden Nebeneffekt: Plötzlich fühlten sich mehr Frauen bei der internen Ausschreibung von Führungspositionen angesprochen und der Frauenanteil auf Führungsebene stieg signifikant (Ebert et al. 2020).

Als weiterer effektiver Stellhebel hat sich das lebensereignisorientierte Personalmanagement für die Personalbindung erwiesen. Personalwirtschaftliche Instrumente (z. B. Arbeitszeitgestaltung, Vergütung) werden möglichst passgenau auf die unterschiedlichen Berufs- und/oder Lebensphasen der Mitarbeiter:innen abgestimmt, denn die konventionelle Erwerbsbiographie – ein kontinuierlicher Karriereaufstieg ohne Unterbrechungen oder ohne Teilzeit – erodiert auch bei Männern. In der sogenannten Rushhour des Lebens muss die Phase der Familiengründung mit entscheidenden Karriereschritten kombiniert werden. In einer späteren Lebensphase geht die Arbeit unter Umständen mit der Pflege von Angehörigen einher. Ältere Beschäftigte vor dem Ruhestand verfügen über viel

Erfahrungswissen, was dem Unternehmen nicht verloren gehen sollte. Mit differenzierten und flexibel nutzbaren Instrumenten können die Beschäftigungsfähigkeit und die Motivation bis ins Alter aufrechterhalten werden (z. B. durch Gesundheitsmanagement, flexiblen Arbeitsmodellen, altersgerechten Arbeitsplätzen, Wissenstransfer).

Abbildung 3: Lebensereignisorientiertes Personalmanagement[5]

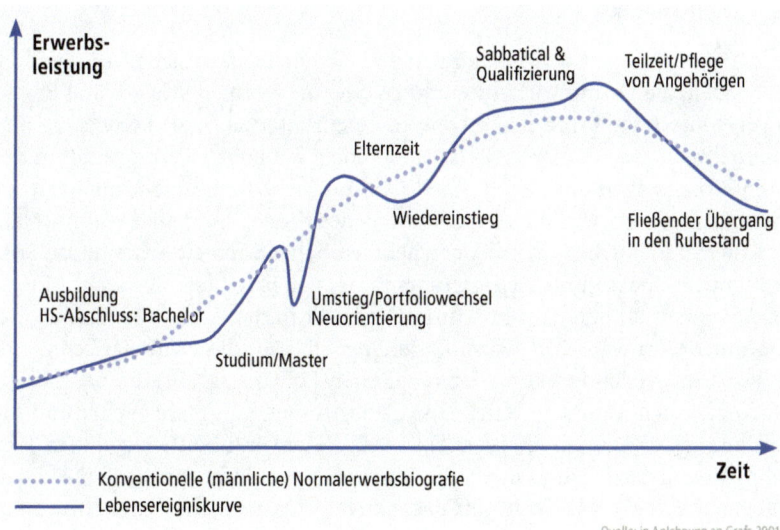

Quelle: in Anlehnung an Grafs 2001.

4.2   Ebene des Individuums

Auf individueller Ebene sind Fortbildungen und Qualifizierungen angesiedelt, z. B. zu Stereotypen und Verzerrungseffekten bei Personalentscheidungen (»unconscious bias«), zu diversity-orientierter Führung oder zu fachspezifischen Themen, wie z. B. Gender-Aspekte bei Artificial Intelligence und Unternehmensethik.

In vielen Unternehmen werden auch Fortbildungen und Trainings gezielt für Frauen angeboten, was den Bedürfnissen der Zielgruppe, temporär in einer homogenen Genusgruppe zu arbeiten, entsprechen kann. Es kann aber auch zu einer Schieflage führen. Leicht wird im Sinne von »fix the women« suggeriert,

---

5   Die Linien der Graphik sind hier nicht ausdifferenziert nach Geschlecht. In den »Tälern« verbergen sich statistisch gesehen noch überwiegend Frauen, was erhebliche sozialpolitische Effekte für die Karriere und die soziale Sicherung mit sich bringt.

dass Frauen nur noch dieses oder jenes optimieren oder lernen müssten, damit der Aufstieg klappt. Ist die Diversity-Strategie nicht mit »fix the system«-Maßnahmen kombiniert (Struktur und Kultur), können die Unterstützungsangebote für Frauen Frustration fördern, zu einer Individualisierung von strukturellen Schieflagen führen und schließlich auch zur Fluktuation (Leaky Pipeline) beitragen.

4.3   Kulturebene

Auf der Kulturebene sind Maßnahmen und Aktivitäten angesiedelt, die Symbolkraft haben, die Vorbildwirkung entfalten oder die Normen, Muster und Erwartungen hinterfragen und neu setzen. In einem internationalen Konsumgüter-Unternehmen sorgte beispielsweise eine hohe männliche Führungskraft in den ersten Arbeitstagen am neuen Standort für Verwirrung. Er erschien erst am zweiten Arbeitstag, weil die Eingewöhnung des Kindes am neuen Wohnort länger dauerte. In einem anderen Unternehmen behielt sich eine männliche Führungskraft in spé im Einstellungsgespräch vor, ggf. im ersten Jahr sechs Monate Erziehungszeit zu nehmen. Er wurde eingestellt in der Annahme, dass er dies schon nicht tun werde. Er nahm Erziehungszeit. Mit diesen Ereignissen wurde durch die Vorbildwirkung der ranghohen Führungskraft eine neue Norm befördert: Auch Männer stehen dem Unternehmen ggf. nicht mehr rund um die Uhr zur Verfügung. Vereinbarkeit ist für Väter (und Mütter) ggf. kein Tabu mehr. Kompliziert wird es dann allerdings im Geschlechtervergleich. Aktuelle Untersuchungen des WZB zeigen, dass aktive Väter deutliche Sympathiepunkte im Unternehmen und mit Blick auf ihre eigene Karriereentwicklung generieren, wohingegen Frauen es eigentlich nur falsch machen können. Kehren sie zu früh in die Organisation zurück, werden ihnen Charaktermängel unterstellt (»egoistisch«, »Rabenmutter«, wenig emphatisch), oder im Falle von längeren Erziehungs- und Pflegezeiten kein Interesse an Aufstieg und beruflicher Weiterentwicklung zugeschrieben oder es fehlt ihnen im Vergleich an Berufserfahrung (Hipp 2016, S. 10–12).

Dahinter stehen mehrere wichtige Botschaften: Diversity oder Vereinbarkeit sind nicht nur Fassade, sondern werden im Sinne von »walk the talk« akzeptiert und gelebt – egal auf welcher Ebene. Effekte wollen gleichzeitig mit Blick auf bestehende Genderhierarchien und kulturelle Annahmen sorgfältig im Blick behalten werden, weil es gilt: »Wenn zwei das Gleiche tun, ist es noch lange nicht dasselbe.« (Fried/Wetzel/Baitsch 2000)

Zur diversity-orientierten Kulturveränderung gehört auch ein Wandel von der Präsenz- hin zu einer Ergebnisorientierung. Dabei geht es nicht darum, wie viele Stunden eine Person im Büro verbringt, sondern ob sie gute Ergebnisse hervorbringt.

Ebenfalls auf der Kulturebene ist die Außendarstellung und Kommunikation, bei der bewusst darauf geachtet werden sollte, dass sich Menschen unterschiedlicher Herkunft, Hautfarbe oder unterschiedlichen Geschlechts angesprochen fühlen.

5. Herausforderungen und Widerstände

Ein Veränderungsprozess – unabhängig ob wir es mit Gender und/oder Diversity zu tun haben – ist immer eine Herausforderung und erfordert Ressourcen und Geduld. Insbesondere weil es bei Gender- und Diversity-Prozessen um tiefgreifende Veränderungen geht, die beteiligte Akteur:innen in vielfältiger Weise fachlich und persönlich berühren, sind bei der Umsetzung Widerstände erwartbar. Wir möchten dazu einladen, Widerstände nicht als störend oder hinderlich abzutun, sondern sie als Möglichkeit der Reflexion und ggf. zur Nachbesserung des Change-Prozesses zu nutzen. Nicht der Widerstand selbst, sondern die Reaktion auf den Widerstand ist ausschlaggebend für den Erfolg bzw. das Scheitern des Veränderungsvorhabens (ausführlich zu Widerständen siehe Erfurt Sandhu/ Geppert 2018).

Grundsätzlich ist Widerstand im Veränderungsgeschehen eine Kraft, die Bekanntes bewahren will, wenn die Kraft der Veränderung – das Neue – Dynamik entfaltet, zu anstrengend oder gar bedrohlich wirkt. Widerstand lässt sich als eine Art Schutzfunktion vor Überforderung, Kontrollverlust oder Bloßstellung sehen, das heißt, er macht eine Grenzverletzung kenntlich. Grundsätzlich fallen Widerstände stärker aus, wenn es um persönliche Einstellungen, Werte oder Verhaltensmuster geht, da mittels Widerstands die eigene Identität stabilisiert werden soll (Schreyögg 2008). Bei Gleichstellungsprozessen oder Diversity Management ist es deshalb kaum vermeidbar, dass sich Beschäftigte in diesem organisationalen Veränderungsprozess auch persönlich, das heißt mit ihren Werten oder eigenen Rollen- und Lebensentwürfen, angesprochen fühlen.

Organisationen bieten häufig keinen Raum, die Motive und Gefühle hinter tieferliegenden Widerständen zu besprechen und zu bearbeiten. Stattdessen werden noch mehr Berichte geschrieben, noch mehr Sitzungen einberufen oder Projektpläne fortlaufend hinterfragt, anstelle sich an die Umsetzung zu machen. Für die Themen Vielfalt und Chancengleichheit kommt erschwerend hinzu, dass sie gesellschaftlich zunehmend erwünscht sind und sich Ablehnung oder Zweifel ggf. nur noch versteckt, indirekt oder in doppelbödigen Reaktionen zeigen. Das macht ein offenes Gespräch, ein Abwägen von Argumenten und Bedürfnissen und die Arbeit mit dem Widerstand deutlich schwerer. Bei den Akteur:innen des Wandels bleiben dann ein ambivalentes Gefühl und Unsicherheit zurück, weil der Widerstand nicht greifbar ist. »Was meinte da der Kollege zwischen den Zeilen?« oder »Wurde ich bei der Erarbeitung der Entscheidungsvorlage tatsächlich übergangen?«. Die Change-Forscherin Sandy Piderit empfiehlt, diese Ambivalenzen in drei Ebenen aufzuteilen (Piderit 2000):

- die kognitive Ebene (Meinungen, Überzeugungen – unten Ebene 1)
- die emotionale Ebene (Ängste, Begeisterungen – unten Ebene 2 und 3)
- die intentionale Ebene (Handlungen zur Unterstützung oder Blockierung des Wandels).

Sie veranschaulicht diese Differenzierung an folgendem Beispiel: »*Ein Kollege behindert möglicherweise einen Veränderungsprozess durch anonyme Äußerungen in der Feedbackbox [= Kognition], aber unterstützt öffentlich das Vorhaben [= Handlung], weil er unsicher ist [= Emotion], wie die Führung auf seine Kritik reagieren würde.*« Eine Unterscheidung der drei Ebenen erleichtert den Umgang mit dem Widerstand, weil so gezielt an der einen oder anderen Ebene angesetzt werden kann.

Bei Gender und Diversity-Prozessen ist es häufig das mittlere Management, das als »Lehmschicht« die Veränderung bewusst oder unbewusst verhindert oder verlangsamt (Jung/Kranich 2005). Bei Personalentscheidungen, die sie häufig treffen, greifen unbewusste Verzerrungseffekte und das Ähnlichkeitsprinzip (Thomas-Kreislauf). Unter Umständen fürchten männliche Beschäftigte auf dieser Ebene um ihre Beförderung, wenn Zielquoten für die Erhöhung des Frauenanteils gesetzt werden. Eine Situation, die sich verschärfen kann, wenn der ökonomische Druck auf die Organisation wächst.

Es gibt kein Patentrezept, wie mit diesen Befürchtungen umzugehen ist. Zunächst ist es wichtig, den Widerstand zu akzeptieren und damit in Kontakt zu treten (Nevis 1988). Nur so lässt sich herausfinden, welche Ursachen und individuellen Motive dahinterstehen. Gibt es gute Gründe? Sind die Ziele des Vorhabens in Anbetracht paralleler Veränderungsgeschehen realistisch? Wo ließen sich Themen oder Interessen verknüpfen? Ist das Thema ausreichend bekannt und zielgruppenorientiert kommuniziert? Wer kann wie abgeholt werden, sei es durch geteilte Werte, durch professionellen Gewinn oder durch persönliche Betroffenheit? Die drei Widerstandsebenen nach Rick Maurer sowie einige mögliche Antworten darauf fasst Tabelle 1 zusammen (für konkrete Fallbeispiele siehe auch Erfurt Sandhu/Geppert 2018).

Tabelle 1: Widerstandsgründe und mögliche Reaktionsmöglichkeiten in Anlehnung an Rick Maurer

	1. Ebene: »Ich verstehe es nicht!«	2. Ebene: »Ich mag es nicht!«	3. Ebene: »Ich mag dich nicht!«
Gründe für Widerstand	• Mangelnde Informationen • Unzureichende Auseinandersetzung mit dem Thema • Meinungsverschiedenheit	• Gefühl der Inkompetenz, Überforderung, Isolierung • Gefühl des Kontroll- oder Statusverlusts	• Erinnerung an schlechte Vorerfahrung oder Vertrauensbruch • Unterschiede in Kultur, Religion, Geschlecht, u. a. • Wertedifferenzen
Es geht um...	Kognition: Meinungen, Ideen, Daten, Diagramme	Gefühle: Angst vor Status-, Kontroll- und Machtverlust, Verlust des Sicherheitsgefühls	Erfahrungen und Prägungen: Schlechte Vorerfahrungen, Vorurteile, Überzeugungen
Umgang mit Widerstand	Thema zielgruppenorientiert in entsprechender Sprache und mit Beispielen vermitteln; Komplexität dosieren; Anschlussfähigkeit herstellen	Gespräche suchen, um die eigentlichen Gründe zu identifizieren; sichtbare Erfolge und Vorteile kommunizieren; Ressourcen und Kapazitäten berücksichtigen (Was kann das Team/die Organisation leisten?); Bündnispartner und Interessenkoalitionen etablieren und nutzen	Beziehungs- und Vertrauensaufbau; jedoch bei offensichtlicher Diskriminierung und Anfeindung ggf. rechtlich intervenieren/sanktionieren
Maßnahmen	• Informationen aufbereiten und gezielt kommunizieren • »Business-Case« erarbeiten (Notwendigkeit und Chancen für die jeweilige Organisation oder Abteilung)	• Nachfragen, Bedenken ernst nehmen • geschützte Räume für Dialog anbieten • Zeit geben • »Quick-wins« und Erfolge strategisch kommunizieren • Anliegen »über Bande« spielen und einflussreiche Personen einbinden	• Neutrale:n Moderator:in einbinden oder andere Ansprechperson anbieten • Brücken bauen für Kontaktaufbau • bei rechtlichem Vergehen Whistleblowing-Hotline, Betriebsrat oder juristische Unterstützung nutzen

Quelle: In Anlehnung an Maurer 1996.

6. Fazit

Die genannten Veränderungsdynamiken weisen auf komplexe Wirkungsmechanismen und herausfordernde Komplexität. Daher handelt es sich bei der Umsetzung von an Chancengerechtigkeit orientierter Diversity-Arbeit eher um eine Aufgabe für Langstreckenläufer:innen als für kurze Sprints. Klare Ziele, der Ausbau transparenter Kommunikation und die Ausweitung von Beteiligung helfen, Committment und Haltung zu entwickeln, »Kümmer:innen« zu identifizieren und aufzubauen, die das »Feuer der Veränderung« lebendig und nachhaltig in Gang halten. Die Integration von Diversity-Zielen als »Querschnittsaufgabe« in laufende Veränderungsvorhaben bzw. bestehende Strukturen im Verbund mit einem starken politischen Willen kann helfen, in die Tiefe zu arbeiten und Parallelstrukturen nur dort aufzubauen, wo nötig oder nicht anders möglich.

Führungskräfte sind gefordert, ihrer Organisation im Veränderungsgeschehen klare Orientierung und Ressourcen zu bieten. Sie werden intraorganisational genau beobachtet und sind daher als Rollenvorbilder für eine wertschätzende, an Vielfalt orientierte Unternehmenskultur und für die Entwicklung und Implementierung neuer Spielregeln unverzichtbar (»Walk the talk«). Last but not least: Organisationen, die Gleichstellung und Diversity ausbauen, damit alle Beteiligten ihre Potenziale entfalten können, haben die besten Grundlagen geschaffen, um auch andere Change-Projekte qualitätssteigernd und erfolgreich angehen zu können.

7. Literatur

Adsiz/Raab/Banos/Buchinger (Hrsg.) (2017): Die lernende IG Metall – mächtig in die neuen Zeiten: Studie »Frauen in Führungspositionen in der IG Metall«.

AllBright (2017): Ein Ewiger Thomas-Kreislauf: Wie deutsche Börsenunternehmen ihre Vorstände rekrutieren, All Bright Bericht.

Allmendinger (2020): Familie in der Corona-Krise: Die Frauen verlieren ihre Würde, Zeit 2020.

Bereswill/Neusüß (2017): Cross-Mentoring als Entwicklungsraum – Lernprozesse im Kontext von sozialer Ungleichheit, Geschlecht und Vielfalt, in: Domsch/Ladewig/Weber (Hrsg.), Cross Mentoring, Ein erfolgreiches Instrument organisationsübergreifender Personalentwicklung.

Berninghausen/Hecht-El Minshawi (2011): Managing Diversity, in: Allemann-Ghionada/Bukow (Hrsg.), Orte der Diversität.

Bohnet (2017): What Works, Gender Equality by Design, Harvard University Press.

Boston Conulting Group (2018): Measuring what matters in Diversity, *https://www.bcg.com/publications/2018/measuring-what-matters-gender-diversity* (abgerufen 3.2.2021).

Bundeszentrale für politische Bildung (2020), Bevölkerung mit Migrationshintergrund, *https://www.bpb.de/nachschlagen/zahlen-und-fakten/soziale-situation-in-deutschland/61646/migrationshintergrund-i* (abgerufen 6.3.2021).

Bundeszentrale für politische Bildung (2018): Datenreport 2018, *https://www.bpb.de/nachschlagen/datenreport-2018/* (abgerufen 6.3.2021).

Burmester (2016): Stupser für die innovative Organisation: Wie Nudging die Organisationsentwicklung bereichern kann – OrganisationsEntwicklung, Zeitschrift für Unternehmensentwicklung und Change Management.

Bührer/Schraudner (2009): Frauen im Innovationssystem – im Team zum Erfolg.

Charta der Vielfalt (2020): Factbook Diversity – Positionen, Zahlen, Argumente 2020, *https://www.charta-der-vielfalt.de/fileadmin/user_upload/Diversity-Tag/2020/200406_Factbook-Diversity_2020_dt.pdf* (abgerufen 6.3.2021).

Crenshaw (2019): Why intersectionality can't Wait, Gunda-Werner Institut.

Dobbin/Kalev (2016): Why Diversity Programs Fail, Harvard Business Review 94 (7) 2016, 14.

Ebert/Erfurt Sandhu/Festing/Harsch/Körsgen/Michels/Neuhoff/Nießen/Risch/Schworm (Hrsg.) (2020): Evaluation des Gesetzes für die gleichberechtigte Teilhabe von Frauen und Männern in Führungspositionen in der Privatwirtschaft und im öffentlichen Dienst.

Edding/Clausen (2014): Personalmanagement: Die Hüter des Verfahrens; Band 3.

Ely/Padavic (2020): What's Really Holding Women Back?, Harvard Business Review.

Ekrot (2019): Diversität am Arbeitsplatz: Vielfalt erwünscht – nur nicht im eigenen Team, Managerseminare 2019, 10.

Erfurt Sandhu/Geppert (Hrsg.) (2018): Überzeugen und Gestalten – Fallbeispiele zum Umgang mit Hindernissen und Widerständen, in Diversity-Prozessen, Senatsverwaltung für Justiz, Verbraucherschutz und Antidiskriminierung/Eine Welt der Vielfalt, Diversity gelungen gestalten, Berliner Diversity Werkstatt.

Erfurt Sandhu (2014): Selektionspfade im Topmanagement, Homogenisierungsprozesse in Organisationen.

Fried/Wetzel/Baitsch (2000): Wenn zwei das Gleiche tun …: diskriminierungsfreie Personalbeurteilung.

Gardenswartz/Rowe (2002): The Four Layers of Diversity, Society for Human Resource Management.

Hartmann (2004): Eliten in Deutschland, Politik und Zeitgeschichte 2004, 20.

Hipp (2016): Rabenmütter, tolle Väter, Frauen schaden kurze und lange Elternzeiten bei ihrer Karriere – Männern nicht, WZB Mitteilungen 2016, 10–12.

Hubbard (2014): The Diversity Scorecard – Evaluating the impact of diversity on organizational performance; zitiert: Hubbard, The Diversity Scorecard.

Jung/Krannich (2005): Die Praxis des Gender Mainstreaming auf dem Prüfstand. Stärken und Schwächen der nationalen Umsetzungspraxis.

Koopmans (2016): Auch Kultur prägt Arbeitsmarkterfolg, Was für die Integration von Muslimen wichtig ist, WZB Mitteilungen (151) 2016, 14–17.

Kornberger/Carter/Ross-Smith (Hrsg.) (2010): Changing gender domination in a Big Four accounting firm: Flexibility, performance and client service in practice, Accounting, Organizations and Society 2010, 775–791.

Krell/Ortlieb/Sieben (2011): Chancengleichheit durch Personalpolitik.

Kutzner (2011): Vielfalt im Innovationssystem, Universität Bielefeld.

Maurer (1996): Beyond the Wall of Resistance – Unconventional Strategies that Build Support for Change; zitiert: Maurer, Beyond the Wall of Resistance.

McKinsey (2007): Women Matter: Making the Breakthrough, *https://www.mckinsey.com/business-functions/organization/our-insights/women-matter.*

Neusüß (2013): Diversity in Hochschule und Privatwirtschaft, Frauen Männer Zukunft 2013, 179–192.

Nevis (1988): Organisationsberatung: Ein gestalttherapeutischer Ansatz.

Ogette (2020): Exit RACISM: Rassismuskritisch denken lernen; 8. Aufl.

Piderit (2000): Rethinking Resistance and Recognizing Ambivalence: A Multidimensional View of Attitudes Towards Organizational Change, Academy of Management Review, 783–794.

Scharmer (2009): Theory U, Leading from the Future as It Emerges: The Social Technology of Presencing.

Schraudner (2010): Diversity im Innovationssystem.

Schreyögg (2008): Organisation, Grundlagen moderner Organisationsgestaltung.

Senge (1990): Die Fünfte Disziplin, Kunst und Praxis der lernenden Organisation.

Wimmer (2009): Kraftakt radikaler Umbau: Change Management zur Krisenbewältigung, Organisations Entwicklung 2009, 4–11.

Wimmer (2012): Organisation und Beratung, Systemtheoretische Perspektiven für die Praxis, 2. Aufl.

Winker/Degele (2015): Intersektionalität. Zur Analyse sozialer Ungleichheiten.

Sabine Fröschle

Diversity – ein Schwerpunkt für Betriebsrats- und Personalarbeit bei Siemens

Unser Gesamtbetriebsrat definiert sich als Team, so dass die beschriebenen Erkenntnisse und Vereinbarungen dem Einsatz vieler engagierter Betriebsrätinnen und Betriebsräte zu verdanken sind.

Dabei ist unser Motto: zusammenhalten – zusammen handeln.
Diversity beinhaltet für den Gesamtbetriebsrat und die Betriebsräte der Siemens AG die gleiche Verteilung von Fach- und Führungspositionen zwischen den Geschlechtern, unabhängig einer kulturellen oder ethnischen Herkunft, einer sexuellen Orientierung, des Alters oder einer eventuellen Behinderung, und das auf allen Ebenen des geschäftlichen und gesellschaftlichen Lebens. Darüber hinaus fördern wir Diversity als Unternehmenskultur, die von gegenseitigem Respekt und der Anerkennung der Talente und Fähigkeiten der Mitarbeiter:innen unabhängig von Rang und Tätigkeit geprägt sein soll. Das kann und muss zwar »top – down« vorgegeben werden, aber Erfolg wird sich nur einstellen, wenn dies auf allen Ebenen und Hierarchiestufen berücksichtigt und »bottom – up« gemeinsam gelebt wird.
Bereits seit 2006 gibt es eine **Gesamtbetriebsvereinbarung zur Vereinbarkeit von Beruf und Familie**. Darin stellen sich die Siemens AG und der Gesamtbetriebsrat dem demografischen Wandel und unterstützen die Mitarbeiter:innen bei der Vereinbarkeit von Beruf, Familie und Pflege.

Auszug aus der Gesamtbetriebsvereinbarung:

»Ideen und Motivation, Wissen und Erfahrungen der Mitarbeiterinnen und Mitarbeiter sind entscheidend für den Erfolg des Unternehmens. Voraussetzung für den Erfolg im globalen Wettbewerb ist es, engagierte und qualifizierte Mitarbeiterinnen und Mitarbeiter zu gewinnen und ihre Kompetenzen und Potenziale optimal einzusetzen. Der zunehmende Wettbewerb erfordert ein hohes Maß an Flexibilität von Unternehmen, Mitarbeiterinnen und Mitarbeitern. Angesichts der demographischen Entwicklung und einer Arbeitswelt, in der Eltern zunehmend beide berufstätig oder alleinerziehend sind bzw. pflegebedürftige Angehörige zu betreuen

haben, gewinnen Maßnahmen zur Vereinbarkeit von Beruf und Familie immer mehr an Bedeutung.«

Aufbauend auf der Erfahrung, dass der optimale Einsatz von Kompetenz und Potenzial sowie die Vereinbarkeit von Beruf und privaten Herausforderungen sich positiv auf Mitarbeiterbindung und Leistung auswirken, war es nur folgerichtig, die Diversity-Strategie auf weitere Personengruppen auszurichten. Unter demselben Ansatz, Mitarbeiter:innen in den Mittelpunkt zu stellen, konnte 2011 eine **Gesamtbetriebsvereinbarung zum partnerschaftlichen Verhalten am Arbeitsplatz** abgeschlossen werden. Darin geht es nicht nur um das Bekenntnis, dass bei Siemens keine Diskriminierung geduldet wird, sondern vor allem darum, dass die Diversität der Belegschaft gefördert wird, und auch um die besondere Verantwortung von Mitarbeiter:innen in Führungsaufgaben.

Hier ebenfalls ein Auszug aus der Vereinbarung:

»Die Siemens AG ist ein global agierendes Unternehmen, dessen Mitarbeiterinnen und Mitarbeiter aus allen Erdteilen kommen, mit einer Vielzahl unterschiedlicher persönlicher, kultureller und ethnischer Hintergründe. Siemens Mitarbeiter:innen spiegeln die Vielfalt dieser Erde wider.
Es ist ein Ziel des Unternehmens, auf allen Ebenen ein vorurteilsfreies Arbeitsumfeld zu schaffen. Alle Mitarbeiter:innen werden wertgeschätzt und respektvoll behandelt. Ausdruck dieser Kultur ist ein partnerschaftliches Verhalten am Arbeitsplatz, das die Vielfalt der Mitarbeiter:innen mitsamt ihren unterschiedlichen Fähigkeiten und Sichtweisen als Chance begreift, Kreativität und Innovationskraft zu fördern.«

Dies gilt insbesondere auch bei Menschen mit sogenannter Behinderung. Inklusion in Gesellschaft und Arbeitswelt, Chancengleichheit und selbstbestimmte Teilhabe am Arbeitsleben sowie respektvolle Zusammenarbeit sind eine besondere Verpflichtung. Die Gesamtschwerbehindertenvertretung und die Firmenleitung sehen es als Bestandteil der Unternehmenskultur an, Menschen mit Behinderungen attraktive und zukunftsweisende Perspektiven im Unternehmen zu bieten. Dazu gehört die Förderung von Ausbildung und Beschäftigung sowie ein respektvoller Umgang miteinander auf allen betrieblichen Ebenen. Davon profitieren wir alle im Unternehmen. Die **Inklusionsvereinbarung** vom Januar 2018 trägt dazu bei, den Wandel aktiv mitzugestalten.
Einer weiteren Personengruppe hat die Vereinbarung zum partnerschaftlichen Verhalten am Arbeitsplatz zu einem nächsten Schritt verholfen. Menschen, die nicht heterosexuell orientiert sind, benötigen oft einen großen Teil ihrer Arbeitskraft um nach außen den »schönen Schein« zu wahren. Bei Siemens haben sie

sich in regionalen und überregionalen Pride-Netzwerken zusammengeschlossen. Sie unterstützen Beschäftigte als zertifizierte »Kollegiale Berater« und organisieren u. a. zum IDAHOBIT (Internationaler Tag gegen Homo-, Bi-, Inter- und Transphobie bzw. -feindlichkeit – immer am 17. Mai) verschiedene Öffentlichkeitsaktionen an den Standorten. Mitglieder des Diversity-Ausschusses sind Bestandteil dieser Netzwerke, ebenso beteiligen sich die örtlichen Gremien aktiv an den Aktionen.

Seit 2010 ist Siemens offizieller Partner und Mitglied der Initiative Chefsache und der Charta der Vielfalt und erhielt global zahlreiche Auszeichnungen für seine Diversity-Aktivitäten. Es zeigt sich, dass viele Forderungen der betrieblichen Interessenvertretungen hier inzwischen angekommen sind. Gemeinsam mit den örtlichen Gremien konnten unterschiedlichste Aktivitäten wie z. B. zum Girls' Day, zum internationalen Frauentag oder auch zum IDAHOBIT gestaltet werden. Gebündelt und gesteuert werden die Aktivitäten über das global tätige Diversity Office und die Chief Diversity and Inclusion Officer – beide in kontinuierlichem Austausch mit dem Diversity-Ausschuss des Gesamtbetriebsrats.

Zitat Natalia Oropeza, Chief Cybersecurity Officer & Chief Diversity and Inclusion Officer:

»In Zeiten eines gewaltigen Wandels ist es wichtiger denn je, nach Vielfalt und Integration zu streben – Vielfalt ist zu einem geschäftlichen Gebot geworden. Seien Sie also die Veränderung, die Sie in der Welt sehen wollen, wie Ghandi sagte.
Die Schönheit von Diversity & Inclusion ist einfach zu beschreiben: Wir erzielen bemerkenswerte Ergebnisse, mehr Innovationen und damit ist Vielfalt ein entscheidender Geschäftsfaktor und treibt die Digitalisierung voran.«

Gute Vereinbarungen haben wir, die Ziele des Vorstands sind eindeutig, der Kulturwandel kam durch das frühere Vorstandsmitglied Janina Kugel entscheidend voran, dennoch sprechen die Zahlen eine andere Sprache.

Die Gleichstellung der Geschlechter, Gender Diversity, ist hierfür (nicht nur zahlenmäßig) maßgeblich, werfen wir also einen Blick darauf. 2020 betrug in Deutschland der Frauenanteil im Senior-Management nur 17 %, ebenso in den weiteren Positionen mit Personalverantwortung. Der gesamte Anteil an Frauen innerhalb der Belegschaft betrug rund 25 %. Es besteht also noch deutlich Luft nach oben.

In dieselbe Richtung argumentiert auch Birgit Steinborn, Vorsitzende des Gesamtbetriebsrats Siemens AG und stellvertretende Vorsitzende des Aufsichtsrats:

»Es ist heute viel selbstverständlicher, dass Frauen auch in Führungsverantwortung sein können. Sogar als Bundeskanzlerin! Frauen findet man heute auf allen Ebenen, bis in Top-Funktionen, bei der IG Metall, im Management, in Aufsichtsräten und in den Betriebsräten als Vorsitzende. Aber eine Schwalbe macht noch keinen Sommer und eine Frau im Vorstand bringt noch nicht die gleiche Bezahlung für gleiche Arbeit, um mal ein wichtiges Beispiel zu nennen. Wir brauchen Gleichstellung auf allen Ebenen. Bis zur wirklichen Gleichstellung von Frauen ist es noch ein weiter Weg, trotz aller Verbesserungen.«

Bei Siemens ist es nicht anders als insgesamt in der Wirtschaft: Die mit Abstand meisten Frauen arbeiten in internen Services, Human Resources, Kommunikation, Gesundheitswesen und Finanzen. Nur ein sehr kleiner Anteil arbeitet in der Produktion und anteilsmäßig noch weniger in Engineering, Projektmanagement, Instandhaltung und Vertrieb. Man kann feststellen, dass die Tätigkeitsgruppen, in denen Frauen arbeiten, überwiegend in den unteren Einkommensbereichen liegen. Das ist besonders verwunderlich, nachdem es nur noch einen stetig abnehmenden kleinen Anteil Frauen ohne oder mit fachfremder Ausbildung bei Siemens gibt und ein zunehmender Anteil – bereits fast entsprechend dem der Männer – über einen Hochschulabschluss verfügt.

Aus all diesen Daten werden das Ungleichgewicht und ebenso das zunehmende Beschäftigungsrisiko für Frauen besonders deutlich. Unseren Beobachtungen zufolge wirken Digitalisierung und Künstliche Intelligenz (KI) genau in den Tätigkeitsgruppen besonders disruptiv, in denen der Frauenanteil am größten ist. Es steht also zu befürchten, dass sich der Anteil an Frauen innerhalb der Belegschaft weiter verringern wird, da die heute noch klassischen Frauentätigkeiten in der Verwaltung kontinuierlich weiter verdrängt werden, wenn nicht gegengesteuert wird. Das wäre eine mehr als fatale Entwicklung, da hiermit auch die nachgewiesenen positiven Einflüsse von Frauen auf Produktivität und Kreativität in diversen Teams wegfielen.

Es ist also höchste Zeit, die Aktivitäten zu Gender Diversity einer Transformation zu unterziehen.

Was ist aus Sicht des Diversity-Ausschusses zu tun?

Wie bereits beschrieben hat der Gender-Aspekt im Diversity-Ausschuss bei Siemens bereits seit Jahren einen festen Platz. Aus diesem Grund lassen sich Forderungen zu einer Transformation auch anhand von bekannten Beispielen aufbauen.

Da ist zum einen der geringe Anteil an Bewerberinnen für technische Ausbildungs- und Studiengänge. Warum ist das so? Oder noch besser, was lässt sich dagegen tun?

Wir fordern weiterhin den Aufbau von weiblichen Beschäftigten in technischen Berufen und in der technischen Ausbildung

Jede:r braucht Vorbilder. Das muss bei einem Wettstreit um Talente berücksichtigt werden! Oder wollten Sie sich als Frau bei einem Konzern für ein technisches Studium oder einen Job bewerben, wenn in jedem Video und auf allen Social-Media-Kanälen nur männliche Vorbilder zu sehen sind? Wenn Ihnen bei den Einstellungsgesprächen nur männliche Entscheider gegenübersitzen? Dem muss nicht nur in der Öffentlichkeitsarbeit Rechnung getragen werden, sondern nach Ansicht des Diversity-Ausschusses auch in der Besetzung von Entscheidern im Recruiting. Natürlich aber auch in den »entscheidenden Positionen« im operativen Geschäftsumfeld. Also ein weiteres wichtiges Argument für mehr Frauen in Führungspositionen. Der nächste wesentliche Aspekt bei der Entscheidung für den Arbeitgeber der Wahl sind die Rahmenbedingungen und die Flexibilität, also die Vereinbarkeit von Familie und Beruf. Auch diesem Aspekt sollte beim Recruiting und in den betrieblichen Arbeitsprozessen mehr Bedeutung zukommen. Die/Der Bewerber:in ist zwar an einer Anstellung interessiert, auf der anderen Seite aber auch die Firma an einem neuen Talent. Firmenseitig sollte mehr an Bewusstsein aufgebaut werden, dass man sich als Arbeitgeber ebenfalls bewerben muss. Die Vereinbarkeit von Familie und Beruf ist insbesondere für Frauen ein enorm wichtiger Aspekt, da die gesellschaftliche Realität leider immer noch so aussieht, dass Familienarbeit (Kindererziehung, Fürsorgetätigkeiten, Haushalt) zwar nicht ausschließlich, aber zumindest tendenziell und anteilig mehr von Frauen ausgeübt wird. Warum dies so ist? Weil selbst in Familien, in denen sich Mann und Frau gleichermaßen um die Familie kümmern wollen, die Frau diejenige mit dem geringeren Einkommen ist, also eine wirtschaftlich durchaus gewichtige Überlegung. Hier ist in der tariflichen und betrieblichen Lohnpolitik immer noch einiges zu tun. Dies ist umso relevanter bei dem Thema Frauen in Führungspositionen, nicht nur, weil Führungspositionen besonders viel Engagement und Verantwortung fordern, sondern auch weil die Bedingungen für Vereinbarkeit von Familie und Beruf ausschlaggebend dafür sind, ob sich eine Frau überhaupt für eine Führungsposition interessiert/tatsächlich bewirbt.

Entgeltgerechtigkeit

Laut Statistischem Bundesamt verdienten 2019 Frauen durchschnittlich 19 % weniger je Stunde als Männer. Demnach sind rund drei Viertel des Verdienstunterschieds zwischen Männern und Frauen strukturbedingt – also unter anderem darauf zurückzuführen, dass Frauen häufiger in Branchen und Berufen arbeiten, in denen schlechter bezahlt wird, und sie seltener Führungspositionen erreichen.

Auch arbeiten sie häufiger als Männer in Teilzeit. Nach Angaben der Arbeitskräfteerhebung war im Jahr 2018 in Deutschland fast jede zweite erwerbstätige Frau (47 %) im Alter von 20 bis 64 Jahren in Teilzeit tätig. Unter den Männern betrug dieser Anteil nur 9 %. Der überwiegende Teil der teilzeitarbeitenden Frauen gab als Hauptgrund die Betreuung von Kindern oder Pflegebedürftigen (31 %) bzw. andere familiäre oder persönliche Verpflichtungen (17 %) an.

Diese Tendenz wird auch beim Blick auf unsere Personalstruktur in der Siemens AG sichtbar. So sinkt innerhalb einer Job-Familie der Frauenanteil deutlich ab, je höher die zugeordnete Entgeltgruppe wird. Ein weiteres Indiz ist der unterproportionale Anteil von Frauen im übertariflichen Bereich. Auch die Teilzeitquote ist in Deutschland fünfmal höher als im globalen Rest von Siemens.

Ein Teufelskreis – den es zu durchbrechen gilt

- gut ausgebildete Frauen in viel zu geringer Anzahl
- kaum haben sie sich etabliert, kommt für viele die Lebensphase, die einen höheren Aufwand in »Familienarbeit« erfordert
- deshalb Einstieg in Teilzeitarbeit und resultierend daraus weit weniger verantwortungsvolle Aufgaben
- die Leistungsfähigkeit von Frauen ist nicht mehr im Fokus bei der Verteilung von höherwertigen Aufgaben und Stellen
- in letzter Konsequenz kann dieser fatale Kreislauf bis zur »Altersarmut« führen

Es geht darum, dass auch bei reduzierter Stundenzahl die Aufgabenstellungen den Fähigkeiten angepasst werden und nicht nur dem möglichen zeitlichen Aufwand. Dies erfordert Mut und Vertrauen von verantwortlichen Führungskräften.

Ebenfalls ein Kernelement ist der Zugang zu kontinuierlichen Qualifizierungsmaßnahmen. Bei Siemens gibt es über Own Your Career (Karriereplanung in Eigenregie) einen Zugang zu einer individualisierten Learning World (Qualifizierungsportal), über welche die jeweils erforderliche Erhaltungsqualifizierung gewährleistet werden soll. In Abstimmung mit der jeweiligen Führungskraft sind hierüber virtuelle, webbasierte und Präsenz-Trainings buchbar. Soweit die Theorie. In der Praxis fehlt leider häufig die Einsicht der zuständigen Organisation, auch die vermeintlich »unproduktiven« Kolleg:innen aus dem administrativen und kaufmännischen Bereich, aber vor allem auch die vielen an- und ungelernten Kolleg:innen aus der Produktion entsprechend zu qualifizieren. Es mangelt an Zeit und Geld, aber auch an der Einsicht, dass Qualifizierung in erster Linie dem Arbeitgeber nutzt. Das ist kein Kostenfaktor, sondern eine Investition in die Zukunft.

Sehr hilfreich können die vorhandenen Netzwerke sein, in denen man sich über Hierarchie-Ebenen hinweg über Qualifizierungswege und -inhalte austauschen kann. Neben Pride- und Frauen-Netzwerken ist hierbei besonders auch das Betriebsrätinnen-Netzwerk zu nennen, das in den rund 25 Jahren seines Bestehens viele Facetten vorangebracht hat, um Frauen eine möglichst ausgewogene Vereinbarkeit von Familie und Beruf gewährleisten zu können.

In unseren jährlichen Betriebsrätinnen-Netzwerk-Treffen widmen wir uns deshalb seit einigen Jahren vor allem unserer eigenen Qualifizierung zu Digitalisierungsthemen mit den Schwerpunkten Qualifizierung, berufliche Entwicklung im digitalen Zeitalter und Coaching sowie Innovationsthemen (Innovationsfonds und Zukunftsfonds) zur Beschäftigungssicherung, um Kolleg:innen entsprechend beraten zu können.

»Ich möchte mich weiterentwickeln, weiß aber nicht, wo genau meine Stärken liegen.« »Immer werden die anderen befördert, aber auch ich möchte den nächsten Karriereschritt machen.« »Wie wirken sich Kinder auf meine Zukunft bei Siemens aus?« »Wie starte ich nach der Elternzeit wieder in meinen Job und bringe dabei Familie und Karriere unter einen Hut?« – Dies sind nur einige Fragen und Herausforderungen, denen sich Frauen in einem Unternehmen mit einem 4/5-Männeranteil Ungleichgewicht stellen müssen.

Als »zukunftsweisend« bezeichnen wir Betriebsrät:innen die Vereinbarung über unseren Zukunftsfonds zum Strukturwandel, die im Herbst 2018 abgeschlossen wurde. Aus den Verhandlungen zu den abgewendeten Standortschließungen im damaligen Energiebereich der Siemens AG ist die **Zukunftsvereinbarung »Den strukturellen Wandel proaktiv gestalten«** zwischen Gesamtbetriebsrat, IG Metall und Siemens AG entstanden. Hier soll auf Strukturwandel frühzeitig mit Umqualifizierung statt Personalabbau reagiert werden.

Die Kernpunkte sind:

* Standorte und Arbeitsplätze erhalten und ggf. transformieren
* kontinuierlicher Wandel statt ad-hoc Lösungen: Personalabbau verhindern, indem wir Kompetenzen vorhandener Mitarbeiter:innen vorausschauend einsetzen und weiterentwickeln
* Strukturwandel für Betriebsrät:innen und Mitarbeiter:innen transparent machen
* konkrete Strukturmaßnahmen für betroffene Standorte/Geschäftseinheiten entwickeln
* alternative Wege aufzeigen, um mit Strukturwandel umzugehen
* Mitbestimmung nutzen (paritätisch mitbestimmte Fondsmittel)

Zusätzlich zum regulären Weiterbildungsbudget von 500 Millionen Euro im Jahr investiert das Unternehmen weitere 100 Millionen Euro über eine Laufzeit von vier Jahren in die Weiterbildung seiner Mitarbeiter:innen. Das Ziel ist, Siemens zu einer lernenden Organisation zu machen, schneller auf Veränderungen zu reagieren und den strukturellen Wandel aktiv zu gestalten.

Zur Halbzeit konnten bereits 46 Projekte genehmigt werden und es haben rund 4800 Mitarbeiter:innen Förderungen erhalten.

Warum ist unser Zukunftsfonds so wichtig?

»Wir brauchen eine Qualifizierungsoffensive, um nachhaltige Perspektiven für die Mitarbeiter:innen zu schaffen. Bei der Personalstrategie der Zukunft wollen wir die hervorragenden Kompetenzen der Mitarbeiter:innen weiterentwickeln – das ist absolut zentral, um im Strukturwandel und der Digitalisierung zu bestehen,« erklärt Birgit Steinborn, GBR-Vorsitzende.

Unsere Arbeitswelt verändert sich immer schneller. Dies wirkt sich auf die Art und Weise aus, wie wir arbeiten und was wir zukünftig arbeiten werden, das heißt, es geht um die Kompetenzen, die dafür benötigt werden. Unsere Kolleg:innen müssen heute wie morgen die Chance auf Weiterbeschäftigung auf neuen zukunftsfähigen Arbeitsplätzen haben.

Was wollen wir mit unserem Zukunftsfonds erreichen?
Elementar ist es, allen Beschäftigten und nicht nur Einzelnen Weiterbildung zu ermöglichen. Nur durch Weiterbildung kann Diversität auch in Teams auf unterschiedlichen Ebenen bis hin zur Führungsebene abgebildet werden. Dazu ist es neben einem breiten Qualifizierungsangebot für alle Beschäftigten auch wichtig, spezifische Weiterbildungsmaßnahmen für unterrepräsentierte Gruppen anzubieten, um diese zu empowern. Dabei geht es zum einen um das Ziel, Arbeitsprozesse, Positionsbesetzungen etc. gerecht und frei von Diskriminierung zu gestalten – und zum anderen sind gemischte Teams aufgrund verschiedener Perspektiven, (Wissens-)Hintergründe etc. auch erfolgreicher.

Was wird gefördert?
Gefördert werden Lernprogramme, die Beschäftigten neue Orientierung in disruptiver Beschäftigung geben. Auch finanziert werden Projekte, die Austausch von Wissen & Kapazitäten über Standortgrenzen hinweg unterstützen.

Wie ist der Entscheidungsprozess?
Über den Einsatz der Mittel entscheidet ein paritätisch besetzter Vergabeausschuss unter der Leitung von Judith Wiese, Arbeitsdirektorin, und Birgit Steinborn, GBR-Vorsitzende. Das bedeutet, dieser ist zu gleichen Teilen aus GBR-Mitgliedern und Firmenleitung besetzt und er kann Anträgen zustimmen oder diese ablehnen.

Längerfristige Ziele/Strategien

Wie wir sehen, sind zahlreiche und qualitative Möglichkeiten vorhanden, um bei der Geschlechtergerechtigkeit und Diversität Fortschritte zu erzielen. Woran liegt es also, dass lediglich 1/5 der Belegschaft Frauen sind und der Anteil in Führungsaufgaben oder auch im technischen Bereich noch so gering ist? Und was können wir als Betriebsräte im Allgemeinen und als Diversity-Ausschuss im Speziellen dazu beitragen?

Das heutige Arbeitsleben ist von schnellen und umfassenden Änderungen geprägt und verlangt diese Flexibilität auch von Mitarbeiter:innen. Es kommt darauf an, dass sich alle Beschäftigten entsprechend ihrer momentanen Lebensphase aktiv und produktiv ins Berufsleben einbringen können. Nur dann kann jede:r nach besten Kräften zum Geschäftserfolg von Siemens beitragen, ohne die eigenen Belange und Bedürfnisse zu vernachlässigen. Empowerment ist das Schlüsselwort, das die neue Arbeitsdirektorin Judith Wiese und der neue CEO der Siemens AG Dr. Roland Busch ins Leben gerufen haben. Empowerment bedeutet für Roland Busch nicht nur die Befähigung, Dinge zu schaffen, sondern auch das Vertrauen des Managements, dass Mitarbeiter:innen bessere Ergebnisse abliefern, wenn man sie eigenständig auf ein Ziel hinarbeiten lässt.

Genau das fordern wir auch als Diversity-Ausschuss des Gesamt-Betriebsrats, allerdings unter der Maßgabe, dass den Mitarbeiter:innen hierfür auch Zeit und Mittel zur Verfügung gestellt werden.

Frühzeitig in Projekte eingebunden, können wir darauf achten, dass Maßnahmen allen zugänglich gemacht werden und niemand auf der Strecke bleibt. Bei uns kommen die Bedürfnisse und Hindernisse der Kolleg:innen an und wir sind in der Lage diese in firmenseitige Planungen mit einzubringen. Gleichzeitig bietet die Struktur der Interessenvertretungen den Vorteil, dass Betriebsrät:innen vor Ort den Transformationsprozess erklären und begleiten, was auch Führungskräfte in ihrer Verantwortung unterstützt. Wo HR-Ressourcen eingespart werden, sind Betriebsrät:innen oft der einzige Zugang zu Informationen für ihre Belange.

In all diesen Themen arbeiten wir eng mit der IG Metall zusammen und finden hier sehr gute politische und fachlich inhaltliche Unterstützung.

Das sind also unsere aktuellen Schwerpunkte:

- vorhandene Vereinbarungen bekannt und allen Mitarbeiter:innen zugänglich machen
- Vereinbarungen ständig an die sich verändernden Arbeits- und Beschäftigungsbedingungen anpassen und erweitern (New Normal – Next Work – New working Model)
- kreative Lösungen durchsetzen, um rechtzeitig wegfallende Tätigkeiten durch neue, zukunftsfähige Arbeitsinhalte zu ersetzen (Zukunftsfonds)

- Analyse, warum viele Mitarbeiterinnen nach einem erfolgreichen Einstieg ins Berufsleben nicht in Führungsaufgaben ankommen. Wo ist der Bruch? Was sind die Barrieren? Wie können diese Hindernisse vermieden und abgebaut werden?
- Implementierung einer gendergerechten Sprache im beruflichen Alltag
- Unterstützung und Beratung von Mitarbeiterinnen bei ihrer Karriereplanung, um so den Anteil an weiblichen Führungskräften zu erhöhen (sollte es notwendig sein, müssten wir ggf. eine Quote über alle Hierarchieebenen anstreben)
- Wir achten darauf, dass niemand wegen seines Geschlechts, seiner ethnischen Herkunft, seines Alters, seiner sexuellen Orientierung oder wegen einer Behinderung in seiner bzw. ihrer persönlichen Entwicklung im Unternehmen Nachteile hat.
- Wir sind Ansprechpartner:innen und Vermittler:innen zu all diesen Themen.

Wir arbeiten weiter daran, dass sich jede:r der Verantwortung und Herausforderungen, aber auch der Chancen und Möglichkeiten bewusst ist. Wir sind kreativ und herausfordernd, wir bringen uns ein, wir fordern und leben Beteiligung.

Ursula Schwarzenbart

Diversity und Inclusion – Werkstattbericht der Daimler AG

Inhaltsübersicht

1.   Wie alles begonnen hat

Ein großes, internationales Unternehmen wie die Daimler AG, in dem insgesamt ungefähr 290 000 Menschen aus über 160 Ländern arbeiten, steht immer schon vor der Herausforderung, Menschen mit ihren unterschiedlichen kulturellen Hintergründen, den verschiedensten Lebensumständen und Bedürfnissen zu einem erfolgreichen Team zu formen und die Vielfalt, die sie mitbringen, zu managen. Denn auch wenn die Produkte oder Services eines Unternehmens ein starkes Band für die Identität darstellen, ist es letztlich immer die Kultur, die prägend für das Image ist und an der sich Innovationsfähigkeit und Agilität in der Gestaltung von Projekten, Abläufen und Prozessen festmachen lassen.

In den frühen 2000er Jahren war das Thema »Diversity and Inclusion« überwiegend als strategisches Thema aus amerikanischen Unternehmen bekannt. Daimler war zu dieser Zeit ein deutsch-amerikanisches Unternehmen, das sich folgerichtig mit der strategischen Steuerung der Vielfalt beschäftigt hat. Die Frage nach dem Anteil von Frauen in Führungspositionen spielte zu dieser Zeit in den USA bereits eine große Rolle. Ebenso die Frage der ethnischen Zusammensetzung in den Führungsebenen und in der Produktion. Im amerikanischen Teil des Unternehmens wurden diese beiden Diversitydimensionen für die Zusammensetzung von Teams betrachtet. So konnten auch die bereits gemachten Erfahrungen aus einer Kultur für die strategische Ausrichtung von »Diversity and Inclusion« im Unternehmen mit einer deutschen/europäischen Herkunft genutzt werden.

Zeitgleich wuchs in ganz Deutschland das Bewusstsein für das Thema. Bereits 2003 und 2004 gab es erste Ansätze im Unternehmen und auch in der politischen Diskussion, Frauen in Führungspositionen stärker zu fördern. Bei Daimler wurden zunächst freiwillige Selbstverpflichtungen der einzelnen Unternehmensteile im Rahmen von allgemeinen Statements abgegeben. Dies war ein erster Schritt, um das Thema auf die Agenda zu bringen: Die überwiegend männlich besetzten Gremien fingen an, sich zunehmend mit der Frage zu beschäftigen, was es denn bedeuten würde, eine größere Vielfalt in die Zusammensetzung der Gremien zu bringen und wie sich dies umsetzen ließe.

Eine geschäftsfeldübergreifende internationale Gruppe wurde damit beauftragt, einen Vorschlag für eine nachhaltige Strategie für »Diversity and Inclusion« zu erarbeiten. Auf der Basis einer gemeinsamen Willensbildung über die verschiedenen Unternehmensteile hinweg, wurde im Vorstand entschieden, das Global Diversity Office (GDO) im Mai 2005 einzurichten. Die erste Frage, die das GDO beantworten sollte, war die nach den Dimensionen von Diversity Management für das Unternehmen, die eine besondere Relevanz haben sollten. Aufgrund von vielen Interviews und Einschätzungen, insbesondere im internationalen Umfeld wurde die Empfehlung an den Vorstand gegeben, Gender als erste Diversitydimension zu wählen, die im Unternehmen eingeführt wurde. Grundlagen für diese Entscheidung waren: Vor allen Dingen sollte der verfügbare Talentpool besser genutzt werden. Denn wenn die Frauen tendenziell die besseren Studienabschlüsse (vgl. *www.dasGleichstellungsWissen.de*) machen, die Führungspositionen in den Unternehmen aber überwiegend von Männern besetzt sind, dann können rein rechnerisch nicht die jeweils Besten auf den Positionen im Unternehmen sitzen. Damit sollte auch ein starkes Zeichen gesetzt werden für die Zukunftsfähigkeit des Unternehmens und natürlich auch die Attraktivierung der Marke für Frauen gefördert werden. Der Business Case für Diversity Management wurde für dieses Thema so grob umrissen.

Natürlich gab es bereits damals und gibt es auch heute noch in einer technisch geprägten Kultur immer den Wunsch, den Business Case an Zahlen und Fakten festzumachen. Selbstverständlich bildet daher die Anzahl der Frauen in Führungspositionen eine wichtige Basis, ebenso wie die Frage, wie viele Frauen jährlich eingestellt, wie sie entwickelt werden und wie lange es braucht, bis sie auf Führungspositionen kommen. Diese Daten wurden in der Präzision zum ersten Mal in der Zeit erfasst und bilden seither die Grundlage für die Berichterstattung zu den »Diversity and Inclusion«-Daten.

In vielen vertieften Diskussionen zum Business Case setzte sich insbesondere im Management die Erkenntnis durch, dass es wichtig ist, bei einem Kulturthema wie »Diversity and Inclusion« darauf zu verzichten, einen ausschließlich harten Bezug zwischen dem Business Case und den Verkaufszahlen und/oder den Unternehmensergebnissen herzustellen. Dieser Ansatz hätte zu kurz gegriffen, da Diversity Management nur einer von mehreren Enablern für die kulturelle Gestaltung und Transformation des Unternehmens ist; es gibt davon eine ganze Reihe mehr, wie Personalmarketing, Employer Branding, verschiedene Lerninitiativen und natürlich auch die Produkte als solche.

Ungefähr zehn Jahre bevor gesetzliche Vorgaben verbindlich eingeführt wurden, hat sich Daimler als eines der ersten Großunternehmen in der Automobilindustrie in Deutschland zu »Diversity and Inclusion« bekannt. Das wurde u. a. in einem Diversitystatement des Vorstands dokumentiert: »*Bei Daimler setzen wir auf die Unterschiedlichkeit unserer Mitarbeiterinnen und Mitarbeiter. Wir nutzen vielfältige Erfahrungen, Perspektiven und Kompetenzen – weltweit und unternehmerisch. Sie spiegeln die Vielfalt unserer Kunden, Lieferanten, Investoren und der Umwelt wider. Wir alle tragen dazu bei, ein respektvolles und wertschätzendes Arbeitsumfeld zu schaffen. So gestalten wir gemeinsam die Zukunft von Daimler mit.*« Die Arbeitnehmervertreterinnen und -vertreter haben die Diversity-Aktivitäten des Unternehmens immer sehr konstruktiv unterstützt und sichtbare Ergebnisse eingefordert. Letztlich waren es vor allem die Frauen in der Arbeitnehmervertretung, die schon sehr früh auf die Bedeutung eines höheren Frauenanteils in der Belegschaft hingewiesen haben. Darauf wurde nicht nur jedes Jahr am Weltfrauentag mit Aktionen verwiesen, es fanden auch immer wieder Sitzungen mit der »Arbeitsgruppe Frauen« im Betriebsrat statt. Erste Zielkorridore für die Ausbildung, die Meisterebene und alle weiteren Führungsebenen entstanden durch eine genaue Analyse der Zahlen aller Beschäftigungsgruppen.

In weiteren qualitativen und quantitativen Analysen wurde genauer ermittelt, wie Führungsaufgaben wahrgenommen werden und welche Hindernisse es gab, Frauen in Führungspositionen zu sehen. Die Automobilindustrie wurde in dieser Zeit in der Öffentlichkeit und insbesondere bei Frauen eher nicht als potenzieller Arbeitgeber wahrgenommen. Das lag zum einen an den gesellschaftlichen Stereotypisierungen von Frauen in Führungspositionen, die gerne als weniger durchsetzungsstark und emotional beschrieben wurden. Zum anderen spielte insbesondere die wahrgenommene Familienbelastung der Frauen eine große Rolle. In der sogenannten Rushhour des Lebens, also der Zeit, in der Karriere gemacht wird, kommen üblicherweise auch die Kinder auf die Welt. Die Zuschreibung, dass Mütter nun mal weniger Zeit für den Beruf haben, war ein dominantes gesellschaftliches Muster.

Der Vorstand der Daimler AG hat damals sehr rasch gehandelt: Für die Kinder von Mitarbeiterinnen und Mitarbeitern wurden in Deutschland fast 900 Kinderbetreuungsplätze für Kleinkinder im Alter von 8 Wochen bis zu 3 Jahren zur Verfügung gestellt. Die Öffnungszeiten orientieren sich dabei – damals wie heute – an der Berufstätigkeit der Eltern. Somit wurde die Argumentation entkräftet, dass Karriere und Kinder nicht zusammenpassen.

Die Erfahrungen mit der betrieblichen Kinderbetreuung sind ausgesprochen positiv. Unter anderem führte die Zuverlässigkeit der Betreuung dazu, dass die Mitarbeiterinnen nachweislich schneller ins Unternehmen zurückgekehrt sind, die einen Betreuungsplatz in Anspruch genommen haben. Die Betreuungsplätze werden an den jeweiligen Standorten durch ein Gremium bestehend aus den Personalverantwortlichen, einer Vertretung der Arbeitnehmerseite und der Leitung der Krippe vergeben.

Um die Aktivitäten und die Transformation des Unternehmens zu stärken, wurde außerdem das international besetzte Global Diversity Council gebildet, das Soundingboard für die Aktivitäten war und die Entscheidungen im Vorstand vorbereitete. Zwischenzeitlich ist dieses Soundingboard durch die Gremien in der Linie der Geschäftsbereiche ersetzt worden.

Wesentliche Schritte, um mehr Frauen in Führungspositionen zu bringen, waren letztlich die Einführung und das regelmäßige Tracking selbstverpflichtender Zielgrößen in den Geschäftsbereichen sowie die Verknüpfung der Diversityziele mit dem Bonus des Topmanagements. Seit 2007 gab es die Zielvorgabe, bis Ende 2020 mindestens 20 Prozent Frauen auf der Ebene der Leitenden Führungskräfte zu haben. Ein permanentes Nachverfolgen dieser Zielsetzung erwies sich als wesentlicher Erfolgsfaktor. In Anbetracht des relativ weiten Zeithorizonts waren diese Zielgrößen ein wichtiges Steuerungselement auch für den Vorstand, der sich dreimal jährlich den Fortschritt der Zielerreichung vorlegen ließ.

Ein gewisser Wettbewerb zwischen den einzelnen Unternehmensbereichen spielte dabei durchaus eine Rolle. Aber auch die Zusammenarbeit mit den Sozialpartnern, die ebenfalls ein vitales Interesse daran hatten und haben, den Anteil von Frauen in Führungspositionen zu erhöhen, hat ihren Beitrag dabei geleistet, dass das 2007 gesteckte Ziel erreicht wurde und seit 2020 tatsächlich sogar mehr als 20 Prozent Frauen in Leitenden Führungspositionen zu finden sind. Darüber hinaus haben die Sozialpartner dazu beigetragen, dass Rahmenbedingungen für flexibles Arbeiten sowie Pflegezeiten in Betriebsvereinbarungen gefasst sind.

2. Wie es Fahrt aufgenommen hat …

Den richtigen Rahmen für die Veränderung zu setzen, ist einem großen Unternehmen sozusagen das »A und O«. Das Etablieren eines neuen Ansatzes in einer starken Unternehmenskultur, das Verlassen von vertrauten Wegen und den Blick weiten für Kompetenzen, die bisher nicht als »systemrelevant« betrachtet wurden, braucht mehr als eine Struktur, eine Strategie und ein permanentes

Tracking von Daten. Die neue unternehmerische Ausrichtung wurde vor allem durch gezielte Kommunikation auf allen Kanälen begleitet. Es brauchte Diskussionsplattformen, Konferenzen, Auseinandersetzung mit dem neuen Denken und natürlich Training aller Akteure. Und der allerwichtigste Erfolgsfaktor war und ist das uneingeschränkte Commitment des Vorstands, dessen Vorbildfunktion nicht hoch genug eingeschätzt werden kann.

In den ersten Jahren hat das GDO alljährlich eine Diversity-Konferenz abgehalten. Beim ersten Mal wurden alle Frauen in den Leitenden Führungspositionen eingeladen. Nahezu alle folgten dieser Einladung. Erstmalig kamen die Frauen aus den verschiedenen Unternehmensbereichen zusammen. Viele trafen so überhaupt zum ersten Mal ihre Kolleginnen und erfuhren, wie viele Frauen im Unternehmen bereits in Führungspositionen tätig waren. Das Wesentliche aber war, dass es ein sehr hochwertiges Programm gab, das sich mit den Herausforderungen beschäftigte, mit denen sich Frauen in Führungspositionen konfrontiert sehen. Das Programm erfuhr große Zustimmung. Zudem wurden damals noch über eine Visitenkartenaktion Verabredungen für weitere informelle Treffen getroffen.

Bei der zweiten Diversity-Konferenz wurden die Teilnehmerinnen aufgefordert, einen männlichen Gast aus dem Unternehmen mitzubringen. Der CEO übernahm sowohl die Begrüßung als auch den Abschluss des Events. Durch die Präsenz des Topmanagements im Unternehmen konnte natürlich eine hohe Teilnahmequote erreicht und die Beteiligung von über 30 Prozent Männern erzielt werden.

Im dritten Jahr war das Programm inhaltlich besonders breit gefächert und es nahmen 50 Prozent Frauen und 50 Prozent Männer aus allen Unternehmensteilen an der Konferenz teil. In dem Forum wurde die übergreifende Zusammenarbeit gestärkt und das Thema Diversity konnte weiter etabliert werden. Wesentlich an diesem Event war, dass alle Anwesenden live miterleben konnten, wie dank größerer Meinungsvielfalt Diskussionen besser und erfolgreicher geführt werden können. Dabei wurde inhaltlich in den Veranstaltungen der größte Wert daraufgelegt, für alle Teilnehmenden inhaltlich relevante Themen zu diskutieren, die sich um die Zukunft des Unternehmens, der Gesellschaft, der kulturellen Veränderung oder um die Zukunft von Mobilität etc. drehten. Es war absolut substanziell, die Diversity-Events nicht allein auf Genderthemen zu fokussieren. Denn durch die in der Veranstaltung selbst gegebene Vielfalt waren unterschiedliche Perspektiven und Sichtweisen vertreten, die so auch zur Diskussion kommen konnten.

Die Aktivitäten sollten auch auf die strukturellen Themen der Gleichstellung der Geschlechter eingehen. Daher wurde vom GDO ein Mentoringprogramm speziell für Frauen in Führungspositionen aufgelegt. Zu den Zielen des Programms gehörte es, insbesondere die Situation von weiblichen Führungskräften besser zu verstehen, ihre Sichtbarkeit in der Organisation zu erhöhen und sie für weiterführende Positionen vorzuschlagen. Dazu wurde bei Besetzungsprozessen eine spezielle Nachverfolgung von geeigneten Kandidatinnen eingeführt. In dem Programm selbst haben die Teilnehmerinnen zunächst in vorbereitenden Gesprächen ihre Mentoringanliegen beschrieben. Dann wurden sie gebeten für sich selbst zu sondieren, wen sie als geeignete Mentoren für ihr Anliegen auswählen möchten. Mit der Unterstützung von internen Coaches wurden die ausgewählten Personen angeschrieben und gebeten, Mentor für eine Kandidatin zu werden. Bei über 150 Mentees hat nicht ein Mentor oder eine Mentorin diesen Wunsch ausgeschlagen. Zur Einstimmung auf das Mentoring gab es Kickoff-Veranstaltungen, die die Zielsetzung umrissen und den Umgang miteinander beschrieben. Dazu wurde ein spezielles Businesstheater beauftragt, das mit seinem professionellen Programm die Anforderungen an das Thema verdeutlichte. In einem Theaterstück wurden in einer übersteigerten Form Situationen dargestellt. So wurde es für die Zuschauer leichter ungewünschten und gewünschten Umgang mit Situationen zu erkennen und zu transferieren. Dieses Format ermöglicht es, ohne Belehrung zu lernen.

Häufig lernten sich bei dieser Veranstaltung Mentees und Mentoren zum ersten Mal persönlich kennen. Es gab einen professionellen Rahmen, in dem sich die Mentoren und Mentees mindestens ein Jahr lang alle drei Monate trafen. Welche Themen in den Treffen aufgegriffen wurden, entschieden die Beteiligten selbst. Manche dieser Mentoringbeziehungen bestehen heute noch.

Interessanterweise entfachte das Thema Mentoring darüber hinaus eine eigene Dynamik im Unternehmen. Plötzlich wollten Führungskräfte unbedingt eine Mentee haben, wo doch viele ihrer Kollegen im Führungskreis bereits eine Kollegin begleiteten. Auch in diesem Fall zeigte sich, wie die Dynamik des Wettbewerbs Themen positiv beeinflussen kann.

Damit Diversity in der Organisation erfolgreich verankert werden konnte, brauchte es über die dargestellten Formate hinaus eine inhaltliche vertiefte Auseinandersetzung mit dem Thema, denn nicht alle Fragen und Auseinandersetzungen können in einer größeren Runde diskutiert werden. Daher wurde in einem aufwändigen Beteiligungsprozess entschieden, Diversity-Trainings für intakte Führungsteams durchzuführen. Zur vertieften Sensibilisierung wurde den Führungsteams ein vierstündiges Diversity-Training angeboten. Dieses Training war in der Anfangszeit verbindlich. Insgesamt haben ca. 1600 Führungskräfte mit ihren jeweiligen Teams daran teilgenommen. Zunächst war es für die Teilnehmenden wichtig, sich mit der Frage auseinanderzusetzen, was Diversity für sie bedeutet. Die meisten Teams waren zu Beginn der Veranstaltung überzeugt, dass sie nichts Neues zu dem Thema lernen könnten. Doch durch eine Mischung aus Trainerinput, Besprechen realer Situationen aus dem Betrieb sowie Rollenübungen, in denen es eindeutig um einen nicht fairen Umgang mit Unterschiedlichkeiten ging, wurden Gendersterotype und Themen wie Altersdiskriminierung oder Umgang mit verschiedenen Kulturen sehr offensichtlich. Die Rollenübungen wurden auf Basis echter Beispiele erstellt, die im Vorfeld in zahlreichen Interviews aus dem Unternehmen zusammengetragen wurden. Somit waren sie eng an die Realität der Teilnehmenden angelehnt und erzielten die gewünschte Wirkung. Mit einem Zustimmungswert von über 85 Prozent wurde das Training von den Teilnehmenden als sinnvoll und wichtig für die weitere Entwicklung der »Diversity and Inclusion«-Themen im Unternehmen angesehen. Auch Betriebsräte verschiedener Standorte haben an den Trainings teilgenommen und davon profitiert.

Aktuell finden solche Trainings ausschließlich virtuell statt. Weiterentwickelte Formate stehen zur Verfügung.

Diese Auswahl an verschiedenen Aktivitäten sollte einen Einblick in die Werkstatt von Diversity Management bei Daimler gewähren. Natürlich gab und gibt es darüber hinaus eine Vielzahl von zusätzlichen Aktionen, wie Kommunikationsformate, Diskussionsforen und Veranstaltungen, in denen Elemente von Diversity-Kompetenzen integriert wurden. Heute steht in den jeweiligen Geschäftsfeldern nach wie vor eine Diversityorganisation zur Verfügung, die sich darum kümmert, passgenaue Lösungen für die Fragen und Aktionen zu finden.

Fast ist es selbstredend, dass Diversity Management in einem Unternehmen nicht über eine verordnete Aktion eingeführt werden kann. Daher hatte sich das GDO der Daimler AG dazu entschieden, ein Netzwerk über alle Kontinente hinweg aufzubauen, in dem sich engagierte Kolleginnen und Kollegen organisieren, um Diversity an den Standorten voranzubringen. Sie setzen sich vor Ort für Diversity ein, planen und setzen die Maßnahmen um und achten darauf, dass sowohl die lokalen Notwendigkeiten aufgegriffen als auch die lokalen Gesetze eingehalten werden. Damit bleibt Diversity Management im Unternehmen jeweils an die regionalen Gegebenheiten angepasst und gleichzeitig entstehen durch die Vernetzung spannende Initiativen, wie z. B. der Daimler Diversity Tag, der jedes Jahr mit zahlreichen Aktionen stattfindet und die Diskussionen zu »Diversity and Inclusion« lebendig hält.

Neben den vielen Aktivitäten im Unternehmen und dem Engagement des Topmanagements ebenso wie dem vieler Kolleginnen und Kollegen sind für Diversity Management natürlich auch die Aktivitäten außerhalb des Unternehmens von großer Bedeutung. So zählt Daimler zu den Gründungsmitgliedern der Charta der Vielfalt in Deutschland und hat sich von Anfang an in diese Initiative, die unter der Schirmherrschaft der Bundeskanzlerin steht, eingebracht. In der Initiative sind alle Dimensionen von Diversity gebündelt und alle Unternehmen, die Teil der Charta werden, verpflichten sich, Vielfalt gezielt zu fördern. Ein solch breites gesellschaftliches Commitment bringt natürlich die Verpflichtung mit sich, aktiv an den Themen zu arbeiten. Zusätzlich sind Verbände, wie z. B. FidAR (Frauen in die Aufsichtsräte) ein weiteres gesellschaftliches Vehikel, das Thema immer wieder auf die Agenda zu bringen. Auch die Allbright Stiftung, die jährlich veröffentlicht, wie sich der Anteil von Frauen in Führungspositionen in den großen Unternehmen entwickelt, unterstützt den gesellschaftlichen Dialog zu Diversity. Den internationalen Teil der Vertiefung des Themas unterstützt das Unternehmen schon seit vielen Jahren in Form des Global Summit of Women, der sich als Institut mit der Frage der Förderung von Frauen wie auch der kulturellen Vielfalt beschäftigt.

3. Wo Diversity Management aktuell steht und wie es sich weiterentwickeln wird

Diversity Management ist bei der Daimler AG nun seit Jahren fester Bestandteil des Unternehmensalltags. Der Anteil von Frauen auch in Toppositionen hat zwischenzeitlich die 20 Prozent-Marke überschritten. Der Vorstand hat sich dazu entschieden, den Anteil an Frauen in Führungspositionen um je einen weiteren Prozentpunkt pro Jahr wachsen zu lassen. Die im Gesetz zur Förderung der gleichberechtigten Teilhabe von Frauen und Männern in Führungspositionen festgelegten Rahmenbedingungen setzt das Unternehmen konsequent um. Als eines von aktuell nur zwei DAX-30 Unternehmen hat Daimler zwei Frauen im Vorstand. Zudem hat sich Daimler den Valuable 500 angeschlossen, die sich um Inklusion kümmern. Das Unternehmen hat bereits verschiedene Preise gewonnen, unter anderem den der GLBTQI Community. Alles in allem hat sich das Unternehmen einen soliden Ruf erarbeitet und die Themen rund um Diversity sind zu einem festen Bestandteil der Unternehmenskultur geworden.
Grund genug also, das Thema als erledigt zu betrachten?
Mitnichten! Insbesondere Themen, die unternehmerisch notwendig und gesellschaftlich gefordert sind bzw. für die einzelnen Personen einen großen Unterschied machen, müssen weiterhin gemanagt werden. Dies gilt auch und vor allem in dem großen Transformationsprozess, durch den die Automobilindustrie gerade geht. Bereits vor einigen Jahren zeigte sich, dass sich in einem vielfältig aufgestellten Unternehmen auch die Führungskultur ändern wird und insofern Diversity Management einer **der** Wegbereiter für eine veränderte Zusammenarbeitskultur im Unternehmen war und ist.
Technische Innovationen, die zunehmende Umstellung auf neue Antriebstechniken, die Digitalisierung der Arbeit, die Veränderung der Anforderungen von Mitarbeitenden an Vereinbarkeitsthemen und nicht zuletzt die COVID 19-Krise bedingen einen neuen Maßstab für das Unternehmen. Den mehr als bedeuten-

den Einfluss von Diversity haben alle in den vergangenen Jahren gespürt. Deshalb ist es besonders wichtig, aktuell an den Fortschritten, die gemacht wurden, weiter anzuknüpfen. Denn Diversity ist kein Thema, das nur in guten Zeiten gilt; besonders in herausfordernden Situationen wie heute gilt es weiter an einer Unternehmenskultur zu arbeiten, in der sich jede und jeder Einzelne willkommen fühlt. Deshalb ist Sensibilisierung auch weiterhin essenziell, es braucht Communities, die in Kontakt gehen, sowie Veranstaltungsformate, Trainings, Kommunikation, Information und: immer wieder Aufklärung. Nach wie vor wird es wichtig bleiben, Frauen zu fördern und gezielt auf die Übernahme von leitenden Funktionen vorzubereiten. Letztlich macht sich die erfolgreiche Förderung von Frauen an den Besetzungen von Führungspositionen fest und diese Daten müssen auf die Agenda des Vorstands, auch und vor allem in Krisenzeiten, um die Diskussion an klaren Kennzahlen orientiert als festen Bestandteil der Steuerung des Unternehmens zu halten.

Auch wenn durch die Pandemie zunächst der Eindruck entsteht, die Welt wäre lokaler und weniger global geworden, ist es für die Wettbewerbsfähigkeit in internationalen Unternehmen weiterhin von großer Bedeutung, sich mit den großen Megatrends global agierender Gesellschaften auseinander zu setzen. Die politischen Diskussionen und die Gesetzgebung in Deutschland unterstützen die notwendige strukturelle gesellschaftliche Veränderung. Diversity Management hat eine solide Grundlage für die anstehenden Veränderungen in der Industrie geschaffen und muss gerade jetzt beweisen, dass die Maßnahmen nachhaltig sind und einen Beitrag für die Transformation des Unternehmens leisten.

4.   … und wo sind die Herausforderungen?

Transformationsarbeit im Unternehmen ist immer eine Herausforderung für die aktuelle Kultur. Denn schließlich bedeutet es, dass es – auch wenn bisher erfolgreich – nicht wie gewohnt weitergehen kann. Widerstände wahrzunehmen, zu verstehen und sich mit ihnen auseinanderzusetzen, gehört daher zum Handwerkszeug einer jeden Veränderung. Für die Daimler AG war es jedes Jahr höchst anspruchsvoll, die gesetzten Diversityziele zu erreichen, es brauchte viel Aufmerksamkeit und manchmal auch ein klares Bekenntnis von Führungskräften, um am Ende des Jahres wieder einen Prozentpunkt weiter gekommen zu sein. Letztlich sind große Unternehmen ein Spiegel der Gesellschaft und ihrer Meinungsvielfalt. Diversity Management in einem Unternehmen zu platzieren, ist eine sehr herausfordernde und politische Aufgabe. Es gilt, eine gewisse Außenseiterrolle einzunehmen und sich bewusst in den internen und externen Diskurs zu den Themen zu begeben. Das Spannungsfeld, das sich zwischen den

Positionen aufmacht, braucht die Resilienz und Eigenständigkeit im Denken, um das Thema, das nicht von allen als gleich wichtig betrachtet wird, dennoch überzeugend weiter zu treiben.

5.   ... und wo sind die Fortschritte?

Zwischenzeitlich hat Daimler eine Unternehmenskultur, die sehr für Diversity sensibilisiert ist. Das umfasst sowohl den Umgang mit Gender, wie auch mit GLBTQI, Ethnie, Herkunft etc. Diversity wird nicht nur als wesentliche Grundlage für die Veränderungsbereitschaft im Unternehmen betrachtet. Zwischenzeitlich ist Diversity Management ein integraler Bestandteil der Nachhaltigkeitsstrategie des Unternehmens. Seit zwei Jahren gibt es den deutlich sichtbaren Trend, dass sich die großen unabhängigen Investoren zunehmend für die Fortschritte im Diversity Management des Unternehmens interessieren. Damit werden Themen, die den Fokus auf die Einschätzung zur Zugehörigkeit zu einer Kultur setzen, sicher weiter an Bedeutung gewinnen.

Letztlich hat der Konzern heute mehr Kundinnen gewonnen, es gibt klare Ziele für die Rekrutierung von Nachwuchskräften, der Anteil an internationalen Managern wurde deutlich gesteigert und das Ziel, 20 Prozent Frauen in leitenden Funktionen zu haben, überschritten.

Dies ist gleichermaßen Verpflichtung und Handlungsauftrag für die nächsten Jahre.

XI. Überrascht vom Generationswechsel: Umgang mit Generationen, kulturellem Wandel und Wissenstransfer

Anabel Ternès von Hattburg

Generationswechsel

Inhaltsübersicht

Rudolf G. ist erleichtert. Nur noch vier Wochen, dann wartet der wohlverdiente Ruhestand auf ihn. Wobei – von wegen Ruhestand. Er hat schon so viel vor für die Zeit danach. Seine Kolleg:innen allerdings können sich seinen Weggang noch nicht so richtig vorstellen. Rudolf ist im Kundenservice der mit der größten Erfahrung und Ruhe. Gerade bei schwierigen Fällen wissen alle Kolleg:innen, dass sie sich auf den Erfolg seines Rates verlassen können. Was, wenn er nicht mehr da ist? Ersetzen kann ihn keiner so richtig. Man weiß, dass ein 30-Jähriger sein Nachfolger wird. Der kann das doch gar nicht, wird schon hinter der Hand gemunkelt, der ist doch noch grün hinter den Ohren.

1. Definition

Ein Generationswechsel wird oft mit der Geschäftsführung in Verbindung gebracht. Im Führungsbereich legen traditionell viele Unternehmen großen Wert auf einen geordneten Übergang zur nächsten Generation oder zum/zur Nachfolger:in. Dabei umfasst der Generationswechsel alle Stufen von Mitarbeitenden und Stakeholdern in einer Organisation, nicht nur die Geschäftsführung oder verwaltende und aufsichtführende Gremien wie den Verwaltungsrat. Der regelmäßige Wechsel bringt ebenso regelmäßig auf allen Ebenen einen tiefgehenden Wandel der Führungsstruktur und eine strategische Neuausrichtung des Unternehmens mit sich. Zugleich umfasst er die Gefahr des Verlustes von Netzwerken, Erfahrungs- und Faktenwissen, wenn nicht rechtzeitig durch Methoden des fließenden Übergangs und Wissenstransfers Möglichkeiten geschaffen wurden, um diese Werte weiterzugeben und zu sichern. Ist das der Fall, dann spricht man von einem geregelten gelungenen Generationswechsel. Um diesen sicherzustellen, haben sich in den letzten Jahren vermehrt Beratungen und Agenturen darauf spezialisiert, Unternehmen mit Methoden, Konzepten und Tools wie Wiki, Storytelling und Transferworkshops dabei zu unterstützen, ohne Substanzverlust in die nächste Generation zu wechseln. Die Beschäftigung mit dem Generationswechsel auf allen Hierarchiestufen in einem Unternehmen setzt voraus, dass bei diesem Ansatz der Mensch im Mittelpunkt steht. Insofern beginnt die Beschäftigung mit dem Bereich bei der Anwerbung von Kandidat:innen und endet nicht beim Ausstieg von Mitarbeitenden oder der Neuverteilung und Einarbeitung der Nachfolger:innen in deren Aufgaben. Vielmehr kommt bei dem nachhaltigen Verständnis von Generationswechsel auch der Fürsorge für die Ausscheidenden und der weiter bestehenden Verbindung zu diesen Wissensträger:innen eine große Bedeutung zu. Dies kann so weit gehen, dass ausgeschiedene Mitarbeitende als Berater:innen wieder in das Unternehmen integriert werden, aus dem sie vorher als vollwertige Arbeitskraft ausgeschieden sind. Gerade in Zeiten des digitalen Wandels ist Wissensmanagement ebenso wie das Management der Wissensträger:innen, also der Mitarbeitenden, von unschätzbarem Wert für ein Unternehmen (Mertens 2014).

2. Employee life cycle als Regulator von Generationswechsel

Der Begriff des Employee Life Cycle gibt diesen Ansatz gut wieder. Entsprechend dieser mitarbeiterzentrierten Denk- und Handlungsweise wird das Management rund um die Mitarbeiter:innen in sieben Phasen unterteilt (Job Wizards 2019):

An erster Stelle steht **Attraction**. Arbeitgeber sind aufgerufen, ein attraktives Employer Branding zu bieten, also auch langfristig in eine Arbeitgebermarkenbildung zu investieren. Dazu sollte es interessante, passgenaue Angebote geben und eine überzeugende Reputation. Der Nachfolger von Rudolf G. ist so auf sein neues Unternehmen aufmerksam geworden. Trotz der für den Großstädter wenig attraktiven Lage in der bayerischen Kleinstadt überzeugen ihn die Angebote rund um den Job. Das sind eine Betriebs-Kita für seine beiden kleinen Kinder, gesponserte Angebote für den begeisterten Sportler und eine gute schnelle Zugverbindung in die nahegelegene Großstadt München.

Recruitment kommt an zweiter Stelle. Für den Nachfolger von Rudolf G. ist es bei der bei der Wahl seines Jobs wichtig gewesen, dass sein Arbeitgeber verspricht, in kostenfreies life-long learning zu investieren, dass dieser mit flexiblen Arbeitszeiten und Homeoffice geworben hat und mit spannenden Karrieremöglichkeiten. Das Gehalt letztendlich war nicht ausschlaggebend, auch wenn es von der Höhe her passt. Viel wichtiger ist ihm das Klima im Unternehmen und die Tatsache, dass er das Gefühl hat, dass sich das Unternehmen um seine Mitarbeiter:innen kümmert, nicht zuletzt auch mit einem umfangreichen Betrieblichen Gesundheitsmanagement.

Bei der Einstellung, dem **Onboarding**, achtet das Unternehmen von Rudolf G. immer darauf, dass jedem neuen Mitarbeiter bestimmte Inhalte zum Unternehmen und zur Unternehmenskultur vermittelt werden. Hier ist ein Standard nicht nur sinnvoll, sondern absolut elementar, damit jede:r Mitarbeiter:in das Unternehmen und seine Abläufe versteht und leben kann. Wichtig ist hier, dass die Vermittlung nicht nur Fakten umfasst, sondern auch das Wissen um offizielle und inoffizielle Kommunikationswege, ungeschriebenes Firmenwissen, Standards und nicht zuletzt die gelebte Unternehmenskultur. Das Unternehmen von Rudolf G. nimmt das Onboarding sehr ernst. Sein Nachfolger ist angenehm überrascht, als er an seinem ersten Arbeitstag einen erfahrenen Mitarbeiter zur Seite gestellt bekommt, der ihm in der ersten Woche für alle Fragen zur Seite steht, ihn den Kolleg:innen vorstellt, interne Kommunikationswege und Abläufe erklärt. Ihm gefällt, dass sich die Kolleg:innen Zeit nehmen für ihn, sich um ihn und seine Bedarfe kümmern. Das ist anders als bei seinem Start bei einem amerikanischen Technologie-Konzern, wo ihn statt eines Kollegen sein neuer Arbeitsplatz mit Werbegeschenken, Hoodie, Tasse und Moleskine, sowie einem Manual mit den wichtigen Punkten zum selbständigen Einstieg erwartet hatte – ähnlich wie die Information auf einem Hotelzimmer.

Das **Development** oder auch Talent Management hat zur Aufgabe, die Potenziale und Talente der Angestellten zu erkennen und zu fördern. Das Unternehmen von Rudolf G. nimmt diesen Bereich sehr ernst. Die Personalabteilung hat stark strategische Aufgaben. Nachhaltig, also von langer Hand geplant, überlegt man, welche Mitarbeiter:innen für eine Nachfolge und für die Übernahme von mehr Verantwortung vorbereitet werden, welche Mitarbeiter:innen in welchen Bereichen und Abteilungen aus den eigenen Reihen aufgebaut oder rekrutiert werden können. Das Unternehmen schult diese Mitarbeiter:innen von Beginn an umfangreich und langfristig. Dazu gehören viele Auszubildende, die Vergabe vieler Praktika, die Ausschreibung von Preisen für beste Abschlussarbeiten, Werkstudierende und ein eigenes Traineeprogramm. Das Unternehmen hat sich auch von Beginn an als ein Vorreiter in der Förderung von Diversity und Integration präsentiert. Neben Programmen zur speziellen Unterstützung von Mitarbeitenden mit Behinderungen stellt das Unternehmen immer einige ehemals Geflüchtete ein und bildet sie intern weiter. Bei seinem eigenen Ausbildungsprogramm legt das Unternehmen Wert auf hohe Qualität. Es nimmt auch gern junge Menschen mit Schwierigkeiten beim Einstieg in das normale Berufsleben, um ihnen mit den Qualifizierungsmaßnahmen eine Chance zu geben. Ein gelungenes vorausschauendes Talent Management ist für einen gleitenden Generationswechsel oft entscheidend. Und dieser entscheidet mit über den nachhaltigen Erfolg eines Unternehmens.

Ebenso wie das Talent Management bildet die **Retention** einen wichtigen Baustein im Personalmanagement. Die möglichst langfristige Bindung von guten Mitarbeitenden an das Unternehmen ermöglicht diesem dann Einsparungen im Bereich Recruitment und das Binden von Erfahrungswissen. So lässt sich längerfristig planen, lassen sich klare Abläufe festlegen, lässt sich eine Kultur des Wissensmanagements etablieren. Dafür führt das Unternehmen von Rudolf G. unter allen Mitarbeitenden regelmäßig Umfragen und Fokusgruppen durch, in denen die Mitarbeitenden ihr Feedback geben. So werden Stimmungen eingefangen und Optimierungen für eine Steigerung der Mitarbeiterzufriedenheit lassen sich relativ passgenau umsetzen. Der Workflow lässt sich so ebenfalls optimieren.

Der **Exit**, also der Ausstieg eines Mitarbeiters bzw. einer Mitarbeiterin wird in vielen Unternehmen nicht über die notwendigen verwaltungstechnischen Aktivitäten hinaus durchgeführt. Dabei ist es nicht nur für eine:n Mitarbeiter:in elementar wichtig, wie ihr/sein Ausstieg aus einem Unternehmen geplant ist, um sich neu orientieren zu können. Auch und gerade für ein Unternehmen ist es eine klare Visitenkarte, wie es mit Mitarbeitenden umgeht, die ihm nicht mehr als Arbeitskraft zur direkten Verfügung stehen. Wer sich um diese Mitarbeitenden beim Ausscheiden nicht kümmert, zeigt nicht nur fehlende Wertschätzung. Letztendlich fällt ein solches Verhalten auf das Unternehmen und die Wahrnehmung in der Öffentlichkeit bzw. Außendarstellung zurück. Ein:e Mitarbeiter:in, die/der aus Alters- oder anderen Gründen aus einem Unternehmen ausscheidet, wird anders von diesem Unternehmen sprechen, wenn dieser Prozess fair und großzügig verläuft. Intern gelingt der Exit dann gut, wenn frühzeitig und kontinuierlich Vorbereitungen für den Ausstieg von Mitarbeitenden getroffen werden. Zudem ist es sinnvoll, wenn die anderen Mitarbeitenden und Kolleg:innen über einen Ausstieg und Wechsel frühzeitig informiert sind, um die Übergabe gleitend zu organisieren. Nützlich ist es, wenn sich diese Phase einige Wochen mit der Onboarding-Phase des unmittelbaren Nachfolgers überschneidet, den der/die abgehende Mitarbeiter:in in dieser Übergangsphase begleitet. So erfolgt eine lückenlose Einleitung direkt durch die Person, die mit den Aufgaben am besten vertraut ist. Optimalerweise werden Prozessabläufe dokumentiert, so dass dieses Wissen auch personenunabhängig im Unternehmen gesichert ist. Im Unternehmen von Rudulf G. werden Informationen für Abläufe, Prozesse, Inhalte, Kontakte und mehr für die Wissensspeicherung und Weitergabe an neue Mitarbeiter:innen kontinuierlich gesammelt und aufbereitet. So bricht keine Hektik aus, wenn erfahrene Mitarbeitende das Unternehmen verlassen.

Letztendlich macht es sich bezahlt, wenn ein Unternehmen nach dem Exit auch ihre **Alumni** gut integriert. Für junge Mitarbeitende ist es attraktiv und für das Unternehmen sinnvoll, wenn die Jungen von Ehemaligen lernen und auf deren Erfahrung zugreifen können. Darüber hinaus schafft sich ein Unternehmen so ein belastbares Netzwerk, aus dem es neue Mitarbeitende, ehrliches Feedback und Berater:innen mit Insiderwissen erhalten kann. In Rudolf G. Unternehmen ist es seit Jahren regelmäßig der Fall, dass verdiente Mitarbeitende aus dem Ruhestand als freie Berater:innen wieder für das Unternehmen arbeiten. Das Unternehmen profitiert dabei von ihrem Expert:innenwissen und nutzt die ehemaligen Mitarbeitenden auch in ihrer Seniorität bei Kund:innen oder zum Anlernen neuer Mitarbeitender.

Abbildung 1: Employee Life Cycle (nach Job Wizards 2019)

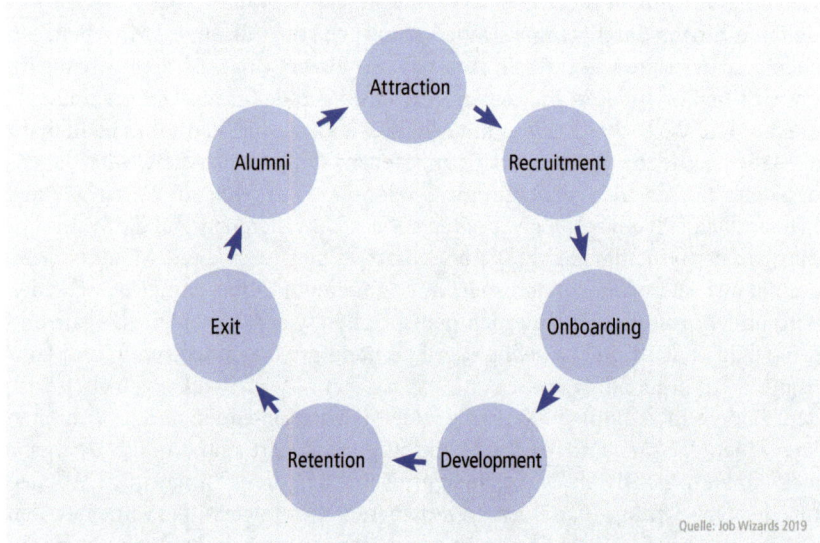

Quelle: Job Wizards 2019

Unternehmen, die ihr Personalmanagement entsprechend des Employee Life Cycle planen und damit auch der Bedeutung von Personalmanagement Rechnung tragen, verstehen, dass Generationswechsel kein Einzelthema ist, sondern nur im ganzheitlichen Verständnis und der Umsetzung dieses Kreislaufes richtig erfolgreich sein kann. Über alle Schritte hinweg ist es ausschlaggebend, mehrere Stakeholder einzubeziehen. Es muss ein Dialog zwischen den neuen und den ausscheidenden Mitarbeitenden stattfinden, um einen flüssigen Übergang zu gewährleisten, bei dem Wissen, Erfahrung und neue Ideen übereinkommen. Top-Down-Entscheidungen sind kontraproduktiv. Und auch HR sollte am Prozess beteiligt sein, damit der Generationswechsel optimale Ergebnisse als Teil einer Langzeitstrategie erzielen kann. Erfolgsentscheidend für den gesamten Prozess des Generationswechsels ist allerdings vor allem ein Punkt, und zwar die Mitbestimmung aller Beteiligten. Nur so kann ein Prozess und ein Ergebnis gelingen, die von allen Beteiligten auch proaktiv mitgetragen, engagiert implementiert und motiviert gelebt werden.

3. Generationswechsel mit neuen Erkenntnissen

3.1 Generation Y

Unternehmen spüren in diesen Jahren starke Auswirkungen des Generationswechsels. Das schrittweise Ausscheiden der Babyboomer aus der Arbeitswelt und der zeitgleiche Eintritt der Generation Y in Führungsebenen mit ihren teils deutlich unterschiedlichen Einstellungen zu Arbeit und Leben verändern die Unternehmenskultur und -werte allgemein nachhaltig. Studien zeigen bei den Millennials ganz andere Vorstellungen und Anforderungen an Unternehmen als noch bei der Generation der Babyboomer.

So hat das Roman Herzog Institut mit einer Studie zu den Werten, Arbeitseinstellungen und unternehmerischen Anforderungen dieser Generation interessante Ergebnisse erarbeitet. Danach sind folgende Themen für die Generation Y am Arbeitsplatz entscheidend dafür, ob sie sich am Arbeitsplatz wohl fühlen (Klös/Rump/Zibrowius 2016, S. 12, 16f.):

- Nur für 20 Prozent der Befragten steht eine starke Karriereorientierung bei der Berufswahl im Vordergrund. Der Grund für Zufriedenheit im Job liegt bei den meisten ganz woanders.
- Ganze 29 Prozent der Befragten sind erlebnisorientiert. Familie, Freunde, Reisen stehen für sie im Vordergrund. Demgegenüber stehen für diese Befragten Themen am Arbeitsplatz an zweiter Stelle.
- Führung und Zusammenarbeit sind für die Generation Y laut der Studie sehr wichtig. Unter optimaler Führung verstehen sie eine agile Führung auf Augenhöhe, die wertschätzend und respektvoll begleitet, unterstützt und fördert.
- Work-Life-Balance ist ein für diese Generation wichtiges Stichwort. Das ist allerdings keine Aussage für oder gegen Homeoffice. Vielmehr steht der Begriff für den dringenden Wunsch und das Bedürfnis für die Befragten, die als Digital Native mit zunehmender Beschleunigung an Informationsweitergabe und Informationsflut aufgewachsen sind. Work-Life-Balance ist die Sehnsucht nach Ausgeglichenheit, Achtsamkeit, Werten und klaren Regeln, oftmals auch nach einem Rahmen, der sie selbst schützt vor Selbstausbeutung und davor, den Job mit in die private Zeit hineinzutragen. Während Babyboomer selbst entscheiden wollen, zu Höchstleistungen und für die Extrameile immer bereit sind, sehnen sich die Generation-Y-Vertreter:innen häufig nach der regulatorischen Hand im Personalmanagement, die z. B. E-Mails am Wochenende, im Urlaub oder nach 20 Uhr nicht mehr versendet, um ihre Mitarbeitenden zu erziehen, oder das Intranet nach 20 Uhr und am Wochenende sperrt, um Mitarbeitende zur Entspannung und zum Abschalten zu bewegen.
- Beschäftigungssicherheit ist der Generation Y sehr wichtig. Während in den Jahren zuvor die Tendenz zum Eingehen von Risiken – insbesondere zum

Gründen – stetig wuchs, ist aktuell ein starker Rückwärtstrend zu beobachten. Unsichere Zeiten führen Mitarbeitende zum Wunsch nach Sicherheit. Die Absicherung durch feste Anstellung ist da der Generation Y wichtiger als ihr Wunsch nach Freiheit, Flexibilität und spannenden vielseitigen Eindrücken.

- Leistungsgerechtes Entgelt ist der Generation Y letztendlich wichtig, auch wenn ein hohes Gehalt grundsätzlich nicht an erster Stelle steht. Aber darum geht es der Generation Y auch nicht unbedingt. Sie erwartet ein faires Gehalt. Ihr kommt es nicht auf einen Gehaltspoker an – zahlt der Arbeitgeber allerdings vergleichsweise wenig, kann das ein Grund für Missmut, weniger Engagement bis hin zur Kündigung sein.

Ein Generationswechsel zeigt sich bei den beiden Generationen vor allem hinsichtlich der Eigenschaften der Generation Y (Katterbach/Stöver 2019):

- Im Vergleich zur Babyboomer-Generation äußern sie mit einer offeneren und direkteren Art ihre Wünsche und Werte, um diese dann auch bei fehlender Resonanz einzufordern und zu leben.

- Ihr Bedürfnis nach guter Bildung und Weiterbildung entspringt meist nicht einer größeren Begeisterung dafür. Vielmehr bedeutet es für sie mehr Sicherheit und Möglichkeiten für ihre berufliche Zukunft. Babyboomer halten es oft für selbstverständlich, ihre Weiterbildung selbst zu organisieren und auch privat zu finanzieren, weil sie das als ein Investment in sich selbst betrachten. Die Vertreter:innen der Generation Y erwarten vielmehr, dass der Arbeitgeber ihnen attraktive Angebote zur Weiterbildung unterbreitet, die sie während der Arbeitszeit wahrnehmen können.

- Gut für Unternehmen: die oft lebensbejahende Einstellung der Generation Y. Herausforderungen sind für sie meist Chancen, Probleme werden gelöst oder verschoben oder aber der Blickwinkel wird so geändert, so dass sie nicht mehr sichtbar sind. Auch wenn die Generation Y nicht unbedingt das Gefühl hat, alles zu verstehen und zu wissen, ist ihr doch die Sicherheit Grund genug für eine grundlegend positive Einstellung zur Entwicklung ihres Unternehmens, der Wirtschaft und Politik.

- Der Generation Y eigen ist ein intuitiver Umgang mit Technologie und die selbstverständliche Integration des Internets in ihren Alltag. Das ist z. B. bei der Einrichtung von flexiblen Arbeitsplätzen und mehr noch beim Homeoffice von Vorteil: Das Arbeiten ohne Grenzen und auf kleinem Raum mit mehreren offenen Fenstern auf einem Screen gleichzeitig ist für diese Generation Alltag.

- Ihr fällt es auch einfacher als der Babyboomer-Generation, mit weniger räumlichen und zeitlichen Grenzen auszukommen. Wobei sie auf der anderen Seite diese als Grenzen und zur Orientierung einfordern.

- Vermehrt ideelle Interessen zeichnen die Generation Y aus. Statt Geld zählen für sie mehr Werte wie Gesundheit, Freizeit, Work-Life-Balance, aber auch

Zeit für eine Familie, Weiterbildung und Raum für die Verwirklichung eigener Interessen, beispielsweise im Rahmen von Intrapreneurship, wie es Unternehmen auch teilweise als Projekte ausschreiben. Gewinnt das Projekt eines/einer Mitarbeiter:in bei der Auswahl, gibt das Unternehmen ihr/ihm Zeit und Geld dafür, dies innerhalb ihrer/seiner Tätigkeit für das Unternehmen, also im finanziell gesicherten und lebenslauffreundlichen Rahmen.

3.2 Wechselnde Orientierungsparameter

Karriereentwicklung und -förderung hat im konservativen Verständnis von Personalentwicklung viel mit Alter und Erfahrung zu tun. Älteren Mitarbeitenden wird in dieser traditionellen Denkweise zugeschrieben, dass sie sich einen Anspruch auf ein Mehr an Geld, Position und Einfluss allein durch die Jahre an Erfahrung erarbeitet haben. Alter, Dienstjahre, quantitativer Erfahrungsumfang gelten als grundlegende Orientierungsmarker. Um allerdings Qualität und einen Zuwachs an Leistung zu beurteilen, geht in Personalabteilungen die Entwicklung von Bewertungskatalogen immer mehr zu messbaren Leistungen und nachweisbarer Wertschöpfung über.

Diese sind zwar nicht an Alter und Erfahrung gebunden. Dennoch steht außer Zweifel, dass Erfahrungswissen unter anderem bei Entscheidungen und Präzedenzfällen eine wichtige, oft entscheidende Rolle spielt und Seniorität oftmals zu überlegteren Entscheidungen führt.

3.3 Die traditionelle Führungskultur auf dem Prüfstand

Die Generationen Y und Z stellen Hierarchien, Autoritäten und Status in Frage und die Führungskultur vieler Unternehmen auf den Prüfstand. Gerade in konservativ geführten Organisationen, wie beispielsweise in Familienunternehmen oder der Verwaltung, fangen auch spätere Führungskräfte traditionell unten an. Bis zu ihrer Führungsposition durchlaufen sie verschiedene Hierarchiestufen. Faktoren wie Dienstalter und Anzahl der Mitarbeitenden entscheiden über das Gehalt und Aufstiegsmöglichkeiten stark mit.

Delegation und kritiklose Ausführung von Aufgaben werden in der modernen Führungskultur durch Projektarbeit in wechselnden Teams, Basisdemokratie und vernetztes Wissen ersetzt. Agilität ist hier ein zentraler Begriff. Verstanden als ein Lean Management, das mit Werkstatt-Methoden und enger Kunden-Interaktion schon ab der Produktidee an das Konzept einer gläsernen Werkstatt erinnert, geht es hier um Flexibilität, Schnelligkeit und ein Lean Management, das leicht und wendig auf neue Umstände reagieren kann. Ob von New Leadership, Digital Leadership, Leadership 4.0 oder Servant Leadership gesprochen wird – es geht darum, Leadership nicht durch den egoistisch motivierten Führungsanspruch zu bestimmen, sondern durch das altruistische Ziel, zusammen mit einem Team und mit Kund:innen das beste Ergebnis zu erreichen. Auf dem Weg dahin ist die Führungskraft mehr Gastgeber:in, Coach und Berater:in als ein Boss, der seine übergeordnete Rolle und Einflussmöglichkeiten bestätigt sehen möchte. Life-long learning gilt ebenso für die Führungskraft wie für alle Mitarbeitenden. Das bietet gleichzeitig eine Chance für ältere Mitarbeitende, sich mit Weiterbildung passgenau auf dem neuesten Stand zu halten und mit dem Fortschritt Schritt halten zu können.

Für Führungskräfte bedeutet das im Umgang mit Babyboomern und mit den Generationen Y und Z einen differenzierten Umgang, um gute Resultate zu erzielen. Laut der Studie »Junge Deutsche: Die Lebens- und Arbeitswelt der Generationen Y und Z« zeigt sich sehr deutlich, was den Generationen Y und Z bei einem Arbeitgeber wichtig ist (Schnetzer 2019, S. 4f.). Als »gut« wird ein Arbeitgeber insbesondere dann empfunden, wenn er in vier Bereichen mitarbeiterzugewandt erscheint. Am wichtigsten ist den jungen Arbeitnehmer:innen die Arbeitsatmosphäre – offen für neue Kolleg:innen und freundlich soll sie sein, eher locker und herzlich als formell und konform nach festen Regeln ablaufend (ebd.).

Eine Work-Life-Balance steht für die jungen Generationen in der Rangfolge an zweiter Stelle. Hier nehmen sie an erster Stelle nicht sich selbst, sondern den Arbeitgeber in die Verantwortung. Die Erwartung liegt auf dem Angebot an Freiräumen, Flexibilität, Alternativen und auf der Fürsorge für jeden einzelnen Mitarbeiter (ebd.).

Leadership steht bei den Bereichen an dritter Stelle, wird aber noch als äußerst wichtig empfunden. Unter »guten Vorgesetzten« erwarten die jungen Generationen ein New Leadership, das sich auf Augenhöhe mit ihnen austauscht, digitales Know-how hat und sich mehr als Coach und Berater:in versteht, denn als Führungskraft alter Schule. Dazu gehört auch die Übergabe von Verantwortung, die Arbeit in Teams mit Prozess- und Ergebnisverantwortung, eine Fehlerkultur, Wertschätzung von Vielfalt, die Förderung agiler und kreativer Prozesse und Weiterbildungsangebote für alle. Beim Führen und Arbeiten soll nicht das Ego im Vordergrund stehen, sondern das bestmögliche Teamergebnis zum Gefallen des Kunden (ebd.).

Danach kommt mit 55 Prozent für die Generation Z, dass sie eine Tätigkeit ausübt, die sie sinnvoll findet. Das hat viel mit der Orientierungslosigkeit zu tun, die man laut Studien vielen Vertreter:innen dieser Generationen nachsagt. Es hat auch mit der Idee zu tun, in einer wenig greifbaren, stark digitalen, schnelllebigen Welt Halt zu finden und Anerkennung in den Ergebnissen der eigenen Arbeit. Nachhaltigkeit wird hier großgeschrieben, und zwar vor allem die soziale und ökologische Verantwortung eines Unternehmens (ebd.).

Der Generation ist es wichtig, abwechslungsreiche und anspruchsvolle Tätigkeiten auszuüben (Katterbach/Stöver 2019). Kreativ und problemlösend steht dabei deutlich über dem Gehalt, das für diese Tätigkeit gezahlt wird. Daneben steht das ausgeprägte Bedürfnis nach Feedback, Erfüllung und Wertschätzung. Routinen gelten als demotivierend, Projektarbeit und ein Multitasking verschiedener Aufgaben nebeneinander als inspirierend. Beruf, Freizeit und Familie sollen, wenn möglich, möglichst weit in Arbeitsmodellen bedacht werden können. Dazu ist der Generation eine gute Bindung zum Team absolut wichtig. Eine Zwangsanwesenheit im Büro wirkt für sie deplatziert. Sie bevorzugen flexible Arbeitsräume und die Möglichkeit von Remote-Arbeiten bzw. Homeoffice oder sogar Digital-Nomad-Arbeitsweisen mit einer weltweiten Flexibilität des Arbeitens bei einem klaren Fokus auf Abgabefristen und Ergebnisse (Katterbach/Stöver 2019).

Ein agiles Mindset ist das, was sich die Generationen Y und Z als Rahmen für eine menschlichere Arbeitswelt wünschen. Dazu gehört die Bereitschaft, kontinuierlich zu lernen, sich zu verbessern, sich schnell auf Veränderungen einzustellen und den Teamerfolg vor die eigenen, persönlichen Interessen zu stellen. Hoch bewertet wird auch eine wertschätzende Zusammenarbeit. Selbstverantwortlich ohne organisierende Führung im Team arbeiten, ist den Generationen Y und Z im Rahmen eines agilen Mindsets ebenso wichtig wie für Kund:innen ein:e Problemlöser:in ohne egoistische Interessen zu sein. Damit ergibt sich aus diesem Ansatz auch maximale Kundenorientierung (Fischer 2016; Leisenberg 2015; Oswald/Köhler/Schmitt 2016; Simon 2017).

3.4 Lösungen für den Generationswechsel und ein neues Miteinander

Generationswechsel bedeutet Wandel und verlangt Flexibilität von allen Beteiligten, um Win-Win-Lösungen zu schaffen. Denn Generationswechsel muss kein Mehr an Arbeit und Schwund an Kompetenz heißen. Es kann auch Bereicherung bedeuten – insbesondere, wenn die ausscheidende Generation dem Unternehmen in einer Form erhalten bleibt. Für den Wechsel, aber auch für den Wandel innerhalb des Unternehmens, bedarf es verschiedener Angebote, die in ein Unternehmen fest implementiert und strategisch eingebaut sein sollten, um den gewünschten Erfolg zu erzielen und angesichts der fortschreitenden Digitalisierung zukunftsfähig zu bleiben.

Oftmals handelt es sich hierbei um kurzfristige Maßnahmen oder operativ betriebene Lösungen. Der Nachteil ist, dass die Maßnahmen dann kein Teil der Unternehmenskultur werden, nachhaltige Effekte für ein Unternehmen ausbleiben und auch kein Impact auf das Corporate Branding erzielt werden kann.

3.5 Flexible Arbeitsmodelle: Tandem, gleitende Arbeitszeit, Home-office

Alles, was zu flexiblen Arbeitsmodellen zählt, unterstützt nicht nur ältere Arbeitnehmer:innen, sondern auch Arbeitnehmer:innen jüngerer Generationen in speziellen Lebensumständen, wie Schwangerschaft, Elternzeit, Pflege kranker Angehöriger, aber auch grundsätzlich. Die Flexibilität des Arbeitgebers hinsichtlich Aufgabenverteilung, Zeit und Ort schafft für die Mitarbeitenden aller Generationen oftmals neue Lebensqualität.

Tandems können sich eine Stelle teilen und für den Arbeitgeber durch die ergänzenden Skills allein, aber auch durch die bleibende Erreichbarkeit bei Urlaub oder dem Wechsel einer der beiden Personen zu einem anderen Arbeitgeber Konsistenz und Sicherung von Erfahrungswissen garantieren. Gut für den Arbeitgeber und interessant für Mitarbeitende kann sich ein halber Tandemjob allerdings auch schnell zu einem Job entwickeln, der deutlich mehr als einen Halbtagsjob an Zeit kostet, wenn eine klare Zeit- und Aufgabenaufteilung fehlt bzw. schwer möglich ist. Wenn Tandempartner:innen etwa unterschiedliche Ziele verfolgen oder Meinungen haben, ist das Modell zudem kontraproduktiv und verursacht ein hohes Konfliktpotenzial (Personalwissen 2018).

Gleitende Arbeitszeit, von vielen Arbeitgebern auch als Vertrauensarbeitszeit bezeichnet, gilt vielen Arbeitgebern als Vorstufe zum Homeoffice. In der Kombination bedeutet es einen deutlichen Kontrollverlust des Arbeitgebers gegenüber einem Zuwachs an Flexibilität, Verantwortung und Freiheit für Mitarbeitende. Seit der Pandemie und den Lockdown-Situationen ist neben der gleitenden Arbeitszeit Homeoffice für viele Mitarbeitende zum Alltag geworden. Neben einem Arbeitsumfeld im eigenen Zuhause, das oft nicht optimal zum Arbeiten ist, zeigt sich, dass andere Faktoren von Homeoffice deutlich positive Konsequenzen zeigen – die ausfallenden Wege zur und von der Arbeit fallen weg, Reisetätigkeiten und die damit verbundenen Kosten können gespart werden, der Platzbedarf von Unternehmen wird kleiner und damit die Mietkosten, Arbeitsunterlagen werden als digitale Dokumente leichter für jeden zugänglich und Informationen werden vermehrt schriftlich festgehalten und als solche später nachvollziehbar. Das sind nur einige Punkte, die Homeoffice mit sich bringt und die auch durch gleitende Arbeitszeit und Tandem unterstützt bzw. ergänzt werden. Diesen Trend hat Deloitte 2019 in der Flexible Working Studie erkannt, dass nämlich bereits 97 Prozent der Unternehmen Homeoffice ermöglichen, 53 Prozent der befragten Unternehmen Gleitzeit mit Kernzeit anbieten und doch schon 30 Prozent aller befragten 214 Unternehmen die erweiterte Möglichkeit des 12-Stunden-Tages in Gleitzeit ausschöpfen (Kellner/Korunka/Kubicek/Wolfsberger 2019). Seit Corona hat sich dieser Trend noch deutlich verstärkt. Auch nach der Pandemie werden viele Unternehmen, die davor flexible Arbeitsmodelle wenig oder gar nicht umgesetzt haben, diese zu schätzen wissen.

Bei den Mitarbeitenden ist das Echo unterschiedlich. Während Mitarbeitende ohne Kinder oder pflegebedürftige Angehörige Homeoffice überwiegend schätzen (Deloitte 2020, S. 14), empfinden Mitarbeitende, die zu Hause in Home-Schooling und Pflege eingebunden sind, die Arbeitsbedingungen oftmals als belastend. Hinzu kommt, dass die Qualität von Homeoffice-Arbeitsplätzen selten, wie im Büro, für ein optimales Arbeiten reicht. Ungenügende Lichtverhältnisse, Stühle, die den Rücken nicht schonen, und Orte, an denen konzentriertes Arbeiten nicht möglich ist, sorgen dafür, dass Arbeiten zu Hause oftmals als anstrengend empfunden wird. Das beschäftigt ältere Generationen ebenso wie junge, die oftmals mehr auf ihre Work-Life-Balance bedacht sind als Ältere. Die Meinung zu der Möglichkeit, das eigene Zuhause als Arbeitsort nutzen zu können, spaltet die Mitarbeitenden, und zwar nicht nach Alter. In allen Altersgruppen gibt es Mitarbeitende, die dafür sind, ihre Tätigkeit komplett im Homeoffice zu verrichten. Dabei spielt der Anfahrtsweg nicht selten eine große Rolle. Wobei dieser auch von vielen positiv als Zeit zum Abschalten gesehen wird. Und auch die Kombination von Homeoffice und Pflege von Angehörigen empfinden viele als erleichternd. Andere Mitarbeitende mit Homeoffice dagegen empfinden dies als erschwerend, da sie das Gefühl haben, in diesem Fall rund um die Uhr in zwei Tätigkeiten eingespannt zu sein.

3.6 Mentoring: Reverse Mentoring, Buddys, Facilitator/Kommunikationslotsen

In den letzten Jahren haben nicht nur Unternehmen vermehrt interne Mentoring-Programme aufgebaut. Auch extern entwickelten sich einige Startups und staatliche Initiativen, die mit Mentoring Personengruppen in ihrer Zukunftsgestaltung unterstützen möchten. Während sich externe Organisationen mit Mentoring-Programmen vor allem an benachteiligte Gruppen wenden, wie Geflüchtete oder Frauen, wenden sich interne Mentoring-Programme häufig an jüngere talentierte Mitarbeiter:innen, um ihnen bei ihrer Karriere im Unternehmen zur Seite zu stehen.

Daneben haben einige Unternehmen das Reverse Mentoring eingeführt, in dem nicht über Jahre erworbenes Erfahrungswissen weitergegeben wird, sondern im Gegenteil junge Mitarbeitende ihren älteren Kolleg:innen und Vorgesetzten digitales Know-how und ein besseres Verständnis für die Werteeinstellungen jüngerer Generationen vermitteln.

Auch wenn es sicher ein Vorurteil ist, dass grundsätzlich Digital Natives über mehr digitales Wissen verfügen als ihre älteren Kolleg:innen, ist der Ansatz allein dadurch interessant, dass er den jüngeren Mitarbeitenden Kompetenzen bescheinigt, die einen Austausch auf Augenhöhe bestärken. Zugleich bedingt die Wechselseitigkeit auch, dass Erfahrungswissen der Älteren wieder an Bedeutung gewinnt (Rademacher/Weber 2017).

Daneben können Reverse-Mentoring-Programme langfristig dabei helfen, junge Generationen besser zu erreichen und halten zu können. Nicht nur die jungen Mentor:innen selbst, die gefordert werden, ihr besonderes Wissen einzubringen, sondern auch darüber hinaus. Insbesondere Führungskräften können Reverse Mentor:innen helfen, die junge Belegschaft und ihre Bedürfnisse besser zu verstehen, damit sie die veränderten Vorstellungen von Arbeit und Führung daran anpassen können. Auch Diversität ist ein Thema, das für viele jüngere Mitarbeitende selbstverständlich ist, während ältere Kolleg:innen und Führungskräfte häufig den Mehrwert in einer diversen Belegschaft nicht erkennen und mit den besonderen Herausforderungen von Minderheiten mitunter weniger vertraut sind (Jordan/Sorell 2019).

Mentoring ist ein für die Generation Y beliebtes Tool, weil viele von ihnen lernorientiert und stark motiviert sind, ihre Unsicherheiten zu reduzieren und aus Fehlern zu lernen. Eine aktuelle Umfrage hat ergeben, dass ein Mentoring-Programm für die Generation Y attraktiver ist als leistungsabhängige Bonuszahlungen.

Bei der Suche nach dem passenden Arbeitgeber gewinnen Mentoring-, aber auch Buddy- und Lots:innen-Konzepte an Bedeutung. Konzepte wie diese beeinflussen die Wahl bei der Generation Y deutlich. Gleichzeitig haben vor allem Mitarbeitende der Generation Y laut Studie Angst davor, den/die Mentor:in zu enttäuschen, überfordert zu werden oder wegen empfundener Kontrolle durch den/die begleitende:n Mentor:in weniger Freiheiten zu haben (Haufe Online 2017).

Das Buddy-Prinzip wird nicht nur in Unternehmen, sondern auch in Bildungseinrichtungen vermehrt eingesetzt. Die Idee dahinter ist eine Art Coaching unter Mitarbeitenden, die sich unterstützen, kooperativ und partnerschaftlich. Man spricht allgemein vom Buddy-Prinzip, wenn Mitarbeitende untereinander ein Gespräch mit der Zielsetzung führen, gegenseitig bei der Lösung eines beruflichen Problems zu unterstützen, eine Schwäche abzumildern oder ein persönliches Ziel zu erreichen.

Demgegenüber hilft ein:e Facilitator:in Gruppen dabei, effektiver zu arbeiten. Dafür werden die eigenen Probleme gemeinsam gelöst und auch Strategien gemeinsam erarbeitet.

Der Begriff Lotse setzt noch mehr den Schwerpunkt auf die Person selbst, die für andere Inspiration und Wegbegleitung gibt.

Die genannten Möglichkeiten der Unterstützung sind für Mitarbeitende jeden Karriere- und Erfahrungsgrades sinnvoll. In einem idealen agilen Arbeitsumfeld spielen weder Alter noch Erfahrung eine Rolle, ob diese Möglichkeiten mehr oder weniger in Anspruch genommen werden. Hier gilt ebenso wie für Weiterbildung: Life-long für alle Mitarbeitende.

3.7 Individuelle Entwicklungsziele: Weiterbildungskonto, Upskilling, Coaching, Beratung, Zielvereinbarungen

Im modernen Arbeitssetting gewinnen differenzierte Entwicklungsziele für Mitarbeitende stark an Bedeutung. Wo die individuelle Förderung der Mitarbeitenden wichtig ist, spielen Tools wie Weiterbildungskonto, Upskilling, Coaching, Beratung und Zielvereinbarungen eine große Rolle.

Die Wirksamkeit von Zielvereinbarungen ist allerdings nicht unumstritten. Während ein Großteil der Unternehmen Zielvereinbarungen für den Zeitraum eines Jahres bespricht, festlegt und schriftlich dokumentiert, können weit weniger der Mitarbeitenden ihre Ziele auswendig benennen. Und nicht nur das – für viele der Mitarbeitenden sind die Ziele zu abstrakt, wenig attraktiv oder zu weit von dem entfernt, was sie aktuell tun (SAAMAN 2010).

Für viele Mitarbeitende der älteren Generationen stehen finanzielle Interessen, Macht und Reputation an erster Stelle. Die Zielvereinbarungen sehen sie vor diesem Hintergrund. Demgegenüber haben die Generationen Y und Z oftmals ganz andere Schwerpunkte. Ihre Ziele sind oft weniger materiell ausgerichtet. Sie haben mehr Interesse am Lernen neuer Skills, an der Möglichkeit neue Erfahrungen zu machen und die eigenen Kompetenzen einzusetzen (Rikleen 2020).

Die Zahlen der Studie »Gen Z: The future has arrived« (DELL Technologies 2018, S. 9) belegt, dass

- 50 Prozent der Generation Z Skills lernen und Erfahrungen sammeln möchten und
- 45 Prozent der Generation Z Arbeit möchte, die nicht nur bezahlt wird, sondern »meaning« und »purpose« hat.

In den letzten Jahren hat sich die Tendenz zur Arbeit mit »purpose« verstärkt und zwar nicht nur bei der Generation Z, sondern ebenso bei den Älteren – auch denen, die ein Unternehmen verlassen, um in Rente zu gehen.

3.8 Points of Feedback: Storytelling, Wiki, aktives Zuhören, Speed-dating-Formate

Generationswechsel heißt auch New Leadership. Der Austausch zwischen Teammitgliedern, Mitarbeiter:innen und Führungskräften ist wichtiger denn je in einer Wirtschaft, die vor allem in Zukunft durch Service und Wissensmanagement punkten kann.

Feedback steht dabei an erster Stelle neben aktivem Zuhören in jeder Kommunikation. Gerade die Mitarbeiter:innen der Generationen Y und Z fordern dies oftmals aktiv ein (Amadeus FiRe 2015).

Als Formate für eine bessere Verständigung und Nachhaltigkeit in der Kommunikation stehen neben Speed-Dating-Formaten Wiki und Storytelling an nächstwichtiger Stelle (DGFP 2011).

Storytelling nennt man die Weitergabe von Wissen als Erfahrungswissen, eingebunden in Geschichten. Das kann ein Unternehmenscase sein, aber auch die Schilderung eines Verkaufsprozesses bei einem konkreten Kunden. Storytelling schafft Bilder im Kopf, ist konkret und vermittelt Dritten so aus erster Hand Erfahrungswissen, das man sich gut merken kann.

Ein Wiki ist eine digitale Plattform, in denen Nutzer:innen Inhalte lesen und verändern können, also gemeinschaftliches Dokumentieren von Wissen ermöglichen. Während bekannte Wikis, etwa die Online-Enzyklopädie Wikipedia, öffentlich verfügbar sind, können Wikis auch im internen Rahmen in Organisationen eingesetzt werden.

Solche Wikis eignen sich besonders gut für das Wissensmanagement. Abgesehen von Wissenserwerb und -nutzung sind alle Kernprozesse des Wissensmanagements (Probst/Raub/Romhardt 2012, S. 30 ff.) in Wikis umsetzbar:

- Wissensidentifikation: Einmal angelegt, bietet ein Wiki als eine Art von digitaler Datenbank vollständige Transparenz und einen guten Überblick über Wissen, Daten und Prozesse, die in der Organisation bestehen.
- Wissensentwicklung: Inhalte in Wikis können jederzeit von Nutzer:innen verändert werden, ohne dass dabei etwas verloren gehen kann. Sie ermöglichen daher, demokratisch und ohne Umwege über zentrale Stellen Wissen aktuell zu halten.
- Wissensverteilung: Ein Wiki kann beispielsweise im Intranet einer Organisation angelegt werden und sollte in jedem Fall für alle Mitarbeitenden zugänglich sein. Auf diese Weise wird auch die Wissensverteilung zum demokratischen Prozesse, so dass Mitarbeitende zu jeder Zeit genau das Wissen aus einer organisationseinheitlichen Quelle abrufen können, das sie benötigen.
- Wissensbewahrung: Technische Bedingungen vorausgesetzt, geht Wissen, das in Wikis festgehalten wird, nie verloren. Es ist somit für immer im Gedächtnis der Organisation gespeichert. Selbst wenn vermeintlich veraltetes Wissen aktualisiert wird, geht es nie verloren, weil Wikis auch vorherige Versionen immer speichern. Der Prozess der Wissensbewahrung ist im Fall von Wikis immer der erste Schritt im Wissensmanagement.

Wichtig ist, dass die bloße Einführung eines Wiki-Systems nicht ausreicht. Vielmehr muss es akzeptiert und gewürdigt werden und die Verwendung und die Teilnahme müssen in den Arbeitsalltag aller Mitarbeitenden integriert werden. Mitarbeitende sollten in die Nutzung des Wikis eingeführt werden und seine aktive und sorgfältige Befüllung sollte gewürdigt und belohnt werden (Knebel/ Lämmel 2017, S. 54 ff.)

4. Wie kann der Generationswechsel gelingen und welche Rolle sollte er in der strategischen Personalarbeit einnehmen?

In wenigen Organisationsformen wird der Generationswechsel analytisch und strategisch geplant, und wenn dann nur für die obere Führungsriege. Fähigkeiten und Kenntnisse vieler Mitarbeitender sind schwer kompensierbar, wenn diese Mitarbeitenden das Unternehmen verlassen. Das gilt für alle Aufgabenbereiche und Hierarchiestufen. Deshalb müssen Unternehmen gerade hier vorbeugen – bei einem Verlassen des Unternehmens aus Alters-, aber auch anderen Gründen (Solari 2017).

Diese Strategie sollte immer an die Unternehmensstrategie angepasst sein, also langfristig und vorausschauend, um auch schnell reagieren zu können. Sie darf sich nicht allein auf die Rekrutierung neuer Mitarbeitender beschränken, sondern sollte unbedingt Maßnahmen zur regelmäßigen Wissensspeicherung und -weitergabe im Unternehmen pflegen (Jacobs 2018). Tätigkeiten und Prozesse ändern sich ebenso wie die Kompetenzen der Mitarbeitenden. Personalentwicklung und Wissensmanagement sind hier gefragt – und zwar als Schnittstellenthema.

Der Verlust von Wissen sollte als zentrales Risiko in Organisationen wahrgenommen werden und ihm vorzubeugen als Kernaufgabe in der Personalarbeit. Im ersten Schritt steht zum Risikomanagement dabei die stetige Auswertung der demografischen Situation und des Wissensbestands in der Belegschaft sowie der Abgleich mit Anforderungen (Calo 2008, S. 411 f.): Wo ist welches Wissen gebunden? Wird dieses Wissen mittel- und langfristig noch gebraucht? Welche weiteren Kenntnisse werden erforderlich? Auf Grundlage dieser Analysen müssen konkrete Lösungen zum Wissenserhalt erarbeitet werden.

Außerdem wichtig ist aber auch, die Rahmenbedingungen in der Organisation zu prüfen und zu verändern. Möglicherweise müssen zunächst andere Maßnahmen ergriffen werden, um eine Akzeptanz für die vorgeschlagenen Lösungen zu entwickeln. Eine steife, lineare Unternehmenskultur kann solchen Lösungen im Weg stehen und Führungskräfte auf allen Hierarchiestufen sollten lebenslanges Lernen sowie generationenübergreifende Zusammenarbeit vorleben. Teil der Personalarbeit muss auch sein, diese Voraussetzungen zu überwachen.

Darüber hinaus sollten auch Stellenprofile regelmäßig hinsichtlich der demografischen Gegebenheiten und langfristigen Wissensmanagementziele überarbeitet werden. Anstatt ältere Arbeitnehmer:innen mit neuen Anforderungen zu überlasten, kann es in vielen Fällen beispielsweise sinnvoller sein, altersgerechte Optionen (sogenannte »age-appropriate career tracks«) zu schaffen, in denen Betroffene stufenweise in eine Position als Berater:innen und/oder Mentor:innen überführt werden. Das ist nicht nur ein nützlicher Schritt, damit die Organisation langfristig und nachhaltig vom Wissen und von der Erfahrung des/der Arbeitnehmer:in profitiert, sondern kommt den Arbeitnehmer:innen häufig auch zugute (Calo 2008, S. 413).

Hilfreich zum Erhalt von Wissen sind Maßnahmen wie Mentoring-Programme, Beiräte mit erfahrenen Mitarbeitenden (Solari 2017) oder auch kreative Maßnahmen wie Leader-Vlogs oder -Podcasts (VIAR 2018).

5. Warum ein gelingender Generationswechsel über den nachhaltigen Erfolg eines Unternehmens entscheidet und was man dabei beachten sollte

Generationswechsel stellt immer eine Herausforderung dar, aber auch eine Chance. Wenn ein System sich verändert, braucht es Flexibilität und Beweglichkeit, um Anregungen und neue Akzente durch die neue Generation von Mitarbeitenden gewinnbringend in das Unternehmen einzubringen.

Eine Fluktuation kann bereichernd wirken, neue Gedanken hineinbringen, Teams diverser machen, verkrustete Abläufe und Prozesse aufbrechen und Erneuerungen anregen.

Trotzdem darf bestehendes Erfahrungswissen nicht verloren gehen. Einige Weggänge von Mitarbeitenden können vorhergesehen werden, andere nicht. Fest steht aber: Mit dem Wegfall der Generation der Babyboomer geht in diesen Jahren das Wissen und die Erfahrung einer ganzen Generation verloren, wenn keine Maßnahmen ergriffen werden, um sie auf die nächsten Generationen zu übertragen und zu speichern.

Gehen Wissen und Erfahrungen verloren, kann es nie vollständig wiederhergestellt werden (Calo 2008, S. 405). In den vergangenen Jahrzehnten stieg das durchschnittliche Alter in Unternehmen immer weiter an: Die Generation der Babyboomer ist durch die steigende Lebenserwartung und veränderte sozioökonomische Gegebenheiten länger am Arbeitsmarkt als noch die vorhergehenden Generationen, gleichzeitig rückten weniger Arbeitnehmer:innen der jüngeren Generationen nach. Selbst Mentoring-Programme ermöglichen unter Umständen nicht, Wissen und Erfahrung der Babyboomer im Unternehmen zu wahren, wenn es nicht ausreichend Arbeitnehmer:innen für ihre Nachfolge gibt. Daher ist neben entsprechenden Programmen ein umfangreiches Wissensmanagement wichtig (Calo 2008, S. 408).

Gleichzeitig bedeutet das auch, dass viele ältere Arbeitnehmer:innen noch berufstätig sind und gleichzeitig digitalisiert und automatisiert werden muss – sei es nur, um einen zukünftigen Engpass auszugleichen. Hier kommt wieder das Wissen der jüngeren Generationen ins Spiel, die als »Digital Natives« aufwuchsen und tendenziell eher intuitiv mit Technik und digitalen Tools arbeiten können. Hierfür ist umgekehrt wichtig, die Fähigkeiten der jüngeren Arbeitnehmer:innen anzuwenden und wo möglich zu übertragen.

Fazit: Eine strategisch aufgestellte Personalarbeit trägt sehr zum Gelingen des Generationswechsels bei. Sie muss dabei die konkreten Anforderungen und demographischen Gegebenheiten in der Belegschaft in geeignete Maßnahmen umwandeln. Die Personalabteilung muss schlussendlich dazu befugt und in der Lage sein, nachhaltig und langfristige Planungen zu erstellen und Entscheidungen treffen zu können.

Dank des nachhaltig geplanten Ruhestandes von Rudolf G. müssen seine Kolleg:innen also nichts befürchten: Nicht nur wird sein Nachfolger noch von ihm höchstpersönlich in seine neue Position eingeführt, sondern darüber hinaus geht sein Wissen auch nicht verloren. Es ist sorgfältig dokumentiert und Rudolf G. wird dem Unternehmen und seinen Kolleg:innen außerdem auch in Zukunft noch als Berater erhalten bleiben.

6. Literatur

Amadeus FiRe/Friedrich-Alexander-Universität Erlangen-Nürnberg (2015): Feedbackkultur im Unternehmen und Zufriedenheit von Mitarbeitern; *https://www.amadeus-fire.de/fileadmin/user_upload/Auswertung_Ministudie_AmadeusFire_v1.5_web.pdf.*

Calo (2018): Talent Management in the Era of the Aging Workforce: The Critical Role of Knowledge Transfer, Public Personnel Management 37 (4); *https:// journals.sagepub.com/doi/10.1177/009102600803700403.*

Deloitte (2020): The Deloitte Global Millennial Survey 2020; *https://www2. deloitte.com/content/dam/Deloitte/de/Documents/Innovation/deloitte-millennial-survey-2020.pdf.*

Der Mentor ist immer dabei (2014): Haufe Online; *https://www.haufe.de/ personal/hr-management/mentoring-wirkt-sich-negativ-auf-die-arbeitgeber attraktivitaet-aus_80_400510.html.*

DGFP (2011): Zwischen Anspruch und Wirklichkeit: Generation Y finden, fördern und binden; *https://www.dgfp.de/hr-wiki/Zwischen_Anspruch_und_Wirklichkeit__Generation_Y_finden__f%C3%B6rdern_und_binden.pdf.*

Die Generation Z kommt (2019): Was Unternehmen jetzt beachten müssen, Adobe CMO; *https://cmo.adobe.com/de/articles/2019/7/die-generation-z-kommt-was-unternehmen-jetzt-beachten-mussen.html.*

Employee Life Cycle (2019): Alles dreht sich um die Angestellten, Job Wizards; *https://job-wizards.com/de/employee-life-cycle-alles-dreht-sich-um-die-angestellten/.*

Fischer (2016): Das Konzept der Agilität: Geschichte und Entwicklung, Haufe Online; *https://www.haufe.de/personal/hr-management/agilitaet/agilitaet-konzept-geschichte-und-entwicklung_80_378518.html.*

Gen Z (2018): The future has arrived, DELL Technologies; *https://www.delltechnologies.com/en-us/collaterals/unauth/sales-documents/solutions/gen-z-the-future-has-arrived-executive-summary.pdf.*

How to recruit and retain millennials, Monster (2016): *https://hiring.monster.com/employer-resources/workforce-management/employee-retention-strategies/how-to-retain-millennials/.*

Jacobs (2018): Developing a Strategy to Facilitate Knowledge Transfer, Learning Solutions; *https://learningsolutionsmag.com/articles/developing-a-strategy-to-facilitate-knowledge-transfer.*

Job Wizards (2019): Employee Life Cycle: Alles dreht sich um die Angestellten; *https://job-wizards.com/de/employee-life-cycle-alles-dreht-sich-um-die-angestellten/.*

Jordan/Sorell (2019): Why Mentoring Works and How to Do It Right, Harvard Business Review; *https://hbr.org/2019/10/why-reverse-mentoring-works-and-how-to-do-it-right.*

Katterbach/Stöver (2018): Generation Y – Neue Ansprüche an Führungskräfte und Arbeitgeber, Effektiver und besser Führen in Teilzeit, S. 127–135

Kellner/Korunka/Kubicek/Wolfsberger (2019): Flexible Working Studie 2019; *https://www2.deloitte.com/content/dam/Deloitte/at/Documents/human-capital/at-flexible-working-2019.pdf.*

Klös/Rump/Zibrowius (2016): Werte, Arbeitseinstellungen und unternehmerische Anforderungen: Die neue Generation; *https://www.ibe-ludwigshafen.de/download/arbeitsschwerpunkte-downloads/generationenmix/RHI_Diskussion_29_Web.pdf.*

Knebel/Lämmel (2017): Einsatz von Wiki-Systemen im Wissensmanagement, Wismarer Diskussionspapiere 02/2017; *http://hdl.handle.net/10419/163427.*

Leisenberg (2015): The Agile Mindset – eine Definition, Cronn; *http://blog.cronn.de/the-agile-mindset-eine-definition-2/.*

Mertens (2014): Generationswechsel in Familienunternehmen. Konzeptionelle Untersuchung anhand eines Phasenmodells und Ableitung von Handlungsempfehlungen.

Oswald/Köhler/Schmitt (2016): Projektmanagement am Rand des Chaos.

Personalwissen, Arbeitsplatzteilung (2018): Welche Vor- und Nachteile Jobsharing mit sich bringt; *https://www.personalwissen.de/arbeitsalltag/arbeitsplatz/was-bringt-jobsharing/*.

Probst/Raub/Romhardt (2012): Wissen managen; *https://doi.org/10.1007/978-3-8349-4563-1*.

PwC, Agents of change (2019): Earning your licence to operate. PwC's Global NextGen Survey 2019; *https://www.pwc.com/gx/en/services/family-business/assets/pwc-global-nextgen-survey-2019.pdf*.

PwC, Millennials at work (2011): Re-shaping the workplace; *https://www.pwc.de/de/prozessoptimierung/assets/millennials-at-work-2011.pdf*.

Rademacher/Weber (2017): Zielgruppenspezifisches Mentoring für die Generation Y, Mentoring im Talent Management, S. 73–82.

Rikleen (2020): What Your Youngest Employees Need Most Right Now; *https://hbr.org/2020/06/what-your-youngest-employees-need-most-right-now*.

SAAMAN AG (2010): Studie zur Wirksamkeit von Zielvereinbarungen; *https://intermedio.ch/wp-content/uploads/2016/11/saaman_studie_zielvereinbarungen.pdf*.

Schnetzer (2019): Junge Deutsche – Die Studie: Die Lebenswelt der Generation Z & Y. *https://simon-schnetzer.com/wp-content/uploads/2019/03/Highlights-Studie-Junge-Deutsche-2019-GenerationZ-GenerationY-Simon-Schnetzer-Jugendforscher.pdf*

Solari (2017): As boomers retire, don't let institutional knowledge leave with them; Reno Gazette-Journal 2017; *https://eu.rgj.com/story/money/business/2017/09/12/boomers-retire-dont-let-institutional-knowledge-leave-them/660224001/*.

VIAR (2018): How to transfer knowledge to the next generation of workers, REWO; *https://www.rewo.io/transfer-knowledge-next-generation-workers/*.

Sigrun Krussmann/Simone Junge-Loose

Demografischer Wandel – Unser Wissen geht nicht in Rente, Nordzucker

1. Ausgangslage: Demografischer Wandel – Unser Wissen geht in Rente

In Deutschland gibt es immer mehr ältere und immer weniger junge Menschen, was auch heißt, dass sich immer weniger Menschen im erwerbsfähigen Alter von 20 bis 66 Jahren befinden (vgl. destatis[1]).

In den nächsten Jahren wird diese Gruppe um etwa vier bis sechs Millionen Menschen sinken. Die für das Jahr 2035 geschätzten Zahlen liegen zwischen 45,8 und 47,4 Millionen, im Gegensatz zu 51,8 Millionen im Jahr 2018 (vgl. destatis[2]). Gerade in den nächsten Jahren werden besonders viele Arbeitnehmer:innen in Rente gehen, da die Jahrgänge 1955–1970, die als besonders starke Jahrgänge gelten, im ruhestandsfähigen Alter sind bzw. in absehbarer Zeit das Alter erreichen. Etwa 20 Millionen Arbeitskräfte werden dann den Arbeitsmarkt verlassen und mit etwa 14 Millionen deutlich weniger Personen in das erwerbsfähige Alter nachrücken (vgl. BiB[3]).

---

1   Statistisches Bundesamt, Mitten im demographischen Wandel, *https://www.destatis.de/ DE/Themen/Querschnitt/Demografischer-Wandel/demografie-mitten-im-wandel.html* (11.12.2020; 18:34 Uhr).
2   Statistisches Bundesamt, Pressemitteilung vom 27.06.2019 – 242/19, *https://www. destatis.de/DE/Presse/Pressekonferenzen/2019/Bevoelkerung/pm-bevoelkerung.pdf?__ blob=publicationFile* (11.12.2020; 18:43 Uhr).
3   Bundesinstitut für Bevölkerungsforschung, Alterung und Arbeitsmarkt, *https://www. bib.bund.de/DE/Aktuelles/2019/2019-09-26-BiB-Policy-Brief-Analyse-Alterung-und-Arbeitsmarkt.html?nn=9755140* (14.12.2020; 11:16 Uhr).

Diese demografische Entwicklung stellt auch den Nordzucker Konzern mit insgesamt 4000 Mitarbeiter:innen in 21 europäischen und australischen Produktions- und Raffinationsstätten vor eine große Herausforderung. Viele erfahrene Kolleg:innen werden in den nächsten Jahren in den Ruhestand gehen und mit ihnen eine wertvolle Menge an implizitem und explizitem Wissen und Erfahrungen. Um einen Rückschritt in der Produktivität des Unternehmens zu vermeiden, ist es essenziell, den Erfahrungsschatz und das umfangreiche Fachwissen, welches über Jahre aufgebaut wurde, zu sichern und an die neuen Mitarbeiter:innen weiterzugeben.

Erschwerend kommt hinzu, dass der Wettbewerb um Fach- und Führungskräfte zunimmt, wenn in Zukunft die rentenstarken Jahrgänge und die sinkende Anzahl von Schul- bzw. Studienabgänger:innen aufeinandertreffen. Dann sind die Unternehmen eindeutig im Vorteil, die eine Personalpolitik mit Blick auf diese Herausforderungen betreiben und ihre Attraktivität nach innen und außen unter Beweis stellen.

2. Unser Lösungsansatz: Know-how-Transfer

Doch wie genau sieht der strategische Plan des Nordzucker Konzerns aus, dem demographischen Wandel auf internationaler Ebene nachhaltig zu begegnen und sowohl explizites als auch implizites Wissen im Unternehmen zu halten? Know-how-Transfer ist unsere Lösung dieser Herausforderung.

Um dem drohenden Wissensverlust durch ausscheidende Mitarbeiter:innen entgegenzuwirken, hat die Personalentwicklung nach einer umfassenden Analyse ein Konzept für den Know-how-Transfer entwickelt. Bei der Erstellung des Konzeptes standen Transparenz, gezielte Vorbereitung und langfristige Planung im Vordergrund. Denn nur so erreicht das Konzept die notwendige Akzeptanz und nachhaltige Wirksamkeit.

Kern des Modells bildet die Schaffung von standardisierten Jobkategorien, die durch festgelegte Überlappungszeiten, je nach Komplexität und Wissensanteilen der entsprechenden Berufsgruppe, den impliziten und expliziten Wissenstransfer sicherstellt.

3. Umsetzung und Anwendung des Know-how-Transfer Projektes

Um ein Gespür für den Nordzucker-spezifischen demografischen Wandel zu erhalten, startete das konzernweite Projekt, unter stetiger Einbindung der Arbeitnehmervertretung, mit einer umfassenden Altersstrukturanalyse aller Mitarbeiter:innen des Konzerns, die in den kommenden fünf Jahren in den Ruhestand gehen werden. Aufgrund der verschiedenen Gesetzeslagen in den betroffenen Ländern (Deutschland, Dänemark, Polen etc.) ist für diese Simulation das Renteneintrittsalter, in enger Absprache zwischen Gesamtbetriebsrat und Management, einheitlich festgelegt worden.

Abbildung 1: Auszug der Altersstrukturanalyse in Deutschland

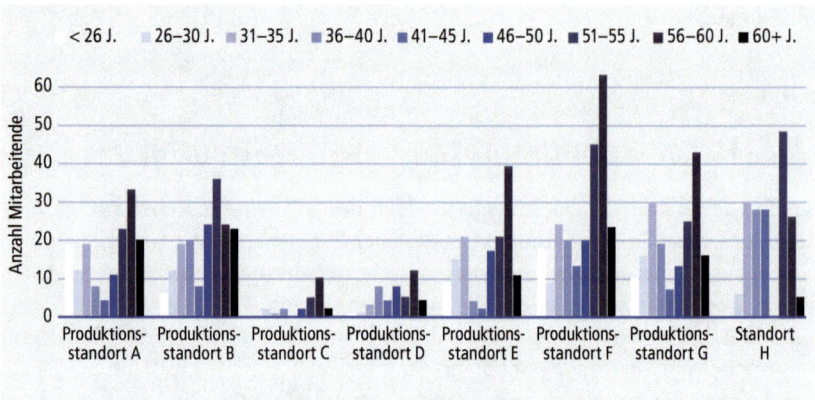

In Folge dessen wurden die vielfältig vorliegenden und teils sehr komplexen Berufsfelder genau betrachtet und in mehreren Abstimmungsrunden wurden mit Vertreter:innen aus verschiedenen Bereichen, Hierarchieebenen und Betriebsräten die wichtigsten Schlüsselpositionen und Tätigkeiten identifiziert und festgelegt. Insgesamt bilden 33 Jobkategorien unseren standardisierten Katalog des Know-how-Transfers. Ein Auszug dieser insgesamt 33 Jobkategorien wird in der nachfolgenden Tabelle dargestellt, um das große Ausmaß der Planung des Know-how-Transfers in den verschiedenen Jobkategorien zu veranschaulichen.

Tabelle 1: Auszug der insgesamt 33 Jobkategorien

	Job Categories
Technic	Werkleiter/Direktor Head of Sugar Factory
	Ingenieur/Manager Produktion und Technik Engineers/Head of Operations
	Meister-Produktion Master/Shift Leader
	Meister-Elektrik/Maschine & Arbeitsvorbereiter Master/Shift Leader-Machinery/Electrical & Works Planner
	Laborleitung (+IMS/QM/Audits) Head of Laboratory (+IMS/QM/Audits)
Agriculture	Rübenbüroleitung (zuvor intern Anbauberater) Head of AgriCenter (prior: Agri Consultant)
	Rübenmanagement – Anbauberater (extern direkt von der Uni) Agri Consultant (external directly from university)
	Rübenmanagement – Sachbearbeiter/Referent (Produkte & Aktienlieferrechte) Agri Consultant – administrator (products & share rights)
	Rübenmanagement – Sachbearbeiter/Abrechnung/Disposition Agri Consulent – administrator/accounting/disposition
Industrial Mechanics	Ausbilder – Industriemechaniker Apprentice-Trainer – Industrial Mechanic
	Industriemechaniker – Facharbeiter: Industrial Mechanic – Skilled Worker: Spezialisierung 1: Anlagenfahrer & Instandhalter Plant Operater & Maintainer
	Industriemechaniker – Facharbeiter: Industrial Mechanic – Skilled Worker: Spezialisierung 2: Pumpen- & Getriebeschlosser, Dreher, Anlagenfahrer (komplexere Anlagen: z. B. Saftreinigung/Verdampfstation) Metalworker, Lathe and Plant Operator (Complex machinery: e. g. juice purification/evaporating station)
	Industriemechaniker – Facharbeiter: Industrial Mechanic – Skilled Worker: Spezialisierung 3: Schnitzeltrocknung & Kesselwärter/Turbine, Abwasserreinigung Pellet Drying & Boiler Operator/Turbine, Wastewater Treatment

Um daran anknüpfend nicht nur der Komplexität der Jobkategorien gerecht zu werden, sondern auch eine nachhaltige Einarbeitungszeit zu garantieren, wurden anschließend individuelle Überlappungszeiten zu einer jeden Jobkategorie bestimmt. Für die Dauer der entsprechenden Überlappungszeit wird die Position parallel durch den/die aktuelle/n und nachfolgende/n Stelleninhaber/in besetzt und über das fortwährende Mitlaufen und Miterleben der implizite und explizite Wissenstransfer ermöglicht.

Hinsichtlich der Überlappungsdauer stellt sich eine produktionsspezifische Besonderheit in der Zweiteilung des Jahres, in Produktions- und Instandhaltungszeit, dar. Innerhalb der Produktionsphase (sogenannte Kampagne), die zwischen September und Januar eines jeden Jahres stattfindet, kann Wissen zu bestimmten Prozessen, Prozessschritten und den Anlagen innerhalb der Fabrik praktisch vermittelt werden. In der Instandhaltungsphase zwischen Februar und August konzentriert sich die Wissensvermittlung auf die Wartung, Reparatur oder Umsetzung von Projekten in Vorbereitung auf die nächste Kampagne. Dies führt in den Produktionsstandorten zu einer notwendig längeren Überlappungszeit.

Im Falle einer Nachbesetzung braucht es nun lediglich eines Abgleichs mit der Simulation aller Verrentungen pro Standort in den kommenden fünf Jahren, um zu sehen, wie viel Überlappungszeit zur Verfügung steht und wann die Suche des bzw. der Nachfolger:in angestoßen werden sollte. Hierbei werden sowohl das Anforderungsprofil als auch die individuellen Erfahrungen, Fähigkeiten und Fertigkeiten des/der potenziellen Nachfolger:in, intern wie extern, berücksichtigt.

Hinsichtlich der internen Rekrutierungen planen wir unsere Ausbildungsstellen bereits langfristig und nach Abgleich mit den zukünftigen Verrentungen. Das kann auch bedeuten, dass für eine gewisse Zeit ein Überhang an Auszubildenden entsteht, welcher sich erst sukzessive mit den Verrentungen wieder abschmilzt. Nach Absprache zwischen dem Vorstand und den Betriebsräten wurden sofort mehr Ausbildungsplätze zur Verfügung gestellt. Für die spezifischen Arbeitsplätze (Anlagenfahrer:in an komplexen Anlagen wie Kesselhaus/Trocknung/Zuckerhaus) wird versucht, die internen Auszubildenden bereits frühzeitig für die relevanten Arbeitsplätze zu motivieren und beruflich vorzubereiten. Neben den Auszubildenden wird außerdem auf die Weiterentwicklung und Qualifizierung von internen Kolleg:innen auf entsprechend freie Funktionen geachtet.

Selbstverständlich leben Pläne auch von Veränderungen und sind kein starres Konstrukt. Um eine maximale Flexibilität des Instrumentes zu geben, sind die Überlappungszeiten variabel und werden im Falle der Nicht- oder nur Teil-Nutzung aufgespart und für einen der nächsten Nachfolgefälle genutzt.

4. Rückblick und Resümee

Rückblickend betrachtet, war die konzernweite Implementierung des Know-how-Transfers, inklusive aller fortwährenden Abstimmungen mit dem Gesamtbetriebsrat und zwischen allen Beteiligten aus verschiedensten Fachbereichen, Standorten und Gremien, von einer überaus konstruktiven Zusammenarbeit geprägt. Dadurch hat der Prozess des Wissenstransfers unter Federführung des Bereichs Human Resources erfolgreich und schnell eine sehr hohe Akzeptanz im ganzen Unternehmen erreicht.

Eine besonders große Herausforderung betrifft zukünftig primär unsere Produktionsstandorte. Hier liegt ein großer Anteil an Spezialisierungen, Kompetenzen und Expertise. Das explizite Wissen ist zu einem Großteil bereits formell dokumentiert, doch auch die große Menge an implizitem Wissen muss transferiert und transparent dargestellt werden. Umso notwendiger sind eine ständige Beobachtung und Anpassung an die tatsächliche Entwicklung des demografischen Wandels. Dafür werden Arbeitgeber und Arbeitnehmervertretung auch künftig im Dialog stehen.

Die aktuelle Planung des Know-how-Transfers reicht bis ins Jahr 2025 hinein, aber auch darüber hinaus wird der Prozess ein elementarer Bestandteil des Umgangs mit dem demografischen Wandel sein. Der Know-how-Transfer ist ein wichtiges strategisches Projekt und eine hohe Investition in die Zukunftsfähigkeit und Produktivität des Unternehmens, mit dem Nordzucker bestmöglich vorgesorgt hat, um auch zukünftig das breite Erfahrungswissen frühzeitig und nachhaltig zu sichern.

Markus Grolms

thyssenkrupp Steel Europe: Demografische Entwicklung als Chance

Inhaltsübersicht

1. Demografische Entwicklung und ganzheitlicher Ansatz

thyssenkrupp Steel gehört zu den weltweit führenden Herstellern von Qualitätsflachstahl und steht für Innovationen in Stahl und hochwertige Produkte für modernste und anspruchsvolle Anwendungen. Steel beschäftigt rund 27 000 Mitarbeiter:innen, davon rund 14 000 am Standort Duisburg, und ist mit einem Produktionsvolumen von jährlich ungefähr 11 Millionen Tonnen Rohstahl der größte Flachstahlhersteller in Deutschland. Das Leistungsspektrum reicht von kundenspezifischen Werkstofflösungen bis hin zu werkstoffnahen Dienstleistungen. Als Vorreiter in der Klimatransformation hat sich thyssenkrupp Steel zum Ziel gesetzt, bereits ab 2030 jährlich 3 Mio. Tonnen CO2-neutralen Stahl zu produzieren. 2050 soll die Stahlproduktion vollständig klimaneutral sein.

Der demografische Wandel stellt viele Unternehmen vor Herausforderungen. Insbesondere die Eisen- und Stahl-Industrien sind von der Alterung der Belegschaft besonders betroffen. thyssenkrupp Steel Europe bildet keine Ausnahme. Eine kontinuierliche Steigerung der Produktivität, u. a. durch technische Neuerungen, hat über Jahrzehnte dazu geführt, dass es heutzutage gelingt, mit deutlich weniger Personal größere Mengen Stahl zu produzieren. Die moderate Einstellungspolitik der Betriebe aber auch die teilweise umfangreichen Frühverrentungsprogramme konnten die Alterung der Belegschaft nicht aufhalten. Eine Mitarbeiterfluktuation von ~3 % verstärkt die Situation weiter. thyssenkrupp Steel verzeichnet aktuell ein Durchschnittsalter der Belegschaft von knapp 47 Jahren. Es ist zu erwarten, dass dieser Altersdurchschnitt trotz umfangreicher Restrukturierungsmaßnahmen in den kommenden Jahren weiter ansteigen wird.

Vor diesem Hintergrund einigten sich bereits 2006 die Arbeitgeber- und Arbeitnehmervertreter auf den Tarifvertrag Demografie in der Eisen- und Stahlindustrie. Zentrales Augenmerk dieses Tarifvertrages waren die alternsgerechte Gestaltung von Arbeitsbedingungen, die Förderung von Gesundheit und Leistungsfähigkeit der Beschäftigten, flexibilisierte Wege des gleitenden Ausscheidens aus dem Berufsleben zu finden und die Belegschaft in der Branche zu verjüngen. thyssenkrupp Steel setzte diesen Tarifvertrag über das Programm »prozukunft« um, welches, geleitet durch einen paritätisch besetzen Lenkungskreis aus Mitbestimmung und Arbeitgebervertretung, demografieorientierte Maßnahmen im Unternehmen entwickelte. Die Angebote und Maßnahmen für Mitarbeitende bezogen sich dabei nicht nur auf den Erhalt von Gesundheit und Arbeitsfähigkeit, sondern umfassen ganzheitlich betrachtet, alle Lebensphasen der Beschäftigten vom Eintritt bis zum Austritt aus dem Unternehmen.

1.1 Betriebliches Gesundheitsmanagement neu denken

Als Teil von prozukunft wurde das betriebliche Gesundheitsmanagement (BGM) neu ausgerichtet. Schwerpunkte sind seither sowohl die gesundheitsförderlichen Rahmenbedingungen (Verhältnisprävention) als auch das Verhalten des einzelnen Mitarbeitenden (Verhaltensprävention oder auch individuelle Gesundheitsförderung).

Hier setzt die Gesundheitsschicht als eine Maßnahme an. Die eintägige »Ausbildungsschicht in Gesundheit« vermittelt wichtiges Basiswissen und Fertigkeiten für eine gesunde Lebensführung. Sie umfasst eine Kombination aus Informationen und praktischen Einheiten sowie einen kostenlosen Check-Up. Vertiefende Module können die einzelnen Mitarbeiter:innen selbst auswählen, so dass der Tag auf die individuellen Bedürfnisse zugeschnitten wird. Im Rahmen eines nachhaltigen Betreuungskonzepts unterstützen BGM-Beauftragte die Mitarbeiter:innen nach drei Monaten mit einem Gesprächsangebot und nach sechs Monaten ist ein erneuter kostenloser Check-Up vorgesehen. An einer Gesundheitsschicht nimmt immer eine Schicht bzw. ein Team geschlossen teil. Die Teilnahme ist freiwillig. Wer jedoch kein Interesse an einer Teilnahme hat, geht ganz normal arbeiten. Somit gelingt es häufig, auch die »Gesundheitsmuffel« zu sensibilisieren und zu begeistern.

Neben der Gesundheitsschicht sind wichtige Bausteine zur Gesunderhaltung und zum Erhalt der Beschäftigungsfähigkeit u. a. auch Maßnahmen zur Sensibilisierung von Führungskräften zu Führung und Gesundheit aber auch der Einsatz von betrieblichen Gesundheitsmanagern. Letztere sind kontinuierlich vor Ort in der Produktion und halten einen engen Dialog mit Beschäftigten und Führungskräften. So können und sollen bereits frühzeitig Belastungszustände von Tätigkeiten in den Blick genommen und präventiv Maßnahmen zum Erhalt der Leistungsfähigkeit abgeleitet werden.

Mittlerweile sind die über 100 verschiedenen großen und kleinen Angebote aus prozukunft und dem Demografievertrag fest in der lebensphasenorientierten HR-Arbeit verankert. Dennoch steht die Stahlbranche und genauso thyssenkrupp Steel immer noch vor der Herausforderung eines schrumpfenden Wirtschaftszweiges und zugleich die alternde Belegschaft gesund und sicher in den Ruhestand zu begleiten.

1.2 Wissenstransfer: Erfahrungen in die nächsten Generationen transportieren

Um den Wissensverlust aufgrund des Ausscheidens einer alternden Belegschaft möglichst zu vermeiden, wird bei thyssenkrupp Steel inzwischen seit mehr als zehn Jahren ein professionelles Wissensmanagement betrieben. Die Methodenentwicklung für den Wissenstransfer ausscheidender oder die Funktion wechselnder Experten:innen hin zu ihren Nachfolger:innen erfolgt vollständig inhouse. Dabei herausgekommen sind zahlreiche methodische Varianten, die passgenau für die betrieblichen Gegebenheiten und Zielgruppen bei thyssenkrupp Steel Europe gestaltet sind. Vom zentral durch Wissenstransferbegleiter:innen unterstützten Einzelfall bei systemkritischen Funktionen bis hin zu Multiplikatorenkonzepten und Self-Service-Varianten stehen diverse (auch digitale) Formen von Wissenstransfermethoden zur Verfügung, die aufgrund ihrer Breiten- und Hebelwirkung jeden Bedarf trotz knapper Zentralressourcen adressieren. Seit 2016 haben ca. 600 Mitarbeiter:innen die Angebote des Wissenstransfers in Anspruch genommen. Die Bedarfe von Verwaltung und Produktion halten sich dabei die Waage. Da die Ansätze, wo immer möglich, von Selbststeuerung und Digitalisierung geprägt sind, fördern sie auch grundsätzlich die kulturelle Entwicklung der Belegschaft hin zu mehr Eigenverantwortung, Zukunftsfähigkeit und Qualitätsorientierung. Die ganzheitlich-methodische Umsetzung des Wissensmanagements von thyssenkrupp Steel wurde bereits 2018 von der Gesellschaft für Wissensmanagement e. V. mit dem Award »Exzellente Wissensorganisation« ausgezeichnet.

1.3 Leistungswandlung als besondere Herausforderung

Trotz aller Maßnahmen stellt eine alternde Belegschaft insbesondere die Produktion vor eine große Herausforderung. Die Arbeit ist in vielen Bereichen körperlich anspruchsvoll. Gearbeitet wird in einem vollkontinuierlichen Schichtsystem (das heißt 24 Stunden an 7 Tagen in der Woche) in Wechselschicht, sprich auf je zwei Tage Früh-, Spät- und Nachtschicht folgen vier freie Tage. Obwohl das rollierende Schichtsystem gesundheitlich die beste Wahl ist, führt es neben der eigentlichen Arbeit zu weiteren Belastungen. Daher überrascht es nicht, dass in den letzten Jahren auch die Zahl der leistungsgewandelten Kolleg:innen stetig angewachsen ist. Der Begriff »leistungsgewandelt« beschreibt dabei Mitarbeiter:innen, die aufgrund einer physischen oder psychischen Einschränkung ihre bisherige Tätigkeit nur noch begrenzt oder überhaupt nicht mehr ausüben können. Für thyssenkrupp Steel ist es Teil der sozialen Verantwortung auch diesen Kolleg:innen eine Perspektive zu bieten – wertschätzend aber eben auch wertschöpfend.

»Wir haben eine unternehmerische Verantwortung, um langfristig als stabiler Arbeitgeber für alle Mitarbeitenden zu bestehen und eine soziale Verantwortung, um leistungsgewandelten Kollegen eine Perspektive zu bieten,« sagt Markus Grolms, CHRO und Arbeitsdirektor.

Um die leistungsgewandelten Kolleg:innen im Team zu halten, besetzen Betriebe die entsprechende Stelle oft doppelt. Zum Jahresbeginn 2020 waren es rund 450 solcher Doppelbesetzungen am größten Standort Duisburg-Hamborn. Um die Mitarbeiter:innen-Zielzahlen einer Einheit jedoch nicht zu überschreiten, bleiben damit andere Stellen vakant. Die anfallenden Aufgaben werden auf die übrigen Mitarbeiter:innen verteilt. Dies führt in Konsequenz zu einer Mehrbelastung des gesamten Teams, was sich unmittelbar negativ auf das Bild von Leistungswandlung auswirkt.
Neben der Doppelbesetzung und damit einhergehenden Nichtbesetzung freier Stellen zeigt sich in den Schichten auch eine weitere, selbstorganisierte Herangehensweise, um leistungsgewandelten Kolleg:innen zu helfen. So versuchen Kolleg:innen, die nicht mehr zu leistende Arbeit anderer zu kompensieren. Dies führt jedoch dazu, dass die kollegial übernommene Mehrbelastung gesunde Beschäftigte trifft.

Gelingt es einem Betrieb nicht, einen geeigneten Einsatz für den leistungsgewandelten Kollegen zu finden, startet der sogenannte Reha-Prozess. In einem interdisziplinär besetzten Gremium bestehend aus Reha-Fachkräften, Betriebsarzt/Betriebsärztin, Sozialservice, Personalmitarbeiter:innen und Mitbestimmungsvertreter:innen wird gemeinsam nach einem geeigneten Einsatz für den erkrankten Kollegen oder die erkrankte Kollegin gesucht. Basis ist ein individuelles (gesundheitliches) Einsatzprofil, das der betriebsärztliche Dienst erstellt. Oberstes Ziel ist die Rückvermittlung in die Kernwertschöpfung unter Berücksichtigung der physischen und psychischen Einschränkungen. Dieser Prozess ist von Standort zu Standort unterschiedlich.

Abhängig von der individuellen Situation des Mitarbeiters oder der Mitarbeiterin kann in einem ersten Schritt eine systematische Arbeitserprobung im unternehmenseigenen Reha-Assessment in den Inklusionswerkstätten durchgeführt werden. Parallel dazu findet die Prüfung des Einsatzes der Kollegin oder des Kollegen auf vakanten Stellen statt, insbesondere am bisherigen Standort. Bis sich eine geeignete Stelle findet, erfolgt eine Übergangbeschäftigung – entweder in den Inklusionswerkstätten oder aber mobil und produktionsnah im Allgemeinen Servicebetrieb (ASB). Diverse Produkte, professionelle Services sowie Unterstützungs- und Dienstleistungen können dort von den Betrieben und Funktionen flexibel angefragt und in Anspruch genommen werden. Beispiele hierfür sind der Einsatz im Scancenter, im Fuhrpark oder der Landschaftspflege. Dieser Personaleinsatz in oft fremdverdrängenden Gewerken stellt neben der gelebten sozialen Verantwortung eine hohe Wirtschaftlichkeit dar. Der Prozess der Vermittlung variiert zwischen den verschiedenen Standorten. Meistens sieht der Prozess vor, dass leistungsgewandelte Kolleg:innen über eine Arbeitserprobung auf eine vakante Stelle vermittelt werden. Es gibt an einigen Standorten allerdings auch sogenannte Leichtarbeitsplätze (z. B. in der Gebäudesicherheit), die dann für leistungsgewandelte Kolleg:innen zur Verfügung stehen.

Der Rückvermittlungserfolg leistungsgewandelter Kolleg:innen in die Kernwertschöpfung unterstreicht die Wirksamkeit des Reha-Prozesses, die Rückvermittlungsquote liegt bei 53 Prozent. Allerdings bedarf es immer wieder großer Kraftanstrengung aller Beteiligten, leistungsgewandelte Kolleg:innen als neue Mitarbeiter:innen in einem Team zu etablieren.

2. Mit der demografischen Entwicklung umgehen: Gemeinsam einen wertschöpfenden und wertschätzenden Einsatz finden

Mit dem Ziel, die Rückvermittlungsquote in die Kernwertschöpfung zu steigern, wurde 2019 ein gemeinsames standortübergreifendes Projekt aus Arbeitgeber- und Arbeitnehmervertreter:innen gestartet. Ein erster Pilot wurde im Januar 2021 an einer Anlage in Duisburg-Hamborn umgesetzt.

Dazu wurde in einem Greenfield-Ansatz ein neuer Prozess im Umgang mit leistungsgewandelten Kolleg:innen entwickelt. Kern des Prozesses ist es, eine Stelle zu finden, die bestmöglich zum Kompetenzspektrum und zu den gesundheitlichen Fähigkeiten (Einsatzprofil) des leistungsgewandelten Kollegen passt. War bisher der Fokus auf den physischen Einschränkungen, ist damit das Augenmerk auf dem Kompetenz- und Fähigkeitsprofil des leistungsgewandelten Kollegen.

»Es geht nicht darum, was man nicht mehr kann, sondern welche Fähigkeiten und Kompetenzen immer noch vorhanden sind,« betont Markus Grolms, CHRO und Arbeitsdirektor.

Der Reha Prozess startet weiterhin mit einem Runden Tisch, an dem alle Beteiligten und Expert:innen teilnehmen, d. h. Betriebsarzt/-ärztin, Reha-Fachkraft, ein:e Vertreter:in der Inklusionswerkstätten, der Personalbereich, ein:e Schwerbehindertenvertreter:in, ein Betriebsrat und die Führungskraft aus dem Betrieb. Auf Basis der Fallbeschreibung und des Profils des leistungsgewandelten Kollegen beginnt die Suche nach einer geeigneten Einsatzmöglichkeit. Dazu gehört auch die Prüfung, ob der Kollege oder die Kollegin in seiner/ihrer bisherigen Funktion gehalten werden kann, z. B. durch die Umgestaltung des Arbeitsplatzes oder den Einsatz von Hilfsmitteln, z. B. durch die Anschaffung eines Exoskeletts als Hebehilfe bei Rückenproblemen. Ist dies möglich, werden konsequent Förderoptionen geprüft und abgerufen.

Ist der Einsatz am bisherigen Arbeitsplatz nicht möglich, beginnt die Suche nach einer neuen Stelle. Hier wird ein sogenanntes Matching von vakanten Stellen zu dem Profil und damit den vorhandenen Fertigkeiten des leistungsgewandelten Kollegen vorgenommen. Um dieses Matching zu ermöglichen, war eine präzise Aktualisierung der Arbeitsplatzprofile erforderlich. Damit konnte die Transparenz über vakante Stellen – standortübergreifend, gesteigert und damit der Optionenraum vergrößert werden. Als Konsequenz daraus wechseln leistungsgewandelte Kolleg:innen ggf. aber aus ihrem vertrauten Umfeld in einen ganz neuen Bereich.

Ergibt sich eine hohe Passgenauigkeit im Matching, geht der Kollege/die Kollegin in die Arbeitserprobung direkt in den Betrieb. Denn nur so kann sich eine Führungskraft ein Bild von dem/der Kollegen/Kollegin machen. Oftmals ist die Passgenauigkeit von Fähigkeiten und Anforderungen dann so hoch, dass der Kollege oder die Kollegin nicht mehr als leistungsgewandelt gilt. Bei Bedarf kann die Passgenauigkeit auch durch mögliche Anpassung des Arbeitsplatzes oder zusätzliche Qualifizierungen weiter erhöht werden. All das setzt aber voraus, dass die Kolleg:innen motiviert sind, eine neue Aufgabe zu übernehmen.

Mit der Vermittlung leistungsgewandelter Kolleg:innen auf passendere Stellen können sukzessive Doppelbesetzungen reduziert werden und Betriebe erhalten damit die Möglichkeit, vakante Planstellen füllen. Darüber hinaus werden zusätzlich die Team-Kolleg:innen entlastet und somit Mehrarbeiten und Personalkosten reduziert.

Neben dem Matching geben die Arbeitsplatzprofile aber auch Auskunft über die Schwere der Tätigkeiten. Dies ist eine Basis, um mit dem betrieblichen Gesundheitsmanagement präventiv effektiver anzusetzen. Zum Beispiel können Mitarbeitende so auf körperlich besonders anspruchsvollen Stellen besser präventiv entlastet werden, indem sie in bestimmten Abständen rotieren, gezielt angepasste Maßnahmen zur betrieblichen Gesundheitsförderung durchlaufen oder auch mit technischen Hilfsmitteln ausgestattet werden. Die Beschaffung von technischen Hilfen durch den Technischen Berater unter konsequenter Nutzung staatlicher Fördermittel für den ergonomischen Arbeitsplatzumbau unterstützt dieses Vorhaben.

Die Umsetzung des neuen Prozesses erfordert aber ein Umdenken zum Thema Leistungswandlung. Sowohl die Wertschätzung der leistungsgewandelten Kolleg:innen für ihre Fähigkeiten als auch die Verantwortungsübernahme der betrieblichen Führungskraft, eine wertschöpfende Anschlusstätigkeit zu finden, müssen sukzessive gestärkt werden. Nur so können Prozesse auch wirksam greifen.

3. In Projekten Neues wagen

Neben einem neuen Regelprozess gibt es auch immer wieder Projekte, die leistungsgewandelten Kolleg:innen eine ganz neue Perspektive bieten und gleichzeitig die Wahrnehmung ihrer Arbeit und ihre Fähigkeiten stärken.

3.1 Ein positiver Business Case: Fremdverdrängung mit Einsatz von leistungsgewandelten Kolleg:innen

In der Heißbrikettieranlage in Halle 16 des Oxygenstahlwerks 1 in Bruckhausen werden aus Grobstaub Briketts hergestellt, die zur Verringerung des in den Konvertern beider Stahlwerke eingesetzten zugekauften Kühlschrotts genutzt werden können. In der Vergangenheit wurden Einsparmaßnahmen in der Produktion häufig an der Heißbrikettieranlage vorgenommen. Auf Qualität und Ausbringung der Briketts haben sich die Einsparungen entsprechend negativ ausgewirkt, so dass das Oxygenstahlwerk 2 seit geraumer Zeit nicht mehr versorgt werden kann und mehr Kühlschrott zugekauft werden muss, als es nötig wäre.

Die Idee, durch eine Steigerung der Produktion von Grobstaubbriketts ein deutliches Einsparpotenzial zu heben, hinterlegte ein Team aus Technik, HR und Controlling mit einem deutlich positiven Business Case. Voraussetzung ist die Verbesserung der aktuellen Qualität der produzierten Briketts. Dies ist mit einer erhöhten Instandhaltung sowie einer Erhöhung der personellen Besetzung zu erreichen. Statt in Fremdvergabe kann die Anlage mit eigenen, leistungsgewandelten Mitarbeiter:innen selbst betrieben werden. Da in der Anlage im Wesentlichen steuernde Tätigkeiten vorgenommen werden, sind körperliche Einschränkungen kein wesentliches Hindernis. Die Einschränkungen der leistungsgewandelten Mitarbeitenden sind in der Wirtschaftlichkeitsrechnung bereits berücksichtigt.

Die Entscheidung für die zusätzliche Produktion von Grobstaubbriketts umfasste eine initiale Investition in die Instandhaltung, ermöglicht aber auch den Einsatz von 17 leistungsgewandelten Kolleg:innen. Die Kolleg:innen werden zukünftig vor Ort vom betriebsärztlichen Dienst und bei Bedarf von Physiotherapeut:innen betreut. Bei Wiederherstellung der Kontischichtfähigkeit wird eine Rotation zurück in die Kernwertschöpfung geprüft, um auch anderen Kolleg:innen eine neue Perspektive zu bieten.

3.2 Social Steel Pioneers: Von der sozialen Geschäftsidee bis zur Umsetzung

Als Teil der Corporate Social Responsibility Strategie hat sich thyssenkrupp Steel zum Ziel gesetzt, soziale Geschäftsideen zu fördern und diese bewusst im Unternehmen zu suchen und entwickeln. Draus entstanden sind die Social Steel Pioneers, ein Steel interner Inkubator für soziale Geschäftsideen. Das Projektteam besteht aus Kolleg:innen, die sich neben ihrer eigentlichen Arbeit als eigenverantwortliche Pioniere in einem agilen Projekt engagieren, soziale Verantwortung übernehmen und mit Unternehmergeist Neues wagen.

Mit ihrer ersten Geschäftsidee hat thyssenkrupp Steel gemeinsam mit dem Modelabel Grubenhelden die Marke »august & alfred« erschaffen. Dahinter verbirgt sich keine neue Stahlgüte, sondern eine außergewöhnliche Fashion-Kollektion, die ausrangierte Schmelzermäntel zu Streetwear-tauglichen Jacken, Shirts und Accessoires verarbeitet.

Ein kleines Projektteam hat die soziale Geschäftsidee von der Idee bis zur Umsetzung entwickelt und dann gemeinsam mit dem Modellabel Grubenhelden auf den Markt gebracht.

Die Accessoires und Zuschnitte für die Kleidung werden zu 100 Prozent in Handarbeit hergestellt – und zwar in der Inklusionswerkstatt bei thyssenkrupp Steel in Duisburg. Damit setzt thyssenkrupp auch ein Statement nach innen, indem er ein langfristiges und kostendeckendes Konzept für die Produktion und den Verkauf von Bekleidung in seinen Werkstätten für leistungsgewandelte Mitarbeiter:innen entwickelt hat.

Aufmerksamkeit und Wertschätzung für die Kolleg:innen haben sich mit dem Projekt deutlich positiv entwickelt. Für die involvierten Kolleg:innen ist das Projekt eine Chance, ihre Kreativität und Eigenverantwortung zu stärken und ihr Netzwerk im Unternehmen, aber auch darüber hinaus auszubauen. Vor allem öffnet es einen neuen Horizont voller Möglichkeiten.

4. Der Weg nach vorne

Die demografische Entwicklung wird thyssenkrupp Steel in den nächsten Jahren auch weiter intensiv beschäftigen. Dabei braucht es ein ganzheitliches Generationenmanagement, um Bedürfnisse und Erwartungen aller Altersstufen zu adressieren und die Leistungs- und Beschäftigungsfähigkeit in jedem Alter und in jeder Lebensphase zu fördern.

Mit der fortschreitenden Alterung der Belegschaft wird das Thema Leistungswandlung im Fokus bleiben. Neben der physischen Leistungswandlung wird zunehmend auch die psychische Leistungswandlung in den Fokus rücken. Der Pilot zur Umsetzung des neuen Prozesses im Umgang mit Leistungswandlung in Hamborn war dabei ein Anfang, aus Erfahrungen zu lernen, nachzubessern und den neuen Regelprozess hüttenweit auszurollen. Damit dieser Rollout erfolgreich wird, müssen weitere Grundlagen, u. a. wie die hüttenweite Aktualisierung der Arbeitsplatzprofile, vorangetrieben und die Transparenz über aktuelle Fälle, vakante Stellen, Rückvermittlungsquoten etc. ausgebaut werden, um entsprechend steuern und agieren zu können.

Entwicklungen wie die Digitalisierung, Robotik und künstliche Intelligenz können auch weiterhin als Chancen in der beruflichen Rehabilitation genutzt werden. So können Licht- und Farbeffekte Menschen mit kognitiven Einschränkungen z. B. bei der Einsortierung von Produkten/in der Lagerhaltung helfen und Robotik Handgriffe oder Arbeitsschritte von körperlich eingeschränkten Menschen übernehmen. Auch modellieren Softwareprogramme erforderliche Arbeitsplatzanpassungen, u. a. um Fehlbelastungen zu vermeiden. Gleichzeitig muss aber auch der Wegfall von sogenannten »Leicht«-Arbeitsplätze im Zuge der Automatisierung/Digitalisierung an anderer Stelle kompensiert werden. Beispiel dafür ist das Torkonzept oder der Empfang: Einfache Arbeitsplätze entfallen, da die Automatisierung der Schranken spezielle Kenntnisse voraussetzt, um die entsprechende Software zu bedienen.

Neben allen prozessualen Themen bleibt aber die größte Herausforderung kultureller Natur, nämlich die Wahrnehmung von leistungsgewandelten Kolleg:innen und den Umgang mit ihnen zu verändern. Hierfür müssen vor allem Führungskräfte weiter sensibilisiert und in ihrer Verantwortungsübernahme gestärkt werden. Nur so kann ein konstruktiver und lösungsorientierter Umgang mit dem Thema erfolgen, bei dem alle Beteiligten Hand in Hand für einen wertschöpfenden und wertschätzenden Einsatz leistungsgewandelter Kolleg:innen arbeiten.

Was für das Thema Leistungswandlung gilt, trifft insgesamt auf das Generationenmanagement zu. Zentrale Voraussetzung dafür ist eine Kultur der Wertschätzung und Fairness. Dafür müssen verbindende Elemente zwischen den Generationen betont, Stärken der jeweiligen Generationen erkannt und gefördert und Stereotypen klar und offen begegnet werden. Eine offene, zielgruppenorientierte Kommunikation der Angebote ist dafür ein wichtiger Baustein.

XII. Gesundheitsmanagement: Ganzheitlicher Ansatz für Mensch und Organisation

Stefan Süß/Ingo Klingenberg

Arbeit und Gesundheit

Inhaltsübersicht

Arbeit und Gesundheit hängen eng miteinander zusammen. Auf der einen Seite ist die Arbeit förderlich für die menschliche Gesundheit, denn sie dient nicht nur zur Sicherung des Lebensunterhalts und der damit verbundenen Befriedigung von (materiellen) Grundbedürfnissen, sondern sie bildet auch einen Teil der eigenen Identität und die Grundlage für die Teilhabe am gesellschaftlichen Leben. Weiterhin schafft Arbeit feste Strukturen und gibt den Menschen eine Aufgabe, die für viele eine zentrale Rolle im Leben einnimmt. Die Forschung zeigt in diesem Zusammenhang, dass Menschen ohne Beschäftigung durchschnittlich häufiger physisch krank sind, häufiger an psychischen Erkrankungen leiden und früher sterben als Menschen, die einer regelmäßigen Beschäftigung nachgehen (Kroll/Müters/Lampert 2016, S, 228–237). Auf der anderen Seite bringt die Arbeit aber auch viele Risiken, sogenannte **Arbeitsbelastungen** für die Gesundheit mit sich. Beispielsweise kann die Arbeit mit hohen physischen Anstrengungen, z. B. durch schweres Heben, übermäßige Temperaturen oder Arbeiten in unbequemen Positionen, einhergehen. Dies kann auf Dauer zu Beanspruchungen beispielsweise in Form von muskulären oder kardiovaskulären (Herz-Kreislauf-)

Beschwerden sowie zur Abnutzung des menschlichen Skeletts, z. B. der Wirbelsäule, führen.

Um Belastungen zu identifizieren oder ihnen vorzubeugen, haben mittlerweile viele Instrumente des Arbeitsschutzes Einzug in den betrieblichen Alltag gefunden, allerdings verändert sich die Arbeit ständig. Die in Teil A dieses Buches beschriebenen Entwicklungen führen zu einer **Transformation von Arbeit**. Diese zeichnet sich u. a. dadurch aus, dass viele Arbeitsprozesse digitaler, flexibler und schneller geworden sind, zunehmend mehr Arbeitnehmer:innen im Dienstleistungsbereich arbeiten, wodurch das produzierende Gewerbe an Relevanz verliert, und Arbeit zunehmend entgrenzter wird, das heißt die Grenzen zwischen Arbeit und Freizeit verschwimmen. Dies führt auch zu einer Veränderung der Arbeitsbelastungen. Zwar spielen physische Belastungen nach wie vor eine zentrale Rolle im Arbeitsschutz, die psychischen Belastungen gewinnen aber zunehmend an Relevanz.

Psychische Belastungen sind sowohl aus Arbeitnehmer:innen- als auch Arbeitgeber:innensicht aus verschiedenen Gründen als problematisch anzusehen: Zum einen kann dauerhafte psychische Fehlbelastung zu Demotivation, Unzufriedenheit und Verhaltensveränderungen führen. Für Arbeitnehmer:innen kann dies beispielsweise mit Gereiztheit und zunehmenden sozialen Konflikten auf der Arbeit und im Privatleben einhergehen. Für Arbeitgeber:innen können daraus ein Leistungsabfall der Belegschaft und Produktionseinbußen resultieren. Weiterhin kann eine geringe Arbeitszufriedenheit aufgrund zu hoher Arbeitsbelastungen auch dazu führen, dass Mitarbeiter:innen das Unternehmen verlassen. Im Zuge eines zunehmenden Fachkräftemangels wird es für Unternehmen in einigen Branchen allerdings immer schwieriger, Arbeitnehmer:innen zu ersetzen. Unter anderem aus diesen Gründen ist Unternehmen zunehmend daran gelegen, die psychische Belastung ihrer Mitarbeiter:innen möglichst auf einem verkraftbaren Niveau zu halten. Zum anderen nimmt die Anzahl psychischer Erkrankungen kontinuierlich zu und zählt mittlerweile zu den häufigsten Ursachen für Arbeitsunfähigkeit (Knieps/Pfaff-Rennert 2018, S. 44). Psychische Erkrankungen sind für Betroffene häufig mit hohem Leidensdruck und langen intensiven Behandlungen verbunden. Problematisch ist dabei aus Arbeitgeber:innensicht auch, dass psychische Erkrankungen entsprechend zu durchschnittlich längeren Arbeitsunfähigkeitszeiten im Vergleich zu anderen Ursachen führen (Techniker Krankenkasse 2019, S. 22).

Mitarbeiter:innengesundheit steht daher sowohl im Interesse von Arbeitnehmer:innen als auch von Arbeitgeber:innen. Daher findet das Konzept des **betrieblichen Gesundheitsmanagements (BGM)** zunehmend Berücksichtigung in deutschen Unternehmen und kann als wesentlicher Bestandteil strategischer Personalarbeit gesehen werden, die ihren Fokus unter anderem auf die Gesunderhaltung der Mitarbeiter:innen richtet. Unter BGM werden sämtliche betriebliche Maßnahmen zusammengefasst, die der Gesundheitsförderung der Mitarbeiter:innen dienen sollen. Unter BGM fallen die drei Bereiche Arbeitsschutz, Betriebliches Eingliederungsmanagement (BEM) und Betriebliche Gesundheitsförderung (BGF).

(1) Der **Arbeitsschutz** ist in Deutschland gesetzlich verankert. Arbeitgeber:innen haben danach die Pflicht, die Arbeit so zu gestalten, dass Unfälle vermieden und die Gesundheit der Mitarbeiter:innen geschützt wird. Um (potenzielle) Gefährdungen für Arbeitnehmer:innen zu ermitteln, wird das gesetzlich vorgeschriebene Instrument der Gefährdungsbeurteilung eingesetzt.

(2) Das **BEM** ist in Deutschland für Arbeitgeber:innen ebenfalls verpflichtend, bedarf aber der Zustimmung durch die betroffenen Mitarbeiter:innen. Mitarbeiter:innen, die länger als sechs Wochen arbeitsunfähig sind, haben den Anspruch auf eine betriebliche Eingliederung. Dabei werden in einem Erstgespräch zwischen Mitarbeiter:innen und Unternehmensvertreter:innen Ursachen für den Arbeitsausfall mit dem/der Mitarbeiter:in besprochen. Ist der Ausfall auf die Arbeitsplatzgestaltung zurückzuführen, werden Maßnahmen vereinbart, um die Arbeitsbedingungen für den/die Mitarbeiter:in zu verbessern. In einem Zweitgespräch, beispielsweise nach einem Jahr, evaluieren die Gesprächspartner:innen, inwiefern die Maßnahmen erfolgreich waren oder angepasst werden müssen.

(3) Ziel der **BGF** ist es, Mitarbeiter:innen präventiv gesund zu erhalten. Die BGF beinhaltet dabei Maßnahmen, die der Gesundheit zuträglich sind. Darunter fallen z. B. Angebote für gesunde Ernährung und Betriebssportmöglichkeiten, aber auch Maßnahmen, die Mitarbeiter:innen im Umgang mit psychischen Belastungen schulen sollen. Das Arbeitsschutzgesetz (ArbSchG) schreibt die BGF in Deutschland jedoch nicht vor. Daher handelt es sich hierbei um freiwillige Maßnahmen seitens der Arbeitgeber:innen.

Vor diesem Hintergrund ist das **Ziel dieses Beitrags**, Ursachen und Wirkungen von Arbeitsbelastungen darzustellen. Weiterhin sollen der Prozess der Gefährdungsbeurteilung dargestellt und daraus Handlungsempfehlungen für eine strategische Personalarbeit abgeleitet werden.

1. Ursachen und Wirkung von Arbeitsbelastungen

Der Begriff **Arbeitsbelastung** ist zunächst neutral zu verstehen und bedeutet in diesem Zusammenhang die Anforderung, die sich aus einer Arbeitsaufgabe ergibt. Dabei ist es individuell unterschiedlich, ob und welche Beanspruchung auf eine Belastung folgt. Unter Beanspruchung werden Auswirkungen auf Körper und Geist verstanden. Je nach Voraussetzungen (z. B. körperliche Stärke, geistige Fähigkeiten), die ein:e Mitarbeiter:in hat, beansprucht sie/ihn eine Belastung mehr oder weniger. Eine optimale Beanspruchung wird dabei als positiv empfunden und äußert sich beispielsweise in der Motivation, eine (angemessene) Aufgabe zu erledigen. Die aus der Belastung folgende Beanspruchung sollte allerdings nicht zu hoch sein, da hieraus Überforderungen für den menschlichen Organismus (z. B. Gelenke, Skelett) oder die Psyche (z. B. durch Stress) resultieren können. Allerdings kann auch Unterforderung zu gesundheitlichen Problemen führen, da z. B. Monotonie und Bore-Out, also psychische Beanspruchung aufgrund von Unterforderung, die Folge sein kann. Daher sollten Arbeitnehmer:innen und Arbeitgeber:innen darauf achten, dass Belastungen zu einer optimalen Beanspruchung führen.

Arbeitsbelastungen lassen sich grundsätzlich in physische und psychische Arbeitsbelastungen einteilen. Diese unterscheiden sich darin, wie sich die Belastungen auswirken. Während physische Belastungen insbesondere eine körperliche Beanspruchung bewirken und sich Fehlbelastungen z. B. in Form von Wirbelsäulenschäden äußern, beziehen sich psychische Belastungen auf die geistige Beanspruchung und können bei Fehlbelastung z. B. zu Depressionen führen. Körper und Geist sind dabei keineswegs als unabhängig zu verstehen, vielmehr können körperliche Probleme auch psychische Folgen haben und umgekehrt. Die Einteilung in physische und psychische Belastungen hilft allerdings dabei, Gefährdungen zu verstehen, die sich primär auf den Körper oder auf die Psyche auswirken. Nachfolgend werden zunächst die wichtigsten **physischen Belastungen** dargestellt, die häufig Ursachen für Arbeitsunfähigkeit darstellen (Techniker Krankenkasse 2019, S. 21–24). Das Hauptaugenmerk des Artikels soll vor dem Hintergrund der Transformation von Arbeit allerdings auf psychischen Belastungen liegen.

Physische Belastungen lassen sich grundsätzlich in vier Arten einteilen (Hahnzog-Luick 2014, S. 193).

(1) Manuelle Lastenhandhabung: Hierunter fallen insbesondere Tätigkeiten, die mit Heben, Tragen, Ziehen oder Schieben einhergehen. Durch intensive Anwendung oder dauerhafte Belastung kann es zu akuten und chronischen Schädigungen des Skeletts oder der Muskulatur kommen.

(2) Arbeiten in erzwungenen Körperhaltungen: Darunter werden Tätigkeiten zusammengefasst, in denen eine lange Zeit im Sitzen, Stehen, in Rumpfbeuge, im Hocken, Knien, Liegen, Kriechen, Fersensitz oder mit Armen über Schulterniveau gearbeitet wird.

(3) Arbeit mit erhöhter Kraftanstrengung und/oder Krafteinwirkung: Darunter fallen Tätigkeiten, die sehr viel Kraft erfordern. Dies sind z. B. Tätigkeiten an schwer zugänglichen Arbeitsstellen (z. B. wenn diese durch Steigen oder Klettern erreicht werden), Tätigkeiten, die den Einsatz von Händen und Armen als Werkzeug benötigen (z. B. Klopfen, Hämmern, Drehen, Drücken) oder Tätigkeiten,

die Kraft bzw. Druckeinwirkung bei der Bedienung von Arbeitsmitteln benötigen (z. B. beim Bohren, Stemmen).

(4) Repetitive Tätigkeiten mit hohen Handhabungsfrequenzen: Darunter werden Arbeiten verstanden, die immer wieder gleiche Bewegungen erfordern. Dies kann das Nerven- und Sehnensystem stark strapazieren und ist insbesondere in Kombination mit hoher Kraftanstrengung sehr beanspruchend.

Wie eingangs erwähnt, werden **psychische Belastungen** immer relevanter. Die Wissenschaft liefert bereits vielfältige Erkenntnisse zu psychischen Belastungen. Diese werden im Folgenden skizziert. Psychische Belastungen lassen sich in sechs Arten kategorisieren (Cartwright/Cooper 1997, S. 14):

(1) Belastungen aus der Tätigkeit: Hierunter fallen insbesondere Belastungen aus der physischen Umgebung, die Gestaltung der Arbeitszeit und der Arbeitslast.

Die **physische Umgebung** birgt diverse Belastungen für Mitarbeiter:innen:

- Die **Temperatur** gilt nicht nur als physischer, sondern auch als psychischer Belastungsfaktor. Insbesondere Arbeit bei natürlichen (z. B. bei Arbeit im Freien) oder künstlichen (z. B. in Stahlwerken) Extremtemperaturen kann das Risiko für Stress und daraus bedingte Erkrankungen erhöhen. Zudem können beispielsweise auch zu warme oder zu kalte Büroräume als belastend empfunden werden.
- **Lärm** kann zu Hypertonie, also der erhöhten Anspannung des menschlichen Organismus, führen.
- Die **Arbeitsumgebung**, z. B. in Form der Art der Gestaltung von Arbeitsplätzen und Büroräumen (z. B. aufgrund der Lichtverhältnisse), nimmt Einfluss auf das Stressempfinden.

Die Gestaltung der **Arbeitszeit** kann auf unterschiedliche Art und Weise Einfluss auf die Gesundheit von Mitarbeiter:innen nehmen:

- **Schichtarbeit**, insbesondere die Nachtschicht, wird häufig als beanspruchend wahrgenommen.
- **Lange Arbeitszeiten** gelten ebenfalls als Belastung und können zur Fehlbeanspruchung führen.
- **Überstunden** stehen ebenfalls im Zusammenhang mit gesundheitlichen Risiken. Häufige und viele Überstunden werden von Mitarbeiter:innen oft als beanspruchend empfunden und begünstigen psychische Erkrankungen.

Die Arbeitslast kann ebenfalls zu Belastungen führen:

- Aus einer hohen **quantitativen Arbeitslast**, beispielsweise einer Vielzahl an Arbeitsaufgaben oder aus Arbeitsdruck, kann Überbeanspruchung resultieren.
- Hohe **qualitative Arbeitslast,** etwa in Form von hohem Arbeitstempo, langen Konzentrationszeiten oder komplexen Aufgaben, gilt als Belastung.

- Belastungen können auch auf **Emotionsarbeit** zurückgeführt werden. Darunter wird die Anforderung verstanden, Emotionen nach außen zu zeigen, selbst wenn diese nicht der eigenen Emotionslage entsprechen. Dies ist z. B. in der Gastronomie, in der ein freundliches Auftreten erwartet wird, selbst wenn die Gäste unfreundlich sind, der Fall.
- Auch Anforderungen, die sich aus **neuen Technologien** ergeben, stellen eine Belastung dar. Sogenannter Technostress (siehe Exkursion: Technostress) kann zu gesundheitlichen Problemen führen.

Exkurs: Technostress

Die Nutzung von Technologie bringt viele Vorteile mit sich. Informations- und Kommunikationstechnologien (IKT), beispielsweise in Form von Smartphones oder Laptops, sorgen dafür, dass Informationen orts- und zeitunabhängig abgespeichert und abgerufen werden können. Dies ermöglicht es, Arbeiten schneller und jederzeit von jedem Ort erledigen zu können. Technologie birgt aber auch das Potenzial für Belastungen. So können etwa (häufige) Unterbrechungen durch IKT zu Stress führen. Hierbei spricht man von **Technostress**. Es gibt fünf Dimensionen des Technostress (Tarafdar/Tu/Ragu-Nathan/Ragu-Nathan 2007, S. 315): (1) Techno-Überladung (engl. Techno-Overload) umfasst u. a. durch IKT verursachte Situationen, die zu längerem oder schnellerem Arbeiten führen. Beispielsweise können Informationen durch E-Mails in kürzester Zeit verbreitet werden. Daraus kann folgen, dass Prozesse schneller werden, da z. B. Wartezeiten entfallen, die vor Einführung der Technologie, z. B. auf dem Postweg, entstanden sind, und Aufgaben somit schneller erledigt werden müssen als früher. (2) Techno-Übernahme (engl. Techno-Invasion) bezeichnet Situationen, in denen IKT zu erhöhter Erreichbarkeit führt. Smartphones machen es z. B. möglich, dass E-Mails Mitarbeiter:innen auch noch nach der regulären Arbeitszeit erreichen und die Regenerationszeit unterbrechen. (3) Techno-Komplexität (engl. Techno-Complexity) bezeichnet die Überforderung mit der Technologie, beispielsweise durch fehlende technische Fähigkeiten, z. B. wenn Anwendern die technischen Fertigkeiten fehlen, um neue Software zu bedienen und diese dadurch überfordert sind. (4) Techno-Unsicherheit (engl. Techno-Insecurity) bezeichnet die Angst von Mitarbeiter:innen, dass ihre Tätigkeit durch eine Technologie übernommen wird, beispielsweise wenn ein Algorithmus die Tätigkeit eines Mitarbeiters oder einer Mitarbeiterin (zukünftig) übernehmen kann und Arbeitsplätze somit überflüssig werden. (5) Techno-Ungewissheit (engl. Techno-Uncertainty) beschreibt den Druck zur ständigen Weiterbildung, da Technologien sich stetig weiterentwickeln und vorhandenes Wissen zum Teil schnell veraltet. Dies kann dazu führen, dass Mitarbeiter:innen weniger Routinen aufbauen, da häufiger Fortbildungen nötig sind, um mit dem technologischen Fortschritt mitzuhalten.

(2) Belastungen aus der Arbeitsrolle: Mit der Zugehörigkeit zu einer Berufsgruppe, Organisation, Abteilung oder einem Team gehen Werte und Normen sowie Regeln und damit verbundene Erwartungen seitens anderer Gruppenmitglieder einher. Beispielsweise wird von Vorgesetzten erwartet, dass sie Entscheidungen treffen. Diese Erwartung besteht häufig auch in Situationen, die außerhalb der eigenen Weisungsbefugnis liegen. Die Erfüllung einer solchen Rollenerwartung geht mit (sozialer) Anerkennung und Zustimmung einher. Erfüllt ein Gruppenmitglied seine Rollenerwartungen nicht, kann dies zu Sanktionen in Form von Verachtung, sozialen Konflikten oder Ausgrenzung führen. Auf diese Weise wird ein Individuum sozialisiert und lernt, seine Rolle zu verstehen. Um Sanktionen zu entgehen, sind Individuen in der Regel daran interessiert, ihre Rollenerwartungen zu erfüllen. Die Gestaltung einer Rolle kann allerdings nur zum Teil durch eine Organisation geschehen, da viele der Werte und Normen auf Traditionen oder Erfahrungen seitens der Gruppenmitglieder beruhen und somit bereits verfestigt sind. Allerdings können Führungskräfte teilweise Einfluss auf die Rollenerwartung nehmen, indem sie beispielsweise Freiräume, in denen Mitarbeiter:innen selber entscheiden können, festlegen. Individuen nehmen in Organisationen meist verschiedene Rollen mit verschiedenen Erwartungen seitens der jeweiligen Gruppenmitglieder ein. So ist ein/eine Mitarbeiter:in z. B. zeitgleich Kolleg:in, Führungskraft, Kund:in und Dienstleister:in und dadurch mit unterschiedlichen Erwartungen konfrontiert. Mit den eigenen Rollen gehen verschiedene Belastungen einher.

- Als **Rollenkonflikt** werden zum einen konkurrierende Erwartungen an eine Rolle bezeichnet (Intrarollenkonflikt), z. B. wenn die Erwartung des Vorgesetzten darin liegt, einen Bericht so schnell wie möglich zu verfassen, ein Kunde oder eine Kundin aber zeitgleich so schnell wie möglich ein Angebot erwartet. Zum anderen können auch die verschiedenen Rollen, die ein Individuum im Leben einnimmt, mit gegensätzlichen Erwartungen verbunden sein (Interrollenkonflikt), beispielsweise wenn die Rollenerwartung seitens der Organisation darin besteht, Überstunden zu leisten, im Privaten aber konfliktäre Erwartungen dazu von Familie oder Freund:innen bestehen (Turner 2001, S. 244 ff.).
- Eine ausgeprägte Form eines Rollenkonflikts wird als **Rollenüberladung** bezeichnet. Belastungen resultieren dabei aus der Vielzahl an Rollen und damit verbundenen Erwartungen, die nicht mit der zur Verfügung stehenden Zeit und Energie vereinbar sind.
- Aus widersprüchlichen Anforderungen von anderen Personen oder Unsicherheit hinsichtlich der Rollenerwartung kann **Rollenambiguität** resultieren. Diese kann sich beanspruchend auf Individuen auswirken.
- Die aus der eigenen Rolle resultierende **Verantwortung** kann mit Unzufriedenheit verbunden sein. Einige Menschen wünschen sich mehr Verantwor-

tung und sind mit den Anforderungen an ihre Rolle unterfordert. Andere empfinden eine mit ihrer Rolle verbundene zu hohe Verantwortung und fühlen sich überfordert. Beides führt zu einer Fehlbeanspruchung.

- Aufgaben, die nicht im Einklang mit der eigenen Rolle stehen und vom Individuum als ungerecht bzw. nicht angemessen wahrgenommen werden, bezeichnet man als **illegitime Aufgaben** (Semmer et al. 2015, S. 33 f.). Als Beispiel kann hier ein Krankenpfleger genannt werden, der dem/der gesunden Patient:in eine Tasse Kaffee bringen soll, obwohl diese:r sich diese selbst holen könnte. Solche Aufgaben werden als ungerecht und nicht im Einklang mit der Rolle stehend interpretiert. Illegitime Aufgaben erhöhen das Risiko von psychischen Erkrankungen.

- Der **Handlungsspielraum**, das heißt die Möglichkeiten zum autonomen Handeln, die ein/eine Mitarbeiter:in hat, kann das Stressempfinden beeinflussen. Insbesondere die Kombination aus hohen Anforderungen (insbesondere viele Aufgaben in einem begrenzten Zeitfenster) in Kombination mit einem geringen Handlungsspielraum wird als unangenehm empfunden und führt häufig zu psychischen Erkrankungen. Autonomie bei der Arbeit stellt wiederum tendenziell eine Ressource dar, die hohe Anforderungen abmildern kann.

(3) Belastungen durch soziale Beziehungen: Während der Arbeit haben Menschen in der Regel mit anderen Menschen wie Vorgesetzten, Kolleg:innen und/oder Kund:innen zu tun. Der Mensch hat soziale Grundbedürfnisse, die Einfluss auf die psychische Gesundheit haben. Daher können soziale Kontakte bei der Arbeit sowohl einen positiven als auch einen negativen Einfluss auf die Gesundheit nehmen. Positive soziale Beziehungen, insbesondere zu Menschen, die man mag oder zu denen man ein gutes Verhältnis hat, haben eine gesundheitsfördernde Wirkung. Beispielsweise können Kolleg:innen bei Problemen helfen oder jemanden trösten. Negative soziale Beziehungen führen jedoch zur Fehlbeanspruchung. Negative Einflüsse aus sozialen Beziehungen äußern sich auf unterschiedliche Weise:

- Menschen haben ein Bedürfnis nach sozialer Anerkennung. Bleibt es unerfüllt, wirkt dies beanspruchend. Daher gelten fehlende **soziale Unterstützung** und **Anerkennung** im Arbeitskontext als Belastung und können zu schwächerer Arbeitsleistung oder psychischen Erkrankungen führen.

- **Soziale Konflikte**, z. B. in Form von Streitigkeiten oder Meinungsverschiedenheiten mit Vorgesetzten und/oder Kolleg:innen, sind für Mitarbeiter:innen belastend. Dies gilt insbesondere bei langen oder häufigen Auseinandersetzungen.

- **Schikane** und **Mobbing** am Arbeitsplatz, z. B. durch Kolleg:innen und/oder Vorgesetzte, beeinträchtigen das Wohlbefinden der Mitarbeiter:innen negativ. Wenn Mitarbeiter:innen sich sozial isoliert fühlen und Opfer von Mobbing werden, kann sich dies auf ihre Motivation und ihre Gesundheit auswirken.

- **Personalführung** kann sich sowohl positiv als auch negativ auf die Gesundheit von Mitarbeiter:innen auswirken. Studien zeigen in diesem Zusammenhang, dass sich Führungsstile, die mit Aufgaben- und Rollenklarheit sowie einer inspirierenden und motivierenden Art der Führungskraft einhergehen, positiv auf die Mitarbeiter:innengesundheit auswirken können. Führungsstile, die zu unklaren Aufgaben führen oder von Mitarbeiter:innen eher destruktiv empfunden werden, können eine Belastung darstellen (Weiß/Süß 2016, S. 450–466).

(4) Belastungen durch die Organisation: Organisationen nehmen Einfluss auf das Wohlbefinden ihrer Mitarbeiter:innen. Nachvollziehbare Strukturen, ein positives Arbeitsklima und empfundene Sicherheit wirken sich auf Mitarbeiter:innen gesundheitsförderlich aus. Organisationale Faktoren können aber auch belastend wirken. Mögliche Quellen sind dabei u. a. die Organisationsstruktur sowie betriebliche Veränderungsprozesse oder das Organisationsklima. Diese beeinflussen das Stressempfinden der Mitarbeiter:innen meist nicht mittelbar, sondern durch Einfluss auf andere Stressoren, wie z. B. die Arbeitsplatzsicherheit, soziale Beziehungen oder Rollenstressoren.

- Unter **Organisationsklima** (Schneider/Erhart/Macey 2013, S. 369). wird die kollektive Wahrnehmung des sozialen Miteinanders verstanden. Das Organisationsklima kann sich auf das Stressempfinden, die Organisationseffizienz und die mentale Gesundheit von Mitarbeiter:innen auswirken. Wird es als ungerecht und unsozial wahrgenommen, erhöht dies den wahrgenommenen Stress. Ein als ermutigend und unterstützend wahrgenommenes Organisationsklima wirkt sich demgegenüber positiv auf die Gesundheit aus.
- **Betriebliche Veränderungsprozesse**, z. B. in Form von betrieblichen Umstrukturierungen, können zur Belastung für Führungskräfte und Mitarbeiter:innen werden (Faupel/Süß 2018, S. 145 f.). Dabei hat die Intensität der Veränderung Einfluss auf die Auswirkungen. Größere Veränderungen steigern beispielsweise das Stressempfinden und die gesundheitlichen Risiken stärker als kleinere Veränderungen. Veränderungen gehen dabei mit Job-Unsicherheiten sowie Veränderungen der Arbeitsaufgaben oder sozialen Beziehungen einher und können sich damit in mehrerlei Hinsicht belastend auswirken.
- Unter **organisationalen Einschränkungen** werden Situationen oder organisatorische Hindernisse verstanden, die Mitarbeiter:innen von der Ausübung ihrer Arbeit abhalten. Darunter fallen z. B. Materialmangel, fehlende Informationen oder fehlende Kompetenzen. Organisationale Einschränkungen gelten ebenfalls als Belastung und können sich negativ auf das Verhalten und die Gesundheit von Mitarbeiter:innen auswirken.
- **Organisationale Gerechtigkeit** beschreibt die subjektiv wahrgenommene Fairness hinsichtlich des Austauschverhältnisses von Leistungen und Zuwen-

dungen seitens der Organisation. Fehlende organisationale Gerechtigkeit gilt als Belastung.

(5) Belastungen durch die Karriereentwicklung: Die Karriereentwicklung bzw. der berufliche Werdegang ist mit verschiedenen Bedürfnissen und Unsicherheiten verbunden. Daher birgt sie auf der individuellen Ebene Belastungen für Mitarbeiter:innen.

- **Arbeitslosigkeit** gilt als Belastung. Menschen ohne Beschäftigung sind häufiger krank, haben häufiger psychische Erkrankungen als Menschen in Beschäftigung und oft auch eine geringere Lebenserwartung. Das Risiko von gesundheitlichen Problemen steigt mit zunehmender Dauer der Arbeitslosigkeit (Kroll/Müters/Lampert 2016, S. 228–237).
- **Job-Unsicherheit** wirkt sich ebenfalls negativ auf die Gesundheit aus. Unsicherheiten durch Zeitverträge, Befristungen oder durch die Beschäftigung in unsicheren Branchen, in denen der Abbau von Arbeitsplätzen wahrscheinlich ist, gelten als Belastung (Mantier et al. 2005, S. 200).
- **Anforderungen, die aus der Berufslaufbahn resultieren**, können belastend sein. Beispielsweise kann eine Beförderung mit zu hohen Anforderungen einhergehen und zur Überforderung führen. Nicht erfüllte Beförderungswünsche können ebenfalls als beanspruchend empfunden werden.

(6) Belastungen aus nicht-arbeitsbezogenen Faktoren: Teilweise gibt es Faktoren, die nicht unmittelbar aus der Arbeit resultieren, aber trotzdem im Zusammenhang mit ihr stehen. Darunter fällt insbesondere das Verhältnis der Bereiche Arbeit und Freizeit, die sogenannte Work-Life-Balance. Diese kann u. a. mit Rollenkonflikten (z. B. im Hinblick auf Rollenerwartungen von Familienangehörigen), sozialen Konflikten (z. B. mit Freunden und Bekannten) oder allgemeiner Unzufriedenheit einhergehen. Dies führt langfristig zu motivationalen und gesundheitlichen Problemen.

Neben den o. g. Ursachen von Arbeitsbelastungen sollen auch verschiedene **Wirkungen von Arbeitsbelastungen** aufgezeigt werden. Diese lassen sich in die drei Kategorien Einstellung, Verhalten und Gesundheit einteilen.

(1) Einstellung: Fehlbelastung wirkt sich negativ auf das persönliche Wohlbefinden, die Arbeitszufriedenheit und die Motivation aus. Außerdem werden die Leistung und die Produktivität von Arbeitnehmer:innen negativ beeinflusst. Weiterhin kann Fehlbeanspruchung zur Abnahme des organisationalen Commitments führen (siehe Exkurs: Organisationales Commitment) und somit Wechselabsichten und tatsächliche Organisationswechsel von Mitarbeiter:innen begünstigen.

Exkurs: Organisationales Commitment
Unter organisationalem Commitment werden ein Zugehörigkeitsgefühl bzw. eine Verbundenheit mit einer Organisation, meist dem/der Arbeitgeber:in, verstanden. In der Wissenschaft wird dabei zwischen drei verschiedenen Dimensionen des Commitments unterschieden (Süß 2006, S. 258 f.): (1) Affektives Commitment beschreibt die emotionale Bindung an eine Organisation. Diese entsteht z. B. aufgrund positiver Erfahrungen, die bei der Arbeit gemacht werden. (2) Normatives Commitment beschreibt die moralische Verpflichtung einer Person gegenüber einer Organisation. Dies ist beispielsweise der Fall, wenn Mitarbeiter:innen sich verpflichtet fühlen, ihrem Unternehmen etwas zurückzugeben. (3) Kalkulatorisches Commitment beschreibt die Kosten und Nutzen im Hinblick auf einen Organisationswechsel. Ist ein Wechsel für eine Person mit im Vergleich zu den Kosten geringeren Nutzen verbunden, verbleibt sie eher in der Organisation.
Neben einer geringeren Kündigungs- und Wechselabsicht führt ein höheres Commitment auch zu geringeren Fehlzeiten. Weiterhin sind Mitarbeiter:innen mit höherem Commitment motivierter und zufriedener mit ihrer Arbeit und erbringen daher bessere Leistungen. Aus diesen Gründen ist das organisationale Commitment der Mitarbeiter:innen wichtig für Unternehmen.

(2) Verhalten: Fehlbelastung nimmt Einfluss auf das Verhalten von Mitarbeiter:innen. Z. B. kann kontraproduktives Arbeitsverhalten, also Handlungsweisen, die im Gegensatz zu den Zielen der Organisation stehen (z. B. Aggression, Diebstahl, Verweigerung, Anweisungen zu folgen, absichtlich Fehler machen), aus falscher Belastung resultieren. Weiterhin können Belastungen Einfluss auf das Anwesenheitsverhalten von Arbeitnehmer:innen nehmen und beispielsweise dazu führen, dass gesunde Arbeitnehmer:innen sich krankmelden (Absentismus) oder kranke Arbeitnehmer:innen zur Arbeit kommen (Präsentismus).
(3) Gesundheit: Letztendlich kann Fehlbeanspruchung zu Krankheiten führen. Psychische Erkrankungen, aber auch kardiovaskuläre Erkrankungen (z. B. Schlaganfall, Herzinfarkt) können aus psychischen Belastungen resultieren. Arbeitsunfähigkeit in Form von häufigen oder langen Krankschreibungen oder sogar Frühverrentung sind meist die Folge.

2. Rolle der Gefährdungsbeurteilung im betrieblichen Gesundheitsmanagement

Seit 1996 ist gemäß § 5 Arbeitsschutzgesetz (ArbSchG) der Bundesrepublik Deutschland jeder Arbeitgeber dazu verpflichtet, eine Gefährdungsbeurteilung durchzuführen. Deren Ziel ist es, Gefährdungen zu erkennen und zu beseitigen. Es gibt jedoch keine Vorschrift, wie eine Gefährdungsbeurteilung im Detail abzulaufen hat. Sie soll sich vielmehr an den betrieblichen Gegebenheiten orientieren. Allerdings gibt es sieben Schritte, an denen sich Betriebe bei ihrer Gefährdungsbeurteilung orientieren sollten (BAuA 2020). Wichtig in diesem Zusammenhang ist, dass eine Dokumentationspflicht seitens des/der Arbeitgeber:in besteht und alle Schritte daher schriftlich nachgehalten werden müssen. Im Folgenden werden diese sieben Schritte erläutert.

(1) Vorbereiten der Gefährdungsbeurteilung: Dabei gilt es, verschiedene Aspekte zu berücksichtigen:

- Wer führt die Beurteilung durch? Je nach Betriebsgröße und Fachkenntnissen der Verantwortlichen kann es sinnvoll sein, verschiedene Akteur:innen an der Gefährdungsbeurteilung zu beteiligen. Darunter fallen insbesondere Betriebsärzt:innen oder Fachkräfte für Arbeitssicherheit (»Sifas«), Vorgesetzte und Mitarbeiter:innen verschiedener Abteilungen und Sicherheitsbeauftragte. Wenn im Betrieb vorhanden, müssen auch Betriebs- und Personalräte beteiligt werden. Auch das Heranziehen externer Dienstleister:innen kann angemessen sein, wenn innerhäusig die notwendige Kompetenz fehlt.
- Wer arbeitet im Betrieb? Gibt es Gruppen, die besonders schutzbedürftig sind? Darunter fallen z. B. Jugendliche, werdende Mütter, Schwerbehinderte, aber auch Mitarbeiter:innen mit schlechten Deutschkenntnissen, da diese ggf. Anweisungen nicht oder nur bedingt verstehen, oder Arbeitnehmer:innen, die im Zuge einer Wiedereingliederung nach einer Krankheit besonders geschützt werden müssen.
- Wie lässt sich eine Gefährdungsbeurteilung strukturieren? Es sollte versucht werden, möglichst gleiche Kategorien von Arbeitnehmer:innen zu schaffen. Dies kann anhand der Kombination von Arbeitsumgebung (z. B. Büro, Werkstatt), Arbeitsaufgaben (z. B. Nutzung von gleichen Maschinen, Wegen) und personellen Besonderheiten (z. B. Auszubildender, längerfristiger Mitarbeiter:innen) geschehen. Im Weiteren soll die Ablauforganisation, also die Ausführung der einzelnen Tätigkeiten durch die Gruppe von Mitarbeiter:innen, hinsichtlich der einzelnen Arbeitsschritte (z. B. Sägen, Hämmern, Schrauben) durchgegangen werden.

(2) Ermitteln der Gefährdungen: Dabei gilt es, folgende Dinge zu beachten:

- Was muss ermittelt werden? Laut ArbSchG ergeben sich Gefährdungen u. a. aus der Gestaltung und der Einrichtung der Arbeitsstätte, der Gestaltung von Arbeits- und Fertigungsverfahren sowie psychischen Belastungen (siehe Exkurs GB Psyche).
- Wie kann ermittelt werden? Gefährdungen können direkt, das heißt präventiv vorausschauend, ermittelt werden. Dabei sollten Gefährdungen mittels Expert:innenwissen und speziellen Checklisten für spezielle Gefahrenstoffe, Personengruppen oder Bedingungen erhoben werden. Alternativ bzw. zusätzlich können mittels indirekter Verfahren Unfälle aufgearbeitet werden. Dabei können z. B. Unfallberichte Hinweise auf mögliche Gefahrenquellen, die Unfälle verursacht haben, liefern.

Exkurs: GB-Psyche
Zwar wird die Gefährdungsbeurteilung von psychischen Belastungen seit 2013 auch explizit in § 5 ArbSchG erwähnt, allerdings wird in der betrieblichen Praxis die Erfassung möglicher psychischer Belastungen bisher stark vernachlässigt (Wulf/Süß/Diebig 2017, S. 296). Unternehmen berichten in diesem Zusammenhang häufig von zu hoher Komplexität, wenig Handlungshilfen und geringen Erfolgsaussichten bei der Umsetzung von Gegenmaßnahmen. Weiterhin wird befürchtet, dass Mitarbeiter:innen aufgrund mangelnder (empfundener) Anonymität nicht ehrlich auf Fragen antworten, und die Kosten daher nicht im Verhältnis zu dem Nutzen der Maßnahmen stehen.

(3) Beurteilen der Gefährdungen: Im dritten Schritt muss entschieden werden, welches Risiko mit einer Gefährdung einhergeht. Dabei stellen sich folgende Fragen:

- Besteht eine Gefahr für Arbeitnehmer:innen? Jede einzelne Gefährdung muss hinsichtlich ihres Gefahrenpotenzials bewertet werden, z. B. ob durch die Benutzung einer Maschine ein Unfallrisiko besteht.
- Wie kann das Gefahrenpotenzial ermittelt werden? Zunächst gibt es für viele Gefährdungen normierte Mindestanforderungen, Schutzstufenkonzepte oder Bewertungshilfen. Diese können herangezogen werden, um Risiken zu bewerten. Wenn für identifizierte Gefährdungen keine Vorgaben vorliegen, muss der/die Arbeitgeber:in selbst eine Einschätzung hinsichtlich des Ausmaßes und der Wahrscheinlichkeit eines Schadens vornehmen.

(4) Festlegen konkreter Arbeitsschutzmaßnahmen: Um Probleme, die identifiziert wurden, zu verringern, ist im nächsten Schritt das Festlegen von Sollzustän-

den und Entwickeln von Handlungsstrategien nötig. Dabei stellen sich folgende Fragen:

- Was soll bis wann erreicht werden? Dabei ist zunächst zu klären, inwiefern der Ist-Zustand vom Soll-Zustand abweicht. Weiterhin muss festgelegt werden, bis wann eine Maßnahme umgesetzt werden soll.
- Wie kann der Soll-Zustand erreicht werden? Hierbei müssen technische, organisatorische und personenbezogene Arbeitsmaßnahmen festgelegt werden, die dazu führen, dass sich Gefahren reduzieren.

Festgelegte Arbeitsschutzmaßnahmen können dabei verhältnis- und/oder verhaltenspräventiv gestaltet sein:

Unter **Verhältnisprävention** werden solche Maßnahmen zur Gesunderhaltung verstanden, die die Arbeitsbedingungen betreffen. Darunter fällt z. B. die Gestaltung der Arbeitsplätze, der Arbeitsräume und der Arbeitsmittel. Ziel der Verhältnisprävention ist dabei insbesondere das Minimieren von bekannten Belastungen, die zur Fehlbeanspruchung führen können. Ist dem/der Arbeitgeber:in z. B. bekannt, dass die Lautstärke innerhalb der Arbeitsstätten als zu laut empfunden wird, könnte er/sie beispielsweise in Form von Lautstärkedämmungen, neuer Räume oder durch das Bereitstellen von Ohrenschutz eine Verbesserung anstreben. Bei der Verhältnisprävention liegt die Verantwortung maßgeblich bei den Arbeitgeber:innen. Sie eignet sich daher besonders für Belastungen, die von vielen Mitarbeiter:innen empfunden werden.

Bei der **Verhaltensprävention** hingegen wird die Verantwortung auf einzelne Mitarbeiter:innen übertragen. Darunter werden demnach Maßnahmen verstanden, die das Verhalten der Mitarbeiter:innen fokussieren. Hierunter fallen insbesondere Maßnahmen zur Aufklärung über gesundheitliche Risiken oder zur Stärkung oder Veränderung der individuellen Fähigkeiten oder Verhaltensweisen. Beispielsweise können verhaltenspräventive Maßnahmen darin bestehen, dass Mitarbeiter:innen mittels Informationsveranstaltungen oder schriftlicher Dokumente über psychische Risiken aufgeklärt und/oder auf betriebliche Angebote zur Vermittlung relevanter Kompetenzen aufmerksam gemacht werden. Darunter fallen z. B. Kurse zur Förderung der Gesundheitskompetenz am Arbeitsplatz, in denen Teilnehmer:innen lernen sollen, wie sie z. B. erste Anzeichen von psychischen Problemen bei sich oder Kolleg:innen erkennen und wie sie damit umgehen. Auch Kurse zur Förderung der individuellen Resilienz (siehe Exkurs: Resilienz) können Mitarbeiter:innen helfen, Belastungen auf der Arbeit besser zu begegnen.

Exkurs: Resilienz

Der Begriff Resilienz hat seinen Ursprung in den Naturwissenschaften und bezeichnet die Eigenschaft von Materialien oder Gegenständen, nach Einwirkungen von äußeren Einflüssen ihren ursprünglichen Zustand zu behalten oder wiederzuerlangen. Übertragen auf das Individuum entwickelt sich Resilienz insbesondere aus der Interaktion zwischen Mensch und Umwelt: Menschen, die in der Vergangenheit erfolgreich Krisen und stressige Situationen überwinden konnten, können demnach zukünftig besser mit ähnlichen Problemen umgehen. Resiliente Menschen verfügen über verschiedene Schutzfaktoren. Darunter fallen z. B. Humor, Hoffnung, ein hohes Selbstwertgefühl, soziale Unterstützung, Optimismus und Achtsamkeit. Resilienz ist in Teilen noch im Erwachsenenalter erlernbar und kann beispielsweise in Resilienztrainings vermittelt werden. Eine ausgeprägte Resilienz kann dabei helfen, in stressigen Berufen eine bessere Leistung abzurufen und motiviert und gesund zu bleiben (Klingenberg/Süß 2020, S. 18–22).

(5) Durchführen der Maßnahmen: Im fünften Schritt werden die zuvor festgelegten Maßnahmen durchgeführt. Dabei sollte vor allem sichergestellt werden, dass klare Verantwortlichkeiten für die Umsetzung vergeben werden.

(6) Überprüfen der Durchführung und der Wirksamkeit der Maßnahmen: Dabei stellen sich diese Fragen:

- Wurden die Maßnahmen durchgeführt? Insbesondere bei Maßnahmen, die schwierig zu kontrollieren sind, z. B. bei der Verbesserung des Organisationsklimas muss überprüft werden, ob die Maßnahme durch die verantwortliche Führungskraft durchgeführt wurde.
- War die Maßnahme erfolgreich? Es ist zu klären, ob die Maßnahme den Soll-Zustand wirklich hergestellt hat. Falls nicht, stellt sich die Frage, ob die gewählten Instrumente unwirksam waren oder diese nicht richtig angewandt wurden.
- Ist die Maßnahme nachhaltig? Zuletzt stellt sich die Frage, ob die Gefahrenlage dauerhaft reduziert wurde. Müssen zukünftig weitere Beurteilungen oder Maßnahmen folgen oder hat die Gefährdung den gewünschten Zustand erreicht?

(7) Fortschreiben der Gefährdungsbeurteilung: Sind beispielsweise neue Gefährdungen bekannt geworden oder haben sich die Gegebenheiten geändert, z. B. weil neue Arbeitsmittel angeschafft wurden, müssen neue Gefährdungen mitbeurteilt werden.

3. Handlungsempfehlungen zur Gestaltung strategischer Personalarbeit vor dem Hintergrund transformationaler Prozesse der Arbeitswelt

Vor dem Hintergrund der anfangs beschriebenen Transformation von Arbeit wächst die Relevanz einer strategischen Personalarbeit, die die Gesundheit der Mitarbeiter:innen als gesamtbetriebliche Aufgabe begreift. Diese beinhaltet geeignete Maßnahmen des Arbeitsschutzes sowie Maßnahmen der BGF und erfolgt auf verschiedenen betrieblichen Ebenen.

Aus der Gefährdungsbeurteilung sind für Arbeitgeber:innen Maßnahmen abzuleiten, die der Gesundheit von Arbeitnehmer:innen zuträglich sind. Eine **Kombination aus verhältnis- und verhaltenspräventiven Maßnahmen** stellt dabei den effektivsten Weg zur Gesunderhaltung von Mitarbeiter:innen dar. An den Stellen, an denen es möglich ist, sollten Arbeitgeber:innen vermeidbare Gefährdungen verhindern oder reduzieren. Je nach Art der Gefährdung können dafür größere Investitionen in bessere Technologien oder die Umgestaltung von Arbeitsstätten nötig sein. Allerdings können diese Maßnahmen mit einem lohnenden Return on Investment für Unternehmen einhergehen, insbesondere wenn die Maßnahmen zur Reduktion von Arbeitsunfähigkeit und zur Steigerung von Motivation und Produktion beitragen. Verhältnisprävention muss dabei keineswegs immer mit hohen Kosten verbunden sein. Je nach Art der vorhandenen Gefährdungen können eine Umstellung von Arbeitsprozessen, die Neuorganisation von Verantwortungen oder auch eine stärker zum Ausdruck gebrachte Wertschätzung, beispielsweise in Form der Kommunikation von Führungskräften, Gefährdungen massiv reduzieren. Um Mitarbeiter:innen den Umgang mit Belastungen zu erleichtern, sollten sie im Zuge verhaltenspräventiver Maßnahmen mit relevanten Fähigkeiten und Kenntnissen zum Umgang mit Belastungen ausgestattet werden. Dies kann etwa in Form von Informationsmaterialien, kollektiven Informationsveranstaltungen, Schulungen oder Kursen geschehen. Allerdings können oft auch schon Hilfestellungen durch Führungskräfte oder das Einräumen von Möglichkeiten, über potenzielle Probleme zu sprechen, ausreichend sein, um den Umgang mit Belastungen zu erleichtern. Die Wahl und die Umsetzung von geeigneten Maßnahmen stellt für Unternehmen häufig eine besondere organisatorische und/oder finanzielle Herausforderung dar. Daher sollten Unternehmen den Erfolg von Maßnahmen kontrollieren. Dies geschieht z. B. durch die Definition von Sollzuständen und ihre regelmäßige Überprüfung. Sind die gewählten Maßnahmen nicht erfolgreich, sollten mögliche Fehlerquellen identifiziert werden und Maßnahmen angepasst oder gewechselt werden. Neben den genannten Maßnahmen des betrieblichen Gesundheitsmanagements sollte der Umgang mit Belastungen auch in die **Instrumente des Personalma-**

nagements und der **Personalführung** integriert werden (für einen Überblick siehe Scherm/Süß 2016). So können im Zuge der Personalentwicklung Mitarbeiter:innen beispielsweise mit Kenntnissen und Fähigkeiten ausgestattet werden, die im Umgang mit Belastungen helfen. Wenn die Belastung etwa aus fehlenden Fähigkeiten hinsichtlich IKT rührt, kann die Lösung des Problems in entsprechenden Schulungen liegen, um die Mitarbeiter:innen mit den nötigen Kenntnissen auszustatten. Auch das Mitarbeiter:innengespräch kann zum Austausch über mögliche Gefährdungen oder Maßnahmen zur Gesundheitsförderung genutzt werden.

Neben der Prävention von Gefährdung sollte auch die aktive Gesunderhaltung in Form von **BGF** Beachtung in einer strategischen Personalarbeit finden. Viele Unternehmen bieten ihren Mitarbeiter:innen daher entsprechende Möglichkeiten, z. B. zur gesunden Ernährung oder Betriebssport, an. Auch Angebote, die speziell auf die Erhaltung oder Verbesserung der psychischen Gesundheit zielen, wie Yoga oder Meditationstrainings, finden vor dem Hintergrund der zunehmenden Transformation von Arbeit vermehrt Einzug in Unternehmen. Dabei muss BGF keinesfalls immer mit teuren Trainings oder Maßnahmen verbunden sein. Bereits das aktive Fördern des sozialen Miteinanders oder die Kommunikation hin zu einem positiven und wertschätzenden Organisationsklima kann das Wohlbefinden und damit die psychische Gesundheit von Mitarbeiter:innen fördern (Faller-Faller 2016, S. 27).

Die Akzeptanz der **Mitarbeiter:innen** ist ein zentraler Schlüssel bei der Umsetzung von Maßnahmen des BGM. Dabei sollten Meinungen und Präferenzen der Mitarbeiter:innen berücksichtigt werden. Haben Mitarbeiter:innen beispielsweise kein Interesse an Fortbildungen oder sehen keinen Mehrwert darin, stoßen entsprechende Maßnahmen ggf. nicht auf Resonanz. Mitarbeiter:innen könnten sich zudem verpflichtet fühlen, an diesen Maßnehmen teilzunehmen, obwohl sie darin keinen Nutzen für sich sehen, was zu Unzufriedenheit führen kann. Daher sollte stets überprüft werden, wie Mitarbeiter:innen ausgewählte Maßnahmen bewerten.

Eine zentrale Rolle bei der Gesunderhaltung von Mitarbeiter:innen nehmen **Führungskräfte** ein. Erstens sind Führungskräfte häufig für die Umsetzung von entsprechenden Maßnahmen verantwortlich. Sind sie von Maßnahmen nicht überzeugt, findet die Umsetzung evtl. nur halbherzig statt. Infolgedessen werden die Mitarbeiter:innen nicht von der Wirkung der Maßnahmen überzeugt, so dass diese nicht den gewünschten Erfolg bringen. Zweitens haben Führungskräfte eine Vorbildfunktion. Halten sich diese nicht an vereinbarte Maßnahmen oder nehmen selbst nicht an diesen teil, kann dies mit einer negativen Signalwirkung für Mitarbeiter:innen einhergehen. Drittens prägen Führungskräfte das Klima und das soziale Miteinander in Abteilungen. Daher können Führungskräfte selbst die Ursache für Belastungen darstellen. Viertens stellen Führungskräfte häufig die Verbindung zwischen Mitarbeiter:innen und übergeordnete Unternehmensebenen dar. Daher können sie Bedürfnisse von Mitarbeiter:innen in Bezug auf gesunde Arbeit, beispielsweise in Mitarbeiter:innengesprächen, erfahren und diese an Entscheidungsträger:innen weiterleiten.

4. Literatur

BAuA (2020): Sieben Schritte zur Gefährdungsbeurteilung: *https://www.baua. de/DE/Themen/Arbeitsgestaltung-im-Betrieb/Gefaehrdungsbeurteilung/ Grundlagenwissen/Sieben-Schritte-zur-Gefaehrdungsbeurteilung/Sieben- Schritte-zur-Gefaehrdungsbeurteilung_node.html,* 20. 7. 2020.

Cartwright/Cooper (1997): Managing workplace stress.

Faller (Hrsg.) (2016): Lehrbuch Betriebliche Gesundheitsförderung; 3. Aufl.; zitiert: Faller-Faller.

Faupel/Süß (2018): The Effect of Transformational Leadership on Employees During Organizational Change, 145–166.

Hahnzog (Hrsg.) (2014): Betriebliche Gesundheitsförderung; zitiert Hahnzog-Luick.

Klingenberg/Süß (2020): Coping und Resilienz, Wirtschafswissenschaftliches Studium, 18–22.

Knieps/Pfaff (2018): Arbeit und Gesundheit Generation 50+; zitiert Knieps/ Pfaff-Rennert.

Kroll/Müters/Lampert (2016): Arbeitslosigkeit und ihre Auswirkungen auf die Gesundheit: Ein Überblick zum Forschungsstand und zu aktuellen Daten der Studien GEDA 2010 und GEDA 2012, Bundesgesundheitsblatt, Gesundheitsforschung, Gesundheitsschutz, 228–237.

Mantler/Matejicek/Matheson/Anisman (2005): Coping with employment uncertainty, Journal of Occupational Health Psychology, 200–209.

Scherm/Süß (2016): Personalmanagement; 3. Aufl.

Schneider/Ehrhart/Macey (2013): Organizational climate and culture, Annual review of psychology, 361–388.

Semmer/Jacobshagen/Meier/Elfering/Beehr/Kälin/Tschan (2015): Illegitimate tasks as a source of work, Work & Stress, 32–56.

Süß (2006): Commitment freier Mitarbeiter: Erscheinungsformen und Einflussmöglichkeiten am Beispiel von IT-Freelancern. Zeitschrift für Personalforschung, 255–275.

Tarafdar/Tu/Ragu-Nathan/Ragu-Nathan (2007): The Impact of Technostress on Role Stress and Productivity, Journal of Management Information Systems, 301–328.

Techniker Krankenkasse (2019): Gesundheitsreport: Arbeitsunfähigkeiten.

Turner (Hrsg.) (2001): Handbook of sociological theory; zitiert Turner-Turner.

Weiß/Süß (2016): The Relationship between Transformational Leadership and Effort-Reward Imbalance Leadership & Organization Development Journal, 450–466.

Wulf/Süß/Diebig (2017): Akteure der Gefährdungsbeurteilung psychischer Belastung – Perspektiven und Konflikte im betrieblichen Arbeits- und Gesundheitsschutz, Zeitschrift für Arbeitswissenschaft, 296–304.

Andreas Bist

Psychosoziale Unterstützung im Betrieb: Einführung einer Clearingstelle in Akutsituationen, HPZ Krefeld

Inhaltsübersicht

1. Einleitung

Die *Heilpädagogisches Zentrum Krefeld – Kreis Viersen gGmbH* hat es sich zur Aufgabe gemacht, Menschen mit Behinderungen beruflich und sozial einzugliedern. Die aktive Unterstützung des Inklusionsprozesses dieser Personen in die Gesellschaft ist dabei oberstes Maxim. Verteilt auf elf Standorte im Kreis Viersen und der Stadt Krefeld wird in Werkstätten für Menschen mit Behinderungen Eingliederungsarbeit geleistet, die die Betreuung und Förderung von über 2200 behinderten Mitarbeiter:innen sicherstellt. Über 500 Angestellte widmen sich dieser anspruchsvollen Tätigkeit, bei der Auseinandersetzungen und der Umgang mit Auffälligkeiten im Sozialverhalten alltäglich sind. Eine Folge der Auseinandersetzungen waren vermehrte Krankheitsausfälle in den Gruppen und Aussagen in Einzelgesprächen über die hohe psychische Belastung, die mit der Tätigkeit einhergeht, jedoch nur schwerlich durch Hilfsangebote wie Supervisionen aufgefangen werden kann, die eine entsprechende Vorlaufzeit benötigen. Um diese anfänglich subjektiven Wahrnehmungen psychischer Belastung am Arbeitsplatz zu verifizieren, wurde im Jahr 2016 eine anonyme Mitarbeiter:innenbefragung durchgeführt, durch die die Situation beziffert werden konnte. Das Ergebnis machte die Notwendigkeit eines niedrigschwelligen und unbürokratischen Hilfsangebots für die Angestellten sehr deutlich, sodass als Folge der Umfrage zwei Stellen installiert wurden, welche im Praxisbeitrag vorgestellt werden.

2.   Lösungsansätze und gute Beispiele

Um zu der notwendigen Analyse zu kommen, wurde durch den Betriebsrat auf Grundlage des Arbeitsschutzgesetzes die Gefährdungsbeurteilung der psychischen Belastungen im Arbeitssicherheitsausschuss thematisiert. So besagt § 5 Abs. 1 und 2 ArbSchG, dass Gefährdungen zu beurteilen sind, und darauf aufbauend der § 6 Abs. 1 ArbSchG, dass anhand der Ergebnisse der Beurteilung Arbeitsschutzmaßnahmen zu treffen sind und beides zu dokumentieren ist. So wurde ein gemeinsamer Ablaufplan entwickelt, der wie folgt aussah:

Abbildung 1:

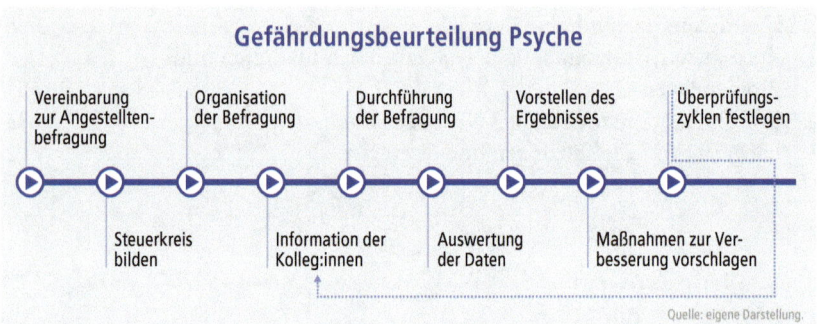

Die Geschäftsführung und der Betriebsrat einigten sich auf die Gefährdungsbeurteilung durch eine *Angestelltenbefragung*. Der gesetzlich vorgeschriebene Arbeitsschutzausschuss etablierte sich als *Steuerkreis* der Gefährdungsbeurteilung Psyche und begleitete die gesamte Durchführung. Als sehr hilfreich erwies sich, dass die Beteiligten ihre jeweiligen Arbeitsplätze gut im Blick haben und dadurch eine umfängliche Sicht auf die Themen der Mitarbeiter:innen einbringen konnten.

Der *Steuerkreis* widmete sich sowohl der *Gefährdungsbeurteilung Psyche* als auch unternehmensweiten Themen. Vertreten sind darin Betriebsärzt:innen, die jeweiligen Beauftragten der Arbeitsgruppenleitungen, Fachangestellte für Arbeitssicherheit, Personalreferent:innen als auch Betriebsratsmitglieder.

Die erste durchgeführte Angestelltenbefragung hatte einen Rücklauf von 80 Prozent und damit eine hohe Aussagekraft. Innerhalb der Gefährdungsbeurteilung *Psychische Gesundheit* zeigte sich beispielsweise, dass besonders kurz nach psychisch belastenden Situationen während der Dienstzeiten hilfreiche Angebote fehlen und gewünscht sind. Dazu zählen innerhalb der Tätigkeit im HPZ Krefeld schwierige Kontakte mit den Mitarbeiter:innen in den Werkstätten und ihren

Angehörigen, Beschimpfungen und Schuldzuweisungen. Durch persönliche Anmerkungen im Rahmen der Gefährdungsbeurteilung wurde evaluiert, dass bisherige Bewältigungsstrategien wie Supervision oder Coaching bei Problemen nicht mehr ausreichend sind und es immer häufiger passiert, dass Mitarbeitende an persönliche Grenzen stoßen, auch weil jene Angebote zeitlich versetzt stattfinden und mit hohen bürokratischen Hürden verbunden sind.

Weiter wurde deutlich, dass gerade in Extremsituationen eine Überforderung aller Beteiligten zu beobachten war. Zwar sind diese Situationen äußerst selten, aber die Überforderung konnte in bereits erlebten Fällen konkret festgestellt werden. Auch hier fehlte es an direkten Hilfsangeboten in solchen Situationen.

So machte das Ergebnis der Gefährdungsbeurteilung deutlich, dass das HPZ Krefeld betrieblich in Bezug auf körperliche Belastungen sehr gut aufgestellt ist, aber im Bereich *psychische Gesundheit* der Mitarbeitenden großer Handlungsbedarf besteht.

Die Erkenntnis konnte zusätzlich durch eine Analyse der eingereichten Arbeitsunfähigkeitsbescheinigungen durch die Krankenkassen bestätigt werden. Hier wurde deutlich, dass die Arbeitsunfähigkeitsdauer aufgrund von psychischen Problemen auch im Vergleich zu anderen Erkrankungen sehr lange angedauert hat.

Nach diesem Ergebnis und der erfolgten Analyse, nahm sich der Betriebsrat dem Thema »Unterstützungsangebote« an und richtete hierzu einen internen Arbeitskreis ein.

Aufgrund der zweischneidigen Gewichtung der Analyse teilte man die Erarbeitung von Unterstützungsangeboten auf zwei Bereiche auf:
· Konzepterstellung zur Unterstützung bei alltäglichen Situationen und Problemlagen
· Konzept zur Unterstützung bei Extremsituationen

Ziel der Konzepte sollte es sein, die psychische Gesundheit zu erhalten bzw. positiv zu beeinflussen, um psychische Erkrankungen zu vermeiden oder deren Folgen zu reduzieren.

3. Konzept zur Unterstützung bei alltäglichen Situationen und Problemlagen

Für die alltäglichen Situationen und Problemlagen konzentrierte sich das HPZ Krefeld auf die Etablierung eines Beratungsangebotes, was jedoch sowohl für berufliche als auch private Probleme adressierbar sein soll.

Beratungsanlässe bieten daher:
- Psychische Belastungen am Arbeitsplatz und/oder im privaten Umfeld
- Individuelle Krisen in Teamsituationen
- Nachhaltige Konflikte mit Kolleg:innen und/oder Vorgesetzten
- Trauerverarbeitung
- Übergriffe am Arbeitsplatz
- Überlastung/Überlastungsempfindung

Die Beratung soll Folgendes ermöglichen:
- Angestellte erhalten die Möglichkeit einer schnellen und unkomplizierten psychologischen Beratung
- Ziel der Beratung ist, Wege und Hilfestellungen aufzuzeigen, die im Anschluss genutzt werden können.
- Die Beratung findet durch eine externe, neutrale Fachkraft statt.
- Keine Dokumentation über Anlass/Inhalt des Gesprächs
- Schweigepflicht gegenüber dem Arbeitgeber wird gewahrt

Ein wichtiger Aspekt war und ist, dass sich Angestellte unkompliziert, ohne dass es die Leitungskräfte oder ein anderer mitbekommen muss, bei einer externen Stelle melden können. Die Anonymität ist gewährleistet, da sonst der Schritt in Richtung einer Beratung und Unterstützung für viele kaum vorstellbar wäre.

Die Schweigepflicht gegenüber dem Arbeitgeber von Seiten der Berater:innen war ein weiterer wichtiger Faktor. Dies sollte verbindlich durch einen Vertrag zwischen Berater:innen und Geschäftsführung gewährleistet werden.

Vertrauen ist dabei ebenso elementar, denn die Geschäftsführung muss ihren Angestellten und umgekehrt auch die Angestellten ihrem Arbeitgeber vertrauen. Im HPZ Krefeld wurde dies auch durch die Einbindung des Betriebsrates sichergestellt, der für die Kommunikation der Neuerungen verantwortlich war.

Nach der Festlegung der Rahmenbedingungen einer solchen Anlaufstelle wurde über den Arbeitsschutzausschuss die positive Rückmeldung an die Geschäftsführung kommuniziert. Nach deren Zustimmung erfolgte die Suche nach entsprechenden externen Stellen für die Beschäftigten des HPZ Krefeld, welche sich vor allem wegen geringer Kapazitäten niedergelassener Psycholog:innen schwierig gestaltete. Über den Betriebsarzt entstand schließlich der Kontakt zum Beratungsinstitut *Intakkt*, welches nach Abstimmungsgesprächen einen Ersttermin aller Hilfesuchenden des HPZ Krefeld innerhalb von zwei Tagen zusicherte. Seither wird dieses Angebot durch die Beschäftigten gut angenommen.

Ob tatsächlich auch Ausfallzeiten im Bereich der psychischen Erkrankungen rückgängig sind, wird sich im Rahmen einer späteren Arbeitsunfähigkeitsanalyse zeigen. Ferner wird eine Wiederholung der Gefährdungsbeurteilung neue Erkenntnisse mit sich bringen, welche entsprechend analysiert und bearbeitet werden.

4. Konzept zur Unterstützung bei Extremsituationen

Beim Thema der Unterstützung in Extremsituationen wurde schnell deutlich, dass es sich hier um eine *interne Unterstützung* durch fachlich qualifizierte Personen handeln muss, die schnell verfügbar ist. Oft ist die Erste Hilfe bei körperlichen Problemen im Unternehmen geklärt, im Bereich der psychischen Hilfe fehlt es oft an Konzepten und Kompetenzen.

Der Arbeitskreis im Betriebsrat legte nachfolgende Situationen fest, in denen eine direkte Unterstützung möglich sein soll:

- Todesfall von Beschäftigten in der Gruppe/Abteilung
- Schwere Unfälle von Beschäftigten
- Begleitung bei der Überbringung einer Todesnachricht durch Vorgesetzte an Beschäftigte
- Gewalterfahrung (Übergriffe)
- Akute Belastungsreaktionen
- Individuell als besonders belastend empfundenes Ereignis

Beim Thema der Qualifizierung, wurde sich ein Beispiel an der sogenannten Notfallseelsorge im Rettungsdienst genommen, die im öffentlichen Raum zur Verfügung steht.

Es stellte sich im Rahmen der Erarbeitung eines Konzeptes heraus, dass es innerhalb der Belegschaft zwei Personen gab, die über eine Notfallseelsorge-Ausbildung verfügen. Mit diesen Personen wurde ein Gespräch geführt. So konnten diese für eine Mitarbeit gewonnen werden und sind von der Betriebsleitung, wann immer Notfallsituationen auftreten, für diese freigestellt, so dass sie innerhalb von 60 Minuten zum entsprechenden Einsatzort kommen können.

Das Konzept umfasste somit die nachfolgenden Punkte:

- Betroffene Angestellte sollen sich direkt an das Team der Psychosozialen Unterstützung (im Folgenden PSU) wenden können.
- Führungskräfte können direkt in einer akuten Phase die PSU-Mitglieder in die Abteilung ordern, auch ohne direkten Auftrag.
- Die Qualifikation der PSU-Mitglieder soll im Bereich der Notfallseelsorge liegen.

Es wurde eine Vereinbarung ausgearbeitet und diese dem Arbeitsschutzausschuss vorgestellt. Dieser begrüßte das Konzept und empfahl der Geschäftsführung, diese Vereinbarung abzuschließen. So erfolgte kurzfristig der Abschluss einer entsprechenden Vereinbarung, welche der Belegschaft bekanntgegeben und als positiv und hilfreich wahrgenommen wurde.

5. Längerfristige Zielsetzungen und Strategien

Die langfristige Zielsetzung ist, durch das Unterstützungsangebot im Bereich der alltäglichen Situationen die Fehlzeiten bezüglich psychischer Erkrankungen deutlich zu reduzieren.

Dazu soll das Institut langfristig enger einbezogen werden, um präventive Maßnahmen im Betrieb zu realisieren, falls die dahinführenden Problematiken auch intern im Betrieb zu finden sind. Wie bereits erwähnt, sollen durch eine Wiederholung der Gefährdungsbeurteilung auch Erkenntnisse über die Wirkungen der Maßnahmen gewonnen werden.

Die langfristige Zielsetzung im Bereich der Unterstützung in Extremsituationen ist, dass diese Nothilfe jeder/jedem Beschäftigten durch eine entsprechende Öffentlichkeitsarbeit immer wieder ins Bewusstsein gerufen wird. Dazu zählt auch, dass die Kontakte zur Beratung, Adressierbarkeit und Zugänglichkeit niedrigschwellig zu finden sind.

Die Erweiterung der fachlich qualifizierten Beschäftigten ist ein weiteres Ziel. Hierzu bietet sich ein Lehrgang zum Thema »Fachkraft zur Psychosozialen Unterstützung« an bzw. eine Ausbildung zur/zum Notfallseelsorger:in. Hierzu fokussiert die PSU des HPZ Krefeld auch die Fortbildung bereits qualifizierter Beschäftigter, um zukünftig auch auf größere Schadenslagen vorbereitet zu sein.

Die aktuelle Wahrnehmung des Betriebsrats ist ein Rückgang von Krankheitsausfällen mit der Begründung *psychischer Belastung* durch die Implementierung der Clearingstelle, bzw. dass die Krankheitsausfälle aufgrund dessen nicht mehr so lange andauern. Die Wiederholung der Analysen wird dies jedoch noch zu belegen haben. Fest steht, dass die Angestellten des HPZ Krefeld das Angebot der externen Beratungsmöglichkeit rege nutzen und meist schon zwei der drei möglichen Beratungstermine ausreichend sind, um die Belastungen der Tätigkeit nicht zu groß werden zu lassen.

Die grundsätzliche Notwendigkeit von Unterstützungsangeboten, um Ausfälle aufgrund von psychischen Belastungen zu reduzieren, zeigt sich nicht nur im Bereich der Werkstätten für behinderte Menschen, wie hier vorgestellt, sondern auch in den unterschiedlichsten Unternehmen.

Der hier vorgestellte Ansatz ist somit für nahezu alle Unternehmen ein mögliches Instrument, um den psychischen Belastungen entgegenzuwirken.

Sabine Svatek
Betriebliches Gesundheitsmanagement bei der IG Metall

Die IG Metall setzt sich für gesunde und faire Arbeitsbedingungen in Unternehmen ein. Und sie gibt selbst ein Vorbild: Als Arbeitgeberin hat sie Betriebliches Gesundheitsmanagement (BGM) vor einigen Jahren in der Unternehmenskultur fest verankert. Ziel ist es, die strukturellen Belastungen für die Beschäftigten zu senken sowie deren Gesundheit zu stärken. Eine maßgebliche Rolle nehmen die Führungskräfte ein. Sie tragen wesentlich dazu bei, dass sich Beschäftigte am Arbeitsplatz wohlfühlen.

Die IG Metall ist mit 2,3 Millionen Mitgliedern und ca. 2700 Beschäftigten die größte Einzelgewerkschaft der Welt. Sie hat ihren Hauptsitz in Frankfurt am Main, 150 Geschäftsstellen und sieben Bildungszentren verteilen sich auf das gesamte Bundesgebiet. Als Arbeitnehmervertretung vertritt die IG Metall die in ihr organisierten Arbeitnehmer:innen in den Branchen Metall/Elektro, Stahl, Informations- und Kommunikationstechnologie, Textil/Bekleidung, Holz/Kunststoff.

»Bei uns stellt das Betriebliche Gesundheitsmanagement ein strategisch ausgerichtetes Gesamtkonzept dar, das verhaltens- und verhältnispräventive Ansätze miteinander verbindet«, sagt Markus Würdemann, Leiter des Ressorts Personalgrundsätze und Arbeitsrecht bei der IG Metall. »Die im Rahmen des BGM entwickelten Maßnahmen und Prozesse zielen daher nicht nur auf individuelle Verhaltensänderungen einzelner Personen ab, sondern streben vor allem Veränderungen betrieblicher Arbeitsbedingungen und Strukturen an.«

1. Vom klassischen Arbeitsschutz zum BGM

Erste Initiativen und Diskussionen zur betrieblichen Gesundheitspolitik gab es bereits Ende der 1990er Jahre. Zuvor dominierte der klassische Arbeits- und Gesundheitsschutz und in den 80er Jahren die Thematik der Suchterkrankungen. Es stand die Frage im Raum, wie man die Gesundheit der Beschäftigten präventiv fördern kann. So entstanden vereinzelt Angebote der Betrieblichen Gesundheitsförderung (Seminare, Rückenschule, Gesundheitstag). 2004 wurde das Betriebliche Eingliederungsmanagement (BEM) zur Pflichtaufgabe. 2012 beschlossen Vorstand und Gesamtbetriebsrat, das Thema Gesundheit auf neue Beine zu stellen. Einzelmaßnahmen, die bisher nebeneinander standen, sollten in eine nachhaltige Struktur implementiert werden, die Vielzahl der Angebote, Maßnahmen und Prozesse in ein vernetztes Gesamtkonzept integriert und allen Beschäftigten in dezentralen Strukturen deutschlandweit zur Verfügung gestellt werden.

2. Eckpunkte Betriebliches Gesundheitsmanagement

Ein Eckpunktepapier zum Betrieblichen Gesundheitsmanagement legte dafür die Grundlagen. Ein Gesamtkonzept mit einer Reihe neuer Angebote und Maßnahmen wurde auf den Weg gebracht und den Beschäftigten kommuniziert. Dabei konnte auf die bereits etablierten Strukturen und Maßnahmen aufgebaut werden. Es wurde die Stelle Gesundheitsmanager:in geschaffen, die sich explizit um die strategische Planung, Koordination und Evaluation aller Gesundheitsaktivitäten kümmert. Im Laufe der Zeit wuchs das Team, das dem Personalbereich angehört, auf insgesamt vier Stellen. Gesundheitsmanager:in, Fachkraft für Arbeitssicherheit, BEM- und Suchtbeauftragte:r sowie Verwaltungsangestellte:r arbeiten interdisziplinär zusammen. Eine strategische Lenkungsgruppe, bestehend aus dem für Personal zuständigen Vorstandsmitglied, Personalleitung, Gesamtbetriebsrat und Gesundheitsmanagerin, definiert die Ziele und legt die Rahmenbedingungen für den Gesamtprozess fest. Sie tagt zweimal jährlich, im Zentrum steht die Frage, ob mit den vorhandenen Instrumenten und Maßnahmen die gemeinsamen Ziele im BGM erreicht werden können und an welcher Stelle aufgrund veränderter Rahmenbedingungen Anpassungen vorgenommen werden müssen.

3. Ziele und Handlungsfelder

Kommend von der Vision »Gesunde Beschäftigte in einer gesunden Organisation« sind die Kernziele der Erhalt und die Förderung der Gesundheit, Arbeits- und Leistungsfähigkeit sowie Arbeitszufriedenheit der Beschäftigten. Aus diesen Zielen leiten sich die strategischen Handlungsfelder ab: gesundheitsorientierte Führung, Verbesserung der Arbeitsbedingungen sowie Aufbau und Stärkung von Gesundheitskompetenz bei den Beschäftigten. Auch vor dem Hintergrund der demographischen Entwicklung besteht dringender Handlungsbedarf, Instrumente und Maßnahmen zum Betrieblichen Gesundheitsmanagement zu entwickeln und bereitzustellen, um letztlich einem vorzeitigen Ausscheiden der im Durchschnitt immer älter werdenden Beschäftigten entgegenzuwirken.

4. Mitbestimmung und Beteiligung

Die Gesundheitsarbeit wird als ständiger Prozess gesehen, den Beschäftigte, Führungskräfte und die betriebliche Interessenvertretung gemeinsam gestalten. Die gesetzliche Mitbestimmung ist ein hohes Gut. Die IG Metall geht aber noch einen Schritt weiter und beteiligt die Interessenvertreter:innen als Multiplikator:innen am gesamten Prozess, denn das erhöht die Wirksamkeit und Akzeptanz in der Belegschaft. Dazu zählen neben den Betriebsräten auch die Vertrauenspersonen der schwerbehinderten Menschen. Entstehen neue Maßnahmen oder werden Prozesse angepasst, steht im Vorfeld ein intensiver gemeinsamer Diskussions- und Aushandlungsprozess, an dessen Ende eine abgeschlossene Betriebsvereinbarung steht. Schließlich ist die intensive Einbindung der Beschäftigten ein grundsätzliches Element im BGM. Die Beschäftigten wissen als Expert:innen ihrer Arbeit am besten, wo Verbesserungen erforderlich sind, die zu mehr Wohlbefinden und besserer Leistungsfähigkeit beitragen. Deshalb werden sie insbesondere bei der Gestaltung ihrer Arbeitsbedingungen im Rahmen der psychischen Gefährdungsbeurteilung aktiv beteiligt.

5. Zentrales Instrument im BGM: Die psychische Gefährdungsbeurteilung

Mit einer 2019 abgeschlossenen Betriebsvereinbarung bekommen Führungskräfte ein Instrument an die Hand, das einen strukturierten Prozess für die Suche nach Stressauslösern sowie die Erarbeitung von Lösungsvorschlägen vorgibt. Ziel ist, dass jeder der 170 Standorte der IG Metall eine eigene psychische Gefährdungsbeurteilung durchführt, denn psychische Belastungen entstehen dort, wo Menschen zusammenarbeiten.

Abbildung 1: Prozess der psychischen Gefährdungsbeurteilung

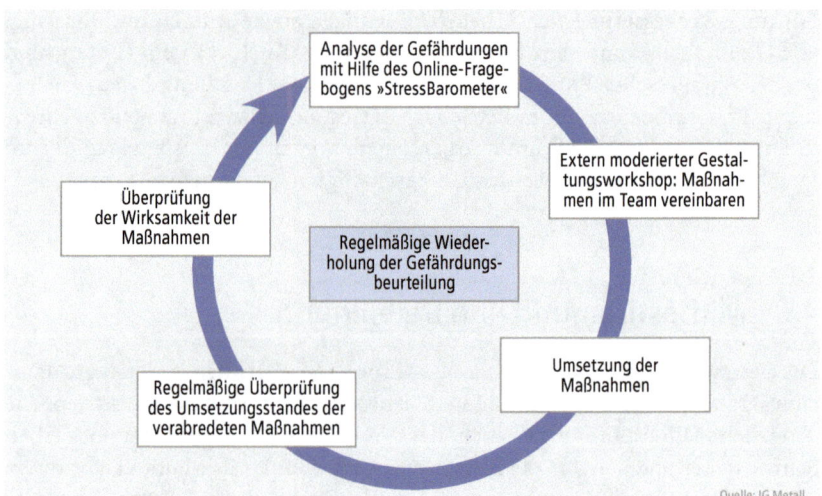

Quelle: IG Metall

Nach einer Online-Befragung mit dem IG Metall StressBarometer,[1] das psychische Belastungen erfasst, sollen sich die Beschäftigten in einem extern moderierten Workshop einbringen. Dort konkretisieren sie die Belastungen am Arbeitsplatz, analysieren Ursachen und erarbeiten Lösungsansätze. Zudem identifizieren sie gesundheitsförderliche Faktoren in ihrem jeweiligen Team und entwickeln gemeinsam Ansätze zu deren Stärkung. Die Erfahrungen bei der IG Metall zeigen, dass die Belastungsfaktoren in einzelnen Einheiten oft dieselben waren. Letztlich sind es auch immer die weichen Faktoren wie Kommunikationskultur, Führungsverhalten und Betriebsklima, die für das Wohlbefinden am Ar-

---

1   *https://www.stressbarometer-igmetall.de/*

beitsplatz und damit für den Erhalt und die Steigerung der Arbeitsfähigkeit eine Rolle spielen.

Es hat sich gezeigt, dass die meisten Maßnahmen ohne großen finanziellen Aufwand umgesetzt werden können. Oftmals sind es »Kleinigkeiten«, wie beispielsweise Veränderungen in der Arbeitsorganisation oder dem Arbeitsablauf, die Gesundheit und Wohlbefinden der Beschäftigten positiv beeinflussen: Einführung von regelmäßigen Besprechungen, Klärung von Zuständigkeiten, verbindliche Einhaltung von Absprachen. Einigen Kolleg:innen ist schon damit geholfen, wenn sie sich zeitweise in einen ruhigen Raum zurückziehen können, um konzentriert an einer Aufgabe arbeiten zu können. Entscheidend für die nachhaltige Verbesserung der Arbeitssituation ist die anschließende Prüfung, ob die vereinbarten Maßnahmen wirksam sind oder diese gegebenenfalls angepasst werden müssen. Insgesamt ist die Gefährdungsbeurteilung als Organisationsentwicklungsprozess zu verstehen, der in regelmäßigen Abständen wiederholt werden muss.

6. Konkrete Maßnahmen und Angebote

Die operativen Kernelemente im BGM der IG Metall bilden der Arbeits- und Gesundheitsschutz, das Betriebliche Eingliederungsmanagement (BEM), die Suchtprävention und -beratung, Maßnahmen zur Gesundheitsförderung sowie zielgruppenspezifische Seminare.

Die beste Unterstützung für die Beschäftigten wird erreicht, wenn die Angebote nicht lose nebeneinanderstehen, sondern miteinander vernetzt sind. Stellt sich beispielsweise in einem BEM-Gespräch heraus, dass ein:e Beschäftigte:r ihre/seine Stressbewältigungskompetenz ausbauen möchte, kann er/sie an einem Gesundheitsseminar zu diesem Thema teilnehmen. In einem anderen Fall liegt die Notwendigkeit für die Durchführung einer Gefährdungsbeurteilung vor, wenn an einem Standort gleich mehrere Beschäftigte länger erkranken und die Ursache auf psychische Überlastung hindeutet.

Während der Handlungsrahmen beim Arbeits- und Gesundheitsschutz und BEM durch gesetzliche Reglungen weitestgehend vorgegeben ist, sind Maßnahmen zur betrieblichen Gesundheitsförderung und Seminare freiwillige Angebote des Arbeitgebers, die von Beschäftigten optional in Anspruch genommen werden können. Bei der IG Metall sind das unter anderem ein Präventionsprogramm für Auszubildende, ein EAP (Employee Assistance Program) sowie der Gesundheits-Checkup 40plus.

Abbildung 2: Elemente des BGM in der IG Metall

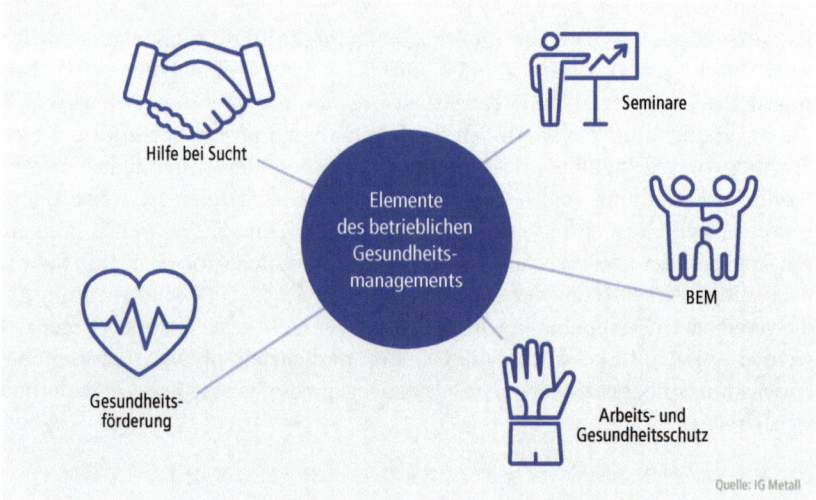

Quelle: IG Metall

7. Gesundheitsprävention für Auszubildende

Seit 2016 ist Gesundheit ein integraler Bestandteil der Ausbildung. Damit sollen Auszubildende von Beginn ihres Berufslebens an ein breit gefächertes Gesundheitsbewusstsein entwickeln. Die Idee dahinter: Auszubildende für ein gesundheitsbewusstes Verhalten am Arbeitsplatz und in der Freizeit zu sensibilisieren sowie Ursachen und Lösungsansätze für gesundheitsbelastende Verhaltens- und Arbeitsweisen aufzuzeigen. Denn Auszubildende mit einer hohen Gesundheitskompetenz haben einen besseren Ausbildungserfolg, können nach der Ausbildung leichter in das Berufsleben integriert werden und bleiben dort länger leistungsfähig. Die Seminarreihe besteht aus drei Modulen, die einmal im Jahr stattfinden und jeweils unterschiedliche inhaltliche Schwerpunkte abdecken: Gesunder Rücken, Ergonomie, Suchtprävention, Stressbewältigung, Umgang mit Konflikten, gesunde Ernährung, Bewegung, Fit im Kopf & Prüfungsangst. Da der Alltagsbezug für die Jugendlichen wichtig ist, hat das Seminar einen sehr hohen Praxisanteil: Neben einem gemeinsamen Frühstück werden Rückenübungen für Zwischendurch praktiziert und ein Austausch über die eigenen Erfahrungen mit Suchtmitteln angeregt.

8. EAP: Externe Beratung für Beschäftigte

Die externe Beratung ist ein unabhängiges Beratungsangebot für alle Beschäftigten. Ein externes deutschlandweites Netzwerk von Expert:innen berät bei beruflichen Problemen ebenso wie bei persönlichen, familiären, gesundheitlichen oder rechtlichen Fragen. Eingeschlossen ist der Familienservice zur besseren Vereinbarkeit von Beruf und Pflege bzw. Kindern. Das Angebot richtet sich auch an Führungskräfte und Betriebsräte, die Rat im Umgang mit Beschäftigten bzw. Kolleg:innen suchen. Nicht nur die Beschäftigten selbst, sondern auch ihre Angehörigen können den Service jederzeit kostenfrei in Anspruch nehmen. Alle Beratungen sind strikt vertraulich und unterliegen der gesetzlichen Schweigepflicht. Die jährliche Nutzungsquote von 12 Prozent ist sehr hoch. Gründe hierfür sind neben der hohen Beratungsqualität die Bekanntheit und Akzeptanz bei Beschäftigten, Führungskräften und Betriebsräten sowie Weiterempfehlungen durch Kolleg:innen.

9. Gesundheits-Checkup 40 plus

Der Gesundheits-Checkup für Beschäftigte ab dem 40. Lebensjahr dient der individuellen Vorsorge und bietet Beschäftigten die Möglichkeit, das Gesundheitsbewusstsein und die Gesundheitsverantwortung zu stärken. Etwa 60 Prozent der Beschäftigten ab dem 40. Lebensjahr nehmen regelmäßig daran teil. Der ganzheitliche Ansatz umfasst medizinische sowie psychologische Aspekte. Dabei stehen individuelle Fragestellungen und Konzepte zur Umsetzung von Gesundheitsvorhaben in den jeweiligen Alltag im Vordergrund.

Neben dem individuellen Nutzen für die Teilnehmenden profitiert die IG Metall durch die aggregierten Daten des Jahresberichts, der auch im strategischen Lenkungskreis analysiert wird. Wie ist es um die Gesundheit der Beschäftigten bestellt, welche Ressourcen und Belastungen erleben die Beschäftigten? Die Daten erlauben Rückschlüsse darüber, ob die angebotenen Maßnahmen passgenau sind oder welche Handlungsschwerpunkte gesetzt werden müssen. Eine wesentliche Erkenntnis aus den Checkup-Daten der letzten Jahre ist, dass ungünstige Führung, die sich durch eine geringe moralische Integrität der Führungskraft auszeichnet, mit einer erhöhten emotionalen Erschöpfung, Zynismus und Depressionssymptomen in Zusammenhang steht. Dies unterstreicht die wichtige Rolle der Führungskräfte beim Thema Gesundheit.

10. Die Rolle der Führungskräfte

»Mit unseren Angeboten für Führungskräfte wollen wir eine Führungskultur entwickeln, die unserem gewerkschaftlichen Selbstverständnis entspricht: Gute Führung soll die Gesundheit und die Arbeitszufriedenheit der Beschäftigten fördern. Deshalb haben wir das Thema ›Gesundheit und Führung‹ breit implementiert«, gibt Ressortleiter Markus Würdemann zu verstehen. In Qualifizierungsangeboten setzen sich Führungs- und Führungsnachwuchskräfte im ersten Schritt mit ihrer eigenen Gesundheit auseinander. Im zweiten Schritt werden sie mit Inhalten und Instrumenten des BGM vertraut gemacht. Dabei wird ihnen auch der besondere Zusammenhang zwischen ihrer eigenen Gesundheit, ihrem Führungsverhalten und dem Wohlbefinden der Beschäftigten aufgezeigt.

11. Besondere Herausforderungen mit Blick in die Zukunft

Die meisten Beschäftigten der IG Metall sind beruflich leidenschaftliche »Überzeugungstäter:innen«, die die Verhältnisse anderer Menschen verbessern wollen. Eine Befragung unter den Beschäftigten (interne Befragung, 2018) ergab ein für Non-Profit-Organisationen typisches Bild: Das Commitment (Ausmaß der Identifikation mit der Organisation) ist überdurchschnittlich hoch und die Tätigkeit wird als besonders sinnstiftend erlebt. Dies birgt nicht selten die Gefahr der Selbstausbeutung. Die IG Metall steht als Arbeitgeberin in der Verantwortung, die Unternehmenskultur so weiterzuentwickeln, damit die Selbstachtsamkeit und Selbstverantwortung für die eigene Gesundheit weiter in den Fokus gerückt werden.

Hinzu kommt: Die Corona-Pandemie in Kombination mit den ohnehin großen Herausforderungen der Transformation (E-Mobilität, Digitalisierung) in den von der IG Metall betreuten Betrieben führt zu höheren Belastungen bei den Beschäftigten der IG Metall. Da Wissens- und Emotionsarbeit den Kern der Tätigkeit ausmachen, wird deutlich, dass der Fokus im BGM zukünftig noch stärker auf den Erhalt der psycho-sozialen Gesundheit ausgerichtet sein muss. Fest steht, dass die Frage, ob Beschäftigte in Zukunft gesund bleiben, sich vor allem in den Köpfen der Menschen entscheidet. Neben konkreten und vernetzten Unterstützungsangeboten für Beschäftigte braucht es dafür Führungskräfte, die mit ihrer inneren Haltung und ihrem Verhalten einen entscheidenden positiven Einfluss darauf nehmen.

Anke Brinkmann/Florian Mattheck

Transformation in der Berliner Stadtreinigung: Beispiel aus dem Betrieblichen Gesundheitsmanagement

Inhaltsübersicht

1. Zusammenfassende Ausgangslage – die BSR aktuell

Die BSR ist mit ihren rund 6000 Beschäftigten und einem Umsatz von mehr als 600 Millionen Euro das größte kommunale Stadtreinigungsunternehmen Deutschlands. Mit 892 km² betreut sie eine Fläche so groß wie München, Frankfurt und Stuttgart zusammen. Allein 133 km² dieser Fläche stellen Verkehrsflächen (Straßen, Plätze etc.) dar. Dort ist die BSR verantwortlich für die Reinigung von Straßen, Plätzen und Gehwegen sowie den Winterdienst. Hoheitliche Aufgabe der BSR ist zudem die Entsorgung und Verwertung von 1,3 Millionen Tonnen Siedlungsabfall – im Wesentlichen aus den 2,4 Millionen Haushalten der 3,7 Millionen Berlinerinnen und Berliner. Gute Leistung, niedrige Gebühren und Kundenorientierung gehören ebenso wie ökologische und soziale Verantwortung zur Strategie des nachhaltig wirtschaftenden Unternehmens. Um zukunftsfähig zu bleiben und die eigene Rolle im Rahmen der Ressourceneffizienz und Stadtsauberkeit zu stärken, stellt sich die BSR den Veränderungen außerhalb des Unternehmens und gestaltet dafür auch den internen Veränderungsprozess. Die zentralen Herausforderungen der BSR sind – neben ihrer Rolle und ihrem Beitrag zur Lebensqualität in Berlin – die Steigerung der Digitalkompetenz sowohl im administrativen als auch im operativen Bereich sowie der demografische Wandel. In den nächsten fünf bis zehn Jahren gilt es, diesen Wandel mit geeigneten Maßnahmen, angefangen von altersgerechter Arbeitsplatzgestaltung, präventiven Maßnahmen bei der Ergonomie, neuen Methoden der Weiterbildung bis hin zur Unterstützung der Vereinbarkeit von Beruf und Familie, voranzutreiben. Um dabei erfolgreich zu sein, bedarf es der Beteiligung und Unterstützung der Beschäftigten. Neben zielgerichteten Maßnahmen wird daher insbesondere der Dialog in den Teams ein wesentlicher Aspekt zur Motivation der Beschäftigten sein. Sie sind in ihrer immer länger andauernden Erwerbstätigkeit die tragende Säule, um das Selbstverständnis des Unternehmens als Managerin für umfassende Stadtsauberkeit und nachhaltige Ressourcenwirtschaft zu unterstützen.

2.   Die BSR im Wandel

Die BSR antizipiert die sich verändernden Rahmenbedingungen und stellt sich auf die, gerade in einer sich wandelnden Metropole, größer werdenden komplexen gesellschaftlichen Anforderungen frühzeitig ein. Weltweit knapper werdende Ressourcen, Klimawandel, Mobilität der Zukunft, Digitalisierung und nicht zuletzt der demografische Wandel – alles Themen, die die BSR mittelbar und unmittelbar betreffen. Insbesondere mit Blick auf den demografischen Wandel werden kundenseitig die Ansprüche und Anforderungen an das Unternehmen ebenso steigen, wie sie bei Beschäftigten und potenziellen Beschäftigten in Bezug auf eine moderne Arbeitgeberin wachsen. Das stellt die BSR vor die Herausforderung, zum einen ihre Arbeitgeberattraktivität zu steigern, um weiterhin motivierte Mitarbeiterinnen und Mitarbeiter zu gewinnen und zu halten, und zum anderen das im Kontext eines ansteigenden Durchschnittsalters der Beschäftigten kundenfreundlich und kostengünstig zu erreichen. Kurz gesagt: In den nächsten fünf bis zehn Jahren muss die BSR die Herausforderung des demografischen Wandels mit passenden Maßnahmen gestalten. In diesem Zusammenhang müssen auch generationenübergreifende Wertvorstellungen, wie etwa die Vereinbarkeit von Beruf und Familie, als zentrale Punkte aktiv gestaltet werden. Neben den sozialen Aspekten liegt ein weiterer Schwerpunkt auf dem Erhalt von Gesundheit und Leistungsvermögen der Beschäftigten. Die erforderlichen Maßnahmen liegen im Wesentlichen in der Arbeitsorganisation und der kontinuierlichen Verbesserung der technischen Hilfsmittel – um insbesondere die operativen Beschäftigten bei ihrer schweren körperlichen Arbeit zu entlasten. Zusätzlich bedarf es – nicht nur um diese neuen Hilfsmittel sicher zu nutzen – auch geeigneter Maßnahmen in der Fort- und Weiterbildung. Das alles kann nur mit Beteiligung der Beschäftigten erfolgreich realisiert werden. Dabei sollen die Mitarbeitenden nicht nur den kleinen Ausschnitt ihrer eigenen Tätigkeit sehen, sondern verstehen, was ihr Beitrag zum gesamten Team- und Unternehmensergebnis ist. Mitarbeiterinnen und Mitarbeiter sind so offener für den Wandel und bringen sich mehr ein, beteiligen sich an der Lösungsfindung, testen neue Arbeitsmittel und nehmen die Verantwortung an. Das fördert weitere innovative Ansätze und trägt zur Zufriedenheit der Beschäftigten und damit letztlich zum Erfolg der BSR bei.

3. Projekte und Ansätze, dem demografischen Wandel zu begegnen

Um den Herausforderungen der Zukunft – insbesondere des demografischen Wandels – zu begegnen, wurden bei der BSR verschiedene Projekte und Initiativen gestartet. Ein bedeutender Aspekt ist der mit dem Anstieg des Durchschnittsalters in der Belegschaft ebenfalls einhergehende Anstieg der leistungsgeminderten Beschäftigten – vor allem aus Müllabfuhr und Straßenreinigung –, die nicht mehr vollumfänglich in ihrer ursprünglichen Tätigkeit eingesetzt werden können. Um dieser Entwicklung zu entgegnen, werden vor allem Maßnahmen mit einer bisher schon hohen Wirksamkeit verstärkt. Neben einer Reihe von Maßnahmen und Projekten zur Prävention, wie etwa Anpassungen der Arbeitsorganisation in der Müllabfuhr und Straßenreinigung, hat der Vorstand deshalb 2016 das Team »Gesundheitsmanagement Integration« (GMI) gegründet, das sich ausschließlich um die leistungsgewandelten Beschäftigten kümmert. Hauptaufgabe des Teams ist die Betreuung und Vermittlung der Kolleginnen und Kollegen auf die derzeit ca. 300 ausschließlich für diese zur Verfügung stehenden wertschöpfenden – und damit auch wertschätzenden – Einsatzmöglichkeiten in der BSR. Grundlage für die Zuordnung zur Abteilung und Vermittlung ist eine

Dienstvereinbarung zwischen Arbeitgeber- und Arbeitnehmerseite der BSR. Nach den Erfahrungen der ersten Jahre war es vor allem mit Blick auf die Zukunft notwendig, neu zu denken, aktuelle Vorgehensweisen zu verbessern und weitere Lösungen zu finden. Deshalb wurde die ursprüngliche DIENSTVEREINBARUNG im Rahmen des 2018 gestarteten Projektes »Umsetzung der Vision und Strategie im Umgang mit leistungsgewandelten Beschäftigten« evaluiert und neu verhandelt.

4.   Arbeit im Projekt – Entwicklung eines gemeinsamen Zieles

Das 2019 gestartete Projekt hatte zum Ziel, die wesentlichen Elemente der Betreuung und Vermittlung der leistungsgeminderten Beschäftigten in ihren aktuellen körperlichen Beeinträchtigungen zu evaluieren und zu verbessern. Dabei war es wichtig, die Betreuung und Vermittlung bereits im Projekt als end to end Prozess im Gesamtkontext der BSR zu sehen und zu bearbeiten. So wurde der gesamte Prozess vom Ausscheiden aus der normalen operativen Tätigkeit, dem Zugang zur Abteilung GMI, der Betreuung und Vermittlung bis hin zum Ausscheiden aus dem Unternehmen betrachtet.

Beim Aufsetzen des Projektes wurden daher fünf essenzielle Stellhebel für eine Optimierung dieses Prozesses ausgemacht, die sich in vier Teilprojekte aufteilten:

- Teilprojekt 1 – Reporting, Analyse, Finanzen
- Teilprojekt 2 – Zugang und Ausscheiden aus GMI und Beschäftigungsbedingungen
- Teilprojekt 3 – Neue Einsatzfelder
- Teilprojekt 4 – Business Partnering

Im weiteren Verlauf wird ausschließlich auf das Teilprojekt 2 Bezug genommen. Dieses Teilprojekt zielte im Ergebnis auf die damit neu verhandelte Dienstvereinbarung ab und machte zudem den Großteil der Zusammenarbeit zwischen den einzelnen Beteiligten und den Gremien der BSR aus. Hier waren die wesentlichen Akteure auf Arbeitgeberseite der Vorstand und die Geschäftseinheitenleitungen, auf Arbeitnehmerseite der Gesamtpersonalrat, die Frauenvertretung, die Schwerbehindertenvertretung und der Personalrat der dem Team GMI zugeordneten Säule Hauptverwaltung beteiligt.

Wie bereits eingangs erwähnt, war es das Ziel für eine neue Dienstvereinbarung bisherige Erfolgsfaktoren beizubehalten, Schwachstellen zu analysieren und Lö-

sungen für diese zu finden. Dabei verfolgten die beiden Parteien zum Teil unterschiedliche Ziele, die in Einklang gebracht werden mussten.
Arbeitgeberseite:
- Transparenz und Optimierung des gesamten Prozesses rund um leistungsgeminderte Beschäftigte
- Senkung der Kosten für »nicht wertschöpfende Tätigkeiten« außerhalb vom Kerngeschäft
- Soziale Verantwortung für die Beschäftigten durch Integration in wertschöpfende Tätigkeiten

Arbeitnehmerseite:
- Wahrnehmen der sozialen Verantwortung des Unternehmens für die Beschäftigten
- Verhindern der Ausnutzung dieser sozialen Verantwortung, auch gegenüber den weiterhin operativ arbeitenden Beschäftigten
- Sicherung des Einkommens, abhängig von der Ursprungstätigkeit und Qualifikation

Das final erarbeitete Ziel und die Ambition der neuen Dienstvereinbarung sahen demnach vor:

»Arbeitgeber- und Arbeitnehmerseite verfolgen gemeinsam das Ziel, Beschäftigten, die ihre Arbeitsleistung auf Dauer nicht mehr in vollem Umfang erbringen können, innerhalb der BSR sinnvolle, werthaltige und damit wertschätzende Tätigkeiten zu übertragen und dabei einen angemessenen Ausgleich zwischen persönlichen und betrieblichen Interessen zu finden.«

Bis zum Erreichen dieses Ergebnisses bedurfte es vier verschiedener Phasen mit ihren jeweils eigenen Herausforderungen.
- Initialisierung – Auftrag abholen und Ziele definieren
- Start – Kick off
- Ausarbeitung – Diskussionsrunden auf diversen Ebenen
- Abschluss – Verhandlungen im engeren Kreis

5. Herausforderungen und Erfolgsfaktoren – Der Weg zum Ziel

Die einzelnen Phasen des Projektes waren gekennzeichnet durch ihre eigenen Herausforderungen und – um diesen zu begegnen – entsprechenden Erfolgsfaktoren.

5.1 Projektphase 1 – Initialisierung

Im Vorfeld des Projektstarts war entscheidend, das erforderliche Mandat in Form eines offiziellen Auftrags seitens des Vorstandes zu erhalten und gleichzeitig die entsprechende Unterstützung und Beteiligung der anderen Geschäftseinheiten sowie der Gremien zu sichern. Auf Grund der bereits angesprochenen zum Teil unterschiedlichen Zielsetzungen der einzelnen Beteiligten gestaltete sich die Zielsetzung des Projektes als herausfordernd. Erfolgskritisch waren hierbei, sich auf die Gemeinsamkeiten zu fokussieren, wie beispielsweise den Einsatz in wertschöpfenden und damit sinnstiftenden Tätigkeiten.

5.2 Projektphase 2 – Start

Um einen erfolgreichen Start und eine breite Akzeptanz unter allen wesentlichen Beteiligten zu erreichen, wurde neben einem gemeinsamen Kick off ein gemeinsamer Workshop als wesentliches Element zur Bearbeitung durchgeführt. Dieser »Dialogworkshop« sollte die Möglichkeit des gemeinsamen Austausches zwischen Führungskräften, Gremien und Beschäftigten im entsprechenden Aufgabengebiet schaffen und so den gleichen Wissensstand ermöglichen. Die gemeinsame Ausarbeitung der Ziele für die weitere Entwicklung des Projektes war Aufgabe und Ergebnis dieses Workshops. Durch die – aufgrund von Aufgaben und Hierarchieebenen – unterschiedlichen Sichtweisen der Teilnehmenden kam es anfangs zu Spannungen. Den Start kennzeichnete maßgeblich, dass viel Kommunikation mit den Beteiligten erforderlich war, um auf das gemeinsame Ziel zu lenken und damit das Kommittent für das Projekt zu bekommen. Wichtig war es hierbei auf die unterschiedlichen Rollen hinzuweisen und diese zu klären.

5.3 Projektphase 3 – Ausarbeitung

Aufgrund der erfolgreichen Kommunikation mit und zwischen allen Beteiligten war es möglich, die durch die Mitarbeitenden ausgearbeiteten Ergebnisse auf der nächsten Ebene – den Geschäftseinheitenleitungen – zu konsolidieren, zu ergänzen und zu schärfen. Parallel dazu erfolgten, u. a. in Workshops, weitere Abstimmungen mit den Beschäftigten und Gremien, die in die Ausarbeitung der neuen Dienstvereinbarung einflossen. Entscheidender Faktor war hier, die unterschiedlichen Ziele und Ambitionen der Geschäftseinheiten auf das Gesamtziel der BSR hin auszurichten. Insbesondere die Beteiligung der einzelnen Gremienvertreter an der Ausarbeitung selbst gab die Möglichkeit, am gesamten Ausarbeitungsprozess beteiligt zu sein und Anforderungen an die neue Dienstvereinbarung frühzeitig einfließen zu lassen. Stetige Kommunikation, bisherige best practices aufzeigen, das gemeinsame Ziel verdeutlichen und die Dringlichkeit des Themas waren wesentliche Faktoren, um die Ausarbeitung voranzubringen und letztendlich abzuschließen. Gleichzeitig war die Vorabstimmung mit den Gremien wesentlich dafür, die darauffolgenden Verhandlungen bestmöglich vorzubereiten. Frühzeitige Einbindung in die ausgearbeiteten Sachverhalte gab den Gremienvertretern die Möglichkeit mitzugestalten und zu hinterfragen. Dies führte zu einem konstruktiven Prozess der Erstellung der DV.

5.4 Projektphase 4 – Abschluss

Nach der Ausarbeitung erfolgten die abschließenden Verhandlungsrunden zwischen der Arbeitgeber- und Arbeitnehmerseite. Hier wurden die vorab ausgearbeiteten Ergebnisse im Detail bis zur fertigen neuen Dienstvereinbarung ausgehandelt. Durch den partizipativen Prozess konnten die Verhandlungsgespräche effizient und in kurzer Zeit zu einem Ende geführt werden.

Insgesamt lässt sich nach Abschluss des Projektes festhalten, dass die wesentlichen Erfolgsfaktoren für die Ausarbeitung der Dienstvereinbarung, insbesondere mit den Gremien Folgende sind:

- Die frühzeitige Einbindung der Gremien ist essenziell für die erfolgreiche Ausarbeitung, Verhandlung und spätere Umsetzung.
- Schaffung eines gemeinsamen Wissenstandes, insbesondere durch konkrete Beispiele aus der Praxis
- Wahrnehmen, ernst nehmen und austarieren der unterschiedlichen Ziele der Beteiligten
- Aufmerksamkeit für die gemeinsame Aufgabe schaffen durch die Dringlichkeit des Themas und das stetige Aufzeigen des gemeinsamen Zieles
- Stetige Rückkopplung und Kommunikation zu den Projektbeteiligten, um einen gleichen Informationsstand und Vertrauen zu schaffen.

Aufgrund dieses Vorgehens entwickelte sich die Zusammenarbeit mit und zwischen Gremien und Führungskräften durch die strukturierte und insbesondere persönliche Kommunikation im Verlaufe des Projektes immer besser. Die – gemeinsamen – Fortschritte wurden gesehen und das Projekt entwickelte sich zunehmend zu einer dynamischen und produktiven Zusammenarbeit zwischen allen Projektbeteiligten.

»Durch das transparente Vorgehen, sowie einer strukturierten und insbesondere persönlichen Kommunikation mit den einzelnen Akteuren konnten wir eine produktive und dynamische Zusammenarbeit für das gemeinsame Ziel entwickeln,« so Florian Mattheck.

6. Grundlagen zum Erreichen einer Akzeptanz im Unternehmen

Im Betrieblichen Gesundheitsmanagement ist es wichtig, die Akzeptanz aller Unternehmensbereiche und damit der Beschäftigten zu bekommen. Das kann durch hohe Transparenz, Offenheit und klar strukturierte Kommunikation erreicht werden. Daher wurde im Rahmen des Projektes regelmäßig über Zwischenstände berichtet und ein Kommunikationsplan erarbeitet, der die unterschiedlichen Kanäle des Unternehmens nutzt, um das Thema »Gesundheitsmanagement Integration« zielgruppenorientiert ins Unternehmen zu tragen. Ein wesentlicher Unterstützer sind hierbei die Gremien – neben den analogen und digitalen Medien. Dabei werden die Beschäftigten über ihre lokalen Vertreter inhaltlich eingebunden. Die Führungskräfte und Gremien sprechen hierbei mit einer Stimme. So werden Ängste genommen und die Akzeptanz gesteigert.

7. Umsetzung der neuen Aufgaben in der Vermittlung

7.1 Arbeitsorganisation bedarfsgerecht gestalten

Leistungsminderungen bei Beschäftigten sind insbesondere durch die schwere körperliche Arbeit, die steigenden Leistungsanforderungen und die demografische Entwicklung begründet. Die BSR arbeitet kontinuierlich daran, Rahmenbedingungen zu schaffen – und hier speziell Arbeit anders zu organisieren –, um leistungsgeminderte Beschäftigte weiterhin sinnstiftend im Unternehmen einzusetzen. Das ist möglich, wenn Arbeitsorganisationsmodelle neu gedacht und ausprobiert, aber auch im gesamten Unternehmen unterstützt werden. Die Beschäftigten bei Straßenreinigung und Müllabfuhr unterliegen bei ihrer Tätigkeit externen Einflüssen – von den Wetterbedingungen, überschwerere, weil vollere Behälter bis hin zum immer dichter und hektischer werdenden Verkehr. Der Auftrag der BSR bleibt dabei im Grunde gleich. Um ihn weiterhin zuverlässig zu erfüllen, muss arbeitsorganisatorisch eine Veränderung beim Grad der Belastung erfolgen. In den Tourengebieten der Innenstadt sind die Beschäftigten durch besonders schwierige Ladestellen, wie Kellerstandorte und Hinterhöfe, größeren körperlichen Belastungen ausgesetzt, als in reinen Wohngebieten mit kleinen Tonnen. Aktuell arbeiten jeweils zwei oder drei Beschäftigte in einem Team und auf einer festen Tour. Das hat den Vorteil, dass Standplätze und Wege bekannt sind, und so die Beschäftigten ihre Aufgaben effizient bewältigen können. Dies impliziert, dass in den Teams Vertrauen herrscht und die Eigenverantwortung der Mitarbeitenden weiter gefördert wird. Das trägt letztlich auch zu höherer

Zufriedenheit und Gesunderhaltung bei. Gleichzeitig kann beispielsweise ein Wechsel der Tourengebiete zu einer Entlastung des einzelnen Mitarbeitenden führen. Modelle, bei denen sich die Art der Tätigkeit verändert, sollen in diesem Zusammenhang überprüft werden. Ob die Umsetzung einer Veränderung erfolgreich ist, hängt von der Bereitschaft der Beschäftigten, den Gremien und den Führungskräften ab. Schon deshalb ist es wichtig, die Umsetzung von Veränderungen zu evaluieren und dabei vor allem mit den Beteiligten im Dialog zu bleiben.

7.2 Automatisierung und Technologie – Team Liegenschaften – Eine Perspektive für leistungsgewandelte Beschäftigte

Eine der entwickelten und bereits umgesetzten Ideen ist das »Projekt Liegenschaften«, in dem Beschäftigte außerhalb der Leistungsvorgaben die frei stehenden Flächen des Unternehmens pflegen und sauber halten. Einige Beschäftigte wurden eigens für die Tätigkeiten weiterqualifiziert, z. B. für den Gebrauch von Kettensägen. Ein Koordinator des GMI Teams unterstützt bei der Materialbeschaffung und stellt sicher, dass alle notwendigen Unterweisungen durchgeführt sind. Ergebnis der ersten Monate sind motivierte zufriedene Mitarbeiterinnen und Mitarbeiter, die krankheitsbedingten Abwesenheiten sind gesunken und die Nachbarn – und gleichzeitig auch Kunden der BSR – loben die gut gepflegten Flächen. Auch das ohnehin gute Image der BSR wird damit weiter gepflegt. Vorher:

Nachher:

8.   Es gibt noch was zu tun ...

Die BSR entwickelt, testet und implementiert kontinuierlich neue Ideen, um dem demografischen Wandel aktiv zu begegnen. Die benannten Projekte in diesem Beitrag können nur einen Ausschnitt aufzeigen. Die Fortführung und kontinuierliche Arbeit und Verbesserung in Folge des Projektes »Umsetzung der Vision und Strategie im Umgang mit leistungsgewandelten Beschäftigten« sind dabei eine Stellschraube. Weitere Ideen und Projekte befassen sich beispielsweise mit den Auswirkungen künftiger technologischer Entwicklungen – wie etwa der Digitalisierung und Robotik – sowie Umwelteinflüssen und Marktgeschehen auf das operative Geschäft der BSR. Welche Auswirkung wird das autonome Fahren haben, was heißt für uns die Zielsetzung »Zero Waste?« – Fragen, die es zu beantworten gilt. Dabei ist und bleibt es Ziel und Aufgabe des Unternehmens, die Beschäftigten und Gremienvertretungen in alle Aspekte einzubeziehen und auf die bevorstehenden Veränderungen vorzubereiten, damit wir weiterhin alle generationenübergreifend erfolgreich zusammenarbeiten und das neue Wissen sowie die vorhandenen Erfahrungen nutzen können.

9. Fazit

Bei der BSR wird kontinuierlich an geeigneten Rahmenbedingungen gearbeitet, damit wir unseren Auftrag unter den Bedingungen des fortschreitenden demografischen Wandels erfüllen können. *»Besonders in Unternehmen, in denen schwere körperlicher Arbeit und Schichtdienst eine Notwendigkeit sind, bleibt das eine Herausforderung – für Beschäftigte und Unternehmen gleichermaßen,«* sagt Anke Brinkmann. *»Mit Innovationen, altersgerechter Arbeitsplatzgestaltung, Weiterbildungsmöglichkeiten und Beratungsangeboten zu unterschiedlichen Lebenslagen unterstützt das Unternehmen seine Beschäftigten dabei in der länger werdenden Erwerbszeit und darüber hinaus gesund zu bleiben.«* Bei der BSR wertschätzen die Mitarbeiterinnen und Mitarbeiter die Angebote ihres Unternehmens und leisten mit ihrer Arbeit, ihrem Engagement und als Botschafter für die BSR einen verlässlichen Beitrag zum Erfolg und zum guten Image der BSR. Dieser Erfolg ist nur in guter Kooperation, die sich maßgeblich an einer guten Kommunikation miteinander und dem permanenten Austausch der Interessen orientiert, mit den Gremien möglich. Dieses Vorgehen wurde im Verlauf des beschriebenen Projektes einmal mehr als Erfolgsmodel unter Beweis gestellt. Auch schwierige und langwierige Sachverhalte – wie der für Arbeitgeber und -nehmer:innen richtige Umgang mit leistungsgeminderten Beschäftigten – lassen sich so zu einem für alle sehr guten Ergebnis abschließen.

XIII. Die Verwaltung im 21. Jahrhundert: Der Mensch im Mittelpunkt

Andrea Baukrowitz/Mascha Will-Zocholl

Digitale Transformation als Herausforderung für die Personalarbeit in der öffentlichen Verwaltung

Inhaltsübersicht

1. Einleitung

Die Digitalisierung ist in eine neue Phase eingetreten. Mit dem Internet der Dinge und der Menschen sowie den neuen Potenzialen einer global vernetzten Welt stehen Gesellschaft, Wirtschaft und Arbeitswelt vor den Herausforderungen der digitalen Transformation, in der es gilt, sich auf disruptive Innovationen, dynamische Veränderungen und neue »Spielregeln« in allen Bereichen menschlichen Handelns einzustellen (Boes/Langes 2019; Boes/Ziegler 2018). Der Staat und seine öffentlichen Verwaltungen müssen ihre Rolle und Aufgaben im öffentlichen digitalen Raum neu bestimmen und eine Verwaltungsorganisation entwickeln, die diese Aufgaben effizient und innovativ bewältigen kann. Die E-Government-Strategie der Bundesregierung (BMI 2014a; BMI 2014b) sowie die fortlaufende Digitalisierung in Behörden stoßen grundlegende Veränderungen und Lösungen an, mit denen auch die Prinzipien staatlichen Handelns und des Funktionierens öffentlicher Verwaltungen verhandelt werden, die die digitale Transformation der öffentlichen Verwaltung komplex und vielschichtig machen (Beck et al. 2017; Schuppan 2019a).

In Phasen grundlegender Veränderungen gerät Personalarbeit verstärkt ins Blickfeld. Einerseits geht es darum, welchen Beitrag sie für eine erfolgreiche Bewältigung der Transformation leisten kann, andererseits sind Personalwesen und Führung selbst gefordert, sich in Organisationen neu zu positionieren, die eigene Struktur und Arbeitsweise zu verändern sowie neue Instrumente zu entwickeln. So war bereits die geschäftsprozessorientierte Reorganisationsphase der 1990er Jahre mit einer Neuausrichtung der Personalarbeit am Leitbild des Human Ressource Managements verbunden (Ulrich 1997; Felger/Paul-Kohlhoff 2004; Baethge et al. 2003). In der digitalen Transformation müssen sich Organisationen heute erneut die Frage stellen, welche Aufgaben und Anforderungen auf die Personalarbeit zukommen und wie sie zu bewältigen sind. Die Suche nach einer »agilen HR-Organisation« (Häusling/Fischer 2020), neuen Ansätzen und Instrumenten des Personalmanagements wie z. B. OKR (Objectives and Key Results) bei Google und neuen Ansätzen der Personalentwicklung (vgl. z. B. Graf et al. 2019) ist in vielen Unternehmen in vollem Gange.

In der öffentlichen Verwaltung entsteht in der digitalen Transformation für die Personalarbeit ein komplexes Handlungsfeld, das sich in wesentlichen Punkten von der Personalarbeit in Unternehmen unterscheidet. Denn sie muss die Verantwortung der öffentlichen Verwaltung für das demokratische Funktionieren der Gesellschaft, die darin begründeten Besonderheiten der Verwaltungsorganisation und -arbeit sowie die Spezifik von Veränderungsprozessen im Spannungsfeld von Politik, Verwaltungskultur und gesellschaftlichem Wandel im Blick behalten.

Dieser Beitrag verfolgt das Ziel, Ansatzpunkte für eine konzeptionelle Neuorientierung der Personalarbeit in der öffentlichen Verwaltung aufzuzeigen. In einem Rückblick auf die Reformen im Kontext des New Public Management wird die aktuelle Situation der Beschäftigten und der Personalarbeit im Spannungsfeld widersprüchlicher Reformziele skizziert. Vor diesem Hintergrund geht es dann um aktuelle Umbrüche und Perspektiven der öffentlichen Verwaltung in der digitalen Transformation und die Herausforderungen, die daraus für die Personalarbeit in Personalwesen und Verwaltungsführung sowie für Personalräte entstehen.

2. Öffentliche Verwaltung und New Public Management

2.1 Verwaltungsmodernisierung im Kontext des NPM

Bei der öffentlichen Verwaltung in Deutschland handelt es sich um eine Organisation, die dem Weber'schen Idealtypus einer »bürokratischen Organisation« (Weber 1980; Jantz/Veit 2019) bis heute noch relativ nahekommt. Im Idealfall schafft eine bürokratische Organisation der öffentlichen Verwaltung die Grundlage, um Willkür bei Verwaltungsentscheidungen zu verhindern sowie Rechtssicherheit, Nachvollziehbarkeit, Verantwortlichkeit und Legitimität des Handelns von Behörden herzustellen (Jantz/Veit 2019). Auch wenn Reformbestrebungen zu einem punktuellen Abbau bürokratischer Strukturen und Prozesse führen können, erfolgte dies zumindest bisher unter Aufrechterhaltung grundlegender bürokratischer Prinzipien (Mayntz 1978; Jann 2019).
Gleichwohl steht die bürokratische Organisation der öffentlichen Verwaltung immer wieder in der Kritik. In den 1990er Jahren wurde der Ruf nach dem »schlanken Staat« laut, der sich auf seine Kernkompetenzen fokussieren und sein Angebot an Leistungen kritisch hinterfragen sollte. Das Konzept des *New Public Managements* (NPM) wurde als Alternative zum Bürokratiemodell gehandelt und sollte mit neuen, der Wirtschaft entlehnten geschäftsprozessorientierten Organisationskonzepten die Steuerungsfähigkeit der öffentlichen Verwaltung verbessern (Bogumil/Jann 2009). In Deutschland wurde NPM in das »Neue Steuerungsmodell (NSM)« überführt, das stärker auf die Modernisierung der Binnenstrukturen der öffentlichen Verwaltung und das Schließen von »Steu-

erungslücken« (KGSt 1993) fokussierte und vor allem auf kommunaler Ebene großen Anklang fand (Jann 2019).[1]

Die mit NPM bzw. NSM verbundene Reformphase seit den 1990er Jahren ist vor allem durch eine pragmatische Adaption einzelner Elemente unter weitgehender Beibehaltung bürokratischer Strukturen und Vorgehensweisen geprägt. Der intendierte Paradigmenwechsel ist weitgehend ausgeblieben (Bogumil/Jann 2009). Umgesetzt wurden insbesondere Innovationen im Finanzmanagement und vereinzelt die Dezentralisierung von Fach- und Ressourcenverantwortung. Vielfältige Aktivitäten wurden insbesondere auf kommunaler Ebene entwickelt, um dem hier besonders spürbaren Reformdruck zu begegnen.

Positiv bewertet wird aus heutiger Sicht vor allem die zunehmende Bürgerorientierung, die mit den Instrumenten des NPM/NSM Einzug hielt und in eine Debatte um die Aufgaben und Steuerungsfähigkeit des Staates und der stärkeren Einbindung der zivilgesellschaftlichen Akteure in die staatliche Steuerung, z. B. unter dem Stichwort »Governance« (Klenk 2019), mündete. Kritisch gesehen wird allerdings, dass die partielle Abkehr von der traditionellen hierarchischen Steuerung der Verwaltung und die Einführung »neuer« Steuerungskonzepte hin zu einem »Neo-Weberianischen Staat (NWS)« (Pollitt/Bouckaert 2017) nicht unbedingt zu besseren Lösungen führe, denn dabei werde oft die traditionelle hierarchische Steuerungsform geschwächt, ohne dass eine gleichermaßen funktionsfähige dezentrale Steuerung auf Basis quasiökonomischer Anreize entsteht (Kuhlmann/Bogumil 2019). Die damit verbundenen Unsicherheiten, Widersprüche und Leerstellen in der Verwaltungsorganisation hemmen nicht nur die Effizienz der öffentlichen Verwaltung, sondern schaffen zudem für die Beschäftigten erhebliche Belastungen.

2.2 Die Situation der Beschäftigten

Ein zentraler Aspekt der Auswirkungen des NPM und von Austeritätsprogrammen ist der Personalabbau und die damit verbundene Verschlechterung der Arbeitssituation der Beschäftigten (Brandl/Stelzl 2012). Der öffentliche Dienst insgesamt ist deutlich geschrumpft (Stat. Bundesamt 2020), der Anteil jüngerer Beschäftigter ist gesunken und der Anteil der über 60-Jährigen erheblich gestiegen. Der bereits in vielen Bereichen existierende Personalmangel wird sich noch verschärfen, wenn zwischen 2017 und 2027 im Durchschnitt rund 31 Prozent der Beschäftigten ausscheiden (DGB 2018). Die Gewinnung und Bindung von Mitarbeiter:innen wird so zu einer zentralen Aufgabe des Personalmanagements

---

1 Angestrebt wurden eine ergebnis- und outputorientierte Steuerung, dezentralere Führungs- und Organisationsstrukturen, eine Markt- und Wettbewerbsorientierung sowie eine verstärkte Orientierung des öffentlichen Dienstes auf Bürger:innen.

(vgl. z. B. KGSt 2021; INQUA o. J.) und stößt konzeptionelle Innovationen und Experimente an. Das Missverhältnis zwischen Aufgaben und Personalbemessung (Schmid/Willke 2016; Vesper 2016) in Verbindung mit überzogenen internen und externen Effizienzerwartungen haben mit Arbeitsverdichtung (Grabe 2014; Rieck 2014; Sondermann et al. 2014), »Arbeitshetze« und Zeitdruck (DGB 2017) zu einer erheblichen Belastung der Beschäftigten geführt (Berlinger et al. 2016; BAuA 2018; SenIntArbSoz 2018). Arbeits- und Gesundheitsschutz gewinnt daher für die Personalarbeit an Bedeutung.

Neben dieser vor allem durch Personalmangel bedingten Belastungssituation mussten sich die Beschäftigten zudem mit Widersprüchen zwischen neuen Steuerungsformen und Rolle bzw. Amtsethos des Beamtentums auseinandersetzen. Der Beamte wurde zuvor in Deutschland als über der Gesellschaft stehender »Staatsdiener« gesehen, dem mit Respekt (seitens der Bevölkerung) und Stolz (seitens des Dienstherrn) begegnet wird (Flecker et al. 2014). Das Amt, ein mit besonderer Vollmacht und Verantwortung verbundener Dienst an der Allgemeinheit und mit hohen gesetzlichen, ethischen und sittlichen Pflichten verbunden, prägt in Form der Gemeinwohlorientierung oder der Gesetzmäßigkeit des Handelns die berufliche Identität der Beschäftigten. Angesichts der Veränderungen sehen sich die Beschäftigten gefordert, sich mit der abnehmenden Gemeinwohlorientierung des öffentlichen Dienstes auseinanderzusetzen und ihr professionelles Selbstverständnis an veränderte Anforderungen und eine neue »institutionelle Kultur« (Vogel 2017) zwischen ökonomisch begründeten Zielvorgaben und einer am Gemeinwohl orientierten Motivation anzupassen (vgl. Will-Zocholl/Hardering 2019).

Dabei entwickelt sich ein Selbstverständnis, das nach wie vor die spezielle Scharnierfunktion der öffentlichen Verwaltung berücksichtigt (Gottschall et al. 2015), ein »moderner Amtsethos« (Sondermann et al. 2014) entsteht, der auch unter den veränderten Bedingungen Gemeinwohlorientierung mit einem neuen Rollenverständnis als Vermittler zwischen Bürger:innen und gesetzlichen Vorgaben und einer selbstbewussten Re-Interpretation neuer, ökonomisch geprägter Begrifflichkeiten verbindet (ebd.). Insgesamt zeigt sich jedoch eine abnehmende Identifikation mit dem Arbeitgeber, die Arbeit für den Staat wird zu einem Job wie jeder andere.

Hinzu kommen Wertschätzungskonflikte nach außen (Grabe 2014; Vogel/Pfeuffer 2018). Im öffentlichen Diskurs wird zunehmend die »finanzielle Last« hervorgehoben, der die Beamt:innen als »überhöhten Kostenfaktor« (Flecker et al. 2014) darstellt, was für die Beschäftigten einer »generalisierten Abwertung« (Flecker et al. 2014) gleichkommt.

Insgesamt lässt sich bis heute zur Situation der Beschäftigten in der öffentlichen Verwaltung festhalten, dass zwar prekäre und unsichere Arbeitsverhältnisse weit weniger verbreitet sind als im Wirtschaftssektor. Aber Sparprogramme, häufig wenig effiziente Implementierung neuer Steuerungsformen im Kontext des NPM sowie Anerkennungskonflikte nach innen und außen haben zu neuen Belastungen für die Beschäftigten geführt, die das Konfliktpotenzial in den öffentlichen Verwaltungen erhöhen und die Reformbereitschaft dämpfen.

2.3 Personalarbeit zwischen Personalabbau und HR-Konzepten

Die Personalarbeit spielt in einer bürokratischen Verwaltungsorganisation eine randständige Rolle. Ihr Schwerpunkt lag bis in die 1990er Jahre hinein auf administrativen Aufgaben sowie der Anwendung des Dienst- und Arbeitsrechts, so dass sie überwiegend von Juristen übernommen wurde (Vaanholt 1997). Mit den Reformmaßnahmen im Kontext NPM haben sich jedoch die Rahmenbedingungen und Anforderungen der Personalarbeit geändert. Die Dezentralisierung der Zuständigkeiten im Zuge der Reformen des Dienstrechts ermöglichte es den Bundesländern nun, die Personalarbeit im Kontext der Verwaltungsreform unterschiedlich zu gewichten und zu gestalten. In einigen Bundesländern wurden Initiativen für ein strategisches Personalmanagement etwa mit Blick auf die Personalbedarfsplanung und Personalentwicklung entwickelt, in anderen wiederum kam es lediglich zu vereinzelten innovativen Ansätzen, insbesondere mit Blick auf die Flexibilisierung des Personaleinsatzes, neue Personalentwicklungskonzepte sowie den Einsatz von Instrumenten zur Steigerung der Leistungsorientierung (Reichard 2019). Auch die Organisation der Personalarbeit geriet damit ins Blickfeld. Es gab punktuell Bestrebungen, die Personalverantwortung verstärkt in die Fachbereiche zu delegieren, um Personalentscheidungen an den Bedarfen vor Ort ausrichten zu können. Die Personalabteilungen selbst sollten vor allem Servicefunktionen und administrative Aufgaben übernehmen, die ihrerseits teilweise auch auf Shared Service Center (Schuppan 2019b) ausgelagert oder durch Aufträge externalisiert wurden.

In der Gesamtsicht ist so eine sehr heterogene Landschaft in der Organisation, den Aufgaben und den Instrumenten der Personalarbeit entstanden, in der viele innovative Ansätze nur teilweise realisiert und teilweise auch wieder zurückgenommen wurden (Reichard 2019; Bogumil et al. 2007). Eine breite Orientierung am Human Ressource Ansatz und neuen Organisationskonzepten wie dem HR-Business-Partner-Modell (Ulrich 1997) blieb aus. Neben bürokratischen Hemmnissen durch das Dienstrecht oder das Laufbahnsystem, das nur partiell gelockert wurde (Berlinger et al. 2016; Reichard 2019), lag eine erhebliche Hürde in der Verknüpfung von Verwaltungsreform und der Leitorientierung des »schlanken Staates« (Vaanholt 1997; Kanther 1995). Eine Folge war, dass auf Bundesebene und in einigen Ländern konzeptionelle und organisatorische Fragen der Personalarbeit im Kontext der Verwaltungsreform in den Hintergrund traten und innovative Impulse nicht konsequent genug aufgegriffen wurden.

3. Die digitale Transformation der öffentlichen Verwaltung

3.1 Digitale Transformation

Seit den 1960er Jahren werden digitale Technologien in Wirtschaft und öffentlicher Verwaltung zunehmend eingesetzt, sie verändern Organisationen und Arbeit und regten Visionen zur Zukunft der »Informationsgesellschaft« sowie politische Strategien ihrer Umsetzung an (Baukrowitz et al. 1998). Doch erst mit dem Internet entfalten sich viele der vordem bereits mitgedachten Potenziale der Digitalisierung. Es entsteht ein globaler »Informationsraum« (Baukrowitz/Boes 1996), der für alle gesellschaftlichen Bereiche zur dominanten Bezugsebene wird.

Gesellschaft, Wirtschaft, Arbeitswelt und Staat stehen vor den Herausforderungen der digitalen Transformation, in der sie sich mit unterschiedlichen und teils widersprüchlichen Transformationskräften auseinandersetzen und um strategische Kohärenz einer Vielzahl tiefgreifender Veränderungsprozesse ringen:

- in der Suche nach neuen Geschäftsmodellen, in denen es darum geht, das Produkt- und Leistungsspektrum, Organisationsstrukturen und -prozesse im Informationsraum neu zu erfinden und gegenüber Playern wie Google, Uber, Tesla oder Amazon zu behaupten (Boes/Langes 2019),
- in der Auseinandersetzung mit einer Gesellschaft, die sich zunehmend auf die Potenziale einer global vernetzten Welt einstellt und z. B. als Kund:innen, als Bürger:innen oder als Beschäftigte der Generationen Y und Z (Hurrelmann/Albrecht 2014) neue Anforderungen an Organisationen stellen und neue Werthaltungen und Kompetenzen mitbringen,
- in der Entwicklung und dem Einsatz neuer Software und IT-Architekturen wie z. B. der Cloud, die als Teil der gesellschaftlichen Arbeitsgestaltung weitreichende konzeptionelle Lösungen für Arbeit und Organisation anbieten,
- und in den Produktions- und Arbeitsprozessen, in denen tagtäglich neue Lösungen für die Herausforderungen der digitalen Arbeitswelt gefunden werden müssen.

Gegenüber früheren Phasen grundlegender Reorganisationen weist die digitale Transformation mit dem Ineinandergreifen so unterschiedlicher Veränderungsmomente zwei zentrale Unterschiede auf: Sie wird in weiten Teilen nicht mehr durch Managemententscheidungen initiiert und entzieht sich so einem Change Management, das sich an linearen Prozessvorstellungen (z. B. bei Lewin 2012 oder Kotter 1997) und einer hierarchischen Steuerung orientiert und darauf setzt, dass in einer frühen Phase Veränderungspläne auf oberster Managementebene entwickelt und dann top down umgesetzt werden. Die digitale Transformation stellt sich vielmehr als bisher weitgehend offene Suche nach einem neuen

»Bauplan« (Boes et al. 2017) für die Organisation dar, unter sich permanent verändernden Rahmenbedingungen und in Auseinandersetzung mit unterschiedlichen Transformationskräften. Organisationen bewegen sich dabei zwischen riskantem Wildwuchs (in Verbindung mit starrem Festhalten an überkommenen Strukturen und Prozessen) und Strategien organisationalen Lernens, in denen auch grundsätzliche Aspekte der Organisation zur Disposition gestellt werden. Die Schaffung von Innovationslaboren und Experimentierräumen und die Nutzung agiler Arbeitsformen und Organisationskonzepte sind Ansatzpunkte, um den Herausforderungen der digitalen Transformation zu begegnen.

Darüber hinaus tritt die Neugestaltung von Arbeit ins Zentrum des Reorganisationsgeschehens, denn digitale Technologien sind »Geistestechnologien« (Krämer 1989) und zielen auf die Rationalisierung geistiger Tätigkeiten. Vor allem für die »Kopfarbeit« hat dies weitreichende Implikationen, galt sie doch bisher als weitgehend rationalisierungsresistent (Boes et al. 2017). Die Digitalisierung schafft neue Anforderungen, aber auch neue Potenziale, Prozesse der Informationserzeugung und -nutzung neu zu gestalten und zu optimieren. Der Mensch mit seiner kreativen Fähigkeit, aus Daten Informationen zu machen, sowie die Suche nach der »Arbeit 4.0« (BMAS 2016a; BMAS 2016b) stehen im Mittelpunkt der digitalen Transformation von Organisationen.

Dabei sind widersprüchliche Triebkräfte und Potenziale der Digitalisierung unter einen Hut zu bekommen: Einerseits drängt die Digitalisierung Organisationen zu mehr Agilität und Selbstorganisation der Beschäftigten, die sich aktuell in der virulenten Diskussion um agiles Arbeiten Bahn bricht und branchenübergreifend und über alle Qualifikationsniveaus hinweg geführt wird. Andererseits aber bergen digitale Technologien und insbesondere die KI erhebliche Potenziale zur Automatisierung auch der Wissensarbeit. In dieser Situation ist die »Arbeit 4.0« kein Konzept, das parat steht und lediglich umgesetzt werden muss, sondern ebenfalls ein Such- und Lernprozess in Organisationen, in dem die Potenziale der Informations- und Wissensarbeit in der digitalen Transformation entdeckt und entfaltet werden.

3.2 E-Government und Onlinezugangsgesetz

Die Digitalisierung der öffentlichen Verwaltung reicht bis in die 1950er Jahre zurück, so dass Verwaltungsprozesse und Verwaltungsarbeit schon seit langem weitgehend digitalisiert sind (Lenk 2011). Seit etwa der Jahrtausendwende jedoch wandeln sich mit der E-Government-Strategie der Bundesregierung und dem Regierungsprogramm »Digitale Verwaltung« Fokus und Zielsetzung der Digitalisierung, denn sie wird nun als Prozess des Umbaus und der Modernisierung der öffentlichen Verwaltung verstanden (BMI 2014b). Es geht um die Optimierung von »Geschäftsprozessen«, die Online-Kommunikation und Zusammenarbeit mit den Bürger:innen und der Wirtschaft als »Kund:innen« sowie eine behördenübergreifende Integration bisher getrennter Verwaltungsprozesse (vgl. z. B. Reinermann/von Lucke 2002; BMI 2014). Dabei sind grundlegende Fragen zu stellen und (gewollt oder ungewollt) zu beantworten: Föderalismus, Rechtsstaatlichkeit, Gewaltenteilung – diese und andere Werte und Prinzipien der Organisation von Staat und Verwaltung stehen in einem Spannungsverhältnis zur Digitalisierung und ihren Integrations- und Vernetzungspotenzialen (Schuppan 2019a). Denn sie können nur entfaltet werden, wenn bisher gesetzeskonforme Vorgehensweisen sowie funktionierende Kontroll- und Steuerungsinstrumente etwa im Bereich des Umgangs mit Daten oder der Einhaltung von Zuständigkeiten z. B. von Bund und Ländern geändert, umgangen oder ausgesetzt werden.[2] Die Digitalisierung muss also auch in der Dimension der großen, auch verfassungsrechtlich relevanten Fragen betrachtet und vorausschauend gestaltet werden (Bernhardt 2021).

Aktuell erweist sich in Deutschland die Umsetzung des Onlinezugangsgesetzes (OZG) und damit die Digitalisierung an der Schnittstelle zu Bürger:innen als treibende Kraft. Denn bis 2022 sollen 460 Verwaltungsleistungen (Stocksmeier/Hunnius 2018) online für Bürger:innen zur Verfügung stehen. Pragmatisch werden hier zunächst relativ einfache Online-Angebote implementiert, wie z. B. Informationen zur Behörde, Bereitstellung von Formularen, die Einführung von De-Mail, Barrierefreiheit und elektronische Zahlungsverfahren (NKR 2017; NKR 2020). Anspruchsvollere Vorhaben wie eine medienbruchfreie Erbringung und Abschließbarkeit von Verwaltungsleistungen oder eine ebenen- und behördenübergreifende Integration von Informationssystemen erweisen sich demgegenüber als sehr viel schwieriger. Ein komplexes Geflecht unterschiedlicher Hemmnisse stehen der Umsetzung des OZG bisher entgegen (Schwab et al. 2019, S. 32ff.):

- rechtliche Hemmnisse, vor allem Datenschutz,
- personelle Hemmnisse: fehlende Kompetenzen bei Fach- und Führungskräften,
- mangelnde politische Steuerung und Koordination und fehlende strategische Ausrichtung, die insbesondere Gemeinschaftsentwicklung und Nachnutzung dezentraler Lösungen blockieren,
- finanzielle Hürden,

---

2 So bringt die behördenübergreifende Integration von Datenbeständen über eine zentrale Identifikationsnummer Gefahren für den Datenschutz mit sich. Wird die Zuständigkeit für Aufgaben unter Nutzung der Ortsunabhängigkeit im digitalen Raum neu ausgerichtet, hat dies Folgen für Gewaltenteilung und Föderalismus, etwa durch eine tendenzielle Verschiebung zugunsten zentralstaatlicher Kompetenzen. Die Nutzung schneller digitaler Kommunikations- und Kooperationswege kann eine gesetzeskonforme Kontrolle und Steuerung erheblich erschweren.

- technologische Hürden, insbesondere eine bisher fehlende föderale IT-Architektur.

Im europäischen Vergleich befinden sich Deutschlands »Digital Public Services«[3] im unteren Mittelfeld, in einer Gruppe mit Ländern wie Tschechien oder der Türkei (EC 2020a).

Dabei sind die Voraussetzungen für die Digitalisierung öffentlicher Dienste nicht grundsätzlich schlecht: In Bezug auf IT-Infrastruktur, ITK-Forschung und Entwicklung sowie Qualifikation und Kompetenzen liegt Deutschland im europäischen Vergleich gut (EC 2020b). Dies zeigt aber auch, dass Infrastruktur und technische Voraussetzungen nur Teilaspekte ausmachen und die Umsetzung solcher Vorhaben eng mit der Historie der Verwaltung, ihrer Regulierung und Organisation verknüpft ist.[4]

Bisher ist für Deutschland nicht abzusehen, ob bzw. wie weit die mit dem OZG verfolgten ambitionierten Ziele bis Ende 2022 zu verwirklichen sind (NKR 2020).[5] Angesichts der Deadline kann allerdings erwartet werden, dass jetzt sehr schnell weitere und auch weitergehende Anwendungen umgesetzt werden.

3.3 Digitalisierung in der Verwaltungspraxis

Die strukturellen Auswirkungen für öffentliche Verwaltungen sind aufgrund der schleppenden Umsetzung des OZG bisher eher gering und viele Arbeitsbereiche und Beschäftigte kaum betroffen (Schwab et al. 2019). Parallel jedoch werden in den öffentlichen Verwaltungen weitere Digitalisierungsprojekte verfolgt, die auch heute schon erhebliche, wenn auch häufig nur lokale Auswirkungen auf Verwaltungsorganisation und -arbeit haben.[6]

Ein breit verfolgtes Thema in der öffentlichen Verwaltung ist die Einführung der E-Akte, durch die der zentrale Arbeitsgegenstand der Verwaltungsarbeit, die

---

3 Dazu werden im Rahmen des »eGovernment Benchmarks« vier Dimensionen bewertet und miteinander verglichen: Nutzerfreundlichkeit der Angebote, Transparenz in Kommunikation und Organisation der Angebote, Schlüsselunternehmen, die eGovernment Angebote vorantreiben, und grenzüberschreitende Mobilität i. S. einer einfachen Nutzung der Services durch Bürger:innen anderer Staaten (EC 2020a).

4 An der Spitze des »eGovernment Benchmarks« liegt Malta, gefolgt von Estland, Österreich und Lettland. Es liegen vor allem jene Länder der baltischen Staaten vorne, die sich nach 1990 und dem Zerfall der Sowjetunion ganz neu aufgestellt haben und/oder über eher kleinere Einwohnerzahlen (zwischen 1,5 bis 10 Mio.) verfügen (EC2020). Ein direkter Vergleich mit dem Stand und den Perspektiven der digitalen Verwaltung in Deutschland ist nicht möglich und die Analyse dortiger Erfahrungen und Lösungen hinsichtlich ihrer Übertragbarkeit komplex und vielschichtig.

5 Eine aktuelle Übersicht über den Stand der Umsetzung bietet das Monitoring des Nationalen Normenkontrollrats, das regelmäßig aktualisiert wird (NKR 2020).

6 Dies gilt auch für andere Bereiche im öffentlichen Dienst, z. B. in der sozialen Arbeit (Will-Zocholl/Hardering 2020).

bisher papiergebundene Akte, digitalisiert wird. Mit dem Einsatz der E-Akte entsteht für die Verwaltung die Notwendigkeit, Arbeitsteilung und Prozesse an die
Erfordernisse der elektronischen Aktenführung anzupassen und sich auf neue
Aufgaben einzustellen (Zanker 2019; Schwab et al. 2019). Gleichzeitig entfallen papiergebundene Aufgaben z. B. in der Poststelle oder im Archiv ersatzlos,
so dass die betroffenen Bereiche entweder andere Aufgaben übernehmen oder
aber die Beschäftigten in andere Bereiche wechseln müssen (Zanker 2019). Bei
vorausschauender Vorgehensweise besteht darüber hinaus die Möglichkeit, die
E-Akte als »kollaborative Teamplattform« (Steinbrecher 2019) zu entwickeln
und einzusetzen. Wie weit es gelingt, damit ihre Potenziale zur Optimierung
von Prozessen zu nutzen, hängt in hohem Maße von der Strategie der Führung
und Veränderungsbereitschaft der Beschäftigten ab.

Weitreichende Veränderungen in der Verwaltungsorganisation und -arbeit können durch die Nutzung digitaler Kommunikationskanäle durch Bürger:innen
und durch einfache interaktive Tools ausgelöst werden, wie sich am Beispiel der
Online-Terminvergabe zeigen lässt (Zanker 2019 und Schwab et al. 2019). Sie
ermöglicht z. B. eine engere Taktung, eine andere fachliche Verteilung von Bür-
geranliegen auf Mitarbeiter:innen und erzeugt eine Vielzahl neuer, planungs-
relevanter Daten, die neue Grundlagen sowohl für die Selbstorganisation der
Beschäftigten als auch für die Steuerung und Kontrolle durch Führungskräfte
schaffen. So entstehen neue Chancen, aber auch Risiken sowohl für die Optimierung von Prozessen und Leistungserbringung als auch für die Arbeitssituation
der Beschäftigten, die von der konkreten Ausgestaltung vor Ort abhängig sind.

Die öffentliche Verwaltung bietet mit einem hohen Anteil an Routineaufgaben
und geregelten Verfahren eine Vielzahl von Einsatzmöglichkeiten für die Automatisierung (Etscheid 2018). Erst 2017 wurden mit § 35a Verwaltungsverfah-
rensgesetz (VwVfG) die gesetzlichen Grundlagen für vollautomatisierte Verfahren geschaffen, so dass die Voll- oder auch Teilautomatisierung von Verfahren
bisher erst am Anfang steht. Eine prominente Ausnahme macht hier die Finanz-
verwaltung mit der elektronischen Steuererklärung ELSTER (Zanker 2019). Hier
zeigt sich, dass insbesondere die Sachbearbeitung auf mittlerem Qualifikationsniveau von den Substitutionspotenzialen automatisierter Verfahren betroffen ist
bzw. sein wird. So geht Zanker für die öffentliche Verwaltung von einer insgesamt reduzierten Nachfrage nach Berufen auf Helfer- und Fachkraftniveau und
einem steigenden Bedarf an hochqualifizierten Beschäftigten aus (ebd.). Zudem
führt mangelnde nachhaltige Arbeitsgestaltung, die sich in der Rollenverteilung
zwischen Beschäftigten und automatisierten Verfahren zeigt, zu einer neuen Be-
lastungskonstellation, die auf der einen Seite mit Langeweile und Unterforderung einhergeht, auf der anderen Seite mit Überforderung, Zeitdruck sowie Unzufriedenheit, gewohnte Qualitätsstandards in der Fallbearbeitung nicht mehr
aufrechterhalten zu können.

Diese Fallbeispiele zeigen, dass trotz der bisher geringen strategischen Umsetzung der E-Government-Strategie die digitale Transformation der öffentlichen Verwaltung in vollem Gange ist und potenziell das gesamte Verwaltungshandeln verändert wird (Schuppan 2019a). Anders jedoch als in vielen Bereichen der Wirtschaft, in denen die Digitalisierung vor allem mit negativen Folgen wie Arbeitsplatzverlust verbunden wird, wird sie von vielen Beschäftigten und Führungskräften begrüßt, häufig sogar als Allheilmittel für verschiedene Problemlagen wahrgenommen. Sie wird als die entscheidende Maßnahme gesehen, dem bereits bestehenden und sich absehbar verschärfenden Personalmangel durch Rationalisierung und Effizienzsteigerung begegnen zu können (u. a. Schmid/ Willke 2016) und so auch für die Beschäftigten zu Arbeitserleichterung und Entlastung von Routinetätigkeiten beizutragen.

Dafür jedoch finden sich bisher kaum Belege. Stattdessen werden Mehrbelastungen durch Arbeitsverdichtung und geringere Handlungsspielräume, die Verlangsamung von Abläufen und mehr Steuerung(sarbeit) sowie fehlende Kompetenzen beklagt (Berlinger et al. 2016; Schwab et al. 2019; Zanker 2019). Potenziale der Digitalisierung für mehr Effizienz und eine Verbesserung der Arbeitssituation werden also nicht erkannt und genutzt, mit der Folge, dass die zunächst hohe Akzeptanz der Digitalisierung bei den Beschäftigten schwindet und negative Folgen wie vermehrte Konflikte und gesundheitsgefährdende Belastungen zunehmen.

3.4 Perspektiven der digitalen Verwaltung

Auch für die öffentliche Verwaltung ist die digitale Zukunft eine weitgehend offene Frage. Aktuelle und absehbare digitale Transformationsprozesse können in sehr unterschiedliche Szenarien münden, für die allerdings heute schon wichtige Weichen gestellt werden:

- Rolle der öffentlichen Verwaltung in der digitalen Gesellschaft (vgl. z. B. Hammerschmid et al. 2016): Die öffentliche Verwaltung, insbesondere aber die Kommune, ist gefordert, sich in der digitalen Gesellschaft neu zu verorten, die Zuständigkeit für neue Aufgaben (z. B. im Kontext Smart City, Mobilität oder Gesundheitswesen) für sich zu reklamieren (oder aber anderen Akteuren zu überlassen), das Verhältnis und die Zusammenarbeit zwischen Verwaltung und Bürger:innen neu zu gestalten (Beck et al. 2017 sowie Mohabbat Kar 2020 zu Digitalen Plattformen als Handlungsfeld für Staat und öffentliche Verwaltung) und ggf. die für diese Aufgaben erforderlichen Kompetenzen und Vorgehensweisen zu entwickeln.
- Rollenverteilung zwischen künstlicher Intelligenz und dem Menschen (vgl. z. B. Opiela et al. 2018; Etscheid et al. 2020): Gegenstand sind die Zukunft der Verwaltungsarbeit und die Rolle und Aufgaben der öffentlichen Verwaltung.

Szenarien zwischen Entscheidungsautomatisierung und Entscheidungsunter-
stützung, zwischen Überwachungsstaat und sozial verantwortlichem Umgang
mit Big Data werden hier diskutiert (Mohabbat-Kar et al. 2018).
- Organisation der öffentlichen Verwaltung zwischen Agilität und Bürokratie
  (vgl. z. B. Steinbrecher 2020; Bartonitz et al. 2018; Steuck 2019; Thiel/Mein-
  ke 2018; Beile et al. 2019): Die Übertragbarkeit neuer Organisationskonzepte
  wird für die Verwaltung diskutiert.

Insgesamt ist die Digitalisierung der öffentlichen Verwaltung also mit weitreichenden strategischen Entscheidungen verbunden, die in der aktuellen
OZG-Umsetzung bisher kaum adressiert werden. Damit verbunden sind unterschiedliche Entwicklungspfade für die Verwaltungsarbeit mit widersprüchlichen
Erwartungen an Beschäftigungsentwicklung, Qualifikationsbedarf und Arbeitsgestaltung.

4. Personalarbeit in der digitalen Verwaltung

Mit der digitalen Transformation als disruptivem und offenem Veränderungsprozess, in dem die bereits in den 1990er Jahren entwickelten Vorstellungen einer
»lernenden Organisation« (Senge 1996) eine neue, praktische Relevanz erlangen,
muss sich das HRM heute erneut grundsätzliche Fragen stellen, welche neuen
Aufgaben und Anforderungen auf die Personalarbeit zukommen und wie sie zu
bewältigen sind.

Wie bereits skizziert, bietet die Personalarbeit in der digitalen Verwaltung aktuell ein sehr heterogenes Bild. Angesichts des hohen Veränderungsdrucks, der
insbesondere auf den Kommunen lastet, wird eine Vielzahl innovativer Ansätze
erprobt und umgesetzt. Dies zeigen viele Praxisbeispiele, z. B. im Rahmen des
Engagements öffentlicher Verwaltung in den Projekten und Experimentierräumen der Initiative Neue Qualität der Arbeit der Bundesregierung (INQUA o. J.).
Demografischer Wandel, Fach- und Führungskräfteentwicklung, neue Arbeitsformen (z. B. mobiles Arbeiten), Chancengleichheit und Diversity, Gesundheit
sowie Wissen/Kompetenz, Vereinbarkeit von Beruf und Familie – eine Vielzahl
von Themen steht für die öffentlichen Verwaltungen auf der Tagesordnung. In
der Gesamtsicht jedoch wird der Stand der Personalarbeit nach wie vor eher kritisch gesehen und ein erheblicher Innovationsbedarf in allen klassischen Handlungsfeldern des Personalwesens konstatiert (Reichard 2019).

Mit Blick auf die Herausforderungen der digitalen Transformation müssen jedoch einzelne Aufgaben und punktuelle Innovationsimpulse zunächst in den
Hintergrund treten und grundlegende strategische und konzeptionelle Fragen
gestellt und beantwortet werden:

4.1 Strategische und konzeptionelle Neuorientierung

Die aktuelle Diskussion bewegt sich weitgehend in der Kontinuität der HR-Konzepte aus den 1990er Jahren mit einer betriebswirtschaftlichen Ressourcenperspektive. Gerade weil in zurückliegenden Reformphasen die Personalarbeit in deutschen Behörden im internationalen Vergleich des öffentlichen Dienstes, im Vergleich mit dem Personalmanagement in Unternehmen und im Vergleich mit den personalpolitischen Konzepten des NPM hinter den Erwartungen zurückblieb, besteht die Gefahr, dass an den vielfach eingeforderten Konzepten des HRM festgehalten wird und dabei grundlegend neue Rahmenbedingungen und Anforderungen im Kontext der digitalen Transformation an die Personalarbeit ausgeblendet werden. Die Personalarbeit muss sich vielmehr auf eine strategische und konzeptionelle Neuorientierung in der digitalen Transformation der öffentlichen Verwaltung einstellen, zu einem neuen Verständnis der öffentlichen Verwaltung mit ihren besonderen Aufgaben und Verantwortungen kommen und darin auch Aufgaben und Rolle der Personalarbeit neu fassen.

4.2 Den Menschen in den Mittelpunkt der Transformation stellen.

Die zentrale Frage für die konzeptionelle Neuausrichtung der Personalarbeit ist die Rolle des »Personals«, also des Menschen im Leistungserstellungsprozess. In bürokratischen Organisationen wie die öffentliche Verwaltung, aber auch in vielen Unternehmen, wird der Mensch als Rädchen in der (Organisations-)Maschine gesehen, das Vorgaben wie Gesetze oder Dienstanweisungen auszuführen hat und vom Management zweckrational gesteuert werden kann. Die geschäftsprozessorientierte Reorganisation in Unternehmen und NPM in den 1990ern haben diese Sichtweise nur partiell geändert und eine Sicht auf Beschäftigte als »Ressource« gefördert, die unter betriebswirtschaftlichen Gesichtspunkten zu entwickeln und zu steuern ist. Die digitale Transformation weist den Beschäftigten nun erneut eine neue Rolle zu. Gefordert ist ihr Gestaltungsbeitrag in der Transformation sowie Selbstorganisation und Verantwortungsübernahme im Arbeitsprozess. Aufgaben, die bisher als reine Führungsaufgaben galten, werden neu verteilt, um Lernerfahrungen und Gestaltungsbeiträge in der Transformation zu ermöglichen und Entscheidungen zu dem Zeitpunkt und an dem Ort zu treffen, an denen sie handlungsrelevant sind und zu einer Beschleunigung von Prozessen beitragen können.
Die zentrale Aufgabe der Personalarbeit besteht in diesem Kontext darin, Rahmenbedingungen für das »Empowerment« (Boes et al. 2020) der Beschäftigten zu schaffen und notwendige Unterstützungsleistungen im Arbeitsalltag zu erbringen. Das Bild von den Beschäftigten, an dem sich Führungskräfte und Personalwesen bisher orientieren, muss sich dafür wandeln. Es gilt, sich vom »Räd-

chen in der Maschine« zu verabschieden, die konzeptionelle Vorstellung einer »Ressource« kritisch zu hinterfragen und stattdessen den Menschen als Partner in der Transformation in den Mittelpunkt zu stellen.

4.3 Arbeitsgestaltung wird zu einem zentralen Handlungsfeld

Im Zentrum der digitalen Transformation stehen disruptive, paradigmatische Veränderungen im Umgang mit Information, die zum Treiber der Suche nach der Arbeit 4.0 werden. Denn einerseits ist die Entwicklung von Software und IT-Architekturen Teil einer globalen Arbeitsgestaltung (Baukrowitz/Boes 1996; Boes et al. 2012). Aktuelle digitale Technologien positionieren die Wissens- und Informationsarbeit in einem globalen Informationsraum, definieren Arbeitsgegenstände und -mittel neu, schaffen Potenziale für neue Formen der Kooperation und Zusammenarbeit, verändern Arbeitsteilung und Prozesse und schaffen neue Qualifikationsanforderungen. Indem sich diese Entwicklung in weiten Teilen unabhängig von einzelnen Organisationen und Akteuren vollzieht, wird sie innerhalb von Organisationen zu einem eigenständigen Treiber der Transformation.

Andererseits steht Arbeitsgestaltung aber auch im Zentrum von Transformationsstrategien von Organisationen. Um im Informationsraum bestehen zu können, müssen sie vor allem die Effizienz von Informationsprozessen in den Blick nehmen – sie müssen »agil« werden. Ein zentraler Baustein ist dabei die Fähigkeit der Beschäftigten, Arbeitsprozesse selbst zu organisieren, Entscheidungen zu treffen und umzusetzen sowie aus Erfahrungen schnell zu lernen und Veränderungen im Vorgehen zu initiieren.

In der öffentlichen Verwaltung erfolgt aktuell unter der Oberfläche der Kontinuität und Stabilität bürokratischer Strukturen eine Arbeitsgestaltung im Wildwuchs. Zukunftsweisende Fragen zur Arbeit 4.0 werden in der Gesamtsicht kaum gestellt und beantwortet. Auch wenn sich in der Praxis insbesondere auf kommunaler Ebene erfolgversprechende Ansätze finden, bleiben diese weitgehend punktuell. Diese Blindstelle in der Personalarbeit hat weitreichende Folgen. Notwendige Prozesse organisationalen Lernens bleiben aus und es entstehen zunehmend unattraktive Arbeitsplätze, die als dequalifizierend, perspektivlos und übermäßig belastend empfunden werden (Zanker 2019). Die Attraktivität der öffentlichen Verwaltung als Arbeitgeber im Wettbewerb um qualifizierte Fachkräfte ist dadurch ebenso in Gefahr wie die Motivation der Beschäftigten sowie ihre Bereitschaft, sich aktiv an notwendigen Veränderungsprozessen zu beteiligen.

Vor diesem Hintergrund ist die Personalarbeit in der öffentlichen Verwaltung gefordert, in Verbindung mit einer neuen Sicht auf die Beschäftigten als Partner:innen in der Transformation die Arbeitsgestaltung in den Blick zu nehmen. Es gilt, in Transformationsprozessen in den Behörden

- Arbeit lern- und entwicklungsförderlich zu gestalten, auf Basis vollständiger Tätigkeitsstrukturen (Hacker 1986),
- die Rollenverteilung zwischen Menschen und Maschine auf die Tagesordnung zu setzen und in Vorhaben zur Automatisierung und/oder dem Einsatz von KI angeblichen technischen Sachzwängen eine Arbeitsgestaltungsperspektive entgegenzusetzen,
- neue Aufgaben als solche zu benennen, zu analysieren und nachhaltig in Arbeitssysteme zu implementieren, statt sie als unspezifische Zusatzaufgaben der Kompensationsleistung der Beschäftigten zu überlassen,
- die der Digitalisierung innewohnenden Potenziale neuer Arbeitsformen und Arbeitsteilung zu berücksichtigen und zu gestalten sowie
- neue Qualifikations- und Kompetenzanforderungen in arbeitsorientierter Perspektive zu erkennen und durch geeignete Instrumente zu unterstützen.

Führungskräfte, aber auch Experten des Personalwesens haben die Aufgabe, in der Arbeitsgestaltung auf Augenhöhe mit den Beschäftigten zusammenzuarbeiten, notwendige Expertise einzubringen, den Wissenstransfer innerhalb von Behörden und behörden- und ebenenübergreifend zu organisieren sowie Personalentwicklungskonzepte zu entwickeln, die einen Gestaltungsbeitrag in Veränderungsprozessen leisten.

4.4   Die Transformation als Lernprozess gestalten!

Die digitale Transformation der öffentlichen Verwaltung hat in den letzten Jahren an Fahrt aufgenommen. Allerdings sind bisher wichtige Weichen nicht gestellt, so dass kaum abzusehen ist, wo die Reise hingeht. Dies allerdings trifft keineswegs nur auf die öffentliche Verwaltung zu. Auch in der Wirtschaft fehlt es bisher an geeigneten Blaupausen. Jedes Unternehmen muss sich selbst im Spannungsfeld unterschiedlichster Transformationskräfte verorten und eigene Lösungen entwickeln. Damit wird der Transformationsprozess selbst zur entscheidenden Frage: Wie kann der Transformationsprozess als offener Prozess strategisch gestaltet werden? Organisationen changieren dabei zwischen einem Verharren in veralteten Strukturen sowie Top-Down-Ansätzen im Change Management und Lernprozessen, in denen unter breiter Beteiligung aller Stakeholder, insbesondere auch der Beschäftigten und der Akteure der Mitbestimmung, ein neuer Bauplan für die Organisation und das Arbeiten 4.0 entwickelt wird.

Für die Personalarbeit (nicht nur) in der öffentlichen Verwaltung entsteht damit die zentrale Herausforderung, sich häufig erstmals der Aufgabe der Gestaltung von Veränderungsprozessen zuzuwenden und dabei über die bisher angewandten Konzepte und Vorgehensweisen des Change Managements hinauszudenken. Denn es besteht die Gefahr, in einer nach wie vor bürokratischen Verwaltungsorganisation Entscheidungen aus Politik und Verwaltungsmanagement abzuwarten und dabei sowohl den proaktiven Handlungsbedarf als auch Transformations-prozesse im Verwaltungsalltag aus dem Blick zu verlieren und Beschäftigte wie auch Führungskräfte vor allem als »Betroffene« zu adressieren (BMI 2009). Zu der oben skizzierten zentralen Herausforderung der konzeptionellen und strategischen Neuorientierung der Personalarbeit gehört es daher, ein neues Ver-ständnis von Transformationsprozessen sowie ein nichtlineares, agiles Modell organisationalen Lernens als Handlungsrahmen (für die Verwaltung insgesamt, vor allem aber für die Organisation von Personalarbeit selbst) zu entwickeln, in dem

- Transformation als in weiten Teilen emergenter Veränderungsprozess abge-bildet wird, der zwar im Idealfall in durch die Verwaltungsführung gesteu-erte Veränderungsprozesse eingebettet ist, sich aber auch ungeplant und »im Wildwuchs« vollziehen kann,
- das komplexe Zusammenspiel unterschiedlicher Aufgaben und Teilprozesse wie Qualifizierung, Kulturwandel (z. B. Führungskultur), Kommunikation und kollektive Reflexion der Transformation, allgemeinverbindliche Rege-lungen z. B. zu Fragen der Arbeitsgestaltung, Entwicklungsprozesse (Innova-tionslabore) sowie der Transfer neuer Lösungen berücksichtigt,
- organisationales Lernen zu ermöglichen durch einen kurzzyklischen und transparenten Zusammenhang zwischen Visionen und Zielen, Umsetzungs-schritten und Experimenten, Retrospektiven zur Auswertung von Erfahrun-gen und Umsetzung der Ergebnisse, indem sie entweder als Good Practice zum Ausgangspunkt weiterer Transformationsschritte gemacht werden oder aber nach neuen Ansatzpunkten und Lösungen gesucht wird.

4.5   Personalräte als Treiber der Transformation

Mit der zentralen Rolle der Arbeitsgestaltung und der Beschäftigten für eine er-folgreiche Bewältigung der digitalen Transformation steht auch die Frage nach der Partizipation der Beschäftigten und der Rolle der Personalräte in der öffent-lichen Verwaltung auf der Tagesordnung. Bereits seit den 1990er Jahren haben sich im Zuge verschiedener Reformmaßnahmen im Kontext des NPM die Rolle und Handlungsstrategie von Personalräten punktuell verändert. Hatten sie sich vordem weitgehend an dem eher reaktiven und an Einzelfällen orientierten Per-sonalvertretungsrecht orientiert, gingen einige Personalräte dazu über, sich in der Neugestaltung von Verwaltungsarbeit aktiv mit Gestaltungsbeiträgen zu be-teiligen (Killian/Schneider 2003; Kißler et al. 2011).

Im Kontext der digitalen Transformation stehen Personalräte erneut vor der He-rausforderung, sich strategisch und konzeptionell neu aufzustellen. Denn aktuell werden grundlegende Weichen für die Verwaltungsarbeit der Zukunft gestellt. Damit die Arbeit 4.0 auch »gute Arbeit« wird, liegt es vor allem bei den Personalräten, sich als Treiber in Veränderungsprozessen zu positionieren und den neuen »Bauplan« der Verwaltungsarbeit und ihrer organisatorischen Rahmenbedingungen mitzugestalten. Auf sie kommt die Aufgabe zu, Kriterien »guter Arbeit« in der Transformation der öffentlichen Verwaltung zu entwickeln, einzubringen und auszuhandeln. Dafür müssen sie sich mit neuen, dynamischen Ansätzen der Interessenvertretung auf Phasen des Experimentierens und organisationalen Lernens einstellen.

Wird diese strategische und konzeptionelle Neuorientierung des Personalrats nicht in Angriff genommen oder sogar aktiv durch eine Verwaltungsführung verhindert, die Beteiligungsangebote ablehnt, bleibt für Personalräte lediglich die reaktive Wahrnehmung ihrer Mitwirkungs- und Mitbestimmungsrechte. Sie können so nicht dazu beitragen, dass konflikthafte Einzelfälle durch die Gestaltung guter Arbeit vermieden oder zumindest frühzeitig erkannt und gelöst werden können, so dass sie nicht zu Blockaden für eine erfolgreiche Transformation werden. Eine vertrauensvolle, für Verwaltungsführung, Personalwesen und Personalrat gleichermaßen verlässliche Zusammenarbeit von Beginn an wird zu einem entscheidenden Erfolgsfaktor der Transformation.

Neue Strategien der Interessenvertretung werden allerdings nur möglich, wenn der Personalrat auch seine eigene Arbeitsweise auf den Prüfstand stellt und neue Vorgehensweisen und Instrumente entwickelt:

- Agile Arbeitsformen, Organisationsstrukturen und -prozesse,
- eine intensivere Beteiligung von Beschäftigten, nicht nur über Mitarbeiterbefragungen, sondern auch über eine verstärkte Einbeziehung in die Personalratsarbeit etwa in Ausschüssen sowie als gestaltende Akteure in Veränderungsprozessen, und
- die Entwicklung neuer, digitaler Formate in der Kommunikation mit den Beschäftigten (z. B. Personalversammlungen) und in der gremieninternen und -übergreifenden Zusammenarbeit

müssen sich Personalräte auf die Tagesordnung setzen.

5. Fazit

Die Personalarbeit in der öffentlichen Verwaltung muss verstanden werden vor dem Hintergrund einer nach wie vor bürokratischen Verwaltungsorganisation, deren Vorteile für das verfassungsgemäße Funktionieren von Staat und öffentlicher Verwaltung bisher überwiegen und die ein hohes Beharrungsvermögen aufweist. Sie hat es zu tun mit einem besonderen Typus von Arbeit und Beschäftigung, geprägt durch Beamtentum, bürokratische Abläufe sowie besondere berufliche Identitäten und Werte.

Mit der digitalen Transformation gerät auch die öffentliche Verwaltung in disruptive Veränderungsdynamiken, wie aktuell die Corona-Krise zeigt. Die Suche nach neuen digitalen Lösungen birgt dabei ein hohes Risiko – für die Leistungsfähigkeit der öffentlichen Verwaltung, für die Beschäftigten und für die Gesellschaft. Personalarbeit kann Perspektiven anbieten und Impulse setzen, um mit der Komplexität und Unüberschaubarkeit digitaler Transformationskräfte sowie ihren unausweichlichen Dilemmata umzugehen. Sie kann Veränderungsprozesse auf Nachhaltigkeit ausrichten, in der Arbeitsgestaltung, in der Kompetenzentwicklung der Beschäftigten und Führungskräfte und in den Lernprozessen, die die öffentliche Verwaltung als Organisation vollzieht. Voraussetzung ist, dass jetzt die Weichen in der Personalarbeit neu gestellt werden: auf die Herausforderungen der digitalen Transformation und auf die Menschen, die sie gestalten sollen.

6. Literatur

Baethge, Martin/Baethge-Kinsky, Volker/Holm, Ruth et al. (2003): Anforderungen und Probleme beruflicher und betrieblicher Weiterbildung. Expertise im Auftrag der Hans-Böckler-Stiftung, (Arbeitspapier Nr. 76). Düsseldorf: Hans-Böckler-Stiftung.

Bartonitz, Martin/Lévesque, Veronika/Michl, Thomas et al. (Hrsg.) (2018): Agile Verwaltung: wie der Öffentliche Dienst aus der Gegenwart die Zukunft entwickeln kann. Berlin: Springer Gabler.

Baukrowitz, Andrea/Boes, Andreas (1996): Arbeit in der »Informationsgesellschaft« – Einige grundsätzliche Überlegungen aus einer (fast schon) ungewohnten Perspektive. In: Schmiede, Rudi (Hrsg.): Virtuelle Arbeitswelten: Arbeit, Produktion und Subjekt in der »Informationsgesellschaft«. Berlin: Ed. Sigma, 129–158.

Baukrowitz, Andrea/Boes, Andreas/Schwemmle, Michael (1998): Veränderungstendenzen der Arbeit im Übergang zur Informationsgesellschaft – Befunde und Defizite der Forschung. In: Enquete-Kommission Zukunft der Medien in Wirtschaft und Gesellschaft, Deutschlands Weg in die Informationsgesellschaft, Deutscher Bundestag (Hrsg.), Arbeitswelt in Bewegung: Trends, Herausforderungen, Perspektiven. Bonn: ZV, 21–170.

Beck, Roman/Hilgers, Dennis/Krcmar, Helmut/Krimmer, Robert/Margraf, Marian/Parycek, Peter/Schliesky, Utz/Schuppan, Tino (2017): Digitale Transformation der Verwaltung. Empfehlungen für eine gesamtstaatliche Strategie, Gütersloh: Bertelsmann Stiftung. Abgerufen am 19.03.2021 von *https://www.bertelsmann-stiftung.de/fileadmin/files/Projekte/Smart_Country/DigiTransVerw_2017_final.pdf*

Beile, Judith/Rieke, Cornelia/Schönebert, Katharina et al. (2019): Führung in der digitalisierten öffentlichen Verwaltung. Abgerufen am 19.03.2021 von *https://fuehrdiv.org/files/cto_layout/fuehrdiv/Handlungsleitfaden/FührDiV_Handlungsleitfaden_191119.pdf*

Berlinger, Ulf/Funke, Corinna/Niesing, Anna/Biechele, Anna (2016): Branchenanalyse Öffentlicher Dienst der Länder. Eine Untersuchung zur Arbeitssituation aus Sicht der Beschäftigten. HBS Study 327. Düsseldorf: Hans-Böckler-Stiftung.

Bernhardt, Wilfried (18.02.2021): Digitale Transformation und die Gewaltenteilung des Grundgesetzes, in: eGovernment Computing.

Boes, Andreas/Baukrowitz, Andrea/Kämpf, Tobias et al. (Hrsg.) (2012): Qualifizieren für eine global vernetzte Ökonomie: Vorreiter IT-Branche: Analysen, Erfolgsfaktoren, Best Practices. Wiesbaden: Springer Gabler.

Boes, Andreas/Gül, Katrin/Kämpf, Tobias et al. (Hrsg.) (2020): Empowerment in der agilen Arbeitswelt: Analysen, Handlungsorientierungen und Erfolgsfaktoren. Freiburg: Haufe.

Boes, Andreas/Kämpf, Tobias/Langes, Barbara et al. (2017): »Lean« und »agil« im Büro: Neue Organisationskonzepte in der digitalen Transformation und ihre Folgen für die Angestellten. Bielefeld: transcript (Forschung aus der Hans-Böckler-Stiftung).

Boes, Andreas/Langes, Barbara (Hrsg.) (2019): Die Cloud und der digitale Umbruch in Wirtschaft und Arbeit: Strategien, Best Practices und Gestaltungsimpulse. Freiburg: Haufe.

Boes, Andreas/Ziegler, Alexander (Hrsg.) (2018): Der Aufstieg des Internet of Things. Disruptiver Wandel für die deutsche Wirtschaft? Forschungsreport des Instituts für Sozialwissenschaftliche Forschung München, München. Abgerufen am 11.03.2021 von *https://www.isf-muenchen.de/wp-content/uploads/2019/01/ISF-Report-IoT-180612r.pdf*

Bogumil, Jörg/Grohs, Stephan/Kuhlmann, Sabine/Ohm, Anna K. (2007): 10 Jahre Neues Steuerungsmodell, 2. Aufl. Berlin: Ed. Sigma.

Bogumil, Jörg/Jann, Werner (2009): Verwaltung und Verwaltungswissenschaft in Deutschland. Wiesbaden: Springer VS.

Brandl, Sebastian: Arbeitsbedingungen und Belastungen im öffentlichen Dienst Ein Überblick zum Forschungsstand und Forschungsbedarf (Arbeitspapier Nr. 290). Düsseldorf: Hans-Böckler-Stiftung.

Bundesanstalt für Arbeitsschutz und Arbeitsmedizin (BAuA) (2020): Öffentlicher Dienst: hohe Arbeitsintensität, starke Belastung Dortmund: BAuA. Abgerufen am 16.03.2021 von *https://www.baua.de/DE/Angebote/Publikationen/Fakten/BIBB-BAuA-32.pdf?__blob=publicationFile&v=5*

Bundesministerium des Innern (BMI) (2009): Change Management. Anwendungshilfe zu Veränderungsprozessen in der öffentlichen Verwaltung. Berlin: BMI. Abgerufen am 19.03.2021 von *https://www.verwaltung-innovativ. de/SharedDocs/Publikationen/Presse__Archiv/20100224_anwendungshilfe_ change_management.pdf?__blob=publicationFile&v=2*

Bundesministerium des Innern (BMI) (2014a): Digitale Agenda 2014–2017. Abgerufen am 19.03.2021 von *https://www.bmwi.de/Redaktion/DE/Publikationen/ Digitale-Welt/digitale-agenda.pdf?__blob=publicationFile&v=3*

Bundesministerium des Innern (BMI) (2014b): Digitale Verwaltung 2020. Regierungsprogramm 18. Legislaturperiode. Abgerufen am 19.03.2021 von *https://www.bmi.bund.de/SharedDocs/downloads/DE/publikationen/themen/ moderne-verwaltung/regierungsprogramm-digitale-verwaltung-2020.pdf?__ blob=publicationFile&v=4*

Bundesministerium für Arbeit und Soziales (BMAS) (2016a): *Digitalisierung der Arbeitswelt*, (Werkheft Nr. 01) Berlin: Bundesministerium für Arbeit und Soziales Abteilung Grundsatzfragen des Sozialstaats, der Arbeitswelt und der sozialen Marktwirtschaft. Berlin: BMAS. Abgerufen am 19.03.2021 von *https://www.denkfabrik-bmas.de/fileadmin/Downloads/Publikationen/BMAS_ Werkheft-1.pdf*

Bundesministerium für Arbeit und Soziales (BMAS) (2016b): Weißbuch Arbeiten 4.0, Berlin: Bundesministerium für Arbeit und Soziales Abteilung Grundsatzfragen des Sozialstaats, der Arbeitswelt und der sozialen Marktwirtschaft. Berlin: BMAS. Abgerufen am 19.03.2021 von *https://www. bmas.de/SharedDocs/Downloads/DE/Publikationen/a883-weissbuch.pdf?__ blob=publicationFile&v=1*

Deutscher Gewerkschaftsbund (DGB) (2017): DGB-Index Gute Arbeit. Sonderauswertung Beschäftigte im Angestellten- oder Beamtenverhältnis im öffentlichen Dienst. Berlin [Online] Abgerufen am 19.03.2021 von *http://index-gute-arbeit.dgb.de/++co++4e445a72-4c48-11e7-8958-525400e5a74a*

Deutscher Gewerkschaftsbund (DGB) (2018): Der öffentliche Dienst in Deutschland. Zahlen und Fakten zu Beschäftigten in ausgewählten Bereichen. Abgerufen am 19.03.2021 von *https://www.dgb.de/themen/++co++c31896c0-6ca7-11e9-bbc7-52540088cada*

Etscheid, Jan (2018): Automatisierungspotenziale in der Verwaltung. In Mohabbat Kar, Resar/Thapa, Basanta E. P./Parycek, Peter (Hrsg.): (Un)berechenbar? Algorithmen und Automatisierung in Staat und Gesellschaft. Berlin: Fraunhofer-Institut für Offene Kommunikationssysteme FOKUS, Kompetenzzentrum Öffentliche IT (ÖFIT), 126–158.

Etscheid, Jan/von Lucke, Jörn/Stroh, Felix (2020): Künstliche Intelligenz in der öffentlichen Verwaltung. Anwendungsfelder und Szenarien, Stuttgart: Fraunhofer-Institut für Arbeitswirtschaft und Organisation IAO. Abgerufen am 19.03.2021 von *http://publica.fraunhofer.de/dokumente/N-577708.html*

European Commission (2020a): eGoverment Benchmark 2020. eGovernment that works for the people. Luxemburg: EC. Abgerufen am 26.03.2021 von *https://ec.europa.eu/newsroom/dae/document.cfm?doc_id=69459*

European Commission (2020b): Digital Economy and Society Index (DESI) 2020 Digital public services. Luxemburg: EC. Abgerufen am 26.03.2021von *https://ec.europa.eu/digital-single-market/en/digital-public-services*

Felger, Susanne/Paul-Kohlhoff, Angela/Marginean, Adriana (2004): Human Resource Management: Konzepte, Praxis und Folgen für die Mitbestimmung. Düsseldorf: Hans-Böckler-Stiftung (Edition der Hans-Böckler-Stiftung).

Flecker, Jörg/Schultheis, Franz/Vogel, Berthold (Hrsg.) (2014): Im Dienste öffentlicher Güter. Metamorphosen der Arbeit aus Sicht der Beschäftigten. Berlin: Ed. sigma.

Gottschall, Karin/Häberle, Andreas/Heuer, Jan-Ocko/Hils, Sylvia (2015): Weder Staatsdiener noch Dienstleister. Selbstverständnis öffentlich Beschäftigter in Deutschland. TransState Working Papers 187. Bremen: SfB 597 »Staatlichkeit im Wandel«.

Grabe, Lisa (2014): Anerkennungsverhältnisse. Der öffentliche Dienst als Ort von Wertschätzungskonflikten. In: Flecker, Jörg/Schultheis, Franz/Vogel, Berthold (Hrsg.): Im Dienste öffentlicher Güter. Metamorphosen der Arbeit aus Sicht der Beschäftigten. Berlin: Ed. sigma, 287–300.

Graf, Nele/Gramß, Denise/Edelkraut, Frank et al. (2019): Agiles Lernen neue Rollen, Kompetenzen und Methoden im Unternehmenskontext. Freiburg: Haufe.

Gül, Katrin/Boes, Andreas/Kämpf, Tobias et al. (2020): Empowerment – ein Schlüsselkonzept für die agile Arbeitswelt. In: Boes, Andreas/Gül, Katrin/Kämpf, Tobias et al. (Hrsg.): Empowerment in der agilen Arbeitswelt: Analysen, Handlungsorientierungen und Erfolgsfaktoren. Freiburg: Haufe, 17–29.

Hacker, Winfried (1986): Arbeitspsychologie: psychische Regulation von Arbeitstätigkeiten, Berlin: Dt. Verl. d. Wiss.

Hammerschmid, Gerhard/Holler, Franziska/Löffler, Lorenz/Schuster, Ferdinand (2016): Kommunen der Zukunft – Zukunft der Kommunen. Studie zu aktuellen Herausforderungen, konkreten Reformerfahrungen und Zukunftsperspektiven, Berlin: Institut für den öffentlichen Sektor e. V. Abgerufen am 19.03.2021 von *https://publicgovernance.de/media/Studie_Zukunft_Kommunen.pdf*

Häusling, André/Fischer, Stephan (2020): Der Weg zur agilen HR-Organisation: Modelle und Praxisbeispiele zur agilen Transformation. Freiburg: Haufe.

Hurrelmann, Klaus/Albrecht, Erik (2014): Die heimlichen Revolutionäre: wie die Generation Y unsere Welt verändert. Weinheim: Beltz.

INQUA (o.J.): Verwaltung der Zukunft. Praxisreport mit Beispielen für eine moderne Personalpolitik. Berlin: INQUA. Abgerufen am 19.03.2021 von *https://www.verwaltung-innovativ.de/SharedDocs/Publikationen/Pressemitteilungen/praxisreport_verwaltung_der_zukunft.pdf?__blob=publicationFile&v=1*

Jann, Werner (2019): Neues Steuerungsmodell. In: Veit, Sylvia/ Reichard, Christoph/Wewer, Göttrik (Hrsg.): Handbuch Zur Verwaltungsreform, Wiesbaden: Springer Vieweg. in Springer Fachmedien Wiesbaden GmbH, 127–138.

Jantz, Bastian/Veit, Sylvia (2019): Entbürokratisierung und bessere Rechtsetzung. In: Veit, Sylvia/Reichard, Christoph/Wewer, Göttrik (Hrsg.): Handbuch zur Verwaltungsreform, 5. Aufl. Wiesbaden: Springer, 509–520.

Kanther, Manfred (1995): Ist die Verwaltung reformierbar? In: Verwaltung und Management, 1(5), 260–265.

Killian, Werner/Schneider, Karsten (2003): Die Personalvertretung auf dem Prüfstand. Beschäftigtenbefragung als Instrument zur Selbstevaluation der Interessenvertretung. Methodische Handreichungen am Beispiel einer Befragung in der öffentlichen Verwaltung (Edition der Hans-Böckler-Stiftung). Abgerufen am 19.03.2021 von *https://www.boeckler.de/pdf/p_edition_hbs_100.pdf*

Kißler, Leo/Greifenstein, Ralph/Schneider, Karsten (Hrsg.) (2011): Die Mitbestimmung in der Bundesrepublik Deutschland: eine Einführung. Wiesbaden: VS Verlag.

Klenk, Tanja (2019): Governance. In: Veit, Sylvia/Reichard, Christoph/Wewer, Göttrik (Hrsg.): Handbuch zur Verwaltungsreform, 5. Aufl. Wiesbaden: Springer, 153–164.

Kommunale Gemeinschaftsstelle für Verwaltungsmanagement (KGSt) (1993): Das Neue Steuerungsmodell. Begründung, Konturen, Umsetzung (Bericht Nr. 5/1993) Köln: KGSt.

Kommunale Gemeinschaftsstelle für Verwaltungsmanagement (KGSt) (2021): Aktuelle Themen des Personalmanagements. Ergebnisse der Vergleichsarbeit (Bericht Nr. 02/2021) Köln: KGSt.

Kotter, John P. (1997): Chaos, Wandel, Führung: Leading change. Düsseldorf: ECON.

Krämer, S. (1989): Geistes-Technologie. Über syntaktische Maschinen und typographische Schriften. In: Rammert, Werner; Bechmann, Günther (Hrsg.): Technik und Gesellschaft. Jahrbuch 5: Computer, Medien, Gesellschaft. Frankfurt/M., New York: Campus, 38–52.

Kuhlmann, Sabine/Bogumil, Jörg (2019): Neo-Weberianischer Staat. In: Veit, Sylvia/Reichard, Christoph/Wewer, Göttrik (Hrsg.): Handbuch zur Verwaltungsreform. 5. Aufl. Wiesbaden: Springer VS, 139–151

Lenk, K. (2011): Perspektiven der ununterbrochenen Informatisierung der Verwaltung. In dms – der moderne staat – Zeitschrift für Public Policy, Recht und Management, 4(2), 315–334.

Lewin, Kurt (2012): Feldtheorie in den Sozialwissenschaften: ausgewählte theoretische Schriften. Bern: Huber (Psychologie Klassiker).

Mayntz, Renate (1978): Soziologie der öffentlichen Verwaltung. Heidelberg: J.F. Müller.

Mohabbat Kar, Resa/Tiemann, Jens/Welzel, Christian (2020): Der Staat auf dem Weg zur Plattform. Nutzungspotentiale für den öffentlichen Sektor. Berlin: Kompetenzzentrum Öffentliche IT. Fraunhofer-Institut für Offene Kommunikationssysteme FOKUS. Abgerufen am 19.03.2021 von *https://www.oeffentliche-it.de/documents/10181/14412/Der+Staat+auf+dem+Weg+zur+Plattform*

Mohabbat-Kar, Resa/Thapa, Basanta E.P./Parycek, Peter (2018): (Un)berechenbar? Algorithmen und Automatisierung in Staat und Gesellschaft, Berlin: Kompetenzzentrum Öffentliche IT (ÖFIT). Fraunhofer-Institut für Offene Kommunikationssysteme FOKUS. Abgerufen am 19.03.2021 von *https://www.oeffentliche-it.de/documents/10181/14412/(Un)berechenbar+-+Algorithmen+und+Automatisierung+in+Staat+und+Gesellschaft*

Müller, Werner R. (1999): Kritische Gestaltungsfelder der Verwaltungsmodernisierung. In: Klimecki, Rüdiger/Müller, Werner R. (Hrsg.): Verwaltung im Aufbruch. Modernisierung als Lernprozess. Zürich: NZZ Verlag, 31–39.

Nationaler Normenkontrollrat (NKR) (2017): Bürokratieabbau. Bessere Rechtsetzung. Digitalisierung. Erfolge ausbauen – Rückstand aufholen. Jahresbericht 2017 des Nationalen Normenkontrollrates, Berlin: Nationaler Normenkontrollrat. Abgerufen am 19.03.2021 von *https://www.normenkontrollrat.bund.de/resource/blob/267760/444032/0277432480e047ede4be336b9fbf5f83/2017-07-12-nkr-jahresbericht-2017-data.pdf?download=1*

Nationaler Normenkontrollrat (NKR) (2020): Monitor Digitale Verwaltung #4, Berlin: Nationaler Normenkontrollrat. Abgerufen am 20.03.2021 von *https://www.normenkontrollrat.bund.de/resource/blob/72494/1783152/14635b15fe7f6902039abcd653de6c61/20200909-monitordigitaleverwaltung-4-data.pdf?download=1*

Opiela, Nicole/Mohabbat Kar, Resa/Basanta, Thapa et al. (2018): Exekutive KI 2030 – Vier Zukunftsszenarien für Künstliche Intelligenz in der öffentlichen Verwaltung, Berlin: Kompetenzzentrum Öffentliche IT. Fraunhofer-Institut für Offene Kommunikationssysteme FOKUS. Abgerufen am 19.03.2021 von *https://www.oeffentliche-it.de/documents/10181/14412/KI+im+Behördeneinsatz+-+Erfahrungen+und+Empfehlungen*

Pollitt, Christopher/Bouckaert, Geert (2017): Public Management Reform. A Comparative Analysis – Into the Age of Austerity. 4th edition. Oxford: Oxford University Press.

Reichard, Christoph (2019): Personalmanagement. In: Veit, Sylvia/Reichard, Christoph/Wewer, Göttrik (Hrsg.): Handbuch zur Verwaltungsreform, 5. Aufl. Wiesbaden: Springer, 385–394.

Reinermann, Heinrich/von Lucke, Jörn (2002): Electronic Government in Deutschland: Ziele, Stand, Barrieren, Beispiele. Speyrer Forschungsberichte 226. Speyer: Deutsches Forschungsinstitut für öffentliche Verwaltung.

Rieck, Anja (2014): Rekrutierung der Staatsdiener von morgen. Die öffentliche Verwaltung als attraktiver Arbeitsplatz. In: Flecker, Jörg/Schultheis, Franz/Vogel, Berthold (Hrsg.): Im Dienste öffentlicher Güter. Metamorphosen der Arbeit aus Sicht der Beschäftigten. Berlin: Ed. sigma, 301–314.

Sattelberger, Thomas (Hrsg.) (1994): Die lernende Organisation: Konzepte für eine neue Qualität der Unternehmensentwicklung, 2. Aufl. Wiesbaden: Gabler.

Schmid, Katrin/Wilke, Peter (2016): Branchenanalyse Kommunale Verwaltung. Zwischen Finanzrestriktionen und veränderten Arbeitsanforderungen – welche Trends bestimmen die Beschäftigungsentwicklung in der kommunalen Verwaltung? HBS Study 314. Düsseldorf: Hans-Böckler-Stiftung.

Schuppan, Tino (2019a): Elektronisches Regieren und Verwalten (E-Government), In: Veit, Sylvia/ Reichard, Christoph/Wewer, Göttrik (Hrsg.): Handbuch Zur Verwaltungsreform, 5. Aufl. Wiesbaden: Springer, 537–546.

Schuppan, Tino (2019b): Shared Service Center. In: Veit, Sylvia/ Reichard, Christoph/Wewer, Göttrik (Hrsg.): Handbuch Zur Verwaltungsreform, 5. Aufl. Wiesbaden: Springer, 297–305.

Schwab, Christian/Kuhlmann, Sabine/Bogumil, Jörg et al. (2019): Digitalisierung der Bürgerämter in Deutschland, Hans-Böckler-Stiftung, Düsseldorf (Study/edition der Hans-Böckler-Stiftung). Abgerufen am 19.03.2021 von *https://www.boeckler.de/pdf/p_study_hbs_427.pdf*

Senatsverwaltung für Integration, Arbeit und Soziales (SenIntArbSoz) (2018): Gute Arbeit in Berlin. Ergebnisse einer Beschäftigtenbefragung im Rahmen des »DGB-Index Gute Arbeit«. Berlin. Abgerufen am 19.03.2021 von *https://index-gute-arbeit.dgb.de/++co++2cf3d79a-3f57-11e9-af43-52540088cada*

Senge, Peter M. (1996): Die fünfte Disziplin, 2. Aufl. Stuttgart: Klett-Cotta.

Sondermann, Ariadne/Englert, Kathrin/Schmidtke, Oliver/Ludwig-Mayerhofer, Wolfgang (2014): Der »arbeitende Staat« als »Dienstleistungsunternehmen« revisited: Berufliches Handeln und Selbstdeutungen von Frontline-Beschäftigten nach zwanzig Jahren New Public Management. In Zeitschrift für Sozialreform, 60(2), 175–201.

Statistisches Bundesamt (Hrsg.) (2020): Personal des öffentlichen Dienstes 2019, Fachserie 14, Reihe 6, Wiesbaden. Abgerufen am 19.03.2021 von *https://www. destatis.de/DE/Themen/Staat/Oeffentlicher-Dienst/Publikationen/Downloads-Oeffentlicher-Dienst/personal-oeffentlicher-dienst-2140600197004.pdf?__ blob=publicationFile*

Steinbrecher, Wolf (2020): Agile Einführung der E-Akte mit Scrum. Die digitale Akte als kollaborative Teamplattform aufsetzen. Wiesbaden: Springer.

Steuck, Alexandra (2019): Mit einer schwarmintelligenten Verwaltung agil und stabil in die Zukunft eine empirische Untersuchung am Beispiel der Bundesverwaltung. Wiesbaden: Springer Gabler.

Stocksmeier, Dirk/Hunnius, Sirko (2018): OZG-Umsetzungskatalog. Digitale Verwaltungsleistungen im Sinne des Onlinezugangsgesetzes. Berlin: BMI.

Thiel, Georg/Meinke, Irina (2018): Agile Statistikbehörde – eine Herausforderung für den Statistischen Verbund. In WISTA – Wirtschaft und Statistik, 3/2018. Abgerufen am 19.03.2021 von *https://www.destatis.de/DE/Methoden/ WISTA-Wirtschaft-und-Statistik/2018/03/agile-statistikbehoerde-032018. html*

Ulrich, David (1997): Human resource champions: the next agenda for adding value and delivering results. Boston: Harvard Business School Press.

Vaanholt, Silke (1997): Human Resource Management in der öffentlichen Verwaltung, Wiesbaden: DUV.

Vesper, Dieter (2016): Öffentlicher Dienst. Wo das Personal fehlt. In Böckler Impuls 18/2016, 4–5.

Vogel Berthold/Pfeuffer Andreas (2019): Wertschätzungskonflikte statt Jobkultur. Arbeiten und Arbeitshaltungen im öffentlichen Sektor. In: Graß, Doris/ Altrichter, Herbert/Schimank, Uwe (Hrsg.): Governance und Arbeit im Wandel. Organization & Public Management. Wiesbaden: Springer VS, 75–91.

Vogel, Berthold (2017): Arbeiten im öffentlichen Dienst. In: Aus Politik und Zeitgeschichte (APuZ), 67(14–15), 22–28.

Will-Zocholl, Mascha/Hardering, Friedericke (2020): Digitalisierung als Informatisierung der sozialen Arbeit. Folgen für Arbeit und professionelles Selbstverständnis von Sozialarbeiter*innen. In: Arbeit – Zeitschrift für Arbeitsforschung, Arbeitsgestaltung und Arbeitspolitik, 29(2), 123–142.

Will-Zocholl, Mascha/Hardering, Friedericke (2018): Doing Meaning in Work under Conditions of New Public Management? Findings from the medical care sector and social work. In Sowa, Frank/Staples, Ronald/Zipfel, Stefan (Eds.): The Transformation of Work in Welfare State Organisations: New Public Management and the Institutional Diffusion of Ideas. London: Routledge, 128–146.

Weber, Max (1980): Wirtschaft und Gesellschaft. Grundriß der verstehenden Soziologie. Erste Auflage veröffentlicht 1921/1922, 5. Aufl. Tübingen: Mohr.

Zanker, Claus (2019): Ämter ohne Aktenordner?: E-Government und Gute Arbeit in der digitalisierten Verwaltung, Bonn: Friedrich-Ebert-Stiftung. Abteilung Wirtschafts- und Sozialpolitik. Abgerufen am 19.03.2021 von *http://library.fes.de/pdf-files/wiso/15412.pdf*

Christian Bason/Jens Loff

Leadership by Design – Der Sprung zu mehr Innovation und Resilienz

Inhaltsübersicht

1. Einleitung

Nichtregierungsorganisationen (NGOs) und der öffentliche Sektor stehen mehr den je vor der Herausforderung sich anzupassen und mitzuhalten. Mit dem Tempo des technologischen Wandels, mit einer sich schnell veränderten Umwelt und mit vielfältigen und komplexen Anforderungen der Bürger:innen. Darüber hinaus fehlte den Organisationen in den vergangenen zehn Jahren – seit der globalen Finanzkrise – zunehmend die finanzielle Kraft – und oft auch die politische Priorität –, um sich aus einer steigenden Nachfrage nach qualitativ hochwertigen, differenzierten Dienstleistungen wie von den Bürger:innen und Mitgliedsstrukturen erwartet, herauszuarbeiten und entsprechend strategisch zu investieren. Auch der deutliche Anspruch der Bürger:innen und Mitglieder mitzugestalten, als Akteure und Ko-Kreateure ernstgenommen zu werden, erweitern Anforderungen und mehren die Zielkonflikte aber auch Chancen der Führungskräfte.

Die jüngsten Herausforderungen aufgrund der Covid-19 bedingten Pandemie-situation haben die Nachfrage nach guter Führung bei gleichzeitig weniger vorhandenen Ressourcen weiter erhöht, da die in Jahrzehnten umsichtig mühsam gesicherten Finanzreserven investiert wurden und nach wie vor werden, um die negativen gesellschaftlichen und individuellen Auswirkungen und Kollateral-schäden der Pandemie zu bekämpfen, zu verhindern und zu mildern. Die Krise und die damit einhergehenden erschwerten Rahmenbedingungen sind gleichzeitig auch eine Chance sich als NGO und öffentliche Organisation umfassend neu zu legitimieren und als verlässliche und anpassungsfähiger Partner für die jeweiligen Bezugsgruppen – sowohl extern wie intern – aufzutreten.

Die Antwort auf diese und weitere Herausforderungen wurde in den letzten Jahren von Praktiker:innen und Wissenschaftler:innen gleichermaßen in der Schaffung eines nächsten Niveaus an Innovation und Resillienz gesehen. Eine Entwicklung, die zu Recht zunehmend auch von Praktiker:innen des öffentlichen Sektors und der NGOs geteilt wird.

Was ist nun ein guter Weg für Führungskräfte von NGOs und des öffentlichen Sektors, die nicht nur auf ein sich ständig änderndes und turbulentes Umfeld reagieren wollen, sondern auch proaktiv eine innovative Service- und »Delivery«-Kultur gestalten möchten, um dadurch Lösungen (Dienstleistungen, Kampagnen, Richtlinien und Programme …) für Mitglieder/Bürger:innen/Stakeholder:innen neu- und weiterentwickeln zu können? Wie können diese Organisationen zu einer bürger-, mitglieds- und benutzerzentrierteren Haltung übergehen, um eine Kultur der Innovation und Resilienz zu schaffen bzw. zu stärken?

Die Schaffung einer Designkultur – der strategische Einsatz des Denkens, der Sensibilität und der Methoden professioneller Designer als treibender Faktor für die benutzerzentrierte Organisationsentwicklung und -kapazität – ist zu einem vielversprechenden Ansatz geworden, der von Manager:innen auf der ganzen Welt zunehmend angenommen wird. Von Europa über Nordamerika bis in den asiatisch-pazifischen Raum, häufig unter dem Titel »Design Thinking« oder »Leadership by Design«, wurde eine Reihe von Praktiken und Methoden entwickelt, angewendet, angepasst und weiterentwickelt und dadurch auch das notwendige Mindset verankert. Heutigen Führungskräften und ihren Organisationen werden damit Möglichkeiten geboten, Innovationen mit motivierten und leistungsfähigen Teams voranzutreiben, um so den Anforderungen von Mitgliedern und Bürger:innen besser gerecht zu werden und eine neue Qualität des resillienten Regierens zu sichern – also eine robuste, anpassungsfähige und ausfallsichere Organisation, die viel stärker auf aktuelle Herausforderungen und ständige Veränderungen abgestimmt ist.

Was wir als Führungskräfte von heute in unseren Händen haben, ist ein klares Leadership by Design-Konzept mit einer grundsätzlichen starken Benutzer:innen-, Mitglieder- oder Bürger:innen-Zentrierung, die den notwendigen

»von-Außen-nach-Innen-Blick« auf unsere Dienstleistungen und Programme ermöglicht. Um die dafür notwendigen organisationalen Fähigkeiten, Kapazitäten und Arbeitsweisen zu verbessern, bietet Desgin Thinking eine gut Tool- und Methodenbox. Das Design Leadership-Konzept bietet den Führungskräften außerdem ein neues Mindset mit den dazugehörigen Führungsprinzipien. Auf Basis dieses Leadership by Design-Wissens können und müssen Führungskräfte lernen, Ressourcen so zu allokieren, dass der Design-Gedanke in der Kultur leben kann – das heißt anders arbeiten, anders entscheiden, transparenter sein und viel mehr skalieren. Führung wird damit anspruchsvoller, weil sie für Ergebnisse verantwortlich ist, die sie zum Teil (noch) nicht versteht, sie agile skallierte Prozesse steuern muss (neues Skillset erforderlich für solche Kompetenzen?) und sich dafür ggf. auf rechtlich dünnem Eis bewegen muss (Mut zu Fehlern in einer politisch-administrativen Ordnungskultur?). Ungeachtet dessen kann ein/e Design-Mindset/-Kultur und ein gut dokumentiertes handwerkliches Methodenset zeitnah in unseren Organisationen gemeinsam mit unseren Teams und Kolleg:innn erfolgreich angewendet werden.

2. Wie wird Leadership by Design die verschiedenen Dimensionen eines Managements beeinflussen? Eine Übersicht

Ein Leadership by Design Mindset impliziert einen neuen oder zusätzlichen Fokus auf fast alle Führungsfunktionen. In der folgenden Grafik werden die Rollen und Schwerpunkte einer Führungskraft in Bezug auf klassische organisatorische Aufgaben dargestellt. Hierbei ist jeweils ein Fokuspunkt aus der Perspektive von Leadership by Design aufgelistet. Design Thinking auf Werkzeugebene ist bereits heute (weitgehend) etabliert. Der nächste Schritt besteht nun darin, eine Führungskultur und -fähigkeit zu entwickeln und zu fördern, die sich auf die Entwicklung und Pflege einer starken Kultur des Design-Denkens innerhalb der Organisation in allen Funktionen und Prozessen orientiert. Nur wenn konsequent klare Ergebnisse und Leistungen zum Wohle der Mitglieder/Bürger:innen/ Nutzer:innen als Maxime verfolgt werden, welche die eigenen Traditionen und Verhaltensweisen sowie bestehende interne Prozesse hinterfragen, kann sich eine Organisation stetig verbessern und weiterentwicklen.

The Design Leadership Framework Aspects

Operations	Experience	Strategy	Enterprise	Team
Define Organizational Structure	Develop Design Principles	Define Vision & Goals	Align with Business Strategy	Develop Team Culture
Define Design Workflow	Define Design Language	Develop Strategy & Roadmap	Build Stakeholder Alliances	Povide Feedback & Guidance
Manage Work Streams	Advocate User Perspective	Manage Program Initiatives	Develop Design Culture	Plan and Scale Staffing Demand
Facilitate Collaborative Design	Promote End-to-End Experience	Drive Change	Promote Design Capabilities	Manage Recruiting & Onboarding
Define Work Environment	Drive Innovation	Measure Practice & Performance	Support Enterprise Challenges	Foster Talent Growth
Ensure Design Coherence	Provide Creative Guidance		Build Design Reputation	Reflect Leadership Skills
Enable Knowledge Exchange				Manage External Partners
Assure Quality and Compliance				

Quelle: Katharina Koberdamm, Product Strategy 2, 2020

3. Wie kann eine Designkultur aus einer Führungsperspektive Innovation, Motivation und verbesserte Arbeitsprozesse fördern?

Der Designbereich bietet Entscheidungsträgern in NGOs und aus dem öffentlichen Sektor drei Arten von Prozessen, die insgesamt innovativere Lösungen für Mitglieder und Bürger:innen ermöglichen. Der Effekt aller Prozesse ist ein stark befähigtes und motiviertes Team sowie Teammitglieder, die in der Lage sind, ihre Fähigkeiten und Kreativität für eine direkte Verbesserungen der Services und der Programme für Mitglieder oder Bürger:innen einzusetzen und zu nutzen. Es gibt nichts Motivierenderes für Mitarbeiter:innen in NGOs oder dem öffentlichen Sektor. Letzendlich geht es um den größmöglichen Impact von Maßnahmen, die echte Antworten auf gesellschaftliche, politische und regulative Fragestellungen sind.

Schauen wir uns drei reale Fälle an, in denen eine Kultur des Design-Denkens Ergebnisse liefert:

Erstens: Design kann dazu beitragen, Probleme aus menschlicher Sicht aufzudecken und Einsichten sowie Empathie gegenüber den Menschen (Kund:innen, Mitglieder, Bürger:innen) zu entwicklen. Methoden wie ethnografische Forschung – einschließlich intensiver qualitativer Befragungen, »Shadowing« und Beobachtung der Teilnehmer:innen – ermöglichen es öffentlichen Akteur:innen, ein differenziertes Verständnis dafür zu erlangen, wie Menschen auf ihre Systeme und Interventionen reagieren. Als Beispiel haben wir bei Nordlicht Management Consultants mit dem DGB zusammengearbeitet, um verbesserte Wege zu finden, Abgeordnete für die Teilnahme am politischen DGB-Bundeskongress zu gewinnen und vorzubereiten. Durch die Entwicklung von Personas im abteilungsübergreifenden Prozess wurden die Bedürfnisse und das Interesse der Kongressteilnehmer:innen neu bewertet und ein anderer Informations- und Dialogansatz – teilweise unterstützt durch digitale Lösungen – entworfen. Der Wert für den DGB sowie für die Teilnehmer:innen war klar definierbar und konnte mit weniger Ressourcen geliefert werden. Ein weiteres Beispiel mit größeren strukturellen Auswirkungen war die Aufgabe des dänischen Designzentrums, zu untersuchen, wie Jugendliche, die in Pflegefamilien untergebracht sind, ihren Übergang von der Unterbringung bei Pflegefamilien zum selbstständigen Erwachsenenleben meistern. Durch Befragungen und die Erforschung verschiedener Serviceerfahrungen aus der Zielgruppe ergaben sich neue Erkenntnisse, die den für die Services zuständigen lokalen Behörden die Augen öffneten. Ein junger Mann, Dennis, den die Sachbearbeitungsteams als Einzelgänger eingeordnet hatten, öffnete sich in den Interviews und erzählte, wie er es lieben würde, an örtlichen Gemeindezentren teilzunehmen. Nicht hauptsächlich um zu lernen, sondern um anderen Jugendlichen das Gitarrespielen beizubringen und damit für sich und seine Fähigkeiten echte Wertschätzung zu erfahren. Die Sachbearbeiter:innen waren überrascht, dass Dennis doch nicht »der Einzelgänger« war, den alle in ihm gesehen hatten. Das Problem war, dass er keine sinnvolle Aufgabe für sich hatte erkennen können, mit der er sich beschäftigen konnte. Das Betreuungssystem hatte Dennis auch nie ein passendes Betätigungsfeld anbieten können, in Unkenntnis seiner Kernbedürfnisse. Diese Art von Bürger-/Usererkenntnissen ermöglicht es, öffentlichen Entscheider:innen und Teams – von Sachbearbeiter:innen bis hin zu politischen Entscheidungsträger:innen –, sich vorzustellen, welche Arten von Interventionen fruchtbar sind und wie sie neu gestaltet werden können, um bessere Ergebnisse für die Bürger:innen zu erzielen. Was waren die guten Ergebnisse bei Dennis? Zugehörigkeitsgefühl, neue soziale Verbindungen und der Appetit, echte Beiträge zu leisten – kurzum Sinngebung!

Zweitens: Designer können – wenn sie von Führungskräften im Bemühen, eine benutzerzentrierte Kultur zu schaffen, unterstützt werden – kreative Prozesse, bei denen Ideen in verschiedenen Disziplinen, Organisationen und Sektoren entwickelt werden, gestalten und fördern. Um die Perspektive zu eröffnen, welche Arten von Lösungen möglich sind, werden unterschiedliche Ansichten und Fähigkeiten benötigt. Zu oft entwickeln öffentliche Organisationen und NGOs Ideen »nur« intern und in sehr kurzen und limitierten Zeitintervallen. Aber Kreativität braucht Raum, um zu gedeihen. Es ist die Aufgabe der Führung, die Einbeziehung unterschiedlicher Ansichten und Fachgebiete sicherzustellen. Es braucht Herausforderungen und Hindernisse, um sie zu überwinden. Es braucht »neue Kästchen« zum Nachdenken – neue Rahmen und Einstellungen, mit denen Teams festgefahrene Probleme in einem neuen Licht sehen können. Durch die Verwendung visueller Tools und Artefakte kann Design Thinking öffentlichen Führungskräften dabei helfen, kreative Brainstorming- und Konzeptentwicklungsprozesse voranzutreiben, die zu neuen Arten von Lösungen führen. Ein Beispiel für die Schaffung und Bereitstellung von Leadership by Design über die Designkultur könnte der kürzlich von der IG Metall/Labour Digital organisierte Hackathon sein. Ziel des Hackathon war es, die Herausforderung potenzieller neuer Mitglieder zu lösen, den besten Weg in die Gewerkschaftsmitgliedschaft zu finden. Dabei sollten auch radikale digitale Ansätze genutzt werden, um den Prozess sowohl für Mitarbeiter:innen der Gewerkschaft als auch für die möglichen neuen Mitglieder nutzenbringend zu gestalten. Im Hackathon wurden verschiedene funktionsübergreifende Teams (intern/extern) – aufgrund der Pandemie – von Führungskräften motiviert bzw. unterstützt, um in einer »neuen Box« mit den vielfältigen »neuen« Kompetenzen des gemischten Teams zu denken. Innerhalb von 24 Stunden nach dem vollständig digitalen »Labour-Hack-Hackathon« mit Design Thinking-Methoden entstanden mehrere neue Lösungen, die sofort technisch (IT und KI) und organisatorisch (Prozess und Inhalt) in Mitgliederservices implementiert wurden. Ein weiteres Beispiel ist das »Fredericia-Modell« in der dänischen Altenpflege, das in einem von der Stadt Fredericia veranstalteten gemeinsamen Workshop mitgestaltet wurde. Die Idee war einfach, aber noch nie aufgetaucht: Warum nicht die Pflegedienste für ältere Menschen überdenken, von »Menschen bei der Hausarbeit helfen« bis hin zu »in die Fähigkeit der Menschen investieren, ihre Hausarbeit selbst zu erledigen«? Anstatt öffentliche Pflegekräfte, die ältere Menschen besuchen, um für sie zu staubsaugen, würde das neue Modell darin bestehen, Interventionen wie körperliches Training und Physiotherapie zu entwickeln, um den Bürger:innen zu helfen, genug Kraft zu gewinnen, um nicht nur für sich selbst zu staubsaugen, sondern auch die Bahn zum Besuch ihre Enkelkinder alleine nehmen zu können. Kurz gesagt, die Öffentlichkeit sollte in die Fähigkeit der Menschen investieren, unabhängiger zu leben und »länger in ihrem eigenen Leben zu leben«, wie der Slogan der Projekte lautete. Diese menschenzentrierte Lösung – aus einem Leadership by Design Team entstanden – wurde schließlich zum nationalen Standardmodell für die häusliche Pflege in Dänemark, eingebettet in die nationale Gesetzgebung und Regulierung.

Drittens: Führungskräfte, die in ihren Teams eine Designkultur entwickeln und unterstützen, sind Meister darin, abstrakten Ideen systematisch Form und Gestalt zu geben. Wenn sie ein Modell wie »länger in ihrem eigenen Leben leben« verwenden und die Teams die neue und neu gestaltete Benutzerreise für ältere Bürger:innen, die sich mit dem öffentlichen System beschäftigen, grafisch darstellen, können Pflegekräfte das erforderliche neue Verhalten umsetzen. Ein weiteres Beispiel könnte die Gestaltung neuer digitaler und physischer Formulare und Vorlagen sein, mit denen Beschreibungen der Bedürfnisse der Bürger:innen in den Mittelpunkt neuer Dienste gestellt werden können. Durch den Aufbau grober Modelle – Prototypen – ermöglichen sich die Teams, mit Mitgliedern und Bürger:innen selbst zu experimentieren und vorübergehende Lösungsvorschläge auszuprobieren, bevor sie abschließende Entscheidungen treffen. Diese Fähigkeit, Dinge konkret zu machen und zu lernen, indem Mitglieder, Bürger:innen und andere Nutzer:innen Feedback geben, ist das Herzstück einer guten Designkultur, die in einem Leadership by Desgin-Ansatz gepflegt wird.

Die klassischere Führungsdimension, die mit den guten neuen Lösungen und Ergebnissen der Teams verbunden ist, benötigt eine Risikobereitschaft und ein kontinuierliches Engagement für die Designkultur, obwohl nicht jede Idee genau so entwickelt wird, wie sie entworfen wurde, und Fehler auftreten werden. Hier muss Leadership den Teams und der Designkultur verpflichtet bleiben, die angebotenen Erkenntnisse zu nutzen, das Team zu schützen und dadurch die Designkultur weiter zu fördern. Schauen wir uns die spezifische Rolle von Leadership by Design genauer an.

4. Leadership by Design in NGOs und Regierungen: Fallstricke und Möglichkeiten

Politische Entscheidungsträger:innen und Manager:innen müssen sich darüber im Klaren sein, dass das Einbringen von Design Thinking-Methoden in Organisationen über die oben beschriebenen Prozesse hinausgeht. Es fordert auf einer grundlegenderen Ebene heraus, wie eine Organisation handelt und über Problemlösungen und neue Möglichkeiten nachdenkt. Dies ist letztendlich eine Frage der Kultur. In einer Designkultur suchen Manager:innen und ihre Teams ein tiefes Verständnis der Bedingungen, Situationen und Bedürfnisse von Benutzern:innen/Stakeholder:innen, indem sie sich in ihre Lage versetzen, die Welt mit ihren Augen sehen und die Essenz ihrer Erfahrungen erfassen. Es wird bewusst darauf geachtet, eine Verbindung, sogar Intimität mit den Benutzer:innen herzustellen. Da Designarbeit grundsätzlich menschenzentriert ist und die Wertschöpfung von außen nach innen betrachtet, kann und wird sie Organisationen, die auf hierarchischen, administrativen und bürokratischen Traditionen aufbauen und damit eine Inside-Out-Sichtweise leben, erheblich herausfordern. Folglich benötigen Mitarbeiter:innen auf diesem Weg Unterstützung, sofern sie mit dem Design-Denken nicht vertraut sind (was für viele noch zutrifft). Sie benötigen die Führung und Rückenstärkung/Vertrauen von Führungskräften in Schlüsselmomenten, um sich in einer eher ungewohnten Arbeitslandschaft inkl. Gefühle, Divergenzen und Versagen zurechtzufinden und ihre Reaktionen auf die menschenzentrierte Design-Arbeitsweise produktiv, wertschätzend und direkt zu kanalisieren.

Manager:innen und politische Entscheidungsträger:innen können jedoch anhand der o.a. tabellarischen Übersicht über Führungsaufgaben im Design Leadership Framework insbesondere drei Arten von Praktiken fokusieren, die unserer Ansicht nach dazu beitragen können, die Herausforderungen auf dem Weg zu einer starken Designkultur zu bewältigen.

1. Empathie stärken, um Veränderungen zu ermöglichen,
2. Förderung von Vielfalt und Navigieren von Mehrdeutigkeit/Unsicherheit sowie
3. Schaffung von Raum, um neue Zukünfte zu erkunden/zu erproben und damit resilientere Organisationen zu entwickeln.

4.1 Empathie stärken

Es ist eine große Herausforderung, Erkenntnisse von Bürger:innen/Mitgliedern, wie in dem o.a. Case von Dennis, zu sammeln und dann diese Erkenntnisse in die konsequente Gestaltung neuer Dienste oder Programme einzubeziehen. Für Mitarbeiter:innen, die es gewohnt sind und auch darin trainiert werden, möglichst rational und objektiv zu sein, können Designmethoden und eine Designkultur in einer ersten Betrachtung/Begegnung subjektiv und persönlich erscheinen. Für NGOs und Organisationen des öffentlichen Sektors, die bestrebt sind, ihre Nutzer:innen besser zu verstehen, können sich Design Thinking-Ansätze initial für die Verbindung mit Mitgliedern und Bürger:innen als sehr »nah«, unangenehm emotional und dadurch gegebenenfalls überwältigend wirken. Es lohnt sich allerdings, dieses »Unbehagen« des Design-Denkens zu ertragen, da sich genau daraus neue Möglichkeiten für Veränderungen, Verbesserungen und Innovationen ergeben. Die Realität ist, dass genau jene Aspekte der Designmethoden, die es den Mitarbeiter:innen gegebenenfalls schwer machen, auch die

Quelle ihrer Kraft sind. Als Reaktion auf eine solche Herausforderung können und sollten Führungskräfte gegensteuern, indem sie systematisch

- Prozesse, die Informationen über Mitglieder/Bürger:innen beinhalten, in den Fokus bringen, um damit zu verdeutlichen, dass diese Von-Außen-nach-Innen-Perspektive wertvoll und notwendig ist, um Innovationen voranzutreiben.
- Mitarbeiter:innen unterstützen, die emotional durch Infragestellung der Wirksamkeit des Prozesses bzw. ihrer Ergebnisse, belastet und emotional gestresst werden.
- Mitarbeiter:innen fördern die sich aktiv neuen Erkenntnissen öffnen und gleichzeitig die Teams darin unterstützen mit den neuen Erkenntnisse umzugehen.
- neue Herausforderungen und Probleme als Möglichkeit für Neugestaltung und Verbesserungen nutzen – und eben nicht sofort als Leistungsdefizite einordnen.

4.2 Förderung von Vielfalt und Navigieren von Mehrdeutigkeit/ Unsicherheit

Die aktive Gestaltung auf Basis neuer Erkenntnisse aus mitglieds-, bürger- und benutzerzentrierten Prozessen ist ein wichtiger Aspekt und Treiber von Nutzen. Eine weitere gegebenenfalls potenziell beunruhigende Dimension von Designkulturen und -arbeiten ist die Abhängigkeit von abweichendem (divergentem) Denken, was beinhalten kann, dass nicht der effizienteste Weg zu einer Lösung eingeschlagen wird. Designkulturen motivieren nicht Mitarbeiter:innen so schnell wie möglich zur Ziellinie zu kommen oder sich arbeitseffizient zügig auf einen Lösungskompromis zu einigen, sondern versuchen, die Handlungsoptionen zu erweitern – sozusagen eine Weile seitwärts zu gehen, anstatt »nur« vorwärts. Dies kann für Menschen, die auf das Verfolgen einer klaren Richtung geschult und sozialisiert sind, und die Bedeutung von Kosteneinsparungen tief verankert haben und den Wert einer eher früher als späteren Ergebnislieferung leben, eine große Unzufriedenheit und Unsicherheit auslösen. Die Mitarbeiter:innen könnten das Gefühl oder die Auffassung haben, dass der Prozess stecken bleibt und nirgendwohin führt – und für eine Weile kann dies tatsächlich der Fall sein. Führungskräfte, die Führung bei Design verfolgen, können und sollten als Reaktion darauf Folgendes üben:

- Helfen Sie Ihren Mitarbeiter:innen, dem Drang zu widerstehen, schnell auf eine Lösung zu konvergieren, und dabei das Gefühl auszuhalten, dass ihnen die Richtung fehlt.

- Unterstützen Sie die zielorientierten Menschen dabei, mit ihren Unsicherheiten und Sorgen über den Prozess des abweichenden Denkens umzugehen (in ihren Augen eine unnötige Mehrdeutigkeit).
- Gehen Sie mit gutem Beispiel voran, indem Sie das Gefühl der Unsicherheit mit den Mitarbeiter:innen offen teilen und gleichzeitig Vertrauen in die Offenheit als Vorteil zeigen (eben nicht ein Mangel an Orientierung).

4.3 Schaffung von Raum, um neue Zukünfte zu erkunden/zu erproben

Designansätze fordern die Mitarbeiter:innen wiederholt dazu auf, was sie traditionell in unseren Organisationen zu vermeiden versucht haben: Fehler machen! Die Aspekte von Entwurfsmethoden, die iteratives Prototyping und Testen umfassen, funktionieren am besten, wenn sie im Test-Sinne viele Fehler liefern – also Ergebnisse die ihnen zeigen, was nicht funktioniert, um daraus in der Suche nach der besten Lösung zu lernen. Allerdings fühlt es sich für viele Menschen nicht gut an, scheinbar erfolglose Ergebnisse anzuhäufen! Was Führungskräfte hier tun können/müssen, ist:

- Verstärken Sie eine Testkultur bzw. Aus-Fehler-Lernen-Kultur in der Arbeit mit Nutzer:innen und Mitarbeiter:innen, indem Sie Zeit und Ressourcen bereitstellen und zu dieser Arbeitsweise ermuntern.
- Gehen Sie auf die Skepsis gegenüber dem Wert dieses Arbeitsstils ein, indem Sie den Mitarbeiter:innen vermitteln, dass auch »fehlerhafte« Prototypen/Lösungsversuche echten Fortschritt darstellen.
- Formulieren Sie, welches Gesamtergebnis erzielt werden muss – definieren Sie dabei den Ergebnisrahmen (nicht das Ergebnis!).
- Stellen Sie sicher, nicht nur für externe Kund:innen, sondern auch für die Mitarbeiter:innen Mehrwert zu schaffen. Hierdurch verdeutlichen Sie die potenziellen Vorteile der Veränderungen und sichern in Ihren Teams ein starkes Buy-in und eine enge Bindung.

Als professioneller, systematischer Ansatz für das Engagement und Einbindung der Nutzer:innen in Innovationsprozessen bietet Leadership by Design den Führungskräften der NGOs und den öffentlichen Institutionen eine gute/die beste verfügbare Möglichkeit, Mitglieder und Bürger:innen mit den Diensten und Interventionen von Morgen zu verbinden. Das Kreieren eines Klimas des Mutes und einer Athmosphäre, in der ergebnisoffen und auch manchmal ergebnislos gedacht werden kann, ist eine Folge des Leadership by Design. Diesen Zustand als Organisation zu erreichen, fördert eben auch die Resilienz, die für alle Organisationen in der Zukunft lebenswichtig sein wird, weil unsere Umgebungen und Rahmenbedingungen zunehmend unvorhersagbar werden. Covid-19 ist ein prägendes Bespiel hierfür. Bei aller Kraft der Designmethoden sind jedoch klare Führung in einer Designkultur und praktisches Engagement erforderlich, um erfolgreich zu sein. Wenn es um Innovationen in NGOs und im öffentlichen Sektor geht, gibt es keine Patentlösung. Allerdings kommt Leadership by Design, das eine starke Designkultur schafft, eine solchen sehr nah.

Martina Schmied

Arbeiten für Wien – Wie ein Programm lebendig wurde, Stadtverwaltung Wien

Von 2013 bis 2020 bekleidete ich die Funktion der Personaldirektorin der Stadt Wien. Mein Auftrag und Ziel waren es, das Personalmanagement dieser großen Kommunalverwaltung ins 21. Jahrhundert zu führen und somit einen nachhaltigen Paradigmenwechsel zu initiieren. Ausgangspunkt war der Auftrag einer engagierten Personalstadträtin und eines weitsichtigen Bürgermeisters, eine – seit den 1990iger Jahren notwendige – Besoldungsreform umzusetzen. Alle bis dahin gestarteten halbherzigen Versuche hatten nur dem einen Ziel gedient, nämlich zu beweisen, dass genau jetzt – wann immer das auch war – der falsche Zeitpunkt für die Reform sei.

Zugegeben, das Gehaltssystem eines 65 000 Personenbetriebes auf neue Beine zu stellen, ist keine alltägliche Sache. Umso mehr, wenn es dabei um eine Stadtverwaltung geht, die naturgemäß im Blickfeld der Öffentlichkeit und an der Schnittstelle vielfältiger Erwartungen und Interessen steht. Man muss schon in Jahrzehnten denken, um die Tragweite dieses Vorhabens zu erfassen. Es ging dabei nicht um eine Anpassung oder Adaptierung, sondern um ein komplettes Neudenken des Gehaltssystems. Während die Bezahlung im alten System an Ausbildung und Seniorität gebunden war, sollte sich das neue Gehaltssystem ausschließlich an der – analytisch bewerteten – Funktion orientieren. Damit können in Zukunft höhere Einstiegsgehälter geboten und die Mobilität und Karrieren der Mitarbeiterinnen und Mitarbeiter besser gefördert werden, um sie möglichst lange engagiert und motiviert an die Arbeitgeberin Stadt Wien zu binden.

Für mich war immer klar, dieses Vorhaben kann nur gelingen, wenn man das Projekt »Besoldung Neu« in ein größeres ganzheitliches Programm stellt. So bin ich in meiner Bewerbung unter dem von mir entworfenen Titel »Arbeiten für Wien – viel mehr als nur ein Job« mit einem solchen Programm angetreten und konnte damit überzeugen. Rückblickend sehe ich einen Vorteil darin, dass ich davor nicht im Personalbereich tätig war und daher mit einer Außensicht an die Sache herangehen konnte.

Mit welcher Strategie geht man nun an diesen großen Changeprozess heran? Der wichtigste Schritt bei so einem Vorhaben ist immer eine klare Analyse der Ist-Situation und die Frage nach dem »Warum?«.

Analyse der Ist-Situation heißt zunächst, nochmals in die Historie zu gehen und die Geschichten des Scheiterns, alle Vorurteile und Fehlversuche zu studieren und die handelnden Personen – die vielleicht auch Akteure im neuen Programm sein sollen – zu hören. So wurde mir schnell klar, dass alle bisher handelnden Personen Teil des alten Systems waren. Das kannten sie, darin hatten sie persönlich Karriere gemacht und ihr Expertenwissen gepflegt. Das neue unbekannte System für zukünftige Mitarbeitende wurde als Bedrohung gesehen und daher mehr oder weniger bewusst boykottiert.

Umso wichtiger war es, die Frage nach dem »Warum?« zu stellen und für die Organisation zu beantworten: Dieses Programm sollte eine Investition in die Zukunft sein. So haben wir von Anfang an immer klar kommuniziert: Wir wollen als Stadtverwaltung die besten Köpfe gewinnen und ihnen einen Job mit Sinn anbieten.

Mit einer speziellen Methode der Risikobewertung (der sogenannten Prae mortem Methode) haben wir das Programm unter der Prämisse »*es ist völlig gescheitert und wir analysieren die Gründe*« betrachtet und daraus wichtige strategische Schlüsse für das Aufsetzen des Programms gezogen:

- Das Thema ist groß und für die bestehenden Mitarbeitenden noch nicht von Interesse – wir müssen es daher zum Zukunftsthema und gemeinsamen Anliegen von allen machen.
- Wenn das Thema immer wieder im kleinen Kreis zum Scheitern gebracht wird, dann müssen wir auf Partizipation setzen und eine Vielzahl an Menschen beteiligen.
- Wenn wir in den eigenen Reihen keine Verbündeten finden, dann müssen wir sie bei den vermeintlichen Gegner:innen suchen – in dem Fall waren es die Gewerkschaft und Personalvertretung, die hier strategische Weitsicht bewiesen.
- Wenn du viele begeistern willst, dann höre in die Organisation hinein und du wirst unterschiedliche Themen finden, die schon lange darauf warten, umgesetzt zu werden. Gib diesen Themen Wichtigkeit und Raum im Rahmen deines Vorhabens und du gewinnst engagierte (Teil-)Projektleitungen und erledigst gleich vieles mit.
- Wenn es Phasen des scheinbaren Stillstandes gibt (z. B. Wahlen oder Wechsel an der Unternehmensspitze), dann nutze diese Zeit, um das Thema besonders voranzutreiben und Entscheidungen im »Windschatten« herbeizuführen.

Mit diesem Wissen habe ich das Programm »ARBEITEN FÜR WIEN« aufgesetzt, ein völlig neues Branding etabliert und damit einen Kultur- und Paradigmenwechsel in der Stadt Wien eingeleitet.

Im Folgenden möchte ich die einzelnen Teilprojekte kurz skizzieren und aufzeigen, wie sie – Dominosteinen gleich – einen den nächsten angestoßen haben.

Um dies zu veranschaulichen, haben wir – gemeinsam mit Kommunikationsspezialisten folgendes Bild entworfen:

Abbildung 1

Dieses Bild hat uns von Beginn an begleitet und hat variierend pro Jahr die aktuellen Themen gezeigt – an allen Türen, in der Teeküche und in den Konferenzräumen. So hatten immer alle vor Augen, worum es gerade geht und wie alles andere mitschwingt und eins vom anderen beeinflusst wird. Ein Veränderungsprozess ist immer geprägt von Gleichzeitigkeit und nicht – wie von allen so gerne gefordert – vom linearen Nacheinander. Erst wenn alle das verinnerlicht haben, halten sie den Zustand der Unruhe und des Unfertigen aus!

Nun kurz zu den Teilprojekten:

- **Employer Branding und Werte**

Am Beginn stand die Suche nach unserer Arbeitgebermarke und damit zunächst die Frage, welche Werte unseren Mitarbeiterinnen und Mitarbeitern die wichtigsten sind. Eine breit angelegte Umfrage in der ganzen Organisation mit einer über 60 %igen Rücklaufquote hat drei Grundwerte herausgefiltert:

Sinnvoll – abwechslungsreich – sicher

Diese wurden einem Employer Brandingprozess zugrunde gelegt, der schließlich zu einem Arbeitgeberversprechen geführt hat, das in der Zwischenzeit als Bestandteil in die Gesamtmarke der Stadt Wien eingeflossen ist und aus der ich einen kurzen Auszug zitieren möchte:

»… Die Stadt Wien bietet Perspektiven zur Entfaltung. Sie hat eine enorme Vielfalt an Berufsfeldern und Tätigkeitsbereichen. Das ermöglicht individuelle Karriere-pfade und ein gutes Eingehen auf die individuellen Lebensphasen jeder und jedes Einzelnen. Wir stehen für eine ausgewogene Verbindung von Beruf und Privat-leben …

Wir haben das klare Ziel: unser Wien tagtäglich zu einer lebens- und liebenswerten Stadt zu machen, in der sich jede Bewohnerin und jeder Bewohner in gleichem Maße und bei gleicher Qualität auf unsere Leistungen und Services verlassen kann. Genauso wie unsere MitarbeiterInnen sich auf uns verlassen können und wir uns auf sie.

Es gibt nur eine Stadt Wien. Sie ist einzigartig. Sie stellt Menschen in die Mit-te.«

Mit diesen programmatischen Worten, die in einem breit angelegten Beteili-gungsprozess entwickelt wurden, war das »Warum?« geklärt. Plötzlich fühlten sich alle wieder als Teil einer großen Einheit und wollten auch in der Zukunft Menschen als Kolleginnen und Kollegen an ihrer Seite haben, die genauso emp-finden. Allen wurde klar, dass es dazu andere Aufnahmebedingungen als bisher brauchte und diese mit einer neuen Besoldung viel leichter zu finden und – was noch wichtiger ist – langfristig zu halten wären. So ging ein Ruck durch die Or-ganisation, wir konnten insgesamt mehr als 800 Menschen dafür begeistern, sich aktiv im Programm in den unterschiedlichen Teilprojekten zu engagieren und so Mitverantwortung zu übernehmen.

· **Mobiles Arbeiten – Neues Arbeiten für Wien**

Sehr schnell wurde uns auch klar, dass wir in der Verwaltung etwas gegen das Bild von verzopften Beamt:innen in ihren Amtsstuben unternehmen mussten. Bereits im Employer Branding Prozess haben wir gesehen, dass flexibles und mobiles Arbeiten in völlig veränderten Arbeitsumgebungen bei den Millenials extrem nachgefragt werden. Also haben wir 2017 das Projekt »Neues Arbeiten für Wien« gestartet und zunächst mit 800, in der zweiten Phase mit 2000 Men-schen diese neue Arbeitsform pilotiert und so wertvolle Erfahrungen gesammelt. Wir haben bis zu 60 % disloziertes Arbeiten erlaubt, die Kernzeiten aufgelöst und Coworking-Spaces in der Stadt eingerichtet. Die intensive Diskussion zwischen Mitarbeitenden und Führungskräften und Personalvertretung hat zu einem trag-fähigen System geführt, das uns im März 2020 ermöglicht hat, von einem Tag auf den anderen in einen völligen Lockdown mit 100 %igen Homeoffice zu gehen und so die Stadt Wien mit ihren Services am Laufen zu halten.

· **Wissensmanagement – Wien mag's wissen**

So viele Veränderungen in einem so großen System machen Angst und führen zu Unruhe. Viele Mitarbeiterinnen und Mitarbeiter haben sich überrollt gefühlt und waren nicht mehr bereit, sich auf Veränderungen einzulassen. Es war daher unbedingt notwendig, mit dem alten Wissen und Können wertschätzend umzugehen und das für die Organisation wichtige Wissen in die neue Zeit zu transformieren. So haben wir bereits 2013 begonnen, über ein Wissensmanagement nachzudenken. Im Rahmen unseres Changeprogrammes wurde es endgültig etabliert und zeichnet sich dadurch aus, dass es keine Datenbanken generiert, sondern darauf achtet, dass das Know-how zwischen Kolleginnen und Kollegen ebenso wie zwischen den Führungskräften in der sogenannten Community of Practice unserem Wissensnetzwerk geteilt und somit Lösungen schneller und effizienter erarbeitet werden. Dabei wurden gemeinsam mit der Wissenschaft eigene Tools wie etwa ein Selfcheck entwickelt.

- **Digitales Recruitment und Interner Arbeitsmarkt**

Alle Bemühungen, die richtigen Kandidatinnen und Kandidaten für unsere Verwaltung zu bekommen, gingen zwar schon in die richtige Richtung, aber in diesem »War of Talents« muss man schnell sein. Wie unsere Analyse gezeigt hat, war unser Aufnahmeprocedere zu langsam, nicht transparent und auch nicht zielführend. Es war daher unabdingbar, eine Recruiting Software anzukaufen. In einem so vielfältigen Arbeitsmarkt wie dem unseren kein einfaches Unterfangen, aber wir haben es geschafft. In der Zwischenzeit haben wir eine neue und attraktive Arbeitgeberseite, die uns die richtigen – weil kulturell passend – neuen Mitarbeiterinnen und Mitarbeiter rasch rekrutiert. Dieses Tool ist aber auch für unseren internen Arbeitsmarkt geeignet. Sowohl im alten als auch im neuen System haben wir zahlreiche Karrierepfade und Umstiegsmöglichkeiten geschaffen. Mit diesem Instrument können sich alle unsere Mitarbeitenden laufend informieren und – wenn sie wollen – in einem neuen anderen Berufsfeld ihre Zukunft finden.

Damit konnten wir einen weiteren wichtigen Baustein im Programm erfolgreich umsetzen.

- **E-Learning – Dienstausbildung neu – Internationaler Wissensaustausch**

Um diese neu aufgenommenen Menschen auch gut in unsere Verwaltungsarbeit integrieren zu können, bedarf es eines umfassenden Wissens über politische und administrative Zusammenhänge und Vorgänge in der Stadt ebenso wie über Projekt- und Prozessmanagement einer modernen Verwaltung. Dazu musste auch die Dienstausbildung völlig neu aufgestellt werden. Heute setzen wir auf eine moderne modulare Ausbildung mit zahlreichen Praxiselementen, bei der es um ganzheitliches Denken, Kooperation und Kreativität geht. Dabei spielt E-Learning eine wesentliche Rolle. In einem eigenen Aufnahmestudio produzieren wir diese kleinen Lerneinheiten mit internen und externen Trainerinnen und Trainern. Ebenso fördern wir das »über den Tellerrand schauen« und schicken gerne Mitarbeitende von uns in andere europäische Verwaltungen und beschäftigen auch gerne Praktikantinnen und Praktikanten aus der EU in der Stadtverwaltung.

- **Dienstrechts- und Besoldungsreform**

Während alle diese Projekte liefen, wurde das Kernstück des Programms vorangetrieben und konnte nach mehr als 500 Bewertungsworkshops, Projektsitzungen, Berechnung der Finanzierung und politischen Abstimmungsgesprächen am 1 Januar 2018 in Kraft gesetzt werden. In einer wöchentlichen Umsetzungsprozesssitzung mit Vertreter:innen der Personalvertretung wurden im ersten Jahr kleine Nachjustierungen vorgenommen und so dieses neue System implementiert. Begleitet wurde dies von einem sehr gut aufbereitetem Zahlen- und Datenpool, den wir in der Zwischenzeit aufgebaut hatten. Er ermöglicht ein laufendes Monitoring über den Fortschritt dieses neuen Systems, das schnell und reibungslos ins Laufen gekommen ist.

- **Herausforderungen und wichtige Learning**

Ich möchte hier drei unterschiedliche Dimensionen von Herausforderungen nennen, die einem bei einem Programm dieser Größe jedenfalls begegnen:

1. Women- und Manpower

Wie jeder Programmleiter habe auch ich mir die Frage gestellt: Wo finde ich die richtigen Mitarbeiter und Mitarbeiterinnen in der Organisation? Und: Wie viel externe Beratung soll ich zukaufen? Es war nicht so einfach, von den Linienverantwortlichen die besten Leute zu bekommen, da sie den Stellenwert dieser Reform hinter jenen ihrer eigenen Aufgaben stellten. Die Versuchung, hier mit »Weisungsgewalt« zu operieren, war groß, aber ich habe mich dagegen entschieden. Ich habe damit begonnen, mir eine Programmstabstelle mit drei bis vier jungen, kreativen Mitarbeitenden aufzubauen und diesen habe ich die größtmögliche Selbständigkeit und Freiheit bei der Umsetzung der Teilprojekte gegeben. Sie bekamen die modernsten Tools an die Hand und die vollste Unterstützung und Vertrauen meinerseits. Das hat dann – gleichsam wie ein Magnet – interessierte Kolleginnen und Kollegen dazu gebracht, sich ebenfalls zu engagieren. Und so wurden es immer mehr, die mit im Boot waren. Schließlich konnten es auch deren Führungskräfte nicht mehr ignorieren, ohne ewig gestrig zu wirken. Diese neue Vertrauenskultur hat sehr früh eine Kulturveränderung in der Organisation angestoßen. Damit habe ich auch den Stellenwert der externen Beratung festgelegt. Wir haben nur so viel und so lange zugekauft, bis meine engsten Mitarbeitenden dieses Wissen und Können aufgebaut hatten, ab dann haben wir alle Projektaufgaben in der Organisation selbst abgedeckt. So konnte nachhaltig Wissen und Kompetenz aufgebaut und weitergegeben werden.

2. Spannungsbogen halten

Ist ein Programm auf mehrere Jahre angelegt, so hat es mit zahlreichen Hochs und Tiefs umzugehen. Dabei ist es wichtig, die Spannung zu halten, ohne ungeduldig oder frustriert zu sein. Auch in diesem Programm war es so. Wahlen haben neue politische Entscheidungsträger gebracht und ich musste wieder für das Programm werben. Mitten in unseren Reformprojekten hat sich Wien ein Sparprogramm verordnet, das Mehrausgaben, wie wir es mit höheren Einstiegsgehältern erzielen würden, nicht vorgesehen hatte. So stand mehrmals während der sieben Jahre das Scheitern im Raum und es war an mir als Programmleiterin, auf allen Ebenen Überzeugungsarbeit zu leisten und immer wieder auf die langfristige wichtige Investition in die Zukunft hinzuweisen. Dabei habe ich immer wieder intern und extern in Vorträgen, Videos und Zeitungsartikeln geworben. Gerade in diesem Punkt war mir die Gewerkschaft ein wichtiger Bündnispartner!

3. Transparenz

Die wohl schwierigste Herausforderung ist es, in so einem großen und umfangreichen Programm immer ehrlich und offen auch mit den unangenehmen Tatsachen umzugehen. Wenn man eine Vision hat, dann ist man manchmal geneigt, die schöne ferne Zukunft zu malen und dabei die Schwierigkeiten auf dem Weg dorthin ein wenig zu bagatellisieren. Ich habe mich immer bemüht, klar und deutlich aufzuzeigen, wie wichtig es ist, das Programm durchzuziehen und wie viel Mühe und Budgetmitteleinsatz dies für die Organisation bedeutet. Wichtig war mir dabei, Lösungsansätze aufzuzeigen, so konnte ich Verbündete finden, die die Reform nun weitertragen.

• **Stand Ende 2020 – Resümee und Ausblick**

Nach zwei Jahren ist das neue Besoldungssystem so gut in der Organisation angekommen, dass mit 1. April 2021 jenen, die vor 2018 zur Stadt Wien gekommen sind, der Umstieg ermöglicht wird. Damit sind die Durchlässigkeit und freie Wahlmöglichkeit endgültig vollzogen.

Wir in der Personaldirektion der Stadt Wien haben die letzten zwei Jahre genützt, um die Digitalisierung des HR-Bereiches voranzutreiben. Unter dem Motto »Digital Art – Personal Smart« arbeiten wir an der Elektronischen Personalakte, an zahlreichen Selfservices und einem persönlichen Personalaccount für jede und jeden Einzelne/n. Daneben haben wir uns endlich auch dem Thema des Betrieblichen Gesundheitsmanagements gewidmet und auch hier völlig neue digitale Wege eingeschlagen.

Das Thema der Zukunft ist für mich die Frage, wie sich die Arbeitswelt in einer kommunalen Verwaltung wie jener der Stadt Wien verändern wird. Erste Versuche, gezielt agile Teams einzusetzen, zeigen erstaunliche und vielversprechende Ergebnisse – sie werfen aber auch viele Fragen auf!

Aber was ist schon spannender als im Personalbereich Neuland zu betreten und gemeinsam mit den Menschen an Lösungen zu arbeiten?

XIV. Europäische Ansätze zur Partizipation

Anke Hassel/Sophia von Verschuer

Das Paradox der europäischen Mitbestimmung

Inhaltsübersicht

1. Einleitung

Die Europäische Union kämpft seit geraumer Zeit mit der Kritik, über Marktli-beralisierung eine vertiefte Integration zu schaffen und dabei die soziale Kohä-sion zu vernachlässigen. Es war schon immer einfacher, grenzüberschreitende Wirtschaftsbeziehungen und Handel zu ermöglichen, als gemeinsame soziale Standards zu verabschieden. Das soziale Europa war immer nachrangig und im Kontrast zum europäischen Binnenmarkt stärker durch sogenanntes soft law ge-prägt. Auch in den letzten Jahren gab es weitreichende Fortschritte im Bereich der Mobilität von Unternehmen, aber kaum Fortschritte bei harten Vereinbarun-gen zu einem sozialen Europa.

Dabei gibt es in den Mitgliedstaaten der Europäischen Union weitreichende Rechte für Arbeitnehmer:innen und hoch organisierte Systeme der Tarifpolitik und Mitbestimmung. Gerade in den reicheren nordeuropäischen Mitgliedslän-dern sind Mitbestimmungsrechte institutionell verankert und reichen historisch in die Phase nach den beiden Weltkriegen zurück. Zugleich gehören die Mitgliedstaaten der EU zu den wohlhabendsten und auch sozial ausgeglichensten der Welt (Hassel/von Verschuer 2019). In keiner anderen Region konnte man wirtschaftlichen Fortschritt und soziale Rechte so stark ausbauen und verankern wie in Europa.

Es gibt viele Belege dafür, dass Länder mit starken Rechten für Arbeitnehmer:innen und einem starken Sozialmodell auch wirtschaftlich erfolgreicher sind (Hassel et al. 2019). Das zeigt sich z. B. in dem Ranking des World Economic Forums der Länder nach Wettbewerbsfähigkeit. Wettbewerbsfähigkeit betont die Rolle von Innovationen und Qualifikationen als maßgebliche Faktoren für Wirtschaftswachstum. Hier finden sich unter den Top 10 weltweit sechs nordeuropäische Länder, von denen vier ausgebaute Systeme der Mitbestimmung haben.[1] Wenn wir uns nur die wettbewerbsfähigsten Länder Europas ansehen, dann haben allein sieben eine Form der Unternehmensmitbestimmung (WEF 2014).[2]

Im Leistungsvergleich zwischen den Mitgliedsländern der EU zeigt sich, dass Länder mit ausgebauten Rechten der Partizipation von Arbeitnehmer:innen sowohl in der Performanz des Arbeitsmarktes, der Bildung, der Armutsbekämpfung, der Ausgaben für Forschung und Entwicklung sowie bei der Nutzung erneuerbarer Energien besser abschneiden als Länder mit schwächeren Rechten zur Partizipation (siehe Tabelle 1). Es gibt eine Reihe von Gründen, warum starke Formen der Mitbestimmung sich positiv auswirken: Eine Beteiligung von Arbeitnehmer:innen bindet die Beschäftigten an das Unternehmen und beeinflusst die Produktivität positiv. Sie reduziert die Fluktuation von Mitarbeiter:innen und bewahrt das firmenspezifische Humankapital. Dadurch trägt sie zu besseren Arbeits- und Ausbildungsbedingungen bei. Eine neuere Studie von Wissenschaftlern des MIT hat vor kurzem wieder bestätigt, dass die Mitbestimmung keine negativen Effekte auf die Profitabilität von Unternehmen hat, dafür aber Outsourcing reduziert, die Qualifikation der Mitarbeiter:innen verbessert und den Kapitalstock erhöht (Jäger et al. 2019).

Diese historische Leistung ist jedoch nicht für die Zukunft garantiert. Sie muss täglich neu verteidigt und erkämpft werden. Die Dynamik der europäischen Integration hat seit der Errichtung des Binnenmarktes der Marktschaffung einen höheren Stellenwert eingeräumt als den Institutionen des sozialen Ausgleichs. Es gibt ein Ungleichgewicht zwischen dem wirtschaftlichen Fortschritt der Mitgliedstaaten und der Absicherung der Arbeitnehmer:innenrechte sowohl auf der nationalen als auch auf der europäischen Ebene. Dieses Ungleichgewicht ist zum Teil durch die sehr unterschiedlichen Institutionen in den Mitgliedstaaten zu be-

---

1 Schweden, Deutschland, Holland und Finnland.
2 Deutschland, Finnland, Holland, Schweden, Dänemark, Norwegen und Luxemburg.

Tabelle 1: Leistungsvergleich zwischen Ländern mit stärkeren bzw. schwächeren Beteiligungsrechten von Arbeitnehmer:innen für fünf Leitindikatoren (2009–2014)

Europe 2020 Headliner Indicator	Group 1: Countries with stronger participation rights	Group 2: Countries with weaker participation rights	Difference (Group 1 vs. Group 2)
Employment rate, age group 20–64	72.0	66.1	5.9
Gross domestic expenditure on R&D (GERD)	2.2	1.1	1.1
Share on renewables in gross final energy consumption	18.6	14.1	4.5
Early leavers from education and training	9.4	13.2	3.7
Tertiary educational attainment, age group 30–34	38.8	35.4	3.4
Population at risk of poverty or exclusion	18.7	29.8	11.1

Quelle: ETUI 2016, S. 69.

gründen, zum Teil jedoch auf den fehlenden politischen Willen der europäischen Regierungen zurückzuführen, Arbeitnehmer:innenrechte aktiv zu fördern und im europäischen Recht zu verankern.

Während einerseits historisch und aktuell in Europa Wachstum und Wohlstand mit starken Rechten der Arbeitnehmer:innen verbunden sind und auch darauf aufbauen, unterminiert der europäische Integrationsprozess genau diese Voraussetzungen der wirtschaftlichen Entwicklung. Die Mitbestimmung in Europa befindet sich also in dem Paradox einerseits den Ländern, wo sie praktiziert wird, wirtschaftliche und gesellschaftliche Vorteile zu verschaffen, während sie andererseits durch den europäischen Fortschritt ausgehöhlt wird.

Wir werden im Folgenden die verschiedenen Modelle der Mitbestimmung in der EU kurz vorstellen und danach die Fortschritte auf europäischer Ebene skizzieren. Im Anschluss gehen wir auf die Folgen der neueren Entwicklungen europäischen Rechts für die deutsche Mitbestimmungspraxis ein. Schließlich wagen wir eine erste Einschätzung der deutschen Ratspräsidentschaft 2020 aus einer Mitbestimmungsperspektive. Doch zunächst gehen wir auf die Frage der Rolle von Mitbestimmung für gute Unternehmensführung ein.

2. Mitbestimmung und gute Unternehmensführung

Es gibt mittlerweile einen beträchtlichen Forschungsstand zu den Effekten der Mitbestimmung auf die Leistungsfähigkeit von Unternehmen. Die Ergebnisse zeigen, dass erstens starke Vertretungsrechte von Arbeitnehmer:innen keine signifikante negative Wirkung auf Unternehmensleistung oder Aktienpreise haben (Boneberg 2010). Zweitens wird in der Forschung deutlich, dass die Beteiligung von Arbeitnehmer:innen die Produktivität steigert, die Fluktuation von Mitarbeiter:innen reduziert, das firmenspezifische Humankapital bewahrt und dadurch zu besseren Arbeits- und Ausbildungsbedingungen sowie sozialen Leistungen beiträgt.

In der ökonomischen Literatur wurde lange argumentiert, dass die Beteiligung von Arbeitnehmer:innen an der Unternehmensführung die Verhandlungsmacht der Gewerkschaften stärkt und damit Vermögen aus den Unternehmen an die Beschäftigten verteilt (Gospel/Pendleton 2003). Die Anteilseigner der Unternehmen würden sich davor scheuen und daher Investitionen zurückfahren. Zudem würde es für die betroffenen Firmen schwierig, sich auf dem Kapitalmarkt zu finanzieren. Langfristig würde dies sowohl den Firmen aber auch den Arbeitnehmer:innen schaden. Der Beleg für diese Argumentation steht jedoch aus.

In der neueren Forschung wurde hingegen anhand von deutschen Unternehmen gezeigt, dass die Mitbestimmung die Kapitalformierung im Unternehmen steigert. Sowohl der Kapitalstock als auch das Verhältnis von Investitionen zu Beschäftigung ist in mitbestimmten Unternehmen höher als in nicht-mitbestimmten. Gleichzeitig sinkt die Auslagerung und es gibt mehr qualifizierte Beschäftigung in mitbestimmten Unternehmen (Jäger et al. 2019). Man geht daher davon aus, dass in mitbestimmten Unternehmen Arbeitnehmer:innen im Aufsichtsrat erfolgreich über Investitionen mitentscheiden und über die institutionalisierte Kommunikation ein größeres Vertrauen schaffen.

Es ist wichtig, die Wirkungskanäle der Unternehmensmitbestimmung genauer zu beschreiben, damit deutlich wird, dass Mitbestimmung nicht auf ein bestimmtes Wirtschaftsmodell und auch nicht auf eine bestimmte institutionelle Form beschränkt ist. Lange Zeit wurde argumentiert, dass die Unternehmensmitbestimmung institutionell in die nordeuropäischen Länder eingepasst ist, die tendenziell auch eine konzentrierte Struktur von Großaktionären hat, die langfristige Unternehmensziele verfolgen (Hall/Soskice 2001). Mittlerweile wird jedoch deutlich, dass die Orientierung bei strategischen Investitionen auf kurzfristige Rendite den Unternehmen wie auch den Standorten schadet. Es gibt eine Diskussion über die Grundsätze der Unternehmensführung auch in solchen Ländern, wo die meisten Unternehmen im Streubesitz sind. Man braucht keine konzentrierte Eigentümerstruktur, um Arbeitnehmer:innen an der Unternehmensaufsicht zu beteiligen. In jedem Fall kann eine starke Mitarbeiterbeteiligung dazu beigetragen, die Transparenz im Unternehmen zu erhöhen und die Rechte nicht nur der Arbeitnehmer:innen, sondern auch der Anteilseigner:innen zu stärken (Jackson 2003; Gourevitch/Shinn 2005).

Daher ist die Mitbestimmung nicht an ein bestimmtes Wirtschaftsmodell gebunden, sondern kann ganz grundsätzlich zur Verbesserung der Unternehmensführung beitragen. Sie kann insbesondere die folgenden Funktionen ganz oder teilweise erfüllen (Hassel et al. 2019):

- Kommunikation der Anliegen von Mitarbeiter:innen und Stärkung ihres Engagements in Bezug auf die langfristige Entwicklung des Unternehmens sowie Unterstützung bei Verhandlungen über Umstrukturierungsmaßnahmen;
- Stärkung der Produktivität durch Investitionen in die Kompetenzentwicklung und Förderung einer guten Arbeitsorganisation und -verfahren;
- Hinterfragung der strategischen Orientierung des Managements im Hinblick auf langfristiges Wachstum und den Fortbestand des Unternehmens;
- Unterstützung und Förderung der Nachhaltigkeitsstrategien des Unternehmens durch Kommunikation;
- Verbesserung der Transparenz und Bekämpfung von Korruption durch Förderung der Rolle von Whistleblower:innen und ethische Normen;
- Schutz des Unternehmens gegen Zerschlagung der Vermögenswerte durch »Heuschrecken« und bestimmte Typen institutioneller Investoren (Hassel/von Verschuer 2019).

Es geht beim Einfluss der Mitbestimmung auf die Unternehmensführung in erster Linie darum, dass Arbeitnehmervertretungen in die Lage versetzt werden, Informationen zu bewerten und unterschiedliche Perspektiven und Erfahrungen von oben wie auch von unten zusammenzubringen. Arbeitnehmervertretungen handeln im Interesse der Unternehmen, indem sie sich für Investitionen und langfriste Geschäftsstrategien einsetzen. Gleichzeitig kennen sie die Anliegen der Belegschaft und ihre Meinung zu den aktuellen Verfahren. Sie können diese in Vorstandssitzungen kommunizieren. Andererseits können sie vom Vorstand kommende Unternehmensrichtlinien zu Nachhaltigkeit und ethischen Normen an die Mitarbeiter:innen weitergeben. In einigen Corporate-Governance-Modellen mit Arbeitnehmerbeteiligung werden diese Funktionen bereits wahrgenommen.

Die Orientierung auf die Funktionen der Mitbestimmung ist bedeutsam, wenn es um die Europäisierung oder die Europatauglichkeit der Mitbestimmung geht. In den Europäischen Mitgliedstaaten gibt es sehr unterschiedliche Mitbestimmungstraditionen und -modelle (siehe nächsten Abschnitt). Die Unterschiedlichkeit in den Modellen führt dazu, dass es sehr schwer ist, sich auf ein europäisches Mitbestimmungsmodell zu einigen. Daher ist es wichtig, die institutionelle Ausgestaltung variabel zu halten (in Bezug auf die Zahl der Sitze für Arbeitnehmervertreter:innen und die Schwellenwerte), die Funktionen aber über die Rechte von Arbeitnehmer:innen und ihren Vertreter:innen zu stärken.

Mitbestimmung der Arbeitnehmer:innen kann einen direkten Einfluss auf das Verhältnis zwischen Aktionären und Management ausüben, indem die Transparenz gestärkt und die Verabschiedung der strategischen Unternehmensziele unterstützt wird. Sie kann auch die Interessen der Belegschaft unmittelbar in die Entscheidung der Unternehmensspitze einbringen. Es ist daher wichtig, dass Vertretungen der Arbeitnehmer:innen einen Sitz in den Organen der Unternehmensleitungen haben, ohne dass sie notwendigerweise an ein bestimmtes Organisationsmodell gebunden sind. Ob in einem Unternehmen eine monistische oder dualistische Struktur der Leitungsorgane besteht, ob es eine paritätische Sitzverteilung gibt oder nur einige Sitze für Mitarbeiter:innen, die nicht der Unternehmensleitung angehören, kann durchaus variiert werden, wenn die Funktionen der Vertretungen der Arbeitnehmer:innen erfüllt werden können (Hassel und Verschuer 2019). Das Prinzip und die Funktion von Mitbestimmung lassen sich daher in ganz unterschiedlichen institutionellen Kontexten umsetzen und sind nicht an ein bestimmtes Umfeld, wie z. B. das deutsche Unternehmensmodell gebunden. Sie ist daher prinzipiell auch »europäisierbar«.

3. Die Entwicklung der Mitbestimmung auf nationaler Ebene

Die Europäische Union gleicht einem Flickenteppich, wenn es um den Schutz und die Beteiligungsrechte von Arbeitnehmer:innen geht. Den Interessen von Arbeitnehmer:innen werden im überwiegenden Teil Europas ein hoher Stellenwert zugeschrieben. 18 von 28 EU-Mitgliedstaaten haben Unternehmensmitbestimmung auf Vorstandsebene, und in allen Mitgliedstaaten stellen Tarifverhandlungen einen wichtigen Part der Interessenvertretung innerhalb großer Unternehmen dar. Die Ausgestaltung der Rechte von Arbeitnehmer:innen und Beteiligungsmöglichkeiten variieren zum Teil jedoch deutlich. Insbesondere in den nordischen Ländern, den Niederlanden, Deutschland und Österreich lassen sich starke Mitbestimmungsrechte festmachen. In anderen Mitgliedstaaten dagegen finden sich überwiegend gewerkschaftlich oder tariflich verhandelte Formen der Beteiligung. Diese sind wiederum verankert in den Systemen der Arbeitsbeziehungen und den verschiedenen Traditionen der Sozialpartnerschaft. Wieder andere Länder haben explizit keine Mitbestimmungstradition. Dies ist Folge einer politischen Entscheidung gegen die Einbindung von Arbeitnehmer:innen und Gewerkschaften in unternehmerische Entscheidungen. In Belgien lehnen die Gewerkschaften dies explizit ab. Auch in Italien und Frankreich fehlt es an einer positiven Bewertung der Mitbestimmung. In Großbritannien und den USA gibt es ebenso keine Praxis der Beteiligung. Interessanterweise ist gerade in den Ländern, für die Mitbestimmung lange Zeit kein Thema war, in den letzten Jahren eine Mitbestimmungsdiskussion geführt worden. Neue Vorschläge zur Einführung der Mitbestimmung gibt es in Italien, Großbritannien und Frankreich. In Italien hat die Regierung von Mario Monti 2012 einen Gesetzesentwurf vorgelegt, der für börsennotierte Unternehmen mit mehr als 300 Beschäftigten eine Beteiligung von Arbeitnehmer:innen im Aufsichtsrat vorsieht (Legge Fornero). In Großbritannien hat die damalige Premierministerin Theresa May eine Reform der Unternehmensführung vorgeschlagen, die eine Beteiligung von Arbeitnehmer:innen im Vorstand vorsah. In den USA hat Elisabeth Warren Mitbestimmungsideen in den Vorwahlkampf eingebracht.

In Frankreich sind die Überlegungen am weitesten gediehen. 2013 verabschiedete die französische Regierung ein Gesetz, das für Unternehmen mit mehr als 5000 Beschäftigten eine Beteiligung von Arbeitnehmer:innen im Verwaltungsrat vorsah. Wenn der Verwaltungsrat zwölf Mitglieder hat, soll ein Sitz für die Vertreter:innen von Arbeitnehmer:innen reserviert werden. Es gibt auch eine aktive Debatte zur Mitbestimmung in Frankreich, die von engagierten Arbeitsrechtler:innen vorangetrieben wird. Sie haben 2017 einen »European Appeal – Companies and Employees – Blazing a New European Trail« veröffentlicht. In diesem Aufruf wird insbesondere komplexen Unternehmensstrukturen, Steuervermeidung und verpflichtenden Regeln zur sozialen und umweltbezogenen Verantwortung von Unternehmen adressiert.[3]

Die neueren Mitbestimmungsdebatten sind im Wesentlichen Ausdruck der sozialen und ökonomischen Verwerfungen, die nach der Finanzkrise in den westlichen Industrienationen aufgetreten sind. Die Einbindung der Arbeitnehmer:innen durch Formen der Mitbestimmung ist eine Form der Krisenbewältigung. In Deutschland ist sie historisch nur im Kontext der politischen Umbrüche nach dem Ersten und Zweiten Weltkrieg und insbesondere der Rolle der Schwerindustrie in der Nazizeit zu verstehen. Es bleibt abzuwarten, ob es weitere positive Impulse in den europäischen Ländern aber auch in den USA zur Verstärkung der Mitbestimmung in den nächsten Jahren geben wird.

---

3 Er wurde von 450 Personen aus 30 Ländern unterschrieben, darunter 60 Mitglieder des Europaparlaments und 15 Mitglieder aus nationalen Parlamenten, fünf frühere Premierminister und Minister, 40 Gewerkschaftsvertreter:innen und 250 Wissenschaftler:innen. Siehe European Appeal (ohne Datum).

4. Mitbestimmung auf Ebene der EU

Die Unternehmensmitbestimmung von Arbeitnehmer:innen richtet sich grundsätzlich nach den Regeln der einzelnen Mitgliedstaaten. Sie ist gekoppelt an das jeweilige Gesellschaftsrecht und damit maßgeblich der Kompetenz der Europäischen Union entzogen. Transnationale Unternehmensmobilität in Europa gerät zunehmend mit nationalen Mitbestimmungsrechten in Konflikt. Dennoch gibt es auch auf Europäischer Ebene klare Bekenntnisse und rechtliche Vorgaben zur Sicherung und Stärkung der sozialen Dimension Europas, mithin zur Garantie von Beteiligungsrechten in Unternehmen.

Das Europäische Sozialmodell weist Arbeitnehmer:innen und ihren Vertretungen zentrale Rechte zu. Bereits im Europäischen Primärrecht sind der Sozialdialog (Art. 151 AEUV) und die Anerkennung der Rolle von Sozialpartnern (Art. 152 AEUV) verankert. Art. 27 der EU-Grundrechtecharta verspricht Arbeitnehmer:innen das Recht auf Unterrichtung und Anhörung. Auf dem Sozialgipfel in Göteborg 2017 bestätigten die 28 EU-Mitgliedstaaten die unter Jean-Claude Juncker entwickelte Europäische Säule sozialer Rechte (ESSR). Diese 20 Grundsätze umfassende Empfehlung der Kommission hat das verheißungsvolle Ziel, den Aufbau eines gerechteren Europas zu fördern und seine soziale Dimension zu stärken (Rat der EU 2017). »Arbeitnehmerinnen und Arbeitnehmer oder ihre Vertretungen haben das Recht auf rechtzeitige Unterrichtung und Anhörung in für sie relevanten Fragen, insbesondere beim Übergang, der Umstrukturierung und der Fusion von Unternehmen und bei Massenentlassungen.« (Grundsatz 8 der ESSR)

Mehrere europäische Richtlinien bilden Bezugspunkte für die Unterrichtung, Anhörung und Mitbestimmung von Arbeitnehmer:innen in europäischen Unternehmen. Namentlich zu nennen sind hier vor allem die EBR-Richtlinie 2009/38/EG (Europäischer Betriebsrat) und die SE-Richtline 2001/86/EG (Europäische Aktiengesellschaft).

Die Richtlinie für die Einsetzung eines Europäischen Betriebsrates (EBR) aus dem Jahr 1994, mit einer Neufassung in 2009, wurde zum Kernelement des europäischen Sozialmodells. Sie hat auf europäischer Ebene den Rahmen gesetzt für die Beteiligung von Arbeitnehmer:innen in Form von Unterrichtung und Anhörung. Das Beteiligungsverfahren basiert grundsätzlich auf einem Vereinbarungsmodell. Im Übrigen wird auf nationale Rechtsvorschriften verwiesen. Maßgebend ist hierfür, in welchem Mitgliedstaat das oder die jeweiligen Unternehmen gegründet wurden.

Heute gibt es mehr als 1190 aktive EBR oder SE-Betriebsräte in mehr als 1150 transnationalen Unternehmen und etwa 20000 EBR-Delegierte, die mehr als 17 Mio. Arbeitnehmer:innen repräsentieren (ETUIa, ohne Datum). Obwohl ihre Anzahl stetig steigt, ist zu beachten, dass die Ausgestaltung der einzelnen

EBR sehr stark variiert. Dies liegt insbesondere daran, dass die EBR auf unternehmensspezifischen Vereinbarungen und ausgehandelten Lösungen gründen. Die Effektivität der EBR hängt daher in erster Linie davon ab, wie erfolgreich die Verhandlungen zwischen Sozialpartnern und Unternehmensspitze sind. Viele EBR sind lediglich »symbolische Institutionen« und haben wenig praktische Relevanz. Dennoch gibt es eine Reihe etablierter und gut funktionierender EBR, die die Entscheidungen von Unternehmen beeinflussen können (Voss 2017). Europäische Betriebsräte bilden den Schlüssel europäischer Arbeitsbeziehungen und sind das wichtigste Instrument der Beteiligung von Arbeitnehmer«innen auf europäischer Ebene.

Seit Inkrafttreten der SE-Verordnung im Oktober 2004 können Unternehmen in Europa in der genuin europäischen Gesellschaftsrechtsform der Europäischen Aktiengesellschaft (Societas Europaea) gegründet werden (EG-Verordnung 2157/2001). Es handelt sich um eine supranationale Gesellschaftsform, die den Unternehmen ein hohes Maß an grenzüberschreitender Flexibilität und Mobilität ermöglicht. Ergänzt wird die SE-Verordnung durch die SE-Richtlinie, welche die Beteiligung der Arbeitnehmer:innen regelt. Die SE kann sowohl mit monistischem als auch dualistischem Leitungssystem gegründet werden.

Im April 2021 registrierte die European Company (SE) Datenbank des Europäischen Gewerkschaftsinstituts (EGI) 3367 Europäische Aktiengesellschaften in Europa (ETUIb ohne Datum). Von diesen mehr als 3300 SE konnten jedoch nur 749 Unternehmen als »normale« SE qualifiziert werden, also SE die tatsächlich operativ tätig sind und mehr als fünf Arbeitnehmer:innen haben. Der Rest der Unternehmen hat keine Arbeitnehmer:innen, teilweise fehlt ihnen sogar der Unternehmenszweck (sog. Vorrats-SE). Mit 413 von 749 sind mehr als die Hälfte der »normalen« SE in Deutschland registriert. Von diesen knapp 400 SE sind ca. 150 monistisch und ca. 250 dualistisch strukturiert. Bei den monistisch strukturierten Unternehmen sehen nur etwas mehr als 1,3 Prozent die Mitbestimmung von Arbeitnehmer:innen vor (in den übrigen Unternehmen gibt es höchstens Unterrichtungs- und Anhörungsrechte im SE-Betriebsrat). Von den dualistisch strukturierten SE haben rund 10 Prozent paritätische Mitbestimmung im Aufsichtsrat, ca. 20 Prozent eine Drittelbeteiligung und mehr als 70 Prozent haben gar keine Beteiligung von Arbeitnehmer:innen (Rosenbohm und Fisterek 2020).

Aus Mitbestimmungsperspektive ist das bemerkenswerte an der SE, dass bei jeder Gründung einer SE ein sogenanntes Besonderes Verhandlungsgremium (BVG) einberufen werden muss. Dieses Verhandlungsgremium besteht aus Mitgliedern der Unternehmensleitung und Arbeitnehmer:innen. Ohne vorherige Verhandlungen über Unterrichtung, Anhörung und Mitbestimmung darf eine SE nicht in das Handelsregister eingetragen werden. Das Ziel des BVG ist eine schriftliche, individuell ausgehandelte Vereinbarung über die Beteiligung

der Arbeitnehmer:innen an Unternehmensentscheidungen (§ 4 Abs. 1 Satz 2 SEBG).
Erstmals findet sich auf Europäischer Ebene damit eine rechtliche Vorgabe zur Unternehmensmitbestimmung von Arbeitnehmer:innen. Was auf den ersten Blick nach einem erfolgreichen ersten Schritt hin zu mehr Beteiligung von Arbeitnehmer:innen in transnationalen Unternehmen aussieht, entpuppt sich seit 2004 als kontinuierliche Schwächung nationaler Mitbestimmungssysteme (Sick 2020).

Tabelle 2:

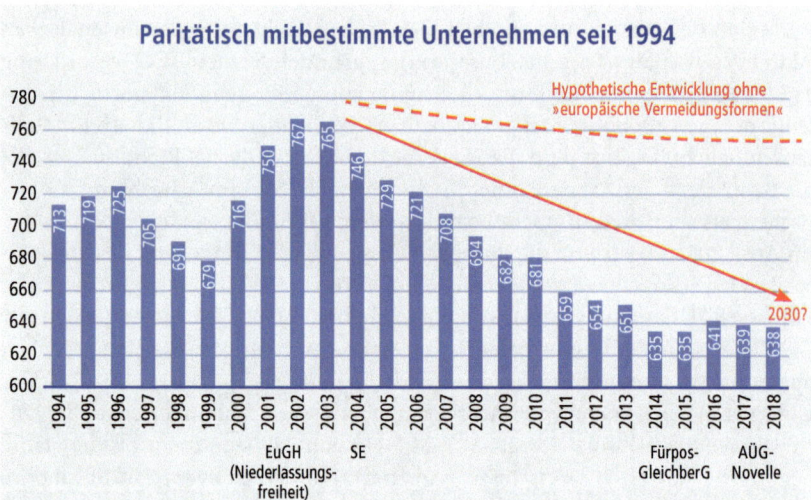

Seit 2002 nimmt nach Einführung der neuen Optionen des europäischen Rechts (EuGH-Rechtsprechung, SE etc.) die Zahl der mitbestimmten Unternehmen ab. Das Gesetz für die gleichberechtigte Teilhabe von Frauen und Männern an Führungspositionen in der Privatwirtschaft und im öffentlichen Dienst (FüPoG) und das Arbeitnehmerüberlassungsgesetz (AÜG) könnten Impulse für einen leichten Anstieg in jüngerer Zeit sein.

Quelle: Sick 2020

Das Mitwirkungsverfahren bei einer SE-Gründung enthält mehrere Schlupflöcher, die eine Umgehung von Mitbestimmung ermöglichen. Laut aktueller Studien der Hans-Böckler-Stiftung haben sich in den letzten Jahren klare Formen von Mitbestimmungsvermeidung herauskristallisiert (Köstler/Pütz 2019). Zum einen finden zahlreiche Umwandlungen von Unternehmen in eine SE statt, kurz bevor sie die maßgeblichen Schwellenwerte der nationalen Mittbestimmungsgesetze erreichen. Damit findet ein sogenanntes »Einfrieren« des Status quo der Mitbestimmung statt. Auch wenn das Unternehmen zukünftig eine höhere Anzahl an Arbeitnehmer:innen beschäftigen sollte – und damit nach nationalem

Recht auch die Anzahl der Sitze der Arbeitnehmer:innen im Aufsichts- oder Verwaltungsrat steigen müsste – bleibt die Repräsentation auf niedrigem Niveau (Rosenbohm 2020).

Ein weiterer Trend liegt in der Gründung von SE & Co KGaA. Dabei fungiert die SE als Komplementärgesellschaft, während die Geschäfte durch die KGaA geführt werden. Entscheidend ist, dass der Aufsichtsrat in der KGaA deutlich weniger Rechte besitzt (Rosenbohm 2020).

Das Spannungsfeld zwischen unternehmerischer Freiheit und Unternehmensmitbestimmung beschäftigte wiederholt den Europäischen Gerichtshof. Nachdem der EuGH in der Sache »Erzberger« (EuGH 2017a) klarstellte, dass die deutsche Mitbestimmung nicht die Arbeitnehmerfreizügigkeit beschränke, öffnete er mit seiner Entscheidung »Polbud« (EuGH 2017b) noch im selben Jahr der Mitbestimmungsvermeidung Tür und Tor. Der EuGH hatte wieder einmal zur Reichweite der Niederlassungsfreiheit nach Art. 49 und 54 AEUV zu entscheiden. Bereits zuvor war es Unternehmen möglich, ein im Inland tätiges Unternehmen in einer ausländischen Rechtsform zu gründen und damit die nationalen Mitbestimmungsregeln zu umgehen.[4] Im Fall »Polbud« ging es um eine isolierte Satzungssitzverlegung eines polnischen Unternehmens nach Luxemburg. Dies setzte nach luxemburgischem Recht eine Löschung im polnischen Handelsregister voraus. Nach polnischem Recht aber sollte eine Löschung nur nach Auflösung und Liquidation der Gesellschaft erfolgen. Der EuGH erklärte das polnische Recht für mit der Niederlassungsfreiheit nicht vereinbar und bejahte mit seiner Entscheidung einen nachträglichen ausschließlichen Rechtsformwechsel. Der Unternehmensleitung ging es allein darum, in den Genuss vorteilhafter Rechtsvorschriften zu kommen. Diese Form des Regime-Shoppings wurde durch das Urteil des EuGH nicht unterbunden. Vielmehr öffnete sich eine weitere Tür zur Mitbestimmungsvermeidung, denn Unternehmen konnten sich nunmehr aus mitbestimmten Rechtsformen friktionsfrei »hinausverlagern« (Höpner 2018).

Die Europäische Kommission reagierte auf die einschneidende Polbud-Entscheidung mit einem Vorschlag zur Modernisierung des europäischen Gesellschaftsrechts, dem sogenannten Company Law Package.[5] Sie folgte damit dem politischen Ziel, der Digitalisierung Vorschub zu leisten und die Mobilität von Unternehmen innerhalb der EU zu erleichtern und zu beschleunigen. Aus Mitbestim-

---

4   Die Entscheidungen des EuGH zur Niederlassungsfreiheit haben Rechtsgeschichte geschrieben: »Daily Mail« (1988), »Centros« (1999), »Überseering« (2002), »Inspire Art« (2003), »Sevic« (2005), »Cadbury Schweppes« (2006), »Cartesio« (2008), »National Grid« (2011), »VALE« (2012).

5   Bereits 2019 wurden zwei neue Richtlinien verabschiedet, die das europäische Gesellschaftsrecht vereinheitlichen sollten: die Richtlinie 2019/1151 zum Einsatz digitaler Werkzeuge und Verfahren im Gesellschaftsrecht und die Richtlinie 2019/2121 für grenzüberschreitende Umwandlungen, Verschmelzungen und Spaltungen.

mungsperspektive ist mit dem Company Law Package nicht viel gewonnen. Wie zuvor kann das Mitbestimmungsniveau »eingefroren« werden. Darüber hinaus können sogar nicht mitbestimmte Gesellschaften, im Falle einer Umwandlung, Spaltung oder Verschmelzung kurz vor Erreichen des nationalen Schwellenwertes ihre Mitbestimmungsfreiheit einfrieren.[6] Bei Sitzverlegung in einen anderen Mitgliedstaat genießt die Mitbestimmung im Aufsichtsrat zudem nur einen Bestandsschutz von vier Jahren (Kluge 2019).[7]

Solange die EU-Regelungen zur Förderung transnationaler Unternehmensmobilität weiterhin Mitbestimmungsflucht ermöglichen, wird sich der EuGH immer wieder mit Einzelfällen befassen und Grundsatzfragen beantworten müssen. Derzeit liegt dem EuGH der Fall SAP SE zur Vorabentscheidung vor. Hier geht das Bundesarbeitsgericht der Frage nach, wie weit die Verhandlungsautonomie des besonderen Verhandlungsgremiums (BVG) bei der Mitbestimmung in einer SE reicht (BAG 2020). Das Gremium hatte die Möglichkeit einer Verkleinerung des Aufsichtsrats vereinbart, wodurch auch die nach deutschem Recht für Aktiengesellschaften garantierten Aufsichtsratssitze für Gewerkschaften wegfallen sollten. Die Gewerkschaften sehen hier eine Verletzung des sogenannten Vorher-Nachher-Prinzips (§ 21 Abs. 6 SEBG, Art. 4 Abs. 4 der Richtlinie 2001/86/EG). Die Gewerkschaften können sich durch die vorläufige Entscheidung des BAG insoweit bestätigt sehen, als dass auch der 1. Senat des BAG in der Beteiligungsvereinbarung einen Verstoß gegen das Vorher-Nachher-Prinzips feststellt. Es bleibt die Entscheidung des EuGH abzuwarten, bis dahin ist das Verfahren ausgesetzt.

Zahlreiche Statusverfahren in jüngster Zeit zeigen das Ausmaß der Bedrohung für die Mitbestimmung. Bei einer Reihe von Verfahren handelt es sich um Unternehmen, bei denen bereits vor der Umwandlung in eine SE Streit über die Zusammensetzung des Aufsichtsrats bestand und die meist rechtswidrige Nichtbeachtung von Beteiligungsrechten durch die SE-Gründung zementiert werden sollte. So sah sich der Bundesgerichtshof im Fall Deutsche Wohnen SE mit der Frage konfrontiert, ob beim Vorher-Nachher-Prinzip (hier § 35 Abs. 1 SEGB) auf den Ist-Zustand (die tatsächlich praktizierte Mitbestimmung) oder auf den Soll-Zustand (die angesichts des erreichten Schwellenwertes rechtlich gebotene Mitbestimmung) abzustellen ist (BGH 2019). Obgleich der BGH die Rechtssache an das Oberlandesgericht Frankfurt zurückverwies, ließ er die Frage ausdrücklich offen. Er stellte in der Sache vielmehr darauf ab, dass das Statusverfahren

---

6 Bei jeder Form der Umwandlung (Spaltung, Formwechsel, Verschmelzung) gilt grundsätzlich das Mitbestimmungsrecht des Zuzugsstaates. Wenn aber die Gesellschaft so viele Arbeitnehmer:innen beschäftigt, dass ihrer Anzahl nach 4/5 des mitbestimmungsrelevanten Schwellenwertes (des Wegzugsstaates) erreicht sind, greift das Verhandlungsmodell des SE-Mitbestimmungsregimes, Art. 133 der RL (EU) 2019/2121.

7 Art. 86l Nr. 7 der RL (EU) 2019/2121.

bereits vor der Umwandlung der Gesellschaft in eine SE eingeleitet worden war und mithin entscheidend sei, wie der Aufsichtsrat vor der Umwandlung richtigerweise zusammenzusetzen war.

Ähnlich hatte bereits das Landgericht Berlin im Fall Delivery Hero entschieden. Das Unternehmen war vor seiner Umwandlung in eine SE ebenfalls unrechtmäßig nicht-mitbestimmt. Weil das Statusverfahren noch vor Vollzug der Umwandlung eingeleitet worden war, musste das Unternehmen seinen Aufsichtsrat paritätisch besetzen (Landgericht Berlin 2018).

5. Ausblick

Das soziale Europa basiert auf Institutionen des Ausgleichs zwischen Arbeitnehmer:innen und Arbeitgeber:innen. Diese Institutionen sind historisch im Prozess der Wirtschaftsentwicklung des 20. Jahrhunderts gewachsen und oftmals Resultat heftiger politischer Auseinandersetzungen. Sie sind ein starkes Bollwerk gegen soziale Polarisierung und zugleich Garant für Wachstum und Wohlstand im 20. Jahrhundert.

Die normativen Grundlagen der Europäische Union basieren auf den gleichen Werten des Ausgleichs im Rahmen des europäischen Sozialmodells. Die Praxis des Integrationsprozesses hat jedoch seit den 1980er Jahren zunehmend zu dem Instrument der Marktliberalisierung gegriffen. Grenzüberschreitender Handel und Dienstleistungen, ein freier Kapitalverkehr und zunehmende Mobilität von Unternehmen ermöglichen eine wirtschaftliche Verflechtung, aber sie erschweren eine Integration von sozialen Rechten. Dieses Paradox macht dem europäischen Integrationsprozess zunehmend zu schaffen und führt zu Unzufriedenheit der Bürger:innen mit dem europäischen Projekt.

In den nächsten Jahren wird es daher darum gehen, das europäische Sozialmodell weiterzuentwickeln. Die Rechte von Arbeitnehmer:innen sollten in diesem Prozess eine zentrale Rolle einnehmen. Insbesondere die Rechte zur Partizipation an Unternehmensentscheidungen können helfen, die Legitimation des europäischen Binnenmarktes zu festigen. Die Rechte zur Partizipation müssen nicht in jedem EU-Mitgliedstaat gleich aussehen. Wir müssen nicht endlos Diskussionen über Schwellenwerte und Sitze in den Überwachungsgremien führen. Vielmehr könnte man sich auf bestimmte Funktionen der Partizipation einigen und es den Mitgliedstaaten freistellen, wie sie diese Funktionen in Mitgliedstaaten umsetzen. Voraussetzung dafür ist ein vertiefter grenzüberschreitender Dialog der Gewerkschaften und betrieblichen Mitbestimmungsgremien über die Ziele der Partizipation im Rahmen des europäischen Sozialmodells. Bislang sind diese Dialoge zu stark in den eigenen institutionellen Modellen der Mitbestimmung stecken geblieben. Zugleich aber muss der Prozess der Erosion der deutschen Mitbestimmung über die europäischen Mitbestimmungsnormen gestoppt werden. Die europäischen Gesetzgeber sollten sich aktiv mit der Mitbestimmungsvermeidung beschäftigen und Maßnahmen ergreifen, die es Unternehmen nicht mehr erlauben, sich über europäische Rechtsformen aus nationaler Mitbestimmung zu verabschieden.

Für die strategische Personalarbeit bedeutet dies, dass Beteiligungsrechte der Arbeitnehmer:innen systematisch in die Personalarbeit integriert werden müssen, und zwar im Hinblick auf grenzüberschreitende Kooperation und im Hinblick auf ein vertieftes europäisches Modell von Leben und Arbeiten. Im Austausch mit Kolleg:innen in anderen europäischen Mitgliedstaaten müssen Mitglieder von Betriebs- und Aufsichtsräten den Wert der Partizipation leben, vorleben und erklären. Als größtes Mitgliedsland der Europäische Union hat Deutschland hier eine Vorbildfunktion. Als größte und handlungsstärkste Gewerkschaft Europas wird es ganz zentral von der strategischen Arbeit der IG Metall abhängen, ob und wie der Wert der Partizipation in der Europäischen Union verankert werden kann.

6. Literatur

BAG (2020): BAG vom 18. 8. 2020 – 1 ABR 43/18 (A).

BGH (2019): BGH vom 23. 7. 2019 – II ZB 20/18.

Boneberg, Franziska (2020): Essays zur Verbreitung und den Auswirkungen der Drittelmitbestimmung in Deutschland Lüneburg. Dissertation.

ETUI (2016): Benchmarking Working Europe2016. Brussels.

ETUIa (ohne Datum): The European works council database. *http://www.ewcdb. eu/stats-and-graphs.*

ETUIb (ohne Datum): EUROPEAN COMPANY (SE) DATABASE – ECDB. *http://ecdb.worker-participation.eu/* (26. 04. 2021).

EuGH (2017a): EuGH vom 18. 7. 2017 – C-566/15.

EuGH (2017b): EuGH vom 25. 10. 2017 – C-106/16.

European appeal (ohne Datum): EUROPEAN APPEAL – NOW IS THE TIME. *http://descartes.law/.*

Europäische Kommission (2001): EG-Verordnung 2157/2001 über das Statut der Europäischen Gesellschaft (SE) vom 8. Oktober 2001. *https://eur-lex.europa. eu/legal-content/DE/TXT/HTML/?uri=CELEX:32001R2157&from=DE.*

Gospel, H./Pendleton, A. (2003): Finance, corporate governance and the management of labour: A conceptual and comparative analysis. British Journal of Industrial Relations, 41(3), pp. 557–82.

Gourevitch, P. A./Shinn, J. (2005): Political power and corporate control: The new global politics of corporate governance. Princeton: Princeton University Press.

Hall, P.A./Soskice, D. (2001): Varieties of Capitalism. The Institutional Foundations of Comparative Advantage. Oxford: Oxford University Press.

Hassel, A./von Verschuer, S. (2019): Ein europäischer Rechtsrahmen für Arbeitnehmerbeteiligung in transnationalen Unternehmen WSI Mitteilungen, 72. Jg., 2/2019 DOI: 10.5771/0342-300X-2019-2-96.

Hassel, A./von Verschuer, S./Helmerich, N. (2019): Workers' Voice And Good Corporate Governance Endbericht, Hans-Böckler-Stiftung.

Höpner, M. (2018): Regime Shopping unter dem Schutz des Europarechts: Das Polbud-Urteil des Europäischen Gerichtshofs, VerfBlog, 2018/1/23, *https://verfassungsblog.de/regime-shopping-unter-dem-schutz-des-europarechts-das-polbud-urteil-des-europaeischen-gerichtshofs/*, DOI: 10.17176/20180124-090504.

Jackson, G. (2003): Corporate Governance in Germany and Japan: Liberalization Pressures and Responses During the 1990s. In: Yamamura, K./Streeck, W. (eds.): The End of Diversity? Prospects for German and Japanese Capitalism. Ithaka: Cornell University Press, pp. 261–305.

Jäger, S./Schoefer, B./Heining, J. (2019), Labor in the Boardroom, IZA Discussion Papers 12799, Institute of Labor Economics (IZA).

Kluge, N. (2019): Die deutsche Mitbestimmung wird in der EU unzureichend geschützt, Magazin Mitbestimmung.

Köstler, R./Pütz, L. (2019): SE-DATENBLATTFakten zur Europäische Aktiengesellschaft – Stand: 1.7.2019, *https://www.boeckler.de/pdf/pb_mitbestimmung_se_2019_6.pdf.*

Landgericht Berlin (2018): Landgericht Berlin vom 9.3.2018 – 102 O 72/17 Aktg.

Rat der EU (2017): Europäische Säule sozialer Rechte: Proklamation und Unterzeichnung. Pressemitteilung. 17. November 2017. Brüssel.

Rosenbohm, S. (2020): Aktuelle Entwicklungen bei der SE. *https://www.mitbestimmung.de/html/aktuelle-entwicklungen-bei-der-se-16895.html.*

Rosenbohm, S./Misterek, F. (2020): SE-DATENBLATTFakten zur Europäischen Aktiengesellschaft – Stand: 31.12.2020 IMU 2020, SE Datenblatt Stand 31.12.2020. *https://www.imu-boeckler.de/data/Mitbestimmung_SE_in_Europa_2020_12.pdf.*

Sick, S. (2020): Erosion als Herausforderung für die Unternehmensmitbestimmung, in: Mitbestimmung der Zukunft, Mitbestimmungsreport Nr. 58, April 2020.

Voss, E. (2017): Competences and capacities of European Works Councils – Which contribution can they provide for (transnational) co-determination? Draft Paper for the Workers' Voice Expert Group, August.

World Economic Forum (2014): Global Competitiveness Report 2014–2015. Insight Report, available online: *http://www.weforum.org/reports/global-competitiveness-report-2014-2015*, accessed 24.06.2018.

Markus Bieber

Die Charta der Arbeitsbeziehungen – internationale Mitbestimmungsrechte

Inhaltsübersicht

1. Einführung

Im September 1994 legten Europäisches Parlament und Rat erstmalig eine juristische Grundlage (Richtlinie 94/45 EG), um betriebliche Mitbestimmung auch in den internationalen Kontext zu übertragen. Inspiriert wurde die Erarbeitung dieser Richtlinie dabei durch französische und deutsche best practice Beispiele (vgl. Jaich 2001), zu denen auch die Volkswagen AG gehörte.

Aufgrund der besonderen Historie bei Volkswagen und den daraus abgeleiteten Bedingungen der betrieblichen und unternehmerischen Mitbestimmung (vgl. Widuckel 2004; IG Metall 2009; Haipeter 2019) ist die Arbeitnehmervertretung tiefgreifend in den Unternehmensstrukturen verankert. Diese über 75-jährige Tradition der Mitbestimmung[1] trägt einerseits dazu bei, dass gute Arbeits- und Sozialstandards – häufig über die gesetzlichen Mindeststandards hinaus (vgl. Haipeter 2019) – im Unternehmen gesetzt sind. Andererseits eröffnen diese etablierten und anerkannten Mitbestimmungsstrukturen zugleich Gestaltungsspielraum, um kreative und bislang nicht dagewesene Lösungen auf Heraus-

---

1 Eine durch den Volkswagen Betriebsrat in Wolfsburg herausgegebene Chronik erlaubt ausführlichen Einblick in die Herausforderungen und Errungenschaften der betrieblichen Mitbestimmung seit der ersten Sitzung einer Betriebsvertretung im November 1945.

forderungen für die Belegschaft zu finden (vgl. Volkswagen AG 2019). Diese Herangehensweise und Zusammenarbeit zwischen Arbeitnehmer- und Unternehmensvertreter:innen zeigt sich ebenso auf internationaler Ebene. Auch hier reichen die Unternehmensstandards der Arbeit der betrieblichen Mitbestimmung über juristische Ansprüche hinaus.

Dies zeigt exemplarisch die Charta der Arbeitsbeziehungen, welche die betrieblichen Beteiligungsrechte demokratisch gewählter Arbeitnehmervertretungen für die im Europäischen- und Weltkonzernbetriebsrat der Volkswagen AG vertretenen Länder und Regionen regelt. An ihrem Beispiel soll nachfolgend der Entstehungskontext – sowohl der internationalen Betriebsratsarbeit als auch der Charta selbst – beleuchtet werden. Darüber hinaus erfolgt ein Einblick in den Stand der aktuellen Umsetzung sowie ein Ausblick in strategische Herausforderungen, die gerade durch die internationale Betriebliche Arbeitnehmervertretung adressiert werden müssen. Ein abschießendes Resümee rundet den Artikel ab.

2. Fundament internationaler Mitbestimmung im Volkswagen Konzern

Mit Blick auf die Entwicklung von Volkswagen in den letzten Jahrzehnten und den Ausbau hin zu einem weltweit agierenden Konzern haben sich parallel dazu auch die entsprechenden betrieblichen Mitbestimmungsstrukturen stetig weiterentwickelt. So wurde neben den betriebsverfassungsrechtlich garantierten Strukturen in Deutschland (BR, GBR, KBR sowie entsprechenden Fachausschussstrukturen) bereits Anfang der 1990er Jahre der Internationalisierung Rechnung getragen und ein Europäische Konzernbetriebsrat (EKBR) gegründet. Abgerundet wurde diese Entwicklung wiederum durch die Gründung des Weltkonzernbetriebsrats (WKBR) im Jahr 1998.

Damit nahm Volkswagen einerseits eine Vorreiterrolle bei der Entwicklung von Mitbestimmung jenseits der nationalen Grenzen ein und wurde Impulsgeber für die Entwicklung einer entsprechenden EU-Richtlinie. Andererseits wurde damit – aus heutiger Sicht – vor 30 Jahren der Grundstein für **betriebliche internationale Arbeitsbeziehungen** gelegt. Dies ist die Basis für eine enge und vertrauensvolle sowie standort- und länderübergreifende Zusammenarbeit auf Seiten der betrieblichen Arbeitnehmervertretung.

Derzeitig umfasst der WKBR insgesamt 87 gewählte Mitglieder und wird durch ständige Mitglieder mit Gaststatus (z. B. chinesischen Arbeitnehmervertreter:innen) erweitert. Somit vertritt der WKBR die Beschäftigten aller zwölf Konzernmarken in 124 Fertigungsstätten weltweit. Neben den jeweils zuständigen Gewerkschaften in den Standorten, Ländern und Regionen des Volkswagen Konzerns und dem hohen gewerkschaftlichen Organisationsgrad sind die betrieblichen Arbeitnehmervertreter:innen in diesem E- und WKBR heute mit Garant dafür, dass ein »gegeneinander Ausspielen« von Standorten und Belegschaften verhindert werden kann.

Bereits in der Präambel zur Gründungsvereinbarung des WKBR von Volkswagen heißt es: »*Der wirtschaftliche Erfolg für das Unternehmen und die soziale Entwicklung der Belegschaft sind vom erfolgreichen Zusammenwirken aller Teile dieses Netzwerks abhängig. Hierzu soll die Zusammenarbeit zwischen Volkswagen-Konzernleitung und Weltkonzernbetriebsrat einen entscheidenden Beitrag leisten (...)*«. Die **Sicherung und Förderung der Wettbewerbsfähigkeit und Wirtschaftlichkeit unter gleichzeitiger Sicherung und Entwicklung von Beschäftigung und Beschäftigungsfähigkeit** prägen spätestens seitdem im besonderen Maße die konzernweite Unternehmensführung bei Volkswagen und unterstreichen damit deren Bedeutung für den Konzern.

In den jährlichen Sitzungen des E- und WKBR sowie den regelmäßigen Ausschusssitzungen wird sowohl intern als auch gemeinsam mit der Unternehmensseite (internationale HR-Leiter, Konzernvorstand) zu nachfolgenden Themenschwerpunkten diskutiert:

· Beschäftigungs- und Standortsicherung
· Entwicklung von Konzernstrukturen
· Produktivität und Kosten
· Neue Formen der Arbeitsorganisation und Produktionstechnologien
· Arbeits- und Sozialstandards
· Entwicklung der politischen und wirtschaftlichen Rahmenbedingungen des internationalen Handels

Der E- und WKBR ist damit ein wichtiges betriebliches Forum für den gemeinsamen Austausch von Informationen und den gemeinsamen, aktiven Dialog. Klassische Mitbestimmungsrechte hingegen, wie wir sie in Deutschland auf Basis des BetrVG kennen, hat der E- und WKBR nach seinen Statuten nicht.

3. Ist »Mitbestimmung« im internationalen betrieblichen Kontext möglich?

Ab dem Jahr 2006 wurden u.a. die tiefgreifenden Veränderungen in der Arbeitsorganisation, neue Produktionsmethoden sowie eine zunehmende Vernetzung von Standorten, Marken und Regionen zu treibenden Themen der damaligen Diskussion. Es war klar: Die Standardisierung von Arbeitsabläufen nimmt weiter zu und eine Auseinandersetzung mit den managementseitig vorangetriebenen

Rationalisierungsmethoden war notwendiger denn je. Es drohte wieder einmal ein massiver Verlust von Beschäftigung. Darüber hinaus zeichnete sich in der alltäglichen Arbeitspraxis der internationalen Arbeitnehmervertreter:innen häufig ein einseitiges Entscheidungsverhalten seitens des Managements sowie fehlende Nachvollziehbarkeit und Kommunikation in Richtung der Belegschaften ab. Im Ergebnis kam es oftmals zu Verhärtungen von Konflikten, die wiederum langwierig und damit kostenintensiv ausgetragen wurden. Die Mitglieder des E- und WKBR im Volkswagen Konzern haben zudem deutlich gemacht, dass es häufig an verbindlichen Standards, Prozessen und sogar manchmal schlicht an Infrastruktur mangelt, um tatsächlich Einfluss zu nehmen und damit aktiv Interessen im Betrieb zu vertreten und mitzugestalten.

Vor diesem Hintergrund wurde seitens der Mitglieder des E- und WKBR somit die Frage diskutiert, wie eine stärkere Einbindung und Beteiligung der Arbeitnehmervertreter:innen im internationalen Kontext auch außerhalb von turnusmäßigen Sitzungen mit dem Unternehmen realisiert werden könnten. Gegenüber der Unternehmensvertretung wurde zu einem intensiveren Dialog aufgerufen und eine Forderung nach mehr Beteiligung und Einfluss geäußert, mit dem Ziel den Herausforderungen der Zukunft im eigenen Betrieb entgegenzutreten, Auswirkungen abzuschätzen sowie eigene Ideen und Strategien einzubringen. Es brauchte die Möglichkeit, **rechtzeitig und umfassend informiert zu werden, Beratungsmöglichkeiten über Auswirkungen vor Umsetzung von Maßnahmen und ja, auch Zustimmungs-, Kontroll- und Initiativrechte** wurden zunehmend in den Fokus gerückt.

4. Stärkung der betrieblichen internationalen Arbeitsbeziehungen

Damit war die Debatte um die künftige Infrastruktur internationaler Arbeitsbeziehungen im Volkswagen Konzern eröffnet und wurde von der klaren Forderung nach mehr Mitbestimmung in dem jeweiligen betrieblichen Kontext flankiert. Das war der entscheidende Wendepunkt – auch in den internationalen gewerkschaftlichen Debatten, da die Einbindungen und Beteiligungen von Arbeitnehmervertretungen je nach Land, nationalen Normen und gewachsenen Kulturen sehr unterschiedlich ausgeprägt sind. Während Mitbestimmung in Deutschland gesetzlich fest verankert sowie breiter gesellschaftlicher Konsens ist, gibt es international gesehen oftmals nur sehr beschränkte Rechte bzw. Einflussmöglichkeiten von Gewerkschaften und Arbeitnehmervertretungen. Dies spiegelt sich auch in dem Selbstverständnis der jeweiligen Arbeitnehmervertretung wider. Somit musste eine Lösung gefunden werden, welche flexibel genug war, die jeweiligen nationalen juristischen Vorgaben und zugleich die kulturellen und traditionell gewachsenen Arbeitnehmervertretungsstrukturen zu berücksichtigen.

Der E- und WKBR beschloss, die gemeinsame Arbeit zu intensivieren und erarbeitete unter der Leitung des Präsidenten Bernd Osterloh und mit Unterstützung seines Generalsekretariats in einer Reihe von gemeinsamen Workshops eine Rahmenvereinbarung, die iterativ unter Begleitung des Bereichs HR International abgestimmt und letztlich dann 2009 finalisiert werden konnte.

Es entstand die sog. **Charta der Arbeitsbeziehungen**, die in rechtlicher Hinsicht einem International Framework Agreement (IFA) entspricht. Hierin wurden vor allem betriebliche Beteiligungsrechte demokratisch gewählter Arbeitnehmervertretungen für die im E- und WKBR vertretenen Länder und Regionen festgeschrieben.

Im Rahmen von lokalen Verträgen (sog. Standortspezifischen Partizipationsverträgen) werden die Beteiligungsrechte konkret zwischen den örtlichen Parteien definiert und umgesetzt. Das heißt, die Charta bietet den verbindlichen Rahmen, um die bestehenden Arbeitsbeziehungen verantwortungsvoll und im Sinne der **kooperativen Konfliktbewältigung** weiterzuentwickeln. Ziel ist es, unter Berücksichtigung und gegenseitiger Anerkennung der jeweiligen legitimen Interessen, gemeinsam akzeptable, stabile und tragfähige Kooperationsformen aufzubauen, fortzuentwickeln und abzusichern.

Wichtig ist weiterhin das der Charta zugrundeliegende **Prinzip der Freiwilligkeit**. Eine relevante Errungenschaft dabei ist, dass **die Arbeitnehmervertretung vor Ort** die Entscheidung trifft, **ob** sie einen Standortspezifischen Partizipationsvertrag auf den Weg bringen möchte. Ebenfalls obliegt ihr die Auswahl und die jeweilige Ausprägung der Beteiligungsrechte. Keine Arbeitnehmervertretung ist verpflichtet, die Rechte und Pflichten anzunehmen, sondern kann frei wählen, ob und wenn ja, welche Rechte zu welchem Zeitpunkt hinzugenommen werden sollen.

Die Konkretisierung der einzelnen Regelungsinhalte erfolgt dann einvernehmlich zwischen den beteiligten Parteien (betriebliche Arbeitnehmervertretung und Management) vor Ort und wird mit einem abgestimmten Entwicklungspfad belegt. Dieser Entwicklungspfad beruht im Wesentlichen auf vier Phasen, die nachfolgend skizziert werden:

1. Bestandsaufnahme
   Die Arbeitnehmervertretung und die Geschäftsleitung am jeweiligen Standort erarbeiten gemeinsam eine Bestandsaufnahme der gegenwärtigen Zusammenarbeit, um die geltenden Rechte und Pflichten beider Seiten darzustellen.

2. Auswahl der Beteiligungsrechte und Konkretisierung der Regelungsinhalte
   Zur Verhandlung des Standortspezifischen Partizipationsvertrages wählt die Arbeitnehmervertretung vor Ort die Beteiligungsrechte aus.

3. Stufenplan und Qualifizierungsmaßnahmen
   Gemeinsame Erarbeitung eines zeitlich und inhaltlich fixierten Stufenplans zur Umsetzung inkl. der Festlegung, welche betrieblichen Arbeits- und Abstimmungsstrukturen notwendig sind, um die Beteiligungsrechte wahrnehmen zu können. Dies kann auch notwendige Qualifizierungsmaßnahmen für die beteiligten Arbeitnehmervertreter:innen zum Erwerb der erforderlichen Kompetenzen enthalten.
4. Information der Beschäftigten
   Die Beschäftigten am jeweiligen Standort werden über den Inhalt der Charta der Arbeitsbeziehungen und den lokal vereinbarten Partizipationsvertrag unterrichtet. Im Rahmen der jeweiligen betrieblichen Gepflogenheiten kann die Unterrichtung an die Beschäftigten gemeinsam mit dem Management erfolgen.
5. Modulare Bausteine der standortspezifischen Partizipationsvereinbarungen
   Entlang des soeben skizzierten Entwicklungspfades der standortspezifischen Partizipationsvereinbarungen können verschiedene Elemente eines modularen Systems aufgegriffen werden. Dieses System beinhaltet im Wesentlichen drei Themenfelder: die Beteiligungsrechte und Pflichten der Arbeitnehmervertretung, die Kommunikation mit der Belegschaft sowie die Kollaborationsstrukturen mit der Unternehmensvertretung.

Ein Blick auf Tabelle 1 zeigt, welche Rechte konkret erworben werden können. Es sind acht Regelungsangelegenheiten definiert und der Grad der jeweiligen möglichen Beteiligungsrechte, sofern die Arbeitnehmervertretung vor Ort dies anstrebt und umsetzen möchte.

Darüber hinaus wird dem Thema Kommunikation im Rahmen der Charta ein hoher Stellenwert beigemessen, denn die Arbeitnehmervertretung kann auch das Recht aufnehmen, im Kalenderjahr bis zu viermal eine **Betriebsversammlung** einzuberufen. Die Geschäftsleitung ist zu diesen Veranstaltungen ebenfalls einzuladen, berechtigt zu sprechen und soll die Belegschaft über die wirtschaftliche Lage sowie die Entwicklung des Standortes informieren.

Zudem ist festgeschrieben, dass an den Standorten einmal jährlich ein sogenanntes **Standortsymposium** zwischen Geschäftsleitung und Arbeitnehmervertretung stattfinden kann. Dies dient dem Dialog und Informationsaustausch über die Entwicklung des Standortes im jeweiligen Planungszeitraum. Inhalte sind u. a. die wirtschaftliche Situation, Produktthemen sowie Entwicklungs- und Veränderungsvorhaben am Standort.

All diese Maßnahmen (siehe Abbildung 1) dienen der Förderung des gemeinsamen Dialogs und flankieren die ebenfalls definierte regelmäßige Unterrichtung der Arbeitnehmervertretungen in **wirtschaftlichen Angelegenheiten**. Zusammengefasst sind diese Maßnahmen wichtige Grundvoraussetzungen für eine qualifizierte und verantwortungsvolle Wahrnehmung der beschriebenen Betei-

Tabelle 1: Beteiligungsrechte im Rahmen der Charta der Arbeitsbeziehungen

Rechte / Regelungsangelegenheiten	Unterrichtung	Konsultation	Mitbestimmung
1. Personelle und soziale Regelungen			
Personalbeschaffung			X
Personalbetreuung			X
Personalentwicklung			X
Personalfreisetzung			X
2. Arbeitsorganisation			
Personalplanung		X	
Arbeitsorganisation			X
Produktionssysteme, -technologien und -methoden			X
Arbeitszeit			X
3. Vergütungssysteme			
Entgelt-, Leistungsbeurteilungs- und Zielvereinbarungssyteme			X
Sozialleistungen			X
4. Information und Kommunikation			
Information der Mitarbeiter und Führungskräfte	X		
Mitarbeiterbefragung		X	
Arbeitsordnung/Verhaltensleitlinien			X
Datenschutz			X
5. Aus- und Weiterbildung			
Aus- und Weiterbildung, prozessnahes Lernen			X
6. Arbeitssicherheit und Gesundheitsschutz			
Arbeits-, Gesundheits- und Unfallschutz			X
Einsatz älterer und leistungsgewandelt Belegschaftsmitglieder			X
7. Controlling			
Prozesscontrolling		X	
Zusätzliches Modul: Soziale und ökologische Nachhaltigkeit			
Betrieblicher Umweltschutz		X	
Ressourcen- und Energieeffizienz		X	
CSR-Maßnahmen		X	

ligungsrechte und damit für eine gute Zusammenarbeit zwischen betrieblicher Arbeitnehmervertretung und Management im Sinne einer kooperativen Konfliktbewältigung.

Abbildung 1: Freiwillige Module für die Gestaltung der Standortspezifischen Partizipationsvereinbarungen

Modularer Baukasten für die standortspezifischen Partizipationsvereinbarungen

Beteiligungsrechte	Kollaborationsformate	Belegschafts- kommunikation
• Festlegung von Beteiligungsrechten und -pflichten • Beteiligung an wirtschaftlichen Themen	• Qualifizierungsangebote für Arbeitnehmervertreter:innen für eine qualifizierte Mitbestimmungsarbeit • Einführung von Gremien und Ausschüssen, beispielsweise einem Wirtschaftsausschuss • Einführung von Standortsymposien	• Durchführung von bis zu vier Betriebsversammlungen pro Jahr, mit Teilnahme der Unternehmensvertretung

Quelle: eigene Darstellung.

5. Künftige Herausforderungen internationaler betrieblicher Mitbestimmung

Heute können wir festhalten, dass es in fast allen Standorten des Volkswagen Konzerns und in vielen weiteren Konzerngesellschaften zu entsprechenden Absichtserklärungen bzw. zu Partizipationsverträgen gekommen ist. So wurden ganz konkret vielerorts Beteiligungs- und Mitbestimmungsrechte erweitert bzw. neu eingeführt sowie an vielen Standorten Betriebsversammlungen etabliert. In neu geschaffenen Ausschüssen und gemeinsamen Gremien wird an den weltweiten Standorten des Volkswagen Konzerns heute über zahlreiche Themen wie z. B. Weiterbildung, Arbeitssicherheit, Gesundheit, Personal, Versorgung, Arbeitsordnung, Ideenprogramme, Stimmungsbarometer, Gewinnbeteiligung

u. v. m. debattiert, beraten und ganz entscheidend: es werden mehr und mehr verbindliche Vereinbarungen getroffen.

Obgleich keine andere Charta[2] die Möglichkeit, der Belegschaft ihre Stimme einzubringen, bis heute so geprägt hat wie die Charta der Arbeitsbeziehungen, bedeutet dies nicht, dass die Weiterentwicklung der Arbeit der betrieblichen Mitbestimmung auf internationaler Ebene damit abgeschlossen wäre. Dass die Chartas immer wieder auf ihre Aktualität überprüft werden, zeigt die erst im Dezember 2020 überarbeitete und erneuerte Sozialcharta, welche die Einhaltung und Achtung der Menschenrechte im Volkswagen Konzern regelt.

Darüber hinaus gibt es erstmalig das Vorhaben, die an den deutschen Standorten der Marke Volkswagen verhandelte Gesamtbetriebsvereinbarung Roadmap Digitale Transformation[3] für den internationalen Kontext zu adaptieren und abstrahiert in einer Charta aufzuarbeiten. Die Besonderheit daran ist, dass die Roadmap Digitale Transformation als Zukunftsvereinbarung zu verstehen ist und somit versucht, frühzeitig Antworten auf strategische Fragestellungen zu finden. Zudem zielt die Vereinbarung darauf ab, ein gemeinsames Verständnis über zukünftige Weisungsbefugnisse festzuhalten: Technische Entwicklungen sollen in erster Linie dem Menschen dienen, nicht aber umgekehrt. Damit einher geht die Fragestellung, wie digitale Verantwortung im Konzern perspektivisch gestaltet werden kann, um das Gleichgewicht zwischen Wirtschaftlichkeit und Beschäftigungssicherung auch im Zeitalter der digitalen Transformation aufrechtzuerhalten.

6. Resümee

Die Charta der Arbeitsbeziehungen im Volkswagen Konzern hat 2009 ein **neues Kapitel in der gemeinsamen Zusammenarbeit** zwischen den weltweit tätigen internationalen betrieblichen Arbeitnehmervertretungen und dem jeweiligen Management aufgeschlagen. Im Kern geht es um die Erweiterung von Beteiligung und Mitbestimmung im gesamten Volkswagen Konzern. Die Charta begründet also eine gemeinsame Zielvorstellung, deren Umsetzung vor Ort in lokalen Partizipationsverträgen geregelt, umgesetzt und vor allem gelebt werden muss.

---

2   Neben der Charta der Arbeitsbeziehungen verfügt der Volkswagen Konzern des Weiteren über vier weitere Chartas, welche die Themen Menschenrechte, Berufsausbildung, Lieferantenbeziehungen sowie Zeitarbeit behandeln.

3   Nähere Ausführungen über den Entstehungskontext und die Inhalte der Roadmap Digitale Transformation sind in diesem Sammelband in Abschnitt B. III. zu finden.

Mittlerweile wurden in fast allen Standorten des Volkswagen Konzerns derartige Partizipationsvereinbarungen getroffen und konnten vielerorts Mitbestimmungsrechte erweitern. Die Charta der Arbeitsbeziehungen ist daher heute ein wichtiger Bestandteil der »**good global governance**« im Volkswagen Konzern. Sie bietet den betrieblichen Arbeitnehmervertretungen weltweit ein Angebot zu mehr Beteiligung und Mitbestimmung bei konkreten betrieblichen Herausforderungen. Insgesamt wird damit das Austarieren von Interessen im Betrieb gestärkt. Wirtschaftlichkeits- und Beschäftigungsfragen werden abgewogen, gemeinsam mit dem Unternehmen erörtert und Lösungen im Sinne einer kooperativen Konfliktbewältigung angestrebt.

7. Literatur

Haipeter, T. (2019): Interessenvertretung bei Volkswagen. Neue Konturen einer strategischen Mitbestimmung. 1. Aufl. Hamburg.

IG Metall (2009): Die historische Verantwortung für VW. *https://www.igmetall. de/im-betrieb/die-historische-verantwortung-fuer-vw* (8.11.2020).

Jaich, R. (2001): Der Europäische Betriebsrat an der Schnittstelle zwischen gesetzlicher und vertraglich vereinbarter Mitbestimmung. In: Zeitschrift für Wirtschafts- und Unternehmensethik, 1, 70–86.

Volkswagen AG (2019): Volkswagen beschließt Roadmap Digitale Transformation für Verwaltung und Produktion. Wolfsburg.

Widuckel, W. (2004): Paradigmenentwicklung der Mitbestimmung bei Volkswagen. Zugl.: Braunschweig, Techn. Univ., Diss., 2003. Wolfsburg.

Sonja Mangold

Inklusionsorientierte Unternehmensführung – gelungene Partizipationsbeispiele und vielversprechende Perspektiven

Inhaltsübersicht

1. Einleitung

Unter dem Einfluss von Globalisierung und Europäisierung verlieren National-staaten und nationale Sozialpartner an Regelungskraft auf arbeitsbezogenem Gebiet. Gleichzeitig gewinnen grenzüberschreitende Kollektivverhandlungen an Bedeutung. So ist seit einiger Zeit insbesondere eine rasante Zunahme von transnationalen Unternehmensvereinbarungen zu verzeichnen, die auf Arbeit-nehmer:innenseite von Europäischen Betriebsräten und/oder Gewerkschaften abgeschlossen werden. Das Thema Gleichstellung und Inklusion, das einen essenziellen Bestandteil einer verantwortungsvollen strategischen Personalpla-nung bildet, ist dabei häufig Verhandlungsgegenstand.[1]

Im Rahmen eines Forschungsprojekts an der Universität Bremen wurden drei ausgewählte *Good-Practice*-Fälle transnationaler Unternehmensvereinbarungen zum Thema berufliche Vielfalt vertieft auf ihre Entstehungs- und Wirksamkeits-

---

1   European Commission, Commission Staff Working Document, Transnational company
    agreements: realizing the potential of social dialogue, SWD(2012) 264 final, 2, 4.

bedingungen hin untersucht.[2] Ziel war es herauszufinden, welche Einflussfaktoren den Abschluss und die effektive Umsetzung der Verhandlungsergebnisse begünstigten bzw. behinderten. Außerdem stand die Hypothese zur Prüfung, dass der derzeit noch unsichere Rechtsrahmen für transnationale Kollektivvereinbarungen auf Unternehmensebene (Ales 2007, S. 150–154) eine Barriere für eine praxiswirksame gleichstellungsorientierte Sozialpartnerregulierung darstellt. Methodisches Hauptinstrument der Studie waren leitfadengestützte Expert:inneninterviews mit am Verhandlungsprozess beteiligten Akteur:innen auf Arbeitgeber:innen- und Arbeitnehmer:innenseite. In einem Fall wurde darüber hinaus eine teilnehmende Beobachtung bei einer Sitzung des Europäischen Betriebsrats (EBR) am Hauptsitz des Unternehmens durchgeführt.

Die wesentlichen Erkenntnisse aus den Fallanalysen werden in den folgenden Abschnitten vorgestellt (Mangold 2018, S. 226–247). Im Anschluss daran werden einige Überlegungen skizziert, welche (supra)staatlich flankierenden Maßnahmen zur Unterstützung der Sozialpartnerpraxis ergriffen werden sollten. Am Ende dieses Beitrags wird kurz darauf eingegangen, welche personalpolitischen Instrumente geeignet sein könnten, um die Einführung und Implementierung von transnationalen Vereinbarungen voranzutreiben.

2. Fallbeispiel A: engagierte Einzelakteur:innen und gewerkschaftliche Netzwerke

Im Fall A wurden Sozialpartneraktivitäten bei einem global agierenden Konzern im Bereich Konsumgüterherstellung[3] näher in den Blick genommen. Seit einigen Jahren besteht dort eine EBR-Arbeitsgruppe zu beruflicher Vielfalt, die mit Arbeitnehmervertreter:innen und Repräsentant:innen des zentralen Managements besetzt ist. Aus ihrer Tätigkeit heraus resultierte in jüngerer Zeit eine transnationale Vereinbarung gegen sexuelle Belästigung am Arbeitsplatz, die auf

---

2   Die Fälle entstammen der im Internet frei zugänglichen Datenbank zu transnationalen Unternehmensvereinbarungen, welche die Europäische Kommission in Kooperation mit der Internationalen Arbeitsorganisation unterhält (*https://ec.europa.eu/social/main. jsp?catId=978&langId=de*, letzter Aufruf: 5. 1. 2021). Wie die Sichtung der Dokumente zeigte, ist die Zahl der Vereinbarungen, die schwerpunktmäßig das Thema Gleichstellung behandeln, relativ überschaubar. Die ausgewählten *Good-Practice*-Fälle wiesen im Vergleich detaillierte verbindliche Vereinbarungsinhalte und Umsetzungsvorkehrungen auf. Bei der Fallauswahl wurden zudem verschiedene Branchen und Länderkontexte berücksichtigt.

3   Um die zugesicherte Anonymität der Interviewpartner:innen zu wahren, wird hier auf nähere Angaben zu den untersuchten Unternehmen verzichtet.

Arbeitnehmer:innenseite von globalen Gewerkschaftsverbänden unterzeichnet wurde. Der Vereinbarung liegt ein breites Verständnis von sexueller Belästigung zugrunde.[4] Zur Realisierung eines belästigungsfreien Arbeitsumfelds werden weitgehende Maßnahmen wie unabhängige Beschwerdeverfahren und angemessene Sanktionen vorgegeben, die auf lokaler Ebene näher auszugestalten sind. Im Rahmen der Fallstudie wurden zwei am Verhandlungsprozess beteiligte EBR-Vertreterinnen interviewt. Darüber hinaus wurde eine teilnehmende Beobachtung bei einer EBR-Tagung durchgeführt.

Ausgangspunkt der Vereinbarungspraxis war der Wunsch der beiden an der EBR-Arbeitsgruppe zur Gleichstellung beteiligten Arbeitnehmerrepräsentantinnen, schriftliche Abkommen mit dem Management zu erreichen. Als Einstieg in Verhandlungsaktivitäten strebten sie eine Regelung gegen sexuelle Belästigung am Arbeitsplatz an. Wesentlich motiviert war die Wahl des Themas durch die persönliche Erfahrung einer beteiligten Akteurin mit sexueller Belästigung. Die Initiative wurde dadurch bestärkt, dass in einem nationalen Standort des Konzerns Kollektivverträge zur Antidiskriminierung abgeschlossen worden waren, die auf einer gesetzlichen Verpflichtung beruhten. Der Vorstoß der beiden Frauen stieß bei den anderen (überwiegend männlichen) EBR-Mitgliedern zunächst auf nur geringes Interesse. Erst durch beharrliches Insistieren gelang es den beiden Akteurinnen, ihre Kolleg:innen vom Sinn und Nutzen weiterführender Vereinbarungen zur Gleichstellung zu überzeugen. Die Arbeitnehmer:innenseite trat in der Folge mit einem Regelungsentwurf gegen sexuelle Belästigung an die Unternehmensleitung heran. Das Management lehnte den Abschluss von bindenden transnationalen Vereinbarungen zum Thema jedoch ab. Eine der initiativen EBR-Akteurinnen informierte daraufhin ihren nationalen Gewerkschaftsverband. Dieser griff den Regelungsvorschlag positiv auf und schaltete die internationalen Branchenverbände ein. Nach entsprechendem Druck von Gewerkschaftsseite willigte die Konzernleitung schließlich ein, über eine Vereinbarung gegen sexuelle Belästigung zu verhandeln.

Das Engagement selbst von Diskriminierung betroffener Akteurinnen trug im Fall A wesentlich zum erfolgreichen Vereinbarungsabschluss bei. Dieser Befund wurde durch die Eindrücke aus der teilnehmenden Beobachtung bestätigt. So brachten die beiden EBR-Vertreterinnen die Ziele ihrer Arbeitsgruppe zur Gleichstellung sehr aktiv in die miterlebte EBR-Sitzung ein. Zwischen den beiden Frauen besteht eine gewachsene persönliche Beziehung, die eine Abstimmung

---

4   Demnach stellen u. a. anzügliche Blicke oder Gesten, unnötige körperliche Kontakte, eine herablassende Einstellung mit sexuellen Bezügen sowie unangebrachte Bemerkungen, Witze und Kommentare in Bezug auf das Äußere einer Person eine sexuelle Belästigung dar. Weiterführend zu einem gleichstellungsadäquaten Verständnis von sexueller Belästigung siehe Maschke, Trendbericht: Betriebs- und Dienstvereinbarungen für partnerschaftliches Verhalten, gegen Mobbing, Diskriminierung und sexuelle Belästigung, 2012, S. 7.

auch außerhalb des Rahmens offizieller Tagungen ermöglicht. Das Verhältnis der betreffenden Arbeitnehmervertreterinnen zum EBR-Vorsitzenden ist ebenfalls durch eine jahrelange vertrauensvolle Zusammenarbeit geprägt. Die kooperative Beziehung beteiligter Schlüsselakteur:innen im EBR dürfte ein weiterer Aspekt gewesen sein, der die gelungene Vereinbarungspraxis begünstigte.

Der Prozess der Normumsetzung gestaltete sich in der Folgezeit als mühsam und schwierig. Den befragten EBR-Vertreterinnen zufolge wurden die vereinbarten Norminhalte nur unvollständig auf lokaler Ebene übernommen und in die betriebliche Praxis integriert. Die unklare Rechtslage für transnationale Unternehmensvereinbarungen trägt nach ihrer Einschätzung dazu bei, dass die Normdurchführung unsicher ist. Ein weiterer hinderlicher Aspekt sei ein mangelndes Problembewusstsein für Diskriminierung bei Akteur:innen auf Arbeitnehmer:innen- und Arbeitgeber:innenseite. Außerdem würden die Vereinbarungsinhalte nicht entlang der Managementhierarchie bis in die unteren Ebenen gelebt, weil Frauen in der oberen Führungsebene des Unternehmens unterrepräsentiert sind.

Als Zwischenfazit lässt sich festhalten, dass im Fall A grenzüberschreitende Vernetzung und Kooperation zwischen EBR-Mitgliedern, nationalen und internationalen Gewerkschaften die erfolgreiche Verhandlungsaktivität begünstigten. Eine förderliche Rolle spielte außerdem das hohe Engagement von Einzelakteur:innen in Gleichstellungsfragen. In Einklang mit vorherigen Erwartungen der Untersuchung zeigten sich Probleme, das erzielte transnationale Vereinbarungsresultat gegen Belästigung, das auf eine ungeklärte Rechtslage verwiesen ist, effektiv umzusetzen.

3. Fallbeispiel B: gleichstellungsorientierte Unternehmenskultur

Im Fall B wurde die Sozialpartnerpraxis bei einem multinationalen Energieversorgungskonzern untersucht, der staatlich dominiert ist. Bei dem Konzern wurde vor einigen Jahren eine transnationale Vereinbarung zur Geschlechtergleichstellung erreicht, die auf Arbeitnehmer:innenseite von einer Besonderen Verhandlungsgruppe, bestehend aus Vertreter:innen nationaler und europäischer Gewerkschaften, unterzeichnet wurde. Die Vertragsparteien regeln darin eine Zielvorgabe, um den Anteil von Frauen in Führungspositionen zu erhöhen. Außerdem wird eine innovative Quotenregelung getroffen, wonach der Anteil weiblicher Beschäftigter mit unbefristeten Arbeitsverträgen in naher Zukunft mindestens 30 Prozent betragen muss. Zur Normumsetzung wird vorgesehen, dass in Unternehmen des Konzerns mit mehr als 150 Beschäftigten Aktionspläne aufgestellt werden.

Im Rahmen der Fallstudie wurde ein Vertreter einer unterzeichnenden europäischen Gewerkschaft befragt. Außerdem wurde ein Repräsentant einer beteiligten nationalen Gewerkschaft interviewt, der gleichzeitig EBR-Mitglied ist. Auf Arbeitgeber:innenseite wurde ein Gespräch mit einem Vertreter des zentralen Managements geführt.

Die Initiative zum Vereinbarungsschluss ging im Fall B von der Arbeitgeber:innenseite aus. Bei der zentralen Leitung war der Wunsch vorhanden, eine gleichstellungsorientierte Personalpolitik im Wege der europäischen Arbeitnehmer:innenbeteiligung konzernweit umzusetzen und zu vereinheitlichen. Die Bereitschaft zur Regelungsaktivität wurde zusätzlich dadurch befördert, dass im Stammland des Konzerns neue gesetzliche Bestimmungen eingeführt wurden, die nationale Sozialpartner verpflichten, regelmäßig über Kollektivverträge zur Antidiskriminierung zu verhandeln. Das zentrale Management erhofft sich generell von Gleichstellungsmaßnahmen eine höhere Produktivität und eine bessere Positionierung im Wettbewerb mit anderen Unternehmen um Kund:innen und Arbeitskräfte. Überdies herrscht bei der Konzernleitung ein ausgeprägtes Bewusstsein für gesellschaftliche Verantwortung vor, das überbetriebliche Gleichstellungsziele im Blick hat. Vor diesem Hintergrund trat das Management mit einem Verhandlungsangebot an die Arbeitnehmervertreter:innen im EBR heran. Die Initiative wurde von der Arbeitnehmer:innenseite begrüßt. Während die Konzernleitung den EBR als Verhandlungspartner bevorzugte, sahen es die gewerkschaftlich organisierten EBR-Mitglieder jedoch als notwendig an, eine Gewerkschaftsbeteiligung sicherzustellen. Sie schalteten deshalb die zuständigen europäischen Branchengewerkschaften ein. Gemäß den Verfahrensregeln der Gewerkschaftsdachverbände (Rub/Platzer/Muller 2011, S. 84 ff.) für transnationale Unternehmensvereinbarungen wurde eine Besondere Verhandlungsgruppe aus europäischen und nationalen Gewerkschaftsvertreter:innen gebildet, die mit der Konzernleitung das Vereinbarungsresultat aushandelte. Nach Einschätzung der interviewten Arbeitnehmervertreter:innen wirkte sich die Gewerkschaftsbeteiligung positiv im Prozess aus. Insbesondere hätten die einbezogenen europäischen Gewerkschaftsrepräsentant:innen eine breite gesellschaftspolitische Perspektive zur Antidiskriminierung eingebracht.

Bei der anschließenden Umsetzung der Vereinbarung traten erhebliche Schwierigkeiten zutage. Die im Vereinbarungstext vorgesehene Implementation über örtliche Aktionspläne wurde in der Praxis kaum durchgeführt. Nach einmütiger Einschätzung auf Arbeitgeber:innen- und Arbeitnehmer:innenseite sind die Probleme bei der Umsetzung vornehmlich darauf zurückzuführen, dass rechtliche Wirkungen und Rechtsverbindlichkeit von transnationalen Unternehmensvereinbarungen unsicher sind. Erschwerend kam hinzu, dass Gleichstellungsmaßnahmen auf den unteren Managementebenen weniger akzeptiert sind als bei der zentralen Unternehmensleitung.

Es lässt sich zusammenfassen, dass im Fall B gesetzliche Verhandlungspflichten am Konzernhauptsitz die erfolgreiche Sozialpartnerregulierung zur Gleichstellung beförderten. Günstig wirkte sich außerdem aus, dass die Unternehmensleitung ein hohes gemeinwohlbezogenes Engagement zeigte, was damit zusammenhängen könnte, dass der betreffende Konzern öffentlich dominiert ist. Ferner trugen Vernetzung und Kooperation zwischen EBR-Mitgliedern, nationalen und europäischen Gewerkschaften zur gelungenen Verhandlungsaktivität bei. Die unsichere Rechtslage stellte sich auch im Fall B als wesentliches Hindernis heraus, die transnationale Vereinbarung effizient in der Praxis umzusetzen.

4. Fallbeispiel C: Imagegewinne für das Unternehmen

Im Fall C wurde eine Vereinbarung zur beruflichen Chancengleichheit von Frauen und Menschen mit Behinderungen[5] erzielt, die auf Arbeitnehmer:innenseite von einer europäischen Gewerkschaft unterzeichnet wurde. Das Sozialpartnerresultat enthält konkrete Vorgaben zu diskriminierungsfreien Stellenausschreibungen und unternehmensseitigen Werbeaktionen in Schulen und Universitäten, um den weiblichen Beschäftigtenanteil zu erhöhen. Außerdem werden Bestimmungen zur Entgeltgleichheit und zur chancengleichen beruflichen Weiterentwicklung von Frauen getroffen. Zur beruflichen Inklusion von Menschen mit Behinderungen legen die Sozialpartner einstellungsfördernde Maßnahmen wie konzernweite Schulung und Sensibilisierung von Personalverantwortlichen und Kooperationen mit geschützten Werkstätten fest. Die Umsetzung der Vereinbarung soll über nationale Kollektivverträge und lokale Aktionspläne erfolgen.

Im Rahmen der Fallanalyse wurde auf Arbeitgeber:innenseite ein Vertreter des lokalen Managements interviewt. Des Weiteren wurde ein Gespräch mit einem EBR-Mitglied und zwei am Normumsetzungsprozess beteiligten Arbeitnehmervertreterinnen geführt.

Die Initiative zur Vereinbarungsaktivität ging im Fall C vom zentralen Management aus. Dieses unterbreitete dem EBR ein Verhandlungsangebot. Die Arbeitgeber:innenseite erhoffte sich von einer transnationalen Vereinbarungspolitik zur Antidiskriminierung, ungenutzte Arbeitskräftepotenziale zu erschließen und so Wettbewerbsvorteile gegenüber anderen Unternehmen zu erringen. Förderlich für die Initiative war auch, dass an der Konzernspitze eine Frau stand, die

---

5   Der Begriff »Behinderung« ist problematisch. Er wird hier nur mangels geeigneter Alternativen verwendet.

Gleichstellungsmaßnahmen befürwortete. Überdies versprach man sich positive Effekte für das Unternehmensimage. Dieser Aspekt spielte für den Konzern, der in einer Branche agiert, die mit Imageproblemen zu kämpfen hat, eine hervorgehobene Rolle.

Die EBR-Mitglieder begrüßten den Vorstoß des Managements und informierten angesichts der Verfahrensunsicherheit für transnationale Unternehmensvereinbarungen die zuständige europäische Branchengewerkschaft. Den prozeduralen Regeln des Dachverbandes folgend wurde die Vereinbarung von einer gewerkschaftlich mandatierten Verhandlungsdelegation mit der Arbeitgeber:innenseite ausgehandelt und von der europäischen Branchengewerkschaft nach Zustimmung der im Unternehmen vertretenen nationalen Gewerkschaften unterzeichnet.

Der anschließende Implementationsprozess verlief stockend. Die im Vereinbarungstext vorgesehene Überführung der Norminhalte in nationale Kollektivverträge und Aktionspläne wurde kaum durchgeführt. Die Vertragsparteien beschlossen daher, zusätzliche Maßnahmen zu ergreifen. In einem Projekt, das von der Europäischen Kommission finanziell unterstützt wurde, wurden in der Folgezeit auf europäischer Ebene und an nationalen Unternehmensstandorten Treffen von Arbeitgeber- und Arbeitnehmervertreter:innen organisiert mit dem Ziel, die Aktionspläne aufzustellen. Nach Einschätzung der Befragten auf Arbeitgeber:innen- wie Arbeitnehmer:innenseite wirkte sich der externe Druck der Europäischen Kommission, Ergebnisse zur Normumsetzung zu präsentieren, positiv aus. So wurden in größerem Umfang in der Folge die vereinbarten Aktionspläne erarbeitet.

Dennoch weist das Vereinbarungsergebnis den Interviewten zufolge weiterhin Wirkungslücken auf. Insbesondere die unklaren rechtlichen Umsetzungsbedingungen seien ein Effektivitätshindernis. Ein zusätzlicher hinderlicher Aspekt sei die mangelnde soziale Akzeptanz von Gleichstellungsmaßnahmen.

Festzuhalten ist, dass im Fall C der erhoffte Imagegewinn für den Konzern die erfolgreiche Vereinbarungspolitik zur Gleichstellung maßgeblich begünstigte. Das erzielte Sozialpartnerresultat ließ jedoch Wirksamkeitsschwächen erkennen. Die Einbeziehung (supra)staatlicher Akteure bewirkte, dass Schwierigkeiten bei der Implementation auf lokaler Ebene abgebaut werden konnten.

5. Gunstfaktoren und Hindernisse für eine effektive Vereinbarungspraxis

Die hier vorgestellten *Good-Practice*-Fälle zeigen, dass verschiedene Einflussfaktoren eine wirksame transnationale Vereinbarungspolitik zur Gleichstellung befördern oder behindern können. Eine Barriere war in allen Fallbeispielen die unvollständige soziale Akzeptanz von Gleichstellungsmaßnahmen. Im Fall A war die faktische Unterrepräsentanz von Frauen im EBR und in der Unternehmensleitung ein weiterer Aspekt, der die Sozialpartnerpraxis beeinträchtigte. In allen drei Fällen beförderten auf Arbeitnehmer:innenseite Vernetzung und Kooperation zwischen EBR-Mitgliedern, nationalen und internationalen gewerkschaftlichen Akteur:innen die Normsetzung. Im Fall A trug das hohe Engagement selbst von Diskriminierung betroffener Einzelakteur:innen zum erfolgreichen Vereinbarungsschluss bei. Fall A zeigte auch, dass konkrete Diskriminierungsvorfälle Sozialpartneraktivitäten zur Antidiskriminierung mit auslösen können.[6] In den Fällen B und C spielten erhoffte Produktivitätsgewinne und die Arbeitgeber:innenkonkurrenz um Arbeitskräfte eine positive Rolle. Im Fall C wurde die Vereinbarungsaktivität dadurch begünstigt, dass das Unternehmen aus einer Branche stammt, die mit besonderen Imageproblemen konfrontiert ist. Darüber hinaus weisen die Fallstudien darauf hin, dass nationale gesetzliche Pflichten der Sozialpartner, über Gleichstellungsthemen zu verhandeln, wie sie etwa in Frankreich bestehen (Bothfeld/Hubers/Rouault 2010, S. 60f.), transnationale kollektive Regulierung anstoßen können. Die These der Untersuchung, dass der fehlende Rechtsrahmen für transnationale Unternehmensvereinbarungen ein Hemmnis für wirkungsvolle Verhandlungsergebnisse ist, wurde durch die Fallanalysen bestätigt. So litten die erzielten transnationalen Vereinbarungen zur Gleichstellung, die auf unklare rechtliche Durchsetzungsbedingungen verwiesen sind, in allen drei Fällen unter deutlichen Wirksamkeitsschwächen.

6. Bedarf für externe flankierende Maßnahmen

Die vorliegenden Unternehmensfälle verweisen auf das Potenzial, das der europäischen Arbeitnehmer:innenbeteiligung bei der Umsetzung einer konzernweiten nachhaltigen Personalplanung zukommt. Die ermittelten Leistungsdefizite

---

6 Ähnliche Erkenntnisse brachten Fallstudien über das Zustandekommen von nationalen Kollektivverträgen zur Nichtdiskriminierung, vgl. Maschke, Trendbericht: Betriebs- und Dienstvereinbarungen für partnerschaftliches Verhalten, gegen Mobbing, Diskriminierung und sexuelle Belästigung, 2012, S. 4.

bei Regelsetzung und -implementierung deuten jedoch auch darauf hin, dass staatlich flankierende Maßnahmen notwendig sind, um die Sozialpartnerpraxis zu unterstützen.

Mangelndes Problembewusstsein für Diskriminierung stellt nach den Ergebnissen dieser Studie ein wesentliches Hindernis für eine gleichstellungsgerechte kollektive Selbststeuerung dar. Vor diesem Hintergrund sind verstärkte öffentliche Bewusstseinsbildung und Aufklärungskampagnen mit Sozialpartnern nötig, um angemessene transnationale Resultate zu erzielen. Darüber hinaus scheint es im Sinne einer effektiven Vereinbarungspolitik gefordert, eine bessere Vertretung von Frauen, behinderten Menschen und anderen (potenziell) diskriminierten Gruppen in Verhandlungen und Entscheidungspositionen sicherzustellen. Wie die vorgestellten Fallstudien zeigen, kann die faktische Unterrepräsentanz von Frauen und anderen selbst Betroffenen in der Unternehmensleitung und in Sozialpartnergremien verhindern, dass Initiativen zur Inklusion entstehen und in der betrieblichen Praxis umgesetzt werden. Die Regelungen zur geschlechtergerechten Vertretung in Aufsichtsräten,[7] die 2016 in Deutschland in Kraft getreten sind, sowie die jüngst beschlossenen Vorgaben zur Erhöhung des Frauenanteils in Unternehmensvorständen[8] sind erste richtige Schritte, um die genannten Defizite zu beheben. Ein weiteres vordringlich gebotenes Flankierungsinstrument ist die Schaffung eines europäischen Rechtsrahmens für transnationale Unternehmensvereinbarungen. Aufgrund der unsicheren Rechtslage litten alle hier dargestellten Praxisfälle zur Gleichstellung unter Durchsetzungsmängeln. Ein (fakultativer) Rechtsrahmen für transnationale Unternehmensvereinbarungen, der Vereinbarungsakteur:innen, Rechtswirkungen und Umsetzungsmodalitäten von Sozialpartnerergebnissen klärt, wird seit Jahren insbesondere von europäischen Gewerkschaften eingefordert (siehe näher zur Diskussion z. B. Ales 2007, S. 150–154). Eine entsprechende Verrechtlichung könnte beteiligten Akteur:innen auf Arbeitgeber:innen- und Arbeitnehmer:innenseite Verfahrenssicherheit geben und die praktische Normumsetzung effektivieren.

---

7 Gesetz für die gleichberechtigte Teilhabe von Frauen und Männern an Führungspositionen in der Privatwirtschaft und im öffentlichen Dienst vom 24. 4. 2015, abgedruckt im Bundesgesetzblatt Nr. 17 vom 30. 4. 2015.

8 Bundesministerium der Justiz und für Verbraucherschutz, Verbindliche Vorgaben für mehr Frauen in Führungspositionen, im Internet abrufbar unter: *https://www.bmjv.de/ SharedDocs/Artikel/DE/2021/0106_Fuehrungspositionen_FuePoGII.html;jsessionid=5AA9 62A7559B3471D91731D5DD87B58D.2_cid297* (zuletzt abgerufen am: 6. 1. 2021).

7. Personalpolitische Unterstützungsinstrumente und Ausblick

Darüber hinaus müssen angemessene personalpolitische Rahmenbedingungen bereitgestellt werden, welche die Einführung und Implementierung transnationaler Vereinbarungen gezielt befördern. Wie Sozialpartnerresultate zur Gleichstellung in Managementprozesse integriert werden können, zeigen bestehende Beispiele aus der Praxis. So wurden transnationale Standards in manchen Unternehmen in Zielvereinbarungen und variable Vergütungssysteme für leitende Mitarbeiter:innen aufgenommen. Die Umsetzung gleichstellungsbezogener Norminhalte wurde zudem in einigen Fällen durch internationale Konzernrevisionen und regelmäßige Audits weiterverfolgt (vgl. Mangold 2018, S. 211). Hilfreich kann es auch sein, unternehmensweite Schulungen und Trainings für Personaler:innen und Führungskräfte einzuführen. Wie die vorliegende Studie zeigt, besteht insbesondere auf unteren Managementebenen teilweise noch deutlicher Sensibilisierungsbedarf. Spezifische Reward-Systeme für Mitarbeiter:innen können zusätzliche Anreize zur praktischen Umsetzung von Standards setzen. Der Personalbereich kann, sofern entsprechende Lenkungsinstrumente geschaffen werden, eine Treiberrolle bei der Etablierung und Durchsetzung transnationaler Gleichstellungsziele spielen.

Das Thema der beruflichen Inklusion stellt ein zunehmend konsensfähiges Gestaltungsfeld für Aktivitäten beider Sozialpartner dar. Personalwirtschaftliche Diversity-Management-Ansätze werden für Unternehmensführungsstrategien immer wichtiger. Diese betonen die positiven Effekte von personeller Vielfalt für den ökonomischen Erfolg und die gemeinsame Unternehmenskultur (Vedder 2006, S. 1–23). Auf Seiten europäischer Gewerkschaften wird die Gewinnung beruflich benachteiligter Gruppen nicht zuletzt als wichtiger Bestandteil neuer Organisationsstrategien angesehen (Hyman 1996, S. 30–53). Transnationale Sozialpartnervereinbarungen könnten somit, sofern sie adäquat rechtlich flankiert und in die Personalpolitik eingebunden werden, zu einem Schlüsselinstrument werden, um Gleichstellung in Unternehmen zu verwirklichen.

8. Literatur

Ales (2007): Der transnationale Kollektivvertrag zwischen Vergangenheit, Gegenwart und Zukunft, ZESAR 2007, 150–154.

Bothfeld/Hübers/Rouault (2010): Gleichstellungspolitische Rahmenbedingungen für das betriebliche Handeln. Ein internationaler Vergleich, in: Projektgruppe Geschlechterungleichheiten im Betrieb (GiB), 21–88.

European Commission (2012): Commission Staff Working Document, Transnational company agreements: realizing the potential of social dialogue, SWD(2012) 264 final, im Internet abrufbar unter: *http://csdle.lex.unict.it/docs/labourweb/Commission-Staff-Working-Document-Transnational-company-agreements-realising-the-potential-of-social/3642.aspx* (6. 1. 2021).

Hyman (1996): Die Identitäten der europäischen Gewerkschaften im Wandel, in: Mückenberger/Schmidt/Zoll (Hrsg.), Die Modernisierung der Gewerkschaften in Europa, 30–53.

Mangold (2018): Transnationale Soziale Dialoge und Antidiskriminierung im Erwerbsleben – Eine rechtsempirische, rechtsdogmatische und rechtspolitische Analyse.

Maschke (2012): Trendbericht: Betriebs- und Dienstvereinbarungen für partnerschaftliches Verhalten, gegen Mobbing, Diskriminierung und sexuelle Belästigung, im Internet abrufbar unter: *https://www.boeckler.de/pdf/mbf_bvd_hintergrund_partner_verhalten.pdf* (6. 1. 2021).

Rüb/Platzer/Müller (2011): Transnationale Unternehmensvereinbarungen. Zur Neuordnung der Arbeitsbeziehungen in Europa.

Vedder (2006): Die historische Entwicklung von Diversity Management in den USA und Deutschland, in: Krell/Wächter (Hrsg.): Diversity Management – Impulse aus der Personalforschung. Trierer Beiträge zum Diversity Management, 1–23.

XV. Besser statt billiger

Wolfgang Schroeder

Besser statt billiger – Stärke des deutschen Arbeitsmodells

Inhaltsübersicht

1. Einleitung

Besser statt billiger – so lautet das Credo des deutschen Produktionsmodells. Statt den Standortvorteil in niedrigen Produktionskosten zu sehen, zeichnet sich die erfolgreiche Produktionsweise in Deutschland durch den Einsatz von qualifizierten Fachkräften aus, die auf der Höhe des technologischen Fortschritts hochwertige Produkte herstellen, welche sich in aller Welt hoher Beliebtheit und Nachfrage erfreuen (Streeck 2016, S. 57). Die Basis dieses Erfolgsmodells bilden die Akteurskonstellationen der industriellen Arbeitsbeziehungen. Maßgeblich hierfür ist das Zusammenspiel aus starken kooperativen Akteuren der betrieblichen, tariflichen und staatlichen Ebene. In diesem Rahmen gelingt es mit Hilfe flexibler Regulation, die für das Produktionsmodell notwendigen Qualifikationen herzustellen und zu sichern sowie für das Gesamtsystem stabilisierende Löhne festzulegen (Streeck 2005).

Wenngleich sich dieses Modell immer wieder als anpassungsfähig erwiesen hat, sieht es sich mit den Rückwirkungen der Globalisierung und der doppelten Transformation im Zuge der Digitalisierung und Dekarbonisierung zunehmend herausgefordert, neue und passfähige Lösungen hervorzubringen (Schroeder 2018a, S. 17). Gleichzeitig haben diese Prozesse zu einem Wandel der für das Modell zentralen Akteurskonstellationen geführt, welche wiederum Rückwirkungen auf den Flächentarifvertrag als institutionalisierten Rahmen allgemein akzeptierter Produktions- und Arbeitsstandards haben. Mit Blick auf die Debatten um die Industrie 4.0-Strategie erleben wir jedoch den Versuch, die Stärken des korporatistischen Arrangements zwischen dem Staat, den Verbänden und den Betrieben mit dem Ziel zu revitalisieren, die Wirtschaft und Arbeit den strukturellen Veränderungen, die im Zuge der doppelten Transformation stattfinden, anzupassen.

Dieser Beitrag setzt sich daher mit der Frage auseinander, welche Impulse von der Industrie 4.0-Strategie für eine Revitalisierung des deutschen Arbeits- und Produktionsmodells ausgehen und wie in diesem Rahmen die herausfordernden Themen der Beschäftigungssicherung und Qualifizierung angegangen werden können. Hierzu werden zunächst die Grundelemente und Stärken des deutschen Produktions- und Arbeitsmodells skizziert sowie die Herausforderungen nachgezeichnet, die sich im Zuge der Globalisierung und doppelten Transformation aus Digitalisierung und Dekarbonisierung ergeben. Daran anschließend werden die gewandelten Akteurskonstellationen im Fokus stehen, die die Triebfeder des deutschen Modells darstellen. Im dritten Schritt stehen die vielversprechenden Revitalisierungsbemühungen des korporatistischen Geflechts aus Staat, Verbänden und Betrieben im Zusammenhang mit der Industrie 4.0-Strategie im Fokus, um die hiervon ausgehenden Impulse zur Beschäftigungssicherung und Qualifizierung aufzeigen zu können. Schließen wird der Beitrag mit einem kurzen Fazit und Ausblick.

2. Das deutsche Arbeits- und Produktionsmodell: Kernelemente und Herausforderungen

Konstitutiv für das deutsche Arbeits- und Produktionsmodell sind die langjährig gewachsenen wechselseitigen Strukturen von Produktivität, Regulation und starken Akteuren, welche sich vor allem durch die Entwicklungen der (industriellen)

Arbeitsbeziehungen ergeben. Die Pfade dieser Entwicklung begannen bereits mit der Industrialisierung und der Weimarer Republik und wurden nach 1945 durch das Tarifvertrags- (1949) und Betriebsverfassungsgesetz (1952) sowie die verschiedenen Mitbestimmungsgesetze normiert und aktualisiert (Schroeder 2000, S. 32). Kennzeichnend hierfür ist ein gut funktionierendes Zusammenspiel aus einer leistungsfähigen Volkswirtschaft, flächendeckendem Technikeinsatz, hochentwickelten Qualifikationen durch das duale Ausbildungssystem sowie guten Löhnen, dessen institutionelle Rahmung sich in Flächentarifverträgen ausdrückt (Schroeder 2014, S. 27). Auf dieser Grundlage zeichnete sich das System hinsichtlich erforderlicher Wandlungsprozesse immer wieder als anpassungsfähig aus. Insbesondere durch die »*sektorale Spezialisierung*« (Gornig/Schierch 2015, S. 41) auf forschungsintensive Industrien, wie etwa die Elektrotechnik, den Maschinen- und Fahrzeugbau sowie die chemische Industrie, ist es immer wieder gelungen, das Modell an die sich wandelnden gesellschaftlichen, technologischen und wettbewerblichen Rahmenbedingungen anzupassen (Schroeder 2017, S. 2).

Zentraler Baustein dieser Anpassungsfähigkeit sind die auf deeskalierenden Konfliktbewältigungsstrategien basierenden korporatistischen Akteurskonstellationen der deutschen (industriellen) Arbeitsbeziehungen (Streeck 2016). Hierbei handelt es sich um ein duales System der Konfliktregelung: Einerseits die betriebliche Sphäre, die durch das Betriebsverfassungsgesetz judifiziert wird, und andererseits die durch das Tarifvertragsgesetz strukturierte überbetriebliche, verbandliche Ebene. Die Trennung zwischen betrieblicher, verbandlicher und staatlicher Sphäre hat jedoch nur auf der juristischen Ebene eine gewisse Statik. Darüber hinaus handelt es sich um ein dynamisches Modell, das in unterschiedlichen zeitlichen Phasen andere Schwerpunkte und Vernetzungsformen zwischen den Sphären herausgebildet hat. Flankiert wird dieses System durch eine staatliche Teilsteuerung und die Bereitstellung der rechtlichen Rahmenbedingungen dieses Systems. Im Kern ist das deutsche Modell der Arbeitsbeziehungen also durch die duale Interessenvertretungsstruktur und die Tarifautonomie geprägt, für dessen Funktionieren die Verbände, der Staat und die betrieblichen Akteure von zentraler Bedeutung sind (Schroeder 2000, S. 23 f.).

Aus komparativer Perspektive zu Ländern mit einer vergleichsweise günstigen Produktionsweise ist es durch die makroökonomische Steuerung und die korporatistischen Arbeitsbeziehungen sowie ein nachfrageorientiertes duales Ausbildungssystem gelungen, eine »*einzigartig vielfältige Palette anspruchsvoller, auf Nischen im Weltmarkt hin konstruierter, qualitativ überlegener Produkte*« (Streeck 2005) zu entwickeln. Diese von Streeck (1991) als »*diversifizierte Qualitätsproduktion*« bezeichnete Produktionsweise rechtfertigte gleichzeitig die im internationalen Wettbewerb hohen Preise deutscher Produkte. Im Kern besteht die Stärke des deutschen Arbeits- und Produktionsmodells also aus dem Konglomerat von allgemein anerkannten Standards des Wirtschaftssystems und der

Produktionsweise, hohen Standards bei der dualen Ausbildung sowie den im Rahmen der Tarifautonomie in Flächentarifverträgen festgelegten Löhnen und Arbeitsbedingungen (Tabelle 1).

Tabelle 1: Das deutsche Arbeits- und Produktionsmodell im Überblick

Kernelemente	Ausprägung	Outcome
Makroökonomische Steuerung	Exportorientierung	• Gesamtwirtschaftliche Balance • Steuerungsfähigkeit • Soziale Mobilität
Korporatistische Arbeitsbeziehungen	Flächentarifvertrag und Betriebliche Mitbestimmung	• Lohngerechtigkeit und geringe Lohndiskrepanz • Betriebsbezogene Problemlösungskompetenz
Diversifizierte Qualitätsproduktion	Nachfrageorientiertes duales Berufsausbildungssystem	• Qualifizierte Fachkräfte • Hohe Produktivität und Wettbewerbsfähigkeit

Quelle: eigene Darstellung, Schroeder 2014, 28.

Dieses Modell bildete die Grundlage für ein steigendes Wohlstandsniveau und das Versprechen sozialer Mobilität. Wenngleich sich dieser Idealtypus vordergründig im Industriesektor identifizieren lässt, profitieren von der hohen Exportorientierung und spezifischen Weise des Wirtschaftens und Arbeitens immer auch andere Wirtschaftszweige. Durch die sektorale Spezialisierung sowie der damit einhergehenden Ausdifferenzierung und Auslagerung von Arbeitsprozessen entstehen auch Arbeitsplätze im forschungs- und wissensintensiven Dienstleistungsbereich (Edler/Eickelpasch 2013, S. 16). Mit der betrieblichen und tariflichen Kooperation, die ihren Ausdruck in Flächentarifverträgen findet, werden zudem Normen gesetzt, die über den Industriesektor hinaus Strahl- und Prägekraft besitzen und damit maßgeblichen Einfluss auf das Gesamtsystem deutscher Arbeitsbeziehungen nehmen.

Zwar ist es durch eine fortlaufende »*Produktaufwertung*« im Sinne der diversifizierten Qualitätsproduktion in der Vergangenheit gelungen, das Modell den erforderlichen Veränderungen anzupassen (Streeck 2016, S. 57). Mit Blick auf die Rückwirkungen der Globalisierung und der doppelten Transformation vollziehen sich jedoch gegenwärtig Wandlungsprozesse, die das Modell herausfordern, neue und passfähige Lösungen zu kreieren, wenn die Erfolgsgeschichte fortgeschrieben werden soll (Schroeder 2021). Allen voran die Frage der Beschäftigungssicherung und Qualifizierung erscheint hierbei zentral.

Exkurs: Die duale Ausbildung – ein Fels in der Brandung (von Stefanie Holtz)
Das System der dualen Berufsausbildung ist seit langem ein Erfolgsmodell. Dabei ist das grundlegende System seit einigen Jahrzehnten beständig. Was sich wandelt, sind die Berufe.
Gesellschaftliche und technologische Fortschritte bringen immer auch neue Berufe hervor und lassen alte verschwinden. Egal ob Reepschläger, Rohrpostbeamte oder Laternenanzünder: Alle diese Berufe sind mit der Zeit verschwunden. Allerdings steckt in jedem Wandel auch Neues: Tele-Chirurgen, 3D-Handwerker und Roboterberater[1] werden durch Digitalisierung, Big Data und dem Internet der Dinge erst ermöglicht.
Ein Wert, der unabhängig jeden Wandels bestehen bleibt, ist eine gute Ausbildungsqualität. So wird der Grundstein für den Start ins Berufsleben durch eine duale Ausbildung gelegt. Von einer guten Ausbildungsqualität profitieren beide Seiten: Unternehmen, die selbst für ihren Fachkräftenachwuchs sorgen, diesem in entscheidenden Lebensphasen Orientierung bieten und mit einem guten Fachwissen ausstatten könne. Genauso wie Auszubildende, die von sicher anwendbarem Wissen profitieren und somit ihre persönlichen Stärken und Kompetenzen steigern.
Gute Ausbildungsbedingungen können durch Mitbestimmung sichergestellt werden. So hat der Betriebsrat bei allen Themen, welche die betriebliche Ausbildung betreffen, ein Mitbestimmungs- bzw. Beratungsrecht. Dies bezieht sich auf die Auswahl der Bewerber:innen genauso wie bei der konkreten Ausgestaltung der Bildungsmaßnahme.[2] Zusammen mit der Jugend- und Auszubildendenvertretung kann die Qualität der Ausbildung sichergestellt werden. Tarifvertragliche Standards wie Ausbildungsvergütung und Übernahme sorgen dafür, dass Auszubildende Sicherheit erfahren und ihr Leben eigenständig planen können. Eine vorausschauende Personalplanung seitens des Betriebes ist zusammen mit dem Blick des Betriebsrates für eine gut aufgestellte Belegschaft in Zeiten der Transformation unerlässlich.[3] So kann mit Weitblick festgestellt werden, welche Ausbildungsberufe sinnvoll sind und wo die betrieblich ausgebildeten jungen Menschen ihren Fähigkeiten entsprechend übernommen und eingesetzt werden.

Mit der Globalisierung steigt der Wettbewerbs- und Preisdruck, der auch an deutschen Unternehmen trotz ihrer qualitativ hochwertigen Produkte nicht spurlos vorbeigegangen ist. In den 1980er Jahren wandelte sich das gut funktionierende Arbeits- und Produktionsmodell mit der diversifizierten Qualitätspro-

---

1 Vgl. *https://karriere.unicum.de/berufsorientierung/berufsbilder/neue-berufe.*
2 Vgl. §§ 96 ff. BetrVG.
3 Vgl. § 92 und § 96 BetrVG.

duktion als Basis des wirtschaftlichen Erfolgs und guter Lohnstrukturen sogar zu einem Problemerzeuger. Denn in dem Maße, wie es anderen Ländern gelang, qualitativ hochwertige Produkte zu günstigeren Preisen anzubieten, sorgten die in Deutschland hohen Lohn- und Produktionskosten für einen Wettbewerbsnachteil (Streeck 2016, S. 57). In der Folge stagnierten die Wachstumsraten, strukturelle Massenarbeitslosigkeit wurde zum Dauerthema und der unter den prosperierenden Jahren expandierte Sozialstaat sorgte für eine handfeste Finanzierungskrise (Hertfelder 2007, S. 10). Zuvor als Erfolgsmodell gefeiert, avancierte Deutschland in dieser Zeit zum »*kranken Mann Europas*« (Eichhorst 2011). Die Auswirkungen auf die korporatistischen Akteurskonstellationen waren enorm, wie später aufgezeigt wird.

Auch die doppelte Transformation der Wirtschaft setzt das Arbeits- und Produktionsmodell zunehmend unter Druck. Ausgehend vom Gedanken einer vierten industriellen Revolution gehen manche Beobachter:innen davon aus, dass die Digitalisierung ähnliche Auswirkungen auf die geistige Arbeit haben könnte wie die Dampfmaschine und das Fließband auf die körperliche Arbeit (Ittermann/Niehaus 2015, S. 40ff.). Ausgangspunkt dieser Überlegungen ist die vielzitierte Studie von Frey und Osborne (2013), die für die USA davon ausgehen, dass durch die forcierte Digitalisierung etwa 47 Prozent der Arbeitsplätze binnen der nächsten 20 Jahre wegfallen könnten. In einer Übertragung des Ansatzes von Frey und Osborne auf Deutschland kommen Bonin et al. (2015) zu einem ähnlich schockierenden Befund: Sie berechnen, dass hierzulande etwa 42 Prozent der Arbeitsplätze durch Automatisierung ersetzet werden könnten. Wird jedoch die Evaluation und Anpassung von Tätigkeitsfeldern berücksichtigt, relativiert sich dieser Befund auf ein Rationalisierungspotenzial von ca. 12 Prozent. Anders als häufig befürchtet, wird es im Zuge stärker automatisierter und technologieinduzierter« Produktionsweisen nicht zu einem »*Ende der Arbeitsgesellschaft*« kommen (Heßler 2016, S. 17–24). Dennoch ergibt sich aus den stärker miteinander verzahnten und verkürzten Wertschöpfungsketten sowie individualisierten und flexibilisierten Innovations- und Produktzyklen, die mit schneller wechselnden Betriebs- und Produktionsprozessen einhergehen, ein erheblicher Veränderungs- und Anpassungsdruck auf große Teile des Arbeitsmarktes, die es im Sinne des Arbeits- und Produktionsmodells zu gestalten gilt. Für die Beschäftigungssicherung ist dabei insbesondere die fortlaufende Evaluierung und Anpassung der dualen Ausbildungsinhalte sowie deren Ergänzung um lebenslanges Lernen durch Weiterbildung essenziell. Deutlich wird dieser Anpassungsbedarf auch bezüglich der besonders von Rationalisierungsprozessen bedrohten Beschäftigten. Denn vor allem für weniger gut qualifizierte Beschäftigte und für solche mit geringen Einkommen berechnen Bonin et al. (2015) ein sehr hohes Risiko von bis zu 80 Prozent für einen Arbeitsplatzverlust aufgrund von Automatisierung der Tätigkeit.

Insgesamt führen ausdifferenzierte und digitalisierte Produktionsweisen also nicht zum Ende der Arbeitsgesellschaft, doch wird sich die Verlagerung von Beschäftigung in den Dienstleistungsbereich und Bereiche mit hohen Qualifikationsanforderungen weiter forcieren (Rahner et al. 2020, S. 514). Berufsbilder und Tätigkeitsprofile werden sich verändern, wegfallen und neu entstehen. Auch werden die Arbeitsverhältnisse der Zukunft vermutlich weniger hierarchisch, egalitär und teilautonom geprägt sein als heute. Wenn es also darum geht, weiterhin im Sinne der diversifizierten Qualitätsproduktion Nischen im Weltmarkt zu besetzen, bedarf es zunehmend hochqualifizierter Fachkräfte, die in der Lage sind, innovative und qualitativ hochwertige Produkte zu entwickeln und herzustellen. Um die Beschäftigten an neue Anforderungen und Qualifikationsprofile heranzuführen und die, für das deutsche Produktionsmodell ungünstige, Kombination aus einem Fachkräftemangel und gleichzeitiger struktureller Arbeitslosigkeit zu verhindern, bedarf es daher einer Aus- und Weiterbildungsoffensive (Dauth et al. 2019, S. 6). Für diese bedarf es im Sinne eines konsensorientierten Modells der Arbeitsbeziehungen eine belastbare Akteurskonstellation, die alle relevanten Ebenen vom Betrieb über die Sozialpartner bis zum Staat umfasst. Eben diese weist unabhängig der aktuellen Herausforderungen durch eine Vielzahl von Faktoren, wie etwa den Auswirkungen der Globalisierung, dem Strukturwandel hin zur Dienstleistungsökonomie, Restrukturierungsprozessen von Unternehmen, der Wiedervereinigung oder der Finanzkrise, jedoch einige Risse auf, die im Folgenden in den Blick genommen werden (Hassel et al. 2019, S. 3).

3. Wandel der Akteurskonstellationen

Die Stärke und Leistungsfähigkeit des deutschen Arbeits- und Produktionsmodells hängt wie bereits aufgezeigt maßgeblich von einem korporatistischen Ineinandergreifen von betrieblichen und verbandlichen Akteur:innen ab, deren Handeln durch staatliche Teilsteuerung stabilisiert und flankiert wird. In diesem konsensorientierten Zusammenspiel ist es gelungen, das System der diversifizierten Qualitätsproduktion aufzubauen und durch sektorale Spezialisierungen an bestehende Wandlungsprozesse anzupassen. Mit den Herausforderungen der doppelten Transformation, die insbesondere in den Bereichen der Beschäftigungssicherung und Qualifizierung liegen, bietet diese Akteurskonstellation einmal mehr die Möglichkeit der Profilierung. Gleichzeitig hat die Belastbarkeit dieses Verhältnisses durch eine Vielzahl von Faktoren, wie etwa dem Strukturwandel hin zur Dienstleistungsökonomie, Restrukturierungsprozessen von Unternehmen, der Wiedervereinigung oder der Finanzkrise, Risse bekommen

(Hassel et al. 2019, S. 3). Diese veränderten Voraussetzungen der Akteurskonstellationen werden daher im Folgenden in den Blick genommen.

3.1 Betriebe

Betriebliche Akteur:innen bilden neben den Sozialpartnern und dem Staat die dritte Säule der korporatistischen Akteurskonstellation. Das Handeln der Betriebsräte und Arbeitgeber:innen bewegt sich dabei im Rahmen überbetrieblich ausgehandelter sowie staatlich normierter Standards. Die in Deutschland etablierte betriebliche Sozialordnung basiert dementsprechend auf überbetrieblichen Regelungsmustern, die auf betrieblicher Ebene durch das Zusammenwirken von Arbeitgeber:innen und Betriebsräten konkrete Ausgestaltung finden. Die Geschäftsführung muss in personalpolitischen Fragen die Interessen der Belegschaft und des Betriebsrates sowie die überbetrieblich regulierten Vorgaben des Staates und der Tarifverträge berücksichtigen. Der Betriebsrat hingegen hat seine Funktion als Interessenvertretung der Beschäftigten mit einer Verantwortung für die Produktivität und den wirtschaftlichen Erfolg des Unternehmens zu verbinden. Hieran wird deutlich, dass die betrieblichen Akteur:innen einerseits die unmittelbar gestaltende Instanz der industriellen Arbeitsbeziehungen darstellen und andererseits eng in das Geflecht mit den Gewerkschaften und Arbeitgeberverbänden sowie dem Staat eingebunden sind. Deutlich wird das auch an der alltagsweltlichen Verzahnung von Betriebsrat und Gewerkschaft aufgrund der häufigen Gleichzeitigkeit aus Betriebsratsmandat und Gewerkschaftsmitgliedschaft. Während der Betriebsrat als »*Grenzinstitution*« (Fürstenberg 2000) zwischen Belegschaft, Betriebsführung und Gewerkschaft vermittelt, agiert die Geschäftsführung zwischen der Belegschaft, dem Betriebsrat sowie den Vertreter:innen des Arbeitgeberverbandes. Interessensdivergenzen zwischen Betriebsrat und Geschäftsführung werden dabei in der Regel verfahrensorientiert und nur selten im offenen Konflikt ausgetragen, wenngleich die Machtressourcen zwischen den Akteur:innen ungleich verteilt sind und somit nicht als gleichstarke Instanzen im Politikfeld der industriellen Beziehungen agieren. Die betrieblichen Akteur:innen verzichten daher im Bereich der Tarifvertragspolitik auf Dispositionsrechte durch die Verlagerung der Entscheidungsbefugnis auf die verbandlichen Akteur:innen. Eben dieser Kooperationsmodus und damit das arbeitsteilige Modell betrieblicher Mitbestimmung stehen jedoch zunehmend unter Druck und haben sich zugunsten der betrieblichen Akteur:innen verschoben, was unter anderem auf die Prozesse der Digitalisierung und Dekarbonisierung zurückzuführen ist, weil diese Entwicklungen schnelle Entscheidungen und Anpassungsstrategien erfordern (Schroeder 2021).
Eine zentrale Herausforderung der betrieblichen Mitbestimmung ist in der zurückgehenden Existenz von Betriebsräten zu suchen, deren Ursachen in struk-

turellen Veränderungen von Unternehmenspolitiken durch den globalen Wettbewerbsdruck und sich dynamisierende technologische Fortschritte, einem unzureichenden Engagement auf Seiten der Beschäftigten sowie verstärkten systematischen Verhinderungsaktivitäten der Unternehmensleitungen liegen. Nur noch 9 Prozent der Betriebe mit mehr als fünf Beschäftigten hatte 2019 noch ein Betriebsratsgremium, was etwas weniger als 40 Prozent der Beschäftigten entspricht, die in einem Betrieb mit Betriebsrat beschäftigt sind (Ellguth/Kohaut 2020, S. 282).

Eine weitere Herausforderung für das arbeitsteilige Verhältnis zwischen betrieblicher und überbetrieblicher Ebene ist die bröckelnde Bindekraft zwischen den Akteur:innen dieser Ebenen. Geschäftsführung und Betriebsräte treffen häufiger eigene Entscheidungen, artikulieren ihr Unbehagen an den verbandlichen Entscheidungen und verweigern demnach ihre Folgebereitschaft. Mit der Einführung von OT-Mitgliedschaften bei den Arbeitgeberverbänden wurde für die betrieblichen Akteur:innen zudem eine legitimierte Möglichkeit geschaffen, von der Institution des Flächentarifvertrages abzuweichen. Aus dieser schwindenden Bindekraft und Verpflichtungsfähigkeit der verbandlichen Akteur:innen resultiert seit den 1980er Jahren schließlich eine Schwächung der verbandlichen Normierungskraft, die einen Kernbestandteil des deutschen Arbeits- und Produktionsmodells darstellte.

Schließlich sehen sich die Betriebsräte häufiger in dem Dilemma, nicht nur zwischen der Belegschaft und der Geschäftsführung sowie der Gewerkschaft zu vermitteln, sondern bereits innerhalb der Belegschaft einen Interessenausgleich zwischen Rand- und Kernbelegschaften zu finden. Durch die Zunahme atypisch Beschäftigter, wie etwa Leiharbeitnehmer:innen, sieht sich der Betriebsrat einer ständig verändernden Belegschaft gegenüber, was ein hohes Konfliktpotenzial bietet und die Verhandlungsposition gegenüber der Geschäftsführung weiter schwächt. Gleichzeitig führen die Internationalisierung und zunehmende Trennung von Eigentümerschaft und Betriebsleitung mitunter dazu, dass wirtschaftliche Entscheidungen entgegen dem Wohle des Betriebs und der Belegschaften entschieden werden, ohne, dass die betrieblichen Akteur:innen hierauf überhaupt einen Einfluss nehmen können. Entscheidungen können dann nur noch zur Kenntnis genommen und ein Ausgleich, zumindest eine Abmilderung, von wirtschaftlichen Nachteilen durch den Betriebsrat angestrebt werden.

Die Kooperationsmodi zwischen betrieblicher und überbetrieblicher Sphäre, die das deutsche Arbeits- und Produktionsmodell lange Zeit kennzeichneten, geraten im Zusammenhang mit diesen Entwicklungen und einer finanzmarktorientierten Steuerung von Unternehmen daher unter großen Druck.

3.2 Sozialpartner

Herzstück des deutschen Arbeits- und Produktionsmodells ist die Konfliktpartnerschaft der Sozialpartner im Rahmen der Tarifautonomie. Der Aushandlungsmodus beruhte dabei lange Zeit auf konsensorientierten Verhandlungen im Sinne einer »*Konfliktprävention*« (Hertfelder 2007, S. 9). Dieses komplexe Mit- und Gegeneinander von Gewerkschaften und Arbeitgeberverbänden hat zur effektiven Lohnregulierung, einer hohen Produktivität und der Innovationsstärke deutscher Unternehmen beigetragen. Voraussetzung für diese Verhandlungen auf Augenhöhe ist jedoch eine ausgeprägte Organisationsmacht von Gewerkschaften und Arbeitgeberverbänden gleichermaßen (Hassel/Schroeder 2018, S. 493f.). Diese regulative Idee der Sozialpartnerschaft von Macht und Gegenmacht hat seit den 1980er Jahren allerdings an Prägekraft verloren (ebd., S. 485). Das zuvor konsensorientierte Sozialpartnermodell entwickelte sich sukzessive zu einem stärker konfliktbehafteten Verhältnis ohne Partnerschaft (Hassel/Höpner 2006, S. 24).

Gewerkschaften sind Mitgliederorganisationen und daher für solide finanzielle Ressourcen sowie ihre Legitimations- und Repräsentationsbasis und damit letztlich für ihre tarifpolitische Durchsetzungsfähigkeit auf eine große Mitgliederbasis angewiesen. Insofern ihnen das gelingt, besitzen sie gegenüber dem politischen System und den Arbeitgebern ein Repräsentationsmonopol (Hassel 2007, S. 187ff.). Wenngleich insbesondere die Ränder des Modells der deutschen Tarifautonomie ausfransen und die Industrie weiterhin als stabiler Kern gilt, stellt sich mit Blick auf die gewerkschaftliche Mitgliederentwicklung die Frage, wie lange dieser Befund noch Gültigkeit besitzt (Schroeder 2018b, S. 889f.). Die DGB-Gewerkschaften haben seit der Wiedervereinigung rund die Hälfte ihrer Mitglieder verloren. Auch der Organisationsgrad ist dementsprechend kontinuierlich gesunken und lag 2019 bei gerade einmal 14,4 Prozent (Abbildung 1). Die Stärke und Leistungsfähigkeit der Sozialpartnerschaft wird dementsprechend maßgeblich davon abhängen, ob es den Gewerkschaften gelingt, ihre Mitgliederbasis zu stabilisieren. Die Strategien mittels Fusionen, Kostenreduzierung, der Konzentration auf das tarifpolitische Kerngeschäft und einer stärkeren Verlagerung von Aufgaben an den Staat, diesen Trend in den 1990er Jahren aufzuhalten, hat nicht funktioniert (Hassel/Schroeder 2018, S. 491f.). Mit Blick auf den Kernbereich der deutschen Arbeitsbeziehungen gibt es jedoch einen Grund zu vorsichtigem Optimismus. Im Rahmen der bezirklichen Erschließungsprojekte ist es der IG Metall gelungen, mit der Mitgliederpolitik ein neues Politikfeld in der Organisation zu etablieren, das bereits erste Erfolge verbuchen konnte (Schroeder/Fuchs 2019).

Neben den Gewerkschaften spielt die Organisation der Arbeitgeber:innen für das Funktionieren der Sozialpartnerbeziehungen eine entscheidende Rolle. Auf

Abbildung 1: Mitgliederentwicklung und Organisationsgrad der
DGB-Gewerkschaften 1950–2019

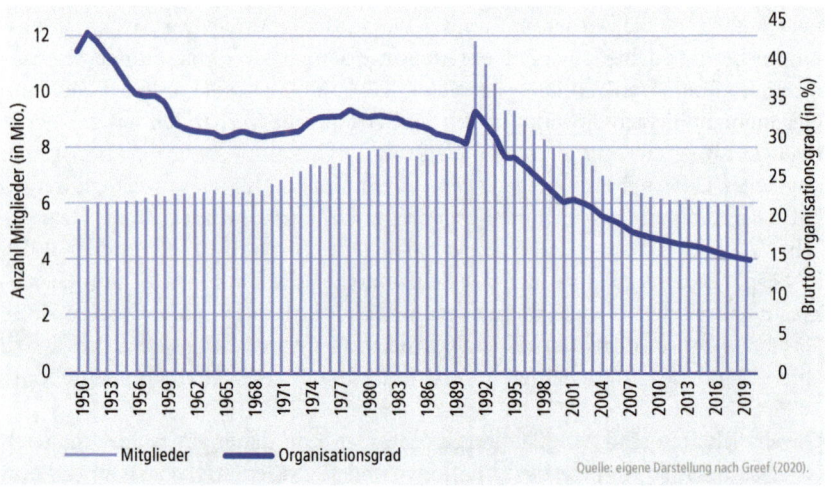

Quelle: eigene Darstellung nach Greef (2020).

Seitens der Arbeitgeber:innen formierte sich ab den 1980er Jahren jedoch zunehmender Widerstand gegen die verbindliche Politik des Flächentarifvertrags. Während Großbetriebe auf eine Flexibilisierung drängen, treten kleine und mittelständische Unternehmen verstärkt aus, oder gar nicht erst in den Arbeitgeberverband ein (Behrens 2011). Am Beispiel Gesamtmetall zeigt sich das Ausmaß des Mitgliederverlustes. Hatte der Verband nach der Wiedervereinigung 1990 noch 9371 Mitgliedsunternehmen, waren es 2004 mit 4804 Unternehmen nur noch gut die Hälfte (Gesamtmetall 2020).

Als Reaktion auf die Mitgliederverluste verfolgten die Arbeitgeberverbände eine Dezentralisierung und Flexibilisierung der Tarifpolitik und führten die Möglichkeit der OT-Mitgliedschaft ein. Unternehmen können seither, ohne an die rechtlich verbindlichen Verbandstarife gebunden zu sein, weiterhin von anderen Verbandsleistungen profitieren. Damit gelang den Arbeitgeberverbänden die Konsolidierung ihrer Mitgliederbasis und ihrer finanziellen Ressourcen (Schroeder/Weßels 2017). Von 2005 bis 2019 hat sich die Zahl der OT-Mitgliedsfirmen von 1432 auf 4045 fast verdreifacht und übertrifft seit 2015 die Zahl der tarifgebundenen Mitgliedunternehmen (Gesamtmetall 2020). Gleichzeitig wird es mit diesen Fragmentierungstendenzen im Rahmen der Tarifautonomie zunehmend diffiziler, verbindliche Verabredungen zu treffen, weil die Verpflichtungsfähigkeit des Verbandes gegenüber den Mitgliedsunternehmen sinkt, verbindliche Regelungen auf die betrieblichen Akteur:innen verschoben und Gewerkschaften immer weniger als (gleichrangiger) Verhandlungs- und Kooperationspartner anerkannt werden (Hassel/Schroeder 2018, S. 486). Solange es den Gewerkschaften nicht gelingt, OT-Mitgliedsfirmen besondere Haustarife abzuringen, können sich diese Unternehmen dem gewerkschaftlichen Einfluss auf die Gestaltung der Arbeitsverhältnisse entziehen.

Abbildung 2: Flächentarifbindung der Beschäftigten 2000–2019

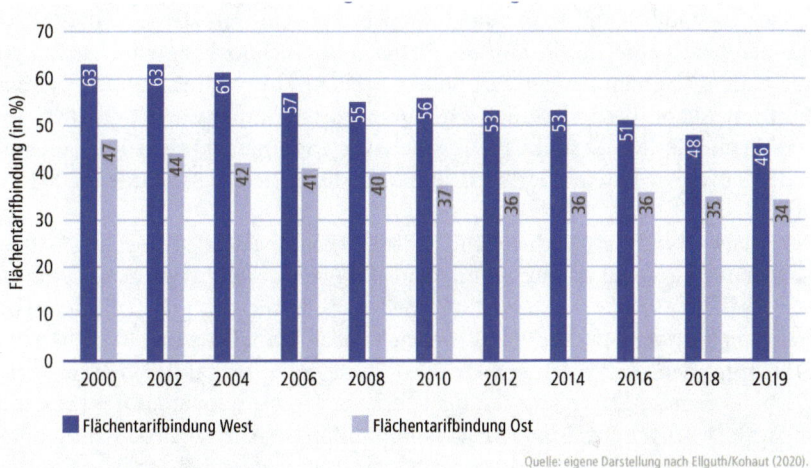

Quelle: eigene Darstellung nach Ellguth/Kohaut (2020).

Das Resultat einer anhaltenden Mitgliederschwäche der Gewerkschaften und flexibilisierter Mitgliederstrategien bei den Arbeitgeberverbänden spiegelt dementsprechend in einem kontinuierlichen Rückgang der Flächentarifbindung (Abbildung 2) und zunehmenden betriebsspezifischen Vereinbarungen bzw. Haustarifverträgen, also einer äußeren und inneren Erosion des Flächentarifvertrags wider (Streeck/Rehder 2005).

3.3 Staat

Flankiert werden die betrieblichen und verbandlichen Arrangements durch eine geld-, sozial- und tarifpolitische Teilsteuerung und Rahmung des Staates, die es den Akteur:innen lange Zeit unter stabilen Verhältnissen ermöglichte, das Modell der industriellen Arbeits- und Produktionsbedingungen zu prägen (Streeck 2005).

Unter den Einflüssen der Globalisierung und fortschreitenden Technologisierung trug allerdings auch der Staat mit der Deregulierung des Arbeitsmarktes und des Betriebsverfassungsgesetzes zu den veränderten Akteurskonstellationen und Machtasymmetrien zwischen den Sozialpartner:innen und der Erosion des

Flächentarifvertrags bei (Schroeder 2000, S. 34). Im Zusammenhang mit den Mitgliederverlusten bei Gewerkschaften und Arbeitgeberverbänden, der stärkeren Orientierung der Gewerkschaften am Staat, der jene Bereiche regulieren soll, die nicht mehr eigenständig durch die Sozialpartner gestaltet werden können, sowie den Auswirkungen des deregulierten Arbeitsmarktes, wie etwa einem großen Niedriglohnsektor oder expandierender Werkverträge und Zeitarbeit, hat der Staat die Notwendigkeit erkannt, die Tarifautonomie und den Flächentarifvertrag zu stabilisieren. In diesem Sinne wurden zahlreiche Gesetze und Maßnahmen verabschiedet, die von der Sozial- und Technologiepolitik bis hin zu stützenden Maßnahmen der Tarifpolitik reichen. Zu erwähnen sind in diesem Zusammenhang besonders das Tarifautonomiestärkungsgesetz inklusive der Einführung des Mindestlohns 2014 sowie das Tarifeinheitsgesetz 2015, die tief in den einstigen Bereich der Tarifautonomie hineinreichen (Schroeder 2018b: 888).

Der Staat beabsichtigt gleichwohl nicht die Übernahme der Aufgaben der Sozialpartner. Im Gegenteil versucht er mit dem *»Bündnis für Industrie«*, der *»Plattform 4.0«* und dem Arbeit 4.0-Prozess im Zuge der Digitalisierung gezielt die deutsche Tradition korporatistischer Politik zwischen Staat, Verbänden und Betrieben seit 2011 unter dem Label der Industrie 4.0-Strategie zu revitalisieren (Schroeder 2017). Ziel dieser Strategie ist es, neue technologische Standards zu setzen, um im Sinne der diversifizierten Qualitätsproduktion bestehende Produkte zu optimieren und neue zu entwickeln, um die Marktführerschaft bei Schlüsselelementen der digitalisierten Produktion zu erringen.

4. Perspektiven für Beschäftigungssicherung und Qualifizierung: Revitalisierung des deutschen Modells durch Industrie 4.0?

Mit der doppelten Transformation ergeben sich wie beschrieben große Herausforderungen. Arbeitsplätze fallen weg, verändern sich und neue entstehen. Für die Zukunft des deutschen Produktions- und Arbeitsmodells ist es daher entscheidend, wie es unter den Veränderungen der Digitalisierung und Dekarbonisierung gelingen kann, Perspektiven für Beschäftigungssicherung zu bieten und damit eng verwoben, die benötigte Qualifizierung der Beschäftigten sicherzustellen. Sowohl die betrieblichen Akteur:innen, die Sozialpartner als auch der Staat haben dahingehend bereits einige Schritte unternommen, die im Folgenden skizziert werden. Die Frage, die sich dabei stellt, ist, ob sich diese Aktivitäten zukünftig wieder stärker in ein korporatistisches Arrangement einbinden lassen.

Neben dem Flächentarifvertrag sind in den letzten Jahren auf betrieblicher Ebene zunehmend Standort- und Beschäftigungssicherungsvereinbarungen (Jürgens/Krzywdinski 2006) getroffen worden, um beschäftigungspolitische Folgen der betrieblichen Umbauprozesse zu steuern. Für eine genauere Betrachtung lohnt ein Blick auf die besonders von Digitalisierung und Dekarbonisierung betroffene Automobilindustrie. Der Startpunkt der betrieblichen Beschäftigungssicherungsvereinbarungen fiel bereits 1993 bei VW. Seither haben alle großen Automobilunternehmen ihre Umbauprozesse mittels solcher Vereinbarungen flankiert. Die meisten davon sind seit 2018 mit Blick auf die anstehende Transformation entstanden (Tabelle 2). Der Kernbestandteil besteht darin, dass durch den demografischen Wandel zwar ein Stellenabbau mittels nicht neu besetzter Stellen stattfindet, gleichzeitig jedoch auf betriebsbedingte Kündigungen verzichtet oder – zumeist älteren – Beschäftigten durch Teilzeit oder einen vorzeitigen Renteneintritt ein monetär fairer Ausstieg aus der Erwerbsphase angeboten wird. Gleichzeitig setzen die großen Automobilkonzerne die Zulieferer damit unter Druck, sich ebenfalls anzupassen. Auch für die Randbelegschaften, wie etwa Leiharbeiter:innen, wächst der Anpassungsdruck, weil sie durch diese Vereinbarungen nicht abgedeckt werden.

Dass die Qualität der Arbeit und die Sicherheit des Arbeitsplatzes neben klugen Steuerungsoptionen der Personalbewirtschaftung eng mit der weiteren Aufwertung der Qualifizierung verbunden sind, wurde von den beteiligten Akteur:innen lange Zeit vernachlässigt. Ein Meilenstein wurde zwar bereits 2002 mit dem Qualifizierungstarifvertrag in der baden-württembergischen Metall- und Elektroindustrie gelegt und seither weiterentwickelt. Eine systematische Durchdringung und Berücksichtigung des Themas sind bisher allerdings weder auf betrieblicher, noch auf verbandlicher Ebene gelungen, weil die Themen wie Geldleistungen oder die Arbeitszeit in Tarifverhandlungen häufig wichtiger eingestuft wurden. Mit der zusätzlichen Herausforderung der Dekarbonisierung und unter den Unsicherheitsfaktoren der Kurzarbeit während der Covid-19-Pandemie deutet sich hierbei allerdings ein Wandel an. So wurde bei VW beispielsweise erst kürzlich das Weiterbildungsbudget um 40 Millionen Euro aufgestockt (Zeit 2021) und die IG Metall setzt sich in der Tarifrunde 2021 für Zukunftstarifverträge ein, die konkrete Investitionen in neue Produkte, Maschinen und die dafür benötigten Qualifizierungen vorsehen (IG Metall 2021). Letztlich zeigen auch die Ergebnisse der IG Metall Beschäftigtenbefragung, dass das Thema von Qualifizierung und Weiterbildung in Tarifverhandlungen als gleichrangig betrachtet werden sollte. 88 Prozent der Befragten sprachen sich dafür aus, die Zeit der Kurzarbeit für Qualifizierungsmaßnahmen zu nutzen und 92 Prozent befanden, dass Qualifizierung eine zentrale Forderung der Gewerkschaft in der Tarifrunde 2021 gegenüber den Arbeitgeberverbänden sein müsse (Allmendinger/Schroeder 2021).

Tabelle 2: Betriebsvereinbarungen und Tarifverträge zur Beschäftigungssicherung in der Automobilindustrie

Unternehmen	Vereinbarungsart/Zeitraum	Inhalte der Vereinbarung
Audi AG	Betriebsvereinbarung 11/2019–2029	• Ausschluss betriebsbedingter Kündigungen • Stellenabbau durch Vorruhestandsprogramm • 2.000 neue Stellen in der digitalen Ausrichtung des Unternehmens
Daimler-Benz AG	Betriebsvereinbarung 12/2017–12/2029	• Arbeitszeitreduzierung (2 Stunden) ohne Lohnausgleich • Umwandlung tarifliches Zusatzgeld in Urlaubstage • Unterstützung beim Konzernumbau durch Betriebsrat
Opel AG (PSA)	Tarifvertrag 2018–2025	• Stellenabbau auf freiwilliger Basis und Vorruhestand • Verzicht auf tarifliche Sonderzahlungen (2019)
Porsche AG	Betriebsvereinbarung 2020–7/2030	• Auslastungszusicherung für den Standort Zuffenhausen • Standortsicherung Weissach durch E-Auto-Entwicklung • Mehr Flexibilität und höhere Produktivität der Beschäftigten
Volkswagen AG	Betriebsvereinbarung 6/2019–2029	• Stellenabbau durch Vorruhestand • 10.000 neue Stellen in neuer Software-Sparte; hierfür Umschulung von Beschäftigten • Keine Mehrbelastung durch Stellenabbau

Quelle: eigene Darstellung nach Daimler (2020), Hessenschau (2020), Manager Magazin (2020), Pankow (2019), Volkswagen Betriebsrat (2019).

Das Bewusstsein, dass Weiterbildung der Schlüssel einer erfolgreichen Anpassungsstrategie an die neuen Herausforderungen ist, hat auch der Staat erkannt. Im Rahmen der Nationalen Weiterbildungsstrategie, dem Qualifizierungschancengesetz sowie dem Arbeit-von-Morgen-Gesetz (AvMG) wurden die Rahmenbedingungen zur Integration von Weiterbildungen deutlich verbessert und die Fördermöglichkeiten sowohl finanziell erhöht als auch auf bisher nicht inkludierte Betriebsklassen ausgeweitet (Klaus et al. 2020, S. 3f.). Zudem setzt der Staat einen Anreiz, die betrieblichen und verbandlichen Akteur:innen an diesem Prozess stärker zu beteiligen. Denn die finanzielle Förderung von Weiterbildungen sieht seit dem AvMG einen Zuschuss in Höhe von 5 Prozent der Lehrgangskosten vor, wenn ein tariflich oder in einer Betriebsvereinbarung fixierter Qualifizierungsplan existiert (ebd.).

Obgleich es Bemühungen bei allen Akteur:innen gibt, Weiterbildung voranzutreiben und Beschäftigung zu sichern, muss konstatiert werden, dass diese Maßnahmen häufig noch nicht in der Fläche angekommen sind. Das liegt vor allem daran, dass die Vereinbarungen zur Beschäftigungssicherung und Weiterbildung bisher zwar tariflich und staatlich flankiert werden, die konkreten Inhalte aber häufig auf Ebene der betrieblichen Akteur:innen zu entscheiden sind. Dies führt zu Ungleichheiten bei den Arbeits- und Produktionsbedingungen, weil zwischen großen Konzernen und Endherstellern und den zahlreichen kleinen und mittelständigen Unternehmen strukturelle Unterschiede hinsichtlich der Innovations-, Investitions- und Implementationsfähigkeit neuer Technologien sowie der Umsetzung der benötigten Qualifizierungsoffensive bestehen (Expertenkommission Forschung und Innovation 2015). Daher ist es wichtig, dass diese Fragen nicht auf der betrieblichen Ebene verbleiben, sondern wieder stärker in einem korporatistischen Arrangement zusammengeführt und verhandelt werden.

Die deutsche Industrie 4.0-Strategie bietet hierfür einen geeigneten Ausgangspunkt. Ziel ist eine umfassende digitale Durchdringung der Industrie. Neben den benötigten Investitionen in die technische Infrastruktur sowie die entsprechende Aus- und Weiterbildung und einem integrierten Politikansatz, der wirtschafts-, technik-, bildungs- und arbeitsmarktorientierte Politikfelder miteinander verzahnt, ist zur Umsetzung dieses ambitionierten Ziels eine Revitalisierung der korporatistischen Akteurskonstellation der deutschen Arbeitsbeziehungen vorgesehen. So soll die Weiterentwicklung der Industrie im Zusammenspiel aus staatlicher Flankierung, den Sozialpartner:innen und den betrieblichen Akteur:innen gelingen, um auch zukünftig die Marktführerschaft in Schlüsselelementen der digitalen Produktion zu erringen (Schroeder 2016, S. 18).

Bei der Industrie 4.0-Strategie geht es also nicht darum, ausschließlich staatliche oder marktbasierte Ressourcen anzuvisieren. Vielmehr geht es darum, einen systematischen Beteiligungsprozess über das korporatistische Zusammenwirken von Staat, Verbänden und den Betrieben zu initiieren. Insofern erscheint es durchaus angemessen, von einer Revitalisierung des kooperativen deutschen Arbeits- und Produktionsmodells im Zeitalter der Digitalisierung zu sprechen, um den Transformationsprozess zu gestalten, Beschäftigung zu sichern und Qualifizierung voranzutreiben (Schroeder 2017, S. 4).

5. Fazit und Ausblick

Die Stärke der deutschen Wirtschaft und die damit verbundenen gesellschaftlichen und sozialen Entwicklungen bauen in Deutschland traditionsgemäß auf den spezifischen Prämissen des Arbeits- und Produktionsmodells auf. Dieses kennzeichnet sich durch starke korporatistische Akteur:innen mit deeskalierenden Konfliktbewältigungsstrategien, dem Prinzip der diversifizierten Qualitätsproduktion sowie staatlich flankierenden und stabilisierenden Maßnahmen dieses Systems. Im Zuge der Rückwirkungen des Wettbewerbs- und Preisdrucks der Globalisierung und den Herausforderungen der digitalen und ökologischen Transformation steht dieses Modell seit Langem unter Druck. Zudem haben sich die vormals stabilen Akteurskonstellationen im Zuge der Mitgliederverluste der Gewerkschaften und Arbeitgeberverbände sowie der daraufhin einsetzenden Fragmentierung und Abnahme der Normen durch die Institution des Flächentarifvertrages verändert. Verhandlungen und Vereinbarungen werden zunehmend auf betrieblichen Ebenen getroffen, wenngleich sich dort die Machtasymmetrien zuungunsten der Beschäftigteninteressen verschoben haben. Auch der Staat hat zwischen den 1980er und Anfang der 2000er Jahre zur Destabilisierung der Arbeitsbeziehungen beigetragen. Ebenfalls dem Staat ist es jedoch seit 2011 im Rahmen der Industrie 4.0-Strategie gelungen, dieses Modell zu revitalisieren. Seither geht es im Zusammenspiel von Staat, Verbänden und betrieblichen Akteur:innen darum, den digitalen Umbauprozess von Wirtschaft und Arbeit zu gestalten. Im Sinne sicherer und guter Arbeit ist das ein wichtiger Schritt zurück zur alten Stärke des deutschen Arbeits- und Produktionsmodells. Gleichzeitig bleibt viel zu tun. So sollte es künftig auch um die Frage gehen, wie die ökologische Transformation in diesen Prozess eingebettet werden kann und wie die bisher nur lose miteinander verbundenen Aktivitäten zur Beschäftigungssicherung und Qualifizierung der unterschiedlichen Akteur:innen stärker miteinander verzahnt werden können. Ob es also gelingt, die Erfolgsgeschichte des deutschen Arbeits- und Produktionsmodells fortzuführen, hängt maßgeblich von den beteiligten Akteur:innen ab, sich in den angestoßenen Revitalisierungsprozess ernsthaft einzubringen.

6. Literatur

Allmendinger, J./Schroeder, W. (2021): Die Situation der Beschäftigten in der Metall- und Elektroindustrie während der Corona-Pandemeie: Ergebnisse der Beschäftigtenbefragung 2021, Berlin/Kassel: Wissenschaftszentrum Berlin für Sozialforschung.

Behrens, M. (2011): Das Paradox der Arbeitgeberverbände. Von der Schwierigkeit, durchsetzungsstarke Unternehmensinteressen kollektiv zu vertreten, Berlin: Edition Sigma.

Bonin, H./Gregory, T./Zierahn, U. (2015): Übertragung der Studie von Frey/Osborne (2013) auf Deutschland, ftp://ftp.zew.de/pub/zew-docs/gutachten/Kurzexpertise_BMAS_ZEW2015.pdf (abgerufen: 15.3.2021).

Daimler (2020): Eckpunkte zur Beschäftigungssicherung und Wirtschaftlichkeit, *https://www.daimler.com/investoren/berichte-news/finanznachrichten/*

20200728-beschaeftigungssicherung-und-wirtschaftlichkeit.html (abgerufen: 17.3.2021).

Dauth, C./Gürtzgen, N./Weber, E. (2019): Zur Arbeitsmarktlage, Kurzarbeit und Weiterbildung in Deutschland, IAB-Stellungnahme, 17/2019, Nürnberg: Institut für Arbeitsmarkt- und Berufsforschung.

Edler, D./Eickelpasch, A. (2013): Die Industrie – ein wichtiger Treiber der Nachfrage nach Dienstleistungen. In: DIW Wochenbericht 34/2013, S. 16–24.

Eichhorst, W. (2011): Vom kranken Mann zum Vorbild Europas: Kann Deutschlands Arbeitsmarkt noch vom Ausland lernen? IZA Standpunkte Nr. 46.

Ellguth, P./Kohaut, S. (2020): Tarifbindung und tarifliche Interessenvertretung: Aktuelle Ergebnisse aus dem IAB-Betriebspanel 2019, in: WSI-Mitteilungen, 4/2020, S. 278–285.

Expertenkommission Forschung und Innovation (2015): Gutachten zu Forschung, Innovation und Technologischer Leistungsfähigkeit Deutschlands. Gutachten 2015, *https://www.bmbf.de/files/EFI_Gutachten_2015.pdf* (abgerufen: 8.3.2021).

Gesamtmetall (2020): Zahlen 2020. Die Metall- und Elektroindustrie in der Bundesrepublik Deutschland, *https://www.gesamtmetall.de/sites/default/files/downloads/zahlenheft_gesamtmetall_2020_0.pdf* (abgerufen: 16.3.2021).

Gornig, M./Schiersch, A. (2015): Perspektiven der Industrie in Deutschland, in: Vierteljahreshefte zur Wirtschaftsforschung, 84 (1), S. 37–54.

Greef, S. (2020): DGB-Gewerkschaften in Zahlen 2020, in: Bits & Pieces – Online, 2 (1), *https://www.samuel-greef.de/gewerkschaften* (abgerufen: 16.3.2021).

Hassel, A. (2007): The Curse of Institutional Security, in: Industrielle Beziehungen, 14 (2), S. 176–191.

Hassel, A./Höpner, M. (2006): Glanz und Elend des deutschen Modells: Wolfgang Streeck zum sechzigsten Geburtstag, in: Beckert, J./Ebbinghaus, B./Hassel, A./Manow, P. (Hrsg.): Transformationen des Kapitalismus. Festschrift für Wolfgang Streeck zum sechzigsten Geburtstag, Frankfurt/Main, New York: Campus, S. 13–33.

Hassel, A./Schroeder, W. (2018): Gewerkschaftliche Mitgliederpolitik: Schlüssel für eine starke Sozialpartnerschaft, in: WSI-Mitteilungen, 6/2018, S. 485–496.

Hassel, A./Ahlers, E./Schulze Buschhoff, K./Sieker, F. (2019): Die Rolle der Sozialpartnerschaft in der digitalen Transformation: Stellungnahme für die Enquetekommission Digitale Transformation der Arbeitswelt NRW, WSI Policy Brief, No. 29, Düsseldorf: Wirtschafts- und Sozialwissenschaftliches Institut.

Hertfelder, T. (2007): Modell Deutschland – Erfolgsgeschichte oder Illusion? In: Hertfelder, T./Rödder, A. (Hrsg.): Modell Deutschland. Erfolgsgeschichte oder Illusion? Göttingen: Vandenhoeck & Ruprecht, S. 9–27.

Hessenschau (2020): Kündigungen nicht mehr ausgeschlossen: Opel-Drohszenario stößt auf heftigen Widerspruch der IG Metall, *https://www.hessenschau.de/wirtschaft/opel-drohszenario-stoesst-auf-heftigen-widerspruch-der-ig-metall-,opel-kuendigungen-100.html* (abgerufen: 17.3.2021).

Heßler, M. (2016): Zur Persistenz der Argumente im Automatisierungsdiskurs, in: Aus Politik und Zeitgeschichte, 18–19/2016, S. 17–24.

IG Metall (2021): Die IG Metall startet in die Tarifbewegung 2021, *https://www.igmetall.de/service/publikationen-und-studien/metallzeitung/metallzeitung-ausgabe-dezember-2020/die-ig-metall-startet-in-die-tarifbewegung-2021* (abgerufen: 17.3.2021).

Ittermann, P./Niehaus, J. (2015): Industrie 4.0 und Wandel von Industriearbeit: Überblick über Forschungsstand und Trendbestimmungen, in: Hirsch-Kreinsen, H./Ittermann, P./Niehaus, J. (Hrsg.): Digitalisierung industrieller Arbeit: Die Vision Industrie 4.0 und ihre sozialen Herausforderungen, 2. Aufl., Baden-Baden: Nomos, S. 33–51.

Jürgens, U./Krzywdzinski, M. (2006): Globalisierungsdruck und Beschäftigungssicherung – Standortsicherungsvereinbarungen in der deutschen Automobilindustrie zwischen 1993 und 2006, WZB Discussion-Paper, Berlin: Wissenschaftszentrum für Sozialforschung.

Klaus, A./Kruppe, T./Lang, J./Roesler, K. (2020): Geförderte Weiterbildung Beschäftigter. Trotz erweiterter Möglichkeiten noch ausbaufähig, IAB-Kurzbericht, 24/2020, Nürnberg: Institut für Arbeitsmarkt- und Berufsforschung.

Manager Magazin (2020): »Wir stehen gut da« – Porsche verlängert Jobgarantie für Stuttgart bis 2030, *https://www.manager-magazin.de/unternehmen/autoindustrie/porsche-ag-beschaeftigungssicherung-fuer-region-stuttgart-bis-2030-verlaengert-a-b1097bcb-7e29-4333-be21-9d3a949e6246* (abgerufen: 17.3.2021).

Pankow, G. (2019): Keine betriebsbedingten Kündigungen – Audi Betriebsrat: Beschäftigungsgarantie bis 2029, *https://www.produktion.de/wirtschaft/audi-betriebsrat-beschaeftigungsgarantie-bis-2029-107.html* (abgerufen: 17.3.2021).

Rahner, S./Schulze, M./Ehlert, M. (2020): Weiterbildungsoffensive in und nach der Krise: jetzt erst recht! In: WSI-Mitteilungen, 6/2020, S. 513–518.

Schroeder, W. (2000): Das Modell Deutschland auf dem Prüfstand. Zur Entwicklung der industriellen Beziehungen in Ostdeutschland (1990–2000), Wiesbaden: Westdeutscher Verlag.

Schroeder, W. (2014): Gewerkschaften im Transformationsprozess: Herausforderungen, Strategien und Machtressourcen, In: ders. (Hrsg.): Handbuch Gewerkschaften in Deutschland, 2. Aufl., Wiesbaden: Springer VS, S. 13–45.

Schroeder, W. (2016): Die deutsche Industrie 4.0 Strategie: Rheinischer Kapitalismus im Zeitalter der Digitalisierung, Kasseler Diskussionspapiere Ausgabe Nr. 6.

Schroeder, W. (2017): Industrie 4.0 und der rheinische kooperative Kapitalismus, WISO Direkt, 3/2017, Bonn: Friedrich-Ebert-Stiftung.

Schroeder, W. (2018a): Industrie 4.0 als innovatives Arrangement zur Weiterentwicklung der Sozialen Marktwirtschaft, In: Bertelsmann Stiftung/Progressives Zentrum (Hrsg.): Soziale Marktwirtschaft: All inclusive? Band 5: Industrie, Gütersloh: Bertelsmann, S. 16–41.

Schroeder, W. (2018b): Strategien der Tarifvertragsparteien zur Stärkung ihrer Mitgliederbasis, in: Sozialer Fortschritt, 67 (10), S. 887–906.

Schroeder, W. (i.E.): Von der Schließung zur Öffnung: Akteurskonostellationen in der Energie- und Verkehrswende, in: WSI-Mitteilungen, 74 (3).

Schroeder, W./Fuchs, S. (2019): Neue Mitglieder für die Gewerkschaften. Mitgliederpolitik als neues Politikfeld der IG Metall, OBS-Arbeitsheft 97, Frankfurt/ Main: Otto-Brenner-Stiftung.

Schroeder, W./Weßels, B. (2017): Die deutsche Unternehmerverbändelandschaft: Vom Zeitalter der Verbände zum Zeitalter der Mitglieder, in: dies. (Hrsg.): Handbuch Arbeitgeber- und Wirtschaftsverbände in Deutschland, Wiesbaden: Springer VS, S. 3–28.

Streeck, W. (1991): On the Institutional Conditions of Diversified Quality Production, In: Matzner, E./Streeck, W. (Hrsg.): Beyond Kynesianism: The Socio-Economics of Production and Full Employment, Aldershot: Edward Elgar, S. 21–61.

Streeck, W. (2005): Nach dem Korporatismus: Neue Eliten, neue Konflikte, MPIfG Working Paper 05/4, *https://www.mpifg.de/pu/workpap/wp05-4/wp05-4.html* (abgerufen: 9. 3. 2021).

Streeck, W. (2016): Von Konflikt ohne Partnerschaft zu Partnerschaft ohne Konflikt: Industrielle Beziehungen in Deutschland, in: Industrielle Beziehungen, 23 (1), S. 47–60.

Streeck, W./Rehder, B. (2005): Institutionen im Wandel: Hat die Tarifautonomie eine Zukunft? In: Busch, H. W./Hans, P./Hüther, M./Rehder, B./Streeck, W. (Hrsg.): Tarifpolitik im Umbruch, Köln: GESIS, S. 49–82.

Volkswagen Betriebsrat (2019): Extrablatt, in: Zeitung des Volkswagen Betriebsrats, 6/2019.

Zeit Online (2021): VW einigt sich mir Betriebsrat auf weiteren Stellenabbau, 14. 3. 2021, *https://www.zeit.de/mobilitaet/2021-03/volkswagen-vw-stellenabbau-betriebsrat-altersteilzeit* (abgerufen: 17. 3. 2021).

Stéphanie Matteudi/Philippe Vivien
(Übersetzung aus dem Englischen: Tobias Söchtig)

Das deutsche Modell der Arbeitsbeziehungen aus französischer Sicht: Zwischen Mythos und Wirklichkeit, Unverständnis und Neid

Inhaltsübersicht

Wenn ein französischer CEO, Personalverantwortlicher oder Gewerkschafter gefragt wird, was er vom deutschen Sozialmodell und insbesondere von den Arbeitsbeziehungen in Deutschland hält, ist seine Antwort meist schwammig und mit Unverständnis, nicht selten auch mit Neid verbunden. Trotz der gegenseitigen Abhängigkeiten unserer Volkswirtschaften und trotz der Ausweitung des europäischen sozialen Dialogs, in dem deutsche Gewerkschaften über europäische Betriebsräte eine wichtige Rolle spielen, ist das deutsche Modell in Frankreich weitgehend unbekannt. Hierzulande ist das deutsche Modell eher negativ konnotiert und wird als Gegenmodell zum französischen Modell betrachtet. Selten wird versucht, das Modell in seinen Grundlagen zu verstehen.

Dabei tauchen in der Diskussion um die deutsche Mitbestimmung immer wieder Aspekte auf, über die die meisten Franzosen erst einmal staunen: Corporate Governance und Beteiligung der Arbeitnehmer:innen an Unternehmensentscheidungen, Mitbestimmung und eine Kultur der Kompromisse, die Bedeutung von Branchentarifverträgen oder das Berufsausbildungssystem. In den Augen vieler französischer Beobachter:innen und Praktiker:innen ist das deutsche Modell der Arbeitsbeziehungen dennoch ein wertvoller Treiber für Innovationen, in dem stets die gemeinsamen Zielvorstellungen an eine nachhaltige Leistungsentwicklung gewahrt bleiben.

In diesem Beitrag versuchen wir mit einem vergleichenden Ansatz die Dynamik in der Diskussion zu beleuchten sowie konstruktiv zu unterstützen.

1. Französisch-deutsche Sicht auf Tarifverhandlungen

In Frankreich glauben die Wenigsten, dass gute Arbeitsgesetze durch den industriellen bzw. sozialen Dialog zwischen Gewerkschaften und Unternehmen bzw. der Industrie inspiriert werden können. Die Hoffnungen liegen vielmehr auf einer weiterentwickelten Sozialdemokratie, die eine neue Vision des industriellen Dialogs, und vor allem eine neue Vision von Tarifverhandlungen schafft, die die französischen Unternehmen in der Transformation effizient unterstützen könnten.

In Deutschland hat die enge Verbindung zwischen parlamentarischer Demokratie, Sozialdemokratie und den Gewerkschaften bereits dafür gesorgt, dass die Gewerkschaften ihre Fähigkeit, als Motor für Gleichstellung, Demokratisierung und Transformation zu fungieren, insbesondere in Branchen, die dies dringend benötigen, stets nutzen konnten.

Diese Eigenschaft der deutschen Sozialdemokratie, die in Frankreich von einigen beneidet und von anderen gefürchtet wird, hat unter der Beteiligung ganz unterschiedlicher Gruppen zu grundlegenden Kompromissen zwischen den kollektiven Interessen geführt. Durch den Aufbau dieses »Machtgleichgewichts« gelang es den deutschen Sozialpartnern, Tarifverhandlungen einen Sinn zu geben und ein System zu schaffen, das den Auswirkungen aufeinanderfolgender Wirtschaftskrisen standhalten konnte.

Das gewerkschaftliche Handeln basiert in Deutschland in erster Linie auf Win-Win-Lösungen mit gütlichen Einigungen auch bei komplexen Problemstellungen. Dieser Ansatz, der von mächtigen und geeinten Gewerkschaften in jedem Industriezweig gestützt wird, fördert die Suche nach praxistauglichen Lösungen. Das ist eine enorme Bereicherung für die Wirtschaft, insbesondere im Vergleich zur pluralistischen und gespaltenen Gewerkschaftslandschaft in Frankreich.

In Frankreich zeigen die drei Arbeitgeberverbände und die fünf repräsentativen Gewerkschaften keine ähnliche Bereitschaft, über eine Änderung ihres sozialpartnerschaftlichen Modells nachzudenken. Doch erst, wenn die Parteien bereit sind, das sanierungsbedürftige Modell, das aus dem 30-jährigen Nachkriegsboom hervorgegangen ist, aufzugeben, kann ein neues Gleichgewicht zwischen »Wettbewerbsfähigkeit der Unternehmen« und »Interessen der Arbeitnehmer:innen« entstehen. Diese Verschiebung ist notwendig, um die Wirtschaft an die neuen Herausforderungen einer Welt noch weitgehend unbekannter Benchmarks anzupassen.

Während die CFDT-Gewerkschaft, teilweise mit Unterstützung der Gewerkschaften CFTC und der CFE-CGC, grundsätzlich willens ist, schwierige Reformen durchzuführen, sind es die anderen Gewerkschaften nicht. Allerdings – und das gibt Anlass zum Optimismus – sind alle französischen Gewerkschaften bereit, Transformationsvereinbarungen in den Unternehmen zu unterstützen, die mit tiefgreifenden Maßnahmen verbunden sind und Mut erfordern.

Doch die weiterhin vorhandene Zersplitterung der französischen Gewerkschaften beeinträchtigt ihre Fähigkeit, sich in den Unternehmen zu organisieren und letztlich für ein Verständnis ihrer Handlungen zu werben. Auch wirft die gesetzliche Verankerung von Tarifverträgen in Frankreich immer wieder kritische Fragen auf, die zeigen, dass der Weg zu einem Sozialmodell mit einer Rechenschaftspflicht aller Akteur:innen, das heißt Politiker:innen, Arbeitgeber und Gewerkschaften, wie in Deutschland, noch sehr weit ist.

Aus unserer Sicht sind die drei Säulen des deutschen Modells – der Sozialstaat, Tarifverhandlungen und die Gesellschaftsordnung als Ganzes – Schlüsselfaktoren, durch die eine Rechenschaftspflicht der beteiligten Interessengruppen wirksam ist und ein Empowerment entstehen kann.

Das deutsche Modell beinhaltet die Autonomie der Sozialpartner bei Branchentarifverhandlungen und verbindliche Regeln für die Arbeitsbeziehungen in Unternehmen, die im Rahmen einer anerkannten und legitimierten Gesellschaftsordnung ausgeübt werden. Während der Staat als Garant für das Sozialsystem eintritt, zu dem die Sozialpartner ihren Beitrag leisten, und während auf individueller Ebene neben grundlegenden Elementen des Arbeitsrechts auch ein Mindestmaß an sozialer Garantie gewährleistet wird, sind die Beteiligten ansonsten selbst dafür verantwortlich, die vertraglichen Standards zu schaffen und autonom umzusetzen. Das ist ein enormer Vertrauensbeweis und zugleich eine besondere Verantwortung.

Eine hohe Handlungsfähigkeit fernab der staatlichen Autorität und die Möglichkeit, die Tarifpartner sowohl auf Arbeitgeber- als auch auf Gewerkschaftsseite zu professionalisieren, sind wichtige Erfolgsfaktoren, die das Rückgrat des deutschen Modells bilden.

Allerdings basiert dieses Modell auf einer doppelten Prämisse: 1) Arbeitgeber sind grundsätzlich offen für Tarifverhandlungen und 2) die Gewerkschaften haben ein hohes Maß an Organisationsfähigkeit. Doch wie in allen anderen Ländern ist auch in Deutschland der Organisationsgrad der Gewerkschaften in den letzten Jahrzehnten gesunken.

Darüber hinaus könnte die Schwächung klassischer Berufe aufgrund der Transformationen einen Verlust an Organisationsfähigkeit für die Gewerkschaften bedeuten und ihnen die Möglichkeit nehmen, kurzfristig auf Markt- bzw. Technologietrends und neue Anforderungen in der Arbeitsplatzgestaltung zu reagieren.

Noch hat die Industrie in Deutschland eine souveräne Stellung und jeder Industriezweig eigene tarifliche Standards gemäß ihren ökonomischen und sozialen Erfordernissen sowie regionalen Besonderheiten. Wenn im Tarifstreit keine Einigung erzielt werden kann, werden eigene Vermittlungsmechanismen genutzt, um einen Kompromiss zu erzielen, ohne dass der Staat eingreifen muss, wie dies in Frankreich viel zu oft der Fall ist.

Zusätzlich ermöglicht die gesetzlich abgesicherte Autonomie die Suche nach effizienten Lösungen auf sektoraler Ebene, die auch und gerade in Krisenzeiten strukturell angepasst werden können. Über einen Selbstregulierungsmechanismus werden abweichende Verhandlungsvereinbarungen auf Unternehmensebene ermöglicht.

2. Französisch-deutsche Sicht auf Arbeitnehmervertretungen

Sowohl die französischen als auch die deutschen Arbeitnehmervertretungen entstammen einer historisch gewachsenen Gesetzgebung. Für Außenstehende ist es nicht einfach, den deutschen Begriff »Betriebsrat« zu übersetzen, der im Französischen wahlweise als »Conseil d'entreprise«, »Conseil d'établissement« oder »Comité d'entreprise« (im Englischen einfach Works Council) übersetzt wird. Der Betriebsrat vertritt die Beschäftigten eines Unternehmens und verfügt über umfassende Befugnisse – von der Konsultation bis zur Verhandlung einschließlich eines Vetorechts in einigen Bereichen. Unter diesem Gesichtspunkt ist der Betriebstrat deutlich mächtiger als das französische Comité Social et Economique (CSE), der Nachfolger des ehemaligen Comité d'entreprise.

Die in Frankreich wichtige und einflussreiche »Section syndicale d'entreprise« (oder »Sektion der Unternehmensgewerkschaften«) existiert in Deutschland als solche nicht. Obwohl die Gewerkschaften in Deutschland keine eigenen vollwertigen Organe innerhalb der Unternehmen bilden, nehmen sie über ihre Mitglieder innerhalb der Unternehmen einen bedeutenden Platz ein und üben großen Einfluss auf den Betriebsrat aus.

Ein weiterer großer Unterschied, der ausländische Beobachter:innen immer wieder überrascht, ist, dass der/die Vorsitzende des Betriebsrats (auch) ein/e Vertreter:in der Beschäftigten ist. Dieser einzigartige und äußerst wirkungsmächtige Rahmen wird durch ein Mitwirkungsrecht gestützt, unter dem der Betriebsrat zu bestimmten Themen informiert und konsultiert wird, Vorschläge unterbreiten kann, sowie durch ein echtes Mitbestimmungsrecht, wonach einige Entscheidungen nicht ohne seine Zustimmung getroffen werden können. In den größeren Unternehmen haben die Beschäftigten gar einen Anspruch auf eine Vertretung in den Verwaltungs- und Aufsichtsräten.

Die Unternehmensmitbestimmung, die in Frankreich kontrovers diskutiert, aber letztendlich kaum bekannt ist, verleiht dem Gleichgewicht zwischen Arbeitnehmervertretungen und Kapitalgebern den letzten Schliff. Die Aufsichtsratsmitglieder der Arbeitnehmer:innen, die in Frankreich nur eine marginale Rolle spielen, sorgen für eine echte Beteiligung der Beschäftigten an den strategischen Entscheidungen in großen Unternehmen.

3. Der »französische Arbeitsfrieden« vs. die »deutsche Konfliktpartnerschaft«

Die Schlüsselelemente für den Erfolg des deutschen sozialen Dialogs scheinen das gegenseitige Vertrauen und die beidseitige Anerkennung der Realitäten zu sein. Deutsche Gewerkschaftsfunktionär:innen zögern nicht, die Probleme einfach und pragmatisch aufzuzeigen und auf der Grundlage fundierter und gemeinsamer Diagnosen zu lösen. Auf diese Weise wird der bisweilen holprige Weg auf der Suche nach Lösungen und Kompromissen fruchtbar gemacht und trägt zu einem verantwortungsvollen sozialen Dialog bei, der im besten Interesse aller Beteiligten ist.

Daher kann dieser Dialog zwischen dem Management und den Interessenvertretungen kaum als Arbeitsfrieden bezeichnet werden, sondern wird vielmehr als Konfliktpartnerschaft umschrieben.

Aber ist die Umsetzung dieses Systems der Arbeitsbeziehungen, das von einigen französischen Politiker:innen als Modellmaßstab angesehen wird, immer noch vorbildlich und effizient?

Während das Tarifverhandlungssystem derzeit möglicherweise weniger direkten Herausforderungen ausgesetzt ist, findet es in einem Kontext der Globalisierung und Wirtschaftskrisen statt. So entstehen neue Erwartungen an die Tarifparteien, die möglicherweise nicht durch die herrschende Vertragspolitik gelöst werden können.

Darüber hinaus untergraben die rückläufige Entwicklung der Organisationsfähigkeit und die Erosion der Mitbestimmungsstrukturen die Legitimität der Akteur:innen. Ebenso wie alle europäischen Gewerkschaften sollten auch die deutschen Gewerkschaften daran arbeiten, sich neu aufzustellen.

Nichtsdestotrotz sind die Entschlossenheit, den Wandel der Industrie zu unterstützen, die Fähigkeit zur Bewältigung wirtschaftlicher Krisen und das Vertrauen in Innovationen und Technologien entscheidende Pluspunkte, die es den deutschen Sozialpartnern erlauben, erforderliche Maßnahmen etwa zur Arbeitsplatzgestaltung, Personalplanung und -schulung bestmöglich umzusetzen.

Die Spezialisierung der deutschen Wirtschaft in der (Export-)Industrie hat zudem eine wirtschaftliche Entwicklung geschaffen, die es ermöglicht hat, Exzellenz in der Aus- und Weiterbildung sowie einen kontinuierlichen Zuwachs des Fachwissens in den Unternehmen zu erreichen. Dieser Weg war wichtig zur Förderung eines wirtschaftlichen, sozialen Dialogs. Er zeigt eine Richtung auf, die für alle Beteiligten, ob Arbeitgeber:innen oder Arbeitnehmer:innen, einen Grund zur Zuversicht gibt.

Hoffen wir, dass der soziale Dialog auch auf europäischer Ebene, eine der zentralen Herausforderungen der kommenden Jahre, stärker vorangebracht werden kann. Dies umso mehr, wenn die Pandemie unter Kontrolle ist und wir gemeinsam unseren Weg zu Wachstum und nachhaltiger Beschäftigung fortsetzen können – auch mit der Hilfe deutsch-französischer Innovationen.

Rainer Gröbel/Inga Dransfeld-Haase

Fazit

Dieses Handbuch zeigt – es gibt sie, die innovativen und kreativen Ansätze in der Personalarbeit, die gute Zusammenarbeit zwischen Personal und Mitbestimmung, die Zukunftsperspektiven, die wir in der Personalarbeit brauchen. In den Beiträgen wird deutlich, wie viele akute und zukünftige Handlungsfelder bestehen, die neue Perspektiven auf gute Personalarbeit erfordern und wie diese aussehen können. Wir sind davon überzeugt, dass Personalverantwortliche den Handlungsspielraum, den eine strategische Personalarbeit braucht, erarbeiten und verteidigen müssen. Erst dann kann die Personalarbeit ihrer wichtigen Rolle gerecht werden und die Veränderungsprozesse im Unternehmen bzw. der Organisation maßgeblich mitgestalten. Wir wollen unser Fazit nutzen, um einige Forderungen zu formulieren, wie das erreicht werden kann, und dabei abschließend auf die in diesem Buch genannten *Megatrends* blicken.

Wir halten die Entwicklung neuer *Key Performance Indicator* (KPI) in der Personalarbeit für sehr wichtig. Neben dem Grad der Beteiligung der Beschäftigten – sowohl institutionell als auch finanziell – können in einem neuen Indikator auch die Beschäftigtenzufriedenheit, der Grad an Diversity und Inklusion, der Qualifizierungsgrad und zum Beispiel die Digitalisierungskompetenz einbezogen werden. Anhand dieser Parameter muss sich eine nachhaltige Personalstrategie messen lassen. Personalverantwortliche, die aktiv gestalten wollen, müssen den Schlüsselfaktor zum Gelingen der Transformationsprozesse – nämlich die Einbeziehung der Beschäftigten selbst – in ihre Strategie integrieren. Dann wird die notwendige Veränderung auch von den Beschäftigten mitgetragen. Anreize für die Beteiligung der Beschäftigten gehen immer wieder von den Mitbestimmungsakteuren aus, die im deutschen System der Arbeitsbeziehungen eine herausragende Stellung einnehmen.

Allerdings ist die Sicht auf die Mitbestimmung bisweilen paradox: In vielen Ländern wird das deutsche Modell der Sozial- bzw. Betriebspartnerschaft bewundert, während hierzulande viele Beteiligte eher mit Unbehagen auf die Mitbestimmung blicken. Die vielen Positivbeispiele, die es in den Unternehmen und Betrieben gibt, werden zu wenig beachtet. Denn dieses Handbuch belegt auch, dass sich die Veränderungen in der Arbeitswelt nur gemeinsam bewältigen lassen. Das heißt, die betrieblichen Akteure im sozialen Dialog wenden sich gemeinsam an die Unternehmensführung und nehmen eine starke strategische Rolle ein. In vielen Unternehmen ist dies schon heute gelungen – in Zukunft wird es immer wichtiger. Dass es dabei auch unterschiedliche Interessen geben kann, wollen wir nicht abstreiten. Beständiges Vertrauen und Fachlichkeit ist auf beiden Seiten nötig, denn eine kontinuierliche Zusammenarbeit auf Augenhöhe muss immer wieder neu erarbeitet werden.

Die Personal- und Betriebsratsarbeit hat zur Aufgabe, sich den neuen Arbeits- und Lebensrealitäten zu stellen. Die Unsicherheit und Schnelllebigkeit in der neuen Arbeitsgesellschaft erfordern eine hohe Agilität seitens der handelnden Akteure. Zentrale Anliegen müssen zeitnah diskutiert und gemeinsam beschlossen werden – eine rechtzeitige Einbeziehung des Betriebsrats ist unerlässlich. Dabei darf nicht der Eindruck entstehen, dass dies lediglich mit zusätzlicher Arbeit verbunden ist. Vielmehr muss der mittel- bis langfristige Vorteil in den Fokus gerückt werden. Auch wenn gemeinsame Absprachen und Konsultationen oft Zeit beanspruchen, so folgt danach Akzeptanz und eine schnelle Umsetzung von Vereinbarungen. Eine konstruktive Zusammenarbeit, die sich nicht in Detailstreits verliert, zeigt sich auf beiden Seiten. Eine gute Aus- und Weiterbildung ist auch hierbei hilfreich.

Wir plädieren dafür, auch überbetriebliche Dialogforen zu schaffen, die den Austausch zwischen Betriebs- und Personalräten, Gewerkschaften, Arbeitgeberverbänden und Personalerinnen und Personalern fördern. Auf diese Weise können Lösungen jenseits des innerbetrieblichen Konflikts gefunden werden. Insbesondere aufgrund der aufgezeigten Megatrends drängt die Zeit, auch unternehmens- und gesellschaftsübergreifende Lösungen zu erarbeiten. Von den Einblicken aller Seiten können die Beschäftigten und die Unternehmen letztlich nur profitieren. Die Betriebsräte spielen hier eine wichtige Rolle, da sie nah an den Beschäftigten sind, die Verhältnisse in den Betrieben gut kennen und neue Lösungsideen mit Blick auf die Bedürfnisse der Beschäftigten einbringen. Führungskräfte aus den Personalabteilungen bringen ihrerseits den Blick auf die nicht zu vernachlässigenden (Personal-)Indikatoren, geeignete und innovative Instrumente und Ideen für nachhaltige Personalstrategien mit.

Kurzum: Der soziale Dialog ist von großem Nutzen für Wirtschaft und Gesellschaft. In der Corona-Pandemie wäre auch ein solcher, übergreifender Dialog geeignet gewesen, Vorschläge für innovative Maßnahmen zum Arbeits- und Gesundheitsschutz zu erarbeiten. Und in vielen Betrieben fand genau das schon im kleinen Rahmen statt: Gemeinsam haben die Interessenvertretungen mit den Personalabteilungen tolle Vorschläge für den Arbeits- und Gesundheitsschutz erarbeitet. Das ging über Wegekonzepte in den Betriebshallen bis hin zur raschen Einführung neuer Kollaborationssoftware. Eine neue Krise kommt bestimmt und der soziale Dialog als Grundpfeiler in der Krisenbewältigung muss bestehen bleiben. Dieser funktioniert gerade dann besonders gut, wenn alle Beteiligten die konkreten Bedürfnisse der Beschäftigten im Blick haben, anstatt in Dogmen zu denken.

Die positiven Wirkungen der Mitbestimmung, die wir aus der Praxis kennen, werden auch in der wissenschaftlichen Diskussion in diesem Handbuch sichtbar. Das ist eine herausragende Leistung dieses Buches, denn meist nimmt die Mitbestimmung in der Wissenschaft – über die verschiedenen Disziplinen der Wirtschafts- und Sozialwissenschaften hinweg – einen zu geringen Stellenwert in Forschung und in Lehre ein. Aus der Praxis der Mitbestimmung wollen wir in die Wissenschaft hineinwirken und aus der Wissenschaft brauchen wir wiederum Impulse für die Praxis. Beides ist wichtig. Bei Führungskräften, Personalerinnen und Personalern, Wissenschaftlerinnen und Wissenschaftlern, muss die Erkenntnis gesteigert werden, dass Mitbestimmung ein essenzieller Bestandteil der Wirtschaft ist und sich auch in ökonomischer Hinsicht positiv auswirkt. Wir dürfen nicht riskieren, dass Mitbestimmungsstrukturen weiter abgebaut werden.

Diese Gefahr sehen wir auch vor dem Hintergrund neuer Formen der Arbeit in der Gig und Cloud Economy. Benötigen beispielsweise auch Start-ups eine institutionalisierte Mitbestimmung? Oder reichen hier lockere Formen der Beteiligung ohne Betriebsrat aus? Wir meinen, dass ab einer bestimmten Größte nur institutionalisierte Vertretungsorgane geeignet sind, auf die Bedürfnisse der Beschäftigten einzugehen und sie samt ihren Ideen in die Entscheidungsprozesse einzubeziehen. Diese Erkenntnis folgt in kleinen Unternehmen oftmals erst, wenn es ans »Eingemachte« geht und eine Krise vor der Tür steht. Wir sagen, dass diejenigen, die schon heute eine gelebte Mitbestimmungskultur haben, in Krisenzeiten besser aufgestellt sind. Das heißt auch, dass die Führungskräfte von heute und morgen in Fragen der Mitbestimmung gut geschult sein müssen. Gleichzeitig brauchen die Arbeitnehmervertreterinnen und -vertreter ausgewiesene Kompetenzen und Fachwissen in allen Fragen der aktuellen Herausforderungen der Arbeitswelt.

Wie das »New Normal« aussehen wird, wissen wir noch nicht vollumfänglich. Wir wissen aber, dass heute schon an innovativen Lösungen für die Arbeitswelt der Zukunft gearbeitet wird. Und das gemeinsam zwischen Personalerinnen und Personalern, Betriebs- und Personalräten. Hierin speist sich unsere Zuversicht für die Jahre nach der Corona-Pandemie. Obgleich die wirtschaftlichen Folgen noch kaum absehbar sind, so ist doch sicher, dass unsere Arbeitsbeziehungen eine hohe Kooperationsfähigkeit für die Bewältigung der Folgen der Krise mitbringen. Wir sind davon überzeugt, dass unser Modell auch in Zukunft seine Stärken voll entfalten kann – die Herausforderungen erfordern es, und auch aus ethischer Sicht sind Mitbestimmung und Beteiligung geboten. In diesem Handbuch finden sich vielfältige und wertvolle Impulse für eine fruchtbare, mitbestimmungsorientierte Gestaltung der Zukunft. In diesem Sinne: Habt den Mut, Mitbestimmung umzusetzen, sie kommt am Ende allen Beteiligten zugute und ist ein entscheidender Wettbewerbsfaktor.

Verzeichnis der Herausgeber:innen und Autor:innen

Die Herausgeberin und der Herausgeber

Inga Dransfeld-Haase ist Direktorin People & Culture der BP Europa SE für die D-A-CH Länder. Zuvor verantwortete die Volljuristin mehrere Jahre als Head of Corporate Functions die Bereiche Human Resources, Legal, Data Protection und Internal Audit für die Nordzucker AG. Im Ehrenamt ist sie seit 2019 Präsidentin des Bundesverbands der Personalmanager e. V. (BPM) und engagiert sich für die Weiterentwicklung der Profession und eine nachhaltige Personalarbeit von morgen.

Rainer Gröbel ist Kanzler der University of Labour, Geschäftsführer der Academy of Labour und Kuratoriumsvorsitzender der Europäischen Akademie der Arbeit an der Goethe-Universität Frankfurt a. M. Zudem leitet der Diplom-Volkswirt die Fachgruppe HRM in Non-Profit-Organisationen des Bundesverbands der Personalmanager. Mit seinen langjährigen Erfahrungen als ehemaliger Personalleiter der IG Metall (1998–2020) und in verschiedenen Aufsichtsratspositionen ist er Experte für Fragen rund um strategische Personalarbeit, Unternehmensführung, Organisationsentwicklung und Mitbestimmung.

Die Autorinnen und Autoren

Simon Alsmeier ist seit 2006 in der betrieblichen Interessenvertretung der GbR Schunk aktiv und seit 2018 Betriebsratsvorsitzender am Hauptsitz in Heuchelheim. In seiner Arbeit als Betriebsratsvorsitzender hat er sich auf Beteiligungsmanagement spezialisiert. Weitere Themenschwerpunkte sind Wissenstransfer, Qualifizierung und Digitalisierung.

Ina Aust (früher: Ehnert) ist Professorin für Human Resource Management mit Spezialisierung auf Corporate Social Responsibility und Nachhaltigkeit an der Louvain School of Management, Belgien. Prof. Aust hat 2009 ihre Dissertation zum Thema »Nachhaltiges Personalmanagement: Eine konzeptionelle und explorative Analyse aus einer paradoxen Perspektive« verfasst und seitdem weitere wesentliche Beiträge zur (Weiter-)Entwicklung des Konzepts »Sustainable HRM« geleistet.

Christian Bason, Ph.D., ist CEO des Danish Design Centre, einer von der dänischen Regierung finanzierten, gemeinnützigen Einrichtung, die den Wert von Design für Wirtschaft und Gesellschaft fördert. Er ist Autor von sieben Büchern über Innovation, Design und Leadership, darunter Design for Policy (Routledge, 2014) und Leading Public Design (Policy Press, 2017).

Andrea Baukrowitz, Consulting Digitale Arbeit, ist Volkswirtin. Sie forscht seit Beginn der 1990er Jahre zur Informatisierung von Gesellschaft und Arbeit. Als Expertin für Arbeit, Personalentwicklung und Arbeitsbeziehungen in der digitalen Transformation berät sie bei der Ausgestaltung der Arbeitswelt 4.0.

Nadine-Aimée Bauer ist Leiterin Personalentwicklung der VPV Versicherungen und zertifizierte Online Trainerin. Zuvor war sie als Leiterin der Personalentwicklung an der Universität Stuttgart tätig.

Prof. Dr. Thomas Berger ist seit 2013 Professor für Betriebswirtschaft im Fachbereich Wirtschaftsingenieurwesen an der DHBW Stuttgart. Zuvor war er Professor an der Fernhochschule Riedlingen. Er forscht zu Personalrisiken aus der Transformation (gefördert durch die Hans-Böckler-Stiftung). Schwerpunkt seiner Arbeit ist das Risikomanagement.

Markus Bieber ist Diplom-Sozialwirt und Geschäftsführer des Gesamtbetriebsrats der Volkswagen AG. In dieser Funktion ist er u. a. verantwortlich für die inhaltliche Erarbeitung, Koordination und Umsetzung von zentralen Mitbestimmungsthemen wie der sog. Roadmap Digitale Transformation oder der Charta der Arbeitsbeziehungen auf Gesamt- bzw. Weltkonzernbetriebsratsebene bei Volkswagen.

Andreas Bist ist gelernter Industriekaufmann, staatlich anerkannter Heilerziehungspfleger, Fachreferent für Arbeitsrecht (IHK) und seit 2007 freigestellter Betriebsratsvorsitzender der Heilpädagogisches Zentrum Krefeld – Kreis Viersen gGmbH. Sein Themenschwerpunkt liegt aufgrund seiner ehrenamtlichen

Tätigkeit als ausgebildeter Notfallseelsorger im Bereich der psychischen Unterstützung.

Dr. Bernd Blessin ist Leiter Personal und Organisation sowie Recht und Compliance (CCO) der VPV Versicherungen. Zuvor war er in Personalleitungsfunktionen für die Coca-Cola Erfrischungsgetränke AG und den Gerling-Konzern tätig. Er ist darüber hinaus im Präsidium des Bundesverbandes der Personalmanager e. V. (BPM) und Mitautor von »Führen und führen lassen«.

Marc Brandt ist Diplom-Soziologe mit Schwerpunkt Stadtentwicklung und Armut und ehrenamtlicher Richter am ArbG HH. Seit 2006 ist er Betriebsrat bei Hermes, seit 2014 freigestellter Betriebsrat. Nach Stationen im hauseigenen Kundenservice ist er seit 2017 Agile Coach in der IT. Neben seiner Arbeit als Betriebsrat ist er aktiver Teil der Agilen Community im Otto Konzern. Seine Passion ist es, die Welt des Agilen mit der Betriebsratsarbeit zu verbinden.

Anke Brinkmann ist Geschäftseinheitenleiterin Gesundheitsmanagement und Prokuristin der Berliner Stadtreinigung. Nach ihrem Studium arbeitete die Autorin 10 Jahre in der Unternehmensberatung mit dem Schwerpunkt Organisationsveränderungen sowie im Bereich der Personalentwicklung. Seit elf Jahren ist sie in HR-Führungsrollen und im Gesundheitsmanagement tätig. Ehrenamtlich ist sie im Präsidium des Bundesverbandes der Personalmanager aktiv.

Denny Broßat leitet die Vorstandsstabsstelle Personalstrategie bei den Berliner Verkehrsbetrieben und befasst sich u. a. mit neuen Formen der Arbeit. Von 2016 bis 2020 arbeitete der Ingenieur als Referent des Vorstandes Personal und Soziales des gelbsten Arbeitgebers Berlins.

Ann-Kathrin Dohme ist Mitarbeiterin im Team Konzern HR Innovation & Soziale Nachhaltigkeit bei VW. Zuvor war sie Mitarbeiterin der Strategischen Weiterbildung im Personalmanagement. Ihre Themenschwerpunkte sind Entwicklungen in der Fabrik- und Wissensarbeit.

Franziska Elfers ist Masterstudierende der Soziologie an der Goethe-Universität mit dem Schwerpunkt Arbeits- und Organisationssoziologie. Seit 2020 ist sie bei der University of Labour in Frankfurt am Main beschäftigt und in diesem Rahmen Teil des Redaktionsteams des vorliegenden Sammelbands. Zuvor arbeitete sie als Kriminaloberkommissarin beim Bundeskriminalamt.

Anna Engfer ist Vorstandssekretärin im Vorstandsbereich Mitbestimmung/ Recht/Gesundheitsschutz der Industriegewerkschaft Bergbau, Chemie, Energie.

Marco Feindt ist Dipl.-Kaufmann (FH) und Master of Science (M. Sc.) im Studiengang der Wirtschaftspsychologie, Bereichsleiter Personal, Kultur und New Work bei der Volksbank eG Osterholz Bremervörde. Außerdem ist er ausgebildeter Coach, Trainer und Mediator. Seine aktuellen Schwerpunkte im Bereich HR sind die Begleitung der Transformation zur Omnikanalbank und die Gestaltung einer attraktiven Unternehmenskultur.

Steffen Fischer ist Geschäftsführer Personal beim international agierenden Automatisierungsunternehmen ifm electronic gmbh. Seit 2014 leitet er zudem die Fachgruppe Strategisches Personalmanagement beim Bundesverband der Personalmanager e. V. Er beschäftigt sich mit ganzheitlichen Ansätzen moderner Personalarbeit und ist Mitautor verschiedener Publikationen, u. a. der BPM-Veröffentlichung »Zwischen Euphorie und Skepsis – KI in der Personalarbeit«.

Sven Franke ist Organisationsbegleiter, Autor und Keynotespeaker. Als geschäftsführender Gesellschafter von CO:X begleitet er Unternehmen dabei, neue Wege der Zusammenarbeit und der Entlohnung zu gehen. Dabei ist er Vorstand der Initiative »Wege zum Selbst-GmbH« e. V. 2017 wurde er mit dem XING New Work Award ausgezeichnet. Er ist Autor von »New Pay – Alternative Arbeits- und Entlohnungsmodelle«.

Sabine Fröschle hat bei Siemens eine Ausbildung zur Industriekauffrau absolviert. Seit 2004 ist sie freigestellte Betriebsrätin am Standort Stuttgart, dort stellvertretende Vorsitzende und seit 2010 im Gesamtbetriebsrat. Ihre Aufgabenschwerpunkte sind der Diversity-Ausschuss und die Frauenförderung. Außerdem ist sie Mitglied im Ausschuss für Arbeitsgestaltung und Beschäftigungsbedingungen und im Wirtschaftsausschuss.

Jan-Paul Giertz ist Leiter des Referats Personalmanagement und Mitbestimmung im Institut für Mitbestimmung und Unternehmensführung der Hans-Böckler-Stiftung. Seine Arbeitsschwerpunkte sind Strategisches Personalmanagement, Arbeitsdirektorialer Bereich, (Unternehmens-)Mitbestimmung. Außerdem ist er Mitglied des Normungsausschusses Personalmanagement am DIN.

Markus Grolms ist Mitglied des Vorstands und Arbeitsdirektor der thyssenkrupp Steel Europe AG. Zuletzt arbeitete er als Gewerkschaftssekretär des IG Metall Vorstands und war stellvertretender Vorsitzender des Aufsichtsrats der thyssenkrupp AG. Seine Leidenschaft gilt den Menschen und seinem Einsatz, durch die grüne Transformation zukunftsfähige Arbeitsplätze zu schaffen.

Manuela Haase ist seit 1990 bei Bahlsen im Werk Varel tätig. Bis 1996 arbeitete sie in der Packerei und anschließend bis 2010 im Qualitätsmanagement. Seit 2010 ist sie freigestellte Betriebsratsvorsitzende bei Bahlsen Varel und seit 2012 Gesamtbetriebsratsvorsitzende von Bahlsen Deutschland.

Thomas Habenicht, Dipl.-Ing., Dipl.-Berufspädagoge, ist wissenschaftlicher Mitarbeiter beim Vorstand der IG Metall im Ressort Bildungs- und Qualifizierungspolitik mit dem Themenschwerpunkt »Digitalisierung in der Berufsbildung«. Bis 2018 war er Bildungsreferent am IG Metall Bildungszentrum Lohr-Bad Orb mit dem Themenschwerpunkt Personalmanagement.

Heidi Hahn ist Expertin der Personalentwicklung der VPV Versicherungen. Zuvor war sie als Managementberaterin und -trainerin sowie als Personal Key Accounterin bei der Landesbank Baden-Württemberg tätig. Sie ist darüber hinaus als Trainerin bei der VWA Stuttgart im Kontaktstudiengang Leadership Professional im Einsatz und zertifizierte Online Trainerin.

Prof. Dr. Thomas Haipeter ist Leiter der Forschungsabteilung Arbeitszeit und Arbeitsorganisation am Institut Arbeit und Qualifikation der Fakultät Gesellschaftswissenschaften der Universität Duisburg-Essen. Im Zentrum seiner Forschung stehen Arbeitsbeziehungen und Arbeitsregulierung, beides mit einem Fokus auf Akteuren (Gewerkschaften, Betriebsräte, Arbeitgeberverbände) und aktuellen Entwicklungen wie Digitalisierung und Transnationalisierung.

Tim Harbecke ist wissenschaftlicher Mitarbeiter an der Hochschule Darmstadt und an der Gemeinsamen Arbeitsstelle RUB/IGM der Ruhr-Universität Bochum. Zu seinen Forschungsinteressen zählen die Themenfelder digitale Transformation, Restrukturierung und Qualifizierung in Organisationen.

Anke Hassel ist Professorin für Public Policy an der Hertie School, Berlin. Von 2016 bis 2019 war sie wissenschaftliche Direktorin des Wirtschafts- und Sozialwissenschaftlichen Instituts der Hans-Böckler-Stiftung. Ihre Forschungsschwerpunkte sind vergleichende politische Ökonomie, Wohlfahrtsstaaten und Wirtschaftspolitik. Ihre neueste Publikation ist: Anke Hassel und Bruno Palier (Hrsg.) 2021: Growth and Welfare in Advanced Capitalist Economies: How Growth Regimes Evolve. Oxford University Press.

Dr. Daniel Hay, seit August 2020 Wissenschaftlicher Direktor des Instituts für Mitbestimmung und Unternehmensführung der Hans-Böckler-Stiftung in Düsseldorf. Zuvor verantwortete der Rechtsanwalt und Experte für deutsches und europäisches Unternehmensrecht beim Vorstand der IG Metall in Frankfurt/ Main die juristische Beratung von Arbeitnehmervertreter:innen in Aufsichtsräten.

Dietmar Hexel, Diplom-Sozialarbeiter, arbeitet als Business Coach und Berater für Führungspersonen, Aufsichts- und Betriebsräte. Seine Schwerpunkte sind Strategie, Organisationsentwicklung und Agilität. Er initiierte als Mitglied des Geschäftsführenden DGB-Bundesvorstandes (2002–2014) u. a. das Projekt Trendwende und den DGB-Index Gute Arbeit. Er war u. a. Mitglied der Regierungskommission Deutscher Corporate Governance Kodex (DCGK) und Kuratoriumsvorsitzender der EAdA sowie Mitglied mehrerer Aufsichtsräte.

Prof. Dr. Stefanie Hiestand arbeitet am Institut für Berufs- und Wirtschaftspädagogik an der Pädagogischen Hochschule Freiburg. Sie forscht und lehrt zu den Themen Kompetenz- und Organisationsentwicklung sowie Didaktik und Methodik der beruflichen Aus- und Weiterbildung im Gesundheitswesen.

Stefanie Holtz ist Leiterin des Ressorts Junge IG Metall und Studierende in der Vorstandsverwaltung der IG Metall. Ihr Themenschwerpunkt ist die Verbesserung der Lebens- und Arbeitsbedingungen für die junge Generation.

Leon Jacob ist Group Head of Talent & Leadership Development bei der Zur Rose Group. Er ist Vordenker für kundenorientierte Personalarbeit. Der von ihm entwickelte Employee Experience (EX) Design Ansatz unterstützt HR-Organisationen bei der Adoption dieses neuen Mindsets, der Umsetzung in die Praxis und der Gestaltung positiver Mitarbeitererlebnisse.

Sophie Jänicke leitet das Ressort Tarifpolitische Themen und Handlungsfelder in der Tarifabteilung beim Vorstand der IG Metall. Vorher war die Politikwissenschaftlerin in Brüssel bei IndustriAll Europe für europäische Tarif- und Sozialpolitik zuständig und hat im IG Metall Bildungszentrum Berlin Betriebsräte zu Arbeitszeit- und Entgeltgestaltung beraten.

Simone Junge-Loose ist seit 2016 als Personalentwicklerin und Recruiterin bei der Nordzucker AG im Bereich Human Resources Germany tätig. Nach dem Studium »Recht, Personalmanagement und -psychologie« war sie von 2014 bis 2016 Personal- und Kompetenzentwicklerin bei der Volkswagen Financial Services AG.

Prof. Dr. Stephan Kaiser ist Inhaber der Professur für Personalmanagement und Organisation und im Vorstand des Instituts für Entwicklung zukunftsfähiger Organisationen an der Universität der Bundeswehr München. Seine Promotion und Habilitation erfolgten an der Wirtschaftswissenschaftlichen Fakultät der Katholischen Universität Eichstätt-Ingolstadt. Die Schwerpunkte seiner Forschung und Lehre liegen in den Bereichen Personalmanagement, Organisation und Arbeit, u. a. mit Fokus auf aktuelle Herausforderungen der digitalen Transformation.

Prof. Dr. Simone Kauffeld ist Professorin für Arbeits-, Organisations- und Sozialpsychologie an der TU Braunschweig und Gründerin der 4 A-SIDE GmbH. Ihre Forschungs- und Arbeitsschwerpunkte sind Kompetenzentwicklung und -management, (virtuelle) Teams und Führung, Karriere und Coaching und Gestaltung von Transformationsprozessen.

Dr. Tom Kehrbaum arbeitete im Maschinenbau, studierte an der Europäischen Akademie der Arbeit, danach Berufspädagogik und Philosophie an der TU Darmstadt. Er promovierte in Hamburg in der Erwachsenenbildung und arbeitet beim Vorstand der IG Metall in Frankfurt am Main in der Personalentwicklung. Zuletzt publizierte er seine Promotion »Zwischenmenschliche Bildung und politische Handlungsfähigkeit. Eine Theorie der Praxis gewerkschaftlicher Bildung« im Wochenschau Verlag.

Gunnar Kilian arbeitet seit dem Jahr 2000 im Volkswagen Konzern. In dieser Zeit war er Geschäftsführer und Generalsekretär des Konzernbetriebsrates und ist heute Mitglied des Vorstands der Volkswagen AG für die Geschäftsbereiche »Personal« und »Truck & Bus«.

Ingo Klingenberg ist seit 2016 wissenschaftlicher Mitarbeiter am Lehrstuhl für BWL, insbesondere Arbeit, Personal und Organisation an der Heinrich-Heine-Universität Düsseldorf. Er war im BMBF-Projekt PragmatiKK (»Pragmatische Lösungen für die Implementation von Maßnahmen zur Stressprävention in Kleinst- und Kleinbetrieben«) tätig. Heute widmet er sich den Forschungsschwerpunkten Mitarbeitergesundheit, Coping, Resilienz und pflegende Berufe.

Dr. Norbert Kluge, Diplom-Sozialwirt, ist in der Geschäftsführung der Hans-Böckler-Stiftung (HBS) tätig und war zuvor Forschungsreferent im Max-Planck-Institut für Gesellschaftsforschung. Er ist Gründungsdirektor des Instituts für Mitbestimmung und Unternehmensführung der HBS Düsseldorf.

Prof. Dr. Susanne Knorre ist selbstständige Unternehmensberaterin und nebenberufliche Professorin am Institut für Kommunikationsmanagement der Hochschule Osnabrück. Sie ist Mitglied im Aufsichtsrat namhafter deutscher Unternehmen und verfügt über langjährige Führungserfahrung in Wirtschaft und Politik. Von 2000 bis 2003 war sie Wirtschaftsministerin in Niedersachsen.

Sigrun Krussmann absolvierte 1980 ihre Ausbildung als chemisch-technische Assistentin. Seit 1992 ist sie bei Nordzucker/Werk Nordstemmen als CTA tätig. Seit 2002 ist sie Betriebsrätin und übernimmt Aufgaben im GBR sowie im Aufsichtsrat der Nordzucker AG. Seit 2018 ist sie freigestellte GBR-Vorsitzende. Zudem übernahm sie weitere Funktionen als Vorstandsmitglied der NGG, der Berufsgenossenschaft BGRCI und der Betriebskrankenkasse BKK exklusiv.

Dr. Angelika Kümmerling ist Soziologin und seit 2005 wissenschaftliche Mitarbeiterin im Institut Arbeit und Qualifikation der Universität Duisburg-Essen. Ihre aktuellen Forschungsschwerpunkte betreffen die Themen Arbeitszeit und Arbeitsbedingungen. Aktuelle Publikation: Flexibel in Zeit und Raum – Gelingensbedingungen von Homeoffice und mobiler Arbeit in KMU.

Svenja Laurich ist Studentin an der Universität Hamburg, Fakultät für Rechtswissenschaft.

Manuela Lieber ist Mitarbeiterin im Team Konzern HR Innovation & Soziale Nachhaltigkeit bei VW. Ihr Themenschwerpunkt ist New Workplaces.

Jens Loff ist Gründer einer Reihe von marktführenden Dienstleistungsunternehmen, die sich auf Non-Profit- und Public Sector-Organisationen spezialisiert haben. Seit 2005 ist er am European Institute of Public Administration als Juror, Evaluator und Ausbilder im Zusammenhang mit dem European Public Leadership Adward tätig. Er ist regelmäßiger Referent und Dozent an der Hertie School of Governance.

Prof. Dr. Albert Löhr hatte von 1999 bis 2021 den Lehrstuhl für Sozialwissenschaften mit Schwerpunkt Wirtschaft und Gesellschaft am Internationalen Hochschulinstitut Zittau, einer Zentralen Wissenschaftlichen Einrichtung der TU Dresden, inne. Er ist seit 1986 in vielfältigen Publikationen und Funktionen engagiert und in der Diskussion um Wirtschaftsethik, u. a. als Vorsitzender des Deutschen Netzwerks Wirtschaftsethik (von 2001–2011), vertreten.

Dr. Rudolf Luz war von 2015 bis 2021 Leiter des Funktionsbereichs Betriebspolitik beim IG Metall Vorstand. Zuvor war er Geschäftsführer in den IG Metall

Geschäftsstellen Heilbronn-Neckarsulm, Albstadt und Bautzen. Er studierte Politik- und Sozialwissenschaften, Germanistik und Linguistik an der Universität Konstanz. Seine Arbeitsschwerpunkte sind Unternehmensmitbestimmung und betriebliche Mitbestimmung in der Transformation.

Stéphanie Matteudi ist Dozentin & Forscherin im Arbeitsrecht, Spezialistin für Arbeitsbeziehungen und Arbeitsnachrichten. Sie ist Leiterin der Abteilung »Formation-Conseil et Dialogue SocialG« bei Alixio und berät im Zuge dessen alle Akteure des industriellen Dialogs, indem sie gemeinsam mit ihnen einen echten Prozess des Industrial Relations Engineering aufbaut.

Dr. Sonja Mangold ist Postdoktorandin an der Universität Bremen. Ihre Forschungsschwerpunkte sind Europäisches Arbeitsrecht, Internetarbeit und Datenschutz. Aktuelle Publikation: Data Privacy and Crowdsourcing: A Comparison of Selected Problems between China, Germany and USA (mit Lars Hornuf und Yayun Yang, 2021, Springer Gabler Verlag, im Erscheinen).

Florian Mattheck absolvierte seine Ausbildung sowie ein duales Studium bei der Berliner Stadtreinigung mit anschließendem berufsbegleitendem Master-Studium an der Hochschule für Wirtschaft und Recht in Berlin. Er ist Systemadministrator und Kostenrechner bei der Berliner Stadtreinigung mit Schwerpunkten im Bereich Projekt- und Prozessmanagement.

Thomas Meisner, gründete drei erfolgreiche Start-ups, darunter ein innovatives Co-Working-Space in Hannover. Im Anschluss führte es ihn zurück zu seinen Wurzeln zum Volkswagen Konzern. Hier entwickelt er heute u. a. Standortstrategien und »Neue Arbeitswelten«.

Adrian Mengay, Dipl.-Kfm., M.A., ist Berater und Partner der Forba (Forschungs- und Beratungsstelle für betriebliche Arbeitnehmerfragen) in Berlin und berät Betriebs- und Personalräte in den Themenbereichen Umstrukturierung, Digitalisierung von Arbeit, Agil und Lean Management. Er ist Autor des Handbuchs Interessenausgleich und Sozialplan im Bund-Verlag und forscht zu Digitalisierung.

Prof. Dr. habil. Rita Meyer forscht und lehrt am Institut für Berufspädagogik und Erwachsenenbildung an der Leibniz Universität Hannover. Sie ist Stipendiatin und Vertrauensdozentin der Hans-Böckler-Stiftung. Zu ihren Forschungsschwerpunkten gehört die Transformation von Arbeit und Beruflichkeit sowie deren Auswirkungen auf Qualifikationsanforderungen und Kompetenzentwicklung.

Karin Michaelis, Dipl. Kffr., Dipl. Hdl., ist Fachreferentin für Personal- und Organisationsentwicklung des Betriebsrats bei Volkswagen. Nach Tätigkeiten in der Unternehmensberatung forschte sie am Lehrstuhl Arbeitswissenschaft und Innovation der TU Chemnitz. Für Volkswagen arbeitete sie bislang als Expertin für Kompetenzmanagement. Bei der Beratung von Standorten zu Change Prozessen und neuer Führungskultur sammelte sie auch internationale Erfahrungen.

Prof. Dr. Gernot Mühge ist Arbeitsmarktforscher und Professor für Sozialwissenschaften mit dem Schwerpunkt Arbeitsbeziehungen an der Hochschule Darmstadt. Er arbeitet in nationalen und internationalen Forschungsprojekten zu den Themengebieten betriebliche Beschäftigungssicherung in Umbruch- und Krisensituationen und Beschäftigtentransfer.

Juliane Müller forscht als wissenschaftliche Mitarbeiterin an der Martin-Luther-Universität Halle-Wittenberg im Verbundprojekt AgilHybrid. Die transferorientierte Wirtschaftspsychologin fokussiert auf Kompetenz- und Personalentwicklung der Zukunft, insbesondere im Kontext Diversität und positiver Psychologie. Als Gender Consultant entwickelt sie seit 2015 innovative Formate für Wissenschaftlerinnen.

Mathias Möreke ist stellvertretender Vorsitzender des Betriebsrats bei Volkswagen in Braunschweig. Zu seinen Aufgaben zählen die Bereiche Arbeitsorganisation und die Gestaltung von Produktionssystemen. Er ist Mitglied des Ortsvorstandes und des Beirates der IG Metall. Darüber hinaus ist er Mitglied im Vorstand des Netzwerkes »Allianz für die Region« und im »Rat der Arbeitswelt« im Bundesministerium für Arbeit und Soziales.

Dr. Claudia Neusüß ist geschäftsführende Gesellschafterin, Senior Beraterin, Speakerin, Moderatorin und Coach der compassorange GmbH. Ihre Schwerpunktthemen sind ganzheitliche Veränderungsprozesse (Personal-, Organisations-, Kulturentwicklung), Schlüsselkompetenzentwicklung für Fach- und Führungskräfte, Beratung und Coaching sowie Fragen von Gender, Diversity, Empowerment, Karriereentwicklung, Leadership und Social Entrepreneurship.

Prof. Dr. Anne-Katrin Neyer ist Professorin für Personalwirtschaft und Business Governance an der Martin-Luther-Universität Halle-Wittenberg. Seit 2014 leitet sie dort den Master-Studiengang Human Resources Management. Ihre aktuellen Forschungsschwerpunkte liegen auf dem Zusammenspiel von Künstlicher Intelligenz und HR sowie Fragen der nachhaltigen Personalentwicklung.

Dr. Martina Niemann ist Volkswirtin und aktuell CFO der DB Cargo AG. Zuvor war sie als HR-Managerin bei Lufthansa, als CHRO bei Airberlin und im Deutsche Bahn Konzern tätig. Ihre Themenschwerpunkte sind Transformationsprozesse, zuletzt im Rahmen der G20 Business Women Leaders' Taskforce.

Dr. Claudia Niewerth ist Geschäftsführende Gesellschafterin und Wissenschaftliche Leitung des Helex Instituts in Bochum. Ihre Arbeitsfelder liegen in den Bereichen Mitbestimmung, Arbeit und Beschäftigung mit dem Schwerpunkt der Entgeltgestaltung. Für die Ruhr Universität Bochum ist sie als Lehrbeauftragte tätig.

Prof. Dr. Felix Osterheider ist Geschäftsführender Gesellschafter einer Unternehmensberatung sowie CEO (ad interim) eines Multi Family Office. Zuvor war er Arbeitsdirektor und Geschäftsführer eines Stahlwerkes. Als Honorarprofessor für Kommunikationsmanagement an der Hochschule Osnabrück setzt er seine langjährigen Erfahrungen mit Restrukturierungs- und Veränderungsprozessen auch in der Lehre ein.

Prof. Dr. habil. Rüdiger Reinhardt ist seit 2015 Professor für Wirtschaftspsychologie und Empirische Forschung im Fachbereich Wirtschaft & Recht an der Hochschule für Wirtschaft und Umwelt Nürtingen-Geislingen. Zuvor war er Professor an der Fernhochschule Riedlingen sowie am Management Center Innsbruck. Er forscht zu Personalrisiken aus der Transformation (gefördert durch die Hans-Böckler-Stiftung). Schwerpunkt seiner Arbeit ist das Thema »Wirksame Führung«.

Thomas Rühl ist nach dem Studium der Sozialwissenschaften in Berlin und New York seit 2003 in verschiedene Stationen bei der Volkswagen AG tätig. Er arbeitet aktuell im Bereich Konzern HR Strategie & Steuerung im Projekt Office 2025 und an strategischen Personal- sowie Nachhaltigkeitsthemen.

Shana Rühling lehrt am Institut für Berufspädagogik und Erwachsenenbildung an der Leibniz Universität Hannover zu Didaktik und Methodik sowie Transformation der beruflichen Aus- und Weiterbildung. Ihr Promotionsvorhaben verortet sich im Kontext innovativer Arbeitsformen.

Prof. Dr. Irma Rybnikova ist Professorin für Betriebswirtschaftslehre mit den Schwerpunkten Personal und Organisation an der Hochschule Hamm-Lippstadt. In ihren aktuellen Forschungsvorhaben untersucht sie die Digitalisierung der Führung und des Personalmanagements sowie Diversitätsthemen, z. B. betriebliche Integration von Migrant:innen und Geflohenen.

Dr. Philine Erfurt Sandhu ist Akademische Leiterin des Aufsichtsrätinnen-Programms an der Hochschule für Wirtschaft und Recht Berlin. In Forschung, Führungskräfteentwicklung und Beratung beschäftigt sie sich mit Transformationsprozessen hin zu diversen Führungsgremien. Für die Bundesregierung begleitete sie u. a. die Evaluierung des Führungspositionengesetzes.

Prof. Dr. Herbert Schaaff ist Geschäftsführer Personal/Arbeitsdirektor bei Vallourec Deutschland GmbH, Düsseldorf. Zudem ist er Honorarprofessor für Personalmanagement an der Hochschule Niederrhein, Mönchengladbach. Seine Arbeitsschwerpunkte sind Strategisches Personalmanagement, Wohlstands-, Glücks- und Bedürfnisökonomie.

Dr. Robert Scholz ist Postdoc am Wissenschaftszentrum Berlin für Sozialforschung (WZB) in der Abteilung Globalisierung, Arbeit und Produktion. Zuvor war er wissenschaftlicher Mitarbeiter am Wirtschafts- und Sozialgeographischen Institut der Universität zu Köln. Seine aktuellen Themenschwerpunkte sind Corporate Governance und Nachhaltige Unternehmensentwicklung.

Annabell Schütte ist seit Mai 2020 im Rahmen des Forschungsprojekts der Hans-Böckler-Stiftung als wissenschaftliche Mitarbeiterin der DHBW Stuttgart tätig. Sie hat im Jahr 2020 ihren Master of Science im Studiengang »Unternehmensführung« abgeschlossen.

Dr.in Martina Schmied, Personaldirektorin der Stadt Wien in Ruhe, Magistratsdirektion der Stadt Wien – Geschäftsbereich Personal & Revision. Als promovierte Juristin war Martina Schmied zwischen 2013 und 2020 als Personaldirektorin für ca. 65.000 Mitarbeiter:innen der Stadt Wien strategisch verantwortlich. Ihr Motto »Arbeiten für Wien« versteht sie als Leitsatz für die Öffnung von Gestaltungsspielräumen in der öffentlichen Verwaltung.

Prof. Dr. Wolfgang Schroeder ist Leiter des Fachgebiets »Politisches System der BRD – Staatlichkeit im Wandel« an der Universität Kassel sowie Fellow am Wissenschaftszentrum Berlin für Sozialforschung. Von 2009 bis 2014 war er Staatssekretär im Ministerium für Arbeit, Soziales, Frauen und Familie des Landes Brandenburg. Seine Forschungsschwerpunkte sind Arbeitsbeziehungen, Gewerkschafts-, Verbände- und Sozialstaatsforschung.

Prof. Dr. Claudia Schubert ist Professorin für Bürgerliches Recht, Arbeitsrecht, Gesellschaftsrecht und Rechtsvergleichung an der Fakultät für Rechtswissenschaft an der Universität Hamburg und kooptiertes Mitglied des Verbandsausschusses beim Deutschen Arbeitsgerichtsverband. Sie ist u. a. Kommentatorin im Franzen/Gallner/Oetker, Europäisches Arbeitsrecht, im Wißmann/Kleinsorge/Schubert, Mitbestimmungsrecht, und in einem Großkommentar zum BetrVG.

Dirk Schulte ist als diplomierter Volkswirt Vorstand Personal und Soziales bei den Berliner Verkehrsbetrieben und baut u. a. ein modernes HR beim gelbsten Arbeitgeber Berlins auf. Zuvor war er von 2009 bis 2015 Geschäftsführer und Arbeitsdirektor von mehreren GmbHs im Salzgitter Konzern.

Prof. Dr. Markus-Oliver Schwaab lehrt seit 2000 Personalmanagement an der Hochschule Pforzheim, der er aktuell zudem als Prodekan der Business School und Leiter des Career Centers dient. Davor war er zehn Jahre in Banken und der Industrie tätig, die meiste Zeit in leitenden HR-Positionen.

Ursula Schwarzenbart verantwortet bei Daimler den Bereich Projects & Expertise. In der Vergangenheit gestaltete sie die Personal- und Organisationsentwicklung im Produktionswerk und war Personalleiterin in der Mercedes-Benz Pkw-Entwicklung. Seit 2005 ist sie Global Head of Diversity und Inclusion und zusätzlich für die Konzeption und Umsetzung einer neuen Personalentwicklung für das Unternehmen verantwortlich.

Dr. Sebastian Sick, Rechtsanwalt, ist Leiter Unternehmensrecht und Corporate Governance im Institut für Mitbestimmung und Unternehmensführung der Hans-Böckler-Stiftung. Er berät Arbeitnehmervertreter zu Aufsichtsratspraxis und Mitbestimmung und hat langjährige Erfahrung als Mitglied von Aufsichtsräten sowie bei Verhandlungen zur Gründung Europäischer Aktiengesellschaften. Er ist Mitglied der Regierungskommission Deutscher Corporate Governance Kodex.

Dr. Emmanuel Siregar ist seit 2018 Generalbevollmächtigter Personal und Organisation (CHRO) und Arbeitsdirektor der CLAAS KGaA mbH. Er war als Arbeitsdirektor in namhaften Unternehmen wie Fielmann, Karstadt und Sanofi tätig. Bis 2018 war er sieben Jahre lang in Frankfurt und Berlin Geschäftsführer Personal und Organisation, Head of HR der DACH-Organisation.

Klaus-Theo Sonnen-Aures (Dipl. Soziologe) war in der außerschulischen Jugend- und Erwachsenenbildung tätig. Von 1988 bis Ende 2020 war er bei der Deutschen Bahn beschäftigt. Seit 1994 ist er in der betrieblichen Interessenvertretung engagiert. Von 2010 bis 2020 leitete er den Gesamtbetriebsrat der DB Systel und war Mitglied in verschiedenen Gremien. Sein besonderes Interesse gilt der Herausbildung agiler Arbeitsbeziehungen.

Eva Maria Spindler beschäftigt sich als Doktorandin des Gesamt- und Konzernbetriebsrats der Volkswagen AG mit dem Einfluss digitaler Transformation auf die organisationalen Strukturen, Arbeitsweisen sowie Entscheidungsfindung der betrieblichen Mitbestimmung. Ihre aktuelle Publikation in der Zeitschrift für Wirtschaft- und Unternehmensethik thematisiert Veränderungsbedarfe betrieblicher Mitbestimmung zum Erhalt sozioökonomischer Reflexion in Unternehmen.

Prof. Dr. Stefan Süß ist seit 2010 Inhaber des Lehrstuhls für BWL, insbesondere Arbeit, Personal und Organisation an der Heinrich-Heine-Universität Düsseldorf und seit 2018 Dekan der Wirtschaftswissenschaftlichen Fakultät. Er veröffentlichte zahlreiche Publikationen zu Themen des Personalmanagements. Er ist Mitherausgeber des German Journal of Research in Human Resource Management (ZfP) sowie Vorsitzender der Wissenschaftlichen Kommission Personal im Verband der Hochschullehrer für Betriebswirtschaft.

Sabine Svatek ist Gesundheitsmanagerin beim IG Metall Vorstand in Frankfurt/ Main. Seit ihrem Studium der Pädagogik und Sportwissenschaften arbeitet sie im Themenfeld Arbeit und Gesundheit, zunächst als Unternehmensberaterin beim Institut für Gesundheit und Management, im Anschluss als Gesundheitskoordinatorin beim Reifenhersteller Goodyear Dunlop.

Prof. Dr. Anabel Ternès von Hattburg ist einer der führenden Köpfe für digitale Zukunft – sozial engagierte Digitalunternehmerin, Autorin für Digitalisierung, HR und Leadership. Sie ist u. a. BCCG Verwaltungsrätin, Bitkom AK Arbeit 4.0 Vorständin und Kuratoriumsvorsitzende der Stiftung flexible Arbeitswelt, ferner CEO von GetYourWings, BWL-Professorin, leitet das Institut für Nachhaltigkeitsmanagement und ist Director Future Strategy bei der SRH.

Günther Thoma ist Wirtschaftspädagoge, Dipl.-Informatiker und Managing Partner bei step pro GbR. Er hat Lehraufträge zu Organisationsentwicklung an verschiedenen Hochschulen und ist Leiter der berufsbegleitenden Ausbildung in systemischer Organisationsentwicklung »The Dance of Change«. Sein Weg als Unternehmensberater für Organisationsentwicklung und digitale Transformation hat ihn bis in die Vorstandsetagen namhafter Unternehmen geführt.

Felicitas von Kyaw ist Arbeitsdirektorin und Geschäftsführerin Personal bei Coca-Cola European Partners Deutschland. Zuvor war sie u. a. bei Vattenfall und Capgemini tätig. Sie ist Dipl. Volkswirtin sowie Coach. Im Bundesverband der Personalmanager (BPM) ist sie seit mehreren Jahren im Präsidium.

Christian Vetter ist Rechtsanwalt und ehemaliger Leiter Arbeits- und Sozialrecht der Dow Deutschland Inc.

Sophia von Verschuer ist Soziologin und Volljuristin, Referentin für Diversity bei der Senatsverwaltung für Finanzen in Berlin. Vormals war sie Research Associate an der Hertie School of Governance. Ihre Themenschwerpunkte sind Arbeit, Mitbestimmung und Diversity am Arbeitsplatz.

Philippe Vivien ist Vizepräsident von Alixio und Experte für internationale Sozialfragen und Transformationsprojekte. Er ist ehemaliger Chief HR Officer der AREVA-Gruppe und ehemaliges Mitglied des HR50 Circle in den USA, ausgezeichneter Chief HR Officer des Jahres 2010 in Frankreich. Zudem war er sechs Jahre lang Vorsitzender der AGIRC.

Prof. Dr. Werner Widuckel ist Professor für Personalmanagement und Arbeitsorganisation an der Universität Erlangen-Nürnberg. Er war ab 1985 leitender und koordinierender Referent des Gesamt- und Konzernbetriebsrats der Volkswagen AG und zwischen 2005 und 2010 Arbeitsdirektor und Personalvorstand der Audi AG.

Prof. Dr. Mascha Will-Zocholl ist Professorin für Sozialwissenschaften an der Hessischen Hochschule für Polizei und Verwaltung in Wiesbaden. In ihrem aktuellen Forschungsschwerpunkt »Arbeiten in der digitalisierten Verwaltung« stehen der Wandel von Verwaltungsarbeit und Herausforderungen für die Beschäftigten im Fokus.

Stichwortverzeichnis